Ein ungewöhnliches Lexikon
historischer Vogelnamen

Peter Bertau

Ein ungewöhnliches Lexikon historischer Vogelnamen

Volkstümliche Namen und Trivialnamen aus fünf Jahrhunderten

Springer Spektrum

Peter Bertau
Offenburg, Deutschland

ISBN 978-3-662-59772-9   ISBN 978-3-662-59773-6 (eBook)
https://doi.org/10.1007/978-3-662-59773-6

Die Deutsche Nationalbibliothek verzeichnet diese Publikation in der Deutschen Nationalbibliografie; detaillierte bibliografische Daten sind im Internet über http://dnb.d-nb.de abrufbar.

Springer Spektrum

Gedruckt auf säurefreiem und chlorfrei gebleichtem Papier

Springer Spektrum ist ein Imprint der eingetragenen Gesellschaft Springer-Verlag GmbH, DE und ist ein Teil von Springer Nature.
Die Anschrift der Gesellschaft ist: Heidelberger Platz 3, 14197 Berlin, Germany

Inhaltsverzeichnis

Ein ungewöhnliches Lexikon historischer Vogelnamen

Allgemeines

Beim Beschäftigen mit der Vogelkunde, beim Lesen, beim Blättern in alten Büchern oder in Unterhaltungen tauchen immer wieder alte Vogelnamen auf, die nicht jeder kennt.

Solche Namen nennt man oft „volkstümliche Namen". Sie sind Teile unseres erhaltenswerten Kulturgutes. Immer wieder kann man ihnen begegnen, sei es in alten Gedichten, in Romanen, in Märchen, in regionalen Sprachen oder auch Dialekten. Manchmal findet man die alten Namen auch als Teile unserer Umgangssprache wie etwa den „Galgenvogel". Jeder von uns kennt den Begriff und verbindet ihn vielleicht mit einer Person. Auch bei „Jakob" denken noch viele, vor allem Ältere, an eine zahme Dohle. Und wer kennt nicht die zänkisch – geschwätzige – diebische Elster? Diese „diebische Elster" wählte der romantisch und volkstümlich veranlagte italienische Komponist Gioachino Rossini als Titel einer seiner berühmtesten Opern. Aber wer vermutet hinter einem „Würgengel" unseren bekannten Neuntöter? Eine „Angeltasche" ist eine Eisente. Dieser Name stammt aus Lappland und wurde ursprünglich aus dem „angenehmen Geschrey" des Vogels abgeleitet, der nach Bechstein wie „Aan-gitsche" klingen soll. Die Ohrenlerche hat man wegen ihres breiten Kehlbandes „Priestergürtel" genannt. Vulgärer klingen „Feuchtarsch" für den Kormoran oder „Arschfuß" für den Hauben- und andere Taucher. Solche Bezeichnungen sind oder waren bekannt und üblich. Die Taucher haben weit hinten sitzende Beine, die ihnen einen „normalen" Gang erschweren. Namen wie diese, die in keinem Vogelbestimmungsbuch stehen, sind Trivialnamen. Sie haben mit Wissenschaft meist wenig zu tun und können auch Volksnamen genannt werden. Ihre Entstehung ist zufällig oder gewollt. Sie sind da und werden überliefert – oder auch nicht.

Über Vögel, die sich hinter Trivialnamen verbergen, gibt das vorliegende Lexikon Auskunft. Es ist ein „Lexikon", weil man darin nachschlagen und sich informieren kann. Ansonsten hat dieses Buch mit einem herkömmlichen Lexikon kaum etwas gemein. Da es sich bei den hier zitierten um historisch gesicherte Vogelnamen handelt, hat das Buch den Titel „*Ein ungewöhnliches Lexikon historischer Vogelnamen*" erhalten. Verglichen mit dem Lexikon der Erstauflage gleichen Titels ist dieses neubearbeitete Lexikon stark verändert und erweitert worden. Es enthält mit den Autoren Turner oder Gessner, später mit Schwenckfeldt, Pernau, Zorn, Frisch u. a. die ältesten Naturforscher im deutschen Sprachraum, von denen Geschriebenes über Vögel bekannt ist. So gut wie alle Trivialnamen dieser sogenannten „Alten Autoren" sind hier erfasst worden. Die größte Menge der Namen erschien erst

© Springer-Verlag GmbH Deutschland, ein Teil von Springer Nature 2019
P. Bertau, *Ein ungewöhnliches Lexikon historischer Vogelnamen*,
https://doi.org/10.1007/978-3-662-59773-6_1

später, um und nach 1800, als die vielen Kunstnamen von Bechstein, Goeze-Donndorf, Buffon-Otto oder Naumann hinzukamen.

Die Idee zu der Arbeit, zu der auch das zweibändige Werk „*Die Bedeutung historischer Vogelnamen*" gehört, entstand während der Beschäftigung mit dem Naturphilosophen, Mediziner und Naturwissenschaftler Lorenz Oken (1779–1851), dem letzten Verfasser einer die Geologie, Botanik und Zoologie umfassenden Naturgeschichte.

In den die Ornithologie betreffenden Bänden der Okenschen Werke sind neben den damals üblichen Vogelnamen viele Trivialnamen aufgeführt. Diese Namen sollten inhaltlich gedeutet werden, wobei weniger die Etymologie, also Alter und Ursprünge im Vordergrund standen, als wirklich die Bedeutung der Vogelnamen.

Zu Okens Zeit als Professor in Jena (1807–1819) lehrte dort auch Friedrich Siegmund Voigt (1781–1850). 1835 erschien der zweite Band seines „*Lehrbuchs der Zoologie*" über Vögel, auch mit Trivialnamen.

Der „Vogelpastor" Christian Ludwig Brehm (1787–1864) aus Renthendorf in Thüringen veröffentlichte in seinen Werken eine Fülle von Trivial- und Artnamen. Die überwiegenden Kunstnamen sind wichtige Bestandteile auch des vorliegenden Lexikons. Aus verschiedenen Gründen stehen C. L. Brehms Vogelnamen aber nicht im Mittelpunkt. Zur Arbeit an den Büchern über „*Historische Vogelnamen*" (von Peter Bertau) und auch für dieses Lexikon wurde der ebenfalls berühmt gewordene Sohn des „Vogelpastors", Alfred Edmund Brehm (1829–1884), vorgezogen. Dessen Trivialnamen entstammen den Bänden 4–6 (Vögel 1–3, 1878–1879) der zweiten Auflage seines Hauptwerkes, zu der Zeit schon als „*Brehms Thierleben*" bekannt. Alfred Brehm hatte diese Auflage vor seinem frühen Tod noch selber überarbeiten und erweitern können.

Johann Friedrich Naumann (1780–1857) war einer der Mitbegründer der Ornithologie Deutschlands. Er gab zwischen 1820 und 1844 sein zwölfbändiges Werk „*Naturgeschichte der Vögel Deutschlands*" heraus. Von ihm stammen die meisten Trivialnamen in diesem Buch. Allerdings hat Naumann einen hohen Prozentsatz seiner Begriffe von Johann Matthäus Bechstein (1757–1822) übernommen. Bechsteins sehr große Zahl von Trivial- und Kunstnamen ist ebenfalls Bestandteil des vorliegenden Lexikons.

Die Gesamtzahl der bei den vier Autoren Oken, Voigt, Naumann und Brehm genannten 480 Vogelarten ist in den Bänden über „*Historische Vogelnamen*" bearbeitet worden. Die Zahl von deren (der vier Wissenschaftler) Trivialnamen war mit knapp 9000 etwas niedrig, zu gering für ein eigenes Lexikon. Deshalb wurde die Idee verwirtlicht, ein erweitertes Lexikon zu entwickeln. In ihm sollten an Trivialnamen interessierte Leser ihre Fragen mit einiger Sicherheit beantwortet bekommen können. Bei den hinzukommenden Autoren wurde auch eine gewisse Regionalität angestrebt. Es ist aber klar, daß bei hier nicht genannten Ornithologen noch sehr viele weitere Trivialnamen zu finden sind.

Das in der ersten Auflage entstandene Lexikon hat sich mit seinen fast 25.000 Namen als nützlich und praktisch erwiesen. Dennoch wurde dieses neue Lexikon noch einmal auf über 38.000 Begriffe erweitert. Der Hauptgrund war, daß sich erst nach dem Erscheinen der Erstausgabe des Lexikons Zugriffe auf die Literatur praktisch aller wichtigen „Alten Autoren" ergaben. Diese „Alten Autoren" haben seit Mitte des 16. Jahrhunderts (Turner 1544) ornithologische Bücher oder andere Schriften zur Vogelkunde veröffentlicht.

Die alten Quellen umfassen maßgebliche Wissenschaftler der deutschen Ornithologie-Geschichte ab 1544, deren Namen heute leider oft vergessen sind. Dazu zählt zum Beispiel William Turner (1544) mit seinem *Turner on Birds,* der wohl ältesten bekannten Literaturquelle über Vogelnamen. Conrad Gessner (um 1555) ist zu nennen oder Caspar Schwenckfeld (1603), aber auch Johann Leonhard Frisch (um 1730–1740) mit dem sehr seltenen Textbuch über die *Vögel Deutschlands,* sowie die ebenfalls seltene sogenannte „*Landlust*" von Ferdinand Adam von Pernau (um 1720). Die Vogelnamen gerade der „Alten Ornithologen", deren Werke zum Teil deutlich vor 1800 erschienen sind, machen dieses vorliegende Buch auch zum wissenschaftlichen Durchforschen besonders interessant.

Bei der Beschäftigung mit dem Lexikon fällt auf, daß bei einigen Autoren an den Namensabkürzungen Zahlen stehen. Man findet z. B. Be1,2 (oder auch getrennt: Be1, Be2). Bei Oken kommen O1, O2, und O3 vor. Das bedeutet, daß die Trivialnamen aus verschiedenen und unterschiedlich alten Werken der Autoren stammen. Okens sehr verschiedene Bücher erschienen 1816, 1837 und 1843. Das sollte mit O1, O2 und O3 (auch O1,2,3) ausgedrückt werden. Auch Bechsteins Literatur wird, wie die von Oken, hier zeitlich gestaffelt. Be1 bezieht sich auf die Vogelbücher der Erstauflage 1791–1795, Be2 meint die Ausgaben der zweiten Auflage und dort die Vogel-Bände 2–4 (1805, 1807, 1809), Be (ohne Zahl) bezieht sich auf das „Ornithologische Taschenbuch" (ab 1802). Be97 (für 1797) und Be05 (für 1805) auf weitere Bechstein-Werke.

Andere häufige Abkürzungen im Buch sind VN, KNB oder KN. VN bedeutet Volksname. Ein Volksname ist in einer Region irgendwann einmal entstanden und hat sich oft lange gehalten.

KN bedeutet dagegen Kunstname. Kunstnamen sind konstruiert worden. Sie entstanden mit dem zunehmenden Interesse an der Ornithologie in großer Zahl um und nach etwa 1800 in allen Gegenden Deutschlands und in deutsch sprechenden Anrainergebieten. Mit den meisten Konstrukten wollten die Autoren etwas ordnen oder Bestimmtes ausdrücken. Kunstnamen entstanden auch deshalb oft, weil es in Deutschland noch keine Systematik gab. Viele dieser Namen beziehen sich auf Aussehen, Größe und Lebensweise von Vögeln, wie auch das mögliche Auftreten zu bestimmten Jahreszeiten. So veränderte Naumann z. B. die Namen für die Hochsee-Entenarten derart, daß eine Bergente zur Bergtauchente wurde, eine Eisente zur Eistauchente usw. „Bergtauchente", und die anderen Bezeichnungen sind Beispiele für Kunstnamen, die eingeführt wurden, um auf den besonderen Nahrungserwerb dieser Tiere hinzuweisen.

Der Buchstabengruppe KNB begegnet man im Lexikon sehr oft. Sie stehen für „Kunstnamen von C. L. Brehm". Brehm hatte ein „Verzeichniß der Kunstnamen aller europäischen Vögel nach der Reihenfolge" in seinem Lehrbuch der Naturgeschichte aller europäischen Vögel (1823/24), Band 2, Seiten 1009–1032 zusammengestellt. KNB bedeutet Kunst-Name von Brehm.

Auch in der Bevölkerung entstanden wegen zunehmender Wissensmenge dauernd neue Namen. Man muß sie nicht alle Kunstnamen nennen, oft wäre auch der Begriff „Volksname" richtig.

Einer der Gründe für das Entstehen neuer Namen war wohl auch ein Mangel an Austausch von Informationen.

Vor allem zu Beginn des 19. Jahrhunderts kamen so in allen Teilen des Landes viele neue Namen für unsere Vögel zustande. Von ihnen ist ein beträchtlicher Teil bis heute überliefert worden.

Weil sich um die Jahrhundertwende zum 19. Jahrhundert vor allem Bechstein und mit ihm immer mehr Wissenschaftler mit der Ornithologie beschäftigten, entstanden viele neue Kunstnamen, die die Vogelarten näher kennzeichnen sollten. Ein ziemlich einmaliges Beispiel dafür ist der berühmte „Vogelpastor" Christian Ludwig Brehm (1787–1864), der im thüringischen Renthendorf lebte. Brehms Bestreben war es, Unterschiede im Aussehen von Vögeln festzustellen, die er dann so genau wie möglich beschrieb, benannte und ordnete. Das Resultat war in seinem „Handbuch der Naturgeschichte aller Vögel Deutschlands" (1831) eine große Vermehrung der Zahl von Arten und Unterarten auf über 900. Laut Barthel und Hellbig (2005) wurden in Deutschland seit 1800 509 Vogelarten nachgewiesen. Brehm legte „ganze Serien an, also zahlreiche Exemplare derselben Art, jedoch von unterschiedlichem Geschlecht, Alter und aus verschiedenen Regionen. So besaß er, als er 1864 starb, mit 15.000 etikettierten Bälgen eine wissenschaftlich geordnete Sammlung, die an Umfang alle vergleichbaren seiner Zeit übertraf" (Wikipedia 13.06.2018).

Die meisten Beschreibungen von C. L. Brehm hielten wissenschaftlichen Überprüfungen nicht stand. Nur 55 der von ihm beschriebenen Arten und Unterarten sind noch heute anerkannt. Von C. L. Brehm erstbeschriebene Arten sind z. B. der Gartenbaumläufer oder die Nachtigall. Der „Vogelpastor" aus Renthendorf, Vater des später „Tiervater" genannten Alfred Brehm, veröffentlichte Werke in den Jahren 1822 (im Lexikon CLB1), 1824 (im Lexikon CLB2) und 1831 (im Lexikon CLB3).

Kurze Biografien der Autoren der zitierten Trivialnamen

Im Folgenden werden die Wissenschaftler in alphabetischer Reihenfolge vorgestellt, von denen die im Lexikon aufgeführten Trivialnamen stammen. Diese Übersicht vermittelt gleichzeitig einen Eindruck über die maßgeblichen Ornithologen und deren Vorgänger seit dem Ausgang des Mittelalters, genauer: Seit in Deutschland Bücher über Vögel geschrieben werden.

Über **Johann Christoph Adelung** (1732–1806) kann man in einem 1796 erschienenen Buch (*Neuestes gelehrtes Dresden oder Nachrichten von jetzt lebenden Dresdner Gelehrten ...*) von J. G. A. Kläbe lesen: „Adelung (Johann Christoph) Churfürstl. Sächsischer Hofrath und Oberbibliothekar zu Dresden, der Königl. Preuss. Academie der Wissenschaften zu Berlin, und verschiedener gelehrten Gesellschaften Mitglied, geboren den 30. August 1734 [!] zu Dpantekow (= Spantekow), unweit Anklam in Vor-Pommern, wo sein Vater M. Johann Paul Adelung Prediger war, studirte zuerst auf der Stadtschule zu Anklam, dann zu Klosterbergen bey Magdeburg und hierauf zu Halle; ward 1759 Professor an dem evangelischen Gymnasio zu Erfurt, legte aber diese Stelle 1761 wieder nieder, privatisirte hierauf von 1763 an zu Leipzig, bis er 1787 Churfürstl. Sächs. Hofrath und Ober-Bibliothekar zu Dresden ward. Dass er sich um unsere deutsche Sprache sehr verdient gemacht hat, darf ich wohl kaum erwähnen, da seine Schriften in diesem Fache allgemein bekannt sind." Dazu folgte eine lange Liste von Veröffentlichungen. Darunter ist auch das Werk, das Adelung bis heute berühmt gemacht hat: *Versuch eines vollständigen grammatisch-kritischen Wörterbuchs der Hochdeutschen Mundart*. Es erschien fünfbändig von 1774–1786 und wurde später (z. B. von 1793–1801) neu aufgelegt.
Lit.: J. G. A. Kläbe, s. o., Wikipedia (28.12.2017)

Eleazar Albins (1690?–1742?, 1759?) Geburts- und Sterbejahre sind unbekannt. Er starb möglicherweise um 1742, vielleicht auch erst 1759. Albin war ein englischer Naturforscher. Zu den Werken, die er selber schrieb, fertigte er auch selber die Kupferplatten und kolorierte die Drucke mit Wasserfarben. 1720 erschien z. B. *A Natural History of English Insects* (Naturgeschichte der englischen Insekten) und von 1731–1738 *A Natural History of Birds* (Naturgeschichte der Vögel). Der Text zur Naturgeschichte der Vögel stammte von William Derham (1657–1735). Das Buch war eines der frühesten Bücher mit genauen Darstellungen von Vögeln. Über Albins Leben weiß man nichts. Vielleicht stammte er aus Deutschland. Sicher ist, daß er 1708 geheiratet hat und in London lebte. „Die tiefen sozialen Klüfte zwischen den verschiedenen Schichten der Einwohnerschaft Londons jener Jahre waren nicht dazu angetan, Einzelheiten aus dem Leben eines Mannes zu bewahren, der nicht zur feinen Welt gehörte" (Gebhardt).
Lit.: Gebhardt, Wikipedia (01.08.2017).

Johann Matthäus Bechstein (1757–1822) war Pädagoge, Forst- und Naturwissenschaftler. Nach seinem Studium in Jena (1778–1780) lehrte er ab 1785 in Schnepfenthal/Thüringen Botanik, Zoologie, Mineralogie und Feldvermessung. 1795 begründete er für Forstpraktiker und Gelehrte die „Societät für Forst- und Jagdkunde", die bald zahlreiche Mitglieder im In- und Ausland zählte. Er verfaßte Werke für Forst- und Jagdwissenschaften, deren methodische und wissenschaftliche Grundlagen, besonders auch den Naturschutz betreffend, er nach seiner Berufung als Direktor an die zu begründende Forstlehranstalt zu Dreißigacker bei Meiningen (1800) auch umsetzte. Dafür und für seine Verdienste um die unter seiner Leitung kräftig aufblühende Akademie empfing Bechstein 1806 die Ehrendoktorwürde der Universität Erlangen und wurde 1816 zum „Geheimen Kammer- und Forstrath" ernannt.
Die vielen oft umfangreichen naturkundlichen, darunter ornithologische, Schriften brachten dem als sehr fleißig bekannten Bechstein schon zu Lebzeiten den Ruf als „Vater der deutschen Vogelkunde" ein. Ab 1789 (bis 1795) erschienen die vierbändige *Gemeinnützige Naturgeschichte Deutschlands nach allen drey Reichen der Natur* und 1802 sein *Ornithologisches Taschenbuch von und für Deutschland*. Mit seinen Jugendwerken (1789) hätte Bechstein das seit dem Tod von J. L. Frisch

(1743) fast völlig ruhende Studium der deutschen Vogelwelt neu belebt (Stresemann). Schon vor Naumann, den Stresemann als den Wissenschaftler bezeichnete, der am maßgeblichsten an den heute benutzten Vogelbezeichnungen mitgewirkt hat, war auch Bechstein daran beteiligt, die zahlreichen oft rätselhaft klingenden Vogelnamen in eine verständliche Form zu überführen.

Eine *Zweyte vermehrte und verbesserte Auflage der Naturgeschichte* erschien ab 1801, die 3 Vogelbände 1805, 1807 und 1809 (Bände 2–4). Bechstein war um 1800 einer der stärksten Impulsgeber des Naturschutzes und der wissenschaftlichen Ornithologie. Zu seinen Zeiten nahm die Zahl der Trivialnamen stark zu. Die Neigung, Kunstnamen zu konstruieren, die nicht nur von Bechstein kam, wurde von vielen Ornithologen übernommen, wie neben Johann Friedrich Naumann auch Bernhard Meyer oder Johann Wolf.

Lit.: Versch. Quellen, sowie Stresemann *Journ. f. Orn. Sonderh. 3/41.*
und http://de.wikipedia.org/wiki/Johann_Matthäus_Bechstein, Stand 22.11.2012

Alfred Edmund Brehm (1829–1884) ist auf dem Gebiet der Naturbeschreibung durchaus als direkter Nachfolger Okens anzusehen. Wegen der immer umfangreicher werdenden Inhalte von Geologie und Botanik befaßte er sich allerdings nur noch mit der Tierkunde.

A. Brehm verfaßte von 1864–1869 das sechsbändige Werk *Illustrirtes Tierleben*, dessen spätere Auflagen als *Brehms Tierleben* berühmt wurden. In seinen Büchern beschritt er ganz neue Wege. So beschrieb er eigene Forschungen und Erlebnisse in der Ich-Form und verwertete, auch für sein Tierleben, viele Berichte zeitgenössischer Reisender, Forschungsreisender.

Dadurch, daß sich Brehm ganz auf Tiere beschränkte, machte er das Leben der Tiere literaturfähig. Ein breites Publikum war so begeistert, daß schon 1876–1879 eine auf 10 Bände erweiterte und aktualisierte zweite Auflage erschien, der schon 1890–1893 die dritte Auflage folgte. Die Vogelbände der zweiten Auflage (Bände 4–6), die 1878–1879 erschienen waren, hatte Brehm, der 1884 starb, noch selber bearbeitet. Sie enthalten zahlreiche Trivialnamen von Vögeln, die Brehm teilweise von Oken, überwiegend aber von Johann Friedrich Naumann und Johann Matthäus Bechstein übernommen hatte. Typisch für Brehm war außerdem seine Neigung, ursprünglich längere Kunstnamen zu verkürzen. Der junge Alfred Brehm hatte in Altenburg das Maurerhandwerk erlernt und dort die Kunst- und Handwerkerschule absolviert, bevor er in Dresden ein Architekturstudium begann. Das brach er aber ab, als der bekannte Ornithologe J. W. von Müller ihm 1847 anbot, ihn auf eine Forschungsreise nach Afrika zu begleiten, die schließlich 5 Jahre dauerte. 1855 schloß Brehm nach nur 2 Jahren ein Studium der Naturwissenschaften in Jena mit der Promotion ab. Es folgten Reisen, deren Ergebnisse er in Aufsätzen und Berichten aus der Tierwelt festhielt, was in der Bevölkerung großen Anklang fand. Von 1863–1866 leitete Brehm den Zoologischen Garten in Hamburg und bis 1878 das Berliner Aquarium, das er 1869 gegründet hatte. Krankheiten und private Schicksalsschläge setzten ihm so zu, daß er, der inzwischen wieder in seinem Geburtsort Renthendorf in Thüringen wohnte, dort schon 1884 starb.

(Quellen: Brehm-Biografien).

War Oken der letzte Naturwissenschaftler in Deutschland, dem es noch gelang, die Geologie mit der Mineralogie sowie die pflanzlichen und tierischen Lebewesen zu einem umfassenden Werk zu vereinen, war Brehm der erste, der mit einer umfassenden Beschreibung nur der Tiere den explosionsartig anwachsenden Wissenszuwachs des 19. Jahrhunderts dokumentierte.

Christian Ludwig Brehm (1787–1864) war der berühmte „Vogelpastor" und der Vater von Alfred Edmund Brehm (1829–1884). Er lebte im thüringischen Renthendorf, wo er ab 1812 als Dorfgeistlicher wirkte. Trotz der Arbeiten von M. Bechstein und J. F. Naumann galt Pastor Dr. Brehm als bester Vogelkenner seiner Zeit. Die Grundlage seines hohen Ansehens bildete seine Sammlung von zuletzt über 15.000 Vogelbälgen, die er gewissenhaft beschrieben und wissenschaftlich ausgewertet hatte. In die Kritik geriet er, weil er Variationen, Unterarten, fast regelmäßig als neue Arten beschrieb und auch benannte. Nur wenige solcher Ansichten erwiesen sich schließlich als richtig und konnten sich bis heute durchsetzen. Als Beispiel immer wieder angeführt wird die Artverschiedenheit von

Garten- und Waldbaumläufern, die vor allem Naumann anfangs nicht akzeptieren wollte. Heute ist es auch selbstverständlich, zwischen Sommer- und Wintergoldhähnchen zu unterscheiden oder zwischen Sumpf- und Weidenmeise. Nicht direkt dazu gehören Thekla- und Haubenlerche, die nicht nahe verwandt, sondern zwei verschiedene konvergente Arten sind. Die Theklalerche erhielt ihren Namen von C. L. Brehm zu Ehren seiner früh verstorbenen Schwester Thekla Brehm (1833–1857). Ferner war Christian Ludwig Brehm der Erstbeschreiber von Nachtigall, Singdrossel, Schreiadler und Schwarzhalstaucher. 55 seiner Unterarten wurden schließlich dauerhaft anerkannt.

C. L. Brehms Vogelsammlung blieb nach dessen Tod jahrzehntelang unbeachtet und war am Verderben, als der deutsche Ornithologe und Theologe Otto Kleinschmidt (1870–1954) begann, sich mit der Sammlung oder mit dem, was noch von ihr erhalten war, zu beschäftigen. 1897 konnte er 9000 (von ursprünglich 15.000) der noch erhaltenen Präparate für 15.000 Mark an Lord Rothschild für dessen Privatmuseum in Tring bei London verkaufen. 1932 gelangte die Sammlung nach New York, wo sie sich bis auf etwa 2826 an das Museum Alexander König nach Bonn getauschte Präparate noch heute befindet. Aus der Brehmschen Sammlung sind noch etwa 7500 Vogelpräparate erhalten.

Lit.: Versch. Quellen.

Matthias Brinkmann (1879–1969) studierte nach seiner Zeit als Lehrer an verschiedensten Schulen bis 1926 in Göttingen, wo er 1927 promovierte. 1930 wurde er Professor an der Pädagogischen Akadademie in Beuthen. Von seinen vielen Veröffentlichungen erschien 1978 ein „unveränderter Nachdruck" seines Buchs *Die Vogelwelt Nordwestdeutschlands* aus dem Jahr 1933.

Lit.: Gebhardt: Die Ornithologen Mitteleuropas 1970, 226

Georges-Louis Marie Leclerc, Comte de Buffon (1707–1788) schrieb mit seinen Helfern ein Riesenwerk. Die meisten ornithologischen Veröffentlichungen anderer Autoren, vor allem in Deutschland, waren damals meist ein- oder wenigbändige Werke. Alleine das Vogelwerk des großen französischen Naturforschers besteht nach der Übersetzung ins Deutsche aus 35 Bänden. Die Übersetzungen, die zwischen 1772 und 1809 erschienen, sowie Ergänzungen oder Nachträge stammen von Friedrich Heinrich Wilhelm Martini (1729–1778) und nach dessen Tod von Bernhard Christian Otto (1745–1835). Otto war ein deutscher Arzt und Naturforscher. Er lehrte an der Universität von Frankfurt/Oder und wurde auch Herausgeber der Naturgeschichte der Vögel von Buffon in deutscher Sprache (Quelle: Wikipedia). Buffons Bücher erwiesen sich als eine einzigartige, enorm wichtige Informationsquelle für die Ornithologen ab dem 19. Jahrhundert.

Der Pastorensohn **Gustav Clodius** (1866–1944) lebte in Camin bei Ludwigslust, wo er auch selber Pastor wurde. Er hatte in Rostock, Erlangen und Greifswald Theologie studiert und beschäftigte sich auch mit der Vogelkunde. Clodius begann wissenschaftliche Beiträge zu verfassen, wobei er seine eigenen ornithologischen Kenntnisse gezielt vertiefen konnte. Die auf die Ornithologie ausgerichtete Hauptschaffensphase begann nach der Übernahme des Pastorenamtes von seinem Vater 1896. Clodius bemängelte das Fehlen einer aktuellen Aussage zur Vogelwelt Mecklenburgs, denn die von Zander 1862 verfaßte Übersicht der Vögel Mecklenburgs entsprach nicht mehr den allgemeinen Anforderungen. Mit **Carl Wüstnei** (1843–1902) fand er einen zuverlässigen und fachlich versierten Partner für die anspruchsvolle Aufgabe, ein Werk über die *Vogelwelt Mecklenburgs* zu veröffentlichen.

Lit.: Versch. Quellen

Johann August Donndorf (1754–1837) war Bürgermeister von Quedlinburg und Inspektor des dortigen Gymnasiums. Wie der um 19 Jahre ältere J. A. E. Goeze hatte er hinreichend Kenntnis von der Vogelwelt des Harzgebirges, auf Grund derer er ein genaues Verzeichnis aller bekannten Vogelarten mit ihren wissenschaftlichen und deutschen Namen verfaßte. Donndorf verarbeitete das Verzeichnis in den 1794–1796 erschienenen 4 Vogelbänden der *Europäischen Fauna oder Naturgeschichte der europäischen Tiere* (Quelle: Gebhard, Ornithologen).

George Edwards (1694–1773) war ein englischer Ornithologe. Er gilt noch heute als „Vater der britischen Vogelkunde". Ab 1716 bereiste er für einige Jahre Europa. Frankreich durchquerte er, wie ein Vagabund aussehend. In Norwegen wurde er als Spion festgenommen. Nach seiner Rückkehr nach England ging es aber steil aufwärts, als er seine auf den Reisen trainierten zeichnerischen Fähigkeiten weiterentwickelte. Edwards wurde zu einem hervorragenden, bekannten Maler naturkundlicher Bilder, die sich bald allerhöchster Nachfrage erfreuten. Auch Sir Hans Sloane, der Präsident der Royal Society, wurde auf ihn aufmerksam. Sloane wurde Edwards größter Förderer und stellte ihn 1733 als Pedell des Royal College of Physicians, dessen Präsident er ebenfalls war, an. Edwards verstand seine Aufgabe dabei vorwiegend als „Keeper of the College Library". 1743–1751 erschienen 4 Bände von *A Natural History of Birds*, dazu ab 1758 drei Nachtragsbände, die großen Beifall fanden.

Lit.: Versch. Quellen.

Kurt Floericke (1869–1934) wurde durch sein *Vogelbuch* (1907), das in mehreren Auflagen erschien, bekannt. Außerdem war er Verfasser zahlreicher populärwissenschaftlicher, nicht nur vogelkundlicher Schriften. Nach seinem Studium der Naturwissenschaften in Breslau und Marburg promovierte er über die Avifauna Schlesiens. Lange Aufenthalte auf der Kurischen Nehrung erweckten in ihm den Wunsch, Leiter einer dort anzusiedelnden Vogelwarte zu werden. Dieser Wunsch ging für ihn nicht in Erfüllung. Grund war möglicherweise selbstverschuldetes Verhalten, auf das hin sich die Wissenschaft von Floericke distanzierte. Er verfolgte aber weiterhin die Idee zur Gründung einer Vogelwarte und hatte 1928 Erfolg, als die Süddeutsche Vogelwarte in Radolfzell am Bodensee eröffnete. Im Zuge der Neuordnung des Reichsnaturschutzgesetzes (1937) mußte die Warte aber nach nur 10 Jahren wieder geschlossen werden. Sie hatte nichts zu tun mit der heutigen Vogelwarte Radolfzell. Diese ist Nachfolgerin der nach 1945 von Rossitten (auf der Kurischen Nehrung) an den Bodensee verlegten Vogelwarte.

Floericke arbeitete u. a. für den Kosmos-Verlag, bei dem er einen Teil seiner zahllosen Werke und kleinen Bändchen veröffentlichte. Dazu kamen rund 400 Aufsätze und kleinere Mitteilungen in Zeitschriften. Er konnte mit seinen populärwissenschaftlichen Beiträgen viele Menschen für die Natur begeistern.

Johann Leonhard Frisch (1666–1743) war ein deutscher Wissenschaftler, der sich Mitte des 18. Jahrhunderts, „auch", aber nicht nur mit Ornithologie beschäftigte. Er ist heute nur noch wenig bekannt. Johann Leonhard Frisch verbrachte seine Jugendzeit in Nürnberg, wo er sich während seiner Gymnasialzeit seinen Unterhalt durch Singen verdienen mußte. Von 1683–1686 studierte er in Altdorf, Jena und Straßburg Theologie und orientalische Sprachen. Während eines achtjährigen Wanderlebens war er im von 1683 bis 1699 dauernden Türkenkrieg Dolmetscher des kaiserlichen Heeres und arbeitete als Hofverwalter in der Landwirtschaft. 1698 wurde J. L. Frisch in Berlin seßhaft, wo er ein Jahr später Subrektor, 1708 Konrektor und 1727 Rektor am Gymnasium zum Grauen Kloster wurde. Neben altphilologischen Arbeiten beschäftigten ihn Naturstudien. Er arbeitete besonders über Insekten und Vögel. Frisch legte ein Naturalienkabinett an, das zum Grundstock des Museums der Preußischen Akademie der Wissenschaften wurde, deren Mitglied er auf Empfehlung von Leibniz seit 1706 war. 1725 wurde er in Anerkennung seiner Leistungen als Geehrter in die Leopoldinische Akademie der Naturforscher berufen.

Das Werk, das Frisch bekannt machte, war aber keine naturkundliche Arbeit, sondern das zweibändige *Teutsch-Lateinische Wörterbuch*, das schon zum Zeitpunkt seines Erscheinens 1741 als lexikographische Leistung von Rang galt. Frisch hatte mehrere Jahrzehnte daran gearbeitet und war immer wieder von Leibniz „ermuntert" worden. Das sprachinteressierte Bildungspublikum hatte seit längerem darauf gewartet.

Von 1720–1738 erschien das 13-bändige Werk Beschreibung von *Allerley Insekten in Teutschland*. Die Herausgabe der Lieferungen der *Vorstellung der Vögel in Teutschland, und beyläuffig auch einiger fremden*, mit ihren natürlichen Farben begann 1733 und wurde erst 1763, 20 Jahre nach dem

Tod von J. L. Frisch, von seinen beiden Söhnen Philipp Jacob und Johann Helfrich, später von seinem Enkel Johann Christoph, vollendet. Beide Werke des 18. Jahrhunderts gehören zu den bedeutendsten Leistungen zum einen der deutschen Entomologie, zum anderen der Ornithologie.

Dennoch: Frischs Werk über die deutsche Ornithologie brachte zwar einen nachhaltigen Umschwung in der Erkenntnis des Vogels, denn bis dahin hatte die Vogelkunde noch fast völlig im Bann aristotelischer Weltanschauung gestanden (Schalow 1919). Laut Gebhardt (2006) hatte Frischs Wirken aber nicht genügend Stoßkraft, die Beschäftigung mit dem Leben der Vögel in Deutschland irgendwie sichtbar voranzutreiben.

Lit.: Versch. Quellen.

Konrad Gessner (1516–1565) oder Conrad Gesner, auch: Konrad Gessner, Konrad Geßner, Conrad von Gesner, war ein Schweizer Arzt, Naturforscher, Altphilologe, Humanist, Polyhistor und Enzyklopädist. Sein offizielles botanisches Autorenkürzel lautet „Gesner". 1541 wurde er Professor der Naturwissenschaften an der Hohen Schule und ließ sich als Arzt in Zürich nieder. 1541 veröffentlichte Gessner seine *Bibliotheca universalis*, von 1551 bis 1558 dann die vierbändige *Historia animalium*, sein wohl bedeutendstes Werk, welches postum um einen fünften Band ergänzt wurde. 1565 starb Konrad Gessner an der Pest (versch. Quellen).

Hermann Friedrich von Göchhausen (1663–1733), war sächsischer Oberland-Jägermeister und Landrat zu Weimar. Er schrieb mit *Notabilia Venatoris* (1710) ein Werk über die Jagd und das „Weidwerk", „Wie es zeithero bey der Hoch-Fürstlich Sächßischen Jägerey zu Weimar gehalten, welche Dinge practicabel oder impracticabel geachtet, und was vor Gebräuche und Gewohnheiten daselbst eingeführet und gewiesen worden, Auch Wie vielerley Arthen derer Gehöltze in hiesigen Waldungen sich finden, wie dieselben nutzbarlich abzuholtzen und zugebrauchen …" (Quelle: Universitäts- und Landesbibliothek Sachsen-Anhalt, Internet).

Carl Rudolf Hennicke (1861–1941) aus Gera war Herausgeber der Neubearbeitung von Naumanns zwölfbändiger *Naturgeschichte der Vögel Deutschlands*. In deren Vorwort schrieb er: „Als Ende 1895 der Herr Verleger mich fragte, ob ich bereit sei, eine Neubearbeitung von Naumanns Naturgeschichte der Vögel Deutschlands zu übernehmen, sagte ich zunächst nur bedingt zu. Ich wußte, daß die Bearbeitung des alten Naumannschen Werkes und die Fortführung seiner mustergültigen Ausgaben bis zur Gegenwart eine Aufgabe sei, die meine Kräfte weit übersteigen würde. Infolgedessen wandte ich mich zunächst an eine größere Anzahl bekannter Ornithologen mit der Anfrage, ob sie mich bei der Aufgabe unterstützen wollten, und bekam zu meiner Freude von den meisten eine zusagende Antwort." An dem 1905 fertiggestellten Werk, das nun *Naturgeschichte der Vögel Mitteleuropas* hieß, hatten 26 Wissenschaftler mitgewirkt.

Der jugendliche Hennicke lernte bei dem Ornithologen und Geologen Karl Th. Liebe. Ab 1886 studierte er in Leipzig Medizin und Naturwissenschaften. 1891 promovierte er dort und wurde Assistent an der dortigen Augen- und Ohrenklinik. Mehrere Reisen führten ihn in den Norden bis Spitzbergen und nach Süden bis nach Westafrika. 1895 trat er die Nachfolge von Karl Th. Liebe an und wurde 1912 zum Professor ernannt. Als Ornithologe und Naturschützer war Hennicke u. a. Redakteur der Ornithologischen Monatsschrift und Vorsitzender des *„Deutschen Vereins zum Schutze der Vogelwelt e. V."*

Lit.: http://de.wikipedia.org/wiki/Carl_Richard_Hennicke, Stand 22.11.2012. Naumann/Hennicke, 1905, I/VII.

Johann Karl Wilhelm Illiger (1775–1813) war ein aufstrebender Forscher, der leider viel zu früh gestorben ist. Nach entomologischen Arbeiten hatte er verstärkt auch an der ornithologischen Systematik und Nomenklatur zu arbeiten begonnen.

Von den „**Alten Ornithologen**" König, Göchhausen, Pernau und Zorn – und nur von diesen – enthält dieses Lexikon über 750 Trivialnamen.

Erst Ende des 18. Jahrhunderts kam Bewegung auch in die deutsche ornithologische Forschung. **Johann August Ephraim Goeze** (1731–1793) war ein deutscher Pastor und Zoologe, der „über das Mikroskopieren zu den Naturwissenschaften gekommen" war. Er widmete im Rahmen der neunbändigen *Europäischen Fauna oder Naturgeschichte der europäischen Tiere* den Vögeln 4 Bände. Nach dessen Tod wurde das Werk von J. A. Donndorf weiterbearbeitet. Donndorf hat die einzelnen Bände auch veröffentlicht.

Emanuel König (1658–1731) war ein Schweizer Physiker und Mediziner. Er war Professor für theoretische Medizin an der Universität Basel. Seine wissenschaftlichen Leistungen werden zwiespältig beurteilt. Eine Rezeption in der medizinischen und naturwissenschaftlichen Welt seiner Zeit fanden Königs Werke nicht. Eins von ihnen ist das *Eydgenossisch-Schweitzerisches Haußbuch* (Wikipedia).

Jacob Theodor Klein (1685–1759) Zu Schwenckfelds Zeiten und noch etliche Jahrzehnte später erschienen wissenschaftliche Bücher häufig in lateinischer Sprache. So auch das 1750 erschienene *Historiae Avium Prodromus* von Jacob Theodor Klein. Klein studierte ab 1701 in seiner Heimatstadt Königsberg „die Rechte" und begab sich dann bis 1711 auf zahlreiche Reisen, bevor er 1712 in Danzig zum Stadtsekretär gewählt wurde. 1714 war er als residierender Sekretär der Stadt Danzig 2 Jahre am polnischen Hof in Dresden und in Polen und blieb ab 1716 zeitlebens in Danzig. Er legte einen botanischen Garten an, begann mit großem Erfolg ein Naturalienkabinett zusammenzubringen und war Mitbegründer der Danziger naturforschenden Gesellschaft, deren langjähriger Direktor er später wurde.

Mit Ausnahme der Insekten bearbeitete Klein alle Klassen des Tierreichs. Sein von ihm entwickeltes System zur Klassifizierung der Tiere entbehrte jeden Anzeichens eines natürlichen Systems. Vielmehr beruhte es auf der Zahl, der Form und der Stellung der Gliedmaßen. Als Vertreter der damals üblichen Schöpfungstheorie war es nach seiner Meinung Aufgabe der Wissenschaftler, die vom Schöpfer eingeteilten Geschlechter und Gattungen aufzufinden und zu charakterisieren. Die Arbeiten Linnés lehnte er in einer Schrift gegen Linné 1743 zwar mit großer Schärfe ab, wurde aber von diesem nicht beachtet. Das mag etwas verwundern, denn Klein war damals wegen seiner naturkundlichen Arbeiten hoch geachtet. Zudem war er Mitglied verschiedener wissenschaftlicher Gesellschaften, so auch der Royal Society. Später wurde ihm von Linné aber doch noch eine Ehre zuteil: Carl von Linné benannte ihm zu Ehren die Gattung Kleinia der Pflanzenfamilie der Korbblütler (Asteraceae). Kleins *Vorbereitung zu einer vollständigen Vögelhistorie* erschien ebenso 1760, ein Jahr nach dessen Tod wie die *Verbesserte und vollständigere Historie der Vögel*. Letzteres Buch wurde herausgegeben von Gottfried Reyger, „itzigem Vicedirector der Naturforschenden Gesellschaft". Von Gebhardt (2006) stammt die Bemerkung: „Seiner Klugheit und Belesenheit verdanken wir die deutschen Namen Rabenkrähe, Beutelmeise, Nachtreiher, Mornell und Ralle."
Lit.: Meyers Konv.lex. 1890, 9/823.
http://de.wikipedia.org/wiki/Jacob_Theodor_Klein, *Stand 22.11.2012*

Die Leistungen von **Johann Georg Krünitz** (1728–1796) als Übersetzer, Autor und Herausgeber eigener Werke sind enorm. Seine Arbeitsgebiete waren Natur- und Medizinwissenschaften sowie die Ökonomie. Er wuchs als Sohn eines Kauf- und Handelsherren in Berlin auf und studierte ab 1747 in Göttingen, ab 1748 in Frankfurt (Oder) Medizin und Naturwissenschaften. Nach seiner Promotion zum Dr. med. blieb er als praktischer Arzt in Frankfurt, wo er sich zum Privatdozenten habilitierte. Nebenbei arbeitete er u. a. an wissenschaftlichen Beiträgen, war Mitarbeiter und Verfasser von lexikalischen Werken, beschäftigte sich mit medizinischen Dissertationen von Doktoranden sowie der Sammlung einer physikalisch-medizinisch-ökonomisch-technischen Realbibliothek. Er war Mitglied mehrerer literarischer und wissenschaftlicher Vereinigungen wie zum Beispiel der Gesellschaft der Freunde der schönen Wissenschaften in Frankfurt (Oder), der er von 1755 bis 1759 als Senior und Sekretair vorstand. 1779 ging er nach Berlin zurück, wo er weiterhin als Arzt tätig war. Neben weiteren

Arbeiten begann er seine berühmte Enzyklopädie herauszugeben, betitelt mit *Oekonomische Encyklopädie oder allgemeines System der Staats-Stadt-Haus- und Landwirthschaft*. Das Werk erschien von 1773 bis 1858 in 242 Bänden und ist damit eine der umfangreichsten Enzyklopädien des deutschen Sprachraums. Außerdem stellt sie eine der wichtigsten wissenschaftsgeschichtlichen Quellen für die Zeit des Wandels zur Industriegesellschaft dar. Krünitz hat nur die ersten 73 Bände selber verfaßt. Als er 1796 starb, war er angeblich mit der Bearbeitung des Begriffs „Leiche" beschäftigt. Die Arbeit am Lexikon wurde von Flörke, Korth, u. a. fortgesetzt.

> *Lit.: Versch. Quellen.*

Bernhard Meyer (1767–1836) studierte in Marburg Medizin und wurde 1791 Leibarzt der Landgräfin von Hessen. 1796 übernahm er in Offenbach eine Apotheke und entwickelte sich gleichzeitig zu einem leidenschaftlichen Ornithologen. Er reiste viel und hatte Kontakt zu „bedeutenden Forschern und Geistesheroen". Neben Lob für ihn gab es aber auch Kritik. J. F. Naumann und H. Boie z. B. sahen sich gedrängt, seinen Eigendünkel zu geißeln. Über deutsche Grenzen berühmt wurde Meyer durch Veröffentlichung der *Naturgeschichte der Vögel Deutschlands* (1805–1815) und des *Taschenbuch der deutschen Vögelkunde* (1810, 1822). Quelle: L. Gebhardt.

Johann Friedrich Naumann (1780–1857) verfaßte ein in jeder Hinsicht einzigartiges Werk. Ab 1820 erschien seine umfangreiche, zwölfbändige *Naturgeschichte der Vögel Deutschlands*. Obwohl sie wegen ihrer geringen Auflage sehr selten war, wurde Naumanns *Naturgeschichte* zum Standardwerk der wissenschaftlichen Ornithologie. Es wurde später in einer beispiellosen Teamarbeit unter der Leitung von Carl R. Hennicke unter dem leicht veränderten Titel *Naturgeschichte der Vögel Mitteleuropas* neu aufgelegt und erschien 1905.

Bis heute gibt es, außer der Erstauflage dieses Lexikons (P. Bertau), keine Nachschlagewerke für historische Vogelnamen. In Bechsteins Büchern, in Naumanns *Naturgeschichte* oder *Brehms Tierleben* findet man zwar viele Trivialnamen, aber nur selten Deutungen oder Erklärungen. Eine Ausnahme bildet das Werk von Suolahti über die *Deutschen Vogelnamen* aus dem Jahr 1909. Das Anliegen des Autors war in erster Linie, die etymologischen Wurzeln aufzuzeigen, d. h. die Herkunft von Vogelnamen zu klären.

Johann Friedrich Naumann wuchs auf einem Bauerngut in Ziebigk bei Köthen/Anhalt auf und blieb dort sein ganzes Leben. Es wurde vom Vater **Johann Andreas Naumann** (1744–1826) geprägt, einem begeisterten Vogelkundler. Die aufsehenerregenden Veröffentlichungen von J. A. Naumann beruhten vor allem auf dessen eigenen Beobachtungen, eigener Vogelstellerei und eigener Jagd. Die produktive Leidenschaft des Vaters übertrug sich auf die Söhne Johann Friedrich und Carl Andreas (1786–1854). Die Brüder arbeiteten zeitlebens eng zusammen, der eine als Bauer und Besitzer des väterlichen Hofes, Carl Andeas Naumann als Förster.

Seine „Wunderkind"-Fähigkeiten, er konnte schon mit 9 Jahren nach der Natur zeichnen, führten dazu, daß Johann Friedrich die Bilder und Kupferstiche zu seines Vaters *Naturgeschichte der Land- und Wasservögel des nördlichen Deutschlands und angränzender Länder* liefern und deshalb das Gymnasium in Dessau schon mit 15 Jahren verlassen mußte. Viele Jahre war J. F. Naumann am Werk des Vaters beteiligt: Er stellte nicht nur alle Bilder selber her, sondern erlernte sogar das Kupferstechen. Schließlich entschloß sich Johann Friedrich, ein eigenes Werk herauszugeben, über dessen Umfang er sich anfangs nicht bewußt war. Der erste Band der *Naturgeschichte der Vögel Deutschlands* erschien 1820, der 12. und letzte 1844. Dazwischen lagen Jahre der Armut und voller Arbeit vor allem in der Landwirtschaft, die gerade so viel Ertrag brachte, daß die große Familie überleben konnte. Arbeitsmaterial und Gerätschaften selber herzustellen, lernte J. F. Naumann, weil Geld zu deren Anschaffung fehlte. Auch wenn nur wenig Zeit war, widmete Naumann sich der Vogelbeobachtung und -beschreibung sowie dem dazu nötigen Vogelfang (Thomsen).

Die ersten Bände der *Naturgeschichte* erschienen 1820, 1822 und 1823. Sie brachten zwar keinen Verdienst, erregten aber in der Fachwelt über die Grenzen Deutschlands hinaus beträchtliches Aufsehen. Spät, aber hochverdient war die Verleihung der Ehrendoktorwürde im Jahr 1839. Zwei Jahre zuvor hatte Naumann den Titel „Anhalt Köthener Professor der Naturgeschichte" von der Herzoglichen Regierung erhalten. Naumanns Werk war für seine Zeit einmalig, zumal sehr viele seiner Vogelbeschreibungen auf eigenen Beobachtungen basierten. Alfred Edmund Brehm (also „Brehm junior") hat später vieles aus Naumanns Werk für sein *Illustriertes Tierleben* verarbeitet.

Lorenz Oken (1779–1851) war Naturwissenschaftler, Mediziner und nach Schelling der führende Naturphilosoph in Deutschland. 1807 erhielt er den Ruf an die Universität Jena, wo er und Voigt, der dort schon vor Oken lehrte, bald zu möglicherweise so erbitterten Konkurrenten wurden, daß sich Oken 1809 die Bemerkung erlauben konnte, daß die allgemeine Stimmung bei den Studenten gegen Voigt wäre. „Er sei ein Schwachkopf und alles belache ihn." Oken, der Voigts Fähigkeiten insgesamt wohl richtig eingeschätzt hatte, war dagegen ein begnadeter Hochschullehrer, der so packende Vorlesungen hielt, daß er immer gut gefüllte Hörsäle hatte. Zu dem Konflikt mit Voigt kommt, daß Oken bei dem mächtigen Goethe im nahegelegenen Weimar wegen eines tragisch-ärgerlichen Mißverständnisses schon sehr früh in dauerhafte Ungnade gefallen war.

Als Oken 1811 Voigt, der dem botanischen Garten im großen Fürstengarten als dessen Direktor vorstand, um die Benutzung des botanischen Gartens zu Vorlesungszwecken bat, wurde ihm das ausdrücklich untersagt. Oken konnte aber ab 1812 in den botanischen Garten der medizinischen Fakultät ausweichen (Quelle: Ilse Jahn, Promotion 1963, 170, unveröffentlicht).

Oken hat, wie es damals üblich war, in seine Werke über Vögel viele Trivialnamen von anderen Autoren übernommen. Der junge Oken hatte sich allerdings bemüht, selber Namen für Pflanzen und Tiere zu erstellen, wie es in anderen Ländern längst geschah. Ihm ist das für einige Begriffe auch gelungen. „Lurch", „Kerfe", „Echse", „Vieh" (für Wiederkäuer), „Nesthocker" und „Nestflüchter", die von Oken stammen, sind in unsere Sprache aufgenommen worden. Weitere Wörter haben sich kaum durchgesetzt.

Oken hat die Universität Jena 1819 wegen seiner wissenschaftlichen Zeitschrift „Isis" verlassen müssen und erhielt 1832, als er Professor in München war, einen Ruf zum Gründungsdirektor an die Universität Zürich. Dort entstand zwischen 1833 und 1842 die *Allgemeine Naturgeschichte für alle Stände,* das letzte wissenschaftliche Werk in deutscher Sprache, das von der Geologie über die Botanik bis zur Zoologie die gesamte belebte und unbelebte Natur umfaßte. 1843 beschloß Oken das Werk mit einem umfassenden *Bildband.*

Über **Herman Schalow** (1852–1925) schrieb Gebhardt in „*Die Ornithologen Mitteleuropas*": „In der Geschichte der deutschen Ornithologie wird er stets als einer der Verdienstvollsten verzeichnet bleiben." Dieser Satz würdigt das Gesamtwerk Herman Schalows, dessen Hauptwerk *Beiträge zur Vogelfauna der Mark Brandenburg* 1919 erschien und zur „Grundlage der modernen Vogelkunde in Brandenburg" geworden ist.

Weil eine Krankheit ein Studium verhinderte, wurde und blieb Schalow in Berlin Bankkaufmann. Seine wissenschaftlichen Kenntnisse erwarb er sich selbst. Schon früh trat er in die Deutsche Ornithologische Gesellschaft ein, deren Vorsitzender er von 1907–1921 war. Danach wurde er Ehrenmitglied (1921) und Ehrenvorsitzender (1924). Das Berliner Museum für Naturkunde ehrte Hermann Schalow mit dem Namen einer Bibliothek.

Lit.: Gebhardt: „*Die Ornithologen Mitteleuropas*", 2006.

Ferdinand Johann Adam **Freiherr von Pernau** (1660–1731). Er ist Verfasser des 1720 erschienenen Büchleins *Angenehme Land-Lust!* (s. u.)

Caspar Schwenckfeld (1563–1609) war zuletzt Stadtphysicus („Stadtarzt") in Görlitz. 1603 erschien sein lateinisch geschriebenes 6-bändiges Hauptwerk *Theriodropheum Silesiae.* „Das 4. Buch behandelte die Vögel und gilt als früheste ornithologische Quelle nicht nur Schlesiens, sondern überhaupt als erste örtliche Vogelfauna der Weltliteratur. … Für die Entwicklung der Ornithologie am wichtigsten sind in dieser Veröffentlichung die der Formenaufzählung beigefügten biologischen Bemerkungen." Schwenckfeld schilderte von den etwa 150 ihm bekannten heimatlichen Arten „recht zutreffend Stimmen, Nest, Zahl und Farbe der Eier, Nahrung und Umweltsbedingungen." Von Schwenckfeld sind hier 735 Trivialnamen verarbeitet. Lit.: *Gebhardt: Die Ornithologen Mitteleuropas, Reprint 2006, 332.*

Es ist ein besonderes Verdienst des großen Ornithologen **Erwin Stresemann** (1889–1972), einem Mann wieder einen Namen gegeben zu haben, den lange Zeit so gut wie niemand kannte: Ferdinand Johann Adam **Freiherr von Pernau** (1660–1731). Er ist Verfasser des 1720 erschienenen Büchleins *Angenehme Land-Lust!* (s. u.) Viele Autoren von Werken aller Art verzichteten im 18. Jahrhundert darauf, ihre Namen zu nennen. Vielmehr konnte es vorkommen, daß andere Autoren solch einem Werk ihren Namen gaben. Bechstein bekam in den 1790iger Jahren das letzte Buch Pernaus in die Hand und befand, eine Neuauflage veranlassen zu sollen. Er hatte aber keinerlei Hinweise auf den Verfasser. So gab er dem Buch seinen eigenen Namen. Ähnlich haben auch andere gehandelt, wie die Durchsicht alter Listen zeigt.

Als Suolahti 1909 sein etymologisches Hauptwerk über die *Deutschen Vogelnamen* veröffentlichte, konnte er sich nur allgemein auf den ihm anonymen Verfasser der *Angenehmen Landlust* beziehen. Stresemanns aufklärende Arbeit erschien erst 1925.

Stresemann äußerte sich auch über die Zeit nach Schwenckfelds bedeutendem Werk (1603): „Von ganz unbedeutenden und gelegentlichen Bemerkungen abgesehen, findet sich der landläufigen Meinung nach im deutschen Schrifttum weit über 100 Jahre lang nichts Ornithologisches." Stresemann schränkte dann aber selber die „weit über 100 Jahre" etwas ein, als er auf Ferdinand Adam Freiherr von Pernau (1660–1731) und Johann Heinrich Zorn (1698–1748) zu sprechen kam, die die „ersten wahrhaft bedeutenden Erforscher der Lebensweise europäischer Vögel" gewesen wären. Pernau wird wegen seines Buches bisweilen als einer der Gründerväter der systematischen Erforschung der europäischen Vogelwelt bezeichnet.

Von **Pernau** erschien 1702 das Büchlein *Unterricht/ was mit dem lieblichen Geschöpff/ denen Vögeln/ auch ausser den Fang/ Nur durch die Ergründung Deren Eigenschafften/ und Zahmmachung/ oder anderer Abrichtung/ Man sich vor Lust und Zeit-Vertreib machen könne.*

In überarbeiteter Form gab es 1707 das Buch unter neuem Titel: *Unterricht, was mit dem lieblichen Geschöpff, denen Vögeln, Auch ausser dem Fang, Nur durch die Ergründung Deren Eigenschafften und Zahmmachung Oder anderer Abrichtung, Man sich vor Lust und Zeitvertreib machen könne.*

Schließlich erschien 1720 die Endform: *Angenehme Land-Lust! Deren man in Städten und auf dem Lande, ohne sonderbare Kosten, unschuldig geniessen kann. Oder von Unterschied/ Fang/ Einstellung und Abrichtung der Vögel/ Samt deutlicher Erleuterung derer gegen den Zeit-Vertreib geschehenen Einwendungen, auch nöthigen Anmerkungen über Hervieux von Canarien-Vögeln/ und Aitinger vom Vogelstellen.*

Sir Hans Sloane (1660–1753) war ein englischer Mediziner und Naturwissenschaftler, besonders Botaniker. Sein Studium in London setzte er in Paris und Montpellier fort, wo er 1683 promovierte. Ab 1687 unternahm er eine längere Reise nach Jamaika, Barbados und andere Inseln, über die 1696 und 1707 wissenschaftliche Auswertungen erschienen. 1685 wurde Sloane zum Mitglied der Royal Society gewählt und 1727 zu deren Präsident ernannt. Den Titel „Sir" erhielt er 1716. Sloanes bedeutende Sammlungen umfaßten neben einem umfangreichen Herbarium nicht nur Naturalien aller Art, sondern auch Kunstgegenstände wie Gemälde und Antiquitäten. Diese Sammlungen bildeten 1753 den Grundstock des British Museum. Später kam die naturkundliche Sammlung Sloanes an das Natural History Museum.

Lit.: http://de.wikipedia.org/wiki/Hans_Sloane, (Stand 22.11.2012 und 2008), u. a.

Hugo Suolahti (1874–1944) hieß bis 1906 noch Hugo Palander. Er war finnischer Literaturwissenschaftler mit dem Schwerpunkt Etymologie. Suolahti schloß sein Studium an der Universität in Helsinki 1896 ab. Dort wurde er 1901 Dozent und 1911 (bis 1941) Professor für Germanistik. 1923–1927 war er Rektor, 1927–1944 Kanzler.

Noch unter dem Namen Palander veröffentlichte Suolahti 1899 *Die altdeutschen Tiernamen, Band 1 – Säugetiere*. 1909 folgte (nun als „Suolahti") seine wortgeschichtliche Untersuchung *„Die deutschen Vogelnamen"*, die noch immer ein Standardwerk für Ornithologen ist.

William Turner (um 1510–1568) war ein englischer Naturforscher. Sein Werk *Avium praecipuarum, quarum apud Plinium et Aristotelem mentio est, brevis et succincta historia*, das 1544 in Köln erschien, war das erste gedruckte Buch, das ausschließlich den Vögeln gewidmet war. Turner übernahm darin Arten, die schon von Aristoteles und Plinius erwähnt worden waren, aber auch andere, die er z. B. selbst beobachtet hatte. Turner lebte ab 1553 einige Jahre im Elsaß (Wikipedia).

Friedrich Siegmund Voigt (1781–1850) war nur 2 Jahre jünger als Lorenz Oken. Seit 1803 war er Dozent in Jena. Er wurde nach der Schlacht bei Jena und Auerstedt 1806 auf Betreiben Goethes Nachfolger des nach Heidelberg „geflüchteten" F. J. Schelver und war von 1807 bis 1819 auch Direktor des Herzoglichen Botanischen Gartens. Der erst 1807 zum ao. Professor ernannte F. S. Voigt hielt schon seit 1805 botanische Vorlesungen. Er korrespondierte intensiv mit Goethe, mit dem er eng zusammenarbeitete. In dieser Zeit, um 1805, begann Voigt, Verbindungen zu Pariser Botanikern aufzunehmen. Durch Vermittlung Goethes kam 1809 schließlich ein einjähriger Forschungsaufenthalt in Paris zustande, wo er u. a. bei Cuvier und Lamarck arbeitete. In einem Brief an Voigt aus der Zeit um 1810 kündigte Humboldt dem Empfänger an, ihm für eine Reise nach Tibet 1000 Taler zu schicken. „Sie zahlen mir diese Summe, wann Sie wollen, vor oder nach Tibet, in 5 – 6 – 10 Jahren zurück. Ich hoffe, es liegt nichts Beleidigendes in diesem Schritte. Sie würden dasselbe für mich tun und mehr" (Internet um 2010, Quelle nicht reproduzierbar).

F. S. Voigt war Autor und Mitherausgeber vieler naturwissenschaftlicher Werke. In der umfangreichen *Naturgeschichte der drei Reiche* war Voigt 1835 Autor des Vogelbandes, Band 2 der *Speziellen Zoologie*.

Lit.: Ilse Jahn, Leopoldina 28, 1982.

Francis Willughby (1635–1672) war ein englischer Ornithologe und Ichthyologe. Nach seiner Schulzeit studierte er am Sutton Coldfield College (bei Birmingham). Später, am Trinity College in Cambridge, war John Ray sein Lehrer. Mit Ray bereiste Willughby 1662 die Westküste Englands, um brütende Seevögel zu studieren. 1663–1666 waren beide in Europa unterwegs. Getrennt wieder in England angekommen, arbeiteten sie an Veröffentlichungen der Ergebnisse ihrer Reisen, in deren Verlauf Willughby an Brustfellentzündung starb. Ray vollendete Willughbys Arbeiten und veröffentlichte 1676 die *Ornithologia libri tres*, der zwei Jahre später die englische Übersetzung folgte. Dieses Werk wird für den Beginn der wissenschaftlichen Ornithologie in Europa gehalten. Willughby war der Erste, der alle beschaulichen, moralischen und übersinnlichen (etwa alchimistischen) Betrachtungen aus seinen naturgeschichtlich-biologischen Texten als unwissenschaftlich verbannte.

Lit.: http://de.wikipedia.org/wiki/Francis_Willughby (Stand 22.11.2012 und 2008), u. a.

Johann Wolf (1765–1824) stammte aus Nürnberg und war Mitherausgeber der erfolgreichen Werke von B. Meyer. Ab 1790 stand er im Nürnberger Schuldienst, gründete 1801 die Naturhistorische Gesellschaft, wurde 1808 Professor der Naturwissenschaften und 1811 Distriktsschulinspektor. Seine weitreichende wissenschaftliche Autorität und erste ornithologische Veröffentlichungen (1799) veranlaßten seinen Verleger, ihn zur Fortsetzung zu ermuntern. Er versicherte sich der Mitarbeit seines Offenbacher Freundes B. Meyer, und es kam zur Herausgabe von Arbeiten, die von Sachkennern großen Beifall erhielten, s. o. bei B. Meyer. Die Verbreitung der Werke endete aber abrupt, als 1820 der erste Band von J. F. Naumanns *Naturgeschichte der Vögel Deutschlands* erschien. Etwa 470 Trivialnamen findet man bei Meyer/Wolf.

　Lit.: Gebhardt: *Die Ornithologen Mitteleuropas.*

Carl Wüstnei (1843–1902) und **Gustav Clodius** (1866–1944) gaben im Jahr 1900 zusammen *Die Vögel der Grossherzogthümer Mecklenburg* heraus. Aus dem Vorwort zur Neuauflage des Buches (2004): „Für viele Jahrzehnte blieb sie [diese Avifauna] das unangefochtene Standardwerk für die Mecklenburger Ornithologen." Carl Wüstnei stammt aus Schwerin und hat als Eisenbahn-Baurat in der zweiten Hälfte des 19. Jahrhunderts an vielen neuen Eisenbahnstrecken mitgewirkt. Erst im Ruhestand (1895) konnte er sich intensiv mit der Vogelkunde beschäftigen und viele Arbeiten veröffentlichen.

Der evangelische Pastor **Johann Heinrich Zorn** (1698–1748) schrieb 1742/1743 das zweibändige, stark von Pernau beeinflußte, Werk *Petino-Theologie oder Versuch, Die Menschen durch nähere Betrachtung Der Vögel Zur Bewunderung, Liebe und Verehrung ihres mächtigsten, weissest- und gütigsten Schöpffers aufzumuntern.* Die *Petino-Theologie* zählt als wichtiger Meilenstein der Entwicklung der Ornithologie in Deutschland. Auf Grund des Buches gilt Zorn auch als früher Wegbereiter der vergleichenden Verhaltensforschung.

　Unter Zorns ungewöhnlichem Buchtitel (1743) können sich die wenigsten etwas vorstellen. Sehr hilfreich ist deshalb der ausführliche Untertitel zu dem Werk.

　Ludwig Gebhardt würdigte Zorn in seinem Buch über *Die Ornithologen Mitteleuropas* und lobte sein modernes Denken: „Dieses Verdienst blieb ihm, auch wenn mit dem Absinken der deutschen ornithologischen Wissenschaften in den Jahrzehnten nach ihm sein Werk und sein Name zunächst ins Dunkel zurücktraten."

Stresemann: Über frühe Nachweise von Vogelnamen

Im Jahr 1941 erschien von dem deutschen Ornithologen Erwin Stresemann (1889–1972) im *Journal für Ornithologie* ein Sonderheft mit dem Beitrag *„Einiges über deutsche Vogelnamen".*

　Stresemann hat „eine Anzahl deutscher Vogelnamen zusammengestellt", die heute noch im Gebrauch sind. Sie wären zum größten Teil in Niethammers *Handbuch der deutschen Vogelkunde* aufgenommen worden. Stresemann wollte unterrichten, wann und wo ein Name zum erstenmal aufgetaucht ist.

　Für die Zeit von vor 1700 nachweisbare Vogelnamen (es sind knapp 150) konnte Stresemann viele Quellen anführen, was ihm für eine Liste aus der Zeit von 1700–1800 bzw. für eine Liste von nach 1800 nachweisbaren Namen noch vollständiger gelang.

　Verwendete Quelle (s. o.): *Journal für Ornithologie, Jahrgang 89, Sonderheft 3/1941.*

Für die Stresemann-Tabellen:

ags.	– angelsächsich	mhd.	– mittelhochdeutsch
ahd.	– althochdeutsch	mnd.	– mittelniederdeutsch
andd.	– altniederdeutsch	übers.	– übersetzt von …
Str	= Stresemann	Ni42	= Niethammer (1942)
Hi	= Hildebrandt	O1	= Oken 1816
VN	= Volksname	Ges	= Gessner
KN	= Kunstname	soQu	= Sonstige Quelle

Liste von schon vor dem Jahre 1700 nachweisbaren Namen (nach Stresemann)

Adal-aro (ahd.) – Adler	= Edel-Aar, seit 13. Jahrhundert: adlar
Agalastra (ahd.) – Elster	
Alster – Elster	12. Jahrhundert
Amer (ahd.) – Ammer	
Amsala (ahd.) – Amsel	
Amusla (ahd.) – Amsel	
Anata (ahd.) – Ente	
Anut (ahd.) – Ente	
Bachstelz – Bachstelze	14. Jahrhundert
Birihhuon (ahd.) – Birkhuhn	
Blarack – Blauracke	Göchhausen 1710
Blawmeiss – Blaumeise	Gessner 1555
Boumfalco (ahd.) – Baumfalke	
Brachvogel – Brachvogel	Gessner 1555, für Numenius arquata
Braunellen, das – Braunelle	„Das Braunellen", Hans Sachs 1531
Buchfinck – Buchfink	13. Jahrhundert
Bundter Specht – Buntspecht	Schwenckfeld 1603
Bushard – Bussard	Gessner 1555 aus altfranz. busart
Cuccuc – Kuckuck	13. Jahrhundert
Drôsca (ahd.) – Drossel	Meinte urspr. wohl nur Singdrossel
Drôscala (ahd.) – Drossel	Meinte urspr. wohl nur Singdrossel
Drôsle (mnd.) – Drossel	Meinte urspr. wohl nur Singdrossel
Falco (ahd.) – Falke	
Feldsperling – Feldsperling	Schwenckfeld 1603
Finco (ahd.) – Fink	
Fischadler – Fischadler	Schwenckfeld 1603 für Pandion haliaetus
Fliegen-Schnepper – Fliegenschnäpper	Göchhausen 1710
Fliegesneppe – Fliegenschnäpper	15. Jahrhundert
Gaizmelk – Ziegenmelker	Conrad von Megenberg 1340
Gibiz – Kiebitz	13. Jahrhundert
Gîr (ahd.) – Geier	
Girlitz – Girlitz	Gessner 1555
Goldhandel – Goldhähnchen	15. Jahrhundert
Goldhenlin – Goldhähnchen	1552
Goltamir – Goldammer	13./14. Jahrhundert
Grasemucca (ahd.) – Grasmücke	Wohl aus „grasa-smucka" – Grasschlüpfer
Griel – Triel	Gessner 1555, neben Triel
Grünfinck – Grünfink	Gessner 1555
Gruonspëht (ahd.) – Grünspecht	
Gümpel – Gimpel	16. Jahrhundert
Habuh (ahd.) – Habicht	Habicht seit 15. Jahrhundert belegt
Hasilhuon (ahd.) – Haselhuhn	Mittelhochdeutsch: haselhuon
Hëhara (ahd.) – Häher	
Hëher (mhd.) – Häher	
Heigaro (ahd.) – Reiher	Mittelhochdeutsch: reiger
Hennepling – Hänfling	
Heubellerch – Haubenlerche	Hans Sachs 1531

Heubelmaiss – Haubenmeise	Hans Sachs 1531
Heydlerch – Heidelerche	Turner 1544
Holtaub – Hohltaube	Hans Sachs 1531
Horotûbil (ahd.) – Rohrdommel	
Hraban (ahd.) – Rabe	
Huon (ahd.) – Huhn	
Hussrötel – Hausrotschwanz	Gessner 1555
Isuogel (ahd.) – Eisvogel	
Iule (mhd.) – Eule	Mittelhochdeutsch: Iule
Kernbeyss – Kernbeißer	15. Jahrhundert
Klaiber – Kleiber	Hans Sachs 1531
Kolckrabe – Kolkrabe	Gessner 1555
Kolmeis – Kohlmeise	15. Jahrhundert
Krâ – Krähe	
Krâa (ahd.) – Krähe	
Krâe (mhd.) – Krähe	
Kranuh (ahd.) – Kranich	Mittelhochdeutsch: kranech
Krâwa (ahd.) – Krähe	
Krâwe (mhd.) – Krähe	
Kruckentle – Krickente	Gessner 1555, aus Meissen
Kutz – Kauz	15. Jahrhundert
Lefler – Löffler	Turner 1544
Lêrche (mhd.) – Lerche	
Lêrihha (ahd.) – Lerche	
Löffelente – Löffelente	Fabricius 1564, aus Meissen
Lomme – Lumme	Klein-Reyger 1760 aus lumbe/lomvie
Lumbe – Lumme	F. Martens 1675 f. Uria aus lomvie, fär
Meisa (ahd.) – Meise	
Meise (mhd.) – Meisen	
Meu (andd.) – Möwe	Mittelneudeutsch: mêwe
Mistler – Misteldrossel	Gessner 1555
Münchlein, das – Mönchsgrasmücke	Das Münchlein, Hans Sachs 1531
Nachtegal (mhd.) – Nachtigall	
Nahtagala (ahd.) – Nachtigall	„Nachtsängerin", ahd. galan – singen
Nebelkraha – Nebelkrähe	Hildegard von Bingen um 1150
Nüntöder – Neuntöter	Gessner 1555
Ortolano – Ortolan	Hochberg 1682, aus dem italien. entlehnt
Papageytaucher – Aus holl. Pappegaay-Duiker	F. Martens 1675
Pegasin – Bekassine	Zorn 1742
Pfeifente – Pfeifente	Gessner 1555, aus Meissen
Plesslein – Bläßhuhn	Hans Sachs 1531
Raben (mhd.) – Rabe	
Rache – Blauracke	Schwenckfeld 1603
Rauchswalbe – Rauchschwalbe	1517
Rĕbhuon (ahd.) – Rebhuhn	
Ringamsel – Ringdrossel	Gessner 1555
Ringel taube – Ringeltaube	Turner 1544
Rordummel – Rohrdommel	Eber und Peucer 1552, aus Sachsen
Rot Drossel – Rotdrossel	Schwenckfeld 1603

Rot Velthun – Rothuhn	Strassburg 15. Jahrh.
Rothun – Rothuhn	Gessner 1555
Rötkelchen – Rotkehlchen	Turner 1544
Rotschwentzel – Rotschwanz	Gessner 1555
Sangdruschel – Singdrossel	Eber und Peucer 1552
Scarva (ahd.) – Scharbe	
Schleiereule – Schleiereule	15. Jahrhundert
Schnatter Endte – Schnatterente	Schwenckfeld 1603
Schwantzmeisslin – Schwanzmeise	Gessner 1555
Schwartzer Storck, ein – Schwarzstorch	Gessner 1555
Schwarzspecht – Schwarzspecht	1554
Seeschwalbe – Trauer-, Fluß-Seeschwalbe und Lachmöwe	Name stammt von Schwenckfeld 1603
Sehschwalm – Seeschwalbe	1554
Seydenschwantz – Seidenschwanz	Eber und Peucer 1552
Sichler – Sichler	Gessner 1555
Snĕpfa (ahd.) – Schnepfe	Mittelneudeutsch: snĕpfe
Sparo (ahd.) – Sperling	
Sparwâri (ahd.) – Sperber	Mittelneudeutsch: sperwaere
Spĕht (ahd., mhd.) – Specht	
Sperling (mnd.) – Sperling	
Spiess Endte – Spießente	Schwenckfeld 1603
Stara (ahd.) – Star	
Steinkutz – Steinkauz	15. Jahrhundert
Steinrötele – Steinrötel	Gessner 1555
Stockente – Stockente	Hochberg 1682, Stock bedeutet Wald
Storah (ahd.) – Storch	
Storck, ein schwartzer – Schwarzstorch	Gessner 1555
Stygelicz – Stieglitz	Albertus Magnus, um 1250
Swalwa (ahd.) – Schwalbe	
Thannmeissle – Tannenmeise	Gessner 1555
Tole – Dohle	14. Jahrhundert
Trappe (mhd.) – Trappe	Viell. Entlehnung aus poln./czech. „drop"
Triel – Triel	Gessner 1555, neben Griel
Tûba (ahd) – Taube	Mittelneudeutsch: tûbe
Tuhhâri (ahd.) – Taucher	
Turtulatûba (ahd) – Turteltaube	„Turtur" entlehnt aus dem Lateinischen
Ueber swalbe – Uferschwalbe	Turner 1544
Uho – Uhu	Eber und Peucer 1552
Ûrhuon (ahd) – Auerhuhn	
Ûwila (ahd.) – Eule	
Veldt lerche – Feldlerche	1545
Wachholteruögel – Wacholderdrossel	Turner 1544
Wachteln künig, der – Wachtelkönig	Gessner 1555
Wahtala (ahd.) – Wachtel	Mittelneudeutsch: wahtele
Wander Falck – Wanderfalke	Schwenckfeldt 1603: Wander Falck
Wargengil (ahd.) – Würger	„Der kleine Räuber"
Wasseramsel – Wasseramsel	Gessner 1555
Weißdrossel – Singdrossel	„Weiß-"drossel: Gegensatz zu „Rot Drossel"

Windhals – Wendehals
Wîo (ahd.) – Weihe
Wituhoffa (ahd.) – Wiedehopf
Würgengel – Würger
Würger – Würger
Zaunkönig – Zaunkönig
Zîsic – Zeisig

Hans Sachs 1531

Wite-weithin, hop-Ruf hörbar
Mißdeutung von wargengil im 17. Jahrhundert
Aus „Würgengel" 1760 von Halle verkürzt
15. Jahrhundert
Albertus Magnus um 1250

Stresemann, Namen stammen aus der Zeit 1700–1800

Dick: Ältere wissenschaftliche Bezeichnungen, die modernisiert wurden.
KN oder VN am Zeilenende stammen von Stresemann.

Alk, für Alca	Müller 1773, aus „Alka", norw. 1605
Alpenstrandläufer, für Calidris alpina	Bechstein 1793, Darlekarlische Alpen/Lappl. KN
Austernfischer, für Haematopus ostralegus	Müller 1773, aus „Oyster-Catcher", Catesby 1731
Bartgeier, für Gypaetus barbatus	Halle 1760, aus „The bearded Vulture", 1750
Bartmeise, für Panurus biarmicus	Halle 1760, übers. Albin 1731: „Bearded Titmouse"
Baumläufer, für Certhia	Pernau 1702: „Das Baumläufferlein" VN
Bekassine, für **Gallinago** gallinago	Zorn 1743: Pegasin, „Bekassine" 1796, Goeze
Bergente, für **Aythya** marila	Müller 1773, Verwechslung mit Tadorna KN
Bergfink, für Fringilla montifringilla	Pernau 1702, evtl. Übersetzung von Aldrovandi
Berghänfling, für Carduelis flavirostris	Pennant/Zimmermann 1787, sie übersetzten Ray 1713
Beutelmeise, für Remiz pendulinus	Klein 1750 KN
Bienenfresser, für Merops apiaster	Frisch 1758, T. 222; übers. aus „Bee-eater" 1668
Blässgans, für Anser albifrons	Penn./Zim. 1787 „Blessen-Gans"
Blaukehlchen, für Luscinia svecica	Pernau 1720: „Blaukehligen" VN
Brandgans, für Tadorna tadorna	Clusius, norw. 1605, Müller 1773
Braunkehlchen, für Saxicola rubetra	Müller 1773 KN
Eichelhäher, für Garrulus glandarius	Frisch 1749, T. 55: „Eichen-Heher"
Eiderente, für Somateria mollissima	Anderson 1746 „Eyderente" aus isl. „Aedurfugl"
Eisente, für Clangula hyemalis	Müller 1773 KN
Eistaucher, für **Gavia** immer	Müller 1773 KN
Felsenschwalbe, für **Ptyonoprogne** rupestris	Scopoli/Günther 1770 KN
Fitis, für Phylloscopus trochilus	Bechstein 1793 VN
Gartengrasmücke, für Sylvia borin	Bechstein 1795, übersetzt aus Latham KN
Gartenrotschwanz, für Phoenicurus phoenicurus	Pernau 1720: „Garten-Rothschwäntzlein"
Goldregenpfeifer, für Pluvialis apricaria	Penn./Zim. 1787, v. Brisson 1760: „Pluvier doré"
Grauammer, für **Miliaria** calandra	Frisch 1734, T. 6: „Grau Ammer" KN
Graureiher, für Ardea cinerea	Göchhausen 1710
Haubentaucher, aus Podiceps cristatus	Müller 1773 übers. Brisson 1760
Heringsmöwe, für Larus fuscus	Penn./Zim. 1787 aus „Herring Gull"
Kiebitzregenpfeifer, für **Pluvialis** squatarola	Müller 1773, C. L. Brehm 1831
Knäkente, für Anas querquedula	Hönert 1780 Hann. Magazin VN
Kolbenente, für Netta rufina	Pallas 1782 „Kolbente" KN

Kormoran, für Phalacrocorax carbo	Müller 1773 aus Brissons „le Cormoran", 1760
Fichten-Kreuzschnabel, für Loxia curvirostra	Frisch 1735, T. 11: „Creutz-Schnabel"
Lachmöwe, für **Chroicocephalus** ridibundus	Müller 1773, übers. Brisson 1760
Lasurmeise, für **Cyanistes** cyanus	Penn./Zim. 1787: „Lasurblaue Meise"
Laubsänger, für Phylloscopus	Bechstein 1793: „Laubvögelchen" VN
Mantelmöwe, für Larus marinus	Gatterer 1782 u. Bechstein 1791
Mauerläufer, für Tichodroma muraria	Scopoli 1768: „Mauerlaufer" VN
Mehlschwalbe, für Delichon urbica	Pallas 1767 VN
Merlin, für Falco columbarius	Bechstein 1791, aus englischem „Merlin"
Milan, für Milvus	Göchhausen 1710: „Die Mülane", fem.
Moorente, für **Aythya** nyroca	Kramer 1756: „Mohrente" VN
Mornellregenpfeifer, für Charadrius morinellus	Caius: 1570 „Morinellus", Klein: 1750 „Mornell"
Nachtreiher, für Nycticorax nycticorax	Klein 1750: „Nacht Reyger", aus ält. „Nachtrabe"
Nonnenmeise, f. **Poecile** palustris (s. Sumpfmeise)	Frisch 1736, Tafel 13: „Nonnmaise"
Ohrentaucher, für Podiceps auritus	Müller 1773 übersetzte Houttuyn 1763
Pirol, für Oriolus oriolus	Frisch 1739: Die „Byrole"; Leske 1779: „Pirol"
Prachttaucher, für **Gavia** arctica	Müller 1773 „Polar-Ente", 1831 C. L. Brehm
Purpurreiher, für Ardea purpurea	Müller 1773 aus Brissons 1760 „Heron pourpré"
Rabenkrähe, für Corvus corone	Klein 1750 KN
Ralle, für Rallus	Klein 1750, aus „râle" – Belon 1555
Rauhfußbussard, für Buteo lagopus	Frisch 1750, T. 75: „Rauh-Fuss" VN
Regenpfeifer, für Charadrius allg.	Bechstein 1803
Regenpfeifer, für Gold- u. Kiebitzregenpfeifer	Halle 1760 aus „Pluvialis"
Reiherente, für **Aythya** fuligula	Frisch 1758, T. 171: „Reiger- oder Strauss-Ente"
Ringelgans, für Branta bernicla	Müller 1773 aus Ringelgans, 1763 Houttuyn
Rotmilan, für Milvus milvus	Kramer 1756: „Rother Milon"
Rotflügel-Brachschwalbe, für Glareola pratincola	Kramer 1756: „Brachvogel"; Brehm 1867: B-schw.
Rothalsgans, für Branta ruficollis	Pallas 1776 KN
Rothalstaucher, für Podiceps grisegena	Penn./Zim. 1787: „Rothals"
Rotschenkel, für Tringa totanus	J. A. Naumann 1799
Weißkopf-Ruderente, für Oxyura leucocephala	Müller Natursystem – Supplement 1789 KN
Saatkrähe, für Corvus frugilegus	Halle 1760 KN
Säbelschnäbler, für Recurvirostra	Müller 1773 KN
Säger, für Mergus	Klein 1750/Bechstein 1803
Samtente, für **Melanitta** fusca	Penn./Zim. 1787 aus „Velvet Duck"
Schneeammer, für Plectrophenax nivalis	Frisch 1734, Tafel 6 KN
Schneeeule, für **Bubo** scandiaca	Penn./Zim. 1785 aus „Snowy Owl"
Schnee**sperling**, für Montifringilla nivalis	Müller 1773 übersetzte Brisson 1760
Schneegans, für Anser **caerulescens**	Pallas 1776 KN
Schreiadler, für Aquila pomarina	Bechst. 1793; Penn./Zim. 1787: Der „Schreyer"
Schwarzmilan, für Milvus migrans	Bechstein 1793 aus „Black Kite"
Seeadler, für Haliaeetus albicilla	Penn./Zim. 1787 aus „Sea Eagle"

Silbermöwe, für Larus argentatus	Bechstein 1798 aus „Silvery Gull"
Silberreiher, für Egretta alba	Penn./Zim. 1787, auch für E. garzetta, s. Naum.!
Singschwan, für Cygnus cygnus	Bechstein 1791 KN
Sprosser, für Luscinia luscinia	Pernau 1720, Sprosse: geschuppte Brust VN
Steinadler, für Aquila chrysaetus	Göchhausen 1710 VN
Steinhuhn, für Alectoris graeca	Scopoli 1768 VN
Steinschmätzer, für Oenanthe	Zorn 1743 VN
Steinwälzer, für Arenaria interpres	Buffon/Otto 1798 aus „Turnstone", Catesby 1731
Sumpfmeise, für **Poecile** palustris, s. Nonnenmeise	Müller 1773 übersetzte Brisson 1760
Sumpfohreule, für Asio flammeus	Bechstein 1791: „Sumpfeule" KN
Sumpfrohrsänger, für Acrocephalus palustris	Bechstein 1798 übers. Latham: „Sumpfsänger" KN
Tafelente, für **Aythya** ferina	Penn./Zim. 1787 KN
Tannenhäher, für Nucifraga caryocatactes	Göchhausen 1710: „Tannen-Heyer" VN
Tölpel, für **Morus** (alt:Sula)	Klein 1750 „Dölpel", aus Catesby 1731
Trauerente, für **Melanitta** nigra	Penn./Zim. 1787 KN
Turmfalke, für Falco tinnunculus	Linné 1748, aus schwed. „Tornfalken"
Wasserralle, für Rallus aquaticus	Scopoli/G. 1770 aus lat. rallus aqu., „Wasserrall"
Weidenlaubsänger, für Phylloscopus collobita	Gessner 1555: „Wyderle", Göch. 1710: W'zeisig
Zaunammer, für Emberiza cirlus	Bechstein 1794 übersetzte Brisson 1760
Ziegenmelker, für Caprimulgus	Klein 1759: „Ziegenm.", C. v. Megenberg 1340
Zippammer, für Emberiza cia	Müller 1773: „Zipammer" KN
Zwergtrappe, für **Tetrax** tetrax	Leske 1779 für älteres „Trappenzwerg" KN

Stresemann: Erst nach dem Jahre 1800 nachweisbare Namen

Dick: Ältere wissenschaftliche Bezeichnungen, die modernisiert wurden.

Adlerbussard, für Buteo rufinus	Johann Friedrich Naumann 1853, Naumannia KN
Alpendohle, für Pyrrhocorax graculus	Alfred Brehm 1866 KN
Alpenkrähe, für Pyrrhocorax pyrrhocorax	Alfred Brehm 1866 KN
Alpensegler, für **Tachymarptis** melba	Meyer/Wolf 1810, aus älterer „Alpenschwalbe"
Bartkauz, für Strix nebulosa	Constantin Gloger 1834
Baumpieper, für Anthus trivialis	Joh. Matthaeus Bechstein 1807, 706 KN
Berglaubsänger, für Phylloscopus bonelli	C. L. Brehm 1831: „Berglaubvogel" KN
Birkenzeisig, für **Acanthis** flammea	J. F. Naumann 1826 KN
Brachpieper, für Anthus campestris	Joh. Matthaeus Bechstein 1807, 721 KN
Brandseeschwalbe, für **Thalasseus** sandvicensis	Joh. F. Naum. 1840: „Brand-Meerschwalbe" KN
Bruchwasserläufer, für Tringa glareola	Johann F. Naumann 1836/nach Irrungen neu: 1892
Dorngrasmücke, für Sylvia communis	Johann Friedrich Naumann 1822 KN
Drosselrohrsänger, für **Acrocephalus** turdoides	Johann F. Naumann 1823: „Drossel-Rohrsänger"
Eissturmvogel, für Fulmarus glacialis	Christian L. Brehm 1824, aus älterem isl. „Fulmar"
Feldschwirl, für Locustella naevia	A. Brehm 1879, K. Th. Liebe JfO 1878
Flußregenpfeifer, für Charadrius dubius	Johann Friedrich Naumann 1834 KN
Flußseeschwalbe, für Sterna hirundo	J. F. Naumann 1819, Isis, Fluß-Meerschw KN
Flußuferläufer, für Actitis hypoleucus	Johann Friedrich Naumann 1836 KN

Gänsegeier, für Gyps fulvus	Alfred Brehm 1866 „Fahler Gänsegeier"
Gänsesäger, für Mergus merganser	Bechstein 1803, aus „Tauchergans = Merganser"
Gebirgsstelze, für Motacilla cinerea	Alfred Brehm 1866, f. ältere Gebirgsbachstelze
Graugans, für Anser anser	Meyer/Wolf 1810 KN
Grauspecht, für Picus canus	Johann Matthaeus Bechstein 1820, Jagdzoologie
Gryllteiste, für Cephus grylle	Johann F. Naumann 1844, nach schwed. „Grylle"
Habichtsadler, für Hieraaetus faciatus	Christian Ludwig Brehm 1855 KN
Habichtskauz, für Strix uralensis	Meyer/Wolf 1810, aus Habichtseule
Hakengimpel, für Pinicola enucleator	Lorenz Oken 1816, p. 413: Loxia enucleator
Halsbandfliegenschnäpper, für **Ficedula** albicollis	J. M. Bechstein 1820: Halsband- KN Fliegenfänger
Heckenbraunelle, für Prunella modularis	Johann F. Naumann 1823, aus älterem Braunelle
Höckerschwan, für Cygnus olor	Bechstein 1809, gebildet aus älterem Schwan KN
Hühnerhabicht, für Accipiter gentilis	Joh. Matthaeus Bechstein, Taschenbuch I, 1802
Isländischer Strandläufer, für Calidris canutus	Christ. L. Brehm 1822, übers. aus Tringa islandica
Kampfläufer, für Philomachus pugnax	Joh. F. Naumann 1834, aus älter. Kampfhahn KN
Karmingimpel, für Carpodacus erythrinus	Johann Friedrich Naumann 1824 KN
Klappergrasmücke, für Sylvia **curruca**	Meyer/Wolf 1810, auch: S. curruca
Kleinspecht, für **Dendrocopus** minor	Johann Friedrich Naumann 1826 KN
Klippenstrandläufer, für Calidris maritima	Friedrich Boie 1819
Krabbentaucher, für **Alle** alle	Christian Ludwig Brehm 1824 KN
Krähenscharbe, für Phalacrocorax aristotelis	Meyer/Wolf 1810, Seekrähe/Klein 1750 KN
Küstenseeschwalbe, für Sterna **paradisaea**	Joh. F. Naumann 1840: Küsten- KN Meerschwalbe
Lachsseeschwalbe, für Gelochelidon nilotica	Christian Ludwig Brehm 1822 KN
Laubsänger, für Phylloscopus	Christian Ludwig Brehm 1823
Mauersegler, für **Apus** apus	Meyer/Wolf 1810, aus älterer Mauerschwalbe
Meerstrandläufer, für Calidris maritima	Christ. L. Brehm 1822, übers. aus Tringa maritima
Mittelsäger, für Mergus serrator	Alfred Brehm 1879 KN
Mittelspecht, für **Dendrocopus** medius	Joh. Matthaeus Bechstein 1820, Jagdzoologie
Mönchsgrasmücke, für Sylvia atricapilla	Johann Friedrich Naumann 1822, aus älterem Mönch
Ohrenlerche, für Eremophila **alpestris**	Alfred Brehm 1868: „Ohrlerche"
Pieper, für Anthus	Joh. Matth. Bechstein 1807, aus ält. Pieplerche KN
Raubmöwe, für Stercocarius	Johann Wilhelm Illiger 1811 KN
Raubseeschwalbe, für Hydropogne **caspia**	Christian Ludwig Brehm 1831 KN
Raubwürger, für Lanius excubitor	Christian Ludwig Brehm, JfO 1854 KN
Regenbrachvogel, für Numenius phaeopus	Meyer/Wolf 1810, aus Gessn. Regenvogel KN
Rohrsänger, für Acrocephalus	J. F. Naumann 1823. Teich-, Drosselrohrsänger
Rohrschwirl, für Locustella luscinoides	Alfred Brehm 1879, K. Th. Liebe JfO 1878
Rosenstar, für **Sturnus** roseus	Carl A. Bolle JfO 1856, für älteres „Staramsel" KN
Saatgans, für Anser fabalis	Johann Matthaeus Bechstein 1803 KN
Sanderling, für **Calidris** alba	Christian L. Brehm 1831, Ray 1713 The Sanderling
Sandregenpfeifer, für Charadrius hiaticula	Johann Friedrich Naumann 1834 KN
Schafstelze, für Motacilla flava	Christian Ludwig Brehm 1823 KN
Schelladler, für Aquila clanga	Jacob Th. Klein 1750 nannte A. clanga Schreiadler

Schellente, für Bucephala **clanga**	Joh. Andreas Naumann 1801, für ält. Quackente	VN
Schilfrohrsänger, für Acrocephalus schoenobanus	J. F. Naumann 1823 aus Bechsteins Schilfsänger	KN
Schlagschwirl, für Locustella fluviatilis	Alfred Brehm 1879, K. Th. Liebe JfO 1878	
Schlangenadler, für Circaetus gallicus	Christian Ludwig Brehm 1831	KN
Schwarzkehlchen, für Saxicola torquata	L. Oken 1816: Motacilla rupicola (= M. rubicola)	KN
Seeregenpfeifer, für Charadrius alexandrinus	Johann Friedrich Naumann 1834	KN
Seidenreiher, für Egretta garzetta	Johann Friedrich Naumann 1838	KN
Silberreiher, auf Egretta alba beschränkt	Johann Friedrich Naumann 1838	KN
Sperbereule, für Surnia ulala	Meyer 1809, Ann. Wetterau Gesellsch.	KN
Sperlingskauz, für Glaucidium passerinum	Meyer 1815, Naum. 1820: Sperlings-Eule	KN
Spornpieper, für Anthus richardi	Constantin Gloger 1834	
Stelzenläufer, für Himanthopus **himanthopus**	Joh. Wilhelm Illiger 1811	KN
Steppenweihe, für Circus acrourus	Johann Friedrich Naumann 1845, Nachtrag	KN
Strandläufer, für Calidris = Tringa	Joh. Matth. Bechstein 1809, nach Müller 1773	
Sturmmöwe, für Larus canus	Joh. Matthaeus Bechstein 1803	KN
Sumpfhuhn, für Porzana	Johann Friedrich Naumann 1838	KN
Sumpfläufer, für Limicola falcinellus	Johann Friedrich Naumann 1836	KN
Sumpfrohrsänger, für Acrocephalus palustris	J. F. Naumann 1823 aus Bechsteins Sumpfsänger	
Teichhuhn, für Gallinula **chloropus**	Christian Ludwig Brehm, 1831	KN
Teichrohrsänger, für **Acrocephalus scirpaceus**	Johann F. Naumann 1823: Teich-Rohrsänger	
Teichwasserläufer, für Tringa stagnatilis	Johann Matthaeus Bechstein 1803	KN
Teiste, für Cephus	Johann F. Naumann 1844, nach isl. Teista	
Trauerfliegenschnäpper, für **Ficedula** hypoleuca	C. L. Brehm 1831: Trauer-Fliegenfänger	KN
Trauerseeschwalbe, für Chlidonias nigra	A. Brehm 1879, für Schwarze Seeschw. Naum.	KN
Trottellumme, für Uria aalge	Alfred Brehm 1879 für älteres Dumme Lumme	
Uferschnepfe, für Limosa **limosa**	Johann Friedrich Naumann 1836	KN
Waldkauz, für Strix aluco	Jacob Th. Klein, Stemmata avium 1759, p. 9	
Waldlaubsänger, für Pylloscopus sibilatrix	Johann F. Naumann 1823: Wald-Laubvogel	KN
Waldohreule, für Asio otus	Johann Friedrich Naumann 1820	KN
Waldwasserläufer, für Tringa ochropus	Pechuel-Lösche 1892/Nach Irrungen ...	
Wasserpieper, für Anthus spinoletta	Joh. Matthaeus Bechstein 1807, 745	KN
Wasserschwätzer, für Cinclus **cinclus**	Joh. M. Bechstein 1802, f. älteres „Wasseramsel"	KN
Wasseramsel, für Cinclus cinclus	Gessner 1585: Merula aquatica	
Wassertreter, für Phalaropus	Joh. Matthaeus Bechstein 1803	KN
Weidenmeise, für **Poecile montana**	Christian Ludwig Brehm 1831	KN
Weihe, für Circus	Joh. Matthaeus Bechstein 1802	
Wespenbussard, für Pernis apivorus	Bechstein 1802, aus ält. Wespenfalke B. vespiv.	
Wiesenpieper, für Anthus pratensis	Joh. Matthaeus Bechstein 1807, 732	KN
Wiesenweihe, für Circus pygargus	Johann Friedrich Naumann 1820	KN

Würgfalke, für Falco ferrug	Johann Friedrich Naumann 1820	KN
Zaungrasmücke, für Sylvia curruca	Johann F. Naumann 1822, auch: S. garrula	KN
Zwergadler, für Hieraaetus pennatus	Meyer 1822, Zusätze	KN
Zwergfliegenschnäpper, für **Ficedula** parva	Alfred Brehm 1866: Zwergfliegenfänger	KN
Zwerggans, für Anser erythropus	Christian Ludwig Brehm 1831	KN
Zwergmöwe, für **Hydrocoloeus** minutus	Christian Ludwig Brehm 1824	KN
Zwergrohrdommel, für Ixobrychus minutus	Alfred Brehm 1867	KN
Zwergsäger, für Mergus albellus	Alfred Brehm 1867, in: Leben d. Vögel	
Zwergschwan, für Cygnus **columbianus**	Alfred Brehm 1879	KN
Zwergseeschwalbe, für Sterna albifrons	Christian Ludwig Brehm 1822	KN
Zwergstrandläufer, für Calidris minuta	Johann P. Leisler 1812	KN

Lange Nutzungszeit des Lexikons ist möglich

Das vorliegende Buch hat alle Chancen, eine lange Zeit genutzt werden zu können. Der Inhalt kann nicht verändert werden, was auch so vorgesehen ist – trotz des Wandels, dem die Ornithologie unterliegt.

Diesen Wandel gab es schon in den 1930iger Jahren. Leichte Änderungen von besonders bekannten oft längeren Vogelnamen begannen sich durchzusetzen. Der „Kernbeißer" war einmal ein „Kirschkernbeißer", den „Trauerfliegenschnäpper" (auch „Trauerfliegenfänger") verkürzte man zum „Trauerschnäpper", der bekanntere „Grauschnäpper" war früher der „Graue Fliegenschnäpper" und der „Habicht" war ein „Hühnerhabicht". Lange Zeit war der „Graureiher" ein „Fischreiher". Und auch heute noch, zu Beginn des 21. Jahrhunderts, hört man diesen Namen noch relativ häufig. Der „Rotmilan" war früher ein „Gabelweih" und die „Amsel" eine „Schwarzdrossel". Aber zum „Spatz" wird hoffentlich nie jemand „Hausperling" sagen. Die Umwandlung von „Grünfink" in „Grünling" hat sich genausowenig durchgesetzt wie der Ersatz von „Ortolan" durch „Gartenammer". Eine sinnvolle Änderung wäre der Tausch von „Bläßhuhn" in das immer häufiger genannte passendere Wort „Bläßralle".

Neue Namen können jederzeit entstehen. Die Ornithologie unterliegt durch große Fortschritte in der Genetik und der Molekularbiologie einem gewaltigen Wandel. So liefert die Verwandtschaftsforschung immer neue Ergebnisse, auch in Form neuer deutscher Namen. Sumpf- und Weidenmeise, den meisten Interessierten noch als zur Gattung „Parus" gehörig bekannt, sind heute unter dem Gattungsnamen „Poecile" zu finden. Oder: Die Beutelmeise hieß bisher nur „Remiz pendulinus". Heute (2017) gibt es laut Avibase drei oder mehr Remiz-Species mit über 10 Unterarten. Und die bekannte Schafstelze „Motacilla flava" besteht heute aus mindestens 5 neuen Arten. Aus der „Schafstelze" selbst wurde die „Wiesenschafstelze", die aber immer noch eine „Motacilla flava" ist. Im Norden kommt die Thunbergschafstelze (Motacilla thunbergi) vor, in England die Gelbkopfschafstelze (Motacilla flavissima). Zwei weitere Motacilla-Arten leben in Süd- und Südosteuropa.

Bemerkungen zur Orthographie

Im 19. und frühen 20. Jahrhundert, die Zeit, aus der ein großer Teil der benutzten Fachliteratur stammt, unterschied sich die gängige Orthographie mitunter deutlich von der heutigen. Man schrieb „roth" statt „rot", „Thurm" statt „Turm" oder „Todt" statt „Tod". Es fällt auf, daß Alfred Brehm diese (alte) Schreibweise in seiner 2. Auflage um 1880 noch anwendete, aber nicht mehr in der 3. Auflage (ab 1890). Auch der „Naumann-Hennicke", die Neubearbeitung der berühmten *Naturgeschichte der Vögel Deutschlands* von Johann Friedrich Naumann durch ein Team um Carl Rudolf Hennicke (1905) erschien leicht „modernisiert".

Dennoch ist zu beachten, daß es im Lexikon einen „Thurmfalke" gibt, aber auch einen „Turm-falke". Beide stehen in der alphabetischen Ordnung an unterschiedlichen Stellen. Der vielbeachtete Suolahti hatte die Orthographie in seinem Werk sehr gezielt eingesetzt, denn neben Wörtern mit der „ss"-Schreibweise erschienen immer wieder, oft nebeneinander, solche für dasselbe Wort, die bewußt ein „ß" hatten. Es wurde darauf geachtet, Suolahtis Scheibweisen zu übernehmen.

Viele Trivialnamen sind Doppelwörter „mit Bindestrich". Sie wurden in der Regel nicht verändert, auch wenn diese Begriffe in der Liste an deutlich anderen Stellen zu finden sind. Häufig erschienen diese Doppelwörter (bei anderen Autoren) allerdings auch in der „Einwortform". Wenn möglich oder falls es nötig erschien, wurde in der rechten Spalte auf die Existenz eines solchen Bindestrich-Wortes hingewiesen.

Die Schreibweise moderner Namen wurde nicht verändert. Eine Rotflügel-Brachschwalbe bleibt eine Rotflügel-Brachschwalbe. Auch bei den alten Trivialnamen bleiben ähnliche Ausdrücke erhalten, wie z. B. Mewe – Meve – Möve – Möwe oder Älster – Elster.

Liste der Namens-Abkürzungen der beteiligten Autoren

In der folgenden alphabetischen Aufstellung sind die Abkürzungssymbole der Autoren des Lexikons zu finden. Die Aufstellung enthält auch die sogenannten „alten Autoren". Angegeben sind ferner die Lebensdaten der Autoren und die Kurzbezeichnungen der Werke, aus denen die Trivialnamen stammen.

In der Aufstellung stehen auch die Zahlen der (Trivial-)Namen aus den Werken der Autoren. Zählt man sie zusammen, käme man auf über 60.000 Begriffe. Die Zahl der verschiedenen Trivialnamen dieses Lexikons liegt jedoch bei „nur" 32.400. Der Grund für die hohe Zahl: Viele Namen kommen bei mehreren Autoren vor.

Für einige von ihnen sind mehrere Werke angeführt. Diese sind zu verschiedenen Zeiten erschienen. Beispielsweise konnten 3 verschiedene Werke von Oken aus den Jahren 1816, 1837 und 1843 bearbeitet werden. Im Lexikon werden sie als O1, O2 und O3 bezeichnet. Kommt ein Trivialname z. B. nur in Okens 1837er-Werk vor, lautet das entsprechende Autorenkürzel O2. Bei Bechstein, C. L. Brehm oder Pernau wurde genauso verfahren.

Ad	= Adelung	(1732–1806). Adelung: *Grammatisch-kritisches Wörterbuch*, 1859 Namen
B	= Brehm	(1829–1884). Brehm, Alfred, a) *Illustriertes Tierleben*, 1. Auflage, Bd. 3–4 (1866–1867), b) *Brehms Thierleben*, 2. Auflage, Bände 4–6 (1878–1879), 2291 Namen
BB	= Blasius	(1809–1870), Baldamus (1812–1893), Sturm (1805–1862): *Nachträge zu J. F. Naumanns Naturgeschichte der Vögel Deutschlands* (1860), 175 Namen
Baldn	= Baldner	(1612–1694). *Vogel-, Fisch- und Thierbuch* 1666, 72 Namen
Bechstein		Johann Mattäus (1757–1822): Aus seinen Werken stammen 7076 Namen
Be1		a) *Gemeinnützige Naturgeschichte Deutschlands*. 1. Auflage, 2.–4. Band, 1791–1795
Be2		b) *Zweite Auflage*, 2.–4. Band, 1805–1809

Be97		c) *Gründliche Anweisung alle Arten von Vögeln zu fangen,* ... 1797
Be		d) *Ornithologisches Taschenbuch Teil 1–3,* 1802–1811
Be05		e) *Musterung aller ... von dem Jäger als schädlich geachteten ... Thiere,* 1805
Bo	= Bock	Friedrich Samuel (1716–1786), 1784, nur wenige Namen
Buff	= Buffon/ Martini/Otto	Georges-Louis Leclerc, Comte de Buffon (1707–1788). *Naturgeschichte der Vögel,* 35 Bände. In's Deutsche übersetzt von Friedr. Heinr. Wilhelm Martini 1729–1778 und Bernhard Christian Otto (1745–1835). 4233 Namen
		Brehm, Christian Ludwig (1787–1864). Insgesamt 1946 Namen
CLB1		a) *Beiträge zur Vögelkunde.* 3 Bände, 1820–22
CLB2		b) *Lehrbuch der Naturgeschichte aller europäischen Vögel,* 2 Bände, 1823–1824
CLB3		c) *Handbuch der Naturgeschichte aller Vögel Deutschlands,* 1831
Bri	= Brinkmann	(1879–1969): *Die Vogelwelt Nordwestdeutschlands.* Reprint v. 1933, 641 Namen
Cz	= Cranz	David, (1723–1777) *Historie von Grönland* 1770, 50 Namen
Do	= Dornseiff	Franz (1888–1960), *Der deutsche Wortschatz nach Sachgruppen* 1959, 5020 Namen
EG	= Ersch/Gruber	(Hrg.): *Allgemeine Enzyklopädie* 1841, S. 24–48, Joh. Samuel Ersch (1766–1828). Joh. Gottfried Gruber (1774–1851), 388 Namen
F	= Flöricke	Kurt (1869–1934): *Vogelbuch,* 1924, 5384 Namen
Fabr	= Fabricius	Georg (1516–1571), *Vogelverzeichnis Sachsen im 16. Jh.,* 59 Namen
Fri	= Frisch	Johann Leonhard (1666–1743): *Vorstellung der Vögel in Teutschland,* 1763, 905 Namen
G	= Göchhausen	Herrmann Friedr. (1663–1735): *Notabilia Venatoris,* 1731, etwa 200 Namen
GesS	= Gessner:	Conrad (1516–1565), 964 Namen nur aus: Springer, K.: *De avium natura,* Dissertation 2007
GesH GesSH	= Gessner:	Gessner/Horst 1669, *Vogelbuch.* 895 Namen nur aus GesH Trivialname kommt in GesS und GesH vor: 1650 Namen
GD	= Goeze/Do...	Goeze, Joh. Aug. Ephraim (1731–1793). Donndorf Joh. August (1754–1837). *Europäische Fauna,* Vögel 4 Bände 1794–1796, 3417 Namen
Gun	= Gunnerus	Johan Ernst (1718–1773) Verschiedene Beiträge in: *Der Drontheimischen Gesellschaft Schriften,* Dritter Theil, Kopenhagen und Leipzig 1767, 244 Namen
HaSa	= Hans Sachs	(1494–1576). *Das Regiment der anderhalb hundert Vögel,* 1531, 145 Namen. In: Suolahti 1909, Seiten 466–472
H	= Hennicke	Carl, R. (1861–1941): Nur Nicht-Naumann-Namen aus der Neubearbeitung des „Naumann": Naumann/Hennicke, *Naturgeschichte der Vögel Mitteleuropas,* 1897–1905. Über 1340 Namen
Hp	= Heppe	Johann Christoph (?–1806), *Jagdlust* 1783–1784, 798 Namen

K	= Klein	Klein, Jacob Theodor (1689–1759): *Historiae Avium Prodromus*. Lübeck 1750. Klein, Jacob Theodor: *Vorbereitung zu einer vollständigen Vögelhistorie*, Leipzig 1760. Klein, Jacob Theodor, Reyger, Gottfried (Hrsg): *Verbesserte und vollständigere Historie der Vögel*. Danzig 1760. Insgesamt (aus 3 Bänden) 1175 Namen
Kö	= König	(1658–1731): *Georgica Helvetica curiosa*, 1706, etwa 130 Namen
Krü	= Krünitz	Johann Georg (1728–1796): *Ökonomisch-technologische Enzyklopädie*, 1773–1858, 2865 Namen
MW	= Meyer/Wolf	Meyer B (1767–1836), Wolf J (1765–1824): *Taschenbuch der deutschen Vögelkunde*, 3 Bände 1810–1822, 440 Namen
Mar	= Martens	Friederich, (Lebensdaten unbek.) *Spitzbergen*. Reisebeschreibung 1675, 16 Namen
Mic	= Micraelius	Johann (1597–1658), 1639, 49 Namen
N	= Naumann	(1780–1854): *Naturgeschichte der Vögel Deutschlands* 12 Bände, 1820–1844, 6812 Namen
O	= Oken	Lorenz (1779–1851). 2002 Namen
O1		a) *Lehrbuch der Zoologie*, 1816
O2		b) *Allgemeine Naturgeschichte für alle Stände, Band 7*, 1837
O3		c) *Tafelband, 1843: Textteil zu den Eiertafeln*
Pernau:		(1660–1731): Pernau Joh. Ferd. Adam von (Titel gekürzt), zus. etwa 180 Namen
P1		a) *Unterricht*, 1702
P2		b) *Unterricht*, 1707
P		c) *Angenehme Landlust*, 1720
Scha	= Schalow	(1852–1925): *Beiträge zur Vogelfauna d. Mark Brandenbg*, 1919, Reprint 2004, 619 N.
Schwf	= Schwenckfeld	(1563–1609): *Theriotropheum Silesiae*, 1603, 742 Namen
StVb	= Straßburger	Vogelbuch: *Ein kurtzweilig gedicht …* 1554. Anhang bei Suolahti 1909, 187 Namen
Zupo	= Straßburger	*Zunft- und Polizei Verordnung* 14.–15. Jahrh., 89 Namen
Suol	= Suolahti	Hugo (1874–1944): *Die deutschen Vogelnamen*, 1909, 4200 Namen
Tu	= Turner	William (1510–1568): *Turner on Birds*, 1544, 505 Namen
V	= Voigt	(1781–1850): *Lehrbuch der Zoologie, 2. Band, Vögel* (1835), 907 Namen
WüCl	= Wüstnei/ Clodius	Wüstnei, Carl (1843–1902), Clodius, Gustav (1866–1944): *Die Vögel der Großherzogthümer Mecklenburg*, 1900, 303 Namen
Z	= Zorn	Johann Heinrich (1698–1748), *Petinotheologie Band 2*, 1743, 240 Namen
zLa	= Zum Lamm	(1544–1606) Lamm, Marcus zum: *Die Vogelbücher aus dem Thesaurus Picturarum*, 518 Namen

Bildtafel-Autoren

Für manche Trivialnamen wurden Bildtafeln als zusätzliche Belege angegeben. Es geht vor allem um einige Tafeln von Albin, seltener von Edwards, Sloane oder Willughby. Die Nennung der Bildtafel-Autoren ist nur ein Hinweis auf Tafeln, nicht darauf, daß bei diesen Autoren Trivialnamen gefunden werden könnten.

A	= Eleazar Albin	(1690?–1748? 1759?)
Ed	= George Edwards	(1694–1773)
Sl	= Hans Sloane	(1660–1753)
W	= Francis Willughby	(1635–1672)
Beisp.:	W (62) bedeutet Willughby, Tafel 62	

Die Bilder erreicht man über das Göttinger Digitalisierungszentrum: http://gdz.sub.uni-goettingen. de/no_cache/...

Liste mit Herkunftsnachweisen für außer der Reihe aufgenommene Trivialnamen

Wenn Trivialnamen wichtig erschienen und von nicht genannten Autoren stammen, wurden sie mit den Autorennamen übernommen.

ANG	*Archiv für Naturgeschichte*, Herausg. A. Wiegmann, Berlin, Jahrg. 1838, 1846
Belon	Belon, Pierre 1517–1567. Namen entstammen angegebenen Buffon-Bänden
Bock	Bock, Friedrich Samuel: *Versuch einer wirthschaftlichen Naturgeschichte von dem Königreich Ost- und Westpreussen.* 4. Band, Dessau 1782
Boie	Boie, F.: *Tagebuch gehalten auf einer Reise durch Norwegen im Jahre 1817.* Schleswig, 1822
Brucker	*Strassburger Zunft- und Polizei-Verordnung des 14. und 15. Jahrhunderts,* Verlag Trübner Straßburg 1889
Faber	Faber, Friedrich: *Über das Leben der hochnordischen Vögel,* Leipzig 1825, 1826
Gat	Gattiker, Ernst und Luise: *Die Vögel im Volksglauben.* Aula Verlagsanstalt, 1989
Gerber 1717	Gerber, Christian: *Die Unerkannten Wohlthaten Gottes,* In dem Chur-Fürstenthum Sachsen, Dresden und Leipzig 1717
Halle 1760	Halle, Johann Samuel: *Die Naturgeschichte der Thiere in systematischer Ordnung. Die Vögelgeschichte.* Zweeter Band, Berlin 1760
Hamb. Mag.	*Hamburgisches Magazin* von A. G. Kästner, Bd. 4, 1749
Hann. Mag.	*Hannoverisches Magazin, Etwas zum Fange der wilden Schwimm- und Sumpfvögel ... Achtzehnter Jahrgang vom Jahre 1780.* Hannover 1781
Hauffe	Hauffe, Christ. Gotth. (Hrsg): *Handbuch der Naturgeschichte.* 2. Band, welcher die Vögel enthält. Nürnberg, 1773
Hoefer 1815	Hoefer, Matthias: *Etymologisches Wörterbuch der in Oberdeutschland, vorzüglich aber in Oesterreich üblichen Mundart.* 3 Teile. Linz 1815
Int.	Aus dem Internet, ohne Quellenangabe
Kuhn	Kuhn, Adalbert: *Zeitschrift für Vergl. Sprachforschg.,* Band 13, Berlin 1864
Müller	Müller, Philipp Ludwig Statius: *Des Ritters Carl von Linné Natursystem mit einer ausführl. Erklärung.* Zweyter Theil. Von den Vögeln. Nürnberg 1773
Pescheck	Pescheck, Christian Adolf (1787–1859), *Ornithologische Notizen aus deutschen Schriftstellern des 13. Jahrhunderts.* Görlitz 1853. Wenige Namen

Pontoppidan	Erik Pontoppidan 1698–1764 war ein dänischer Theologe, Prediger, Historiker und Autor. Aufgenommen wurden einige wenige Namen, die im Internet Pontoppidan zugeschrieben wurden
Popowitsch	Popowitsch, Joh. Siegm. Val.: *Versuch einer Vereinigung der Mundarten von Teutschland als eine Einleitung zu einem vollständigen Teutschen Wörterbuche* ... Wien 1780
Schnurre	Schnurre, O.: *Weitere Beiträge z. Kenntnis d. Thesaurus Picturarum v. Marcus zum Lamm, sowie einiger Stadtverordnungen aus dem 14. bis 16. Jahrhundert.* Journal für Ornithologie, Jahrgang 75, Heft 3, 1927
Son.	C. S. Sonnini, J. A. Bergk: *C. F. Tombe's Reise in Ostindien in den Jahren 1802–1806.* Leipzig 1811
Ström 1767	Ström, Hanns: *Verschiedene Beiträge in: Der Drontheimischen Gesellschaft Schriften,* Dritter Theil, Kopenhagen und Leipzig 1767
Titius	Titius, Joh. Daniel: *Beschreibung der kleinsten Maise, oder des lithauischen Remizvogels,* in: Hamburgisches Magazin 18, 1757, S. 227–252
Tombe	C. S. Sonnini, J. A. Bergk: *C. F. Tombe's Reise in Ostindien in den Jahren 1802–1806.* Leipzig 1811
Tschudi	Tschudi, Friedrich von: *Das Thierleben der Alpenwelt.* Leipzig 1853

Literaturverzeichnis

Adelung JC (2001) Grammatisch-kritisches Wörterbuch der Hochdeutschen Mundart. Elektronische Volltext- und Faksimile-Edition nach der Ausgabe letzter Hand, Leipzig 1793–1801, Directmedia Berlin 2001, Digitale Bibliothek Band 40

Adelung JC (1811) Grammatisch-kritisches Wörterbuch der hochdeutschen Mundart, Wien 1811. Nutzung des von der Bayerischen Staatsbibliothek ins Internet gestellten Werkes unter: mdz. bib-bvb.de/digbib/lexika/adelung

Adelung JC (1774–1786; 1793–1801) Grammatisch-kritisches Wörterbuch der Hochdeutschen Mundart, 1. Aufl. 5 Bde., 2. Aufl. Bey Johann Gottlob Immanuel Breitkopf und Compagnie, Leipzig

Albin E (1731) A Natural History of Birds, London 1731. Printed for W. Innys and R. Manby, Printers to the Royal Society, at the West-End of St. Paul's, London

Avibase im Internet: http://avibase.bsc-eoc.org/avibase

Barthel PH, Helbig AJ (2005) Artenliste der Vögel Deutschlands. Aus: Limicola, Zeitschrift für Feldornithologie 19(2)

Bechstein JM (1791–1795) Gemeinnützige Naturgeschichte Deutschlands nach allen drei Reichen. 1.–4. Band (2.–4. Vögel), Leipzig 1791 (2. Bd.), 1793 (3. Bd.), 1795 (4. Bd.). Leipzig, Leipzig, bey Siegfried Lebrecht Crusius

Bechstein JM (1805–1809) Gemeinnützige Naturgeschichte Deutschlands nach allen drei Reichen. 2.–4. Band (Vögel). Zweite vermehrte und verbesserte Auflage, bey Siegfried Lebrecht Crusius. Leipzig 1805–1809

Bechstein JM (1797) Gründliche Anweisung alle Arten von Vögeln zu fangen, einzustellen ... nebst einem Anhang von Joseph Mitelli Jagdlust. Bey J. E. Monath und J. F. Kußler, Nürnberg und Altdorf 1797

Bechstein JM (1802–1812) Ornithologisches Taschenbuch von und für Deutschland. Bey Carl Friedrich Enoch Richter. Leipzig Teile 1–3

Bechstein JM (1805) Kurze aber gründliche Musterung aller bisher mit Recht oder Unrecht von dem Jäger als schädlich geachteten und getödteten Thiere. In der Ettingerschen Buchhandlung Gotha

Bernard R (1993) Vogelnamen. Aula, Wiebelsheim

Blasius JH, Baldamus E, Sturm Fr. (1860) J. A. Naumanns Naturgeschichte der Vögel Deutschlands. Forts. d. Nachträge, Zusätze und Verbesserungen. Dreizehnter Theil. Schluß des ganzen Werkes. Stuttgart

Brehm AE (1878–1879) Brehms Thierleben, 2. Auflage, Bände 4–6, Verlag des Bibliographischen Instituts, Leipzig

Brehm AE (1891–1892) Brehms Tierleben. Herausgegeben von Prof. Dr. Puechel-Loesche. 3. Auflage, Bände 4–6 Bibliographisches Institut, Leipzig und Wien

Brehm CL (1820–1822) Beiträge zur Vögelkunde. 3 Bände, Gedruckt und verlegt von J. K. G. Waggner Neustadt an der Orla

Brehm CL (1823–1824) Lehrbuch der Naturgeschichte aller europäischen Vögel. 2 Bde, bei August Schmid, Jena Brehm CL (1831) Handbuch der Naturgeschichte aller Vögel Deutschlands. Druck und Verlag von Bernh. Friedr. Voigt, Ilmenau

Brinkmann M (1978) Die Vogelwelt Nordwestdeutschlands. Reprint von 1933. Borgmeyer, Hildesheim

Brüll H (1964) Das Leben deutscher Greifvögel. 2. Auflage, G. Fischer Stuttgart

Buffon GLL (1772–1809) Naturgeschichte der Vögel, 35 Bände (übers. von FHW Martini, Bde. 1–6 und BC Otto Bde. 7–35). JG Traßler, Brünn, FA Schrämbl, Wien, In der Buchhandlung des Geh. Commerzien-Rath Pauli, Wien, Berlin

Carl H (1995) Die deutschen Pflanzen- und Tiernamen. Reprint, Quelle & Meyer, Heidelberg

Cranz D (1770) Historie von Grönland, 2. Auflage. In Commißion by Weidmanns Erben und Reich, Leipzig

Dathe H (1964) Einige Bemerkungen zu einheitlichen deutschen Vogelnamen. Orn. Mitt. 6/1964

Der kleine Stowasser (1971) Lateinisch-deutsches Schulwörterbuch, G. Freytag Verlag München

Dornseiff F (1959) Der deutsche Wortschatz nach Sachgruppen. 5. Auflage. De Gruyter, Berlin

Edwards G (1743) A Natural History of Birds. Printed at the College of Physicians, London

Faber F (1825–1826) Über das Leben der hochnordischen Vögel. 2 Hefte in einem Buch, Ernst Fleischer, Leipzig

Fabricius G, Hoffmann B (1923) Das älteste sächsische Verzeichnis von Vögeln, die ums Jahr 1564 auf und an der Elbe bei Meißen vorgekommen sind. Journal für Ornithologie 1/1923

Floericke C (1924) Vogelbuch. 3. Aufl. Franckh'sche Verlagshandlung Stuttgart

Frisch JL Vorstellung der Vögel in Teutschland und beiläufig auch einiger Fremden, 1733–1763. Im Internet: http://dz-srv1.sub.uni-goettingen.de. Stand: März 2007

Frisch JL (1763) Vorstellung der Vögel in Teutschland und beiläufig auch einiger Fremden. Kurtze Nachrichten zu den zwölff Classen. Verlag unbekannt, Berlin

Gessner C (1981) Vogelbuch. Horst G (Hrsg) Nachdruck der Ausgabe von 1669. Schlüter, Hannover

Göchhausen HF von (1727) Notabilia Venatoris, J.D. Taubers seel. Erben, Nürnberg und Altdorff 1727.

Goeze JAE, Donndorf JA (1794) Europäische Fauna oder Naturgesch. der europäischen Thiere, 4. Bd. Weidmannische Buchhandlung, Leipzig

Grimm J, Grimm W (1984) Deutsches Wörterbuch. 33 Bde. dtv, München

Höfer M (1815): Etymologisches Wörterbuch der in Oberdeutschland vorzüglich aber in Oesterreich üblichen Mundart. 2 Bde. Joseph Kastner, Linz

Jahn, Ilse: Geschichte der Botanik in Jena, unveröffentlichte Dissertation 1963.

Jonsson L (1992) Die Vögel Europas und des Mittelmeerraumes. Kosmos, Stuttgart

Journal für Ornithologie, verschiedene Bände ab 1854

Journal für Ornithologie (1941). Einiges über deutsche Vogelnamen. Sonderheft 89(3)

Klein JT (1750) Historiae Avium Prodromus … Lvbecae [Lübeck] apvd Ionam Schmidt

Klein JT (1760) Vorbereitung zu einer vollständigen Vögelhistorie. Bey Jonas Schmidt, Leipzig und Lübeck

Klein JT, Reyger G (Hrsg) (1760) Verbesserte und vollständigere Historie der Vögel. Bey Johann Christian Schuster, Danzig

König E (1706) Georgica Helvetica Curiosa, Eydgenossisch-Schweitzerisches Hauß-Buch, gedruckt und verlegt bey Emanuel König/dem Aeltern, Basel

Krünitz JG (1773–1858) Ökonomisch-technologische Enzyklopädie. Elektronische Ausgabe der Universitätsbibliothek Trier: http://www.kruenitz.uni-trier.de/.

Lamm M zum (2000): Die Vogelbücher aus dem Thesaurus Picturarum. Bearb. von Kinzelbach R und Hölzinger J. Verlag Eugen Ulmer

Martens F (1675): Spitzbergische oder Groenlandische Reise Beschreibung gethan im Jahr 1671. Hamburg. Im Internet unter: www-gdz.sub.uni-goettingen.de/cgi-bin/digbib.cgi?

Megenberg, K von (1994): Das Buch der Natur (1350). 3. Nachdruck der Ausgabe Stuttgart 1861, Georg Olms Verlag

Meyer B, Wolf J (1810, 1822) Taschenbuch der deutschen Vögelkunde, 3 Bde 1810–1822, Wilmans, Frankfurt 1810 und Brönner, Frankfurt 1822

Müller PLS (1773) Des Ritters Carl von Linné Natursystem mit einer ausführlichen Erklärung. Zweyter Theil. Von den Vögeln. Bey Gabriel Nicolaus Raspe, Nürnberg

Naumann JF (1820–1844) Johann Andreas Naumann's Naturgeschichte der Vögel Deutschlands. 12 Bde. Ernst Fleischer, Leipzig

Naumann JF, Hennicke CR (1897–1905) Naturgeschichte der Vögel Mitteleuropas. 12 Bde. Neubearb. Hennicke CR (Hrsg). Friedrich Eugen Köhler, Gera-Untermhaus

Oken L (1816) Lehrbuch der Zoologie. 2. Abtheilung. Bei August Schmid und Comp., Jena

Oken L (1837) Allgemeine Naturgeschichte für alle Stände. Bd 7, Vögel. Hoffmann'sche Verlagsbuchhandlung, Stuttgart

Oken L (1843) Allgemeine Naturgeschichte für alle Stände. Tafelband: Hier Textheft/Einleitung zu der Eierliste, Hoffmann'sche Verlagsbuchhandlung, Stuttgart

Pernau FA von (1702) Unterricht/ was mit dem lieblichen Geschöpff/ denen Vögeln/ auch ausser den Fang/ Nur durch die Ergründung Deren Eigenschafften/ und Zahmmachung/ oder anderer Abrichtung/ Man sich vor Lust und Zeit-Vertreib machen könne. Originalgetreuer Nachdruck 1982. Druckhaus Neue Presse Coburg

Pernau FA von (1707) Unterricht, was mit dem lieblichen Geschöpff, denen Vögeln, Auch ausser dem Fang, Nur durch die Ergründung Deren Eigenschafften und Zahmmachung Oder anderer Abrichtung, Man sich vor Lust und Zeitvertreib machen könne. In Verlag Paul Günther Pfotenhauer, Coburg

Pernau FA von (1720) Angenehme Land-Lust/ deren man in Städten und auf dem Lande, ohne sonderbare Kosten, unschuldig geniessen kan. Zufinden bey Peter Conrad Monath, Franckfurt und Leipzig

Pescheck, Christian Adolf (1787–1859) Ornithologische Notizen aus deutschen Schriftstellern des 13. Jahrhunderts. Abhandlungen der naturforschenden Gesellschaft zu Görlitz Band 6, Heft 2, 71–89. Görlitz 1853.

Schalow H (1919) Beiträge zur Vogelfauna der Mark Brandenburg, Berlin. Reprint 2004. Deutsche Ornithologische Gesellschaft

Schwenckfeld C (1603) Theriotropheum Silesiae in quo Animalium, hoc est Quadrupem, Reptilium, Avium, Piscium, Insectorum natura, vis et usus sex libris perstringuntur. Hirschberg.

Springer K (2007) De avium natura von Conrad Gessner (1516–1565). Dissertation Rostock

Straßburger Vogelbuch (1554), Ein kurtzweilig Gedicht, Straßburg 1554. Anhang in Suolahti H (1909): Die deutschen Vogelnamen, Trübner, Straßburg

Stresemann E (1941): Einiges über deutsche Vogelnamen. JfO Sonderheft

Suolahti H (1909) Die deutschen Vogelnamen. Verlag Trübner, Straßburg

Svensson L, Mullarney K, Zetterström, D (2011): Der neue Kosmos Vogelführer, 2. Aufl., Frankh-Kosmos, Stuttgart

Turner W (1544) Turner on Birds, neuaufgelegt in Cambridge, At the University Pess, 1903

Voigt FS (1835) Lehrbuch der Zoologie, 2. Band, Spezielle Zoologie – Vögel, E. Schweizerbart's Verlagshandlung, Stuttgart

Wüstnei C, Clodius G (1900) Die Vögel der Großherzogthümer Mecklenburg. Zuerst erschienen bei Opitz & Co. in Güstrow, Neuauflage 2004, BS-Verlag, Rostock

Zorn JH (1742–1743) Petino-Theologie. 2 Bde. Druckts Christian Rau, Hof-Buchdrucker, Pappenheim

Abkürzungen

(Zu beachten: Punkt oder nicht hinter einer Abkürzung)

ahd.	= althochdeutsch	lett.	= lettisch
allg.	= allgemein	lothr.	= lothringisch
altd.	= altdeutsch	männl.	= männlich
angels.	= angelsächsisch	meckl.	= mecklenburgisch
arab.	= arabisch	m.	= mit
bl.	= blau	nieders.	= niedersächsisch, auch ns.
br.	= braun, braunem	niederdt.	= niederdeutsch
dän.	= dänisch	norw.	= norwegisch
e.	= ein, einem	o.Qu.	= ohne Quellenangabe
Eb/Peuc	= Eber/Peucer	odenw.	= aus Odenwald
engl.	= englisch	Penn.	= Pennant
estn.	= estnisch	Pk	= Prachtkleid
F	= Floericke (nicht: F.)	plattd.	= plattdeutsch, niederdeutsch
F.	= Füße, Füßen	plur.	= Plural
Fl.	= Flügel	pom.	= pommerisch
fränk.	= fränkisch	P/Z	= Pennant/Zimmermann
gef.	= gefärbt	r.	= rot
gesch.	= gescheckt	Sandl.	= Sandläufer
Gr.	= grau	Schn.	= Schnabel
hann.	= hannoveranisch	schw.	= schwarz(en, m)
holl.	= holländisch	schwed.	= schwedisch
holst.	= holsteinisch	schweiz.	= schweizerisch
isl.	= isländisch	sing.	= Singular
juv.	= jung	Sk	= Schlichtkleid
K	= Klein	Sl	= Hans Sloane
kl.	= klein, kleiner	Sokl.	= Sommerkleid
KN	= Kunstname	Strandl.	= Strandläufer
KNB	= Kunstname nach Brehm, CLB2	T.	= Tafel, Bild
krain.	= krainisch (= slowen.)	UK	= Unterkiefer
Krü	= Krünitz	Ü	= Übersetzung
lappl.	= lappländisch	V.	= Vogel

Hinweise zur Handhabung der Texte im Lexikon

Im folgenden Lexikonteil besteht eine Seite aus zwei – gedachten – Spalten. Eine Zeile der linken Spalte enthält einen Trivialnamen. Direkt daneben steht der heute geltende deutsche Name des Vogels. Auf wissenschaftliche Bezeichnungen wurde absichtlich verzichtet.

Die rechte Spalte beginnt mit den Abkürzungen der Namen der Autoren, bei denen man diesen Trivialnamen finden kann. Diese „Namenssymbole" beschränken sich naturgemäß auf ausgewählte, also in diesem Rahmen (!) in Frage kommende, Autoren. In der „Liste der Abkürzungen der Namen der beteiligten Autoren" (Seite 17) steht, wer sich jeweils hinter einem Symbol verbirgt.

Die Aufzählungen mehrerer bis vieler Namenssymbole führen mitunter zu längeren Reihen. Um den möglicherweise interessanten Informationsgehalt dieser längeren Aufzählungen nicht negativ zu beeinflussen, sind alle Autoren genannt worden, es gab keine Kürzungen. Das ist wichtig für eine intensivere Beschäftigung mit bestimmten Themen aus der Ornithologie oder Ornithologie-Geschichte.

Ist in der rechten Spalte noch Platz, wurde dieser oft für kurze Zusatzinformationen genutzt. Für eine optimale Information auf kleinstem Raum wurde aber, wenn nötig, eine Ausweitung der rechten Spalte auf die Folgezeile vorgenommen. Entsprechendes gilt für die linke Spalte, denn manchmal hatte ein Autor einen so langen Trivialnamen angegeben, daß der Platz dafür in dieser Spalte nicht ausreichte. Die Übersichtlichkeit blieb aber immer erhalten.

Was den besonderen Reiz dieses Buches ausmacht: Aus der Zeit vor 1800 sind die Trivialnamen aller wesentlichen „Alten Autoren" aufgeführt! Die entsprechende Literatur über die „Alten Autoren" beginnt 1544 mit William Turners *Turner on Birds*. Bei den noch älteren wie Plinius, Albertus Magnus oder Konrad von Megenberg kann man auch den einen oder anderen volkstümlichen Namen finden. Diese Wissenschaftler gelten in diesem Zusammenhang aber nicht als „Alte Autoren".

Relativ oft findet man Abkürzungen wie „N Bd. 13/058" und ähnliche. Es sind Hinweise auf Naumanns (N) 1860 erschienene Nachträge (auch Band 13 genannt), hier Seite 058.

Oft erscheinen am Zeilenende KNB-Zusätze (siehe auch S. 2). Sie stehen, wie schon beschrieben, für Kunstnamen von C. L. Brehm. Brehm hatte ein „*Verzeichniß der Kunstnamen aller europäischen Vögel nach der Reihenfolge*" in seinem Lehrbuch der *Naturgeschichte aller europäischen Vögel* (1823/24), Band 2, Seiten 1009–1032 zusammengestellt. KNB bedeutet **K**unst-**N**ame von **B**rehm.

Eindeutige Kunstnamen erkennt man mitunter leicht. Naumanns „Bergtauchente" wurde schon erwähnt. Viele Kunstnamen, die auch Trivialnamen sind, ähneln den „echten" Volksnamen (VN) sehr und sind von vielen Volksnamen nur schwer zu unterscheiden.

Abschließend noch einige Hinweise: Beim Suchen nach Namen sollten autoreneigene Schreibweisen in Betracht gezogen werden. Dadurch stehen Namen möglicherweise an anderer Stelle als vermutet. Beispiele für die Farbe Weiß sind die Schreibweisen weiße oder weisse oder weise und für Möwe, Möve oder Meve. Ferner: Weiße Meve oder Weis Meve oder Weis-Meve. Ein Reiher ist oft ein Reiger oder Reyger. Viele Wörter werden mit -th- erwartet, wie z. B. „roth". erscheinen aber auch als „rot". Statt ü oder ä oder ö werden die Umlaute bisweilen weggelassen. So nannte Pernau den Zilpzalp 1707 Wittwaldlein, während Zorn ihn 1743 Wittwäldlein nannte. Auch werden Namen mal mit tz geschrieben, mal nur mit z wie bei -stertz oder -sterz. Ähnlich ist es bei -huhn und -hun. Auch Rechtschreib- und Druckfehler gibt es in alten Büchern immer wieder, die hierher übernommen wurden.

Hauptteil: Trivialnamen-Lexikon 2

A âbar – Weißstorch   Häp
Aâbars Plogdriver – Bachstelze   Häp
Aâdler – Adler   Häp
Aaldieb – Kormoran   Scha
Aalgans – Kormoran   GesS
Aalkrähe – Kormoran   zLa
Aalkreye – Kormoran   Scha
Aalraw – Polartaucher   F
Aalraw – Prachttaucher   H,WüCl
Aalschlucker – Kormoran   GesS
Aalscholver – Kormoran   Suol
Aalscholver – Sterntaucher   Buff
Aalscholwer – Sterntaucher (juv. u. Sokl.)   Buff,GD,N
Aalschorwel – Sterntaucher   H,WüCl
Aalschorwel – Zwergtaucher   Scha
Aalschrowel – Sterntaucher   Do,F
Aant – Ente, Stockente   Häp
Aant, grawe – Stockente   Bri
Aant, wille – Stockente   Bri,H
Aante – Ente allg.   Krü
Aante – Stockente   Ad,Häp,Scha
Aantje – Ente, Stockente   Häp
Aantvâgel – Ente, Stockente   Häp
Aanwearsvâgel – Goldregenpfeifer   Bri   Unwettervogel
Aar – Adler   Ad,Pe   Algemein üblicher Name.
Aar – Mäusebussard   H
Aar – Schwarzmilan   Buff
Aar – Steinadler   Buff,F,GesS

Aarbar – Weißstorch	Suol	
Aarfugl (norw.) – Birkhuhn	H	
Aarn – Fischadler	Scha	
Aarsugle (norw.) – Auerhahn	Ad	
Aasfresser, weißer – Schmutzgeier	N	
Aasgeier – Bartgeier	Ad	
Aasgeier – Gänsegeier	B,Krü,N	
Aasgeier – Mönchsgeier	O1	
Aasgeier – Schmutzgeier	Ad,CLB2,3 F,Krü,V	
Aasgeier – Seeadler	Be1,Be2,Be	
Aasgeier, ägyptischer – Gänsegeier	N	
Aasgeier, ägyptischer – Schmutzgeier	Be2,N	
Aasgeier, aschgrauer – Schmutzgeier	Be2	
Aasgeier, schmutziger – Schmutzgeier	CLB2,3,O3	KNB
Aasgeyer – Gänsegeier	Buff,GesH	
Aasgeyer – Schmutzgeier (Var.)	GD	
Aasgeyer, ägyptischer – Schmutzgeier	GD	
Aaskrähe – Nebelkrähe	Be1,Be2,Be,F,GD,N	
Aaskrähe – Rabenkrähe	Be1,Be2,Be97,F,GD,N	
Aaskrai – Nebelkrähe	Buff	
Aaskrei – Nebelkrähe	Do,F	
Aaskrei – Rabenkrähe	Häp	
Aaskreie – Rabenkrähe	Bri	
Aaskrey – Nebelkrähe	Scha	
Aaskroche – Nebelkrähe	Do,F	
Aaskroche – Saatkrähe	Do,F	
Aasrabe – Kolkrabe	B,Be1,Be2,Be,Be97,Buff,GD,Hp,Krü,N	
Aasrabe, großer – Kolkrabe	Be2,F,N	
Aaß-Rabe – Kolkrabe	Z	
Aassack – Nebelkrähe	Do,F,Scha	
Aaßgeyer – Bartgeier	GesH	
Aasvogel – Kolkrabe	Do,F	
Aasvogel – Schmutzgeier	CLB2,3,V	
Aasvogel, schmutziger – Schmutzgeier	MW,N	
Aatjebar – Weißstorch	Ad,Krü	
Abär – Weißstorch	Bri	
Äbär – Weißstorch	Bri	
Abdecker – Raubwürger	B,Be2,F,N	
Abdecker – Würger allgemein	GD	
Abendfalk – Rotfußfalke	B,F	
Abendfalke – Rotfußfalke	GD,N,WüCl	
Abu-Hannes – Heiliger Ibis	O1	Threskiornis aethiopicus.
Ächbähr – Weißstorch	Be97	
Achboba – Mönchsgeier	O1	
Achbobba – Schmutzgeier	Buff	
Acholaster – Elster	B	
Ächte Sammettrauerente – Samtente	CLB3	
Ächte Silbermöve – Silbermöwe	CLB3	

Ächter ägyptischer Ibis der Alten – Heiliger Ibis	O1	Threskiornis aethiopicus.
Ächter Brachvogel – Goldregenpfeifer	Albin	
Achternagel – Nachtigall	Bri,Häp	
Ack (estn.) – Dohle	Buff	
Acker Trappe – Großtrappe	Schwf	
Ackerbock – Bachstelze	Bri	
Ackerdrossel – Rosenstar	Ad,B1,Be2,Be,Buff,F,GD,N	
Ackerdrossel, rosenfarbene – Rosenstar	Be2,GD	
Ackerdrossel, rosenfarbige – Rosenstar	Krü,N	
Ackerdrossel, rosenfarbne – Rosenstar	Buff	
Ackergans – Saatgans	B,N,Scha,WüCl	Hennicke 9/342: … … Ackergans ist UA d. Saatgans (A. fab. arvensis).
Äckergratsch – Eichelhäher	Suol	
Ackergrille – Goldregenpfeifer	B	
Ackerhennick – Wachtelkönig	Do,F	
Ackerhennick, blü (helgol.) – Wasserralle	F,H	
Ackerhuhn – Rebhuhn	Ad,Krü	
Ackerkrähe – Saatkrähe	B,Be1,Be2,Be97,Buff,F,GD,Krü,N	
Ackerkrähe, schwarze – Saatkrähe	Be2,Be,GD,N	
Ackerlachseeschwalbe – Lachseeschwalbe	CLB3,N	
Ackerleinfink – Birkenzeisig	CLB3	
Ackerlerche – Feldlerche	Ad,Be1,Be2,Be,Be97,CLB3,Buff,F,GD, … … Hp,Krü,N	
Ackerloen – Goldregenpfeifer	Be2	Boie 86: Auch Ackerlo. Norw. akerloe.
Ackerluster – Elster	Hp	
Ackermann – Bachstelze	Be2,Hp,N,Suol	
Ackermann, blau – Bachstelze	Suol	
Ackermann, blauer – Bachstelze	N	
Ackermann, geeler – Schafstelze	N	
Ackermann, gelber – Schafstelze	Be2,N	
Ackermann, wite – Bachstelze	Suol	
Ackermännchen – Bachstelze	Ad,B,Be1,Be2,Be,Be97,Buff,F,GD,Häp, … … Scha,Suol,V,N	
Ackermännchen – Schafstelze	Ad,N	
Ackermännchen, geeles – Schafstelze	F	
Ackermännchen, gelbes – Gebirgsstelze	Be1,Be2,Be,Be97,F,N	
Ackermännchen, gelbes – Schafstelze	GD	
Ackermänneken – Bachstelze	Häp	
Ackermännicken – Bachstelze	Bri	
Ackermännken (nieders.) – Bachstelze	Ad	
Ackermannl – Bachstelze	Suol	
Ackermännlein – Bachstelze	Krü	
Ackermanntje – Bachstelze	Bri	
Ackermantje – Bachstelze	Häp	
Ackermeerschwalbe – Lachseeschwalbe	Do,F	
Ackermeise, weiße – Bachstelze	o.Qu.	
Ackermenncken – Bachstelze	Fabr	

Ackermenneken – Bachstelze	Suol	
Ackermere (hann.) – Bachstelze	Ad	
Ackerohreule – Sumpfohreule	CLB3	
Ackerrire – Wachtelkönig	Ad	
Ackerschwalbe – Mehlschwalbe	GD	
Ackerseeschwalbe – Lachseeschwalbe	B	
Ackertrapp – Großtrappe	Fri,GesSH, Scha,Suol	
Ackertrappe – Großtrappe	Ad,Be1,Be2,Be,Be97,Buff,F, GD,Hp,K,Krü,N ... ... Frisch T. 106, Albin III/38.	VN
Ackervogel – Goldregenpfeifer	Ad,B,Be2,Be,Buff,N	
Ackervogel, goldgrüner – Goldregenpfeifer	GD	
Ackervogel, schwarzgelber – Goldregenpfeifer	Be1,Be2,Be,Buff,Krü,N	Halle 1760.
Ackervogel, schwarzkehliger – Goldregenpfeifer	Buff	
Ad – Elster	F,H	
Ad, welsche(r) – Neuntöter	H	
Ädarfugl (isl.) – Eiderente	Krü	
Adebahr – Weißstorch	Mic	
Adebar – Weißstorch	Ad,Be1,Be2,Be,Be97,B,Bri,F,GD,GesH,Häp, ... Krü,N,O1,Scha,Suol,WüCl	
Adebar, schwarzer – Schwarzstorch	F,H	
Adebar, swart – Schwarzstorch	WüCl	
Adel Ahr – Adler allg.	Schwf	
Adelaar – Adler	Ad	Alter Name für Aar, Adler.
Adelar – Adler	Pe	Alter Name für Adler, 13. Jahrh.
Adelar – Steinadler	GesS	
Adelare – alter Name für Aar, Adler	Ad	
Adeler – Adler allg.	Schwf	
Adeler, schwartzer – Steinadler	Schwf,Suol	
Adelhetz – Elster	Suol	
Adelicher Habicht – Habicht (weibl.)	Schwf	
Adelster – Elster	F,H	
Adlar – Gold-(Stein-)adler	HaSa	
Adler – Adler allg.	Häp,Schwf	Aquila
Adler – Fischadler	GD	
Adler – Seeadler	Tu	
Adler – Steinadler	Buff,G,GesH,K,Kö,StVb	
Adler gemeiner brauner – Steinadler	Be1,N	
Adler mit dem glatten Kopfe – Seeadler	Be2	
Adler mit dem weißen Augenkreisse – Schlangenadler	Be2	KNB
Adler mit dem weißen Kopfe – Seeadler	Be2	
Adler mit dem weißen Kopfe – Weißkopf-Seeadler	GD	Bei Pennant.
Adler mit dem weißen Scheitel – Fischadler	Be	
Adler mit dem weißen Scheitel oder Wirbel – Fischadler	Be2	

Adler mit ganz rauhen Füßen, brauner – Steinadler	Be2		
Adler mit glattem Kopf, weißköpfiger – Seeadler	Buff		
Adler mit halbweißem Schwanze, weisköpfiger – Seeadler	Buff		
Adler mit schwarzem Rücken – Steinadler	Be2,N		
Adler mit weißem Augenkreise – Schlangenadler	CLB2,3		
Adler mit weißem Ringe, kurzgeschwänzter – Steinadler	GD		Bei Pennant.
Adler mit weißem Scheitel – Fischadler	N		
Adler mit weißen Augenkreisen – Schlangenadler	Be,Be05,N		
Adler, schwarzer – Steinadler	B,Be,Be97,Be05,CLB2,N,V		
Adler, aschgrauer – Seeadler	Be1,Be2,Be,N		
Adler, bartiger – Seeadler	Be1		
Adler, bärtiger – Seeadler	Be2,Be,N		
Adler, blaßbrauner – Seeadler	GD		
Adler, blaufüßiger – Schlangenadler	N		
Adler, bonellischer – Habichtsadler	O3		
Adler, brauner – Schelladler	CLB2,3		KNB
Adler, brauner – Steinadler	B,Be,Be97,Be05,GD,N		
Adler, brauner mit ganz rauhen Füssen – Steinadler	Be2,N		
Adler, braunfahler – Seeadler	Be2,Be,N		
Adler, bunter – Schreiadler	Be2,Be,N		
Adler, fahler – Seeadler	Be2,N		
Adler, gefleckter – Schelladler	GD		„Falco maculatus."
Adler, gefleckter – Schreiadler	Be1,Be2,Be,CLB2,N		
Adler, gemeiner – Kaiseradler	JAN		
Adler, gemeiner – Steinadler	B,Be1,Be,Be97,GD,Krü,N,O		
Adler, gemeiner brauner – Steinadler	GD		Bei Buffon.
Adler, gemeiner schwarzbrauner – Steinadler	V		
Adler, gemeiner schwarzer – Steinadler	N		
Adler, gemeiner schwarzer – Steinadler?, Kaiseradler?	GD		Falco Melanaëtes bei Buffon.
Adler, geschäckter – Schreiadler	Be1,Be2,Be,Be97		
Adler, gescheckter – Schreiadler	Be,F,N		
Adler, gestiefelter – Zwergadler	CLB2,3,N,O3,V	N: Bd. 13/058.	KNB
Adler, gestrichelter – Zwergadler	N	N: Bd. 13/058.	
Adler, goldfarbiger – Steinadler	GD		Bei Pennant/Zimmermann.
Adler, goldköpfiger schwarzer – Steinadler	GD		Bei Palla
Adler, großer – Kaiseradler	Krü		
Adler, großer – Steinadler	Be1,Be97,Buff,GD,Hp,Krü		
Adler, großer gefleckter – Schelladler	H		
Adler, großer schwarzer – Seeadler	Be2,N		
Adler, großer wahrer – Steinadler	Be		

Adler, hochbeiniger – Schreiadler   Be2,Be,F,N
Adler, kaiserlicher – Kaiseradler   N
Adler, klagender – Schelladler   Buff
Adler, kleiner – Fischadler   Be,N
Adler, kleiner – Rauhfußbussard   N
Adler, kleiner – Schelladler   Buff
Adler, kleiner – Schreiadler   Be1,Be2,Be,Be97,N
Adler, kleiner gefleckter – Schreiadler   GD
Adler, kleiner und schäckiger – Fischadler   Be2
Adler, kleinster – Zwergadler   N   N: Bd. 13/058.
Adler, klingender – Schreiadler   Be2,Be,N
Adler, kurzschwänziger – Steinadler   Be,Be97
Adler, kurzzehiger – Schlangenadler   Be,CLB1,MW
Adler, pommerscher – Schreiadler   O3
Adler, pyrenäischer – Mönchsgeier   Be2,N
Adler, ringelschwänziger – Steinadler   B,JAN,N
Adler, russischer – Fischadler   Be2,N
Adler, russischer – Schreiadler   Be2,Be,N
Adler, schäckiger – Fischadler   Be,N
Adler, schwartzer – Steinadler   GesH
Adler, schwarzbrauner – Seeadler   Be2,N
Adler, schwarzbrauner – Steinadler   Be1,Be,Be97,Buff,GD,N …
                                                 … Buff. 01/112: Falco Melanaëtes.

Adler, schwarzer – Steinadler   O1
Adler, schwarzer – Kaiseradler   F,JAN,K,N
Adler, schwarzer – Seeadler   Be2,N
Adler, schwärzlicher – Steinadler   Buff
Adler, schwarzrückiger – Steinadler   JAN
Adler, singender – Zwergadler   F
Adler, veränderlicher – Wespenbussard   N
Adler, weißer – Steinadler (Var.)   GD   „Falco albus."
Adler, weißgefleckter – Schreiadler   Be2
Adler, weißgeschwänzter – Kornweihe   Buff   Scopoli
Adler, weißgeschwänzter – Steinadler   Be1,Be97,Buff,Krü
Adler, weißköpfiger – Mäusebussard (?)   Be1
Adler, weißköpfiger – Seeadler (juv.)   Be2
Adler, weißköpfiger – Weißkopf-Seeadler   O3
Adler, weißköpfiger – Weißkopf-Seeadler   CLB1,GD,MW,N   N: Bd. 13/07.
Adler, weißlicher – Seeadler   GD
Adler, weißschwänziger – Seeadler   Be2,Be05,CLB1,2,Krü,N
Adler, weißschwänziger – Steinadler   JAN,N
Adler, zweibindiger – Habichtsadler   CLB3
Adlerbussard – Adlerbussard   B,N   Naumann (in Naumannia) 1853.   KN
Adlereule – Uhu   Ad,Be1,Be2,Be,Be97,Buff,F,GD,Krü,N
Adlergeyer – Schmutzgeier   GD,K   Naumann 1820.
Adlerlerche – Feldlerche   V
Adlermöve – Fischmöwe   H
Adlerpelikan – Prachtfregattvogel   Be2
Ädurfugl (isl.) – Eiderente   Krü

Adventsvogel – Eistaucher	Ad,B,Be1,Be2,Be,Buff,F,GD,Krü,N Müller 1773.	KN
Advokatenspecht – Schwarzspecht	Do,F	
Advokatenspecht, Müllers – Schwarzspecht	H	
Aebär – Weißstorch	Häp	
Aedarfugl (isl.) – Eiderente	H	
Aedarvogel – Eiderente	N	
Aederfugle (lappl.) – Eiderente	Buff	
Aegarstspecht – Mittelspecht	N	
Aegastspecht – Mittelspecht	B	
Aegerspecht – Buntspecht	GesH	
Aegerst – Elster	Be,Buff,GesH,Hp,N,Suol	
Aegerste – Elster	O2	
Aegerstenspecht – Buntspecht	GesS,Suol	
Aegerstspecht – Buntspecht	Buff,GesS,Suol	
Aegerstspecht – Mittelspecht	Be	
Aegerts – Elster	GesS	
Aegyptische Gans – Nilgans	Buff	
Aegyptische Kriechänte – Moorente	Buff	
Aegyptischer Geyer – Schmutzgeier	O2	
Aehbär – Weißstorch	GD,F,N	
Aelcke – Dohle	Buff,Schwf	
Aelgueß – Kormoran	GesS,Suol	Auch Aelgüß.
Aelke – Dohle	Be,GesS,GD,K,N,O1,Suol	Frisch T. 67.
Aelster – Elster	Be,Buff,Fri,GD,Hp,N,O1,2,Z	Ahd. agalaster.
Aelster, europäische – Elster	GD	
Aelster, wilde – Raubwürger	GD	
Aelsterspecht – Buntspecht	Buff	
Aelsterspecht – Weißrückenspecht	O2	
Aelzbähr – Weißstorch	Be	
Aemerken – Goldammer	Bri	
Aemerling – Goldammer	K	Frisch T. 5.
Aemmerling – Goldammer	Ad,Buff,Fri,G,GD,K,Krü,Suol	VN
Aen (Sprich a-en) – Stockente	H	
Aente – Stockente	Buff	
Aente der Hudson-Bay, langschwänzige – Eisente	Buff	
Aente mit rothgelbem Kopfe – Tafelente	Buff	Bei Belon.
Aente von der Hudsonbay – Prachteiderente	Buff	Von Brisson.
Aente von Neuland, langschwänzige – Eisente	Buff	
Aente von Terre-Neuve, langschwänzige – Eisente	Buff	= Neufundland.
Aente, afrikanische – Tafelente	Buff	
Aente, astrakanische – Rostgans	Buff	
Aente, braune – Kragenente	Buff	
Aente, braunköpfige – Tafelente	Buff	
Aente, damiatische – Brandgans	Buff	
Aente, gehäubte wilde – Stockente	Buff	

Aente, gelbfüßige isländische – Spatelente	Buff	
Aente, gemeine – Stockente	Buff	
Aente, gemeine wilde – Stockente	Buff	
Aente, gezäumt – Bergente	Buff	
Aente, goldäugige – Schellente	Buff	
Aente, grauköpfige – Prachteiderente	Buff	Name von Edwards.
Aente, große gescheckte – Mittelsäger	Buff	
Aente, große schwarze – Samtente	Buff	
Aente, große weiße und schwarze –	Buff	
Eiderente		
Aente, lappmärkische – Bergente	Buff	
Aente, persische – Stockente	Buff	
Aente, rote – Rostgans	Buff	
Aente, rothälsige – Tafelente	Buff	
Aente, schwarze – Trauerente	Buff	
Aente, so genannte rothe – Rostgans	Buff	
Aente, unterirdische – Bergente	Buff	Scopoli
Aente, weißköpfige – Weißkopf-Ruderente	Buff	
Aente, zweyte wilde – Stockente	Buff	
Aentrich – Hausente	GD	
Aer – Rotmilan	HaSa	
Aernt – Steinadler	GesS	
Aersvoet – Lappentaucher (allg.)	Suol	
Aerter – Elster	GesS	
Aesalon – Merlin	GD	
Aesch Hünlin – Wasserralle	Schwf	
Aeschen Meißle – Sumpfmeise	zLa	
Äeschenfarbener Schwan – Höckerschwan	zLa	
Aeschent – Gänsesäger	GesH,Suol	
Aeschente – Gänsesäger (weibl. u. juv.)	N,zLa	U. a. Vorliebe für Äschen.
Aeschhennlin – Wasserralle	Buff	
Aeschhühnlein – Zwerg-/Kleines	K	Folg. u. a. aus Bechst.-Namen.
Sumpfhuhn		
Aeschhünlin – Wasserralle	GesS	
Aeschmeissle – Sumpf-/Weidenmeise	Buff	
Aeschmeißle – Sumpfmeise	GesS,Suol	
Aetolischer Hühnergeier – Schwarzmilan	N	
Aeuffel – Zwergohreule	O1	Name von Oken, 1816?
Aeuflein – Zwergohreule	O2	
Aeugelein, goldenes – Schellente	Hp	
Aeußere Hausschwalbe – Mehlschwalbe	N	
Aexter (holl.) – Elster	GesH	
Afrikanische Aente – Tafelente	Buff	
Afrikanische Ente – Moorente	Buff	
Afrikanische Ente – Tafelente	Be2,Be,Fri,GD,N	juv.?
Afrikanischer gekrönter Kranich – Kranich	Fri	
Afrikanischer Guckguk – Häherkuckuck	Buff	
Afrikanischer Heher – Tannenhäher	Fri	
Afrikanischer Holtzschreyer – Tannenhäher	Fri	

Afrikanischer kleiner Sturmtaucher – Kleiner Sturmtaucher	H	
Afrikanischer Kukuk – Häherkuckuck	GD	
Afrikanischer Vogel – Tannenhäher	Be2,N	
Afrikanisches Huhn – Helmperlhuhn	Be1,Buff,Fri,Krü,Suol	
Afrikanisches Waldhuhn – Spießflughuhn	GD	
Afterauerhahn – Rackelhuhn	Buff,GD	
Afterauerhuhn – Rackelhuhn	N	
Afterfalke – Raubwürger	Do,F,Suol	
Afterfalke, grauer großer – Raubwürger	Be1,Be2,Be,GD	
Afterfalke, großer grauer – Raubwürger	JAN,N	
Aftermeve – Trauerseeschwalbe	Buff	
Aftermewe – Trauerseeschwalbe (juv.)	K	Frisch T. 220.
Afternachtigal – Mönchsgrasmücke	Buff	
Afternachtigall – Mönchsgrasmücke	Be1,Be2,Be,F,GD,N	
Agalaster – Elster	Ad	
Agalster – Elster	Suol	
Agalster, spanische – Raubwürger	H	
Ägarstspecht – Mittelspecht	Be2	
Agaster – Elster	Hp	
Agastspecht – Mittelspecht	Do,F	
Agelaste – Elster	Hp	
Agelaster – Elster	Be2,Be,Buff,GesS,N,Scha	
Agelaster, welsche – Schwarzstirnwürger	F	
Agelhetsch – Elster	Be2,Be,F,N	
Agelster – Elster	Suol	
Ager-Rixe – Wachtelkönig	Gun	Dronth.-Schriften, Teil 2/303.
Agerist – Elster	N	
Agerlaster – Elster	HaSa	
Agerluster – Elster	Be1,Be2,Be,Buff,GesS,N	
Ägerschte (alem.) – Elster	Do	
Agerst – Elster	Ad,Do,Krü	
Ägerst – Elster	Be2,Be,F	
Ägerste – Elster	Suol	
Agerstspecht – Buntspecht	N	
Ägerstspecht – Mittelspecht	Be	
Agesterspecht – Buntspecht	Be	
Agirofalco – Gerfalke	GesS	
Aglaster – Elster	Ad,F,Fri,GesSH,GD,H,Jä,Krü,O1,Schwf,Suol	
Aglasterspecht – Buntspecht	Be2,F,N	
Aglek (grönl.) – Eisente	Buff,Cz,H	
Aglester – Elster	G,Suol	
Aglister – Elster	Suol	
Agu (angels.) – Elster	Ad,Krü	
Agur – Kranich (?)	O1	
Ägyptische Ente – Nilgans	N	
Ägyptische Entengans – Nilgans	N	
Ägyptische Gans – Nilgans	N,O3,V	
Ägyptische Gansente – Nilgans	N	

Ägyptische Nachtschwalbe – Pharaonenziegenmelker	H	
Ägyptischer Aasgeier – Gänsegeier	N	
Ägyptischer Aasgeier – Schmutzgeier	N	
Ägyptischer Aasgeyer – Schmutzgeier	Be2,GD	
Ägyptischer Bergfalke – Schmutzgeier	Be2	
Ägyptischer Erdgeier – Schmutzgeier	Be2,Krü	
Ägyptischer Geier – Schmutzgeier	V	
Ägyptischer Strandpfeifer – Sandregenpfeifer	Buff	
Ägyptischer Tagschläfer – Pharaonenziegenmelker	H	
Ägyptischer Ziegenmelker – Pharaonenziegenmelker	H	
Ägyptisches Huhn – Helmperlhuhn	Be1,Krü	
Ähbähr – Weißstorch	Be1,Be2,	
Ahl kray – Kormoran	zLa	
Ahlkreye – Kormoran	H,Mic	
Ahlvogel – Eisente	F	
Ahn – Stockente	Ad	
Ahnk – Ente allg.	Krü	
Ahnt, wille – Stockente	H	
Ahnwersvogel – Großer Brachvogel	Bri	
Ahr – Habicht	Be2,Hp,Krü,N	
Ahr, schwartzer – Steinadler (sil.)	Schwf	
Ahrwei – Milane und Weihen	Suol	
Aiber – Weißstorch	Suol	
Aibuke – Lachmöwe	Ad	
Aigel – Graureiher	Ad	
Aigrette – Seidenreiher	Buff	
Aigrette, große – Silberreiher	Be2,F,N	
Aigrette, kleine – Seidenreiher	F,N	
Aigrettenähnlicher Reiher – Silberreiher (Var.)	Be2	
Aigrettreiher – Silberreiher	N	
Aipetähren – Weißstorch	Bri	
Aist – Schwarzstorch	Be2,Be,F,N,O1	
Akadische Eule – Sperlingskauz	N	
Akang – Helmperlhuhn	O1	
Akang – Perlhühner	O1	
Aker-Rixe – Wachtelkönig	Gun	
Akerrire – Wachtelkönig	Ad	
Akkerhennick (helgol.) – Wachtelkönig	H	
Akkerhennick, lühr-lütje (helgol.) – Zwergsumpfhuhn	H	
Akkerhennick, lütj bonted (helgol.) – Tüpfelsumpfhuhn	H	Lütj-bonted.
Akkermännken – Bachstelze	Scha	
Akkermantje – Bachstelze	Suol	
Akpa (grönl.) – Dickschnabellumme	Cz	Naum/Henn. 12, 227.

Akpalliarsuk (grönl.) – Krabbentaucher	Cz	
Äkster – Elster	Bri	
Akster – Elster	Suol	
Alabock – Flußseeschwalbe	Jä	Stößt (bockt) auf alles (Nahrg., Menschen).
Alacra – Kormoran	zLa	Ahd.: Aalkrähe.
Alaster – Elster	Be1,Be2,Be,F,N,Suol	
Alaster, große – Elster	H	
Alaud (kelt.) – Feldlerche	Buff	
Albatros – Tordalk	Do	
Albatros, buntschnäbeliger –	H	
Gelbnasenalbatros		
Albatros, gelbfirstiger (?) –	H	
Graukopfalbatros		
Albatros, schwarzzügeliger –	H	
Schwarzbrauenalbatros		
Albatros, wandernder – Wanderalbatros	BB	
Albkachel – Alpendohle	Be2	
Albkachle – Alpendohle	Ad	
Albkachlen – Alpendohle (P. grac.)	GesS	
Albrapp – Alpendohle	Ad	
Albuk – Lachmöwe	Ad	
Albuken – Lachmöwe	Suol	
Albus – Höckerschwan	GesS	
Alcedo – Eisvogel	zLa	
Alchata – Spießflughuhn	GesH	
Alchata, arabisches – Spießflughuhn	Krü	
Alcyon – Eisvogel	Do,F	Tochter d. griech. Windgottes Aeolus.
Alebar – Weißstorch	Ad	
Aleke – Dohle	Suol	Bedeutet Adelheid.
Alelster – Elster	K	
Alelster – Elster	Be1,Be2,Be,N	
Alenbock – Lachmöwe	Ad,GesH	
Alenbok – Lachmöwe	Buff	
Alenbuck – Lachmöwe	Suol	
Alester – Elster	GD,K	Frisch T. 58.
Alexandrinischer Regenpfeifer –	Be2,Be,Buff,GD,Krü,N	
Seeregenpfeifer		
Alexandrinischer Strandpfeifer –	Be2,Be,Buff	
Seeregenpfeifer		
Alfågel – Eisente	Be2	Wird gesprochen wie Alfogel.
Alfogel – Eisente	Be2,Buff	Wird gesprochen wie Alfågel.
Algarde – Elster	B	
Algarte – Elster	Be1,Be2,Be,NSchwf	
Algaster – Elster	Ad,Be1,Be2,Buff,F,GesS,Krü,N,Schwf	
Algorte – Elster	F,H	
Alhautel (arab.) – Rosapelikan	Ad	
Alike – Papageitaucher	Be2,N	
Alike – Tordalk	Be2,Be,F,GD,N	
Alimoche – Schmutzgeier	N	

Alk – Papageitaucher	Be2,Be,N	KNB
Alk – Tordalk	Be1,Be2,Be,GD,Krü,N	Name von Oken, 1816?
Alk gemeiner graukehliger – Papageitaucher	Be2,Be	
Alk, arktischer – Papageitaucher	Be2,Be,N	
Alk, baltischer – Tordalk (juv.)	Be1	
Alk, dummer – Trottellumme	Krü,O2	
Alk, eigentlicher – Tordalk	O1	
Alk, einfurchiger – Tordalk	N	
Alk, gemeiner – Papageitaucher	N,O2	
Alk, grauer – Trottellumme	Krü,O2	
Alk, graukehliger – Papageitaucher	CLB2,JAN,MW,N	
Alk, grönländischer – Krabbentaucher	Be2	
Alk, großer – Riesenalk (ausgest.)	CLB2,GD,MW,N,O3,V	
Alk, isländischer – Tordalk	CLB3	
Alk, kleiner – Krabbentaucher	Be2,Be,CLB2,GD,Krü,MW,N,O1	
Alk, kleiner grönländischer – Krabbentaucher	N	
Alk, kleiner nordischer – Krabbentaucher	Be2,Be,N	
Alk, kurzflügeliger – Riesenalk	CLB2,N	
Alk, nordischer – Papageitaucher	Be2,N,O1	
Alk, östlicher – Tordalk	CLB3	
Alk, schwarzer – Gryllteiste	O2	
Älke – Dohle	Ad,Be1,Be2,Be,Be97,F,Krü,Tu	In Saxon.
Alke – Trottellumme	Gun	
Alke, schwarzer – Gryllteiste	Krü	
Alkekonge (norw.) – Krabbentaucher	H	
Alkekung (schwed.) – Krabbentaucher	H	
Alkenbock – Lachmöwe	GesS	
Alkenkönig – Krabbentaucher	Do,F	
Alkenlumme – Krabbentaucher	Do,F	
Alkenlumme, kleine – Krabbentaucher	N	
Alklumme – Krabbentaucher	B	
Alle – Krabbentaucher	Gun,Krü,O1	Name von Linné.
Allebock – Flußseeschwalbe	Jä	Stößt (bockt) auf alles (Nahrung, Menschen).
Alleke – Dohle	Ad,Suol	
Allenbeck – Flußseeschwalbe	Do,F	
Allenböck – Lachmöwe	Do,F	
Allenbock, kleiner – Lachmöwe	O1	Eber/Peucer 1552: Albuken (plur.)
Allenböcke – Sturmmöwe	O1	
Allerkleinster Habicht – Merlin	GD	
Allerlei, Lieschen (schlesw.-holst.) – Gelbspötter	H	
Allerweltsvogel – Flußregenpfeifer	Do,F	
Allgemeiner Dornreich – Dorngrasmücke	P	
Allika (schwed.) – Dohle	H	
Allike – Papageitaucher	Be	
Allike – Tordalk	Be1,Krü,O1	
Allike (dän.) – Dohle	Buff,H	

Almamsel – Alpendohle	F,H		
Alouette – Feldlerche	zLa		
Alp-Chräje – Alpendohle	Suol		
Alparte – Elster	Do,F		
Alpdohle – Alpendohle	Be2		
Alpen-Braunelle – Alpenbraunelle	N		
Alpen-Grasmücke – Alpenbraunelle	Buff		
Alpen-Krähe – Alpendohle	N		
Alpen-Mauerklette – Mauerläufer	N		
Alpen-Schneehuhn – Alpenschneehuhn	N		
Alpen-Schneewaldhuhn – Alpenschneehuhn	CLB1		
Alpen-Segler – Alpensegler	N		
Alpen-Strandläufer – Alpenstrandläufer	N		
Alpen-Sumpfmeise – Sumpfmeise	H		
Alpenamsel – Alpendohle	B,F,O1		
Alpenamsel – Ringdrossel	Do,F		
Alpendohle – Alpendohle	B,N	Brehm 1861, für P. graculus.	KN
Alpendohlendrossel – Alpenkrähe	CLB3		
Alpenente – Reiherente	Do,F		
Alpenente – Bergente	B,Do,F,N		
Alpenfink – Schneesperling	F,N		
Alpenflüehsänger (helv.) – Alpenbraunelle	H		
Alpenfluevogel – Alpenbraunelle	O3		
Alpenflüevogel – Alpenbraunelle	B,Be2,Be,CLB2,3,F,MW,N,V		KNB
Alpenflüevogel, dalmatischer – Alpenbraunelle	CLB3		
Alpengeier – Gänsegeier	B,F,MW,N		
Alpengeier – Schmutzgeier	Be2		
Alpengeyer – Bartgeier	GD	Von seinem Aufenthalt.	
Alpengrasmücke – Alpenbraunelle	Be1,Be2,Be,Be97,Buff,Hp,N		
Alpenhäkler – Alpensegler	B,F,N		
Alpenklette – Mauerläufer	Do	Auf ebenem Grund hüpft er meist.	
Alpenkrähe – Alpendohle	Be2,Be05,CLB2,GD		
Alpenkrähe – Alpenkrähe	Ad,B,Be2,Be,Krü,N;	Brehm 1861, für …	
		… Pyrrhocoax pyrrhocorax.	KNB
Alpenlerche – Alpenbraunelle	Be97,F,N,Suol		
Alpenlerche – Bergpieper	Do,F		
Alpenlerche – Ohrenlerche	B,Be1,Be2,Be,CLB2,F,N,Scha,V		
Alpenlerche, wilde zweischopfige – Ohrenlerche	Be2,Be,N		
Alpenmauerklette – Mauerläufer	Do	Name stammt von NAUMANN.	
Alpenmauerläufer – Mauerläufer	Suol		
Alpenmeise – Weidenmeise	B,BB,H		
Alpenrabe – Alpendohle	Be05,V		
Alpenrabe – Alpenkrähe	Be97,F,N,O1,V		
Alpenrabe – Waldrapp	Be1,GD,Krü,O1	Corvus eremita.	
Alpenrabe, gemeiner – Alpendohle	O2		
Alpenraubmöve – Falkenraubmöve	B		

Alpenringamsel – Ringdrossel	CLB3	
Alpenrose – Mauerläufer	Do,F	Wegen d. prachtv. roten Flügeldecken.
Alpenrose, fliegende – Mauerläufer	o.Qu.	
Alpensänger – Weißbartgrasmücke	MW	
Alpenschlammläufer – Alpenstrandläufer	CLB3	
Alpenschneehuhn – Alpenschneehuhn	B,CLB1,2,GesS,O3	KNB
Alpenschneehuhn – Haselhuhn	Do	
Alpenschwalbe – Alpensegler	B,Be1,Be2,Be,Be97,CLB2,F,GD,N,O1,MW,V	
Alpenschwalbe – Rötelschwalbe	B	
Alpensegler – Alpensegler	B,CLB2,MW,O3,V	Meyer/Wolf 1810, KN, KNB.
Alpensegler, hochköpfiger – Alpensegler	CLB3	
Alpensegler, plattköpfiger – Alpensegler	CLB3	
Alpenspecht – Mauerläufer	B,F,N	
Alpenspecht, dreizehiger – Dreizehenspecht	CLB3	
Alpenstaar – Alpenbraunelle	N	
Alpenstar – Alpenbraunelle	F	
Alpenstrandläufer – Alpenstrandläufer	Buff,GD	
Alpenstrandläufer – Alpenstrandläufer	B,Be1,2,Be,Be97,Buff,CLB1,2,GD,Krü,O3 … … Bechstein 1793.	KNB
Alpenstrandvogel – Alpenstrandläufer	Be1,Be2,Be	
Alpenstrandläufer, kleiner – Alpenstrandläufer (Schinz)	N	
Alpenstrantläufer – Alpenstrandläufer	JAN	
Alpenstrantvogel – Alpenstrandläufer	JAN	
Alpenwasserpieper – Bergpieper	CLB3	
Alpenwasserschwätzer – Wasseramsel	B	
Alpenwüstenlerche – Ohrenlerche	CLB3	
Alphahn – Auerhuhn	Buff,	
Alphahn – Auerhuhn	Ad,Be1,Be2,Be,Be97,Buff,F,GD,Hp,N	VN
Alpin cough (engl.) – Alpendohle	Tu	„Pyrrh. alpinus, yellow-billed."
Alpische Bergmerle – Tannenhäher	GD	
Alpische Steinmerle – Tannenhäher	GD	Goeze/Donndorf 1794. Name in Italien.
Alpiz – Höckerschwan	Ad	
Alpkachel – Alpendohle	Be2,Buff,F,GesH,N	
Alpkachle – Alpendohle	Ad,Suol	
Alpkachle (schweiz.) – (Alpen-?) Dohle	Krü	
Alpkräher – Alpendohle	N	
Alpkray – Alpendohle	N	
Alprabe – Alpendohle	Ad,Be2,GesH,N	
Alprabe – Waldrapp	Ad,Buff	
Alprabe (schweiz.) – Dohle	Ad,Krü	
Alprapp – Alpendohle (P. grac.)	Be2,Buff,F,GesS,N,Suol	
Alprappe – Waldrapp	Schwf,Suol	
Alpschwalbe – Alpensegler	Krü	
Alpschwalbe – Rötelschwalbe	Krü	
Älscholwer – Sterntaucher	Be1	
Alster – Elster	B,Be2,Be,Be97,F,GD,Jä,K,N,P,Suol	Frisch T. 58.
Älster – Elster	Be1,Be,Krü	

Alsterkâdl – Elster	H,Suol		
Alsterkarl – Elster	Do,F		
Alsterkatel – Elster	Suol	Katel ist Katharina.	
Alsterweigl – Neuntöter	F,H,Suol		
Alsterweigl – Rotkopfwürger	Do,F,H		
Alte Knechte – Wachtelkönig	Schwf		
Alte Mäd (österr.) – Wachtelkönig	H		
Alte Magd (sächs.) – Wachtelkönig	H,Hp		
Altenburgischer Rabe – Saatkrähe	Be2,N		
Altensteins Eidertauchente – Prachteiderente	CLB2	KNB	
Alter Knecht – Wachtelkönig	Be1,Be2,Be,Buff,F,Fri,GD,K,Krü,N,Suol … … Halb schimpfend/scherzend.		
Alterweigl – Neuntöter	Do	Name ist richtig!	
Altes Weib (boehm.) – Kleiber	F,H		
Alvogel – Eisente	O1		
Alwargin, gelbe – Goldregenpfeifer	H		
Alwargrin – Goldregenpfeifer	Do,F		
Älzbähr – Weißstorch	Be		
Amalia's Taube – Felsentaube	CLB3		
Amalse – Amsel	Suol		
Amarikanischer Taucher – Prachttaucher	GD		
Amazl – Amsel	Be1,Be2,Be,Buff,GD,Hp,N		
Ameisenspecht – Grünspecht	Do,F		
Ameisenspecht, kleiner – Grauspecht	F		
Amelze – Amsel	F		
Amerikanische Ente mit breitem Schnabel – Löffelente	Buff,GD		
Amerikanische Kragentauchente – Kragenente	CLB2,N	KNB	
Amerikanische Lachseeschwalbe – Lachseeschwalbe	CLB3,N		
Amerikanische Lerche – Ohrenlerche	Be1,Be2		
Amerikanische Sommerente – Brautente	Be2,Buff		
Amerikanische Spiessente – Spießente	CLB3		
Amerikanische Wanderdrossel – Wanderdrossel (ausgest.)	N	N: Bd. 13/336	
Amerikanischer Eistaucher – Eistaucher	CLB2	KNB	
Amerikanischer Goldregenpfeifer – Wanderregenpfeifer	H	Naum.-Henn. 8/31.	
Amerikanischer Rothvogel – Wanderdrossel (ausgest.)	N	N: Bd. 13/336	
Amerikanischer Sanderling – Sanderling	CLB3		
Amerikanischer Seeadler – Weißkopf-Seeadler	N	KNB	N: Bd. 13/072
Amerikanischer Silberreiher – Silberreiher	CLB3		
Amerikanischer Staar – Tannenhäher	Jä		
Amerikanischer Taucher – Prachttaucher	Be2,N		
Amerikanischer Wanderfalke – Wanderfalke	Be1		

Amerikanischer Zwergstrandläufer – Sandstrandläufer	H	
Amerikanisches Bronze-Trutwild – Truthuhn	H	
Amerikanisches Trutwild – Truthuhn	H	
Ämerze – Goldammer	Suol	
Amesle – Amsel	Jä	
Amessl – Amsel	Suol	
Amischl – Amsel	Suol	
Ammer – Goldammer	Ad,Be2,Be,N	KNB
Ammer – Ortolan	Buff	
Ammer gemeiner – Grauammer	Be1,Be2,Be,Be97,N	
Ammer mit gelben Augenbraunen – Gelbbrauenammer	Buff,GD	
Ammer mit olivengrüner Brust – Zaunammer	Be1,Be2,Be,N	
Ammer Pithyornis – Fichtenammer	Buff,GD	
Ammer von Carlsruh – Gimpel (männl.)	Be2	
Ammer von Karlsruh – Ortolan (juv)?, Zaunammer (weibl.)?	Be1,GD	
Ammer von Karlsruh – Weidenammer?	Buff	Donndorf 1795,2-2/421.
Ammer, grauer – Grauammer	Fri	Frisch T. 6.
Ammer, arktische – Schneeammer	CLB1	
Ammer, baadenscher – Ortolan (juv)?	Be1	Zaunammer (weibl.)?
Ammer, badenscher – Ortolan (juv)?, Zaunammer (weibl.)?	Be2	
Ammer, badenscher olivenfarbiger – Ortolan (juv)?,	GD	Zaunammer (weibl.)?
Ammer, braunfahle – Zaunammer	Buff,GD	
Ammer, braunfalbe mit gelben Unterleibe – Zaunammer	Buff	
Ammer, braunfalber – Zaunammer	Be1,Be2,Be	
Ammer, braunfalber und weissgefleckter – Zaunammer	N	
Ammer, braunkehlige – Braunkopfammer	H	
Ammer, gebänderter – Zwergammer	CLB2,MW	
Ammer, gefleckte – Zaunammer	Buff,GD	
Ammer, gefleckter – Zaunammer	Be1,Be2,Be,Be97,N	
Ammer, gelbbrauige – Gelbbrauenammer	H	
Ammer, gelbbrauiger – Gelbbrauenammer	H	
Ammer, gelbkehlige (hier fem.) – Türkenammer	H	
Ammer, gemeiner – Grauammer	GD	
Ammer, geschminkte – Bandammer	Buff	
Ammer, geschminkter – Band- oder Graukopfammer	GD	
Ammer, gestreifter – Zwergammer	CLB2	
Ammer, goldbrauige – Gelbbrauenammer	O3	
Ammer, goldkehlige – Weidenammer	O3	

Ammer, graue – Grauammer	Buff	
Ammer, graue – Türkenammer	H	
Ammer, graue große – Grauammer	Buff	
Ammer, grauer – Grauammer	Be,Be2,HHM,N	Hamb. Mag. 1749.
Ammer, grauer großer – Grauammer	Buff,GD	
Ammer, grauköpfiger – Grauortolan	H	
Ammer, grauköpfiger – Maskenammer	GD	
Ammer, grauköpfigter – Maskenammer	Buff	
Ammer, große – Grauammer	V	
Ammer, große lerchenfarbene – Grauammer	Buff	
Ammer, großer – Grauammer	Be1,Be2,Be,Be97,CLB2,F,N	
Ammer, großer grauer – Grauammer	Be2,Fri,N	
Ammer, großer lerchenfarbener – Grauammer	Be1,Be2,Be,GD,N	
Ammer, großer lerchenfarbner – Grauammer	Be	
Ammer, Karlsruher – Ortolan (juv)?, Zaunammer (weibl.)?	GD	
Ammer, kleinasiatische graue – Türkenammer	H	
Ammer, kleinasiatischer grauer – Türkenammer	H	
Ammer, kleiner – Zwergammer	Buff,GD	
Ammer, lappländische – Spornammer	O3	
Ammer, lesbische – Zwergammer	CLB2,O3	KNB
Ammer, lohgelbe – Schneeammer	Be1	
Ammer, lohgelber – Schneeammer	Be2,Be,N	
Ammer, närrische – Zippammer	Buff	Buffon/Otto, Band 12.
Ammer, nordische – Waldammer	CLB2,O3	KNB
Ammer, nordischer – Waldammer	CLB2	
Ammer, rotbärtiger – Grauortolan	CLB3	
Ammer, roter – Rohrammer	Be1,Be2,Be,F,GD,N … … Name v. Pennant. GD: „Kein passender Name."	
Ammer, rötlicher – Rötelammer	GD	
Ammer, rotkehliger – Fichtenammer	N	
Ammer, rotkehliger – Grauortolan	CLB3	
Ammer, schwarzer – Winterammer	MW	
Ammer, schwarzkappiger – Kappenammer	N	
Ammer, schwarzkopfige – Kappenammer	O3	
Ammer, schwarzköpfige(r) – Kappenammer	Buff,CLB1,2,3,MW,N,V	KNB
Ammer, sibirischer – Weidenammer	GD	
Ammer, weiße – Schneeammer	GesS	
Ammer, weißfleckichter – Zaunammer	HHM	Hamb. Mag. 1749.
Ammer, weißfleckige – Schneeammer	Buff	
Ammer, weißfleckige – Zaunammer	Buff,GD	
Ammer, weißfleckiger – Schneeammer	GD	
Ammer, weißfleckiger – Zaunammer	Be2,Be,Fri	Bechst. 1793/591.
Ammer, weißgefleckter – Schneeammer	GD	
Ammer, weißköpfiger – Fichtenammer	N	

Ammer, weißköpfigter – Fichtenammer	Buff	Buffon/Otto, Band 13, 293.
Ammer, weißscheitelige(r) – Fichtenammer	CLB2,3,N	KNB
Ammer, welscher – Grauammer	F	
Ammerchen – Goldammer	Ad	
Ammerfink – Spornammer	JAN	
Ammerfink – Spornammer	B,F,N	
Ammering – Goldammer	Be1,Be2,Be,GD,N,Suol	
Ammeritz – Goldammer	Be97,Suol	
Ämmerlein – Goldammer	Ad	
Ammerlerche – Schneeammer	O1	
Ammerlerche, italienische – Kurzzehenlerche	CLB3	
Ammerlerche, kurzzehige – Kurzzehenlerche	CLB3	
Ammerling – Goldammer	F,Jä,N	
Ammerling – Ortolan	Be2,Be,N	
Ämmerling (fränk.) – Goldammer	Ad	
Ammerling, grauer – Grauammer	Jä	
Ämmerling (fränk.) – Goldammer	Fri	
Ampelis – Rotdrossel	GesS	In der Antike: Früchte fressende Kleinvögel.
Amritz – Goldammer	Do,F	
Amsala – Amsel	Suol	
Amsch – Amsel	F	
Amschel – Amsel	F,HaSa	
Amschl – Amsel	Jä	
Amsel – Amsel	Ad,B,Be,Be1,2,97,Buff,CLB2,Fri,GesSH, …	
	… GD,Hp,Jä,K,Kö,Krü,N,O2,P,Pe,Schwf, …	
	… StVb,Tu,V,Zupo	13. Jh.
Amsel – Blaumerle	Buff,GD	
Amsel, blauköpfige rote – Steinrötel	Be1,Be2,Be,GD,Krü,N	
Amsel, blauköpfigte rote – Steinrötel	Buff	
Amsel, der Alpen, große – Alpendohle	Be2,N	
Amsel, einsame – Blaumerle	Buff,GD	
Amsel, fleischfarbene – Rosenstar	Buff,GD	
Amsel, fleischfarbige – Rosenstar	Be2,Buff,N	
Amsel, gemeine – Amsel	Be2,Be,Kö,N,O1	
Amsel, gemeine schwarze – Amsel	Z	
Amsel, gemeinschwarze – Amsel	Be2,Be,N	
Amsel, geringelte – Ringdrossel	GD	
Amsel, graue – Amsel (weibl.)	Be2	
Amsel, große – Ziegenmelker	Buff	Otto zu Große Amsel: …
		… „Sehr unschickliche" Übersetzung.
Amsel, hochköpfige – Amsel	CLB3	
Amsel, krainische – Amsel	CLB3	
Amsel, rosenfarbene – Rosenstar	Buff,GD,O1	
Amsel, rosenfarbige – Rosenstar	Be2,Be,N	
Amsel, rosenfärbige – Rosenstar	Buff	
Amsel, rosenrote – Rosenstar	Buff	
Amsel, schwarze – Amsel	Be2,Be,Buff,GD,Hamb.Mag.,Hp,N	

Amsel, weiße – Amsel (Mutation)	Schwf	
Amsel,weißgescheckte – Amsel (Mutation)	Schwf	
Amseldohle – Alpendohle	F	
Amselmeerle – Amsel	Be	
Amselmeeve – Trauerseeschwalbe	Buff	
Amselmerle – Amsel	Ad,B,Be2,N	
Amselmeve – Trauerseeschwalbe	Be1,Be2,Be,N	
Amselmeve – Weißflügelseeschwalbe	GD	
Amselmewe – Trauerseeschwalbe	Hp,Krü	
Amselmöve – Trauerseeschwalbe	B	
Amselmöwe – Trauerseeschwalbe	F	
Amšl – Amsel	Suol	
Amsle (helv.) – Amsel	H	
Amßel – Amsel (weibl. u. juv.)	N	
Amstel – Amsel	Suol	
Amuksl – Amsel	Suol	
Amutze – Amsel	F	
An – Ente	Suol	
Andalusier – Häherkuckuck	GD	
Andalusischer Kuckuk- Häherkuckuck	N	
Andalusischer Kukuk – Häherkuckuck	GD	
Andalusisches Laufhuhn – Laufhühnchen	CLB2	KNB
Andere Art Großer Fliegenfänger – Braunkehlchen	Fri	
Andere Eule – Waldkauz	Z	
Andere schwarze Ente – Trauerente	Buff	Bei Klein.
Andere Seemähbe – Dreizehenmöwe	Baldn	
Andrake – Ente (männl.)	Suol	
Andtrach – Ente (männl.) allg.	Hp	
Andtrach – Stockente (männl.)	Be2,Be	
Angelches – Erlenzeisig	Do,F	Wg. schönem Gesang.
Angelmacher – Riesenalk	Gun	
Angeltasche – Eisente	Ad,B,Be2,Be,Buff,Cz,F,GD,N	
Angeltaske (dän.) – Eisente	H	
Angermannländischer Distelvogel – Bergfink	Be1,Be2,Be,N	
Ansbel – Amsel	Suol	
Ant – Ente	Suol	
Ant – Stockente (weibl.)	Buff,GesS,H	
Ant, groot – Stockente	WüCl	
Ant, russische – Eiderente	WüCl	
Ant, swart – Trauerente	F	
Ant, swart mit en Knust – Trauerente	H	Bei den Entenfängern der Ostsee.
Ant, swart mit Wit in de Flünken – Samtente	H	
Ant, swarte mit en Knust – Trauerente	WüCl	
Ant, swarte mit Witt in de Flünken – Samtente	WüCl	
Ant, wilde – Stockente	H	

Ant, will – Stockente	WüCl		
Antanairfalke – im Jan. bis März gefangener junger Falke	Hp		
Ante – Ente allg.	Hp		
Änte, kleinere wilde blaue – Stockente	Buff		
Ante, wilde – Stockente	H		
Anter – Ente allg.	Krü		
Anter – Hausente	GD		
Antfögel – Enten allg., auch: Stockenten	Zupo		1425
Antfögele – Stockente	Zupo		1459
Antgössel (juv.) – Tafelente	Do		
Antrach – Hausente	GD		
Antrech – Ente (männl.)	Suol		
Äntrecht – Ente (männl.)	Suol		
Antrich – Ente allg.	Krü		
Antrich – Ente (männl)	HaSa	H. Sachs, Regiment … Vers 138.	
Antrich – Stockente (männl.)	H		
Antrick – Tafelente	Do		
Antvogel – Ente allg.	Hp,Krü,Suol		
Antvogel – Enten allg., auch: Stockente	Zupo		1449
Antvogel – Stockente	Ad,Baldn,Buff,F,GesS,H		
Antvogel, gemeiner wilder – Stockente	zLa		
Antvogel, türckischer – Rostgans	Baldn		
Aodabar – Weißstorch	Suol		
Aodeboar – Weißstorch	Scha		
Ar – Steinadler	GesS		
Arabische Trappe – Saharakragentrappe	K		
Arabischer Geier – Schmutzgeier	N		
Arabisches Alchata – Spießflughuhn	Krü		
Arabisches Rebhuhn – Spießflughuhn	K,Krü		
Arabisches Repphuhn – Spießflughuhn	O2		
Arbeär – Weißstorch	Bri	Auch „Arbaer".	
Arctische Meerschwalbe – Küstenseeschwalbe	N		
Arctische Meve – Schmarotzerraubmöwe	GD		
Arctische Seeschwalbe – Küstenseeschwalbe	N		
Arctischer Fink – Berghänfling	N		
Arctischer Lappentaucher – Ohrentaucher	N		
Arctischer Seetaucher – Prachttaucher	CLB2		KNB
Arctischer Steißfuß – Ohrentaucher	N		
Arctischer Sturmtaucher – Schwarzschnabel-Sturmtaucher	N		
Arctischer Sturmvogel – Schwarzschnabel-Sturmtaucher	N		
Arctischer Taucher – Ohrentaucher	N		
Arctischer Taucher – Prachttaucher	CLB2		KNB
Ardweisslich (böhm.) – Fitis	F,H		
Ardzeischge – Fitis	F		

Ardzeischgel (böhm.) – Fitis	H	
Ardzeisel (böhm.) – Fitis	H	
Ardzeisel (böhm.) – Zilpzalp	F,H	
Areborer – Weißstorch	WüCl	
Arend – Adler	Häp	
Arend – Taube (männl.)	Suol	In Westfalen (für Arnold).
Arenpfiffer – Bergpieper	Suol	
Arent – Steinadler	GesS	
Arent – Taube (männl.)	Suol	
Arfenbieter (schlesw.-holst.) – Klappergrasmücke	F,H	
Argerst – Elster	B,F	
Arkadische Eule – Sperlingskauz	Do,F	
Arktische Ammer – Schneeammer	CLB1	
Arktische Meerschwalbe – Küstenseeschwalbe	MW,N	
Arktische Meve – Schmarotzerraubmöwe	Be2	
Arktische Mewe – Schmarotzerraubmöwe	Buff	
Arktische Möve – Schmarotzerraubmöwe	Be,N	Arktisch mit k, nicht c.
Arktische Seeschwalbe – Küstenseeschwalbe	F	
Arktischer Alk – Papageitaucher	Be2,Be,N	Arktisch mit k, nicht c.
Arktischer Felsenfink – Berghänfling	F	
Arktischer Fink – Berghänfling	Be1,Be	
Arktischer Fink – Birkenzeisig (Var.)	MW	
Arktischer Lund – Papageitaucher	N	Arktisch mit k, nicht c.
Arktischer Steissfuss – Ohrentaucher	H,O3	
Arktischer Taucher – Ohrentaucher	H	
Arleink – Feldlerche	Scha	
Arlyng (engl.) – Steinschmätzer	Tu	
Arn – Adler	Häp	
Ärn – Seeadler	Tu	
Arn – Steinadler	GesS	
Arpschnarp – Wachtelkönig	Be1,Be2,Be,F,GD,Hp,Krü,N	
Arpschnarr – Wachtelkönig	B	
Arpsnarp – Wachtelkönig	Bri,Häp	
Arrebarre – Weißstorch	Suol	
Arrian – Mönchsgeier	Be2	
Arriangeier – Mönchsgeier	N	
Arschfuß – Haubentaucher	F,Fri,GD,Hp,Krü	
Arschfuß, großer – Haubentaucher	Be1,Be2,Be,N	
Arse Fot – Haubentaucher	Fri	
Arsfoot – Lappentaucher (allg.)	Suol	
Ärter (holst.) – Elster	Ad	
Artje – Bluthänfling	Suol	
Artsch – Bluthänfling	Suol	
Artsche – Bluthänfling (fem.)	Be1,Be2,Be,B,Buff,F,GD,N,Suol	
Arwei – Milane und Weihen	Suol	
Asch Meise – Sumpf-/Weidenmeise	Schwf	

Asch-Maise – Sumpfmeise	Fri	
Äschänte – Bergente	Ad	
Aschemeise – Sumpf-/Weidenmeise	Buff	
Aschen-Aente – Bergente	Buff	
Aschenente – Bergente	Be2,Be,Be97,N	
Aschenfarben Dornträher – Raubwürger	GesH	
Äschenfarbene Graßmück – Gartengrasmücke	zLa	
Aschenfarbener Geyer – Mönchsgeier	GesH	
Aschenfarbener Reger – Graureiher	Schwf	
Aschenfarbener Reiger – Graureiher	GesH	
Aschenmeise – Sumpf-/Weidenmeise	Be1,Be2,Be,Buff,GD,N	
Aschente – Reiherente	Do,F	
Aschente – Bergente	Ad,B,Be1,F,GD	
Ascherfarbene Mibe – Sturmmöwe	Fabr	
Aschfarbene Fischermeve – Sturmmöwe	GD	
Aschfarbene Fischmeve – Lachmöwe	Be2,Be	
Aschfarbener Bergfalck – Würgfalke	K	
Aschfarbener Falke mit weißem schwarzgewürfelten … … Schwanze – Kornweihe	Be2,Be	
Aschfarbener Falke mit weißem, schwarzgewürfelten … … Schwanze – Kornweihe	Buff,GD	
Aschfarbener Fischmeve – Lachmöwe	Be2,Be	
Aschfarbener kleiner Neuntöter – Neuntöter	Be2	
Aschfarbener Reigel – Graureiher	Buff	
Aschfarbener Reiher – Graureiher	Ad,GD,Krü	
Aschfarbener Reyger – Graureiher	Buff	
Aschfarbiger Würger – Raubwürger	Be	
Aschfarbiger Bergfalk – Würgfalke	Ad,K	
Aschfarbiger Bergfalke – Baumfalke	Buff	
Aschfarbiger Geier – Mönchsgeier	Krü	
Aschfärbiger Neuntödter – Raubwürger	Z	
Aschfarbiger Neuntöter – Raubwürger	Be2,Be,N	
Aschfarbiger Reyger – Graureiher	K	Frisch T. 198.
Aschfarbiger Würger – Kornweihe	Buff	
Aschfarbiger Würger – Raubwürger	Be1,Be2,Be,Buff,GD,N	
Aschfarbiges Käutzchen – Zwergohreule	Be1,Be2,GD,N	
Aschfarbiges Käuzchen – Zwergohreule	Be,Buff	
Aschfarbner Falk – Kornweihe	GD	
Aschfarbner Neuntöter – Neuntöter	Be	
Aschgraue Bachstelze – Bachstelze	Be1,CLB2	
Aschgraue Ente – Moorente	N	N: Name nicht gesichert.
Aschgraue Ente – Tafelente	Be1,Be2	
Aschgraue Fischmöve – Lachmöwe	N	
Aschgraue Krähe – Nebelkrähe	Ad	
Aschgraue Meerschwalbe – Flußseeschwalbe	N	

Aschgraue Meve – Lachmöwe	Be1,GD	
Aschgraue Meve – Sturmmöwe	Be2,Be	
Aschgraue Mewe – Lachmöwe	Krü	
Aschgraue Möve – Lachmöwe	CLB1,2	KNB
Aschgraue Möve – Sturmmöwe	N	
Aschgraue Nonnenmeise – Sumpf-/ Weidenmeise	Be2,Be,Buff,GD,N	
Aschgraue Schnepfe – Knutt	Be2,N	
Aschgraue schwarzköpfige Seeschwalbe – Flußseeschwalbe	Be	
Aschgraue Seeschwalbe – Flußseeschwalbe	Be2,N	
Aschgraue Wachtel – Wachtel	Be1	
Aschgraue Weihe – Wiesenweihe	CLB1,2,3,V	KNB
Aschgrauer Aasgeier – Schmutzgeier	Be2	
Aschgrauer Adler – Seeadler	Be1,Be2,Be,N	
Aschgrauer Bienenfresser – Bienenfresser	Be2	
Aschgrauer Geier – Mönchsgeier	Be2,Be,N	
Aschgrauer Geier – Schmutzgeier	Be,N	
Aschgrauer Goldammer – Zippammer	Be1,Be2,Be,Be97,N	
Aschgrauer Kranich – Kranich	MW	
Aschgrauer Kuckuck – Kuckuck	Be,CLB1,2,3,Do	KNB
Aschgrauer Kuckuk – Kuckuck	Be2,N	
Aschgrauer Kukuck – Kuckuck	Be1	
Aschgrauer Kukuk – Kuckuck	N	
Aschgrauer Phalaropus – Odinshühnchen	Buff	
Aschgrauer Reiger – Graureiher	Be2	
Aschgrauer Reiger mit drei Nackenfedern – Nachtreiher	Buff,Fri	Frisch T. 203.
Aschgrauer Reiher – Graureiher	Be2,Be,CLB1,2,MW,N,V	KNB
Aschgrauer Reiher mit 3 weißen Nackenfedern – Nachtreiher	N	
Aschgrauer Reiher mit drey Nackenfedern – Nachtreiher	Be2,Buff,GD	
Aschgrauer Reyger – Nachtreiher	Fri	
Aschgrauer Specht – Kleiber	Buff,K	
Aschgrauer Strandläufer – Bruch-(Wald-) wasserläufer	Buff	Tringa littorea, von Brisson.
Aschgrauer Strandläufer – Knutt (juv.)	Be1,Be2,Be,Buff,CLB1,2,GD,MW,N … … Name von Otto eingebracht.	KNB
Aschgrauer Strandläufer mit belappten Zehen – Thorshühnchen	N	
Aschgrauer Sturmvogel – Atlantiksturmtaucher	Buff	
Aschgrauer Wassertreter – Odinshühnchen	MW	
Aschgrauer Weißschwanz – Steinschmätzer (Var.)	MW	
Aschgrauer Weißschwanz – Steinschmätzer (Var.)	Buff	
Aschgraues Wasserhuhn – Knutt	N	

Aschgrauköpfige Schafstelze – Schafstelze	CLB2	KNB
Aschhuhn – Wasserralle	B,Be2,Be,Buff,F,GD,Krü,N	
Aschhühnlein – Zwerg-/Kleines Sumpfhuhn	Ad,K	Dt. Name: Folg.u. a. aus Be-Namen.
Aschköpfige Schafstelze – Maskenstelze	H	
Aschkrähe – Nebelkrähe	o.Qu.	
Aschmaise – Sumpf-/Weidenmeise	Fri	
Aschmaislein – Sumpf-/Weidenmeise	Buff	
Aschmäuslein – Sumpf-/Weidenmeise	K	
Aschmeise – Schwanzmeise	Ad	
Aschmeise – Sumpf-/Weidenmeise	Ad,B,Be2,F,K,Krü,N	Frisch T. 13
Aschmeißlein – Sumpfmeise	GesH	
Asiatische Kragentrappe – Saharakragentrappe	H	
Asiatischer Regenpfeifer – Wanderregenpfeifer	H	Pluvialis dominica.
Asilvogel – Fitis	Be1,Be2,Be,Be97,N	
Asylvogel – Fitis	Do	
Assa (isl.) – Seeadler	B	
Assak – Nebelkrähe	F,H,Scha	
Aßgeyer – Gänsegeier	GesS,Schwf,Suol	
Aßgyr – Bartgeier	Suol	
Aßgyr – Gänsegeier	GesSH	
Ast-Krae – Nebelkrähe	Buff	
Aster – Elster	Be1,Be2,Be,Hp	
Asterauerhuhn – Mittelwaldhuhn	Be2	
Asterhahnl – Goldhähnchen (allg.)	Suol	
Astermeve – Trauerseeschwalbe (juv.)	K	Druckfehler? (Aftermeve?)
Astkrähe – Nebelkrähe	Be1,Be2,Be,F,Krü,N	
Astrakanische Aente – Rostgans	Buff	
Astrakanische Ente – Rostgans	Be	
Asylvogel – Fitis	F	
Ataub – Ringeltaube	HaSa,Suol	H. Sachs, Regiment der ... V. 200.
Ätolischer Hühnergeier – Schwarzmilan	Be2	
Ätolischer Hünergeyer – Schwarzmilan	Buff	
Attagen – Halsbandfrankolin	B	Als „Attagen francolinus" in B 1879, 5/100.
Attagen (lat.) – Haselhuhn	Fri,GesS,Krü,Tu	„Possibly Bonasa sylvestris."
Attagen – Steinhuhn	GesS	
Attagen – Wachtel	GesS	
Attelingand(dän.) – Krickente	Buff	
Atzel – Elster	Ad,Buff,F,GesSH,H,Hp,Jä,Kö,Krü,O1, ... Suol,Tu,zLa	
Ätzel – Elster	Ad,Krü	
Atzel-Specht – Buntspecht	GesH	
Atzel, wilde – Blauracke	GesH	
Atzelneunmörder – Neuntöter	F,H	
Atzelneunmörder – Raubwürger	H	
Atzelspecht – Buntspecht	Ad,F,GesSH,N,Suol	
Atzle – Elster	F,H,Schwf,Suol	
Atzlen – Elster	StVb	

Atzler – Elster	H	
Au vogel – Sprosser	Buff	
Au-vogel – Nachtigall	Buff	
Aubel – Eule allg.	Suol	
Auber – Weißstorch	Suol	
Auca – Gans allg. (9. Jh.)	Krü	
Audouinsmöve – Korallenmöwe	O3	
Auehahn – Auerhahn	Fri	
Auennachtigal – Sprosser	Buff	
Auennachtigall – Nachtigall	Buff	
Auennachtigall – Sprosser	N …	W. H. Kramer (1756):
	… Eigene Art (s. Waldnachtigall).	
Auer Han – Auerhuhn	Schwf	
Auer-Geflügel – Auerhuhn	P	
Auer-Hahn – Auerhuhn	G,P	
Auer-Huhn – Auerhuhn	Z	
Auer-Waldhuhn – Auerhuhn	N	
Auerbirkhuhn – Rackelhuhn	Be1,Be2,Buff,GD,N	
Auergeflüg – Auerhuhn	Jä	
Auerhahn – Auerhuhn (männl.)	Ad,Be2,Be,Buff,GD,Hp,Jä,K,Krü,N,V	
	Frisch Tafel 107.	
Auerhahn, gemeiner kleiner – Birkhuhn	Buff	
Auerhahn, kleiner – Birkhuhn	Be1,Be,GD,Hp,N	VN
Auerhan – Auerhuhn	Buff,P,Suol	
Auerhane (dän.) – Auerhuhn	Ad	
Auerhenn – Auerhuhn	Fri	
Auerhenne – Auerhuhn (weibl.)	Be2,Jä,Krü	
Auerhuhn – Auerhuhn (weibl.)	B,Be1,Be2,Be,Be97,CLB2,Krü,N,V	
Auerhuhn, dickschnäbliges – Auerhuhn	CLB3	
Auerhuhn, geflecktes – Auerhuhn	CLB3	
Auerhuhn, plattköpfiges – Auerhuhn	CLB3	
Auerhuhn, zahmes – Truthuhn	Ad	
Auerochse – Auerhuhn	K	
Auerwaldhuhn – Auerhuhn	Krü,CLB1,2,MW,N,O3 (N: Aw-H)	KNB
Auerwild – Auerhuhn	Jä	
Auf – Uhu	Ad,Be2,Be,Buff,F,Jä,Krü,N	
Auf – Waldohreule	H	
Auf dem Baume sitzende pfeifende	K	Klein: Ray S. 192.
Ente – Pfeifente		
Auf, kleiner – Waldohreule	F	
Auferl – Zwergohreule	H	
Auff – Uhu	HaSa,Suol	H. Sachs: Regiment der … V. 98.
Auffe – Uhu	Ad	
Auffelein – Sperlingskauz	Suol	
Auffenvogel – Uhu	Suol	
Aufgeworfener Breitschnabel – Löffelente	Be2,Be,K,N	Frisch T. 161–163.
Aufgeworfener Breitschnabel	Buff	
aus Amerika – Löffelente		
Aufgeworfener Breitschnäbler – Löffelente	Be,Buff,GD,N	

Aufvogl – Uhu	Suol	
Äuglein, golden – Schellente	GD	
Augstermann – Austernfischer	K,Suol	
Augustschnepfe – Pfuhlschnepfe	ANG	
Auk – Tordalk	O1	
Aukauken – Pinguine	O1	
Auken – Alke, Möwen, Entenvögel u. a.	O1	
Aukenhühner – Rallen, Brachschwalben	O1	
Aukenreiher – Flamingos, Löffler	O1	
Aukentrappen – Regenpfeifer	O1	
Aule, gemeine – Schleiereule	Be2,N	
Aunachtigall – Sprosser	B,V	
Aunachtigall, graue – Sprosser	F	
Aunachtigall, große – Sprosser	F	
Aunachtigall, polnische – Sprosser	F	
Aunachtigall, ungarische – Sprosser	F	
Aur-Hahn – Auerhuhn	G	
Aurhahn – Auerhuhn	Be1,Be2,Be,GD,Hp,N	
Aurhan – Auerhuhn	GesH	
Aurivittis – Stieglitz	GesH,Tu	Turner
Ausländischer Falke – Wanderfalke	Be2,Be,N	
Äussere Hausschwalbe – Mehlschwalbe	Be2,Be,Buff,Fri	
Austerdieb – Austernfischer	Ad,B,Be1,Be2,Be,GD,Krü,N,V	
Austeregel – Austernfischer	B	
Austerfischer – Austernfischer	Ad,B,Be1,Be2,Be,Buff,GD,Krü,V Müller 1773 Ü	
Austerfischer, europäischer – Austernfischer	N	
Austerfischer, gefleckter – Austernfischer	N	Pied Oistercatcher (Pennant, Latham).
Austerfischer, gescheckter – Austernfischer	N	
Austerfresser – Austernfischer	B,Be1,Be2,Be,N	
Austermann – Austernfischer	Ad,Be1,Be2,Be,Buff,GD,K,Krü,N	
Austerndieb – Austernfischer	Ad,Buff,GD,K,Suol	
Austernfänger – Austernfischer	Buff	
Austernfischer – Austernfischer	Ad,Buff,Krü	
Austernfischer, geschäckter – Austernfischer	Be2,BuffCLB2	
Austernfischer, östlicher – Austernfischer	CLB3	
Austernfischer, rotfüßiger – Austernfischer	CLB1,2,MW,N,O3	KNB
Austernfresser – Austernfischer	Buff,GD	
Austernsammler – Austernfischer	Buff,GD, O1	
Austernsammler, gemeiner – Austernfischer	Krü,O2	
Austernvogel – Austernfischer	Ad	
Austersammler – Austernfischer	B,Be1,Be2,Be,Buff,GD,Krü,N	
Austerschnepfe mit widernatürlichem Schnabel Austernfischer	Buff	
Austervogel – Austernfischer	Ad	
Austvagel – Großer Brachvogel	WüCl	
Austvagel, lütt – Regenbrachvogel	WüCl	
Auvogel – Sprosser	H	
Auvogl – Uhu	Suol	
Auwel – Eule (allg.)	Suol	

Avocetschnepfe – Säbelschnäbler	Buff	
Avocette – Säbelschnäbler	Be,Buff,GD	
Avocette, weiße – Säbelschnäbler	Buff	
Avosett-Säbler – Säbelschnäbler	N	
Avosettchen – Säbelschnäbler	Be,Buff,GD	
Avosette – Säbelschnäbler	Buff,F,GD,N	
Avosettsäbler – Säbelschnäbler	WüCl	
Avosettschnepfe – Säbelschnäbler	Be,Buff,GD	
Avozetschnepfe – Säbelschnäbler	Be2	
Avozettchen – Säbelschnäbler	Be2,N	
Avozette – Säbelschnäbler	Be1,Be2,Buff,N	
Avozettschnepfe – Säbelschnäbler	N	
Awerhan – Auerhuhn	GesH,HaSa,Suol	
Awr Han – Auerhuhn	Suol	
Äxter (holl.) – Elster	Ad,Krü	
Azel – Elster	Be1,Be2,Be,Be97,Be05,GD,Fri,N	
Azelspecht – Buntspecht	Be2	
Baadenscher Ammer – Ortolan (juv)?	Be1	Zaunammer (weibl.).
Baadenscher olivenfarbiger Ammer – Ortolan (juv)?	Buff	Zaunammer(weibl.)?
Baasterz – Bachstelze	Jä	
Bach Amsel – Wasseramsel	Schwf	
Bach Steltz, blawe – Gebirgsstelze	zLa	
Bach Steltz, gelbe – Gebirgsstelze	zLa	
Bach-amsel – Wasseramsel	Buff	
Bach-steltz – Bachstelze	Buff	
Bachamsel – Bachstelze	Ad	
Bachamsel – Wasseramsel	Ad,B,Be1,Be2,Be,Be97,Bri,Buff,F,GD, … … GesSH,Hp,Jä,Krü,N,Suol	
Bacharu – Rosaflamingo	Buff	
Bachdrossel – Wasseramsel	B	
Bachdrossel – Wendehals	Ad	
Bâchmierel – Wasseramsel	Suol	
Bachöfelchen – Rotkehlchen	H	
Bachpfeifer – Flußuferläufer	F,H	
Bachspreche – Wasseramsel	Be	
Bachsprehe – Wasseramsel	Be2,Buff,F,N	
Bachstearz – Bachstelze	Suol	
Bachsteltz – Bachstelze	GesH,Suol,zLa	Zum Lamm S. 239.
Bachsteltz, gemeine blaue – Schafstelze	zLa	
Bachsteltz, grawe – Bachstelze	GesS,zLa	
Bachsteltz, weiße – Bachstelze	zLa	
Bachsteltz, wysse – Bachstelze	GesS	
Bachstelze – Bachstelze	Fabr,G,Schwf,StVb	
Bachstelze – Schafstelze	G	
Bachstelze, gelbe – Schafstelze	Buff	
Bachstelze, schwartzbrüstige – Bachstelze	P	
Bachstelze, schwartzkehligte – Bachstelze	P	

Bachsteltze, weiße und schwarze – Bachstelze	Buff	
Bachsteltzle, kleines – Nordische Schafstelze	zLa	Heute: Mot.flava thunbergi.
Bachstelz – Bachstelze	Suol	Bachstelz 14. Jahrh.
Bachstelze – Bachstelze	Ad,B,Be1,Be2,Be,Hp,Krü,N,P1	KNB
Bachstelze – Feldschwirl	Buff	
Bachstelze – Gebirgsstelze	Be2,Be,Be97,CLB2	
Bachstelze – Hausrotschwanz	Buff	
Bachstelze – Provencegrasmücke	Buff	
Bachstelze – Steinschmätzer	Buff	
Bachstelze – Weißbartgrasmücke	Buff	
Bachstelze der Alpen – Alpenbraunelle	Be1,Be2,Be,Buff,N	
Bachstelze mit der schwarzen Kehle, gelbe – Gebirgsstelze	Be1	
Bachstelze mit schwarzer Kehle, gelbe – Gebirgsstelze	Be2,Be,Be97	
Bachstelze, aschgraue – Bachstelze	Be1,CLB2	
Bachstelze, blaue – Bachstelze	Be1,Be2,Be,Be97,Buff,FGD,Jä,N,Z	U-franken
Bachstelze, blauliche – Bachstelze	Z	
Bachstelze, bläuliche – Bachstelze	Be,N	
Bachstelze, blaulichte – Bachstelze	Buff,GD	
Bachstelze, bläulichte – Bachstelze	Be2	
Bachstelze, englische – Schwarzkehlchen	Buff	
Bachstelze, geele – Schafstelze	Schwf	
Bachstelze, gelbbrustige – Gebirgsstelze	Buff	
Bachstelze, gelbbrüstige – Gebirgsstelze	Be1,Be2,Be,Be97,N	
Bachstelze, gelbbrüstige – Schafstelze	Be2,Be,K,N	Buff: Var. von Mot. flava.
Bachstelze, gelbe – Gebirgsstelze	Be2,Be,Be97,Buff,G,Jä,N,P1,V,Z	
Bachstelze, gelbe – Schaf-/Gebirgsstelze	P,Z	
Bachstelze, gelbe – Schafstelze	Be1,Be2,Be,Be97,Buff,CLB1,2,F,GD,Hp, … … Krü,MW,N,O1,2,Suol,WüCl	
Bachstelze, gelbe mit der schwarzen Kehle – Gebirgsstelze	Be1	
Bachstelze, gelbe mit kurzem Schwanz und gelber Kehle Schafstelze	Jä	
Bachstelze, gelbe mit langem Schwanz und schwarzer Kehle – Gebirgsstelze	Jä	
Bachstelze, gelbe mit schwarzer Kehle – Gebirgsstelze	Be2,Be,Be97,N	
Bachstelze, gelbe schwarzkehlige – Gebirgsstelze	CLB2	
Bachstelze, gelbköpfige – Schafstelze	BB	
Bachstelze, gelbköpfige – Zitronenstelze	CLB2,H,MW	
Bachstelze, gemeine – Bachstelze	Be1,Be2,Be,Be97,Buff,F,GD,Jä,Krü,N,O1	
Bachstelze, goldbäuchige – Schafstelze	Be2,N	
Bachstelze, goldgelbe – Schafstelze	Be2,N	
Bachstelze, graue – Bachstelze	Be1,Be2,Be,Be97,F,GD,Hp,N	
Bachstelze, graue – Brachpieper	Be1,Be2,Be,N	

Bachstelze, graue – Gebirgsstelze	Be1,Be2,Be,Be97,Buff,CLB2,MW,N,O1
Bachstelze, graue und weisse – Bachstelze	G
Bachstelze, graugelbe – Gebirgsstelze	F
Bachstelze, grauköpfige – Schafstelze	F
Bachstelze, Große Blaue – Gebirgsstelze	zLa
Bachstelze, große gelbe und grüne – Schafstelze	V
Bachstelze, kleine – Schafstelze	Be1,Be2,Be,Be97,N,Schwf
Bachstelze, kurzschnäblige – Bachstelze	CLB3
Bachstelze, kurzschwänzige – Schafstelze	Be2,F,N
Bachstelze, langschwänzige – Gebirgsstelze	F
Bachstelze, nordische – Bachstelze	CLB3
Bachstelze, schön singende – Heckenbraunelle	Buff
Bachstelze, schönsingende – Heckenbraunelle	Be1,Be2,Be,N Bei N steht: Schön singende B.
Bachstelze, schwarze – Bachstelze	BB,H,MW
Bachstelze, schwarzkehlichte – Bachstelze	GD
Bachstelze, schwarzkehlige – Bachstelze	Be1,Be2,Be,Be97,F,Hp,Krü
Bachstelze, schwarzkehlige – Gebirgsstelze	F
Bachstelze, schwarzkehligte – Bachstelze	Buff
Bachstelze, schwarzrückige – Bachstelze	CLB2 KNB
Bachstelze, schwefelgelbe – Gebirgsstelze	CLB1,2,3,F,N,O3,V KNB
Bachstelze, spanische – Mittelmeersteinschmätzer	GD
Bachstelze, weißbunte – Bachstelze	Be2,Be,N
Bachstelze, weiße – Bachstelze	Be1,Be2,Be,Be97,Bri,Buff,CLB1,2,3,F,GD, … … Hp,Jä,Krü,MW,N,O3,Scha,V,WüCl KNB
Bachstelze, weißgeschwänzte – Steinschmätzer	Be2,Be,Krü,N
Bachstelze, weisszügelige – Schafstelze	H Budytes melanocephalus paradoxus.
Bachstelze, zitronengelbe – Zitronenstelze	CLB2
Bachstelze, zitrongelbe – Zitronenstelze	Buff
Bachstelzer – Bachstelze	Suol
Bachstierzelchen – Bachstelze	Suol
Bachuferläufer, hochköpfiger – Waldwasserläufer	CLB3
Bachuferläufer, mittlerer – Waldwasserläufer	CLB3
Bachuferläufer, plattköpfiger – Waldwasserläufer	CLB3
Bachvogel – Bachstelze	Ad
Bachvogel – Wasseramsel	Ad
Backelmann – Schellente	Do N. f. in Baum-Höhlen brütenden Schellenten.
Back-Kuhrn Fink (helgol.) – Heckenbraunelle	H
Backer – Flußseeschwalbe	H Bicker u. Backer in Nordfriesl. f. alle Seeschw.
Bäcker – Flußuferläufer	GesS

Backer – Küstenseeschwalbe	H	
Backer, lütje – Zwergseeschwalbe	F,H	
Backer, lüttje – Zwergseeschwalbe	F	
Backhänseken – Zilzalp	Scha	
Backhäusken – Zilpzalp	Do,F	
Backöfchen – Waldlaubsänger	Do,F	
Backöfel (schles.) – Fitis	F,H	
Backöfel (schles.) – Waldlaubsänger	H	
Backöfel (schles.) – Zilpzalp	H	
Backöfelchen – Fitis	B,Be2,Be,Suol,N	
Backöfelchen – Rothkehlchen	Jä	
Backöfelchen – Zaunkönig	Do,Suol	
Backofendrescher – Schwanzmeise	Be2,Be,Be97,Buff,F,GD,Hp,Krü,N	
Backofenkröffer – Fitis	Suol	
Backofenkröffer – Zaunkönig	Suol	
Backofenschlüpfer – Zaunkönig	Suol	
Backöferle – Schwanzmeise	o.Qu.	
Backöwelken – Zaunkönig	Suol	
Backowenkrüperchen – Zaunkönig	Suol	
Backüafken – Zilpzalp	Bri	
Backüöfken – Fitis	Suol	
Baclan – Kormoran	Buff	
Badenscher Ammer – Ortolan (juv)?, Zaunammer (weibl.)?	Be2	
Badenscher olivenfarbiger Ammer – Ortolan (juv)?	GD	Zaunammer, weibl.?
Bäferbuk – Bekassine	Suol	
Baikullschnepfe, braungraue – Kleiner Schlammläufer	CLB2	KNB
Baikullschnepfe, graubraune – Kleiner Schlammläufer	CLB2	
Baillonisches Rohrhuhn – Kleines/Zwerg-Sumpfhuhn	CLB2,MW	KNB
Baillonisches Rohrhuhn – Zwergsumpfhuhn	N	
Bairds-Strandläufer – Bairdstrandläufer	H	
Bâisterz – Bachstelze	Suol	
Baitzfalk – Wanderfalke	V	
Baitzfalke – Gerfalke	N	
Baitzfalke – Wanderfalke	N	
Baizfalk – Wanderfalke	B	
Baizfalke – Gerfalke	Be2	
Baizfalke – Habicht	Be2	
Baizfalke – Wanderfalke	Be2,Be	
Bakelmann – Schellente	F,Krü,O1,2	
Balaban – Gerfalke	Be2	
Balaban – Lanner	GD	
Balanziermeise – Schwanzmeise	Do,F	

Balbusard – Fischadler	Buff,GD	
Balbusard (franz.) – Fischadler	B,Be1,Be97,Krü	Le balbuzard.
Balbushard (engl.) – Rohrweihe	Tu	
Balbussard – Fischadler	Be2,Be,Be05,GD,N	
Balbuzard – Fischadler	Krü	
Bald-Buzzard – Rohrweihe	Tu	„The Bald-Buzzard or …
		… Marsh-Harrier (Circus aeruginosus)."
Baldbussaar – Fischadler	O1	
Balearischer gekrönter Kranich – Kranich	Fri	
Balkenleiper – Baumläufer	Suol	
Ballettänzer – Jungfernkranich	Buff	Nach Plinius.
Baltische Lachseeschwalbe – Lachseeschwalbe	CLB3,N	
Baltische Raubseeschwalbe – Raubseeschwalbe	CLB3,N	
Baltische Seeschwalbe – Lachseeschwalbe	Do,F	
Baltischer Alk – Tordalk (juv.)	Be1	
Baltischer Papagaitaucher – Tordalk	N	Mit a, Balt. ohne h.
Baltischer Regenpfeifer – Flußregenpfeifer	Be2,Be,N	
Baltischer Regenpfeifer – Sandregenpfeifer	Buff	
Bambeckl – Schwarzspecht	H	
Bambickl – Schwarzspecht	H	
Bamfink – Trauerschnäpper	F,H	
Bamhäckl – Buntspecht	F,H	
Bâmkrecher – Baumläufer	Suol	
Bamkröffler – Baumläufer	Suol	
Bamreffler – Baumläufer	Suol	
Bamschwache – Trauerschnäpper	Do,F	
Bamschwoche – Trauerschnäpper	H	
Bandfink – Bergfink	Do,F	
Bandkreuzschnabel – Bindenkreuzschnabel	O2	
Bandspecht – Buntspecht	B,CLB1,2,F,MW,N,V	KNB
Bandweihe – Wiesenweihe	B,F,N	
Bank Martnet (engl.) – Uferschwalbe	Tu	
Barbarieente – Moschusente, Haustierform	Wikipedia	
Barbarische Ente – Moschusente	Be2	
Barbarische Henne – Perlhuhn, Pinselperlhuhn	zLa	Afr. Subspecies Num. pel. pel.
Barbarische Schwalbe – Alpensegler	Be2,Be,K,N	
Barbarisches Huhn – Helmperlhuhn	Be1	
Barbarisches Rothhuhn – Felsenhuhn	Krü	
Barbarisches Rothhuhn – Rothuhn	Be1	
Bardele – Feldlerche	GD	GD: „Nur provinzialisch."
Bargander – Brandgans	Tu	
Bargant – Brandgans	WüCl	
Bärgfink – Bergfink	H	

Bargswâlke – Uferschwalbe	Bri,Häp	
Barker – Pfuhlschnepfe	K,O1	Albin Band II, 71.
Barker, großer – Uferschnepfe	O1	
Barkhaun – Birkhuhn	Do,F	
Barkhohn – Birkhuhn	Bri	
Barkkrähe – Raubwürger	Scha	
Barkkrähe – Schwarzstirnwürger	Scha	
Barklöper – Gartenbaumläufer	Bri	
Barklöper, graute – Kleiber	Bri	
Barless (krain.) – Kleiber	Be1	
Barmherzge (böhm.) – Fitis	F,H	Weil Gesang barmherzig (in Moll) klingt.
Barrow's-Ente – Spatelente	N	
Bart-Rohrmeise – Bartmeise	N	
Bartadler – Bartgeier	B,Be2,Be,N,O1,Suol	
Bartammer – Zippammer	B,Be1,Be2,Be,Be97,F,N,V	
Bartavelle – Rothuhn?	Son	Seite 245.
Bartavelle – Steinhuhn	Buff,Hp	
Barteule – Bartkauz	B,N	N: Bd. 13/180.
Bartfalk, kleiner – Baumfalke	F	
Bartfalke – Bartgeier	B,Be2,Be,N	
Bartfalke – Wanderfalke	Do,F	
Bartgeier – Bartgeier	B,Be1,Be2,Be,Be97,CLB2,3,Krü,N …	
	… Edwards 1750, Halle 1760 Ü	KNB
Bartgeier, großer – Bartgeier	Be2	
Bartgeieradler – Bartgeier	CLB2,3	KNB
Bartgrasmücke – Weißbartgrasmücke	B,H	
Bartgeyer – Bartgeier	GD	
Bärtige Schwalbe – Ziegenmelker	Be2,Be,N	
Bärtige Sumpfmeise – Bartmeise	N	
Bärtiger – Bartmeise	Buff	Name v. Buffon mißbilligt, Bd. 17/115.
Bärtiger Adler – Seeadler	Be1,Buff	
Bärtiger Adler – Seeadler	Be2,Be,N	
Bärtiger Geier – Bartgeier	Be2,K	
Bärtiger Geieradler – Bartgeier	O3	
Bärtiger Geieradler – Bartgeier	CLB2,MW,N	KNB
Bärtiger Geyer – Bartgeier	K	
Bärtiger Räuber – Bartgeier	Be	
Bartischer Geyer – Bartgeier	Be2	
Bartkautz – Bartkauz	N	N: Bd. 13/180.
Bartkauz – Bartkauz	B	Gloger
Bartmännchen – Bartmeise	Be1,Be2,Be,Be97,CLB2,F,GD,Krü,N,V	
Bartmeise – Bartmeise	B,Be1,2,Be,Be97,Buff,CLB1,2,GD,Krü,MW, …	
	… N,O2,3,V Albin 1731, Halle 1760. Ü, KNB	
Bartmeise, langschwänzige – Beutelmeise	CLB3	
Bartmeise, nördliche – Bartmeise	CLB3	
Bartmeise, östliche – Bartmeise	CLB3	
Bartmeise, russische – Bartmeise	CLB3	
Bartmeise, zahnschnäblige – Bartmeise	CLB3	
Bartrams-Uferläufer – Prärieläufer	N 1811 J. A. + J. F. Naumann: Tringa macroura.	

Bartramswasserläufer – Prärieläufer	O3	
Bartrohrmeise – Bartmeise	Do	
Bartschwalbe – Ziegenmelker	Do,F	
Bartseeschwalbe – Weißbartseeschwalbe	B,F	
Bartsperling – Bartmeise	Do,F	
Bartsperling, indianischer – Bartmeise	Be2,Fri,N	
Bartvogel – Weindrossel	Scha	
Basaangans (holl.) – Baßtölpel	H	
Bass Goose (engl.) – Baßtölpel	Tu	
Baß-Tölpel – Baßtölpel	N	
Bassan'scher Tölpel – Baßtölpel	N	
Bassaner – Baßtölpel	Ad,Be2,Be,Buff,GD,K,Krü,N	Albin Band I, 86.
Bassaner Gans – Baßtölpel	Be2,GD,Krü	
Bassaner Tölpel – Baßtölpel	Buff	
Bassaner-Gannet – Baßtölpel	N	
Bassaner-Gans – Baßtölpel	N	
Bassaner-Pelekan – Baßtölpel	Buff	
Bassaner-Pelikan – Baßtölpel	N	
Bassanergans – Baßtölpel	Be,Buff,Gd	
Bassanerpelikan – Baßtölpel	Be2	
Bassangans – Baßtölpel	Krü	
Bassanische Gans – Baßtölpel	O1	
Bassanischer Pelikan – Baßtölpel	CLB2	KNB
Bassanischer Pelikan – Baßtölpel	Be2,Be,N	
Bassanischer Tölpel – Baßtölpel	CLB2,3	KNB
Baßgans – Baßtölpel	Krü,V	
Bastard-Nachtigal – Gelbspötter	Buff	
Bastard-Nattergal (dän., norw.) – Gelbspötter	H	
Bastardadler – Gänsegeier	Krü,N	
Bastardadler – Schmutzgeier	Ad,Be2,Buff,K	
Bastardauerhahn – Rackelhuhn	Do	
Bastardauerhuhn – Rackelhuhn	Be1,Be2,N	
Bastardbecassine – Sumpfläufer	Be2	
Bastardbekassine – Sumpfläufer	F,N	
Bastardfalke – Rohrweihe	Be2,N	
Bastardgeier – Schmutzgeier	Krü	
Bastardlerche – Wiesenpieper	Buff	
Bastardnachtigal – Gelbspötter	B,Be1,Be2,Be,Be97,CLB2,F,O1,2,V,WüCl	
Bastardnachtigal – Heckenbraunelle	Buff	
Bastardnachtigall – Gelbspötter	GD,Hp,N	
Bastardnachtigall – Heckenbraunelle	Be1,Be2,Be,Be97,N	Be: Bastart – s. u.
Bastardnachtigall – Sprosser	CLB2,V	KNB
Bastardnachtigall, hochköpfige – Gelbspötter	CLB3	
Bastardnachtigall, mittlere – Gelbspötter	CLB3	
Bastardnachtigall, plattköpfige – Gelbspötter	CLB3	

Bastardnachtigalle – Gelbspötter	Krü	
Bastardwaldhuhn –	Be1,Be2,N	
Mittelwaldhuhn = Rackelhuhn		
Bastardwasserhuhn – Odinshühnchen	Be2,N,O2	
Bastardwasserhuhn, einfarbiges –	Buff	
Thorshühnchen		
Bastardwasserhuhn, graues –	Buff	
Odinshühnchen		
Bastardwasserhuhn, rotes – Odins-	Be	
und Thorshühnchen		
Bastardwasserhuhn, rotes –	Be2,Be,Buff,N	Auch: Bastardwasserhuhn,
Thorshühnchen		roter.
Bastardwasserhuhn, rotes –	Buff	
Odinshühnchen		
Bastartauerhahn – Rackelhuhn	Buff,GD	
Bastartnachtigall – Heckenbraunelle	Be	Hier „Bastartnachtigall.
Batis – Braunkehlchen	Tu	„In Latin called Rubetra."
Batischer Geyer – Bartgeier	GD	„Bei den Alten heißt er …"
Bauerammer – Waldammer	GD	
Bäuerlein – Rotdrossel	Do,F	
Bäuerling – Rotdrossel	B,Be1,Be2,Be,N	
Bauernammer – Waldammer	Buff	
Bauerngans – Grau- und Hausgans	Buff,GD	
Bauerngans – Graugans	Be1	
Bauerns – Hausgans	Krü	
Bauernschwalbe – Rauchschwalbe	Ad,B,Be1,Be2,Be,Buff,F,GD,Jä,K,Krü,N …	
	… Frisch Tafel 18.	
Bauerntaube – Haus-/Felsentaube	Buff	
Bauerschwalbe – Rauchschwalbe	Buff	
Bauertaube – Haus-/Felsentaube	Be,GD,K,Kr	Albin Bd. III, 42, Columba
		livia.
Bauhau – Uhu	Suol	
Bauhecker – Specht (allg.)	Suol	
Baukfink – Buchfink	Do,F	
Baum Endtle – Weißwangen- und	Schwf	Hier synonym zu Baum Gans.
Ringelgans		
Baum Falck – Baumfalke	Fri,zLa	
Baum Gans – Basstölpel	zLa	
Baum Gans – Weißwangen- und Ringelgans	Schwf	
Baum Genß – Weißwangengänse	zLa	
Baum Heckel – Baumläufer	Schwf	
Baum Tole – Dohle, Var(?), unbek.	Schwf	
Baum-Chlän – Kleiber	Suol	
Baum-Endtle – Ringelgans	Buff,Suol	
Baum-Falck – Baumfalke	GesH	
Baum-Falcke – Baumfalke	G	
Baum-Fälklein – Baumfalke	Z	
Baum-Ganß – Basstölpel	zLa	
Baum-Ganß – Weißwangengans	GesH	

Baum-Häckel – Buntspecht	Z	
Baum-Hecker – Baumläufer	K	Albin Band III, 25.
Baum-Heeckel – Baumläufer	K	Albin Band III, 25.
Baum-Läufferlein – Baumläufer	Z	
Baum-Lerch – Heidelerche	GesH	
Baum-Pieper – Baumpieper	N	
Baum-Reiter – Baumläufer	G	
Baumännken – Bachstelze	Bojer	Emsland, bauen = pflügen.
Baumänte – Schellente	Ad	
Baumantje – Bachstelze	Bri.Häp	
Baumbicker – Baumläufer	Ad,Suol	
Baumbicker – Baumpieper	Suol	
Baumbicker – Grünspecht	Suol	
Baumbicker – Specht (allg.)	Suol	
Baumchlän – Kleiber	F	
Baumchlän – Waldbaumläufer	N	
Baumdohle – Dohle	CLB3	
Baumente – Brautente	Be2	
Baumente – Gänsesäger	F,H,Scha	
Baumente – Kormoran	Suol	
Baumente – Krähenscharbe	GD	Bei Bock
Baumente – Ringelgans	GD	
Baumente – Schellente	Be2,Be,Buff,F,GD,Krü,N	
Baumeule – Waldkauz	B,CLB2,F,N,V	KNB
Baumeule – Zwergohreule	Be2,Buff,GD,Krü,N	
Baumeule, graue – Waldkauz	O1	
Baumeule, große – Waldkauz	Be1,Be,Be97,Be05,Buff,GD,Hp,Krü,N	
Baumeule, große langgeschwänzte – Habichtskauz	MW	
Baumeule, kleine – Zwergohreule	Be2,Be,N,O1	
Baumfalck – Baumfalke	Fri,GesS,StVb	
Baumfalck, hellbrauner – Baumfalke	Fri	
Baumfälckle – Baumfalke	GesS	
Baumfälcklein – Baumfalke	GesH	
Baumfalk – Baumfalke	B,Buff,O1,V	
Baumfalke – Baumfalke	Buff,GD,Hp	
Baumfalke – Baumfalke	Ad,Be2,Be,Be97,05,Buff,CLB1,2,GD,Hp,Jä, … … Krü,MW,N,O2,3	KNB
Baumfalke – Merlin	GD	
Baumfalke, deutscher – Baumfalke	CLB3	
Baumfalke, eigentlicher – Baumfalke	Be2,N	
Baumfalke, gemeiner – Baumfalke	Be1,Be2,Be,N	
Baumfalke, großer – Baumfalke	Be05	
Baumfalke, großer – Wanderfalke	Be1,Be2,Be,N	
Baumfalke, kleiner – Baumfalke	Be2,N	
Baumfalke, nordischer – Baumfalke	CLB3	
Baumfälkle – Merlin	zLa	Auch Baumfälckle.
Baumfälklein – Baumfalke	Z	
Baumfelckle – Baumfalke	Suol	

Baumfink – Bergfink	B,Be1,Be2,Be,F,N	
Baumfink – Feldsperling	Be1,Be2,Be,F,N	
Baumfink – Mönchsgrasmücke	Be2,Be,F,N	
Baumfink – Steinsperling	Be2,N	
Baumfleckle – Trauerschnäpper	zLa	
Baumgans – Gänsesäger	F,H	
Baumgans – Kormoran	Suol	
Baumgans – Ringelgans	Ad,Be1,Be2,Be,Buff,F,Fri,GD,K,Krü,N	
Baumgans – Weißwangen- und Ringelgans	Suol	
Baumgans – Weißwangengans	Be2,Buff,GesS,Krü,N	
Baumgänse – Seltene Branta-Arten	zLa	Genereller Name im Binnenld.
Baumgänse – Weißwangengänse	zLa	
Baumgansente – Ringelgans	Be2,N	
Baumganß – Ringelgans	StVb	
BaumGanß, schottische – Ringelgans	Baldn	
Baumganß, schottische – Ringelgans	Suol	
Baumgrasemücke – Mönchsgrasmücke	Scha	
Baumgrasmerli – Baumläufer	Do,F	
Baumgrasmücke – Grauschnäpper	Scha	
Baumgrasmücke – Mönchsgrasmücke	Do,F	
Baumgrasmücke – Trauerschnäpper	Do,F	
Baumgrille – Baumläufer (Garten-/Wald-)	Ad,B,Be2,Buff,F	Artentrennung erst 1820 von C. L. Brehm.
Baumgrille – Waldbaumläufer	N	N. lehnte Artentrennung ab.
Baumgrylle – Baumläufer	Be2	
Baumgrylle – Baumläufer (Garten-/Wald-)	K	Albin Band III, 25.
Baumgrylle – Waldbaumläufer	N	
Baumhackel – Baumläufer	Be2,Be	
Baumhäckel – Baumläufer (Garten-/Wald-)	Ad,B,Be1,F,Fri	Artentrennung erst 1820 von C. L. Brehm.
Baumhäckel – Buntspecht	Be1,Be2,GD	
Baumhackel – Buntspecht	F	
Baumhackel – Specht allg.	Suol	
Baumhackel – Waldbaumläufer	N	N. lehnte Artentrennung ab.
Baumhackel (österr.) – Kleiber	H	
Baumhackel, großer – Buntspecht	Be2,Be,N	
Baumhackel, kleiner – Mittelspecht	Be	
Baumhacker – Baumläufer (Garten-/Wald-)	Ad,Be1,Buff,G,K,Krü,V … … Artentrennung erst 1820 von C. L. Brehm.	
Baumhäcker – Baumläufer (Garten-/Wald-)	Fri	Artentrenng. erst 1820 v. C. L. Brehm.
Baumhacker – Buntspecht	Do,F	
Baumhacker – Dreizehenspecht	B	
Baumhacker – Grünspecht	V	
Baumhacker – Kleiber	B,Be2,Be97,Buff,Krü,N	
Baumhäcker – Kleiber	GesH	
Baumhacker – Schwarzspecht	Be2,Be,GD,Hp,N	
Baumhacker mit roter Haube, grüner – Grünspecht	Be2	

Baumhacker mit roter Platte, grüner – Grünspecht	Buff
Baumhacker mit schwarzem Halsbändchen, grüner norwegischer – Grauspecht	Buff
Baumhacker mit schwarzem Halsbändchen, grauer norwegischer – Grauspecht	Be
Baumhacker, dreizehiger – Dreizehenspecht	Be2,Be,N
Baumhacker, dreyzehiger – Dreizehenspecht	Buff
Baumhacker, grauer Norwegischer mit schwarzem Halsbändchen – Grauspecht	Be2,BeN
Baumhacker, großer roter – Buntspecht	Jä
Baumhacker, großer schwarzer – Schwarzspecht	H
Baumhacker, größter europäischer – Schwarzspecht	Buff
Baumhacker, größter europäischer schwarzer Schwarzspecht	Be2,Be,N
Baumhacker, größter schwarz- u. weißbunter – Buntspecht	Be2,Be,N
Baumhacker, grüner – Grünspecht	Be2,F,Jä,N
Baumhacker, grüner mit roter Haube – Grünspecht	Be2,N
Baumhacker, haaricher – Mittelspecht	Hp
Baumhacker, haarichter – Mittelspecht	GD
Baumhacker, haarigter – Mittelspecht	Heppe 1798
Baumhacker, kleiner – Baumläufer (Garten-/Wald) …	Be1,Be2,Be,Buff … Artentrennung erst 1820 von C. L. Brehm.
Baumhacker, kleiner – Grünspecht	B
Baumhacker, kleiner – Mittelspecht	B,Be2,F,N,V
Baumhacker, kleiner – Waldbaumläufer	N Siehe oben, 4 Zeilen.
Baumhacker, kleiner schwarz und weißbunter – Mittelspecht	Be2,Buff
Baumhacker, kleiner schwarz und weißbunter und haariger – Mittelspecht	Be2,Be,Krü,N
Baumhacker, kleinster schwarz und weiß gescheckter Kleinspecht	Be2,Be,N
Baumhacker, mittler – Mittelspecht	N
Baumhacker, nordischer – Schwarzspecht	CLB3
Baumhacker, scheckiger – Dreizehenspecht	F
Baumhacker, schwarzer – Schwarzspecht	F
Baumhackl, schwarzer – Schwarzspecht	H
Baumhäcklein – Baumläufer (Garten-/Wald-)	GD Artentrenng. erst 1820 v. C. L. Brehm.
Baumhäcklein – Specht, allg.	P
Baumhäcklein, großes – Buntspecht	P
Baumhäcklein, kleinstes – Kleinspecht	P

Baumhäcklein, mittelstes – Mittelspecht	P	
Baumhagel – Eichelhäher	o.Qu.	
Baumhahn – Birkhuhn	F	
Baumhäkel – (Wald-)Baumläufer	Ad,Krü,N	N: Akzeptierte keinen Gartenbauml.
Baumhäkel – Buntspecht	N	
Baumhakel – Waldbaumläufer	Do	
Baumhaker – Baumläufer	Ad	
Baumhakl – Buntspecht	GD	
Baumhänfling – Bluthänfling	Do,F	
Baumhatzel – Eichelhäher	Buff,F,N	
Baumhätzel – Eichelhäher	GesSH,zLa	
Baumhätzler – Eichelhäher	Suol	
Baumhaubenlerche – Heidelerche	CLB3	
Baumhayel – Eichelhäher	F,JAN,N	
Baumhazel – Eichelhäher	Be1,Be2,Be,GD,Hp	
Baumheckel – Baumläufer (Garten-/Wald-)	Buff,GesS,JAN …	
	… Artentrenng.erst 1820 v. C. L. Brehm.	
Baumheckel – Buntspecht	Z	
Baumheckel – Buntspecht	Z	
Baumhecker – Baumläufer (Garten-/Wald-)	GesS,K …	Albin Band III, 25.
	… Artentrennung erst 1820 von C. L. Brehm.	
Baumhecker – Kleiber	GesS,Schwf	
Baumhecklein – Specht	P	
Baumhecklein – Specht allg.	P	
Baumheekel – Baumläufer	K …	Albin Band III, 25.
	… Artentrennung erst 1820 von C. L. Brehm.	
Baumhicker – Buntspecht	Bri	
Baumhöckel – Waldbaumläufer	Jä	
Baumhuhn – Birkhuhn	B,F	
Baumhutscher – Baumläufer	Do,F	
Baumjürgel – Specht allg.	Suol	
Baumkatze – Schwarzspecht	Suol	
Baumkautz – Waldkauz	V	
Baumkauz – Waldkauz	B,CLB2,F,Krü,V	KNB
Baumkauz, großköpfiger – Waldkauz	CLB3	
Baumkauz, uralischer – Habichtskauz	CLB3	
Baumkipperlein – Baumläufer	Suol	
Baumklähn – Kleiber	N	
Baumkleber – Baumläufer	Be97,Buff,F,GD,StVb,V …	Suolahti: Kleiber
	… Artentrennung erst 1820 von C. L. Brehm.	
Baumkleber – Kleiber	Suol	
Baumkleber – Waldbaumläufer	Jä	
Baumkleber, krummschnäbeliger – Waldbaumläufer	N	N: Akzeptierte keinen Gartenbauml.
Baumkleber, krummschnäblicher – Baumläufer	Be	
Baumkleber, krummschnablichte – Baumläufer	GD	

Baumkleber, krummschnäbliger – Baumläufer	Be1,Be2
Baumkleberer – Waldbaumläufer	Jä
Baumkleiber – Kleiber	Krü
Baumklette – Baumläufer	Ad,Be1,Be,Be97,Buff,F,Jä,GD,Krü,N, ...
	... O1,2,Scha,V
	Artentrenng. erst 1820 v. CLB Albin III, 25.
Baumklette – Kleiber	N
Baumklette, europäische – Baumläufer	Fri Albin Band III, 25. u. Frisch T. 39.
Baumkletter – Baumläufer	Ad,Buff,Krü
Baumkletter, großer – Kleiber	Be
Baumkletterer – Baumläufer	Be2,Buff,F,Fri
Baumkletterer, großer – Kleiber	Be2,Be,Buff,N,Schwf
Baumkletterle – Waldbaumläufer	zLa
Baumkletterlein – Baumläufer (Garten-/Wald-)	Ad,Buff,GD,GesH,Hp,K, ... Albin Band III, 25.
	... Krü,Suol Artentrennung erst 1820
	von C. L. Brehm.
Baumkletterlein – Kleiber	Be2,Buff,Krü,N
Baumkletterlin – Baumläufer	GesS,Schwf,Suol ... sil.
	... Artentrennung erst 1820 von C. L. Brehm.
Baümklettle – Baumläufer	Suol
Baumkrähe – Schwarzspecht	F,H,Scha
Baumkrasmerli – Waldbaumläufer	N
Baumkraxler – Baumläufer	Do,F
Baumkrebsler – Baumläufer	Suol
Baumkricher – Kleiber	Krü
Baumkriecher – Kleiber	Buff
Baumlaubsänger – Fitis	CLB2,3 KNB
Baumlaubvogel – Bastard Fitis/Zilpzalp?	N N: Bd. 13/429.
Baumläufer – Baumläufer	Ad,B,Be1,Be,Buff,Fri,GD,Jä,Krü,N,O1 KN
Baumlaufer – Kleiber	Jä
Baumläufer, europäischer – Baumläufer	Be1,Be2,Be,Be97,GD,Krü,N ...
	... Artentrennung erst 1820 von C. L. Brehm.
Baumläufer, gemeiner – Baumläufer	Be1,Be2,BeBe97,Buff,GD,V ...
	... Artentrennung erst 1820 von C. L. Brehm.
Baumläufer, gemeiner – Waldbaumläufer	CLB2,N Naumann war gegen 2 Arten.
Baumläufer, graubunter – Waldbaumläufer	CLB1,2,MW,N
Baumläufer, grauer – Waldbaumläufer	N,O3 Naumann war gegen 2 Arten.
Baumläufer, großer – Kleiber	Buff
Baumläufer, großschnäbliger – Gartenbaumläufer	CLB3
Baumläufer, hamburgischer – Feldsperling	Be1,Be2
Baumläufer, kleiner – Mauerläufer	Be1,Buff,N
Baumläufer, kleiner schöner – Mauerläufer	Be
Baumläufer, kleiner und schöner – Mauerläufer	Be2
Baumläufer, kurzzehiger – Gartenbaumläufer	CLB1,2,3,MW ...
	... C. L. Brehm (1820): Eigene Art. KNB

Baumläufer, kurzzehiger – Baumläufer	N	Dieser Name bei Naumann, ...
		... der aber den Gartenbaumläufer nicht anerkannte.
Baumläufer, langschnäbeliger – Waldbaumläufer	N	
Baumläufer, langzehiger – Waldbaumläufer	CLB3	
Baumläufer, lohrückiger – Waldbaumläufer	CLB2,3,N	Artentr.: C. L. Brehm 1820. KNB
Baumläufer, schöner – Mauerläufer	N	
Baumlauferl – Baumläufer	Buff	
Baumläuferl – Baumläufer	Buff	Artentrenng.: C. L. Brehm 1820.
Baumlauferl, kleiner grauer – Baumläufer	Buff	
Baumläuferle – Baumläufer	GD	Artentrenng.: C. L. Brehm 1820.
Baumläuferlein – Waldbaumläufer	Be1,Be2,BeBuff,Hp,Jä,N	
Baumlauffer – Baumläufer	Suol	
Baumläufferlein – Baumläufer	Buff,P1,Suol,Z	Pernau 1702, 1707 VN
Baumlaufferlein – Baumläufer	P	Artentrenng.: C. L. Brehm 1820.
Baumlerch – Heidelerche	Buff,Suol	
Baumlerche – Baumpieper	B,Be2,Be,F,Jä,Krü,N,Scha	
Baumlerche – Grauammer	Be1,Be2,Be,Buff,GD,N	
Baumlerche – Haubenlerche	Buff	
Baumlerche – Heidelerche	Ad,B,Be1,Be2,Be,Be97,Buff,CLB1,2, ...	
		... Fri,GesS,Hp,F,Krü,N,O2,SchwfV,WüCl KNB
Baumlerche – Wiesen- und Baumpieper	Be1	
Baumlerche, große amerikanische – Kalanderlerche	GD	
Baumlerchel (o-österr.) – Baumpieper	H	
Baumlöper – Baumläufer	F	
Baummeise – Kleiber	Buff,GD	
Baummisch – Gartenrotschwanz	Suol	
Baummisteldrossel – Misteldrossel	CLB3	
Baummüsch – Gartenrotschwanz	Suol	
Baumnachtigal – Heckenbraunelle	Buff,GD	
Baumnachtigal – Klappergrasmücke	K	Frisch T. 21.
Baumnachtigall – Gartengrasmücke	Be2,Be,N	
Baumnachtigall – Gelbspötter	K	
Baumnachtigall – Heckenbraunelle	Ad,Be97,O1,V	
Baumnachtigall – Heckensänger	B,H	
Baumnachtigall, östliche – Heckensänger	H	
Baumnachtigalle – Dorngrasmücke	Krü	
Baumnachtigalle – Heckenbraunelle	Krü	
Baumnachtigallen – Gartenrotschwanz	Suol	
Baumnachtigällin – Gartenrotschwanz	Suol	
Baumnirgel – Schwarzspecht	Suol	
Baumohreule – Waldohreule	CLB3	
Baumpelikan – Rosapelikan	Ad,K	
Baumpicker – Buntspecht	Do,F	
Baumpicker – Dreizehenspecht	B	
Baumpicker – Kleiber	Ad,B,Be1,Be2,Be,Buff,F,GD,Jä,N,O1,V	
Baumpicker – Kleinspecht	B	

Baumpicker – Specht (allg.)	Suol	
Baumpicker mit schwarzem Kopfe – Kleiber	K	
Baumpicker, dreizehiger – Dreizehenspecht	N	
Baumpicker, großer – Buntspecht	N	
Baumpicker, kleiner – Kleinspecht	F,N	
Baumpicker, mittler – Mittelspecht	N	
Baumpieper – Baumpieper	B,Be2,Be,CLB1,2,MW,O1,2,V …	
	… Bechstein 1807.	KN, KNB
Baumpieper, weißer – Baumpieper	Be2	
Baumpiper – Baumpieper	O3	
Baumreiter – Baumläufer	Ad,B,Be1,Buff,F,Krü,V	
	… Artentrennung: C. L. Brehm 1820.	
Baumreiter – Buntspecht	Do	
Baumreiter – Kleiber	Krü,V	
Baumreiter – Specht (allg.)	Suol	
Baumreuter – Baumläufer	Be2,Be,GD,Hp,N,Suol	
	… Artentrennung: C. L. Brehm 1820.	
Baumreuter – Kleiber	B,Be2,N	
Baumreuter, blauer – Kleiber	N	
Baumritscher – Baumläufer	Do,F	
Baumritter – Kleiber	B,Be2,F,N	
Baumritterchen – Baumläufer	Suol	
Baumroller – Schwarzspecht	Do,F	
Baumröteli – Rotschwanz (allg.)	Suol	
Baumröteli (helv.) – Gartenrotschwanz	H	
Baumrötlein – Gartenrotschwanz	N	
Baumrötling – Gartenrotschwanz	Do,F	
Baumrotschwanz – Gartenrotschwanz	B,CLB3	
Baumrotschwänzchen – Gartenrotschwanz	CLB2,Do,F	KNB
Baumrotwadel – Gartenrotschwanz	Do,F	
Baumrutscher – Baumläufer	B,Be1,Be2,Be,Be97,F,GD	
Baumrutscher – Kleiber	B,Be2,F,N	
Baumrutscher – Specht (allg.)	Suol	
Baumrutscher – Waldbaumläufer	Jä,N	
Baumrutter – Baumläufer	Ad,Krü	
Baumscharbe – Kormoran	B,CLB3,N	
Baumschlüpfer – Zaunkönig	F,O2,Krü	
Baumschnabl – Trauerschnäpper	Be1	
Baumschnepfe – Wiedehopf	Be1,Be2,Be,F,GD,N	
Baumschopf – Wiedehopf	Be97	
Baumschwälbchen – Trauerschnäpper	B,H	
Baumschwalbe – Mauersegler	Scha	
Baumschwalbe – Rauchschwalbe	F	
Baumschwalbe – Trauerschnäpper	Do	
Baumschwalbl – Trauerschnäpper	Be2,Be,Buff,F,N	
Baumspatz – Feldsperling	F,N	
Baumspecht – Baumläufer	Ad,Krü	
Baumspecht, kleiner – Kleinspecht	Be2,Be,GD,N	

Baumsperling – Feldsperling	Ad,Be1,Be2,Be,Be97,Be05,Buff,F,Fri,GD,Jä, …	
	… K,Krü,MW,N,O2,V	Frisch T. 7.
Baumsperling – Haussperling	Ad	
Baumsperling – Steinsperling	GD,N	
Baumsteiger – Baumläufer	Ad,B,F,Krü	
Baumsteiger gemeiner – Waldbaumläufer	N	Naumann war gegen 2 Arten.
Baumsteiger, gemeiner grauer – Baumläufer	Be1,Be2,Be,Buff	Garten-/Waldbaumläufer.
Baumsteiger, grauer – Waldbaumläufer	N	
Baumsteiger, kleiner grauer – Baumläufer	Be2,Buff	Garten-/Waldbaumläufer.
Baumwendehals – Wendehals	CLB3	
Baumwinter – Baumläufer	Be97	
Bauncok – Hühnerrasse?	Tu	„Gallus medicus bauncok or a cok of kynde."
Bauren-Pfannenstiel – Schwanzmeise	Kö	
Baurenschwalbe – Rauchschwalbe	GD,JAN,K	
Bauvogel – Bachstelze	Suol	Anzinger, Gefiederte Welt 1911, 51, 143.
Bäwerbuck – Bekassine	Häp	Bäwen heißt beben, zittern.
Bäwerbuk – Bekassine	Bri	
Bawmsperling – Feldsperling	Suol	
Bazant (böhm.) – Fasan	Ad,Be	
Bearded Ossifrage (engl.) – Bartgeier	Tu	„Possibly Pliny means the Lämmergeier."
Beberschwanz – Bachstelze	Buff	
Bebeschwanz – Bachstelze	B,Be1,Be2,Be,Be97,F,Buff,GD,N	
Bêbich – Kiebitz	Suol	
Becasse – Bekassine	Be2,Be	
Becasse – Waldschnepfe	Be2,Be	
Becaßeau – Wald-(Bruch)-wasserläufer	Buff	Heute Tringa ochropus Waldwasserläufer.
Becassine – Bekassine	Be2,CLB2,Hp,Krü,O1,V	KNB
Becaßine – Bekassine	GD	
Becaßine – Uferschnepfe	GD	
Becassine – Waldschnepfe	Krü	
Becassine – Zwergschnepfe	Be97	
Becaßine, englische – Alpenstrandläufer	Buff	
Becassine, gemeine – Bekassine	Krü	
Becassine, große – Doppelschnepfe	O1,2	
Becassine, große – Waldwasserläufer	Be2	
Becassine, kleine – Zwergschnepfe	Be2,CLB2,Krü	
Becassine, kleinste – Zwergstrandläufer	Be2	
Becassine, stumme – Zwergschnepfe	WüCl	
Becassinenstrandläufer – Sumpfläufer	Be2	
Beccafico – Gelbspötter	Buff	
Beccafige – Grauschnäpper	GD	
Beccafige – Trauerschnäpper	Be2,Be,N,O1	
Beccafigo – Gelbspötter	GD	„Bey den Italiänern."
Beccafigo (ital.) – Trauerschnäpper	Buff	
Beccasse – Bekassine	Ad,Suol	
Beccassine – Bekassine	Ad	
Becharu – Rosaflamingo	Buff,GD	= Pflugschnabel.
Bechemlin – Bergfink	Suol	

Bechesterze – Bachstelze	Suol	
Beckas – Bekassine	Suol	
Beckasin (schwed.) – Flußuferläufer	H	
Beckasine – Bekassine	Suol	
Beckfige – Grauschnäpper	GD	
Beckfige – Trauerschnäpper	Be2,N	
Beehemle – Rotdrossel	GesS	
Beemerle – Seidenschwanz	Buff,GesS,Suol	
Beemerlein – Rotdrossel	GesH	
Beemerziemar – Rotdrossel	GesS,Suol	
Beemerziemer – Rotdrossel	Be2,Be,Buff,N	
Been (schweiz.) – Dohle	Ad,Krü	
Beene – Alpendohle	Suol	
Beenen (rätisch) – Alpendohle	GesS	Pyrrhula graculus.
Beёnpüet – Rotkehlchen	Häp	
Beerenamsel – Ringdrossel	Do,F	
Beerhold – Pirol	K,O1,Schwf,Suol	
Beerholdt – Pirol	Do,F	
Beerold – Pirol	Be2,Be,N	
Beerschwartz – Kormoran	zLa	Zum Lamm S. 72.
Beervogel – Gartengrasmücke	Jä	Frisch gefangener Herbstvogel.
Bekassine – Bekassine	Jä	
Beervogel – Kormoran	zLa	Von Heidelbeeren, zLa S. 72 VN
Beervogel – Gartengrasmücke	Jäckel	
Befleckte Meve – Mantelmöwe	Buff	
Begeisjen – Bekassine	Suol	
Begestertz – Bachstelze	GesSH	
Begestertz – Gebirgsstelze	zLa	
Begine – Kampfläufer (weibl.)	Be1,Be2,Be,F,GD,N,O1	
Begistarz – Bachstelze	Suol	
Begisterz – Bachstelze	Suol	
Beheimlein – Seidenschwanz	Hp	
Behemle – Rotdrossel	Be1,Be2,Be,GD,GesS,Hp,N,Suol	
Behemle – Seidenschwanz	GesSH,Schwf,Suol	
Behemmer – Bergfink	Suol	
Behme – Seidenschwanz	Suol	
Behmle – Seidenschwanz	F	
Beiefrösser – Grauschnäpper	Suol	
Beimchen – Rotdrossel	Suol	
Beimeise – Kohlmeise	Bojer	Emsland
Beimle – Rotdrossel	Do,F	
Beinauka – Wacholderdrossel	F,N	
Beinbrechadler – Seeadler	N	
Beinbrecher – Fischadler	K,Krü	
Beinbrecher – Kaiseradler	Ad	
Beinbrecher – Seeadler	Ad,B,Be1,Be2,Be,Be97,Be05,Buff,CLB2, …	
	… F,GD,Krü,N,Schwf,Suol,V	KNB
Beinbrecher – Steinadler	GesH	
Beinbrecheradler – Seeadler	Be2	

Beinstelcz – Bachstelze	Suol	
Beinsterze – Bachstelze	Suol	Oberhessen
Beisterz – Bachstelze	Suol	
Beitzvogel – Gerfalke	N	
Beizfalke – Wanderfalke	F	
Beizvogel – Gerfalke	Be2	
Bejemeess – Kohlmeise	Bri	
Bekappter Taucher – Haubentaucher	Be,N	
Bekappter und gehörnter Taucher – Haubentaucher	Be2,Buff,GD,Hp,Fri,K	Frisch T. 183, Albin I, 81.
Bekasse – Waldschnepfe	N	
Bekasse – Bekassine	N	
Bekasse – Waldschnepfe	F	
Bekassinchen – Flußuferläufer	Be2,N	
Bekassine – Bekassine	B,Be1,N	Goeze 1796. Brehm 1867, Ü.
Bekassine – Flußuferläufer	Be2,Krü,N	
Bekassine – Zwergschnepfe	H	
Bekassine, gemeine – Bekassine	N	
Bekassine, große – Doppelschnepfe	F,N	
Bekassine, große – Waldwasserläufer	N	
Bekassine, kleine – Zwergschnepfe	Jä,N	
Bekassine, kleinste – Zwergstrandläufer	N	
Bekassine, mittlere – Bekassine	N	
Bekassine, stumme – Zwergschnepfe	F,Krü,N	
Bekassinensandläufer – Sumpfläufer	N	
Bêkesteltje – Bachstelze	Suol	
Bekghu – Uhu	Buff	
Bekkafige – Trauerschnäpper	Do,F	
Bekkasin – Flußuferläufer	Buff	
Bekkasin, dobbelt (dän.) – Bekassine	H	
Belch – Bläßhuhn	Buff,GD,GesH	
Belch (bad.) – Bläßhuhn	Ad,H,Suol	
Belche – Bläßhuhn	Suol	
Belchen – Bläßhuhn	Be2,Suol,N	
Belchine – Bläßhuhn	Ad,Suol	
Belchinen – Bläßhuhn	Buff,GD,GesH	
Belchmen – Bläßhuhn	Buff	
Bellende Uferschnepfe – Grünschenkel	Be2,Buff	= Brissons „Limosa grisea."
Bellende Uferschnepfe – Uferschnepfe	Krü	
Belleque – Bläßhuhn	Buff	
Beller – Grünschenkel	Buff	= Brissons „Limosa grisea."
Bellhenne – Bläßhuhn	Suol	
Bellhine – Trauerseeschwalbe	GesH	
Bellonisches Rebhuhn – Haselhuhn	Buff	Buffon/Martini Band 6.
Belzfalke – Wanderfalke	Do	
Belzmaise – Schwanzmeise	Buff	
Belzmeise – Schwanzmeise	Be2,Be,Be97,Buff,GD,Hp,Krü,N	
Bemähnter Silberreiher – Seidenreiher	CLB3	
Bemer – Rotdrossel	Suol	

Bêmer – Seidenschwanz	Suol	
Bemlein – Seidenschwanz	HaSa,Suol	Hans Sachs, Regiment V. 172.
Benbrüchel – Seeadler	Suol	
Bengalsche Rall – Wasserralle	Suol	
Benickes Raubmöve –	CLB2,3	KNB
Schmarotzerraubmöwe		
Bennmeise – Blaumeise	Suol	
Berckdale – Alpendohle	Suol	
Berckhan – Schneehuhn? Auer-, Birkhuhn?	Mic	
Berckmeißle – Schwanzmeise	GesS,Suol	
Berg Drossel – Rotdrossel	Schwf	
Berg Falck – Wanderfalke	Schwf	
Berg Fasan – Auerhuhn	Schwf	
Berg Meißlin – Schwanzmeise	Schwf	
Berg Schneppe – Waldschnepfe	Schwf,Suol	
Berg-Aelster – Raubwürger	Fri	
Berg-Agelaster – Raubwürger	Do	
Berg-Amsel – Ringdrossel	Kö,Z	
Berg-Braunelle – Bergbraunelle	N	
Berg-Chräj – Schwarzspecht	Suol	
Berg-Chräje – Alpendohle	Suol	
Berg-Ente – Bergente	Hp,N	
Berg-Finck – Bergfink	N,P1,Z	
Berg-Fluhvogel (holl.) – Bergbraunelle	H	
Berg-Hänfling – Berghänfling	N	
Berg-Huhn – Schneehuhn	Fri	
Berg-Lerche – Ohrenlerche	N	
Berg-Phasan, großer – Auerhuhn	Kö	
Berg-Phasan, kleiner – Birkhuhn	Kö	
Berg-Schnepfe – Waldschnepfe	N	
Berg-Sniiling (helgol.) – Spornammer	H	
Berg-Storch – Schmutzgeier	GesH	
Bergadler – Steinadler	B,F,N	
Bergadler gemeiner – Steinadler	Be2	
Bergadler gemeiner brauner – Steinadler	Be2	
Bergadler, brauner – Steinadler	Be2	
Bergadler, kurzschwänziger – Steinadler	Be2	
Bergadler, ringelschwänziger – Steinadler	Be2	
Bergadler, schwarzbrauner – Steinadler	Be2	
Bergadler, schwarzer – Steinadler	Be2	
Bergadler, weißschwänziger – Steinadler	Be2	
Bergagelaster – Raubwürger	F	
Bergälster – Raubwürger	GD,O1	
Bergälster, kleine – Schwarzstirnwürger	GD	
Bergammer – Schneeammer	Be1,Be2,Be,Be97,F,N,O1	
Bergammer – Spornammer	F	
Bergammer, englische – Schneeammer	GD	
Bergamsel – Amsel (weibl. u. juv.)	Be2,N,O1	
Bergamsel (helv.) – Ringdrossel	Ad,B,Be,Be1,2,97,Buff,F,Fri,GD,Hp,Jä,N,Suol	

Bergamsel – Steinrötel (SK)	A,F,K	Albin Band III, 55.
Bergamsel – Unglückshäher	Buff,GD	Bei Gatterer.
Bergander (engl.) – Brandgans	Buff,GesS,Tu	
	„‚Bergander' is for ‚Bernd-gander'", Turner S. 195.	
Bergänte – Bergente	Buff	
Bergante – Bergente	Mar	
Bergbraunelle – Bergbraunelle	N	
Bergbuntspecht – Buntspecht	CLB3	
Bergdoel – Alpendohle (Pyrrh. graculus)	GesS	
Bergdohle – Alpendohle	Ad,B,Be2,Be05,Buff,F,GD,Krü,N,O2	
	„Corv. pyrrh.",.	
Bergdohle – Alpenkrähe	H	
Bergdohlendrossel – Alpenkrähe	CLB3	
Bergdöl – Alpendohle	Suol,Tu	„It is abundant in Cornwall."
Bergdol – Alpendohle (Pyrrh. graculus)	Buff,GesS	
Bergdrossel – Erddrossel	B	
Bergdrossel – Ringdrossel	Ad,Do,F	
Bergdrossel – Rostflügel- oder Rostschwanzdrossel	N	
Bergdrossel – Rotdrossel	Ad,B,Be1,Be2,Be,F,GD,Hp,Krü,N	
Bergdrossel – Rotdrossel?	JAN	Oder Rostflügeldrossel?
Bergdrossel – Singdrossel	B,Be2,Be,F,N	
Bergdrossel – Steinrötel	Jä	
Bergduhle – Alpendohle	H	
Bergdule – Alpendohle	N	
Bergdulle – Alpendohle	F	
Bergeant – Brandgans	Bri	
Bergeend (holl.) – Brandgans	H	
Bergeinsiedler – Waldrapp	Ad,K,Suol	Albin Band III, 16.
Bergelster – Neuntöter	Ad	
Bergelster – Raubwürger	Ad,B,Be2,Be,Be97,CLB2,F,Jä,Krü,N,V	KNB
Bergelster – Schwarzstirnwürger	Do,F	
Bergelster, kleine(r) – Schwarzstirnwürger	Be1,Be2,Be,N	
Bergente – Bergente	Ad,B,Be1,Be2,Be,Be97,Buff,CLB2,GD,Han,K, …	
	… Krü,MW,O1,2,3,V Müller,1773. KNB	
Bergente – Brandgans	B,Be1,Be2,Be,Buff,GD,Krü,N	
Bergente – Knäkente	Be1,Be2,Be97,GD,Krü,N	
Bergeremit – Alpenkrähe	Be97,N	
Bergeremit – Waldrapp	Ad,Be1,GD,Krü	
Bergeule – Uhu	Ad,Be2,Be,Buff,F,GD,Gun,Krü,N	
Bergfalck – Wanderfalke	GesH	
Bergfalk – Schmutzgeier	Ad	
Bergfalk – Wanderfalke	Ad,B,Be97,K,Krü	
Bergfalk, aschfarbiger – Würgfalke	Ad	
Bergfalke – Merlin	GD	
Bergfalke – Schmutzgeier	GD	
Bergfalke – Sperber	Be2,N	
Bergfalke – Wanderfalke	Be1,Be2,Be,Be05,F,GD,N	
Bergfalke – Würgfalke	N	

Bergfalke, ägyptischer – Schmutzgeier	Be2	
Bergfalke, aschfarbener – Baumfalke	Buff	
Bergfalke, egyptischer – Schmutzgeier	Buff	
Bergfasan – Auerhuhn	Ad,B,Be1,Be2,Be,Be97,Buff,F,Fri,GD,Hp, … … K,N,O1	
Bergfasan – Birkhuhn	Buff,V	
Bergfasan mit geteiltem Schwanze – Auerhuhn	K	
Bergfasan, großer – Auerhuhn	GesH	
Bergfasan, kleiner – Birkhuhn	GesH,zLa	Nach Gessner 1555, 472–478.
Bergfinck – Bergfink	P,Suol	Pernau 1707.
Bergfink – Bergfink	Ad,B,Be1,2,Be,Be97,Buff,CLB1,2,Fri,GD, … … Hp,K,Krü,MW,O1,2,3,Z	Pernau 1702 Ü, KNB
Bergfink – Buchfink	Ad,Do,F	
Bergfink – Steinsperling	Be2	
Bergfink, großer – Spornammer	Be2,Be,Be97,Buff,Krü,N	
Bergfink, rostgelber – Bergfink (Var.)	MW	
Bergfink, weißer – Schneeammer	Ad	
Bergfinke – Bergfink	GD,HHM	
Bergfinke, großer – Spornammer	GD	
Bergfliegenschnäpper – Grauschnäpper	CLB3	
Bergfluevogel – Bergbraunelle	O3	
Bergflüevogel – Bergbraunelle	B,CLB2	KNB
Berggeyer – Bartgeier	Suol	
Berggîr – Steinadler	Suol	
Berggrünspecht – Grauspecht	B,F,N	
Berghäher – Tannenhäher	F,N	
Berghahn – Birkhuhn	Ad,GD,Krü	
Berghahn – Goldhähnchen	Ad	
Berghahn, schwarzer moskovitischer – Auerhuhn	Hp	Von Albin beschrieben.
Berghähnchen – Goldhähnchen	Ad	
Berghan – Auerhuhn	GesH	
Berghan – Birkhuhn	GesH	
Berghänfling – Berghänfling	B,Be1,Be2,CLB3,O2,3,N … … Pennant/Zimmermann 1787	Ü
Berghänfling – Bluthänfling	Be2,N	
Berghänfling, mittlerer – Berghänfling	CLB3	
Bergheher – Alpendohle	Jä	
Bergheher – Tannenhäher	B	
Berghenne – Birkhuhn	Ad	
Berghu – Uhu	Be2,Be,Buff,GD,K,N,Schwf,Suol	Frisch T. 93.
Berghuhn – Alpen-/Moorschneehuhn	Ad,Fri,Krü	
Berghuhn – Alpenschneehuhn	N	
Berghuhn – Rebhuhn	Be1,Be2,Be,Hp,Krü,N	
Berghuhn – Rothuhn	Be1,Be,Be97,GD	
Berghuhn – Steinhuhn	Be2,Be,Buff,F,N	
Berghuhn – Uhu	Krü	

Berghuhn, langgeschwänztes – Spießflughuhn	Krü	
Berghühnle – Haselhuhn	Do,F,H	
Berghun – Alpenschneehuhn	GesH	
Berghun – Birkhuhn	Suol	
Berghuw – Uhu	GesH,Suol	
Bergjäck – Tannenhäher	B,F,N	
Bergkäfe – Alpendohle	F,H	
Bergkrähe – Alpenkrähe	Ad	
Bergkrähe – Tannenhäher	Ad	
Bergkrähe (schweiz.) – Schwarzspecht	Suol	Als Berg-Chräj
Berglaubsänger – Berglaubsänger	B	C. L. Brehm 1831 KN
Berglaubvogel – Berglaubsänger	N	Naumann 1822? Bd. 13/417 KN
Bergleinfink – Birkenzeisig	B	
Berglaubvogel, deutscher – Berglaubsänger	CLB3	
Berglerche – Feldlerche	CLB3	
Berglerche – Heidelerche	Buff,F	
Berglerche – Ohrenlerche	Ad,B,Be1,Be2,Be,Be97,CLB2,Buff,F, …	
	… GD,Krü,MW,O1,2,3	KNB
Berglerche, sibirische – Ohrenlerche	Be1,N	
Berglisper – Alpenbraunelle	Suol	
Berglortsk – Ohrenlerche	F	
Bergmaise – Schwanzmeise	Buff,Fri	
Bergmeise – Schwanzmeise	Ad,B,Be2,Be,Be97,Buff,GD,GesH,Hp,Krü,N	
Bergmeise – Weidenmeise	Ad,B	
Bergmeislein – Schwanzmeise	Do,F	
Bergmerle – Amsel	Krü	
Bergmerle – Ringdrossel	Ad	
Bergmerle, alpische – Tannenhäher	GD	
Bergmolle – Kiebitzregenpfeifer	Jä	
Bergmönchsmeise – Weidenmeise	Do,F	
Bergmoorente, isländische – Bergente	CLB3,N	
Bergmoorente, krummschnäblige – Bergente	CLB3,N	
Bergmoorente, weißrückige – Bergente	CLB3,N	
Bergmornellregenpfeifer – Mornellregenpfeifer	CLB3	
Bergmusch (holl.) – Feldsperling	H	
Bergnachtigall – Bergfink	Be2,Be,N	
Bergnachtigall – Heckenbraunelle	Be2,N	
Bergnachtigall – Nachtigall	Be1,Be2,Be,F,Krü,N	
Bergnachtigall (helv.) – Steinschmätzer	H	
Bergpieper – Bergpieper	CLB2,N	KNB
Bergpieper – Wiesenpieper	CLB2,3	
Bergrabe – Alpendohle	Jä	
Bergrabe – Alpenkrähe	F	
Bergrabe – Kolkrabe	CLB3	

Bergrebhuhn – Bastard Rebhuhn x Stein- o. Rothuhn (?)	Buff,Hp	Buffon/Martini Band 6, 6.
Bergrebhuhn – Rebhuhn	Be1	
Bergreiher – Graureiher	Be2,Be,F,N	
Bergreiher – Purpurreiher	Be1,Be2B,Krü,N	
Bergrepphuhn – Rebhuhn	Krü	
Bergringamsel – Ringdrossel	CLB3	
Bergrötscherle – Alpenbraunelle	Suol	
Bergsänger – Berglaubsänger	O3	
Bergscheller – Waldrapp	GD,Krü	
Bergschneehuhn – Alpenschneehuhn	B,F,N	
Bergschneehuhn – Moorschneehuhn	CLB3	
Bergschnepf – Waldschnepfe	Fri	
Bergschnepfe – Mornellregenpfeifer	F,H	
Bergschnepfe – Waldschnepfe	Ad,B,Be2,Be,Buff,F,GD,K,Krü	
Bergschneppe – Waldschnepfe	Be1,Be2,Be,N	
Bergschwalbe – Alpensegler	B,Be2,Be,F,N	
Bergschwalbe – Felsenschwalbe	Ad,B,CLB2,F,N	KNB
Bergschwalbe – Mehlschwalbe	Buff,GesS,Krü	
Bergschwalbe – Uferschwalbe	Do,F	
Bergschwalben – Mehlschwalbe	Suol	
Bergspatz – Feldsperling	B,F	
Bergspatz (helv.) – Alpenbraunelle	B,F,N	
Bergspecht – Mauerläufer	Buff	
Bergspecht – Schwarzspecht	B,F,N	
Bergspecht, dreizehiger – Dreizehenspecht	CLB3	
Bergsperling – Feldsperling	B,Be1,Be2,Be,CLB3,Buff,F,GD,Krü,N	
Bergsperling – Haussperling (Var.)	Ad	
Bergsperling – Italiensperling?	K	Buffon/Otto 1790,10/233.
Bergsperling – Steinsperling	B,F,GD,K,Krü,N	
Bergsperling, eigentlicher – Steinsperling	GD	
Bergspornammer – Schneeammer	CLB1,2,N	KNB
Bergsporner – Schneeammer	CLB3	
Bergspyr – Alpensegler	B,N	
Bergspyr, grosser – Alpensegler	F	
Bergstaar – Alpenbraunelle	Be2,Be	
Bergstelze – Gebirgsstelze	Do,F	
Bergstorch – Gänsegeier	N	
Bergstorch – Schmutzgeier	Ad,Be2,Buff	
Bergstorck – Schmutzgeier	Suol	
Bergstösser – Sperber	B,F	
Bergstrandläufer – Alpenstrandläufer (schinzii)	B	
Bergtaube – Haus-/Felsentaube	Ad,Be1,Be2,GD,Hp,N	
Bergtaube – Hohltaube	Be2,Be,GD,Krü,N	„Uneigentlich".
Bergtauchente – Bergente	CLB2,N	KNB
Bergtohl (holl.) – Alpendohle	GesH	

Bergtrostel – Alpenbraunelle　　　　　　　N

Bergtrostel – Rotdrossel　　　　　　　　　Be,Buff,GesSH,Suol

Bergtrostl – Rotdrossel　　　　　　　　　　Be2,N

Bergtrostler (helv.) – Alpenbraunelle　　　H

Bergtul – Alpendohle　　　　　　　　　　Be2,Buff,N

Berguhu – Uhu　　　　　　　　　　　　　Ad

Berguw – Uhu　　　　　　　　　　　　　GesS

Bergvogel – Alpenbraunelle　　　　　　　B

Bergvogel – Auerhuhn　　　　　　　　　Suol

Bergvogel – Birkhuhn　　　　　　　　　　Suol

Bergwaldhuhn – Moorschneehuhn　　　　GD

Bergwasserpieper – Bergpieper　　　　　CLB3

Bergzeisig – Bergfink　　　　　　　　　　Be97

Bergzeisig – Birkenzeisig　　　　　　　　B,Be1,Be2,Be,CLB2,F,GD,Krü,N,O1,V

Bergzopf – Waldrapp　　　　　　　　　　Buff

Bergzück – Tannenhäher　　　　　　　　Do,F

Berhuf – Uhu　　　　　　　　　　　　　Ad

Berhuw – Uhu　　　　　　　　　　　　　Ad

Berkhan (holl.) – Birkhuhn　　　　　　　H

Berlhans – Wendehals　　　　　　　　　Do

Bernache – Ringelgans　　　　　　　　　Buff　　　　　　　　　Bei Belon u. a., …
　　　　　　　　　　　　　　　　　　　　　　　　　　　　　　… zeitweise auch bei Willughby.

Bernache – Weißwangengans　　　　　　Be2,Buff,F,N

Bernache cravant (franz.) – Ringelgans　H

Bernacle (engl.) – Weißwangengans　　　Tu

Bernakel – Ringelgans　　　　　　　　　Buff

Bernakel – Weißwangengans　　　　　　O1

Bernakel-Gans – Weißwangengans　　　Buff

Bernakelgans – Bläßgans　　　　　　　　Be1,Be2,Be,GD　　　„Unrechtmäßiger Weise."

Bernakelgans – Ringelgans　　　　　　　Be,CLB2,GD,Krü　　　　　　　　KNB

Bernakelgans – Weißwangengans　　　　Be1,Be2,Be,GD,N

Bernd (engl.) – Weißwangen-u. Ringelgans　Tu
　(allg.)

Berndclac (engl.) – Weißwangengans　　Tu　　　　　　　Turner: Bernacle „ought …
　　　　　　　　　　　　　　　　　　　　　　　　… to be named Berndclac or Brendclac."

Berndgander – Weißwangengans　　　　Tu

Bernen – (Krick-/)Knäkente　　　　　　　Fri

Bernen – Alpendohle　　　　　　　　　　F,N

Bernenrabe – Alpendohle　　　　　　　　F

Bernickelgans – Ringelgans　　　　　　　CLB2　　　　　　　　　　　　KNB

Bernicla – Ringelgans　　　　　　　　　GesH

Bernicla – Weißwangengans　　　　　　Fri,GesS

Bernicle Gose (engl.) – Weißwangengans　Tu

Berniclen – Ringelgans　　　　　　　　　Buff

Bernikel – Ringelgans　　　　　　　　　Be2,O1,N

Bernikel-Gans – Ringelgans　　　　　　Buff

Bernikelgans – Ringelgans　　　　　　　Be2,F,N

Bernikelgans – Weißwangengans　　　　B

Bernikla – Weißwangengans　　　　　　Be2,Buff,N

Berolf, Bruder – Pirol	Suol
Berolft – Pirol	B
Berolft, Bruder – Pirol	Be1,Be2,Be,F,Krü,N
Berschwalbe – Uferschwalbe	GD
Berst Schwalb – Mauersegler	zLa
Besküts, swart (helgol.) – Trauerschnäpper	F,H
Beskütsk, lütj – Zwergschnäpper	F
Beträpfeltes Huhn – Helmperlhuhn	Buff
Beutel-Rohrmeise – Beutelmeise	N
Beutelgans – Rosapelikan	Buff,GD
Beutelgans – Rosapelikan	B,Be1,Be2,Be,Be97,Buff,F,GD,N Müller 1773.
Beutelmeise – Beutelmeise	Ad,B,Be1,Be2,Be,Krü,MW,N,O1,2,3,V ...
	... Klein 1750. KN
Beutelmeise – Beutelmeise	Buff,GD
Beutelmeise, europäische – Beutelmeise	CLB2 KNB
Beutelmeise, mittlere – Beutelmeise	CLB3
Beutelmeise, pohlnische – Beutelmeise	Be1,N
Beutelmeise, polnische – Beutelmeise	Be2,Be,CLB3,Krü
Beutelmeise, volhinische – Beutelmeise	Be2,N
Beutelmeise, volhynische – Beutelmeise	Buff
Beutelmeise, vollhinische – Beutelmeise	Be
Beutelmeise, vollhynische – Beutelmeise	GD
Bewesterz – Bachstelze	Suol
Bewittig – Kiebitz	Suol
Beynstercz – Bachstelze	Suol
Bhu – Uhu	Be1,Be2,Be,Buff,N
Biamente – Moschusente	GD
Biber – Truthuhn	Suol
Biberänte – Gänsesäger	Buff
Biberente – Gänsesäger	Ad,Be2,Be,F,Krü
Biberlein – Haushuhn (juv.)	Suol
Bibertaucher – Gänsesäger	Ad,Be1,Be2,Be,Buff,F,GD,Krü
Bibertaucher, großer – Gänsesäger	Krü
Bibertaucher, sogenannter – Gänsesäger	Buff
Bibervogel – Gänsesäger	Ad
Bibgöckel – Truthuhn	Suol
Bibi – Haushuhn (juv.)	Suol
Bicker – Flußseeschwalbe	H ...
	... Bicker u. Backer in Nordfriesl. für alle ...
	... Seeschw.
Bicker, swarte – Trauerseeschwalbe	F,H
Bickerhan – Birkhuhn	Suol
Bieberente – Gänsesäger (weibl. u. juv.)	Ad,N Ad: Biberänte.
Bieckschwalwe – Eisvogel	Do,F
Biekelchen – Knäkente	Be2,Be,Be97
Biekelchen – Krickente	Be1,Be2,Be,GD
Biekhohn – Birkhuhn	Bri
Biekilche – Krickente	Ad
Biekilchen – Knäkente	Be1,Krü

Biekilchen – Krick-/Knäkente	K	Frisch T. 173, 175, 176.
Biekilchen – Krickente	Ad	
Biekschwalbe – Eisvogel	Bri	
Biekschwalwe – Eisvogel	H	
Biele – Hausente	Be2	
Bienenfalk – Wespenbussard	Be1,Be2,Be97,F	
Bienenfalke – Wespenbussard	B,Be2,Be,N	
Bienenfänger – Bienenfresser	Ad,B,Be1,Be2,Be,Be97,N	
Bienenfraaß – Bienenfresser	K	Frisch T. 221 + 222.
Bienenfraß – Bienenfresser	Ad,B,Be1,Be2,Be,Be97,Buff,Fri,GD,N	
Bienenfresser – Bienenfresser	Ad,B,Be2,Buff,CLB2,Do,Fri,GD,Krü,N	
	Frisch 1758,	Ü
Bienenfresser – Wespenbussard	Ad,Be1,Be2,Be,Be05,Buff,F,GD,Krü,N,V	
Bienenfresser gemeiner – Bienenfresser	Be1,Be2,Be,Be97,N	
Bienenfresser, aschgrauer – Bienenfresser	Be2	
Bienenfresser, europäischer – Bienenfresser	GD,N,O3	
Bienenfresser, gelbkehliger – Bienenfresser	CLB1,2,MW,N,V	KNB
Bienenfresser, gelbköpfiger – Bienenfresser	Be2	
Bienenfresser, gemeiner – Bienenfresser	GD	
Bienenfresser, goldkehliger – Bienenfresser	N	
Bienenfresser, goldköpfiger – Bienenfresser	N	
Bienenfresser, südlicher – Bienenfresser	CLB3	
Bienenfresser, ungarischer – Bienenfresser	CLB3	
Bienengeier – Wespenbussard	B,Be2,F,N	
Bienenjäger – Bienenfresser	F	
Bienenmeise – Blaumeise	B	
Bienenmeise – Kohlmeise	F,H	
Bienenschnapp – Gartenrotschwanz	Suol	
Bienenschnapp – Hausrotschwanz	Do	
Bienenschnappe – Gartenrotschwanz	Be2,N	
Bienenschnapper – Gartenrotschwanz	Do,F	
Bienenschwalbe – Bienenfresser	Ad,Do,F	
Bienenspecht – Bienenfresser	Ad	
Bienenvogel – Bienenfresser	B,Be97,F,Krü,N	
Bienenvogel – Bienenfresser	GD	
Bienenvogel gemeiner – Bienenfresser	Be1,Be2,Be,N	
Bienenwolf – Bienenfresser	Ad,B,Be1,Be2,Be,Be97,Buff,F,GD,N	
Bienenwolf – Grünspecht	Suol	
Bienenwolf, gelber – Bienenfresser	Be2,N	
Bieneschwalbe – Bienenfresser	Do	
Bieneveih – Wespenbussard	Jä	
Bienewolf – Bienenfresser	Do	
Bienmeise – Blaumeise	Be2,F,GesHN	
Bienmeise – Sumpf-/Weidenmeise	Buff,GD	
Bier-Eule – Pirol	H	
Bier-Hohler – Pirol	Suol	
Bieresel – Pirol	B,Be1,Be2,Be,Buff,F,GD,Hp,Krü,N	
Biereule – Pirol	Do,F,Suol	
Biérfilchen (lux.) – Waldlaubsänger	H	

Biergänger – Buchfink	Do,F	
Bierhahn – Pirol	Do,F,Scha,Suol	
Bierhohler – Pirol	Ad,Fri,Krü	
Bierhol – Pirol	Do,Suol	
Bierhold – Pirol	Be1,Be2,Be,GD,Hp,K,N,Suol	Frisch T. 31.
Bierhold – Steinrötel	GD	GD: Verwechslung mit …
		… Pirol bei Krünitz 1/714
Bierholdt – Pirol	Buff,Krü	
Bierhole – Pirol	Do,F	
Bierholer – Pirol	Krü	
Bierholf – Pirol	Be1,Be2,Be,Buff,Hp,Krü,N	
Bierholt – Pirol	F,Schwf,Suol	
Bierole – Pirol	Be1,Be2,Be,Buff,Hp,Krü,N	
Bierolff – Pirol	F,GesSH,K,Schwf,Suol	
Bierolff, Bruder – Pirol	Suol	
Bieroller – Pirol	Suol	
Bierolt – Pirol	Scha	
Bierschnepfe – Mornellregenpfeifer	F,H	
Biervogel – Pirol	Jä	
Bigitz – Kiebitz	Buff	
Bihorey – Nachtreiher	O1	
Bijacke – Dohle	Suol	
Bile (hess.) – Tafelente	Do	
Bilentchen – Ente (zahm)	Suol	
Bille – Gans	Suol	
Bilweiße – Steinkauz	Suol	Bedeutet Hexe, wegen des Rufes.
Bimeise – Kohlmeise	Do,F	
Bimeiserl – Kohlmeise	H	
Bin Meise – Blaumeise	Schwf	
Binche – Buchfink	GesS	
Binderschlägel – Schwanzmeise	Do,F,H	
Binkelchen – Krickente	Be97	
Binmeise – Blaumeise	Be,Buff,Suol	
Binsenbaumpieper – Baumpieper	CLB3	
Binsennachtigall – Schilfrohsänge	GD	GD 1795, 5-2/133.
Binsenrohrsänger – Seggenrohrsänger	B,F,N	N: Binsen – Rohrsänger.
Binsensänger – Seggenrohrsänger	F,CLB2,MW,O3	KNB
Binsenschilfsänger – Schilfrohrsänger	CLB2,3	KNB
Binsenschilfsänger – Seggenrohrsänger	CLB1,2	
Bippele – Haushuhn (juv.)	Suol	
Bippi – Haushuhn (juv.)	Suol	
Birch-Ilge – Krickente	Suol	
Birck Falck – Wanderfalke	Schwf	Kinzelbach, Springer.
Birck Hahn – Birkhuhn	Fri	
Birck Han – Birkhuhn	Schwf	
Birck Henne – Birkhuhn	Fri	
Birck-Häher – Blauracke	P	
Birck-Hahn – Birkhuhn	G	
Birck-Heher – Blauracke	Fri	

Birck-Hun – Birkhuhn	K	
Birck-Hun – Haselhuhn	Kö	Kein Irrtum.
Birck-Wildpret – Birkhuhn	G	
Birckamsel – Ringdrossel	GesS	
Birckamßel – Wacholderdrossel	GesS	
Birckelchen – Knäkente	Be1	
Birckelgen – Knäckente	Fri	
Birckhan – Birkhuhn	GesH,P1,zLa	Nach Gessner 1555, S. 472–478.
Birckheher – Blauracke	K	
Birckhuhn – Birkhuhn	P	
Birckhun – Birkhuhn	GesS,P	
Birckilchen – Krickente	H	
Birckilgen – Krick-/Knäkente („Zirzente")	Schwf	
Birckilgen – Krickente	GesSH,H,Suol	
Birds of Diomede (engl.) – Hochseevögel (Puffinus)	Tu	S. Mytholog. Schriften.
Birg Amsel – Ringdrossel	Schwf	
Birgamsel – Amsel	GesH	
Birgamsel – Ringdrossel	GesSH,Suol	
Birgfalck – Gerfalke	zLa	
Birgfalck – Wanderfalk	GesS,zLa …	
		… System der Jagdfalken, nach Albertus Magnus.
Birgfalk – Schmutzgeier	Ad	
Birgfasan – Auerhuhn	Suol	
Birgfasan – Birkhuhn	Suol	
Birghäher – Tannenhäher	Suol	
Birghan – Auerhuhn	Suol	
Birghan – Birkhuhn	Suol	
Birglerch – Steinrötel	Suol	
Birhenne – Birkhuhn	Be2	
Birhola – Pirol	Scha	
Birilchen – Krickente	Do	
Birk – Blauracke	Do,F	
Birk-Waldhuhn – Birkhuhn	N	
Birkelchen – Knäkente	Be2,Be,Be97	
Birkelchen – Krickente	GD,JAN	GD: „Anas circia." – JAN: O. Knäkente?
Birken-Heher – Blauracke	Buff	
Birken-Zeisig – Birkenzeisig	N	
Birkendrossel – Wacholderdrossel	Do,F	
Birkenente – Schellente	Do,F	
Birkenhäher – Blauracke	Krü	
Birkenlaubsänger – Fitis	CLB2,F,V	KNB
Birkenleinfink – Birkenzeisig	CLB3	
Birkente – Schellente	H	
Birkente – Schnatterente	Scha	
Birkenzeila – Erlenzeisig (juv.)	Jä	
Birkenzeisig – Birkenzeisig	B,N,O3	Naumann 1826, KN.
Birkenzeisig – Erlenzeisig	CLB3	
Birkenzeisig, grosser – Birkenzeisig	B	„Acanthis linaria holboelli".

Birkenzeislein – Birkenzeisig	Be2,Be,N
Birkfalk – Kornweihe	Krü
Birkfalk – Wanderfalke	K
Birkfalke – Merlin	GD
Birkfasan – Birkhuhn	GesS
Birkgeflüg – Birkhuhn	Jä
Birkhäher – Blauracke	Ad,Krü,V
Birkhäher – Tannenhäher	F,N
Birkhahn – Birkhuhn	Ad,Be,Be2,97,Buff,GD,Hp,Jä,K,N Frisch T. 109.
Birkhahn, -hun – Birkhuhn	K
Birkheher – Blauracke	Buff,GD,K,Z
Birkheher – Blauracke	B,Be1,Be2,Be,Be05,Buff,F, …
	… GD,Jä,K,N,O1,2,Z Frisch T. 57.
Birkheher – Tannenhäher	B
Birkheher gemeiner – Blauracke	Be97
Birkheher, leberfarbiger – Blauracke	Be1,Be2,Be,Buff,N
Birkhenne – Birkhuhn (weibl.)	Ad,Buff,GD,Jä,Krü
Birkhuhn – Birkhuhn	Ad,B,Be1,Be2,Be,Be97,CLB2,GD,Hp, …
	… Krü,N,O1,2,V …
	… Ahd. birihhuon, Bechstein 1805/09. KNB
Birkhuhn, weißes – Moorschneehuhn	F,N
Birkhuhn, weißes – Schneehuhn	Be1,Be2,Be,Buff,GD
Birkilchen – Krickente	F
Birkilgen – Krickente (Anas circia)	Buff
Birkkrähe – Raubwürger	Do,F
Birkwaldhuhn – Birkhuhn	CLB1,2,O3 KNB
Birkwild – Birkhuhn	Jä
Birole – Pirol	Ad
Birolf – Pirol	Ad
Birolff – Pirol	StVb,zLa
Birolff, Bruder – Pirol	Suol
Birolt – Pirol	Ad,zLa
Bisam-Ente – Moschusente	Buff
Bisamänte – Moschusente	Buff
Bisamente – Knäkente	N
Bisamente – Krickente	Be2,Be,N
Bisamente – Moschusente	Be1,Be2,Buff,O1,2,V Müller 1773.
Bisamentli – Knäkente	Suol
Bisamvogel – Kormoran	Be2,Be,F,Fri,N,Scha
Bisamvogel – Krähenscharbe	Fri
Biscard (helv.) – Wacholderdrossel	H
Bischoffsmeise – Haubenmeise	Jä
Biset (franz.) – Felsentaube	Hp
Bismatente – Kolbenente	B,N,V
Bismuthente – Kolbenente	O1
Bistard (engl.) – Großtrapp	Tu Turner im engl. Text, auch Bustard.
Bistarda – Großtrappe	GesS
Bitor – Rohrdommel	O1
Bittele – Haushuhn (weibl.)	Suol

Bitter – Rotdrossel	B,Be1,Be2,Be,Buff,F,GD,GesSH,Hp,N,Suol	
Bitterfinke – Rotdrossel	Suol	
Bittern – Rohrdommel	O1,Tu	
Bittour – Rohrdommel	GesS,Tu	
Blaafalk (dän.) – Baumfalke	H	
Blaafalk (dän.) – Merlin	H	
Blaafot (norw.) – Fischadler	H	
Blaag Ant – Spießente	WüCl	
Blaage Goos – Graugans	WüCl	
Blaagfoot – Fischadler	Do,F,WüCl	
Blaagraker – Blaurake	WüCl	
Blaakop (dän.) – Blaumeise	H	
Blaamagar (norw.) – Eismöwe	Buff	Blaamagar (norw.) bedeutet Blaumöwe.
Blaamager – Eismöwe	GD	
Blaameise (dän.) – Blaumeise	H	
Blaauwmeesje (holl.) – Blaumeise	H	
Blabarack – Blauracke	Ad,Krü	
Blabrack – Blauracke	Be1,Be2,Be,F,N,Suol	
Black Kite (engl.) – Schwarzmilan	Tu	
Black Tern (engl.) – Trauerseeschwalbe	Tu	
Blackcock (engl.) – Birkhuhn	Tu	
Blackstiärt – Steinschmätzer	Suol	
Blafuos – wahrsch. Wanderfalke, s. Blaufuß	Pescheck	13. Jahrh.
Blafuß – Lannerfalke	GesS	
Blag Webstaart – Bachstelze	Do,F	
Blaghals – Blaukehlchen	Do,F	
Blagmeesk – Blaumeise	Do,F	
Blagmeise – Blaumeise	Do,F	
Blagracker – Blauracke	Do,F	
Blagrokk – Blauracke	Scha	
Blaivögeli – Blaumerle	Suol	
Blak – Gleitaar	N	N: Bd. 13/129.
Blak byrd – Amsel	Tu	
Blak Osel (engl.) – Amsel	Tu	
Blâkelken – Blaukehlchen	Suol	
Blaksteert – Steinschmätzer	Bri	
Blâmeis – Blaumeise	Suol	
Blaograok – Blauracke	Suol	
Blaomeise – Blaumeise	Suol	
Blarack – Blauracke	G	
Blarak – Blauracke	G	
Blärhan – Bläßhuhn	Häp	
Blärhenne – Bläßhuhn	Häp	
Blärrhenn – Bläßhuhn	Bri	
Blärrhenn – Teichhuhn	Bri	
Blarrsnepp – Rotschenkel	Suol	
Blarrvagel – Rotschenkel	Suol	
Blas Endte – Pfeifente	Schwf,Suol	
Blas Endte – Stockente	Schwf	

Blas-Endte – Stockente	K	
Bläschen – Bläßhuhn	GD,Krü	
Bläsenörk – Bläßhuhn	Be	
Blasenörken – Bläßhuhn	Scha	
Blasente – Stockente	N	
Bläsgans – Bläßgans	Buff	
Blashahn – Bläßhuhn	K	Albin Band I, 83.
Blashan – Bläßhuhn	Suol	
Bläshenne – Bläßhuhn	Suol	
Bläshuhn, gemeines – Bläßhuhn	GD	
Blashuhn, rotes – Teichhuhn	GD	
Blashuhn, schwarz – Bläßhuhn	K,Fri	Frisch T. 208.
Bläslein – Bläßhuhn	Krü	
Bläsler – Gartenrotschwanz	Do	
Bläsling – Bläßhuhn	GD	
Bläsling, kleiner – Bläßhuhn	GD	
Bläss (bay.) – Bläßhuhn	Ad,H,Jä	
Blaß Blassing – Bläßhuhn	Buff	
Blaß-Änte – Stockente	Buff	
Blaß-Ent – Stockente	GesH	
Bläß-Ente – Bläßhuhn	Hp	
Blaß-ente – Stockente	Buff	Bodensee
Blaßänte – Stockente	Buff	
Blassante (kärnt.) – Bläßhuhn	H	
Blassanten (kärnt.) – Bläßhuhn	H	
Blaßbauchige Drossel – Weißbrauendrossel	N	N: Bd. 13/289.
Blassbrauner Adler – Seeadler	GD	
Blässchen – Bläßhuhn	Ad,Be1,Be2,Be,N,Suol	Orig.: Mit ss.
Blassdrossel – Weißbrauendrossel	B	
Blässdüker (schlesw.-holst.) – Bläßhuhn	H	
Blässe – Bläßhuhn	Ad,CLB2,Häp,N,Suol	KNB
Blasse (bay.) – Bläßhuhn	H,Jä,Suol	
Blasse Drossel – Weißbrauendrossel	N	N: Bd. 13/28.
Blasse Weihe – Steppenweihe	N,WüCl	N: Bd. 13/154.
Blassel – Bläßhuhn	Jä	
Blässenbuntschnabel – Bläßgans	N	
Blässenente – Bläßhuhn	o.Qu.	
Blässengans – Bläßgans	Be1,Be2,Be,Buff,CLB2,GD,Krü,MW,O1,2	
	Bechstein 1809.	KNB
Blässengans, große – Bläßgans	CLB3,N	
Blässengans, isländische – Bläßgans	N	
Blässengans, kleine – Blässgans	CLB3	
Blässengans, kleine – Zwerggans	N	
Blässengans, mittlere – Bläßgans	N	
Blässennörk – Bläßhuhn	Be2	
Blässensaatgans – Bläßgans	N	
Blassent – Stockente	GesS,Suol	
Blässente – Bläßhuhn	Ad,Be,Be1,2,Buff,CLB2,F,GD,Krü,N,Scha,Suol	
		KNB

Blässente – Pfeifente	B,Be2,F,GD,N
Blassente – Stockente	Ad,Be,Fri,GD,K,Krü,O2
Blässente – Stockente	Ad
Blässente, grosse – Stockente	Ad
Blasser Fink – Buchfink	Be1
Blasser Sänger – Blaßspötter	H
Blässgans – Bläßgans	B,Be2,N …
	… Pennant/Zimmermann 1787, Ü: Blessengans.
Bläßgans, kleine – Zwerggans	N
Bläßgen – Bläßhuhn	Buff,Hp
Blaßgieker – Bläßhuhn	Be1,Be2,Be,GD,N
Blaßgraue Weihe – Steppenweihe	N N: Bd. 13/154.
Blasshahn – Bläßhuhn	Ad
Blaßhahn, schwarzer – Bläßhuhn	Buff
Blässhendl (steierm.) – Bläßhuhn	F,H
Blasshenne – Bläßhuhn	Baldn
Bläßhenne – Bläßhuhn	N
Blässhohn – Bläßhuhn	Häp
Blaßhuhn – Bläßhuhn	Be1,Be2,Be,Buff,GD,N
Bläßhuhn – Bläßhuhn	Ad,B,Be1,Be2,Be,Be97,CLB2,Fri,N,O1,V …
	… Hans Sachs: Regiment … 1531: Plesslein.
	KNB
Blässhuhn, gemeines – Bläßhuhn	CLB2,O2
Blaßhuhn – Teichhuhn	Buff
Blasshuhn, großes – Bläßhuhn	GD „Fulica aterrima."
Bläßhuhn, großes – Bläßhuhn	Be1,Be2,Be,N
Blaßhuhn, kohlschwarzes – Bläßhuhn	Be2,N
Blasshuhn, rotes – Teichhuhn	Be1
Bläßhuhn, rotes – Teichhuhn	Be2,Be,Be97,N,O2
Blaßhuhn, rußfarbenes – Teichhuhn	Buff
Blaßhuhn, rußfarbiges – Bläßhuhn	Be1,Be2,Be,N
Blaßhuhn, schwarzes – Bläßhuhn	Be2,Be,GD
Bläßhuhn, schwarzes – Bläßhuhn	CLB2,N
Blässjacob (oldbg.) – Bläßhuhn	Do,F,H
Blässkater (nordfries.Ins., schl.-holst.) – Bläßhuhn	F,H
Blasskieker – Bläßhuhn	F
Blaßl (bay.) – Bläßhuhn	Be,Buff,H
Blässle (württ.) – Bläßhuhn	F,H
Bläßlein – Bläßhuhn	Ad,G,Hp,P,Suol
Bläßlein mit roten Kappen – Teichhuhn	P1
Blässlerrotwadel – Gartenrotschwanz	F
Blassling – Bläßhuhn	Be
Bläßling – Bläßhuhn	Ad,Be1,Be2,Buff,GD,Jä,Krü,N,Suol,Z
Bläßling – Flußseeschwalbe	Suol
Bläßling – Teichhuhn	Buff
Blaßspötter – Blaßspötter	B
Blaßweihe – Steppenweihe	B,F
Blätterhendl (steierm.) – Tüpfelsumpfhuhn	F,H

Blätterhuhn – Tüpfelsumpfhuhn	Suol	
Blätterkönig – Waldlaubsänger	Do,F	
Blattzeisl – Birkenzeisig	F,H	
Blau Ackermann – Bachstelze	Suol	
Blau Krähe – Blauracke	P	
Blau Taube – Hohltaube	Fri	
Blau und weißer Seemaage – Sturmmöwe (?)	Gun	
Blau-Amsel – Blaumerle	GesH	
Blau-Fuß – Wanderfalke	G	
Blau-Kehle – Blaukehlchen	Z	
Blau-Maise – Blaumeise	Fri	
Blau-Meise – Blaumeise	Kö,N	
Blau-Meiße – Blaumeise	G,P1,Z	
Blau-Merle – Blaumerle	N	
Blau-Racke – Blauracke	N	
Blau-Specht – Kleiber	Fri,Z	
Blau-Zimmer – Wacholderdrossel	Buff	
Blauadler – Gerfalke	GD	
Blauamsel – Blaumerle	B,Be,Buff,F,GD,Krü,N,O2	
Blauamseli – Eisvogel	Suol	
Blauante – Stockente	Ad	
Blauänte – Stockente	Buff	
Blauauge – Spatelente	Be1,Be2,Be,GD	
Blauäugige Ente – Spatelente	Be2,Be	
Blaubäckchen – Sperber (männl.)	Be1,Be2,Be,Be97,F,GD,N	
Blaubacker – Trauerseeschwalbe	F,H	
Blaubeerfus – Regenbrachvogel	Be	
Blaubeerschnepfe – Regenbrachvogel	B,Be1,Be2,Buff,F,Gd,N	In Kurland.
Blaubeinschnepfe – Regenbrachvogel	N	
Bläubling – Blaumeise	Hp	
Blaubrüstchen – Blaukehlchen	F,Jä	
Blaubruster – Blaukehlchen	Do,F	
Blaubrüstli – Blaukehlchen	Suol	
Blaudartsche – Bluthänfling	Suol	
Blaudrossel – Blaumerle	B,F,O3	
Blaudrossel – Wacholderdrossel	H	
Blaue Amsel – Blaumerle	Buff,GD	
Blaue Bachstelze – Bachstelze	Be1,Be2,Be,Be97,Buff,F,GD,Jä,N,Z	Unterfranken.
Blaue Drossel – Blaumerle	Be,CLB1,2,MW,N	KNB
Blaue Drossel – Steinrötel	Be1,Be2,Be,Buff,K,Krü	Albin Band III, 55.
Blaue Elster – Blauelster	CLB2,O3	KNB
Blaue Gans – Grau-/Hausgans	Do,F	
Blaue Gesangdrossel – Blaumerle	Buff,GD	
Blaue Grasmücke – Klappergrasmücke	Ad,Be1,Be2,Be,Be97,N	
Blaue Grasmücke – Sperbergrasmücke	Be2,Be	
Blaue Holtkreie – Blaurake	Bri	
Blaue Holzkrähe – Blauracke	Ad,Be1,Be2,Be,GD,Krü,N	
Blaue Holztaube – Haus-/Felsentaube	GD	
Blaue Holztaube – Hohltaube	Be1,Be2,Be,Fri,Hp,N	

Blaue Kräge – Blauracke	N	
Blaue Krähe – Blauracke	Be1,Be2,Be,Buff,F,N,Suol	
Blaue Meise – Blaumeise	Buff,GD,N	
Blaue Merle – Blaumerle	Be,Buff,GD	
Blaue Möve – Sturmmöwe	Do	
Blaue Raake – Blauracke	K,Suol	Frisch T. 57.
Blaue Racke – Blauracke	Ad,Be2,Be,CLB1,2,3,Buff,Fri, ...	
	... GD,Krü,MW,N,O2,Scha,V	KNB
Blaue Spechtmeise – Kleiber	Be1,Be2,Be,GD,N,O3	
Blaue Steindrossel – Blaumerle	CLB3,N	
Blaue Taube – Felsen-/Haustaube	Be2,N	
Blaue Wasserstelze – Bachstelze	H	Halle 1760.
Blaue Weihe – Kornweihe (männl.)	Be2,Be,F,N	
Blaue-Rack – Blauracke	Fri	
Bläuele – Blaumeise	Suol	
Blauelster – Blauelster	B,H	
Blauente – Stockente	Ad,Be2,Be,F,Fri,GD,K,Krü,N,O2	Frisch T. 158.
Blauente, große – Gänsesäger	Z	
Blauer Ackermann – Bachstelze	N	
Blauer Baumreuter – Kleiber	N	
Blauer Einsiedler – Blaumerle (männl.)	Be,F,GD,N	
Blauer europäischer Häher – Blauracke	Krü	
Blauer Falke – Kornweihe (männl.)	Be1,Be2,Be,N	
Blauer Habicht – Kornweihe (männl.)	Be1,Be2,Be,F,GD,N	Bei den Jägern ab 3. Jahr.
Blauer Kleiber – Kleiber	CLB1	
Blauer Kornvogel – Kornweihe (männl.)	N	
Blauer Neuntöder – Raubwürger	Be1	
Blauer Neuntödter – Raubwürger	N	
Blauer Neuntöter – Raubwürger	Be2,Be,F	
Blauer Neuntöter – Schwarzstirnwürger	Do,F	
Blauer Quäppstärt – Bachstelze	Scha	
Blauer Rabe – Blauracke	Be1,Be2,Be,F,GD,N	
Blauer Rabenkrähe – Blauracke	Be05	
Blauer Racker – Blauracke	GD,O1,Suol	
Blauer Reiger – Graureiher	Be2,Kö	
Blauer Reiher – Graureiher	Ad,Be2,Be,Buff,GD,Krü,N	
Blauer Reyer – Graureiher	Be2	
Blauer Reyger – Graureiher	Buff,K	Frisch T. 198.
Blauer Rotschwanz – Hausrotschwanz	N	
Blauer Sandläufer – Flußuferläufer	Be2,Be,N	
Blauer Sandläufer – Meerstrandläufer	Be	
Blauer Schuster (kärnt.) – Kleiber	F,H	
Blauer St. Martin – Kornweihe	GD	
Blauer Storch – Schwarzstorch	Be2	
Blauer Stößer – Merlin	Jä	
Blauer und schwarzer Rotschwanz – Hausrotschwanz	Be1,Be2,F	
Blaues Geierchen – Kornweihe (männl.)	Be2,Be,N	
Blaues Geierle – Kornweihe	Be1	

Blaues Geyerle – Kornweihe	GD	
Blaues Purpurhuhn – Purpurhuhn	CLB2	KNB
Blaues Rotkehlchen – Blaukehlchen	Be1,Be2,Be,Krü,N	N: Rothkehlchen
Blaues Purpurhuhn – Purpurhuhn	CLB2	KNB
Blaues Spechtlein – Kleiber	P	
Blaufalk – Kornweihe	B,F	
Blaufalk – Merlin	F,MW	
Blaufalk – Wanderfalke	B	
Blaufalke – Kornweihe (männl.)	Be2,Be,N	
Blaufalke – Merlin	N,V	
Blaufalke – Wanderfalke	B,Be2,F,N	
Blauflügel – Eichelhäher	Jä	
Blauflügelente – Löffelente	Do,F	
Blauflügelige Knäckkriekente – Knäkente	CLB3	
Blauflügelige Löffelente – Löffelente	CLB2,N	KNB
Blaufus – Regenbrachvogel	Be	
Blaufuß – Fischadler	F,GD,Jä,Scha	
Blaufuß – Gerfalke	Be2,Be,N,O1	
Blaufuß – Pfuhlschnepfe	Be2,Be	
Blaufuß – Regenbrachvogel	Be1,Be2,Be,F,GD,N	
Blaufuß – Schlangenadler	Do,F	
Blaufuß – Waldschnepfe	Do,F	
Blaufuß – Wanderfalke	Be2,N	Blafuos 13. Jh.
Blaufuß – Würgfalke	Ad,B,Be2,Be,Be05,F,GesH,Hp,K,Krü,N,O2,Pe	
	Var. Würg- oder Wanderf.? Suol: Schwer beurteilbar.	
Blaufuß, ist hier kein Gerfalke	zLa	
Blaufuß mit Fischerhosen – Fischadler	Be2,N	
Blaufuß, weißköpfiger – Fischadler	Be1,Be2,Be,Be97,GD,N	
Blaufüßige Meve – Sturmmöwe	Be	
Blaufüßige Möve – Sturmmöwe	Do,F,V	
Blaufüßige Wintermöve – Sturmmöwe	CLB2,N	KNB
Blaufüßiger Adler – Schlangenadler	N	
Blaufüßiger Falk – Gerfalke	Be2	
Blaufüßiger Falk – Würgfalke	Be05	
Blaufüßiger Falke – Gerfalke	Be,N	
Blaufüßiger Falke – Würgfalke	N	
Blaufüßiger Riemenfuß – Säbelschnäbler	Krü	
Blaufüßiger Säbelschnäbler – Säbelschnäbler	CLB2,MW	KNB
Blaufüßiger Strandreiter – Säbelschnäbler	Krü	
Blaufüßiger Strandreuter – Säbelschnäbler	O2	
Blaufüßiger Wassersäbler – Säbelschnäbler	Be2,CLB2,N	KNB
Blaugimpel – Gimpel	Do,F	
Blaugraue Mewe – Eismöwe	Krü	
Blaugrauer Rotfußfalke – Rotfußfalke	CLB3	
Blaugrüner Gyfitz – Kiebitz	Buff	
Blauhabicht – Kornweihe	B	
Blauhäher – Blauracke	F,N	

Blauhäher – Eichelhäher	Do,F	
Blauhedschn – Blaumeise	Suol	
Blauheher – Blauracke	Jä	
Blauhemmelvink – Blaukehlchen	Suol	
Blaukählchen – Blaukehlchen	HHM	
Blaukatel – Blaukehlchen	Do,F	
Blaukehlchen – (Wolfsches) Blaukehlchen	B	
Blaukehlchen – Blaukehlchen	Ad,Be1,Be2,Be97,Buff,CLB2,GD,Jä,Krü, …	
	… MW,N,O1,2,V	
	Pernau 1720, VN: Blaukehligen. KNB	
Blaukehlchen – Heckenbraunelle	Be2,N	
Blaukehlchen weißsterniges – Blaukehlchen	CLB2,3,N	N: Bd. 13/373.
Blaukehlchen-Sänger – Blaukehlchen	N	
Blaukehlchen, dunkles – Blaukehlchen	CLB3	
Blaukehlchen, gelbsterniges – (Rotst.) Blaukehlchen	N	N: Bd. 13/387.
Blaukehlchen, kleines – Blaukehlchen	CLB2	
Blaukehlchen, lappländisches – Blaukehlchen	N	N: Bd. 13/387.
Blaukehlchen, östliches – Blaukehlchen	CLB3,N	N: Bd. 13/387.
Blaukehlchen, rothsterniges – Blaukehlchen	N	N: Bd. 13/387.
Blaukehlchen, schwedisches – Rotsterniges Blaukehlchen	CLB1,2,3,N	KNB
Blaukehlchen, sibirisches – Blaukehlchen	N	N: Bd. 13/387.
Blaukehlchen, Wolfisches – Blaukehlchen	CLB1,2,3	KNB
Blaukehle – Blaukehlchen	Buff,GD,N,Z	
Blaukehlein – Blaukehlchen	Be1,Buff,Fri,Jä,K,N	
Blaukehlein mit roter Brust – Steinrötel	K	Albin Band III, 55
Blaukehlein mit weißgflecktem Brustlatze – Blaukehlchen	Be2,Be,K,N	Frisch T. 19.
Blaukehlige – Blaukehlchen	P	
Blaukehligen – Blaukehlchen	P,Suol	Pernau 1720.
Blaukehliger Sänger – Blaukehlchen	Be2,Be,CLB2,Krü,N,O3	KNB
Blaukehliger Steinschmätzer – Blaukehlchen	N	
Blaukehllein – Blaukehlchen	Be2,Be	
Blauklemmer – Kornweihe	F	
Blaukopf – Neuntöter	F,H,Suol	
Blaukopf – Schwarzstirnwürger	F,H	
Blaukopf – Wacholderdrossel	GD	
Blaukopf – Stockente (männl.)	F,H	
Blauköpfel – Blaumeise	Do,F	
Blauköpfige rote Amsel – Steinrötel	Be1,Be2,Be,Fri,GD,Krü,N	
Blauköpfige rothe Drossel – Steinrötel	GD,K	Frisch T. 32 b.
Blauköpfiger Würger – Neuntöter	Be1,Be2,Be,Be97,GD,N	
Blauköpfigte rothe Amsel – Steinrötel	Buff	
Blauköpfle (bayer.) – Klappergrasmücke	F,H	

Blaukrahe – Blauracke	Ad	
Blaukrähe – Blauracke	Ad,B,Be97,Buff,GD,Krü,P,Suol	
Blaukropf (weißst.) – Blaukehlchen	F,H,Suol	
Blaukröpfel – Blaukehlchen	Be1,Be2,Be,Be97,F,GD,Krü,N,Suol	
Bläule – Blaumeise	Do,F	
Blauliche Bachstelze – Bachstelz	Z	
Bläuliche Bachstelze – Bachstelze	Be,N	
Bläuliche Meise – Blaumeise	CLB3	
Bläulicher Kleiber – Kleiber	CLB1,2,MW,N	KNB
Bläulicher Ottervogel – Raubwürger	Be2,Be,N	
Bläulicher Reiher – Graureiher	Be2	
Blaulichte Bachstelze – Bachstelze	Buff,GD	
Bläulichte Bachstelze – Bachstelze	Be2	
Bläulichter Reiher – Graureiher	N	
Bläulichter Specht – Kleiber	K	
Blaulutz – Kleiber	Do,F	
Blaumaise – Blaumeise	HHM	
Blaumantel – Silbermöwe	B,F,N	
Blaumas – Blaumeise	H	
Blaumeesche – Blaumeise	Bri	
Blaumeese – Blaumeise	Scha	
Blaümeis – Blaumeise	Suol	
Blaumeise – Blaumeise	Ad,B,Be1,Be2,Be,Be97,Buff,CLB2,3,GD, …	
	… GesH,Jä,K,Krü,MW,O1,2,3,P,V	
	N: Blau-Meise	KNB.
Blaumeise, russische – Blaumeise	H	
Blaumeise, spechtartige – Kleiber	N	
Blaumeisle – Blaumeise	Jä	
Blaumeislein – Blaumeise	Buff,K	
Blaumeiß – Blaumeise	Buff	
Blaumeißlein – Blaumeise	GesH	
Blaumerle – Blaumerle	B,N	Naumann: Blau-Merle.
Blaumillermeise – Blaumeise	Be	
Blaumöve – Silbermöwe	B,O1,V	
Blaumüller – Blaumeise	B,Be1,Be2,Be97,Buff,F,GD,Hp,Krü,N	
Blauplattel – Kleiber	Do,F	
Blaurabe – Blauracke	Scha	
Blaurack – Blauracke	Be1,Be2,Be,Krü,N	
Blauracke – Blauracke	Ad,O3 …	
	… Naumann: Blau-Racke. Schwenckf. 1603: …	
	… Rache.	
Blauracker – Blauracke	Suol	
Blaurak – Blauracke	Buff,GD	
Blaurake – Blauracke	B,Krü,N	Göchhausen 1710: Blarack.
Blaurock – Blauracke	Ad,Be1,Be2,Be,F,Krü,N,Scha,Suol	
Blaurock – Saatkrähe	F,H	
Blaurote Weihe – Wiesenweihe	N	
Blaurückiger Eisvogel – Eisvogel	CLB1,2,N	KNB

Blauschnabel – Mäusebussard (?)	GD	„Falco glaucopis."
Blauschnäbliche Ente – Weißkopf-Ruderente	Be	
Blauschnablige Ente – Weißkopf-Ruderente	N	Alle 3 sind verschieden.
Blauschnäblige Ente – Weißkopf-Ruderente	Be2	
Blauschnäblige Meve – Sturmmöwe	Be,MW	
Blauschwarzer Reyger – Graureiher	K	
Blauspecht – Eisvogel	F,H,Scha	
Blauspecht – Kleiber	Ad,B,Be1,Be2,Be,Be97,Be05,Buff,CLB1, …	
	… 2,F,G,GD,Hp,Jä,K,Krü,N,P,Scha,Suol	
	Frisch T. 39.	KNB
Blauspecht, europäischer – Kleiber	Be2,Be,GD,N	
Blauspecht, schwarzer – Wasseramsel	Buff	
Blauspechtlein – Kleiber	GesH	
Blauspiegel – Stockente	N	
Blauspiegelente – Stockente	Fri	
Blaustelze – Bachstelze	B	
Blautaube – Felsen-/Haustaube	Be2,GD,N	
Blautaube – Hohltaube	Ad,B,Be1,Be2,Be,Be97,F,Hp,Krü,N,V	
Blautaube – Ringeltaube	H	
Blauvogel – Blaukehlchen	Ad	
Blauvogel – Blaumerle	B,Buff,GD,N,Suol,V	
Blauvogel – Kornweihe (männl.)	B,Be2,Be,F,N	
Blauvogel – Singdrossel	Be97	
Blauvogel – Steinrötel	Ad,Be1,Be,Be2,GesH,K,Krü	Albin Band III, 55.
Blauweih – Kornweihe	B	
Bläuwerli – Blaukehlchen	Suol	
Blauziemer – Blaumerle	Ad,F,N	
Blauziemer – Steinrötel	Be1,Be2,Be,Krü	
Blauziemer – Wacholderdrossel	Ad,Be1,Be2,Be,Buff,F,GD,Hp,K,Krü,N, …	
	… Scha,Suol	Frisch T. 26.
Blauziemer, großer – Wacholderdrossel	Be2,N	
Blauziemer, kleiner – Blaumerle	Be,Buff,GD,N	
Blauzimmer – Wacholderdrossel	K	
Blaw Meißlin – Blaumeise	Schwf,Suol	
Blaw Specht – Kleiber	Schwf	
Blaw Stein Amsel – Steinrötel	Schwf,Suol	
Blaw Vogel – Steinrötel	Schwf	
Blaw Ziemer – Wacholderdrossel (sil.)	Schwf,Suol	
Blaw-Specht – Kleiber	Suol	
Blaw-Ziemer, klein – Steinrötel	Suol	
Blawe Bach Steltz – Gebirgsstelze	zLa	
Blawe Graß Mück – Blaumerle	zLa	
Blawe Nachtgall – Blaumerle	zLa	
Blawe Steinamsel – Blaumerle	GesS	
Blawe Taube – Hohltaube	Schwf	
Blawe Wasser Steltz – Gebirgsstelze	zLa	
Blawer Reger – Graureiher (sil.)	Schwf	
Blawer Reiger – Graureiher	GesS	

Blawfuß – Lannerfalke	zLa ...	
	... System der Jagdfalken, nach Albertus Magnus.	
Blawfuß – Wanderfalke (oder Würgfalke)	Schwf	Blauot im 12. Jh. belegt, ...
		... Blafuos später, im 13. Jh.
Blawfüss – Würgfalke	GesS,StVb	
Blawmeise – Blaumeise	Suol	
Blawmeiß – Blaumeise	Ges, Suol	
Blawmeseke – Blaumeise	Suol	
Blawmeyse – Blaumeise	StVb,Suol	
Blawspechtle – Kleiber	Buff,GesS,Krü,Suol	
Blawvogel – Blaumerle	Buff,GesS,Suol	
Blawvogel – Steinrötel	GesSH	
Blawziemer – Wacholderdrossel	Be2,Be,N	
Blechmeise – Sumpf-/Weidenmeise	Be2	
Blechmeise – Sumpfmeise	F,N	
Blechsterz – Bachstelze	Do,F	
Bleichhuhn – Bläßhuhn	Ad	
Bleifahler Falke – Kornweihe	CLB2	KNB
Bleifalk – Kornweihe	Ad,Do,F,Krü,A	Albin Band III, 3.
Bleifalk – Wanderfalke	Jä	
Bleifalk – Wiesenweihe	Do,F	
Bleifalke – Kornweihe (männl.)	Be1,Be2,Be,Be97,N	
Bleifalke – Wanderfalke	Do,F	
Bleifalke mit gewürfeltem Schwanze – Kornweihe (weibl.)	Be2,Be	
Bleifarbene Amsel – Blaumerle	Buff	
Bleifarbene Drossel – Misteldrossel	Be2,Be,N	
Bleigraue Seeschwalbe – Weißbart-Seeschwalbe	F,N	
Bleigrauköpfige Möve – Aztekenmöwe	CLB2,MW,N	KNB
Bleikehlchen – Blaukehlchen	Be1,Be2,Be,Be97,F	
Bleikehlchen – Heckenbraunelle	Ad,B,Be1,Be2,Be,Be97,F,Jä,Krü,N	
Bleikehlchen mit gefleckten Augen – Heckenbraunelle	Be1,Be2, Be,N	
Bleikehlchen mit gelbgefleckten Augen – Heckenbraunelle	A	Albin Band III/59.
Bleimeese – Sumpfmeise	Scha	
Bleimeise – Blaumeise	Be1,Be2,Be,Be97,F,Krü,N	
Bleimeise – Sumpfmeise	Do,F	
Blekarsch – Mehlschwalbe	Suol	Kommt von „weiß – schimmern".
Blephon (westf.) – Bläßhuhn	H	
Bles Entel – Bläßhuhn	zLa	
Blesdyker – Bläßhuhn	Suol	
Blesling – Bläßhuhn	Fabr	
Blesnörke – Bläßhuhn	Scha	
Blesnörx – Bläßhuhn	Suol	
Bleß (in Schwaben) – Bläßhuhn	Buff,GesH,Suol,zLa	Nach Gessner 1555, 376.
Bleß-Ente – Pfeifente	Fri	
Bleßengans – Bläßgans	GD	

Bleßenhuhn – Bläßhuhn	GD	
Bleßenhuhn, großes schwarzes – Bläßhuhn	GD	„Fulica aterrima."
Bleßent – Bläßhuhn	Scha	
Bleßentel – Bläßhuhn	zLa	
Bleßhohn – Bläßhuhn	Suol	
Bleßhôn – Bläßhuhn	Suol	
Blessing (in Schwaben) – Bläßhuhn	Ad,Buff,GesH,zLa	Nach Gessner 1555, 376.
Bleßling – Bläßhuhn	Suol	
Bleßnörks – Bläßhuhn	WüCl	
Bleßnorks (meckl.) – Bläßhuhn	H	
Blest – Bläßhuhn	Ad	
Blestnörx – Bläßhuhn	Suol	
Bleyadler – Fischadler	GD	Text dazu GD 4, 141.
Bleyfalck mit gewürffeltem Schwantz – Kornweihe	K	Albin Tafel III, 3.
Bleyfalk – Kornweihe	K	Albin Tafel III, 3.
Bleyfalke – Kornweihe	Buff,GD	
Bleyfalke – Schlangenadler	GD	Gatterer: „Name steht unrichtig."
Bleyfalke mit gewürfeltem Schwanze – Kornweihe	GD	
Bleykehlchen – Blaukehlchen	GD	
Bleykehlchen – Heckenbraunelle	Buff,GD	
Bleykehlchen mit gefleckten Augen – Heckenbraunelle	Buff	
Bleykehlchen mit gelbgefleckten Augen – Heckenbraunelle	K	Albin Tafel III, 59.
Bleymeise – Blaumeise	GD	
Blickstät – Bachstelze	Do,F	
Bliéderfilchen (lux.) – Gelbspötter	Do,F,H	
Bliederfilchen (lux.) – Waldlaubsänger	F,H	
Bliedermännchen – Nachtigall	Suol	
Bliedervilchen – Waldlaubsänger	Suol	
Blindchlaen – Kleiber	BNe2,Buff	
Blindchlän – (Wald)Baumläufer	GesS,Suol	
Blindchlän – Kleiber	F,Krü,N	
Blinzeleule – Schneeeule	F,H	
Blisnörke (uckerm.) – Bläßhuhn	F,H,Scha	
Blißnörke – Bläßhuhn	Do	
Blitzvogel – Haubentaucher	B,F,N	
Bliutfink – Gimpel	Bri	
Bloaffmeise – Blaumeise	Bri	
Blöberl – Blaumeise	F,H	
Blobmeise – Blaumeise	F,H	
Blôbröschtchen – Blaukehlchen	Suol	
Bloch Daube – Hohltaube	zLa	
Bloch Taube – Ringeltaube	zLa	
Bloch-Daube – Hohltaube	Kö	
Blochtaub (entspr. Plochtaube) – Ringeltaube	GesH	Ploch = Baumstamm.

Blochtaube – Felsen-/Haustaube	Be2,GD,N	
Blochtaube – Hohltaube	Be1,Be2,Be,Fri,Krü,N	Ploch = Baumstamm.
Blochtaube – Ringeltaube	Ad,B,Be2,Be,F,N,Suol	
Blockstaube – Ringeltaube	Krü	
Blocktaube – Haus-/Felsentaube	GD	Ploch = Baumstamm.
Blocktaube – Hohltaube	B,Be,Be1,2,F,Fri,Hp,N,Krü	Ploch = Baumstamm.
Blod-Finke (dän.) – Gimpel	Buff	
Blödtfinck – Gimpel	Suol,Tu	
Bloer Tschokrich (boehm.) – Kleiber	F,H	
Blongios – Zwergdommel	O1	
Bloomeise – Blaumeise	Do,F	
Bloospecht (schles.) – Kleiber	H	
Bloritschn – Blaumeise	Suol	
Bloschösser – Heckenbraunelle	Suol	
Blösse – Bläßhuhn	JAN	Blösse bedeutet Blässe.
Blössing – Bläßhuhn	Scha	
Blôtfenke – Gimpel	Suol	
Bloudvinc (engl.) – Gimpel	Tu	
Blöwling – Blaumeise	Jä	
Blowmeise – Blaumeise	Jä	
Blü Ackerhennick (helgol.) – Wasserralle	F,H	
Blü Hemmelfink – Blaukehlchen	F	
Blü-hoaded Gühlblabba (helgol.) – Schafstelze	H	
Blue Heron (engl.) – Graureiher	Tu	
Blue Thrush (engl.) – Blaumerle	Tu	
Bluedzapf – Gimpel	Suol	
Blüemdvogel – Alpenbraunelle	Suol	
Bluemvogel – Alpenbraunelle	Suol	
Bluetfink – Gimpel	Suol	
Bluetschössli – Birkenzeisig	Suol	
Blühe – Rotschenkel	F,H	
Blühoaded Gühlblabber – Schafstelze	Do,F	
Blum Specht – Buntspecht	o.Qu.	
Blumenente – Stockente	B,Be2,Be97,F,GD	
Blumente – Stockente	Be1,Be,N	
Blumentridli (helv.) – Alpenbraunelle	H	
Blümgücker – Alpenbraunelle	Be97	
Blumliduteli (helv.) – Alpenbraunelle	H	
Blumthürlig (helv.) – Alpenbraunelle	H,N	
Blümtlerche – Alpenbraunelle	B,F	
Blumtrittli – Alpenbraunelle	N	
Blumtürli – Alpenbraunelle	F	
Blumtüteli – Alpenbraunelle	N	
Blumtuteli (helv.) – Alpenbraunelle	H	
Blümtvogel – Alpenbraunelle	F,N	
Blumtvogel (helv.) – Alpenbraunelle	H	
Blut Fincke – Dompfaff	Schwf	
Blut Hänfling – Bluthänfling	Fri	

Blut-Finck – Gimpel	Kö	
Blut-Fincke – Gimpel	G	
Blut-Fink – Gimpel	Buff,P1,Z	
Blut-Finke – Gimpel	Z	
Blut-Hänfling – Bluthänfling	N	
Blutartsche – Bluthänfling	F,H	
Blutdrossel – Rotdrossel	B,Be2,F,N,V	
Blutfasan, chinesischer – Goldfasan	Be2	
Blutfinch – Gimpel	Buff	
Blûtfinck – Gimpel	Ad,B,Be1,Be2,Be,Be97,F,Fri,GesSH,K, …	
	… Krü,O2,P,Suol,V	
Blutfink – Bluthänfling	Fri	
Blutfink – Gimpel	Buff,GD,Hp,Jä,K,N	Frisch T. 2
Blutfinke – Gimpel	Do,F,HHM,zLa	VN
Blutfinken – Gimpel	Buff	
Blutg'schössle – Bluthänfling	H	
Blutgschössle – Bluthänfling (ad.)	F,Jä	
Bluthänfling – Birkenzeisig	Be,N	
Bluthänfling – Bluthänfling	Ad,B,Be1,Be2,Be,Buff,CLB1,2,Fri,GD, …	
	… JAN,Jä,KKrü,MW,O1,3,V	
	Frisch T. 9.	KNB
Bluthfinck – Gimpel	GesH	
Bluthfink – Gimpel	GD	
Bluthrother Brustling – Bluthänfling	K	
Blütling – Alpenbraunelle	B	
Blutrother Brüstling – Bluthänfling	Ad,Be1,Be2,Buff,N	
Blutrother Hänfling – Bluthänfling	Be	
Blutschnepfe (Mark) – Wasserralle	F,H	
Blutschößlein – Birkenzeisig	F,N	
Blutschwalbe – Rauchschwalbe	B,F,JAN,Suol	
Blutströpfle – Birkenzeisig	F,H	
Blutter – Star	Bri,Häp,Suol	
Bluttfinck – Gimpel	K	
Blutthänfling – Bluthänfling	K	
Blüttlig (helv.) – Alpenbraunelle	F,H	
Blüttling – Alpenbraunelle	O1,2	
Blutzapff – Gimpel	Suol	
Bo-Finke – Buchfink	Buff	
Boam-falk (helg.) – Baumfalke	H	
Bobolink – Bobolink	H	
Bochfink (helgol.) – Buchfink	H	
Bochstelz – Bachstelze	Jä	
Bocker – Zwergschnepfe	Suol	
Bockerl – Truthuhn	Suol	
Bockerle – Zwergschnepfe	F,Jä,N	
Böckerle – Zwergschnepfe	B	
Bockerlein – Zwergschnepfe	Suol	
Bockstelz – Bachstelze	Suol	Aus Bachstelze.
Boebich – Kiebitz	Suol	

Boelch – Bläßhuhn	GesS	
Boelhene – Bläßhuhn	GesS	
Boemerle – Rotdrossel	GesS	
Boemerlein – Rotdrossel	Buff	
Boemerlin – Rotdrossel	GesS	
Boemerling – Rotdrossel	GD,Hp	
Boewittig – Kiebitz	Suol	
Bofex – Buchfink	Suol	
Bog-Finke – Buchfink	Buff	
Bogenschnabeliger Strandläufer – Sichelstrandläufer	O3	
Bogenschnäbeliger Strandläufer – Sichelstrandläufer	N	
Bogenschnabliche Schnepf – Großer Brachvogel	Fri	
Bogenschnäbliger Brachpieper – Brachpieper	CLB3	
Bogenschnäbliger Schlammläufer – Sichelstrandläufer	CLB3	
Bogenschnäbliger Strandläufer – Sichelstrandläufer	CLB1,2,F,Krü,WüCl	C. L. Brehm 1822. KNB.
Bogenschnäbliger Strandläufer – Sumpfläufer	Krü	
Bogfink – Buchfink	Be2,Be,N	
Bogfinke (dän.) – Buchfink	H	
Bohämmer – Bergfink	Do,F	
Böhammer – Bergfink	Do,F	
Böhämmer – Bergfink	zLa	Seit 18. Jh. in Pfalz berühmt.
Boheimle – Seidenschwanz	Ad	
Böheimle – Seidenschwanz	Fri	
Boheimlein – Seidenschwanz	Be1,Be2,Be	
Böhembli – Seidenschwanz	Suol	
Böhemerle – Seidenschwanz	zLa	Gessner 1555, 674.
Böhemerlein – Bergfink	Suol	
Bohemle – Rotdrossel	Buff	
Böhemlein – Bergfink	Suol	
Bohemlein – Seidenschwanz	Be,JAN,N,Suol	
Böhemmer – Bergfink	Be2,N	
Bölink – Haussperling	Do	
Böhmak – Bergfink	Jä	
Böhme – Nordischer Zugvogel	Suol	„In manchen Gegenden."
Böhmer – Bergfink	B,F,N	
Böhmer – Seidenschwanz	Ad,B,Be1,Be2,Be,Buff,F,Fri,GD,Hp,Krü, … … N,O1,V	
Böhmerl – Seidenschwanz	Be2,Be,N	
Böhmerle – Seidenschwanz	GesH	
Böhmerlein – Seidenschwanz	Ad,Buff,GD,Hp,Kö,Krü	
Böhmerziemer – Rotdrossel	Do,F	
Böhmische Drossel – Seidenschwanz	Ad,Buff,GD,Krü	

Böhmische Drostel – Seidenschwanz	Fri	Dazu Hp 422.
Böhmische Haubendrossel – Seidenschwanz	Be1,Be2,Be,K,N	Frisch T. 32.
Böhmische Krähe – Seidenschwanz	Hf	Hauffe 1773.
Böhmischer Fasan – Fasan	F,N	
Böhmischer Fink – Bergfink	Jä	
Böhmischer Mäusehabicht – Kornweihe	Be1	
Böhmle – Rotdrossel	B,F,N	
Böhmlein – Seidenschwanz	Ad,Be1,Buff,GD,Hp,Krü,P,Suol,Z	
Bohnengans – Saatgans	B,Be1,Be2,Be,Be05,Buff,F,GD,N ...	
	... Otto: Variation der Graugans	
Boilenbeißer – Kernbeißer	Krü	
Bojes Raubmöve – Schmarotzerraubmöwe	CLB2,3	KNB
Bokfink – Buchfink	Bri	
Bölch – Bläßhuhn	O2	
Bölch, schwarzer – Bläßhuhn	O1	
Bölcher – Bläßhuhn	Suol	
Bölchinen – Bläßhuhn	GD	
Bölchmen – Bläßhuhn	Buff	
Bölhinen – Bläßhuhn	GesH	
Böling – Haussperling	F	
Böll – Bläßhuhn	Be2,Be,N	
Bollbick – Baumläufer	Suol	
Bollbick – Gimpel	Suol	
Bölle – Bläßhuhn	B	
Bollebick – Gimpel	Buff,GesS,Suol	
Bollebick – Kernbeißer	GesS,Krü,Suol	
Bollenbeißer – Gimpel	B,Be1,Be2,Be,Buff,GD,GesSH,N,Schwf	
Bollenbeißer – Kernbeißer	B,Be1,Be2,Be,N,Schwf	
Bollenbicker – Baumläufer	Suol	Bollen sind Knospen.
Bollenbicker – Gimpel	Suol	
Bollenbîsser – Gimpel	Suol	
Bollenbysser – Gimpel	Suol	
Bollenpick – Kernbeißer	Be2,Be,F,N	
Bollenpicker – Buntspecht	F,N	
Bollenpicker – Kernbeißer	GesH	
Böllhenne – Bläßhuhn	JAN	
Böllhenne – Bläßhuhn	F,N	
Böllhine – Bläßhuhn	Suol	
Böllhinen – Bläßhuhn	GesH	
Böllhuhn – Bläßhuhn	B	
Bolzmeise – Schwanzmeise	Suol	
Bômantje – Bachstelze	Häp,Suol	
Bombicker – Specht (allg.)	Suol	
Bömerlein – Rotdrossel	GesH	
Bömerlin – Rotdrossel	Suol	
Bomerlin – Trauerseeschwalbe	StVb,Suol	Seit 1554.
Bömerlin – Trauerseeschwalbe	Suol	
Bömerziemer – Rotdrossel	GesH	
Bômlöper – Baumläufer	Suol	

Bonapartes Strandläufer – Weißbürzel-Strandläufer	H		
Bonarpartes Möve – Bonapartemöwe	H		
Bonebuck – Grauammer	Häp		
Bonellis Adler – Habichtsadler	N		N: Bd. 13/033.
Bonellis Laubsänger – Berglaubsänger	N	Name: S. u.	N: Bd. 13/417.
Bonellis Laubvogel – Berglaubsänger	N		N: Bd. 13/417.
Bonellis Schilfsänger – Berglaubsänger	CLB2		KNB
Bonellischer Adler – Habichtsadler	O3	Nach Franco Andrea Bonelli 1784 – 1830.	
Bononischer Kibitz – Kiebitzregenpfeifer	Buff	Kommt von „bolognesisch".	
Bononischer Pendulino – Beutelmeise	HHM	Hamb. Magaz. 1757.	
Bonosa – Haselhuhn	GesS	Nach Albertus M.	
Bookfink – Buchfink	Do,F,Häp,WüCl		
Bookfink, spanske – Bergfink	Suol		
Boolafer – Waldbaumläufer	H		
Boom-Lün – Feldsperling	H		
Boombicker – Buntspecht	Bri		
Boombicker – Specht	Häp		
Boomfink – Feldsperling	Bri		
Boomgoos, groote – Gänsesäger	WüCl		
Boomgoos, lütt – Mittelsäger	WüCl		
Boomhacker – Buntspecht	Do,F		
Boomhacker – Grünspecht	Bri		
Boomhauer – Grünspecht	H		
Boomhicker – Specht	Häp		
Boomhutscher (böhm.) – Waldbaumläufer	H		
Boomklatter – Gartenbaumläufer	Bri		
Boomklever (holl.) – Kleiber	H		
Boomkraxler (böhm.) – Waldbaumläufer	H		
Boomlafer (schles.) – Waldbaumläufer	H		
Boomlewark – Grauammer	Do,F		
Boomlewark – Heidelerche	Do,F		
Boomlist (boehm.) – Kleiber	Do,F,H		
Boomlooper – Baumläufer	Do,F		
Boomloper – Gartenbaumläufer	Bri		
Boomlöper – Specht	Häp		
Boomlöper – Waldbaumläufer	Do,WüCl		
Boomlün – Feldsperling	Do,F		
Boomlüntje – Feldsperling	Bri		
Boommusch (holl.) – Feldsperling	H		
Boomreiter (böhm.) – Waldbaumläufer	H		
Boomrotscher (boehm.) – Kleiber	H		
Boomrutscher (schles.) – Waldbaumläufer	H		
Boomspaarling – Feldsperling	Be2,Be,N		
Boomsparling – Feldsperling	Do,F		
Boorotscher (böhm.) – Kleiber	H		Boomrotscher?
Bootfink – Buchfink	Be2,Be,N		
Bopper-Chlän – Kleiber	Suol		
Borfink (schwed.) – Buchfink	H		

Bork – Haussperling	Bri	
Bormerle – Rotdrossel	Suol	
Borrfink (helgol.) – Fichtenkreuzschnabel	F,H	
Borrfink, groot (helgol.) – Kiefernkreuzschnabel	H	
Böschbuppert – Wiedehopf	Suol	
Böschdauf – Ringeltaube	Suol	
Böschgrâtsch – Klappergrasmücke	Suol	
Boschhaan (holl.) – Auerhuhn	H	
Böschklûtert – Heidelerche	Suol	
Böschläfer – Baumläufer	Suol	
Böschleierchen – Heidelerche	Suol	
Boshaft – Mäusebussard	Scha	
Bößpicker – Küstenseeschwalbe	N	Von böse picken.
Bößzicker – Küstenseeschwalbe	Do,F	
Böstje, gäl – Schafstelze	Bri	
Botfink – Buchfink	Do,F	
Botschjan – Weißstorch	Krü	
Bott-ühl (helgol.) – Mäusebussard	H	
Bott-uhl med üttkleptstert (helgol.) – Rotmilan	H	
Bottervogel – Gänsesäger	Be1,Be2,Be,F,GD,N	
Bottühl – Mäusebussard	Do,F	
Bottühl – Rotmilan	Do,F	
Bouho (lothr.) – Mäusebussard	Ad	
Bouhon (lothr.) – Mäusebussard	Ad	
Boumheckel – Specht (allg.)	Suol	
Boummeise – Kleiber	Suol	
Boutbout – Wiedehopf	H	
Braacher, einsamer – Bienenfresser	Be1,Be2,Be,N	
Braacher, teutscher – Großer Brachvogel	A	Albin Band I/79.
Braachvogel – Großer Brachvogel	K	Albin Band I/79.
Braackvogel – Goldregenpfeifer	Buff	
Braakvogel – Goldregenpfeifer	Be2,Be,N	
Brach Amsel – Kiebitzregenpfeifer	Schwf,Suol	
Brach Vogel – Zugvogel	Mic	
Brach-Lerche – Brachpieper	Fri	
Brach-lerche – Brachpieper	Buff	
Brach-Pieper – Brachpieper	N	
Brach-Vogel – Großer Brachvogel	K,Z	Albin Band I/79.
Brachamsel – Großer Brachvogel	GesS	
Brachamsel – Kiebitzregenpfeifer	B,Be1,Be2,Be,F,GD,N,O1	
Brachamsel – Ortolan	Be1,Be2,Be,Buff,F,GD,Hp,N	
Brachamsel – Wachtelkönig	GesS	
Brachbachstelze – Brachpieper	Be2,F,N	
Brachdrossel – Wendehals	Ad	
Brachdüten – Mornell und Goldregenpfeifer	O1	
Bracher, grüner – Goldregenpfeifer	Ad	
Bracher – Bienenfresser	Ad	

Bracher – Brachvogel	O1
Bracher – Goldregenpfeifer	Ad
Bracher – Großer Brachvogel	Ad,B,Be2,F,GD,Krü,N
Bracher, braunrother – Sichler	Be2,Be,Buff,GD,N
Bracher, deutscher – Großer Brachvogel	Ad,Be2,Be,GD,N
Bracher, grüner – Sichler	Be2,Buff,N
Bracher, italiänischer – Sichler	Buff
Bracher, kleiner – Regenbrachvogel	Be2,Be,Buff,GD,N
Bracher, mittler – Regenbrachvogel	Be2,N
Bracher, mittlerer – Regenbrachvogel	GD
Bracher, rotbäuchiger – Sichelstrandläufer	Be2,N
Bracher, roter – Sichelstrandläufer	Be2,N
Bracher, schwarzer – Sichler	N
Bracheule – Sumpfohreule	Do,F
Brachflughuhn – Rotflügel-Brachschwalbe	Do,F
Brâchfogal – Misteldrossel	Suol
Brachhammel – Goldregenpfeifer	Be
Brachhenne – Goldregenpfeifer	GD
Brachhennel – Goldregenpfeifer	B,Be2,Buff,N
Brachhennl – Goldregenpfeifer	Be1,Krü
Brachhuhn – Goldregenpfeifer	B,Be1,Be2,Be,Do,F,Jä,N,Suol
Brachhuhn – Großer Brachvogel	Buff,GD
Brachhuhn – Regenbrachvogel	Buff
Brachhuhn – Rotflügel-Brachschwalbe	GD
Brachhuhn – Sandregenpfeifer	Be2,Be,Buff,GD,N
Brachhuhn – Triel	B,F,H
Brachhühnchen – Goldregenpfeifer	B
Brachhühnle – Goldregenpfeifer	Jä
Brachhun – Großer Brachvogel	GesSH,Schwf
Brachläufer – Heidelerche	Ad
Brachläufer – Triel	Scha
Brachläufer, großer – Triel	Fri
Brachlerche – Brachpieper	Ad,B,Be1,Be2,Be,Be97,Buff,CLB2,F,Jä,Krü, … … N,Scha,V,Z KNB
Brachlerche – Feldlerche	B,Be1,Be2,Be,Be97,Buff,F,N
Brachlerche – Heidelerche	Ad,Krü
Brachlerche – Wiesenpieper	K Frisch T. 15.
Brachpieper – Brachpieper	B,Be2,Be,CLB1,2,Fri,MW,O1,2,V KN und KNB
Brachpieper, bogenschnäbliger – Brachpieper	CLB3
Brachpieper, kurzschnäbliger – Brachpieper	CLB3
Brachpieper, nubischer – Brachpieper	CLB3
Brachpiper – Brachpieper	O3
Brachschnepf – Großer Brachvogel	Jä,Suol
Brachschnepfe – Großer Brachvogel	Ad,B,Be1,Be2,Be,Buff,F,N
Brachschnepfe, große – Großer Brachvogel	Krü,N
Brachschnepfe, kleine – Regenbrachvogel	Krü

Brachschwalbe – Rotflügel-Brachschwalbe   B,F,N   Brehm 1867.
Brachspitzlerche – Brachpieper   F,H
Brachstelze – Brachpieper   B,F
Brachuogel – Triel   zLa
Brachvogel – Goldregenpfeifer   Ad,B,Buff,F,GD,Schwf,Suol,Z   Sil.
Brachvogel – Großer Brachvogel   Ad,B,Be1,Be,Bri,Buff,GesSH,Jä,Krü,N Scha
                                                        Gessner 1555: Brachvogel.

Brachvogel – Kiebitzregenpfeifer   Be2,N
Brachvogel – Misteldrossel   Be1,Be2,Be,Buff,GD,Krü,N,Suol
Brachvogel – Mornellregenpfeifer   Be2,Be,Buff,N
Brachvogel – Regenbrachvogel   Buff
Brachvogel – Rotflügel-Brachschwalbe   O2
Brachvogel – Sandregenpfeifer   Be2,Be,Buff,GD,N,O1   Pallas
Brachvogel – Steinrötel   GesH
Brachvogel – Triel   Scha
Brachvogel – Wachtelkönig   GesS
Brachvogel, grüner – Sichler   Be2,Be,N
Brachvogel, die kleinere Art –   Fri
   Regenbrachvogel
Brachvogel, gemeiner – Goldregenpfeifer   Be97,N,O1
Brachvogel, gemeiner – Großer Brachvogel   Be2,Be,N
Brachvogel, mit blaugrauen Füßen –   Buff
   Regenbrachvogel
Brachvogel, mit grünen Flügeln,   Buff
   rothbrauner – Sichler
Brachvogel, ächter – Goldregenpfeifer   A
Brachvogel, braungrüner – Sichler   Be2,Be,Buff,N
Brachvogel, braunroter – Sichler   Be2,Be,N
Brachvogel, dunkelbrauner – Sichler   Be2,Be,Buff,GD,N
Brachvogel, dünnschnäbeliger –   N
   Dünnschnabel-Brachvogel
Brachvogel, eigentlicher – Großer   O1
   Brachvogel
Brachvogel, gefleckter – Goldregenpfeifer   Fri
Brachvogel, gemeiner großer –   Be
   Goldregenpfeifer
Brachvogel, großer – Goldregenpfeifer   Be1,Buff,GD,Krü,N,Schwf
Brachvogel, großer – Grosser Brachvogel   Be2,Be,Be97,CLB1,2,3,Buff,GesH, …
                                            GD,Hp,MW,N,O3,Schwf,V   KNB
Brachvogel, großer – Kiebitzregenpfeifer   Be,Schwf,Suol
Brachvogel, großer – Triel   Be1,Be2,Be,Be97,Jä,JAN,Krü,N
Brachvogel, grüner – Goldregenpfeifer   JAN,N
Brachvogel, isländischer –   CLB3
   Regenbrachvogel
Brachvogel, kastanienbrauner – Sichler   Be,N
Brachvogel, klein – Wachtelkönig   Schwf
Brachvogel, kleiner – Goldregenpfeifer (Var.) Be1,Be,Buff,Jä,Krü,N
Brachvogel, kleiner – Mornellregenpfeifer   Be2,Be,Buff,F,N,O1
Brachvogel, kleiner – Regenbrachvogel   Be2,Buff,CLB1,2,F,GesH,N,Schwf,Suol,V

Brachvogel, kleiner –	Ad	
Rotflügel-Brachschwalbe		
Brachvogel, kleiner – Rotschenkel	Be1,Be2,Be,GD,N	
Brachvogel, kleiner – Sichler	Be,Buff	
Brachvogel, kleiner – Tüpfelsumpfhuhn	Be2,Be	
Brachvogel, kleiner – Wachtelkönig	Ad,Krü	
Brachvogel, kleiner mit dünnem Schnabel ...	N	
... – Dünnschnabelbrachvogel		
Brachvogel, kleinere Art, die –	Fri	
Regenbrachvogel		
Brachvogel, kleinster – Sumpfläufer	Be2,Be,N	
Brachvogel, mittler – Goldregenpfeifer	Be,N	
Brachvogel, mittler – Regenbrachvogel	Be,N	
Brachvogel, mittlerer – Goldregenpfeifer	Be1,Be97,Krü	
Brachvogel, mittlerer – Großer Brachvogel	CLB3	
Brachvogel, mittlerer – Regenbrachvogel	Be1,Be2,Be97,Hp	
Brachvogel, morgenländischer – Großer	CLB3	
Brachvogel		
Brachvogel, punktirter – Dunkler	Be2	
Wasserläufer?		
Brachvogel, rechter – Goldregenpfeifer	Fri	
Brachvogel, rotbäuchiger –	Be2,Be,CLB1,2,MW,N	
Sichelstrandläufer		
Brachvogel, schwarzer – Sichler	F,N	
Brachvogel, veränderlicher –	Be2,N	
Alpenstrandläufer		
Brachvogel (pomm.) – Kiebitzregenpfeifer	Buff	
Brachvogelchen, klein – Schwarzkehlchen	Tu	
Brackvogel – Misteldrossel	Be1,Be2,Be,Krü,N	
Bräfaxter – Eichelhäher	F,N	Bruchwald, Wald.
Brägenbieter – Raubwürger	Do,F	
Brägenbiter – Raubwürger	Bri,H	
Brakvagel – Goldregenpfeifer	Suol,WüCl	
Brâkvagel – Misteldrossel	F,Suol	
Brakvogel – Misteldrossel	Do	
Brâm-Môs – Schwanzmeise	Suol	
Bramhahn – Auerhuhn	Suol	
Braminengans (ind.) – Rostgans	B	
Bramley (engl.) – Bergfink	Ad	
Bramling (engl.) – Bergfink	Ad,GD	
Bramlyng – Bergfink	Tu	
Brand Ente – Moorente?	Mic	
Brand Meise – Kohlmeise	Schwf	
Brand-Endte – Tafelente	K	
Brand-Ente – Brandgans	N	
Brand-Geyer – Rohrweihe	Fri	
Brand-Meerschwalbe – Brandseeschwalbe	N	
Brandant – Tafelente	WüCl	
Brandänte – Moorente	Buff	

Brandänte – Tafelente	Buff
Brandänte, kleine – Moorente	Buff
Brandbaumkauz – Sumpfohreule	CLB3
Brandele – Kohlmeise	Suol
Brandelein – Hausrotschwanz	Suol
Brandente – Alpenbraunelle	Be97
Brandente – Brandgans	B,Be,Be1,2,CLB2,F,GD,Krü,MW,O1,2,3,V KNB
Brandente – Kolbenente	Be2,Be,K,Krü,N
Brandente – Moorente	Be2,N,O1,Scha
Brandente – Pfeifente	Ad,Be2,Be,Buff,F,GD,Hp,Krü,N …
	… GD: „Wiewohl sehr unrichtig."
Brandente – Spießente	H
Brandente – Tafelente	Be1,Be2,Be,Buff,CLB2,F,Hp,K,Krü,N
Brandentlein – Moorente	Jä
Branderl – Hausrotschwanz	Do,F,Suol
Brandeule – Sumpfohreule	B,F,N
Brandeule – Waldkauz	Be,Be2,05,97,Buff,CLB2,F,Fri,GD,Krü,N,O1,V
Brandfalk – Rohrweihe	B
Brandfalke – Rohrweihe	Be1,Be2,Be,Be05,GD,N „Falco rufus."
Brandfink – Karmingimpel	B,Be2,Be,Buff,CLB2,F,GD,JAN,MW,N …
	… Siehe Buffon/Otto Band 11/S. 110. KNB
Brandgaas (dän.) – Brandgans	H
Brandgans – Brandgans	B,Be1,Be2,Be,Be97,Buff,GD,N,O1 Houttuyn
	1763/Müller 1773. Ü
Brandgans – Ringelgans	Be2,Buff,CLB2,Fri,N KNB
Brandgans – Weißwangengans	Buff,N,O1 Otto: Fälschlich.
Brandgeier – Fischadler	Krü
Brandgeier – Rohrweihe	B,Be1,Be2,Be,Be97,Be05,Fri,Krü,N
Brandgense – hier: Ringelgänse	Fabr Hoffm.: Tadorna tadorna nicht gemeint.
Brandgeyer – Rohrweihe	GD „Falco rufus."
Brandgeyer – Rotmilan	Hp
Brandgeyer, brauner – Rohrweihe	JAN
Brandhänfling – Birkenzeisig	CLB1 Wahrscheinlich ausländische Art, …
	… siehe Naumann/Hennicke, Band 3, 247.
Brandhänfling – Karmingimpel	Be2,N Siehe Naum./Hen. Band 3, 247.
Brandigelente – Moorente	Jä
Brandigelentlein – Moorente	Jä
Brandkautz – Waldkauz	N
Brandkauz – Waldkauz	B,Be2,Be,CLB2,Krü,MW KNB
Brandklepper – Schwarzstorch	Scha
Brandkneppner – Schwarzstorch	Scha
Brandmeerschwalbe – Brandseeschwalbe	N,O3,WüCl
Brandmeise – Kohlmeise	Buff, …
Brandmeise – Kohlmeise	Ad,B,Be1,Be2,Be,Be97,Buff,F,GD,GesH, …
	… Hp,K,Krü,N,Scha,V Frisch T. 13.
Brandreiterl – Hausrotschwanz	Suol
Brandseeschwalbe – Brandseeschwalbe	B Naumann 1840, KN.
Brandstorch – Schwarzstorch	Do,F,Scha
Brandt Endte – Kolbenente	Schwf

Brandt Endte – Moorente	Suol	
Brandt-ente – Kolbenente	Buff	
Brandtmeiß – Kohlmeise	GesS	
Brandtüchel – Moorente	F,H	
Brandtüchel-Ente – Moorente	H	
Brandtüchel-Entlein – Moorente	H	
Branduhl – Waldkauz (?)	Siemssen	
Brandtvogel – Trauerseeschwalbe	Baldn	
Brandvogel – Hausrotschwanz	H,Suol	
Brandvogel – Trauerseeschwalbe	Buff,	
Brandvogel – Trauerseeschwalbe	Ad,B,Be1,Be2,Be,Buff,F,GesSH,K,Krü,N,Suol …	
	… Baldner 1666.	Frisch T. 220.
Brandvogel – Weißflügel-Seeschwalbe	Be	
Brandvogel – Weißflügelseeschwalbe	GD	
Brandweih – Rohrweihe	B	
Brandweihe – Rohrweihe	Be2,Be,F,N	
Brandzeiserl – Hausrotschwanz	Suol	
Brandziemer – Amsel	Ad	
Brant – Weißwangengans	Tu	Bernicla leucopsis.
Branta – Ringelgans	GesH	
Branta – Weißwangengans	GesS	
Brantele – Hausrotschwanz	Suol	
Branter – Hausrotschwanz	Suol	
Brantgans – Ringelgans	Do,Suol	
Bräntgans – Ringelgans	Ad	
Brantmeyse – Kohlmeise	StVb,Suol	
Bräsaxter – Eichelhäher	Be2	Wald
Brasilische Ente – Moschusente	Be2	
Brasler – Grauammer	Buff	
Braßler – Grauammer	B,Be1,Be2,Be97,F,N,O1	
Braukwieh – Mäusebussard	Do,F	
Braun endte – Tafelente	Buff	
Braun Endte – Tafelente	K,Schwf, Suol	Sil.
Braun fleckige Grasmücke – Heckenbraunelle	Fri	Frisch T. 21.
Braun Geyer – Rohrweihe	Suol	
Braun Köpfichte Endte – Tafelente	Schwf	
Braun und gelbbunter Sandlaeufer mit gelben Füssen – Kampfläufer (weibl.)?	Fri	
Braun und geschuppte Mewe (juv.) – Heringsmöwe	K	Larus fuscus.
Braun und weiß gefleckter Strandläufer … … – Kiebitzregenpfeifer	Be2,N	
Braun und weiß geschäckte Mewe – Mantelmöwe	Buff	
Braun und weiß-bunter Sandlaeufer mit … … grünlichen Füßen- Knutt	Fri	
Braun- und weißgefleckter Strandläufer … … – Kiebitzregenpfeifer	Buff	

Braun- und weißscheckigtes Riegerlein – Flußregenpfeifer	Z	Zorn 2/427.
Braun-Fahler Geyer – Mäusebussard	Fri	
Braun-Läufferlein – Baumläufer	Z	
Braun-Liest – Braunliest	H	
Braun-Spiegelmoor – Samtente	N	
Braunbäuchiger Wasserschwätzer – Wasseramsel	CLB1,2,N	KNB
Braune Möve – Heringsmöwe (juv.)	N	
Braune Aente – Kragenente	Buff	
Braune Curruke mit weissem Flügelfleck – Trauerschnäpper	Be2,N	Naumann: „Curruce."
Braune Ente – Kolbenente	K	
Braune Ente – Pfeifente	K	
Braune Ente – Samtente	Be2,Be,Buff,Fri,GD,K,N	Frisch T. (Suppl.) 165.
Braune Ente – Schnatterente	Be1,Be2,Be97,F,N	
Braune Ente – Tafelente	Be1,Be2,Be,Buff,Fri,GD,K,N	Frisch T. 182.
Braune Eule – Sperbereule	GD	
Braune Eule – Waldkauz	Ad,Be1,Be,Fri,GD,K,Krü,N	
Braune Gabelweihe – Schwarzmilan	N	
Braune gemeine Eule – Waldkauz	GD	
Braune Grasmücke – Dorngrasmücke	Be2,Be,Krü,N	
Braune Grasmücke – Heckenbraunelle	Be2,Be,GD,Krü	
Braune Grasmücke – Mönchsgrasmücke	DoF	
Braune Haubenente mit schwarzem Kopfe, Schnabel und Füßen – Reiherente	Buff	
Braune Hühnerweihe – Rotmilan (juv.)	Be1,Be2,Be	
Braune kleine Weißkehle – Dorngrasmücke	Be2	
Braune Kriechente – Krick-/Knäkente	K	Beym Gesner, Abartung.
Braune Kriechente mit weissen Kopffedern – Kragenente	Be1	
Braune Lanette – Gerfalke	Be2,N	
Braune Löffel Ente – Löffelente	Fri	
Braune Meise – Kohlmeise	GD	
Braune Meve – Heringsmöwe (juv.)	Be1,Be2,Be, Buff,GD	
Braune Mewe – Heringsmöwe	Krü	
Braune Mewe – Skua	Buff	
Braune Möve – Heringsmöwe	Buff	
Braune Möve – Skua	Krü	
Braune Rall – Wasserralle	Suol	
Braune Raubmöve – Skua	O2	
Braune Schneppe – Uferschnepfe	Scha	
Braune Schwalbe – Uferschwalbe	CLB2,F,V	KNB
Braune See-Ente – Samtente	Buff	
Braune Seeänte – Samtente	Buff	
Braune Seeente – Samtente	Be1,Be2,Be,GD,Krü	
Braune Stosmöve – Skua	Buff	
Braune Stoßmeve – Skua	GD	
Braune Stoßmöve – Skua	Buff	

Braune Sumpfweihe – Rohrweihe	Be2	
Braune Uferschnepfe – Dunkler Wasserläufer	Be2,Buff,N	
Braune und geschuppte Meve – Skua	Buff	
Braune und schwarze Weihe – Schwarzmilan	Be2	
Braune Wasserdrossel – Odinshühnchen	O1	
Braune Weihe – Mäusebussard	Be2,Be	
Braune Weihe – Rotmilan	Be2,Be	
Braune Weihe – Schwarzmilan	F,GD,N	
Braune Weißkehle – Dorngrasmücke	JAN	
Braune wilde Ente – Tafelente	Buff	
Braune, oder graue gemeine Eule – Waldkauz	Buff	
Braunel – Heckenbraunelle	O1	Hans Sachs 1531: Das Braunell.
Braunelchen – Heckenbraunelle	Be1,Be2,N,Suol	
Braunelchen – Trauerschnäpper	K	
Braunellchen – Heckenbraunelle	Ad,Buff,K	Frisch T. 22.
Braunellchen – Trauerschnäpper	Be2,Be,Fri,N	Frisch T. 22.
Braunelle – Heckenbraunelle	Ad,B,Be1,Be2,Be,Be97,Be05,CLB1,2, … … GesS,GD,Hp,Jä,Krü,N,P1,Scha,Suol,V	
Braunelle, siberische – Bergbraunelle	N	
Braunellein – Heckenbraunelle	GD,Hp,Krü,P,Suol,Z	
Braunellert – Braunkehlchen	B,Be1,Be2,Be,F,Krü,N	
Braunellgrasmücke – Heckenbraunelle	N	
Braunellichen – Heckenbraunelle	Be1,Be2,Be,N	
Braunente – Moorente	Do,F	
Braunente – Pfeifente	F,H	
Braunentlein – Moorente	H,Jä	
Brauner Adler – Schelladler	CLB2,3	KNB
Brauner Adler – Steinadler	B,Be,Be97,Be05,GD,N	
Brauner Adler mit ganz rauhen Füßen – Steinadler	Be2,N	
Brauner Bergadler – Steinadler	Be2	
Brauner Brachvogel – Sichler	Do	
Brauner Brandgeyer – Rohrweihe	JAN	
Brauner Caykranich – Kranich	Fri	
Brauner Dorndreher – Rotkopfwürger	O2	
Brauner Dunggeier – Schmutzgeier	N	
Brauner Einsiedler – Blaumerle (weibl.)	GD	
Brauner Erdgeier – Schmutzgeier	N	
Brauner Falke – Mäusebussard	Be2,Be	
Brauner Fasan – Fasan	N	
Brauner Fischgeier – Rohrweihe	Be2,Be,N	
Brauner Fischgeyer – Rohrweihe	GD	
Brauner Fitis – Zilpzalp	Be2,Be,F,N	
Brauner Fliegen-Schnäpper mit einem Weißen Flügel Flecken – Trauerschnäpper	Fri	
Brauner Fliegen-Schnepper mit einem weißen Flügel-Flecken – Trauerschnäpper	K	

Brauner Fliegenfänger – Trauerschnäpper	Be2,Be,N	
Brauner Fliegenschnapper – Grauschnäpper	GD	
Brauner Fliegenschnapper – Trauerschnäpper	N	
Brauner Fliegenschnäpper – Trauerschnäpper	Be1,Be2,Be,N	
Brauner Fliegenschnäpper mit einem weißen Flügelfleck – Trauerschnäpper	Be2,Be,N	
Brauner Fliegenstecher – Heckenbraunelle	Be1,Be2,Be,Buff,GD,Krü,N	
Brauner Fliegenvogel – Braunkehlchen	Be2,Be,Krü,N	
Brauner Gabelweih – Schwarzmilan	CLB3	
Brauner Gabelweihe – Schwarzmilan	N	
Brauner Ganstaucher – Krähenscharbe	Be2,Be,Fri,N	
Brauner Geier – Gänsegeier	WüCl	
Brauner Geier – Mönchsgeier	Be,Be05,N	
Brauner Geier – Rohrweihe (weibl.)	Be1,Be2,Be,N	
Brauner Geier – Rotmilan	Be2,Be	
Brauner Geier – Schmutzgeier	Krü	
Brauner Geierfalke – Gerfalke	Be2	
Brauner gemeiner Falke – Mäusebussard	Be2	
Brauner Geyer – Rohrweihe (weibl.)	K	
Brauner Geyer – Rotmilan	GD	„Falco austriacus."
Brauner Geyer – Schmutzgeier	Buff,GD	
Brauner Goldadler – Steinadler	Be2	
Brauner Haasenadler – Steinadler	Be2	
Brauner Hänfling – Bluthänfling	N	
Brauner Hühnergeier – Rotmilan	Be2,N	
Brauner Hühnergeyer – Rotmilan	GD	„Falco austriacus."
Brauner Ibis – Sichler	CLB2,F,N,O3	KNB
Brauner Isländischer Falke – Gerfalke	Be	
Brauner Kernbeißer – Kernbeißer	Be1,Be2,Be,Be97,Buff,GD,Hp,N	
Brauner Kuckuk – Kuckuck	Be2,N	
Brauner Kukuk – Kuckuck	Buff	
Brauner Laubvogel – Berglaubsänger	F,N	N: Bd. 13/41.
Brauner Mäuseaar – Mäusebussard	N	
Brauner Mauseaar – Mäusebussard (Var.)	JAN	
Brauner Milan – Rotmilan	Be2,Be	
Brauner Milan – Schwarzmilan	N	
Brauner Neuntöter – Neuntöter	H	
Brauner Nimmersatt – Sichler	CLB2,N	KNB
Brauner Oesterreicher – Rotmilan	Be2,GD	„Falco austriacus."
Brauner Reiher – Purpurreiher	F	
Brauner Reiher – Rallenreiher	O2	
Brauner Reiher – Sichler	Fabr	
Brauner Reuter – Bruch- (Wald-) wasserläufer	Buff	„Tringa littorea."
Brauner Riset – Berghänfling	Be2,Be,N	Risus: Lachen, Gelächter, Fluggesang?
Brauner Rohgeyer – Rohrweihe	Buff,GD	

Brauner Rohrgeier – Rohrweihe	Be1,Be2,Be97	
Brauner Rohrschirf – Teichrohrsänger	Be2,JAN,N	
Brauner Rohrvogel – Rohrweihe	N	
Brauner Sandläufer – Alpenstrandläufer	Be2,Be,N	
Brauner Sichler – Sichler	CLB2,N	KNB
Brauner Steinadler – Steinadler	GD,N	„Auf dem Harze."
Brauner Steinbeißer – Kernbeißer	Ad,Be2,Be,Fri,GD,K,Krü,N	Frisch T. 4.
Brauner Stockadler – Steinadler	Be2	
Brauner Storch – Schwarzstorch	Buff,F,N	
Brauner Strandläufer – Odinshühnchen	Buff	Name von Otto eingebracht.
Brauner Taubengeier – Habicht	Be1,Be2,Be,N	
Brauner Waldgeier – Schwarzmilan	Be2,Be,N	
Brauner Waldgeyer – Schwarzmilan	GD	
Brauner Wasserläufer – Dunkler Wasserläufer	H	
Brauner Wasserstar – Wasseramsel	H	
Brauner Wassertreter – Thorshühnchen	O3	
Brauner Weidensänger – Zilpzalp	N	
Braunes dünschnäblich Wasser-Hun (juv.) – Teichhuhn	K	
Braunes Fitis – Zilpzalp	JAN	
Braunes Meerhuhn – Teichhuhn (juv.)	Be1,Be2,Be,Buff,GD,N	
Braunes Moorhuhn – Teichhuhn	N	
Braunes Pläckle – Berghänfling	F,H	
Braunes Rohrhuhn – Odinshühnchen	Be,Buff,N	
Braunes Rohrhuhn – Teichhuhn	CLB2	KNB
Braunes Sandläuferchen – Alpenstrandläufer	F	
Braunes Wasserhuhn – Odinshühnchen	N	
Braunes Wasserhuhn – Teichhuhn (juv.)	Be	
Braunes Wasserhuhn – Teichhuhn (juv.)	Be,Buff,GD	
Braunes Wasserhuhn mit schwarzem … … Schnabel und grünen Füßen – Waldwasserläufer	Be2,Be,Buff,Krü,N	Tringa ochropus.
Braunfahle Grasmücke mit weißlich gesaumten Federn – Grauschnäpper	K	
Braunfahle Grasmücke mit weisslich geseumten Federn Grauschnäpper	Fri	
Braunfahle Lerche – Bergpieper	Be	
Braunfahler Adler – Seeadler	Be2,Be,Buff,Fri,GD,N	
Braunfahler Ammer – Zaunammer	Be	
Braunfahler Falke – Mäusebussard	Be	
Braunfahler Geier – Mäusebussard	Be2	
Braunfalbe Ammer – Zaunammer	Buff,GD	
Braunfalbe Ammer mit gelben Unterleibe – Zaunammer	Buff	
Braunfalbe Lerche – Bergpieper	Be2,Buff,N	
Braunfalbe Lerche – Brachpieper	Be1,Be2,Be,Buff,N	

Braunfalber Ammer – Zaunammer	Be1,Be2	
Braunfalber und weißgefleckter Ammer – Zaunammer	N	
Braunfedrige Grasmücke – Heckenbraunelle	Fri	
Braunfink – Feldsperling	B	
Braunfleckige Grasemucke – Heckenbraunelle	Krü	
Braunfleckige Grasmücke – Heckenbraunelle	Buff,GD,Krü	
Braunfleckige Möve – Heringsmöwe (juv.)	Do	
Braunfleckige Möwe – Heringsmöwe (juv.)	F	
Braunflügelige Grasmücke – Dorngrasmücke	N	
Braunflügige Grasmücke – Dorngrasmücke	Be2	
Braunfüßiger Laubvogel – Zilpzalp	N	
Braungefleckte Grasmücke – Heckenbraunelle	Be1,Be2,Be,Be97Buff,GD,K	Frisch T. 21.
Braungefleckter Strandvogel – Kiebitzregenpfeifer	Be1,Be2,Be,GD,N	
Braungeier – Rohrweihe	Ad	
Braungeschuppte Meve – Heringsmöwe (juv.)	A	Albin Band II, 83.
Braungeschuppte Meve – Skua	Buff,GD	
Braungeschuppte Meve (juv.) – Heringsmöwe	K	
Braungestreifter Rohrdommel – Zwergdommel	Be2,Buff	„Ardea danubialis."
Braungeyer – Rohrweihe (weibl.)	K	
Braungraue Baikullschnepfe – Kleiner Schlammläufer	CLB2	
Braungrüner Brachvogel – Sichler	Be2,Be,Buff,N	
Braunhähnlein – Knutt (juv.)	Krü	
Braunhänfling – Bluthänfling	Be1,Be2,Be,Buff,F,GD,N	
Braunkehlchen – Braunkehlchen	Ad,B,Be1,Be2,Be,Be97,Buff,CLB2,GD,Krü, … … N,O1,2,V Müller 1773. KN	
Braunkehlchen – Heckenbraunelle	Be	
Braunkehlchen – Schwarzkehlchen	Be1,Be2,Be,Be97,Buff,Krü,N	
Braunkehlchen, schwarzbraunes – Braunkehlchen	Be1,Be2,Be,Buff,Krü,N	
Braunkehle – Braunkehlchen	Scha	
Braunkehlige Ammer – Braunkopfammer	H	
Braunkehlige Grasmücke – Braunkehlchen	N	
Braunkehliger Fliegenvogel – Braunkehlchen	Krü	
Braunkehliger Steinsänger – Braunkehlchen	CLB1,2,N	
Braunkehliger Steinschmätzer – Braunkehlchen	Be1,Be2,Be,Be97,CLB2,3,Krü,MW,N,V KNB	
Braunkehliger Wiesenschmätzer – Braunkehlchen	Bri,N,O3	„Wiesenschmätzer" nach 1800.
Braunkopf – Feldsperling	Do,F,Scha	

Braunkopf – Kolbenente	Jä	Bei schwäbischen Jägern.
Braunkopf – Lachmöwe	Ad,Be2,Be,F,GD,K,N	Albin Band II, 86.
Braunkopf – Moorente	Be2,Be,F,Jä,Krü,N,O2	Bei schwäbischen Jägern.
Braunkopf – Schellente (weibl.)	F,H,Jä	Bei schwäbischen Jägern.
Braunkopf – Tafelente	Be1,Be,F,Jä,N,Scha	Bei schwäbischen Jägern.
Braunkopf, grosser – Tafelente	Jä	
Braunkopfente – Moorente	B	
Braunkopff – Lachmöwe	K	Albin Band II, 86,
Braunköpfficht Endte – Brandgans	Schwf	
Braunköpfichter Dornreich – Mönchsgrasmücke	P	
Braunköpfige Aente – Tafelente	Buff	
Braunköpfige Ente – Moorente	Be	
Braunköpfige Ente – Tafelente	Be2,Be97,Buff,GD,Krü,N	
Braunköpfige Halbente – Gänsesäger (weibl. u. juv.)	Be2,Be,N	
Braunköpfige Lachmeve – Lachmöwe	Be2,Be,N	
Braunköpfige Mittelente – Tafelente	Be1,K	Frisch T. 182.
Braunköpfige Möve – Lachmöwe	CLB1,2	KNB
Braunköpfiger Ententaucher – Schellente	Be,N	
Braunköpfiger Fliegenfänger – Trauerschnäpper	CLB3	
Braunköpfiger Meerrachen – Mittelsäger	Be1,Be2,Be,N	
Braunköpfiger Meisenkönig – Mönchsgrasmücke	Hp	
Braunköpfiger Mönch – Mönchsgrasmücke	Krü	
Braunköpfiger Tieger – Gänsesäger (weibl. u. juv.)	Be2,N	„Tieger" ist hier richtig.
Braunköpfiger Tiger – Gänsesäger (weibl. u. juv.)	N	
Braunköpfiger Tilg – Gänsesäger	Buff	
Braunköpfigter Mönch – Mönchsgrasmücke	P	
Braunlarvige Meve – Lachmöwe	MW	
Bräunliche Drossel – Rostflügeldrossel	N	N: Bd. 13/307.
Bräunlicher Fliegenvogel – Braunkehlchen	Be1,Be2,Be,N	
Bräunlichter Fliegenvogel – Braunkehlchen	Buff,GD	
Braunmerle – Amsel (weibl. u. juv.)	Be2,F,N	
Braunnacke – Pfeifente	Ad	
Braunplättel – Berghänfling	F	
Braunplattige Grasmücke – Mönchsgrasmücke	Buff	
Braunreiher – Purpurreiher	B,N	
Braunringiges Sandhuhn – Schwarzflügel-Brachschwalbe	Be2	
Braunriset – Berghänfling	F	
Braunroter Bracher – Sichler	Be2,Be,N	
Braunroter Brachvogel – Sichler	Be2,Be,N	
Braunroter Falke – Turmfalke	Be2,Be,N	
Braunroter Kuckuk – Kuckuck	Be2,N	

Braunroter Reiher – Purpurreiher	Be1,Be2,Be,N	
Braunroter (= Rotbr.) Geyer – Gänsegeier	Buff,GD	„Vultur Fulvus." Name bei Buffon.
Braunroter Braacher – Sichler	K	
Braunroter Bracher – Sichler	Buff,GD	
Braunrötlich bunter Fliegenvogel – Heckenbraunelle	Be1,Be2,Be,Buff,N	
Braunschnäbliche Schnepfe – Großer Brachvogel	Be,N	
Braunschnäblichte Schnepfe – Großer Brachvogel	GD	
Braunschnäblige Schnepfe – Großer Brachvogel	Be1,Be2,Be	
Braunschwarze Eule – Waldkauz	N	
Braunschwarze Nachteule – Waldkauz	Be1,Be,Buff	
Braunschwarzer Phalaropus – Thorshühnchen	Buff	
Braunshahn – Kampfläufer	Do	
Braunspatz – Feldsperling	B	
Braunsperling – Feldsperling	B,Be1,Be2,Be,Buff,N	
Brauntücker – Bluthänfling	Bri	
Brausehahn – Kampfläufer	Ad,B,Be1,Be2,Be,Be97,Buff,GD,Krü,N	
Brausehuhn – Kampfläufer	GD	
Brausekohlschnepfe – Kampfläufer	Be2,Be,F,N	
Braushahn – Kampfläufer	Ad,Buff,F,Fri,K,Krü,Suol	
Brauskopfschnepfe – Kampfläufer	Buff,Krü	
Braut – Brautente	Buff	
Braut-Ente – Brautente	H	
Brautente – Brautente	B,Be2,Krü,O2	
Bräutigam – Buchfink	GD,O1	Finkenschlag, auch Finkenname.
Brautmeise – Kohlmeise	Do,F	
Brech vögel – Steinschmätzer	Tu	Ist „Brechvogel" gemeint?
Brechvogel – Steinschmätzer	Tu	
Brehevogel – Schnatterente	Zupo	15. Jh.
Brehmische Sumpfschnepfe – Bekassine	CLB2	KNB
Brehms Schilfsänger – Teichrohrsänger	CLB3	
Brehms Sumpfschnepfe – Bekassine	CLB3	
Breinente – Schnatterente	F,H	
Breinlerche – Baumpieper	Do,F	
Breinvogel – Baumpieper	Be2,Be,Buff,GD,N	
Breinvogel – Wiesen-und Baumpieper	Be1	
Breinvogel (öster.) – Wiesenpieper	Buff,Krü	
Breit-schnabel – Löffelente	Buff	
Breitarsch – Neuntöter	Do,F	
Breitflügelige Seeschwalbe – Rußseeschwalbe	Buff	
Breithöckerige Trauerente – Trauerente	CLB3	
Breithökerige Trauerente – Trauerente	N	
Breitplattschnäbliger Wassertreter – Thorshühnchen	CLB2	

Breitschnabel – Löffelente	Ad,Baldn,Be1,Be2,Be,Be97,Buff,F,Fri, … … GD,GesH,Hp,K,Krü,N,O1,Schwf, … … StVb,Suol,zLa
Breitschnabel – Reiherente	Buff
Breitschnabel – Spatelente	Be1,Be2,Be,GD
Breitschnabel aus Amerika, aufgeworfener – Löffelente	Buff
Breitschnabel, aufgeworfener – Löffelente	Be2,Be,N
Breitschnabel, großer – Löffelente	Be2,Buff,GesH,N
Breitschnabelente – Löffelente	B
Breitschnäbelige Eisschellente – Eisente	N
Breitschnäbelige Lumme – Dickschnabellumme	MW
Breitschnäbeliger Wassertreter – Thorshühnchen	N
Breitschnabelkopf – Löffelente	Be2,Be,GD,N
Breitschnäbler, aufgeworfener – Löffelente	Be,Buff,GD,N
Breitschnäbliche wilde Ente – Löffelente	Be
Breitschnablichte Ente – Löffelente	GD
Breitschnäblichte Ente – Spatelente	GD
Breitschnäblichte Wild Endtle – Löffelente	Schwf
Breitschnäblichte wilde Ente – Löffelente	GD
Breitschnäblige Eisschellente – Eisente	CLB3
Breitschnäblige Ente – Löffelente	Buff
Breitschnäblige Ente – Spatelente	Be1,Be2,Be
Breitschnäblige Löffelente – Löffelente	CLB3
Breitschnäblige Lumme – Dickschnabellumme	CLB1,2,N	KNB
Breitschnäblige Reihermoorente – Reiherente	CLB3
Breitschnäblige Sammettrauerente – Samtente	CLB3,N
Breitschnäblige Spießente – Spießente	CLB3
Breitschnäblige wilde Ente – Löffelente	Be2,N
Breitschnäbliger Hakengimpel – Hakengimpel	CLB3
Breitschnäbliger Schlammläufer – Sumpfläufer	CLB3
Breitschnäbliger Strandläufer – Sumpfläufer	CLB1,2	KNB
Breitschnäbliger Wassertreter – Thorshühnchen	CLB3,F
Breitschwanz – Haus-/Felsentaube	GD	Zu Rasse Pfauentaube.
Breitschwänzchen – Seidensänger	H
Breitschwänzige Eiderente – Eiderente	CLB3
Breitschwänzige Raubmöwe – Spatelraubmöwe	CLB1,F,MW,N,O3
Breitschwänzige Ringelmeergans – Ringelgans	CLB3

Breitschwänzige Saatgans – Saatgans	CLB3	
Breitschwänziges Wasserhuhn – Blässhuhn	CLB3	
Breitsnabel – Löffelente	Zupo	15. Jh.
Breitsnebel – Löffelenten	Zupo	1425
Brellochs – Rohrdommel	Suol	
Brend Gose (engl.) – Weißwangengans	Tu	
Brend (engl.) – Weißwangen- u. Ringelgans allg.	Tu	
Brendclac (engl.) – Weißwangengans	Tu	… „ought to be named Berndclac or Brendclac."
Brendgose (engl.) – Weißwangengans	Tu	
Brennen – (Krick-/)Knäkente	Fri	
Brennhahn – Birkhuhn	Be1	
Brent Goose (engl.) – Weißwangengans	Tu	
Brenta – Weißwangengans	Buff,Fri	
Brentgans – Ringelgans	Ad,Be1,Be2,Be,Buff,F,GD,K,Krü,N,O1	
Bretlaar – Kormoran	Gun	
Bretonnier Lerche – Wiesenpieper	Buff	
Breynvogel – Baumpieper	Suol	
Breyt Schnäbelin – Löffelente	Suol	
Brhel (böhm.) – Pirol	Ad	
Brief, lütj – Brachpieper	F	
Brielow, Schulz von – Pirol	Scha	
Brillen-Ente – Brillenente	N	
Brillenalk – Riesenalk	B,N	
Brillenente – Brillenente	B,Be1,2,Be,Be97,Buff,CLB2,GD,MW,O1,3.	KNB
Brillenente – Samtente	JAN	Oder Brillenente?
Brillenente – Schellente	Be2,Be,Buff,GD,N	
		Pallas, kommt „ihr doch eigentlich nicht zu."
Brillengrasmücke – Brillengrasmücke	B,CLB2	KNB
Brillengrasmücke – Dorngrasmücke	Do,F	
Brillengrasmücke – Sperbergrasmücke	Do,F	
Brillennase – Ziegenmelker	B,Be2,F,GD,Krü,N	
Brillensänger – Brillengrasmücke	CLB2,MW,O3	KNB
Brillentauchente – Brillenente	CLB2,N	KNB
Brillentrauerente – Brillenente	N	
Brinauka (krain.) – Wacholderdrossel	Be1,Be2	
Brisgoia – Goldammer	GesS	Breisgau?
Britannischer Falke – Würgfalke	Buff,GD	
Britischer Falke – Würgfalke	Buff	
Brittischer Falk – Würgfalke	Be2,Krü	
Brittischer Falke – Würgfalke	Be1,Buff,GD,N	
Brittischer Falke mit Bohnenförmigen … … Flecken – Würgfalke	Buff,GD	
Brobuxe – Mäusebussard	Suol	Brok: Bekleidung der Oberschenkel.
Brobuxe – Weihe	Suol	Buxe (ndd.): Hose.
Brobuxen – Mäusebussard	GesS	Etwa: Federhosen.
Brôchschnepp – Schnepfe	Suol	

Brôchschösser – Steinschmätzer	Suol	
Brodholi – Lachmöwe	Suol	
Brodick, tüte – Goldregenpfeifer	Bri	
Broekexter (holl.) – Eichelhäher	GesH	
Broesexter – Eichelhäher	Buff	
Brofogel – Schnatterente	Zupo	1425
Brogvogel – Schnatterente	Baldn,GesS,Suol,zLa	Brogvogel heißt Brachvogel. Bei Baldner (1666), bei Entenjägern.
Brohvogel – Schnatterente	Zupo	15. Jh.
Broinmeis – Gimpel	Do,F	
Brom – Auerhuhn	O1,Suol	Aus Bromhahn, Steiermark.
Brôm-Môs – Schwanzmeise	Suol	
Brom-Han – Birkhuhn	Kö	
Brombeervogel – Schwarzkehlchen	Buff	Auch: Brombeerenvogel. Buff./Otto 15, 310.
Bromhahn – Auerhuhn	F,H	
Bromhahn – Birkhuhn	Ad	
Bromhan – Birkhuhn	GesH,zLa	Nach Gessner 1555, 472–478.
Bromhenn – Birkhuhn	GesS	
Bromhenne – Auerhuhn	Be2,H	
Bromhenne – Birkhuhn	Ad	
Bromhuhn – Birkhuhn	Ad	
Bromhun – Birkhuhn	Suol	
Brommeis – Gimpel	B	
Brömmeiß – Gimpel	GD	
Brommeiss – Gimpel	Be1,Be2,Be,Buff,F,GeSH,N,Suol	
Bronk – Ringelgans	F	
Bronkgans – Ringelgans	B	
Bronsepter – Eichelhäher	Gutzeit-Wörterschatz	
Bronze-Puter – Truthuhn	H	
Bronze-Trutwild, amerikanisches – Truthuhn	H	
Brookwieh – Mäusebussard	Do,F,WüCl	
Brösexter – Eichelhäher	Be1,Be	
Brotfögele – Schnatterente	Zupo	1459
Brotvogel – Schnatterente	Schnurre, Zupo Brucker (1889): Straßbger Zunft- u. Polizeiverordnung.	1459
Brovogel – Schnatterente	Schnurre, Zupo	1425
Bruch Schnepfe – Bekassine	Schwf	
Bruch-Wasserläufer – Bruchwasserläufer	N	
Bruch's Saatgans – Bläßgans	N	Vogelkundler um 1830, Isis Band 16, S. 1110.
Bruch's Saatgans – Saatgans	CLB3	
Bruchböckel – Zwergschnepfe	Jä	
Bruchdrossel – Drosselrohrsänger	Ad,B,Be1,Be2,Be,Buff,GD,K,Krü,N,Suol	
Brücheschwalbe – Rauchschwalbe	Be2,Be,F,N	
Brucheule – Sumpfohreule	B,Be2,F,N	
Brûchhabicht – Mäusebussard	Suol	
Brûchhafke – Mäusebussard	Suol	
Bruchhahn – Kampfläufer	B,F,N	
Bruchhammel (bayer.) – Wachtelkönig	Jä,H	

Bruchhühnchen – Kleines Sumpfhuhn	B,F,H	
Bruchlerche (sächs.) – Wiesenpieper	F,H,Jä	
Bruchschnepfe – Bekassine	B,Be1,Be2,Be,GD,Krü,N	
Bruchschnepfe – Doppelschnepfe	Ad,Do,F	
Bruchschnepfe, große – Doppelschnepfe	Krü	
Bruchschnepfe, größere – Doppelschnepfe	Be2,N	
Bruchschnepfflein – Bekassine	GesH	
Bruchschnepfflin – Bekassine	Suol	
Bruchschnepfflin – Schnepfe	Suol	
Bruchschneppe – Bekassine	Be	
Bruchshahn – Kampfläufer	Be2	
Bruchwasserläufer – Bruchwasserläufer	B,O3	Naumann 1836, KN.
Bruchwasserläufer – Waldwasserläufer	B	
Bruchweidendrossel, rosenfarbige – Rosenstar	Be2,Be,N	
Bruchweißkehlchen – Schilfrohrsänger	N	
Bruchweyhe – Rohrweihe	JAN	
Brückenschwalbe – Rauchschwalbe	K	Frisch T. 18.
Bruder Berolf – Pirol	Suol	
Bruder Berolff – Pirol	GesS	
Bruder Berolft – Pirol	Be1,Be2,Be,F,Hp,Krü,N	
Bruder Bierolff – Pirol	Suol	
Bruder Biro150ff – Pirol	Suol	
Bruder Byrolf – Pirol	Do,F	
Bruder Hiltrof – Pirol	Fri,Scha,Suol	
Bruder Hultrof – Pirol	Ad,HHM,Krü	
Bruder Weihrauch – Pirol	Do,F	
Bruder Wyrauch – Pirol	N	
Brüderchen – Papageitaucher	B,F,N	Von Fratercula, „Kleiner Mönch".
Brufarten – Eichelhäher	Do,F	
Bruhshahn – Kampfläufer	Be,Buff	
Brummhahn – Kampfläufer	Siemssen	
Brummhahn – Birkhuhn	Be2,Be,Buff,F,GD,N,Scha	
Brummhuhn – Birkhuhn	F	
Brûnbrüstli – Braunkehlchen	Suol	
Brunelchen – Heckenbraunelle	Be	
Brunellchen – Heckenbraunelle	Ad,Be2,F,N	
Brunelle – Heckenbraunelle	Ad,Buff,H,Jä,O2	
Brunellichen – Heckenbraunelle	Buff	
Brunette – Alpenstrandläufer	O1	
Brünette – Alpenstrandläufer	Be2,F,N	
Brünette Schnepfe – Alpenstrandläufer	Buff,Krü	
Brunkelken – Braunkehlchen	Do,F	
Brunkoepficht endtlin (weibl.) – Krickente	Buff	
Brunnacke (dän.) – Tafelente	Buff	
Brunnenläufer – Baumläufer	Be1,Be2,Be,F,GD	
Brunnenläufer – Waldbaumläufer	N	
Brunnenzieher – Stieglitz	GD	

Brünnich'sche Lumme – Dickschnabellumme	N	
Brünnichische Lumme – Dickschnabellumme	CLB1,2	KNB
Brünnichs Teiste (dän., norw.) – Dickschnabellumme	H	
Brünnichs-Lumme – Dickschnabellumme	N	
Brünnichsche Lumme – Dickschnabellumme	CLB2,3	KNB
Bruntiekert – Bluthänfling	Bri	
Brus – Eistaucher	O1	
Brushahn – Kampfläufer	Krü,WüCl	
Brüstling – Bluthänfling	Ad	
Brüstling, blutroter – Bluthänfling	Ad,Be1,Be2,N	
Bruströteli – Rotkehlchen	Suol	Schweiz
Bruströteli – Wasseramsel	Suol	
Brustwenzel – Dorngrasmücke	GD	
Bruthenne – Haushuhn (weibl.)	Suol	
Brüüf (helgol.) – Spornpieper	F,H	
Bruunskopper – Kampfläufer	Buff	
Bruushöhn (helg.) – Kampfläufer	Do,F	
Bubbelhahn – Wiedehopf	F,H	
Bubert – Waldohreule	Suol	
Bubo – Nachtreiher	zLa	Gessner: Nach nächtl. Rohrdommel-Geschrei. Kritiklos übernommen v. Wolfhart (1557). zLa S. 70.
Bubo – Uhu	GesS	
Buch Fincke – Buchfink	Schwf	
Buch-Finck – Bergfink	G	
Buch-Fink – Buchfink	N	
Buchelt – Eichelhäher	Do,F	
Buchenhenn – Haselhuhn	F,H	
Buchenkernbeisser – Kernbeißer	CLB3	
Buchenlaubvogel – Waldlaubsänger	Do,F	
Buchenspecht – Schwarzspecht	Suol	
Bůchfinck – Buchfink	GesSH,StVb,Suol	13. Jh.: „buchfinck".
Buchfincke, weißer – Buchfink, Mutation	Schwf	
Buchfink – Bergfink	Ad,B,Be1,Be2,Be,Be97,CLB2,Hp,N	Thüringen
Buchfink – Buchfink	Ad,B,Be1,Be2,Be,CLB2,GD,Jä,K,Krü, … … W,O2,Tu,V	
Buchfink – Gimpel	Buff	
Buchfink – Kernbeißer	Be1,Be2,N	
Buchfink – Mönchsgrasmücke	Be2,Be,N	
Buchfink, gemeiner – Buchfink	zLa	„Buch-Fink" seit 13. Jh.belegt.
Buchfink, hochköpfiger – Bergfink	CLB3	
Buchfink, nordischer – Bergfink	CLB3	
Buchfink, spanischer – Bergfink	Suol	
Buchfinke – Buchfink	Buff,GD,HHM,Suol	Frisch T. 1. V

Buchner – Eichelhäher	Do,F	
Bucholt – Eichelhäher	Do,F	
Bück den Rück – Wachtel	Suol	
Buckelfalke – Wanderfalke (männl.)	zLa	
Buckelschnäbliger Eidervogel – Prachteider	N	
Buddelnase – Papageitaucher	F	
Budenspecht – Schwarzspecht	Do,F	
Budjer – Haussperling	Bri,Häp	
Buechtschippes – Buchfink	Suol	
Büffelente – Büffelkopfente	H	
Büffelkopfente – Büffelkopfente	Buff	
Büffelköpfige Aente – Büffelkopfente	Buff	
Büffels-Kopf – Büffelkopfente	K	
Büffelskopf – Büffelkopfente	Buff,K	
Buffonische Raubmöve – Falkenraubmöve	O3	
Buffonische Raubmöve – Schmarotzerraubmöve	CLB2	KNB
Buffons Raubmeve – Falkenraubmöve	MW	
Buffonsche Raubmöve – Falkenraubmöve	N	
Bühlau – Pirol	GD	
Buhueule – Uhu	Do	
Buho – Uhu	GesS	
Buho – Uhu	Be97,Jä	
Buhr (helgol.) – Sturmmöwe	H	
Bührn – Trauerente (weibl.)	F,H	Auf Helgoland.
Buhu – Uhu	Buff,GD,Hp	
Buhu – Uhu	Ad,B,Be1,Be2,Be,F,N,Suol	
Buhuo – Uhu	B,F	
Bul – Truthuhn	Suol	
Bülau – Pirol	Buff,Hp	
Bülau – Pirol	Be1,Be2,Be,Krü,N,O1,Suol	
Bülau gemeiner – Pirol	O1	
Bülau, Schulz von – Pirol	Be	
Bulaw – Pirol	Ad	
Bülaw (meckl.) – Pirol	Krü	
Bulfinche (engl.) – Gimpel	Tu	
Buli – Truthuhn	Suol	
Bull – Rohrdommel	Do,F	
Bullenbeisser – Gimpel	Do,F	
Bullenbeisser – Kernbeißer	Do,F	
Bullpump – Rohrdommel	F,H	
Bülo, Vôgel – Pirol	Suol	
Büloh – Pirol	Be05	
Büloon-Vagel – Pirol	Be2,Be	
Büloon-Vogel – Pirol	N	
Büloonvogel – Pirol	N	
Bülow – Pirol	B,Be1,Be2,Be,Buff,Krü,N,Suol,V	
Bülow (helgol.) – Pirol	H	
Bülow, Koch von – Pirol	Scha	

Bülow, Schulz von – Pirol	Be2,N	
Bülow, Schulze – Pirol	F	
Bülow, Schulze von – Pirol	Scha	
Bülow, Vogel – Pirol	Scha	
Bülowvogel (pom.) – Pirol	Krü	
Bulwer's Sturmvogel – Bulwersturmvogel	H	
Bümbelmeise – Blaumeise	B,F	
Bummreigel – Rohrdommel	Suol	
Bümpelein – Zwergtaucher	Suol	
Bümpelmeise – Blaumeise	Be2,N	
Bund-Specht – Buntspecht	G	
Bund-Specht – Kleinspecht	G	
Bund-Specht – Mittelspecht	G	
Bund-Specht, klein – Kleinspecht	G	
Bund-Specht, mittel – Mittelspecht	G	
Bundente – Kolbenente	Buff	
Bundt Wasser Hünlin – Tüpfelsumpfhuhn	Schwf,Suol	
Bundte Krähe – Nebelkrähe	GesH	
Bundte Krinisse – Fichtenkreuzschnabel	Schwf	
Bundtekräe – Nebelkrähe	GesS,Suol	
Bundter Reger – Nachtreiher	Schwf,Suol	
Bundter Specht – Buntspecht	Schwf	
Bundter Specht, klein – Kleinspecht	Schwf	
Bunt Motthünlein – Tüpfelsumpfhuhn?	K	Schwf. Glareola VIII, nicht gesichert.
Bunt Motthünlein – Wald-(Bruch-) wasserläufer	Buff	ringa ochropus.
Bunt und geschäcktes Motthühnlein – Waldwasserläufer	Be	
Bunt-Flügel – Eistaucher	K	olymbus maximus.
Bunt-Specht – Buntspecht	Fri	
Buntdrossel – Rotdrossel	B,Be1,Be2,Be,Be97,F,GD,Hp,N	
Bunte asiatische Drossel – Erddrossel	N	N: Bd. 13/262.
Bunte Drossel – Erddrossel	N	N: Bd. 13/262.
Bunte ente – Hausente	Fabr	
Bunte Ente – Knäkente ist „Bunthalsige Ente"	Mic	Wohl keine Blauflügelente oder Nilgans.
Bunte Ente – Nilgans	Be2,Be,N	
Bunte Ente – Prachteiderente	Buff,GD,Hp	
Bunte Gans – Nilgans	CLB2,MW,N	
Bunte Golddrossel – Erddrossel	N	N: Bd. 13/262.
Bunte Grasmücke – Feldschwirl	Buff	
Bunte graue Krähe – Nebelkrähe	GD	
Bunte japanische Drossel – Erddrossel	N	N: Bd. 13/262.
Bunte Kraehe – Rabenkrähe	Fri	Evtl. Nebelkrähe: Be 1793/637.
Bunte Krähe – Elster	CLB2	
Bunte Krahe – Nebelkrähe	Be1,Be2,Be	
Bunte Krähe – Nebelkrähe	Be,GD,N	
Bunte Krähe – Rabenkrähe	GD	
Bunte Kriechente – Krick-/Knäkente	K	„Des Gesners", Abartung.

Bunte Meerschwalbe – Trauerseeschwalbe (juv.)	Be2,Be,Buff,GD	
Bunte Meve – Lachmöwe	JAN	
Bunte Mibe – Silbermöwe	Fabr	
Bunte Nordgans – Rothalsgans	Be2,Buff,GD,N	
Bunte Pfuhlschnepfe – Dunkler Wasserläufer	Be2,N,O1	
Bunte Pieplerche – Baumpieper	Be	
Bunte Schnepfe – Kiebitzregenpfeifer	Be2,Buff,N	
Bunte Seeschwalbe – Trauerseeschwalbe (juv.)	N	
Bunte Sturmmeve – Mantelmöwe	Be2,N	
Bunte Tauchänte – Prachttaucher	Buff	
Bunte Tauchente – Prachttaucher	Be2,Be,GD,Krü,N	
Bunte Uferschnepfe – Dunkler Wasserläufer	Be2,N	
Bunte Uferschnepfe – Grünschenkel	Be2,Be,Buff,Krü,N	
Bunte Wachtel – Wachtel	Be1	
Bunte Weihe – Rotmilan	Be2,Be,N	
Buntekrae – Nebelkrähe	Buff	
Buntente – Kolbenente	Krü	
Bunter Kreuzschnabel – Fichtenkreuzschnabel	Be	
Bunter Adler – Schreiadler	Be2,Be,N	
Bunter Bussard – Mäusebussard	Be2	Latham
Bunter Fasan – Goldfasan	Be2	
Bunter Fink – Buchfink	Be1	
Bunter Fliegenfänger – Trauerschnäpper	Be2,Be,N	
Bunter Fliegenschnapper – Trauerschnäpper	N	
Bunter Fliegenschnäpper – Trauerschnäpper	N	
Bunter Kiebitz – Kiebitzregenpfeifer	Be2,Be,Buff	
Bunter Kiwitz – Kiebitzregenpfeifer	Buff	
Bunter Kreutzschnabel – Fichtenkreuzschnabel	N	
Bunter Kreuzschnabel – Fichtenkreuzschnabel	Be2,Be	
Bunter Krinitz – Fichtenkreuzschnabel	Be1,Be2,Be,N	
Bunter Mäuseaar – Mäusebussard	N	
Bunter Meerrachen – Mittelsäger	Be1,Be,N	
Bunter Ohrentaucher – Ohrentaucher	Krü,O2	
Bunter Pfau – Pfau	Fri	
Bunter Reiger – hier: Graureiher nach erster Mauser	Fabr	
Bunter Reiger – Nachtreiher	Ad,Be,GD,Krü	
Bunter Reiher – Nachtreiher (juv.)	Be1,Be2,Be,N	
Bunter Reyer – Nachtreiher	Buff	
Bunter Reyger – Nachtreiher	BuffK,	Frisch T. 203.
Bunter Sandläufer – Flußuferläufer	Be1,Be2,Be,GD,N	
Bunter Sandläufer – Meerstrandläufer	Be	

Bunter Specht – Buntspecht	Be2,Be,Buff,GD,Hp,N	
Bunter Staar – Star	Be2,CLB1,2,MW	KNB
Bunter Star – Star	N	
Bunter Storch – Weißstorch	Be,Buff,G,K,N	Frisch T. 196.
Bunter Strandläufer – Kiebitzregenpfeifer	Be	
Bunter Taucher – Rothalstaucher	Fabr	Hoffmann …
		… benutzte Ausschlußverfahren zur Deutung.
Bunter und schwarzer Meerrachen – Mittelsäger	Be2	
Bunter und weißer Fasan – Jagdfasan	K	Frisch T. 123–125.
Bunter Wasserläufer – Bruch-(Wald-)wasserläufer	Buff	„Tringa littorea."
Bunter Wasserläufer – Grünschenkel	Be2,N	
Bunter Weiderich – Schilfrohrsänger	Be2,N	
Bunter weißer gemeiner Storch – Weißstorch	Krü	
Bunter Wendehals – Wendehals	CLB1,2,MW,N	KNB
Bunter Wiedehopf – Wiedehopf	N	
Bunter Würger – Neuntöter	Be2,N	
Bunterspecht – Buntspecht	GesSH	
Buntes Motthühnlein – Tüpfelsumpfhuhn(?)	Be2,K,Krü	Schwenckfeld: Glareola VIII.
Buntes Motthühnlein – Wald-(Bruch-)wasserläufer	GD	
Buntes Motthühnlein – Waldwasserläufer	N	
Buntes Motthünlein – Wald-(Bruch-)wasserläufer	Buff	Tringa ochropus.
Buntes Rohrhuhn – Tüpfelsumpfhuhn	CLB3	
Buntes Waldhuhn – Birkhuhn?	Be2	
Buntes Waldhuhn – Haselhuhn	Be1	
Buntes Wasserhuhn – Odinshühnchen	Buff	
Buntes Wasserhuhn – Thorshühnchen	K	Edwards T. 142.
Buntes Wasserhühnlein – Waldwasserläufer	Be2,Be,N	
Buntestecher – Eisvogel	Jä	
Buntflügel – Eistaucher	K	Colymbus maximus.
Buntflügelichte Nachtigall – Schwarzkehlchen	Buff	1791,15/320.
Buntfüßige Sturmschwalbe – Buntfuß-Sturmschwalbe	H	
Bunthalsige Ente – Knäkente	N	
Bunthälsige Ente – Knäkente	Be2	
Bunting, Reed (engl.) – Rohrammer	Tu	
Bunting (engl.) – Grauammer	Tu	
Buntjäckel (hann.) – Neuntöter	Do	
Buntkopf – Prachteiderente	Buff,GD	
Buntköpfige Ente – Kragenente (weibl.)	Be2,Be,Buff,GD,N	
Buntköpfige Schwanzmeise – Schwanzmeise	Buff,K	Frisch T. 14.
Buntkopp – Regenbrachvogel	WüCl	
Buntrauck – Nebelkrähe	H	Hier richtig: -rauck mit ck.

Buntrauk – Nebelkrähe	Bri,F,H,Häp	Hier richtig: -rauk nur mit k.
Buntrostiger Falk – Rohrweihe (juv.)	K	
Buntrostiger Falke – Rohrweihe (juv.)	Be1,Be2,Be,,Buff,N	
Buntschnabel – Saatgans	N	
Buntschnabel – Sandregenpfeifer	Do,F	„Der bunte Schnabel ist ihm alleine eigen."
Buntschnäbeliger Albatros – Gelbnasenalbatros	H	
Buntschnäbeliger Regenpfeifer – Sandregenpfeifer	N,V	
Buntschnäblicher Regenpfeifer – Sandregenpfeifer	N	
Buntschnäblige Saatgans – Saatgans	N	
Buntschnäbliger Regenpfeifer – Sandregenpfeifer	Be2,Be,CLB1,2,Krü	KNB
Buntschnäbliger Uferpfeifer – Sandregenpfeifer	CLB3	
Buntschnepfe – Kiebitzregenpfeifer	Do,F	
Buntspecht – Buntspecht	Ad,B,Be1,Be2,Be,Be05,Buff,GD,Jä,Krü,N, … … O2,V Schwenckfeld 1603: „Bundter Specht".	
Buntspecht – Buntspecht	Buff,GD	
Buntspecht – Kleinspecht	B	
Buntspecht größerer – Buntspecht	Krü	
Buntspecht, dreifingeriger – Dreizehenspecht	B	
Buntspecht, dreizehiger – Dreizehenspecht	B,Krü,N,O1	
Buntspecht, gelbbrüstiger kleiner – Kleinspecht	Ad	
Buntspecht, gewässerter – Dreizehenspecht	Buff	
Buntspecht, großer – Buntspecht	Ad,Be1,Be2,Be,Be97,Be05,Bri,CLB2,GD, … … Hp,F,Jä,Krü,N,O1,3,Scha,V Frisch T. 36.	
Buntspecht, großer mexikanischer – Dreizehenspecht	Buff	Brisson
Buntspecht, größerer – Buntspecht	Buff	
Buntspecht, größter – Weißrückenspecht	B,N	
Buntspecht, kleiner – Kleinspecht	Ad,Be1,Be2,Be,Be97,Be05,CLB2,3,K,Krü, … … N,O1,2,3,V Frisch T. 37.	KNB
Buntspecht, kleiner – Mittelspecht	Hp,Jä	
Buntspecht, kleinster – Kleinspecht	GD,Jä	
Buntspecht, mittler – Mittelspecht	Be2,Be,O1	
Buntspecht, mittlerer – Mittelspecht	Be1,Be97,Be05,Buff,CLB2,F,GD,Jä,Krü,N, … … O2,3,Scha,V	
Buntspecht, scheckiger – Dreizehenspecht	B	
Buntspecht, weißrückiger – Weißrückenspecht	B,CLB3	
Burgamsel – Ringdrossel	Suol	
Burgander (engl.) – Brandgans	Tu	
Burgemäster – Mantelmöwe	Bri	
Burgemeister – Eismöwe	Ad	
Burgemeister – Purpurhuhn	V	

Bürger – Dohle	F,H	
Burgermeister – Eismöwe	GD,K,Mar	
Bürgermeister – Eismöwe	B,Be2,Be,Buff,Cz,GD,Krü,N	
Bürgermeister – Fischmöwe	O1	
Burgermeister – Heringsmöwe	GD	„Bey einigen, ganz falsch."
Bürgermeister – Heringsmöwe	Be1,Be2,Be,Krü,N,O1	
Bürgermeister Meve – Eismöwe	MW	
Burgermeister von Grönland – Eismöwe	GD	
Bürgermeister-Möve – Eismöwe	N	
Bürgermeister, sogenannter – Eismöwe	O2	
Bürgermeistermeve – Eismöwe	Be2	
Bürgermeistermöve – Eismöwe	B,CLB1,3	KNB
Bürgermeistermöve, graue – Eismöwe	CLB2	
Bürgermeistermöve, große – Eismöwe	CLB2	
Bürgermeistermöve, weiße – Eismöwe	CLB2	
Bürgermeistermöwe – Eismöwe	F	
Bürle – Haubenlerche	Do,F	
Burrhahn – Haubentaucher	Suol	
Burrhahn – Kampfläufer	B,Be2,Buff,F,Fri,N,Scha	
Burroughduck (engl.) – Brandgans	Buff	Kaninchenente.
Burrow Duck (engl.) – Brandgans	Tu	
Burrtaube – Ringeltaube	Suol	
Bürstner – Braunkehlchen	Suol	
Bürstner – Sperbergrasmücke	GesSH,zLa	
Burz – Felsentaube, Haustaubenrasse	Suol	
Burzeltaube – Felsentaube, Haustaubenrasse	O1,Suol	
Burzhuhn – Felsentaube, Haustaubenrasse	Suol	
Bus Ahr – Mäusebussard	Schwf,Suol	
Busaar – Mäusebussard	B	
Busaar gemeiner – Mäusebussard	O2	
Busahrn – Mäusebussard	GesH,Suol	
Busam – Mäusebussard	Suol	
Busant – Mäusebussard	Ad,GesS,StVb,Suol	
Busart – Mäusebussard	Ad	
Busch-Schnepfe – Waldschnepfe	N	
Buschagelaster – Raubwürger	Do,F	
Buschälster – Neuntöter und Würger (allg.)	Suol	
Buschälster – Raubwürger	GD	
Buschbluthänfling – Bluthänfling	CLB3	
Buschelster – Raubwürger	B,Be1,Be2,Be,Buff,F,N	
Buschente – Reiherente	B	
Buschente – Stockente	Do,F	
Buscheule – Schleiereule	Be1,Be2,Be,Buff,GD,N	
Buscheule – Sperbereule	Be1,Be2,Be,Be97,Be05,GD	
Buscheule – Steinkauz	Buff,Hp	
Buscheule – Waldkauz	Ad,B,Buff,F,GD,Jä,K,N,Suol	Frisch T. 94–96.
Buscheule, gemeine – Waldkauz	GD	
Buscheule, gemeine graue – Waldkauz	Buff,Krü	

Buscheule, graue – Waldkauz	Be1,Be,Be97,Hp,N
Buschfalk – Raubwürger	F
Buschfalke – Raubwürger	B,Be2,Be,N
Buschfasan – Jagdfasan	H
Buschfink – Buchfink	Do,F
Buschfinke – Kernbeißer	Be
Buschgrille – Feldschwirl	B,F
Buschige Ente – Reiherente	Be2,Be,N
Buschige oder kammige kriechende …	Buff
… Straußente – Reiherente	
Buschlerche – Baumpieper	B,Be2,Be,Buff,F,GD,Krü,N
Buschlerche – Heidelerche	B,Be1,Be2,Be,Be97,F,N
Buschlerche – Wiesen- und Baumpieper	Be1
Buschlerche – Wiesenpieper	Buff
Buschmeise – Schwanzmeise	o.Qu.
Buschmeise – Tannenmeise	Do,F
Buschpieper – Baumpieper	B,F
Buschrådel – Singdrossel	Suol
Buschreiher – Silberreiher	B
Buschreiher, großer – Silberreiher	O1
Buschreiher, kleiner – Seidenreiher	O1
Buschrohrsänger – Feldschwirl	B,F,N
Buschrotschwänzchen – Gartenrotschwanz	Do,F
Buschschnepfe – Waldschnepfe	Ad,B,Be1,Be2,Be,Buff,F,GD,K,Krü
Buschschwirk – Feldschwirl	Do Name wurde so übernommen.
Buschschwirl – Feldschwirl	F,H
Buschspatz – Feldsperling	Do,F
Buschsperling – Feldsperling	Do,F,JAN
Buschstatzger – Grasmücke (allg.)	Suol
Buschstotterer – Grasmücke	Suol
Buschwürger – Neuntöter	CLB3
Buse – Mäusebussard	GesS,O1,Suol
Busel – Weißstorch	O1
Bushard – Mäusebussard	Be2,GesH,N,Schwf, Suol
Bushard mit Fischerhosen – Mäusebussard	Buff
Bushard (engl.) – (Mäuse-)Bussard	Tu
Busharda – Mäusebussard	Suol
Bushart – Mäusebussard	Be1,Be
Bushartfalk – Mäusebussard	Be1
Bushartfalke – Mäusebussard	Be2,Be,GD,N
Bushen – Mäusebussard	Suol
Buspart – Mäusebussard	Ad
Bußaar – Mäusebussard	Ad,Be2,F,Krü,N
Bußaar gemeiner – Mäusebussard	O1
Bußaar, rauhfüßiger – Rauhfußbussard	O1,3
Bußahrn – Mäusebussard	GesS
Bussant – Mäusebussard	Suol
Bussard – Mäusebussard	Be,Be1,2,97,CLB2,GD,GesS,Jä,N,Scha,Suol. KNB
Bussard – Rohrweihe	Be2,Be,N,O1

Bussard gemeiner – Mäusebussard	Be,Be05,N,V,WüCl	
Bussard mit Fischerhosen – Mäusebussard	Be2,N	
Bussard-Adler – Schlangenadler	N	
Bussard, bunter – Mäusebussard	Be2	Latham
Bussard, gestiefelter – Zwergadler	Be2,CLB1	
Bussard, glattbeiniger – Mäusebussard	N	
Bussard, grauschnäbliger – Wespenbussard	Be2,CLB2,N	
Bussard, großer – Schreiadler	F	
Bussard, hochköpfiger – Mäusebussard	CLB3	
Bussard, kleiner – Baumfalke	Be2,Be,Be97,N	
Bussard, nordischer – Mäusebussard	CLB3	
Bussard, rauchfüßiger – Rauhfussbussard	CLB1,2,V	KNB
Bussard, rauhbeiniger – Rauhfußbussard	Be2,Be,Be05,N	
Bussard, rauhfüßiger – Rauhfußbussard	Be2,MW,O3	
Bussard, schwarzgeschulterter – Gleitaar	N	N: Bd. 13/129.
Bussard, weißer – Mäusebussard (Var.?)	Be2, CLB2,V	
Bussard, weißlicher – Mäusebussard (Var.?)	Be2,MW	
Bussard, weißschwänziger – Adlerbussard	H	
Bussardadler – Zwergadler	N	N: Bd. 13/058.
Bussardmilan – Gleitaar	N	N: Bd. 13/129.
Bussardskollege – Habicht	Be2	
Bussart – Mäusebussard	GesS	
Bussert – Mäusebussard	Suol	
Bussfahrn – Mäusebussard	Ad,Krü	
Busshard – Mäusebussard	Ad,B,Buff,GesH,Krü	
Bußhart – Mäusebussard	GesS,GD,K	
Bußhart mit rothen schwarzfleckigen Schenkeln und rotweißem Halse, kleiner – Baumfalke	Buff	Umgedreht: Kleiner Bußhart.
Busshart, kleiner – Baumfalke	Be1,GD	
Busshartfalk – Mäusebussard	Be97	
Bußhen – Mäusebussard	GesS	
Bussjäg – Raubwürger	F,H	
Bustard (engl.) – Großtrappe	Tu	
Butbut – Wiedehopf	Do,F,Suol	
Bütow, Schulz von – Pirol	F	
Butschlerche – Haubenlerche	Suol	
Butschok – Kleiber	Buff	Russisch. Gmelin der Ältere: Oechslein.
Butt-Ars – Zwergtaucher	H	
Buttarsch – Zwergtaucher	Do,F	
Buttelnase – Papageitaucher	Ad,Be2,GD,K,N	Albin Band II, 78 + 79.
Buttelstampfe – Papageitaucher	B,F	
Buttlaken – Silbermöwe	F,H	
Buttor (engl.) – Rohrdommel	Tu	
Buttour (engl.) – Rohrdommel	GesS,Tu	
Bûvogel – Uhu	Suol	
Buysart – Schwarzmilan	GesS	
Büzaard – Mäusebussard	Be2,N	
Buzard – Mäusebussard	Ad	

Buzzard – Mäusebussard	GD
Buzzard – Rohrweihe	GD
Buzzard, Moor- (engl.) – Rohrweihe	Tu
Buzzard (engl.) – (Mäuse-)Bussard	Tu
Bymeise – Sumpf-/Weidenmeise	Be1,Be2,Be,Buff,GD
Bymeise – Sumpfmeise	F
Bymeiß – Blaumeise	Buff
Bymeiße – Blaumeise	GesS
Bymeyse – Blaumeise	Suol …
	… Gess: Nürnberger Ausdruck, wohl auch Bymeiß.
Byrol – Pirol	Ad,Krü
Byrolf – Pirol	Be2,Be,N
Byrolf, Bruder – Pirol	F
Byrolt – Pirol	Ad,Buff,GesSH,Hp,Krü,Suol
Byros – Pirol	Ad

Cabaret – Birkenzeisig	Buff
Caddo (engl.) – Dohle	Tu
Cairische Ente – Moschusente	GD
Cajover – Gryllteiste	GD
Calander – Kalanderlerche	Be,HaS,N
Calanderlerche – Kalanderlerche	Be,Krü,N,O2,3
Calandra – Kalanderlerche	GD,K
Calecut – Truthuhn	Ad
Calecute – Truthuhn	Ad
Calecuter – Truthuhn	Ad,K,Suol
Calecutisch Hahn/Huhn – Truthuhn	K
Calecutisch Huhn – Truthuhn	Fri
Calecutisch Hun – Truthuhn	Schwf
Calecutischer Hahn – Truthuhn	Ad,Fri,G
Calecutt – Truthuhn	Ad
Calender – Haubenlerche	Ad
Calkoensche Henne – Truthuhn	Suol
Calotchenfalck – Merlin	K
Cambridgische Schnepfe – Dunkler Wasserläufer	Buff
Canadische Ente – Kanadagans	Buff
Canadische Gans – Bläßgans	Buff
Canadische Gans – Kanadagans	Buff,O2
Canadische Tageule – Schnee-Eule	N
Canadischer Kernbeisser – Hakengimpel	Be2,Be,N
Canadischer Schnepf – Säbelschnäbler	Buff
Canard de Barbarie – Moschusente	Buff
Canari – Kanarengirlitz	P1
Canari vögelin – Girlitz	zLa	Fälschlich, gehört zu Kanarengirlitz.
Canari vögelin – Kanarengirlitz	zLa
Canarie – Kanarengirlitz	P1
Canarie Vogel – Kanarengirlitz	Fri
Canarie Vogel, citrongelber – Kanarengirlitz	Fri

Canarie-Vogel – Kanarengirlitz	P1	
Canarien Vogel – Kanarengirlitz	Schwf	
Canarien Zeisle – Kanarengirlitz	Schwf	
Canarien-Spatz – Kanarengirlitz	Kö	
Canarien-Vogel – Kanarengirlitz	GesH,Z	
Canarien-Zeisle – Kanarengirlitz	Suol	
Canarienfink – Kanarengirlitz	Be97	
Canarienhänfling – Bergfink	Be97	
Canarienhänfling – Bluthänfling	Be2,N	
Canariensperling – Kanarengirlitz	Be1,Be2,Be97,K	Frisch T. 12.
Canarienvogel – Kanarengirlitz	Ad,Be1,Be2,Be97,K,P,Suol	Frisch T. 12.
Canarienvogel, italiänischer – Zitronenzeisig + Girlitz	Be2,Be	
Canarienvogel, italienischer – Zitronenzeisig	N	„Italienischer": richtig.
Canarienzeischen – Girlitz	Be2,Be97,N	
Canarienzeischen – Zitronenzeisig	Krü	
Canarienzeisig – Zitronenzeisig + Girlitz	Be,Krü	
Canarievogel – Kanarengirlitz	Kö	„Canarievogel" ist richtig.
Canario (span.) – Kanarengirlitz	B	
Canarischer Sperling – Kanarengirlitz	Be2	
Canarivogel – Kanarengirlitz	Suol	
Canary Bird (engl.) – Kanarengirlitz	Tu	„Serinus canarius."
Canevarola – Klappergrasmücke	Buff	Nach Aldrovand.
Canutsvogel – Knutt	Be,Buff,GD	
Canutvogel – Knutt	Fri,O2	
Cap'sche Meerschwalbe – Brandseeschwalbe	N	
Capaun, Mahomeds – Schmutzgeier	O2	Oken: Mahomeds-Capaun.
Capercalze – Schottisches Moorschneehuhn	GesS	
Caprimulgus – Ziegenmelker	GesS	
Cardinal – Bienenfresser	Be2,N	
Cardinal – Mönchsgrasmücke (weibl.)	Ad,K	Frisch T. 23.
Cardinälchen – Mönchsgrasmücke (weibl.)	Ad,Be2,Be97	
Cardinalsente, dickköpfige – Büffelkopfente	Buff	
Carlsvogel – Blaukehlchen	Be2,Be,Buff,GD,Krü,N	
Carminhänfling – Birkenzeisig	Buff,GD	
Carminkernbeisser – Karmingimpel	O3	
Carolinerlerche – Ohrenlerche	Be	
Carrion Crow (engl.) – Rabenkrähe	Tu	
Carslvogel – Blaukehlchen	Be1	
Casarca – Rostgans	O1	
Caspar – Bekassine	GD	
Caspar, schwarzer – Wachtelkönig	Be	
Caspar, schwarzer – Wasserralle	Be1,Be2,Be	
Caspar, Vogel – Bekassine	Be,Krü	
Casper, schwarzer – Wachtelkönig	Ad,Krü	
Casper, schwarzer – Wasserralle	GD,Krü,Suol	
Casper, Vogel – Bekassine	N	

Caspische Eule – Sperbereule	Be2	
Caspische Fischmewe – Fischmöwe	Buff	
Caspische Kirke – Raubseeschwalbe	Buff	
Caspische Meerschwalbe – Raubseeschwalbe	Be,Buff,GD,O2	
Caspische Raubseeschwalbe – Raubseeschwalbe	CLB3	
Caspische Seeschwalbe – Raubseeschwalbe	Buff	
Caspischer Regenpfeifer – Wermutsregenpfeifer	H	
Caspischer Reiher – Purpurreiher	N	
Cassins Kuhvogel – Kuhstärling	H	
Castanien-brauner, weißpunctirter … … Sandläufer, mit braunen Füssen – Waldwasserl.	Fri	
Catarractes – Skua	Buff	
Cayennische Meerschwalbe – Brandseeschwalbe	N	
Caykranich, brauner – Kranich	Fri	
Cedron – Auerhuhn	GesS	Bei Trient.
Celas – Pelikan	zLa	
Ceppa – Zippammer	Be2,Be	
Cercella – Krickente	GesS	
Cercelle – Knäkente	Krü	
Cercerella – Krickente	GesS	
Cercerelle – Knäkente	Krü	
Cercerelle (franz.) – Krickente	Ad	
Certhia – Baumläufer	GesH	
Cetti's Rohrsänger – Seidensänger	H	
Cettischer Sänger – Seidensänger	CLB2,MW,O3	KNB
Cettischer Schilfsänger – Seidensänger	CLB2	KNB
Chächty – Alpendohle	N	
Chaffinche (Chaffinch, engl.) – Buchfink	Tu	
Chäfi – Alpendohle	H	
Charniergans – Baßtölpel (Var.)	GD	
Chasida – Weißstorch	O1	
Chata-Flughuhn – Spiessflughuhn	H	
Chenelops – Pfeifente	GesH	Gessner/Horst, 88.
Chevalier – Rotschenkel	H	
Chiffelhoweke – Rotmilan	Bri	
Chinesische Kragenente – Mandarinente	V	
Chinesische Schafstelze – Schafstelze	H	Alt: Budytes taivanus.
Chinesischer Blutfasan – Goldfasan	Be2	
Chinesischer Goldhahn – Goldfasan	Be2	
Chirche Martnette (engl.) – Mauersegler	Tu	„Kirch swalben."
Chirsichlepfer – Kernbeißer	Suol	
Chiuino – Zwergohreule	Suol	Ital.Dialektname.
Chlaen – Kleiber	Buff,Krü	

Chläm – Kleiber	GesS	
Chlän – Baumläufer	Suol	
Chlän – Kleiber	B,Fri,GesSH,Suol	
Chlän – Mauerläufer	Suol	
Chlän – Steinrötel	GesH	
Chlän – Tannenhäher	Be2	
Chleiber – Kleiber	Suol	
Chloreus – Pirol	GesH	
Chlorian – Pirol	Be	
Chlorion – Pirol	Be2,GesH,Hp,N	
Chlorision – Pirol	F	
Chogh (engl.) – Dohle	Tu	
Choghe (engl.) – Alpenkrähe?	Tu	Keine genaue Klärung bei Turner möglich.
Chothan – Wiedehopf	Suol	
Chôtmâse – Sumpfmeise	Suol	
Chough (engl.) – Alpenkrähe	Tu	„Pyrrh. graculus, red bill."
Chrammisvogel – Wacholderdrossel	Suol	
Chrapp – Kolkrabe	Suol	
Christ Krinisse – Fichtenkreuzschnabel	Schwf	
Christkreuzschnabel – Fichtenkreuzschnabel	Be	
Christkrinitz – Fichtenkreuzschnabel	Be1,Be2,Be,N	
Christöffel – Schwarzkehlchen	Be97,Do,F	
Christöffelchen – Schwarzkehlchen	Krü	
Christöffl – Schwarzkehlchen	Be1,Be2,Be,N	
Christvogel – Fichtenkreuzschnabel	Do,F,Suol	
Chrützvogel – Fichtenkreuzschnabel	N	
Chuchty – Alpendohle	F	
Chuevogel – Rohrdommel	Suol	
Chunegel – Zaunkönig	Suol	
Chüngeli – Zaunkönig	Suol	
Chünigli – Zaunkönig	Suol	
Chuter – Taube (männl.)	Suol	
Chütin – Taube (weibl.)	Suol	
Chutz – Uhu	Suol	
Cignis – Girlitz	Buff	
Cinclus – Alpenstrandläufer	Buff	
Cini – Girlitz	Be2,Buff,F,N	
Cini – Kanarengirlitz	GD	Rasse in Frankreich.
Cini – Zitronenzeisig + Girlitz	Be	
Cinit – Girlitz	Be2,Buff,F,N	
Cinit – Zitronenzeisig + Girlitz	Be	
Ciprinlein – Zitronenzeisig	F,N	
Cirbelkrah – Tannenhäher	Jä	
Circia – Knäkente	O1	
Circus – Weihe	GesH	
Cirlus – Zaunammer	Be1,Be2,Be97,Buff,F,GD,N	
Cisalpiner Fink – Italiensperling	MW	
Cistenrohrsänger – Zistensänger	H	
Cistensänger – Zistensänger	B,CLB2,H,MW,O3	KNB

Cistenschilfsänger – Zistensänger	CLB2	KNB
Citreinlein – Girlitz	zLa	Fälschlich, gehört zu Zitronenzeisig.
Citril – Zitronenzeisig	Be1,Be2,Be97,Buff,Do,N	
Citril – Zitronenzeisig + Girlitz	Be	
Citrinchen – Birkenzeisig	Be1,Be2,Be,Buff,GD,N	
Citrinchen – Girlitz	Ad	
Citrinchen – Zitronenzeisig	Be97,Krü,N,O1,2	
Citrinchen – Zitronenzeisig + Girlitz	Be	
Citrinella – Goldammer	Buff	
Citrinella – Zitronenzeisig	Buff,GesH,zLa	
Citrinelle – Zitronenzeisig	Be2,N	
Citrinichen – Zitronenzeisig	Suol	
Citrinigen – Birkenzeisig	Buff	
Citrinigen – Girlitz + Zitronenzeisig	P	
Citrinigen – Zitronenzeisig	Suol	
Citrinle – Zitronenzeisig	zLa	
Citrinlein – Zitronenzeisig	Buff,GesH	
Citrinlein – Zitronenzeisig	Be1,Be2,Suol,N	
Citrinlein – Zitronenzeisig + Girlitz	Be	
Citronammer – Goldammer	GD	
Citronen-Zeisig – Zitronenzeisig	H	
Citronenfink – Zitronenzeisig	Be97,Buff,GD,MW,O1	
Citronenfink – Zitronenzeisig + Girlitz	Be	
Citronenstelze – Zitronenstelze	O3	
Citronenvogel – Mornellregenpfeifer	Ad,Be2,Be,Buff,Krü	
Citronenzeisig – Zitronenzeisig	Be2,O2	
Citronenzeisig – Zitronenzeisig + Girlitz	Be	
Citronfink – Zitronenzeisig	B	
Citrongans – Rostgans	B	
Citrongelber Canarie Vogel – Kanariengirlitz	Fri	
Citrongelber Fink – Zitronenzeisig	Be2	
Citrongelber Fink – Zitronenzeisig + Girlitz	Be	
Citrönli – Zitronenzeisig	H	
Citronschnepfe – Alpenstrandläufer	Be2	
Citronvogel – Mornellregenpfeifer	B	
Citronzeisig – Zitronenzeisig	B	
Citrynlin – Zitronenzeisig	Suol	
Claen – Kleiber	O3	
Clake (engl.) – Weißwangen-u. Ringelgans allg.	Tu	
Clakis – Weißwangengans	GesSH	In Schottland.
Clanga – Schreiadler	Be1,Be2	
Clangula – Schellente	GesS	
Claußrapp – Waldrapp	GesS,Suol	
Closter Fräwlin – Bachstelze	zLa	
Closter Fräwlin – Gebirgsstelze	zLa	
Clotburd (engl.) – Steinschmätzer	Tu	

Cob (engl.) – Seemöwe allg.	Tu	
Cochevis – Haubenlerche	Buff	
Coddimoddy – Sturmmöwe (juv.)	Buff	„Wintermöwe"; Buffon/Otto Bd. 31, 330.
Cok of Kynde (engl.) – Hühnerrasse?	Tu	
Cok (engl.) – Haushuhn (männl.)	Tu	
Colgrave – Kolkrabe	Be1,Be2,Be,N	
Colgrave, schwarzer – Kolkrabe	JAN	
Colibri, deutscher – Goldhähnchen	Be1,Be2,Be	
Common Passer (engl.) – Haussperling	Tu	
Condor – Bartgeier	Buff	
Consistorial-Vâgel – Truthahn	Häp	
Consistorialvogel – Truthuhn	Suol	
Coot (engl.) – Bläßhuhn	Tu	
Copera – Haubenlerche	GesH,Tu	Tu: Kölner Vogelstellername.
Coq bois – Wiedehopf	H	
Coquillade – Mohrenlerche	GD	Bei Buffon.
Coqvillade – Haubenlerche	Be2	
Cordonnier – Skua	Tombe	Tombe S. 64.
Cormaran – Kormoran	Buff	
Cormarin – Kormoran	Buff	
Cormoran – Kormoran	Ad,Buff,GDKrü	
Cormoran, großer – Kormoran	O2	
Cormoran, kleiner – Krähenscharbe	Buff,O2	
Cormorant – Krähenscharbe	Fri	
Cormorant, schwarzer – Kormoran	Fri	
Cormorant (engl.) – Kormoran	Fri,Suol,Tu	
Corn Crake (engl.) – Wachtelkönig	Tu	Name nicht von Turner.
Corncreck – Wachtelkönig	Buff	
Cornish Choghe (engl.) – Alpendohle	Tu	„It is abundant in Cornwall"; Verwechslung?
Corossel (helv.) – Gartenrotschwanz	H	
Corracke – Kolkrabe	GesS	
Corvorant (engl.) – Kormoran	Tu	
Cotte (engl.) – Teichhuhn	GesS	
Cotton-Vogel- Beutelmeise	Buff	Bei Gatterer.
Cottonvogel – Beutelmeise	Be1,Be2,Be,GD,Krü,N	
Cottorna (krain.) – Rothuhn	Be1	
Cottorna (krain.) – Steinhuhn	Be2	
Coushot (engl.) – Ringeltaube	Tu	
Cout (engl.) – Bläßhuhn	Tu	
Crackasona (holl) – Knäkente	GesH	
Craen – Kranich	Ad	
Crainisch – Kranich	Be1	
Crak kasona (plattdt.) – Knäkente	Buff	
Crake, Corn- (engl.) – Wachtelkönig	Tu	
Crammesvogel – Wacholderdrossel	Tu	
Cran – Kranich	Ad	
Cranch – Kranich	Ad,Krü	
Crane (engl.) – Kranich	Tu,Zupo	15. Jh.
Crano – Kranich	Ad,Krü	

Craspecht – Grünspecht	Tu	
Craspecht – Schwarzspecht	Suol,Tu	
Cravant (franz.) – Ringelgans	Be2,Buff,N	Buffon/Otto, Bd. 33.
Cravat – Weißwangengans	Buff	Otto: fälschlich.
Creeper, Tree- (engl.) – Baumläufer	Tu	
Creeper (engl.) – Baumläufer	Tu	Certhia
Creper (engl.) – Baumläufer	Tu	
Creutz Tale – (Kreuz-) – Dohle	Schwf	Hätte kreuzförmig gewölbten Schnabel (?)
Creutz-Schnabel – Kreuzschnabel	Z	
Creutz-Vogel – Fichtenkreuzschnabel	GesH	
Creutzschnabel – Kreuzschnabel	Kö,Z	
Creutzvogel – Fichtenkreuzschnabel	Fri,Schwf,Suol	
Creutzvogel – Kreuzschnabel	Z	
Creüz Vogel – Fichtenkreuzschnabel	zLa	
Creuzente – Zwergsäger	Fri,Suol	
Creuzvogel – Fichtenkreuzschnabel	JAN	
Crex – Wachtelkönig	Ad,GD,Krü	
Cropper – Felsen-/Haustaube (Rasse)	K	
Crow (that devours, engl.) – Kormoran	Tu	
Crow-Picus (engl.) – Schwarzspecht	Tu	
Crow, Carrion (engl.) – Rabenkrähe	Tu	
Crow, Grey (engl.) – Nebelkrähe	Tu	
Crow, Hooded (engl.) – Nebelkrähe	Tu	
Crow, Sea (engl.) – Nebelkrähe	Tu	
Crow, Winter (engl.) – Nebelkrähe	Tu	
Crow (engl.) – Rabenkrähe	Tu	
Cryel Heron (engl.) – Rallenreiher? Rohrdommel?	Tu	
Cuckoo (engl.) – Kuckuck	Tu	
Cukkow (engl.) – Kuckuck	Tu	
Curländische Schnepfe – Dunkler Wasserläufer	Be2,N	
Curländischer Papagay – Blauracke	N	
Curländischer Papagei – Blauracke	Be2	
Curli – Großer Brachvogel	Buff	
Currelius – Wachtel	Buff	
Curruke, braune mit weissem Flügelfleck – Trauerschnäpper	Be2,N	
Curwy – Milane und Weihen	Suol	
Curwy – Rotmilan	Be	
Cut (engl.) – Teichhuhn	GesS	
Cymbel – Gimpel	GesH	
Cypersche Taube – Felsen-/Haustaube (Rasse)	K	
Cypervogel – Trauerschnäpper	Buff	
Cyprisches Rebhuhn – Halsbandfrankolin	K	
Cyßken (holl.) – Erlenzeisig	GesH	
Cziczik – Kiebitz	Buff	

Daachen – Dohle	H	
Däche – Dohle	Ad,Suol	
Dache – Dohle	Suol	
Dachee – Dohle	H	
Dachente – Zwergtaucher	Ad	
Dachentlein – Ohrentaucher	Be2,GD	
Dachentlein – Schwarzhalstaucher	Be,N	
Dachentlein – Zwergtaucher	Ad,K	
Dächer – Dohle	Ad,Suol	
Dachgrätzer – Hausrotschwanz	Suol	
Dachl – Alpendohle	H	
Dachl – Dohle	Do,F,H	
Dachlerche – Haubenlerche	Do,F	
Dachlicke – Dohle	Be2,Be,N	
Dachlike – Dohle	Be1,F	
Dachlücke – Dohle	B	
Dachlünk – Haussperling	Do	
Dachne – Dohle	Do,F	
Dachröteli – Hausrotschwanz	Suol	
Dachröteli – Rotkehlchen	Suol	Schweiz
Dachröteli – Rotschwanz (allg.)	Suol	
Dachscheißer – Haussperling	Do,Suol	
Dachschwalbe – Mehlschwalbe	B,Be2,Be,Buff,F,Krü,N,Suol	
Dachspatz – Hausrotschwanz	Suol	
Dachspatz – Haussperling	Do,F	
Dachsperling – Haussperling	Do,F	
Dåcht – Dohle	Suol	
Dackfink – Haussperling	Häp	Dachfink
Dacklünk – Haussperling	Bri,F,Suol	
Dackpeter – Haussperling	F,Suol	
Däfi – Alpendohle	N	
Dagerl – Dohle	H,Jä	
Dagerle – Dohle	F,H,Jä	
Dagschlap – Ziegenmelker	Be	
Dagschlop – Ziegenmelker	Do,F	
Dagslap – Ziegenmelker	Be2,N	
Dagzlap – Ziegenmelker	Do,F	
Dah – Dohle	H	
Dähe – Alpendohle	N,O1	
Dahe – Dohle	Suol	
Dahle – Dohle	Ad,Buff,F,Krü	
Dähle – Dohle	H,Jä	
Dählein – Dohle	Suol	
Dahlekin – Dohle	Do,F	
Dahlken – Dohle	Buff	
Dahnfink – Bergfink	Do,F	
Daker Hen (engl.) – Wachtelkönig	Tu	
Dal – Gänsegeier	GD	„Vultur Fulvus" bei Alpenbewohner.

Dal-rype (norw.) – Moorschneehuhn	H	
Dälche – Dohle	F,H,Jä	
Dale – Dohle	GesS,Suol	
Dâleke – Dohle	Suol	
Dalike – Dohle	Buff	
Dålke – Dohle	Suol	
Dalle – Dohle	F,H	
Dalmatische Weihe – Steppenweihe	N	N: Bd. 13/154.
Dalmatischer Alpenflüevogel – Alpenbraunelle	CLB3	
Dalmatischer Sperling – Fichtenammer	N	
Dalripa (schwed.) – Moorschneehuhn	H	
Damascener Rebhuhn – Rebhuhn (Var.)	Buff	
Damaszener Feldhuhn – Rebhuhn (Var.)	Hp	
Damaszener Rebhuhn – Rebhuhn (Var.)	Buff	
Damaszener Rebhuhn des Aldrovand – Rebhuhn (Var.)	Hp	
Dame – Waldkauz	Buff	
Damiatische Aente – Brandgans	Buff	
Dampfhorn – Rohrdommel	Fri	
Danfinck – Bergfink	StVb,zLa	Zuerst in StVb 1555, 469.
Danfinck – Weidenammer?	zLa	zLa: Bergfink – Weibchen ist falsch.
Dänische Eiderente – Eiderente	CLB3	
Dänische Spetmeise (dän.) – Kleiber	H	
Dänische Zwergseeschwalbe – Zwergseeschwalbe	CLB3,N	
Dänischer graukehliger Steißfuß – Rothalstaucher	CLB3	
Dänischer Pieper – Wiesenpieper	CLB3	
Dannen Finck – Bergfink	Schwf	
Dannenmees – Tannenmeise	Do,F	
Däondreiher – Neuntöter und Würger (allg.)	Suol	
Dårnexter – Neuntöter und Würger (allg.)	Suol	
Därrling – Nachtigall	Suol	
Däsi – Alpendohle	H	
Daube, wilde – Hohltaube	Kö	
Dauche – Taucher	StVb	
Daucher – Gänsesäger	GesS	Säger allg., nach Eber/Peucer.
Daucher – Säger (allg.)	Suol	
Daudenvugel – Steinkauz	Bri	
Daumpâpe – Gimpel	Suol	
Daumpöpchen – Gimpel	Bri	
Daun-Pfaffe – Gimpel	Buff,K	
Daurische Ralle – Kleines Sumpfhuhn	GD,Krü	
Dauschnarre – Ziegenmelker	Scha	
Dauss – Kormoran	GesS,zLa	VN
Daussen – Ringelgans	Zum Lamm	
Dauwenhawk – Habicht	Suol	
Dauwesteisser – Sperber	Suol	

Davidsvogel – Sprosser	Suol		
Davidzippe – Singdrossel	Do,F		
Daw (engl.) – Dohle	Tu		
Debber – Taube (männl.)	Suol		
Debbert – Haussperling	Suol		
Deckvogel – Saatkrähe	H		
Deffet – Sanderling? Strandläufer? Uferschnepfe?	StVb		
Deffyt – Sanderling oder Strandläufer	Suol		
Deffyt – Uferschnepfe	GesSH	VN	
Defyt – Sanderling oder Strandläufer	Suol		
Defyt – Sanderling?	Zupo	15. Jh.	
Dei lütt Stücke drei – Gelbspötter	Do,F		
Deilche – Dohle	F,H,Jä	Besser: Döhlchen.	
Deind – Sanderling? oder Strandläufer?	Schnurre …	… Brucker (1889): Straßb. Zunft- u. Polizeiverordng.	
Deiselein – Haushuhn (juv.)	Suol		
Deitschfink – Gimpel	Do,F		
Dekdauf – Ringeltaube	Suol		
Der Gefleckte – Schelladler	GD	„Falco maculatus."	
Der Vogel – Habicht	Jä		
Der Vogel – Sperber	Do,F,Scha		
Der Vogel – Wanderfalke	Scha		
Derbnitschok – Rotfußfalke	GD		
Dergun – Wachtelkönig	GD	In Rußland.	
Des Morphnos Kollege – Schelladler	GD	„Falco maculatus."	
Des Morphnos Kollege – Schreiadler	Be2		
Dethardingische Schnepfe – Sichelstrandläufer	Be2,Be,N		
Deuchel – Haubentaucher	B,Buff,F,N		
Deüchel – Schwarzhalstaucher	zLa		
Deucher – Bläßhuhn	Suol		
Deücherlein – Zwergtaucher	zLa		
Deutsch Kohlmeis – Tannenmeise	Buff		
Deutsche Elster – Elster	CLB3		
Deutsche Gans – Graugans	N		
Deutsche Grasmücke (bayer.) – Dorngrasmücke	H,Jä		
Deutsche Grauammer – Grauammer	CLB3		
Deutsche Graugans – Graugans	CLB3		
Deutsche Haubenmeise – Haubenmeise	CLB3		
Deutsche Holzkrähe – Schwarzspecht	Krü		
Deutsche Racke – Blauracke	CLB3		
Deutsche Ralle – Wasserralle	N		
Deutsche Schafstelze – Schafstelze	CLB3		
Deutsche Trappe – Großtrappe	CLB3		
Deutsche Wasserralle – Wasserralle	CLB3		
Deutschebier – Buchfink	JAN	Finkenschlag, auch Finkenname.	

Deutscher Baumfalke – Baumfalke   CLB3
Deutscher Berglaubvogel – Berglaubsänger   CLB3
Deutscher Braacher – Großer Brachvogel   K   Albin Band I, 79.
Deutscher Bracher – Großer Brachvogel   Ad,Be2,Be,GD,N
Deutscher Colibri – Goldhähnchen   Be1,Be2,Be
Deutscher Eichelheher – Eichelhäher   CLB3
Deutscher Falke – Wanderfalke   GD
Deutscher Fasan – Birkhuhn   Be2,Be,GD,N
Deutscher Fettammer – Ortolan   CLB3
Deutscher Gimpel – Gimpel   CLB3
Deutscher Glut – Grünschenkel   Buff
Deutscher Habicht – Habicht   CLB3
Deutscher Haubenpapagei – Wiedehopf   H
Deutscher Kakadu – Wiedehopf   F,H
Deutscher Kanarienvogel – Baumpieper   Do,F
Deutscher Kolibri – Goldhähnchen   GD,O1
Deutscher Meeruferläufer – Rotschenkel   CLB3
Deutscher Papagay – Blauracke   N
Deutscher Papagei – Blauracke   Be1,Be2,Be,F,Krü
Deutscher Papagey – Blauracke   Buff,GD,K,Schwf   Frisch T. 57.
Deutscher Papagey – Fichtenkreuzschnabel   Do,F,Krü   Do: Papagei.
Deutscher Pelican – Löffelente   GD
Deutscher Pelikan – Löffelente   Be1,Be2,Be,F,Hp,Krü,N,O1
Deutscher Schleierkauz – Schleiereule   CLB3
Deutscher Seeadler – Seeadler   CLB3
Deutscher Sperber – Sperber   CLB3
Deutscher Stieglitz – Stieglitz   CLB3
Deutscher Teichuferläufer –   CLB3
Teichwasserläufer
Deutscher Uhu – Uhu   CLB3
Deutscher Weißschwanz – Steinschmätzer   CLB3
Deutscher Wiesenknarrer – Wachtelkönig   CLB3
Devi Pitele (krain.) – Auerhuhn   Be1,Be2
Dhauschnarre – Wachtelkönig   Scha,Suol
Dhauschnarre – Ziegenmelker   Do,F
Dhul – Dohle   Be1,Be2,Be,Buff,N
Diadem-Wiesenschmätzer –   H
  Diademrotschwanz
Dianenamsel – Ringdrossel   Ad,B,Be1,Be2,Be,Buff,F,GD,N
Diberd – Taube (männl.)   Suol
Dic-cur-hic-Vogel – Wachtel   Be2,Be,N
Dichtertaube – Haus-/Felsentaube   Buff,GD   Zu Rasse Haubentaube.
Dick Trien – Grauammer   Do,F
Dick Trien – Ortolan   Do,F
Dick-Kule – Triel   Do,F
Dickbeinige Trappe – Triel   Do,F
Dickbeiniger Trapp – Triel   O1
Dickbeiniger Trappe – Triel   Be2,N
Dicke Diert – Grauammer   Do,F

Dickelchen – Haushuhn (juv.)	Suol	
Dicker Sänger – Streifenschwirl	O3	
Dickfuß – Triel	B,Be2,Be,Buff,F,GD,Krü,MW,N,Suol,V	
Dickfuß, europäischer – Triel	O3,WüCl	
Dickfuß, lerchengrauer – Triel	CLB2,H	KNB
Dickfuß, schreiender – Triel	CLB2,3	
Dickfüßiger Wasserläufer – Pfuhlschnepfe (juv.)	Be2,Be,MW,N	
Dickhälsiger Reiher – Rohrdommel	Be2,Be,N	KNB
Dickknie – Triel	N,Suol	
Dickknieiger Regenpfeifer – Triel	Be97	
Dickknieiger Trappe – Triel	Buff	
Dickkopf – Büffelkopfente	Buff	
Dickkopf – Grauammer	Do,F	
Dickkopf – Kernbeißer	Do,F	
Dickkopf – Neuntöter	Ad,B,F,H	
Dickkopf – Schellente	Be1,Be2,Be,Be97,Buff,F,GD,N	
Dickkopf – Schwarzstirnwürger	F,H	
Dickkopf, großer – Raubwürger	F	
Dickköpfige Cardinalsente – Büffelkopfente	Buff	
Dickköpfige Ente – Büffelkopfente	Buff	
Dickkopp – Haussperling	Bri,Scha	
Dickkopp – Neuntöter	Scha,WüCl	
Dickkopp-Nägnmörder – Neuntöter und Würger (allg.)	Suol	
Dickmaul – Kernbeißer	Fri,Scha,Suol	
Dickschädel – Neuntöter und Würger (allg.)	Suol	
Dickschieter – Grauammer	Häp	
Dickschnäbel – Kernbeißer	Ad,B,Be1,Be2,Be,Be97,Buff,F,GD,Hp, … … K,Krü,N,Suol,V	
Dickschnabel-Lumme – Dickschnabellumme	N	
Dickschnabel, finnischer – Hakengimpel	F	
Dickschnabel, gelber – Grünfink	Buff	
Dickschnabel, gelbgrüner – Girlitz	Be2,N	
Dickschnabel, gelbgrüner – Kanarengirlitz	Buff	
Dickschnabel, gelbgrüner – Zitronenzeisig + Girlitz	Be	
Dickschnabel, größter – Hakengimpel	Be2,Be,N	
Dickschnabel, größter – Kiefernkreuzschnabel	GD	
Dickschnabel, größter Europäischer – Hakengimpel	Be2,N	
Dickschnabel, größter europäischer … … – Kiefernkreuzschnabel	GD	
Dickschnabel, grüner – Grünfink	Be1,Be2,Be,Buff,N	
Dickschnäbelige Meerschwalbe – Lachseeschwalbe	N	

Dickschnäbelige Seeschwalbe – Lachseeschwalbe	N	
Dickschnäbeliger Laubsänger – Wanderlaubsänger	BB,H	
Dickschnäbeliger Tannenhäher – Tannenhäher	Bri	
Dickschnäbler – Grünfink	Do,F	
Dickschnäbler, grüngelber – Grünling	Be1,Be2,Be,Buff,GD,N	KNB
Dickschnäblige Seeschwalbe – Lachseeschwalbe	Do,F	
Dickschnäblige Heringsmöve – Heringsmöwe	CLB3	
Dickschnäbliges Auerhuhn – Auerhuhn	CLB3	
Didel – Stieglitz	Scha	
Didelein – Haushuhn (juv.)	Suol	
Dieb – Haussperling	B,Be2,N	
Diebische Joen – Schmarotzerraubmöwe	Gun	
Die Tott (pomm.) – Grau-/Hausgans	Do	
Diebs Joer – Schmarotzerraubmöwe	Gun	
Diebsch – Elster	H	
Diebst – Elster	Do	
Diechle – Alpendohle	F,H	
Diekschieter – Grauammer	Bri	
Diekspur – Steinschmätzer	Bri	
Diener des Regenpeifers – Alpenstrandläufer	O2	
Diert, dicke – Grauammer	F	
Dieselfink – Stieglitz	F	
Diesselfink – Stieglitz	Bri	
Diestelfink – Stieglitz	Buff,Krü,WüCl	
Diestelzeisig – Stieglitz	Krü	
Diester – Wiesenpieper	N,Suol	
Diffrick – Taube (männl.)	Suol	
Dikdik – Haushuhn (juv.)	Suol	
Dike Smouler (engl.) – Heckenbraunelle	Tu	
Dikke-Diert (helgol.) – Grauammer	H	
Dikkopp – Raubwürger	Bri	
Dindon – Truthuhn	O1	
Dipper (engl.) – Wasseramsel	Tu	
Dirk Ohm – Rohrdommel	Bri	
Dischel – Stieglitz	Suol	
Dischelfink – Stieglitz	Suol	
Disderet – Buchfink	Buff	
Dißdered – Buchfink, Zuchtname	GD,Kö	Finkenschlag, auch Finkenname.
Dissele – Stieglitz	Suol	
Disselein – Haushuhn (weibl.)	Suol	
Disserle – Stieglitz	Suol	
Distel – Stieglitz	Suol	Elsaß, Schweiz.

Distel Finck – Stieglitz	Schwf	
Distel-Finck – Stieglitz	Kö	
Distel-Fink – Stieglitz	Z	
Distel-Zeisig – Stieglitz	N	
Distelein – Stieglitz	O1	
Distelfinck – Stieglitz	GesSH,StVbTu,zLa	Engl. gold finch.
Distelfink – Stieglitz	Ad,Be,Be1,2,Buff,CLB2,F,GD,Hp,Jä,K,Krü, …	
	… MW,N,1,2,Scha,Suol,V. 13. Jh.: Tistelvinkelin.	
		KNB
Distelfink – Trauerschnäpper	Be1,Be2,Be,N	
Distelfink, lappländischer – Spornammer	Be2,Be,N	
Distelfink, schwedischer – Bergfink (Var.)	GD	
Distelfink, westgothischer – Bergfink (Var.)	GD	
Distelfinke – Stieglitz	HHM	
Disteli – Stieglitz	Do,Suol	
Distelvinc (engl.) – Stieglitz	Tu	Engl. gold finch.
Distelvincke (holl.) – Stieglitz	GesH	
Distelvincken – Stieglitz	Suol	
Distelvogel – Stieglitz	Ad,Be1,Be2,Be,Be97,Buff,F, …	
	… GesH,GD,Krü,N,Suol,Schwf	
Distelvogel, angermannländischer – Bergfink	Be1,Be2,Be,N	
Distelzeisig – Stieglitz	B,Be2,CLB2,F,Krü,O3 Bechst. 1805/09 KNB	
Distelzweig – Stieglitz	Suol	
Distelzweiglein – Stieglitz	Suol	
Distelzwig – Stieglitz	Suol	
Distelzwinglein – Stieglitz	Suol	
Distler – Stieglitz	N	
Ditchen – Goldregenpfeifer	Ad	
Ditgen – Mornellregenpfeifer	G	
Dittchen – Goldregenpfeifer	B,Be1,Be2,Be,F,GD,Krü,N,O1	
Dittgen – (Fluß- u. Sand-)Regenpfeifer	Suol	
Diwen – Taube (weibl.)	Suol	
Dîwrik – Taube (männl.)	Suol	
Dix-huit – Kiebitz	Buff	
Dluit – Waldwasserläufer	B,N	
Doalaster – Elster	F,H	
Doarndral – Neuntöter	H	
Doarnrale – Neuntöter und Würger (allg.)	Suol	
Doarntral – Neuntöter und Würger (allg.)	Suol	
Dobbelschnepfe – Bekassine	Be1	
Döbbelschnepfe – Doppelschnepfe	Hp	
Dobbelt Bekkasin (dän.) – Bekassine	H	
Dobbelt Kramsfugl (dän.) – Misteldrossel	Buff	
Doel – Dohle	Be1,Be2,Be,Buff,F,GesS,N	
Doerling – Nachtigall	Buff	
Dogger (Wikl., helgol.) – Tordalk	F,H	
Dogger, lütj (helgol.) – Krabbentaucher	F,H	

Dohl – Dohle	Suol	
Dohle – Dohle	B,Ad,Be1,Be2,Be,Be05,Buff,CLB1,2,G,GD,Jä, …	
	…K,Kö,Krü,MW,N,O2,P,V,Z	Frisch T. 67.
		KNB
Dohle mit Schwimmfüßen – Krähenscharbe	Buff	
Dohle, gemeine – Dohle	Be2,Be97,N,O1	
Dohle, graue – Dohle	Be1,Be2,Be,N	
Dohle, nordische – Dohle	CLB3	
Dohle, schwarze – Dohle	GD,N	
Dohlen-Rabe – Dohle	N	
Dohlenkrähe – Dohle	O3	
Dohlenrabe – Dohle	F	
Dohmpaap – Gimpel	Be1,Be	
Dohmpfaff – Gimpel	Buff	
Dohmpfaffe – Gimpel	Be97	
Dohmpfaffe, finnischer – Hakengimpel	Be1,Be2,Be	
Dohmpfaffe, Hamburgischer – Feldsperling	Buff	
Doideret – Buchfink, Zuchtname	Kö	
Doiteret – Buchfink	GD	Finkenschlag, auch Finkenname.
Döl – Dohle	Tu	
Dol – Dohle	Suol	
Dole – Dohle	GesS,P1,Suol	
Dolken – Kiebitzregenpfeifer	Buff	Pontoppidan
Dölllerche – Heidelerche	Be2,F,N	
Dollmetschender Strandvogel – Steinwälzer	Be1,Be2,Be	
Dollmetscher – Steinwälzer	Buff,GD,O1	
Dolmetschender Strandvogel – Steinwälzer	N	
Dolmetscher – Steinwälzer	B,Be2,Be,F,GD,N	
Dölpel – Baßtölpel	Krü	
Dölpel – Rotfußtölpel?	GD	
Dölpel, großer – Baßtölpel (Var.)	GD	
Dölpel, kleiner – Rotfußtölpel?	GD	
Dom-Pape (dän.) – Gimpel	Buff	
Dom-Pfaffe – Gimpel	Buff	
Domherr – Gimpel	Ad,B,Be2,Be,F,N	
Domherre – Gimpel	Buff	
Dommel, kleine – Zwergdommel	O1	
Dompaap – Gimpel	N,WüCl	
Dompaav – Gimpel	Be2	
Dômpaop – Gimpel	Suol	
Dômpâp – Gimpel	Suol	
Dompapa – Gimpel	Häp	
Dompape – Gimpel	Ad	
Dompfaff – Gimpel	Ad,B,F,Fri,Hp,Jä,Krü,O1,2,Scha,Suol,V	
Dompfaff, finnischer – Hakengimpel	F	
Dompfaff, hamburgischer – Gimpel	Siemssen	Wahrscheinl. Variation: Verh., Farbe.
Dompfaff, kleiner – Gimpel	Bri	
Dompfaff, nordischer – Gimpel	Bri	
Dompfaffe – Gimpel	Be2,Be,Buff,GD,Hamb.Mag.,Krü,MW,N VN	

Dompfaffe, finnischer – Hakengimpel	N	
Dompfaffe, finnischer – Kiefernkreuzschnabel	GD	
Dompfaffen – Gimpel	Be1	
Domphorn (holl) – Rohrdommel	GesSH,Suol	Niederdeutsch
Dompshorn – Rohrdommel	GesS,Suol	
Domrabe – Dohle	F,H	
Domschnepfe – Sichler	Ad,Buff	Pontoppidan
Don-Ente – Moorente	N	
Donauer – Sichler	Buff	
Donaureiher – Zwergdommel	Be2	
Donente – Moorente	B,Be2,F	
Dônpfaff – Gimpel	Suol	
Doole – Dohle	Be2,N	
Doompaap – Gimpel	Bri	
Doornsnippe – Waldschnepfe	Bri	
Doppan – Trottellumme	Gun	In Lappland
Doppel Schnepfe – Doppelschnepfe	Fri	
Doppeldrossel – Misteldrossel	Do,F	
Doppelhörniger Kiebitz – Kiebitz	CLB3	
Doppelkricke – Pfeifente	F,H	
Doppelkricke – Schnatterente	H	
Doppelkrikken – Mittlere Enten allg.	Bri	
Doppellerche – Ohrenlerche	Ad	
Doppelschlag – Buchfink	GD,O1	Finkenschlag, auch Finkenname.
Doppelschnepfe – Doppelschnepfe	Buff	
Doppelschnepfe – Bekassine	Be2,GD,Krü,N	
Doppelschnepfe – Doppelschnepfe	Ad,B,Be2,Be,CLB2,Fri,GD,Krü,N,V	KNB
Doppelschnepfe – Großer Brachvogel	B,Be1,2,Be,Be97,Buff,CLB1,2,GD,Jä,N,O1,V.	KNB
Doppelschnepfe – Uferschnepfe	GD	In Kurland.
Doppelschnepfe, rosenrotpunktierte … … – Großer Brachvogel (Var.)	Be1	
Doppelschnepfe, weiße – Großer Brachvogel (Var.)	Be1	
Doppelschneppe – Bekassine	Be	
Doppelschneppe – Großer Brachvogel	Scha	
Doppelsperber – Habicht	B,Be2,F,N	
Doppelstar – Tannenhäher	Do,F	
Doppeltaucher – Ohrentaucher	Buff	
Doppelter Gilberig – Grauammer	N	
Doppelter Grünschling – Grauammer	Be1,Be2,Be,N	
Doppelter Krametsvogel – Wacholderdrossel	GD	
Doppelter Krammsvogel – Misteldrossel	N	
Doppelter Kramtsvogel – Misteldrossel	Be	
Doppelter Schneekader – Misteldrossel	Be2,N	
Doppelter Schrömer – Polartaucher	F	
Doppelter Schrömer – Prachttaucher	H	

Dorendreer – Neuntöter	HaSa	
Dorendreer – Neuntöter und Würger (allg.)	Suol	
Dorendreer – Würger	GesS	Weitere Zuordng. nicht möglich.
Dorf-Schwalbe – Rauchschwalbe	Buff	
Dorffink – Buchfink	Do,F	
Dorfrauchschwalbe – Rauchschwalbe	CLB3	
Dorfschwalbe – Mehlschwalbe	Be1,Be2,Be,Buff,GD,Krü,N	
Dorfschwalbe – Rauchschwalbe	F,Fri,O2	
Dorfsperling – Haussperling	Be	
Dorling – Nachtigall	Be2,N,O1	
Dörling – Nachtigall	Ad,Be,F,K,Krü,Schwf,Suol Schwenckf. 1603: …	
	… Dörling: Alter Vogelstellername. Frisch T. 21.	
Dorn-Grasmücke – Dorngrasmücke	N	
Dorn-Regenpfeifer – Spornkiebitz	Buff	
Dornacreiel – Neuntöter und Würger (allg.)	Suol	
Dornägerste – Neuntöter und Würger (allg.)	Suol	
Dorndraher – Neuntöter	H	
Dorndräher – Neuntöter und Würger (allg.)	Suol	
Dorndrâil – Neuntöter und Würger (allg.)	Suol	
Dorndral – Neuntöter	H	
Dorndral – Neuntöter und Würger (allg.)	Suol	
Dorndrall – Neuntöter	F,H	
Dorndrall, spanischer – Raubwürger	H	
Dorndraller – Neuntöter und Würger (allg.)	Suol	
Dorndrechsler – Neuntöter	B,Be1,Be2,Be,Buff,GD,Krü,N,Z	
Dorndrechsler – Raubwürger	Ad	
Dorndreckeler – Neuntöter und Würger (allg.)	Suol	Dialektwort aus dorndrâil.
Dorndrehender Würger – Neuntöter	CLB3	
Dorndreher – Klappergrasmücke	Ad	
Dorndreher – Neuntöter	Ad,B,Be1,Be2,Be,Be97,Be05, …	
	… CLB2,F,GD,Jä,Krü,N,O1,V KNB	
Dorndreher – Neuntöter und Würger (allg.)	Suol	
Dorndreher – Raubwürger	F,GesSH,Krü	
Dorndreher – Rotkopfwürger	Fri,Z	
Dorndreher – Schwarzstirnwürger	Be2,GD	
Dorndreher, brauner – Rotkopfwürger	O2	
Dorndreher, großer – Raubwürger	Be2,Be,N	
Dorndreher, großer – Rotkopfwürger	O2	
Dorndreher, großer bunter – Raubwürger	Krü	
Dorndreher, kleiner – Schwarzstirnwürger	F	
Dorndreher, kleiner aschgrauer – Schwarzstirnwürger	N	
Dorndreher, kleiner grauer – Schwarzstirnwürger	N	
Dorndreher, spanischer – Raubwürger	H	
Dorndreher, spanischer – Schwarzstirnwürger	F,H,Suol	

Dorndreher, talienischer – Schwarzstirnwürger	F		
Dorndrejer – Neuntöter und Würger (allg.)	Suol		
Dorndrescher – Neuntöter	F		
Dorndrewer – Neuntöter und Würger (allg.)	StVb,Suol		
Dorndroscelw – Neuntöter und Würger (allg.)	Suol		
Dorndröscherl – Neuntöter und Würger (allg.)	Suol		
Dornelster – Rotkopfwürger	CLB2,V		KNB
Dornenkrabben – Neuntöter	Bri		
Dornente – Weißkopf-Ruderente	B		
Dornfink – Trauerschnäpper	B,Be2,Be,F,N		
Dornflügel – Spornkiebitz	Buff		
Dorngansl – Neuntöter	F,H		
Dorngansl – Neuntöter und Würger (allg.)	Suol		
Dorngätzer (hess.) – Dorngrasmücke	Do		
Dorngätzer – Grasmücke (allg.)	Suol		
Dorngrasmücke – Dorngrasmücke	B	Naumann 1822,	KN.
Dorngreil – Neuntöter	H,Jä		
Dorngreil, mittlerer – Neuntöter	H		
Dorngreuel – Neuntöter	B,Be1,Be2,Be,GD,N		
Dorngreuel – Neuntöter und Würger (allg.)	Suol	Dialektwort aus dorndrâil.	
Dorngreuel – Rotkopfwürger	GD		
Dorngreuel, kleiner – Klappergrasmücke	Be97		
Dorngreul – Neuntöter	Do,F		
Dorngreul, kleiner – Klappergrasmücke	Be1,Be2,Be,F,N		
Dornhacker – Neuntöter	H		
Dornhäher – Neuntöter und Würger (allg.)	F,Suol		
Dornheher – Neuntöter	B,Be2,Be,GD,N		
Dornheher – Rotkopfwürger	GD		
Dornhitsche – Neuntöter	Suol		
Dornklappergrasmücke – Klappergrasmücke	CLB3		
Dornkönig – Zaunkönig	Ad,B,Be1,Be2,Be,Buff,F,GD,Hp,K,N,Suol, Frisch T. 24		
Dornkræel – Neuntöter und Würger (allg.)	Suol		
Dornkræl – Neuntöter und Würger (allg.)	Suol		
Dornkralle – Neuntöter	F,H		
Dornkrätzer – Neuntöter	GesH		
Dornkratzer – Neuntöter	Krü		
Dornkratzer – Raubwürger	Ad		
Dornkrätzer – Raubwürger	F,GesH		
Dornkreul – Neuntöter	Ad		
Dornkriecher – Zaunkönig	Do,F		
Dornorahil – Neuntöter und Würger (allg.)	Suol		
Dornracher – Neuntöter	F,H		
Dornreich – Dorngrasmücke	B,Be2,Krü,N,P1,Z		

Dornreich – Gartengrasmücke	Be1,Be2,Be,Be97,N,O2	
Dornreich – Grauschnäpper	Hp	
Dornreich – Mönchsgrasmücke	Krü	
Dornreich – Neuntöter	Ad,B,JAN,Suol	Dialektwort aus dorndrâil.
Dornreich – Neuntöter und Würger (allg.)	F,Suol	
Dornreich – Rotkopfwürger	Fri	
Dornreich – Sumpf-/Weidenmeise	Be1,Be2,Be,Buff,GD,Krü	
Dornreich – Sumpfmeise	N	
Dornreich, gemeiner – Dorngrasmücke	Be1,Be2,Be,Be97,N,P	
Dornreich, allgemeiner – Dorngrasmücke	P	
Dornreich, braunköpfichter – Mönchsgrasmücke	P	
Dornreich, großer – Gartengrasmücke	Be2,N	
Dornreich, großer – Neuntöter	Be1,Be2,Be,Be97,GD,N	
Dornreich, großer – Sperbergrasmücke	N	
Dornreich, im Fliegen singender – Dorngrasmücke	Z	
Dornreich, kleiner – Klappergrasmücke	Be1,Be2,Be,Be97,F,N	
Dornreich, ordentlicher – Mönchsgrasmücke	Hp	
Dornreich, schwartzköpfiger – Mönchsgrasmücke	P1	
Dornreich, schwartzkopichter – Mönchsgrasmücke	P1	
Dornreich, schwarzkopffigter – Mönchsgrasmücke	P	
Dornreich, schwarzkopfichter – Mönchsgrasmücke	P	
Dornreich, schwarzköpfiger – Sumpf-/ Weidenmeise	K,Krü	
Dornreich, weißköpfiger – Mönchsgrasmücke	Be1,Be	
Dornreicher – Neuntöter und Würger (allg.)	Suol	
Dornreicherl – Dorngrasmücke	F	
Dornreicherl – Gartengrasmücke	F	
Dornreicherl (österr.) – Dorngrasmücke	H	
Dornreicherl (österr.) – Klappergrasmücke	H	
Dornreiher – Neuntöter und Würger (allg.)	Suol	
Dornreiher, spanischer – Rotkopfwürger	F,H	
Dornschmatz – Dorngrasmücke	Be2,Be,N	
Dornschmätzer – Dorngrasmücke	Be2,Be,F,N	
Dornschmetzer (schles.) – Dorngrasmücke	H	
Dornschnepfe – Waldschnepfe	B,F	
Dornschwanzente – Weißkopfruderente	N	
Dornspießer – Raubwürger	Do,F	
Dornstecher – Neuntöter	F,H	
Dorntraber – Neuntöter	Buff,GD	
Dornträher – Neuntöter	GesH	
Dorntraher – Schwarzstirnwürger	GD,K	Frisch T. 60.

Dornträher – Schwarzstirnwürger	Schwf	
Dornträher, aschenfarben – Raubwürger	GesH	
Dorntraher, großer – Raubwürger	GD	
Dorntrail – Neuntöter und Würger (allg.)	Suol	
Dorntral – Neuntöter und Würger (allg.)	Suol	
Dorntreher – Neuntöter	zLa	Auch bei Gessner 1555.
Dorntreiber – Neuntöter und Würger (allg.)	Suol	
Dorntreischerl – Neuntöter und Würger (allg.)	Suol	
Dorntreter – Neuntöter	B,Be1,Be2,Be,Buff,F,GD,Krü,N	
Dorntreter – Rotkopfwürger	Fri	
Dorntreter – Schwarzstirnwürger	Be2,GD,Jä	
Dorntreter, kleiner aschgrauer – Schwarzstirnwürger	N	
Dorntreter, kleiner grauer – Schwarzstirnwürger	N	
Dorntretter – Neuntöter	Z	
Dorpfink – Buchfink	Be2,Be,N	
Dörpfink – Buchfink	Be1,Be2,Be,F,N	
Döryfink(?) – Buchfink	Do	Das Wort wurde so übernommen.
Dörpfink – Goldammer	Do,F	
Dörrling – Nachtigall	Ad	
Doterel (engl.) – Mornellregenpfeifer (?)	Tu	„I call it Morinellus …"
Dotterel – Buchfink	Buff	
Dotterel (engl.) – Mornellregenpfeifer	K	
Dotterl – Mornellregenpfeifer	O1	
Doublette – Doppelschnepfe	Be2,Krü,N	
Doucker – Zwergtaucher	Be2,Be.N	
Doudevull – Ziegenmelker	Suol	
Dougall's-Meerschwalbe – Rosenseeschwalbe	O3	
Dougall'sche Seeschwalbe – Rosenseeschwalbe	CLB1,2,3	
Dougallische Meerschwalbe – Rosenseeschwalbe	MW	
Dougallische Seeschwalbe – Rosenseeschwalbe	CLB1	KNB
Dougalls Seeschwalbe – Rosenseeschwalbe	F	
Dougalls tärne (schwed.) – Rosenseeschwalbe	H	
Dougalls Terne (dän.) – Rosenseeschwalbe	H	
Dougallsche Meerschwalbe – Rosenseeschwalbe	N	
Dougallsche Seeschwalbe – Rosenseeschwalbe	N	
Douker (engl.) – Krähenscharbe	Tu	
Douker (engl.) – Zwergtaucher	Tu	
Dove, Ringged(engl.) – Ringeltaube	Tu	

Dove (engl.) – Taube allg.	Tu	
Döwert – Felsen-/Haustaube (männl.)	Häp	
Döwwek – Felsen-/Haustaube (männl.)	Suol	
Döwwerk – Felsen-/Haustaube (männl.)	Suol	
Draak – Spießente (weibl.)	O1	
Drache – Ente (männl.)	Suol	
Dragge – Grasmücke (allg.)	Suol	
Drâiervink – Wendehals	Suol	
Drägehals (Zerbst) – Wendehals	Do	
Dräjhälsel – Wendehals	Suol	
Drâke – Ente (männl.)	Suol	
Drake – Ente allg.	Krü	
Drake – Hausente	GD	
Drake – Stockente (männl.)	Häp	
Drake (hann.) – Tafelente	Do	
Drassel – Drossel (allg.)	Suol	
Drasselente – Krickente	Suol	
Drauschl – Singdrossel	Jä	
Drausel – Drossel (allg.)	Suol	
Drausele – Drossel (allg.)	Suol	
Draußel – Drossel (allg.)	Suol	
Draußpfeifer – Buchfink, zuchtspezif.Name	Be97	
Drechsler – Neuntöter	Krü	
Dreckamsel – Amsel	F	
Dreckdrossel – Wacholderdrossel	Do,F	
Dreckfink – Buchfink	Suol	
Dreckhahn – Wiedehopf	Be1,Be2,Be,Be97,Bri,Buff,F,GD,Häp,Hp,N,Scha	
Dreckhenne – Wiedehopf	Do,F	
Dreckjäger – Schmarotzerraubmöwe	Ad	
Dreckjockel – Buchfink	Suol	Von Jakob.
Dreckkrähe – Blauracke	Jä	
Dreckkrämer – Wiedehopf	Be2,N	
Drecklerche – Bergpieper	Be2,Be,F,N	
Drecklerche – Haubenlerche	Do,F,Jä	
Dreckschnibbe – Bekassine	Bojer	Emsland
Dreckschwalbe – Rauchschwalbe	Do,F	
Dreckschwalbe – Uferschwalbe	Be1,Be2,Be,F,N,Scha	
Dreckschwälk – Rauchschwalbe	F	
Drecksteier – Mehlschwalbe	Suol	
Dreckswalbe – Mehlschwalbe	Bri	
Dreckvogel – Saatkrähe	F,H,Jä	
Dreckvogel – Schmarotzerraubmöwe	Ad	
Dreckvogel – Schmutzgeier	Ad	
Dreckvogel – Wachtel	Suol	
Dreckvogel – Wiedehopf	H,Suol	
Dreh-Hals – Wendehals	Fri	
Drehals – Wendehals	Buff	

Drehehals – Wendehals	Hp	
Drehhals – Wendehals	Ad,B,Be1,Be2,Be,Be97,Bri,Buff,CLB2, …	
	… F,Fri,GD,Jä,K,Krü,N,Scha,Suol	KNB
		Frisch T. 3
Drehhals gemeiner – Wendehals	O1	
Drehhals, europäischer – Wendehals	GD	
Drehschlunk – Wendehals	Do,F	
Drehvogel – Wendehals	B,Be1,Be2,Be,F,GD,N	
Dreidecker – Doppelschnepfe	F,H	
Dreierfink – Wendehals	H	
Dreifarbiger Fasan aus China – Goldfasan	Be2	
Dreifederiger Kauz – Sumpfohreule	Be2	
Dreifedriger Kautz – Sumpfohreule	N	
Dreifingerige Meve – Dreizehenmöwe	Be1,Be	
Dreifingerige Mewe – Dreizehenmöwe	Krü	
Dreifingeriger Buntspecht – Dreizehenspecht	B	
Dreifingeriger und schäckiger Specht – Dreizehenspecht	Be2,Be,N	
Dreihals – Wendehals	F	
Dreiherfink – Wendehals	F	
Dreiviertelsente – Spießente	F,H,Jä	
Dreizeh – Dreizehenspecht	Be2,Be,F,N	
Dreizehen-Meve – Dreizehenmöwe	N	
Dreizehen-Specht – Dreizehenspecht	N	
Dreizehenmöve – Dreizehenmöwe	B	
Dreizehenspecht – Dreizehenspecht	B	
Dreizehige Meve – Dreizehenmöwe	Be2,Be,MW	
Dreizehige Möve – Dreizehenmöwe	CLB2,O2,3,N,V,WüCl	KNB
Dreizehiger Alpenspecht – Dreizehenspecht	CLB3	
Dreizehiger Baumhacker – Dreizehenspecht	Be2,Be,N	
Dreizehiger Baumpicker – Dreizehenspecht	N	
Dreizehiger Bergspecht – Dreizehenspecht	CLB3	
Dreizehiger Buntspecht – Dreizehenspecht	B,Krü,N,O1	
Dreizehiger Sandläufer – Sanderling	Be2,JAN,N	
Dreizehiger Specht – Dreizehenspecht	Be1,2,Be,Be97,Be05,CLB2,MW,N,O2,3,V	KNB
Dreizehnmöve – Dreizehenmöwe	Do	
Drescherl – Singdrossel	F,H	
Dresh (helv.) – Wacholderdrossel	H	
Dreßel – Krickente	StVb	
Dreßel – Krickente	Baldn,Suol	
Dresselin – Mittelsäger	zLa	
Dreyfingerige Meve – Dreizehenmöwe	GD	
Dreyfingeriger Specht – Dreizehenspecht	Buff,GD	
Dreyzee – Dreizehenspecht	K	
Dreyzehichter Specht – Dreizehenspecht	GD	
Dreyzehige Meve – Dreizehenmöwe	Buff	
Dreyzehiger Baumhacker – Dreizehenspecht	Buff	

Dreyzehiger Specht – Dreizehenspecht	Buff,GD	
Dreyzehigter Specht – Dreizehenspecht	GD	
Drillelster – Neuntöter	Scha	
Drillelster – Raubwürger	H,Scha	
Drillelster – Schwarzstirnwürger	B,F,Scha	
Dritt-Vogel, weißer – Schellente	GesH	
Dritte Halbente – Sterntaucher (PK)	Ed,K	Edwards T. 97.
Drittfögel – Schellenten	Zupo	1459
Drittvogel, großer weiser – Schellente	Suol	Suolahti S. 435: „weise".
Drittvogel, großer weißer – Schellente	Baldn,Suol	
Drittvogel, weißer – Schellente	Buff,GesS	Um Straßburg …
	… Größenbezeichnung für den Marktgebrauch.	
Drittvögelin – Schellente	Zupo	15. Jh.
Dritvogel – Schellente	Zupo	1449
Dritvögelin – Schellente	Schnurre, Zupo …	15. Jh
	… Brucker (1889): Straßb. Zunft-u. Polizeiverordng.	
Dröckstöchar – Wiedehopf	Suol	
Droessel – Singdrossel	GesS	
Droff (böhm.) – Großtrappe	Ad	
Droffe – Triel, Trappen	O1	
Drôk – Ente (männl.)	Suol	
Droosel – Drossel	Häp	
Drosch – Singdrossel	Be2,Be,N	
Drosch (krain.) – Singdrossel	Be2	
Droschel – Drossel (allg.)	P1,Suol	
Droschel – Misteldrossel	zLa	
Droschel – Rotdrossel	P	
Droschel – Singdrossel	Ad,F,GesH,Hp,N,O1,P,Z	Adelung: 1774, Bd. 1.
Dröschel – Singdrossel	Be2,Be,N	
Droschel, eigentlich so genannte – Singdrossel	Be2,Be,GD,N	Bei N ein Wort: „Sogenannte".
Droschel, rote – Rotdrossel	P1	
Droschel, weiße – Singdrossel	Kö,P1	
Droschele – Drossel (allg.)	Suol	
Droschele – Singdrossel	GesS	
Dröscherl – Rotdrossel	Jä	
Dröscherl – Singdrossel	Jä,Suol	
Droschl – Singdrossel	Jä	
Dröschling – Singdrossel	Suol	
Drosdel – Drossel (allg.)	Suol	
Drossel – Krickente	Be2,Be,Buff,N	
Drossel – Rotdrossel	Be2,Be,CLB2,N	KNB
Drossel – Singdrossel	Ad,Be1,Be2,Be,Buff,CLB2,G, …	
	… GesS,Hp,Jä,N,Schwf,Suol,V	G: „Droßel."
		KNB
Drossel – Wein- u. Sing- u. Misteldrossel	Tu	= Turdus iliacus + T. musicus + T. viscivorus.

Drossel m. schwarzblauem Kopfe u. hinter-	Buf	Siehe Klein.
wärts geschmücktem Haarzopfe, …		
… rosenfarbige – Rosenstar		
Drossel-Rohrsänger – Drosselrohrsänger	N	
Drossel-Uferläufer – Drosseluferläufer	N	
Drossel, blaßbauchige – Weißbrauendrossel	N	N: Bd. 13/289.
Drossel, blasse – Weißbrauendrossel	N	N: Bd. 13/289.
Drossel, blaue – Blaumerle	Be,CLB1,2,MW,N	KNB
Drossel, blaue – Steinrötel	Be1,Be2,Be,Buff,Krü	Frisch T. 32.
Drossel, bleifarbene – Misteldrossel	Be2,Be,N	
Drossel, böhmische – Seidenschwanz	Ad,Buff,GD,Krü	
Drossel, bräunliche – Rostflügeldrossel	N	N: Bd. 13/307.
Drossel, bunte – Erddrossel	N	N: Bd. 13/262.
Drossel, bunte asiatische – Erddrossel	N	N: Bd. 13/262.
Drossel, bunte japanische – Erddrossel	N	N: Bd. 13/262.
Drossel, dunkelbraune – Rostflügeldrossel	N	N: Bd. 13/307.
Drossel, eigentliche – Singdrossel	Buff	
Drossel, einsame – Blaumerle	Ad,CLB2,N	
Drossel, einsame – Einsiedlerdrossel	N	N: Bd. 13/273.
Drossel, einsame – Zwergdrossel	Ad	
Drossel, gehäubte – Seidenschwanz	JAN	
Drossel, gelbe – Pirol	Fri	
Drossel, gelbliche – Schieferdrossel	CLB3,N	N: Bd. 13/348.
Drossel, graue – Rotdrossel	Buff	
Drossel, graue – Singdrossel	Be2,Buff,N	
Drossel, graue – Zwergdrossel	Ad	
Drossel, große – Misteldrossel	Be1,Be2,Be,Be97,Buff,Krü,N	
Drossel, große mondfleckige – Erddrossel	N	N: Bd. 13/262.
Drossel, haarzopfige – Rosenstar	Be1,Be2,Be,N	
Drossel, italienische – Blaumerle	N	„Italienische" ist hier richtig.
Drossel, kleine – Einsiedlerdrossel	N	N: Bd. 13/262.
Drossel, kleine – Heckensänger	CLB2	
Drossel, kleine – Wilsondrossel	H	
Drossel, kleine – Zwergdrossel	CLB3	KNB
Drossel, manillische – Blaumerle	N	
Drossel, marilandische – Wacholderdrossel	Hel	Hellfeld 1790, 64.
Drossel, mondfleckige – Himalayadrossel	N	N: Bd. 13/255.
Drossel, mondfleckige – Schieferdrossel	N	N. Bd. 13/348.
Drossel, Naumannische – Naumannsdrossel	CLB2,MW,O3	KNB
Drossel, rosenfarbige – Rosenstar	Be1,Be2,Be,Buff,CLB2,GD,MW,N	
Drossel, rosenfarbige-haarzopfige –	GD	
Rosenstar		
Drossel, rostflügelige – Rostflügeldrossel	N	N: Bd. 13/307.
Drossel, rosthalsige – Rotkehldrossel	N	N: Bd. 13/316.
Drossel, rostkehlige – Rotkehldrossel	N	N: Bd. 13/316.
Drossel, rostrote – Heckensänger	CLB2,MW,N	N: Bd. 13/398.
Drossel, rotbrüstige – Wanderdrossel	N	N: Bd. 13/336.
(ausgestorben)		

Drossel, rothalsige – Rotkehldrossel	N		N: Bd. 13/316.
Drossel, schwartze – Amsel	Z		
Drossel, schwarzblaue – Schieferdrossel	N		N: Bd. 13/348.
Drossel, schwarze – Amsel	Ad,Jä		
Drossel, schwarzkehlige – Schwarzkehldrossel	CLB2,3,MW,N,O3		Bd. 13/330 KNB.
Drossel, Seyffertitzes – Weißbrauendrossel	CLB2,3		KNB
Drossel, sibirische – Schieferdrossel	N		N: Bd. 13/348.
Drossel, tiefsinnige – Blaumerle	N		
Drossel, ungefleckte – Weißbrauendrossel	N		N: Bd. 13/289.
Drossel, weichfederige – Felserddrossel	N		N: Bd. 13/257.
Drossel, weinrote – Singdrossel	Be2,Be,N		
Drossel, weiße – Singdrossel	Schwf		
Drossel, zweideutige – Rostflügel-/ Rostschwanzdrossel	CLB2,N		
Drossel, zweideutige – Schwarz-/ Rotkehldrossel	Be1,Be2,Be,CLB2,3,MW,N		
Drosselartiger Sänger – Drosselrohrsänger	N		
Drosselartiger Schilfsänger – Drosselrohrsänger	CLB1,2,3,V		KNB
Drosselen – Drossel allg.	Mic		
Drosselrohrsänger – Drosselrohrsänger	B	Naumann 1823.	KN
Drosselsänger – Drosselrohrsänger	O3		
Drosseluferläufer – Drosseluferläufer	B		
Drosselwasserläufer – Drosseluferläufer	O3		
Drossig (krain.) – Singdrossel	Be2,Be,F,N		
Drößlein – Kleine Ente	zLa		
Drostel – Drossel (allg.)	Suol		13. Jahrh. Troeschel.
Drostel – Singdrossel	Ad,Be1,Be2,Be,Buff,F,Hp,Jä,N,O1 … … Adelung 1774, Bd. 1		
Drostel – Singdrossel?	Kö		„Turdus albus"; Turdela.
Drostel, böhmische – Seidenschwanz	Fri		
Drostl – Drossel (allg.)	Suol		
Drostle – Drossel (allg.)	Suol		
Drouschel – Drossel (allg.)	Suol		
Drudi (isl.) – Sturmschwalbe	H		
Druessel, Meertzische – Ringdrossel	Suol		
Drunnkviti (fär.) – Sturmschwalbe	H		
Drunquiti (fär.) – Wellenläufer	H		
Druschel – Drossel (allg.)	Suol		
Drüssel – Krickente	Suol		
Drustel – Drossel (allg.)	Suol		
Drustel – Singdrossel	F,N,Suol		
Duäfk (grönl.) – Papageitaucher	H		
Dubbelbekassine – Doppelschnepfe	Bri		
Dube – Felsentaube	Häp		
Duberd – Taube (männl.)	Suol		
Dubhorn – Taube (männl.)	Suol		
Dübhorn – Taube (männl.)	Suol		

Dublette – Doppelschnepfe	Do,F	
Duch Endtlin – Zwergtaucher	Schwf	
Duch Entel, kleines – Zwergtaucher	Suol	
Duch-Endtlin – Zwergtaucher	Suol	
Düchel – Haubentaucher	F,N,V	
Düchele – Zwergtaucher	Fri	
Düchelein – Ohrentaucher	GD	
Duchente – Schwarzhalstaucher	Do,F	
Duchente – Zwergsäger	GesS	
Duchentel, kleines – Zwergtaucher	Baldn-Suol	
Duchentle – Zwergtaucher	GesS	
Duchentlein – Ohrentaucher	Be2,GD,O1	
Duchentlein – Schwarzhalstaucher	Be,N	
Dŭcher – Kormoran	Tu	
Dŭcher – Krähenscharbe	Tu	
Dŭcher – Zwergtaucher	Be2,Be,GD,N,Tu	
Ducherle – Teichhuhn	Suol	
Duchte – Dohle	F	
Duck, Indian (engl.) – Moschusente	Tu	„Its head is red as blood ..."
Duck, Turkish (engl.) – Moschus-/ Warzenente?	Tu	
Duck, Wild (engl.) – Stockente	Tu	
Duck (engl.) – Stockente	Tu	Anas boschas.
Duckant'l (steierm.) – Bläßhuhn	H	
Duckantal (o-öst.) – Bläßhuhn	H	
Duckante – Zwergtaucher	H	
Duckantel – Lappentaucher (allg.)	Suol	Aber auch Zwergtaucher: Höfer 2, 245.
Duckantl – Zwergtaucher	H	
Duckantl (steierm.) – Teichhuhn	F,H	
Duckchen – Zwergtaucher	B,Be1,Be2,GD,Jä,Krü,N	
Duckeken – Zwergtaucher	Fri	
Duckente – Krickente	H	
Duckente – Lappentaucher (allg.)	Suol	
Duckente (bay.) – Bläßhuhn	H,Suol	
Ducker – Bergente	Buff	
Ducker – Bläßhuhn	Do,F	
Dücker – Haubentaucher	Scha	
Ducker – Säger	O1	
Ducker – Zwergtaucher	B,F,GD	
Dücker – Zwergtaucher	Be2,N	
Duckhengchen – Lappentaucher (allg.)	Suol	
Ducktaube – Grylteiste	Ad,Krü	
Dudellerche – Heidelerche	Do,F,Scha	
Duecchel (helv.) – Haubentaucher	GesS	
Duecchelin – Zwergtaucher	GesS	
Duel – Dohle	Suol	
Dufe – Felsentaube	Häp	
Duffer – Felsen-/Haustaube (männl.)	Häp	
Düffer – Felsen-/Haustaube (männl.)	Suol	

Duffert – Felsen-/Haustaube (männl.)	Häp,Suol	
Düffert – Felsen-/Haustaube (männl.)	Suol	
Dufi – Alpendohle	F	
Düfrick – Felsen-/Haustaube (männl.)	Suol	
Duhdefujel – Zwergohreule	Suol	
Duhle – Alpenkrähe	F	
Dühle – Alpenkrähe	H	
Duhle – Dohle	Ad,Fri,Krü,N	
Duiserlein – Alpenstrandläufer	Z	
Duiserlein – Flußuferläufer	Z	
Düker – Haubentaucher	Scha,WüCl	
Düker – Säger	Häp	
Düker – Seetaucher	Häp	
Düker – Tafelente	H,WüCl	
Duker – Tauchente	Häp	
Düker – Tauchente	Häp	
Düker – Taucher	Häp	
Düker – Tordalk	Bri	
Düker mit en Poll – Reiherente	WüCl	
Düker, lütt – Zwergtaucher	WüCl	
Dükerken – Zwergtaucher	Bri	
Dükker, groot Svart (helgol.) – Samtente	H	
Dul – Dohle	Suol	
Dula – Dohle	GesS	
Dûle – Dohle	Ad,Fri,GD,Krü,StVb	
Dûlen – Dohle	Suol	
Dulfist – Flußregenpfeifer	HaSa,Soul	Hans Sachs 1531, V. 178.
Duljäck – Dohle	O1	
Dull – Dohle	H	
Dullack – Dohle	Suol	
Dulle – Dohle	H,Jä	
Duller Jakob – Dohle	Do,F	
Dullerche – Heidelerche	Be1,Be2	
Dulllerche – Heidelerche	F,B,Be97,N,O2	
Dülllerche – Heidelerche	Be	
Dumeling – Zaunkönig	GesS,Suol	
Dûmenschlupferle – Zaunkönig	Suol	
Dumenzwitscherle – Zaunkönig	Suol	
Dümling – Zaunkönig	Suol	
Dumme Düte – Mornellregenpfeifer	O1	
Dumme Fliege – Eissturmvogel	Cz	
Dumme Lumbe – Trottellumme	Krü	
Dumme Lumme – Trottellumme	CLB1,2,3,F,N,WüCl	KNB
Dummer Alk – Trottellumme	Krü,O2	
Dummer Lumme – Trottellumme	Be2	
Dummer Mornellregenpfeifer – Mornellregenpfeifer	CLB3	
Dummer Regenpfeifer – Mornellregenpfeifer	Be2,Be,CLB2,F,N,V	KNB

Dummer Zirl – Zippammer	Be2,F,GD,N	
Dummes Taucherhuhn – Trottellumme	Be1,Be2,Be,Be97,GD,Krü,N	
Dummes Tauchhuhn – Trottellumme	Do,F	
Dummpape – Gimpel	Bri	
Dûmpâp – Gimpel	Suol	
Dümpler – Krickente	Scha	
Dunckeler Hünergeyer – Habicht	Fri	
Dunckeler kleinerer Geyer – Habicht	Fri	
Dunckentlin, klein – Zwergtaucher	zLa	
Dunggeier – Schmutzgeier	N	
Dunggeier, brauner – Schmutzgeier	N	
Dunggeyer – Schmutzgeier	Be2	
Dunglerche – Haubenlerche	Do,F	
Dunkelbraune Drossel – Rostflügeldrossel	N	N: Bd. 13/307.
Dunkelbraune Schnepfe – Dunkler Wasserläufer	Be1,Be2,Buff,N	
Dunkelbraune Taucherente – Ohrentaucher	GD	
Dunkelbrauner Braacher – Sichler	K	Bechstein
Dunkelbrauner Brachvogel – Sichler	Be2,Be,Buff,GD,N	
Dunkelbrauner Falke – Gerfalke (Var.)	GD	
Dunkelbrauner Steißfuß – Ohrentaucher (juv.)	Be2,Be,Buff,GD,N	
Dunkelbrauner Taucher – Ohrentaucher (juv.)	Be1,Be2,Be,Buff,GD,N	
Dunkelbrauner Wasserläufer – Dunkler Wasserläufer	Be2,Be,CLB1,2,MW,N	KNB
Dunkelbraunes großes Wasserhuhn – Teichhuhn	Be	
Dunkelbraunes großes Wasserhuhn mit … … nackter rother Stirn u. Knie – Teichhuhn	Buff	
Dunkelbraunes großes Wasserhuhn mit … … rother Stirn und Knieen – Teichhuhn	Be2	
Dunkelbraunes großes Wasserhuhn mit … … grünen Beinen – Teichhuhn	Be	
Dunkelbraunes Wasserhuhn – Teichhuhn	Buff,N	
Dunkelbrüstiger Regenpfeifer – Seeregenpfeifer	Be2,Be,N	
Dunkelfarbige Lerche – Baumpieper	Be2	
Dunkelfarbiger Ibis – Sichler	WüCl	
Dunkelfarbiger Sichler – Sichler	N,WüCl	
Dunkelfarbiger Strandvogel – Knutt	Be2	
Dunkelfarbiger Sturmtaucher – Kleiner Sturmtaucher	CLB2	KNB
Dunkelfarbiger Wasserläufer – Dunkler Wasserläufer	N,O3,WüCl	
Dunkelfüssiger Wasserläufer – Uferschnepfe	Be2,Be,MW,N	
Dunkle Saatgans – Saatgans	CLB3	

Dunkle und gefleckte Ente – Kragenente	Be2,Be,Buff,GD,N	
Dunkle Wasserschwalbe – Trauerseeschwalbe	CLB3,N	
Dunkler Hühnergeier – Habicht (juv.)	Be2,N	
Dunkler Sturmtaucher – Kleiner Sturmtaucher	CLB2	KNB
Dunkler Sturmvogel – Kleiner Sturmtaucher	CLB2	KNB
Dunkler Taucher-Sturmvogel – Dunkler Sturmtaucher	H	
Dunkles Blaukehlchen – Blaukehlchen	CLB3	
Dunlin (engl.) – Alpenstrandläufer	Be1,Be2,Be,Buff,F,Krü,N,O1	
Dunlin, kleiner – Alpenstrandläufer (Schinz)	N	
Dünnbein – Austernfischer	Be	
Dünnbein – Stelzenläufer	Ad,Be1,Be2,Be97,Buff,GD,K,Krü,N	
Dunnok (engl.) – Heckenbraunelle	Buff	Buffon/Otto Band 15.
Dünnschnäbelige Möve – Dünnschnabelmöwe	H,O3	
Dünnschnäbeliger Brachvogel …		
… – Dünnschnabel-Brachvogel	N	
Dünnschnäbliger Pieper – Wiesenpieper	CLB3	
Dünnschnäbliger Schilfsänger – Feldschwirl	CLB3	
Dünnschnäbliger Tannenhäher – Tannenhäher	Bri,Scha	
Duntergans – Prachttaucher	K	
Duolen – Dohle	Suol	
Duppel-Schnepfe – Doppelschnepfe	Suol	
Duppelschnepfe – Bekassine	Be2,N	
Duppelschnepfe – Doppelschnepfe	A,K	Albin Band I, 71.
Duppelschneppe – Bekassine	Be	
Dupperl – Mornellregenpfeifer	O1	
Durd (helv.) – Misteldrossel	H	
Dürrbein – Weißstorch	Do,F	
Durstel – Misteldrossel	zLa	
Durstel – Singdrossel	Be2,Be,GesSH,N	
Durstel – Wein- u. Sing- u. Misteldrossel	Tu	
Dûrteldauf – Turteltaube	Suol	
Dürten – Goldregenpfeifer	Be2,Be,F,N	
Düske Fischmeese – Trauerseeschwalbe	Scha	
Düske Meese – Trauerseeschwalbe	Scha	
Dusken – Zwergsäger	Bri	
Dütchen – (Fluß- u. Sand-)Regenpfeifer	Suol	
Dütchen – Goldregenpfeifer	Buff	
Dütchen – Mornellregenpfeifer	Be2,Be,N	
Dütchen – Regenpfeifer (allg.)	Suol	
Dütchen – Rotschenkel	Be1,Be2,Be,GD,N,O2,Suol	
Dütchen, gelbes – Mornellregenpfeifer	Krü,O2	
Dütchen, grünes – Goldregenpfeifer	Krü,O2	
Düte – Goldregenpfeifer	Ad,Be1,GD,Hp	

Düte – Grünfink	Ad	
Düte – Rotschenkel	Ad	
Düte, dumme – Mornellregenpfeifer	O1	
Düten – Goldregenpfeifer	Be1,Krü	
Dütgen – Mornellregenpfeifer	JAN	Bechstein: Dütchen.
Dütken – Sandregenpfeifer	Bri	
Dütschnepfe – Rotschenkel	CLB1,2,N,O1	KNB
Düttchen – Kleiber	Do,F	
Düttchen – Mornellregenpfeifer	F,N	
Düttchen – Rotschenkel	Do,F	
Duttchen (boehm.) – Kleiber	F,H	
Düttgen – Goldregenpfeifer	Hp	
Duttle – Haushuhn (juv.)	Suol	
Dütvogel – Goldregenpfeifer	B	
Duve – Taube allg.	Tu	In Saxon.
Duw – Felsen-/Haustaube	Häp	
Duw, hollännisch – Tordalk	Suol	
Duw, will – Ringeltaube	WüCl	
Duw, wille – Hohltaube	Häp	
Düwek – Taube (männl.)	Suol	Neuniederdeutsch
Duwen, wille – Ringeltaube	Bri	
Duwenhavk – Habicht	WüCl	
Duwenhawk – Habicht	Do,F	
Duwenhawk – Wanderfalke	Do,F	
Duwenkröbber – Sperber	Bri	
Dûwenstöæter – Habicht	Suol	
Düwerik – Taube (männl.)	Suol	
Duwok – Ringeltaube	Bri	
Dvaergfalk (norw.) – Merlin	H	
Dvärgfalk (schwed.) – Merlin	H	
Dwarf Heron (engl.) – Rallenreiher? Rohrdommel?	Tu	
Dyberd – Taube (männl.)	Suol	
Dyker – Bläßhuhn	Suol	
Dyker (dän.) – Reiherente	Buff	
Dykere (norw.) – Eisente	Ad	
Eädmügelken – Fitis	Suol	
Eagle Owl (engl.) – Uhu	Tu	Ende 19. Jh. „Bubo ignavus."
Eagle, Sea (engl.) – Seeadler	Tu	
Eagle (engl.) – Adler allg.	Tu	
Earrebarre – Weißstorch	Suol	
Eava (fär.) – Eiderente	H	
Ebär – Weißstorch	Häp	
Ebeer – Weißstorch	Suol	
Ebeher – Weißstorch	B,Be1,Be2,Be,Be97,GesH,GD,Krü,N,Suol,Tu	
Eber – Weißstorch	Ad,Krü	
Ebiger – Weißstorch	Be1,Be2,Be,GD,N	
Ebinger – Weißstorch	Be2,Be,N,O1	

Echel – Kauz (allg.)	Suol		
Echte Nachtigall – Nachtigall	F		
Echte Waldnachtigall – Nachtigall	Do		
Echter – Mauersegler	Jä		
Edder – Eiderente	Mar		
Edderande (dän.) – Eiderente	Krü		
Edderfugl (dän., norw.) – Eiderente	H,Krü		
Edderfugl, pukkelnebbede – Prachteiderente	Buff	Höckerschnäbeliger Eidervogel, b. Fabr.	
Eddergaase (dän.) – Eiderente	Krü		
Eddergans (dän.) – Eiderente	Be2,Buff,F,N		
Edebaar – Weißstorch	Scha		
Edebaor – Weißstorch	Suol		
Edel Ärn (Arn) – Lämmergeier(?)	Tu	„Possibly it should be … … identified with the Lämmergeier" (S. 36).	
Edelfalke – Gerfalke	Be2,Be,N		KNB
Edelfalke – Habicht	Be2		KNB
Edelfalke – Wanderfalke	Be2,F,N		KNB
Edelfalke, grönländischer – Gerfalke	CLB3		
Edelfalke, isländischer – Gerfalke	CLB3		
Edelfasan – Fasan	B,F,N		N: Edel-Fasan.
Edelfink – Buchfink	B,CLB1,2,F,MW,N,V		KNB
Edelfink, nordischer – Buchfink	CLB3		
Edelfink, wahrer – Buchfink	CLB3		
Edelgrasmücke – Sperbergrasmücke	Do,F		
Edellerche – Feldlerche	Do,F		
Edellerche – Haubenlerche	N		
Edelmücke – Sperbergrasmücke	H		
Edelrabe – Kolkrabe	Do,F		
Edelraben – Kolkrabe	B		
Edelreiher – Silberreiher	B,F		
Edelschwalbe – Rauchschwalbe	Do,F		
Ederand (dän.) – Eiderente	H		
Ederfugl (dän.) – Eiderente	H,Krü		
Edhacker, grünlicher – Grünspecht	CLB3		
Edler deutscher Wanderfalke – Wanderfalke	GD		
Edler Falck – Wanderfalke, auch Gerfalke	StVb		
Edler Falk – Wanderfalke	K,Krü		
Edler Falke – Gerfalke	Be2,Be05,N		
Edler Falke – Habicht	Be1,Be2		
Edler Falke – Wanderfalke	Ad,Be2,Be,N		
Eeckster – Elster	Häp		
Eerpump – Rohrdommel	F,H		
Egelhetzs – Elster	zLa		
Egerst – Elster	zLa		
Egerste – Elster	Be1,Be2,Be,N,O1,Schwf		
Egester – Elster	Be1,Be2,Be,Be97,Hp,N		
Eggascher – Tüpfelsumpfhuhn	B		
Eggenschar – Wachtelkönig	Be		
Eggenschär – Wachtelkönig	Be1,Be2,F,GD,GesSH,K,Krü,N,Suol		

Eggenschär – Wasserralle	Suol	
Eggeschär – Wasserralle	Fri	
Eggescher – Tüpfelsumpfhuhn	N	
Eggschär – Wasserralle	Suol	
Eggscheer – Wachtelkönig	Suol	
Eggscheer – Wachtelkönig	Suol	
Egle (engl.) – Seeadler	Tu	
Egmonts-Henne – Skua	Do,F	
Egyptische Gans – Nilgans	Buff,CLB2,JAN,MW	KNB
Egyptische Gansente – Nilgans	CLB3	
Egyptischer Bergfalke – Schmutzgeier	Buff	
Egyptischer Erdgeyer – Schmutzgeier	Buff	
Egyptischer Geier – Schmutzgeier	CLB2,3	KNB
Egyptischer Geyer – Schmutzgeier	Buff	
Egyptischer Sperber – Schmutzgeier	Buff	
Eiber – Weißstorch	O1,Suol	
Eibisch – Höckerschwan	Ad	
Eichel-Häher – Eichelhäher	H	
Eichel-Heher – Eichelhäher	N	
Eichelchör – Eichelhäher	CLB2	KNB
Eichelgabisch – Eichelhäher	Scha	
Eichelgabsch – Eichelhäher	F,H	
Eichelgäbsch – Eichelhäher	H	
Eichelgacksch – Eichelhäher	Do,F	
Eichelhabicht – Eichelhäher	F,N	
Eichelhabicht – Tannenhäher	Ad	
Eichelhäher – Eichelhäher	Ad,Krü,O3,V	
Eichelheher – Eichelhäher	B,Be1,Be2,Be,Be97,Be05,CLB2,GD,Hp,Jä, …	
	… O2 Halle 1760.	KNB
Eichelheher, deutscher – Eichelhäher	CLB3	
Eichelheher, nordischer – Eichelhäher	CLB3	
Eichelkehr – Eichelhäher	Be1,Be2,Be,Be97,F,N	
Eichelkrähe – Eichelhäher	Be2,Be,CLB1,2,F,Krü,N	KNB
Eichelkukuk – Häherkuckuk	GD	
Eichelrabe – Eichelhäher	Be1,Be2,Be,CLB2,F,Krü,MW,N,Scha,V …	
	… Meyer/Wolf 1810	KNB
Eichen Heher – Eichelhäher	Fri Eichen-Heher: Frisch 1749.	
Eichenbuntspecht – Mittelspecht	CLB3	
Eichenhäher – Eichelhäher	Ad,F,Fri,Krü	
Eichenhäher – Tannenhäher	Ad	
Eichenheher – Eichelhäher	Be2,Buff,GD,Hp,N	
Eichevogel – Habicht	JAN	
Eichvogel – Habicht (juv.)	Ad,B,Be2,Be,F,Hp,K,Krü,N	
Eider – Eiderente	Ad,Be1,Be2,Be,Buff,GD,Krü,N,Suol	
Eider Gans – Eiderente	Suol	
Eider-Aente – Eiderente	Buff	
Eider-Ente – Eiderente	N	
Eiderente – Eiderente	B,Be2,Be,Buff,GD,Krü,O2,3,V …	
	… Anderson 1746 (Eyderente)	Ü

Eiderente – Prachteiderente	CLB2	KNB
Eiderente, breitschwänzige – Eiderente	CLB3	
Eiderente, dänische – Eiderente	CLB3	
Eiderente, färöische – Eiderente	CLB3	
Eiderente, gemeine – Eiderente	CLB2	
Eiderente, großschwänzige – Eiderente	CLB3	
Eiderente, isländische – Eiderente	CLB3	
Eiderente, nordische – Eiderente	CLB3	
Eiderente, norwegische – Eiderente	CLB3	
Eiderente, plattstirnige – Eiderente	CLB3	
Eidergans – Eiderente	Ad,Be1,Be2,Be,Be97,Buff,CLB2,F,GD,K, … KNB	
	… Krü,Ed,N,O1,V,WüCl	Edwards T. 98.
Eidergans, grönländische – Eiderente	Buff	Buffon/Otto, Band 34, 253.
Eidergans, grönländische – Prachteiderente	Buff	
Eidergansente – Eiderente	Be2,N	
Eidertauchente – Prachteiderente	CLB2	KNB
Eidertauchente, Altensteins – Prachteiderente	CLB2	KNB
Knecht, alter – Wachtelkönig	Be1,Be2,BeF,Krü,N,Suol …	
	… Halb schimpfend, halb scherzend.	
Eidertauchente, großschnäblige – Eiderente	CLB2	KNB
Eidertauchente, kurzschnäblige – Prachteiderente	CLB2,N	KNB
Eidertauchente, nordische – Eiderente	CLB2	
Eidertauchente, schmalschnäblige – Eiderente	CLB2	KNB
Eidervâgel – Eiderente	Suol	
Eidervogel – Eiderente	Ad,B,Be1,Be2,Be,Be97,Buff,Cz,F,Krü,N	
Eidervogel gemeiner – Eiderente	V	
Eidervogel, buckelschnäbliger – Prachteiderente	N	
Eidervogel, höckerschnäbeliger – Prachteiderente	Buff	
Eierdieb – Rohrweihe	Do,F	
Eigel – Graureiher	O1	
Eigenlich rothe Grasmücke – Zilpzalp	N	
Eigentlich so genannte Droschel – Singdrossel	Be2,Be,N	Bei Naumann ein Wort: „Sogenannte".
Eigentlich so genannte Grasmücke – Dorngrasmücke	Krü	
Eigentlich so genannte Graßmücke – Fitis	Z	
Eigentlich sogenannte Droschel – Singdrossel	GD	
Eigentliche Drossel – Singdrossel	Buff	
Eigentliche Grasmücke – Laubsänger	Krü	
Eigentliche Grasmücke – Schilfrohrsänger	GD	
Eigentliche Grasmücke – Zilpzalp	Be1,Be2,Be Buff	Zorn
Eigentliche Graßmücke – Fitis	Z	

Eigentliche Nachteule – Waldkauz	GD	
Eigentliche Pfuhlschnepfe – Grünschenkel	Be2,N,O1	
Eigentliche Spyrschwalbe – Mauersegler	GD	
Eigentlicher Alk – Tordalk	O1	
Eigentlicher Baumfalke – Baumfalke	Be2,N	
Eigentlicher Bergsperling – Steinsperling	GD	
Eigentlicher Brachvogel – Großer Brachvogel	O1	
Eigentlicher Fink – Buchfink	Be2,N	
Eigentlicher grauer Reiher – Graureiher	GD	
Eigentlicher Grünfink – Girlitz	Be2,N	
Eigentlicher Grünfink – Zitronenzeisig + Girlitz	Be	
Eigentlicher Krammetsvogel – Wacholderdrossel	Be2,N	
Eigentlicher Pirol – Pirol	Be2,N	
Eigentlicher Rabe – Kolkrabe	Be2,Be,N	
Eigentlicher Rothhals – Tafelente	Be2,Be,N	
Eigentlicher Sandläufer – Sanderling	GD	
Eigentlicher Singschwan – Singschwan	Krü	
Eigentlicher Spießer – Neuntöter	Be2,GD,N	
Eigentlicher und sechsspieglicher Fink – Buchfink	Be	
Eigentlicher Waldsperling – Steinsperling	GD	
Eigentlicher Weih – Rotmilan	O1	
Eigentliches Zeisichen – Erlenzeisig	HHM	
Eiger – Weißstorch	O1	
Eilseeschwalbe – Eilseeschwalbe	H	
Eimmerling – Goldammer	Suol	
Ein Taucher – Haubentaucher	K	Albin Band I, 81.
Ein Teucher – Haubentaucher	K	Albin Band I, 81.
Einbindiger Wiedehopf – Wiedehopf	CLB3	
Eine Art Habicht – Wanderfalke	Be2	
Einfaltspinsel – Rotfußtölpel?	GD	Oder Baßtölpel?
Einfarbiger Staar – Einfarbstar	CLB2,3	KNB
Einfarbiger Star – Einfarbstar	MW,N	N: Bd. 13/226.
Einfarbiges Bastardwasserhuhn – Thorshühnchen	Buff	
Einfarbstaar – Einfarbstar	B	
Einfurchiger Alk – Tordalk	N	
Einheimische Taube – Felsen-/Haustaube	Buff	
Einheimische Turteltaube – Lachtaube	Be1,Be2,Krü	
Einheimische zahme Taube – Felsen-/Haustaube	Krü	
Einmörder – Neuntöter und Würger (allg.)	Suol	Aus Neunmörder.
Einotter – Weißstorch	Häp	
Einsahme Drossel – Blaumerle	K	
Einsame Amsel – Blaumerle	Buff,GD	
Einsame Drossel – Blaumerle	Ad,Buff,CLB2,GD,K,N	KNB

Einsame Drossel – Einsiedlerdrossel	N	N: Bd. 13/273.
Einsame Drossel – Zwergdrossel	Ad	
Einsame Ente – Kolbenente	Be2,Be,Buff,Krü,N	
Einsame Zwergdrossel – Einsiedlerdrossel	N	N: Bd. 13/273.
Einsamer Braacher – Bienenfresser	Be1,Be2,Be,GD,K,N	Frisch T. 221 + 222.
Einsamer grauer Laubvogel – Zilpzalp	CLB3	
Einsamer Spatz – Blaumerle	B,F	
Einsamer Sperling – Blaumerle	Buff,GD,N	
Einsiedler – Blaumerle	B,GD	
Einsiedler – Waldrapp	Ad,Krü	
Einsiedler, blauer – Blaumerle (männl.)	Be,F,GD,N	
Einsiedler, brauner – Blaumerle (weibl.)	GD	
Einsiedlerdrossel – Einsiedlerdrossel	B	
Eintöter – Neuntöter und Würger (allg.)	Suol	
Eis-Mevensturmvogel – Eissturmvogel	N	
Eis-Ente – Eisente	N	
Eis-Grylllumme – Gryllteiste	N	
Eis-Krabbentaucher – Krabbentaucher	N	
Eis-Meve – Eismöwe	N	
Eis-Papagaitaucher – Tordalk	N	Richtig: „Papagai".
Eis-Seetaucher – Eistaucher	N	
Eis-Seetaucher, östlicher – Gelbschnabeltaucher	H	
Eis-Vogel – Eisvogel	P1	
Eisalk – Tordalk	B,CLB2,3,F,N	KNB
Eisammer – Schneeammer	B,Be2,Be,F,N	
Eisänte – Zwergsäger	Buff	
Eisbergfink – Bergfink	CLB3	
Eisen-Bart – Eisvogel	Suol	
Eisen-Gart – Eisvogel	Suol	
Eisenbart – Eisvogel	Ad	
Eisendart – Eisvogel	Krü	
Eisengart – Eisvogel	Ad,B,Be2,Buff,F,Krü,N	
Eisengraue Ente – Reiherente	Buff	
Eisengraue Ente – Schellente	Hp	
Eisengraue Ente – Spatelente	Be	
Eisengraue Wasserdrossel mit Wasserhühnerpfoten-Odinshühnchen	Buff	
Eisenkrämer – Heckenbraunelle	Be2,Be,F,N	
Eisenpart – Eisvogel	Do,F	
Eisenschnabel – Bienenfresser	Buff	Buff. 21, Name auf Sizilien.
Eisensperling – Heckenbraunelle	Be2,Buff,F,GD,Krü,N	Nach Järnsparf, schwed.
Eisente – Eisente	Be1,Be2,Be,Be97,Buff,CLB2,GD,Krü,MW, …	
	… O2,3,V	Müller 1773 KN
Eisente – Gänsesäger	Ad	
Eisente – Löffelente (männl., Hochzeitskleid)	H	
Eisente – Prachttaucher	JAN	
Eisente – Schellente	Ad,Be2,Be,Krü,N	

Eisente – Zwergsäger	Be1,Be,GD,Hp,JAN,N	
Eisente mit weißer Platte – Pfeifente	Be2,Be,GD,N	
Eisente, große – Gänsesäger	N	
Eisentlein – Zwergsäger	Ad	
Eisentli – Zwergsäger	N	
Eisenvogel – Heckenbraunelle	Be2,Be,N	
Eiserling – Klappergrasmücke	Do,F	
Eisgrylllumme – Gryllteiste	CLB2	KNB
Eiskibitz – Odinshühnchen	N,O1	
Eiskiebitz – Odinshühnchen	Be2,Be,Buff,F,GD	
Eiskönig – Zwergsäger	F	
Eiskrabbentaucher – Krabbentaucher	CLB2,Krü	KNB
Eiskybitz – Odinshühnchen	Buff	
Eislarventaucher – Papageitaucher	CLB2,3,O2	KNB
Eisleker Feldhong – Steinhuhn	Suol Das Eisleker Feldhuhn war auch ein …	
	… ein Öslinger Rebhuhn. Nach Ösling in N-Luxbg.	
Eismeertaucher – Eistaucher	WüCl	
Eismeve – Dreizehenmöwe	Be2	
Eismeve – Eissturmvogel	Krü	
Eismewe – Eismöwe	Ad	
Eismöve – Dreizehenmöwe	N	
Eismöve – Eismöwe	B,CLB2,3,O3	KNB
Eismöve – Eissturmvogel	Buff	
Eispapageitaucher – Tordalk	CLB2	KNB
Eisphalaropus – Thorshühnchen	Buff	
Eiß-Vogel – Eisvogel	G,Z	
Eisscharbe – Kormoran	B,CLB2,3,N	KNB
Eisschellente – Eisente	N	
Eisschellente, breitschnäbelige – Eisente	N	
Eisschellente, breitschnäblige – Eisente	CLB3	
Eisschellente, Fabers – Eisente	CLB3,N	
Eisschellente, grossschwänzige – Eisente	CLB3,N	
Eisschellente, isländische – Eisente	CLB3,N	
Eisschellente, kurzschnäblige – Eisente	CLB3,N	
Eisschellente, kurzschwänzige – Eisente	CLB3,N	
Eisseetaucher – Eistaucher	Be2,Be,CLB2,WüCl	KNB
Eißente mit weißer Platte – Pfeifente	Buff	
Eisstrandläufer – Thorshühnchen	Buff	
Eissturmvogel – Eissturmvogel	B,Buff,CLB2,3,Krü,N,O3. C. L. B. 1824.	KNB
Eißvogel – Eisvogel	Fri,GesSH,P,Tu	
Eistauchente – Eisente	B,CLB2,N	KNB
Eistaucher – Eistaucher	B,Be2,Be,Buff,CLB2,GD, Krü,N,O2,3 …	
	… Müller 1773. KN, KNB	
Eistaucher – Zwergsäger	B,Be1,Be2,Be,GD,N,WüCl	
Eistaucher, amerikanischer – Eistaucher	CLB2	
Eistaucher, großer – Eistaucher	V	
Eistaucher, isländischer – Eistaucher	CLB3,N	
Eisvogel – Eisvogel	Ad,B,Be2,Be97,Buff,CLB2,Fabr,Fri, …	KNB
	… GD,Hp,Jä,Krü,N Ahd. isuogel.	

Eisvogel – Krabbentaucher	Be2,Be,N	
Eisvogel, blaurückiger – Eisvogel	CLB1,2,N	KNB
Eisvogel, europäischer – Eisvogel	Be1,Be2,Be,K,N	Frisch T. 223.
Eisvogel, fremder blaurückiger – Eisvogel	CLB3	
Eisvogel, gemeiner – Eisvogel	Be1,Be2,Be,Be05,GD,N,O1,3,V	
Eisvogel, geschäckter – Eisvogel	CLB2	KNB
Eisvogel, großer blaurückiger – Eisvogel	CLB3	
Eisvogel, kleiner blaurückiger – Eisvogel	CLB3	
Eisvogel, lasurblauer – Eisvogel	CLB2,MW,N	KNB
Eisvogel, schäckiger – Eisvogel (Var.)	MW	„In Asien lebend", Alcedo „rudis".
Eisvogel, schwarzer – Prachtfregattvogel	Krü	
Eisvogel, schwarzer – Wasseramsel	zLa	
Eiterente – Eiderente	MW	
Eiwel – Eule (allg.)	Suol	
Ejder (schwed.) – Eiderente	H	
Ekster – Elster	Bri,Suol	
Elb – Höckerschwan	Buff,GesSH,GD	
Elbescha – Höckerschwan	Ad	
Elbiger – Weißstorch	O1,Schwf,Suol	
Elbinger – Weißstorch	Do,F	
Elbis – Schwan	Fri,Suol	Höckerschwan.
Elbisch – Schwan	Ad,Fri	Höckerschwan.
Elbs – Höckerschwan	Buff,GesSH,GD	
Elbs – Schwan	Suol	
Elbsch (sächs.) – Höckerschwan	Ad,Buff,GD,Suol	
Elbus – Höckerschwan	GesS	
Eleonorasfalke – Eleonorenfalke	H	
Eleonorenfalke – Eleonorenfalke	B,H	
Elfenbein-Meve – Elfenbeinmöwe	N	
Elfenbeinmeve – Sturmmöwe	Be	
Elfenbeinmöve – Elfenbeinmöwe	B,CLB2,O3	KNB
Elfenbeinmöve, grosse – Elfenbeinmöwe	CLB3	
Elfenbeinmöve, kleine – Elfenbeinmöwe	CLB3	
Elfke – Kernbeißer	Do,F	
Elke – Dohle	B,F	
Ellernhuhn – Moorschneehuhn	Do,F	
Ellernvogel – Erlenzeisig	Do,F	
Eloisch (sächs.) – Höckerschwan	Buff	
Elorn – Bläßhuhn	Buff	
Elster – Elster	Ad,B,Be1,Be2,Be,Be97,Be05,Buff,CLB1,2, …	
	… GD,GesSH,Hp,Jä,Kö,Krü,MW,N,Schwf,Tu,V	
		KNB
Elster Endtlin – Zwergsäger	Schwf,Suol	
Elster Specht – Buntspecht	Schwf	
Elster Staar – Star, Mutation	Schwf	„Schwarz und weisse Staar", …
		… auch beiBrisson, Buffon, Latham.
Elster-Alk – Dickschnabellumme (juv.)	N	
Elster-Alk – Tordalk (juv.)	N	
Elster-Rabe – Elster	N	

Elster-Specht – Buntspecht	Suol	
Elster, blaue – Blauelster	CLB2,O3	KNB
Elster, deutsche – Elster	CLB3	
Elster, europäische – Elster	Be2,Be,Buff,N	
Elster, gemeine – Elster	Be2,Be,N,O3	
Elster, nordische – Elster	CLB3	
Elster, welsche – Neuntöter	F	
Elster, wilde – Raubwürger	CLB2,JAN,N,V	
Elster, wilder – Raubwürger	Be1,Be2,Be	
Elsteralk – Dickschnabellumme (juv.)	GD,Krü	
Elsteralk – Tordalk (juv.)	B,Be1,Be2,Be,Krü,WüCl	
Elsterentchen – Zwergsäger	B,Be1,Be2,Be,GD,N	
Elsterente – Zwergsäger	JAN	Elsterentchen – Zwergsäger.
Elstermeese – Schwanzmeise	Scha	
Elstermeise – Schwanzmeise	Do,F	
Elsternspecht – Weißrückenspecht	CLB2	KNB
Elsterrabe – Elster	Be1,Be2,Be,GD	
Elstersäger – Zwergsäger	H	
Elsterschnepfe – Austernfischer	B,F,N	
Elsterspecht – Buntspecht	Be1,Be2,Be,Buff,F,GD,GesSH,Krü,N,Suol,Tu …	
	… Wahrscheinlich Dendrocopus major.	
Elsterspecht – Dreizehenspecht	Ad	
Elsterspecht – Mittelspecht	B,Be1,Be2,Be,Buff,F,GD,Krü,N	
Elsterspecht – Weißrückenspecht	Ad,B,Be2,Be,Be05,F,N,V	
Elstertaucher – Zwergsäger	B,F,N	
Elvekonge (dän.) – Bachstelze	Ad	
Ember – Eistaucher	Buff,GD,Gun	
Embergans – Eistaucher	Ad,Be,GD,Gun,K	Albin Band III, 9.
Embergans – Prachttaucher	Gun	
Embergoose (schott.) – Eistaucher	Buff	
Emberitz – Goldammer	Ad,Krü	
Emberitz, wysse – Grauammer	Suol	
Embritz – Goldammer	Ad,Be1,Be2,Be,Be97,Buff,F,GesS,GD,K, …	
	… Krü,N,Schwf Suol	Frisch T. 5
Emerling – Goldammer	HaSa,P1,Suol	Hans Sachs V. 175.
Emmer – Eistaucher	Gun	
Emmer – Prachttaucher	Gun	
Emmergans – Eistaucher	Gun	
Emmergans – Prachttaucher	Gun	
Emmering – Goldammer	Be2,Buff,GesS,N	
Emmeritz – Goldammer	Ad,Buff,F,GesSHN,Suol	
Emmeritz, grauer – Grauammer	Be2,Be,N	
Emmeritz, weiße – Grauammer	Schwf	
Emmeritz, weißer – Grauammer	Be1,Be2,Be,N	
Emmeritz, weißer – Schneeammer	GesH	
Emmeritz, wysse – Schneeammer	GesS	
Emmeritze – Goldammer	Suol	
Emmeritze – Grauammer	zLa	
Emmeriz – Goldammer	Hp	

Emmerling – Goldammer	Ad,Be1,Be2,Be,Be97,Buff,CLB2,F, …	
	… GesS,GD,Hp,Jä,Kö,Krü,N,O1,P, …	
	… Scha,Schwf,Suol,V,Z	KNB
Emmerling – Grauammer	N	
Emmerling gemeiner – Goldammer	Be2,Be,Krü,N	
Emmerling mit schwarzen Bart – Zippammer	Buff	
Emmerling, gelber – Goldammer	Be2,Be,Buff,GD,Krü,N,Z	
Emmerling, geschäckter – Schneeammer	Be1,Be2,Be,N	
Emmerling, gescheckter – Schneeammer	Be,F,K,Krü	
Emmerling, geschickter – Schneeammer	Buff	
Emmerling, schäckiger – Schneeammer	Be1,Be2,Be,Be97	
Emmerling, scheckter – Schneeammer	Buff	
Emmerling, weiß – Grauammer	HaSa	
Emmerling, weißer – Grauammer	HaSa	
Emor – Heringsmöwe	Gun	
En – Ente (allg.)	Suol	
End – Ente (weibl)	HaSa	Hans Sachs, Regiment … V. 138.
End-Trach – Hausente (männl.)	K	
Endert – Ente (männl.)	Suol	
Endrach, indianischer – Moschusente	Buff,Schwf,Suol	
Endt – Ente allg.	Suol,Tu	„Anas … in German eyn endt".
Endt – Stockente	Buff,GesS	
Endte – Hausente (weibl)	Buff,Schwf	
Endte, braun (sil.) – Tafelente	Schwf,Suol	
Endte, braun Köpfichte – Tafelente	Schwf	
Endte, braunköpfficht – Brandgans	Schwf	
Endte, frembde – Moschusente	Schwf,Suol	
Endte, gemeine große wilde – Stockente	G	
Endte, gros – Stockente	Schwf	
Endte, Große Gescheckte – Mittelsäger	Schwf	
Endte, große wilde – Stockente	Schwf	
Endte, rote – Tafelente	Schwf,Suol	
Endte, sprenglicht – Knäk/(Krickente)	Schwf	
Endte, türckisch – Moschusente	Schwf	
Endte, türkisch – Moschusente	Buff,Suol	
Endte, wild – Wildente	Schwf	
Endte, wilde blaw – Stockente	Schwf	
Endte, wilde graw – Tafelente	Schwf	
Endte, zam – Hausente	Schwf	
Endten-Adler – Rohrweihe	Suol	
Endtenadler – Schreiadler	K	
Endtle, fliegen – Löffelente	Suol	
Endtlin – Knäk/(Krickente)	Schwf	
Endtlin, geschecktes – Zwergsäger	Schwf	
Endtlin, graw – Krick-/Knäkente („Zirzente")	Schwf	
Endtlin, niederlendisch – Zwergsäger	Suol	

Endtlin, niederländisches – Zwergsäger	Be	
Endtlin, niederlendisch – Zwergsäger	Schwf	
Endtlin, schäckig – Knäkente	Be	
Endtrach – Hausente (männl)	Schwf	
Endträch – Stockente (männl.)	Be2,Be	
Endträch, indianisch – Moschusente	zLa	Indianisch = exotisch, Zum Lamm, S. 98.
Enerk – Ente (männl.)	Suol	
Engel – Spießflughuhn	GesS	„Un angel", in Südfrankreich.
Engelchen – Erlenzeisig	Be1,Be2,Be,Be97,Buff,F,GesH,N,Suol,Tu	
Engelländer – Mornellregenpfeifer	Buff	Müller, Var.
Engelländisches Mornellchen – Mornellregenpfeifer	Buff	Brisson, Var.
Engländische Schnepfe – Dunkler Wasserläufer	Buff	
Englische Bachstelze – Schwarzkehlchen	Buff	
Englische Becaßine – Alpenstrandläufer	Buff	
Englische Bergammer – Schneeammer	GD	
Englische Grasemücke – Gelbspötter	Scha	
Englische Meerschwalbe – Lachseeschwalbe	N	
Englische Seeschwalbe – Lachseeschwalbe	CLB1,2,F,N,O2	KNB
Englischer Hahn – Haushahn	GD	Hühnerrasse.
Englischer Hahn, Henne – Haushuhnrasse	Fri	
Englischer Mornell – Mornellregenpfeifer (Var.)	Be1,Krü	
Englischer Strandläufer – Kampfläufer (juv.)	Be2,Be,F,N	
Englischer Sturmtaucher – Schwarzschnabel-Sturmtaucher	CLB2,3,N	
Englischer Sturmvogel – Schwarzschnabel-Sturmtaucher	CLB2,N,O3	KNB
Englisches Wasserhuhn – Odinshühnchen	Buff	
Englisches Weißkehlchen – Schwarzkehlchen	Buff	
Enkster – Elster	H	
Ent – Stockente	Buff,GesS	
Ent wilde – Stockente (männl.)	H	
Ent, indianische – Brandgans	GesH	
Ent, indianische – Moschusente	GesH	
Ent, islendische – Papageitaucher	zLa	
Ent, wild blauw – Stockente	Suol	
Ent, wilde graue – Tafelente	Buff,GesH	
Ent, wilde grawe – Tafelente	GesS,Suol	
Ent,e isländische – Eisente	F	
Entchen – Stockente	Ad	
Entchen, niederländisches – Zwergsäger	Be1,Be2,GD,N	
Entdrach – Stockente (männl.)	O1	
Ente – Ente allg.	Hp,Krü, StVb	Ahd. anut, anata; mhd. ente.
Ente – Stockente	Ad,Be,Buff,GD,Scha	KNB

Ente aus der Barbarey – Moschusente	Buff,GD	
Ente aus der Hudsonbay, grauköpfige – Prachteiderente	Buff	
Ente aus der Hudsonsbay, langgeschwänzte – Eisente	GD	
Ente, große – Eiderente	Be2	
Ente, große – Stockente	H,Scha	
Ente Kekuschka – Schnatterente	Buff	
Ente mit breitem Schnabel, amerikanische – Löffelente	Buff,GD	
Ente mit dem grauen Kopfe – Prachteiderente	Buff,GD	
Ente mit einem weißen Bauche, wilde – Spießente	Buff	
Ente mit purpurfarbenem Kopfe, kleine – Büffelkopfente	Buff	
Ente mit rotem Hals – Tafelente	Be2,N	
Ente mit rotem Halse – Tafelente	Buff	
Ente mit weißer Platte, schwarze – Brillenente	Buff	
Ente, welle – Stockente (männl.)	H	
Ente, afrikanische – Moorente	Buff	
Ente, afrikanische – Tafelente (juv.?)	Be2,Be,Fri,GD,N	
Ente, ägyptische – Nilgans	N	
Ente, andere schwarze – Trauerente	Buff	Bei Klein.
Ente, aschgraue – Moorente	N	N: Name nicht gesichert.
Ente, aschgraue – Tafelente	Be1,Be2	
Ente, astrakanische – Rostgans	Be	
Ente, aus der Hudsonsbai, große schwarze – Brillenente	N	
Ente, aus Hudsonbay, große schwarze – Brillenente	Be2,Be	
Ente, barbarische – Moschusente	Be2	
Ente, blauäugige – Spatelente	Be2,Be	
Ente, blauschnäbliche – Weißkopf-Ruderente	Be	
Ente, blauschnablige – Weißkopf-Ruderente	N	Alle 3 Namen sind verschieden.
Ente, blauschnäblige – Weißkopf-Ruderente	Be2	
Ente, brasilische – Moschusente	Be2	
Ente, braune – Samtente	Be2,Be,N	
Ente, braune – Schnatterente	Be1,Be2,Be97,F,N	
Ente, braune – Tafelente	Be1,Be2,Be,N	
Ente, braune wilde – Tafelente	Buff	
Ente, braunköpfige – Moorente	Be	
Ente, braunköpfige – Tafelente	Be2,Be97,Buff,GD,Krü,N	
Ente, breitschnäbliche wilde – Löffelente	Be	
Ente, breitschnablichte – Löffelente	GD	
Ente, breitschnäblichte – Spatelente	GD	

Ente, breitschnäblichte wilde – Löffelente	GD
Ente, breitschnäblige – Löffelente	Buff
Ente, breitschnäblige – Spatelente	Be1,Be2,Be
Ente, breitschnäblige wilde – Löffelente	Be2,N
Ente, bunte – Hausente	Fabr
Ente, bunte – Nilgans	Be2,Be,N
Ente, bunte – Prachteiderente	Buff,GD,Hp
Ente, bunthalsige – Knäkente	N
Ente, bunthälsige – Knäkente	Be2
Ente, buntköpfige – Kragenente (weibl.)	Be2,Be,Buff,GD,N
Ente, buschige – Reiherente	Be2,Be,N
Ente, cairische – Moschusente	GD
Ente, canadische – Kanadagans	Buff
Ente, dickköpfige – Büffelkopfente	Buff
Ente, dunkle und gefleckte – Kragenente	Be2,Be,Buff,GD,N
Ente, einsame – Kolbenente	Be2,Be,Buff,Krü,N
Ente, eisengraue – Reiherente	Buff
Ente, eisengraue – Schellente	Hp
Ente, eisengraue – Spatelente	Be
Ente, fremde – Moschusente	Buff,GD
Ente, gelbfüßige isländische – Spatelente	GD
Ente, gemeine – Stockente	Be1,Be,Be97,GD,O1,V
Ente, gemeine graue wilde – Stockente	GD
Ente, gemeine wilde – Stockente	Ad,Be1,Be2,Be,CLB2,Krü,.N
Ente, gemeine zahme – Hausente	Be2
Ente, gesprenkelte – Brandgans	Buff
Ente, goldäugige – Schellente	Ad,Buff,GD,Krü
Ente, graue – Kolbenente	Be2
Ente, graue – Schnatterente	Be1,Be2,Be97,N
Ente, graue – Spatelente	Be2
Ente, graue oder braune – Schnatterente	Buff
Ente, graue und braune – Schnatterente	Be2,GD
Ente, graue wilde – Tafelente	Buff,GD
Ente, grauköpfige – Prachteiderente	Buff,GD
Ente, grauköpfige – Spatelente	Be2,Be
Ente, große breitschnäblige – Löffelente	Be2
Ente, große geschäckte – Mittelsäger	Be2,Be,N
Ente, große schwarz und weiße – Eiderente	GD
Ente, große schwarze – Samtente	Krü
Ente, große weiß und schwarze – Eiderente	N
Ente, große wilde – Stockente	Ad,N
Ente, große wilde blaue – Stockente	Be2
Ente, größere wilde blawe – Stockente	Buff
Ente, guineische – Moschusente	Be2
Ente, indianische – Moschusente	Be1,Be2,GD
Ente, indische – Moschusente	GD,GesS
Ente, isländische – Spatelente	N,O3

Ente, isländische – Spießente	Buff,GD	
Ente, kleine – Eisente	CLB2	
Ente, kleine – Krickente	V	
Ente, kleine braun und weiße – Kragenente (weibl.)	Be2,N	
Ente, kleine wilde – Krickente	Be2,H	
Ente, kleine wilde blaue – Stockente	Be2	
Ente, kleinere wilde blaue – Stockente	Be	
Ente, kleinste – Krickente	CLB2	
Ente, krachende – Brandgans	Be2,Fri	
Ente, krummschnabliche – Hausente (Var)	Hp	„Anas adunca" verhaustierte Stockente.
Ente, krummschnäblichte – Stockente (Var.)	GD	
Ente, krummschnäblige – Hausente	Be2	
Ente, krummschnablige – Stock-(Haus-) ente (Var.)	Be1,Be2	
Ente, kurzschnäblige – Eisente	CLB2	
Ente, lang- und spitzschwänzige – Spießente	Be2	
Ente, langgeschwänzte aus Hudsonbay – Eisente	Be2,N	
Ente, langhalsige – Haubentaucher	Jä	
Ente, langschwänzige – Spießente	N	
Ente, lappmärkische – Reiherente (weibl.) oder Bergente (weibl.)	GD	Beide: „Anas scandiaca."
Ente, lappmärkische – Samtente	Be2	
Ente, lybische – Moschusente	Be2,Buff,GD	
Ente, Moskowitische – Moschusente	Be2,Buff	
Ente, nordische braune – Samtente	Be2,Be,N	
Ente, nordische braune oder schwarze – Samtente	Buff,GD	
Ente, nordische schwarze – Samtente	Be2	
Ente, ostrogotische – Scheckente	N	
Ente, persianische – Rostgans	Fri	
Ente, persische – Rostgans	Fri,N	
Ente, polnische – Schnatterente	H	
Ente, rostbraune – Moorente	Buff	
Ente, rostfarbene – Rostgans	JAN	
Ente, rostfarbige – Rostgans	N	
Ente, rotbuschige – Kolbenente	Be2,N	
Ente, rote – Rostgans	Be,CLB2,MW,N,O1	KNB
Ente, rote – Tafelente	Fabr	
Ente, rotbraune – Moorente	Buff,GD	
Ente, rotbrüstige – Löffelente	GD	
Ente, rote – Moorente	Buff	
Ente, rothälsige – Tafelente	Buff	
Ente, rotköpfige – Tafelente	Buff	
Ente, rotköpfige – Gänsesäger	Scha	
Ente, rotköpfige – Kolbenente	Be2,N	
Ente, rotköpfige – Moorente	Be,N	

Ente, rotköpfige – Tafelente	Be1,Be2,Be,N	
Ente, rotköpfige graue – Tafelente	N	
Ente, rußfarbige – Reiherente	Be1,Be2,Be,Be97,N	
Ente, rußfarbige – Reiherente	GD	
Ente, rußfarbige – Samtente	Be2,N	
Ente, russige – Reiherente	Be2,Be,N	
Ente, russische – Eiderente	F,H	
Ente, schäckige – Kragenente	Be1,Be2,Be,Be97,Buff,GD	
Ente, scheckige – Kragenente	N	
Ente, scheckige – Scheckente	N	
Ente, schwarzbraune – Samtente	Buff,Gun	Bei D. Jonston und bei Linné.
Ente, schwarzbraune wilde – Samtente	Be2,Be,Krü,	
Ente, schwarze – Brillenente	Be1,Be2,Be,Buff,GD,N	
Ente, schwarze – Moschusente	Hp	
Ente, schwarze – Reiherente	Be2,Be,Buff,N	
Ente, schwarze – Samtente	Be,Buff,Gun,N	
Ente, schwarze – Trauerente	Be1,Be2,Be,Be97,CLB2,Buff,F,GD,Krü,N	
Ente, schwarze mit rothem u. gelbem Schnabel – Brillenente	Be	
Ente, schwarze mit schwarzem Schnabel – Brillenente	Be	
Ente, schwarze mit schwarzem, rothem und gelbem Schnabel – Brillenente	Be1,Be2,N	
Ente, schwärzliche – Kolbenente	Be2	
Ente, schwärzliche – Samtente	Buff,GD	
Ente, schwarznackige – Bastard Moschusente × Hausente	Be2,GD	
Ente, schwarzschwänzige – Pfeifente (juv.)	Be2	
Ente, schwarzschwänzige – Stockente (Bastard)	GD	
Ente, sichelflügelige – Sichelente	BB,H	
Ente, spitzschwänzige – Spießente	Be,Buff,N	
Ente, sprenkliche – Knäkente	Be,N	
Ente, sprenklige – Knäkente	Be2	
Ente, Stellers – Scheckente	MW,N	
Ente, türkische – Kolbenente	Be2,Be,N	
Ente, türkische – Moschusente	Be2,Buff,GD,O1	Heute: Haustierform.
Ente, ungleiche – Scheckente	N	
Ente, unterirdische – Bergente	GD	
Ente, unterirdische – Brandgans	Hp	
Ente, uralische – Weißkopf-Ruderente	Be2,N	
Ente, verschiedenfarbige – Scheckente	N	
Ente, weißäugige – Moorente	Be2,Be,CLB1,2,N,O1,3	
Ente, weißaugige – Moorente	MW,V	
Ente, weißäugige kleine braune – Moorente	Be2,N	
Ente, weißbäckige – Trauerente	JAN	
Ente, weißbunte – Schellente	F	
Ente, weiße – Hausente	Be2,Fabr	
Ente, weiße und schwarze – Eiderente	Be2	

Ente, weiße wilde gemeine – Stockente (Var.)	Be2	
Ente, weißköpfige – Eisente oder Weißkopf-Ruderente	GD	
Ente, weißkopfige – Weißkopf-Ruderente	O3	
Ente, weißköpfige – Weißkopf-Ruderente	Be2,Be,CLB2,Hp,MW,N	
Ente, weißstirnige – Bastard Moschusente × Stockente (?)	Be2	
Ente, wilde – Ente allg.	Hp	
Ente, wilde – Stockente (weibl.)	Be1,Be2,Be,Be97,CLB2,Jä,N,O1,V	
Ente, wilde – Tüpfelsumpfhuhn	GesH	
Ente, wilde blaue – Stockente	Be2,Be,GesH	
Ente, wilde braune – Samtente	Be1,Be2,Be,Buff,GD,Hp,Krü,N	
Ente, wilde braune – Tafelente	Ad,Be2,Be,Buff,Krü,N	
Ente, wilde gemeine – Stockente	N	
Ente, wilde graue – Tafelente	Be2,Be,N	
Ente, zahme – Hausente	Be1,CLB3,O1	
Enten-Stoßer – Mäusebussard	Fri	Frisch T. 74
Enten-Weißkehlchen – Trauerente	N	
Enten, schottländische – Ringel- u. Weißwangengans	Gun	„Berniclae"
Enten, wild blau – Stockente	GesS	
Entenadler – Fischadler	Be2,Be,F,N	
Entenadler – Schelladler	Ad,Buff,O2	
Entenadler – Schreiadler	B,Be1,Be2,Be,Be97,F,GD,K,N	
Entengans, ägyptische – Nilgans	N	
Entengeier – Rohrweihe	Be1,Be2,Be,F,N	
Entengeyer – Rohrweihe	Buff,GD	
Entengeyer – Rotmilan	Hp	
Entenhabicht – Schelladler	Ad	
Entenrätscher – Ente (männl.)	Suol	
Entensäger – Hybrid Schellente × Zwergsäger	N	
Entenstößel – Schreiadler	Suol	
Entenstößer – Fischadler	Be2,Be,F,GD,GesH,Krü,N,V	
Entenstößer – Mäusebussard	MW	Nach Frisch.
Entenstößer – Rohrweihe	Suol	
Entenstößer – Schelladler	Ad	
Entenstößer – Schreiadler	Be1,Be2,Be,Be05,N,Suol	N: Bd. 13/050.
Ententaucher – Sterntaucher	B,F	
Ententaucher, braunköpfiger – Schellente	Be,N	
Ententaucher, grauer – Prachttaucher	JAN	Oder Sterntaucher: Be2.
Ententaucher, grauer – Sterntaucher	Be2	
Ententaucher, rotkehlicher – Sterntaucher	JAN	
Ententaucher, rotkehliger – Sterntaucher	Be2,Be,N	
Ententaucher, rotköpfiger – Gänsesäger (weibl.)	Fri	
Ententaucher, schwarz und braunköpfiger – Schellente	Be2	

Ententaucher, schwarzkehlicher – Eistaucher	JAN	
Ententaucher, schwarzkehliger – Eistaucher	Be2,Be	
Ententaucher, schwarzköpfiger – Schellente	Be,GD,N	
Entenweißkehlchen – Trauerente	Be2	
Enter – Hausente	GD	
Enterich – Ente allg.	Krü	
Enterich – Ente (männl.) allg.	Hp	
Enterich – Tafelente	Do	
Entlein – Stockente	Ad	
Entlein, schackig – Krickente	Be	
Entlein, schäckig – Krickente	Be2	
Entlein, schäckiges – Knäkente	Be2,N	
Entlein, scheckig – Krick- u. Knäkente	K	
Entlein, scheckig – Krickente	Be1	
Entlin, geschäcktes – Zwergsäger	Be2,N	
Entrach – Stockente (männl.)	Buff,GesS,O1	
Entrach, indianischer – Moschusente	Buff,zLa	Bei Gessner.
Entrich – Stock-/Hausente (männl.)	Be2,Be,Buff,GD,GesS,O1	
Entte – Ente (allg.)	Suol	
Entvogel – Stock-/Hausente	Be2,Be,GD	
Erackasona – Knäkente	GesS	Niederdeutsch, unklar.
Erbsenvogel – Dorngrasmücke	Buff	
Erbsenvogel – Klappergrasmücke	Buff	
Erd-Schwalbe – Uferschwalbe	Fri,Z	
Erdamsel – Ringdrossel	B,Be2,GD,N	
Erdbil – Rohrdommel	Krü	
Erdbill – Rohrdommel	Ad,K	Albin Band I, 68.
Erdbracher – Triel	Be2,Buff,F,N	
Erdbrachvogel – Triel	O1	
Erdbuell – Rohrdommel	GesS	
Erdbull – Rohrdommel	Be1,Be2,Be,Be97,GD,K,Krü,N	Albin Band I, 68.
Erdbüll (österr.) – Rohrdommel	GesH,Suol	
Erdente – Brandgans	B,F,N	
Erdfink – Erlenzeisig	Do,F	
Erdfleckel – Blaukehlchen	StVb,Suol	
Erdgans – Brandgans	Ad,B,Be2,Buu,F,GD,Krü,N	
Erdgans – Ringelgans	Ad	
Erdgeier – Gänsegeier	B,F,N	
Erdgeier – Schmutzgeier	Be2,CLB2,3,N	KNB
Erdgeier, ägyptischer – Schmutzgeier	Be2,Krü	
Erdgeier, brauner – Schmutzgeier	N	
Erdgeier, schwarzer – Schmutzgeier	N	
Erdgeyer – Schmutzgeier	GD	
Erdgeyer, egyptischer – Schmutzgeier	Buff	
Erdhacker, grauer – Grauspecht	CLB3	
Erdhacker, grauköpfiger – Grauspecht	CLB3	

Erdhacker, grüner – Grünspecht	CLB3	
Erdhacker, grüngrauer – Grauspecht	CLB3	
Erdhünlein – Wachtelkönig	GesH	
Erlenzeisig – Erlenzeisig	CLB1,2,3	KNB
Erdmewe – Papageitaucher	Ad	
Erdmöve – Atlantiksturmtaucher	Buff	
Erdmöwe – Schwarzschnabel-Sturmtaucher	GD	
Erdmücklein – Fitis	Suol	
Erdpisper – Fitis	Do,F	
Erdrabe – Waldrapp	zLa	Erdrabe: Name bei Alb. Magnus.
Erdralle – Wachtelkönig	Buff,GD	
Erdschwalbe – Uferschwalbe	Ad,B,Be1,Be2,Be,Be97,Buff,F,Fri,GD,K,Krü, …	
	… N,Scha,Suol,V	Frisch T. 18.
Erdspecht – Grauspecht	Do,F	
Erdspecht – Grünspecht	Do,F	
Erdspecht – Kleinspecht	Be2,N	
Erdspecht – Wendehals	Be2,F,N,Scha	
Erdsperling – Heidelerche	Ad	
Erdvogel (helv.) – Braunkehlchen	H	
Erdwistel – Blaukehlchen	Be2,N	
Erdwistling – Blaukehlchen	Do,F	
Erdzeisig – Girlitz	Do,F	
Erdzeisig – Zilpzalp	B,Be2,F,N	
Eremit – Alpenkrähe	B,Be97,F,N	
Eremit – Waldrapp	Be1,Buff,GD,Krü	
Eremitrabe – Alpenkrähe	N	
Eremitrabe – Waldrapp	Be1,GD,Krü	
Eritzchen (!) – Hausrotschwanz	GD	
Erizchen – Gartenrotschwanz	Buff	
Erizkins (lett.) – Gartenrotschwanz	Buff	
Erlen-Zeisig – Erlenzeisig	N	
Erlenfinck – Erlenzeisig	Suol	
Erlenfink – Erlenzeisig	Ad,Be1,Be2,Be,Be97,Buff,F,GD,Hp,Krü,MW,N	
Erlenfinke – Erlenzeisig	Buff	
Erlenleinfink – Birkenzeisig	CLB3	
Erlenschilfsänger – Drosselrohrsänger	CLB3	
Erlenzeisig – Erlenzeisig	Be2,CLB1,2,3,Krü,O1	KNB
Erlfink – Erlenzeisig	H,Krü,V	
Erlkönigsmeise – Weidenmeise	Do,F	
Erna – Seeadler	GesS	Von angelsächsisch earn.
Erne – Seeadler	Tu	
Erngries – Seeadler	Suol	
Erpe – Ente allg.	Krü	
Erpel – Hausente	GD	
Erpel – Stockente (männl.)	Be2,Be,O1	
Erpel – Tafelente	Do	
Erste Halbente – Sterntaucher (SK)	A,K,W	Albin Band I, 82; Willughby, T. 62.
Erter (westf.) – Elster	Ad	
Ertsche – Bluthänfling	Suol	Niederdt., seit Ende 15. Jh. belegt.

Ertseke – Bluthänfling	Suol	
Erytropus – Dunkler Wasserläufer	zLa	
Erzgebirgische Nachtigall – Sperbergrasmücke	H	
Erztaucher – Haubentaucher	B,Be1,Buff,F,GD,N,V	
Esarokitsok – Riesenalk	Cz	Cranz 111.
Esel-schreyer – Rosapelikan	Kö	
Eselschreier – Rosapelikan	Ad,Be1,Be2,Be97,GesS,Krü,N	
Eselschreüer – Krauskopfpelikan	zLa	
Eselschreyer – Krauskopfpelikan	zLa	
Eselschreyer – Rosapelikan	Buff,GesH,GD,K	
Eselschryer – Rosapelikan	Suol	
Eselsschreier – Rosapelikan	Be,V	
Eselsschryer – Rosapelikan	Fri	
Eselvogel – Rosapelikan	Do,F	
Essenspatz – Haussperling	Do,F	
Essensperling – Haussperling	Do,F	
Ester – Weißstorch	Scha	
Eul – Waldkauz	GesSH,Suol,Tu	Strix stridula, = Var. Brandeule.
Eul, Schleier – Waldohreule	Tu	
Eule – Schleiereule	N	
Eule – Waldkauz	Ad,K,Schwf	Frisch T. 94–96.
Eule caspische, – Sperbereule	Be2	
Eule große, – Bartkauz	N	N: Bd. 13/180.
Eule große, – Waldkauz	N	
Eule mit kurzen Ohren – Sumpfohreule	Be2,Be,GD,N	
Eule mit langen Ohren – Waldohreule	GD	
Eule, fleckige – Schnee-Eule	Be2,Be,N	
Eule, akadische – Sperlingskauz	N	
Eule, andere – Waldkauz	Z	
Eule, arkadische – Sperlingskauz	F	
Eule, braune – Sperbereule	GD	
Eule, braune – Waldkauz	Ad,Be1,Be,K,Krü,N	
Eule, braune gemeine – Waldkauz	GD	
Eule, braunschwarze – Waldkauz	N	
Eule, fuchsrothe – Waldkauz	JAN	
Eule, geflammte – Schleiereule	Be1,Be2,Be97,N	
Eule, gelbe – Sumpfohreule	N	
Eule, gelbe – Waldkauz	Buff	
Eule, gelbe – Waldkauz	Be1,Be	
Eule, gelbliche – Waldkauz	N	
Eule, gemeine – Steinkauz	Buff	
Eule, gemeine – Waldkauz	Be1,Be,Be05,Be97,K,N,O2	Frisch T. 94–96.
Eule, gemeine braune – Waldkauz	Ad	
Eule, gemeine graue – Waldkauz	Ad	
Eule, gestreifte – Bartkauz	O3	
Eule, graue – Bartkauz	N	N: Bd. 13/180.
Eule, graue – Waldkauz	Be1,Be2,Be,Be97,Krü,N,O2	
Eule, graue gemeine – Waldkauz	GD,Krü	

Eule, graw – Waldkauz	Schwf,Suol	
Eule, große braune – Sperbereule	Be1,Be2,Be,GD	
Eule, große braune – Steinkauz	Buff	
Eule, große weiße – Schnee-Eule	Be1,Be2,Be,Be05,GD,N	
Eule, große weiße nordische – Schnee-Eule	Be1,Be2,Be,GD,N	
Eule, große weiße und einzeln ...	Be1,Be2,Be,N	
... schwarzgetüpfelte – Schnee-Eule		
Eule, großköpfige – Waldkauz	CLB2	
Eule, hellbraune – Waldkauz	Be1,Be2,Be,Be97,GD,N	
Eule, heulende – Sperbereule	Be1,Be2,Be	
Eule, heulende – Waldkauz	N	
Eule, hudsonische – Sperbereule	Be2	
Eule, hudsonsche – Sperbereule	N	
Eule, isländische weiße – Schnee-Eule	Be1,Be2,Be,N	
Eule, ißländische weiße – Schnee-Eule	GD	
Eule, kleine – Sperlingskauz	Be1,Be2,Be	
Eule, kleine – Steinkauz	Buff,JAN	Oder Sperlingskauz?
Eule, kleine – Zwergkauz	K	
Eule, kleinste – Sperlingskauz	Be2	
Eule, krainische – Zwergohreule	F,N	
Eule, kraynische – Zwergohreule	Be2	
Eule, kurzöhrichte – Sumpfohreule	GD	
Eule, kurzöhrige – Sumpfohreule	Be2,Be,CLB1,2,N,O1,V	KNB
Eule, langschwänzige – Habichtskauz	CLB2	
Eule, langschwänzige aus Sibirien –	N	
Habichtskauz		
Eule, lappländische – Bartkauz	F,MW,N,O3	N: Bd. 13/180.
Eule, lohgelbe – Sumpfohreule	N	
Eule, lohgelbe – Waldkauz	Be	
Eule, rothe – Waldkauz	Be1,Be,GD,N	
Eule, schwarzbärtige – Bartkauz	N	N: Bd. 13/180.
Eule, schwarze – Waldkauz	Buff,Hp	
Eule, solognesische – Waldkauz	GD	„Strix soloniensis", Quelle: ...
		... Naumann/Hennicke Band 5, S. 34.
Eule, uplandische – Rauhfußkauz	GD	
Eule, uralische – Habichtskauz	CLB2	
Eule, uralsche – Habichtskauz	N	
Eule, weißbauchige – Waldkauz	Be1	
Eule, weißbunte – Schnee-Eule	Be1,Be2,Be,N	
Eule, weißbunte schlichte – Schneeeule	Be1,Be2,Be,N	
Eule, weiße – Schleiereule	Be1,Be2,Be,Buff,CLB2,GD,Jä,N,V ...	
	... Auch „Schnee-Eule."	
Eule, weiße geflammte – Schleiereule	Be	
Eule, wilde – Waldkauz	Be1	
Eule, zischende – Waldkauz	Buff	
Eule. braune oder graue gemeine –	Buff	
Waldkauz		
Eulen – Eulen	StVb	
Eulenfalk – Sperbereule	Do,F,JAN	

Eulenfalke – Sperbereule	N	
Eulenhabicht – Sperbereule	JAN	
Eulenkopf – Triel	Be2,Be,F,N	
Eulenkopf – Waldschnepfe	Do,F,Krü	
Eulenkopfschnepfe – Waldschnepfe	Be2,N	Naumann: Eulenkopf-Schnepfe.
Europäische Spechtmeise – Kleiber	Be2	
Europäische Aelster – Elster	GD	
Europäische Baumklette – Baumläufer	K	Albin Band III, 25; Frisch T. 39.
Europäische Beutelmeise – Beutelmeise	CLB2	KNB
Europäische Elster – Elster	Be2,Be,Buff,N	
Europäische Feld-Lerche – Feldlerche	H	
Europäische Habichtseule – Sperbereule	Be2,BeN,	
Europäische Hauben-Ente – Reihernte	Hp	
Europäische Haubenente – Reiherente	Be1,Be2,Be,Buff,GD,N	Müller 1773.
Europäische Kropfgans – Rosapelikan	CLB2,3	KNB
Europäische Meerschwalbe – Fluß-/ Küstenseeschwalbe	Buff,GD	
Europäische Meerschwalbe – Flußseeschwalbe	Be1,Be2,Be,Krü,N	
Europäische Nachtschwalbe – Ziegenmelker	Be1,Be2,Be,Be97,Be05,GD,N,O3	
Europäische Nachtwanderer – Ziegenmelker	Krü	
Europäische Ralle – Wasserralle	N	
Europäische Seeschwalbe – Flußseeschwalbe	Be2,Buff,N	
Europäische Spechtmeise – Kleiber	Be,CLB1,N	
Europäische Wachtel – Wachtel	CLB2	KNB
Europäische Waldschnepfe – Waldschnepfe	Be2,Be,Buff,CLB2,GD,N	KNB
Europäische Zwergscharbe – Zwergscharbe	N	
Europäischer Austerfischer – Austernfischer	N	
Europäischer Baumläufer – Baumläufer (Garten-/Wald-)	Be1,Be2,Be,Be97,GD,Krü,N	
Europäischer Bienenfresser – Bienenfresser	GD,N,O3	
Europäischer Blauspecht – Kleiber	Be2,Be,GD,N	
Europäischer Dickfuß – Triel	O3,WüCl	
Europäischer Drehhals – Wendehals	GD	
Europäischer Eisvogel – Eisvogel	Be1,Be2,Be,Buff,GD,K,N	Frisch T. 223.
Europäischer Fliegenfänger – Grauschnäpper	Be2	
Europäischer gemeiner Seidenschwanz – Seidenschwanz	Krü	
Europäischer großer Silberreiher – Silberreiher	O2	
Europäischer Habicht – Habicht	zLa	„Accipiter gentilis gentilis."
Europäischer Jagdfalk – Gerfalke	H	
Europäischer Kleiber – Kleiber	Be,N	
Europäischer kleiner Silberreiher – Seidenreiher	O2	
Europäischer Kolibri – Goldhähnchen	O2	
Europäischer Königsfischer – Eisvogel	Be2,N	

Europäischer Krabbenfresser – Zwergdommel	Be2,Buff,Krü	
Europäischer Kuckuck – Kuckuck	Be	
Europäischer Kuckuk – Kuckuck	Be1,Be2,Be,N	
Europäischer Kukuk – Kuckuck	Buff,GD,N	
Europäischer Larventaucher – Papageitaucher	CLB2,N	KNB
Europäischer Läufer – Rennvogel	Be,N	
Europäischer Meeradler – Fischadler	Be2,N	
Europäischer Papageitaucher – Papageitaucher	CLB2	KNB
Europäischer Pirol – Pirol	CLB2	KNB
Europäischer Racker – Blauracke	Be1,Be2,Be,N	
Europäischer Raker – Blauracke	Buff	
Europäischer Rauhfußfalke – Rauhfußbussard	Be2,Be,N	
Europäischer Rennvogel – Rennvogel	N,O3,WüCl,N	
Europäischer Säbelschnäbler – Säbelschnäbler	O3	
Europäischer Schmerl – Merlin	Be2,Be,N	
Europäischer Seidenschwanz – Seidenschwanz	Be2,Be,CLB1,2,N,GD	KNB
Europäischer Sittvogel – Kleiber	Be1,Be2,Be,GD,N	
Europäischer Strandreiter – Stelzenläufer	V	
Europäischer Strauß – Großtrappe	B,Fri	
Europäischer Tagschläfer – Ziegenmelker	Be2,Be,N	
Europäischer Triel – Triel	N	
Europäischer Wespenbussard – Wespenbussard	CLB2	KNB
Europäischer Wespenfalk – Wespenbussard	V	
Europäischer Wiedehopf – Wiedehopf	Be2,CLB2,GD,N,O3	KNB
Europäischer Ziegenmelker – Ziegenmelker	Be2,Be,N	
Europäischer Zwergkauz – Sperlingskauz	CLB3	
Europäisches Frankolinhuhn – Halsbandfrankolin	CLB2	KNB
Europäisches Haselhuhn – Haselhuhn	CLB2,N	KNB
Europäisches rotes Rebhuhn – Rothuhn	Hp	
Europäisches Schneehuhn – Schneehuhn	Be2	
Europäisches Sultanshuhn – Purpurhuhn	Krü	
Ewerpump – Rohrdommel	Scha	
Exter (westf.) – Elster	Ad,H,Krü	
Exter (holl.) – Elster	GesH	
Eyder-Gans – Eiderente	Buff,GD	
Eydergans – Eiderente	Buff,GD	
Eydergansente – Eiderente	N	
Eyglin – Schellente	StVb	
Eys Endte – Zwergsäger	Schwf	
Eysengartt – Eisvogel	Schwf,Suol	

Eysfogel – Eisvogel	HaSa	
Eyß Endtlin – Zwergsäger	Schwf	
Eyß-Vogel – Eisvogel	P1	
Eyssengart – Eisvogel	H	
EyßVogel – Eisvogel	Baldn	
Eyßvogel (sil.) – Eisvogel	GesH,Schwf,StVb,Suol	
Eysuogel – Eisvogel	zLa	
Eysuogel, schwartz – Wasseramsel	zLa	
Eysvogel – Eisvogel	Schwf	
Eysvogel, schwartzer – Wasseramsel	zLa	
Eyszuogel – Papageitaucher	zLa	Bei Gessner 1557.
Eyvogel – Rußseeschwalbe	Buff,GD	
Ezester – Elster	Do,F	
Fabers Eisschellente –Eisente	CLB3,N	
Fabers Tauchente – Eisente	CLB2	KNB
Fabricius-Möve – Mantelmöwe	CLB3	
Fack – Eichelhäher	Do,F	
Fäck – Eichelhäher	Be1,Be2,Be,Be97,N,O1	
Fädemle – Girlitz	Ad,Be1,Krü,Suol	
Fädemlein – Girlitz	Be2,F,GesH,Krü,N,O1	
Fädemlein – Zitronenzeisig + Girlitz	Be	
Fädeule (Fädemle?) – Girlitz	Buff	
Fager-Giäs (norw.) – Brandgans	Buff	Pontoppidan
Fagergaas (dän.) – Brandgans	Buff	Pontoppidan
Fahle Grasmücke – Dorngrasmücke	Be1,Be2,Be97,CLB1,2,F,Fri,Krü,MW,N,O1,2, …	
	… VFrisch T. 21 + Text.	KNB
Fahle Grasmücke – Heckenbraunelle	GD	
Fahle Grasmücke – Steinschmätzer	Be2,Be,Krü	
Fahle Graßmücke – Dorngrasmücke	Z	
Fahle Heckengrasmücke – Dorngrasmücke	CLB3	
Fahle Nachtigall – Dorngrasmücke	N	
Fahler Adler – Seeadler	Be2,N	
Fahler Hecken-Schmätzer – Dorngrasmücke	Z	
Fahler Sänger – Dorngrasmücke	Be,CLB2,N,O3	KNB
Fahlgeier – Gänsegeier	B,F	
Fahlgelbe Grasmücke – Heckenbraunelle	GD	
Fahlgelbe Grasmücke – Klappergrasmücke	K	Frisch T. 21.
Falbe oder Liechtgrawe Strich Lerch – Feldlerche	zLa	Wahrsch. Var.
Falbstrandläufer – Grasläufer	H	
Falck – hier: Kornweihe?	HaSa	
Falck – Würgfalke	GesH	
Falck gemeiner – Wanderfalke	Suol	
Falck, edler – Wanderfalke, auch Gerfalke	StVb	
Falck, frembder – Wanderfalke	GesH	
Falck, Frembdling – Wanderfalke	Schwf,Suol	
Falck, gemeiner – Wanderfalke	Schwf	
Falck, großer – Gerfalke	Suol	

Falck, Moschowitterischer – Gerfalke (Var.)	Suol	
Falck, schwartzer – Wanderfalke	GesH	
Falck, weißer – Gerfalke	GesH,zLa	
Falck, weyßer – (helle U.A.) Wanderfalke	zLa	System der Jagdfalken nach Albertus Magnus.
Falcke – Falke allg.	Schwf	
Falcke – Kleiner Greifvogel	Mic	
Falcke, gros – Würgfalke	Schwf	
Falcke, kleiner – Baumfalke	Schwf,Suol	
Falcke, roter – (nordafr.) Wüstenfalke	zLa	System der Jagdfalken nach Albertus Magnus.
Falcke, weißer – Gerfalke (Var.)	Suol	
Falcke, weißer – Gerfalke, weiße Morphe	Schwf	
Falcket – Falke allg.	Schwf	
Falk, gemeiner – Habicht	O1	
Falk, gemeiner – Wanderfalke	V	
Falk, gemeiner deutscher – Wanderfalke	Krü	
Falk, mit pfeilförmigen Flecken, schwärzlicher – Habicht	Buff	
Falk, aschfarbner – Kornweihe	GD	
Falk, blaufüßiger – Gerfalke	Be2	
Falk, blaufüßiger – Würgfalke	Be05	
Falk, brittischer – Würgfalke	Be2,Krü	
Falk, buntrostiger – Rohrweihe	K	
Falk, edler – Wanderfalke	K	
Falk, fremder – Wanderfalke	Krü	
Falk, gefleckter – Wanderfalke	Be1	
Falk, großer – Gerfalke	Be2,Buff,GD	
Falk, größter gepfeilter – Habicht	Buff	
Falk, heiliger – Würgfalke	Be1,Krü	
Falk, kleiner – Merlin	Krü	
Falk, kleinster roter – Rötelfalke	MW	
Falk, lütj (helgol.) – Merlin	H	Lütj-falk.
Falk, rauhfüßiger – Rauhfußbussard	Be2,MW	
Falk, road-futted (helgol.) – Rotfußfalke	H	
Falk, russischer – Gerfalke	Krü	
Falk, schwarzbrauner – Wanderfalke	Krü,N	
Falk, schwarzer – Wanderfalke	Krü	
Falk, vermischter – Bastard edler × unedler Falke	Suol	
Falk, weißer – Gerfalke	Krü,O1	
Falk, weißer – Kornweihe	B	
Falk, wolliger – Gerfalke	Be2	
Falke – Habicht	Be2	
Falke – Turmfalke, Baumfalke	Häp	
Falke brauner – Mäusebussard	Be2,Be	
Falke gemeiner – Gerfalke	Be2,N	
Falke gemeiner – Mäusebussard	Be2	
Falke gemeiner – Wanderfalke	O2	
Falke gemeiner deutscher – Habicht	Be2	
Falke mit dem Halsbande – Gerfalk	Be1,Be2,GD	

Falke mit einem Ring um den Schwanz ... ... – Kornweihe (weibl.)	Be1,Be2,Be,GD,N	
Falke mit pfeilförmigen Flecken, schwärzlicher – Habicht	GD	
Falke mit rauchen Beinen – Rauhfußbussard	GD	
Falke mit schwarzem Kopfe, gefeilter – Gerfalke	GD	
Falke, aschfarbener, mit weissem ... ... schwarzgewürfelten Schwanze – Kornweihe	Be2,Be Buff,GD	
Falke, ausländischer – Wanderfalke	Be2,Be,N	
Falke, blauer – Kornweihe (männl.)	Be1,Be2,Be,N	
Falke, blaufüßiger – Gerfalke	Be,N	
Falke, blaufüßiger – Würgfalke	N	
Falke, bleifahler – Kornweihe	CLB2	
Falke, brauner gemeiner – Mäusebussard	Be2	
Falke, brauner Isländischer – Gerfalke	Be	
Falke, braunfahler – Mäusebussard	Be	
Falke, braunroter – Turmfalke	Be2,Be,N	
Falke, britannischer – Würgfalke	Buff,GD	
Falke, britischer – Würgfalke	Buff	
Falke, brittischer – Würgfalke	Be1,Buff,GD,N	
Falke, brittischer mit Bohnenförmigen ... ... Flecken – Würgfalke	Buff,GD	
Falke, buntrostiger – Rohrweihe (juv.)	Be1,Be2,Be,N	
Falke, deutscher – Wanderfalke	GD	
Falke, dunkelbraune – Gerfalke (Var.)	GD	
Falke, gefleckter – Wanderfalke	Be1,Be2,Be,GD,N	
Falke, gefleckter Isländischer – Gerfalke	Be	
Falke, gelbblauiger – Rötelfalke	MW	Fehler? „gelbklauiger"?
Falke, gelbklauiger – Rötelfalke	F,N	
Falke, gepfeilter – Habicht	GD	
Falke, grauweißer – Kornweihe	GD	
Falke, großer – Gerfalke	Be1,Be97,N	
Falke, großer gepfeilter – Habicht	N	
Falke, großer gesperberter – Habicht	GD,N	
Falke, großer grau gesperberter – Habicht	Be2,Be,N	
Falke, größter gepfeilter – Habicht (juv.)	Be1,Be2,Be	
Falke, heiliger – Gerfalke	Buff	
Falke, heiliger – Würgfalke	Buff,GD,N	
Falke, ingriensischer – Rotfußfalke	N	
Falke, isländischer – Gerfalke	Be2,Be,Be05,CLB2,3,Hp,Krü,MW,N,O2,V, ... WüCl	KNB
Falke, isländischer weißer – Gerfalke	Be	
Falke, ißländische – Gerfalke (Var.)	GD	
Falke, kleiner – Merlin	Buff,GD	
Falke, kleinster roter – Merlin	Be2	
Falke, mittler – Gerfalke	Be97	

Falke, moskowiter – Subsp.	zLa	
d. Wanderfalken		
Falke, norwegischer – Rauhfußbussard	Be2,GD,N	
Falke, oesterreichischer – Rauhfußbussard	Be2,N	
Falke, rauchbeiniger – Rauhfußbussard	JAN	
Falke, rauchfüßiger – Rauhfußbussard	CLB2,Krü,N	
Falke, rauhbeiniger – Rauhfußbussard	Be1,Be2,Be97,N	
Falke, rostiger – Rohrweihe	Be1,Be2,Be,N	
Falke, roter – Turmfalke	Be2,GD,N	
Falke, rotfüßiger – Rotfußfalke	Be2,Be,CLB2,3,MW,N,O3	KNB
Falke, schwarzblauer – Wanderfalke	Be2,N	
Falke, schwarzbrauner – Wanderfalke	Be2,GD	
Falke, schwarzer – Schwarzmilan	Be1,Be2,Be,GD,N	
Falke, schwarzer – Wanderfalke	Be1,Be2,Be,N	
Falke, schwarzflügeliger – Gleitaar	CLB3	
Falke, schwärzlich mit pfeilförmigen	Be1,Be,B	
Flecken – Habicht (juv.)		
Falke, weißer – Gerfalke	Be2,Be,Be97,Hp,N	
Falke, weißer – Kornweihe (männl.)	Be2,Be,N	
Falke, weißer – Mäusebussard (Var.?)	Be2	
Falke, weißer Ißländischer – Gerfalke (Var.)	GD	
Falke, weißlicher – Gerfalke	CLB2	KNB
Falke, weißschwänziger – Kornweihe	Be1,Be2,Be,GD,N	
(weibl.)		
Falke, wolliger – Gerfalke	N	
Falke, wolliger – Würgfalke	Be1	
Falke, würgender – Kornweihe	Buff	
Falkel – Sperber	Suol	
Falkeneule – Habichtskauz	K	
Falkeneule – Sperbereule	Ad,Be2,Be,Be97,CLB2,F,Jä,JAN,N	KNB
Falkeneule, kleine – Habichtskauz	Be	
Falkeneule, kleine – Sperbereule	Be1,Be2,GD,N	
Falkenmeve – Schmarotzerraubmöwe	Be2	Man unterschied noch nicht die Arten.
Falkenmilan – Gleitaar	N	N: Bd. 13/129.
Falkenmilan gemeiner – Gleitaar	N	N: Bd. 13/129.
Falkenmöve – Falkenraubmöwe	Be2,N	
Falkenmöve – Mantelmöwe	B,F	
Falkenmöve, gefleckte große –	Be2,N	
Mantelmöwe (juv.)		
Falkensperling – Heckenbraunelle	Be2,Be,Buff,N	
Falki (isl.) – Gerfalke	H	
Falkmöwe, große – Mantelmöwe	Buff	
Falkur (fär.) – Gerfalke	H	
Fanellen – Bluthänfling	F,H	
Fang-Vogel – Habicht	K	
Fangevogel – Habicht	Ad	
Farlousanne – Wiesenpieper	Krü	
Färöische Eiderente – Eiderente	CLB3	

Färöische Sumpfschnepfe – Bekassine	CLB3	
Färöischer Petersvogel – Sturmschwalbe	CLB3	
Fasahn – Jagdfasan	K	
Fasan – Jagdfasan	Ad,Be2,Buff,Fri,GesH,Hp,Jä,Krü,N,Schwf,Z	
Fasan (schweiz.) – Birkhuhn	Ad	
Fasan aus China, dreifarbiger – Goldfasan	Be2	
Fasan aus China, schwarz und weißer – Silberfasan	Be2	
Fasan Ente – Spießente	Fri	
Fasan gemeiner – Jagdfasan	Be1,Be2,Be,Be97,CLB2,N,O1,V	
Fasan-endte – Spießente	Buff	
Fasan, böhmischer – Jagdfasan	F,N	
Fasan, brauner – Fasan	N	
Fasan, bunter – Goldfasan	Be2	
Fasan, deutscher – Birkhuhn	Be2,Be,GD,N	
Fasan, gebänderter – Jagdfasan	CLB2,3	KNB
Fasan, gemahlter – Goldfasan	Be2	
Fasan, geränderter – Jagdfasan	MW	
Fasan, prächtiger – Goldfasan	Be2	
Fasan, rother – Goldfasan	Be2	
Fasan, weißbunter – Jagdfasan	Fri	
Fasan, weißer aus China – Silberfasan	Be2	
Fasan, weißer chinesischer, mit langen … … Ohren – Silberfasan	Be2	
Fasan, wilder – Jagdfasan	H,O3	
Fasanen-Ente – Spießente	GD	
Fasanenente – Löffelente	H	
Fasanenente – Spießente	Be,Fri,N,Scha,V,WüCl Wg. d. langen Schwanzes.	
Fasanenente – Weißkopf-Ruderente	O1	
Fasanenmeister – Habicht	Do,F	
Fasanente – Spießente	Be2,B,Buff,F,Fri,Suol	
Fasanente – Weißkopf-Ruderente	B,Be2,N	
Fasanenvogel – Jagdfasan	Do,F	
Fasant (engl.) – Jagdfasan	Ad,Krü,Tu	
Fasanvogel – Jagdfasan	Ad,Krü	
Fasen – Jagdfasan	Fri	
Fasethan – Jagdfasan	StVb	
Fashan – Jagdfasan	HaSa,Suol	
Fashuhn – Jagdfasan	Suol	
Fasian – Jagdfasan	Ad,Fri,H,Krü,Tu	
Faßan – Jagdfasan – Fasan	JAN	
Faßhahn – Jagdfasan	Suol	
Fasshan – Jagdfasan	Suol	Suol. S. XVIII
Fastan – Jagdfasan	Ad	
Fastenschleicher – Goldregenpfeifer	Do	
Fastenschleier – Goldregenpfeifer	B,Be1,Be2,Be,F,Krü,N	
Fastenschleicher – Goldregenpfeifer	Do	
Fastenschleicher – Goldregenpfeifer	Do	

Fastenschleyer – Goldregenpfeifer	GD	
Fastenschlier – Großer Brachvogel	Ad,Be1,Be2,Be,F,G,GD,Hp,Krü,N	
	Bei G (Göchhausen 1731): Fasten-Schlier.	
Fastenschlyer – Großer Brachvogel	Suol	
Fastenschlyer – Triel	F,H	
Fastenvogel – Großer Brachvogel	Suol	
Fauchet – Skua	Tombe	Tombe S. 64.
Faul – Rohrdommel	B	
Faule – Rohrdommel	Be2,N	
Faule Magd – Wachtelkönig	Be2,Be,F,NSuol	Halb schimpfend/scherzend.
Faulspatz – Haussperling	Do,F	
Faulsperling – Haussperling	Be2,B,F,N	
Fauser – Löffler	GesS	
Fauser – Waldrapp	Suol	
Fausthuhn – Steppenflughuhn	F,H	
Fazyan (poln.) – Jagdfasan	Krü	
Federbuschreiher – Silberreiher	Be2,Be,CLB2,3,F,N,V	KN, KNB
Federbuschreiher, großer – Silberreiher	CLB3	
Federfuß – Haus-/Felsentaube	GD	Zu Rasse Trommeltaube.
Federhahn – Auerhuhn	Be1,Be2,Be,Be97,Buff,F,GD,Hp,N	
Federspiel – Abgerichteter Falke im 13. Jh.	Pe	Bekannt im 13. Jahrhundert.
Federspil – Falke	Zupo	15. Jahrh.
Federtaube – Haus-/Felsentaube	GD	Zu Rasse Trommeltaube.
Fedoa (engl.) – Pfuhlschnepfe	Tu	„Limosa belgica."
Feel-swalme – Uferschwalbe	Buff	In der Gegend von Straßburg.
Feelschwalm – Uferschwalbe	GesS,Suol	
Feemeule – Sumpfohreule	Do,F	
Fehlschwalb – Uferschwalbe	GesH	
Feigenbicker – Gartengrasmücke	Ad	
Feigenbicker – Laubsänger	Krü	
Feigendrossel – Laubsänger	Krü	
Feigenesser – Grauschnäpper	GD	
Feigenesser – Laubsänger	Krü	
Feigenesser – Trauerschnäpper	Be2	
Feigenesser gemeiner – Trauerschnäpper	N	
Feigenfresser – Gartengrasmücke	O2	
Feigenfresser – Goldammer	Son	Sonini 1801, 249.
Feigenfresser – Grauschnäpper	GD	
Feigenfresser – Pirol	Be2,F,Krü,N,V	
Feigenfresser – Sperbergrasmücke	Do,F	
Feigenfresser – Trauerschnäpper	Be1,Be2,Be,Buff,F,N,O1	
Feigenfresser gemeiner – Trauerschnäpper	Be2,Buff,N	
Feigenfresser, gemeiner – Grauschnäpper	GD	
Feigenfresser, großer – Sperbergrasmücke	Be1,Be2,Be,N	
Feigenfresser, kleiner – Zwergschnäpper	F,N	
Feigenschnepfe – Laubsänger	Krü	
Feigenschneppe – Gartengrasmücke	Ad	
Feilschmied – Kohlmeise	Do,F	

Feink – Buchfink	Be2,F,N	
Fel – Zwergseeschwalbe	GesH	
Feld Hun – Pfau	Schwf	
Feld Sperling – Feldsperling	Schwf	
Feld Taube – Felsen-/Haustaube	Fri	
Feld-Auerhuhn – Birkhuhn	N	
Feld-Dieb – Feldsperling	Suol	
Feld-Hun – Rebhuhn	Kö	
Feld-Hüner-Fänger – Habicht	Z	
Feld-Lerche – Feldlerche	Fri,N,P1,Z	
Feld-Lerche, europäische – Feldlerche	H	
Feld-Pfau – Kiebitz	Suol	
Feld-Sperling – Feldsperling	N,P,Z	
Feld-Spink – Feldsperling	H	
Feld-Taube – Felsen-/Haustaube	N	
Feldammer – Ortolan	B,Be,F,N	
Feldauerhuhn – Rackelhuhn	N	
Feldbachsteltze – Baumpieper	Suol	
Feldbachsteltze – Brachpieper	P	
Feldbachstelze – Bachstelze	Krü	
Feldbachstelze – Brachpieper	Be2,Be,Krü,N	
Felddieb – Feldsperling	Ad,Be1,Be2,Be,Buff,F,GD,K,Krü,N	
Felddieb – Haussperling	Be1,Be2,Be,Be97,Buff,F,GD,Hp,Krü,N	
Felddtaub – Felsen-/Haustaube	StVb	
Feldefare (engl.) – Wacholderdrossel	Tu	= Feldfare.
Feldeggs Schafstelze – Maskenstelze	H	
Feldeggsfalk – Lannerfalke	B	
Feldeggsfalke – Lannerfalke	B,H	
Feldengel – Spießflughuhn	GD	
Feldente – Zwergtrappe	Buff,GD,N	In Frankreich.
Feldeule – Sumpfohreule	Do,F,Scha	
Feldfare (engl.) – Wacholderdrossel	Tu	
Feldfink – Feldsperling	Be2,Be,F,N	
Feldflüchte – Felsentaube/Haustaube	Be,Fri	
Feldflüchte, gemeine – Felsentaube	Be	
Feldflüchte, schwarzbändige – Felsentaube	Be	
Feldflüchter – Felsentaube/Haustaube	Be,Buff,GD,K,Krü,N,Suol	
	… Albin Band III, 42: Columba livia.	
Feldflüchter – Hohltaube	H	
Feldgans – Saatgans	B,F,N	
Feldgoldammer – Goldammer	CLB3	
Feldhauen – Rebhuhn	Bri	
Feldhaun – Rebhuhn	Suol	
Feldhohn – Rebhuhn	Häp	
Feldhong, eisleker – Steinhuhn	Suol …	
	… = Eisleker Feldhuhn; Ösling: In N-Luxemburg.	
Feldhong, Eisleker – Steinhuhn	Suol …	
	… = Eisleker Feldhuhn; Ösling: In N-Luxemburg.	

Feldhuen – Rebhuhn	Suol
Feldhuhn – Rebhuhn	Ad,B,Be1,Be2,Be,Be97,Buff,CLB2,F,GD,Hp, …
	… K,Krü,N,V,Z Frisch T. 114. KNB
Feldhuhn aus der Barbarey –	Be2
Steinhuhn (juv.)	
Feldhuhn, damaszener – Rebhuhn (Var.)	Hp
Feldhuhn, gemeines – Rebhuhn	Be2,Be,Be1
Feldhuhn, graues – Rebhuhn	CLB1,2,3,MW,N KNB
Feldhuhn, grauliches – Rebhuhn	CLB3
Feldhuhn, griechisches – Alpensteinhuhn	V Alectoris graeca saxatilis.
Feldhuhn, griechisches – Rothuhn	GD
Feldhuhn, griechisches – Steinhuhn	Buff
Feldhuhn, kleines – Rebhuhn	Krü
Feldhuhn, kleines – Wachtel	Be2,Be,F,Krü,N,O3
Feldhuhn, rotes – Rothuhn	Be2,Be,CLB2,MW,N …
	… „Rot velthun“, Straßburg 15. Jh. KNB
Feldhuhn, rotes – Steinhuhn	Be2,N
Feldhühnerfalke – Kornweihe	Be1,GD
Feldhun – Rebhuhn	GesH,Mic
Feldhun – Steinhuhn	HaSa
Feldhünkel – Rebhuhn	Suol
Feldkrähe – Rabenkrähe	Be2,Be,N
Feldkrähe – Saatkrähe	B,Be2,Be,Be97,F,GD,N
Feldkrähe, schwarze – Saatkrähe	Be1,Be2,Be,JAN
Feldläufer – Goldregenpfeifer	Ad,B,Be1,Be2,Be,Buff,Krü,N
Feldlerche – Brachpieper	Be1,Be2,Be,Buff,N
Feldlerche – Feldlerche	Ad,B,Be,Be1,2,97,Buff,CLB1,2,3,Fri,GD,Hp, …
	… Krü,MW,N,O1,2,3,P,Schwf,V.
	Veldt lerche, 1545. KNB
Feldlerche – Heidelerche	Ad
Feldlewark – Feldlerche	Do,F
Feldmäher – Großer Brachvogel	B,F
Feldmäher, großer – Großer Brachvogel	Be2,Be,GD,N,Suol
Feldmännel – Feldsperling	Do,F
Feldmusch (holl.) – Feldsperling	H
Feldpfau – Kiebitz	Ad,B,Be1,2,Be,Be97,F,GD,K,Krü,N Frisch T. 213.
Feldphau – Kiebitz	Buff
Feldpieper – Brachpieper	F,H,V
Feldrabe – Rabenkrähe	Be2,F,Krü,N
Feldrabe gemeiner – Rabenkrähe	Be
Feldrabe, kleiner – Rabenkrähe	Be
Feldrabe, schwarzer – Rabenkrähe	Be
Feldrecke – Haustaube	StVb
Feldrecken – Felsen-/Haustaube	Suol
Feldrohrsänger – Feldrohrsänger	H
Feldrötel (helv.) – Gartenrotschwanz	H
Feldsaatgans – Saatgans	B,CLB3,N
Feldschmätzer – Steinrötel	Do,F
Feldschnepfe – Bekassine	Ad

Feldschnepfe – Großer Brachvogel	B,N	
Feldschwalbe – Mehlschwalbe	GD	
Feldschwirl – Feldschwirl	B,H	A. Brehm 1879, KN
Feldspaarling – Feldsperling	Be2,Be,N	
Feldspatz – Feldsperling	Be,Jä,N	
Feldsperk – Feldsperling	Be2,N	
Feldsperling – Feldsperling	Ad,B,Be1,Be2,Be,Be97,Be05,Buff,CLB1,2,3, …	
	… GD,Hp,Krü,MW,O1,2,3,P,V KNB	
Feldspink – Feldsperling	Do,F,H	Bei H steht: Feld-Spink.
Feldstar – Star	HaSa, Suol	Hans Sachs: Regiment … V. 72.
Feldstelze – Brachpieper	B,F,Krü	
Feldt Hünle – Rebhuhn	zLa	
Feldt lerch – Feldlerche	StVb	
Feldtaube – Felsen-/Haustaube	A,Ad,Be2,Be,Buff,CLB1,2,GD,K,Krü,MW,N, …	
	… O2,3,Suol,V Albin III, 42; N: Feld-Taube.	
		KNB
Feldtaube – Hohltaube	GD,Krü	
Feldtaube, gemeine – Felsen-/Haustaube	Ad,Be2,Be,N	
Feldtaube, südliche – Felsentaube	CLB3	
Feldtaube, zahme – Felsentaube	CLB3	
Feldthûn – Rebhuhn	StVb	
Feldtrappe – Großtrappe	Ad	
Feldwächter – Wachtelkönig	B,Be1,Be2,Be,F,GD,Hp,Krü,N	
Felsen-Pieper – Bergpieper	WüCl	
Felsen-Schwalbe – Felsenschwalbe	N	
Felsen-Spechtmeise – Felsenkleiber	H	
Felsendohle – Alpendohle	F	
Felsendohlendrossel – Alpendohle	CLB3	
Felsenfeldhuhn – Felsenhuhn	MW,O2	
Felsenfink – Berghänfling	F	
Felsenfink, arktischer – Berghänfling	F	
Felsenhaselhuhn – Haselhuhn	CLB3,N	
Felsenhuhn – Felsenhuhn	Krü,O3	
Felsenhuhn – Steinhuhn	CLB3	
Felsenkleiber – Felsenkleiber	B	
Felsenläufer – Mauerläufer	Do,F	
Felsenmehlschwalbe – Mehlschwalbe	CLB3	
Felsenmeve – Falkenraubmöwe	Be	
Felsenmeve – Schmarotzerraubmöwe (juv.)	MW	
Felsenpieper – Strandpieper	CLB2,F,H	KNB
Felsenraubmöve – Falkenraubmöwe	N	
Felsenraubmöve – Schmarotzerraubmöwe	CLB1,2,3	KNB
Felsenschneehuhn – Alpenschneehuhn	B,CLB2,F,N	KNB
Felsenschneehuhn, norwegisches – Alpenschneehuhn	CLB3	
Felsenschwalbe – Felsenschwalbe	B,Be1,Be2,Buff,CLB2,Krü,MW,O3,V KN, KNB	
Felsenschwalbe – Uferschwalbe	Be1,Be2,Be,Krü,N	
Felsenschwalbe, gestrichelte – Rötelschwalbe	BB,H	

Felsenschwalbe, graue – Felsenschwalbe	Buff,Krü,N	
Felsensegler – Alpensegler	B	
Felsenspechtmeise – Felsenkleiber	H,O3	
Felsensperling – Steinsperling	Do,CLB3,F	
Felsenstrandläufer – Meerstrandläufer	B,MW	
Felsentaube – Braunbauchflughuhn	H	Von den Europäern in Indien so genannt.
Felsentaube – Felsen-/Haustaube	Ad,B,Be2,Be,Hp,K,N,V	Albin Band III, 44.
Felsentaube – Hohltaube	Krü	
Felsenuferschwalbe – Felsenschwalbe	CLB3	
Felsenwasserpieper – Bergpieper	CLB3	
Felsfink – Berghänfling	B	
Felsfinke – Berghänfling	N	
Felspieper – Bergpieper	B	
Felsschwalm – Uferschwalbe	Suol	
Felstahel – Alpenkrähe	F	
Felstahnl – Alpenkrähe	H	
Felstaube – Hohltaube	Be1,Be2,Be,Be97,F,N	„Uneigentlich".
Fenclake (engl.) – Weißwangen- u. Ringelgans (allg.)	Tu	
Fenlagge (engl.) – Weißwangen- u. Ringelgans (allg.)	Tu	
Fenlake (engl.) – Weißwangen- u. Ringelgans (allg.)	Tu	
Fenneule – Sumpfohreule	Scha	
Fensterflügel – Prachttaucher	Do,F	
Fenstermehlschwalbe – Mehlschwalbe	CLB3	
Fensterschwalbe – Mehlschwalbe	Ad,B,Be1,Be2,Be,Be97,Buff,CLB2,F,GD,K, … … Krü,N,O2,Suol,V	KNB Frisch T. 17.
Fensterschwalbe – Rauchschwalbe	Be2,Be,Buff,N	
Ferroe Kriechente – Eisente	Buff	
Ferroeische Kriechänte – Eisente	Buff	
Fettammer – Grauammer	Do,F	
Fettammer – Ortolan	Ad,B,Be1,Be2,Be97,Buff,CLB1,2,F,Fri,GD, … … Hp,Krü,N,O2,V,	Frisch T. 5 VN, KNB
Fettammer – Zaunammer	Ad,Be2,Buff,GD,K,N	GD: „Ein Irrthum …"
Fettammer, deutscher – Ortolan	CLB3	
Fettammer, fremder – Ortolan	CLB3	
Fettgans – Riesenalk (ausgest.)	GD	
Fettgans, kleine – Tordalk	GD	
Fettgans, nordische – Riesenalk (ausgestorben)	GD	
Feucht Ars – Kormoran	Schwf	
Feucht Ars – Kormoran	Suol	
Feuchtars – Kormoran	Buff,K	Frisch T. 187.
Feuchtarsch – Kormoran	Ad,Be1,Be2,BeBe97,F,GD,Krü,N	
Feuchtarß – Kormoran	GesS	Albertus M.
Feuereule – Schleiereule	B,Be2,F,GD,N	Be2: Birkenzeisig.

Feuerfarbiger Fink – Karmingimpel	Be2,Be,GD,JAN,N	S. Naum./Hen. 3, 247.
Feuerhähnchen – Sommergoldhähnchen	Jä	
Feuerköpfchen – Sommergoldhähnchen	B,F,Jä	
Feuerköpfiger Sänger – Sommergoldhähnchen	N	
Feuerköpfiges Goldhähnchen – Sommergoldhähnchen	CLB1,2,3,MW,N,O3,V,WüCl	KNB
Feuerkronsänger – Sommergoldhähnchen	B,F	
Feuerkrähe – Alpendohle	GesH	
Feuerrabe – Alpendohle	Be2,Be,Buff,F,GD,Krü,N	
Feuerrabe – Alpenkrähe	B,Be1,Be2,BeBe97,F,Krü,N	
Feuerrothes Rebhuhn aus Griechenland – Steinhuhn	Buff	
Feuerschwalbe – Mauersegler	B,Be1,Be2,Be,F,N	
Feuerschwalbe – Rauchschwalbe	B,Be1,Be2,Be,Be97,Buff,F,Gd,Krü,N	
Feuerstorch – Schwarzstorch	Do,F	
Feurige Nachteule – Schleiereule	Be2,Buff,GD,N	
Fiälde Rype – Schneehuhn (Moor-)	GD	In Norwegen.
Fichaarmeve – Dreizehenmöwe	Be2	
Fichten-Ammer – Fichtenammer	N	
Fichten-Gimpel – Hakengimpel	N	
Fichten-Kreutzschnabel – Fichtenkreuzschnabel	N	
Fichtenammer – Fichtenammer	B,CLB2,MW,O3	KNB
Fichtenamsel – Amsel	CLB3,V	
Fichtenbaumhacker – Schwarzspecht	CLB3	
Fichtenbluthänfling – Bluthänfling	CLB3	
Fichtenbuntspecht – Buntspecht	CLB3	
Fichtendickschnabel – Hakengimpel	Be1,Be2,Be,N	
Fichtendickschnabel – Kiefernkreuzschnabel	GD	
Fichtenerdhacker – Grünspecht	CLB3	
Fichtenfliegenschnäpper – Grauschnäpper	CLB3	
Fichtenflüevogel, hochköpfiger – Heckenbraunelle	CLB3	
Fichtenflüevogel, plattköpfiger – Heckenbraunelle	CLB3	
Fichtengimpel – Hakengimpel	F,WüCl	
Fichtengrasmücke, schwarzscheitelige – Mönchsgrasmücke	CLB3	
Fichtengrünling – Grünling	CLB3	
Fichtenhacker – Hakengimpel	B,Be1,Be2,Be,Be97,F,N	
Fichtenhacker – Kernbeißer	Ad,Be1,Be2,Be,Buff,Krü,N	
Fichtenhacker – Kiefernkreuzschnabel	GD	
Fichtenkauz – Rauhfußkauz	Do,F	
Fichtenkernbeißer – Hakengimpel	Be1,Be2,Be,Be97,F,Krü,MW,N,O1,3	
Fichtenklappergrasmücke – Klappergrasmücke	CLB3	
Fichtenkreuzschnabel – Fichtenkreuzschnabel	V	

Fichtenkreuzschnabel –	B,Be2,CLB1,2,3,MW,O1,3	KNB
Fichtenkreuzschnabel		
Fichtenlaubvogel, grauer – Zilpzalp	CLB3	
Fichtenlaubvogel, schwirrender –	CLB3	
Waldlaubsänger		
Fichtenluser – Wintergoldhähnchen	F	
Fichtennachtkauz – Rauhfußkauz	CLB3	
Fichtenrothkehlchen – Rotkehlchen	CLB3	
Fichtenwaldschnepfe – Waldschnepfe	CLB3	
Field-Rype (norw.) – Alpenschneehuhn	H	
Fieldfare (engl.) – Wacholderdrossel	Tu	
Fieldloen – Goldregenpfeifer	Be2	Dort S. 399.
Fifetzer (bayer.) – Zilpzalp	F,Jä,H	
Fifitz – Kiebitz	StVb	
Fifitz – Kiebitz	Suol	
Fifitzköppel – Goldregenpfeifer	StVb,Suol	Suolahti: Auch Kiebitzregenpfeifer.
Fijfitz – Kiebitz	Suol	
Filzlaus – Zwergschnepfe	B,F,Suol	
Finck – Buchfink	Buff,G,GesSH,P,zLa	
Fincke – Buchfink	Schwf	
Fincke, grüne – Grünfink	Schwf	
Fincke, weißer – Buchfink, Mutation	Schwf	
Fink – Buchfink	Ad,Be,Buff,Fri,GD,Jä,Krü,N,V …	
	… Finkenschlag, auch Finkenname.	KNB
Fink – Gimpel	Ad	
Fink – Sperling, Buchfink …	Häp	
Fink – Wiesenpieper	Bri	
Fink gemeiner – Buchfink	Ad,Be1,Be2,Be,Be97,N,O1	
Fink mit gelben Flecken auf der Brust –	Buff	
Steinsperling		
Fink von Lulea – Bergfink (Var.)	GD	
Fink, arctischer – Berghänfling	N	
Fink, arktischer – Berghänfling	Be1,Be	
Fink, arktischer – Birkenzeisig (Var.)	MW	
Fink, blasser – Buchfink	Be1	
Fink, böhmischer – Bergfink	Jä	
Fink, bunter – Buchfink	Be1	
Fink, citrongelber – Zitronenzeisig	Be2	
Fink, citrongelber Fink –	Be	
Zitronenzeisig + Girlitz		
Fink, eigentlicher – Buchfink	Be2,N	
Fink, eigentlicher und sechsspieglicher –	Be	
Buchfink		
Fink, feuerfarbiger – Karmingimpel	JAN	Be2: Birkenzeisig.
Fink, feuerfarbiger – Karmingimpel	Be2,Be,N	S. Naum./Hen. 3, 247.
Fink, gelbschnabeliger – Berghänfling	MW	Im Textteil.
Fink, gelbschnäbeliger – Berghänfling	MW,N	MW: Inhaltsverz.
Fink, gelbschnäblicher – Berghänfling	Be	

Fink, gelbschnäbliger – Berghänfling	CLB2	
Fink, gemeiner – Buchfink	Buff,GD,Z	
Fink, gespornter – Spornammer	Be2,Be,Buff,GD,N	
Fink, graubrauner – Steinsperling	Be2,Be,N	
Fink, grüngelber – Grünling	Be2,Buff,N	
Fink, karminköpfiger – Karmingimpel	MW,N	
Fink, karmoisinroter -Karmingimpel	CLB2	
Fink, langschwänziger – Meisengimpel	CLB2,MW	
Fink, lappländischer – Spornammer	Be2,Be,Be97,Buff,GD,Krü,N	
Fink, rosenfarbiger – Rosengimpel	CLB2,MW,N	
Fink, rosenfarbigter – Rosengimpel	Buff	
Fink, rothaubiger – Karmingimpel	Be,N	
Fink, rothäubiger – Karmingimpel	Be1	S. Naum./Hen. 3, 247.
Fink, schwedischer – Bergfink (Var.)	GD	
Fink, sechsspiegelichter – Buchfink	N	
Fink, sechsspiegeliger – Buchfink	Be2	
Fink, spanischer – Weidensperling	MW	
Fink, unverheyrateter – Buchfink	Bo	Bock 1782.
Fink, verspiegelichter – Buchfink	N	
Fink, weißer – Buchfink	Be1	
Fink, zitronengelber – Zitronenzeisig	Be1	
Fink, zitrongelber – Zitronenzeisig	Be97,N	
Finke – Buchfink	Buff,Z	
Finke – Sperling, Buchfink …	Häp	
Finke (die) – Buchfink	Be1,Be2,N,Scha,Suol	
Finke, gemeiner – Buchfink	Hp	
Finke, grüngelber – Grünling	Be1	
Finkenbeißer – Neuntöter	Be2,Be,F,N	
Finkenbeißer – Raubwürger	Jä,H	
Finkenbeißer – Rotkopfwürger	Be2,Be,Be97,Buff,GD,Jä,N,V	
Finkenbeißer – Schwarzstirnwürger	Be05	
Finkenfalk – Baumfalke	Ad,K	
Finkenfalk – Sperber	F,Jä,K	
Finkenfalke – Sperber	Be1,Be2,Be,Buff,GD,N	
Finkenflügel – Bindenkreuzschnabel	F	
Finkengrasmücke – Grauschnäpper	Scha	
Finkengrasmücke – Trauerschnäpper	Do,F	
Finkenhabicht – Sperber	B,Be1,Be2,Be,Be97,Be05,CLB1,2,F,GD,MW, …	
	… N,O1,2,3,WüCl	KNB
Finkenhabicht gefleckter – Sperber (Var.)	Be2	
Finkenhabicht, kleiner (männl.) – Sperber	N	
Finkenhabicht, weißer – Sperber (Var.)	Be2	
Finkenhabicht, weißgesperberter – Sperber	JAN	
Finkenkönig – Kernbeißer	Be2,B,F,GD,Krü,N	
Finkenkreuzschnabel – Bindenkreuzschnabel	F	
Finkenmeese – Kohlmeise	Scha	
Finkenmeise – Kohlmeise	Be1,Be2,Be,Be97,Hp,Krü,N,Suol	KNB
Finkenmeise, hochköpfige – Kohlmeise	CLB3	

Finkenmeise, plattköpfige – Kohlmeise	CLB3	
Finkenquäker – Bergfink	Do,F	
Finkenspechte – Spechte, Eisvögel	O1	
Finkensperber – Sperber	Be1,Be2,Be,Be97,Buff,CLB3,GD,Krü,N	
Finkenstößer – Sperber	CLB2,F,Jä,V	KNB
Finkenwürger – Rotkopfwürger	Do,F,GD	
Finkenwürgvogel – Rotkopfwürger	Be1,Be2,Be,N	
Finkfalk – Sperber	Krü	
Finkfalke – Sperber	Buff	
Finkferlink – Buchfink	Suol	
Finkmeise – Kohlmeise	Ad,B,CLB2,Buff,F,GD,Krü,V	KNB
Finmarkische Gans – Bläßgans	Buff	
Finnischer Dickschnabel – Hakengimpel	Do,F	
Finnischer Dohmpfaffe – Hakengimpel	Be1,Be2,Be	
Finnischer Dompfaff – Hakengimpel	Do,F	
Finnischer Dompfaffe – Hakengimpel	N	
Finnischer Dompfaffe – Kiefernkreuzschnabel	GD	
Finnischer Papagei – Hakengimpel	Be2,Be,F,N	
Finnischer Papagey – Kiefernkreuzschnabel	GD	
Finnmärckscher Joen – Schmarotzerraubmöwe	Gun	Männlich?, Variation?
Finscher – Hakengimpel	B	
Finscherpapagei – Hakengimpel	B	
Finsterschwölk – Mehlschwalbe	F	
Finsterswälk – Mehlschwalbe	WüCl	
Fintscherpapagei – Hakengimpel	Do,F	
Fiörepist – Meerstrandläufer	Gun	
Fisch Adler – Fischadler	Schwf	
Fisch Ahr (sil.) – Fischadler	Schwf,Suol	
Fisch Ahr – Lachmöwe	Schwf,Suol	
Fisch Ahr – Mäusebussard	Suol	
Fisch Ahr (sil.) – Mäusebussard	Schwf	
Fisch Treiber – Mittelsäger	Schwf,Suol	Gänsesäger war Ges 1555 bekannt.
Fisch-Ar – Fischadler	Z	
Fisch-Geyer – Fischadler	G,Z	
Fisch-Geyer – Rohrweihe	Fri	
Fisch-Joen – Fischadler	Gun	
Fisch-Meve, weise – Flußseeschwalbe?	Z	
Fisch-Reiger – Graureiher	Z	
Fisch-Reiger – Weißstorch	Z	
Fisch-Reiher – Graureiher	G,N	
Fischaar – Fischadler	Be1,Be2,Be,Be05,Buff,F,GD,Jä,Krü,N,O1,V	
Fischaar – Graureiher	Suol	
Fischaar – Rohrweihe	Ad,Be1,Be2,Be,GD	
Fischaar – Seeadler	Ad,Krü	
Fischaarmeve – Dreizehenmöwe	Ad,Be	
Fischaarmöve – Dreizehenmöwe	N	
FischAdler – Fischadler	Baldn	

Fischadler – Fischadler	B,Be1,Be2,Be,Be05,GD,GesS,K,Krü,N,O2, …	
	… Schwf,V	KNB
Fischadler – Seeadler	Ad,Be1,2,Be,Be97,Be05,Buff,GesH,GD, …	
	… Krü,N,O1	
Fischadler – Weißkopf-Seeadler	N	N: Bd. 13/072.
Fischadler gemeiner – Seeadler	Be2,Be97,N	
Fischadler, großer – Kornweihe	GD	
Fischadler, großer – Seeadler	Be1,Be2,Be,Be97,Buff,Krü,N	
Fischadler, hochköpfiger – Fischadler	CLB3	
Fischadler, kleiner – Fischadler	Be2,Be,N	
Fischadler, kleiner – Seeadler	Buff,GD	
Fischadler, plattköpfiger – Fischadler	CLB3	
Fischadler, weißköpfiger – Seeadler	Be2,Buff,GD	Buffon/Martini I,Tab. VII.
Fischadler, weißköpfiger –	GD	
Weißkopf-Seeadler		
Fischahr – Fischadler	Be97,K	
Fischähr – Fischadler	Be1,Be2,N	
Fischahr – Lachmöwe	GD	
Fischahr – Rohrweihe (weibl.)	GD,K,N	
Fischahrmeve – Dreizehenmöwe	GD,K	
Fischarler – Fischadler	Do,F	
Fischarn – Fischadler	GesSH,Suol	
Fischdieb – Eisvogel	F,H	
Fischer – Eisvogel	GesH	
Fischer – Fischadler	GesH	
Fischer – Fluß-/Küstenseeschwalbe	Buff,GD	
Fischer – Flußseeschwalbe	Ad,P	
Fischer – Lachmöwe	Be2,Be,Suol	
Fischer – Rohrweihe	G,Suol	
Fischer – Sturmmöwe	Be1,GD,Krü	
Fischer – Rotfußtölpel?	GD	
Fischer – Zwergseeschwalbe	Suol	
Fischer der Antillischen Inseln – Fischadler	Be2	
Fischer-Martin – Eisvogel	Be2,N	
Fischer, grauer – Flußseeschwalbe	Be2,Be,N	
Fischer, grauer – Lachmöwe	Buff	
Fischer, großer weißer – Wahrsch. Baßtölpel	GD	
Fischer, kleiner – Baßtölpel	Krü	
Fischer, kleiner – Rotfußtölpel	GD	
Fischer, kleiner – Trauerseeschwalbe	GD	
Fischer, kleiner – Zwergseeschwalbe	Be1,Be2,Be,Buff,Krü,N	
Fischer, kleiner weißer – Rotfußtölpel	GD	
Fischer, weißer – Baßtölpel	Krü	
Fischer, weißer – Rotfußtölpel	GD	
Fischerhalbente – Zwergsäger	Be2	
Fischerhalbente – Zwergtaucher	Be	
Fischerlein – Flußseeschwalbe	Buff,K	Rostro rubro.
Fischerlein – Zwergseeschwalbe	Ad,Baldn-Suol,Be1,Be,Buff,GesH,K,Krü,Suol	
	Klein (1760): Larus piscator.	

Fischerlein, kleines – Zwergseeschwalbe	Be2,Be,F,N	
Fischerlen – Zwergseeschwalbe	zLa	
Fischerlen, klein – Zwergseeschwalbe	Baldn	
Fischerlin (els.) – Zwergseeschwalbe	Buff,GesS.Schwf,Suol	
Fischermartin – Eisvogel	Do,F	
Fischermeve – Dreizehenmöwe	Be2	
Fischermeve, aschfarbene – Sturmmöwe	GD	
Fischermeve, graue – Dreizehenmöwe	Be2,GD	
Fischermeve, graue – Mantelmöwe	Be2	
Fischermöve – Dreizehenmöwe	N	
Fischermöve – Fischmöwe	B	
Fischermöve, graue – Dreizehenmöwe	N	
Fischermöve, graue – Mantelmöwe	Buff	Otto: Name kommt ihr nicht zu.
Fischermöve, kleinste – Zwergseeschwalbe	Suol	
Fischermöwe – Dreizehenmöwe	F	
Fischerrabe – Fischadler	Buff,GD	
Fischervogel – Lachmöwe	Jä	Altbayern
Fischfalke – Rohrweihe	Do,F	
Fischfänger, chinesischer – Krähenscharbe	Fri	
Fischfresser – Eisvogel	F,H	
Fischgeier – Fischadler	Be1,Be2,Be,F,Jä,Krü,N,Scha	
Fischgeier – Rohrweihe	Ad,Be1,Be2,Be,Be05,F,N	
Fischgeier – Rotmilan	Jä	
Fischgeier – Schmutzgeier	Be2,Be	
Fischgeier – Seeadler	B,Be1,Be2,Be,F,N	Müller 1773.
Fischgeier, brauner – Rohrweihe	Be2,Be,N	
Fischgeier, großer – Seeadler	Jä	
Fischgeier, kleiner – Fischadler	Jä	
Fischgeier, kleiner – Flußseeschwalbe	Jä	
Fischgeier, rötlicher – Rohrweihe	Be2,N	
Fischgeier, weißer – Schmutzgeier	Be2,N	
Fischgeyer – Fischadler	HaSa,Suol	Sachs: Regiment ... V. 181.
Fischgeyer – Gänsegeier	GD	
Fischgeyer – Rohrweihe	Buff,GD	„Falco rufus."
Fischgeyer – Schmutzgeier	GesS	
Fischgeyer – Seeadler	GD	
Fischgeyer, brauner – Rohrweihe	GD	
Fischgeyer, großer – Seeadler	GD	
Fischgeyer, rötlicher – Rohrweihe	Buff	
Fischhabicht – Fischadler	Be2,Be,F,GD,N	
Fischhacht – Fischadler	Jä	
Fischhäher – Graureiher	Ad,Krü	
Fischjäger – Seeadler	Be2,F,N	
Fischknecht – Mäusebussard	Schwf,Suol	
Fischmeese düske – Trauerseeschwalbe	Scha	
Fischmeese, grosse – Flußseeschwalbe	Scha	
Fischmeese, kleene – Zwergseeschwalbe	Scha	
Fischmeise – Fluß-/Küstenseeschwalbe	GD	
Fischmeise – Flußseeschwalbe	Be2,F,H	

Fischmeive – Flußseeschwalbe	N	Wohl Druckfehler: i zuviel.
Fischmev – Lachmöwe	WüCl	
Fischmeve – Flußseeschwalbe	Ad	
Fischmeve – Lachmöwe	Be,Be2	
Fischmeve – Mantelmöwe	Be1,Be2,Be,GD	
Fischmeve – Sturmmöwe	Be1,GD	
Fischmeve, aschfarbene – Lachmöwe	Be2,Be	
Fischmeve, aschfarbener – Lachmöwe	Be2,Be	
Fischmeve, gemeine – Lachmöwe	Be	
Fischmeve, gemeine graue – Lachmöwe	Be	
Fischmeve, kleine – Fluß-/ Küstenseeschwalbe	GD	
Fischmeve, kleine – Flußseeschwalbe	Be2,N	
Fischmeve, kleinste – Trauerseeschwalbe	GD	
Fischmeve, kleinste – Zwergseeschwalbe	Be1,Be2,Be,N	
Fischmeve, weise – Flußseeschwalbe?	Z	
Fischmeve, weißgraue – Lachmöwe	Be	
Fischmewe – Fischmöwe	Buff	
Fischmewe – Flußseeschwalbe	Ad	
Fischmewe – Mantelmöwe	Krü	
Fischmewe – Sturmmöwe	Krü	
Fischmewe, caspische – Fischmöwe	Buff	
Fischmewe, kleinste – Zwergseeschwalbe	Krü	
Fischmöve – Fischmöwe	H	
Fischmöve – Lachmöwe	N	
Fischmöve – Mantelmöwe	B	
Fischmöve, aschgraue – Lachmöwe	N	
Fischmöve, graue – Mantelmöwe	N	
Fischmöve, große – Mantelmöwe	N	
Fischmöve, kleinste – Zwergseeschwalbe	Buff	
Fischmöwe – Lachmöwe	F	
Fischmöwe – Mantelmöwe	F	
Fischmöwe, kleine – Zwergseeschwalbe	F	
Fischör – Fischadler	WüCl	
Fischraal – Fischadler	B	
Fischrabe – Kormoran	Scha	
Fischrabe – Seeadler	GesH	
Fischrager – Graureiher	Jä	
Fischrahl – Fischadler	Be2,N	
Fischraigl – Graureiher	Jä	
Fischreiger – Graureiher	Buff,GD	
Fischreiher – Graureiher	Ad,B,Be1,2,Be,Be05,Bri,Buff,CLB2,F,Krü,N, … … O1,3Suol,V,WüCl Göchhausen 1710. VN, KNB	
Fischreiher – Mittelsäger	Be,Krü	
Fischreiher, grauer – Graureiher	Jä	
Fischreyher – Graureiher	Hp	
Fischschnapper – Eisvogel	Do,F	
Fischtreiber – Mittelsäger	B,Be1,Be2,Be,F,GD,N	

Fischuhl – Schneeeule	Do,F	
Fischvögel – Alke, Möwen,	O1	
Entenvögel u. a.		
Fischvogel – Rohrweihe	Do,F	
Fischvogel, schwarzköpfiger –	Be2,Be	
Trauerseeschwalbe		
Fischvogel, schwarzköpfiger –	Be	
Weißflügel-Seeschwalbe		
Fischvogel, taubenförmiger –	Be2,Be,N	
Brandseeschwalbe		
Fischweih – Fischadler	B,Jä	
Fischweihe – Fischadler	Be2,Be,F,N	
Fiskeörn (dän., norw.) – Fischadler	H	
Fiskljese (schwed.) – Fischadler	B	
Fiskörn (schwed.) – Fischadler	H	
Fissbieter – Lachmöwe	Bri	
Fistelfink – Stieglitz	Be1,Be2,Be,Be97,Buff,F,Krü,N	
Fister – Flußuferläufer	O1	Straßburger Vogelb.1554: Fisterling.
Fisterlein – Flußuferläufer	B,Buff,F,GesH,GD,Krü,N	
Fisterling – Flußuferläufer	StVb,Suol, zLa	F. ist Bäcker, wg.
		weißer Zeichng.
Fistrich – Flußuferläufer	zLa	
Fitichen – Fitis	F,Suol,N	
Fiting – Fitis	N,Suol	
Fitingzeisig – Fitis	Do,F	
Fitis – Fitis	Be1,Be2,Be,Be97,Hp	Bechstein 1793
Fitis gemeiner – Fitis	Be2,Be,N	
Fitis-Laubvogel – Fitis	N	
Fitis, brauner – Zilpzalp	Be2,Be,F,N	
Fitis, braunes – Zilpzalp	JAN	
Fitis, gelber – Fitis	Be2,Be,N	
Fitis, gelbes – Fitis	JAN	
Fitis, gemeines – Fitis	JAN	
Fitislaubsänger – Fitis	B,CLB3,O3,SchaG. White (1768) …	
	… unterschied Fitis von Zilpzalp.	
Fitislaubvogel – Fitis	Suol	
Fitiss – Fitis	O1	
Fitissänger – Fitis	Be2,Be,MW,N	
Fitting – Fitis	B	
Fjäll-Ripa (schwed.) – Alpenschneehuhn	H	
Fjeldjo (norw.) – Falkenraubmöwe	H	
Flachs Fincke – Bluthänfling	Schwf	
Flachsfinck – Bluthänfling	GesS,StVb,zLa	
Flachsfink – Birkenzeisig	B,Be1,Be2,Be,Be97,CLB2,Buff,F, …	
	… GD,Hp,Krü,N,O1,V	KNB
Flachsfink – Bluthänfling	Ad,Be1,Be2,Be,Bri,Buff,F,Fri,Hp,K,Krü,N, …	
	… Suol,V	
Flachsfink mit kleinerem Kopfe –	Buff	
Birkenzeisig		

Flachsfinke – Birkenzeisig	GD	
Flachsfinke – Bluthänfling	Buff,GD,HHM	Hamb. Mag.1749.
Flachshänfling – Birkenzeisig	F,V	
Flachßfinck – Bluthänfling	GesH	
Flachszeisig – Birkenzeisig	B,Be2,CLB2,Krü,N	
Flacksfinck – Bluthänfling	K	
Flacksfinckle – Bluthänfling	Suol	Frisch T. 9.
Flamand – Rosaflamingo	Buff,GD ...	
	... Ausgeartet aus Flambant, Flammant.	
Flamant – Rosaflamingo	Buff,Fri,GD ...	
	... Ausgeartet aus Flambant, Flammant.	
Flamant (franz.) – Rosaflamingo	Ad,Be,F,N	
Flamant, roter – Rosaflamingo	Be,MW,N	
Flamant, rotflüglicher – Rosaflamingo	Buff	
Flamant, weißer – Rosaflamingo	Buff	
Flambant – Rosaflamingo	Buff,GesH,GD	Bei den alten Ornithologen.
Flambart – Rosaflamingo	Ad	
Fläming – Rosaflamingo	Buff	
Flaminger – Rosaflamingo	Buff,GD	
Fläminger – Rosaflamingo	Buff	
Flaminger, roter – Rosaflamingo	Buff	
Flamingo – Rosaflamingo	Be,Buff,F,GD,Krü,N	
Flamingo gemeiner – Rosaflamingo	O2,V	
Flamingo, rosenfarbiger – Rosaflamingo	N,O3	
Flamingo, roter – Rosaflamingo	Be,Buff,CLB2,GD,O1	
Flamman – Rosaflamingo	Buff,GesH	
Flammant – Rosaflamingo	Ad,Buff,CLB2,Be,N ...	
	... Bei den alten Ornithologen.	KNB
Flammant der Alten – Rosaflamingo	N	
Flammeneule – Schleiereule	B,Be2,F,N	
Flammenreiger – Rosaflamingo	Buff	
Flammenreiher – Rosaflamingo	Buff,GD	
Flammenreiher mit rosenfarbenem Flügel – Rosaflamingo	Buff	
Flammenreiher, weißer – Rosaflamingo	Buff	
Flammenvogel – Rosaflamingo	Buff,GD	
Flammeule – Schleiereule	GD	
Flammicht – Rosaflamingo	GD	
Flamming – Rosaflamingo	B,GD,O1	
Flamming der Alten – Rosaflamingo	CLB3	KNB
Flamming der alten Welt – Rosaflamingo	CLB2	
Flamminger – Rosaflamingo	Buff	
Flammingo – Rosaflamingo	N	
Flasfinc (engl.) – Bluthänfling	Tu	
Flasfink – Bluthänfling	Suol	
Flassfinke – Bluthänfling	Suol	
Flautenbülow – Pirol	Do,F	
Flechtenhäher – Unglückshäher	F,H	
Fleck-Kele – Blaukehlchen	Suol	

Fleck-Kelîn – Blaukehlchen	Suol	
Fleckige Eule – Schnee-Eule	Be2,Be,N	
Fleckige Nachteule – Schnee-Eule	Be2,N	
Fleckigtes Wasserhuhn – Goldregenpfeifer	Buff,GD	
Fleckkehlchen – Gartenrotschwanz	Krü	
Fleckkehlchen – Hausrotschwanz	Ad	
Fleckkehlein mit silberstückenen Brustlatz – Hausrotschwanz	K	Klein: K 60, 147.
Fleckspecht – Buntspecht	F,H	
Fledermaus – Zwergschnepfe	Be2,N,Suol	
Fledermausschnepfe – Zwergschnepfe	B,F,N	
Fleegenschnapper – Grauschnäpper	H,Häp	
Fleegenschnäpper – Grauschnäpper	Häp	
Flegenfänger – Grauschnäpper	Bri	
Fleiefänker – Trauerschnäpper	Suol	
Fleigensnäpper – Grauschnäpper	WüCl	„Fliegensneppe" schon 15. Jahrh.
Fleigensnäpper – Zilpzalp	Do,F	
Fleigensnäpper, graag – Grauschnäpper	F	
Fleigensnäpper, swart – Trauerschnäpper	F	
Fleigensnepper – Grauschnäpper	Suol	
Fleimouk – Ziegenmelker	Suol	
Fleischfarbene Amsel – Rosenstar	Buff,GD	
Fleischfarbige Amsel – Rosenstar	Be2,Buff,N	
Fleischmeise – Kohlmeise	Pp	
Fleiter – Goldregenpfeifer	Suol	
Fleiters – Pfeifente	Bri	
Flick de Bücks – Wachtel	F,N,Scha,Suol,WüCl	
Flick de Bux – Wachtel	Scha	
Fliege, dumme – Eissturmvogel	Cz	
Fliegen Endtle – Löffelente	Schwf,Soul	
Fliegen-Ent – Schnatterente	GesH	
Fliegen-Schnäpper, brauner mit einem Weissen Flügel Flecken – Trauerschnäpper	Fri	
Fliegen-Schnepper – Grauschnäpper	G	
Fliegen-Vogel, schwarz- und weiß-scheckigter schmätzender … … – Trauerschnäpper	Z	
Fliegenbitter, groot gühl – Gelbspötter	F	
Fliegenbitter, grü-hoaded (helgol.) – Berglaubsänger	H	
Fliegenbitter, gühl (helgol.) – Waldlaubsänger	F,H	
Fliegenbitter, lütj (helgol.) – Fitis	F,H	
Fliegenbitter, lütj swart-futted (helgol.) – Zilpzalp	H	
Fliegende Alpenrose – Mauerläufer	o.Qu.	
Fliegende Kröte – Ziegenmelker	Buff	
Fliegende Ziege – Bekassine	Krü	

Fliegender Phaëton – Rotschnabel-Tropikvogel	Buff
Fliegender Tropiker – Rotschnabel-Tropikvogel	Buff
Fliegenente – Löffelente	Ad,B,Be2,Be,Buff,F,Krü,N
Fliegenente – Samtente	Ad,Be2,Be,Buff,F,GD,Krü,N
Fliegenente – Schnatterente	K Ges: Anas muscaria ist Schnatterente.
Fliegenentel – Löffelente	Buff,K
Fliegenfänger – Grauschnäpper	B,Be2,Be,Hp,N
Fliegenfänger – Schwarzkehlchen	GD
Fliegenfänger gemeiner – Trauerschnäpper	Be2,Be,N
Fliegenfänger mit dem Halsband – Halsbandschnäpper	Be1,Be2,Be97
Fliegenfänger mit dem Halsbande – Halsbandschnäpper	Be,N
Fliegenfänger scheckiger – Trauerschnäpper	Be
Fliegenfänger, brauner – Trauerschnäpper	Be2,Be,N
Fliegenfänger, braunköpfiger – Trauerschnäpper	CLB3
Fliegenfänger, bunter – Trauerschnäpper	Be2,Be,N
Fliegenfänger, europäischer – Grauschnäpper	Be2
Fliegenfänger, gefleckter – Grauschnäpper	Be1,2,Be,Be97,CLB1,2,3,Krü,MW,N,O3,V KNB
Fliegenfänger, gestreifter – Grauschnäpper	Be2,Buff
Fliegenfänger, gestreifter Europäischer – Grauschnäpper	Be,N
Fliegenfänger, graubrauner – Grauschnäpper	Be2,Be,N
Fliegenfänger, grauer – Grauschnäpper	Be2,Be,N,Suol,WüCl
Fliegenfänger, graugestreifter – Grauschnäpper	Be2,Be,N
Fliegenfänger, graurückiger – Trauerschnäpper	CLB2,3,O3 KNB
Fliegenfänger, großer – Braunkehlchen	Z Nach Frisch.
Fliegenfänger, großer – Grauschnäpper	Be2,Be,N
Fliegenfänger, hochköpfiger – Trauerschnäpper	CLB3
Fliegenfänger, kleiner – Trauerschnäpper	Be2,N
Fliegenfänger, kleiner – Zwergschnäpper	Be1,Be2,Be,Be97,F,CLB2,3,MW,N,O3 … … Bechstein 1795. KNB
Fliegenfänger, lothringischer – Trauerschnäpper	N
Fliegenfänger, kleiner europäischer – Fitis	GD „Nach Buffon."
Fliegenfänger, rothkehliger – Zwergschnäpper	CLB3
Fliegenfänger, schäckiger – Trauerschnäpper	Be2,N

Fliegenfänger, schwarzer – Trauerschnäpper	Be1,Be2,Be,Buff,N,Suol	
Fliegenfänger, schwarzgrauer – Trauerschnäpper	Be1,Be2,Be,Be97,CLB3,MW,N	
Fliegenfänger, schwarzköpfiger – Halsbandschnäpper	N	
Fliegenfänger, schwarzplattiger – Trauerschnäpper	N	
Fliegenfänger, schwarzrückiger – Trauerschnäpper	Be1,2,Be,Be97,Buff,CLB1,2,3,Krü, … … MW,N,O3,V,WüCl	KNB
Fliegenfänger, weißhalsiger – Halsbandschnäpper	CLB1,N,N,O3,V,WüCl	
Fliegenfänger, weißhälsiger – Halsbandschnäpper	CLB2,3	KNB
Fliegenfänger, weißstirniger – Halsbandschnäpper	CLB3	
Fliegenfresser – Heckenbraunelle	Buff	
Fliegenfresser – Trauerschnäpper	Be	
Fliegenfresser gemeiner – Trauerschnäpper	Be	
Fliegenfresser, großer – Sperbergrasmücke	Be	
Fliegenschnäperl – Grauschnäpper	Suol	
Fliegenschnäpfer – Grauschnäpper	Be1,Be2,Be,Hp,N	
Fliegenschnapfer, schwarzer – Trauerschnäpper	F	
Fliegenschnäpper – Braunkehlchen	Ad,Be2,Be,Buff,GD,Krü,N	
Fliegenschnäpper – Gartengrasmücke	Be2,N	
Fliegenschnapper – Grauschnäpper	H,Jä	
Fliegenschnapper – Grauschnäpper	B,Scha	„Fliegensneppe" schon 15. Jahrh.
Fliegenschnapper – Schwarzkehlchen	GD	
Fliegenschnapper – Trauerschnäpper	Be2,Be	
Fliegenschnapper gemeiner – Trauerschnäpper	Be2,Be,N	
Fliegenschnäpper gemeiner – Trauerschnäpper	N,O1	
Fliegenschnäpper mit dem Halsbande – Halsbandschnäpper	Be	Bechstein 1802.
Fliegenschnapper, brauner – Grauschnäpper	GD	
Fliegenschnapper, brauner – Trauerschnäpper	N	
Fliegenschnäpper, brauner – Trauerschnäpper	Be1,Be2,Be,N	
Fliegenschnäpper, brauner mit einem weissen Flügelfleck – Trauerschnäpper	Be2,Be,N	
Fliegenschnapper, bunter – Trauerschnäpper	N	
Fliegenschnäpper, gefleckter – Grauschnäpper	O1	
Fliegenschnäpper, gelbbrüstiger – Steinschmätzer	Be2,Be,Krü,N	
Fliegenschnäpper, grauer – Grauschnäpper	Bri,N,O2,V	
Fliegenschnäpper, grauer gestreifter – Grauschnäpper	Buff	

Fliegenschnäpper, grauer mit zwei weißen Flügelflecken – Halsbandschnäpper	N	
Fliegenschnäpper, graugestreifter – Grauschnäpper	Be1,Be2,Be,N	
Fliegenschnäpper, großer – Gartengrasmücke	Be2,N	
Fliegenschnäpper, großer – Grauschnäpper	Be2,Be,N,V	
Fliegenschnäpper, kleiner – Klappergrasmücke	Be1,Be2,Be,N	
Fliegenschnapper, kleiner – Trauerschnäpper	N	
Fliegenschnäpper, kleiner – Trauerschnäpper	Be,N	
Fliegenschnäpper, kleiner – Zwergschnäpper	N	
Fliegenschnapper, lothringischer – Trauerschnäpper	Be2,Be,N	
Fliegenschnäpper, lothringischer – Trauerschnäpper	Buff	
Fliegenschnäpper, lothringischer – Trauerschnäpper	N	
Fliegenschnapper, schäckiger – Trauerschnäpper	N	Naumann: -Schnapper und -Schnäpper.
Fliegenschnäpper, schäckiger – Trauerschnäpper	N	Naumann: -Schnapper und -Schnäpper.
Fliegenschnäpper, schwarz und weißer ... ... – Schwarzkehlchen	Be1,Be2,Be,Be97,N	
Fliegenschnapper, schwarzblattiger – Trauerschnäpper	Be2,Be	
Fliegenschnäpper, schwarzer – Schwarzkehlchen	N	
Fliegenschnapper, schwarzer – Trauerschnäpper	Be2,Be,N	
Fliegenschnäpper, schwarzer – Trauerschnäpper	N,O2	
Fliegenschnäpper, schwarzer und weißer – Schwarzkehlchen	Krü	
Fliegenschnapper, schwarzplattiger – Trauerschnäpper	N	Naumann: -Schnapper und -Schnäpper.
Fliegenschnäpper, schwarzplattiger – Trauerschnäpper	N	Naumann: -Schnapper und -Schnäpper.
Fliegenschnäpper, schwarzplattigter – Trauerschnäpper	Buff	
Fliegenschnapper, schwarzrückiger – Trauerschnäpper	N	S. o.
Fliegenschnäpper, schwarzrückiger – Trauerschnäpper	N	S. o.
Fliegenschnäpper, weißer – Schwarzkehlchen	N	

Fliegenschnäpper, weißhalsiger – Halsbandschnäpper	F
Fliegenschnäpper, weißkehliger – Halsbandschnäpper	F
Fliegenschnapperl – Grauschnäpper	Suol
Fliegenschnaps – Grauschnäpper	Do,F
Fliegenschnepper – Grauschnäpper	Hp,Suol
Fliegenschnepper – Heckenbraunelle	Ad
Fliegenschnepper – Mönchsgrasmücke	Hp
Fliegenschnepper, grauer – Grauschnäpper	Jä
Fliegenspiesser – Braunkehlchen	Ad
Fliegenspiesser – Grauschnäpper	Suol
Fliegenstecher – Grauschnäpper	F
Fliegenstecher – Braunkehlchen	Ad,Be1,Be2,Be,Be97,Buff,GD,Krü.N
Fliegenstecher – Flußuferläufer	Fabr Wahrsch. eher Bachstelze.
Fliegenstecher – Grauschnäpper	Schwf
Fliegenstecher (schles.) – Dorngrasmücke	F,H
Fliegenstecher, brauner – Heckenbraunelle	Be1,Be2,Be,Buff,GD,Krü,N
Fliegenstecher, schwarzer – Trauerschnäpper	Be1,Be2,Be,Buff,F,N
Fliegenstecher, schwarzer mit weißem Halsring – Schwarzkehlchen	Be2,Be,Krü,N
Fliegenstrecker – Braunkehlchen	Do,F
Fliegenstreckerlein – Braunkehlchen	Be1,Be2,Be,Krü,N
Fliegenvogel – Braunkehlchen	Ad,Do,F
Fliegenvogel, brauner – Braunkehlchen	Be2,Be,Krü,N
Fliegenvogel, braunkehliger – Braunkehlchen	Krü
Fliegenvogel, bräunlicher – Braunkehlchen	Be1,Be2,Be,N
Fliegenvogel, bräunlichter – Braunkehlchen	Buff,GD
Fliegenvogel, braunröthlich bunter – Heckenbraunelle	Be1,Be2,Be,Buff,N
Fliegenvogel, schmätzender – Trauerschnäpper	Be1
Fliegenvogel, schwarz- und weißscheckigter – Trauerschnäpper	Z
Fliegenvogel, schwarz und weißscheckiger schmätzender – Trauerschnäpper	Be
Fliegenvogel, schwarz- und weißschäckiger – Trauerschnäpper	Be1
Fliegenvogel, schwarz- und weißschäckiger schmatzender … … – Trauerschnäpper	Be2,Be
Fliegenvogel, schwarz- und weißschäckiger schmätzender … … – Trauerschnäpper	N
Fliegenvogel, schwarz- und weißscheckigter … … schmätzender – Trauerschnäpper	Buff

Fligenstecher – Grauschnäpper	Suol	
Flinderling – Zilpzalp	Do,HaSa,Suol	Sachs: Regiment …V. 104.
Flippe – Austernfischer, Stelzenläufer	O1	
Flodörn (dän.) – Fischadler	B	
Flohr – Bläßhuhn	Suol	
Florentiner Meise – Beutelmeise	Be2,Be,Buff,GD,Krü,N	
Florentinermeise – Beutelmeise	Be1	
Florentinische Lerche – Berg-/Strandpieper	Be2,Buff,N	
Florentinische Lerche – Brachpieper	Be	
Florn – Bläßhuhn	GesH,Suol	
Flötenlaubsänger – Fitis	CLB	
Flötenlaubvogel – Fitis	F	
Flötenschläger – Mönchsgrasmücke	Do,F	
Flöter – Gartenrotschwanz	Do,F,Scha	
Flöter – Regenpfeifer	Suol	
Flötkricke – Krickente?	Mic	Suol.: Pipkreck in Preußen.
Floytetyten – Kiebitzregenpfeifer	Buff	Pontoppidan
Flüchtling – Felsen-/Haustaube	Hp	
Fluder – Schwarzhalstaucher	zLa	
Fluder – Eis- und Sterntaucher	O1	
Fluder – Eistaucher	B,N,O1,Suol	
Fluder – Großer Seetaucher	zLa	Nach Ges 1557 am Bodensee gefangen.
Fluder – Haubentaucher	B,F,GesH,N, zLa	zLa: Nach Gessner 1557.
Fluder – Rohrdommel	F,H,Jä	
Fluder – Sterntaucher	Suol	
Flüedäfi – Alpendohle	H	
Fluehchlän – Mauerläufer	Suol	
Fluehlerche (helv.) – Alpenbraunelle	H	
Flüekrähe – Alpendohle	H	
Flüelerche – Alpenbraunelle	B,Be1,Be2,Be, Be97,F,N,V	
Fluesfenkelchen – Bluthänfling	Suol	
Fluesnapper, graa (dän., norw.) – Grauschnäpper	H	
Flüespatz – Alpenbraunelle	F	
Flüetäfie – Alpendohle	N	
Flüetäfin – Alpendohle	H	Fehler?
Flüetäsi – Alpendohle	H	
Flüevogel – Alpenbraunelle	N	
Flüevogel, grosser – Alpenbraunelle	CLB3	
Flüevogel, schieferbrüstiger – Heckenbraunelle	O3	
Flüevogel, schieferbrüstiger – Heckenbraunelle	CLB1,2,V	KNB
Flüevogel, schwarzköpfiger – Bergbraunelle	MW	
Flüevogel, siberischer – Bergbraunelle	N	
Flug Taube – Felsen-/Haustaube		
Flugen stakerle – Braunkehlchen	Buff	
Flugen stakerlin – Braunkehlchen	Buff	= Fliegen-?

Flügenstecherlin – Trauerschnäpper	GesS,Suol		
Flughuhn, langschwänziges – Spiessflughuhn	O3		
Flughuhn, nadelschwänziges – Spießflughuhn	MW		
Flughuhn, pfriemenschwänziges – Spießflughuhn	CLB2		
Flughuhn, spießschwänziges – Spießflughuhn	CLB2		KNB
Flugloser Alk – Riesenalk	N		
Flugschnebel – Rosaflamingo	Buff		
Flugtaube – Haus-/Felsentaube	Ad,Buff,GD,Krü,Suol		
Flühekrähe – Alpendohle	F		
Flühelerche – Alpenbraunelle	N		
Fluhspatz – Alpenbraunelle	N		
Flühspatz (helv.) – Alpenbraunelle	H		
Fluhvogel – Alpenbraunelle	O1,2		
Flüllerche – Alpenbraunelle	Buff		
Flunder – Eistaucher	N		
Fluß-Meerschwalbe – Flußseeschwalbe	N		
Fluß-Rohrsänger – Schlagschwirl	N		
Fluß-Taucher, kleiner – Zwergtaucher	V		
Fluß-Uferläufer – Flußuferläufer	N		
Flußadler – Fischadler	Ad,B,Be1,Be2,Be,Be05,Be97,Buff,CLB1,2,3, … … F,GD,Krü,MW,N,O1,2,3		KNB
Flußadler, kleiner – Fischadler	Be2,Be,Buff,GD,N		
Flußfischadler – Fischadler	CLB2,N	N: Nachträge 13/88.	KNB
Flußmeerschwalbe – Flussseeschwalbe	N,O3		
Flußkamel – Rosapelikan	Buff		
Flußnachtigall – Drosselrohrsänger	Be2,Be97,Buff,F,GD,Krü,N		
Flußregenpfeifer – Flußregenpfeifer	B,N,O3	N: Fluß-Regenpfeifer	KN
Flußrohrsänger – Schlagschwirl	B,F,N,WüCl		
Flußsänger – Schlagschwirl	Be,CLB2,MW,N,O3		KNB
Flußscharbe – Kormoran	o.Qu.		
Flußschilfsänger – Schlagschwirl	CLB1,2,3		KNB
Flußschwalbe – Flußregenpfeifer	Be2,Be,N		
Flußschwalbe – Sandregenpfeifer	GD		
Flußschwirl – Schlagschwirl	F,H		
Flußseeschwalbe – Flußseeschwalbe	B,CLB1,3 Naum. 1819 in Okens „Isis" Fluß-Meerschw.,		KN
Flußtaucher – Zwergtaucher	B,Be2,Buff,F,N		
Flußtaucher, kleiner – Zwergtaucher	Krü		
Flußteufel – Bläßhuhn	Ad		
Flußteufelchen – Bläßhuhn	Ad,Be2,Be,GD,N		
Flußteufelchen, schwarzes – Teichhuhn	Buff		
Flußuferläufer – Flußuferläufer	B,N,O2	Naumann 1836.	KN
Flußuferpfeifer – Flußregenpfeifer	CLB3		
Flußuferschwalbe – Uferschwalbe	CLB3		
Flußvogel – Ente allg.	Hp		

Flußvogel – Stockente	Krü	
Flußwasserläufer – Flußuferläufer	O3	
Flütäfi – Alpendohle	F	
Flütäfie – Alpendohle	B	
Focke – Nachtreiher	Ad,B,Be1,Be2,Be,Be97,Be05,CLB2,F, …	
	… Krü,N,O1,2,Suol,V	KNB
Focke (sil.) – Nachtreiher	GD,Schwf	
Focke (Facke) – Nachtreiher	Fabr	Hoffmann: „Facke" ist Druckfehler.
Focken – Nachtreiher	Buff,K	Frisch T. 203.
Focker – Nachtreiher	Ad,GD,K,Krü,O1,Schwf,Suol	
Foen – Bläßhuhn	Ad	
Föhrenkreuzschnabel – Kiefernkreuzschnabel	H	
Foot in de Mars – Tordalk	Bri	
(allg. f. verw. Arten)		
Forenbicker – Schwarzspecht	Suol	
Fornelle – Bluthänfling	F,H	
Fosse-Fald – Wasseramsel	Cz	Deutsch: Wasserfall.
Fossekal (norw.) – Wasseramsel	H	
Foßkopf – Gänsesäger (weibl.)	Bri	
Foßkopf – Mittelsäger (weibl.)	Bri	
Fouquet – Skua	Tombe	Tombe S. 64.
Fouselier – Schwarzspecht	Buff,Müller 1773	
Fox Goose (engl.) – Brandgans	Tu	
Fragattvogel, schwarzer –	Be2	
Prachtfregattvogel		
Francolin – Halsbandfrankolin	Buff,Krü	
Frank – Höckerschwan	Fri	
Frankel – Halsbandfrankolin	O2	
Franki (berl.) – Höckerschwan	Do	
Fränkische Kriechente – Knäkente	Ad,K	
Fränkische Kriechente – Krickente	Be2,Buff,N	
Fränkische Kriekente – Krickente	Be2	
Frankolin – Halsbandfrankolin	B,GD,Krü,O2	
Frankolin – Haselhuhn	GesS	
Frankolinfeldhuhn – Halsbandfrankolin	MW,O3	
Frankolinhuhn – Halsbandfrankolin	V	
Frankolinhuhn, europäisches –	CLB2	KNB
Halsbandfrankolin		
Franks-Lumme – Dickschnabellumme	N	
Franks'sche Lumme – Dickschnabellumme	N	
Franksische Lumme – Dickschnabellumme	CLB2	KNB
Franz-Ente – Knäkente	Buff	
Franzente – Krick-/Knäkente	K	Albin Band I, 100, Knäkente.
Franzente – Krickente	A,B,Be2,Be,Buff,F,N	Albin Band I, 100.
Französ Nieper (helgol.) – Zwergammer	H	
Französischer Läufer – Rennvogel	Be	
Französischer Regenpfeifer – Rennvogel	Buff,GD,N	
Französischer Würger – Gerfalke	Be2,Be,N	
Französischer Würger – Lanner	Buff,GD	

Französischer Würger – Würgfalke	N	
Französisches Rothuhn – Rothuhn	Be2,N	
Frater Gavino – Rotkehlchen	GD	In Sardinien.
Fratzenzieher – Wendehals	F,H	
Frauentaube – Turteltaube	Ad,Krü	
Fräulein aus Numidien – Jungfernkranich	A,K,Krü,N	Albin Band III, 83.
Fräulein von Numidien – Jungfernkranich	Buff	
Freesmarker – Rohrdommel	F	
Freesmarker Bull – Rohrdommel	Do,H	
Frefe – Seidenschwanz	Do,F	
Fregatt-Pelikan – Prachtfregattvogel	Be	
Fregatte – Adlerfregattvogel	Buff	
Fregatte – Prachtfregattvogel	Be2,Be,Krü	
Fregatten-Sturmvogel – Weißgesicht-Sturmschwalbe	H	
Fregattpelikan – Prachtfregattvogel	Be2,Be	
Fregattscharbe – Prachtfregattvogel	MW	
Fregattvogel – Adlerfregattvogel	Buff,H	
Fregattvogel – Prachtfregattvogel	Be,Krü,BB	
Fregattvogel gemeiner – Prachtfregattvogel	O2	
Fregattvogel, gemeiner – Adlerfregattvogel	Buff	
Fregatvogel – Prachtfregattvogel	Be2	
Fregatvogel gemeiner – Prachtfregattvogel	Be2	
Frembde Endte – Eiderente	Baldn	
Frembde Endte – Moschusente	K,Schwf,Suol	
Frembde Schöne Ente – Brandgans	Baldn	
Frembde Seemähbe – Spatelraubmöwe	Baldn	
Frembde Seemeb – Dreizehenmöwe	Baldn	
Frembder Falck – Wanderfalke	GesH	
Frembdes Käutzlein – Zwergohreule	GesH	
Frembdling – Wanderfalke	Suol	
Frembdling Falck – Wanderfalke	Schwf,Suol	
Fremde Ente – Moschusente	Buff,GD	
Fremde Gans – Weißwangengans	GesS	
Fremde Gänse – Seltene Branta-Arten	zLa	Name im Binnenland.
Fremde Grauammer – Grauammer	CLB3	
Fremde Nachtigall – Nachtigall	CLB3	
Fremde Saatkrähe – Saatkrähe	CLB3	
Fremde Sumpfschnepfe – Bekassine	CLB3	
Fremder blaurückiger Eisvogel – Eisvogel	CLB3	
Fremder Falk – Wanderfalke	Krü	
Fremder Fettammer – Ortolan	CLB3	
Fremder Kleiber – Kleiber	CLB3	
Fremder Vogel – Austernfischer	Be	
Fremder Vogel – Stelzenläufer	Be1,Be2,Be,Buff,Krü	
Fremder Wasservogel – Säbelschnäbler	Buff	
Fremder wilder Hahn aus Afrika … … oder Barbarien – Helmperlhuhn	Buff	
Fremdes Huhn – Helmperlhuhn	Be1	

Fremdling – Falke nach der 1. Mauser	Hp …	Nach d. 1. Mauser, …
		… Jan. bis März, gefangener Falke.
Fremdling – Wanderfalke	GD,Hp,K	
Fremdlingsfalk – Wanderfalke	Ad,Be1,Be2,Be97	
Fremdlingsfalke – Wanderfalke	GD,Hp,N	
Fresacke – Reiherente	Be	
Fresaia – Ziegenmelker	GesS	Nordfrankreich
Fresake – Reiherente	Be2,B,F,GD,N	
Freseke – Reiherente	Be1	
Fresente – Reiherente	Be97	
Frick – Feldsperling	O1	
Fricke – Feldsperling	N	
Frickespatz – Feldsperling	Do,F	
Frickesperling – Feldsperling	Do,F	
Fries – Seidenschwanz	Do,F	
Friese – nordischer Zugvogel	Suol	„In manchen Gegenden."
Friese – Seidenschwanz	Po	Popow 1780.
Frieser – Seidenschwanz	Do,F	
Friesländischer Hahn – Haushahn	GD	Hühnerrasse
Frieslich – Seidenschwanz	Do,F	
Fringillarius (engl.) – Turmfalke?	Tu	Heute: Finkenfälkchen (Microhierax
		fringillarius)?
Friser – Seidenschwanz	H	
Frisierter Pelekan – Krauskopfpelikan	N	
Fritzchen – Gartenrotschwanz	Be1,Be2,Be,F,N	
Frömdling – Wanderfalke	zLa	System der Jagdfalken nach Albertus Magnus.
Froschadler – Schreiadler	Do,F	
Froschgeyer – Mäusebussard	Ad,Krü,P,Suol	
Froschgeyer – Wespenbussard	Be1,Be2,Be,Buff,F,GD,Jä,N,V	
Froschmaul – Ziegenmelker	Jä	
Froschreiher – Rallenreiher	F	
Frostweih – Rohrweihe	B	
Frostweihe – Rohrweihe	Do,F	
Frühlings-Sticherling – Gebirgsstelze	Buff	
Frühlingsammer – Zaunammer	B,F,N	Meisner/Schinz 1815.
Frühlingsbachstelze – Gebirgsstelze	Be2,Be,Buff,N	
Frühlingsbachstelze – Schafstelze	Be2,N	
Frühlingsglöckchen – Kohlmeise	Do,F	
Frühlingsstelze – Gebirgsstelze	B,F	
Frühlingssticherling – Gebirgsstelze	Be2,Be,N	
Frühlingssticherling – Schafstelze	Be2,F,GD,N	
Frühlingsvogel – Kuckuck	Suol	
Frühlingsvogel – Zaunkönig	GD	
Frühsinger – Rotkehlchen	Do,F	
Frühupp – Hausrotschwanz	Do,F	
Fuchrote Uferschnepfe – Pfuhlschnepfe	Buff	
Fuchs – Kuckuck (weibl.)	GD	
Fuchs Endte (sil.) – Brandgans	Schwf	
Fuchs Endte – Krickente	Suol	

Fuchs-Eule – Waldohreule	Suol,Z
Fuchsänte – Brandgans	Buff
Fuchsente – Brandgans	Ad,F,Buff,N,V
Fuchsente, hökerschnäblige – Brandgans	N
Fuchseule – Waldkauz	B,F,N
Fuchseule – Waldohreule	B,Be1,Be2,Be,Be97,F,GD,Hp,N
Fuchsgans – Nilgans	N,O2
Fuchsgans – Brandgans	A,Ad,Be1,Be2,Be,F,GD,K,Krü,N Albin I, 94.
Fuchskauz – Waldkauz	B,F
Fuchsrote Uferschnepfe – Pfuhlschnepfe	Be2,Krü,N
Fuchsrothe Eule – Waldkauz	JAN
Fuchsschnepfe – Pfuhlschnepfe	F
Fuchsschnepfe – Uferschnepfe	Do Bei Flöricke Pfuhlschnepfe.
Fuerhaken – Pirol	Scha
Füerhak – Pirol	Do
Füerhaken – Pirol	Do,H
Fuhlhup – Wiedehopf	H
Fuhrmandla (schles.) – Gelbspötter	F,H
Fuhrmann – Wiedehopf	Suol
Fûlenz – Uhu	Suol
Fulhup – Wiedehopf	F,H
Fulmar – Eissturmvogel	B,CLB2,Buff,F,Krü,N,V
Fulmarsturmvogel – Eissturmvogel	MW,N
Fulmer – Eissturmvogel	O1
Fulpiper – Wiedehopf	Scha
Fulpup – Wiedehopf	Bri
Fuppert – Wiedehopf	Suol
Für Haus, Vogel – Pirol	H
Fürdüker – Rothalstaucher	Suol
Fürhaken – Pirol	H
Furkelgîr – Milane	Suol
Furkeli – Milane	Suol
Fürs Haus, Vogel – Pirol	F
Fürstenschnepfe – Bekassine	Ad,B,Be2,Be,F,N
Fürstenschneppe – Bekassine	Be
Füselier – Schwarzspecht	Be1,Be2,Be,F,GD,N
Fusszstelcz – Bachstelze	Suol
Füting – Fitis	Suol
Fuulpuup – Wiedehopf	Bri
Fyfitz – Kiebitz	Baldn
Fylungur (isl.) – Eissturmvogel	H
Fysterlein – Flußuferläufer	Buff,Krü,O2
Fysterlin – Flußuferläufer	GesS,Suol,zLa
G'hackschneider (steierm.) – Wachtelkönig	F,H
G'schößle – Bluthänfling	H
Gaafart – Haubentaucher	Suol
Gaake – Nebelkrähe	Do,F

Gaake – Saatkrähe	Do,F	
Gaakkrähe – Nebelkrähe	Do,F	
Gaakkrahe – Nebelkrähe	H	
Gaalammer – Goldammer	Be1,Be2,Be,Buff,F,K,N	Schlesien
Gaale Grasmücke (schles.) – Gelbspötter	H	
Gaaseören (dän.) – Rotmilan	Krü	
Gabbe – Möwe	O1	
Gabecht – Eichelhäher	Suol	
Gäbelesschwalbe – Rauchschwalbe	Jä	Gabel
Gäbelewî – Milane	Suol	
Gabelgeyer – Rotmilan	B,Be1,Be2,Be,Be97,F,GD,Hp,Jä,N	Auch: G-geier.
Gabelgeier – Schwarzmilan	F,N	
Gabelschwalbe – Rauchschwalbe	Do,F,Krü,Suol	
Gabelschwanz – Rotmilan	B,Be2,Jä,N	
Gabelschwanz – Zwergsäger	GD	Beseke: Ein Irrtum?
Gabelschwänzige Möve – Schwalbenmöwe	BB,H	Naumann 1840.
Gabelschwänzige Sturmschwalbe – Wellenläufer	N	
Gabelschwänziger Petrell – Wellenläufer	N	
Gabelschwänziger Schwalbensturmvogel – Wellenläufer	N	
Gabelschwänziger Sturmvogel – Wellenläufer	Buff	
Gabelschwänziges Waldhuhn – Birkhuhn	Be2,Be,MW,N	Bechstein 1803.
Gabelwei – Milane	Suol	
Gabelweih – Rotmilan	Jä	
Gabelweih gemeiner – Rotmilan	O2	
Gabelweih, brauner – Schwarzmilan	CLB3	
Gabelweih, roter – Rotmilan	CLB3	
Gabelweih, schwarzbrauner – Schwarzmilan	CLB3	
Gabelweih, schwarzer – Schwarzmilan	O2	
Gabelweihe – Rotmilan	B,Be1,Be2,Be,Be97,Bri,CLB2,F,GD, … … Krü,N,O1,Scha,V,WüCl	KNB
Gabelweihe, braune – Schwarzmilan	N	
Gabelweihe, kleine braune – Schwarzmilan	Be2,GD	
Gabelweihe, schwarze – Schwarzmilan	Be2,Be,F,GD,N	
Gäber – Gans (männl.)	Suol	In der Schweiz; bedeutet Gabriel.
Gabich – Eichelhäher	Suol	
Gabich – Kleiber	GesS	
Gabler – Milane	Suol	
Gabler – Rotmilan	Be2,B,GD,N,Z	
Gabsch – Eichelhäher	Do,F,Suol	
Gacke – Dohle	Be1,Be2,Be,Be97,Buff,GesS,Krü,Suol	
Gäcke – Dohle	F,O1	
Gacke – Gans	Suol	
Gacker – Pfuhlschnepfe	Be2	

Gäcker – Regenbrachvogel	F	
Gäcker mit aufwärts gekrümmtem Schnabel – Pfuhlschnepfe	Be2,Be,N	
Gäcker mit unterwärts gekehrtem Schnabel – Regenbrachvogel	Be2	
Gäcker mit unterwärts gekrümmtem Schnabel – Regenbrachvogel	Be,N	
Gäckser – Eichelhäher	F,N	
Gadebusch – Eisente	Buff,GD	
Gadelbusch – Eisente	B,Be2,Be,F,N	
Gadeldusch – Eisente	K,Suol	
Gadenröteli – Alpenbraunelle	Suol	
Gadenvogel – Alpenbraunelle	B,F,N,Suol	
Gadmoogel (helv.) – Alpenbraunelle	H	
Gael – Erlenzeisig	Be2,F,N,O1	
Gäelbosje – Gelbspötter	Bri,Häp	Gäel bedeutet gelb.
Gaelgenfiken – Goldammer	GesS	
Gaelgensiken – Goldammer	Buff	
Gäellewerke – Schafstelze	Häp	
Gaelvogel – Erlenzeisig	Buff	
Gaey – Dohle	GesS	
Gafart – Haubentaucher	Suol	
Gaffzicker – Brandseeschwalbe	F	
Gagelak – Kleiber	F	
Gagelak (boehm.) – Kleiber	H	
Gâgg – Dohle	Suol	
Gägg – Eichelhäher	Suol	
Gâgg – Kolkrabe	Suol	
Gäggel – Eichelhäher	Suol	
Gâgger – Kolkrabe	Suol	
Gâggezer – Bergfink	Suol	
Gagler – Bergfink	Be97,CLB2	KNB
Gägler – Bergfink	Be,Be1,2,97,Buff,CLB2,F,GD,Hp,Krü,N,O1,Z	
Gâgsch – Eichelhäher	Suol	
Gählgoos – Goldammer	Do,F	
Gahn – Sterntaucher	O1	
Gahn – Taucher	O1	
Gahrnis – Graureiher	O1	
Gaidling – Amsel	Suol	
Gaike – Dohle	Ad,Do,F	
Gaile – Dohle	N	
Gaissmolch – Ziegenmelker	Suol	
Gaizmelk – Ziegenmelker	Suol	
Gâk – Kolkrabe	Do,Suol	
Gakalsder – Elster	Suol	
Gäke – Gans	Suol	
Gâke – Kolkrabe	Suol	
Gake – Nebelkrähe	H	
Gake – Rabenkrähe	Do,F,Suol	

Gäker – Haushuhn (männl.)	O1	
Gâkgâk – Kolkrabe	Suol	
Gakke – Dohle	Ad	
Gäl Böstje – Schafstelze	Bri	
Galammel – Goldammer	Suol	
Galander – Haubenlerche	Ad,Krü	
Galander – Heidelerche	Ad,Krü,Pescheck	Name seit 13. Jahrh. bekannt.
Galander – Kalanderlerche	Buff,GesSH	
Gälbösje – Goldammer	Bri	
Galbula – Pirol	GesH	
Galbulavogel – Pirol	Be2,Be,F,N	
Gale – u. a. Gramücken, Rohrsänger, Schnäpper	O1	
Gäle Wassersteltz – Gebirgsstelze	GesS	
Galender – Haubenlerche	Ad	
Gälgäsk – Goldammer	Scha,Suol	
Gälgatsch – Goldammer	Scha,Suol	
Gälgeest – Goldammer	Scha	
Galgen Regel – Blauracke	Schwf	
Galgen-Regel – Blauracke	Buff	Mit Bindestrich.
Galgenrabe – Kolkrabe	JAN,Suol	
Galgenrackel – Blauracke	Do	
Galgenracker – Blauracke	F	
Galgenräkel – Blauracke	Ad,Krü	
Galgenreckel – Blauracke	Be2,K,N	
Galgenregel – Blauracke	Be1,GesSH,GD,Suol	
Galgenrekel – Blauracke	Ad,K	
Gälgensiken – Goldammer	Suol	
Galgenvogel – Blauracke	B,Be2,Be,F,N	
Galgenvogel – Kolkrabe	B,F,GD,O1,Suol,V	
Galgenvogel, großer – Kolkrabe	Be1,Be2,Be,N	
Galgenvogel, größter – Kolkrabe	Krü	
Galgenvogel, schwarzer – Kolkrabe	GD,Krü	
Gälgerst – Goldammer	Suol	
Galgöösken – Schafstelze	Bojer	
Gälgösche – Goldammer	Bri	
Gälgöschen – Goldammer	Do,F,Scha	
Gälgroß – Pirol	GesH	
Galgulo – Pirol	GesH	
Galidrot – sagenhafter Vogel, …		
… vielleicht Haubenlerche oder Charadrius (Regenpfeifer)	Pescheck	13. Jahrh., Mhd. Wb. erklärt nicht.
Galka (russ.) – Dohle	Ad	
Galli (engl.) – Haushühner (männl.)	Tu	Bei Turner.
Gallier – Schlangenadler	GD	„Falco gallicus."
Gälneb – Amsel	F,H	
Gals Kregel – Blauracke	Schwf	
Gals-Kregel – Blauracke	Suol	
Galskregel – Blauracke	Be	

Galskregl – Blauracke	GD,K	
Galskregl – Blauracke	Ad,Krü	
Galster – Elster	Do,Suol	
Galster, spanische – Raubwürger	H	
Galsterkadel – Elster	Suol	
Gälvogel – Erlenzeisig	GesS	
Gambetstrandläufer – Rotschenkel	Be2	
Gambett-Strandläufer – Rotschenkel	N	
Gambett-Wasserläufer – Rotschenkel	F,N,WüCl	
Gambette – Rotschenkel	Buff,GD	
Gambette – Rotschenkel	B,Be1,Be2 Krü,N	
Gambettstrandläufer – Rotschenkel	Be	Bechstein 1803.
Gambettstrandvogel – Rotschenkel	Be1,Be,GD	
Gambettwasserläufer – Rotschenkel	B,O2,3	
Gamsgeier – Bartgeier	Suol	
Gamsgeier – Steinadler	Suol	
Gämsgeyer – Bartgeier	Suol	
Gan – Gänsesäger	Buff	Bodensee
Gânast – Gans	Suol	
Gânaus – Gans	Suol	
Ganauser – Gans (männl.)	Suol	
Gander – Gans (männl.)	Suol	
Ganga – Spießflughuhn	GD	
Ganggangle (bayer.) – Fitis	F,H	
Ganglerche – Feldlerche	JAN	
Gann – Gans (männl.)	Suol	
Gann – Gänsesäger	GesSH	
Gann – Tölpel	O1	
Ganner – Baßtölpel	Be2	
Ganner – Eistaucher	O1	
Ganner – Gans, Graugans (männl.)	Be1,Suol	Ganner bedeutet am Bodensee Ganter.
Ganner – Gänsesäger	B,Be1,2,Be,Buff,F,GesSH,GD,Krü,N, … … O1,Suol, zLa	
Ganner – Graugans	Häp	
Ganner – Haubentaucher	O1	
Gannet – Baßtölpel	Buff,GD	
Gannet – Baßtölpel	Be,CLB2,F,Krü,N,O1	
Gannet, bassaner – Baßtölpel	N	
Gannet, großer – Baßtölpel	MW	
Gannet, großer – Baßtölpel	Buff	
Gans – Grau-/Hausgans	GD,Schwf	
Gans mit dem Halsbande – Rothalsgans	Be2,Buff,N	
Gans mit graubraunen Federn, wilde – Grau-/Hausgans	Buff	
Gans mit rotem Halse – Rothalsgans	Buff	
Gans wilde – Graugans	Ad,Be,Be1,2,05,97,CLB2,Krü,N,O1,2,V.	KNB
Gans-Ahr – Seeadler	GD	
Gans-Arn – Seeadler	Mic	
Gans, aegyptische – Nilgans	Buff	

Gans, ägyptische – Nilgans	N,O3,V	
Gans, bassaner – Baßtölpel	Be2,Krü,N	
Gans, bassanische – Baßtölpel	O1	
Gans, blaue – Graugans	F	
Gans, bunte – Nilgans	CLB2,MW,N	
Gans, canadische – Bläßgans	Buff	
Gans, canadische – Kanadagans	Buff	
Gans, canadische – Kanadagans	O2	
Gans, deutsche – Graugans	N	
Gans, egyptische – Nilgans	Buff,JAN	
Gans, egyptische – Nilgans	CLB2,MW	KNB
Gans, finmarkische – Bläßgans	Buff	
Gans, fremde – Weißwangengans	GesS	
Gans, gelbfüßige canadische – Weißwangengans	Buff	
Gans, gemeine – Grau-/Hausgans	Buff,GD	
Gans, gemeine – Graugans	Be,O1,V	
Gans, gemeine wilde – Graugans	Be,WüCl	
Gans, gemeine wilde – Saatgans	CLB2,V	
Gans, graue – Grau- und Hausgans	Buff	
Gans, graue – Graugans	GD	
Gans, graue – Graugans	Be2,Be,N	
Gans, grauköpfige – Prachteiderente	GD	
Gans, grauliche – Zwerggans	CLB1,2	KNB
Gans, grave – Grau-/Hausgans	Buff	
Gans, grawe – Graugans	Schwf	
Gans, grönländische – Gryllteiste	Be,GD	
Gans, große graue – Grau-/Hausgans	Buff	
Gans, große graue – Graugans	Be2,Be,N	
Gans, große wilde – Graugans	Be2,Be,N	
Gans, grünköpfige – Prachteiderente	Buff	
Gans, heimische – Grau-/Hausgans	Be2,Buff,N	
Gans, indische – Streifengans	H	
Gans, kanadenser – Kanadagans	Buff	
Gans, kanadische – Kanadagans	B	
Gans, kleine graue – Saatgans	Be2,N	
Gans, kleine wilde – Rostgans	Be,Buff	
Gans, kleine wilde – Saatgans	Be2,Be,Be05,Buff,N	Otto: Var. Graugans.
Gans, kleinschnäblige – Zwerggans	N	
Gans, kurzschnabelige – Kurzschnabelgans	O3	
Gans, kurzschnäbelige – Kurzschnabelgans	H	
Gans, kurzschnäblige – Zwerggans	N	
Gans, lachende – Bläßgans	Be2,Buff,GD,N	
Gans, mittlere weißstirnige – Bläßgans	N	
Gans, nordische – Schneegans	Be2,Be,Buff,GD,N,O1	
Gans, polnische – Bläßgans	Be2,F,N	
Gans, rostgelbgraue – Saatgans	CLB1,2,3,N	KNB
Gans, rotbrüstige – Rothalsgans	Be2,Be,N	
Gans, rote – Rostgans	Be,Buff,N	

Gans, rote – Rosaflamingo	Buff,GD	
Gans, schottische – Baßtölpel	A,Ad,Be2,Be,Krü,N	Albin Band I/86.
Gans, schottische – Ringelgans	Be2,Be,Buff,Cz,GD,Krü,N	
Gans, schottische – Weißwangengans	Be1,Be2,Be,N	
Gans, schwarze – Saatgans	F,H	
Gans, swarte – Kormoran	Scha	
Gans, weiße – Schneegans	CLB2,Krü	
Gans, weißköpfige – Weißwangengans	N	
Gans, weißköpfige kleine – Weißwangengans	Be2,Be,Buff,N	
Gans, weißstirnige – Bläßgans	Be2,CLB2,F,N,O3	KNB
Gans, weißwangige – Weißwangengans	Be2,Be,Krü,MW,N,O1,2,3,V	Bechst. 1803, KNB
Gans, wilde – Graugans	Buff,Fabr,GD,Hp,P,Schwf	
Gans, wilde – Saatgans	Be2,Be,Jä,N	
Gans, wilde canadische – Kanadagans	Buff	
Gans, wilde gemeine – Graugans	Be2,N	
Gans, wilde mit graubraunen Federn – Graugans	Be2,Be,N	
Gans, zahme – Grau-/Hausgans	Be1,O1	
Gans, zame – Hausgans	Schwf	
Gansarn – Seeadler	Mic	Mic: Gans-Arn.
Gänsart – Gans (männl.)	zLa	
Gansch – Gans	Suol	
Ganschich – Gans (männl.)	Suol	Schlesien
Gänse Aar – Mäusebussard	Fri	
Ganse Ahr – Gänsegeier	Schwf,Suol	
Gänse, fremde – seltene Branta-Arten	zLa	Name im Binnenland.
Gänse, schottische – Ringel- u. Weißwangengans	Gun	„Berniclae"
Gänse, schottische – Seltene Branta-Arten	zLa	Name im Binnenland.
Ganse, schottische (sing.) – Weißwangengans (weibl.)	zLa	Zum Lamm S. 90.
Gänseaar – Bartgeier	Ad	
Gänseaar – Gänsegeier	Buff,GD	
Gänseaar – Habicht	Scha	
Gänseaar – Rotmilan	Ad,Krü	
Gänseaar – Seeadler	Ad,Be1,Be2,Be,F,Krü,N	
Gänseadler – Kaiseradler	Ad	
Gänseadler – Rotmilan	Ad,Krü	
Gänseadler – Schelladler	Buff	
Gänseadler – Schreiadler	Be1,Be2,Be,Be97,GD,N	
Gänseadler – Seeadler	Ad,B,Be1,Be2,Be,Be97,Buff,F,GD,N	
Gänseahr – Gänsegeier	K	
Gänsear – Seeadler	Suol	
Gänsearndt – Rotmilan	Scha	
Gänsegeier – Gänsegeier	B	A. Brehm 1866.
Gänsehabicht – Habicht	Be1,Be05,GD,K	Klein: In England.
Gänsehabicht – Rotmilan	Ad,Krü	
Gänsehabicht gemeiner – Habicht	Be2,N	

Gänsehabicht, großer – Habicht	Be2,Be,N
Gänsehirt – Wiedehopf	Be1,Be2,Be,Be97,Buff,F,N,Suol
Gänsehirte – Wiedehopf	GD
Gänselin – Hausgans (juv)	Schwf
Gänsemöwe – Mantelmöwe	Do,F
Gansente, ägyptische – Nilgans	N
Gansente, egyptische – Nilgans	CLB3
Gansente, rote – Rostgans	CLB3
Ganser – Grau-/Hausgans (männl)	Buff,Schwf
Ganserer – Gans (männl)	StVb
Gänserich – Grau-/Hausgans	Buff,Do
Ganserich – Hausgans (männl)	Schwf
Gänsert – Ganter allg.	zLa
Gänsesäger – Gänsesäger	B,Be2,Be,CLB2,Krü,N,MW,V Bechst. 1803, KNB
Gänsesäger, isländischer – Gänsesäger	CLB3
Gänsesäger, nordöstlicher – Gänsesäger	CLB3
Gänsesägertaucher – Gänsesäger	GD
Gänsesägetaucher – Gänsesäger	Be1,Be2,Be,CLB2,Krü,N KNB
Gänsetaucher – Gänsesäger	Krü
Gansläret – Gans (weibl.)	Suol
Ganslere – Gans (weibl.)	Suol
Ganß – Gans allg.	Tu
Ganß – Gans (weibl)	HaSa
Ganß – Hausgans	GesS
Ganß, Löffel – Löffler	Tu
Ganß, Trap – Großtrappe	Tu
Ganß, wilde – Graugans	G,Kö,Z
Ganß, wilde – Saatgans	GesS
Ganß, zahme – Haus- oder Graugans	GesH
Ganstaucher – Gänsesäger	B,Be2,Be,F,Fri,N
Gänstaucher – Kormoran	Do,F
Ganstaucher, brauner – Krähenscharbe	Be2,Be,Fri,N
Ganstaucher, schwartzer – Kormoran	Fri
Ganstaucher, schwarzer – Kormoran	Be2,Be,N
Gant – Graugans	Häp
Gant – Weißstorch	O1
Gante – Gans	Suol
Ganter – Graugans (männl.)	Do,Häp
Gantz – Gans (männl)	HaSa,Suol
Ganztaucher – Gänsesäger	Do
Ganz weißer Löffler mit einer Haube …	Buff
… auf dem Kopfe – Löffler	
Ganzvogel – Wacholderdrossel	Ad,Krü
Gäpert – Eichelhäher	Do,F
Gäpler – Bergfink	Do,F
Garbenkrähe – Blauracke	Ad,B,Be1,Be2,Be,Buff,F,Gd,Krü,N,Suol
Gardenscher Reiher – Nachtreiher (Var.)	Be2
Gäred – Gans (männl.)	Suol In der Pfalz, bedeutet Gerhard.
Garganell – Knäkente	O1

Garganey – Gänsesäger	GesS	
Gark – Rabenkrähe	WüCl	
Garndieb – Weißstorch	Jä	
Garrot – Schellente	Buff,O1	
Garrulus – Blauracke	GesS	
Garten-Ammer – Ortolan	N	
Garten-Grasmücke – Gartengrasmücke	N	
Garten-Laubvogel – Gelbspötter	N	
Garten-Rohrsänger – Teichrohrsänger	N	N: Bd. 13/444.
Garten-Rotling – Gartenrotschwanz	Z	
Garten-Rötling – Gartenrotschwanz	P,Z	Pernau 1707.
Garten-Rotschwäntzlein – Gartenrotschwanz	Suol	
Garten-Rotschwänzlein – Gartenrotschwanz	Z	
Gartenammer – Ortolan	B,Be1,Be2,Be,CLB1,2,Buff,F,GD,Hp,Krü, … … MW,N,O1,2,3,O2,Suol,WüCl	KNB
Gartenbuntspecht – Kleinspecht	CLB3	
Gartenedelfink – Buchfink	CLB3	
Gartenelster – Elster	CLB2	KNB
Gartenfink – Buchfink	B,Be1,Be2,Be,Buff,CLB2,F,GD,Hp,Jä,N,V	KNB
Gartenfliegenschnäpper – Grauschnäpper	Do,F	
Gartengrasmücke – Gartengrasmücke	B,Be1,Be2,Be,CLB2,Krü,O2,V	Bechst. 1795, Ü, KN
Gartengrasmücke, graue – Gartengrasmücke	CLB3	
Gartengrasmücke, graue kurzschnäblige – Gartengrasmücke	CLB3	
Gartengrasmücke, graue langschnäblige – Gartengrasmücke	CLB3	
Gartengrasmücke, schwarzscheitelige – Mönchsgrasmücke	CLB3	
Gartengrünling – Grünfink	CLB3	
Gartenkrähe – Elster	Be2,Be,CLB1,2,F,N,V	
Gartenkrengel – Neuntöter und Würger (allg.)	Suol	Aus ahd. wargengil.
Gartenlaubsänger – Fitis	CLB3	
Gartenlaubvogel – Gelbspötter	B,F,Suol	
Gartenlerche – Baumpieper	F,N	
Gartenlerche – Wiesenpieper	Be2,Be,Buff,N	
Gartenmeise – Sumpf-/Weidenmeise	Ad,B,Be1,Be2,Be,Buff,F,GD,Krü	
Gartenmeise – Sumpfmeise	N	
Gartennachtigall – Nachtigall	Be1,Be2,Be,F,N	
Gartenpieper – Baumpieper	B	
Gartenrabe – Elster	B,F,MW,N	Meyer/Wolf 1810, KN
Gartenrabenkrähe – Rabenkrähe	CLB3	
Gartenrötling – Gartenrotschwanz	GD,N	
Gartenrotling – Gartenrotschwanz	Z	
Gartenrotschwäntzlein – Gartenrotschwanz	P	
Gartenrotschwänzchen – Gartenrotschwanz	GD,N	

Gartenrotschwänzlein – Gartenrotschwanz	GD,Hp,P,Z	
Gartenrötling – Gartenrotschwanz	Ad,Be1,Be2,Be97,F,Fri,Krü	Pernau 1707.
Gartenrotschwanz – Gartenrotschwanz	B,CLB3,Jä,Krü,O1,V	
Gartenrotschwänzchen – Gartenrotschwanz	Ad,Be1,Be2,Be,Be97,Krü …	
	… Pernau 1720: Garten-Rothschwäntzlein	
Gartenrotschwänzchen – Hausrotschwanz	Be	
Gartenrotschwänzlein – Gartenrotschwanz	Jä	
Gartensänger – Gartengrasmücke	O3	
Gartensänger – Gelbspötter	B,F,WüCl	
Gartenschäck – Trauerschnäpper	Be2,Be,F,N	
Gartenschwarzkehlchen – Hausrotschwanz	Be2,Be,N	
Gartenspecht – Kleinspecht	F,H	
Gartenspötter – Gelbspötter	Bri,H,WüCl	
Gartenspötter, kurzflügeliger –	H	
Orpheusspötter		
Gartenstieglitz – Stieglitz	Be97	
Gartenzeisig – Girlitz	Do,F	
Gärtner – Ortolan	B,Be2,Be,F,GD	
Garvogel – Riesenalk	Gun	
Garzette – Seidenreiher	F,H	
Garzettus – Seidenreiher	GesS	
Gäsche (das G., bayer.) – Teichhuhn	F,H,Jä	Neutrum
Gassenknieper – Grauammer	B,Do,F	
Gätsch – Eichelhäher	Do,F	
Gattairänte – Moorente	Buff	
Gatz – Dohle	Jä	
Gatze – Elster	Ad	
Gau – Möwe	O1	
Gaubitz – Kiebitz	Jä	
Gaubitzl – Kiebitz	Jä	
Gauch – Dohle	Ad,Krü	
Gauch – Kuckuck	Ad,B,Be2,Be,F,GesS,Krü,N,StVb	
Gauch – Nebelkrähe	Krü	
Gauch – Rabenkrähe	Krü	
Gauch – Uhu	Ad,Krü	
Gauder – Truthuhn	Suol	
Gauderhahn – Truthuhn	Suol	
Gauf – Uhu	Ad,B,Be2,Buff,Krü,N,O1	
Gauf, kleiner – Zwergohreule	O1	
Gaukler – Jungfernkranich	Buff,Krü,O1	Nach Aristoteles.
Gaul Ammer – Goldammer	Schwf	
Gaulammer – Goldammer	Be2,Be,Buff,F,GesSH,N,Suol	
Gauleimer – Goldammer	Suol	
Gaulhamer – Goldammer	StVb	
Gaulhammer – Goldammer	Buff,Suol	
Gaulitz – Eisente	Do,F	
Gaupe – u. a. Haushuhn, Pfau, Fasanen	O1	
Gaus – Graugans	Häp	
Gäus, geäle – Goldammer	Suol	

Gausearend (ofr.) – Seeadler	Häp	
Gaushenne – Haushuhn (weibl.)	O1	
Gauß (helv) – Hausgans	GesS	
Gavi-Gavi – Kiebitz	Krü	
Gavotte – Rohrammer	Buff	
Gaz – Dohle	H	
Gazette – Seidenreiher	Do	
Geäle Gäus – Goldammer	Suol	
Gebänderter Ammer – Zwergammer	CLB2,MW	
Gebänderter Fasan – Fasan	CLB2,3	KNB
Gebänderter Wiedehopf – Wiedehopf	CLB1,2,MW,N	KNB
Gebirgamsel – Ringdrossel	Ad,Fri	
Gebirgamsel – Steinrötel	Be2,Be,Krü	
Gebirgk Rott Schwäntzlin – Weißst.	zLa	
Blaukehlchen		
Gebirgsamsel – Blaumerle	B,N	
Gebirgsamsel – Steinrötel	B,Be1,N	
Gebirgsbachstelze – Gebirgsstelze	CLB3	
Gebirgskreuzschnabel –	CLB3	
Fichtenkreuzschnabel		
Gebirgsnachtigall – Blaumerle	Son.	Sonini 1801/155.
Gebirgsperling – Feldsperling	Be1,Be2,Be,Buff,GD,Krü,N	
Gebirgsrabe – Alpenkrähe	B,Be,N	
Gebirgsstelze – Gebirgsstelze	B	Brehm 1866.
Gebirgssumpfmeise – Weidenmeise	Do,F	
Gebüschfalke – Raubwürger	Be1,Be2,Be,N	
Gecker – Pfuhlschnepfe	Be	
Geckser – Eichelhäher	F	
Geel Quackstaart – Schafstelze	F	
Geel Schwäntzle – Gebirgsstelze	zLa	
Geel Tweelstart – Rotmilan	Do,F	Übersetzt: Gelber Gabelschwanz.
Geel-Göschen – Zippammer	Buff,GD	
Geelammer – Goldammer	F,GD,N	
Geelämmerlich – Goldammer	F	
Geelämmerich – Goldammer	Do	
Geelartsche – Grünfink	Häp	
Geelbe Krinisse – Fichtenkreuzschnabel	Schwf	
Geelbeinlein – Bruchwasserläufer	Be2,Be,Buff,K	
Geelborstje (holl.) – Gelbspötter	H	
Geelbosje – Gelbspötter	Häp	
Geele Bachstelze – Schafstelze	Schwf	
Geele Girsch – Goldammer	Suol	
Geele Wasser Steltz – Gebirgsbachstelze	Baldn	
Geele Wipsteert – Schafstelze	Bri	
Geelemerken – Goldammer	Häp	
Geelemmerken (niders.) – Goldammer	Ad,Krü	
Geelemmerle – Goldammer	Do,F	
Geeler Ackermann – Schafstelze	N	
Geeler Wippstärt – Schafstelze	N	

Geeles Ackermännchen – Schafstelze	Do,F	
Geelfautgans – Saatgans	F,H	
Geelfink (nieders.) – Goldammer	Ad,Be2,Be,F,Krü,N	
Geelfinke – Goldammer	Be1,Hp	
Geelfißel – Flußregenpfeifer	F,H	
Geelfootgans – Saatgans	WüCl	
Geelfüßel – Bruchwasserläufer	Be2,Be,Buff,K,Schwf	
Geelgans – Goldammer	Do,F	
Geelgast – Goldammer	Do,F,Scha	
Geelgerst – Goldammer	Be1,Be2,Be,Buff,F,GD,K,N,Schwf	
Geelgoos – Goldammer	WüCl	
Geelgooske – Gelbspötter	Häp	
Geelgorse – Goldammer	O2	
Geelgörß – Goldammer	GesS,Suol	GesS: Geelgoerß.
Geelgorst – Goldammer	Be,Buff,GesS,Suol,Tu	
Geelgorsta – Goldammer	GesS	
Geelgöschen – Goldammer	Ad,Be2,Be,Krü,N	
Geelgöschen – Zippammer	Be2,F,N	
Geelgößchen – Goldammer	Be,N	
Geelgössel – Goldammer	Do,F	
Geellewerke – Schafstelze	Häp	Gelblerche.
Geelmantjen – Kanarengirlitz	Häp	
Geelmeesch – Kohlmeise	Do,F	
Geelporst – Goldammer	zLa	
Geelvogel – Erlenzeisig	Do,F	
Geerfalke – Gerfalke (juv.)	N	
Gefeilter Falke mit schwarzem Kopfe – Gerfalke	GD	
Geflammte Eule – Schleiereule	Be1,Be2,Be97,N	
Gefleckte Ammer – Zaunammer	Buff,GD	
Gefleckte Grasmücke – Feldschwirl	Buff	
Gefleckte große Falkenmöve – Mantelmöwe (juv.)	Be2,N	
Gefleckte Meerschwalbe – Trauerseeschwalbe (juv.)	Be1,Be2,Be,Buff,GD,Krü	
Gefleckte Meve – Dreizehenmöwe	GD	
Gefleckte Meve – Heringsmöwe	Be1,Be2,Be	
Gefleckte Mewe – Mantelmöwe (juv.)	Buff,Krü	
Gefleckte Mewe – Sturmmöwe (juv.)?	K	Larus maculatus.
Gefleckte Möve – Heringsmöwe	N	
Gefleckte Pfuhlschnepfe – Dunkler Wasserläufer	Be1,Be2,Be,N	
Gefleckte Pfulschnepfe – Dunkler Wasserläufer	GD	
Gefleckte Ralle – Tüpfelsumpfhuhn	Buff	
Gefleckte Schnepfe – Dunkler Wasserläufer	Be2,Be,N	
Gefleckte Seeschwalbe – Trauerseeschwalbe (juv.)	Be2,Buff,CLB1,2	KNB

Gefleckte Strandschnepfe – Dunkler Wasserläufer	Be1,Be2,Be,O1,N	
Gefleckte Tauchente – Zwergsäger	Be2,Be,N	
Gefleckte Taucherente – Sterntaucher (juv. o. Sokl.)	N	
Gefleckte Tringa – Drosseluferläufer	Buff	Edwards
Gefleckte Wasseramsel – Drosseluferläufer	Be2,Buff	
Gefleckte Wasserdrossel – Drosseluferläufer	Be	
Gefleckter Adler – Schelladler	GD	„Falco maculatus."
Gefleckter Adler – Schreiadler	Be1,Be2,Be,CLB2,N	KNB
Gefleckter Ammer – Zaunammer	Be1,Be2,Be,Be97,N	
Gefleckter Brachvogel – Goldregenpfeifer	Fri	
Gefleckter Falk – Wanderfalke	Be1	
Gefleckter Falke – Wanderfalke	Be1,Be2,Be,GD,N	
Gefleckter Finkenhabicht – Sperber (Var.)	Be2	
Gefleckter Fliegenfänger – Grauschnäpper	Be1,2,Be,Be97,CLB1,2,3,Krü,MW,N,O3,V	KNB
Gefleckter Fliegenschnäpper – Grauschnäpper	O1	
Gefleckter Habicht – Wanderfalke	Be2,Be,GD	
Gefleckter Häher – Tannenhäher	Do,F	
Gefleckter Hühnerfalke – Habicht (juv.)	Be1,Be2,Be,N	
Gefleckter Isländischer Falke – Gerfalke	Be	
Gefleckter Kibitz – Kiebitzregenpfeifer	N	
Gefleckter Kiebitz – Drosseluferläufer	Be1,Be2,Be,Buff,GD,N	
Gefleckter Kiebitz – Kiebitzregenpfeifer	Be2,CLB1,2	KNB
Gefleckter Kiebitzregenpfeifer – Kiebitzregenpfeifer	CLB3	
Gefleckter Nußknacker – Tannenhäher	CLB1	
Gefleckter Reiher – Nachtreiher (juv.)	Be1,N	
Gefleckter Rohrsänger – Schilfrohrsänger	N	
Gefleckter Sandläufer – Bruchwasserläufer	Be2,Be,O1,N	
Gefleckter Sandläufer – Knutt (juv.)	Buff,Krü	
Gefleckter Seetaucher – Sterntaucher	CLB2	KNB
Gefleckter Spechtrabe – Tannenhäher	O3	
Gefleckter Steinschmätzer – Brachpieper	Do,F	
Gefleckter Strandläufer – Bruchwasserläufer	Be2,Be,N	
Gefleckter Strandläufer – Drosseluferläufer	Be2,Be,Buff,CLB2,MW,N	KNB
Gefleckter Strandläufer – Knutt (juv.)	Krü	
Gefleckter Strandläufer – Spitzschwanzstrandläufer	H	
Gefleckter Strandvogel – Drosseluferläufer	Be1,Be2,Be,N	
Gefleckter Taucher – Sterntaucher	CLB2	KNB
Gefleckter Uferläufer – Drosseluferläufer	CLB3,N	
Gefleckter Wasserläufer – Drosseluferläufer	CLB1,2,N	
Gefleckter Wasserläufer – Dunkler Wasserläufer	Be2,Be,CLB1,2,N	KNB
Gefleckter Weiderich – Schilfrohrsänger	Be2,F,N	
Gefleckter Würger – Schwarzstirnwürger	H	

Gefleckter Ziegenmelker – Ziegenmelker	CLB3	
Geflecktes Auerhuhn – Auerhuhn	CLB3	
Geflecktes Meerhuhn – Tüpfelsumpfhuhn	Be1,Be2,Be,Buff	
Geflecktes Rohrhuhn – Teichhuhn	CLB2	
Geflecktes Rohrhuhn – Tüpfelsumpfhuhn	CLB2,3,F,N	KNB
Geflecktes Sandhuhn – Rotflügel-Brachschwalbe (juv.)	Be1,Be2,Be,N	
Geflecktes Seerebhuhn – Rotflügel-Brachschwalbe (juv.)	Be,F,N	
Geflecktes Sumpfhuhn – Tüpfelsumpfhuhn	Do,F	
Geflecktes Wasserhuhn – Tüpfelsumpfhuhn	Be2,Be,N	
geflecktes, mondförmig Laufhuhn – Laufhühnchen	O3	
Geflügelter Teufel – Habicht	Suol	
Gegitterter Phalaropus – Odinshühnchen	Buff	
Gegitterter Strandläufer – Odinshühnchen	Buff	
Gegler – Bergfink	Ad,Be2,Be,Buff,Fri,HaSa,Hp,Jä,Krü,N,Suol …	
	… Hans Sachs, Regiment: V. 189	VN
Gehaubeter schwarz und weißer Taucher – Zwergsäger	Hp	
Gehäubte Drossel – Seidenschwanz	JAN	
Gehaubte Lerche – Haubenlerche	Buff	
Gehaubte Pfeifente – Kolbenente	N	
Gehäubte Pfeifente – Kolbenente	V	
Gehaubte Scharbe – Krähenscharbe	N	
Gehäubte Scharbe – Krähenscharbe	CLB2,MW	KNB
Gehäubte Taucherente – Haubentaucher	GD	
Gehäubte wilde Aente – Stockente	Buff	
Gehaubter indianischer Steinbeisser – Kardinal	GesH	
Gehaubter Kiebitz – Kiebitz	O3	
Gehäubter Kiebitz – Kiebitz	Be2,CLB1,2,3,MW,N,V	KNB
Gehäubter Laubvogel – Kronenlaubsänger	H	
Gehäubter Purpurreiher – Purpurreiher	Be2,N	
Gehäubter Purpurreiher – Purpurreiher	Be	
Gehäubter Reiher – Graureiher	Be2,Be,N	
Gehäubter Steißfuß – Haubentaucher	N,O3	
Gehäubter Steißfuß – Haubentaucher	Be2,Be,CLB1,2,Krü,MW,V	KNB
Gehaubter Taucher – Haubentaucher	Buff	
Geheiligter Vogel der Egypter – Schmutzgeier	Buff	
Gehlemmerich – Goldammer	Do,F	
Gehlgößgen – Goldammer	JAN	
Gehling – Goldammer	Be1,Be2,Be,F,N	
Gehörnte Eule – Sumpfohreule	Do	
Gehörnte Lerche – Haubenlerche	Be2,Be,Buff	
Gehörnte Sumpfeule – Sumpfohreule	Be2,N	
Gehörnte Taube – Haustaubenrasse	Buff	
Gehörnter Lappentaucher – Ohrentaucher	F,N	

Gehörnter Seehahn – Haubentaucher	Be,Buff,F,Fri,GD,Krü,N	
Gehörnter Steißfuß – Haubentaucher	Krü	
Gehörnter Steißfuß – Ohrentaucher	Be2,Be,CLB2,MW,N,WüCl	KNB
Gehörnter Steißfuß – Schwarzhalstaucher	Be,O3	
Gehörnter Taucher – Haubentaucher	Be,Buff,N	
Gehörnter Taucher – Ohrentaucher	Be2,Be,CLB2,N,V	KNB
Gehörntes aschfärbiges Käutzchen – Zwergohreule	Buff	
Gehörntes Käutzchen – Zwergohreule	Be1,Be2,Buff,Krü,N	
Gehörntes Käutzlein – Waldohreule	Be2,K,N	Frisch T. 99.
Gehörntes Käuzchen – Zwergohreule	Be97,Be05	
Gehörntes Käuzlein – Waldohreule	GD	
Gehret – Ganter (allg.)	zLa	Nach dem Personennamen Gerhard.
Geibitz – Kiebitz	Suol	
Geidl – Gans (männl.)	Suol	
Geieltrappe – Zwergtrappe	N	
Geier – Gerfalke	Be1,Be2	
Geier – Mäusebussard	F,H	
Geier – Mönchsgeier	Be2	
Geier (bayer.) – Habicht	Jä	
Geier aus Norwegen – Schmutzgeier	Be2,Be	
Geier der Alten, kleiner weisser – Schmutzgeier	Be2,N	
Geier gemeiner – Bartgeier	Be1	
Geier gemeiner – Mönchsgeier	Be1,Be2,Be,Be97,Be05,N,O1	
Geier, ägyptischer – Schmutzgeier	V	
Geier, arabischer – Schmutzgeier	N	
Geier, aschfarbiger – Mönchsgeier	Krü	
Geier, aschgrauer – Mönchsgeier	Be2,Be,N	
Geier, aschgrauer – Schmutzgeier	Be,N	
Geier, bärtiger – Bartgeier	Be2,K	
Geier, braune – Rohrweihe (weibl.)	Be1,Be2,Be,N	
Geier, brauner – Gänsegeier	WüCl	
Geier, brauner – Mönchsgeier	Be,Be05,N	
Geier, brauner – Rotmilan	Be2,Be	
Geier, brauner – Schmutzgeier	Krü	
Geier, braunfahler – Mäusebussard	Be2	
Geier, egyptischer – Schmutzgeier	CLB2,3	
Geier, goldbrüstiger – Bartgeier	Be2	
Geier, grauer – Mönchsgeier	Be2,Be,Be05,CLB1,2,3,Krü,MW,N, … … O1,2,3,V,WüCl	KNB
Geier, grauer – Rohrweihe	N	
Geier, grauweißer – Kornweihe (männl.)	Be1,Be2,Be,N	
Geier, großer – Mönchsgeier	Be2,Be,Be97,Be05,N,O1	
Geier, großer gemeiner – Mönchsgeier	Krü	
Geier, heiliger – Schmutzgeier	O2	
Geier, kleiner – Mönchsgeier	O1	
Geier, kleiner – Schmutzgeier	Be2	
Geier, kleiner – Sperber	Suol	

Geier, königlicher – Rotmilan	Be2,N	
Geier, Maltheser – Schmutzgeier	Krü	
Geier, norwegischer – Schmutzgeier	Be2,N	
Geier, roter – Gänsegeier	Krü,O2	
Geier, rotgelber – Gänsegeier	N	
Geier, rötlicher – Gänsegeier	CLB3,N	
Geier, schwarzer – Mönchsgeier	CLB3,Krü	
Geier, weißer – Mönchsgeier	O1	
Geier, weißer – Schmutzgeier	Be2,Be,CLB3,Krü,N	
Geier, weißhalsiger – Schmutzgeier	CLB3	
Geier, weißköpfiger – Bartgeier	Be1,Be2,Be,N	
Geier, weißkopfiger – Bartgeier	O3	
Geier, weißköpfiger – Gänsegeier	Be,CLB2,Krü,MW,N,O2,V,WüCl	KNB
Geier, weißköpfiger – Schmutzgeier	Be2,Be,N	
Geieradler – Bartgeier	B,F,V	
Geieradler – Gänsegeier	Krü	
Geieradler – Schmutzgeier	Ad,Be2,Krü	
Geieradler, bartiger – Bartgeier	O3	
Geieradler, bärtiger – Bartgeier	CLB2,MW,N	
Geieradler, schwarzköpfiger – Bartgeier (juv.)	MW,N	
Geieradler, weißköpfiger – Bartgeier	MW,N	
Geierchen, blaues – Kornweihe (männl.)	Be2,Be,N	
Geiereule – Sperbereule	Be1,Be2,Be,Be97,F	
Geiereule – Waldkauz	Ad,B,Be,F,N	Rostbraune Morphe?
Geierfalk – Gerfalke	Ad,Krü	
Geierfalke – Gerfalke	B,Be1,Be2,Be,Be97,Be05,Buff,N	
Geierfalke, brauner – Gerfalke	Be2	
Geierfalke, großer – Gerfalke	Be2	
Geierfalke, heiliger – Würgfalke	Be2,N	
Geierfalke, isländischer – Gerfalke	Be1,Be2,N	
Geierfalke, Linnés – Gerfalke	Be2,Be	
Geierfalke, norwegischer – Gerfalke	Be1	
Geierfalke, weißer – Gerfalke	Be1	
Geierkönig – Mönchsgeier	Ad,Krü	
Geierle, blaues – Kornweihe	Be1	
Geierschwalbe – Mauersegler	B,Be1,Be2,Be,F,Krü,N,Suol	
Geiervogel – Riesenalk	V	
Geigelhahn – Birkhuhn	Fri	
Geijfitz – Kiebitz	Suol	
Geikerlen – Bergpieper	Baldn-Suol,Suol	
Geikerlen – Pieper (allg.)	Suol	
Geikerlen – Zilpzalp	zLa	
Geile – Dohle	B,F	
Geir (engl.) – Geier allg.	Tu	
Geirfugl – Riesenalk (ausgest.)	GD	
Geiskopf – Uferschnepfe	Be97,GD	
Geiskopf, roter – Uferschnepfe (juv.)	Be1	
Geiskopfschnepfe – Pfuhlschnepfe	B,Be1,Be2,Be,Krü,N	

Geiskopfschnepfe – Uferschnepfe	N	
Geiskopfsschnepfe – Pfuhlschnepfe	Be	
Geiskopfsschnepfe – Uferschnepfe	Be	
Geiskopfwasserläufer – Uferschnepfe	Be2,Be,N	
Geismelcker – Ziegenmelker	Buff	
Geismelker – Ziegenmelker	B,Be1,Be2,Be,Buff,N,O1,V	
Geismelker gemeiner – Ziegenmelker	O2	
Geißhuhn – Großer Brachvogel	Ad	
Geißkopf – Uferschnepfe	Buff,GD	
Geißkopf, roter – Pfuhlschnepfe	Krü	
Geißkopf, roter – Uferschnepfe	Krü	
Geißkopfschnepfe – Pfuhlschnepfe	Be2	
Geißkopfschnepfe – Uferschnepfe	Buff,F,GD	
Geißmelcher – Ziegenmelker	GesS,F,Suol	
Geißmelcker – Ziegenmelker	GesH	
Geißmelker – Ziegenmelker	Ad,Krü	
Geißmelker, gemeiner – Ziegenmelker	Buff	
Geißvogel – Großer Brachvogel	Ad,N	
Geißvogel – Kiebitz	Krü,N	
Geißvogel (sil.) – Grosser Brachvogel	Buff,Schwf	
Geist, schwarzer – Alpenkrähe	F	
Geist, schwarzer mit feurigen Augen – Alpendohle	Be,Krü,N	
Geist, schwarzer mit feurigen Augen – Alpenkrähe	Be1,Be2,Be,Krü	
Geisvogel – Großer Brachvogel	B,Be1,Be2,GD	
Geisvogel – Kiebitz	B,Be1,Be2,Be,Be97,F,GD,Hp	
Geit (bayr.) – Tafelente	Do	
Geitel – Amsel	Bri,Suol	
Geitel – Drossel	Häp	
Geitlink – Amsel	Bri,Suol	
Gekrönter Sänger – Goldhähnchen	Be2,Be,MW	
Gekrönter Sänger – Wintergoldhähnchen	CLB2,F,N,V	KNB
Gekrönter Zaunkönig – Goldhähnchen	Ad,Be1,Be2,Be,GD	
Gekrönter Zaunkönig – Wintergoldhähnchen	N	
Gekröntes Königchen – Goldhähnchen	Be2,GD,K	Frisch T. 24, Wintergoldhähnchen.
Gekröntes Königchen – Wintergoldhähnchen	N	
Gekröntes Königlein – Goldhähnchen	GD,Krü	
Gel Quakstart – Schafstelze	Do	
Gel-Emeritz – Goldammer	Suol	
Gelamsel – Pirol	Suol	
Gelbammer – Goldammer	Ad,Krü	
Gelbammer, schwarzköpfige – Spornammer	Be,GD	
Gelbammer, schwarzköpfiger – Spornammer	Buff	
Gelbartige Lerche – Ohrenlerche	Be	

Gelbartsche – Grünfink	Häp	
Gelbbärtige amerikanische Lerche – Ohrenlerche	K	Bock 4, 408.
Gelbbärtige Lerche aus Virginien … … und Canada – Ohrenlerche	N	
Gelbbartige Lerche – Ohrenlerche	Buff,K	
Gelbbärtige Lerche – Ohrenlerche	N	
Gelbbärtige Lerche aus Virginia … … und Karolina – Ohrenlerche	Buff	
Gelbbartige Lerche aus Virginien … … und Carolina – Ohrenlerche	Be1,Be2	
Gelbbartige nordische Schneelerche – Ohrenlerche	Be2,Buff	
Gelbbärtige nordische Schneelerche – Ohrenlerche	GD,K	Frisch T. 16.
Gelbbauch – Goldammer	Suol	
Gelbbäuchiger Kleiber – Kleiber	CLB1,2,N	KNB
Gelbbäuchiger Laubsänger – Gelbspötter	CLB1,2,V	
Gelbbäuchiger Laubvogel – Gelbspötter	Be2,N	
Gelbbauchiger Rohrsänger – Gelbspötter	N	
Gelbbauchiger Sänger – Gelbspötter	Be2,Be,CLB2,MW,N	KNB
Gelbbauchiger Seidenschwanz – Zedernseidenschwanz	MW	Meyer 1822.
Gelbbärtige Lerche – Ohrenlerche	Be1,Be2,F,Krü	
Gelbbbärtige nordische Schneelerche – Ohrenlerche	N	
Gelbbein – Bruchwasserläufer	Krü	
Gelbbeinchen – Bruchwasserläufer	Krü	
Gelbbeinlein – Bruchwasserläufer	Be1,Be2,Be,Buff,K,Krü	
Gelbblauiger Falke – Rötelfalke	MW	Druckfehler? „gelbklauiger"?
Gelbbrauige Ammer – Gelbbrauenammer	H	
Gelbbrauige Schafstelze – Schafstelze	H	U.-Art: Engl. Schafstelze, M. f. flavissima.
Gelbbrauiger Ammer – Gelbbrauenammer	H	
Gelbbrauiger Laubvogel – Gelbbrauen-Laubsänger	H	
Gelbbrauiger Laubvogel – Goldhähnchen-Laubsänger	H	
Gelbbrauner Geyer mit weissem Kopf – Rauhfußbussard	Fri	
Gelbbrauner Hänfling – Bluthänfling	CLB1	CLB1/735.
Gelbbraunes Reigerchen – Rallenreiher	N	
Gelbbraunes Reigergen – Rallenreiher	Be2	
Gelbbrust – Gelbspötter	Be1,Be2,Be,Buff,GDKrü,N	
Gelbbrust – Pfuhlschnepfe	N	
Gelbbrüst. Fliegenvogel mit oberhalb … … weissem Schwanze – Steinschmätzer	Be2,N	
Gelbbrüstchen – Gelbspötter	Do,F	
Gelbbrustige Bachstelze – Gebirgsstelze	Buff	
Gelbbrüstige Bachstelze – Gebirgsstelze	Be1,Be2,Be,Be97,N	

Gelbbrüstige Bachstelze – Schafstelze	Be2,Be,Fri,K,N	Frisch T. 23.
Gelbbrüstige Spechtmeise – Kleiber	WüCl	
Gelbbrüstige und weißkehlige …	K	Frisch T. 22.
… Steinfletsche – Steinschmätzer		
Gelbbrüstiger Fliegenschnäpper –	Be2,Be,Krü,N	
Steinschmätzer		
Gelbbrüstiger Fliegenvogel mit …	Fri,K	Frisch T. 22.
… oberhalb Weißen Schwantz –		
Steinschmätzer		
Gelbbrüstiger Hänfling – Bluthänfling	Be2,GD,N	Nach der 2. Mauser.
(männl.)		
Gelbbrüstiger kleiner Buntspecht –	Ad	
Kleinspecht		
Gelbe – Schleiereule	Be2	
Gelbe Alwargin – Goldregenpfeifer	H	
Gelbe Bach Steltz – Gebirgsstelze	zLa	
Gelbe Bach Steltz – Schafstelze	zLa	
Gelbe Bachsteltze – Schafstelze	Buff	
Gelbe Bachstelze – Gebirgsstelze	Buff,G,P1,Z	
Gelbe Bachstelze – Gebirgsstelze	Be2,Be,Be97,Buff,G,Jä,N,P1,V,Z	
		Buff: Var. von Motacilla flava.
Gelbe Bachstelze – Schaf-/Gebirgsstelze	P,Z	
Gelbe Bachstelze – Schafstelze	Be1,Be2,Be,Be97,Buff,CLB1,2,F,GD,Hp, …	
	… Krü,MW,N,O1,2,Suol,WüCl	KNB
Gelbe Bachstelze mit der schwarzen	Be1	
Kehle – Gebirgsstelze		
Gelbe Bachstelze mit kurzem Schwanz …	Jä	
… und gelberKehle – Schafstelze		
Gelbe Bachstelze mit langem Schwanz …	Jä	
… und schwarzerKehle – Gebirgsstelze		
Gelbe Bachstelze mit schwarzer Kehle –	Be2,Be,Be97,N	
Gebirgsstelze		
Gelbe bartige nordische Schneelerche –	Be1	
Ohrenlerche		
Gelbe Drossel – Pirol	Fri	
Gelbe Eule – Sumpfohreule	N	
Gelbe Eule – Waldkauz	Be1,Be,Buff	
Gelbe Grasmuck – Gelbspötter	Jä	
Gelbe Grasmücke – Gelbspötter	Be2,Be,F,N,Scha	
Gelbe Grasmücke – Schafstelze	N	
Gelbe Kirschdrossel – Pirol	Be2,Be,Buff,Krü,N	
Gelbe Lerche – Ohrenlerche	CLB2	KNB
Gelbe Racke – Pirol	Be2,Be,F	
Gelbe Rake – Pirol	N	
Gelbe Rohrdommel – Rallenreiher	N	
Gelbe Schafstelze – Schafstelze	H	U.-Art: Sykesschafstelze (M. f. beema).
Gelbe Schleiereule – Schleiereule	N	Naumann: Schleier – nicht mit y.
Gelbe Schleyereule – Schleiereule	Be,GD	

Gelbe schwarzkehlige Bachstelze – Gebirgsstelze	CLB2	KNB
Gelbe Viehbachstelze – Schafstelze	Be1,Be2,Be,N	
Gelbe Wasser Steltz – Schafstelze	zLa	
Gelbe Wassersteltz – Gebirgsstelze	GesH	
Gelbe Wasserstelze – Gebirgsstelze	Be2,Be,N	
Gelber Kreuzschnabel – Fichtenkreuzschnabel	Be	
Gelber Ackermann – Schafstelze	Be2,N	
Gelber Aschgrauer Kukuk – Kuckuck	MW	
Gelber Bienenwolf – Bienenfresser	Be2,N	
Gelber Dickschnabel – Grünfink	Buff	
Gelber Dickschnäbler – Grünfink	K	
Gelber Emmerling – Goldammer	Be2,Be,Buff,GD,Krü,N,Z	
Gelber Fitis – Fitis	Be2,Be,N	
Gelber Hagspatz – Gelbspötter	Do,F	
Gelber Hänfling – Bluthänfling (juv., männl.)	Be1,CLB2,MW	KNB
Gelber Hänfling – Grünling	Be	
Gelber Henffling – Berghänfling	K	
Gelber Kautz – Sumpfohreule	N	
Gelber Kautz ohne Federohren – Steinkauz	Fri	
Gelber Kautz ohne Federohren – Sumpfohreule	N	
Gelber Kauz – Sumpfohreule	O2	
Gelber Kauz ohne Federhörner – Sumpfohreule	Fri	
Gelber Kauz ohne Federohren – Sumpfohreule	Fri	
Gelber Krabbenfresser – Rallenreiher	Buff	Ardea comata.
Gelber Kreuzschnabel – Fichtenkreuzschnabel	Be2,Be,N	
Gelber Krinitz – Fichtenkreuzschnabel	Be1,Be2,Be,N	
Gelber Kuhhirt – Schafstelze	Scha	
Gelber Laubsänger – Gelbspötter	O2	
Gelber Laubvogel – Gelbspötter	F,O3	
Gelber Laubvogel – Wacholderlaubsänger	H	
Gelber Pirol – Pirol	CLB1,2,3	KNB
Gelber Quappstärt – Schafstelze	Scha	
Gelber Quittenhänfling – Berghänfling	Buff,K	Frisch T. 10.
Gelber Reiher – Rallenreiher	F	
Gelber Schwirl – Seggenrohrsänger	N	
Gelber Spötter (böhm.) – Gelbspötter	H	
Gelber Spottvogel – Gelbspötter	N	
Gelber Sticherling – Fitis	GD	
Gelber Sticherling – Gebirgsstelze	Be1,Be2,Be,Be97,Buff,N,Schwf	
Gelber Sticherling – Schafstelze	Be2,Be,Buff,F,GD,N	
Gelber Sticherling – Steinschmätzer	K	Klein-Reyger S. 79, Frisch T. 22.
Gelber Sticherling (schles.) – Gelbspötter	F,H,Suol	

Gelber Sumpfwader – Pfuhlschnepfe	CLB2	KNB
Gelber Taucher – Schwarzhalstaucher	Fabr	
Gelber Wippstärt – Schafstelze	Scha	
Gelber Wippsterz – Schafstelze	F,N	
Gelber Zeisig – Erlenzeisig	CLB2	KNB
Gelbes Ackermännchen – Gebirgsstelze	Be1,Be2,Be,Be97,F,N	
Gelbes Ackermännchen – Schafstelze	GD	
Gelbes Dütchen – Mornellregenpfeifer	Krü,O2	
Gelbes Fitis – Fitis	JAN	
Gelbes Käutzlein mit Feder-Hörnern – Waldohreule	Fri	
Gelbes schwartz Kehlein mit ... ... schwartzem Kopf – Steinschmätzer	K	
Gelbfink – Goldammer	Ad,Krü,Suol	
Gelbfink – Grünling	Suol	
Gelbfirstiger Albatros (?) – Graukopfalbatros	H	
Gelbflügel – Stieglitz	B,F,Jä	
Gelbflügeliger Grünling – Grünfink	CLB2	KNB
Gelbfuß – Bruchwasserläufer	Be2,Be,Krü	Siehe Stresemann JfO 89 (3), 1941.
Gelbfuß – Wald-(Bruch-)wasserläufer	Buff	Tringa ochropus.
Gelbfüßige canadische Gans – Weißwangengans	Buff	
Gelbfüßige isländische Aente – Spatelente	Buff	
Gelbfüßige isländische Ente – Spatelente	GD	
Gelbfüßige Meve – Heringsmöwe	Be,MW	
Gelbfüßige Möve – Heringsmöwe	CLB2,Do,N	KNB
Gelbfüßige Möwe – Heringsmöwe	F	
Gelbfüßiger Laubvogel – Fitis	N	
Gelbfüßiger Strandläufer – Wald-(Bruch-)wasserläufer	Buff	Tringa ochropus.
Gelbfüßiger Strandläufer – Waldwasserläufer	Be2,Krü,N	Siehe Stresemann JfO 89 (3), 1941.
Gelbfüßiges Wasserhuhn – Bruchwasserläufer	Be2,Be	
Gelbfüßiges Meerhuhn – Bruchwasserläufer	Be1,Be2,Be	
Gelbfüßler – Rotschenkel	H	
Gelbgans – Goldammer	Buff,GD	
Gelbgans – Goldammer	Be1,Be2,Be,F,N,Scha	
Gelbgestreifter Rohrsänger – Seggenrohrsänger	JAN	
Gelbgestreifter Rohrschirf – Seggenrohrsänger	Be2	
Gelbgissel – Goldammer	F	
Gelbgrauer Schubut mit bunter Brust – Waldohreule	K	Albin Band III, 6.
Gelbgrüner Dickschnabel – Girlitz	Be2,N	
Gelbgrüner Dickschnabel – Kanarengirlitz	Buff	

Gelbgrüner Dickschnabel – Zitronenzeisig + Girlitz	Be	
Gelbgüssel – Goldammer	Scha,Suol	
Gelbhals – Weidenammer	Buff	
Gelbhänfling – Bluthänfling	N	
Gelbhänfling – Grünfink	Be1,Be2,Be,N	
Gelbkählicher Hänfling – Berghänfling	HHM	
Gelbkehlchen – Braunkehlchen	Be,Krü	
Gelbkehlige Ammer – Türkenammer	H	
Gelbkehliger Bienenfresser – Bienenfresser	CLB1,2,MW,N,V	KNB
Gelbkehliger Hänfling – Berghänfling	Buff,K,N …	

… Name steht bei Buffon unter Kleiner Hänfling.
Frisch T. 9, 10.

Gelbkehliger Sperling – Steinsperling	H	
Gelbkehlsperling – Steinsperling	Do,F	
Gelbkeliger Hänfling – Berghänfling	Fri	
Gelbklauiger Falke – Rötelfalke	F,N	
Gelbkopf – Bienenfresser	Be2	
Gelbkopf – Dreizehenspecht	B,Bri,N	
Gelbkopf – Gebirgsstelze	V	
Gelbkopfente – Kolbenente	B	
Gelbköpfige Bachstelze – Schafstelze	BB	
Gelbköpfige Bachstelze – Zitronenstelze	CLB2,H,MW	KNB
Gelbköpfige Kolbenente – Kolbenente	CLB3	
Gelbkopfige Lerche – Ohrenlerche	Buff	
Gelbköpfige Lerche – Ohrenlerche	Be1,Be2,Be,Krü,N	
Gelbköpfige Schafstelze – Zitronenstelze	CLB2	KNB
Gelbköpfiger Bienenfresser – Bienenfresser	Be2	
Gelbköpfiger Höckerschwan – Höckerschwan	CLB3	
Gelbköpfiges Goldhähnchen – Wintergoldhähnchen	MW,N,O3,WüCl	
Gelbliche Drossel – Schieferdrossel	CLB3,N	Bd. 13/348.
Gelbliche Eule – Waldkauz	Fri,N	
Gelblicher Girlitz – Girlitz	CLB2	KNB
Gelbling – Goldammer	Ad,Be1,Be2,BeBe97,Buff,F,GD,K,Krü, …	

… N,Schwf

Gelbling – Pirol	B,Be1,Be2,Be,Buff,F,Hp,Krü,N,O1	
Gelbling – Weidenammer	GD,K	
Gelbmeise – Kohlmeise	Suol	
Gelbnase – Uferschnepfe	Ad,Buff,Krü	
Gelbnasiger Schwan – Singschwan	F,N	
Gêlborstje – Rotkehlchen	Suol	
Gelbrothe Grasmücke – Zilpzalp	Be2,Be	
Gelbrother Hänfling – Bluthänfling	CLB1	CLB 1/735.
Gelbrothe Grasmücke – Zilpzalp	N	
Gelbröthlicher Wüstenläufer – Rennvogel	N	
Gelbschnabel – Amsel	Jä	

Gelbschnabel – Berghänfling	B,Be,Buff,F,N	Buffon/Otto 11/S. 108.
Gelbschnabel – Kornweihe (weibl.)	Be2,Be,Buff	
Gelbschnabel – Seeadler	Be1,Be2,Be,Be05,Buff,GD,K,Krü,N	
Gelbschnabel-Schwan – Singschwan	N	
Gelbschnabel, weißer – Silberreiher	Be2,Be,Buff,GD,Krü,N	Müller 1773.
Gelbschnäbeliger Fink – Berghänfling	MW	Im Textteil.
Gelbschnäbeliger Fink – Berghänfling	MW,N	MW: Inhaltsverz.
Gelbschnäbeliger Hänfling – Berghänfling	N	
Gelbschnäbeliger Schwan – Singschwan	Do	
Gelbschnäblicher Fink – Berghänfling	Be	
Gelbschnäblicher Zeisig – Berghänfling	CLB1	
Gelbschnäblichter Fink – Berghänfling	Buff	Buffon/Otto 11/S. 108.
Gelbschnäblige Ringamsel – Ringdrossel	CLB3	
Gelbschnäbliger Fink – Berghänfling	CLB2	KNB
Gelbschnäbliger Grauhänfling – Berghänfling	F	
Gelbschnäbliger Hänfling – Berghänfling	CLB2,3	KNB
Gelbschnäbliger Leinfink – Birkenzeisig	CLB3	
Gelbschnäbliger Schwan – Singschwan	F	
Gelbschnäbliger Zeisig – Berghänfling	CLB2	KNB
Gelbschopf – Kolbenente	Be2,Be,Buff,K,Krü,N	
Gelbschups – Kolbenente	Krü	
Gelbschups mit dem Federbusche – Kolbenente	Be	
Gelbschups mit einem Federbusche – Kolbenente	Be2,Buff	
Gelbschups mit Federbusch – Kolbenente	N	
Gelbschwarzkehlein – Steinschmätzer	K	Frisch T. 22.
Gelbschwirl – Seggenrohrsänger	Do,F	
Gelbsterniges Blaukehlchen ...	N	N: Bd. 13/387.
... – Rotsterniges Blaukehlchen		
Gelbstirnige Schafstelze – Schafstelze	H	Var. (alt): Budytes campestris.
Gelbvogel – Erlenzeisig	Be2,GesH,N	
Gelbvogel – Pirol	Be1,Be2,Be,F,GD,Hp,Krü,N	
Gelbweiße Möve – Sturmmöwe	GD	
Gelbzehiger Reiher – Silberreiher	Be2,N	
Geldfink – Gimpel	F,H	
Geldmerle – Pirol	Be	
Gelegors – Goldammer	Suol	Aus Gelegors.
Gelegôs – Goldammer	Suol	
Gelegose – Goldammer	Suol	
Gelehriger Kernbeisser – Gimpel	Be2,Be,F,N	
Gelemätte – Goldammer	Suol	Mätte ist Matthilde.
Gelewerke – Schafstelze	Bri	
Gelfink – Goldammer	Do	
Gelgâseken – Goldammer	Suol	
Gelgaulammer – Goldammer	Suol	
Gelgerst – Goldammer	Be97,Suol	
Gelgirsch – Goldammer	Suol	

Gelgösch – Goldammer	Suol	
Gelgösken – Goldammer	Bri	
Gelitz – Goldammer	Suol	
Gêlkomesch – Goldammer	Suol	
Gellert – Goldhähnchen (allg.)	Suol	
Gellgaus – Goldammer	Suol	
Gelmeesch – Kohlmeise	H	
Gelogissel – Goldammer	Do	
Gelpfiter – Goldammer	Suol	
Gelpher – Schreiadler	Suol	
Gelskregel – Blauracke	Buff	
Gelsregel – Blauracke	Be1,Be2,Be	
Gelsvogel – Blauracke	Be,F,N	
Gelvogel – Goldammer	StVb	
Gelw-Füessler – Rotschenkel	Suol	
Gelwamer – Goldammer	Suol	
Gelwämmetli – Goldammer	Suol	
Gelwetsch – Eichelhäher	Suol	
Gemahlter Fasan – Goldfasan	Be2	
Gemein Tressel – Krickente	zLa	
Gemeine Aelster – Elster	K	Frisch T. 58.
Gemeine Aente – Stockente	Buff	
Gemeine Amsel – Amsel	Be2,Be,Kö,N,O1	
Gemeine Aule – Schleiereule	Be2,N	
Gemeine Bachstelze – Bachstelze	Be1,Be2,Be,Be97,Buff,F,GD,Jä,Krü,N,O1	
Gemeine Becassine – Bekassine	Krü	
Gemeine Bekassine – Bekassine	N	
Gemeine Blawe Bachsteltz – Schafstelze	zLa	
Gemeine braune Eule – Waldkauz	Ad	
Gemeine Buscheule – Waldkauz	GD	
Gemeine Dohle – Dohle	Be2,Be97,N,O1	
Gemeine Eiderente – Eiderente	CLB2	
Gemeine Elster – Elster	Be2,Be,N,O3	
Gemeine Ente – Stockente	Be1,Be,Be97,GD,O1,V	
Gemeine Eule – Steinkauz	Buff	
Gemeine Eule – Waldkauz	Be1,Be,Be05,Be97,Buff,GD,Hp,K,N,O2 … … Frisch T. 94–96.	
Gemeine Feldflüchte – Felsentaube	Be	
Gemeine Feldtaube – Felsen-/Haustaube	Ad,Be2,Be,N	
Gemeine Fischmeve – Lachmöwe	Be	
Gemeine Gans – Grau-/Hausgans	Be,Buff,GD,O1,V	
Gemeine gewöhnliche Waldschnepfe – Waldschnepfe	Be	
Gemeine Grasmücke – Dorngrasmücke	Be1,Be2,Be,Be97,CLB2,Krü,N,O1,2,V	KNB
Gemeine Grasmücke – Klappergrasmücke	Be2,Be	
Gemeine Grasmücke – Laubsänger	Krü	
Gemeine graue Buscheule – Waldkauz	Buff,Krü	
Gemeine graue Eule – Waldkauz	Ad	
Gemeine graue Fischmeve – Lachmöwe	Be	

Gemeine graue Grasmücke – Heckenbraunelle	GD
Gemeine graue Meve – Lachmöwe	Be2,Be
Gemeine graue Meve – Sturmmöwe	GD,K
Gemeine graue Mewe – Sturmmöwe	Krü
Gemeine graue Möve – Lachmöwe	CLB1,N
Gemeine graue Seemeve – Lachmöwe	Be
Gemeine graue Waldeule – Waldkauz	Krü
Gemeine graue wilde Ente – Stockente	GD
Gemeine große wilde Endte – Stockente	G
Gemeine Haubenente – Reiherente	Be2,Be,N,O1
Gemeine Hausgans – Grau-/Hausgans	Be1,Buff,GD
Gemeine Hausschwalbe – Rauchschwalbe	Be,N
Gemeine Kautzeule – Sperlingskauz	Be2
Gemeine Kautzeule – Steinkauz	N
Gemeine Knelle – Flußuferläufer	O1
Gemeine Krähe – Kolkrabe	Be2,Be,N
Gemeine Krahe – Nebelkrähe	Be2
Gemeine Krähe – Nebelkrähe	Be,Buff,GD,N,O1
Gemeine Krähe – Rabenkrähe	Be2,Be,Be97,N,O2
Gemeine Kriech-Endte – Krick-/Knäkente	K
Gemeine Kriechänte – Knäkente + Krickente	Buff
Gemeine Kriechente – Knäkente + Krickente	Be2,K,Krü,N
Gemeine Kriegente – Krick-/Knäkente	K
Gemeine Kriekente – Krickente	Be2,Buff
Gemeine Krinisse – Fichtenkreuzschnabel	Schwf
Gemeine Kropfgans – Rosapelikan	O3
Gemeine Krück-Endte – Krick-/Knäkente	K
Gemeine Krückente – Krick-/Knäkente	K
Gemeine Lachmöve – Lachmöwe	N
Gemeine Lerche – Feldlerche	Be2,Be,Buff,CLB2,N,V KNB
Gemeine Löffelente – Löffelente	Be2,Be,N
Gemeine Lumme – Trottellumme	F,N
Gemeine Mauerschwalbe – Mauersegler	Be1,Be2,B,N
Gemeine Meerschwalbe – Fluß-/ Küstenseeschwalbe	Buff,GD
Gemeine Meerschwalbe – Flußseeschwalbe	Be1,Be2,BeBe97,Krü,N,O2
Gemeine Meve – Lachmöwe	Be2
Gemeine Meve – Sturmmöwe	Be1,Be97,GD
Gemeine Mewe – Sturmmöwe	Krü
Gemeine Milane – Rotmilan	Be2,N
Gemeine Möve – Lachmöwe	CLB2,O1,V KNB
Gemeine Nachteule – Schleiereule	O1
Gemeine Nachteule – Waldkauz	Buff,Fri,GD,Jä
Gemeine Nachtigall – Nachtigall	Be1,Be2,Be,Be97,N
Gemeine Nonnenmeise – Sumpfmeise	H
Gemeine Ohreneule – Waldohreule	GD

Gemeine Ohreule – Waldohreule	Be1,Be2,Be,N	
Gemeine Pfeifente – Pfeifente	Be2,Be,GD,N	
Gemeine Pfuhlschnepfe – Bekassine	Be1	
Gemeine Pfuhlschnepfe – Pfuhlschnepfe	Be2,Be,Krü	
Gemeine Pfuhlschnepfe – Uferschnepfe	Be1,Be2,Be,Be97,N	
Gemeine Pfulschnepfe – Uferschnepfe	Buff,GD	
Gemeine Pfulschnepfe – Waldschnepfe	Buff	
Gemeine Ralle – Wachtelkönig	Be2,O1,N	
Gemeine Raubmöve – Schmarotzerraubmöwe	O2	
Gemeine Rohrdomel – Rohrdommel	Be97	
Gemeine Rohrdommel – Rohrdommel	CLB2	KNB
Gemeine rotfüßige Kasarka – Weißwangengans	Buff	
Gemeine rotfüßige Nordgans – Weißwangengans	Buff	
Gemeine Scharbe – Kormoran	Krü,V	
Gemeine Schellente – Schellente	V	
Gemeine Schnepfe – Bekassine	Be2,Buff,GD,Krü,N	
Gemeine Schnepfe – Waldschnepfe	Be1,Be2,Be,GD,Krü,N,O1	
Gemeine Schwalbe – Mehlschwalbe	zLa	Kein spez. Name.
Gemeine Schwalbe – Rauchschwalbe	Buff,Krü	
Gemeine Schwalbenmeve – Flußseeschwalbe	Be2,Be,N	
Gemeine Schwalbenstelze – Rotflügel-Brachschwalbe	N	
Gemeine schwarze Amsel – Amsel	Z	
Gemeine Seemähbe – Lachmöwe	Baldn	
Gemeine Seemeve – Lachmöwe	Be	
Gemeine Seeschwalbe – Flußseeschwalbe	Be2,CLB1,2,N,V,WüCl	KNB
Gemeine Spechtmeise – Kleiber	Be1,Be2,Be,Be97,MW,N	
Gemeine Sprehe – Star	Be2,N	
Gemeine Strich oder Streich Lerch – Feldlerche	zLa	Wahrsch. Var.
Gemeine Sumpfschnepfe – Bekassine	N	
Gemeine Taube – Felsen-/Haustaube	Be1,Be2,Be,Buff,GD,Krü,N	
Gemeine Taube – Hohltaube	GD	
Gemeine Taube – Ringeltaube	Be2,Be	
Gemeine Tauchente – Gänsesäger	Be2,Be,Krü,N,O2	
Gemeine Taucherente – Gänsesäger	Krü	
Gemeine Trappe – Großtrappe	Buff,Krü,O1	
Gemeine Troschel – Wacholderdrossel	zLa	
Gemeine Turmschwalbe – Mauersegler	N	
Gemeine Turteltaube – Lachtaube	Be1,Be2,Krü,N Türkentaube noch n. beschrieben.	
Gemeine Uferschnepfe – Uferschnepfe	Be,Buff,Krü	
Gemeine Wachtel – Wachtel	Be2,Fri,GD,K,N,V	Frisch T. 117
Gemeine Waldschnepfe – Waldschnepfe	Fri	
Gemeine Waldschnepfe – Waldschnepfe	Be2,Krü,N,O2	
Gemeine Wasseramsel – Wasseramsel	O2	

Gemeine Wasserhenne – Teichhuhn	Be2,Be,N
Gemeine Weihe – Mäusebussard	Be2,N
Gemeine Weihe – Rotmilan	Be2,Be,N
Gemeine Wilde [Ente] – Stockente	Z
Gemeine wilde Aente – Stockente	Buff
Gemeine wilde Ente – Stockente	Ad,Be1,Be2,Be,CLB2,Fri,GD,Hp,K,Krü,N,Z …
	… Frisch T. 158–159. KNB
Gemeine wilde Gans – Graugans	Be,WüCl
Gemeine wilde Gans – Saatgans	CLB2,V KNB
Gemeine wilde Taube – Hohltaube	Hp
Gemeine wilde Taube – Ringeltaube	N
Gemeine zahme Ente – Hausente	Be2
Gemeiner Adler – Kaiseradler	JAN
Gemeiner Adler – Steinadler	B,Be1,Be,Be97,GD,Krü,N,O
Gemeiner Afterspecht – Baumläufer	Siemssen
Gemeiner Alk – Papageitaucher	N,O2
Gemeiner Alpenrabe – Alpendohle	O2
Gemeiner Ammer – Grauammer	Be1,Be2,Be,Be97,GD,N
Gemeiner aschgrauer Würger – Schwarzstirnwürger	Be2,N
Gemeiner Austernsammler – Austernfischer	Krü,O2
Gemeiner Baumfalke – Baumfalke	Be1,Be2,Be,N
Gemeiner Baumläufer – Baumläufer	Be1,Be2,BeBe97,Buff,GD,V
Gemeiner Baumläufer – Waldbaumläufer	CLB2,N Artentrenng.: C. L. B 1820. KNB
Gemeiner Baumsteiger – Baumläufer	Be2
Gemeiner Baumsteiger – Waldbaumläufer	N
Gemeiner Bergadler – Steinadler	Be2
Gemeiner Bienenfresser – Bienenfresser	Be1,Be2,Be,Be97,GD,N
Gemeiner Bienenvogel – Bienenfresser	Be1,Be2,Be,N
Gemeiner Birkheher – Blauracke	Be97
Gemeiner Brachvogel – Goldregenpfeifer	Be97,N,O1
Gemeiner Brachvogel – Großer Brachvogel	Be2,Be,N
Gemeiner brauner Adler – Steinadler	Be1,GD,N Bei Buffon.
Gemeiner brauner Bergadler – Steinadler	Be2
Gemeiner brauner Goldadler – Steinadler	Be2
Gemeiner brauner Haasenadler – Steinadler	Be2
Gemeiner brauner Stockadler – Steinadler	Be2
Gemeiner Buchfink – Buchfink	zLa „Buch-Fink" seit 13. Jh. belegt.
Gemeiner Bülau – Pirol	O1
Gemeiner Busaar – Mäusebussard	O2
Gemeiner Bussaar – Mäusebussard	O1
Gemeiner Bussard – Mäusebussard	Be,Be05,N,V,WüCl
Gemeiner deutscher Falk – Wanderfalke	Krü
Gemeiner deutscher Falke – Habicht	Be2
Gemeiner Dornreich – Dorngrasmücke	Be1,Be2,Be,Be97,N,P
Gemeiner Drehhals – Wendehals	O1
Gemeiner Eidervogel – Eiderente	V
Gemeiner Eisvogel – Eisvogel	Be1,Be2,Be,Be05,GD,N,O1,3,V
Gemeiner Emmerling – Goldammer	Be2,Be,Krü,N

Gemeiner europäischer Guckguck – Kuckuck	Krü
Gemeiner europäischer Kukuk – Kuckuck	Buff,GD
Gemeiner Falck – Wanderfalke	Schwf,Suol
Gemeiner Falk – Habicht	O1
Gemeiner Falk – Wanderfalke	V
Gemeiner Falke – Gerfalke	Be2,N
Gemeiner Falke – Mäusebussard	Be2
Gemeiner Falke – Wanderfalke	O2
Gemeiner Falkenmilan – Gleitaar	N N: Bd. 13/129.
Gemeiner Fasan – Jagdfasan	Be1,Be2,Be,Be97,CLB2,K,N,O1,V … … Frisch T. 123–125. KNB
Gemeiner Feigenesser – Trauerschnäpper	N
Gemeiner Feigenfresser – Grauschnäpper	GD
Gemeiner Feigenfresser – Trauerschnäpper	Be2,Buff,N
Gemeiner Feldrabe – Rabenkrähe	Be
Gemeiner Fink – Buchfink	Ad,Be1,Be2,Be,Be97,Buff,GD,N,O1,Z
Gemeiner Finke – Buchfink	Hp
Gemeiner Fischadler – Seeadler	Be2,Be97,N
Gemeiner Fitis – Fitis	Be2,Be,N
Gemeiner Flamingo – Rosaflamingo	O2,V
Gemeiner Fliegenfänger – Trauerschnäpper	Be2,Be,N
Gemeiner Fliegenfresser – Trauerschnäpper	Be
Gemeiner Fliegenschnapper – Trauerschnäpper	Be2,Be,N
Gemeiner Fliegenschnäpper – Trauerschnäpper	N,O1
Gemeiner Fregattvogel – Adlerfregattvogel	Buff
Gemeiner Fregattvogel – Prachtfregattvogel	O2
Gemeiner Fregatvogel – Prachtfregattvogel	Be2
Gemeiner Gabelweih – Rotmilan	O2
Gemeiner Gänsehabicht – Habicht	Be2,N
Gemeiner Geier – Bartgeier	Be1
Gemeiner Geier – Mönchsgeier	Be1,Be2,Be,Be97,Be05,N,O1
Gemeiner Geismelker – Ziegenmelker	O2
Gemeiner Geißmelker – Ziegenmelker	Buff
Gemeiner Geyer – Mönchsgeier	Buff
Gemeiner Gilm – Trottellumme	O1
Gemeiner Gimpel – Gimpel	N,O1
Gemeiner Goldadler – Steinadler	Be2
Gemeiner Gor – Schwarzmilan	zLa
Gemeiner grauer Baumsteiger – Baumläufer	Be1,Be,Buff
Gemeiner grauer Hänfling – Berghänfling	Ad,Buff
Gemeiner grauer Kranich – Kranich	JAN
Gemeiner grauer Reiher – Graureiher	Ad
Gemeiner grauer Würger – Schwarzstirnwürger	JAN
Gemeiner graukehliger Alk – Papageitaucher	Be2,Be

Gemeiner graukehliger Papageitaucher – Papageitaucher	Be2,Be	
Gemeiner Grauspecht – Baumläufer	O2	
Gemeiner Grauspecht – Kleiber	Be2,Be,N	
Gemeiner Griel – Triel	O1	
Gemeiner Grieper – Baumläufer	O1	
Gemeiner grosser Brachvogel – Goldregenpfeifer	Be	
Gemeiner Grüel – Großer Brachvogel	O1	
Gemeiner Grünspecht – Grünspecht	B,Be2,N	
Gemeiner Gukguck – Kuckuck	O1	
Gemeiner Haasenadler – Steinadler	Be2	
Gemeiner Habicht – Habicht	O1,2	
Gemeiner Häher – Eichelhäher	N,O1,V	
Gemeiner Hänfling – Bluthänfling	Be1,Be2,Be,Buff,GD,N,O1	
Gemeiner Harl – Gänsesäger	O1	
Gemeiner Haussperling – Haussperling	Buff	
Gemeiner Heher – Eichelhäher	Z	
Gemeiner Heher – Elster	Be1,Be2,Be,Buff,GD,K,N	
Gemeiner Immenvogel – Bienenfresser	O2	
Gemeiner Jagdadler – Mäusebussard	Be2	
Gemeiner Jelper – Stelzenläufer	O1	
Gemeiner Kalekut – Truthuhn	Be1,Be2,Buff	
Gemeiner Kampfhahn – Kampfläufer	O2	
Gemeiner Kautz – Steinkauz	JAN	
Gemeiner Kernbeißer – Kernbeißer	Be1,Be2,Be,Be97,N,O1	
Gemeiner Kibitz – Kiebitz	Krü,N,WüCl	
Gemeiner Kiebitz – Kiebitz	Be1,Be2,Be,CLB2,GD,H,Krü,O1,V	KNB
Gemeiner Kleiber – Kleiber	Be2,Be05,N,O2	
Gemeiner kleiner Auerhahn – Birkhuhn	Buff	
Gemeiner kleiner Schuhu – Waldohreule	Be2,N	
Gemeiner kleinerer Schuhu – Waldohreule	Be	
Gemeiner Klettervogel – Baumläufer	Be1,Be2,Be	
Gemeiner Klettervogel – Waldbaumläufer	N	
Gemeiner Krammetsvogel – Misteldrossel	Be2,Buff,N	
Gemeiner Krammetsvogel – Wacholderdrossel	Be2,Be,N	
Gemeiner Kramtsvogel – Misteldrossel	Be	
Gemeiner Kranich – Kranich	Be1,2,Be,Be05,CLB2,GD,Krü,N,O1,3, … … V,WüCl, KNB	
Gemeiner Kremer – Säbelschnäbler	O1	
Gemeiner Kreutzschnabel – Fichtenkreuzschnabel	N,O1	
Gemeiner Kreuzschnabel – Fichtenkreuzschnabel	Be1,Be2	
Gemeiner Kuckuck – Kuckuck	Be,K,O3	Frisch T. 40.
Gemeiner Kuckuk – Kuckuck	Be2,Be97,Buff,N	
Gemeiner Kukuck – Kuckuck	Be1	
Gemeiner Kukuk – Kuckuck	Be05,GD,V	

Gemeiner Kurlei – Großer Brachvogel	O1	
Gemeiner Kybitz – Kiebitz	K	Frisch T. 213.
Gemeiner Kybiz – Kiebitz	Buff	
Gemeiner Labb – Schmarotzerraubmöwe	O1	
Gemeiner Laubvogel – Waldlaubsänger	O1	
Gemeiner Löffelreiher – Löffler	Be2,Be,N,O2	
Gemeiner Lumme – Trottellumme	Be2,N	
Gemeiner Lyv – Austernfischer	O1	
Gemeiner Mauerspecht – Mauerläufer	O2	
Gemeiner Mäusefalk – Mäusebussard	N	
Gemeiner Meisenhäher – Unglückshäher	H	
Gemeiner Neuntöder – Raubwürger	Be1	
Gemeiner Neuntödter – Raubwürger	Be2,Be,GD,N	
Gemeiner Neuntöter – Raubwürger	Be,Krü	
Gemeiner Nimmersatt – Sichler	Be2,Be,N	
Gemeiner Noddi – Noddiseeschwalbe	H	
Gemeiner Nussknacker – Tannenhäher	V	
Gemeiner Papagaitaucher – Papageitaucher	N	Hier richtig: a.
Gemeiner Pelekan – Rosapelikan	N	
Gemeiner Pelikan – Rosapelikan	Be2,Buff,Krü,O1,V	
Gemeiner Pfau – Pfau	Be1,Be2	
Gemeiner Pirol – Pirol	Be1,Be2,Be,Be97,N,O2	
Gemeiner Pitt – Sanderling	O1	
Gemeiner Puter – Truthuhn	O1	
Gemeiner Rabe – Kolkrabe	Be1,Be2,Be,Be97,Be05,Buff,GD,K,N,O1,2 …	
	… Bechstein 1791/95	Frisch T. 63.
Gemeiner Rabe – Rabenkrähe	Be2,Buff,Hp,N	
Gemeiner Ralle – Wasserralle	N	
Gemeiner Regenpfeifer – Goldregenpfeifer	Be2,Be,GD,Krü,N,Z	
Gemeiner Regenpfeiffer – Goldregenpfeifer	Buff	
Gemeiner Reiger – Graureiher	Buff,Fri	
Gemeiner Reiger mit schwarzer Blässe – Graureiher	Fri	
Gemeiner Reiher – Graureiher	Be1,97,05,Be,Buff,CLB2,Fri,Krü,N,O1,2,zLa. KNB	
Gemeiner Rohrdommel – Rohrdommel	Be2,N	
Gemeiner Rohrvogel – Teichrohrsänger	O2	
Gemeiner rotbeiniger Strandläufer – Rotschenkel	Krü	
Gemeiner Säbelschnäbler – Säbelschnäbler	Be2,Buff,GD,N	
Gemeiner Säger – Gänsesäger	Be2,Be,K,Krü,N	
Gemeiner Säger – Mittelsäger	Buff,GD,N	
Gemeiner Sanderling – Sanderling	O2	
Gemeiner Sandläufer – Flußuferläufer	Be1,Be2,Be,Krü,N,O1	
Gemeiner Sandläufer – Knutt	Be2,Buff,Krü	
Gemeiner Sandläufer – Sanderling	Be2,Be,N	
Gemeiner Sandpfeifer – Flußuferläufer	O1	
Gemeiner Schrappvogel – Gelbschnabel-Sturmtaucher	O2	
Gemeiner Schwan – Höckerschwan	Be1,Be2,Be, Krü,N,O1,2	

Gemeiner schwarzbrauner Adler – Steinadler	V	
Gemeiner schwarzer Adler – Steinadler	N	
Gemeiner schwarzer Adler – Steinadler?, Kaiseradler?	GD	„Falco Melanaëtes" bei Buffon.
Gemeiner schwarzer Rabe – Kolkrabe	Be2,Buff,N	
Gemeiner Seerachen – Mittelsäger	Be2,Be,N	
Gemeiner Seidenschwanz – Seidenschwanz	Be1,Be2,Be,Be97,CLB2,GD,N,O2,3,V	KNB
Gemeiner Specht – Schwarzspecht	Be1,Be2,Be,GD,Hp,K,N	Frisch T. 34.
Gemeiner Sperber – Sperber	Krü	
Gemeiner Sperling – Haussperling	Be2,CLB2,GD,K,Krü,N	KNB
Gemeiner Staar – Star	Be1,2,Be,Be97,Buff,CLB2,GD,Krü,O1,3,V	KNB
Gemeiner Star – Star	N	
Gemeiner Steinwälzer – Steinwälzer	O2	
Gemeiner Stieglitz – Stieglitz	Be2,N	
Gemeiner Stockadler – Steinadler	Be2	
Gemeiner Storch – Weißstorch	Be1,Be,Buff,CLB2,GD,K,Krü,N,O1,2, Frisch Tafel 196.	KNB
Gemeiner Strandläufer – Flußuferläufer	Be1,Be2,Be,Be97,Buff,GD,Krü,N	Pennant
Gemeiner Strandläufer – Knutt	Krü	
Gemeiner Strandläufer – Rotschenkel	Buff	
Gemeiner Strandläufer – Waldwasserläufer	Krü	
Gemeiner Strandreuter – Stelzenläufer	Be2,Be,N	
Gemeiner Sturmtaucher – Schwarzschnabel-Sturmtaucher	N	
Gemeiner Sturmvogel – Schwarzschnabel-Sturmtaucher	Buff,N	
Gemeiner Sturmvogel – Sturmschwalbe	Be2,Be,Buff,Krü,N,O2	
Gemeiner Tagschläfer – Ziegenmelker	N	
Gemeiner Taubenhabicht – Habicht	Be2,N	
Gemeiner Taucher – Zwergtaucher	CLB2	KNB
Gemeiner Tölpel – Baßtölpel	O2	
Gemeiner Trappe – Großtrappe	Be1,Be2,Be97,N	
Gemeiner Trappen – Großtrappe	Be	
Gemeiner Triel – Sichler	O1	
Gemeiner Truthahn – Truthuhn	O3	
Gemeiner Tulf – Rotflügel-Brachschwalbe	O1	
Gemeiner Uferläufer – Flußuferläufer	O2	
Gemeiner und bunter Storch – Weißstorch	Be2	
Gemeiner und gezopfter Säger – Mittelsäger	Be2	
Gemeiner und glattbeiniger Mäusefalk – Mäusebussard	Be2	
Gemeiner Waldgimpel – Gimpel	Do	„Lohfinco", 9. Jh. bed. Waldfink.
Gemeiner Wasserläufer – Waldwasserläufer	H	
Gemeiner Wasserrabe – Krähenscharbe	Be2,N	
Gemeiner Wasserrralle – Wasserralle	N	
Gemeiner Wassersäbler – Säbelschnäbler	Be1,Be2,Be	

Gemeiner Wasserschwätzer – Wasseramsel	Be2,Be,N,V	
Gemeiner Wasserstar – Wasseramsel	H	
Gemeiner Wassertreter – Odins- u. Thorshühnchen	Be	
Gemeiner Wassertreter – Odinshühnchen	Be2,CLB2,N	KNB
Gemeiner weißbunter Reiger – Graureiher	Be2	
Gemeiner weißbunter Reyer – Graureiher	Be2	
Gemeiner Wendehals – Wendehals	Be2,Be,Buff,GD,O2,N,V	
Gemeiner Wendhals – Wendehals	O2	
Gemeiner Widhopf – Wiedehopf	K	Frisch T. 43.
Gemeiner Wiedehopf – Wiedehopf	Be1,Be2,Be,Buff,CLB2,Krü,N,V	
Gemeiner Wiedhopf – Wiedehopf	O2	
Gemeiner Wiesenstaar – Star	Be2,GD,K	Frisch T. 217.
Gemeiner Wiesenstar – Star	N	
Gemeiner wilder Antvogel – Stockente	zLa	
Gemeiner Würger – Raubwürger	Be2,Be,Be05,Krü,N	
Gemeiner Zaunkönig – Zaunkönig	Ad,V	
Gemeiner Zeisig – Erlenzeisig	Be1,Be2,Be,Krü,N	
Gemeiner Ziegenmelker – Ziegenmelker	Krü	
Gemeines Bläshuhn – Bläßhuhn	GD	
Gemeines Bläßhuhn – Bläßhuhn	CLB2,O2	
Gemeines Feldhuhn – Rebhuhn	Be2,Be,Be1	
Gemeines Fitis – Fitis	JAN	
Gemeines Goldhähnchen – Wintergoldhähnchen	N	
Gemeines Haselhuhn – Haselhuhn	Krü	
Gemeines Haushuhn – Haushuhn	Be1,Be2	
Gemeines Hauß-Hun – Haushuhn	P	
Gemeines Kammhuhn – Haushuhn	Be2	
Gemeines Meerhuhn – Teichhuhn	Be1,Be2,Be,GD,N	
Gemeines Moorhuhn – Teichhuhn	N	
Gemeines Perlhuhn – Helmperlhuhn	Be1,Be2,B,Krü,O1,2,3,V	
Gemeines Rebhuhn – Rebhuhn	Be1,Be2,Be,Be97,Buff,GD,K,N	Frisch T. 114.
Gemeines Rohrhuhn – Wasserralle	O2	
Gemeines Rotschwänzchen – Gartenrotschwanz	Be1,Be2,Be,Be97,Krü,N	
Gemeines Rotschwänzel – Gartenrotschwanz	O1	
Gemeines Sandhuhn – Rotflügel-Brachschwalbe	Be2,Be,N,O1,2	
Gemeines schwarzes Wasserhuhn – Bläßhuhn	GD	
Gemeines Steinkäuzlein – Steinkauz	Jä	
Gemeines Tauchentlein – Haubentaucher	GD	
Gemeines Taucherchen – Zwergtaucher	Be1,Be2,Be,GD	
Gemeines Taucherentchen – Zwergtaucher	Krü	
Gemeines Taucherlein – Haubentaucher	Buff,Hp	
Gemeines Teichhuhn – Teichhuhn	N	

Gemeines Truthuhn – Truthuhn	Be1,Be2 Krü,O2	
Gemeines Wasserhuhn – Bläßhuhn	Be1,Be2,Be,Be97,Buff,CLB2,GD,N, …	
	… O1,2,3,V,WüCl	
Gemeines Wasserhuhn – Flußuferläufer	GD	
Gemeinschwarze Amsel – Amsel	Be2,Be,N	
Gemine Hausschwalbe – Rauchschwalbe	Be2	
Gempel – Gimpel	Buff	
Gemsenadler – Seeadler	Be1,Be2,Be,Be97,N	
Gemsengeier – Bartgeier	B,Be2,Be,F,N	
Gemsengeyer – Seeadler	GD	
Genfer Lerche, kurze – Wiesenpieper	Buff	Buffon/Otto 14/204.
Gennet – Baßtölpel	Buff	
Gensch – Gans	Suol	
Gensdarmle – Haubenmeise	Do,F	
Gent (helg.) – Baßtölpel	F,H	
Gentilfalke – im Juni bis August …	Hp	
… gefangener Falke,,adelich, edel, burtig"		
Geohrte Lerche – Ohrenlerche	K	Frisch T. 16.
Geöhrte Taucherente – Ohrentaucher	GD	
Geöhrter Lappentaucher –	F,N	
Schwarzhalstaucher		
Geöhrter Steisfuß – Schwarzhalstaucher	MW	
Geöhrter Steißfuß – Ohrentaucher	GD,O3	
Geöhrter Steißfuß – Schwarzhalstaucher	CLB2,N	KNB
Geöhrter Taucher – Ohrentaucher	Be2,GD,Hp,O1	
Geöhrter Taucher – Schwarzhalstaucher	Be,N,V	
Gepfeilter Falke – Habicht	GD	
Gepunkteter Zaunkönig – Zaunkönig	CLB2	KNB
Ger Falck – Gerfalke	Schwf	
Ger-schwalb – Mauersegler	Buff	
Geränderter Fasan – Jagdfasan	MW	
Gerard (franz.) – Eichelhäher	Suol	
Gêrenvogel – Eichelhäher	Suol	
Gerer – Rotdrossel	O1	
Gererle – Rotdrossel	B,Be1,Be2,BeN,	
Gereut Lerche – Brachpieper	Buff	
Gereuth-Lerche – Baumpieper	Z	
Gereüth-Lerche – Baumpieper	P1	
Gereuthbachstelze – Baumpieper	P	Pernau 1707.
Gereuthlerche – Baumpieper	Hp,P	
Gereuthvogel – Baumpieper	P1	
Gereutlerche – Baumpieper	Ad,Be2,Be,Be97,Buff,Do,F,Fri,Hp,Krü	
Gereutlerche – Brachpieper	Be2,Be,F,Krü,N,Suol	
Gereutlerche – Gebirgsstelze	Krü	
Gereutlerche – Heidelerche	Be1,Be2,Be,Buff,F,N	
Gereutlerche – Wiesen- und Baumpieper	Be1	
Gereutstelze – Baumpieper	Krü	
Gereutstelze – Gebirgsstelze	Krü	
Gerfalck – Gerfalke	GesSH,K,Suol,zLa	

Gerfalk (schwed.) – Gerfalke	Ad,B,Be2,H,Krü
Gerfalk, norwegischer – Gerfalke	H
Gerfalke – Gerfalke	Be1,Be05,Buff,GD,HpN
Gerfalke, kleiner – Gerfalke	H
Gerg-Vogel – Grauammer	Buff
Gergvogel – Grauammer	Be1,Be2,Be,F,N
Gerichtsschreiber – Odinshühnchen	Fa Faber: Name in Isld., 1825 (Thingskrifvari).
Geringelte Amsel – Ringdrossel	GD
Gernle – Rotdrossel	F
Gerolf (hess.) – Pirol	Ad,GesHKrü
Gerolff – Pirol	GesS,Suol
Gerolft – Pirol	Be1,Be2,Be,Buff,Hp,Krü,N
Gerschwalb – Mauersegler	Be2,Be,GesSH,N
Gerschwalbe – Mauersegler	Ad,Be,Do,F,StVb,Suol
Gerschwalm – Mauersegler	Suol
Gerst-ammer – Goldammer	Buff
Gerst-Hammer – Grauammer	Buff
Gerstammer – Goldammer	Ad,Fri,Krü,Suol
Gerstammer – Grauammer	Be1,Be2,Buff,GD,N,O1,2
Gersten-Dieb – Feldsperling	Suol
Gerstenammer – Grauammer	B,Be1,Be2,Be,Be97,F,Krü,N
Gerstenammer – Ortolan	Do,F
Gerstenammer – Zippammer	CLB3
Gerstendieb – Feldsperling	Ad,Be1,Be2,Be,Buff,F,GD,K,Krü,N
Gerstendieb – Haussperling	Be1,Be2,Be,Be97,Buff,F,GD,Hp,Krü,N
Gerstenratzer (sächs.) – Wachtelkönig	F,H,Suol
Gerstenschläger – Braunkehlchen	GD
Gerstenvogel – Erlenzeisig	Be2 Dazu Text Band 3, 1807, 227.
Gerstenvogel – Goldammer	Do,F,Scha,Suol
Gerstenvogel – Grauammer	GD
Gersthammer – Grauammer	Be1,Be2,F,GesSH,N,Schwf,Suol,Tu
Gerstling (sil.) – Grauammer	B,Be1,Be2,Be,Buff,F,GD,N,Scha,Schwf,Suol
Gerstvogel (sil.) – Grauammer	Be1,Be2,Be,Be97,F,N,Schwf,Suol
Gerterzlein – Gerfalke, männl.	zLa
Gertraudsvogel – Unglückshäher	Krü
Gertrautsvogel – Unglückshäher	Ad,Buff
Gertrudsvogel – Schwarzspecht	Dt.Myth.Grimm 1854
Gertrudsvogel – Unglückshäher	Ad,GD
Gertsche – Eichelhäher	Suol
Gesang Lerch – Feldlerche	zLa
Gesang-Lerch – Feldlerche	GesH
Gesangdrossel, blaue – Blaumerle	Buff
Gesangdrossel – Rotdrossel	Ad,Buff
Gesangdrossel – Singdrossel	Be1,Be2,Be,Be97,Buff,Hp,Krü,N
Gesangdrossel, blaue – Blaumerle	GD
Gesanggrasemücke – Heckenbraunelle	Be1,Be2,Be
Gesanggrasmücke – Heckenbraunelle	Be,Buff,GD,Krü,N
Gesanggrasmücke, graufahle – Heckenbraunelle	Be2

Gesangsdrossel – Singdrossel	F	
Gesangzeisig, großer – Gelbspötter	Be2,N	
Geschäckte Schnepfe – Waldschnepfe (Var.)	Be1	
Geschäckter Adler – Schreiadler	Be1,Be2,Be,Be97	
Geschäckter Austernfischer – Austernfischer	Be2,CLB2	
Geschäckter Austernfischer – Austernfischer	Buff	
Geschäckter Eisvogel – Eisvogel	CLB2	KNB
Geschäckter Emmerling – Schneeammer	Be1,Be2,Be,N	
Geschäckter Meerelster – Austernfischer	Be	
Geschäckter Regenpfeifer – Kiebitzregenpfeifer	O2	
Geschäckter Reiher – Nachtreiher (Var.)	Be2	
Geschäckter Sturmvogel – Sturmschwalbe	Be2,N	
Geschäcktes Entlin – Zwergsäger	Be2,N	
Geschäcktes Motthühnlein – Waldwasserläufer	Be2	
Geschäcktes Waldhuhn – Sandflughuhn	O2	
Gescheckt Mott Hünle – Tüpfelsumpfhuhn	Schwf ,Suol	Schwenckfeld 1603.
Gescheckt Motthünlein – Tüpfelsumpfhuhn?	K	
Gescheckt Motthünlein – Wald-(Bruch-) wasserläufer	Buff	Tringa ochropus.
Gescheckte Meerelster – Austernfischer	N	
Gescheckter Adler – Schreiadler	Be,F,N	
Gescheckter Austerfischer – Austernfischer	N	
Gescheckter Emmerling – Schneeammer	Be,F,K,Krü,Schwf	Frisch T. 6.
Gescheckter Reiher – Zwergdommel	N	
Geschecktes Endtlin – Zwergsäger	Schwf	
Geschecktes Motthühnlein – Wald-(Bruch-)wasserläufer	GD	
Geschecktes Motthühnlein – Waldwasserläufer	Krü,N	
Geschecktes Waldhuhn – Sandflughuhn	Krü	
Geschickter Emmerling – Schneeammer	Buff	
Geschminkte Ammer – Bandammer	Buff	
Geschminkter Ammer – Band- oder Graukopfammer	GD	
Geschößlin – Birkenzeisig	Suol	
Geschwätzige Grasmücke – Dorngrasmücke	Be1,Be2,Be,Krü,N	
Geschwätzige Grasmücke – Klappergrasmücke	Be1,Be2,Be,Be97,Buff,GD,Krü,N,O1,2	
Geschwätziger Pirol – Pirol	CLB3	
Geschwätziger Sänger – Klappergrasmücke	Be2,Be,N	
Geselliger – Steppenkiebitz	Buff	Kein Fehler.
Geselliger Kiebitz – Steppenkiebitz	CLB2,MW	KNB
Geselliger Regenpfeifer – Steppenkiebitz	Buff,GD	
Geselliger Regenpfeiferkiebitz – Steppenkiebitz	H	
Gesellschaftliche Krähe – Saatkrähe	Be2,N	

Gesellschaftskrähe – Saatkrähe	F,H	
Gesellschaftslerche – Kurzzehenlerche	B,H	
Gespenst – Wachtelkönig	Suol	
Gespenst – Wasserralle	Suol	
Gesperberte Grasmücke – Sperbergrasmücke	Be1,Be2,Be,CLB2,MW,N	KNB
Gesperberte graue geschwätzige … … Grasmücke – Sperbergrasmücke	Krü	
Gesperberte Habichtseule – Sperbereule	CLB1,2	KN
Gesperberte Nachtigall – Sperbergrasmücke	N	
Gesperberte Sumpfschnepfe – Doppelschnepfe	CLB3	
Gesperberter Sänger – Sperbergrasmücke	Be2,Be,CLB2,N,O3,V	KNB
Gespornter Fink – Spornammer	Be2,Be,Buff,GD,N	
Gespree – Star	Suol	
Gespregleter Specht – Buntspecht	Schwf	
Gesprenckleter Specht – Buntspecht	GesH	
Gesprengter Grillvogel – Sandregenpfeifer	Buff	
Gesprenkelte Ente – Brandgans	Buff	
Gesprenkelte grönländische Möwe – Eissturmvogel	Gun	
Gesprenkelte Taucherente – Sterntaucher (juv. o. Sokl.)	GD,N	
Gesprenkelter Elsterspecht – Buntspecht	K	
Gesprenkelter Lom – Prachttaucher	Do,F	
Gesprenkelter Seetaucher – Sterntaucher	Be,F,N	
Gesprenkelter Specht – Buntspecht	Be1,Be,F,GD	
Gesprenkelter Specht – Mittelspecht	Be	
Gesprenkelter Taucher – Sterntaucher (juv. o. Sokl.)	Be1,Be2,Be,Buff,GD,Krü,N	
Gesprenkeltes Meerhuhn – Tüpfelsumpfhuhn	Be2	
Gesprenkeltes Rohrhuhn – Tüpfelsumpfhuhn	CLB3,F,O3	
Gesprenkeltes Sumpfhuhn – Tüpfelsumpfhuhn	F,N	
Gesprenkeltes Wasserhuhn – Tüpfelsumpfhuhn	Be2,Be,N	
Gespröckelter Specht – Buntspecht	zLa	
Gesselhabicht – Milane und Weihen	Suol	
Gestattenschlager – Braunkehlchen	Be2,N	
Gestattenschlinger – Braunkehlchen	Be1	
Gestättenschwalbe – Uferschwalbe	Suol	
Gestetten-schwalbe (österr.) – Uferschwalbe	Buff	
Gestettenschlager – Braunkehlchen	Be	
Gestettenschläger – Braunkehlchen	Buff	
Gestettenschwalbe – Uferschwalbe	Be1,Be2,Be,N	
Gestiefelter Adler – Zwergadler	CLB2,3,N,O3,V N: Bd. 13/058	KNB

Gestiefelter Bussard – Zwergadler	Be2,CLB1	
Gestirnter Reiher – Rohrdommel	GD	
Gestreifte Eule – Bartkauz	O3	
Gestreifte Halbänte – Prachttaucher	Buff	
Gestreifte Halbente – Polartaucher	F	
Gestreifte Halbente – Prachttaucher	Be2,GD,N	
Gestreifte Seeschwalbe – Brandseeschwalbe	Buff	
Gestreifter Ammer – Zwergammer	CLB2	KNB
Gestreifter Europäischer Fliegenfänger – Grauschnäpper	Be,N	
Gestreifter Fliegenfänger – Grauschnäpper	Be2,Buff	
Gestreifter Kauz – Bartkauz	MW	
Gestreifter Kibitz – Kiebitzregenpfeifer	N	
Gestreifter Kibitz – Rotschenkel	Buff	
Gestreifter Kiebitz – Kiebitzregenpfeifer	Be2,Be	
Gestreifter Kiebitz – Meerstrandläufer	Be2,Be,GD	
Gestreifter Kiebitz – Rotschenkel	Be	
Gestreifter Meertaucher – Sterntaucher	Buff	
Gestreifter Meeruferläufer – Rotschenkel	CLB3	
Gestreifter Reiter – Meerstrandläufer	Be2,O1	
Gestreifter Reuter – Meerstrandläufer	Be	
Gestreifter Reuter – Rotschenkel	Be,Buff	
Gestreifter Rohrsänger – Streifenschwirl	BB,H	
Gestreifter Rohrschirf – Seggenrohrsänger	F	
Gestreifter Sandläufer – Rotschenkel	Buff	
Gestreifter Schilfsänger – Seggenrohrsänger	CLB1,2,3,N	KNB
Gestreifter Spitzkopf – Seggenrohrsänger	N	
Gestreifter Strandjäger – Schmarotzerraubmöwe	Be2,Buff	
Gestreifter Strandjäger – Skua	Buff,GD	
Gestreifter Strandläufer – Meerstrandläufer	Be2,Be,GD	
Gestreifter Strandläufer – Rotschenkel	Be,Buff	
Gestreifter Strundjäger – Skua	GD	
Gestreifter Struntjäger – Skua	Buff,GD,Krü	
Gestreifter Taucher – Sterntaucher	Buff	
Gestrichelte Felsenschwalbe – Rötelschwalbe	BB,H	
Gestrichelter Adler – Zwergadler	N	N: Bd 13/058
Gestrichelter Heuschreckenrohrsänger – Strichelschwirl	H	
Gestrichelter Reiher – Rallenreiher	JAN	Oder Zwergdommel: Be2
Gestrichelter Reiher – Zwergdommel	Be1,Be2,Be,Krü,N	
Gestrichelter Rohrdommel – Zwergdommel	Be2	
Gestrichelter und geschäckter Reiher – Zwergdommel	Be2	
Gestrobelter und gekraußter Teufel – Kampfläufer	zLa	
Getraide-Weihe – Kornweihe	Be	

Getraideweihe, kleine – Kornweihe	Be2	
Getreidesänger – Sumpfrohrsänger	o.Qu.	
Getreideweihe – Kornweihe	F	
Getreideweihe, kleine – Kornweihe (männl.)	N	
Getulian Hen (engl.) – Haushuhnrasse	Tu	
Getüpfelter Sandläufer – Bruchwasserläufer	Be2,Be,N	
Getüpfelter Sandläufer – Knutt (juv.)	Krü	
Getüpfelter Strandläufer – Knutt (juv.)	Buff,GD,Krü	
Getüpfelter Tagschläfer – Ziegenmelker	MW,N	
Getüpfelter Walduferläufer – Bruchwasserläufer	CLB	
Getüpfelter Wasserläufer – Waldwasserläufer	CLB1,2,F,N	KNB
Getüpfelter Wendehals – Wendehals	CLB3	
Getüpfelter Ziegenmelker – Ziegenmelker	CLB1,2,3,N	KNB
Getüpfeltes Meerhuhn – Tüpfelsumpfhuhn	Be2	
Getüpfeltes Sumpfhuhn – Tüpfelsumpfhuhn	WüCl	
Getüpfeltes Wasserhuhn – Tüpfelsumpfhuhn	Be2,N	
Geubitz – Kiebitz	HaSa,Suol	Hans Sachs: Regiment …V. 102.
Geuvogel – Bienenfresser	GD	
Gevlekte Wulp (holl.) – Dünnschnabelbrachvogel	H	
Gewässerter Buntspecht – Dreizehenspecht	Buff	
Gewellte Grasmücke – Sperbergrasmücke	CLB3	
Gewellte Lerche – Haubenlerche	Be2	
Gewittergeisvogel – Großer Brachvogel	Be	
Gewittervogel – Doppelschnepfe	Krü	
Gewittervogel – Großer Brachvogel	B,Be1,Be2,Buff,F,GD,Hp,N,Suol	
Gewittervogel – Ortolan	Krü	
Gewittervogel – Sturmschwalbe	B	
Gewittervogel – Wendehals	Krü	
Gewittervogel, kleiner – Regenbrachvogel	Be2,Be,N	
Gewitz – Kiebitz	Suol	
Gewöhnlich großer Sturmvogel … … – Schwarzschnabel-Sturmtaucher	Buff	
Gewöhnliche Hausschwalbe – Rauchschwalbe	Be2,Be,N	
Gewöhnliche Taube – Ringeltaube	Be	
Gewöhnliche Waldschnepfe – Waldschnepfe	Be2,N	
Gewöhnliche wilde Taube – Ringeltaube	Be2,N	
Gewöhnlicher kleiner Sturmvogel – Sturmschwalbe	Be2,Be,Buff	
Gewöhnlicher Regenpfeifer – Sandregenpfeifer	Be97	
Gewöhnlicher Storch – Weißstorch	Buff	
Gewölbter Schnepf – Dunkler Wasserläufer	Buff	

Gewölkte Schnepfe – Dunkler Wasserläufer	Be2,GD,N	
Gewothân – Wiedehopf	Suol	
Geyer – Gänsegeier	HaSa,Kö	
Geyer – Gerfalke	GD	
Geyer Adler – Schmutzgeier	zLa	Gessner: Deutscher Name des Vogels.
Geyer-Adler – Schmutzgeier	GesH	
Geyer, aegyptischer – Schmutzgeier	O2	
Geyer, aschenfarbener – Mönchsgeier	GesH	
Geyer, bartischer – Bartgeier	Be2	
Geyer, braun – Rohrweihe	Suol	
Geyer, brauner – Rotmilan	GD	„Falco austriacus."
Geyer, brauner – Schmutzgeier	Buff,GD	„Vultur fuscus."
Geyer, braunroter – Gänsegeier	Buff,GD	Buffon: Auch „rothbrauner Geyer."
		Buffon: „Vultur Fulvus."
Geyer, egyptischer – Schmutzgeier	Buff	
Geyer, gemeiner – Mönchsgeier	Buff	
Geyer, glattköpfiger – Seeadler	GD	Fischers Naturgeschichte von Livland.
Geyer, goldbrüstiger – Gänsegeier	Buff	
Geyer, grauer – Gänsegeier	GesH	
Geyer, grauer – Mönchsgeier	Buff	
Geyer, grauer – Rotmilan	GD	
Geyer, grauroter – Gänsegeier	Buff,GD	„Vultur Fulvus."
Geyer, grauweißer – Kornweihe	Buff,GD	
Geyer, großer – Bartgeier	GD	
Geyer, großer – Gänsegeier	GD	„V. Fulvus" des Aristoteles.
Geyer, großer gemeiner – Mönchsgeier	GD	„Vultur fuscus."
Geyer, großer grauer gemeiner – Mönchsgeier	GD	
Geyer, großer würgender – Rohrweihe	Buff	
Geyer, großer, gemeiner – Mönchsgeier	Buff	
Geyer, heiliger ägyptischer – Schmutzgeier	Krü	
Geyer, kleiner – Gänsegeier	GD	
Geyer, kleiner – Schmutzgeier	Buff	
Geyer, kleiner weißer – Schmutzgeier	Buff	
Geyer, kleiner weißköpfiger – Schmutzgeier	Buff	
Geyer, mittler würgender – Rohrweihe	Buff	
Geyer, norwegischer – Gänsegeier	GD	
Geyer, norwegischer – Schmutzgeier	Buff	
Geyer, röthlicher – Sperber	GesH	
Geyer, schwarzer – Mönchsgeier	GD	„Vultur niger."
Geyer, weisköpffichter – Bartgeier	Schwf	
Geyer, weißer – Gänsegeier	GD	
Geyer, weißer – Schmutzgeier	Buff	
Geyer, weißgrauer – Kornweihe	GD	
Geyer, weißköpfiger – Gänsegeier	GD,JAN	
Geyer, weißköpfiger – Schmutzgeier	Be	
Geyeradler – Schmutzgeier	Buff,GD,K	Buffon
Geyeradler, rotbrauner – Schmutzgeier	Buff	
Geyereule – Habichtskauz	K	Nicht sicher. Name von Klein.

Geyereule – Sperbereule	N	
Geyerfalke – Gerfalke	Buff,GD	
Geyerfalke, isländischer – Gerfalke (Var.)	Buff,GD	
Geyerfalke, norwegischer – Gerfalke (Var.)	Buff,GD	
Geyerfalke, weißer – Gerfalke (Var.)	Buff,GD	
Geyerkönig – Mönchsgeier	Buff,K	
Geyerkönig mit dem Ritterbande – Mönchsgeier	Buff	
Geyerle, blaues – Kornweihe	GD	
Geyerritter – Mönchsgeier	Buff	
Geyerschwalb – Mauersegler	GesH,zLa	Nach Gessner 1555.
Geyerschwalbe – Mauersegler	Buff,GD	
Geyr – Geier allg.	Tu	
Geyr Swalbe – Alpensegler	Tu	
Geyr-schwalb – Mauersegler	Buff	
Geyrfalck – Gerfalke	StVb,Suol	
Geyrschwalb – Mauersegler	GesS	
Geyrschwalbe – Mauersegler	Suol	
Geytelinck – Amsel	Suol	
Gezackter Taucher – Gänsesäger	Be,Buff,GD,N	
Gezapfter Kneifer – Gänsesäger	Be,Buff	
Gezäumt Aente – Bergente	Buff	
Gezopfte Tauchente – Mittelsäger	Krü	
Gezopfter Kneifer – Gänsesäger	Be2,Be,GD,N	
Gezöpfter Kneifer – Gänsesäger	Hp	
Gezopfter Kneifer – Mittelsäger	Be2,Ed,K,N	Edwards T. 95.
Gezopfter Meerrachen – Mittelsäger	N	
Gezopfter Säger – Mittelsäger	Be1,Be,Buff,GD,Krü,N,O1	
Gezopfter Sägetaucher – Mittelsäger	Krü	
Gezopfter schwarz und weißer …	Buff	
… Guckguck – Häherkuckuck		
Gezopfter Taucher – Haubentaucher	Buff,GD,Krü	
Gezügelter Strandläufer – Zwergstrandläufer	N	
Ghiandaja – Eichelhäher	Tu	Tu 1544: „The modern italian name."
Giälartjen – Goldammer	Bri	
Gialgöse – Goldammer	Bri	
Gialgösken – Goldammer	Bri	
Giarol – Rotflügel-Brachschwalbe	N,O1	
Giarol, schwarzflügeliger – Schwarzflügel-Brachschwalbe	BB,H	
Giarole – Rotflügel-Brachschwalbe	Buff	
Giarolvogel – Rotflügel-Brachschwalbe	Be2,N	
Giarolvogel, österreichischer – Rotflügel-Brachschwalbe	Be2,N	
Gibelschwalbe – Rauchschwalbe	Krü	
Gibitz – Kiebitz	Be1,Be2,Be,Buff,Hp,Krü,N,P	
Gibiz – Kiebitz	Suol	
Gibraltarische Schwalbe – Alpensegler	O1	

Gibraltarschwalbe – Alpensegler	B,Be2,Be,F,GD,K,N	
Gibraltarschwalbe – Rötelschwalbe	Krü	
Gibraltarschwalbe, große – Alpensegler	Be1,Be2,Be,Buff,Krü,N	
Gibraltarschwalbe, größte – Alpensegler	Be2,Be,N	
Gibraltarschwalbe, spanische – Alpensegler	Krü	
Gichttaube – Lachtaube	Krü	„Türkentaube": Beschreibg. erst später.
Gickel – Haushuhn (männl.)	O1	
Gickelhahn – Haushuhn (männl.)	Be2,Suol	
Gicker – Gimpel	Be	
Gickerlein – Baumpieper	GesH	
Gickerlein – Brachpieper	Be2,F,N	
Gickerlein – Schafstelze	GesH	
Gickerlein, graw – Baumpieper	Suol	
Gickerlin – Baumpieper	Buff,GesS	
Gickerlin – Pieper allg.	Suol	
Gickerlin – Zilpzalp	zLa	Bei Gessner: 1555, 762.
Gickerlin, graw – Baumpieper	StVb	
Gickerlin, grün – Bergpieper	StVb,Suol	
Gickser – Wiesenpieper	Do,F	
Giebel-Schwalbe – Mehlschwalbe	Buff	
Giebelschwalbe – Mehlschwalbe	Ad,B,Be1,Be2,Be,F,GD,K,Krü,N	Frisch T. 17.
Giebelschwalbe – Rauchschwalbe	Be2,Be,Krü,N	
Giebitz – Kiebitz	Be97,Jä	
Gieker – Gimpel	Be1,Be2,Be97,F,GD,HpN	
Gieleker – Goldammer	Suol	
Gielemännchen – Goldammer	Suol	
Gielfincke – Pirol	GesH	
Gielhännsjen – Goldammer	Suol	
Gierfalck – Gerfalke	GesSH,Suol,zLa	
Gierfalk – Gerfalke	Ad,B,Be2,Buff,Krü	
Gierfalke – Gerfalke (juv.)	BB,Be1,GD,N	
Gierjalk – Haussperling	Do,F	
Gierschwalbe – Mauersegler	Ad	
Gierswalbe – Mauersegler	Bri	
Gießer – Buntspecht	F,H	
Gießvogel – Großer Brachvogel	Suol	
Gießvogel – Grünspecht	Kuhn	
Gießvogel – Sandregenpfeifer	Kuhn	
Gießvogel – Schwarzspecht	F,H	
Gießvogel – Wendehals	Ad,Jä,Krü	
Gietvogel – Sandregenpfeifer	Kuhn	
Giff – Bruchwasserläufer	B,F,N,O2	
Gifitz – Kiebitz	GD,Suol	
Gifitz, grauer – Kiebitzregenpfeifer	Buff	
Gifix – Kiebitz	Suol	
Giger – Gimpel	O1	
Gigerigig – Haushuhn (männl.)	Suol	
Giggas-Gåggas – Wiedehopf	Suol	

Gigkerigki – Haushuhn (männl.)	Suol	
Gigri – Merlin	Do	
Gihmöve – Flußseeschwalbe	O1	
Gikawecz – Rotdrossel	GesS	
Gikel – Haushuhn (männl.)	Suol	
Giker – Gimpel	B	
Gilber – Goldammer	Suol	
Gilberig – Goldammer	F,N	
Gilberig, doppelter – Grauammer	N	
Gilberisch – Goldammer	Suol	
Gilberischen – Goldammer	Suol	
Gilberschen – Goldammer	Be,Buff,F,GesS,N,zLa	Nach Gessner.
Gilbling – Goldammer	Ad,Be2,Be,Buff,F,GesS,Krü,N,Suol, zLa	
Gilbling, welscher – Ortolan	GesH	
Gilbpfuhlschnepfe – Pfuhlschnepfe	B	
Gilbrätsch – Goldammer	Suol	
Gilbscherschen – Goldammer	Be2	
Gilbsteinschmätzer – Mittelmeersteinschmätzer	B,H	
Gilbstelze – Gebirgsstelze	B,F	
Gilch – Großer Brachvogel	O1	
Gilgling – Goldammer	Do	
Gilm gemeiner – Trottellumme	O1	
Gilm, schwarzer – Gryllteiste	O1	
Gilme – Gryllteiste, Lummen	O1	
Giloch – Großer Brachvogel	Be1,Be2,Buff,GD,N,Schwf,Suol	
Gilwer – Goldammer	Suol	
Gilwerich – Goldammer	Suol	
Gilwertsch – Goldammer	Buff,GesS,Suol	
Gimpel gemeiner – Gimpel	N,O1	
Gimpel – Gimpel	Ad,B,Be1,Be,Be97,Buff,CLB2,Fri,GD,Hp, … … Jä,Kö,Krü,MW,O2,P,Z	Gümpel 16. Jh. VN KNB
Gimpel, deutscher – Gimpel	CLB3	
Gimpel, großer – Gimpel	CLB3	
Gimpel, Hamburgischer – Feldsperling	Be1,Be2,Buff	
Gimpel, karminrother – Karmingimpel	CLB1,2	KNB
Gimpel, karmoisinrother – Karmingimpel	CLB1,2	KNB
Gimpel, langschwänziger – Meisengimpel	CLB2	KNB
Gimpel, rosenfarbener – Rosengimpel	CLB2	
Gimpel, rothbrüstiger – Gimpel	Be2,CLB1,N	
Gimpel, schwarzer – Gimpel (Var.)	Buff	
Gimpel, schwarzköpfiger – Gimpel	CLB1,2,N,V	KNB
Gimser (sächs.) – Wiesenpieper	H	
Ginckherlin – Pieper (allg.)	Suol	
Ginker – Gimpel	Buff	
Ginsel – Gans (juv.)	Suol	
Ginsterralle – Wachtelkönig	Do,F	
Ginstralle – Wachtelkönig	Buff	

Gintel – Bluthänfling	O1	
Gintel – Karmingimpel	GesH	
Gintlin – Bluthänfling	Suol	
Gippel – Haushuhn (juv.)	Suol	
Gipser – Bergpieper	B,F	
Gipser – Pieper (allg.)	Suol	
Gîpserli – Bergpieper	Suol	
Gipserli – Pieper (allg.)	Suol	
Gîr – Bartgeier	Suol	
Giran – Blauracke	zLa	Bei Gessner 1555, 673: Girau.
Girau – Eichelhäher	Suol	
Giren (plur.) – Steinadler	Jä	
Girerle – Rotdrossel	Be,Buff,GesS,GD,Hp	
Girfalk, norwegischer – Gerfalke	H	
Giriks – Graureiher	Suol	
Giriz – Kiebitz	Suol	
Giriz – Lachmöwe	Suol	
Giriz – Seeschwalbe	Suol	
Girle – Girlitz	Suol	
Girlein – Zitronengirlitz	GesH	
Girlin – Girlitz	StVb,Suol	
Girling – Girlitz	Scha	
Girlitz – Haussperling	Do	
Girlitz – Lachmöwe	StVb	Straßburger Vogelbuch Vers 345.
Girlitz – Girlitz	B,Be,GD,GesSH,Krü,N,O1,2	
		Gessner 1555: Girlitz
Girlitz – Lachmöwe	Suol	Straßburger Vogelbuch Vers 345.
Girlitz – Zitronenzeisig + Girlitz	Be	
Girlitz-Hänfling – Girlitz	N	
Girlitz, gelblicher – Girlitz	CLB2	KNB
Girlitz, östlicher – Girlitz	CLB3	
Girlitz, rotköpfiger – Rotstirngirlitz	H	
Girlitz, südlicher – Girlitz	CLB3	
Girlitzhänfling – Girlitz	Be2,Be,F	
Girlitzkernbeißer – Girlitz	MW,N	
Girlitzzeisig – Girlitz	O2	
Girrmeve – Trauerseeschwalbe	Be1,GD	
Girrmewe – Trauerseeschwalbe	Krü	
Girrmöve – Trauerseeschwalbe (juv.)	B,Be2,Be	
Girsch, geele – Goldammer	Suol	
Gîrschwalwe – Mauersegler	Suol	
Gischel – Gans (juv.)	Suol	
Gißerle – Rotdrossel	Do	
Gîtvogel – Großer Brachvogel	Suol	
Giwitz – Kiebitz	Buff	
Giwix – Kiebitz	Suol	
Gîxer – Bergpieper	Suol	
Gixer – Pieper (allg.)	Suol	
Gixer – Rotdrossel	O1	

Gixer – Wiesenpieper	B,N	
Gixerle – Rotdrossel	Be1,Be2,Be97,Buff,F,GD,Hp,N,Schwf,Suol	
Gixerlein – Rotdrossel	GesH	
Gizerle – Rotdrossel	F	
Gjähl – Goldammer	Do,F	
Glammet – Dreizehenmöwe	O1	
Glander – Eisvogel	Ad	
Glander – Heidelerche	Ad	
Glander – Kalanderlerche	Häp	
Glänzender Rabe – Bläßhuhn	Be1,K	Frisch T. 208.
Glänzender Staar – Star	CLB3	
Glänzender Wasserrabe – Bläßhuhn	Be2,Be,N	
Glashanick – Eisente	Do,F	
Glattbeinger Mäusefalk – Mäusebussard	N	
Glattbeiniger Bussard – Mäusebussard	N	
Glattkopffiger Adler – Seeadler	K	
Glattköpfiger Geyer – Seeadler	GD	Fischers Naturgeschichte von Livland.
Glattköpfiger Purpurreiher – Purpurreiher	Be1,Be2,Be,N	
Glattköppig Lewark – Feldlerche	Do,F	
Glattmeise – Sumpfmeise	B,F	
Glattschnäbliger Schwan – Singschwan	Be2,N	
Glaucio – Reiherente	GesH	
Glaucion – Schellente	O1	
Gled – Rotmilan	O1	
Glede (engl.) – Rotmilan	Tu	
Gleitaar – Gleitaar	B	
Gleitaar, schwarzflügliger – Gleitaar	N	N: Bd. 13/129.
Gleitaar, schwarzschultriger – Gleitaar	N	N: Bd. 13/129.
Glent – Rotmilan	O1	
Glidd – Rohrweihe	Häp	
Glitte – Rohrweihe	Bri	
Glossy Ibis (engl.) – Sichler	Tu	
Glottis – Grünschenkel	zLa	
Glottis – Tüpfelsumpfhuhn	zLa	
Glottis – Wendehals	GesH	
Glotzauge – Triel	Do,F	
Glout – Grünschenkel	Buff	
Glucher – Auerhuhn	O1	
Glucke – Haushuhn (weibl.)	Do,Suol	
Gluckende Ente – Gluckente	GD	
Gluckhenne – Haushuhn (weibl.)	O1,Suol	
Gluder – Truthuhn	Suol	
Gluggeren – Haushuhn (weibl.)	Suol	
Glupischa – Eissturmvogel	Buff.	„Wegen seiner Dummheit".
Glut – Grünschenkel	Suol,Zupo	15./16. Jahrh.
Glut, deutscher – Grünschenkel	Buff	
Glute – Grünschenkel	Baldn,StVb,Suol	Baldner 1666.
Gluten – Grünschenkel	Suol,Zupo	Seit 1449.
Gluth – Grünschenkel	Baldn,Suol	Baldner 1666.

Gluth – Triel	Be1,Be2,Be,Be97,Buff,Fri,GD,Krü,N	
Gluthuhn – Grünschenkel	Buff	
Glutsch – Haushuhn (weibl.)	Suol	
Glutt – ein Wasserläufer, i. d. R. Grünschenkel	zLa	
Glutt – Grünschenkel	B,Buff,F,GesSH,H,WüCl,zLa	
Glutt – Teichhuhn (juv.)	Be2,Be,O1	
Glutt – Tüpfelsumpfhuhn	zLa	
Glutte – Grünschenkel	Suol,Zupo	15. Jahrh.
	Brucker (1889): Straßbger Zunft- u. Polizeiverord.	
Glütten – Grünschenkel	Zupo	1449
Glutthuhn – Teichhuhn (juv.)	Be1,Be2,Be	
Gluttmeerhuhn – Teichhuhn (juv.)	Be2,Be	
Gluut – Triel	N	
Gluxeri – Haushuhn (weibl.)	Suol	
Gnuf – Uhu	Do,F	
Goargans – Graureiher	F	
Gocke – Dohle	JAN	
Gockel – Haushuhn (männl.)	Do,Suol	
Göcker – Haushuhn (männl.)	Be2,Suol	
Göckler – Bergfink	P1	
Gockler – Haushuhn (männl.)	Suol	
Godwit, Godwitt (engl.) – Pfuhlschnepfe	Tu	Turner: „Limosa belgica", …
		… Uferschnepfe bei Ray: Yarwhelp.
Gogai – Haushuhn (männl.)	Suol	
Göggel – Haushuhn (männl.)	Ad	
Gogler – Bergfink	Ad,Be1,Be2,Be,F,K,Krü,N	Frisch T. 3.
Gögler – Bergfink	Ad,Be2,Be,Buff,Krü,N	
Gögst – Eichelhäher	H	
Gohlammer – Goldammer	Be2,F,N	
Goisar – Großer Brachvogel	Be1,Be	
Goisar, türkischer – Sichler	N	
Goiser – Großer Brachvogel	Be2,F,N,O1,Suol	
Goiser – Sichler	O1	
Goiser, türkischer – Regenbrachvogel	Be1,Be2,GD	
Goiser, türkischer – Sichler	Be2,Be	
Goisser – Regenbrachvogel	Fri	
Goißer, türkischer – Sichler	GD	
Goissvogel – Grünspecht	Hoefer	Hoefer 1815.
Goissvogel – Pirol	F,H	
Goissvogel – Schwarzspecht	H	
Goister – Elster	Suol	
Gökelhahn – Haushuhn	Ad	
Göker – Haushuhn (männl.)	Ad	
Gôksch – Haushuhn (männl.)	Suol	Tschech. kokos.
Gol – Gimpel	Suol	
Golammer – Goldammer	Suol	
Göland – Möwe	O1	

Golander – Eisvogel	Krü	
Golck-Rabe – Kolkrabe	G	
Golckrabe – Kolkrabe	G	
Gold Ammer (sil.) – Goldammer	Schwf	
Gold Hänlin (sil.) – Goldhähnchen	Schwf	
Gold Hendlin – Goldhähnchen	Tu	
Gold Meerle – Pirol	Schwf	
Gold-Adler – Steinadler	Suol	
Gold-Ammer – Goldammer	N	S. Goldammer.
Gold-Amsel – Pirol	Z	
Gold-Amsel – Steinrötel	GD	GD: Verwechslung mit Pirol bei Krünitz 1/714.
Gold-Hähngen – Goldhähnchen (allg.)	Suol	
Gold-Hähnichen – Goldhähnchen	G	
Gold-Hähnlein – Goldhähnchen	P1,Z	
Gold-Hänlin – Goldhähnchen (allg.)	Suol	
Gold-Hännlein – Goldhähnchen	P1	Wurde 1 x n statt h gedruckt?
Gold-Regenpfeifer – Goldregenpfeifer	Buff,N	
Gold-Troossel (helgol.) – Erddrossel	H	
Goldadler – Kaiseradler	N,O2	…
Goldadler – Steinadler	Ad,B,Be1,Be2,Be,Be97,Be05,Buff,CLB1,2,F, …	
	… GD,GesS,Hp,Jä,K,Krü,N,O1,V,WüCl KNB	
Goldadler des Linnee – Steinadler	N	N: Bd. 13/008.
Goldadler gemeiner – Steinadler	Be2	
Goldadler gemeiner brauner – Steinadler	Be2	
Goldadler, brauner – Steinadler	Be2	
Goldadler, großer – Steinadler	N	N: Bd. 13/008.
Goldadler, kurzschwänziger – Steinadler	Be2	
Goldadler, nordischer – Steinadler	CLB3,N	N: Bd. 13/008.
Goldadler, ringelschwänziger – Steinadler	Be2	
Goldadler, schwarzbrauner – Steinadler	Be2	
Goldadler, südlicher – Steinadler	CLB3	
Goldadler, weißschwänziger – Steinadler	Be2	
Goldalmer – Goldammer	Do,F G-Ammer: …	
	… goltamir 13./14. Jh., Hamb. Mag. 1749.	
Goldâmel – Goldammer	Suol	
Goldâmer – Goldammer	Häp	
Goldammer – Goldammer	Ad,B,Be1,Be2,Be,Be97,Buff,CLB1,2,Fri, …	
	… GD,Hp,Jä,k,Krü,MW,O1,2,3,V,Z VN, KNB	
Goldammer – Ortolan	Be1,Be2,Be,N	
Goldammer, aschgrauer – Zippammer	Be1,Be2,Be,Be97,N	
Goldammer, nordischer – Goldammer	CLB3	
Goldammer, schwarzköpfige – Spornammer	Be,GD,Krü	
Goldammer, schwarzköpfiger – Kappenammer	N	
Goldammer, schwarzköpfiger – Spornammer	Be2,Buff,N	
Goldammer, sibirische – Weidenammer	Buff	

Goldammer, welscher – Grauammer	Be1,Be2,Be,Buff,N,Schwf,Suol	
Goldammer, wendische – Ortolan	F	
Goldämmerchen – Goldhähnchen	Be1,Be2,Be,Be97	
Goldämmerchen – Wintergoldhähnchen	F,N	
Goldamschel – Pirol	H	
Goldamschl – Pirol	Jä	
Goldamsel – Pirol	Ad,B,Be1,Be2,Be,Be97,Buff,CLB2,F, ...	
	... GD,Hp,Jä,Krü,N,O1,2,Suol,V	KNB
Goldamsel – Steinrötel	Buff,Hp	
Goldartje – Goldammer	Bri	
Goldauge – Schellente	Ad	
Goldäugige Aente – Schellente	Buff	
Goldäugige Ente – Schellente	Ad,Buff,GD,Krü	
Goldäuglein – Schellente (weibl.)	Be2,Be,Buff,F,GD,N	
Goldbäuchige Bachstelze – Schafstelze	Be2,N	
Goldbrauenammer – Gelbbrauenammer	B	
Goldbrauige Ammer – Gelbbrauenammer	O3	
Goldbrust – Pirol	Jä	
Goldbrüstiger Geier – Bartgeier	Be2	
Goldbrüstiger Geyer – Gänsegeier	Buff	
Goldbrüstiger Lämmergeyer – Bartgeier	GD	Var. In Pallas nordischen Beiträgen IV/63.
Golddrossel – Erddrossel	N	N: Bd. 13/262.
Golddrossel – Pirol	Ad,B,Be1,Be2,Be,Be97,Be05,Bri,Buff, ...	
	... CLB2,F,Hp,Jä,K,Krü,N Frisch T. 31	KNB
Golddroßel – Pirol	GD	
Golddrossel, bunte – Erddrossel	N	N: Bd. 13/262.
Golddrossel, kleine – Fels-Erddrossel	H	
Golddüte – Goldregenpfeifer	N,O1	
Goldemmerchen – Wintergoldhähnchen	B	
Golden Aeuglein – Schellente	Buff,GD,K	Frisch T. 181.
Golden Auglein – Schellente	K	
Goldenes Aeugelein – Schellente	Hp	
Goldermännel – Goldammer	Do,F	
Goldeule – Schleiereule	B,Be2,F,N	
Goldeule – Waldohreule	Do,F	
Goldfarbiger Adler – Steinadler	GD	Bei Pennant/Zimmermann.
Goldfasan – Fasan (fälschl.)	Be2	
Goldfasan – Goldfasan	B2,Be97,H,O2,3	
Goldfinc (engl.) – Stieglitz	Tu	
Goldfinch – Gimpel	Buff	
Goldfinche (engl.) – Stieglitz	Tu	
Goldfinck – Gimpel	GesSH,Suol	
Goldfincke – Goldammer	Schwf	
Goldfink – Bergfink	B,Be1,Be2,Be,F,GD,Krü,N	
Goldfink – Gimpel	Ad,B,Be1,Be2,Be,Bri,Buff,F,Fri,Hp,Krü,N,Suol	
Goldfink – Pirol	Bri	
Goldfink – Stieglitz	B,Be2,Buff,F,GD,Krü,N	
Goldfinke – Bergfink	Buff	
Goldfuß – Sperber	Do,F	

Goldfuß mit schwartzem Schnabel – Sperber	K	
Goldfuß mit schwarzem Schnabel – Sperber	Be1,Be2,Be,GD,N	
Goldgänschen – Goldammer	Be1,Be2,Be,Buff,N	
Goldgeier – Bartgeier	Ad,B,Be1,Be2,Be,Be05,GesH,Krü,N	
Goldgeier – Rohrweihe	Krü	
Goldgekrönter Zaunkönig – Goldhähnchen	Be1,Be2,Be,GD	
Goldgelbe Bachstelze – Schafstelze	Be2,N	
Goldgeyer – Bartgeier	GD,K	Bechstein, Schweiz.
Goldgeyer – Gänsegeier	Buff	
Goldgeyr – Bartgeier	GesS	
Goldgrüner Ackervogel – Goldregenpfeifer	GD	
Goldgrüner Regenpfeifer – Goldregenpfeifer	Be1,Be2,Be,Krü,N	
Goldgrüner Regenpfeiffer – Goldregenpfeifer	Buff	
Goldgyr – Bartgeier	GesS,Suol	
Goldhahn – Girlitz	Do,F	
Goldhahn, chinesischer – Goldfasan	Be2	
Goldhähnchen – Goldhähnchen	Ad,Be1,Be2,Be,Be97,GD,Hp,Krü,O1,2 … … Goldhenlin 1552.	
Goldhähnchen – Wintergoldhähnchen	CLB2,Jä,N,Scha	KNB
Goldhähnchen – Zilpzalp	Be2,Be	
Goldhähnchen-Laubsänger – Gelbbrauen-Laubsänger	H	
Goldhähnchen-Laubvogel – Goldhähnchen-Laubsänger	H	
Goldhähnchen, feuerköpfiges – Sommergoldhähnchen	CLB1,2,3,MW,N,O3,V,WüCl	KNB
Goldhähnchen, gelbköpfiges – Wintergoldhähnchen	MW,N,O3,WüCl	
Goldhähnchen, gemeines – Wintergoldhähnchen	N	
Goldhähnchen, goldköpfiges – Wintergoldhähnchen	CLB3	
Goldhähnchen, kurzschnäbliges – Sommergoldhähnchen	CLB3	
Goldhähnchen, Nilssonsches – Sommergoldhähnchen	CLB3	
Goldhähnchen, nordisches – Wintergoldhähnchen	CLB3	
Goldhähnchen, saffranköpfiges – Wintergoldhähnchen	CLB1,2,3,MW,O3,V,WüCl	KNB
Goldhähnchen, safranköpfiges – Wintergoldhähnchen	N,V	
Goldhähnchenlaubsänger – Goldhähnchen-Laubsänger	B,BB,H	H: Goldhähnchen-Laubsänger.
Goldhähnel – Seidenschwanz	Do,Krü	

Goldhähnel – Goldhähnchen	Do,F	Wintergoldhähnchen
Goldhähnichen – Goldhähnchen	G	
Goldhahnl – Goldhähnchen (allg.)	Suol	
Goldhahnl – Seidenschwanz	Be1,Be2,Be,Buff,GD,N	
Goldhähnl – Seidenschwanz	GD	
Goldhahnl – Wintergoldhähnchen	Jä	
Goldhähnlein – Goldhähnchen	Ad,GD,K,Krü	Wintergoldhähnchen.
Goldhähnlein – Wintergoldhähnchen	Jä	
Goldhammel – Goldhähnchen	Be1,Be2,Be	
Goldhammel – Wintergoldhähnchen	N	
Goldhämmel – Wintergoldhähnchen	Do,F	
Goldhämmelchen – Goldhähnchen (allg.)	Suol	
Goldhämmelchen – Wintergoldhähnchen	N	
Goldhammer – Goldammer	Be2,Be,F,GesS,N	
Goldhämmerchen – Goldhähnchen (allg.)	Suol	
Goldhämmerchen – Wintergoldhähnchen	N	
Goldhämmerli – Goldhähnchen (allg.)	Suol	
Goldhämmrichen – Winter-/ Sommergoldhähnchen	JAN	
Goldhan – Goldhähnchen (allg.)	HaSa,Suol	
Goldhändlein – Wintergoldhähnchen	Do,F	
Goldhäneken – Wintergoldhähnchen	Scha	
Goldhäneli – Goldhähnchen (allg.)	Suol	
Goldhänlein – Goldhähnchen	GesH,P	
Goldhannel – Goldhähnchen	Be2	
Goldhannel – Wintergoldhähnchen	N	
Goldhendlein – Goldhähnchen	Be2	
Goldhendlein – Wintergoldhähnchen	N	
Goldhendlin – Goldhähnchen (allg.)	Suol	
Goldhenlein – Goldhähnchen (allg.)	Suol	
Goldhenlin – Goldhähnchen (allg.)	GesS,Suol	
Goldhiänken – Goldhähnchen (allg.)	Suol	
Golditsche – Goldammer	Do,F	
Golditzke – Goldammer	Suol	Schlesien
Goldjutsche – Goldammer	Do,F	
Goldkehlige Ammer – Weidenammer	O3	
Goldkehliger Bienenfresser – Bienenfresser	N	
Goldkiebitz – Goldregenpfeifer	B,F,H	
Goldkopf – Ortolan	GD	„Emberiza chlorocephala."
Goldkopf – Papageitaucher	B,Be2,Be,F,N	
Goldköpfchen – Sommergoldhähnchen	F	
Goldköpfchen – Wintergoldhähnchen	B,Jä	
Goldköpfiger Bienenfresser – Bienenfresser	N	
Goldköpfiger schwarzer Adler – Steinadler	GD	Bei Pallas.
Goldköpfiges Goldhähnchen – Wintergoldhähnchen	CLB3	
Goldkrähe – Blauracke	Ad,B,F,Krü	
Goldkrähe, wilde – Blauracke	Be1,Be2,Be,K,N	

Goldkronhähnchen – Sommergoldhähnchen	B
Goldmar – Goldammer	Ad
Goldmeerle – Pirol	K
Goldmêrel – Pirol	Suol
Goldmerle – Pirol	Ad,Be1,Be2,Be97,Buff,F,GesS,GD,Hp,Krü,N,Suol
Goldöæmerken – Goldammer	Suol
Goldoame – Goldammer	Bri
Goldohr – Schwarzhalstaucher	F,N
Goldpiepchen – Wintergoldhähnchen	Do,F
Goldpirol – Pirol	CLB3
Goldrabe – Kolkrabe	Ad,B,F,Be2,Be,Be97,Buff,Hp,Jä,N,Suol,V
Goldracke – Pirol	Do,F
Goldregenpfeifer – Goldregenpfeifer	B,Be,Be1,2,97,Buff,CLB1,2,GD,Krü,MW,O … … 3,V Pennant/Zimmermann 1787. Ü, KNB
Goldregenpfeifer, amerikanischer – Wanderregenpfeifer	H Naum. – Henn. 8, 31.
Goldregenpfeifer, großer – Goldregenpfeifer (Var.)	Be1,Krü
Goldregenpfeifer, hochköpfiger – Goldregenpfeifer	CLB3
Goldregenpfeifer, hochstirniger – Goldregenpfeifer	CLB3
Goldregenpfeifer, kleiner – Goldregenpfeifer (Var.)	Be1,Buff,Krü
Goldregenpfeifer, kleiner – Wanderregenpfeifer	H Naum. – Henn. 8, 31.
Goldregenpfeifer, mitteleuropäischer – Goldregenpfeifer	Bri
Goldregenpfeifer, mittlerer – Goldregenpfeifer	CLB3
Goldregenpfeifer, nordischer – Goldregenpfeifer	Bri
Goldregenpfeifer, plattköpfiger – Goldregenpfeifer	CLB3
Goldregenpfeifer, virginischer – Wanderregenpfeifer	H Naum. – Henn. 8, 31.
Goldregenpfeiffer – Goldregenpfeifer	Buff,Krü
Goldregenvogel – Goldregenpfeifer	Be1
Goldregenvogel mit schwarzer Brust – Goldregenpfeifer	Krü
Goldschmatt – Stieglitz	Suol
Goldschmeaz – Pirol	Suol
Goldschnepfe – Goldregenpfeifer	Suol
Goldspecht – Dreizehenspecht	F,N
Goldstar – Bienenfresser	F,H
Goldsteinadler – Steinadler	Be2,GD
Goldsträußlein – Wintergoldhähnchen	Do,F

Goldthammer – Goldammer	GesH	
Goldtheimer – Goldammer	zLa	
Goldthendtlin – Wintergoldhähnchen	zLa	
Goldtmerle – Pirol	GesH	
Goldtüte – Goldregenpfeifer	B,Do,F	
Goldvilchen – Stieglitz	Suol	
Goldvogel – Pirol	GD	
Goldvogel – Stieglitz	Do	Goldgelbes Band am Flügel.
Goldvögelchen – Goldhähnchen	GD	
Goldvögelchen – Kanarengirlitz	GesS	
Goldvögelchen – Wintergoldhähnchen	B,F	
Goldvögelein – Goldhähnchen	Be2	
Goldvögelein – Wintergoldhähnchen	N	
Golgeule – Schleiereule	Do	
Golghähnel – Seidenschwanz	F	
Golheimer – Goldammer	zLa	
Goliath – Pirol	Bri,Häp,Suol	
Golitschke – Goldammer	Do,F,Suol	Schlesien
Golker – Kolkrabe	B,Be2,F,N	
Golkrabe – Kolkrabe	Ad,Be1,Hp,Krü,Suol	
Golkregel – Blauracke	Do,F	
Golkvogel – Blauracke	B,F	
Goll – Gimpel	GesSH,H,Jä,O2,Suol,zLa …	
	… Aus Goldfink; im Elsaß, in der Schweiz.	
Gollammer – Goldammer	F,GesS,N,Suol	
Golle – Gimpel	F,H	
Goller – Gimpel	Suol	
Goller – Grünspecht	Ad,Krü	
Gollmer – Goldammer	Suol	
Golmar – Goldammer	Suol	
Golmer – Goldammer	Be2,F,N	
Golrabe – Kolkrabe	Be1	
Golthänle – Wintergoldhähnchen	zLa	
Goos – Graugans	Häp	
Goos, will – Graugans	WüCl	
Goos, wille – Saatgans	Bri,H	
Goose Bernacle (engl.) – Weißwangengans	Tu	
Goose Bernicle (engl.) – Weißwangengans	Tu	
Goose, Bass (engl.) – Baßtölpel	Tu	
Goose, Brant (engl.) – Weißwangengans	Tu	
Goose, Brent (engl.) – Weißwangengans	Tu	
Goose, Fox (engl.) – Brandgans	Tu	
Goose (engl.) – Gans allg.	Tu	
Goosearend – Seeadler	Häp	
Goosearend (nieders.) – Rotmilan	Ad,Krü	
Gooseküken – Graugans (juv.)	Häp	
Goosor – Seeadler	WüCl	
Goot Skeetenjoager (helgol.) – Skua	H	
Gopler – Bergfink	Do,F	

Gor, gemeiner – Schwarzmilan	zLa	
Goreische Lerche – Baumpieper	Be2	
Gorengrasmügg – Gartengrasmücke	Do,F	
Gorner – Rotmilan	Jä	
Gors – Grasmücke allg.	Suol	Dialektwort
Gors – Rohrdommel	O1	Altes holländisches Wort.
Gorse – Goldammer	Be2,Be,F,GesH,N,O1,zLa	Namens-Alter ungeklärt; erstm. b. Albertus Magnus.
Gôsaornd – Seeadler	Suol	
Gose-Aar – Habicht	Suol	
Gose (engl.) – Gans allg.	Tu	
Goseaar – Seeadler	Häp	
Goserich – Graugans (männl.)	Häp	
Goshawk (engl.) – Habicht	Tu	
Gösling – Hochseetaucher?	Tu	Urinatrices … „German eyn dûcher". Keine junge Gans.
Goss ross (helv.) – Rotkehlchen	H	
Gössel – Graugans (juv.)	Do,Häp,Suol	
Gösselke – Graugans (juv.)	Häp	
Gösselwih – Rotmilan	Scha	
Gott vom Dorf Wangen – Schwarzspecht	F,H	
Gottesvogel – Pirol	B,F,H	
Gottler – Kleiber	B	
Gouch – Kuckuck	Suol	Mhd., bei Walther v.d.Vogelweide.
Gouke (engl.) – Kuckuck	Tu	
Gourcys Steindrossel – Steinrötel	CLB3	
Goutfinck – Gimpel	GesS	
Goutfinck (holl) – Gimpel	GesH	
Goutvincke – Gimpel	Suol	
Graa Fluesnapper (dän., norw.) – Grauschnäpper	H	
Graa Graesmutte (dän.) – Dorngrasmücke	H	
Graag Fleigensnäpper – Grauschnäpper	Do,F	
Graag Hüting – Grauschnäpper	Be1,Be2,Be,N,Suol	
Graag Krei – Nebelkrähe	Do,F	
Graag Uhl – Waldkauz	F,WüCl	
Graag und gris Uhl – Waldkauz	Do	
Graagdrossel – Singdrossel	Be1,Be2,Be,F,N	
Graahänfling – Bluthänfling	Do,F	
Graairisk (dän.) – Bluthänfling	H	
Graake – Dohle	Suol	
Graake (helv.) – Dohle	Buff,GesS	
Graasfalk – Rauhfußbussard	O1	
Grab-Ent – Stockente	Suol	
Graba's Larventaucher – Papageitaucher	CLB3	
Grabe (männl.) – Stockente	H	
Grabeeule – Sumpfohreule	GD	
Grabente – Stockente	Be2	
Grabeule – Waldkauz	B,Be1,Be,Be97,F,GD,N	

Grabgans – Brandgans	B,CLB2,F,N	KNB
Grabkrähe – Nebelkrähe	Scha	
Gräcke – Eichelhäher	H	
Gräckelster – Elster	Do,F	
Graesmusch – Zilpzalp	Tu	
Graesmutte, graa (dän.) – Dorngrasmücke	H	
Gräfägl – Spießente	H	
Grag Wegstiert – Bachstelze	Do,F	
Gragdrossel – Singdrossel	Do	
Gragel-Goos (nieders.) – Grau-/Hausgans	Buff	
Grâgg – Rabenkrähe	H,Jä,Suol	
Grainlein – Berghänfling	B	
Grall – Wachtelkönig	Ad	
Granatzeisl – Birkenzeisig	F,H	
Grank (fries.) – Seeregenpfeifer	H	
Gransarn – Seeadler	Mic	Druckfehler (Gansarn).
Grapp – Kolkrabe	Suol	
Gras-Meher – Wachtelkönig	Suol	
Gras-mückl – Mönchsgrasmücke	Buff	
Gras-Spatz – Mönchsgrasmücke	K	Frisch T. 23.
Grasbaumpieper – Baumpieper	CLB3	
Grasbuntspecht – Kleinspecht	CLB3	
Grase Schnepff – Bekassine	Schwf	
Grase Specht – Grünspecht	Schwf	
Grase-spatz – Mönchsgrasmücke	Buff	
Grase-Specht – Grünspecht	Suol	
Grasehitsche, graue – Dorngrasmücke	F	
Grasehitsche, große – Gartengrasmücke	F	
Grasel – Birkenzeisig	Be1,Be2,Be,Buff,F,GD,N,O1	
Gräsel – Birkenzeisig	Suol	
Grasemische – Gartengrasmücke	Do,F	
Grasemische (schles.) – Dorngrasmücke	F,H	
Grasemischer – Dorngrasmücke	Do	
Grasemucke – Dorngrasmücke	Be1,Be2,Be,N	
Grasemücke – Gartengrasmücke	JAN	
Grasemücke (sil.) – Grasmücke (allg.)	Schwf,Suol	
Grasemücke – Schafstelze	JAN	
Grasemucke, braunfleckige – Heckenbraunelle	Krü	
Grasemücke, englische – Gelbspötter	Scha	
Grasemücke, kleine graugelbe – Zilpzalp	K	
Grasemückfohle – Dorngrasmücke	N	
Grasemüsche – Grasmücke (allg.)	Schwf	
Grasemütsche – Dorngrasmücke	Be1,Be2,Be,N	
Grasente – Pfeifente	H	
Grasente – Stockente	B,Be2,Be,F,N	
Gräser – Bekassine	Jä,N	
Gräser, großer – Doppelschnepfe	F,Jä,N	
Gräser, kleiner – Zwergschnepfe	Jä,N	

Graseschnepfe – Doppelschnepfe	Suol	
Grasespatz – Mönchsgrasmücke	F,Schwf	
Grasespecht – Grünspecht	K	Frisch T. 35.
Grasespecht – Kleinspecht	Do,F	
Grashafk – Wiesenweihe	Bri	
Grashennel – Tüpfelsumpfhuhn	N	
Grashetsche – Grasmücke (allg.)	Suol	
Grashetsche (böhm.) – Gartengrasmücke	H	
Grashexe – Gartengrasmücke	B,Jä	
Grashitsche – Grasmücke (allg.)	Suol	
Grashohn – Wachtelkönig	Häp	
Grashucke – Dorngrasmücke	Do	
Grashucke – Grasmücke (allg.)	Suol	
Grashuhn – Tüpfelsumpfhuhn	B,Be2,Be,GD,Krü,N	
Grashuhn – Wachtelkönig	Ad,Krü	
Grashüpfer – Feldschwirl	F,N	
Grashüpper – Wiesenpieper	Bri,Häp	
Grashupper (nieders.) – Wiesenpieper	F,H	
Graslaufer – Wachtelkönig	Be	
Grasläufer – Wachtelkönig	Ad,Be1,Be2,GD,K,Krü,N,Suol	
Gräslein – Bergfink	Be97	
Gräslein – Birkenzeisig	Ad,GD,Hp,Krü,P,Suol	
Grasmäher – Wachtelkönig	K	
Grasmeise – Kohlmeise	B,Be1,Be2,Be,F,GD,Krü,N	
Grasmeise – Sumpfmeise	F,H	
Grasmisch – Grasmücke (allg.)	Suol	
Grasmisch – Haussperling	Suol	
Grasmüch – Trauerschnäpper	Buff	Nach Gessner.
Grasmuck – Grasmücke (allg.)	Suol	
Grasmück – Klappergrasmücke	Buff	
Grasmuck, gelbe – Gelbspötter	Jä	
Grasmuck, graue – Dorngrasmücke	Be1,Be2,Be,Be97,F,N	
Grasmuck, graue – Gartengrasmücke	Jä	
Grasmuck, rote (bayer.) – Dorngrasmücke	H,Jä	
Grasmuck, weiße – Klappergrasmücke	Jä	
Grasmückchen – Mönchsgrasmücke	Be1,Be2,Be,Buff,GDN	
Grasmücke – Dorngrasmücke	Be97,Hp	
Grasmucke – Gartengrasmücke	H	
Grasmücke – Gartengrasmücke	B,Be2,Jä,N	
Grasmücke – Heckenbraunelle	Ad,GD	
Grasmücke – Klappergrasmücke	K	Frisch T. 21.
Grasmücke – Mönchsgrasmücke	Be2,Be,Jä,N	
Grasmücke – Schafstelze	Be2,N	
Grasmücke – Zilpzalp	N	
Grasmücke an Sümpfen – Beutelmeise	Be2,Be,N	
Grasmücke mit schwarzem Rücken – Steinschmätzer	Be2,GD	
Grasmücke, blaue – Klappergrasmücke	Ad,Be1,Be2,Be,Be97,N	
Grasmücke, blaue – Sperbergrasmücke	Be2,Be	

Grasmücke, braun fleckige – Heckenbraunelle	Fri	Frisch T. 21.
Grasmücke, braune – Dorngrasmücke	Be2,Be,Krü,N	
Grasmücke, braune – Heckenbraunelle	Be2,Be,GD,Krü	
Grasmücke, braune – Mönchsgrasmücke	F	
Grasmücke, braunfahle mit weisslich ... ... geseumten Federn – Grauschnäpper	Fri	
Grasmücke, braunfleckige – Heckenbraunelle	Buff,GD,Krü	
Grasmücke, braunflügelige – Dorngrasmücke	N	
Grasmücke, braunflüglige – Dorngrasmücke	Be2	
Grasmücke, braungefleckte – Heckenbraunelle	Be1,Be2,Be,Be97	
Grasmücke, braunkehlige – Braunkehlchen	N	
Grasmücke, braunplattige – Mönchsgrasmücke	Buff	
Grasmücke, bunte – Feldschwirl	Buff	
Grasmücke, deutsche (bayer.) – Dorngrasmücke	H,Jä	
Grasmücke, eigenlich rote – Zilpzalp	N	
Grasmücke, eigentlich so genannte – Dorngrasmücke	Krü	
Grasmücke, eigentliche – Laubsänger	Krü	
Grasmücke, eigentliche – Schilfrohrsänger	GD	
Grasmücke, eigentliche – Zilpzalp	Be1,Be2,B, Buff	Zorn
Grasmücke, fahle – Dorngrasmücke	Be1,Be2,Be97,CLB1,2,F,Fri,Krü,MW,N,O1,2,V Frisch T. 21 + Text.	KNB
Grasmücke, fahle – Heckenbraunelle	GD	
Grasmücke, fahle – Steinschmätzer	Be2,Be,Krü	
Grasmücke, fahlgelbe – Heckenbraunelle	GD	
Grasmücke, gaale (schles.) – Gelbspötter	H	
Grasmücke, gefleckte – Feldschwirl	Buff	
Grasmücke, gelbe – Gelbspötter	Be2,Be,F,N,Scha	
Grasmücke, gelbe – Schafstelze	N	
Grasmücke, gelbrote – Zilpzalp	Be2,Be,N	
Grasmücke, gemeine – Dorngrasmücke	Be1,Be2,Be,Be97,CLB2,Krü,N,O1,2,V	
Grasmücke, gemeine – Klappergrasmücke	Be2,Be	
Grasmücke, gemeine – Laubsänger	Krü	
Grasmücke, gemeine graue – Heckenbraunelle	GD	
Grasmücke, geschwätzige – Dorngrasmücke	Be1,Be2,Be,Krü,N	
Grasmücke, geschwätzige – Klappergrasmücke	Be1,Be2,Be,Be97,Buff,GD,Krü,N,O1,2	
Grasmücke, gesperberte – Sperbergrasmücke	Be1,Be2,Be,CLB2,MW,N	KNB
Grasmücke, gesperberte graue ... ... geschwätzige– Sperbergrasmücke	Krü	

Grasmücke, gewellte – Sperbergrasmücke	CLB3
Grasmücke, graue – Dorngrasmücke	Buff,GD
Grasmücke, graue – Gartengrasmücke	Be1,2,Be,Be97,CLB2,F,Krü,MW,N,O1,2,V,zLa KNB
Grasmücke, graue – Klappergrasmücke	Buff
Grasmücke, graufahle – Heckenbraunelle	N
Grasmücke, graufleckige – Feldschwirl	Buff
Grasmücke, graufleckigte – Feldschwirl	Buff
Grasmücke, graugelbe – Schilfrohrsänger	GD
Grasmücke, große – Dorngrasmücke	O1
Grasmücke, große – Sperbergrasmücke	N
Grasmücke, große gesperberte – Sperbergrasmücke	Be2,Be,N
Grasmücke, große graue – Dorngrasmücke	Be1,Be2,Be,N
Grasmücke, große graue – Heckenbraunelle	GD
Grasmücke, große weiße – Gartengrasmücke	Be2,Be,N
Grasmücke, größte – Sperbergrasmücke	Be1,Be2,Be,N
Grasmücke, grüngelbe – Gelbspötter	Be1,Be2,Be,Be97,Buff,GD,Krü,N
Grasmücke, italiänische – Gartengrasmücke	Be2,Be,N
Grasmücke, kleine – Gartengrasmücke	Krü,O2
Grasmücke, kleine – Grauschnäpper	GD
Grasmücke, kleine – Trauerschnäpper	Be2,Be,N
Grasmücke, kleine – Weißbartgrasmücke	Buff
Grasmücke, kleine – Zilpzalp	Be2,Be,N
Grasmücke, kleine braungelbe – Teichrohrsänger	Be1,Be2,Be,N
Grasmücke, kleine gelbrothe – Zilpzalp	Be1,Buff,N
Grasmücke, kleine geschwätzige – Klappergrasmücke	Be2,Be,N
Grasmücke, kleine graue – Klappergrasmücke	Be1,Be2,Be,Be97,N
Grasmücke, kleine graugelbe – Schilfrohrsänger	GD
Grasmücke, kleine weiße – Klappergrasmücke	Be2,Be,N
Grasmücke, kleingeschwätzige – Klappergrasmücke	Be
Grasmücke, kleinste – Fitis	GD
Grasmücke, kleinste – Zilpzalp	Be1,Be2,Be,Buff,N
Grasmücke, provencer – Provencegrasmücke	CLB2 KNB
Grasmücke, rostgraue – Dorngrasmücke	Be1,Be2,Be,CLB2,MW,O1
Grasmücke, rostgraue – Gartengrasmücke	Be97
Grasmücke, rostscheitelige – Mönchsgrasmücke	N N: Bd. 13/411.
Grasmücke, rote – Zilpzalp	Be2

Grasmücke, rotgelbe – Nachtigall	Be2,Be,N	
Grasmücke, rotscheitelige –	H	
Mönchsgrasmücke		
Grasmücke, sardinische – Sardengrasmücke	CLB2	KNB
Grasmücke, schieferbrüstige –	CLB2	
Heckenbraunelle		
Grasmücke, schlagende – Nachtigall	Be2,CLB2,N	
Grasmücke, schmetternde – Sprosser	Be2,CLB2,N	
Grasmücke, schuppige – Sperbergrasmücke	F	
Grasmücke, schwarze – Mönchsgrasmücke	Be2,Be	
Grasmücke, schwarze – Trauerschnäpper	Jä	
Grasmücke, schwarze mit bunten …	Be2,Be,N	
… Flügeln – Trauerschnäpper		
Grasmücke, schwarze oder braune –	Buff	
Klappergrasmücke		
Grasmücke, schwarzkehlige –	N	
Schwarzkehlchen		
Grasmücke, schwarzköpfige –	Be1,Be2,Be,Be97,Buff,CLB1,MW,N,WüCl …	
Mönchsgrasmücke	… Bechstein 1805/09.	KN
Grasmücke, schwarzköpfige –	CLB2,H	
Samtkopfgrasmücke		
Grasmücke, schwarzplattige –	Be2,Be,Buff,GD,N	
Mönchsgrasmücke		
Grasmücke, schwarzrückige –	Fri	
Trauerschnäpper		
Grasmücke, schwarzscheitelige –	CLB2,V	C. L. Brehm 1823, KNB Grasmücke.
Mönchsgrasmücke		
Grasmücke, schwarzscheitelige …	CLB3	
… nordische – Mönchsgrasmücke		
Grasmücke, spanische – Sperbergrasmücke	F,Jä,N	
Grasmücke, südliche – Orpheusgrasmücke	Krü,O2	
Grasmücke, wahre – Dorngrasmücke	Krü	
Grasmücke, wälsche – Sperbergrasmücke	H	
Grasmücke, weißbärtige –	CLB2	KNB
Weißbart-Grasmücke		
Grasmücke, weiße – Gartengrasmücke	Be1,Be2,Be,Be97,N	
Grasmücke, weißköpfige –	Be1,Be	
Mönchsgrasmücke		
Grasmücke, weißstirnige –	Be1,Be2,Be	
Mönchsgrasmücke		
Grasmücke, welsche – Gartengrasmücke	Hp	
Grasmücke, welsche – Sperbergrasmücke	F,V	
Grasmücke, welsche (bayer.) –	H,Jä	
Gartengrasmücke		
Grasmückfohle – Dorngrasmücke	Be1,Be2,Be	
Grasmückfohle – Klappergrasmücke	Buff	
Grasmücklein – Grasmücke (allg.)	Suol	
Grasmügg – Grasmücke (allg.)	Suol	
Grasmuklen – Grasmücke (allg.)	Suol	

Grasmuklen – Mönchsgrasmücke	Tu	
Grasmüsch – Grasmücke (allg.)	Suol	
Grasmusch – Heckenbraunelle	Tu	
Grasmusch (holl.) – Dorngrasmücke	H	
Grasmuscha – Grasmücke (allg.)	Suol	
Grasmuschen – Grasmücken allg.	Tu	
Grasmuss – Grasmücke	Ad	
Grasnark (schlesw.) – Wachtelkönig	H	
Graspieper – Wiesenpieper	Bri	
Grâspillo – Braunkehlchen	Suol	
Grasräcker – Wachtelkönig	N	
Grasrägg – Schwarzkehlchen	Suol	
Grasrätsch – Wachtelkönig	Suol	
Grasrätsch (helv.) – Braunkehlchen	H	
Grasrätsche – Wachtelkönig	Do,F	
Grasrätscher – Wachtelkönig	B,Be1,Be2,Be,Fri,GD,K,Krü,N	
Grasrutscher – Wachtelkönig	B,N	
Grasrutscher Knarrer – Wachtelkönig	F	
Graß Lapp – Blaumerle	zLa	
Graß Lapp(en) – Mönchsgrasmücke	zLa	= Allg. Name für die Gattung Sylvia.
Graß Mück, blawe – Blaumerle	zLa	
Graß Mück, grawe – Blaumerle	zLa	
Graß-Mücke – Braunkehlchen	G	
Graß-Röthling – Braunkehlchen	P1	
Graß-Schnepfflein – Zwergschnepfe	Kö	
Grass-sparrow (engl.) – Zilpzalp	Tu	Turner: „A little smaler than … … a sparrow, more slender.“
Grasschnarcher – Wachtelkönig	Be2,N,Suol	
Grasschneider – Wachtelkönig	Scha	
Grasschnepf (bayer.) – Wachtelkönig	F,H,Jä	
Grasschnepfe – Bekassine	Ad,B,Be2,GD,Krü,N	
Grasschnepfe – Kampfläufer	Suol	
Grasschnepfe – Waldschnepfe	Do,F,Krü	
Grasschnepfe, kleine – Zwergschnepfe	N	
Grasschneppe – Bekassine	Be	
Grässerlein – Birkenzeisig	Ad,Krü	
Graßhuhn – Tüpfelsumpfhuhn	Be1	
Graßläufer – Wachtelkönig	Buff	
Gräßlein – Birkenzeisig	Ad,Krü,P,Suol	
Graßmäher – Wasserralle	Fri	
Graßmeise – Kohlmeise	Be97	
Graßmitsch Curruca – Feldschwirl	zLa	Curruca lautmalend/Strasburgisch Vögele.
Graßmuck – Grasmücke	HaSa,StVb	Hans Sachs V. 142 in „Regiment …“.
Graßmuck mit dem schwarzen Kopff – Mönchsgrasmücke	GesS	
Graßmück, äschenfarbene – Gartengrasmücke	zLa	
Graßmücke, eigentlich so genannte – Fitis	Z	
Graßmücke, eigentliche – Fitis	Z	

Graßmücke, fahle – Dorngrasmücke	Z
Graßmuckle – Mönchsgrasmücke	GesS
Graßmusch – Heckenbraunelle	Tu
Graßmusch – Zilpzalp	Tu
Grasspatz – Grasmücke (allg.)	Suol
Grasspatz – Mönchsgrasmücke	Ad,Be1,Be2,Be,Buff,GD,N,Tu
Grasspecht – Grauspecht	Do,F
Grasspecht – Grünspecht	Ad,Be2,Be,F,GD,Hp,N,Scha,V
Grasspecht – Kleinspecht	B,Be2,Be,Buff,CLB2,GD,Hp,Krü,MW,N,O1, …
	… Suol,V Heppe 1798. KNB
Grassperling – Mönchsgrasmücke	Ad
Graßröthling – Braunkehlchen	P1
Graßschnepf – Bekassine	GesH
Graßschnepfe – Bekassine	Be1
Graßschnepfe – Bekassine	Buff
Graßschnepff – Bekassine	GesS
Graßschnepff – Doppelschnepfe	Suol
Graßschnepflein – Zwergschnepfe	Kö
Graßspecht – Grünspecht	Be1,GesS
Graßspecht – Kleinspecht	Be05
Grasstrandläufer – Grasläufer	B
Grasvâgel – Goldregenpfeifer	Bri,Häp
Grasvink – Grasmücke (allg.)	Suol
Grasweher – Wachtelkönig	Ad,Krü
Graswiesenknarrer – Wachtelkönig	CLB3
Graszeisig – Girlitz	Do,F
Gratsch – Eichelhäher	Suol
Gratschhahn – Truthuhn	Suol
Grau Endelein – Krick-/Knäkente	K
Grau Entelein – Krick-/Knäkente	K Frisch T. 173, 175, 176.
Grau-Iritsch – Bluthänfling	Do
Grau Iserken – Bluthänfling	Bri,Häp
Grau-Ammer – Grauammer	N
Grau-Entlein – Krickente	GesH
Grau-Gans – Graugans	N
Grau-linsk (helgol.) – Eisente	H
Grau-Specht – Baumläufer	Fri
Grau-Specht – Grauspecht	N
Grau-weißer Falck – Kornweihe (weibl.)	Fri
Grau-weißer Geyer – Kornweihe (weibl.)	Fri
Grauamaschel – Tannenhäher	Suol
Grauammer – Grauammer	B,Be2,Be,Be97,CLB2,MW,N,O1,2,3,V …
	… Frisch 1734. KN
Grauammer, deutsche – Grauammer	CLB3
Grauammer, fremde – Grauammer	CLB3
Grauammer, nordische – Grauammer	CLB3
Grauammer, südliche – Grauammer	CLB3
Grauamsel – Amsel (weibl. u. juv.)	N
Grauartsch – Bluthänfling	Häp,Suol

Grauartsche – Bluthänfling	Bri,Häp		
Grauatze – Bluthänfling	F,H		
Graubäckiger Taucher – Rothalstaucher	Buff,Krü		
Graubart – Turmfalke	Krü		
Graubäuchige Ringelmeergans – Ringelgans	CLB3		
Graubauchiger Seidenschwanz – Seidenschwanz	MW		Meyer 1819.
Graubäuchiger Seidenschwanz – Seidenschwanz	CLB1,2,MW,N	Meyer 1822.	KNB
Graubraune Baikullschnepfe – Kleiner Schlammläufer	CLB2		
Graubraune große Meve – Mantelmöwe	Be1,Buff		
Graubraune große Meve (juv.) – Eismöwe	K	Albin Band II, 83: The great Gray-Gull.	
Graubraune große Mewe – Mantelmöwe (juv.)	Krü		
Graubraune Meve – Heringsmöwe	Buff,GD		
Graubraune Mewe – Heringsmöwe	Buff,Hp		
Graubraune Schnepfe – Kleiner Schlammläufer	MW		
Graubraune Strandläuferschnepfe – Kleiner Schlammläufer	CLB2		KNB
Graubrauner Fink – Steinsperling	Be2,Be,N		
Graubrauner Fink mit gelben Flecken … … auf derBrust – Steinsperling	Buff		
Graubrauner Fliegenfänger – Grauschnäpper	Be2,Be,N		
Graubrüstiger Hänfling – Bluthänfling	GD		Einjähriges Männchen.
Graubrüstiger Sänger – Heckenbraunelle	Be2,Be		
Graubunte Graudrossel – Singdrossel	GD		
Graubunte große Meve – Dreizehenmöwe	GD		
Graubunte Krahe – Nebelkrähe	Be2,Be,N		
Graubunte Krähe – Nebelkrähe	Be1,Be,Buff,GD,K,Krü	Frisch T. 65.	
Graubunter Baumläufer – Waldbaumläufer	CLB1,2,MW,N		KNB
Graudrossel – Amsel (weibl. o. juv.)	Be2,F,N		
Graudrossel – Singdrossel	H,WüCl		
Graudrossel, graubunte – Singdrossel	GD		
Graue Grasmücke – Gartengrasmücke	Be97		
Graue Ammer – Grauammer	Buff		
Graue Ammer – Türkenammer	H		
Graue Amsel – Amsel (weibl.)	Be2		
Graue Aunachtigall – Sprosser	F		
Graue Bachstelze – Bachstelze	Be1,Be2,Be,Be97,F,GD,Hp,N		
Graue Bachstelze – Brachpieper	Be1,Be2,Be,N		
Graue Bachstelze – Gebirgsstelze	Be1,Be2,Be,Be97,Buff,CLB2,MW,N,O1	KNB	
Graue Baumeule – Waldkauz	O1		
Graue bunte Krähe – Nebelkrähe	K		
Graue Bürgermeistermöve – Eismöwe	CLB2		
Graue Buscheule – Waldkauz	Be1,Be,Be97,Hp,N		

Graue Dohle – Dohle	Be1,Be2,Be,Buff,Fri,N	
Graue Drossel – Rotdrossel	Buff	
Graue Drossel – Singdrossel	Be2,Buff,N	
Graue Drossel – Zwergdrossel	Ad	
Graue Ente – Kolbenente	Be2	
Graue Ente – Schnatterente	Be1,Be2,Be97,N	
Graue Ente – Spatelente	Be2	
Graue Eule – Bartkauz	N	N: Bd. 13/180.
Graue Eule – Waldkauz	Be1,Be2,Be,Be97,Buff,Fri,GD,K,Krü,N,O2	
Graue Felsenschwalbe – Felsenschwalbe	Buff,Krü,N	
Graue Fischermeve – Dreizehenmöwe	GD	
Graue Fischermeve – Dreizehenmöwe	Be2	
Graue Fischermeve – Mantelmöwe	Be2	
Graue Fischermöve – Dreizehenmöwe	N	
Graue Fischermöve – Mantelmöwe	Buff	(Buffon-)Otto: Name kommt ihr nicht zu.
Graue Fischmöve – Mantelmöwe	N	
Graue Gans – Grau-/Hausgans	Buff	
Graue Gans – Graugans	Be2,Be,GD,N	
Graue Gartengrasmücke – Gartengrasmücke	CLB3	
Graue gemeine Eule – Waldkauz	GD,Krü	
Graue Grasehitsche – Dorngrasmücke	Do,F	
Graue Grasmuck – Gartengrasmücke	Jä	
Graue Grasmücke – Dorngrasmücke	Be1,Be2,Be,Be97,Buff,F,GD,N	
Graue Grasmücke – Gartengrasmücke	Be1,Be2,Be,CLB2,F,Krü,MW,N,O1,2,V,zLa	KNB
Graue Grasmücke – Klappergrasmücke	Buff	
Graue große Ammer – Grauammer	Buff	
Graue Kraehe – Nebelkrähe	Fri	
Graue Krahe – Nebelkrähe	Be2	
Graue Krähe – Nebelkrähe	Be1,Be,Be97,Buff,CLB2,GD,Hp,Krü,N,O1	KNB
Graue Kriechente mit blauen Schultern – Blauflügelente	K	
Graue Krinisse – Fichtenkreuzschnabel	Schwf	
Graue kurzschnäblige … … Gartengrasmücke – Gartengrasmücke	CLB3	
Graue langschnäblige Gartengrasmücke – Gartengrasmücke	CLB3	
Graue Lerche – Brachpieper	Be2,N	
Graue Mausweihe – Rotmilan	GD	
Graue Meerschwalbe – Trauerseeschwalbe	Be1,Be2,Be,Krü	
Graue Meerschwalbe – Weißflügel-Seeschwalbe	Be,Krü	
Graue Meise – Sumpf-/Weidenmeise	Be1,Be2,Be	
Graue Meise – Sumpfmeise	Be,Krü,N	
Graue Meve – Lachmöwe	Be2,Be	
Graue Meve – Sturmmöwe	Be1,Be2,Be,Buff,GD	
Graue Meve mit dem Mohrenkopf – Lachmöwe	Be2,Be,GD	GD: Mohrenkopfe.
Graue Mewe – Sturmmöwe	Krü	

Graue Mibe – Lachmöwe	Fabr	Lachmöwe hieß auch: …
		… Kleine graue Mibe, Große graue Mibe
Graue Misteldrossel – Misteldrossel	Krü	
Graue Mittelänte – Spießente	Buff	
Graue Mittelente – Spießente (weibl.)	Be2,Be,Buff,F,Fri,GD,N	
Graue Möve – Lachmöwe	CLB2,N	KNB
Graue Möve – Sturmmöwe	N,O2	
Graue Möve – Zwergmöwe	Do	
Graue Möve mit dem Mohrenkopf – Lachmöwe	N	
Graue Möwe – Sturmmöwe	F	
Graue Nachteule – Waldkauz	Be2,Be	
Graue Nachtigall – Gartengrasmücke	N	
Graue Nachtigall – Sprosser	H	
Graue oder braune Ente – Schnatterente	Buff	
Graue Ostdüte – Pfuhlschnepfe	N	
Graue Pfuhlschnepfe – Grünschenkel	Be2,N	
Graue Rall – Trauerseeschwalbe	Buff	
Graue Rall – Wasserralle	Suol	
Graue Ralle – Trauerseeschwalbe (juv.)	Be2,Buff,K,N	Frisch T. 220.
Graue Ralle – Wachtelkönig	N	
Graue Rohrdommel – Nachtreiher	Do	
Graue Rohrdummel – Graureiher	Be	
Graue Schnepfe – Dunkler Wasserläufer (Wikl.)	Be2,Be,N	
Graue schwarzköpfige Seeschwalbe – Flußseeschwalbe	JAN	
Graue Schwalbe – Uferschwalbe	Be1,Be2,Be,Krü,N	
Graue Seeschwalbe – Trauerseeschwalbe	Be2	
Graue Strandläufer-Schnepfe – Kleiner Schlammläufer	H	
Graue Sumpfnachtigall – Sprosser	F	
Graue Ufer-Schnepfe – Terekwasserläufer	H	
Graue Uferschnepfe – Dunkler Wasserläufer	N	
Graue Uferschnepfe – Grünschenkel	Buff	= Brissons „Limosa grisea."
Graue Uferschnepfe – Pfuhlschnepfe	Be2,Be,BB	
Graue und braune Ente – Schnatterente	Be2,GD	
Graue und weiße Bachstelze – Bachstelze	G	
Graue Waldmeise – Tannenmeise	GD	
Graue Wasserstelze – Bachstelze	Be2,Be,N	
Graue Weihe – Rohrweihe (männl.)	CLB3,K	
Graue Weyhe – Mönchsgeier	Buff	
Graue wilde Ente – Tafelente	Buff,GD	
Graue Zischeule – Waldkauz	GD	
Graueammer – Grauammer	Fri	
Grauekrae – Nebelkrähe	Buff	
Grauemeise – Sumpf-/Weidenmeise	Buff	

Grauentchen – Knäkente (weibl.)	Be2,Be,O1	
Grauentchen – Krickente (weibl.)	Be1,Be2,Be,Be97,GD,N	
		Hier: „Anas circia",weibl.
Grauente – Ringelgans	Be2,F,N	
Grauente Bronk – Ringelgans	Do	
Grauentlein – Krickente	F,Fri,GD	
Grauer – Bluthänfling	Do	
Grauer Kreuzschnabel –	Be	
Fichtenkreuzschnabel		
Grauer Strandläufer – Kiebitzregenpfeifer	N	
Grauer – Bluthänfling	F,Scha	
Grauer Alk – Trottellumme	Krü,O2	
Grauer Ammer – Grauammer	Be,Be2,Buff,CLB2,GD,K,N …	
	… Frisch T. 6; Hamburger Magazin 1749. KNB	
Grauer Ammerling – Grauammer	Jä	
Grauer aschfarbiger Reiher – Graureiher	Be	
Grauer Baumläufer – [Wald]Baumläufer	N,O3	Naumann ist gegen 2 Arten.
Grauer Emmeritz – Grauammer	Be2,Be,N	
Grauer Ententaucher – Prachttaucher	JAN	Oder Sterntaucher: Be2.
Grauer Ententaucher – Sterntaucher	Be2	
Grauer Erdhacker – Grauspecht	CLB3	
Grauer Fichtenlaubvogel – Zilpzalp	CLB3	
Grauer Fischer – Fluß-/Küstenseeschwalbe	Buff,GD	
Grauer Fischer – Flußseeschwalbe	Be2,Be,N	
Grauer Fischer – Lachmöwe	Buff	
Grauer Fischreiher – Graureiher	Jä	
Grauer Fliegenfänger – Grauschnäpper	Be2,Be,N,Suol,WüCl	
Grauer Fliegenschnäpper – Grauschnäpper	Bri,N,O2,V	
Grauer Fliegenschnäpper mit zwei weißen …	N	
… Flügelflecken – Halsbandschnäpper		
Grauer Fliegenschnepper – Grauschnäpper	Jä	
Grauer Geier – Mönchsgeier	Be2,Be,Be05,CLB1,2,3,Krü,MW,N, …	
	… O1,2,3,V,WüCl KNB	
Grauer Geier – Rohrweihe	N	
Grauer gestreifter Fliegenschnäpper –	Buff	
Grauschnäpper		
Grauer Geyer – Gänsegeier	GesH	
Grauer Geyer – Mönchsgeier	Buff	
Grauer Geyer – Rohrweihe (männl.)	K	
Grauer Geyer – Rotmilan	GD	
Grauer Gifitz – Kiebitzregenpfeifer	Buff	
Grauer großer Afterfalke – Raubwürger	Be1,Be2,Be,GD	
Grauer großer Ammer – Grauammer	Buff,GD	
Grauer grünfüßiger Strandläufer –	Be2,Be,Buff,N	
Kiebitzregenpfeifer		
Grauer Grünspecht – Grauspecht	Jä	
Grauer Gysiz – Kiebitzregenpfeifer	K	
Grauer Hänferling – Bluthänfling	N,Scha	
Grauer Hänfling – Berghänfling	Buff,K	Frisch T. 9

Grauer Hänfling – Bluthänfling (juv., männl.)	Ad,Be1,Be2,CLB2,Fri,Krü,MW,N,Scha	KNB
Grauer Hänfling – Steinsperling	Be2,Be,N	
Grauer Henffling – Berghänfling	K	
Grauer Hutick – Grauschnäpper	Be	
Grauer Hütick – Grauschnäpper	Be2,N	
Grauer Hütik – Grauschnäpper	Be1,Buff	
Grauer Hüting – Grauschnäpper	O1	
Grauer Hüttick – Grauschnäpper	Do,F	
Grauer Kaspar – Wachtelkönig	Do,F	
Grauer Kasper – Wachtelkönig	N	
Grauer Kibitz – Kiebitzregenpfeifer	Ad,Buff,Krü,N,O1	
Grauer Kibitz – Steinwälzer	N	
Grauer Kiebitz – Kiebitzregenpfeifer	Be1,Be2,Be,GD	
Grauer Kiebitz – Steinwälzer	Be2,Be	
Grauer Kiewitz – Thorshühnchen	Buff	
Grauer Kiwitz – Steinwälzer	Buff	
Grauer Krährabe – Nebelkrähe	Be1,Be2,Be,N	
Grauer Kranich – Kranich	Be2,Be,CLB1,2,3,GD,K,Krü,N,WüCl … … Frisch T. 194	KNB
Grauer Kreutzschnabel – Fichtenkreuzschnabel	N	
Grauer Kreuzschnabel – Fichtenkreuzschnabel	Be2,Be	
Grauer Krinitz – Fichtenkreuzschnabel	Be1,Be2,Be,N	
Grauer Kuckuck – Kuckuck	CLB3	
Grauer Kybitz – Kiebitzregenpfeifer	Buff,K	Albin Band I, 76, Frisch T. 215.
Grauer Lappenfuß – Odinshühnchen	CLB3,N	CLB3: -fuss
Grauer Laubsänger – Zilpzalp	CLB1,2	KNB
Grauer Laubvogel – Zilpzalp	Do,F	
Grauer Lumme – Trottellumme	Be2,N	
Grauer Meerschwalm – Lachmöwe	GD	
Grauer Meuse Ahr – Rotmilan (Var.)	Schwf	
Grauer Mönch – Dohle	Krü	
Grauer Mornell – Mornellregenpfeifer	Ad,Buff,K,Krü	Var. „Englischer Mornell."
Grauer Neuntöter – Raubwürger	Be05	
Grauer Norwegischer Baumhacker mit … … schwarzemHalsbändchen – Grauspecht	Be2,BeN	
Grauer Ortolan – Grauammer	Be,F,N	
Grauer Ortolan – Grauortolan	BB,H	
Grauer Pardel – Kiebitzregenpfeifer	Be,Buff,GD,K,Krü	Frisch T. 215
Grauer Phalarope – Odinshühnchen	Buff	
Grauer Phalaropus – Odinshühnchen	Buff	
Grauer Puffin – Grosser Sturmtaucher	CLB2	KNB
Grauer Pullroß – Kiebitzregenpfeifer	Be	
Grauer Pulros – Kiebitzregenpfeifer	N	
Grauer Pulroß – Kiebitzregenpfeifer	Be2,Be,Buff,GD	
Grauer Rabe – Nebelkrähe	Be2,Be,Be97,Be05,F,GD,N	
Grauer Raßler – Temminckstrandläufer	F,Jä,N	

Grauer Rave – Nebelkrähe	Be1	
Grauer Regenpfeifer – Kiebitzregenpfeifer	Be2,Be,Buff,N	Belon
Grauer Regenpfeifer – Sanderling	GD	
Grauer Reigel – Graureiher	Schwf	
Grauer Reiger – Graureiher	Be,Fabr,GesH,Kö,Krü	
Grauer Reiger mit weisser Blässe – Graureiher	Fri	
Grauer Reiher – Graureiher	Be1,Be,Be05,Buff,CLB3,GD,Krü,N	
Grauer Reiher – Nachtreiher (juv., Var.)	Be2,Be,Be97N	
Grauer reiher mit dem Federbusche – Graureiher	Buff	
Grauer Reiter – Flußuferläufer	O1	
Grauer Reyger – Graureiher	Buff,K	Frisch T. 198.
Grauer Rohrschirf – Sumpfrohrsänger	Do,F Schirfen tonmalend für Dauer-Gezwitscher.	
Grauer Rothschwanz – Gartenrotschwanz	N	
Grauer Sanderling – Knutt	O2	
Grauer Sandläufer – Flußuferläufer	Be2,Be,N	
Grauer Sandläufer – Knutt	Buff	
Grauer Sandläufer – Meerstrandläufer	Be	
Grauer Sandläufer – Sanderling	Be2,N	
Grauer Sänger – Gartengrasmücke	Be2,Be,CLB2,N,V	KNB
Grauer Schäckerdickkopf – Schwarzstirnwürger	Be2,N	
Grauer Schäferdickkopf – Schwarzstirnwürger	JAN	
Grauer Sonderling – Sanderling	CLB1,2,MW	KNB
Grauer Specht – Grauspecht	O2	
Grauer Sperling – Haussperling	GD	
Grauer Spitzschwanz – Spießente (weibl.)	Be2	
Grauer Sporner – Spornammer	Be2,N	
Grauer Spötter (bei Wien) – Gartengrasmücke	H	
Grauer Spötterl – Gartengrasmücke	F	
Grauer Spottvogel – Gartengrasmücke	N,V	
Grauer Steinschmätzer – Steinschmätzer	Bri,Krü,N	
Grauer Sticherling – Gebirgsstelze	Buff	
Grauer Strandläufer – Kiebitzregenpfeifer	Be1,Be2,Be,Buff,GD,N,O1	
Grauer Strandläufer – Knutt (Winterkl.)	GD	
Grauer Sturmvogel – Dunkler Sturmtaucher	Buff	
Grauer Sturmvogel – Eissturmvogel	O2	
Grauer Sturmvogel – Grosser Sturmtaucher	CLB2	
Grauer Taucher – Rothalstaucher	N	
Grauer Taucher-Sturmvogel – Dunkler Sturmtaucher	H	
Grauer und schwarzer Reiher – Nachtreiher	Be2	
Grauer und weißer Kibitz – Lachmöwe	Ad	
Grauer und weißer Puffin – Eissturmvogel	Krü	

Grauer und weißer Puffin von der Insel …	Buff	
… Saint-Kilda – Eissturmvogel		
Grauer Waldvogel – Zilpzalp	CLB3	
Grauer Wasserläufer – Grünschenkel	CLB3	
Grauer Wasserläufer – Pfuhlschnepfe	Be2,Be	
Grauer Wassertreter – Odinshühnchen	CLB2,F,N,O2,3	KNB
Grauer Weidensänger – Zilpzalp	Do,F	
Grauer Weißschwanz – Steinschmätzer (Var.)	Buff,CLB3,MW	
Grauer Wendehals – Wendehals	N	
Grauer Wiesenknarrer – Wasserralle	Be2,Be,Buff,Gun,N	Halle 1760, 493.
Grauer Würger – Raubwürger	CLB3,MW	
Grauer Würger – Schwarzstirnwürger	Be,Be05,Krü,N,Scha	
Grauer Zaunkönig – Zilpzalp	Do,F	
Graues Bastardwasserhuhn –	Buff	
Odinshühnchen		
Graues Feldhuhn – Rebhuhn	CLB1,2,3,MW,N	KNB
Graues gemeines Rebhuhn – Rebhuhn	GD	
Graues kleines Rebhuhn – Rebhuhn	Fri	
Graues Meerhuhn –	Buff	
Rotflügel-Brachschwalbe		
Graues Rebhuhn – Rebhuhn	Be1,Be2,Be,Buff,GD,Hp,N	
Graues Sandläuferchen –	N	
Temminckstrandläufer		
Graues Sandläuferchen – Zwergstrandläufer	Be1,Be2,Be,N	
Graues Schwarzkehlchen – Bachstelze	Be2	
Graues Schwarzkehlein – Bachstelze	Be,K,N	Frisch T. 23.
Graues Strandläuferchen –	F,N	
Temminckstrandläufer		
Graues Wasserhuhn – Flußuferläufer	Be2,Be,Buff,Krü	
Graues Wasserhuhn – Knutt	Be1,Be2,GD,O1	
Graues Wasserhuhn mit acht Zähnen an	Be,Buff	Be hat Zahl: mit 8 Zähnen.
der Zunge – Knutt		
Graues Wasserhuhn mit schwarzem …	Be2,Be N	Das ist kein Rotschenkel.
… Schnabel und gelben Füßen –		
Rotschenkel		
Graufahle Gesanggrasmücke –	Be2	
Heckenbraunelle		
Graufahle Grasmücke – Heckenbraunelle	N	
Graufalke – Eleonorenfalke	H	
Graufalke – Rauhfußbussard	B,Be2,F,GD,N	
Graufink – Steinsperling	Ad,Be1,Be2,Be,Be97,Buff,CLB2,F,Fri,GD,K, …	
	… Krü,N,MW,V	Frisch T. 3.
Graufink mit gelben Flecken auf der Brust …	Buff	
… und schwarzer Kappe – Steinsperling		
Graufinke – Steinsperling	HHM	VN
Graufleckige Grasmücke – Feldschwirl	Buff	
Graufleckigte Grasmücke – Feldschwirl	Buff	
Graufliegenfänger – Grauschnäpper	B	

Graufuß – Rohrweihe	GD	„Falco rufus."
Graufüßige Möve – Sturmmöwe	Do	
Graufüßiger Züger – Grünschenkel	N	
Graugans – Graugans	B,Be2,Be,Be05,CLB2,Fri,Krü,MW,N,O3,V …	
	… Meyer & Wolf 1810 KN	KNB
Graugans, deutsche – Graugans	CLB3	
Graugans, große – Graugans	Be,N	
Graugans, nordische – Graugans	CLB3,N	
Graugelbe Bachstelze – Gebirgsstelze	Do,F	
Graugelbe Grasmücke – Schilfrohrsänger	GD	
Graugelber Reiher – Purpurreiher (juv.)	Be2,Be,N	
Graugelblicher Reiher – Purpurreiher	Be1	
Graugestreifter Fliegenfänger – Grauschnäpper	Be2,Be,N	
Graugestreifter Fliegenschnäpper – Grauschnäpper	Be1,Be2,Be,N	
Graugrüner Specht – Grauspecht	B,JAN,MW,N	
Grauhänfling – Berghänfling	Ad,Krü	
Grauhänfling – Bluthänfling (männl., juv.)	Be,Be97,Buff,Fri,GD,H,Krü,WüCl	
Grauhänfling, gelbschnäbliger – Berghänfling	F	
Grauhänfling, nordischer – Berghänfling	F	
Grauiritsch – Bluthänfling	Suol,WüCl	
Graukehlchen (schles.) – Gartengrasmücke	F,H	
Graukehlchen – Heckenbraunelle	Ad,Be2,Be,F,Krü,N	
Graukehlein mit ganz rotem Schwanze … … und langem Brustlatze – Gartenrotschwanz	K	Frisch T. 20.
Graukehlein mit rotem Schwanz und … … langem Brustlatz – Blaukehlchen	K	Frisch T. 20.
Graukehlein schwarz verbrehmt mit … … halbrotem halbschwarzem Schwanze – … … Blaukehlchen	K	Frisch T. 20.
Graukehlichte Taucherente – Rothalstaucher	GD	
Graukehlichter Haubentaucher – Rothalstaucher	GD	
Graukehlichter Taucher – Rothalstaucher	JAN	
Graukehlige Taucherente – Rothalstaucher	Be2	
Graukehliger Alk – Papageitaucher	CLB2,JAN,MW,N	KNB
Graukehliger Haubensteißfuß – Rothalstaucher	N	
Graukehliger Haubentaucher – Rothalstaucher	Be1,Be2,Be,Be97,Buff,GD,N	
Graukehliger Larventaucher – Papageitaucher	N	
Graukehliger Papageitaucher – Papageitaucher	N	Hier richtig: Papagai- …
Graukehliger Steißfuß – Rothalstaucher	Be2,Be,CLB2,F,MW,N,O3	KNB
Graukehliger Taucher – Rothalstaucher	Be2,F,Krü,N,V	

Graukopf – Grauspecht	B,Be2,Be,Buff,F,GD,N	
Graukopf – Maskenammer	GD	
Graukopf – Stieglitz	Be97	
Graukopf – Turmfalke	Ad,B,Be1,Be2,Be,Buff,F,GD,K,Krü,N	
Grauköpfige Aente – Prachteiderente	Buff	Name von Edwards.
Grauköpfige Bachstelze – Schafstelze	Do,F	
Grauköpfige Ente – Prachteiderente	Buff,GD	
Grauköpfige Ente – Spatelente	Be2,Be	
Grauköpfige Ente aus der Hudsonbay – Prachteiderente	Buff	
Grauköpfige Gans – Prachteiderente	GD	
Grauköpfige Heckengrasmücke – Dorngrasmücke	CLB3	
Graukopfige Möve – Graukopfmöwe	O3	
Grauköpfige Schafstelze – Maskenstelze	H	
Grauköpfige Schafstelze – Sardinien-Schafstelze	H	Budytes flavus cinereocapillus.
Grauköpfiger Ammer – Grauortolan	H	
Grauköpfiger Ammer – Maskenammer	GD	
Grauköpfiger Erdhacker – Grauspecht	CLB3	
Grauköpfiger Grünspecht – Grauspecht	K	
Grauköpfiger Grünspecht – Grauspecht	B,Be2,Be,Krü,N	
Grauköpfiger Specht – Grauspecht	B,Be2,Be,Be05,Buff,N	
Grauköpfiger Wiesenammer – Zaunammer	Be	
Grauköpfiger Wiesenammering – Zaunammer	N	
Grauköpfiger Wiesenammering – Zippammer	Be1,Be2,Be,Buff,GD,N	
Grauköpfigter Ammer – Maskenammer	Buff	
Grauköpfigter Grünspecht – Grauspecht	Buff	
Graukopfmöwe – Graukopfmöwe	H	
Graukrähe – Nebelkrähe	Do	
Grauliche Gans – Zwerggans	CLB1,2	KNB
Grauliche Heckengrasmücke – Dorngrasmücke	CLB3	
Grauliche Krähe – Nebelkrähe	G	
Grauliche Meve – Eismöwe	Be2,Be,Buff	
Grauliche Meve – Lachmöwe	Be2,Be	
Grauliche Möve – Eismöwe	N	
Grauliche Möve – Lachmöwe	CLB2	KNB
Grauliche Zwerggans – Zwerggans	CLB3	
Graulicher Kranich – Kranich	CLB3	
Graulicher Reiher – Graureiher	CLB3	
Grauliches Feldhuhn – Rebhuhn	CLB3	
Graulinsk – Eisente	Do,F	
Graumaise – Sumpf-/Weidenmeise	Buff	
Graumaislein – Sumpf-/Weidenmeise	Buff	
Graumantel – Nebelkrähe	Be2,Be,F,N	

Graumantel-Möve – Steppenmöwe	H	
Graumantelmöve – Mittelmeer-/	B	Ehemals Weißkopfmöwe.
Steppenmöwe		
Graumäuslein – Sumpf-/Weidenmeise	K	
Graumeischen – Sumpfmeise	Ad	
Graumeise – Sumpf-/Weidenmeise	Ad,B,Be,Be1,2,97,Buff,F,GD,K,Krü	Frisch T. 13.
Graumeise – Sumpfmeise	N	
Graumeise – Tannenmeise	Do,F	
Graumeißchen – Sumpf-/Weidenmeise	Buff	
Graumeißlein – Sumpfmeise	GD	
Graumeve – Heringsmöwe	GD	
Graumeve, große – Heringsmöwe	Be1,Be2,Be	
Graumeve, größte – Heringsmöwe	Be2	
Graumewe, große – Heringsmöwe	Krü	
Graumöve – Heringsmöwe	Buff	
Graumöve – Sturmmöwe	O1	
Graumöve, größte – Heringsmöwe	Buff	
Graumöve, kleine – Sturmmöwe	GD	
Graunacken – Sturmmöwe	Ad	
Graurother Geyer – Gänsegeier	Buff,GD	„Vultur Fulvus."
Graurücken – Nebelkrähe	Be2,Be,F,N	
Graurückige Meve – Eismöwe	Be2	
Graurückige Mewe – Eismöwe	Buff	
Graurückige Möve – Eismöwe	N	
Graurückige Möve – Silbermöwe	CLB2	KNB
Graurückiger Fliegenfänger –	CLB2,3,O3	KNB
Trauerschnäpper		
Graurückiger Laubsänger – Fitis	CLB3	
Graurückiger schwarzkehliger ...	Krü	
... Steinschmätzer – Steinschmätzer		
Graurückiger Steinschmätzer –	CLB2,MW,N,V	KNB
Steinschmätzer		
Graurückiger Sturmtaucher ...	CLB2	KNB
... – Schwarzschnabel-Sturmtaucher		
Graurückiger Sturmvogel ...	CLB2,MW	KNB
... – Schwarzschnabel-Sturmtaucher		
Grauschlüpfer – Gartengrasmücke	zLa	
Grauschnäbeliger Storch – Maguaristorch	MW ...	
	... Südam., Ciconia maguari, Gefangensch.flüchtlg.	
Grauschnäbliger Bussard – Wespenbussard	Be2,CLB2,N	
Grauschnäbliger Habicht – Wespenbussard	Be	
Grauschwanz – Rohrweihe	Be2,Be,F,N	
Grauschwänziger Stelzenläufer –	N,WüCl	
Stelzenläufer		
Grauspecht – Baumläufer	Ad,Be1,Be2,Be,Be97,Buff,F,GD,Hp,K, ...	
	... Krü,N,O2,V	Frisch T. 39.
Grauspecht – Grauspecht	B,Be2,Be,CLB2,N,O3,V ...	
	... Bechstein 1802. KN	KNB
Grauspecht – Kleiber	Be1,Be2,Be,Be97,Buff,GD,Jä,Krü,O1	

Grauspecht – Wendehals	Be1,Be,N	
Grauspecht, gemeiner – Baumläufer	O2	
Grauspecht, gemeiner – Kleiber	Be2,Be,N	
Grauspecht, kleiner – Baumläufer	O1	
Grauspecht, kleiner – Waldbaumläufer	Jä	
Grauspecht, kleinerer – Baumläufer	Buff	
Graustelze – Bachstelze	B	
Graut Waterhönken (westf.) – Bläßhuhn	H	
Graute Barklöper – Kleiber	Bri	
Graute wille Pille – Stockente	H	
Grauvagel – Spießente	H	
Grauvogel – Sperber	Jä	
Grauvogel – Spießente	Do,F	
Grauwe Nunn – Zwergsäger	GesS	
Grauweiße Weihe – Steppenweihe	N	N: Bd. 13/154.
Grauweißer Falke – Kornweihe	GD	
Grauweißer Geier – Kornweihe (männl.)	Be1,Be2,Be,N	
Grauweißer Geyer – Kornweihe	Buff,GD	
Grauweißes Rebhuhn – Rebhuhn (Var.)	Buff	
Grauweißliches Rebhuhn des Brisson – Rebhuhn (Var.)	Hp	
Grauwentle – Krickente	Suol	
Grauwer Reiger – Graureiher	GesS	
Grauwild (engl.,weibl.) – Birkhuhn	Buff	
Grauwürger – Schwarzstirnwürger	B,F	
Grauwürger, großer – Raubwürger	F	
Gravand (dän., norw.) – Brandgans	H	
Grave Gans – Grau-/Hausgans	Buff	
Graventlein – Krickente	Buff	
Graveule – Waldkauz	N	
Graw Endtlin – Krick-/Knäkente („Zirzente")	Schwf	
Graw Eule – Waldkauz	Schwf,Suol	
Graw Meißlin (sil.) – Sumpf-/ Weidenmeise	Schwf	
Graw Meißlin – Sumpfmeise	Suol	
Graw-endtlin – Krickente	Buff	Hier: Anas circia.
Grâw-Ent – Stockente	Suol	
Graw-entlin – Krickente	Buff	
Grawattjen – Bachstelze	Bri	
Grawe Aant – Stockente	Bri	
Grawe Bachsteltz – Bachstelze	GesS,zLa	
Grawe Gans – Graugans	Schwf	
Grawe Graß Mück – Blaumerle	zLa	
Grawe Nun – Zwergsäger	zLa	Gessner: Aus Straßburg.
Grawe Nunn – Zwergsäger	Suol	
Grawe nunn – Zwergsäger (weibl)	StVb	Schreibweise o.k.
Grawe Steinamsel – Blaumerle	GesS	
Grawe Wassersteltz – Bachstelze	GesS	

Grawe Wassersteltze – Bachstelze	GesH,Schwf	
Grawendtle – Krickente	GesS	
Grawer Gyfitz – Goldregenpfeifer	GesS	
Grawer Gyfitz – Kiebitzregenpfeifer	Schwf,Suol	
Grawer Meerschwalm – Lachmöwe	Schwf,Suol	
Grawer Reigel – Graureiher	Be2,Be,Buff,N	
Grawer Schwan – Höckerschwan	zLa	
Grâwi Wildhenne – Steinhuhn	Suol	
Grawische – Grasmücke (allg.)	Suol	
Greálingur (fär.) – Knutt	H	
Great Oxei (engl.) – Kohlmeise	Tu	
Great Oxeye (engl.) – Kohlmeise	Tu	
Great Passer (engl.) – Grauammer	Tu	For several reasons I consider …
Great Swallow (engl.) – Alpensegler	Tu	
Great Titmous[e] (engl.) – Kohlmeise	Tu	
Greatest Titmouse (engl.) – Kohlmeise	Tu	
Grebe – Haubentaucher	Ad,GD,O1,Suol	
Grebe – Taucher	O1	
Grebe, große – Haubentaucher	Buff	
Greben – Haubentaucher	Do,F	Heutiger engl. Name „Great Crested Grebe“.
Greber – Haubentaucher	Suol	
Green Picus (engl.) – Grünspecht	Tu	
Greenfinch (engl.) – Grünfink	Tu	
Greenwichscher Strandläufer – Kampfläufer (juv.)	Be2,Buff	Name stammt von Otto.
Gref – Haubentaucher	Suol	
Greger – Reiher (allg.)	Suol	
Greif – Gänsegeier	Buff,GD	Vultur Fulvus.
Greiff – „Greiff“	HaSa	
Greifgeier – Bartgeier	B,Be2,N	
Greifgeyer – Bartgeier	Buff	
Greinerlein – Baumpieper	Be2,Be,F,N,Schwf,Suol	
Greinerlein – Berghänfling	B,F,Jä,N	
Greinerlein – Brachpieper	Be2,Be,F,N	
Greinerlein – Wiesen-und Baumpieper	Be1	
Greinerlein – Wiesenpieper	Be2,Be,N	
Greinerlin – Brachpieper	Buff	
Greinlerche – Baumpieper	Do,F	
Greinvögelchen – Baumpieper	Be	
Greinvögelchen – Wiesen-und Baumpieper	Be1	
Greinvögelchen – Wiesenpieper	Be2,Be,F,N	
Grelje – Tafelente	Bri,Häp	
Grenadier – Bartmeise	Do,F	
Grenadier – Schwarzspecht	GD	
Grenefinc (engl.) – Grünfink	Tu	
Grenefinche (engl.) – Grünfink	Tu	
Grenes – Fichtenkreuzschnabel	Suol	
Greny – Großer Brachvogel	Buff	„Auf dem Konstanzer See.“
Greßling – Birkenzeisig	Suol	

Greßling – Grünfink	GesSH	
Greta – Ufer- u. Pfuhlschnepfe	Häp	
Grêta – Uferschnepfe	Bri,F,H,Suol	
Gretav – Uferschnepfe	Suol	
Gretje – Ufer- u. Pfuhlschnepfe	Häp	
Greto – Uferschnepfe	Bri,Suol	
Greunspecht – Grünspecht	Do,F	Plattdeutsch
Greve – Haubentaucher	Be1,Be2,Be,F,N	
Grey Crow (engl.) – Nebelkrähe	Tu	
Grey Gull (engl.) – Lachmöwe (Wikl.)?	Tu	Binnenmöwe
Grey Hen (engl.) – Haushuhnrasse?	Tu	
Grey-clak (engl.) – Weißwangengans	Tu	
Grey-Lag (engl.) – Weißwangengans	Tu	
Greynerlein – Baumpieper	HaSa	
Griechisch Rebhuhn – Steinhuhn	K	Frisch T. 116.
Griechisches Feldhuhn – Alpensteinhuhn	V	Alectoris graeca saxatilis.
Griechisches Feldhuhn – Rothuhn	GD	
Griechisches Feldhuhn – Steinhuhn	Buff	
Griechisches Rebhuhn – Rothuhn	GD	
Griechisches Rebhuhn – Rothuhn	Be1,Be,Be97	
Griechisches Rebhuhn – Steinhuhn	Be2,Be,N	
Griechisches rotes Rebhuhn – Steinhuhn	Hp	
Griechisches Rothuhn – Rothuhn	Be1	
Griechisches Rothuhn – Steinhuhn	Krü	
Griegelelster – Raubwürger	Be1,Be2,Be,N	
Griegelhahn – Auerhuhn (männl.)	Krü	
Griegelhahn – Birkhuhn	Ad	
Griegelhahn – Schneehuhn	Fri,Krü	
Griegelhenne – Auerhuhn (weibl.)	Krü	
Griegelhenne – Schneehuhn	Krü	
Griegelhuhn – Auerhuhn	Krü	
Griegelhuhn – Schneehuhn	Krü	
Griel – Gartengrasmücke	Ad	Ad 2, 798; Grimm 9, 262.
Griel (holl.) – Triel	Be1,Be2,Be,Buff,F,GesSH,GD,Krü,N,O1,Suol … … Gessner 1555.	
Griel, gemeiner – Triel	O1	
Grieltrappe – Großtrappe	Be1	
Grieltrappe – Zwergtrappe	Ad,Be2,Buff,K,Krü,Suol	
Grielträpple – Zwergtrappe	H	
Grien voegelin – Brachpieper	Buff	
Grienitz – Fichtenkreuzschnabel	Be1,Be2,Buff,G,KrüN,	
Grienitz-Vogel – Kreuzschnabel	G	
Grienitzvogel – Kreuzschnabel	G	
Griens – Fichtenkreuzschnabel	F,H	
Grienuögelien – Baumpieper	Suol	
Grienvogel – Baumpieper	Suol	
Grienvögelchen – Baumpieper	Be2,F,N	
Grienvögelchen – Wiesenpieper	JAN	Be2: Baumpieper.
Grienvögelein – Baumpieper	GesH	

Grienvögelein – Brachpieper	Be2,Be,F,N	
Grienvögelin – Baumpieper	GesS,Schwf	
Grieper – Wald- u. Gartenbaumläufer	F,Scha	
Grieper, gemeiner – Baumläufer	O1	
Griervögelein – Brachpieper	Be	
Griesbeerschneller – Kernbeißer	Jä	Griesbeeren sind Kirschen.
Griesente – Krickente	Suol	
Griesentlein – Krickente	H,Jä	
Griesfink – Wiesenpieper	Bri	
Griesgansl – Regenpfeifer	Suol	
Grieshahn – Flußuferläufer	Suol	
Grieshähnl – Flußuferläufer	Suol	
Grieshenne – Sandregenpfeifer	Do,F	
Grieshennel – Flußregenpfeifer	F,N	Siehe Griesshennel.
Grieshennel – Sandregenpfeifer	Be2,N	
Grieshuhn – Alpenstrandläufer	Fri	
Grieshuhn – Regenpfeifer	Suol	
Grieshuhn – Rotflügel-Brachschwalbe	Be2,Be,Krü,N	
Grieshuhn – Sand-oder Strandläufer	Ad	
Grieshuhn – Waldwasserläufer	Krü	
Griesläufer – Flußregenpfeifer	B,Jä,N	Charadrius dubius curonicus.
Griesläufer – Sandregenpfeifer	Be2,Be,F,N	
Grieslein – Sandregenpfeifer	Do,F	Halten sich an Flüssen, Seen u. Meer auf.
Grieß Huhn – Regenpfeifer	Suol	
Grießantel – Krickente	F,H	
Grießanterl – Krickente	H	
Griessautfink – Bluthänfling	Bri	
Grießhenne – Sandregenpfeifer	GD	
Grießhennel – Flußregenpfeifer	Be2,Be	
Grießhennel – Sandregenpfeifer	Be	
Grießhennl – Sandregenpfeifer	Be1,Buff,Krü	
Griesshünlein – Regenpfeifer	Suol	
Grießläufer – Flußregenpfeifer	Be2	
Grießläufer – Sandregenpfeifer	Be	
Griesvogel – Schwarzspecht	H	
Grieta – Ufer- u. Pfuhlschnepfe	Häp	
Grieto – Uferschnepfe	Bri	
Griezeisig – Erlenzeisig	F,H	
Grigel-Han – Auerhuhn (weibl.)	Kö	
Grigelalster – Neuntöter und Würger (allg.)	Suol	
Grigelhahn – Auerhuhn	Krü	
Grigelhahn – Birkhuhn	Ad	
Grigri – Merlin	F	
Grilisch – Girlitz	Do,F	
Grilitsch – Girlitz	Be2,O1,N	
Grill – Großer Brachvogel	Jä	Bei oberbayerischen Jägern.
Grillchen – Birkenzeisig	Be1,Be2,Be,N	
Grillenlerche – Baumpieper	Be2,F,Krü,N	
Grillenlerche – Feldschwirl	Buff	Buffon/Otto Band 14.

Grillenlerche – Wiesenpieper	B,Be2,Be,Buff,F,N	
Grillensänger – Feldschwirl	Do,F	
Grillenvogel – Sandregenpfeifer	Krü	
Grillgen – Birkenzeisig	Buff,GD	
Grilllumme – Gryllteiste	B	
Grillvogel – Goldregenpfeifer	B,Be1,Be2,Be,Be97,Buff,F,GD,Hp,Jä,Krü,N,O1	
Grillvogel – Pfuhlschnepfe	Be2	
Grillvogel – Stelzenläufer	Buff	
Grillvogel – Triel	Suol	
Grillvogel, gesprengter – Sandregenpfeifer	Buff	
Grillvogel, prenklicher – Sandregenpfeifer	Be,Krü	
Grillvogel, sprenglichter – Sandregenpfeifer	Be1	
Grillvogel, sprenkliger – Sandregenpfeifer	Be2,N	
Grimmer – Bartgeier	B,Be1,Be2,Be,N,O1,Suol	Schwenckfeld 16.
Grimmer (sil.) – Gänsegeier	GD,Schwf	
Grimmer – Rotmilan	Be1,Be2,Be,F,N,Schwf,Suol	
Grimmer – Schmutzgeier	Be2,Buff	
Grimper – Spinte, Hopfe, Mauer- und Baumläufer u. a.	O1	
Grims – Fichtenkreuzschnabel	Suol	
Grindelken – Sandregenpfeifer	Bri,Häp	
Grindrabe – Saatkrähe	Ad,Krü	
Grindschnabel – Saatkrähe	B,Be2,Be,F,N,V	
Grinitz – Fichtenkreuzschnabel	Ad,Be1,Be2,Be,Hp,Krü,N,Suol	
Grinitz – Grünfink	Krü	
Grinnelk – Seeregenpfeifer	Bri	
Grinnik (krain.) – Ringeltaube	Be1	
Grinschel – Goldammer	Do,F	
Grinschling – Goldammer	Suol	
Grinsling – Goldammer	Ad,Suol	
Grinsling – Grünfink	Krü	
Grinzling – Goldammer	Fri,Scha	VN
Grinzling – Grünfink	B,Be1,Be2,Be,Be97,Buff,GD,N	
Gris Uhl – Waldkauz	F	
Grise Krei – Nebelkrähe	Bri	
Grisette (weibl.) – Trauerente	Buff	
Grisivogel, sprenglichter – Sandregenpfeifer	Krü	
Grissla (schwed.) – Gryllteiste	GD	
Grita – Ufer- u. Pfuhlschnepfe	Häp	
Grîta – Uferschnepfe	Suol	
Gritto – Ufer- u. Pfuhlschnepfe	Häp	
Gritto – Uferschnepfe	Suol	
Griunik (krain.) – Ringeltaube	Be2	
Grizeisig – Erlenzeisig	H	
Gro velthun – Rebhuhn	Zupo	15. Jahrh.
Grobe wilde Maschente – Stockente	Be2,Be,GD,Han; Engl. Common wild Duck.	VN
Groch – Zwergdommel	Suol	

Grock – Zwergdommel	Suol	
Groese Limose – Uferschnepfe	F	
Gröger – Reiher (allg.)	Suol	
Groh Rothbeinel – Rotschenkel (?)	Baldn	
Grohe – Nebelkrähe	Do,F	
Grohe Wassersteltz – Bachstelze	Baldn	
Grohe, hoh – Schwarzspecht	F	
Grohenfterling – Bluthänfling	Suol	
Grohes Rothbeinel – Rotschenkel	Suol	
Groht Jochen (nieders.) – Zaunkönig	Be1,Be2,Be,Be97,Buff,N	
Groht-Jochen – Zaunkönig	Buff	
Gröling – Grünfink	H	
Grommeter – Wacholderdrossel	Jä	
Grön Hackspett – Grünspecht	Häp	
Grön-Iritsch (schlesw.-holst.) – Grünfink	F,H	
Grönhämperling – Grünfink	Scha,Suol	
Grönhämpling – Grünfink	Scha,Suol	
Gröning – Goldammer	Ad,Be1,Be2,Be,Be97,F,Krü,N	
Gröniritsch – Grünfink	WüCl	
Grönitz – Fichtenkreuzschnabel	Be1,Be2,Be,Buff,Krü,N	
Grönländische dreizehige Möve – Dreizehenmöwe	CLB3	
Grönländische Eidergans – Eiderente	Buff	Buffon/Otto Bd. 34, 253.
Grönländische Eidergans – Prachteiderente	Buff	
Grönländische Gans – Bergente	K	
Grönländische Gans – Gryllteiste	Be,GD	
Grönländische Lumme – Gryllteiste	N	
Grönländische Seetaube – Gryllteiste	Fri	
Grönländische Seetaube – Krabbentaucher	GD,Krü	
Grönländische Serchvack – Sturmmöwe	Be2,Be	
Grönländische Stockente – Stockente	CLB3	
Grönländische Taube – Gryllteiste	Ad,B,Be1,Be2,Be,F,Fri,GD,Gun,Krü,N,O1	
Grönländische Taube – Krabbentaucher	Be2,Be,GD,Gun,O1	Bei Albin und Edward.
Grönländische Taube, schwarze – Gryllteiste	Be2,Be,N	
Grönländischer Alk – Krabbentaucher	Be2	
Grönländischer Edelfalke – Gerfalke	CLB3	
Grönländischer Falk – Gerfalke	Do	Helle Morphe, imposante Größe.
Grönländischer Lerchensporner – Schneeammer	CLB3	
Grönländischer Lumme – Gryllteiste	Be2	
Grönländischer Seeadler – Seeadler	CLB3	
Grönländischer Seetaucher – Krabbentaucher	Krü	
Grönländischer Taucher – Gryllteiste	Fri	
Grönländischer Taucher – Trottellumme	GD	
Grönlandsente – Eiderente	Do	
Grönnig – Grünfink	B	
Grönnitz – Grünfink	Do,F	

Grönschwanz – Grünfink	Suol	
Gronse – Birkhuhn	K	Von Turner genannt.
Grönsidsken (dän.) – Erlenzeisig	H	
Grönsiska (schwed.) – Erlenzeisig	H	
Grönspächt – Grünspecht	Bri	
Grönspecht – Grünspecht	WüCl	
Grönzeisig – Grünfink	Do,F	
Grönzick – Grünfink	Do	
Grönzisk – Grünfink	F	
Grööling – Grünfink	Be2,N	
Gröön-futtet Wäterhennick (helgol.) – Teichhuhn	H	
Groonker – Grünfink	Häp	
Gröönling – Grünfink	Be	
Gröönschwanz – Grünfink	Be2,Be,N	
Groose Ruhrspaarling – Drosselrohrsänger	Be	
Groot Ant – Stockente	WüCl	
Groot Borrfink (helgol.) – Kiefernkreuzschnabel	H	
Groot grü Kubb (helgol.) – Mantelmöwe	H	
Groot gühl Fliegenbitter – Gelbspötter	Do,F	
Groot Havk – Habicht	WüCl	
Groot Hawke – Habicht	F	
Groot Kerr – Raubseeschwalbe	F	
Groot Kerr (helgol.) – Raubseeschwalbe	H	
Groot Marling (helgol.) – Uferschnepfe	F,H	
Groot Reintüter – Großer Brachvogel	F,H	
Groot Roab – Kolkrabe	H	
Groot Rollows (helgol.) – Kohlmeise	H	
Groot Siedn (helgol.) – Haubentaucher	H	
Groot Sketenjoager – Skua	F	
Groot Skwarwer (helgol.) – Eistaucher	H	
Groot Svart Dükker (helgol.) – Samtente	H	
Groot swart Kauk – Saatkrähe	F,H	
Groot Swummer-Stennik (helgol.) – Thorshühnchen	H	
Groote Boomgoos – Gänsesäger	WüCl	
Groote Karekiet (holl.) – Drosselrohrsänger	H	
Groote Ruhrspaarling – Drosselrohrsänger	Be2,Be,N	
Groote Strandtüte – Knutt	Bri	
Groote Tüt – Rotschenkel	Bri	
Groote Tüte – Großer Brachvogel	Bri	
Groote Zilverreiger (holl.) – Silberreiher	H	
Gropper – Alpenstrandläufer	F,N	
Gropper – Flußuferläufer	Jä	
Gropper – Moorente	O1	
Gropper, großer – Sichelstrandläufer	F,Jä	
Gropperle – Alpenstrandläufer	N	
Gropperle – Flußuferläufer	Jä	

Gropperle, gro?er – Sichelstrandläufer	N	
Gropperlein – Alpenstrandläufer	O2	
Gros Endte – Stockente	Schwf	
Gros Falcke – Würgfalke	Schwf	
Gros Ziemer – Wacholderdrossel	Suol	
Gros Ziemer (sil.) – Wacholderdrossel	Schwf	
Gros-endte – Stockente	Buff	
Gros-Endte – Stockente	K	
Gros-Zimmer – Wacholderdrossel	K	
Groschker – Rotkopfwürger	Fri	
Grösel – Wachtelkönig	P	
Grosentte – Stockente	Suol	
Groser Nuenmoerder – Raubwürger	GesS	
Grosmeise – Kohlmeise	Be	
Groß Holtztaub – Ringeltaube	GesS	
Groß Holtztub – Ringeltaube	Suol	
Groß Huhu – Uhu	GesS	
Groß Rothbeinel – Dunkler Wasserläufer	Baldn	
Groß singada Staudevogel – Gartengrasmücke	H	
Groß Wasserhünle – Wachtelkönig	GesS	
Groß Wasserhünlein – Wachtelkönig	GesH	Nicht recht.
Groß-Änte – Stockente	Buff	
Groß-Blauziemer – Wachholderdrossel	Hp	
Groß-Ent – Stockente	GesH	
Groß-Rollender – Buchfink, Zuchtname	Kö	
Groß-Schnepfe – Waldschnepfe	N	
Groß-Trappe – Großtrappe	N	
Groß-Zimmer – Wacholderdrossel	Buff	
Großbärtige Schwalbe – Ziegenmelker	Ad,Be2,Be,Buff,GD,K,Krü,N	Frisch T. 101.
Großblauziemer – Wacholderdrossel	Be1,GD,Krü	
Großchnäbeliger Kernbeisser – Kiefernkreuzschnabel	MW	
Großdrossel – Misteldrossel	Do,F	
Große rotbrüstige Schnepfe – Knutt	Be	
Große – Stockente	N,Suol	
Große Aigrette – Silberreiher	Be2,F,N	
Große Alaster – Elster	H	
Große amerikanische Baumlerche – Kalanderlerche	GD	
Große Ammer – Grauammer	V	
Große Amsel – Ziegenmelker	Buff	Otto: „Sehr unschickliche" Übersetzg.
Große Amsel der Alpen – Alpendohle	Be2,N	
Große aschgraue Meve – Lachmöwe	Buff,GD	
Große aschgraue Mewe – Lachmöwe	Be1,Hp,Krü	
Große Aunachtigall – Sprosser	F	
Große Baumeule – Waldkauz	Be1,Be,Be97,Be05,Buff,GD,Hp,Krü,N	
Große Becassine – Doppelschnepfe	O1,2	
Große Becassine – Waldwasserläufer	Be2	

Große Bekassine – Doppelschnepfe	F,N	
Große Bekassine – Waldwasserläufer	N	
Große Blässengans – Blässgans	CLB3,N	CLB3: Grosse …
Große Blässente – Stockente	Ad	
Große Blaue Bachstelze – Gebirgsstelze	zLa	
Große blaue Meise – Lasurmeise	Be2,Be,N	
Große Blauente – Gänsesäger	Z	
Große Brachschnepfe – Großer Brachvogel	Krü,N	
Große braune Möve – Heringsmöwe (juv.)	N	
Große braune Eule – Sperbereule	Be1,Be2,Be,GD	
Große braune Eule – Steinkauz	Buff	
Große braune Meve – Heringsmöwe (juv.)	Be2,Be	
Große braune Tageule – Habichtskauz	N	
Große braune Weihe – Rauhfußbussard	N	
Große breitschnäblige Ente – Löffelente	Be2	
Große breitschnablige Löffelente – Löffelente	N	
Große Bruchschnepfe – Doppelschnepfe	Krü	
Große bunte Möve – Silbermöwe (juv.)	N	
Grosse bunte Steindrossel – Steinrötel	CLB3	
Grosse Bürgermeistermöve – Eismöwe	CLB2	
Grosse dreizehige Möve – Dreizehenmöwe	CLB3	
Große Drossel – Misteldrossel	Be1,Be2,Be,Be97,Buff,Krü,N	
Große Eisente – Gänsesäger	N	
Grosse Elfenbeinmöve – Elfenbeinmöwe	CLB3	
Große Ente – Eiderente	Be2	
Große Ente – Stockente	H,Mic,Scha	
Große Eule – Bartkauz	N	N: Bd. 13/180.
Große Eule – Waldkauz	N	
Grosse europäische Wachtel – Wachtel	CLB3	
Große Falkmöwe – Mantelmöwe	Buff	
Große Fischmeese – Flußseeschwalbe	Scha	
Große Fischmöve – Mantelmöwe	N	
Große gefleckte Möve – Silbermöwe (juv.)	N	
Große gelbbraune Ohreneule – Uhu	Be1,Be	
Große Gans – Grau-/Hausgans	Do	
Große gelbbraune Ohreule – Uhu	Be2,Buff,N	
Große gelbe und grüne Bachstelze – Schafstelze	V	
Große geschäckte Ente – Mittelsäger	Be2,Be,N	
Große gescheckte Aente – Mittelsäger	Buff	
Große Gescheckte Endte – Mittelsäger	Schwf	
Große gesperberte Grasmücke – Sperbergrasmücke	Be2,Be,N	
Große Gibraltarschwalbe – Alpensegler	Be1,Be2,Be,Krü,N	
Große Gibraltarschwalbe – Alpensegler	Buff,K	
Große Grasehitsche – Gartengrasmücke	Do,F	
Große Grasmücke – Dorngrasmücke	O1	

Große Grasmücke – Sperbergrasmücke	N	
Große graubraune Meve – Mantelmöwe	Be2	
Große graubraune Mewe – Eismöwe	Ad	
Große graubraune Möve – Mantelmöwe (juv.)	N	
Große graue Grasmücke – Dorngrasmücke	N	
Große graue Pfuhlschnepfe – Grünschenkel	Be	
Große graue Gans – Grau-/Hausgans	Buff	
Große graue Gans – Graugans	Be2,Be,N	
Große graue Grasmücke – Dorngrasmücke	Be1,Be2,Be	
Große graue Grasmücke – Heckenbraunelle	GD	
Große graue Meve – Heringsmöwe	Buff,JAN	Be2: Lach- und Sturmmöwe.
Große graue Meve – Lachmöwe	Be2	
Große graue Meve – Sturmmöwe	Be2	
Große graue Mewe – Sturmmöwe	Buff	
Große graue Möve – Heringsmöwe	N	
Große graue Möve – Lachmöwe	N	
Große graue Möve – Sturmmöwe	N	
Große graue Ostdüte – Pfuhlschnepfe	N	
Große graue Pfuhlschnepfe – Grünschenkel	Be2,Be,Buff,Krü,N	
Große Graugans – Graugans	Be,N	
Große Graumeve – Heringsmöwe	Be1,Be2,Be,GD	
Große Graumewe – Heringsmöwe	Krü	
Große Graumöve – Heringsmöwe	Buff	
Große graurückige Möve – Silbermöwe	N	
Große Grebe – Haubentaucher	Buff	
Große Habichtseule – Habichtskauz	Be,MW,N	s. u.
Große Haff Möwe – Heringsmöwe	Fri	
Große Haffbacke – Raubseeschwalbe	Do,F	
Große Haffdrücker – ? (wurde als Ente gesehen)	Mic	
Große Haffmöwe – Heringsmöwe	Do,F,Fri	
Große Hafmeve – Heringsmöwe	Be1,Be2,Be,N	
Große Hafmeve – Heringsmöwe	Buff,GD	
Große Hafmewe – Heringsmöwe	Krü	
Große Hafmoewe – Heringsmöwe	Buff	
Große Halbente – Eistaucher	Be2,Be,N	
Große Halbente – Sterntaucher	Fri	
Große Heringsmeve – Mantelmöwe	Be2	
Große Heringsmöve – Heringsmöwe	CLB3,N	
Große Heringsmöve – Mantelmöwe	N	
Große Höckertaube – Haustaubenrasse	Buff	
Große Holtztaub – Ringeltaube	GesH	
Große Holztaube – Ringeltaube	Be1,2,Be,Be97,CLB2,F,Fri,GD,Hp,Krü,N,V	KNB
Große Horneule – Uhu	Be1,Be2,Be,F,GD,N	
Große Horneule von Athen – Waldohreule	K	Albin Band III, 6
Große Kalanderammerlerche – Kalanderlerche	CLB3	

Große Keilhacke – Großer Brachvogel	Fri	
Große Kirke von Stübber – Raubseeschwalbe	Buff	
Große Knäckkriekente – Knäkente	CLB3	
Große Kohlmaise – Kohlmeise	HHM	
Große Kohlmeise – Kohlmeise	Ad,Be2,Be,N	
Große Krähe – Kolkrabe	Be2,Be,Be05,CLB1,2,F,N,O3	Bechst. 1803, KNB
Große Krickente – Knäkente	Be,Do,F	
Große Kriechente – Krickente	Be2	
Große Kriekente – Knäkente	Be2	
Große Kriekente – Krickente	Be2	
Große Krinisse – Kiefernkreuzschnabel	Schwf	
Grosse Kropfgans – Krauskopfpelikan	H	
Große Krückelster – Raubwürger	JAN	
Große Krückente – Knäkente	JAN,N	
Große Krumschnaeblichte Schnaepf – Großer Brachvogel	Fri	
Große Lachmeve – Lachmöwe	Be2,Be,GD,N	
Große Lachmewe – Fischmöwe	Buff	
Große langbeinige Schnepfe – Doppelschnepfe	N	
Große langgeschwänzte Baumeule – Habichtskauz	MW	
Große langgeschwänzte Nachteule – Habichtskauz	MW	
Große langschnäblichte gescheckte … … Straus Endte – Mittel-/Gänsesäger?	Schwf	
Große langschnablige Löffelente – Löffelente	N	
Große Lerche – Feldlerche	Be,Buff,Schwf	
Große Lerche – Haubenlerche	Be2,Be,Buff	
Große Lerche – Kalanderlerche	Be,Buff,Krü,N	
Große lerchenfarbene Ammer – Grauammer	Buff	
Große Limose – Uferschnepfe	N	
Große Makreuserente – Samtente	GD	
Große Mauerschwalbe – Alpensegler	Buff,F	
Große Mauerschwalbe – Mauersegler	Be2,N	
Große Mauerschwalbe mit weißem Bauche – Alpensegler	Be2,Buff,Krü,N	
Große Meergans – Eistaucher	Do,F	
Große Meerschwalbe – Fluß-/ Küstenseeschwalbe	Buff,GD	
Große Meerschwalbe – Flußseeschwalbe	Be2,Be,N	
Große Meerschwalbe – Raubseeschwalbe	Be2,N	
Große Meerschwalbe mit weissem Bauche – Alpensegler	Krü	Meer- hier wohl für Mauer-.
Große Meise – Kohlmeise	Ad,Be,Buff,CLB2,F,GesH,GD,K,Schwf,V	KNB
Große Merch – Gänsesäger	Baldn	

Große Meve – Fischmöwe	MW	
Große Mibe – Heringsmöwe (wahrsch.)	Fabr	
Große Misteldrossel – Misteldrossel	GD,Krü	
Große Mittelente – Spießente	F,N,Suol	
Große mondfleckige Drossel – Erddrossel	N	N: Bd. 13/262.
Große Moor-Schnepfe – Doppelschnepfe	N	
Große Moorgans – Saatgans	N	
Große Moorschnepfe – Doppelschnepfe	Krü	
Große Moos-Schnepfe – Doppelschnepfe	N	
Große Moosgrille – Großer Brachvogel	Jä	
Große Nachtigal – Sprosser	Buff,K,O1	Frisch T. 21.
Große Nachtigall – Sprosser	Be1,Be2,Be,Be97,CLB2,Gd,Krü,N	KNB
Große Nachtigalle – Sprosser	Schwf.Suol	
Große Nachtschwalbe – Ziegenmelker	Be2,Be,N	
Große nordische Meve – Eismöwe	Be,N	
Große nordische und weisse Meve – Eismöwe	Be2	
Große nördliche Meve – Skua	Buff	
Große Nordmeve – Eissturmvogel	Krü	
Große Nordmöve – Eissturmvogel	Buff	
Große Ohreule – Uhu	Be2,Be,Be97,Buff,CLB1,2,F,GD,Krü, … … MW,N,O3,V Bechstein 1803. KNB	
Große Ostdüte – Uferschnepfe	N	
Große Pfuhlschnepfe – Doppelschnepfe	Be2,Be,Krü,N	
Große Pfuhlschnepfe – Grünschenkel	Be2,Be,N,O2	
Große Pfuhlschnepfe – Pfuhlschnepfe	Be2	
Große Pfuhlschnepfe – Uferschnepfe	JAN	
Große Pfulschnepfe – Grünschenkel	GD	
Große Phulschnepfe – Grünschenkel	Be1	
Große polnische Wachtel – Wachtel(var.)	Buff	
Große Pygarge – Seeadler	GD	
Große Ralle – Wasserralle	Be2,Be,O1	
Große Raubmöve – Skua	CLB1,2,3,F,H,MW,N,O3,V,WüCl … … Raubmöve nach 1800. KN KNB	
Große Riedschnepfe – Doppelschnepfe	Krü,N	
Große Rhein Schwalb – Weißflügelseeschwalbe	zLa	
Große Rhein Schwalbe – Lachmöwe	zLa	
Große Ringlerche – Kalanderlerche	Buff	
Große Rohrdommel – Rohrdommel	Be2,Be05,Bri,Buff,CLB2,Fri,N,O3	KNB
Große rostgelbe Uferschnepfe – Uferschnepfe	Be2	
Große rotfüßige Schnepfe – Dunkler Wasserläufer	Be2,Be,N	
Große rotgelbe Uferschnepfe – Uferschnepfe	Be,Krü	
Große rotbrüstige Schnepfe – Knutt (Brutkl.)	Be,JAN,N	

Große rotgelbe Uferschnepfe – Uferschnepfe	Buff	
Große Saatgans – Saatgans	N	
Große Sägeente – Gänsesäger	N	
Große Scharbe – Kormoran	O2	
Grosse Schellente – Schellente	CLB3	
Große Schellente – Spatelente	N	
Große Schlagtaube – Ringeltaube	F	
Große Schnepfe – Doppelschnepfe	Be1,Be2,Be,Buff,GD,Krü,N,Suol	
Große Schnepfe – Waldschnepfe	Be2,Be,Buff,CLB2,N,V	KNB
Große Schnepff – Waldschnepfe	GesH	
Große Schwalbe – Mauersegler	Z	
Große Schwalbenmeve – Raubseeschwalbe	JAN,N	
Große schwartz-braune Schwalbe – Mauersegler	Buff	
Große schwarz und weiße Ente – Eiderente	GD	
Große schwarzbraune Schwalbe – Mauersegler	Fri	
Große schwarze Aente – Samtente	Buff	
Große schwarze Ente – Samtente	Krü	
Große schwarze Ente aus der Hudsonsbai – Brillenente	N	
Große schwarze Ente aus Hudsonbay – Brillenente	Be2,Be	
Große schwarze Hudsons-Aente – Brillenente	Buff	
Große schwarze Hudsonsänte – Brillenente	Buff	
Große schwarze Meise – Kohlmeise	Be1,Be2,Buff,GD,Krü,N	
Große schwarze Wasserralle – Wasserralle	Buff,GD	
Grosse schwarzköpfige Möve – Fischmöwe	CLB2	KNB
Große schwarzkopfige Möve – Fischmöwe	O3	
Grosse Schwarzkopfmöve – Fischmöwe	H	
Große Seeente mit rotem gehäubtem Kopfe – Kolbenente	Be2,Buff,Be,N	Buff: Gehäubter – roter K.
Große Seefluder – Prachttaucher	Baldn,zLa	Bei Baldner 1666.
Große Seeflunder – Eistaucher	Be1,Krü	
Große Seekrähe – Lachmöwe	Be1,Be2,Be,N	
Große Seekrähe – Sturmmöwe	Be1,GD,Krü	
Große Seelerche – Flußseeschwalbe	Buff	Bei Albin.
Große Seelerche – Sandregenpfeifer	V	
Große SeeMähbe – Raubseeschwalbe	Baldn	
Große Seemeve – Eismöwe	Be2,Be	
Große Seemeve – Mantelmöwe	Be2,Be,GD	
Große Seemewe – Mantelmöwe	Buff	
Große Seemöve – Eismöwe	N	

Große Seemöve – Mantelmöwe	Buff	
Große Seemöwe – Mantelmöwe	F,N	
Große Seeschwalbe – Brandseeschwalbe	Ad	
Große Seeschwalbe – Flußseeschwalbe	Be2,Buff,N	
Große Seeschwalbe – Lachmöwe	Be1,Krü,N	
Große Seeschwalbe – Prachtfregattvogel	Krü	
Grosse Seeschwalbe – Raubseeschwalbe	CLB2	KNB
Große Seeschwalbe mit gespaltenem …	Buff,GD	
… Schwanze – Fluß-/Küstenseeschwalbe		
Große Seeschwalbe mit gespaltenem …	Be2,Be,N	
… Schwanze – Flußseeschwalbe		
Große sibirische Schnepfe –	Krü,Buff,N	
Doppelschnepfe		
Große Silbermöve – Silbermöwe	CLB3,N	
Große spanische Schwalbe – Alpensegler	GD	
Große Spiegelente – Stockente	Fri	
Grosse Sprossernachtigall – Sprosser	CLB3	
Grosse Stockente – Stockente	CLB3	
Große Stübbersche Kirke –	Be1,Be2,Be,GD,Krü,N	
Raubseeschwalbe		
Große Sturmmöve – Silbermöwe	N	
Große Sturmmöwe – Silbermöwe	F	
Große Sumpf-Schnepfe – Doppelschnepfe	N	
Große Sumpfnachtigall – Sprosser	F	
Große Sumpfschnepfe – Doppelschnepfe	CLB2,3,Krü,N,O2,V,WüCl	KNB
Große Tageule – Schnee-Eule	N	
Grosse Tannenmeise – Tannenmeise	CLB3	
Große Taube – Ringeltaube	Be2,Be,Jä,Scha	
Große Tauchänte – Gänsesäger	Buff	
Große Tauchente – Gänsesäger	Be2,Be,Be97,GD,N,O2	
Große Tauchente – Nilgans	Be2,Be	
Große Thurn(!)schwalbe – Mauersegler	Buff	
Große Trappe – Großtrappe	Be,CLB2,3,Krü,V	KNB
Große Trasselente – Knäkente	N	
Große Turmschwalbe – Alpensegler	F,N	
Große Turmschwalbe – Mauersegler	Be2,Be,N	
Große Uferschnepfe – Uferschnepfe	N,O2	
Große und gehörnte Lerche –	N	
Haubenlerche		
Große und kleine Nachtigall – Nachtigall	Buff	Klein S. 138.
Große und langbeinige Schnepfe –	Be2	
Doppelschnepfe		
Große und rothköpfige Seeschwalbe –	Be2	
Lachmöwe		
Grosse Wachholderdrossel –	CLB3	
Wachholderdrossel		
Große Wachtel – Wachtel	Be1	
Große Waldhenne – Auerhuhn	Be2	
Große Waldmeise – Kohlmeise	Be2,N	

Große Waldschnepfe – Waldschnepfe	V	
Große Waldtaube – Ringeltaube	Do,F	
Große Wasser-Schnepfe – Doppelschnepfe	N	
Große Wasserhenne – Teichhuhn	Be2,Be,N	
Große Wasserralle – Wasserralle	Be,Buff,CLB2,GD,Krü	
Große Wasserschnepfe – Doppelschnepfe	Krü	
Große Wasserschnepfe – Großer Brachvogel	Be2,Be,N	
Große weiß und schwarze Ente – Eiderente	N	
Große weiße Eule – Schnee-Eule	Be1,Be2,Be,Be05,GD,N	
Große weiße Grasmücke – Gartengrasmücke	Be2,Be,N	
Große weiße Möve – Eismöwe	CLB2,N	KNB
Große weiße nordische Eule – Schnee-Eule	Be1,Be2,Be,GD,N	
Große weiße Nunn – Zwergsäger	Baldn,Suol	
Große weiße Ohreule – Schnee-Eule	GD	
Große weiße Ohreule – Uhu	Buff	Var. Lappland.
Große weiße u. einzeln … … schwarzgetüpfelte Eule – Schnee-Eule	Be1,Be2,Be,N	
Große weiße und schwarze Aente – Eiderente	Buff	
Große weißgraue Möve – Eismöwe	CLB1,N	
Große Weißkehle – Gartengrasmücke	Be1,Be2,Be97, Be,N	
Große Weißkehle – Sperbergrasmücke	Be2,Be,N	
Große weißschwingige Möve – Eismöwe	CLB1,2,3,N	KNB
Grosse weissschwingige Stossmöve – Polarmöwe	CLB3	
Große Wild Endte – Stockente	Schwf	
Große Wild-Endte – Stockente	Buff	
Grosse Wildant'n – Stockente	H	
Große wilde blaue Ente – Stockente	Be2	
Große wilde Endte – Stockente	Schwf	
Große wilde Ente – Stockente	Ad,N	
Große wilde Gans – Graugans	Be2,Be,N	
Große wilde Maschente – Stockente	Be1	
Große wilde Taube – Ringeltaube	Be1,Be97,N	
Große Wildtaube – Ringeltaube	F	
Große Zuggans – Saatgans	N	
Großel – Wachtelkönig	Ad,O1	
Größel – Wachtelkönig	Ad,B,Be1,Be2,Be,Be97,Hp,N,P1	
Großendt – Stockente	GesS	
Großente – Stockente	Ad,Buff,F,Fabr,Fri,GesS,GD,H,Krü,O2 … … Nach Eber & Peucer.	
Großer Fliegenschnäpper – Grauschnäpper	Be	
Grosser Rohrschirf – Drosselrohrsänger	CLB2	
Großer Wasserläufer – Grünschenkel	F	
Großer Aasrabe – Kolkrabe	Be2,F,N	
Großer Adler – Kaiseradler	Krü	
Großer Adler – Steinadler	Be1,Be97,Buff,GD,Hp,Krü	

Großer Alk – Riesenalk (ausgest.)	CLB2,GD,MW,N,O3,V	
Großer Ammer – Grauammer	Be1,Be2,Be,Be97,CLB2,F,K,N	Frisch T. 6.
Großer Arschfuß – Haubentaucher	Be1,Be2,Be,GD,N	
Großer Barker – Uferschnepfe	O1	
Großer Bartgeier – Bartgeier	Be2	
Großer Baumfalke – Baumfalke	Be05	
Großer Baumfalke – Wanderfalke	Be1,Be2,Be,N	
Großer Baumhackel – Buntspecht	Be2,Be,N	
Großer Baumkletter – Kleiber	Be	
Großer Baumkletterer – Kleiber	Be2,Be,Buff,N,Schwf	
Großer Baumläufer – Kleiber	Buff	
Großer Baumpicker – Buntspecht	N	
Großer bekappter Taucher – Haubentaucher	Be2	
Großer Berg-Phasan – Auerhuhn	Kö	
Großer Bergfasan – Auerhuhn	GesH	
Großer Bergfink – Spornammer	Be2,Be,Be97,Buff,Krü,N	
Großer Bergfinke – Spornammer	GD	
Großer Bergspyr – Alpensegler	F	
Großer Bibertaucher – Gänsesäger	Krü	
Großer Birkenzeisig – Birkenzeisig	B	„Acanthis linaria holboelli".
Großer blauer Neuntödter – Raubwürger	JAN	
Großer blauer Würger – Raubwürger	Be1,Be2,Be,GD,N	
Grosser blaurückiger Eisvogel – Eisvogel	CLB3	
Großer Blauziemer – Wacholderdrossel	Be2,N	
Großer Bracher – Großer Brachvogel	Buff	
Großer Brachläufer – Triel	Fri	
Großer Brachvogel – Goldregenpfeifer	Be1,Buff,GD,Krü,N	
Großer Brachvogel – Grosser Brachvogel	Buff,Schwf	
Großer Brachvogel – Großer Brachvogel	Be2,Be,Be97,Buff,CLB1,2,3,GesH,GD,Hp, …	
	… MW,N,O3,Schwf,	KNB
Großer Brachvogel – Kiebitzregenpfeifer	Be,Schwf,Suol	
Großer Brachvogel – Triel	Be1,Be2,Be,Be97,Buff,Fri,GD,JAN,Jä,Krü,N	
Großer Braunkopf – Tafelente	Jä	
Großer Breitschnabel – Löffelente	Be2,Buff,GesH,N	
Großer bunter Dorndreher – Raubwürger	Krü	
Großer bunter Neuntöter – Raubwürger	Ad,Krü	
Großer Buntspecht – Buntspecht	Ad,Be1,Be2,Be,Be97,Be05,Bri,CLB2,F,GD, …	
	… Hp,Jä,K,Krü,N,O1,3,Scha,V	Frisch T. 36.
Großer Buschreiher – Silberreiher	O1	
Großer Bussard – Schreiadler	Do,F	
Großer Cormoran – Kormoran	O2	
Großer Dickkopf – Raubwürger	Do,F	
Großer Dölpel – Baßtölpel (Var.)	GD	
Großer Dorndreher – Raubwürger	Be2,Be,N	
Großer Dorndreher – Rotkopfwürger	O2	
Großer Dornreich – Gartengrasmücke	Be2,N	
Großer Dornreich – Neuntöter	Be1,Be2,Be,Be97,GD,N	
Großer Dornreich – Sperbergrasmücke	N	

Großer Dorntraher – Raubwürger	GD	
Großer Eistaucher – Eistaucher	V	
Großer Europäischer Neuntöder – Raubwürger	Be1	
Großer europäischer Neuntöter – Raubwürger	Be2,Be,Buff,GD,N	
Großer Falck – Gerfalke	Suol	
Großer Falk – Gerfalke	Be2,Buff,GD	
Großer Falke – Gerfalke	Be1,Be97,N	
Grosser Federbuschreiher – Silberreiher	CLB3	
Großer Feigenfresser – Sperbergrasmücke	Be1,Be2,Be,N	
Großer Feldmäher – Großer Brachvogel	Be2,Be,GD,K,N,Suol	Albin Band I, 79.
Großer Fischadler – Kornweihe	GD	
Großer Fischadler – Seeadler	Be1,Be2,Be,Be97,Buff,Krü,N	
Großer Fischgeier – Seeadler	Jä	
Großer Fischgeyer – Seeadler	GD	
Großer Fliegenfänger – Braunkehlchen	Fri,Z	
Großer Fliegenfänger – Grauschnäpper	Be2,Be,N	
Großer Fliegenfänger, andere Art – Braunkehlchen	Fri	
Großer Fliegenfresser – Sperbergrasmücke	Be	
Großer Fliegenschnäpper – Gartengrasmücke	Be2,N	
Großer Fliegenschnäpper – Grauschnäpper	Be2,Be,N,V	
Grosser Flüevogel – Alpenbraunelle	CLB3	
Großer Galgenvogel – Kolkrabe	Be1,Be2,Be,Hp,K,N	Frisch T. 63.
Großer Gannet – Baßtölpel	Buff,MW	
Großer Gänsehabicht – Habicht	Be2,Be,N	
Grosser gefleckter Adler – Schelladler	H	
Großer gefleckter Guckguck – Häherkuckuck	Buff	
Großer gefleckter Kuckuck – Häherkuckuck	CLB1,N	
Großer gefleckter Kukuk – Häherkuckuck	Buff	
Großer gehaubter Taucher – Haubentaucher	Be1,Buff,N	
Großer gehäubter Taucher – Haubentaucher	Be2,Be	
Großer gehörnter Steissfuss – Ohrentaucher	CLB3	
Großer gehörnter Taucher – Haubentaucher	Be2	
Großer Geier – Mönchsgeier	Be2,Be,Be97,Be05,N,O1	
Großer Geierfalke – Gerfalke	Be2	
Großer gemeiner Geier – Mönchsgeier	Krü	
Großer gemeiner Geyer – Mönchsgeier	GD	„Vultur fuscus."
Großer gemeiner Specht – Schwarzspecht	GD,N	
Großer gepfeilter Falck – Habicht	Fri	
Großer gepfeilter Falke – Habicht	N	
Großer Gesangzeisig – Gelbspötter	Be2,N	
Großer gesperberter Falck – Habicht	Fri	
Großer gesperberter Falke – Habicht	GD,N	
Großer Geyer – Bartgeier	GD	Sibirien
Großer Geyer – Gänsegeier	GD	V. Fulvus des Aristoteles.

Grosser Gimpel – Gimpel CLB3
Großer Goldadler – Steinadler N N: Bd. 13/008.
Großer Goldregenpfeifer – Be1,Krü
Goldregenpfeifer (Var.)
Großer Gräser – Doppelschnepfe F,Jä,N
Großer grau gesperberter Falke – Habicht Be2,Be
Großer grauer Afterfalke – Raubwürger JAN,N
Großer grauer Ammer – Grauammer Be2,N
Großer grauer gemeiner Geyer – GD
Mönchsgeier
Großer grauer Würger – Raubwürger Be1,Be2,Be,Be97,Be05,GD,N,V
Großer graugesperberter Falke – Habicht N
Großer Grauwürger – Raubwürger Do,F
Großer Gropper – Sichelstrandläufer Do,F,Jä Bei OKEN Hauptname für den Vogel.
Großer Gropperle – Sichelstrandläufer N
Großer Grüel – Großer Brachvogel O2
Großer Grüel – Sichelstrandläufer O1
Großer Grul – Großer Brachvogel Scha
Großer Grünspecht – Grünspecht B,Be2,GD,Hp,N
Großer Haagspatz – Gartengrasmücke N
Großer Haasenadler – Seeadler Be2,Be97,N
Großer Habicht – Habicht Be1,Be97,Buff,GD,Schwf
Großer Hahn – Auerhuhn F,H
Großer Hänfling – Bluthänfling Be1,Be2,Be,N
Großer Hans – Schlangenadler GD
Großer Hasen Ahr – Seeadler Buff,Schwf,Suol
Großer Haubensteißfuß – Haubentaucher Be1,Be2,Be,Buff,CLB3,GD,Krü,N
Großer Haubentaucher – Haubentaucher Be1,Be2,Be,Be97,Buff,GD,N,O1
Großer Heckenschwätzer – GD
Heckenbraunelle
Großer Heuschreckensänger – Rohrschwirl N N: Bd. 13/474.
Großer Kabeltaucher – Haubentaucher Krü
Groer Kammreiher – Graureiher Be1,Be2,Be,N
Großer Kautz – Sperbereule Be1,GD
Großer Kautz – Steinkauz Hp
Großer Kautz – Waldkauz Be1,O1 Nicht bei Naumann: „Großer Kautz" von
Be1 wäre Sumpfohreule (Naum./Henn. 5/61).
Großer Kauz – Sperbereule Be97,Be05
Großer Keilhaken – Großer Brachvogel N
Großer Kernbeißer – Hakengimpel O2
Großer Kernbeißer – GD
Kiefernkreuzschnabel
Großer Kernfresser – Hakengimpel Be1,Be2,Be,N
Grosser Kiefernkreuzschnabel – CLB3
Kiefernkreuzschnabel
Großer Kielhaken – Großer Brachvogel N
Großer Kobel Teucher – Haubentaucher Schwf,Suol
Großer Kobel-Zeucher – Haubentaucher K Albin Band I, 81.
Großer Kobeltaucher – Gänsesäger Be2,Be,N

Großer Kobeltaucher – Haubentaucher	Be1,Be2,Be,GD,K,N	Frisch T. 183.
Großer Kobelzeucher – Haubentaucher	K	Albin Band I, 81.
Großer Kolbentäucher – Gänsesäger	Be1	Soll es „Kobeltäucher" heißen?
Großer Kolbentaucher – Gänsesäger	GD,Krü	Soll es „Kobeltaucher" heißen?
Großer Kragentaucher – Haubentaucher	Be2,N	
Großer Krammetsvogel – Misteldrossel	Be1,Be2,Be97,F,Krü,N	
Großer Kramtsvogel – Misteldrossel	Be	
Grosser Kranich – Schneekranich	CLB2	
Großer Kreutzschnabel – Hakengimpel	N	
Großer Kreutzschnabel – Kiefernkreutzschnabel	N,O1,V	
Großer Kreuzschnabel – Hakengimpel	Be2,Be,Be97,N	
Großer Kreuzschnabel – Kiefernkreuzschnabel	Be2,Be,CLB2	KNB
Großer Krinis – Kiefernkreuzschnabel	Suol	
Großer Krummschnabel – Hakengimpel	Buff	Buffon/Otto Bd. 10, 68.
Großer Krummschnabel – Kiefernkreuzschnabel	Be,Buff,Jä,MW	
Großer Krummschnabel – Knutt	N	
Großer Kurlei – Großer Brachvogel	O1	
Großer Langschnabel – Gänsesäger	GesH	
Großer Lappentaucher – Haubentaucher	F,N	
Großer Laubvogel – Gelbspötter	N	
Großer lerchenfarbener Ammer – Grauammer	Be1,Be2,Be,GD,N	
Großer Lerchenfarbener Knustknipper – Grauammer	Buff	
Großer lerchenfarbner Ammer – Grauammer	Be	
Großer Meeradler – Kaiseradler	Ad	
Großer Meeradler – Seeadler	Be1,Be2,Be,Be97,Buff,GD	
Großer Meertaucher – Eistaucher	Be2,Buff,Krü,N	
Großer Merch – Gänsesäger	Suol	
Großer Merlin – Würgfalke	Do	
Großer mexikanischer Buntspecht – Dreizehenspecht	Buff	Brisson
Großer Nägenmürer – Raubwürger	Do	
Großer Neun-Tödter – Raubwürger	G	
Großer Neunmörder – Raubwürger	GesH	
Großer Neuntödter – Raubwürger	GD,P1,Z	
Großer Neuntöter – Raubwürger	Be97,Be05,CLB2,Jä,O2,V	Auch mit dt. KNB
Großer Neuntöter – Rotkopfwürger	Be97	
Großer nordischer Papageytaucher – Riesenalk (ausgest.)	GD	
Großer nordischer Taucher – Eistaucher	Be2,Be,Buff,GD,Krü,N	
Großer nordischer Taucher – Papageitaucher	Be2	
Großer nördlicher Taucher – Prachttaucher	Be2,Be,Buff,GD,N	
Großer Papageitaucher – Riesenalk	CLB2,N	KNB

Großer Papageytaucher – Riesenalk (ausgest.)	GD	
Großer Pelekan – Rosapelikan	CLB2,MW,N	KNB
Großer Pelikan – Rosapelikan	Be2,Be	
Großer Polartaucher – Prachttaucher	CLB3,N	
Großer pomeranzenfarbiger und roter ... ... Kernbeißer – Hakengimpel	Be,N	
Großer pommeranzenfarbiger Kernbeisser – Hakengimpel	Be2	
Großer Pygarg – Seeadler	Be2	
Großer Pygarg – Weißkopf-Seeadler	GD	
Großer Rabe – Kolkrabe	Be2,Be,Be05,N	
Grosser Rallenreiher – Rallenreiher	CLB3	
Großer Raubwürger – Raubwürger	Bri	
Großer Regenpfeifer – Goldregenpfeifer	Be2	
Großer Regenpfeifer – Triel	Be2,Be,Buff,GD,N	Bechstein 1803.
Großer Reiher – Graureiher (Var.)	Be1,Be2,Be, Be97,Be05,Buff,CLB3,N	
Großer Rheintaucher – Eistaucher	N	
Großer Rohr-Reiger – Purpurreiher	GesH	
Großer Rohrdommel – Rohrdommel	Be	
Großer Rohrsänger – Drosselrohrsänger	CLB2,N	KNB
Großer Rohrschirf – Drosselrohrsänger	Be2,Be,F,N,O1	KNB
Großer Rohrspatz – Drosselrohrsänger	Do,F	
Großer Rohrsperling – Drosselrohrsänger	Be1,Be2,F,N	
Großer Rohrvogel – Drosselrohrsänger	O2	
Großer rotbauchiger Strandläufer – Knutt	N	
Großer rotbeiniger Strandläufer – Rotschenkel	Krü	
Grosser Rotbraunkopf – Tafelente	H	
Großer rotbrüstiger Taucher – Mittelsäger	Be2,N	
Großer roter Baumhacker – Buntspecht	Jä	
Großer roter Kernbeisser – Hakengimpel	Be2	
Großer roter Neuntöder – Rotkopfwürger	Be1	
Großer roter Neuntödter – Rotkopfwürger	N	
Großer rother Neuntöter – Rotkopfwürger	Be2,Be,Krü	
Großer roter Neuntöter – Schwarzstirnwürger	Be05	
Großer roter Spötter – Steinrötel	Do,F	
Großer roter Neuntödter – Rotkopfwürger	GD,JAN	
Großer Rothals – Tafelente	Baldn,Suol	
Großer Rotschenkel – Dunkler Wasserläufer	Be1,Be2,Be,CLB1,2,F,GD,N,WüCl	KNB
Großer Rotschwanz – Hakengimpel	Be2,Be,F,N	
Großer Rotspecht – Buntspecht	Be2,Be,Jä,N	
Großer Rotwüstlich – Steinrötel	Fri	
Großer Rotwüstling – Steinrötel	Be1,Be2,Be,F,Krü,N	
Großer Säger – Gänsesäger	CLB2,F,N,O3,Scha,WüCl	KNB
Großer Sandläufer – Waldwasserläufer	Be2,Be,N	
Großer Schecke – Gänsesäger	Jä	

Großer Schildspecht – Buntspecht	N
Großser Schlachter – Gerfalke	Be2,N
Großer Schlachter – Lannerfalke	Buff,K
Großer Schlächter – Lannerfalke	GD
Großer Schlachter – Würgfalke	Be1
Großer Schnepff – Waldschnepfe	GesS
Großer Schreiadler – Schelladler	H,WüCl
Großer Schuhu – Uhu	V
Großer schwartzer Specht – Schwarzspecht	GesSH
Großer schwarz- und weissbunter Specht – Buntspecht	Krü
Großer Schwarzbacken – Wanderfalke	Be1,Be2
Großer schwarzer Adler – Seeadler	Be2,N
Grosser schwarzer Baumhacker – Schwarzspecht	H
Großer schwarzer gemeiner Specht – Schwarzspecht	Be
Großer schwarzer Seerabe – Kormoran	Be2,Be,Buff,GD,Krü,N
Großer schwarzer Specht – Schwarzspecht	GD,Hp
Großer schwarzer Taucher – Kormoran	Ad,K
Großer Schwarzmantel – Mantelmöwe	F,N
Großer Schwarzspecht – Schwarzspecht	Be1,Be2,Be,GD,N
Großer Schwirl – Schlagschwirl	N
Großer Seeadler – Seeadler	Be2,N
Großer Seefluder – Eistaucher	Do,F
Großer Seeflunder – Eistaucher	Be2,Be,GD,N
Großer Seeflutter – Eistaucher	Baldn-Suol
Großer Seeflutter – Rothalstaucher	Suol
Großer Seerabe – Kormoran	Be2,N
Großer Seerachen – Gänsesäger	Be2,Be,N
Großer Seeschwalbe – Lachmöwe	Buff
Großer Seeschwalm – Lachmöwe	N,Schwf,Suol
Großer Seetaucher – Prachttaucher	Be2,Be,Buff,GD,N
Großer Seevogel – Kampfläufer (männl.)	Be2,JAN,N
Großer Silberreiher – Silberreiher	Be1,2,Be,Be97,CLB2,GD,Krü,MW,N,O1,V KNB
Großer Singschwan – Singschwan	N
Großer Specht – Schwarzspecht	Be2,Buff,CLB2,Krü,N,Schwf KNB
Großer Sperber – Habicht	Be2
Großer Sperber – Sperber	N
Großer Spitzkopf – Drosselrohrsänger	N
Großer Spötterling – Gelbspötter	Be2,N
Großer Spyr – Alpensegler	N
Großer Steinadler – Steinadler	Be2,Krü
Großer Steinfletschker – Steinschmätzer	Be2,N
Großer Steinkautz – Sperbereule	GD
Großer Steinpicker – Steinschmätzer	Be1,Be2,Be,Be97,Krü
Großer Steinschmätzer – Steinschmätzer	Be1,Be2,Be,Be97,GD,Krü,N,O1,Z
Großer Steißfuß – Haubentaucher	WüCl
Großer Stieglitz – Stieglitz	Be97

Großer Stiessert – Habicht	Do,F	
Großer Stockhabicht – Habicht	Suol	
Großer Stößer – Habicht	Do,F	
Großer Strandpfeifer – Sandregenpfeifer	Be2,Buff,N	
Großer Struntjäger – Spatelraubmöwe	N	
Großer Sturmtaucher – Grosser Sturmtaucher	B,CLB2	KNB
Großer Sturmvogel – Eissturmvogel	Buff,Krü	
Großer Sturmvogel – Riesensturmvogel	Buff	
Großer Sturmvogel – Schwarzschnabel-Sturmtaucher	GD	
Großer Tannenfink – Spornammer	Krü	
Großer Taubenhabicht – Habicht	Be2,N	
Großer Taucher – Eistaucher	Be2,CLB2,N	KNB
Großer Taucher – Gänsesäger	Be,Buff,Far,GD,Hp,N	
Großer Täucher – Mittelsäger	Be	
Großer Taucher – Prachttaucher	JAN	
Großer Taucher mit braungelbem … … Kiebitzschopfe – Haubentaucher	Be2,Be,GD,Krü,N	
Großer Taucher mit braungelben … … Kiwitzschopfe – Haubentaucher	Buff	
Großer Taucher ohne herabhängenden … … Schopf – Haubentaucher	Buff,GD	
Großer Teichschilfsänger – Drosselrohrsänger	CLB3	
Großer Teucher – Mittelsäger	Schwf	
Grosser Tölpel – Basstölpel	CLB3	
Großer Trapp – Großtrappe	O1	
Großer Trappe – Großtrappe	Be1,Be2,Be,Be97,CLB2,GD,MW,N,O3	KNB
Großer Tropik-Vogel – Rotschnabel-Tropikvogel	Buff	
Großer Uhu – Uhu	O1,V	
Großer und gezackter Taucher – Gänsesäger	Be2	
Großer wahrer Adler – Steinadler	Be	
Großer Waldhahn – Auerhuhn	Be2,N	
Großer Waldt Schnepff – Waldschnepfe	zLa	
Grosser Walduferläufer – Bruchwasserläufer	CLB3	
Großer Wasserläufer – Grünschenkel	Do	
Großer Wasserläufer – Waldwasserläufer	O2	
Großer Wasserralle – Wasserralle	Be1,Be2,N	
Großer Wassertreter – Thorshühnchen	N	
Großer Weidenzeisig – Fitis	Be1,Be2,Be,Be97,N,O2	
Großer Weih – Rohrweihe	O1	
Großer weiser Drittvogel – Schellente	Suol	
Großer Weißbacke – Würgfalke	Ad,Krü	
Großer weißer Drittvogel – Schellente	Baldn	
Großer weißer Fischer – Wahrsch. Basstölpel	GD	GD: Oder Rotfußtölpel?

Großer weißer Ragel – Silberreiher	Be2	
Großer weißer Rager – Silberreiher	Be	
Großer weißer Reiher – Silberreiher	Be1,Be2,Be,Be97,Buff,GD,Krü,N	
Großer weißer Reiher ohne Federbusch – Silberreiher	Be2,Be,Buff,N	
Großer weißer Säger – Zwergsäger	CLB3	
Großer Weißschwanz – Steinschmätzer (Var.)	MW	
Großer Weißsperber – Sperber	Be2,N	
Großer Wiener – Sprosser	V	
Großer Wistling – Gelbspötter	Jä	
Großer würgender Geyer – Rohrweihe	Buff	
Großer Würger – Raubwürger	CLB1,2,3,GD,Jä,N,O3,Suol,WüCl	KNB
Grosser Würger von Algier – Raubwürger	H	Raubwürger (Lanius exc. algeriensis).
Großer Wüstlich – Steinrötel	Fri	
Grosser Zaunammer – Zaunammer	CLB3	
Großer Zaunkönig – Heckenbraunelle	Be2,F,N	
Großer Zaunschliefer – Heckenbraunelle	Be1,Be2,Be,Be97,Krü	
Großer Züger – Grünschenkel	Jä,N	
Großer, gemeiner Geyer – Mönchsgeier	Buff	
Großerammer – Grauammer	Buff	
Größere Bruchschnepfe – Doppelschnepfe	Be2,N	
Größere grönländische Taube – Gryllteiste	Krü,O2	
Größere Meerschwalbe – Fluß-/ Küstenseeschwalbe	Buff,GD	
Größere Meve – Flußseeschwalbe	P	
Größere Schnepfe – Waldschnepfe	Be2,Be,N	
Größere Schnepffe – Waldschnepfe	GesH	
Größere Seeschwalbe – Brandseeschwalbe	K	
Größere und kleinere wilde Ente mit ... ... etwas röthlichem Kopf – Tafelente	K	„Beym Willughby" S. 272.
Größere Wasserralle – Wasserralle	Buff	
Größere wilde blaue Ente – Stockente	Buff	
Größerer bunter Specht – Buntspecht	N	
Größerer Buntspecht – Buntspecht	Buff,Krü	
Größerer gesprenkelter Specht – Buntspecht	Be2,N	
Größerer Neuntödter – Raubwürger	Fri	
Größserer rotbrüstiger Taucher – Mittelsäger	Be2,Be,Buff,GD,N	
Größerer Rotspecht – Buntspecht	Buff,Krü	
Größerer Rotkopf – Bluthänfling	Be2,Be,GD,N	
Größerer schwarz und weiß gefleckter Specht – Buntspecht	N	
Größerer schwarz- und weißbunter Specht – Buntspecht	Buff,Z	
Größerer Specht – Buntspecht	Be1,Be	
Größerer Stein-Schmätzer – Steinschmätzer	Z	

Größerer Steinschmätzer – Steinschmätzer	Be2,Be,Buff,GD,Krü,N	
Größeres Riegerlein – Rotschenkel (?)	Z	
Größeres Wasserhuhn – Wasserralle	Buff	
Großes Blaßhuhn – Bläßhuhn	GD	„Fulica aterrima."
Großes Bläßhuhn – Bläßhuhn	Be1,Be2,Be,N	
Großes braunes Meerhuhn – Teichhuhn	Be1,Be2	
Großes Müllerchen – Dorngrasmücke	Do,F	
Großes Repphuhn – Rothuhn	O1	
Großes Rotbeinel – Dunkler Wasserläufer	Suol	
Großes Rotschwänzel – Steinrötel	N,O1	
Großes Rotkehlchen – Gartenrotschwanz	Ad	
Großes Rotschwänzchen – Singdrossel	Be97	
Großes Rotschwänzchen – Steinrötel	Be1,Be2,Be,Krü	
Großes schwarzes Bleßenhuhn – Bläßhuhn	GD	„Fulica aterrima."
Großes schwärzliches aschgraues Wasserhuhn – Teichhuhn	Buff	
Großes Waldhuhn – Auerhuhn	Be2,Be,N	Bechstein 1803.
Großes Wasserhuhn – Bläßhuhn	N	
Großes Wasserhuhn – Teichhuhn	Buff,N,Z	
Großes Wasserhuhn – Wasserralle	Be97	
Großes Weidenblatt – Fitis	Do,F	
Großes Weißkehlchen – Dorngrasmücke	Do,F	
Größeste bunte Meve – Mantelmöwe	K	Albin Band III, 94; Frisch T. 218.
Größeste graue Meve – Heringsmöwe	K	
Größeste Meise – Kleiber	Hp	
Größester Aschgrauer – Raubwürger	K	Lanius cinereus major.
Größester Neuntödter – Raubwürger	K	Frisch T. 59.
Großfalk – Würgfalke	Ad,B,Be1,Hp,Krü	
Großfalke – Würgfalke	F,GD,N	
Großfüßige Sammettrauerente – Samtente	CLB3,N	
Großhahn – Auerhuhn	Suol	
Großhaubiger Steißfuß – Haubentaucher	N	
Großheiliger – Würgfalke	Be2	
Großherzog – Uhu	Be1,Be2,Be,Buff,F,GD,Krü,N	
Großhuhu – Uhu	Suol	
Grôssi Isent – Gänsesäger	Suol	
Großkappichter Seehahn – Haubentaucher	GD	
Großkappiger Seehahn – Haubentaucher	Be,Krün,N	
Großkappiger und gehörnter Seehahn – Haubentaucher	Be2	
Großkappigte Seehähne – Haubentaucher	Buff	
Großkopf – Neuntöter	Do,F	
Großkopf – Rotkopfwürger	Fri	
Großköpfige Eule – Waldkauz	CLB2	KNB
Großköpfiger Baumkauz – Waldkauz	CLB3	
Großköpfiger Kauz – Waldkauz	CLB2	KNB
Großkrickente – Knäkente	Suol	
Großmaul – Ziegenmelker	Do,Suol	
Großmeise – Kohlmeise	B,Be2,Be,N	

Großmeise – Kohlmeise	Buff,Hp	
Großöhrige Taucherente – Ohrentaucher	Be2,Be,GD	
Großöhrige Taucherente – Schwarzhalstaucher	Be,N	
Großrollender – Buchfink, Zuchtname	Buff,Kö	
Großrotschwanz – Steinrötel	Do,F	
Großschnabel – Kernbeißer	Krü	
Großschnabel – Löffelente	Do,F	
Großschnabelige Lumme – Dickschnabellumme	O3	
Großschnabelige Meerschwalbe – Raubseeschwalbe	MW	
Großschnabelige Meve – Raubseeschwalbe	MW	
Großschnäbeliger Kernbeißer – Kiefernkreuzschnabel	N	
Großschnabeliger Laubsänger – Gelbspötter	V	
Großschnäblige Eidertauchente – Eiderente	CLB2	KNB
Großschnablige Meerschwalbe – Raubseeschwalbe	N	
Grossschnäblige Nachtigall – Nachtigall	CLB3	
Grossschnäblige Pfeifente – Pfeifente	CLB3	
Grossschnäblige Schnatterente – Schnatterente	CLB3	
Grossschnäblige Schwanzmeise – Schwanzmeise	CLB3	
Grossschnäblige Seeschwalbe – Raubseeschwalbe	CLB1,2	KNB
Grossschnäbliger Baumläufer – Gartenbaumläufer	CLB3	
Grossschnäbliger Laubsänger – Gelbspötter	CLB2	KNB
Grossschnäbliger schwirrender ... ... Laubvogel – Waldlaubsänger	CLB3	
Großschnepfe – Bekassine	Krü	
Großschnepfe – Waldschnepfe	Be2,Buff,F,Krü	
Grossschwänzige Eiderente – Eiderente	CLB3	
Großschwänzige Eisschellente – Eisente	CLB3,N	
Großschwänzige Trauerente – Trauerente	CLB3,N	
Großspecht – Buntspecht	F	
Großspecht – Kleinspecht	Buff	Bedeutung Graß-(Gras-)specht.
Größte Halbente – Sterntaucher	Be	
Größte bunte Meve – Dreizehenmöwe	GD	
Größte bunte Meve – Mantelmöwe	Be1,Be2,Be,Buff,GD	
Größte bunte Mewe – Mantelmöwe	Krü	
Größte bunte Möve – Mantelmöwe (juv.)	N	
Größte gefleckte Tauchente – Sterntaucher	Krü	
Größte gefleckte Taucheränte – Sterntaucher	Buff	

Größte gefleckte Taucherente – Sterntaucher	Be
Größte Gibraltarschwalbe – Alpensegler	Be2,Be,N
Größte Grasmücke – Sperbergrasmücke	Be1,Be2,Be,N
Größte graue Meve – Heringsmöwe	GD
Größte graue Meve – Lachmöwe	Be1,GD,Krü
Größte Graumeve – Heringsmöwe	Be2
Größte Graumöve – Heringsmöwe	Buff
Größte Halbente – Sterntaucher (juv. o. Sokl.)	GD,N
Größte Meise – Kleiber	Be1,Be,GD
Größte Pfuhlschnepfe – Pfuhlschnepfe	Be2,Be,N
Größte Raubmöve – Skua	N
Größte Schwalbe – Alpensegler	Be2,Be,GD,N
Größte schwarze Meise – Kohlmeise	Be
Größte schwarzköpfige Seemewe – Fischmöwe	Buff
Größte Seeschwalbe – Raubseeschwalbe	N
Größte spechtartige Meise – Kleiber	N
Größte Taucherente – Sterntaucher (juv. o. Sokl.)	N
Größte und spechtartige Meise – Kleiber	Be2
Größter Strandläufer – Waldwasserläufer	Be2
Größter aschgrauer Würgengel – Raubwürger	Buff
Größter Buntspecht – Weißrückenspecht	B,N
Größter Dickschnabel – Hakengimpel	Be2,Be,N
Größter Dickschnabel – Kiefernkreuzschnabel	GD
Größter europäische Dickschnabel – Kiefernkreuzschnabel	GD
Größter europäischer Baumhacker – Schwarzspecht	Buff
Größter Europäischer Dickschnabel – Hakengimpel	Be2,N
Größter europäischer schwarzer … … Baumhacker – Schwarzspecht	Be2,Be,N
Größter Galgenvogel – Kolkrabe	Krü
Größter gefleckter Taucher – Sterntaucher	GD
Größter gepfeilter Falk – Habicht	Buff
Größter gepfeilter Falke – Habicht (juv.)	Be1,Be2,Be
Größter gestirnter Taucher – Eistaucher	K　　　　　　　　　　　　　Willughby
Größter Hortulan – Grauammer	K
Größter Neuntödter – Raubwürger	Be2,Be
Größter Rabe – Kolkrabe	Be1,Be2,Be,Buff,GD,Krü,N
Größter rotbrüstiger Taucher – Mittelsäger	GD
Größter Sandläufer – Wald-(Bruch-) wasserläufer	GD Siehe Stresemann Jahrbuch für Ornith. 89 (3), 1941.
Größter Sandläufer – Waldwasserläufer	Be1,Be2,Krü,N

Größter schwarz- u. weißbunter	Be2,Be,N	
Baumhacker – Buntspecht		
Größter Strandläufer – Waldwasserläufer	Be,N	
Größter Sturmvogel – Riesensturmvogel	Buff	
Großtrappe – Großtrappe	B	
Großvogel – Misteldrossel	Krü	
Großziemer – Wacholderdrossel	Be2,Be,F,GD,N	
Grot Hawke – Habicht	Do	
Grot Jochen – Fischadler	Do,F	
Grot Kattünjer – Dorngrasmücke	Suol	
Grot Nägenmürer – Raubwürger	WüCl	
Grot Neg'nmürer – Raubwürger	H	
Grot Ruhrsparling – Drosselrohrsänger	WüCl	
Grôt Snipp – Rotschenkel	Suol	
Grôt Tülüt – Rotschenkel	Suol	
Grot-Jochen – Zaunkönig	Suol	
Grote Haffbacker – Raubseeschwalbe	H	
Grote Haffbicker – Raubseeschwalbe	H	
Grote Holtduwe – Ringeltaube	Bri	
Grote Kattuhl – Waldkauz	H	
Grote Waterhaun (westf.) – Bläßhuhn	H	
Grotjochen – Braunkehlchen	Do,F	
Grotjochen – Zaunkönig	Do,F	
Grotjohann – Zaunkönig	Do,F	
Grotschneider – Wachtelkönig	Suol	
Grottentaube – Felsentaube	B,N	
Grouse – Moorschneehuhn	Do,F	
Grouse (engl.) – Schottisches	B	
Moorschneehuhn		
Grouse, Hazel (engl.) – Haselhuhn	Tu	
Grousse Rothschwänzchen – Steinrötel	Suol	
Grü Guss – Saatgans	F,H	
Grü Kubb (helgol.) – Silbermöwe	H	
Grü Ünger (helgol.) – Gartengrasmücke	H	Ünger ist Grasmücke.
Grü-hoaded Fliegenbitter (helgol.) –	H	
Berglaubsänger		
Grü-Troossel (helgol.) – Singdrossel	H	
Grückelster – Elster	Do,F	
Grüel – Brachvogel allg.	O1	
Grüel – Großer Brachvogel	Be2,Krü,N,Suol	
Grüel – Regenbrachvogel	Krü	
Grüel, gemeiner – Großer Brachvogel	O1	
Grüel, großer – Großer Brachvogel	O2	
Grüel, großer – Sichelstrandläufer	O1	
Grüel, kleiner – Regenbrachvogel	O2	
Grüel, roter – Sichelstrandläufer	O1	
Gruenzling – Goldammer	Buff	
Gruette – Uferschnepfe	GesS	

Grügel – Auerhuhn	Suol	
Grugel Han – Auerhuhn	Schwf	
Grugelhahn – Auerhuhn	Buff	
Grügelhan – Auerhuhn	GesH,zLa	
Grügelhan – Birkhuhn	GesS,Suol,zLa	
Grügelhan – Haselhuhn	zLa	
Grugser – Taube (männl.)	Suol	
Grul, grosser – Großer Brachvogel	Scha	
Grüms – Fichtenkreuzschnabel	Do,Fri	
Grün Specht – Grünspecht	Schwf	
Grün-Fink – Grünfink	Z	
Grün-Hänfling – Grünfink	N	
Grün-Specht – Grünspecht	Fri,G,Z	
Grün-Specht – Grünspecht	N	
Grün-Vogel – Grünfink	K	
Grünbein – Grünschenkel	Be1,Be2,Be,Buff,F,GD,Krü,N,O1	
Grünbein, kleines – Teichwasserläufer	N	
Grünbeinchen – Waldwasserläufer	Ad	
Grünbeinlein – Grünschenkel	Fri,Suol	
Grünbeinlein – Waldwasserläufer	Ad,B,Be2,Be,Buff,GD,K,Krü,N,O2 …	
	… Tringa ochropus.	
Grundduker – Taucherenten allg.	Bri	
Gründling – Grünfink	Be1,Be2,Buff,GD,N	
Grundruch – Zwergtaucher	B,F,N	
Grundruech – Zwergtaucher	O1,Suol	
Gründschling – Goldammer	Suol	
Grüne Fincke – Grünfink	Schwf	
Grüne Scharbe – Krähenscharbe	N	
Grüner Regenpfeifer – Goldregenpfeifer	Be	
Grüner – Grünfink	Do,F,Scha	
Grüner Baumhacker – Grünspecht	Be2,F,Jä,N	
Grüner Baumhacker mit roter Haube – Grünspecht	Be2,N	
Grüner Baumhacker mit roter Platte – Grünspecht	Buff	
Grüner Braacher – Sichler	K	Bechstein
Grüner Bracher – Goldregenpfeifer	Ad	
Grüner Bracher – Sichler	Be2,Buff,N	
Grüner Brachvogel – Goldregenpfeifer	JAN,N	
Grüner Brachvogel – Sichler	Be2,Be,N	
Grüner Dickschnabel – Grünfink	Be1,Be2,Be,Buff,N	
Grüner Dickschnäbler – Grünfink	K	
Grüner Erdhacker – Grünspecht	CLB3	
Grüner Gybitz – Goldregenpfeifer	Buff,K	
Grüner Hänferling – Grünfink	Scha	
Grüner Hänfling – Erlenzeisig	Be1,Be2,Be97,Buff,Fri,Krü,N	
Grüner Hänfling – Grünfink	Be1,Be2,Be,Buff,CLB2,GD,N,Scha	KNB
Grüner Hänfling – Zitronenzeisig	Be2,N	
Grüner Henffling – Grünfink	Schwf	

Grüner Holzhacker – Grünspecht	Do,F	
Grüner Ibis – Sichler	V	
Grüner Kanarienvogel – Girlitz	Buff	
Grüner Kernbeißer – Grünfink	Be2,Be,CLB1,2,F,MW,N,V	KNB
Grüner Kibitz – Goldregenpfeifer	Ad,Buff,Krü	
Grüner Kibitz – Triel	Suol	
Grüner Kiebitz – Goldregenpfeifer	Be2,Be,GD,N	
Grüner König – Fitis	GD	
Grüner König – Zilpzalp	Be1,Be2,Be,F,N	
Grüner Kormoran – Krähenscharbe	N	
Grüner Kybitz – Goldregenpfeifer	Fri,K	Frisch T. 216.
Grüner Laubsänger – Waldlaubsänger	CLB1,2	KN KNB
Grüner Laubvogel – Grünlaubsänger	H	
Grüner Laubvogel – Waldlaubsänger	Be2,CLB3,F,N,O1,V	
Grüner norwegischer Baumhacker mit …	Buff	
… schwarzem Halsbändchen – Grauspecht		
Grüner Pardel – Goldregenpfeifer	GD,Krü	
Grüner Pluvialis – Goldregenpfeier	GesS	
Grüner Regenpfeifer – Goldregenpfeifer	Be1,Be2,Be97,GD,Hp,N	
Grüner Regenpfeiffer – Goldregenpfeifer	Buff,Krü	
Grüner Sänger – Waldlaubsänger	MW	
Grüner schwarzplatter Hänfling –	GD	
Erlenzeisig		
Grüner schwarzplattiger Hänfling –	Be2,Be,Buff,K,N	Frisch T. 11.
Erlenzeisig		
Grüner Sichler – Sichler	O2	
Grüner Specht – Grünspecht	Be2,N	
Grüner Spötterling – Waldlaubsänger	Do,F	
Grüner Strandläufer – Knutt	Be1,Be,GD,Krü	
Grüner Strandläufer – Waldwasserläufer	Be1,Be2,Be,Be97,Buff,GD,N	Tringa ochropus.
Grüner Strandvogel – Knutt	Be1,Be2	
Grüner Taucher – Goldregenpfeifer	Buff	
Grüner Waldsänger – Grünwaldsänger	H	
Grünerz – Fichtenkreuzschnabel	F,H	
Grünes Dütchen – Goldregenpfeifer	Krü,O2	
Grünes Wasserhühnla – Eisvogel	H	
Grünesen (plur.) – Grünfink	B,F,Jä	
Grünfinck – Grünfink	Buff,GesSH,Suol	
Grünfinck – Zitronenzeisig	GesH	
Grünfing – Goldammer	K	
Grünfink – Girlitz	Be1,Be2,Buff,GD,N,O1	
Grünfink – Goldammer	Ad,Be1,Be2,Be,Buff,GD,Krü,N,Scha	
Grünfink – Grünfink	Ad,B,Be1,Be2,Be,Be97,Buff,F,Fri,GD,Hp,Jä, …	
	… K,Krü,N,O1,3,V	Frisch T. 2.
Grünfink – Zitronenzeisig + Girlitz	Be	
Grünfink, eigentlicher – Girlitz	Be2,N	
Grünfink, eigentlicher – Zitronenzeisig +	Be	
Girlitz		
Grünfink, gelbflügeliger – Grünfink	CLB2	KNB

Grünfinkchen – Girlitz	Be1,Be2,Be97,N	
Grünfinke – Grünfink	Buff,HHm	
Grünfuß – Teichhuhn	Be1,Be2,Be,Be97,Buff,GD,O1	
Grünfuß – Waldwasserläufer	O1	
Grünfüßchen – Waldwasserläufer	Ad	
Grünfüßel – Grünschenkel	H,Suol	
Grünfüßel – Waldwasserläufer	Ad,B,Buff,F,GD,K,N,Schwf	Tringa ochropus.
Grünfüßiger Reuter – Grünschenkel	GD	
Grünfüßiger Strandläufer – Kiebitzregenpfeifer	N	
Grünfüßiger Strandläufer – Waldwasserläufer	Krü,N	
Grünfüßiger Wasserläufer – Grünschenkel	Be2,Be,CLB1,2,MWN,N,WüCl	KNB
Grünfüßiger Wasserläufer – Waldwasserläufer	Do,F,Krü	
Grünfüßiges Rohrhuhn – Teichhuhn	N	
Grünfüßiges Meerhuhn – Teichhuhn	Be2,Be,Be97,N	
Grünfüßiges Merhuhn – Teichhuhn	Be1	
Grünfüßiges Moorhuhn – Teichhuhn	N	
Grünfüßsiges Rohrhuhn – Teichhuhn	CLB1,2,Krü,MW,O3,V	KNB
Grünfüßiges Sumpfhuhn – Teichhuhn	WüCl	
Grünfüßiges Teichhuhn – Teichhuhn	Bri,CLB3,N,Scha	
Grünfüßiges Wasserhuhn – Teichhuhn	Be2,Buff,CLB1,2,F,GD,Hp,N	KNB
Grünfüßl – Waldwasserläufer	Be2,Be	
Grünfüßlein – Waldwasserläufer	Krü	
Grüngeflügelte Taube – Haus-/Felsentaube	GD	
Grüngelbe Grasmücke – Gelbspötter	Be1,Be2,Be,Be97,Buff,GD,Krü,N	
Grüngelber Dickschnäbler – Grünfink	Be1,Be2,Be,Buff,GD,K,N	
Grüngelber Fink – Grünfink	Be2,Buff,N	
Grüngelber Finke – Grünfink	Be1	
Grüngelber Rapp-Fink – Grünfink	Be	
Grüngelber Reiher – Rallenreiher	Buff	
Grüngelber Reiher – Zwergdommel	Be1,Be2,Be,GD,Krü	
Grüngelbes Zeislein – Erlenzeisig	Be2,Be,Buff,GD,N	
Grüngelbes Zeißlein – Erlenzeisig	Z	
Grüngraue Weißkehle – Gartengrasmücke	Be2,Be,N	
Grüngrauer Specht – Grauspecht	B	
Grüngrauer Erdhacker – Grauspecht	CLB3	
Grüngrauer Specht – Grauspecht	N	
Grüngrauspecht – Grauspecht	CLB1,2	KNB
Grünhals – Stockente	GD	
Grünhanferl – Grünfink	B,F	
Grünhänfling – Grünfink	Ad,Be97,F,Hamb.Mag.,Krü,WüCl	VN
Grüning – Goldammer	Ad	
Grüning – Grünfink	Krü	
Grünitz – Fichten-/Kiefernkreuzschnabel	Buff,Hp	
Grünitz – Fichtenkreuzschnabel	Ad,Be1,Be2,Be,F,Fri,K,Krü,N,O1,Suol ... ... Frisch Tafel 11.	
Grünitz – Grünfink	Do,F,Krü	

Grünkopf – Stockente	GD
Grünkopfente – Stock-/Hausente	Do,F
Grünköpfige Gans – Prachteiderente	Buff
Grünkrähe – Blauracke	Ad,B,Be1,Be2,Be,F,Krü,N,Suol
Grünlerche – Baumpieper	Do,F
Grünlicher Edhacker – Grünspecht	CLB3
Grünlicher Pieper – Wiesenpieper	CLB3
Grünlichgrauer Spitzkopf – Schlagschwirl	JAN,N
Grünling – Goldammer	Ad,Fri
Grünling – Grünfink	Ad,B,Be1,2,Be,Be97,Buff,CLB1,2,Fri,G,GD, …
	… GesSH,Hp,K,Krü,MW,N,O1,2,P, …
	… Schwf,Tu,V,Z,zLa KNB
Grünling – Zitronenzeisig	Be2,N
Grünling, nordischer – Grünfink	CLB3
Grünlinger – Grünfink	GesSH
Grünnigel – Grünspecht	Suol
Grünschenkel – Grünschenkel	B,Buff,N
Grünschenkel, kleiner – Waldwasserläufer	F
Grünschleng – Goldammer	Suol
Grünschling (thür.) – Goldammer	Ad,Be1,Be2,Be,F,Hp,Krü,N,Scha,Suol
Grünschling, doppelter – Grauammer	Be1,Be2,Be,N
Grünschnabel-Albatros – Gelbnasenalbatros	H
Grünschnäbeliger Kibitz – Triel	Ad
Grünschnabeliger Pardel – Triel	Krü
Grünschnäbler – Steinwälzer	Suol
Grünschnäbler – Triel	Be1,Be2,Be,Buff,F,GD,K,Krü,N
Grünschnäblichter Pardel – Triel	Be,Buff,K
Grünschnäbliger Pardel – Triel	Be2,Be,N
Grünschwantz – Grünfink	Fri,Scha
Grünschwanz – Grünfink	Ad,F,Be1,Be2,Be,Buff,Fri,GD,Krü,N,Suol VN
Grünsel – Goldammer	Do,F
Grünsel – Grünfink	Do,F
Grünsink – Goldammer	Ad
Grünspecht – Baumläufer	Buff
Grünspecht – Bienenfresser	Ad
Grünspecht – Grünspecht	Ad,B,Be1,Be2,Be,Be97,Be05,Buff,CLB1,2,3, …
	… GesSH,GD,HaSa,Hp,K,Krü,MW,O1,2,3,P1, …
	… StVb,Tu,V KNB
Grünspecht – Wendehals	Be2
Grünspecht mit gelbem Steiß – Grauspecht	Be2,Be,K,N
Grünspecht mit rotem Kopf und Nacken – Grünspecht	Jä
Grünspecht, gemeiner – Grünspecht	B,Be2,N
Grünspecht, grauer – Grauspecht	Jä
Grünspecht, grauköpfiger – Grauspecht	B,Be2,Be,Buff,Krü,N
Grünspecht, großer – Grünspecht	B,Be2,GD,Hp,N
Grünspecht, kleiner – Baumläufer	GD
Grünspecht, kleiner – Grauspecht	CLB2,Hp,N,zLa

Grünspecht, norwegischer – Grauspecht	B,Buff,GD	
Grünsteissiger Laubvogel – Berglaubsänger	F,N	N: Bd. 13/417.
Grünvogel – Grünfink	Ad,B,Be1,Be2,Be,Be97,Buff,F,K,Krü,N,Schwf	
Grünvögele – Sperbergrasmücke	zLa	
Grünzeisig – Erlenzeisig	Do,F	
Grünzel – Goldammer	Scha	
Grünzling – Grünfink	Buff,F,Hp,Krü	
Grünzling – Ortolan	B,Be2,Be,F,N	
Grünzling (märk.) – Goldammer	Ad,F,GD,Krü,N,Scha,Suol	
Grüper – Baumläufer	Be1,Be2,Be,Be97,Buff,GD,N	
Grüper – Waldbaumläufer	N	
Gruschel – Gans	Suol	
Grüschotele – Grauschnäpper	Do,F,H	
Grüser – Großer Brachvogel	N,O2,Suol	
Gruseriopa – Rohrdommel	Buff	Jonston: Buffon/Otto 25, S. 345.
Grütta – Uferschnepfe	F,H	
Grutte – Truthuhn	Ad,Suol	
Grütte – Uferschnepfe	Suol	
Grütto – Uferschnepfe	Suol	
Grüy – Großer Brachvogel	GesH,Suol	
Gryes Vogl – Regenpfeifer	Suol	
Gryll-Lumme – Gryllteiste	MW,N	
Gryll-Lummer – Gryllteiste	F	
Gryll-Teiste – Gryllteiste	N	
Grylle – Girlitz	GesS,Suol	
Grylle – Gryllteiste	Gun	
Gryllenfresser, rosenfarbiger – Rosenstar	V	
Grylllumme – Gryllteiste	Krü,WüCl,V	S. Gryll-Lumme u. a.
Grylllumme, langschnäbelige – Gryllteiste	CLB3	
Grylllumme, Meisner's – Gryllteiste	CLB2,3	KNB
Grylllumme, nordeuropäische – Gryllteiste	CLB3	
Grylllumme, nordische – Gryllteiste	CLB2,N	KNB
Grylllumme, nordöstliche – Gryllteiste	CLB2,N	KNB
Grylllumme, schwarze – Gryllteiste	CLB2	
Grylltaucher – Gryllteiste	Be1,Be2,Be,Do,F,GD,N	
Gryllteist – Gryllteiste	F	
Grynerlin – Baumpieper	Suol	
Gryphon – im Sinne „Vogel Greif"	Tu	Mythologischer Begriff.
Gschößle – Bluthänfling	F,H	
Gstattenschläger – Braunkehlchen	Do,F	
Gstettenschwalbe – Uferschwalbe	Do,F	
Guârd – Ente (männl.)	Suol	
Gübel Schwalbe – Rauchschwalbe	Schwf	
Gübelschwalbe – Rauchschwalbe	Suol	
Gübelschwalm – Rauchschwalbe	Do,F	
Gübich – Kiebitz	Be97	
Gucgouch – Kuckuck	Pe	13. Jahrh.
Gucguc – Kuckuck	Pe	13. Jahrh.
Guchty – Alpendohle	F	

Guck Guck – Kuckuck	zLa	
Guckar – Kuckuck	Buff	
Guckauch – Kuckuck	F,K,Schwf	Frisch T. 40.
Guckaug – Kuckuck	Be1,Be2,Be,Buff,Hp,N	
Gucke – Kuckuck	F	
Gückel – Haushuhn (männl.)	GesH,Suol	
Guckelhan – Haushuhn (männl.)	Suol	
Gücker – Gimpel	F,N,O2	
Gucker – Kuckuck	Be2,Be,Buff,F,GesSH,Jä,N,K,Schwf,Suol	
Guckerle – Sperbergrasmücke	zLa	Bedeutet kleiner Kuckuck.
Gückerle – Sperbergrasmücke	zLa	S. „Strasburgisch Vögele.“
Gückerle – Wiesenpieper	F	
Guckerlein – Baumpieper	Be2,Be,GesH	
Guckerlein – Brachpieper	Be1,Be2,Be,Buff,F,N	
Gückerlein – Brachpieper	Be	
Guckerlein – Wiesen-und Baumpieper	Be1	
Guckerlein – Wiesenpieper	Be2,Be,N	
Guckerlin – Baumpieper	GesS	
Gückerli – Wiesenpieper	Do	
Guckerlin – Baumpieper	Schwf	
Gückerlin – Brachpieper	Buff	
Gückerlin – Pieper (allg.)	Suol	
Gückerlin – Zilpzalp	zLa	Bei Gessner 1555, 762.
Guckezer – Kuckuck	Suol	
Guckgauch – Kuckuck	Suol	
Guckgu – Kuckuck	Be1,Be2,Be,Buff,Hp,N,P	
Guckguck – Kuckuck	Ad,Be1,Be,GesH,Hp,Kö,Krü	
Guckguck, gemeiner europäischer – Kuckuck	Krü	
Guckguck, gezopfter schwarz und weißer – Häherkuckuck	Buff	
Guckguck, großer gefleckter – Häherkuckuck	Buff	
Guckguckskäfer – Wiedehopf	Buff	
Guckguk – Kuckuck	Be2,Buff,Fri,N	
Guckguk, afrikanischer – Häherkuckuck	Buff	
Guckitzer – Kuckuck	Suol	
Guckufer – Kuckuck	Be1,Be,F,K,N	
Guckug – Kuckuck	K	Frisch T. 40.
Guckuser – Kuckuck	Be2	
Guczgäuch – Kuckuck	Suol	
Gueger – Gimpel	GesS	
Guegger – Gimpel	Buff	
Guelhammer – Goldammer	Suol	
Gugâgger – Kolkrabe	Suol	
Gugauck – Kuckuck	Be1,Be2,Be,Buff,Hp,N	
Gugckuser – Kuckuck	Suol	
Gugekufer – Kuckuck	GesS	
Gugelfahraas – Pirol	Do,F	

Gugelfahraus – Pirol	Be1,Be2,Be,GD,Krü,N	
Gugelfiaus – Pirol	Ad	
Gugelfiraus – Pirol	Krü	
Gugelfliehauf – Pirol	Suol	
Gugelfrühauf – Pirol	Suol	
Gugelfyhaus – Pirol	Suol	
Gugelhan – Haushuhn (männl.)	Suol	
Gugelsiehaus – Pirol	Do,F	
Gugelüberdichhab – Pirol	Suol	
Gugelvieraus – Pirol	Suol	
Güger – Gimpel	Be2,Be,GesH,N	
Güger (helv.) – Rotdrossel	H	
Guggauch – Kuckuck	Ad,Buff,GesSH,Krü,zLa	Bei Gessner 1554.
Güggehü – Haushuhn (männl.)	Suol	
Güggel – Haushuhn (männl.)	Suol	
Güggelhan – Haushuhn (männl.)	Suol	
Gügger – Gimpel (männl.)	GesS,Suol	Gessner 1585.
Gügger – Kernbeißer	GesS	
Gugger – Kuckuck	Ad,Krü	
Guggouch – Kuckuck	Pe,Suol	3. Jahrh.
Guggu – Kuckuck	Suol	
Gugguck – Kuckuck	Buff	
Guggus – Kuckuck	Suol	
Gugku – Kuckuck	Suol	
Gugkuser – Kuckuck	Buff	
Guglar – Haushuhn (männl.)	Suol	
Guglawa – Pirol	F,H	
Gugler – Pirol	F,H,Suol	
Guglfrühauf – Pirol	Do	
Guglvierhaus – Pirol	Do,F,H	Suolahti: Gugelvieraus.
Guguck – Kuckuck	Suol,Z	
Gugug – Kuckuck	Be1,Be2,Be,Buff,F,Hp,N	
Gühl – Grünling	F	
Gühl Fliegenbitter (helgol.) – Waldlaubsänger	F,H	
Gühl Lungen – Gebirgsstelze	Do,F	
Gühl-Klütjer, kort (helgol.) – Grünfink	H	
Gühlblabba, blü-hoaded (helgol.) – Schafstelze	H	
Gühlblabber, blühoaded – Schafstelze	F	
Guibitz – Kiebitz	Do,F	
Guifette – Trauerseeschwalbe (juv.)	Buff	Buffon/Otto Band 31.
Guillemot (franz., engl.) – Krabbentaucher	Krü	
Guinea Fowl (engl.) – Meleagris-Gruppe	Tu	Perlhühner?
Guineische Ente – Moschusente	Be2	
Guineische Henne – Helmperlhuhn	Be1,Suol	
Guiratinga – Silberreiher	O1	
Gujanischer Specht – Dreizehenspecht	Buff	
Güker – Haushuhn (männl.)	Ad,Suol	
Gukguck, gemeiner – Kuckuck	O1	

Gukguk – Kuckuck	N	
Gukker – Kuckuck	Be1,Hp	
Gukufer – Kuckuck	JAN	
Gûl – Haushuhn (männl.)	GesH,Suol	
Gulaund – wahrsch. Eiderente	Buff	„Anas (Mergus) borealis."
Gulaundänte – wahrsch. Eiderente	Buff	„Anas (Mergus) borealis."
Gülblabber – Gebirgsstelze	Suol	
Gülbük – Rotkehlchen	Suol	
Guldomaschel – Pirol	F,H	
Guldstangerl – Goldhähnchen (allg.)	Suol	
Gulföeting – Heringsmöwe	Gun	„Gelbfüßig"
Gull – Möwe	O1	
Gull, Black-headed (engl.) – Lachmöwe (Sokl.)	Tu	
Gull, Grey (engl.) – Lachmöwe (Wikl.)?	Tu	Binnenmöwe
Gull, White (engl.) – Sturmmöwe??	Tu	Marine Möwe.
Gulland – Möwe	O1	
Gullente – Möwe	O1	
Gülle (helv.) – Haushuhn	Do	
Guller – Haushuhn (männl.)	O1,Suol	
Gullgöäse – Goldammer	Bri	
Gulli – Haushuhn (männl.)	Suol	
Gulli – Truthuhn	Suol	
Gulligû – Haushuhn (männl.)	Suol	
Gulligû – Truthuhn	Suol	
Gülnabbet – Amsel	Suol	
Gulo – Kormoran	GesS	Wg. seiner Gefräßigkeit; Ges 1585.
Güloch – Großer Brachvogel	Do,F	
Gump – Gimpel	F	
Gumpel – Gimpel	GesS	
Gümpel – Gimpel	Buff,G,GesSH,HaSa,Hp,Krü,P1,Schwf,Suol ...	
	... Hans Sachs Regiment ..., Vers 135.	
Gümpel, weißer – Dompfaff, Mutation	Schwf	
Gumpell – Gimpel	Suol	
Gumpf – Gimpel	B,Be2,Be,N	
Gumpl – Gimpel	Be1,Buff	
Gûniss – Gans	Suol	
Gunsche – Grünling	F	
Gunz – Gans	Suol	
Güper – Gimpel	Do,F	
Gura – Rotmilan	Jä	
Guraar – Rotmilan	Jä	
Gurau (braband.) – Eichelhäher	GesH	
Gurgelhahn – Auerhuhn	Ad,Be1,Be2,Be,Be97,Buff,F,GD,Hp,N	
Gurgelhuhn – Auerhuhn	B	
Guro – Rotmilan	Jä	
Gurse – Goldammer	Be2,Be,F,GesSH,N,zLa.	Bedeutung von Gurse ungeklärt. Als „Gursa" erstmals b. Albertus Magnus.
Gürtellerche – Ohrenlerche	F	

Gürteltaube – Turteltaube	Suol	
Gusaarn – Seeadler	Suol	
Guse, Solend (engl.) – Baßtölpel	Tu	
Guß (fries.) – Hausgans	GesS	
Guß, grü – Saatgans	F,H	
Gußaar – Seeadler	Do,F	
Güsvogel – Regenbrachvogel	B,Be1,Be2,Be,GD,N	
Güt-to – Großer Brachvogel	Bri	
Gutes Jahr – Buchfink	GD	Finkenschlag, z. T. auch Finkenname.
Gutfinch – Gimpel	Buff	
Gutfinck – Gimpel	GesSH	
Güth-Jut-Jüt-Geisvogel – Großer Brachvogel	Be	
Guthäer – Eichelhäher	zLa	
Guthäher – Eichelhäher	zLa	
Gutheher – Eichelhäher	zLa	
Güthvogel – Großer Brachvogel	Be1,Be2,Hp,N	
Güthvogel – Regenbrachvogel	B,Be1,Be2,Be,N	
Gutjahr – Buchfink, Zuchtname	Buff,GD,Kö,O1	Finkenschlag, z. T. auch Finkenname.
Gûtjenblik – Wachtel	Suol	
Gutmerle – Pirol	Be1,Be2,Be,Buff,F,Hp,Krü,N	
Guttvâgel – Großer Brachvogel	Bri,Häp	
Gütvogel – Großer Brachvogel	Be2,Bri,GD,N,Suol	
Gütvogel – Grünfink	Ad	
Gütvogel, kleiner – Regenbrachvogel	GD	
Gütvogel, lütje – Regenbrachvogel	Bri	
Gutz Gauch – Kuckuck	zLa	
Gutzauch – Kuckuck	HaSa	
Gutzgauch – Kuckuck	Be2,Be,F,GesS,N,StVb,Suol, zLa	
Guusaar – Seeadler	H	
Güüsvogel – Regenbrachvogel	Be97	
Gwâgg – Dohle	Suol	
Gwiggli – Kauz (allg.)	Suol	
Gybitz – Kiebitz	GD,K,Schwf,Suol	Frisch T. 213.
Gybitz, grüner – Goldregenpfeifer	Buff	
Gybitz, hauptdummer – Mornellregenpfeifer	Buff	
Gybytz – Kiebitz	GesSH	
Gybytz, hauptdummer – Mornellregenpfeifer	Be2,Be,N	
Gyfitz – Kiebitz	Be2,Buff,F,GesSH,Kö,N,Schwf,Suol	
Gyfitz Köpel – Goldregenpfeifer	Suol	
Gyfitz, grawer – Kiebitzregenpfeifer	GesS,Schwf,Suol	
Gyfytz – Kiebitz	Buff	
Gympel – Gimpel	Buff,GesS, K,Suol	Frisch T. 2.
Gyntel – Bluthänfling	Be1,Buff,F,GD,O2,Suol	
Gyntel – Karmingimpel	GesS,zLa	Mhd. gunt = Kampf.
Gyr – Bartgeier	G	
Gyr – Geier allg.	Schwf	

Gyrfalck – Gerfalke	Suol
Gyrfalk – Gerfalke	Be2,K,O1
Gyrfalke – Gerfalke	Be1,Be05, Buff,GD
Gyritz – Lachmöwe	B,F,N
Gyrle – Girlitz	Krü,Suol
Gyrofalco – Gerfalke	GesSH
Gysitz – Kiebitz	Be1,H,K
Gyuitt – Kiebitz	GesS
Gyvitt – Kiebitz	GesH
Gywitt – Kiebitz	GD,Schwf
Gywitz – Kiebitz	Buff
Haafke – Habicht	Häp
Haagschlüpfer – Dorngrasmücke	N
Haagschlüpferli (schweiz.) –	V
Dorngrasmücke	
Haagspatz – Gelbspötter	N
Haagspatz, großer – Gartengrasmücke	N
Haagspatz, kleiner – Klappergrasmücke	N
Haakenkreuzschnabel – Hakengimpel	Be2
Haar Pudel – Zwergschnepfe	Fri
Haar-Schnepffe – Zwergschnepfe	G
Haarbull – Zwergschnepfe	Be2,Be,Buff,Krü,N,WüCl
Haarchenmöwe – Trauerseeschwalbe	Suol
Haarekenblatt – Bekassine	Be1,Be2,GD,N
Haarenblatt – Bekassine	Krü
Haarentchen – Zwergtaucher	B,F,N
Haaricher Baumhacker – Mittelspecht	Hp
Haarichter Baumhacker – Mittelspecht	GD
Haarigter Baumhacker – Mittelspecht	Hp Heppe 1798.
Haarpudel – Zwergschnepfe (fem.)	B,Be2,Buff,F,Fri,Krü,N
Haarschnepfe – Bekassine	B,Be2,N
Haarschnepfe – Meerstrandläufer	Be
Haarschnepfe – Uferschnepfe	GD
Haarschnepfe – Zwergschnepfe	Ad,Be1,Be2,Be,Be97,Buff,CLB2,F,Fri,GD,Hp,… …K,Krü,O1,2,Suol,V KNB
Haarschnepfe (holl.) – Flußuferläufer	Be1,Be2,Be,Krü,N,O2
Haarschnepfe, kleine – Zwergschnepfe	N
Haarschnepff – Bekassine	GesS
Haarschnepff – Zwergschnepfe	Suol Junius Nomenklator 1581.
Haarschnepfle – Zwergschnepfe	Jä
Haarschneppe – Bekassine	Be,Krü
Haarzopfige Drossel – Rosenstar	Be1,Be2,Be,K,N
Haarzöpfigte Drossel – Rosenstar	Buff
Haaschnepfe – Flußuferläufer	GD
Haasenaar – Seeadler	Be2,N
Haasenaar – Steinadler	N
Haasenadler gemeiner brauner – Steinadler	Be2
Haasenadler, brauner – Steinadler	Be2

Haasenadler, gemeiner – Steinadler	Be2	
Haasenadler, großer – Seeadler	Be2,Be97,N	
Haasenadler, kurzschwänziger – Steinadler	Be2	
Haasenadler, ringelschwänziger – Steinadler	Be2	
Haasenadler, schwarzbrauner – Steinadler	Be2	
Haasenadler, schwarzer – Steinadler	Be2	
Haasengeier – Seeadler	Be2	
Haatbar – Weißstorch	Häp	
Haavekenblatt – Bekassine	Han	Han. Magazin 26/1780.
Haavk (nieders.) – Habicht	Ad,Krü	
Hab ich – Habicht	K	
Hab'ich – Habicht	Be2,N	
Habachel – Habicht	Suol	
Habbek – Habicht	Scha	
Habbicht – Habicht	Z	
Habch – Habicht	GesS,Pe	Genitiv: Des Habches. 13. Jahrh.
Häbe – Wachtelkönig	H	
Habeche – Habicht	Ad,Krü	
Habeck – Habicht	Häp	
Habelschwanz – Rotmilan	Do,F	
Haberbock – Bekassine	Be1,Be2,Be,F,GD,Krü,N,O2,Suol	
Haberböcklein – Bekassine	Scha	
Haberchlänli – Baumläufer	Suol	
Habergais – Bekassine	Jä	
Habergas – Bekassine	Jä	
Habergeis – Habichtskauz	B	
Habergeis – Wachtelkönig	Jä	
Habergeis – Waldohreule	H	
Habergeiß – Bekassine	Do,F,Suol	
Habergeißlein – Bekassine	GesH	
Habergeißlin – Bekassine	Suol	
Haberhätsch – Elster	H	
Haberhetsche – Elster	H	
Haberkrah – Saatkrähe	F,H	
Haberlämmchen – Bekassine	Be1,Be2,Be,GD,Krü,N	
Haberrickchen (juv.) – Saatkrähe	F,H	
Haberschnepfe – Bekassine	Buff	
Haberzäg – Bekassine	WüCl	
Haberzicke – Bekassine	Do,F,Scha	
Haberziege – Bekassine	Be2,Be,N	
Habich – Habicht	Ad,Fri,G,GesS,Kö, Krü,Schwf,StVb,Z,zLa	
Habich – Mäusebussard	H	
Habichlen – Habicht (männl)	HaSa	
Habicht – Baumfalke	Be2,N	
Habicht – Gerfalke	GD	
Habicht – Habicht	Ad,B,Be1,Be2,Be,Be97,Be05,Buff,Fri,G,…	
	…GesSH,GDHaSa,Hp,Jä,K,Krü,Mic,N,…	
	…Schwf,Z,V.	KNB

Habicht – Kornweihe	GD	Bei den Jägern ab 3. Jahrh.
Habicht – Wanderfalke	Be1	
Habicht, allerkleinster – Merlin	GD	
Habicht, blauer – Kornweihe (männl.)	Be1,Be2,Be,F,N	
Habicht, deutscher – Habicht	CLB3	
Habicht, eine Art – Wanderfalke	Be2	
Habicht, europäischer – Habicht	zLa	„Accipiter gentilis gentilis".
Habicht, gefleckter – Wanderfalke	Be2,Be,GD	
Habicht, gemeiner – Habicht	O1,2	
Habicht, grauschnäbliger – Wespenbussard	Be	
Habicht, großer – Habicht	Be1,Be97,Buff,GD,Schwf	
Habicht, klein – Habicht (männl.?)	Schwf	
Habicht, kleiner – Sperber	CLB2	
Habicht, nordischer – Habicht	CLB3	
Habicht, nordöstlicher – Habicht	zLa	„Accipiter gentilis buteoides".
Habicht, schwarzbrauner – Mäusebussard	Fri	
Habicht, schwarzbrauner – Wanderfalke	Be1,Be2,Be,GD,N	
Habicht, weißgesperberter – Sperber (weibl.)	Be1,Be2,Be,GD,N	
Habichteule – Habichtskauz	JAN,K	
Habichteule – Sperbereule	N	
Habichtgeyer – Habicht	Hp,Krü	
Habichtsadler – Habichtsadler	B	C. L. Brehm 1855, KN.
Habichtsauge – Goldregenpfeifer	GD	Wegen seines Glanzes.
Habichtseule – Habichtskauz	B,CLB1,F,MW,N,O2	Meyer/Wolf 1810. KNB
Habichtseule – Sperbereule	Be1,Be2,Be97,Be05,F,GD	
Habichtseule, europäische – Sperbereule	Be2,BeN	
Habichtseule, gesperberte – Sperbereule	CLB1,2	KN
Habichtseule, große – Habichtskauz	Be,MW,N	
Habichtseule, hochköpfige – Sperbereule	CLB3	
Habichtseule, kleine – Sperbereule	Be,CLB2	
Habichtseule, plattköpfige – Sperbereule	CLB3	
Habick – Habicht	Häp	
Habig – Habicht	Be2,N	
Habigt – Habicht	Fri	
Habigt, schwarzbrauner – Mäusebussard	Fri	
Habler – Rotmilan	Do,F	
Habock – Habicht	Bri	
Haburgeis – Habichtskauz	F	
Hacht – Baumfalke	Be2,N,O1	
Hacht – Habicht	Ad,Be2,F,Jä,Krü,N	
Hachte – Greifvögel und Würger	O1	
Hachtfalk – Habicht	B	
Hächti – Alpendohle	H	
Hachtl – Sperber	Jä	
Hächtle – Sperber	Jä	
Hachtvogel – Habicht	B	
Hack – Baumfalke	O1	
Hack – Habicht	O1	

Hack – Kornweihe	O1
Hackenkralle – Neuntöter	F,H
Hacker – Buntspecht	GD
Hackespecht – Buntspecht	Do,F,Scha
Hackespecht – Mittelspecht	B,F,H,Scha
Hackspett – Buntspecht	Häp
Hackspett, grön – Grünspecht	Häp
Häckster – Elster	Do,F,Häp
Häckster, spanisch – Eichelhäher	Häp
Haebche – Habicht	Ad,Krü
Haebchle – Habicht	GesS
Haeher – Eichelhäher	GesS
Haer – Eichelhäher	GesS
Haetzel – Eichelhäher	GesS
Haetzler – Eichelhäher	GesS
Hafer-Ricke – Saatkrähe	Suol
Haferkrähe – Saatkrähe	B,Be2,F,N,V
Haferräcke – Saatkrähe	Do,F
Haferricke (sächs.) – Saatkrähe	Ad,Krü
Haferrücke – Saatkrähe	Be2,Be,N
Haferrucke – Saatkrähe	Do,F
Haferziege – Bekassine	Scha
Haffbacke, große – Raubseeschwalbe	F
Haffbacker, grote – Raubseeschwalbe	H
Haffbicker, grote – Raubseeschwalbe	H
Haffhest – Atlantiksturmtaucher	Buff
Haffmöve – Lachmöwe	Do
Haffmöve – Lachmöwe	F,Suol
Haffmöve – Silbermöwe	H
Haffmöwe, große – Heringsmöwe	F,Fri
Haffpâpke – Bläßhuhn	Suol
Haffpicker – Brandseeschwalbe	B,N
Haffstrut – Mantelmöwe	Do,F
Haffuhl – Schneeeule	Do,F
Haffzicker – Brandseeschwalbe	Do
Hafhäst (schwed.) – Eissturmvogel	H
Häfk – Sperber	Do,F
Hafkin (holl) – Habicht	GesSH
Hafmev – Mantelmöwe	WüCl
Hafmeve – Dreizehenmöwe	Be1,Be2,Be,GD
Hafmeve, große – Heringsmöwe	Be1,Be2,Be,Buff,GD,N
Hafmewe – Dreizehenmöwe	Krü
Hafmewe, große – Heringsmöwe	Krü
Hafmoewe, große – Heringsmöwe	Buff
Hafmöve – Dreizehenmöwe	N
Hafoc (angels.) – Habicht	Ad
Hafsöre (schwed.) – Seeadler	B
Hafsule (dän.,schwed.) – Baßtölpel	H
Haftirdill (isl.) – Krabbentaucher	H

Hafuc (angels.) – Habicht	Ad	
Hag Amsel – Ringdrossel	Schwf	
Hag-Ent – Stockente	GesH	
Hagamsel – Amsel	GesH	
Hagamsel – Ringdrossel	Suol	
Hagamßel – Wacholderdrossel	GesS	
Hagar – Wanderfalke	Ad,GesS	
Hagart – Wanderfalke	Ad	
Hägeäkster – Raubwürger, Neuntöter	Bojer	Emsland
Hagekrûperle – Zaunkönig	Suol	
Hagel Gans – Schneegans	Schwf	S. u. Hagelgans.
Hagelgans – Bläßhuhn	Buff,GD	
Hagelgans – Graugans	Be2,Be,F,Hp,N	
Hagelgans – Graugans, Saatgans	Fri,Suol	
Hagelgans – Saatgans	B,GesH,N	
Hagelgans – Schneegans	Ad,Be1,Be2,Be,Buff,GD,K,Krü,N,O2	
Hagelganß – Bläßhuhn	GesH	
Hagelganß – Graugans	StVb	
Hagent – Stockente	Buff,Suol	
Hagente – Stockente	Be2,Be,F,Fri,GesS,GD,Krü,N,O2	
Häger – Eichelhäher	Ad,Bri,Häp,Krü	
Häger – Elster	Ad	
Hagerfalck – Großer, alter Falke (Wanderfalke?)	Suol	
Hagerfalck – Wanderfalke	GesS	
Hagerfalk – Wanderfalke	Ad	
Hagerfalke – Wanderfalke	Hp	
Hägert – Eichelhäher	B,Be1,Be,F,Hp,N	
Hagort – Im Januar bis März gefangener ... ... Falkenach der ersten Mauser.	Hp	
Hagschlüpfer – Dorngrasmücke	B,F	
Hagschlüpferle – Zaunkönig	Suol	
Hagspatz – Gartengrasmücke	Do,F	Hag ist kleiner Wald.
Hagspatz – Gelbspötter	B	
Hagspatz – Zaunammer	Do,F	
Hagspatz, gelber – Gelbspötter	F	
Hagspatzel – Klappergrasmücke	Do,F	
Häher – Eichelhäher	Ad,Buff,GesH,Hp,Krü,N,P	
Häher – Elster	Krü	
Häher-Kuckuck – Häherkuckuck	H	
Häher, blauer europäischer – Blauracke	Krü	
Häher, gefleckter – Tannenhäher	F	
Häher, gemeiner – Eichelhäher	N,O1,V	
Häher, hellblauer – Blauracke	Ad,Krü	
Häher, rotschwänziger – Unglückshäher	N	N: Bd. 13/214.
Häher, straßburger – Blauracke	Krü	
Häher, türkischer – Tannenhäher	F	
Häher, ungarischer – Blauracke	GesS,Suol	
Häher, welscher – Blauracke	GesS	

Häher, weltscher – Blauracke	zLa(S. 212)	
Häherkuckuck – Häherkuckuck	O3	
Hahle – Gimpel	Ad,Be1,Be2,Be,Buff,Fri,GD,N,O1	
Hahn – Haushuhn (männl.)	Be2,Gd,Häp	
Hahn aus Afrika oder Barbarien, … … fremder wilder – Helmperlhuhn	Buff	
Hahn der moskowitischen Berge, schwarzer – Auerhuhn	Buff	
Hahn, calecutischer – Truthuhn	Ad,Fri	
Hahn, englischer – Haushahn	GD	Hühnerrasse
Hahn, friesländischer – Haushahn	GD	Hühnerrasse
Hahn, großer – Auerhuhn	F,H	
Hahn, Henne, englische – Haushuhnrasse	Fri	Z. B.: „Englischer Hahn".
Hahn, indianischer – Truthuhn	Be1,Be2,Fri,Suol	
Hahn, kalekutischer – Truthuhn	Be1,Be2,Buff,GD,Krü,Suol	
Hahn, kalkunsche – Truthuhn	Häp	
Hahn, kleiner wilder – Birkhuhn	Buff	
Hahn, numidische – Helmperlhuhn	Buff	
Hahn, sibirischer – Mornellregenpfeifer	Buff	Lepechin: Sibirskoi Petuschock.
Hahn, türckscher – Truthuhn	Fri	
Hahn, türkischer – Truthuhn	Be1,Be2,Buff	
Hahn, wälscher – Truthuhn	Be1,Be2,Krü	
Hahn, welscher – Truthuhn	Fri,O1	
Hahn, wilder – Auerhuhn	Be1,Be2,Be,Be97,Buff,F,GD,Hp,N	
Hahne – Haushuhn (männl.)	Häp	
Hahnrune – Haushuhn (männl., kastr.)	Häp	
Hähre – Eichelhäher	Do,F	
Haiak – Seeregenpfeifer	Bri	
Haide-Lerche – Heidelerche	N	Haidelerche folgt.
Haidelerche – Baumpieper	Be97	
Haidelerche – Feldlerche	Be2,N	
Haidelerche – Haubenlerche	Krü	
Haidelerche – Heidelerche	Be97,CLB1,Jä,N	
Haidelhahn – Birkhuhn	N	
Haidendickfuss – Triel	CLB3	
Haidenhuhn – Birkhuhn	N	
Haidenmeise – Haubenmeise	Be97	
Haidenpfeifer – Goldregenpfeifer	Be1,Be2,Be97,Buff,GD,N,O1	
Haidenpieper – Wiesenpieper	CLB3	
Haidepfeifer – Goldregenpfeifer	Be97	
Haidhahn – Auerhuhn	O1	
Haidlüntje – Wiesenpieper	Bri	
Haidsaatfink – Bluthänfling	Bri	
Haidschnepfe – Großer Brachvogel	Suol	
Haikweihe – Habicht	Scha	
Hail – Gimpel	GesSH,Suol … … Seit 15. Jahrh. belegt, aus dem tschech. Wort „hyl".	
Hailebart – Weißstorch	F	

Haile – Gimpel	Jä	
Hailebart – Weißstorch	H	
Haine, Vogel – Rosapelikan	N	
Haingrinklich – Neuntöter	Do,F	
Hainotter – Weißstorch	Ad,Scha	
Hainotter, schwarzer – Schwarzstorch	Scha	
Hainotter, weisser – Weißstorch	Scha	
Hainsänger – Zilpzalp	Do,F	
Häjert – Eichelhäher	Bri	
Hak – Habicht	F	
Hak – Mäusebussard	F	
Hak – Rotmilan	Do,F	
Hak – Schwarzmilan	Do,F	
Hakenfink – Hakengimpel	B,F,N	
Hakengimpel – Hakengimpel	B,CLB2,N,O…	
	… Oken 1816, C. L. Brehm 1823.	KNB
Hakengimpel, breitschnäbliger – Hakengimpel	CLB3	
Hakengimpel, schmalschnäbliger – Hakengimpel	CLB3	
Hakenkernbeißer – Hakengimpel	B,CLB1,2,MW,N	KNB
Hakenkreutzschnabel – Hakengimpel	N	
Hakenkreuzschnabel – Hakengimpel	B,CLB2,F	KNB
Häkster – Eichelhäher	Bri	
Häkster – Elster	Bri,Suol	
Hakstocker – Mäusebussard	F,H	
Halb Habich – Habicht (männl.?)	Schwf	
Halb schwarz und weiß dressel – Knäkente	zLa	
Halb-Gräser – Bekassine	N	
Halb-vogel – Wacholderdrossel?	Kö	
Halbant'n – Krickente	H	
Halbänte, gestreifter – Prachttaucher	Buff	
Halbänte, sinkende – Sterntaucher	Buff	
Halbart – Weißstorch	Bri	
Halbente – Knäkente	B,Be2,F,Jä,N,O1	
Halbente – Krickente	F,H	
Halbente – Nordischer Taucher allg.	Ad	
Halbente mit schwarzem Schnabel – Sterntaucher	Be2,GD,K,N	Redthroated Duc.
Halbente, braunköpfige – Gänsesäger (weibl. u. juv.)	Be2,Be,N	
Halbente, dritte – Sterntaucher (PK)	Ed	Edward T. 97.
Halbente, erste – Sterntaucher (SK)	A,W	Albin I, 82, Willughby T. 62.
Halbente, gestreifte – Prachttaucher	Be2,F,GD,N	
Halbente, große – Eistaucher	Be2,Be,N	
Halbente, größte – Sterntaucher (juv. o. Sokl.)	Be,GD,N	
Halbente, hinkende – Sterntaucher (juv. o. Sokl.)	Be,N	

Halbente, langschnäblige – Gänsesäger	Be2,Be,N	
Halbente, langschnäblige – Mittelsäger	Be2,Be,N	
Halbente, vierte – Prachttaucher	Ed	Edward T. 146.
Halbente, zweite – Eistaucher	A	Albin III/93.
Halbente, zweite – Prachttaucher	Be1	
Halbentle – Krickente	H	
Halbentlein – Knäkente	H	
Halbentlein – Krickente	H,Jä	
Halbgans – Ringelgans	Fri	
Halbgrebe – Zwergtaucher	Suol	
Halbgrüel – Regenbrachvogel	B,Be2,N,O1,2	
Halbgrül – Regenbrachvogel	Do,F	
Halblouis – Regenbrachvogel	N	
Halbmeve – Trauerseeschwalbe (juv.)	Be2,Be,Buff	
Halbringschnäpper – Halbringschnäpper	H	
Halbrotschwanz – Blaukehlchen	Be2,Be,F,N	
Halbrotspecht – Mittelspecht	B,F,N	
Halbschnepfe – Zwergschnepfe	B,Be2,Be,Buff,F,GD,Krü,N,O1,2,Suol	
Halbschnepflein – Alpenstrandläufer	Be2,N,O2	
Halbschnepflin – Alpenstrandläufer	O1	
Halbvogel – Amsel	Ad	
Halbvogel – Misteldrossel	Jä	
Halbvogel – Ringdrossel	Ad	
Halbvogel – Rotdrossel	Ad,Fri	
Halbvogel – Singdrossel	Ad	
Halbvogel – Wacholder – o. a. Drossel	StVb	
Halbvogel – Wacholderdrossel	Suol	
Halbweihe – Kornweihe (weibl.)	B,Be1,Be2,Be,Be97,Be05,CLB2,F,…	
	…GD,Krü,N,O1,V	KNB
Halbweihe, kleine – Kornweihe (männl.)	N	
Halbweyhe – Kornweihe	Buff	
Halcion – Eisvogel	zLa	
Halckregel – Blauracke	GesSH,Suol	
Haldenente – Kormoran	B,F,N	
Haldschnepfe – Zwergschnepfe	Be1	
Hale – Gimpel	B	
Halegans – Graugans, Saatgans	Suol	
Half Wilp – Grünschenkel	Bri	
Halgans – Graugans, Saatgans	Suol	
Halk-Regel – Blauracke	Buff	
Halle – Gimpel	Do,F	
Halligstorch – Austernfischer	In Nordfriesland	VN
Halsband-Giarol – Rotflügel-Brachschwalbe	MW,N	
Halsband-Morinelle – Steinwälzer	MW	
Halsband-Strandläufer – Steinwälzer	MW	
Halsbandänte von Terre neuve – Kragenente	Buff	Terre neuve ist Neufundland.
Halsbandfalke – Gerfalke (juv.)	Be2,Be,N	

Halsbandfliegenfänger – Halsbandschnäpper	B,CLB1,2,Krü,MW,N	Bechstein 1820. KNB
Halsbandfliegenschnäpper – Halsbandschnäpper	Do,F	
Halsbandgiarol – Rotflügel-Brachschwalbe	CLB2,F	KNB
Halsbandgrieshuhn – Rotflügel-Brachschwalbe	O3	
Halsbandlerche – Kalanderlerche	GD	
Halsbandnachtschwalbe, rothhälsige … … – Rothals-Ziegenmelker	CLB2	KNB
Halsbandregenpfeifer – Sandregenpfeifer	B,Be2,Bri,CLB1,2,F,MW,N,O2,V	KNB
Halsbandsäger – Mittelsäger	Do,F	
Halsbandsandhuhn – Rotflügel-Brachschwalbe	CLB2,3	KNB
Halsbandsperling – Weidensperling	B	
Halsbandstaar – Alpenbraunelle	Be2,N	
Halsbandsteindreher – Steinwälzer	CLB1,2,N	KNB
Halsbandsteinwälzer – Steinwälzer	CLB2,3,O3	KNB
Halsbandtaucher – Eistaucher	Do,F	
Halsdreher – Wendehals	Ad,B,Be1,Be2,Be,Buff,F,GD,Hp,N,Scha	
Halskrausentaube – Haus-/Felsentaube	GD	Zu der Rasse Möventaube.
Halsregel – Blauracke	Be1	
Halsvogel – Blauracke	B,Be2,Be,F,N	
Halswinder – Wendehals	B,Be1,Be2,Be,F,GD,Hp,N	
Halvermann (nierders.) – Wiedehopf	Ad	
Hamburger Mauerläufer – Feldsperling	Buff	
Hamburgischer Baumläufer – Feldsperling	Be1,Be2	
Hamburgischer Dohmpfaffe – Feldsperling	Buff	
Hamburgischer Dompfaff – Gimpel	Siemssen	Wahrscheinl. Variation: Verh., Farbe.
Hamburgischer Gimpel – Feldsperling	Be1,Be2,Buff	
Hamburgischer Kernbeißer – Feldsperling	Be1,Be2,MW… … „Mit größter Wahrscheinlichkeit": Feldsperling.	
Hamerling – Goldammer	Suol	
Hammel – Rosapelikan	Buff	
Hämmerlein – Sumpfmeise	F	
Hämmerling – Goldammer	Ad,Be1,Be2,Be,F,Fri,Hp,Krü,N,V	VN
Hämperling – Bluthänfling	Do,F,Scha,Suol	
Hämpferling – Bluthänfling	Suol	
Hampflch (!) – Bluthänfling	Suol	
Hämpfling – Bluthänfling	Be1,Buff	
Hämpling (schwed.) – Bluthänfling	F,H,Suol	
Hämplink – Bluthänfling	Suol	
Hampmêse – Blaumeise	Suol	
Hampsautsmeise – Kohlmeise	Bri	
Hampsoatsvagel – Pirol	Bri	
Hamrikaa – Dohle	Bri	
Han – Haushuhn	GesH,Schwf	
Hän – Haushuhn (männl.)	Tu	
Han, indianisch – Truthuhn	HaSa	

Han, indianischer – Truthuhn	HaSa,GesH,zLa	
Han, kalekutischer – Truthuhn	GesH	
Han, welscher – Truthuhn	GesH	
Hanahr – Rotmilan	Be	
Handmeise – Blaumeise	Suol	Aus Hanfmeise.
Handmêse – Blaumeise	Suol	
Handwerk – Raubwürger	Suol	
Häne – Haushuhn (weibl.)	Häp	
Hane – Haushuhn (weibl.)	Häp	
Hanefel – Bluthänfling	Suol	
Haneferl – Bluthänfling	Suol	
Hanefferl – Bluthänfling	Be1,Be2,Be,Buff,N	
Hanf-Meiße – Sumpf-/Weidenmeise	Z	
Hänfelein – Bluthänfling	Suol	
Hanfer – Bluthänfling	B	
Hanferle – Bluthänfling	F,H	
Hänferling – Bluthänfling	F,Fri	
Hänferling, grauer – Bluthänfling	N,Scha	
Hänferling, grüner – Grünfink	Scha	
Hänferling, rotbrüstiger – Bluthänfling	N	
Hanff-Meiße – Sumpf-/Weidenmeise	P1	
Hanffeigenfresser – Klappergrasmücke	Buff	Nach Olina.
Hanffink – Bluthänfling	Ad,B,Be1,Be2,Be,F,Krü,MW,N,Suol	
Hanffinke – Bluthänfling	GD,Hp	
Hänffling – Bluthänfling	G,GesH,P1	
Hänflick – Bluthänfling	F,H	
Hänfling – Berghänfling	Ad,Fri,P	
Hanfling – Berghänfling	Krü	
Hänfling – Birkenzeisig	Be2	
Hänfling – Bluthänfling	Be97,Be,Buff,GD,Hp,Jä,Kö,Krü,O2,P,Suol,V,…	
	… WüCl,Z Mittelneudeutsch: Hennepling. KNB	
Hänfling der Weinberge, kleiner – Birkenzeisig	Buff	
Hänfling gemeiner grauer – Berghänfling	Ad	
Hänfling welscher – Grünfink	Be	
Hänfling, blutroter – Bluthänfling	Be	
Hänfling, brauner – Bluthänfling	N	
Hänfling, gelbbrauner – Bluthänfling	CLB1	Nachzulesen: CLB1 S. 735.
Hänfling, gelbbrüstiger – Bluthänfling (männl.)	Be2,GD,N	Nach der 2. Mauser.
Hänfling, gelber – Bluthänfling (juv., männl.)	Be1,CLB2,MW	
Hänfling, gelber – Grünfink	Be	
Hänfling, gelbkählicher – Berghänfling	HHM	
Hänfling, gelbkehliger – Berghänfling	N	
Hänfling, gelbroter – Bluthänfling	CLB1	Nachzulesen: CLB1 S. 735.
Hänfling, gelbschnäbeliger – Berghänfling	N	
Hänfling, gelbschnäbliger – Berghänfling	CLB2,3	KNB
Hänfling, gemeiner – Bluthänfling	Be1,Be2,Be,Buff,GD,N,O1	

Hänfling, gemeiner grauer – Berghänfling	Buff	
Hänfling, graubrüstiger – Bluthänfling	GD	1-jährige Männchen.
Hänfling, grauer – Berghänfling	Buff	
Hänfling, grauer – Bluthänfling (juv., männl.)	Ad,Be1,Be2,CLB2,Fri,Krü,MW,N,Scha	
Hänfling, grauer – Steinsperling	Be2,Be,N	
Hänfling, großer – Bluthänfling	Be1,Be2,Be,N	
Hänfling, grüner – Erlenzeisig	Be1,Be2,Be97,Krü,N	
Hänfling, grüner – Grünfink	Be1,Be2,Be,Buff,CLB2,GD,N,Scha	
Hänfling, grüner – Zitronenzeisig	Be2,N	
Hänfling, grüner schwarzplatter – Erlenzeisig	GD	
Hänfling, grüner schwarzplattiger – Erlenzeisig	Be2,Be,Buff,N	
Hänfling, karminosinirother – Birkenzeisig	Buff	
Hänfling, karmoisinrother – Birkenzeisig	GD	
Hänfling, kleiner – Birkenzeisig	Buff,O1,2	
Hänfling, kleiner rotblättiger – Birkenzeisig	Be1	
Hänfling, kleiner rotplattiger – Birkenzeisig	GD,N	
Hänfling, kleiner rotplättiger – Birkenzeisig	Be2,Be,Fri	
Hänfling, kleiner rotplättriger – Birkenzeisig	Be97	
Hänfling, rotbrüstiger – Bluthänfling	Be2,N	
Hänfling, roter – Bluthänfling	Be1,Be2,Buff,CLB2,N,P	
Hänfling, rotbrüstiger – Bluthänfling	GD,P	
Hänfling, rotplattiger – Birkenzeisig	Krü	
Hänfling, russ'scher – Berghänfling	Scha	
Hänfling, russischer – Berghänfling	F	
Hänfling, schwarzer – Karmingimpel	Buff,GD,N	Buffon/Otto Bd. 11/S. 110.
Hänfling, schwarzplattiger – Erlenzeisig	Be1	
Hänfling, strasburgischer – Bluthänfling	Buff	
Hänfling, straßburger – Bluthänfling	Be1,Be2,GD	
Hänfling, wälscher – Grünfink	Be1,Be2,N	
Hänfling, wälscher – Grünfink	GD	
Hänfling, welscher – Grünfink	Buff,F,GD	
Hanfmaise – Sumpf-/Weidenmeise	Fri	
Hanfmeise – Blaumeise	Suol	
Hanfmeise – Bluthänfling	F,H	
Hanfmeise – Sumpf-/Weidenmeise	Be1,Be2,Be,Be97,Buff,GD,P	
Hanfmeise – Sumpfmeise	B,Be,F,Krü,N	
Hanfmeise – Tannenmeise	Ad,Hp	
Hanfvogel – Bluthänfling	B,Be,F,N	
Hanfvogel – Grünfink	B	
Hanick – Eisente	Be2,F,N,O1	
Haniferl – Bluthänfling	Do,F	
Hanifl – Bluthänfling	F,H	

Hanik – Eisente	B,Be1,Be,Buff	
Hanikens (holl) – Großer Brachvogel	GesH	
Hanjücker – Wiesenweihe	F,H	
Hanjüghar – Milane und Weihen	Suol	
Hannekâ – Dohle	Suol	
Hannekaa – Dohle	Häp	Bedeutung Schwatzkrähe?
Hannekin – Dohle	GesS,Suol	Norddeutschl., bedeutet Johannes.
Hännelinne (estn.) – Bachstelze	Buff	
Hannesmieschen – Tannenmeise	Suol	
Hannicke – Dohle	Do,F,H	
Hannotter – Weißstorch	Scha,Suol	
Hanöferl – Bluthänfling	Suol	
Hans – Kolkrabe	Suol	In Luxemburg.
Hans, großer – Schlangenadler	GD	
Hans, weißer – Kornweihe	Buff,GD	
Hans, weißer – Schlangenadler	F,GD,N	Jean le blanc Brissons Aquila Pygargus.
Hansel – Kolkrabe	Suol	
Hansgâk – Kolkrabe	Suol	
Hanswurstente – Kragenente	B	
Hântje – Haushuhn (männl.)	Häp	
Haok – Habicht	Bri	
Haortaube – Hohltaube	Suol	
Haowrbuck – Bekassine	Suol	
Hapch – Habicht	GesH,K,N,Schwf	
Hapesnart (oldbg.) – Wachtelkönig	H	
Happich – Habicht	Be2,N	
Hapspuger (helv) – Habicht	GesS	
Har-Sule – Baßtölpel	GD	Bei Pontoppidan.
Harbull – Bläßhuhn	Suol	
Hårbull – Zwergschnepfe	Suol	
Harcourts gabelschwänziger	H	
Schwalbensturmvogel …		
… – Madeira-Wellenläufer		
Härdvögeli (helv.) – Steinschmätzer	H	
Hârechel – Waldohreule	Suol	
Harekenblatt – Bekassine	Be	
Harfang – Schnee-Eule	O1,V	
Harfäng – Schnee-Eule	Do,F,H	Der Jäger nimmt, was er schlagen kann.
Häringsmeve – Heringsmöwe	Ad,GD	
Häringsmewe – Heringsmöwe	Buff,Krü	
Häringsmewe, schwarzrückige weiße –	Buff	
Heringsmöwe		
Häringsmewe, weiße, oben	Buff	
weißbläuliche – Heringsmöwe		
Häringsmöve – Heringsmöwe	O2,V	
Häringsmöve – Silbermöwe	O1	
Harl – Säger	O1	
Harl, gemeiner – Gänsesäger	O1	
Harl, langschnäbliger – Mittelsäger	O1	

Harl, weißer – Zwergsäger	O1	
Harlekin – Buntspecht	Do,F	
Harlekin – Kragenente	Be1,Be2,Be,Be97,Buff,GD,N	
Harlekin – Meise allg.	GD	Wg. „ihres Muthwillens".
Harlekin – Mornellregenpfeifer	GD	
Harlekinente – Kragenente	B,N	
Harlekinspecht – Kleinspecht	Ad,B,Be2,Be,F,GD,Hp,N	
Hårnûle – Waldohreule	Suol	
Harpa – Rotmilan	GesS	
Harrakatz (estn.) – Elster	Buff	
Harrier, Hen- (engl.) – Kornweihe (männl.)	Tu	
Harrier, Marsh- (engl.) – Rohrweihe	Tu	
Harrier (engl.) – Weihe allg.	Tu	
Harrofs, lütj – Wiesenpieper	F	
Harrschnepfe – Zwergschnepfe	Suol	
Harrusch – Tannenhäher	Ad,Krü	
Härrweih – Milane und Weihen	Suol	
Harschnepf – Bekassine	GesH	
Harschnepff – Zwergschnepfe	Suol	
Härsnepff – Zwergschnepfe	Suol	
Harstkrain – Saatkrähe	F,H	
Hartbar – Weißstorch	H	
Hartschnabel – Hakengimpel	B,Be2,Be,F,N	
Hartschnabel – Kiefernkreuzschnabel	GD	
Harttaube – Hohltaube	Suol	
Hartyhel – Rohrdommel	Krü	
Harül – Schleiereule	Suol	
Harusch – Eichelhäher	Do,F	
Harvogel – Rohrdommel	Suol	
Harweih – Milane und Weihen	Suol	
Härzel – Eichelhäher	Suol	
Harzfink – Bergfink	Do,F	
Hârzle – Eichelhäher	Suol	
Harzmeise – Tannenmeise	B,Be1,Be2,Be,Be97,F,GD,Krü,N	
Hasel-Hun – Haselhuhn	G,Kö	
Haselhahn – Haselhuhn	Be2,Jä,N	
Haselhan – Haselhuhn	StVb	
Haselhenne – Haselhuhn	Be2,Jä,N	
Haselhinke – Haselhuhn	F	
Haselhinkel – Haselhuhn (weibl.)	Be2,N	
Haselhuen – Haselhuhn	zLa	
Haselhuhn – Haselhuhn	Ad,B,CLB2,N,Be1,Be2,Be,Be97,Buff,Fri,GD,…	
	…Hp,K,Krü,N,O1,2,P1,V	Frisch T. 112. KNB
Haselhuhn – Rackelhuhn	Buff	
Haselhuhn – Schneehuhn	Be1,Be2	
Haselhuhn aus der Hudsonbay, weißes – Säbelschnäbler	Buff	
Haselhuhn mit Hasenfüßen, weißes – Moorschneehuhn	GD	

Haselhuhn, europäisches – Haselhuhn	CLB2,N	KNB
Haselhuhn, gemeines – Haselhuhn	Krü	
Haselhuhn, pyrenäisches – Spießflughuhn	GD,Krü	
Haselhuhn, rotes – Schottisches Moorschneehuhn	A	Albin Band I/23, 24.
Haselhuhn, rotgebrüstetes – Pfuhlschnepfe	Be2,Krü,GD	
Haselhuhn, rotbrüstiges – Pfuhlschnepfe	Buff	
Haselhuhn, rotes – Schottisches Moorschneehuhn	K	Albin Band I/23, 24.
Haselhuhn, schottisches – Schottisches Moorschneehuhn	Buff	
Haselhuhn, weiß – Alpen-/Moorschneehuhn	Fri	
Haselhuhn, weißes – Moorschneehuhn	F,N,Suol	
Haselhuhn, weißes – Schneehuhn	Be,Buff,GD,Krü	
Haselhun – Haselhuhn	GesSH,HaSa,Mic,P	
Haselhünke – Haselhuhn	O1	
Haselnußvogel – Tannenhäher	Suol	
Haselûn – Haselhuhn	StVb	
Haselwaldhuhn – Haselhuhn	CLB1,2,N,O3	KNB
Haselwild – Haselhuhn	Jä	
Haselwildpret – Haselhuhn	Be,GD,Buff	
Hasen Ahr – Steinadler	Schwf,Suol	
Hasen Ahr, großer – Seeadler	Schwf, Suol	
Hasen Geyer – Schreiadler	zLa	Zum Lamm S. 121.
	... Gessner 1555 ... für „mehrere Geierarten".	
Hasen Geyer – Steinadler	Schwf	
Hasen Stößer – Schreiadler	zLa	
Hasen-Geyer – Steinadler	Suol	
Hasenaar – Seeadler	Be1,Be,F	
Hasenadler – Kaiseradler	Ad,K	
Hasenadler – Schreiadler	Be1,Be,Be05	
Hasenadler – Steinadler	B,Be,Buff,F,GesH,JAN,K,N	
Hasenadler – Steinadler?, Kaiseradler?	GD	„Falco Melanaëtes".
Hasenadler, großer – Seeadler	Buff	
Hasenfuß – Alpen-/Moorschneehuhn	K	Frisch T. 110–111.
Hasenfuß – Alpenschneehuhn	Cz	
Hasenfuß – Moorschneehuhn	Do,F,GD	
Hasenfüßiges Waldhuhn – Alpenschneehuhn	CLB1,N	
Hasenfüßiges Waldhuhn – Moor-/ Alpenschneehuhn	Be2,Be	
Hasengeier – Gänsegeier	MW	
Hasengeier – Schreiadler	GesS	
Hasengeier – Seeadler	Be1,Be,Be05,Do,F,Krü	
Hasengeier – Steinadler	Krü	
Hasengeyer – Bartgeier	Ad,GesH,Suol	
Hasengeyer – Gänsegeier	Buff,GesH,GD,K	
Hasengeyer – Stein-(Gold-)adler	HaSa	
Hasengyr – Gänsegeier	G,GesS	
Hasenhuhn – Haselhuhn	Suol	Aus Haselhuhn.

Hasenstößel – Habicht	Jä	
Hasenstößer – Habicht	Do,F	
Hasenstößer – Kaiseradler	Ad	
Hasenstößer – Schreiadler	GesS	
Hasenstößer – Seeadler	Be,Krü	
Hasenstoßer – Seeadler	Krü	
Hasenstoßer – Steinadler	Krü	
Hasfang – Schnee-Eule	O1	
Hassel Hun – Haselhuhn	K	
Hassel-Huhn – Haselhuhn	Z	
Hasselhuhn – Haselhuhn	Ad,Krü	
Hasselhun – Haselhuhn	K	
Haßen-Fänger – Habicht	Z	
Haßenfänger – Habicht	Z	
Haßler – Eichelhäher	Be2,F,GD,N	
Haßpärd – Bekassine	Bri	Im Original: Hasspärd.
Häster – Elster	Be1,Be2,Be,Bri,Buff,GD,Hp,N,Scha,Suol	
Hâster – Elster	Suol	
Hasthert – Eissturmvogel	O1	
Hatsche (schles.) – Ente allg. (zahm), Hausente	Be2,K,Krü,Suol,Schwf	
Hatsche, wild – Wildente	Schwf	
Hatsche (schles.) – Stockente	Ad,Be1,Buff	
Hätscher – Bekassine	F,N	
Hätz – Elster	H,Jä,Suol	
Hätze – Elster	Ad,H,Jä	
Hatzel – Eichelhäher	B,Be2,N,O1,Suol	
Hatzel – Elster	H	
Hatzl – Elster	Jä	
Hätzl – Elster	H,Jä	
Hatzle – Elster	Suol	
Hätzle – Elster	Suol	
Hatzler – Eichelhäher	Ad,K,Krü,N	Frisch T. 55.
Hätzler – Eichelhäher	Buff,F,GesH,N,Schwf,Suol	
Hatzler – Elster	H	
Hauaar – Rotmilan	JAN	
Hauahr – Rotmilan	Be1,Be2,N	
Häubel – Haubenmeise	F	
Häubel-Lerch – Haubenlerche	GesH	
Haubelerche – Haubenlerche	K	Frisch T. 15.
Haubellerche – Haubenlerche	Be,Buff	
Häubellerche – Haubenlerche	Ad,Be1,Be2,Be97,Krü,N	
Häubelmaise – Haubenmeise	Fri	
Haubelmeise – Haubenmeise	Ad,Be1,Be2,Be,Buff,GD,Hp,K,Krü,N	
Häubelmeise – Haubenmeise	Ad,B,GD	
Häubelmeißlein – Haubenmeise	GesH	
Hauben Lerch – Haubenlerche	zLa	
Hauben Lerch – Heidelerche	zLa	
Hauben-Ente, europäische – Reihernte	Hp	

Hauben-Lerche – Haubenlerche	N	
Hauben-Meise – Haubenmeise	N	
Hauben-Säger – Kappensäger	H	
Haubenänte – Reiherente	Buff	
Haubencormoran – Krähenscharbe	GD	
Haubendrossel – Seidenschwanz	Ad,Be2,Be,Buff,F,Fri,GD,Jä,Krü,N,O1,V	
Haubendrossel, böhmische – Seidenschwanz	Be1,Be2,Be,N	
Haubenente – Kolbenente	CLB2	
Haubenente – Reiherente	B,Be1,Be2,Be,Be97,CLB2,F,GD,N,V,WüCl KNB	
Haubenente mit weißem Unterleibe, … … rothbraunem Kopfe und Halse – Reiherente	Buff	
Haubenente von Staatenland – Reiherente	Buff	
Haubenente, braune, mit schwarzem … … Kopfe, Schnabel und Füßen – Reiherente	Buff	
Haubenente, europäische – Reiherente	Be1,Be2,Be,N	Müller 1773.
Kropfgans, europäische – Rosapelikan	CLB2,3	KNB
Haubenente, europäische – Reiherente	Buff,GD	
Haubenente, gemeine – Reiherente	Be2,Be,N,O1	
Haubenente, kleine – Reiherente	Be1,Be2,Be,GD,N	
Haubenente, luisianische – Brautente	H	
Haubenente, rotköpfige – Kolbenente	Be2,Be,N,V	
Haubenfinke, indianischer – Kardinal	HHM	VN
Haubengeyer – Gänsegeier	GD	
Haubenkerch – Haubenlerche	GesS	
Haubenkobbellerche – Haubenlerche	Suol	
Haubenkönig – Goldhähnchen	Ad,Be1,Be2,Be,GD,Hp	
Haubenkönig – Wintergoldhähnchen	B,F,N	
Haubenkormoran – Krähenscharbe	GD,Krü	
Haubenkrähe – Nebelkrähe	O1	
Haubenlerche – Haubenlerche	Ad,B,Be1,Be2,Be,Be97,Buff,CLB2,GD,Hp,… …Jä,Krü,MW,O1,2,3,V	KNB
Haubenlerche, kleine – Heidelerche	Buff,GD	
Haubenlerche, östliche – Haubenlerche	CLB3	
Haubenlerche, rostgraue – Haubenlerche	CLB3	
Haubenlerche, westliche – Haubenlerche	CLB3	
Haubenmaise – Haubenmeise	Buff,Fri	
Haubenmeise – Haubenmeise	Ad,B,Be1,Be2,Be,Be97,Buff,CLB1,2,GD,… …K,Krü,MW,O1,2,3,V Frisch T. 14	KNB
Haubenmeise, deutsche – Haubenmeise	CLB3	
Haubenmeise, nordische – Haubenmeise	CLB3	
Haubenpapagei, deutscher – Wiedehopf	H	
Haubenpfau – Pfau	Be2	
Haubenpfeifer – Peifente	Buff	
Haubensäger – Mittelsäger	Do,F	
Haubenscharbe – Krähenscharbe	B,O3,N	
Haubensteißfuß – Haubentaucher	B,CLB2,Scha	KNB
Haubensteißfuß, graukehliger – Rothalstaucher	N	

Haubensteißfuß, großer – Haubentaucher	Be1,Be2,Be,Buff,CLB3,GD,Krü,N	
Haubensteißfuß, hochköpfiger – Haubentaucher	CLB3	
Haubensteißfuß, kleiner – Rothalstaucher	CLB2,N	
Haubensteißfuß, kurzgeschopfter – Rothalstaucher	N	
Haubensteißfuß, plattköpfiger – Haubentaucher	CLB3	
Haubentaube – Felsentaube	Buff,GD,K	Haustauben-Rasse.
Haubentaucher – Gänsesäger	Be2,N	
Haubentaucher – Haubentaucher	B,Buff,CLB2,GD,Hp,Krü,N,O2,V…	
	… Müller 1773, Ü	KNB
Haubentaucher, graukehlichter – Rothalstaucher	GD	
Haubentaucher, graukehliger – Rothalstaucher	Be1,Be2,Be,Be97,Buff,GD,N	
Haubentaucher, großer – Haubentaucher	Be1,Be2,Be,Be97,Buff,GD,N,O1	
Haubentaucher, kleiner – Rothalstaucher	CLB2	
Haubenzaunkönig – Goldhähnchen	Be1,Be2,Be,Be97,GD,Hp	
Haubenzaunkönig – Wintergoldhähnchen	F,N	
Häubleinslerche – Haubenlerche	Jä	
Haucka (finn.) – Habicht	Ad	
Hauerfalk – Wanderfalke	Scha	
Haugerl – Haushuhn (juv.)	Suol	
Haukur (isl.) – Habicht	Ad	
Haunntüt – Goldregenpfeifer	Bri	
Hauptdummer Gybitz – Mornellregenpfeifer	Buff,K	
Hauptdummer Gybytz – Mornellregenpfeifer	Be2,Be,N	
Hauptdummer Kibitz – Mornellregenpfeifer	Krü	
Hauri – Uhu	Suol	
Haus Endt – (Haus-)Ente	StVb	
Haus Endte – Hausente	Schwf	
Haus Hahn – Haushuhn	Fri	
Haus Han – Haushuhn	Schwf	
Haus Rötele – Hausrotschwanz	Schwf	
Haus Rothschwäntzigen – Hausrotschwanz	P1	
Haus Schwalbe – Rauchschwalbe	Schwf	
Haus-Ente – Hausente	Fri	
Haus-Gans – Hausgans	K	
Haus-Röthling – Hausrotschwanz	N,P1	
Haus-Schwalbe – Mehlschwalbe	Buff,Fri,N	
Haus-Schwalbe – Rauchschwalbe	P1	
Haus-Sperling – Haussperling	N,P1	
Hausänte – Stockente	Buff	
Hausänte, hollige – Stockente	Buff	
Hausbachstelze – Bachstelze	Be1,Be2,Be,Krü,N	
Hausdieb – Haussperling	Be1,Be2,Be,Be97,Buff,F,GD,Hp,Krü,N	
Hauselster – Elster	Ad	

Hausente – Hausente	Be2,Fri,GD,K	Frisch T. c 177 + 178.
Hausente – Stockente	Be1,Buff	
Hausente, krummschnablige – Hausente	Be2	
Hausente, krummschnäblige – Stockente (Var.)	GD	
Hausente, zahme – Stockente	Buff	
Hauseule – Sperlingskauz	Be97	
Hauseule – Steinkauz	Ad,JAN,K	1. Be 97: Sperlingskauz. 2. Frisch T. 98 + 100 und Albin Band I, 9.
Hauseule – Waldohreule	H	
Hauseule, kleine – Sperlingskauz	Be2,Be,GD,Krü	
Hauseule, kleine – Steinkauz	Buff,N	
Hausfack – Haussperling	Do,F	
Hausfink – Haussperling	B,Be2,Be,F,MW,N	Bechstein 1803.
Hausgans – Grau-/Hausgans	Buff,GD	
Hausgans – Hausgans	Be1,Krü	
Hausgans, gemeine – Grau-/Hausgans	Buff	
Hausgans, gemeine – Graugans	Be1	
Hausgans, gemeine – Hausgans	GD	
Haushahn – Haushuhn (männl.)	Buff,Fri,K,O1	Frisch T. 127–137.
Haushan – Haushuhn (männl.)	Be2,StVb	
Haushenne – Haushuhn	Be2,Fri	
Haushuhn – Haushahn	Fri,GD, O2,3	
Haushuhn, gemeines – Haushuhn	Be1,Be2,Fri	
Hauskauz – Steinkauz	B,F	
Hauskrähe – Rabenkrähe	Be1,Be2,Be97,F,GD,Krü,N	
Hauskrähe, schwarze – Rabenkrähe	Be	
Hauslerche – Haubenlerche	B,Be1,Be2,Be,Be97,F,GD,N	
Hausmehlschwalbe – Mehlschwalbe	CLB3	
Hausmeise – Sumpf-/Weidenmeise	Buff,GD	
Hausroetele – Gartenrotschwanz	Buff,K,Krü	Auch: Hausröthele, Frisch T. 19.
Hausrötel – Hausrotschwanz	Krü	
Hausrötele – Hausrotschwanz	Be1,Be2,Be,Be97,GesS,Jä,N	Auch: Hausroethele.
Hausrotelein – Rotkehlchen	K	Frisch T. 19.
Hausröthelein – Hausrotschwanz	zLa	1695, Genf.
Hausrotkehlchen – Hausrotschwanz	GD	
Hausrötling – Hausrotschwanz	GD	
Hausrotschwäntzigen – Hausrotschwanz	P1	
Hausrotschwäntzlein – Hausrotschwanz	P	
Hausrotschwänzlein – Hausrotschwanz	GD,Hp	
Hausrotschweifl – Hausrotschwanz	GD	
Hausrotwadel – Hausrotschwanz	Do	
Hausrötlein – Gartenrotschwanz	Be,N	
Hausrötling – Gartenrotschwanz	Be2,N	
Hausrötling – Hausrotschwanz	B,Do,F	Gessner 1555: Hussröthel.
Hausrotschwanz – Hausrotschwanz	B,Be2,CLB1,2,Krü,N,O2	KNB
Hausrotschwanz, hochköpfiger – Hausrotschwanz	CLB3	

Hausrotschwanz, schwarzer – Hausrotschwanz	CLB3	
Hausrotschwanz, schwärzlicher – Hausrotschwanz	CLB3	
Hausrotschwanz, südlicher – Hausrotschwanz	CLB3	
Hausrotschwänzchen – Gartenrotschwanz	Be1,Be2,Be,Krü,N	Bechstein 1805/09.
Hausrotschwänzchen – Hausrotschwanz	Be1,Be2,Be,Krü,N,V… …Pernau 1716: Hauss-Rothschwäntzgen.	
Hausrotschwänzel – Hausrotschwanz	O1	
Hausrotschweifel – Gartenrotschwanz	Be1,Be2,N	
Hausrotwadel – Hausrotschwanz	F	
Hauß Röttele – Gartenrotschwanz	zLa	Zum Lamm S. 249. Nach Gessner 1555.
Hauß-Endte – Hausente	K	
Hauß-Hun, gemeines – Haushuhn	P	
Hauß-Rötelein – Hausrotschwanz	GesH	
Hauß-Rötling – Hausrotschwanz	Z	
Hauß-Rotschwänzlein – Hausrotschwanz	Z	
Hauß-Rotschwäntzgen – Hausrotschwanz	P	Pernau 1716.
Hauß-Schmätzer – Grauschnäpper	Z	
Hauß-Schwalb – Rauchschwalbe	HaSa	Vers 230.
Hauß-Schwalbe – Mehlschwalbe	Z	
Hauß-Schwalbe – Rauchschwalbe	Buff,Kö,P,Z	
Hauß-Spar – Haussperling	GesH	
Hauß-Sperling – Haussperling	G,P,Z	
Hauß-Teuffel – Kampfläufer	K,Suol	
Hausschmätzer – Grauschnäpper	Be1,Be2,Be,Be97,Buff,F,Z	
Hausschwalbe – Mehlschwalbe	Ad,Be1,Be2,Be,Be97,CLB2,F,Fri,GD,K,… …Krü,MW,O1,Scha,V Frisch T. 17 KNB	
Hausschwalbe – Rauchschwalbe	Be2,Be,Buff,GD,Krü,N,Suol,Z	
Hausschwalbe, äußere – Mehlschwalbe	Be2,Be,Buff,Fri,N	
Hausschwalbe, gemeine – Rauchschwalbe	Be2,Be,N	
Hausschwalbe, gewöhnliche – Rauchschwalbe	Be2,Be,N	
Hausschwalbe, innere – Rauchschwalbe	Be2,Be,Fri,N	
Hausschwalbe, zweite – Mehlschwalbe	Buff,GD	
Hausschwätzer – Grauschnäpper	Do	
Haußhan – Haushuhn	GesH	
Haußkräe – Rabenkrähe	GesS	
Hausspar – Haussperling	Be	
Hausspatz – Haussperling	Be2,Be,Buff,GD,Jä,Krü,N,zLa	
Haussperling – Haussperling	Ad,B,Be1,Be2,Be,Be97,Be05,Buff,CLB1,2,Fri,… …GD,Hp,K,Krü,MW,O1,3,P,V Bechstein 1791, KNB	
Haussperling, gemeiner – Haussperling	Buff	
Haussperling, hochköpfiger – Haussperling	CLB3	
Haussperling, mittlerer – Haussperling	CLB3	
Haussperling, plattköpfiger – Haussperling	CLB3	

Haussrotschwäntzlein – Hausrotschwanz   P
Haußschmätzer – Grauschnäpper   Z
Haußschwalb – Rauchschwalbe   HaSa,Suol
Haußschwalbe – Rauchschwalbe   GesH,P1
Haußschwalm – Rauchschwalbe   GesS,StVb,Suol
Haußspatz – Haussperling   StVb
Haußsperling – Haussperling   P
Hausstaar – Star   CLB3
Hausstelze – Bachstelze   B,F
Hausstorch – Weißstorch   B,F,H,Scha
Haustaube – Felsen-/Haustaube   Be2,Buff,CLB2,GD,K,Krü,N,O1,Suol,V...
                                         ... Albin Band III, 42: Columba livia.   KNB

Haustaube, zahme – Haustaube   GD
Hausteufel – Kampfläufer   Ad,B,Be1,Be2,Be,Be97,Buff,F,Fri,GD,K,Krü,N
Hausteufelchen – Kampfläufer   Ad,Krü
Hauszaunkönig – Zaunkönig   CLB3
Hauwelleierchen – Haubenlerche   Suol
Hav-Aare – Samtente   Gun   Bei Pontoppidan.
Hav-hest – Schwarzschnabel-Sturmtaucher Buff   Avibase Juni 13.
Hav-Hest (norw.) – Eissturmvogel   Buff
Hav-Hymber – Eistaucher   Gun
Hav-Orre – Samtente   Gun   Auch: Prachteiderente.
Hav-Orre (lappl.) – Prachteiderente   Buff
Havelda (isl.) – Eisente   Buff
Hávella (isl.) – Eisente   H
Haverlüning – Grauammer   Bri
Haverzeg – Bekassine   Suol
Havhest – Eissturmvogel   Cz,Gun   Deutsch: Meerpferd.
Havhest (norw.) – Eissturmvogel   H
Havik (nieders.) – Habicht   Ad,Krü
Havik (holl) – Habicht   GesH
Havimber (dän.) – Eistaucher   H
Havk – Habicht   Bri
Havk, groot – Habicht   WüCl
Havk, lütte – Sperber   WüCl
Havlit (dän.) – Eisente   H
Havsula (isl., norw.) – Baßtölpel   H
Havsule – Baßtölpel   Gun
Haw Ahr – Milane und Weihen   Suol
Haw Ahr – Rotmilan (sil.)   Schwf
Haweihe – Rotmilan   Do,F
Hawekenblatt – Bekassine   Häp
Hawerblâr – Bekassine   Suol
Hawerblarr – Bekassine   Suol
Hawerblatt – Bekassine   Bri,F,H,Häp
Hawerbuck – Bekassine   Häp
Hawerbuk – Bekassine   Bri
Hawersiege – Bekassine   Bri
Hawerzäg (pomm.) – Ziegenmelker   Do

Haweye – Habicht	Fri
Hawicht – Habicht	Häp
Hawik – Habicht	Ad
Hawk – Habicht	Scha
Hawk – Rotmilan	Do,F
Hawk – Schwarzmilan	Do,F
Hawk, witt – Kornweihe	F
Hawk (engl.) – Greifvogelgruppe	Tu Mit Habicht, Sperber, Weihen.
Hawke, groot – Habicht	F
Hawke, lütt – Sperber	F
Hawke (fland.) – Habicht	GesS
Häxle – Elster	Suol
Häxter – Elster	H
Hay-ent – Stockente	Buff
Hayart – Eichelhäher	Be2,F,N
Hayd-Lerche – Heidelerche	P1
Häyer – Eichelhäher	Krü
Hazel Grouse (engl.) – Haselhuhn	Tu
Häzenbarrenkönig – Raubwürger	Do,F
Häzenkönig – Raubwürger	Do,F
Hazler – Eichelhäher	Be1,Be2,Be,F,Hp
Häzler – Eichelhäher	Be1,Be2,Be,Be97,Hp
Heäkster – Elster	Bri
Heavhestur (fär.) – Eissturmvogel	H
Hebog – Habicht	Ad
Hebridischer Strandläufer – Steinwälzer	Be1,Be2,GD,N
Hebridischer Strandpfeifer – Steinwälzer	Buff
Hebridischer Zwergsteißfuß – Zwergtaucher	CLB3
Hechster – Elster	H
Hechtfalk – Baumfalke	B
Hechtfalk – Wanderfalke	B
Hechtfalke – Baumfalke	F
Heckegrâtsch – Klappergrasmücke	Suol
Hecken-Schmätzer – Dorngrasmücke	Z
Hecken-Schmätzer – Zilpzalp	Z
Hecken-Schmätzer, fahler – Dorngrasmücke	Z
Heckenammer – Zaunammer	B,Be1,Be2,Be,Be97,Buff,F,GD,N,V
Heckenbraunelle – Heckenbraunelle	B,N…
	… Naumann 1823: Hecken-Braunelle KN
Heckenflüevogel – Heckenbraunelle	N
Heckengrasmücke – Klappergrasmücke	Be1
Heckengrasmücke, fahle – Dorngrasmücke	CLB3
Heckengrasmücke, grauköpfige – Dorngrasmücke	CLB3
Heckengrasmücke, grauliche – Dorngrasmücke	CLB3
Heckengrasmücke, rostgraue – Dorngrasmücke	CLB3

Heckengrünling – Ortolan	B,Be1,Be2,Be,Buff,F,GD,N,	
Heckenhupper – Zaunkönig	Bri	
Heckenkrüper – Grasmücke (allg.)	Suol	
Heckennachtigall – Heckenbraunelle	Do,F	
Heckensänger, nachtigallartiger – Heckensänger	N	N: Bd. 13/398.
Heckensänger, östlicher griechischer – Heckensänger	H	
Heckensänger, östlicher – Heckensänger	H	Variation „syriaca".
Heckensänger, westlicher spanischer – Heckensänger	H	
Heckenschantzer – Dorngrasmücke	Be97	
Heckenschär – Wachtelkönig	B,N	
Heckenschlüpfer – Zaunkönig	Do,F	
Heckenschlupfer (bayer.) – Dorngrasmücke	H,Jä	
Heckenschlupfer (bayer.) – Klappergrasmücke	F,H	
Heckenschmatzer – Dorngrasmücke	Be1,Hp	
Heckenschmätzer – Dorngrasmücke	Be2,Be,F,N,Z	
Heckenschmätzer – Gartengrasmücke	Do,F	
Heckenschmätzer – Klappergrasmücke	Ad,Do,F	
Heckenschmätzer – Zilpzalp	Z	
Heckenschmätzer, fahler – Dorngrasmücke	Z	
Heckenschmätzer, im Fliegen singender – Dorngrasmücke	Z	
Heckenschmätzer, kleiner – Zilpzalp	Z	
Heckenschmätzer, weißbauchiger – Zilpzalp	Z	
Heckenschmätzerle – Grasmücke (allg.)	Suol	
Heckenschnarre – Tüpfelsumpfhuhn	B,N	
Heckenschnarre – Wachtelkönig	Ad,Krü	
Heckenschnarrer, kleiner – Kleines Sumpfhuhn	N	
Heckenschwatzer – Dorngrasmücke	Jä	
Heckenschwätzer – Dorngrasmücke	B	
Heckenschwätzer – Heckenbraunelle	GD	
Heckenschwätzer, großer – Heckenbraunelle	GD	
Heckenspatz – Heckenbraunelle	Be97	
Heckensperling – Heckenbraunelle	Buff,F,GD,Krü,N	
Heckenspringer – Klappergrasmücke	Ad	
Heckenstaudenschmatzer (bayer.) – Dorngrasmücke	H	
Heckenstöæterken – Grasmücke (allg.)	Suol	
Heckenvogel – Klappergrasmücke	Ad	
Heckenwenzel – Klappergrasmücke	Ad	
Heckenwitwe – Klappergrasmücke	Ad	
Heckerchen – Klappergrasmücke	Suol	
Heckeschär – Wachtelkönig	GesH	

Heckgans – Graugans	B,Be2,Be,F,N	
Heckschnarr – Wachtelkönig	Be97,Hp,P,Suol	
Heckschnärr – Wachtelkönig	Be1,Be2,Be,F,GD,Krü,N	
Heckschnarre – Wachtelkönig	Ad,Krü	
Hedge-Sparrow (engl.) – Heckenbraunelle	Tu	
Hêdmucke – Grasmücke (allg.)	Suol	
Heer Schnepfe – Bekassine	Fri	
Heer Schnepff – Bekassine	Schwf,Suol	Schwenckfeld 1603.
Heer vom Ekhof – Pirol	Bri	
Heer-Schnepfe – Bekassine	Buff	
Heerdschnepfe – Bekassine	Be1,Be2,Be,N	
Heerdschnepfe – Doppelschnepfe	Hp	
Heerdschneppe – Bekassine	Be,Krü	
Heerevogel – Eichelhäher	H	
Heergans – Bläßhuhn	Suol	
Heergans – Graureiher	Ad,Be2,Buff,Fri,GD,KKrü,N,O1,Suol…	
	… Aus althochdeutsch „horgans".	
Heerganß – Reiher (allg.)	Suol	
Heerholtz – Eichelhäher	Suol	
Heerholz – Eichelhäher	Ad,Be1,Be2,Be,Hp,K,Krü,N	
Heeringsmeve – Heringsmöwe	Be1,Be	
Heerold – Eichelhäher	Suol	
Heerschnepfe – Bekassine	Ad,B,Be1,Be2,Be,Be97,Buff,CLB2,F,Fri,GD, …	
	… K,Krü,MW,N,O1,2,3,V	
Heerschnepfe – Zwergschnepfe	Be2,Buff,Krü,Suol	
Heerschnepfe, kleine – Zwergschnepfe	N	
Heerschnepff – Bekassine	GesS	
Heerschnepfe – Bekassine	Buff	
Heersumpfschnepfe – Bekassine	CLB2,3	KNB
Heervogel – Wiedehopf	B,Be1,Be2,Be,Be97,Buff,F,GD,Hp,N,Suol	
Heester – Elster	F,H	
Heger – Eichelhäher	Ad,B,Bri,F,H,Häp,Krü,Suol	
Heger – Elster	Ad	
Hegeschaer – Wachtelkönig	GesS	
Hegester (nieders.) – Elster	Ad,Krü	
Heggeschär – Wachtelkönig	GesS,Suol	
Heggschär – Wachtelkönig	GesS	
Hêgster – Elster	Suol	
Heher – Eichelhäher	Ad,B,Be1,2,Be,Buff,GD,HaSa,Hp,Krü,…	
	…N,O2,P1	KNB
Heher (nieders.) – Elster	Ad,K,Krü	Frisch T. 58.
Heher-Kuckuck – Häherkuckuck	N	
Heher, afrikanischer – Tannenhäher	Fri	
Heher, gemeiner – Eichelhäher	Z	
Heher, gemeiner – Elster	Be1,Be2,Be,Buff,GD,N	
Heher, italiänischer – Tannenhäher	Fri	
Heher, rotschwänziger – Unglückshäher	N	N: Bd. 13/214.
Heher, sibirischer – Unglückshäher	N	N: Bd. 13/214.
Heher, straßburgischer – Blauracke	Buff	

Heher,afrikanischer – Tannenhäher	Fri
Heherrusch – Eichelhäher	Fri
Hehr – Eichelhäher	JAN,N
Hehrsch – Eichelhäher	Do,F
Hehrschnepfe – Bekassine	Ad
Hehrschnepfe – Zwergschnepfe	Suol
Heibel Lerch – Haubenlerche	zLa(S. 224)
Heid Lerch – Heidelerche	Tu
Heid-Krick – Krickente	H
Heid-Lerch – Feldlerche	GesH
Heide Drossel – Rotdrossel (sil.)	Schwf
Heide Lerche – Haubenlerche	Schwf
Heide Ziemer – Rotdrossel	Schwf
Heide-Lerche – Haubenlerche	Fri
Heide-Lerche – Heidelerche	G,Z
Heidedrossel – Rotdrossel	B,Be1,Be2,Be,Buff,F,GD,Hp,N,Suol,V
Heideelster – Blauracke	JAN
Heideente – Schnatterente	Han Han. Magaz. 26/1780. VN
Heidefink – Schwarzkehlchen	Suol
Heidehahn – Birkhuhn	Buff
Heidehuhn – Kampfläufer	Be1,Be2,Be,F,GD,JAN,Krü,N
Heidelerche – Baum- und Wiesenpieper	Be1
Heidelerche – Baumpieper	Be2,Be,N,V
Heidelerche – Brachpieper	Ad,Be2,N
Heidelerche – Feldlerche	Ad,Buff
Heidelerche – Haubenlerche	Be1,Be2,BeBe97, Buff,GD
Heidelerche – Heidelerche	Ad,B,Be1,2,Be,Buff,CLB2,Fri,GD,Hp,K,Krü, …
	… N,O2,Schwf,V,
	Tu 1544: Heydlerch, Albin I, 42. KNB
Heidelerche – Wiesenpieper	Buff
Heidelhahn – Birkhuhn	Ad,Be1,Be2,Be,Be97,Buff,GD,Hp
Heidelmeise – Haubenmeise	Be
Heidemeise – Haubenmeise	Ad
Heiden Elster – Blauracke	Schwf
Heiden Lerch – Feldlerche	zLa
Heiden Meise – Haubenmeise	Schwf
Heiden Meißle – Haubenmeise	zLa
Heiden-Elster – Blauracke	Buff,GesH
Heidenachtigall – Heidelerche	B,FN
Heidenälster – Blauracke	GD
Heidenelster – Blauracke	B,Be1,Be2,Be,F,GesS,Krü,N
Heidenhemffling – Bluthänfling	Suol
Heidenhempfling – Bluthänfling	GesS
Heidenmaise – Haubenmeise	Buff
Heidenmays – Haubenmeise	Suol,zLa Bei Eber & Peucer 1552.
Heidenmeis – Haubenmeise	Buff
Heidenmeise – Haubenmeise	Ad,B,Be1,Be2,Buff,F,GD,K,Krü,N Frisch T. 14.
Heidenpfeifer – Goldregenpfeifer	B,F

Heidenpfeiffer – Goldregenpfeifer	Krü
Heidenschnepfe – Großer Brachvogel	Suol
Heidpfeier – Goldregenpfeifer	Be97
Heidepfeifer – Alpenbraunell	Suol
Heiderubinchen – Bluthänfling	Bri
Heideschmätzer – Schwarzkehlchen	Do,F
Heideschnepfe – Großer Brachvogel	Ad
Heideziemer – Rotdrossel	Be1,Be2,Be,Buff,F,GD,Hp,N
Heidezimmer – Rotdrossel	Be
Heidlerch – Haubenlerche	Be1,Be2,Be,GesS,N
Heidpiper – Heckenbraunelle	Suol
Heier – Eichelhäher	Ad,Be,Krü,O1
Heier – Elster	Ad
Heigaro – Reiher allg.	Suol
Heiger – Eichelhäher	Krü
Heigero – Elster	Ad
Heigster – Eichelhäher	Suol
Heigster – Elster	Suol
Heilebaar – Weißstorch	Häp
Heilebaor – Weißstorch	Suol
Heilebar – Weißstorch	Do
Heilebârt – Weißstorch	Ad,Krü,Suol
Heileboad – Weißstorch	Bri
Heilebor – Weißstorch	Bri
Heilger Falck – Würgfalke	K
Heilhacker – Großer Brachvogel	Suol
Heilibert – Weißstorch	Bri
Heiliger – Würgfalke	GD
Heiliger ägyptischer Geyer – Schmutzgeier	Krü
Heiliger Falk – Würgfalke	Be1,K,Krü
Heiliger Falke – Gerfalke	Buff
Heiliger Falke – Würgfalke	Buff,GD,N
Heiliger Geier – Schmutzgeier	O2
Heiliger Geierfalke – Würgfalke	Be2,N
Heiliger Sackerfalke – Würgfalke	GD
Heiliger Sakerfalk – Würgfalke	Be2,N
Heiliger Sakerfalke – Würgfalke	Be1,Buff
Heiluiver – Weißstorch	Suol
Heimische Gans – Grau-/Hausgans	Buff
Heimische Gans – Graugans	Be2,N
Heimische Taube – Felsen-/Haustaube	Suol
Heimische Taube – Felsentaube	K,Schwf Albin III, 42: Columba livia.
Hein, Vogel – Rosapelikan	Suol
Heine, Vogel – Rosapelikan	F
Heinotter – Weißstorch	Scha,Suol
Heise – Gans	Suol
Heisker – Elster	Suol
Heister – Eichelhäher	Scha

Heister – Elster	B,Be1,Be2,Be97,Be05,Bri,F,GD,Häp,Hp,…
	…N,O1,Scha,Suol
Heister-Alk – Dickschnabellumme (juv.)	N
Heister-Alk – Tordalk (juv.)	N
Heisteralk – Tordalk (juv.)	Do,F,WüCl…
	… Linné: „Alca pica" wegen des langen Schnabels.
Heisterschnepfe – Austernfischer	B,Be2,Buff,F,GD,N
Helk – Blauracke	O1
Helkregel – Blauracke	Be1
Helkvogel – Blauracke	B,Be2,Be,F,N
Hellblaue Krähe – Blauracke	Ad
Hellblaue Meise – Lasurmeise	Be2,N
Hellblauer Häher – Blauracke	Ad,Krü
Hellbraune Eule – Waldkauz	Be1,Be2,Be,Be97,GD,N
Hellbrauner Baum-Falck – Baumfalke	Fri
Helle Nachtschwalbe –	H
Pharaonenziegenmelker	
Heller Hüner-Geyer – Habicht	Fri
Heller Wasserläufer – Grünschenkel	Bri,F,O2
Heller Ziegenmelker –	H
Pharaonenziegenmelker	
Hellfarbiger Wasserläufer – Grünschenkel	N,O3,WüCl
Hellschreier – Gimpel	Ad,Krü
Hellschreyer – Gimpel	P,Suol
Helsing – Weißwangengans	O2
Helsing (männl., schwed.) – Eiderente	H
Helsing (isl.) – Weißwangengans	Buff
Helsingagaas (fär.) – Ringelgans	H
Helsingegaas – Ringelgans	zLa
Helsinggans – Bläßgans	B,Be2,F,N
Hemeick [Hemick?], kleiner –	Be
Teichwasserläufer	
Hemeick, kleiner – Teichwasserläufer	Be
Hemick – Grünschenkel	Do,F
Hemick – Teichwasserläufer	Be
Hemmelfink, blü – Blaukehlchen	F
Hemmerling – Goldammer	Ad,Buff,Krü,Suol
Hemnotter – Weißstorch	Be97
Hemperling – Bluthänfling	B,Be2,Be,N,Suol
Hempferling – Bluthänfling	Be
Hemplink – Bluthänfling	Scha
Hemplühnke – Bluthänfling	Suol
Hemplüning – Bluthänfling	Suol
Hemplünke (nieders.) – Berghänfling	Ad
Hen-Harrier (engl.) – Kornweihe (männl.)	Tu
Hen-Harroer (engl.) – Kornweihe (männl.)	Tu
Hen, Getulian (engl.) – Haushuhnrasse	Tu
Hen, indianischer – Truthuhn	zLa

Hen, Marsh (engl.) – Rallen i. w. S.	Tu	Gemeint sind mit „Rallen". Teichhühner, Bläßhühner, Sumpfhühner, Rallen.
Hen, Mot (engl.) – Teichhuhn	Tu	
Hen, Water (engl.) – Teichhuhn	Tu	
Hen (engl.) – Haushuhn (weibl.)	Tu	
Heneperling – Bluthänfling	Scha	
Henffling – Berghänfling	K	
Henffling – Bluthänfling	GesS,Schwf,Suol,zLa...	... Seit 16. Jahrh. aus Niederdeutschland bekannt.
Henffling, grüner – Grünfink	Schwf	
Henffling, welscher – Grünfink (sil.)	Schwf,Suol	
Henfling – Bluthänfling	GesS,HaSa	
Henfterling – Bluthänfling	Suol	
Hengerdeif – Habicht	Suol	
Hengst – Grünspecht	Bri	
Hengst – Haubentaucher	O1	
Hengsttaucher – Rothalstaucher	F	
Henick – Grünschenkel	Be	
Henick – Teichwasserläufer	Be	
Henik – Grünschenkel	Be2,O2	
Henkel – Haushuhn (juv.)	Suol	
Henn, indianisch – Truthuhn (weibl)	HaSa	
Henn, indianische – Truthuhn (weibl)	HaSa	
Henne – Haushuhn (weibl)	Be2,Buff,HaSa	
Henne der Pharaonen – Schmutzgeier	o.Qu.	
Henne des Meeres – Kormoran	Int.	
Henne, barbarische – Perlhuhn	zLa	
Henne, calkoensche – Truthuhn	Suol	
Henne, Egmonts – Skua	F	
Henne, guineische – Helmperlhuhn	Suol	
Henne, numidische – Perlhuhn	zLA	„Gallina Numidica" ... ... bei Gessner 1555, 462.
Henne, türkische – Truthuhn	Suol	
Hennen-Vogel – Turmfalke	Suol	
Hennenfalk – Habicht	Jä	
Hennengîr – Habicht	Suol	
Hennenhacht – Habicht	Jä	
Hennenhack – Habicht	Jä	
Hennenrabli – Habicht	Suol	
Hennick – Grünschenkel	B	
Hennik – Grünschenkel	N	
Hennik – Teichwasserläufer	Be2	
Hennik, kleiner – Teichwasserläufer	Be2,N	
Henning de Hân – Haushuhn (männl.)	Häp	
Hennipvink (holl.) – Bluthänfling	H	
Hennotter – Weißstorch	GD,Scha	
Hêr – Eichelhäher	Suol	
Herbstammer – Zitronenzeisig	Be2,N	

Herbstfink – Zitronenzeisig	Be2,F,N
Herbstkrähe – Nebelkrähe	Krü
Herbstschnepflein – Flußuferläufer	Be2,N
Herbstschnepflein – Sichelstrandläufer	Be2,N
Herbstschnepflin – Sumpfläufer	O1
Herden-Kiebitz – Steppenkiebitz	H
Herdenvogel – Wiedehopf	F,H
Herdschnepfe – Bekassine	GD
Herdvögelchen – Bergpieper	B,F
Herdvögeli – Gebirgsstelze	Suol
Herdvögeli (helv.) – Heckenbraunelle	H,Suol
Hêre – Eichelhäher	Suol
Hêrengägg – Eichelhäher	Suol
Hêrenvogel – Eichelhäher	Suol
Herings-Meve – Heringsmöwe	N
Heringsmeve – Heringsmöwe	Be2,Buff,GD
Heringsmeve – Mantelmöwe	Be2
Heringsmeve, große – Mantelmöwe	Be2
Heringsmeve, kleine – Heringsmöwe	Be2
Heringsmew – Heringsmöwe	Suol
Heringsmöve – Heringsmöwe	B,CLB2,O3 Pennant/Zimmerm. 1787, Ü, KNB
Hernotter – Weißstorch	Scha
Heringsmöve – Heringsmöwe	Buff
Heringsmöve, dickschnäblige – Heringsmöwe	CLB3
Heringsmöve, große – Heringsmöwe	CLB3,N
Heringsmöve, große – Mantelmöwe	N
Heringsmöve, kleine – Heringsmöwe	N
Heringsmöve, kleinschnäblige – Heringsmöwe	CLB3
Herold – Eichelhäher	B,Be1,Be2,Be,F,GD,Hp,N,Suol
Herolt – Eichelhäher	Suol
Herolz – Eichelhäher	Suol
Heron – Graureiher	Tu
Heron, Blue (engl.) – Graureiher	Tu
Heron, Crye l (engl.) – Rallenreiher? Rohrdommel?	Tu
Heron, Dwarf (engl.) – Rallenreiher? Rohrdommel?	Tu
Heron, Night (engl.) – Nachtreiher	Tu
Herpstkräe – Nebelkrähe	Suol
Herr – Eichelhäher	GesH,JAN
Herr von Bülau – Pirol	Suol
Herr von Bülow – Pirol	Do,F
Herre – Eichelhäher	F,JAN,N,Suol
Herrehusch – Tannenhäher	Ad,Krü
Herren – Eichelhäher	StVb
Herren vogel – Eichelhäher	zLa Von Gessner 1555.

Herrengäger – Eichelhäher	F,H
Herrengäker – Eichelhäher	Suol
Herrenschnepfe – Bekassine	Ad,B,F,N
Herrenschnepfe – Waldschnepfe	Krü
Herrenschnepff – Bekassine	GesH
Herrenvogel – Eichelhäher	Ad,B,F,GesS,GD,K,Krü,O1,Schwf,Suol,V
Herrgans – Graureiher	F,Fri,K
Herrgans – Reiher allg.	Schwf,Suol
Herrn – Eichelhäher	H
Herrnschnepfe – Bekassine	Be2,Be
Herrnschneppe – Bekassine	Be
Herrnvogel – Eichelhäher	Be2,Be,,Buff,GesH,Hp,N
Herrschnepfe – Bekassine	Fri
Herrschnepff – Zwergschnepfe	Suol
Herschnepff – Bekassine	GesH
Hertzog – Uhu	Suol
Herzeule – Schleiereule	B,Be2,Be,F,N
Herzog – Uhu	Ad
Hesperidenwürger – Mittelmeer-Raubwürger	B,H
Hesse – Elster	Be
Heste – Elster	B,Be1,Be2,N,O1
Hester – Eichelhäher	Scha
Hêster (niders.) – Elster	Ad,Häp,Krü,O1,Scha,Suol,WüCl
Heteropus – Schlangenadler	GesSH
Heth Lerk (engl.) – Heidelerche	Tu
Hethlerk – Heidelerche	GesS
Hetlandskraaka (färör.) – Dohle	H
Hetsche – Elster	Buff,GD,H,Hp,O1
Hetsche, kleine (böhm.) – Klappergrasmücke	F,H
Hetsche, lille (böhm.) – Klappergrasmücke	H
Hetz – Elster	Suol,zLa
Hetze – Elster	Ad,Be2,Be,Be97,F,Kö,Krü,N,P,Suol
Hetzel – Eichelhäher	Be
Hetzen – Elster	StVb
Hetzl – Eichelhäher	GD
Hetzler – Eichelhäher	zLa
Heuaar – Rotmilan	Do,F
Heübel Meis – Haubenmeise	zLa
Heubel Meise – Haubenmeise	Schwf
Heubel-lerch – Haubenlerche	HaSa
Heubellerch – Haubenlerche	Buff,GesS,Suol
Heubellerche – Haubenlerche	F,K,Krü,Schwf
Heubelmaiß – Haubenmeise	HaSa,zLa
Heubelmeise – Haubenmeise	Be2,Buff,N
Heubelmeiß – Haubenmeise	GesS,Suol
Heudrossel – Rotdrossel	Do,F
Heujel – Eule (allg.)	Suol

Notes in right margin:
- Herrgans – Graureiher: Frisch T. 198.
- Herrgans – Reiher allg.: Auch Graureiher.
- Hethlerk – Heidelerche: Heth-Heide?
- Heubel-lerch – Haubenlerche: Hans Sachs, Vers 198.
- Heubelmaiß – Haubenmeise: Hans Sachs, Vers 145.

Heulende Eule – Sperbereule	Be1,Be2,Be	
Heulende Eule – Waldkauz	N	
Heuleule – Waldkauz	B,F	
Heumacher – Bienenfresser	Ad,Krü	
Heumäher – Bienenfresser	Ad,Be1,Be2,Be,Be97,F,GD,K,Krü,N…	
	… Frisch Tafeln 221 + 222.	
Heun – Uhu	F,V	
Heunerhawk – Habicht	Do,F	
Heuschreckenlerche – Feldschwirl	F,N	
Heuschreckenrohrsänger – Feldschwirl	B,N	
Heuschreckenrohrsänger, gestrichelter – Strichelschwirl	H	
Heuschreckensänger – Feldschwirl	B,Be,CLB2,F,MW,N,O3	KNB
Heuschreckensänger, großer – Rohrschwirl	N	N: Bd. 13/474.
Heuschreckensänger, italienischer – Rohrschwirl	F,N	N: Bd. 13/474.
Heuschreckenschilfsänger – Feldschwirl	CLB1,2,3,N	KNB
Heuschreckenvogel – Rosenstar	Be1,Be2,Be,F,N,O2	
Heuvogel – Bienenfresser	Ad,B,Be1,Be2,Be,Be97,F,GD,K,Krü,N	
	Frisch Tafeln 221 + 222.	
Hewhole (engl.) – Grünspecht	Tu	
Hexe – Ziegenmelker	Ad,B,Be1,Be2,Be,Buff,F,GD,K,Krü,N,Suol…	
	… Frisch Tafel 101.	
Hexenführer – Ziegenmelker	Jä	
Hexer – Ziegenmelker	Be97	
Heybelmais – Haubenmeise	Suol	
Heyd-Lerch – Heidelerche	Kö	
Heyd-Lerche – Heidelerche	P1	
Heydel-lerch – Heidelerche	HaSa	Hans Sachs, Vers 122.
Heydel-Lerche- Heidelerche	P1	
Heydelerche – Heidelerche	Hp	
Heydellerch – Heidelerche	Suol	
Heydellerche – Heidelerche	HHM	
Heyden Lerch – Feldlerche	zLa	
Heydenelster – Blauracke	Suol	
Heydenhänffling – Bluthänfling	GesH	Var?
Heydenmeiß – Haubenmeise	GesS	
Heydenmeißlein – Haubenmeise	GesH	
Heydhun – Kampfläufer ?	P	
Heydlerch – Heidelerche	Suol	
Heydlerche – Heidelerche	P	
Heyer – Eichelhäher	Be1,Be2,Be,Hp,N	
Heze – Elster	Hp	
Hezler – Eichelhäher	Do,F	
Hibou (franz.) – Eule allg.	Krü	
Hickse – Felsen-/Haustaube	Suol	
Hiddemecher (luxemb.) – Sumpfrohrsänger	H,Suol	
Hieger – Eichelhäher	Ad,Krü	

Hieger – Elster	Ad	
Hieren-Gryll – Baumläufer	K	Albin Band III, 25.
Hierengrill – Baumläufer	Buff	
Hierengrille – Baumläufer	Be2	
Hierengryl – Baumläufer	Be1,K	Frisch T. 39.
Hierengryll – Baumläufer	Ad	
Hierngrille – Baumläufer	Ad	
Hierofalcho – Gerfalke	GesS	
Hierschtkueb – Saatkrähe	Suol	
Hiester – Elster	Be	
Hiester – Wiesenpieper	N,Suol	
Hietschenmaul – Ziegenmelker	Jä	Heißt Krötenmaul.
Higer – Eichelhäher	Bri	
Higet – Eichelhäher	Bri	
Higitzen – Kiebitz	GesS	
Hîkster – Eichelhäher	Suol	
Hilka – Dohle	F,H	
Hillekahne – Dohle	F,H	
Hillekan – Dohle	Suol	
Hillekane – Dohle	Bri,Suol	
Hillekoaten – Dohle	Bri	
Hiltrof, Bruder – Pirol	Scha	
Hiltroff, Bruder – Pirol	Suol	
Himalaya-Drossel – Fels-Erddrossel	H	
Himbeersänger – Sumpfrohrsänger	Do,F	
Himbrimi (isl.) – Eistaucher	H	
Himbrine – Eistaucher	Be2,N	
Himbrine – Prachttaucher	Be,Buff	
Himbryne – Prachttaucher	Gun	Auf Island.
Himelsgeiß – Bekassine (sil.),	Schwf	
Himelsziege – Bekassine (sil.)	Schwf	
Himmel Geiß – Grosser Brachvogel	Schwf	
Himmel-Lerch – Feldlerche	GesH	
Himmelgeiß – Bekassine	Suol	
Himmelgeiß – Kiebitz	Buff	
Himmellerch – Feldlerche	GesS,Suol,zLa	
Himmellerche – Feldlerche	Buff,Schwf	
Himmellörchli – Feldlerche	Suol	
Himmelmeis – Blaumeise	Suol	
Himmelmeise – Blaumeise	B,N	
Himmelmês – Blaumeise	Suol	
Himmels Ziege – Bekassine	Fri	
Himmels-Geiß – Bekassine	Buff	
Himmels-Ziege – Bekassine	G	
Himmelsgäs – Bekassine	Jä	
Himmelsgeis – Bekassine	Be1,Be2,Be,K,Krü,O1	
Himmelsgeis – Großer Brachvogel	Be1,Be2,Be,O1	
Himmelsgeiß – Bekassine	Ad,N	
Himmelsgeiß – Großer Brachvogel	N	

Himmelsgeiß – Kiebitz   Krü
Himmelslärka (schwed.) – Feldlerche   H
Himmelslerche – Feldlerche   Ad,B,Be1,Be2,Be,Be97,Buff,F,GD,Hp,K
                                               Krü,N,O2   Frisch Tafel 15.
Himmelsmeise – Blaumeise   Do,F
Himmelspferd – Bekassine   Krü
Himmelsvogel – Steinadler   Krü
Himmelszege – Bekassine   Häp
Himmelszege – Ziegenmelker   Häp
Himmelsziege – Bekassine   Ad,Be2,Be,CLB2,F,Fri,GD,Hp,K,Krü,N,Suol,V,
                                               KN
Himmelsziege – Kiebitz   Krü
Himmelsziege – Ziegenmelker   Do,F
Himmelsziege – Zwergschnepfe   Be97
Himmelziege – Kiebitz   Ad
Himmelzige – Bekassine   Fabr
Himser – Wiesenpieper   Do,F
Hindvogel – Pirol   Suol
Hinkel – Haushuhn (juv.)   Suol
Hinkende Halbente – Sterntaucher   Be,N
   (juv. o. Sokl.)
Hiop – Wiedehopf   Scha
Hirengryll – Girlitz   Suol
Hirn Grillen – Girlitz   zLa
Hirn-Grill – Girlitz   P1
Hirngirl – Girlitz   F
Hirngrill – Girlitz   Be1,Be2,Be97,Buff,Fri,GD,HaSa,N,P,Suol
                                               Hans Sachs Regiment … 1531, Vers 113.
Hirngrill – Girlitz   N,Suol
Hirngrill – Mauerläufer   GD
Hirngrill – Zitronenzeisig + Girlitz   Be
Hirngrilla – Girlitz   Suol
Hirngrille – Baumläufer   Ad,Buff,F,Schwf,Suol
Hirngrille – Birkenzeisig   Be1,Be2,Be,N
Hirngrille – Girlitz   Ad,Be2,F,GesH,Krü,N,Suol
Hirngrille (schles.) – Waldbaumläufer   H
Hirngrillen – Girlitz   Suol
Hirngrillerl – Girlitz   Be2,GD,Jä,N,Suol
Hirngritterl – Girlitz   Do,F
Hirngryll – Girlitz   Buff
Hirngrylle – Girlitz   GesS,O2
Hirngryllen – Girlitz   Suol
Hirsch Finck – Grünfink   Schwf
Hirsch-Finck – Grünfink   K
Hirschenkuckuck – Wiedehopf   H
Hirschfink – Grünfink   Ad,Do,F,Krü
Hirschkalbtödter – Seeadler   GD   „Bei den Engelländern".
Hirschkuckuck – Wiedehopf   Do,F
Hirschvogel – Grünfink   F,Schwf,Suol

Hirsefink – Grünfink	Ad,Buff,Hp,Krü
Hirsen – Grünfink	F
Hirsenammer – Grauammer	B,Be2,Be,F,N
Hirsenfink – Grünfink	Be2,Be,F,N
Hirsenfinke – Grünfink	Be1,GD
Hirsenvogel – Grünfink	B,GesH
Hirsenvogel – Ortolan	GD
Hirsespatz – Feldsperling	Jä
Hirsetäubchen – Turteltaube	F,H
Hirsevogel – Grauammer	Buff,GD
Hirsevogel – Grünfink	Ad,Buff,Krü
Hirsevogel – Ortolan	Buff,Krü Des Varro.
Hirsfinke – Grünfink	Buff
Hirßfinck – Kernbeißer	GesS
Hirßfink – Grünfink	GesS
Hirsspätzchen – Feldsperling	Jä
Hirßuogel – Grünfink	Suol
Hirßvogel – Grünfink	K
Hirstäubchen – Turteltaube	Jä
Hirstaube – Turteltaube	H,Jä
Hirsvogel – Grünfink	Be1,Be2,Be,Buff,GD,N
Hirtenbetrüger – Ziegenmelker	B In A. Brehm: Leben der Vögel.
Hirtenstar – Rosenstar	Do,F
Hirtenvogel – Rosenstar	B,F
Hirtenvogel, rosenfarbiger – Rosenstar	H
Hisser – Wiesenpieper	Do,F
Hister – Wiesenpieper	Be2,Be,N
Hiticker – Steinschmätzer	F
Hitiker – Steinschmätzer	Do
Hjärpe – Haselhuhn	F,N
Hjerpe (schwed.) – Haselhuhn	H
Hoabick – Habicht	Bri
Hoartaube – Hohltaube	H
Hobby (engl.) – Baumfalke	Tu Turner: „Now the Hobby is a very little Hawk."
Hobeke – Habicht	Bri
Hobie (fland.) – Habicht	GesS
Hobor – Weißstorch (plattd. f. Adebar)	Presse
Hochamsel – Steinrötel	B,F,N
Hochbein – Säbelschnäbler	N
Hochbeinige Schnepfe – Austernfischer	Be
Hochbeinige Schnepfe – Stelzenläufer	Be2,Be,Buff,GD,N
Hochbeiniger Adler – Schreiadler	Be2,Be,F,N
Hochbeiniger grau und weiss …	Fri Sehr langer Trivialname von Frisch.
… marmorierter Sandlaeufer mit rotem …	
… Unterkiefer und braungelben Füssen …	
… – Dunkler Wasserläufer	
Hochbeiniger Kranich – Stelzenläufer	Be2,N
Hochbeiniger Krannich – Austernfischer	Be
Hochbeiniger Krannich – Stelzenläufer	Be

Hochbeiniger Mauchler – Rosapelikan	Ad,K
Hochbeiniger Zwergstrandläufer – Zwergstrandläufer	N
Hochgelbe Grasmücke – Gelbspötter	K
Hochköpfige Amsel – Amsel	CLB3
Hochköpfige Bastardnachtigall – Gelbspötter	CLB3
Hochköpfige Finkenmeise – Kohlmeise	CLB3
Hochköpfige Habichtseule – Sperbereule	CLB3
Hochköpfige Misteldrossel – Misteldrossel	CLB3
Hochköpfige Moorschnepfe – Zwergschnepfe	CLB3
Hochköpfige Nebelkrähe – Nebelkrähe	CLB3
Hochköpfige Ringeltaube – Ringeltaube	CLB3
Hochköpfige Saatkrähe – Saatkrähe	CLB3
Hochköpfige Singdrossel – Singdrossel	CLB3
Hochköpfige Sturmmöwe – Sturmmöwe	CLB3
Hochköpfige Turteltaube – Turteltaube	CLB3
Hochköpfige Uferschwalbe – Uferschwalbe	CLB3
Hochköpfige Wachholderdrossel – Wachholderdrossel	CLB3
Hochköpfige Weindrossel – Rotdrossel	CLB3
Hochköpfige weissschwingige Stossmöve – Polarmöwe	CLB3
Hochköpfiger Alpensegler – Alpensegler	CLB3
Hochköpfiger Bachuferläufer – Waldwasserläufer	CLB3
Hochköpfiger brauner Ibis – Sichler	CLB3
Hochköpfiger Buchfink – Bergfink	CLB3
Hochköpfiger Bussard – Mäusebussard	CLB3
Hochköpfiger Fichtenflüevogel – Heckenbraunelle	CLB3
Hochköpfiger Fischadler – Fischadler	CLB3
Hochköpfiger Fliegenfänger – Trauerschnäpper	CLB3
Hochköpfiger Goldregenpfeifer – Goldregenpfeifer	CLB3
Hochköpfiger Haubensteissfuss – Haubentaucher	CLB3
Hochköpfiger Hausrotschwanz – Hausrotschwanz	CLB3
Hochköpfiger Haussperling – Haussperling	CLB3
Hochköpfiger Kampfstrandläufer – Kampfläufer	CLB3
Hochköpfiger Küstenläufer – Meerstrandläufer	CLB3
Hochköpfiger langschnäbliger Säger – Mittelsäger	CLB3

Hochköpfiger Laubsänger – Fitis	CLB3
Hochköpfiger Mauersegler – Mauersegler	CLB3
Hochköpfiger Nachtreiher – Nachtreiher	CLB3
Hochköpfiger Pieper – Wiesenpieper	CLB3
Hochköpfiger Rauchfussbussard – Rauhfussbussard	CLB3
Hochköpfiger Sanderling – Sanderling	CLB3
Hochköpfiger Schlangenadler – Schlangenadler	CLB3
Hochköpfiger Seidenschwanz – Seidenschwanz	CLB3
Hochköpfiger Sperber – Sperber	CLB3
Hochköpfiger Steinadler – Steinadler	CLB3
Hochköpfiger Strandläufer – Knutt	CLB3
Hochköpfiger Strauchsteinschmätzer – Schwarzkehlchen	CLB3
Hochköpfiger Turmfalke – Turmfalke	CLB3
Hochköpfiger Wasserschwätzer – Wasseramsel	CLB3
Hochköpfiger Wespenbussard – Wespenbussard	CLB3
Hochköpfiger Wiesenknarrer – Wachtelkönig	CLB3
Hochköpfiger Zwergfalke – Merlin	CLB3
Hochlandspfeifer – Prärieläufer	B
Hochlandwasserläufer – Prärieläufer	B
Hochscheiteliger Krabbentaucher – Krabbentaucher	CLB3
Hochscheiteliger Strandpfeifer – Flußuferläufer	CLB3
Hochsteert – Felsentaube	Häp
Hochsteert – Zaunkönig	Bri,Häp
Hochstirnige Rohrdommel – Rohrdommel	CLB3
Hochstirniger Goldregenpfeifer – Goldregenpfeifer	CLB3
Hochstirniger Mornellregenpfeifer – Mornellregenpfeifer	CLB3
Hochstirniger Weißschwanz – Steinschmätzer	CLB3
Höckerbrandgansente – Brandgans	CLB3
Hockerfalck – Wanderfalke	GesH
Höckerfalke – Wanderfalke	GesS
Höckerschnäbeliger Eidervogel – Prachteiderente	Buff
Höckerschwan – Höckerschwan	B,Be2,CLB2,MW,O1,3,V…
	… Bechstein 1809 KN, KNB
Höckerschwan, gelbköpfiger – Höckerschwan	CLB3

Höckerschwan, weißköpfiger – Höckerschwan	CLB3	
Höckertaube = Pagadette – Felsentaube (Haustaubenrasse)	O1	
Höckertaube, große – Haustaubenrasse	Buff	
Hod-Hod – Wiedehopf	Suol	
Hodgsons Misteldrossel vom Himalaya – Himalayadrossel	N	N: Bd. 13/2.
Hofsperling – Haussperling	N	
Hodgsons Schafstelze – Zitronenstelze	H	„Budytes citreolus citreoloides."
Hoferfalcke – Wanderfalke (männl.)	zLa	
Höfferich – Wiedehopf	Suol	
Hofhahn – Haushuhn	Be2	
Hofhenne – Haushuhn	Be2	
Hofsinger – Grasmücke (allg.)	Suol	
Hofsinger (fries.) – Dorngrasmücke	Do	
Hofsingerke – Gelbspötter	Bri,Häp	
Hofspatz – Haussperling	Do	
Hofspatz – Haussperling	F	
Hofsperling – Haussperling	B,Be1,Be2,Be,Be97,Buff,F,GD,Krü	
Hoftaube – Haus-/Felsentaube	Buff,GD,Krü	
Hog – Habicht	Ad	
Hogamsel – Blaumerle	N	
Hogamsel – Steinrötel	Be1,Be2,Be	
Hogerfalck – Gerfalke	zLa	
Hogerfalck – Wanderfalke	GesS,Suol	
Hogerfalcke – Wanderfalke (männl.)	zLa	
		„System der Jagdfalken" nach Albertus Magnus.
Hoh Grohe – Schwarzspecht	Do,F	
Hohhahn – Haushahn	GD	
Hohl-Krähe – Schwarzspecht	G	
Hohl-Taube – Hohltaube	G,N	
Hohle – Gimpel	Be97	
Höhlenente – Brandgans	B,F,Krü,N,O2	
Höhlenente, rote – Rostgans	N	
Höhlengans – Brandgans	Do,F	
Hohlenkra – Schwarzspecht	H	
Höhlenschwalbe – Rötelschwalbe	B	
Hohlente – Schellente	B,Be1,Be2,Be,Be97Buff,F,GD,N	
Hohlkra – Schwarzspecht	P1	
Hohlkragn – Schwarzspecht	H	
Hohlkrah – Schwarzspecht	H,Jä,P	
Hohlkrähe – Grünspecht	H	
Hohlkrahe – Schwarzspecht	P1	
Hohlkrähe – Schwarzspecht	Ad,B,Be1,Be2,Be,CLB2,F,Fri,GD,Jä,Suol,Z KNB	
Hohlkrahe – Schwarzspecht	N	
Hohlkran – Schwarzspecht	Suol	
Hohlkrehe – Schwarzspecht	H	
Hohlkroh – Schwarzspecht	Suol	

Hohlkrohe – Schwarzspecht	H	
Hohlkron – Schwarzspecht	H	
Hohlrabe – Schwarzspecht	F,H	
Hohltaube – Felsen-/Haustaube	Be2,Buff,GD,Krü,N	
Hohltaube – Hohltaube	Ad,B,Be1,Be2,Be,Be97,CLB12,3,GesS,Hp,…	
	…Jä,Krü,P,V,Z	KNB
Hohn – Haushuhn (weibl.)	Häp	
Hohn – Rebhuhn	Do,F	
Höhneraar – Rotmilan	Häp	
Höhnerhaff – Habicht	H	
Höhnerhaoke – Habicht	Bri	
Höhnerhawk – Habicht	Suol	
Hojlkrähe – Grünspecht	F	
Hok – Habicht	Scha	
Hök (schwed.) – Habicht	Ad	
Höker-Schwan – Höckerschwan	N	Hier richtig: Ohne ck.
Hokerfalk – Großer, alter Falke	Suol	
(Wanderfalke?)		
Hökerschnäblige Fuchsente – Brandgans	N	
Hol Daube – Hohltaube	zLa	
Hol Taube – Hohltaube	Schwf	
Hol Taube – Ringeltaube	zLa	
Hol-Chräj – Schwarzspecht	Suol	
Holbjer – Habicht	Scha	
Holböll's Leinfink – Birkenzeisig	CLB3	
Holbrete – Lachmöwe	Ad	
Holbrod – Lachmöwe	B,Buff,F,GesS,N	
Holbrot – Lachmöwe	GesSH,Suol	
Holbrot – Möwe (allg)	GesH	
Holbroter – Lachmöwe	Suol	
Holbruder – Lachmöwe	Buff,GesH	
Holbrůder – Lachmöwe	Ad,Suol	Aus Holbrot(er).
Holbruoder – Lachmöwe	GesS	
Holderkrå – Schwarzspecht	H,Suol	
Holderkrah – Schwarzspecht	F	
Holdtsnepff – Waldschnepfe	Suol	
Holdûwe – Hohltaube	Suol	
Hole – Gänsesäger	Suol	
Holeweih – Rotmilan	B	
Holeweihe – Rotmilan	Do,F	„… Weihe, die etwas wegholt."
Holgans – Graugans, Saatgans	Suol	
Holkräe – Schwarzspecht	GesSH,Suol	
Holkrae – Schwarzspecht	Suol	
Holkrah – Dohle	H	
Holkrähe – Blauracke	Ad	
Holkrähe – Nebelkrähe	GesH	
Holkrähe – Schwarzspecht	GesH	
Holkrahe – Schwarzspecht (sil.)	Schwf,Suol	
Holkro – Schwarzspecht	HaSa	Hans Sachs, Regiment …, 1531, V. 194.

Hollakragen – Schwarzspecht	F,H
Hollakrogn – Schwarzspecht	H
Holländer – Kanarengirlitz	Do
Holländische Muscheltaube – Haustaubenrasse	Buff
Holländischer Löffler – Löffler	CLB3
Holländischer Staar – Star	CLB3
Hollännisch Duw – Tordalk	Suol
Hollbruder – Lachmöwe	Suol
Hollekrôge – Schwarzspecht	Suol
Hollemeise – Haubenmeise	F
Höllenjaggl – Kleiber	Suol
Hollenlerche – Haubenlerche	Do,F
Hollenmeise – Haubenmeise	Do
Hollente – Schellente	o.Qu.
Hollerche – Haubenlerche	Buff
Hollerrötel – Gartenrotschwanz	Suol
Hollige Hausänte – Stockente	Buff
Hollkraa – Schwarzspecht	H
Hollkrah – Schwarzspecht	H
Hollkrähe – Schwarzspecht	B
Hollkro – Schwarzspecht	Suol
Hollmeese – Haubenmeise	Scha
Hollnachtigällin – Gartenrotschwanz	Suol
Höllsine – Bläßhuhn	Ad,Suol Fehler b. Henisch, …
	… Nemnich u. a.: richtig Böllhine.
Holltaube – Hohltaube	Suol
Holtaub – Hohltaube	HaSa,Suol, Hans Sachs, 1531, Vers 202.
Holtaube – Hohltaube	P1
Holtaube, kleine – Turteltaube	H
Holtbecker – Buntspecht	Do,F
Holtbecker – Specht (allg.)	Suol
Holtbekker (helgol.) – Buntspecht	H
Holtbicker – Buntspecht	Bri
Holtdrossel – Singdrossel	F,H
Holtdum – Ringeltaube	Bri
Holtduw – Hohltaube	Häp
Holtduwe, grote – Ringeltaube	Bri
Holtduwen – Ringeltaube	Bri
Holtfreeter – Buntspecht	F,H
Holtfreter – Buntspecht	Bri
Holthäk – Eichelhäher	Suol
Holthäkster – Eichelhäher	Bri
Holtkreie, blaue – Blaurake	Bri
Holtschen – Eichelhäher	Scha
Holtschere – Eichelhäher	Do,F,Scha
Holtscherre – Eichelhäher	Suol
Holtschrâf – Eichelhäher	Suol
Holtschrag – Eichelhäher	Buff

Holtschrâg – Eichelhäher	Suol, WüCl	
Holtschrage, schwart – Tannenhäher	F	
Holtschraof – Eichelhäher	Suol	
Holtsnipp – Waldschnepfe	Bri	
Holtsnippe – Waldschnepfe	Bri	
Holtuhl – Waldkauz	Do, F	
Holtz Daube, wilde – Hohltaube	zLa	
Holtz Hun – Schwarzspecht	Schwf	
Holtz Krae – Blauracke	Schwf	
Holtz Krahe – Schwarzspecht	Schwf	
Holtz Snepff – Waldschnepfe	Tu	
Holtz Taub, wilde – Blauracke	zLa	
Holtz Taub, wilde – Wasseramsel	zLa	„… Ist hier irrtümlich gebraucht."
Holtz Taube – Hohltaube	Fri	
Holtz Taube – Ringeltaube	Schwf, zLa	
Holtz-Daube – Hohltaube	Kö	
Holtz-Heher – Eichelhäher	Fri, Suol	
Holtz-Hejer – Eichelhäher	Fri	
Holtz-Krähe, wilde – Blauracke	GesH	
Holtz-Lerch – Feldlerche	GesH	
Holtz-Muschel – Feldsperling	G, Suol	
Holtz-Schnepff – Waldschnepfe	Kö	
Holtz-Taube – Felsentaube	K	Albin Band III, 42: Columba livia.
Holtzchra – Schwarzspecht	Suol	
Holtzheher, türckischer – Tannenhäher	Fri	
Holtzhûn – Schwarzspecht	Suol	
Holtzkräe – Schwarzspecht	GesS, Suol	
Holtzkrae, wilde – Blauracke	Suol	
Holtzkrähe – Schwarzspecht	GesH	
Holtzlerch – Feldlerche	zLa	
Holtzlerch – Heidelerche	Suol	
Holtzmeise – Tannenmeise	P, Suol	
Holtzscheer – Eichelhäher	Fri	
Holtzscheeren – Eichelhäher	Scha	
Holtzschnepff – Waldschnepfe	GesH, Suol	
Holtzschreier – Eichelhäher	Schwf	
Holtzschreyer – Eichelhäher	Fri, GesSH, Suol	
Holtzschreyer, afrikanischer – Tannenhäher	Fri	
Holtzschreyer, italiänischer – Tannenhäher	Fri	
Holtzschreyer, türkischer – Tannenhäher	Fri	
Holtzsnepff – Waldschnepfe	Suol, Tu	Auch getrennt schreibbar.
Holtztaub – Hohltaube	StVb	
Holtztaub, groß – Ringeltaube	GesS	
Holtztaub, große – Ringeltaube	GesH	
Holtztaube – Hohltaube	GesSH, Tu	
Holtztub, groß – Ringeltaube	Suol	
Holz-Chräj – Schwarzspecht	Suol	
Holz-Schnepfe – Waldschnepfe	N	

Holzamsel – Steinrötel	Krü
Holzbläßle – Gartenrotschwanz	Jä
Holzbuchfink, kleiner – Trauerschnäpper	Buff
Holzdreher – Wendehals	Do,F
Holzeule – Waldkauz	Be1,F
Holzfink – Feldsperling	B,V
Holzfink, kleiner – Grauschnäpper	GD
Holzfink, kleiner – Trauerschnäpper	Be2,F,N
Holzgans – Schwarzspecht	F,H
Holzganz – Schwarzspecht	Do
Holzgieker – Schwarzspecht	F,H,Jä
Holzgöcker – Schwarzspecht	Suol
Holzgrasmücke (österr.) –	Do,F,H
Klappergrasmücke	
Holzgüggel – Schwarzspecht	B,F,H,Suol
Holzhacker – Eichelhäher	Do,GD,Suol
Holzhacker – Kleiber	B,Be1,Be2,Be,Be97,Buff,F,GD,Krü,N
Holzhacker, grüner – Grünspecht	F
Holzhäher – Eichelhäher	GD
Holzhäher – Eichelhäher	Ad,F,Krü,Scha,V,WüCl
Holzhahn – Auerhuhn	F,H
Holzhahn – Schwarzspecht	H
Holzhauer – Grünspecht	B,Be2,N
Holzheher – Eichelhäher	Ad,B,Be1,Be2,Be,Be97,Be05,CLB2,…
	…GD,Hp,Jä,K,Krü,N,O1 Frisch T. 55. KNB
Holzheher, türkscher – Tannenhäher	Scha
Holzheister – Eichelhäher	B,F
Holzhenne – Schwarzspecht	H,Jä
Holzhuen – Schwarzspecht	GesS
Holzhufe – Schwarzspecht	F
Holzhuhn – Auerhuhn	Ad
Holzhuhn – Birkhuhn	Ad
Holzhuhn – Haselhuhn	Ad
Holzhuhn – Schneehuhn	Ad
Holzhuhn – Schottisches Moorschneehuhn	K Albin Band I, 23 + 24.
Holzhuhn – Schwarzspecht	Ad,Be1,Be2,Be,Buff,GD,Krü,N
Holzhun – Schwarzspecht	K Frisch T. 34.
Holzhuse – Schwarzspecht	H
Holzjockl – Buchfink	Do
Holzjoggel – Buchfink	Suol
Holzkrâ – Schwarzspecht	Suol
Holzkraa – Schwarzspecht	H
Holzkrache – Blauracke	Be2,N
Holzkrae – Blauracke	Be
Holzkrae – Nebelkrähe	Buff
Holzkräe – Schwarzspecht	GesS
Holzkrae, wilde – Blauracke	GesS
Holzkrah – Schwarzspecht	H
Holzkrähe – Blauracke	Do,F

Holzkrähe – Nebelkrähe	Be1,Be2,F,GD,Hp,Krü,N	
Holzkrahe – Schwarzspecht	Be1,Be,F,K,N	Frisch T. 34.
Holzkrähe – Schwarzspecht	Ad,B,Be1,Be2,Be,Be97,Buff,F,GD,Hp,Jä,Krü	
Holzkrähe – Tannenhäher	Suol	
Holzkrähe, blaue – Blauracke	Ad,Be1,Be2,Be,GD,Krü,N	
Holzkrähe, deutsche – Schwarzspecht	Krü	
Holzkrahn – Schwarzspecht	H	
Holzkrakisch – Eichelhäher	Scha	
Holzkregel – Blauracke	Suol	
Holzlerche – Baumpieper	B,Be2,F,N	
Holzlerche – Feldlerche	Be2,Buff,N	
Holzlerche – Heidelerche	Ad,B,Be1,Be2,Be,Be97,F,Fri,Krü,N,V	
Holzlerche – Wiesenpieper	Buff	
Holzmeise – Schwanzmeise	Krü	
Holzmeise – Sumpf-/Weidenmeise	Be,Hp	
Holzmeise – Tannenmeise	Ad,B,Be1,Be2,Be,Be97,Buff,F,GD,Krü,N	
Holzmeisli – Tannenmeise	Suol	
Holzmuhschel – Feldsperling	Do,F	Langes U.
Holzmuschel – Feldsperling	Ad,Be1,Be2,Be,Krü,N,O1	Langes U.
Holzmuschel – Feldsperling	Buff	
Holzmüschel – Feldsperling	F	
Holzmuschelsperling – Feldsperling	Krü	
Holzmutschel – Haussperling	Krü	
Holznischel – Feldsperling	Ad,H,Krü	
Holzpäppel – Schwarzspecht	Do,F	
Holzpieper – Baumpieper	B	
Holzscheer – Eichelhäher	Scha	
Holzscheer – Tannenhäher	Suol	
Holzscher – Eichelhäher	Ad,Krü	
Holzschere – Eichelhäher	Ad	
Holzschnepf – Waldschnepfe	Fri	
Holzschnepfe – Knutt	Be2,Be	
Holzschnepfe – Waldschnepfe	Ad,B,Be1,Be2,Be,Be97,Buff,F,GD,Hp,K,Krü	
Holzschnepff – Waldschnepfe	GesS	
Holzschraat – Eichelhäher	Be2,Be,N	
Holzschrat – Eichelhäher	F	
Holzschreier – Eichelhäher	Ad,B,Be1,Be2,Be,Be97,F,Jä,Krü,N,Scha,Suol, zLa	
Holzschreier-Krähe – Eichelhäher	CLB2	KNB
Holzschreier, russischer – Tannenhäher	F	
Holzschreier, schwarzer – Tannenhäher	Be2,F,N	
Holzschreier, türkischer – Tannenhäher	Be1,Be2,Be,F,Krü,N,Scha	
Holzschreyer – Eichelhäher	Buff,GD,Hp,K	Frisch T. 55.
Holzschreyer, rothgrauer – Eichelhäher	Buff	
Holzschreyer, türkischer – Tannenhäher	Buff,Hp	
Holzspatz – Feldsperling	B,F	
Holzspecht – Buntspecht	GD	
Holzsperling – Feldsperling	Ad,B,Be1,Be2,Be,CLB2,Buff,F,GD,Hp,N,V	KNB
Holztaube – Haus-/Felsentaube	GD	
Holztaube – Hohltaube	Hp,K	

Holztaube – Hohltaube	Ad,Be1,2,Be,Be97,CLB2,Hp,Jä,K,Krü,MW,…	
	…N,O1,2,3,Scha,V	Frisch T. 139. KNB
Holztaube – Ringeltaube	B,Be2,Be,Fri,GD,Jä,N,Suol	
Holztaube, blaue – Haus-/Felsentaube	GD	
Holztaube, blaue – Hohltaube	Be1,Be2,Be,Fri,N	
Holztaube, große – Ringeltaube	Be1,Be2,Be,Be97,CLB2,F,Fri,Krü,N,V	
Holztaube, kleine – Haus-/Felsentaube	GD	
Holztaube, kleine – Hohltaube	Be1,Be2,Be,F,Fri,N	
Holztaube, kleine blaue – Hohltaube	N	
Holztrahe – Schwarzspecht	K	Frisch T. 34.
Holzvogel – Schwarzspecht	Do,F	
Holzzahn – Schwarzspecht	Höfer	
Hön – Haushuhn	Tu	„In Saxon."
Honigbussard – Wespenbussard	B,Be2,Be,F,N	
Honigbusshard – Wespenbussard	Krü	
Honigbußhart – Wespenbussard	Be1,Buff,GD	
Honigfalk – Wespenbussard	Be97	
Honigfalke – Wespenbussard	B,Be2,F,N	
Honiggeier – Wespenbussard	B,Jä	
Hönkelchen – Haushuhn (juv.)	Suol	
Honneter – Weißstorch	Do,F	
Honnotter – Weißstorch	Be2,N	
Honoter – Weißstorch	B	
Honotter – Weißstorch	Be	
Hontsneppe – Waldschnepfe	Bri,Häp	
Hooded Crow (engl.) – Nebelkrähe	Tu	
Hop – Wiedehopf	Suol	
Hoper – Heidelerche	GesH	
Hoppdekrôe – Rabenkrähe	Suol	
Hoppe – Wiedehopf	Suol	
Hopwîweken – Wiedehopf	Suol	Altmark
Hor-Belchine – Bläßhuhn	Suol	
Horatubil – Rohrdommel	Krü	
Horatupil – Rohrdommel	Ad	
Horbel – Bläßhuhn	Ad,Be1,Be2,Be,Buff,F,G,GD,Krü,N,Suol	
Horbeln – Bläßhuhn	Hp	
Horchel – Haubentaucher	Buff,Fri	
Horcke – Haubentaucher	Fri	
Hörcke – Haubentaucher	Fri	
Hordommel – Rohrdommel	Ad,Krü	
Hordump – Rohrdommel	Suol	
Horentle – Tafelente	zLa	Gessner 1557, 34
Horfogel – Wiedehopf	Suol	
Horgans – Reiher (allg.)	Suol	
Höricken – Lappentaucher	Fri	
Horn Oul (engl.) – Waldohreule	Tu	
Horn-Eule – Waldohreule	G	
Horndrossel – Seidenschwanz	Do,F	

Hörnelmeise – Haubenmeise	H	
Hörnereule – Waldohreule	Be1,Be2,F,Jä,N	
Hörnermeese – Haubenmeise	H	
Hörnermeise – Haubenmeise	B,Be1,Be2,Be,Be97,F,GD,Krü,N	
Hörnerül – Waldohreule	Suol	
Horneule – Uhu	Ad,Krü	
Horneule – Waldohreule	B,Be1,Be2,Be,Be97,Be05,Buff,CLB2,F,GD,…	
	…Hp,Jä,Krü,N,O2,V	KNB
Horneule, große – Uhu	Be1,Be2,Be,F,GD,N	
Horneule, kleine – Waldohreule	Be2,Be,Buff,GD,N	
Horneule, kurzöhrichte – Sumpfohreule	GD	
Hörnlekutz – Waldohreule	Suol	
Hornlerche – Ohrenlerche	B,F	
Hörnleseule – Waldohreule	Jä	
Hornohreule – Waldohreule	GD	
Hornperlhuhn – Helmperlhuhn	o.Qu.	
Hornschuch's Sammettrauerente – Samtente	CLB3	
Hornschuchs Sammettrauerente – Samtente	N	
Hornschuchs Tauchente – Samtente	CLB2	KNB
Hornsteissfuss – Ohrentaucher	B,F	
Horntaucher – Haubentaucher	B	
Horntaucher – Ohrentaucher	Do,F,WüCl	
Horntaucher – Schwarzhalstaucher	O2	
Hornvogel – Eichelhäher	Be2,N	
Hornwieh – Rotmilan	Do,F	
Horotubil – Rohrdommel	Ad	
Horotumbel – Rohrdommel	Ad,Krü	
Horotumbil – Rohrdommel	Suol	
Horotupil – Rohrdommel	Krü	
Horragaas – Ringelgans	N	
Horragans – Ringelgans	Be2,F	
Horrevogel – Eichelhäher	Be1,Be,F,N	
Hortikel – Rohrdommel	B,F,H	
Hortolan – Ortolan	Be2,Be,F,N	
Hortûbe – Hohltaube	Suol	Kottaube
Hortulan – Ortolan	Ad,Be97,Be,Fri,GD,Hp,N,P,Suol	VN
Hortulana – Ortolan	zLa	
Hortumpel – Rohrdommel	Fri,O1	
Hortybel – Rohrdommel	GesS	
Hortybell – Rohrdommel	GesH	
Hortybil – Rohrdommel	Suol	
Hortyhel – Rohrdommel	Be1,Be2,N	
Hosduw, lütt – Hohltaube	F	
Hosenadler – Steinadler	F	
Hoßgyr – Gänsegeier	GesS	
Hotterl – Bachstelze	Suol	

Hotzgyr – Bartgeier	Suol	
Houare (fland) – Weißstorch	GesH	
Höüel – Eule (allg.)	Suol	
Houp – Wiedehopf	Tu	
House Swallow (engl.) – Rauchschwalbe	Tu	
Hoverfalcke – Wanderfalke	Suol	
Hoverfalk – Wanderfalke	Suol	
Howe – Habicht	Scha	
Howeie – Rotmilan	Scha	
Howeihe – Rotmilan	Do,F,Scha	
Howi – Habicht	Scha	
Höwick – Habicht	Bri	
Howiehe – Schwarzmilan	Do,F	
Höwiek – Mäusebussard	Bri	
Howihe – Rotmilan	Scha	
Howik – Rotmilan	Do,F	
Howik – Habicht	Do,F	
Howik – Mäusebussard	Do,F	
Howik – Schwarzmilan	Do,F	
Howike – Mäusebussard	H	
Howlet (engl.) – Eule allg.	Tu	„An howlet,in German eyn eul."
Howlet (engl.) – Waldkauz	Tu	„Strix stridula" … = Variation Brandeule.
Howpe (engl.) – Wiedehopf	Tu	
Hoylen – Gimpel	Be2,Be,F,Hp,N	
Hroßagaukin (isl.) – Bekassine	Buff	
Hrota (isl. von Stimme) – Ringelgans	Be2,Buff,N	
Hû – Uhu	Suol	
Hu Hu – Waldkauz	Buff	
Huard – Fisch- u. Seeadler	Krü	Krünitz: „Meeradler".
Huart – Fisch- u. Seeadler	Krü	Krünitz: „Meeradler".
Hub – Uhu	Be2,Be,Buff,N	
Hubare – Saharakragentrappe	Be2,Krü,N	
Hublerche – Haubenlerche	Do	
Huck – Gans	Suol	
Huckepucker – Kampfläufer	Bri	
Huda urnik (krain.) – Mauersegler	Be2	
Huda urnik (krain.) – Mehlschwalbe	Be1,Be2	
Hudergeiß – Bekassine	Suol	
Hüderling (fries.) – Goldregenpfeifer	H	
Hudsonische Eule – Sperbereule	Be2	
Hudsons-Aente, große schwarze – Brillenente	Buff	
Hudsonsänte, große schwarze – Brillenente	Buff	
Hudsonsche Eule – Sperbereule	N	
Hûe – Uhu	Suol	
Hüehnerweih – Milane und Weihen	Suol	
Hueldauf – Hohltaube	Suol	
Huen, schwartz Indianisch – Truthuhn	zLa	

Hüendli – Haushuhn (juv.)	Suol	
Huenerdieb – Rotmilan	GesS	
Hüenergîr – Habicht	Suol	
Hüenerräuber – Habicht	Suol	
Hüenervogel – Habicht	Suol	
Hüenle – Haushuhn (juv.)	Suol	
Huerchele – Zwergtaucher	GesS	
Huerechel – Waldohreule	Suol	
Huereil – Waldohreule	Suol	
Hueule – Uhu	Jä	
Hügeldrossel – Naumannsdrossel	B	
Hugelfyos – Pirol	HHM	
Hügelstrauchsteinschmätzer – Schwarzkehlchen	CLB3	
Hugo – Uhu	StVb	„Ein kurzweilig gedicht": V. 300.
Hugos – Eiderente	Suol	
Hugpugge – Kampfläufer	Bri	
Huhay – Uhu	Ad,Buff,K,Suol	Frisch T. 93.
Huheler – Uhu	Suol	
Huheule – Waldkauz	F,N	
Huhlkrohe – Schwarzspecht	F,H	
Huhn – Haushuhn	Be2,O1	
Huhn – Waldkauz	GD	
Huhn aus Guinea – Helmperlhuhn	Buff	
Huhn aus Jerusalem – Helmperlhuhn	Be1	
Huhn von Mecca – Helmperlhuhn	Be1,Krü	Bechstein schrieb: Mekka.
Huhn, afrikanischer – Helmperlhuhn	Buff,Fri	
Huhn, afrikanisches – Helmperlhuhn	Be1,Fri,Krü,Suol	
Huhn, ägyptisches – Helmperlhuhn	Be1,Krü	
Huhn, barbarisches – Helmperlhuhn	Be1	
Huhn, beträpfeltes – Helmperlhuhn	Buff	
Huhn, calecutisch – Truthuhn	Fri	
Huhn, fremdes – Helmperlhuhn	Be1	
Huhn, guineisches – Helmperlhuhn	Be1	
Huhn, indianisches – Halsbandfrankolin	Buff,GD	
Huhn, indianisches – Truthuhn	Ad	
Huhn, indisches – Truthuhn	Krü,Suol	
Huhn, jerusalemisches – Helmperlhuhn	Krü	
Huhn, kalekutisches – Truthuhn	Buff	
Huhn, lybisches – Helmperlhuhn	Be1	
Huhn, mauritanisches – Helmperlhuhn	Be1	
Huhn, numidisches – Helmperlhuhn	Be1,Krü	
Huhn, persisches blaues – Purpurhuhn	Buff	
Huhn, schäckigtes – Helmperlhuhn	Buff	
Huhn, tunisches – Helmperlhuhn	Be1	
Huhn, türkisches – Truthuhn	Ad,Krü	
Huhn, wälsches – Truthuhn	Ad,GD,Krü,Z	
Huhn, welsches – Truthuhn	Krü,Suol	
Huhn, zahmes – Haushuhn	K	

Hühner-Ahr, weißer – Gänsegeier	GD
Hühneraar – Rohrweihe	Ad
Hühneraar – Rotmilan	Be1,Be2,Be,F,Krü
Hühneraar, weißer – Gänsegeier	GD
Hühneraar, weißer – Schmutzgeier	Be2,Be,Krü,N
Hühnerahr – Rotmilan	N
Hühnerauken – Enten, Gänse, Schwäne	O1
Hühnerdieb – Habicht	Do,F
Hühnerdieb – Kornweihe (männl.)	Be2,N
Hühnerdieb – Rohrweihe	Ad,F
Hühnerdieb – Rotmilan	Be1,Be2,Be,F,GD,Hp,Krü,N,O1,2
Hühnerdieb – Schwarzmilan	B,F,N
Hühnerdieb, schwarzer – Schwarzmilan	Be2,GD,N
Hühnerfalk – Habicht	F,Jä
Hühnerfalke – Habicht (juv.)	B,Be1,Be2,Be,Be97,GD,N
Hühnerfalke – Kornweihe (weibl.)	Be1,Be2,Be,Be97,N
Hühnerfalke – Wanderfalke	F,N
Hühnerfalke, gefleckter – Habicht (juv.)	Be1,Be2,Be,N
Hühnerfinken – u. a. Ammern, Lerchen, Tauben	O1
Hühnerfresser – Habicht	Suol
Hühnergeier – Habicht (juv.)	B,Be1,Be2,Be05,Jä,N,Suol
Hühnergeier – Rohrweihe	Ad,Be2,Be,N
Hühnergeier – Rotmilan	B,Be1,Be2,Be,Be97,F,Krü,N
Hühnergeier – Schmutzgeier	Be2,Be,Krü,N
Hühnergeier, ätolischer – Schwarzmilan	Be2,N
Hühnergeier, brauner – Rotmilan	Be2,N
Hühnergeier, dunkler – Habicht (juv.)	Be2,N
Hühnergeier, schwarzer – Schwarzmilan	Be2,Jä,N
Hühnergeyer – Gänsegeier	GD
Hühnergeyer – Habicht	GD
Hühnergeyer – Rohrweihe	Buff,GD
Hühnergeyer – Rotmilan	Hp
Hühnergeyer, brauner – Rotmilan	GD „Falco austriacus."
Hühnerhabicht – Habicht	B,Be1,2,Be,Be97,05,CLB1,2,3,F,GD,Jä,… …MW,N,O1,2,V,WüCl Bechstein 1802. KNB
Hühnerhabicht – Kornweihe	Be2,Be
Hühnerhabicht – Mäusebussard	Be2,N
Hühnerhabicht, kleiner – Kornweihe (männl.)	N
Hühnerhühner – Wachteln, Hühnervögel	O1
Hühnerreiher – Limikolen II	O1
Hühnerschwanz – Haus-/Felsentaube	GD Zu Rasse Pfauentaube.
Hühnerstößer – Habicht	Do/F
Hühnertrappen – Triel, Trappen	O1
Hühnervogel – Mäusebussard	F,H
Hühnerweih – Rotmilan	Do,F
Hühnerweihe – Schwarzmilan	F
Hühnerweihe – Habicht (juv.)	Be2,Be,F,N

Hühnerweihe – Rohrweihe	Ad,Be1,Be2,Be,Be97,GD,N	
Hühnerweihe – Rotmilan	GD	
Hühnerweihe – Schmutzgeier	K	
Hühnerweihe – Schwarzmilan	Do	
Hühnerweihe, braune – Rotmilan (juv.)	Be1,Be2,Be	
Hühnerweihe, schwarze – Schwarzmilan	Be1,Be2,Be,GD,N	
Hühnerweyhe – Rohrweihe	Buff	
Huhneule – Waldkauz	B,F	
Huhol (engl.) – Grünspecht	Tu	
Huhu – Uhu	Ad,Buff,Fri,GesH,Krü,Suol	
Huhu – Waldkauz	Be1,Buff,N	
Huhu, groß – Uhu	GesS	
Huhui – Uhu	N,Suol	
Huhuy – Uhu	Be1,Be2,Be,Buff,Schwf	
Huhweh – Milane und Weihen	Suol	
Huidergeiß – Bekassine	Suol	
Huivogel – Uhu	Suol	
Hulegans – Gans	Suol	
Huler – Singschwan	Bri,Häp	Heuler
Hulewy – Rotmilan	Be2,F	
Hulewy – Milane und Weihen	Suol	
Hulewyh – Rotmilan	N	
Hüling – Haussperling	Suol	
Hulle – Gans	Suol	
Hultaub – Hohltaube	StVb	
Hültaub – Hohltaube	Suol	
Hultrof, Bruder – Pirol	Ad,HHM,Krü	
Hultwaan – Singschwan	Bri	
Hun, calecutisch – Truthuhn	Schwf	
Hun, indianisch – Truthuhn	GesS,Schwf	
Hun, kalekuttisch – Truthuhn	GesS	
Hun, kalekuttisches – Truthuhn	Suol	
Hun, welsch – Truthuhn	Schwf	
Hun, wild – Pfau	Schwf	
Hundertzüngiger Vogel – Blaukehlchen	Glutz	In Lappland.
Hunds-Meise – Tannenmeise	Suol	
Hundsmeise – Blaumeise	B,Be2,Be,F,N	
Hundsmeise – Sumpf-/Weidenmeise	Be1,Be2,Be,Buff,F,GD,Hp,Krü	
Hundsmeise – Sumpfmeise	N	
Hundsmeise – Tannenmeise	Ad,B,Be1,Be2,Be,Be97,Buff,F,GD,K,Krü,N	
		Frisch Tafel 13
HundsMeise – Tannenmeise (sil.)	Schwf	
Hundtsrücker Wecholter – Wacholderdrossel	zLa	Zum Lamm S. 262.
Hune – Haushuhn (männl.)	Häp	
Hüner Ahr – Rotmilan (sil.)	Schwf	
Hüner Ahr, weißer – Rotmilan (Var.)	Schwf	
Hüner Whey – Schwarzmilan	zLa	

Hüner-Dieb – Rotmilan	Z	
Hüner-Fänger – Habicht	Z	
Hüner-Habicht – Habicht	G	
Hüneraar, weißer – Schmutzgeier	Buff	
Hünerahr – Milane und Weihen	Suol	
Hünerarh – Rotmilan	GesH	
Hünerarh – wahrsch. Schwarzmilan	zLa	Gessner 1585, 610.
Hünerdieb – Merlin	Buff	
Hünerdieb – Milane und Weihen	Suol	
Hünerdieb – Rotmilan (sil.)	Buff,GesH,Schwf	
Hünerdieb – wahrsch. Schwarzmilan	zLa	Gessner 1555, 568.
Hünergeyer – Rotmilan	Buff	
Hünergeyer, ätolischer – Schwarzmilan	Buff	
Hünergeyer, dunckeler – Habicht	Fri	
Hünergeyer, heller – Habicht	Fri	
Hünergeyer, schwarzer – Schwarzmilan	Buff	
Hünerschwantz – Haustaubenrasse	Fri	
Hünerschwanz – Haustaubenrasse	Buff	
Hünerweihe – Rotmilan	K	
Hünerweihe – Schmutzgeier	Buff	
Hünkel – Haushuhn (juv.)	Suol	
Hünkel – Wachteln, Hühnervögel	O1	
Huo – Uhu	Be2,Be,Buff,N	
Huon, wild wyß – Alpenschneehuhn	GesS	
Huoru – Uhu	GesS	
Hupae – Wiedehopf	H	
Hupak – Wiedehopf	F,H	
Hupatz – Wiedehopf	F,H,Scha	
Hupe – Wiedehopf	Bri	
Hupetup (holl) – Wiedehopf	GesH	
Hupha – Wiedehopf	Buff	Bei den „Kassuben".
Huphup – Wiedehopf	H	
Hupk – Wiedehopf	Scha	
Hupke – Wiedehopf	H,Suol	
Hupmatz – Wiedehopf	H	
Hupp-upp – Wiedehopf	Scha	
Huppe – Wiedehopf	H,Krü,Scha,Suol	
Huppelkrah – Rabenkrähe	Suol	
Hupper – Wiedehopf	F,H	
Hupphupp – Wiedehopf	Do,F,Suol	
Huppke – Wiedehopf	Suol	
Hupplerche – Haubenlerche	F,N	
Huppmatz – Wiedehopf	Do,F	
Huppmeisi – Haubenmeise	Suol	
Huppupp – Wiedehopf	Suol	
Huppuppergeselle – Wiedehopf	Suol	
Hupup – Wiedehopf	Suol,WüCl	
Hurbel – Bläßhuhn	B,Be2,Be,Buff,F,GD,N,O1,2,Suol	
Hurbeln – Rallen, Brachschwalben	O1	

Hürchele – Haubentaucher	Fri	
Hürchele – Zwergtaucher	Fri,Suol	
Hürchelein – Zwergtaucher	GesH	
Hurdel – Bläßhuhn	Suol	
Hurensnâbelt – Eiderente	Suol	
Hûri – Uhu,Eule	Suol	Schweiz
Hürle – Gans (juv.)	Suol	
Hürru – Eule allg.	Krü	
Hürru – Uhu	Ad	
Huru – Uhu	O1	
Hüru – Uhu	Be2,Be,N,Suol	
Huruw – Uhu	GesH	
Hüruw – Uhu, Eule	Suol	Schweiz
Husar – Meise allgemein	GD	„Wegen ihrer Kühn- und Lebhaftigkeit."
Husarenmeise – Haubenmeise	Jä	
Husarenspecht – Kleinspecht	Do.F	
Huserle – Rotschwanz (allg.)	Suol	
Husfründ – Grauschnäpper	Do,F	
Hûsgütterli – Gartenrotschwanz	Suol	
Husheister – Elster	F	
Husigomo – Pelikan	zLa	Ahd. Volksname.
Huslünk – Haussperling	F	
Husrötele – Hausrotschwanz	zLa	
Hûsröteli – Hausrotschwanz	Suol	Schweiz
Husrôterle – Rotschwanz (allg.)	Suol	
Husrôtschwänzele – Rotschwanz (allg.)	Suol	
Hussala – Graugans	Häp	
Hüßbeskütsk – Grauschnäpper	Do,F	
Husschwalwen – Rauchschwalbe	Bri	
Husschwölk – Mehlschwalbe	Do,F	
Hussel – Gans	Suol	
Hussel – Rotschwanz (allg.)	Suol	
Hußkräe – Rabenkrähe	Suol	
Hussparling – Haussperling	Do,F	
Hußrötele – Gartenrotschwanz	GesS	
Hußrötele – Hausrotschwanz	GesS	
Hußrötele – Rotschwanz (allg.)	Suol	
Hußschwalm – Rauchschwalbe	Suol	
Hußtube – Felsen-/Haustaube	Suol	
Husswälk – Mehlschwalbe	Do,WüCl	
Hüster – Brachpieper	Be1,Be2,Be,F,N	
Hüster – Pieper	O1	Vogelstellername
Hüster – Wiesenpieper	B,Be2,Be,F,N	
Husuhl – Schleiereule	F	
Huszwälk – Mehlschwalbe	F	
Hüt dick – Braunkehlchen	Scha	
Hütick – Grauschnäpper	B	
Hutick, grauer – Grauschnäpper	Be	
Hütick, grauer – Grauschnäpper	Be2,N	

Hütig – Hausrotschwanz	Scha		
Hütik – Gartenrotschwanz	Buff,Suol		
Hütik, grauer – Grauschnäpper	Be1,Buff		
Hütiker – Gartenrotschwanz	Scha		
Hütikker – Hausrotschwanz	Scha		
Hüting – Grauschnäpper	Do,F		
Hüting – Gartenrotschwanz	Be2,F,Häp,N,O1,Scha,Suol,WüCl		
Hüting – Hausrotschwanz	B,Be2,Be,F,N,Scha		
Hüting, graag – Grauschnäpper	Be1,Be2,Be,N,Suol		
Hüting, grauer – Grauschnäpper	O1		
Hütling – Gartenrotschwanz	F		
Hutmöve – Lachmöwe	N		
Hutmöve – Schwarzkopfmöwe	B		
Hutmöwe – Lachmöwe	F		
Hutsche – Elster	Be1,Be2,Be,Be97,F,N,O1		
Hutschwalbenmöve – Lachmöwe	CLB3,N		
Hütt vor hütt – Wachtel	Bri,Häp		
Hüttick, grauer – Grauschnäpper	F		
Hutverrut – Wachtel	Bri		
Hutvogel – Grünfink	Do,F		
Hutvogel – Ortolan	Do,F		
Huusfink – Haussperling	Bri,Häp		
Huusliemken – Haussperling	Häp		
Huuslönk – Haussperling	Häp		
Huuslünk – Haussperling	Häp		
Huusschalk – Haussperling	Häp		
Huusswalbe – Mehlschwalbe	Bri		
Huusswalke – Mehlschwalbe	Häp		
Huw – Uhu	GesS,Suol		
Hûwe – Uhu	Suol		
Huwei – Milane und Weihen	Suol		
Hûwel – Eule (allg.)	Suol		
Hüwel – Eule (allg.)	Suol		
Huypen (holl) – Wiedehopf	GesH		
Hyacinthblaues Purpurhuhn – Purpurhuhn	CLB2,V		
Hyacinthblaues Sultanshuhn – Purpurhuhn	CLB2,O3		
Hyacinthfarbiges Purpurhuhn – Purpurhuhn	CLB2,MW		KNB
Hyacinthfarbiges Sultanshuhn – Purpurhuhn	CLB2		
Hyei – Mäusebussard	GesS		Ruf
Hykster – Eichelhäher	Suol		
Hyl (tschech.) – Gimpel	Suol		Seit 15. Jahrh. belegt.
Hymber – Eistaucher	Be2,Buff,F,Gun,Krü,N		„Colymbus arcticus."
Hymber – Prachttaucher	Be,Buff,GD,Gun		
Hymbrine – Eistaucher	Do,F		
Hymbrine – Prachttaucher	GD		
Hys Thomas – Krabbentaucher	Gun		Deutsch: Schweig – Thomas.

Ianen, wille – Stockente	Bri	
Ibis der Alten, ächter ägyptischer –	O1	Threskiornis aethiopicus.
Heiliger Ibis		
Ibis, brauner – Sichler	CLB2,F,N,O3	KNB
Ibis, dunkelfarbiger – Sichler	WüCl	
Ibis, Glossy (engl.) – Sichler	Tu	
Ibis, grüner – Sichler	V	
Ibis, hochköpfiger brauner – Sichler	CLB3	
Ibis, kleiner – Regenbrachvogel	Buff	Edwards
Ibis, plattköpfiger brauner – Sichler	CLB3	
Ibis, Red-cheeked (engl.) – Waldrapp	Tu	
Ibis, sichelschnäblicher – Sichler	Be	
Ibis, sichelschnäbliger – Sichler	Be,N	
Ibrum – Rohrdommel	B	
Icawetz – Bergfink	Be1,Be2,N	
Ichterchen (lux.) – Gelbspötter	H	
Idel – Erlenzeisig	Do,F,Scha	
Igawitz – Bergfink	Suol	
Igawitzer – Bergfink	Suol	
Igowitz – Bergfink	Suol	
Ihrzvälk – Uferschwalbe	Do	
Ihrzwälk – Uferschwalbe	F	
Ijsenbard – Eisvogel	Suol	
Ijskletter (helgol.) – Schneeammer	H	
Ikawetz – Bergfink	Do,F	
Ikrum – Rohrdommel	Ad,Krü,Suol	
Ikwitz – Bergfink	Jä	
Ildbrimer – Eistaucher	Gun	
Illyrischer Rallenreiher – Rallenreiher	CLB3	
Ilmetritsch – Stockente	Suol	Urspr. Bedeutg.: Wassergeist.
Iltis (griech.) – Rotmilan	Buff	
Im Fliegen singender Dornreich –	Z	
Dorngrasmücke		
Im Fliegen singender Heckenschmätzer –	Z	
Dorngrasmücke		
Imb-Wolff – Grünspecht	Suol	
Imben-Wolff – Bienenfresser	K	
Imbenwolf – Bienenfresser	Buff,K	
Imber – Eistaucher	Be1,Be2,Be,Buff,GD,Gun,N…	
	… „Colymbus maximus Finmarkicus."	
Imber – Riesenalk (ausgest.)	o.Qu.	Bei Pontoppidan.
Imber (dän., norw.) – Eistaucher	Ad,Be,H	
Imber-Seetaucher – Eistaucher	Be	
Imbergans – Eistaucher	B,Be2,CLB2,F,N	KNB
Imberseetaucher – Eistaucher	Be2,Be,N	
Imbertaucher – Eistaucher	Be2,CLB2,F	
Imbrim – Eistaucher	Buff,GD,Gun,Krü.	Färöer: „Colymbus imber".
Imbrim – Eistaucher	Krü	

Imbrine – Eistaucher	O1	
Imbrütze – Goldammer	Suol	
Imelk – Zaunkönig	Bri	
Imerkoteilak – Küstenseeschwalbe	Cz	„Sterna arctica."
Immeise – Kohlmeise	Bri	
Immenbicker – Gartenrotschwanz	Suol	
Immenfraß – Bienenfresser	Be1,Be2,Be,Buff,F,GesH,N	
Immenfräter – Kohlmeise	Bojer	Emsland
Immenfresser – Bienenfresser	O1,B	
Immenhoabik – Wespenbussard	Bri	
Immenmeise – Kohlmeise	Do,F	
Immenröwer – Gartenrotschwanz	Do,F	
Immenvogel – Bienenfresser	Be97	
Immenvogel, gemeiner – Bienenfresser	O2	
Immenwolf – Bienenfresser	Ad,Be1,Be2,Be,Buff,F,Fri,GD,K Krü,N,V… … Frisch T. 221 + 222.	
Immenwolf – Grünspecht	Do,Suol	
Immenwolff – Bienenfresser	GesH	
Immenwulf – Grünspecht	Scha,Suol	
Immer – Eistaucher	Buff,GD,Gun	
Immer (norw., schwed.) – Eistaucher	Ad,Be1,Be2,Be,Krü,N	
Immerlumme – Eistaucher	Be2,N	
Immertaucher – Eistaucher	B,Be1,Be2,Be,F,GD,Krü,N	
Imprump – Rohrdommel	GD	
Indian – Truthuhn	Suol,V	
Indiane – Truthuhn	Ad	
Indianer = Polnische Taube (Haustaubenrasse) – Felsentaube	O1	
Indianisch Endträch – Moschusente	zLa	Indianisch kann auch exotisch bed.
Indianisch Huen, schwartz – Truthuhn	zLa	
Indianisch Hun – Truthuhn	GesS,K,Schwf	
Indianisch Turtur Teublin – Lachtaube	Schwf	
Indianische Ent – Brandgans	GesH	
Indianische Ent – Moschusente	GesH	
Indianische Ente – Moschusente	Be1,Be2,GD	
Indianische Henn – Truthuhn(weibl)	HaSa	
Indianische Meiß – Lasurmeise	GesH	
Indianische Turteltaub – Lachtaube	GesH	
Indianischer Bartsperling – Bartmeise	Be2,Buff,Fri,GD,N	
Indianischer Endrach – Moschusente	Buff,Schwf,Suol	
Indianischer Entrach – Moschusente	Buff,zLa	Bei Gessner.
Indianischer Hahn – Truthuhn	Be1,Be2,Buff,Fri,GD,K,Suol… … auch „indianisch-welsch."	
Indianischer Han – Truthuhn	HaSa,GesH,zLa	Zum Lamm, S. 153.
Indianischer Haubenfink – Kardinal	Fri,HHM	HHM: Haubenfinke.
Indianischer Hen – Truthuhn	zLa	
Indianischer Sperling – Bartmeise	Be,Fri,GD	
Indianischer Welschhuhn – Truthuhn	K	
Indianisches Huhn – Halsbandfrankolin	Buff,GD	

Indianisches Huhn – Truthuhn	Ad	
Indianisches Rebhuhn – Halsbandfrankolin	Buff,GD	
Indianisches Repphuhn – Halsbandfrankolin	Krü	
Indianisches Täublein – Lachtaube	Be1	
Indianisches Turteltäubchen – Lachtaube	Krü	
Indianisches Turteltäublein – Lachtaube	Be2	
Indiansche Endrach – Moschusente	K	
Indische Ente – Moschusente	GD,GesS	
Indische Gans – Streifengans	H	
Indischer Reiher – Silberreiher	Be1,Be2,Be,N	
Indisches Huhn – Truthuhn	Krü,Suol	
Ingelsk Karkfink (helgol.) – Feldsperling	H	
Ingriensischer Falke – Rotfußfalke	N	
Inne – Birkhuhn	O1	
Innere Hausschwalbe – Rauchschwalbe	Be2,Be,Fri,N	
Innere Schwalbe – Rauchschwalbe	Buff,JAN	
Insektengeier – Wespenbussard	Be2,N	
Intert – Ente (männl.)	Suol	
Ipatka – Papageitaucher	GD	Kamtschatka
Iprumb – Rohrdommel	Ad,Be2,Bri,Buff,F,GD,Häp,Krü,N,O1,Suol	
Irdisk (helgol.) – Bluthänfling	F,H,Suol	
Irdschwälk – Uferschwalbe	F	
Irdschwölk – Uferschwalbe	F	
Irdswälk – Uferschwalbe	Do,WüCl	
Irdswölk – Uferschwalbe	Do	
Irischer Ortolan – Wellenläufer	o.Qu.	S. Band 1: Einf. zu Wellenläufer.
Irisk – Birkenzeisig	Buff	
Irisk (dän., norw.) – Bluthänfling	Cz,H,Krü	
Iritsch – Birkenzeisig	Do	
Iritsch – Bluthänfling	F,Suol	Niederdt., seit Ende 15. Jh. belegt.
Irlie – Gebirgsstelze	Be97	
Irlin – Gebirgsstelze	B,Be1,Be2,F,N,Schwf	
Irling – Gebirgsstelze	Buff	Nach Schwenckfeld.
Irlink – Feldlerche	Scha	
Irspecht – Grünspecht	Do,F	
Is-Stormfugl (dän.) – Eissturmvogel	H	
Isabell-Lerche – Kurzzehenlerche	N	
Isabellfarbiger Läufer – Rennvogel	CLB2,3,N	KNB
Isabellfarbiger Steinschmätzer – Isabellsteinschmätzer	H	
Isabellfarbiger Würger – Isabellwürger	H	
Isabelllerche – Kurzzehenlerche	F,H	
Isand (norw.) – Eisente	H	
Îsanuogal – Eisvogel	Suol	
Îsarn – Eisvogel	Suol	
Ischvogel – Eisvogel	F,H	
Iseken – Bluthänfling	Häp	
Isen-Ent – Gänsesäger	Suol	

Isenbart – Eisvogel	Suol
Îsenfogel – Eisvogel	Suol
Îsengart – Eisvogel	Suol
Îsengrîn – Eisvogel	Suol
Isenpart – Eisvogel	Suol
Isent, grôssi – Gänsesäger	Suol
Isentle – Zwergsäger	GesS
Isenvogel – Eisvogel	Do,F
Iserken – Bluthänfling	Bri,Häp
Iserling – Heckenbraunelle	Suol
Isfugl (dän.) – Wasseramsel	H
Iskletterke – Schneeammer	Bri
Isländer – Gerfalke	Be2,Be,N
Isländer – Habicht	Be2
Isländer – Sperber (weibl.)	Be1,Be2,Be,N
Isländer Ente – Eisente	N
Isländer-Ente – Eisente	GD
Isländerente – Eisente	Be2,Be,Buff
Isländisch Neg'nmürer – Raubwürger	H
Isländische Bergmoorente – Bergente	CLB3,N
Isländische Blässengans – Bläßgans	N
Isländische Eiderente – Eiderente	CLB3
Isländische Eisschellente – Eisente	CLB3,N
Isländische Ente – Eisente	Do,F
Isländische Ente – Spatelente	N,O3
Isländische Ente – Spießente	Buff,GD
Isländische Kragentauchente – Kragenente	CLB2,N	KNB
Isländische Mauser – Rauhfußbussard	JAN
Isländische Meve – Dreizehenmöwe	Be1,Be2,Be,Buff,GD
Isländische Mewe – Dreizehenmöwe	Krü
Isländische Möve – Dreizehenmöwe	N
Isländische Schellente – Spatelente	N
Isländische Spießente – Eisente	Be2,Be,Buff,GD,K,N
Isländische Spießente mit langem Schwanze – Eisente	Buff
Isländische Stockente – Stockente	CLB3
Isländische weiße Eule – Schnee-Eule	Be1,Be2,Be,N
Isländischer Alk – Tordalk	CLB3
Isländischer Brachvogel – Regenbrachvogel	CLB3
Isländischer Edelfalke – Gerfalke	CLB3
Isländischer Eistaucher – Eistaucher	CLB3,N
Isländischer Falke – Gerfalke	Be2,Be,Be05,CLB2,3,Hp,Krü,MW,… …N,O2,V,WüCl	KNB
Isländischer Gänsesäger – Gänsesäger	CLB3
Isländischer Geierfalke – Gerfalke (Var.)	Be1,Be2,Buff,GD,N	Buff,GD: Geyerfalke
Isländischer Mauser – Rauhfußbussard	N
Isländischer nordischer Steißfuß – Ohrentaucher	CLB3

Isländischer Schwan – Singschwan	F,O3	
Isländischer Seeadler – Seeadler	CLB3	
Isländischer Seetaucher – Eistaucher	Do,F	
Isländischer Singschwan – Singschwan	CLB3,N	
Isländischer Strandläufer – Knutt	Bri,CLB1,2,3,F,N,O3,WüCl...	
	... C. L. Brehm 1822.	KNB
Isländischer Strandläufer –	Be2	
Meerstrandläufer (Var.)		
Isländischer Strandläufer –	Be2	
Sichelstrandläufer		
Isländischer Sumpfläufer – Uferschnepfe	CLB3	
Isländisches Schneehuhn –	CLB2,O2,3,V	KNB
Alpenschneehuhn		
Isländisches Schneehuhn – Schneehuhn	Krü	
Islands strandvibe (norw.) – Knutt	H	
Islandsche Spies-Endte – Eisente	Suol	
Islandsk Strandlöber (dän.) – Knutt	H	
Isländsk strandvipa (schwed.) – Knutt	H	
Islendische Ent – Papageitaucher	zLa	
Isperle – Wiesenpieper	Be2,F,N	
Isperling – Baumpieper	Be97,F	
Isperling – Wiesenpieper	Be2,Be,F,N	
Isserling – Heckenbraunelle	B,Be2,Be97,CLB2,F,N,O1,Scha,V	KNB
Isserling – Wiesen- und Baumpieper	Be1	
Isserling – Wiesenpieper	Be2,Be,N	
Isskubb (helgol.) – Eismöwe	H	
Isskubb, lütj (helgol.) – Polarmöwe	H	
Ißländische Falke – Gerfalke (Var.)	GD	
Ißländische weiße Eule – Schnee-Eule	GD	
Ißländischer Falke, weißer – Gerfalke (Var.)	GD	
Ißperling – Baumpieper	GD	
Ißtvögelein – Wiesenpieper	Do,F	
Isterling – Wiesenpieper	Do,F	
Istvögelein (sächs.) – Wiesenpieper	H,Jä	Nach der Stimme, s. Hister.
Isvagel – Eisvogel	Do,F,WüCl	
Italiänische – Mohrenlerche	GD	
	... Name ok, GD – Bd. 5–1, 52.	Buffon: la Girole.
Italiänische Grasmücke –	Be2,Be,N	
Gartengrasmücke		
Italiänische Nachtigall – Blaukehlchen	Be1,Be2,Be,N	
Italiänischer Bracher – Sichler	Buff	
Italiänischer Canarienvogel –	Be2,Be	
Zitronenzeisig + Girlitz		
Italiänischer Heher – Tannenhäher	Fri	
Italiänischer Holtzschreyer – Tannenhäher	Fri	
Italiänischer Kanarienvogel – Girlitz	Be1,N,O1	Naum.: Canarienvogel.
Italiänischer Kanarienvogel –	Buff	
Zitronenzeisig		

Italiänischer Kourier – Steinwälzer, künstl.verändert	Be1	Steinwälzer mit Säbelschnäbler-Beinen.
Italiänischer Kourier – Triel	Be2	
Italiänischer Kurrier – Steinwälzer, künstl.verändert	Be1	Steinwälzer mit Säbelschnäbler-Beinen.
Italiänischer Sperling – Italiensperling	O2	
Italiänischer Sperling – Italiensperling	Buff	
Italiänischer Turmfalke – Rötelfalke	N	
Italiänischer Vogel – Tannenhäher	Be2	
Italiänischer Würger – Schwarzstirnwürger	Be2,Be	
Italiänisches Rebhuhn – Rothuhn	Be1,Be,Be97	
Italiänisches Rebhuhn – Steinhuhn	Be2,Be,Buff	
Italiänisches Rothuhn – Rothuhn	Be2	
Italienische Ammerlerche – Kurzzehenlerche	CLB3	
Italienische Drossel – Blaumerle	N	„Italienische" ist hier richtig.
Italienischer Canarienvogel – Zitronenzeisig	N	„Italienischer" ist hier richtig.
Italienischer Dorndreher – Schwarzstirnwürger	Do,F	
Italienischer gelber Zeisig – Zitronenzeisig	Krü	
Italienischer Heuschreckensänger – Rohrschwirl	F,N	N: Bd. 13/474.
Italienischer Kanarienvogel – Girlitz	F	
Italienischer Kanarienvogel – Zitronenzeisig	F,N	
Italienischer Sperling – Haussperling (Var.)	Krü	
Italienischer Sperling – Italiensperling	CLB2	KNB
Italienischer Vogel – Tannenhäher	N	
Italienischer Würger – Schwarzstirnwürger	N,V	
Italienisches Rebhuhn – Steinhuhn	N	
Italienisches Rothuhn – Rothuhn	N	
Iwolga(russ.) – Pirol	Buff	
Iwwerch – Weißstorch	Suol	
Iwwerich – Weißstorch	Suol	
Ixel (schles.) – Teichrohrsänger	F,H	
Ixlein (schles.) – Gelbspötter	F,H	
Ixlin – Gebirgsstelze	Be	
Ixlin – Gelbspötter	Suol	
Jäck – Eichelhäher	Buff,F,GesH,N,O1,2,zLa	Von Gessner 1555.
Jack – Eichelhäher	Suol	
Jacke – Dohle	Ad	
Jäcke – Eichelhäher	Suol	
Jäckel – Eichelhäher	Be2,Be,N,Suol	
Jacker – Wacholderdrossel	Bri	
Jacob – Dohle	H	
Jacobifink – Buchfink, zuchtspezif. Name	Be97	

Jacobin – Alpensegler	Buff	In Savoyen.
Jacobinertaube – Haus-/Felsentaube	GD	Zu Rasse Haubentaube.
Jadeker – Haussperling	Suol	
Jadekerchen – Klappergrasmücke	Suol	
Jadreka – Uferschnepfe	Be2,GD,O1	
Jaeck – Eichelhäher	GesS	
Jaerpe (dän., norw.) – Haselhuhn	H	
Jagdadler – Habicht	Be2	
Jagdadler, gemeiner – Mäusebussard	Be2	
Jagdfalk – Gerfalke	B	
Jagdfalk, europäischer – Gerfalke	H	
Jagdfalk, norwegischer – Gerfalke	H	
Jagdfalk, skandinavischer – Gerfalke	H	
Jagdfalke – Gerfalke	CLB2,3,N,O3,WüCl	KNB
Jagdfasan – Fasan	F	
Jagelsk – Feldsperling	Do,F	
Jägg – Eichelhäher	H	
Jäk – Eichelhäher	Hp	
Jâk – Rotdrossel	Suol	Deutung des Naturlautes.
Jâkchen – Klappergrasmücke	Suol	
Jake – Dohle	Krü	
Jakel – Bergfink	Suol	
Jakob – Star	F	
Jakob, duller – Dohle	F	
Jakobinertaube – Haustaubenrasse	Buff	
Jakster – Elster	Bri	
Jäkster – Elster	Suol	
Jammervogel – Wendehals	Do,F	
Jan van Gent – Baßtölpel	Gun,Suol	
Jan von gent – Sterntaucher	Häp	
Jan von Gent (dän., holl., norw., schwed.) – Baßtölpel	Bri,H	
Jan, korten – Zaunkönig	Bri,Häp	
Jan, Tuun korten – Zaunkönig	Häp	
Jängster – Elster	F,H	
Janisch – Truthuhn	Suol	
Janischhuhn – Truthuhn	Suol	
Jantünker – Zaunkönig	Bri	
Japanese Knot (engl.) – Großer Knutt	H	
Japanischer Kanut-Strandläufer – Großer Knutt	H	
Jardreka – Uferschnepfe	Be,Buff	
Jarpe – Haselhuhn	Be	
Jârsvitj – Lappentaucher (allg.)	Suol	
Jarzel – Haushuhn (weibl.)	Suol	
Jauer – Eisente	Bri	
Jay (engl.) – Eichelhäher	Tu	
Jcawetz – Bergfink	Be	
Jean-le-blanc – Kornweihe	Buff	

Jeck – Eichelhäher	N	
Jeeljaus – Goldammer	Scha	
Jeizert – Drosselrohrsänger	Suol	
Jelper – Säbelschnäbler	O1	
Jelper, gemeiner – Stelzenläufer	O1	
Jerpe – Haselhuhn	Be1,Be2,GD,N,O1	
Jerusalemisches Huhn – Helmperlhuhn	Krü	
Jessel – Gans (juv.)	Suol	
Jickerlein – Brachpieper	Do,F	
Jipjäppchen – Braunkehlchen	Suol	
Jipper (Hann.) – Haussperling	Bri,Do	
Jo (norw.) – Spatelraubmöve	H	
Jo Bonde – Schmarotzerraubmöve	Gun	Schmeichelname: Ja Bauer.
Jo-Dieb – Schmarotzerraubmöve	Cz	
Jo-Fugl (norw.) – Schmarotzerraubmöve	Buff,GD	
Jo-Tyv (norw.) – Schmarotzerraubmöve	Buff	
Jochbrantel – Hausrotschwanz	Do,F	
Jochdollerer (tir.) – Alpenbraunelle	F	
Jochen – Haussperling	Do,F	
Jochen, groht – Zaunkönig (nieders.)	Be1,Be2,Be,Be97,Buff,N	
Jochen, grot – Fischadler	F	
Jochen, grot – Zaunkönig	Suol	
Jochgeier – Bartgeier	Ad,B,Be2,Be,CLB2,3,F,Jä,N,Suol,V	KNB
Jochimcken – Steinkauz	Suol	
Jochköppl – Ringdrossel	Do,F	
Jochrabe – Kolkrabe	F,H,Suol	
Jochsliper – Alpenbraunelle	Suol	
Jockel – Bergfink	Suol	
Jöd – Seeregenpfeifer	Bri	
Jodek – Braunkehlchen	Suol	
Jodieb – Schmarotzerraubmöve	F,N	
Joen, diebische – Schmarotzerraubmöve	Gun	
Joen, finnmärckscher – Schmarotzerraubmöve	Gun	Männlich?, Variation?
Joen (lappl.) – Schmarotzerraubmöve	Buff	
Joggel – Bergfink	Suol	
Johan – Schmarotzerraubmöve	Buff	
Johann – Schmarotzerraubmöve	N	
Johanndriest – Haussperling	Do,F	
Jopfsfink – Buchfink, zuchtspezif. Name	Be97	
Josor – Seeadler	F,H	
Jücher – Schellente	Buff	Greifswälder Fischer.
Juchetzäugel – Uhu	Suol	
Juchetzäugle – Kauz (allg.)	Suol	
Juchetzerl – Kauz (allg.)	Suol	
Juchetzerl – Uhu	Suol	
Juckvogel – Ortolan	Be97	
Jud – Haussperling	Suol	

Jude – Sperling	Suol	Schimpfwort
Juhlgutt, swart (helgol.) – Dunkler Wasserläufer	F,H	
Juhlgutt, witt – Grünschenkel	F	
Jûliut – Grünschenkel	Suol	
Junco der Alten – Drosselrohrsänger	Buff	
Jungfer aus Numidien – Jungfernkranich	V	
Jungfer Lieschen – Gelbspötter	Do,F	
Jungfer von Numidien – Jungfernkranich	Buff	
Jungfer, numidische – Jungfernkranich	Buff,CLB2,Krü,N,O1	
Jungfermeise – Blaumeise	B,Be1,Be2,Be,Hp,N	
Jungfern-Kranich – Jungfernkranich	N	
Jungfernkranich – Jungfernkranich	B,CLB2,MW,O3	KNB
Jungfernmeise – Blaumeise	Be97,Buff,F,GD,Krü	
Junghenn – Haushuhn (juv.)	Suol	
Junke – Sumpf-/Weidenmeise	Buff,GD	Nach Aristoteles. Buff. Bd. 17.
Junker – Sumpf-/Weidenmeise	Buff	Nach Aristoteles
Junker Bülow – Pirol	Suol	
Junovogel – Pfau	Be1,Be2	
Jupiterfink- Stieglitz	Do	
Jupiters, Vogel – Steinadler	Be2,Be	
Jupitersfink – Stieglitz	B,Be1,Be2,Be,Be97,Buff,F,GD,Hp,Krü,N	
Jutvogel – Großer Brachvogel	Be2,N	
Jütvogel – Großer Brachvogel	Be2,F,GD,N,O1,Scha,Suol	
Jutvogel – Ortolan	B,Be1,Be2,Be,F,N	
Jütvogel – Regenbrachvogel	B,Be2,N	
Jütvogel – Sichler	GD	
Jütvogel, kleiner – Regenbrachvogel	GD	
Jutzerl – Kauz (allg.)	Suol	
Jutzerl – Uhu	Suol	
Jutzeule – Kauz (allg.)	Suol	
Jutzeule – Uhu	Suol	
Ka (engl.) – Dohle	Tu	
Kaa (dän., norw.) – Dohle	H	
Kaaën – Dohle	Häp	
Kaaks – Dohle	Do,F	
Kaarnbicker – Kernbeißer	Be1,Be2,Be,N	
Kaathan – Wiedehopf	GesH	
Kaathane – Wiedehopf	Suol	
Kaatmeißle – Sumpfmeise	Buff,Suol	
Kab – Eismöwe	Häp	
Kabel (fries) – Lachmöwe	GesH	
Kabeltaucher, großer – Haubentaucher	Krü	
Kächli – Alpendohle	Suol	
Käckerätze – Elster	F,H,Jä	
Käckeretze – Elster	Do	

Kackhahn (holl.) – Wiedehopf	Ad	
Kaddigheister – Neuntöter und Würger (allg.)	Suol	
Käder (schwed.) – Auerhuhn	Ad,O1	
Kadül – Waldkauz	Suol	
Kae – Dohle	Ad,Krü	
Kaeferentle – Zwergtaucher	GesS	
Kaeje – Dohle	Suol	
Kaeje – Elster	Suol	
Kaeke – Elster	Suol	
Kæsemêse – Blaumeise	Suol	
Kæsemêseke – Blaumeise	Suol	
Käfer Endtle – Zwergtaucher	Schwf	
Käfer-Endte – Zwergtaucher	K	
Käfer-Entlein – Zwergtaucher	GesH	
Käferentchen – Zwergtaucher	B,Be1,Be2,Be,F,GD,Krü,N	
Käferente – Ohrentaucher	Be2,Be,GD	
Käferente – Schwarzhalstaucher	Be,H,N	
Käferente – Zwergtaucher	Ad,K,O1	
Käferentle – Schwarzhalstaucher	Do,F	
Käferentle – Zwergtaucher	Suol	
Käferfresser – Neuntöter	F,H,Jä	
Kaffeeadler – Schreiadler	Do,F	
Kaffke – Dohle	Do,F	
Kafke – Dohle	Scha	
Kägersch – Elster	H,Jä,Suol	
Kagolka – Bergente	O1	
Kagolka – Pfeifente	Buff	Buff/Otto, Bd. 33 S. 264.
Kahjuhr-Vogel – Gryllteiste	GD,N	
Kahjuhrvogel – Gryllteiste	Be2	
Kahler Rabe – Kormoran	Buff	
Kahlfüßiger Uhu – Uhu	Buff	Var. Aldrovandi.
Kahlkäutze – Käuze	O1	
Kahlkopf – Gänsegeier	Do	
Kahlkopf – Mönchsgeier	Be2,Be97,F,N	Müller 1773.
Kahlrabe – Kormoran	Be2,Buff	
Kaike – Dohle	Ad,B	
Kaine (krain.) – Mäusebussard	Be1,Be97	
Kairische Ente – Moschusente	Be1,Be2	
Kaiseradler – Kaiseradler	B,H	
Kaiseradler – Steinadler	CLB2,V	KNB
Kaiserlicher Adler – Kaiseradler	N	
Kaiserschnepfe – Großer Brachvogel	F,H	
Kaiserschneppe – Uferschnepfe	Scha	
Kaiservogel – Pirol	F,H	
Kajack – Dohle	F,Krü	
Kajak – Dohle	Do	
Kaje (norw.) – Dohle	H	
Kajok (grönl.) – Knutt	H	Name (noch um 1800) in Grönland.

Kajuhrvogel – Gryllteiste	Do,F	
Kakadu, deutscher – Wiedehopf	F,H	
Kake – Kolkrabe	Suol	
Kakelsnuut – Eichelhäher	Häp	
Käkelsnuut – Eichelhäher	Häp	
Kaken – Dohle	Schwf	
Käkersch – Elster	Do,F	
Kakkrei – Dohle	Häp	
Kakkreie – Dohle	Ad	
Käkler – Bergfink	N	
Kalakutischer Hahn – Truthuhn	Buff	
Kalander – Heidelerche	Pescheck	Name bekannt seit 13. Jahrh.
Kalander – Kalanderlerche	Buff,GesSH,Häp	
Kalander-Lerche – Kalanderlerche	N	
Kalanderammerlerche, große – Kalanderlerche	CLB3	
Kalanderammerlerche, kleine – Kalanderlerche	CLB3	
Kalanderlerche – Haubenlerche	Buff	
Kalanderlerche – Kalanderlerche	B,Buff,CLB2,3,GD,Krü,MW,O1	KNB
Kalandra – Kalanderlerche	GesS	
Kalandra Lerche – Kalanderlerche	K	
Kalandralerche – Kalanderlerche	Buff	
Kalandrelle – Kurzzehenlerche	B,F	
Kalekut, gemeiner – Truthuhn	Be1,Be2,Buff	
Kalekuter – Truthuhn	Be1,Be2,GD,K,Krü	Frisch T. 122.
Kalekutischer Hahn – Truthuhn	Be1,Be2,Buff,GD,K,Krü,Suol	
Kalekutischer Han – Truthuhn	GesH	
Kalekutisches Huhn – Truthuhn	Buff,K	
Kalekutschhuhn – Truthuhn	Suol	
Kalekuttisch Hun – Truthuhn	GesS	
Kalekuttisches Hun – Truthuhn	Suol	
Kalfater – Ziegenmelker	Be2,F,GD,Krü,N	
Kalier – Rotschenkel	H	
Kalkaun – Truthuhn	GD,Suol	
Kalkon – Truthuhn	Buff	
Kalkuhn – Truthuhn	Ad	
Kalkun – Truthuhn	Ad,Be1,Be2,Buff,Häp,K	Frisch T. 122.
Kalkunsche Hahn – Truthuhn	Häp	
Kalkut – Truthuhn	Ad	
Kalkuter – Truthuhn	O1	
Kalle – Wachtel	Pescheck	13. Jahrh., nach frz. la caille.
Kalle – Wachtelkönig	Hp	
Kallingak (grönl.) – Papageitaucher	Cz	
Kalmuck (ungar.) – Haushuhn (männl.)	Ad	
Kalotchenfalck – Merlin	K	
Kalotchenfalk – Merlin	Buff	
Kâlredchen – Rotkehlchen	Suol	Thüringen
Kâlredchen – Wasseramsel	Suol	

Kalummer – Kanarienvogel	Suol	
Kalummer-Vauhl – Kanarienvogel	Suol	
Kameinebotzert – Rauchschwalbe	Suol	Schornsteinfeger
Kaminbutzel – Gartenrotschwanz	Suol	
Kamm-Ente, moscowitische – Moschusente	GD	
Kammbläßhuhn – Kammbläßhuhn	B	
Kammente, Moskowitische – Moschusente	Be2	
Kammhuhn, gemeines – Haushuhn	Be2	
Kammige kriechende Straußente – Reiherente	Be2,Be	
Kammige Straußente – Reiherente	N	
Kammlerche – Haubenlerche	B,Be2,Be,Buff,F,N	
Kammreiher – Graureiher	Do,F,GD,Krü	
Kammreiher, großer – Graureiher	Be1,Be2,Be,N	
Kampf-Hänlein – Kampfläufer	K,Suol	
Kämpfender Strandläufer – Kampfläufer	Be2,Be,Krü,N	Bechstein 1803.
Kämpfer – Kampfläufer	Be2,N	
Kampfhaehnlein – Kampfläufer	Fri	
Kampfhahn – Kampfläufer	Ad,B,Be1,Be2,Be97,CLB1,2,F,Krü,O1,Scha,V…	
	… Bechstein 1791/95	KNB
Kampfhahn – Kampfläufer	Buff,GD,N	
Kampfhahn, gemeiner – Kampfläufer	O2	
Kampfhähnchen – Kampfläufer	Ad,Krü	
Kampfhähnlein – Kampfläufer	Buff,K	
Kampfhun – Kampfläufer	Suol	
Kampfläufer – Kampfläufer	B,Krü	Naumann 1834. KN
Kampfläufer, vielfarbiger – Kampfläufer	N	
Kampfschnepfe – Kampfläufer	F,V	
Kampfstrandläufer – Kampfläufer	Be2,CLB1,2,N,O3	KNB
Kampfstrandläufer, hochköpfiger – Kampfläufer	CLB3	
Kampfstrandläufer, plattköpfiger – Kampfläufer	CLB3	
Kampfstrandläufer, westlicher – Kampfläufer	CLB3	
Kamtschatka-Ente – Scheckente	N	
Kamtschatkaische Meerschwalbe – Brandseeschwalbe	Be2,Be,N	
Kamtschatkasche Meerschwalbe – Trauerseeschwalbe	GD	Bei Pennant …
Kamtschatkische Meerschwalbe – Trauerseeschwalbe	Buff	
Kanabit – Wacholderdrossel	Do	
Kanadenser Gans – Kanadagans	Buff	
Kanadensergans – Kanadagans	K	
Kanadensischer Krappenfresser – Kiefernkreuzschnabel	GD	
Kanadische Gans – Kanadagans	B	

Kanâlfôkl – Kanarengirlitz	Suol	
Kanali – Kanarengirlitz	Suol	
Kanâljen – Kanarengirlitz	Suol	
Kanaljenvogel – Kanarengirlitz	Suol	
Kanalljenvâgel – Kanarengirlitz	Häp	
Kanânefæjele – Kanarengirlitz	Suol	
Kanari – Kanarengirlitz	Suol	
Kanaria (weibl.) – Kanarengirlitz	Do	
Kanarienfink – Kanarengirlitz	Be1	
Kanariensperling – Kanarengirlitz	Buff,GD	
Kanarienvogel – Kanarengirlitz	GD,GesS, O1,V	
Kanarienvogel, deutscher – Baumpieper	F	
Kanarienvogel, grüner – Girlitz	Buff	
Kanarienvogel, italiänischer – Girlitz	Be1,N,O1	Naum.: Canarienvogel.
Kanarienvogel, italiänischer – Zitronengirlitz	Buff	
Kanarienvogel, italienischer – Girlitz	F	
Kanarienvogel, italienischer – Zitronenzeisig	F	
Kanarienvogel, wilder – Baumpieper	F	
Kanarienvogel, wilder – Kanarengirlitz	B	
Kanarienzeischen – Girlitz	Be1,Buff	
Kanarienzeisig – Girlitz	Do,F	
Kanario (männl.) – Kanarengirlitz	Do	
Kanarischer Sperling – Kanarengirlitz	Buff,GD	
Kanel – Krickente	GD	
Kanelk (helgol.) – Meerstrandläufer	F,H	
Kaninchenente – Brandgans	Buff	Im Englischen.
Kanoet-Strandlooper (holl.) – Knutt	H	
Kanut – Knutt	WüCl	
Kanut-Strandläufer, japanischer – Großer Knutt	H	
Kanutje – Bluthänfling	Häp	
Kanuts Strandläufer – Knutt	Be	Bechstein 1803.
Kanutsstrandläufer – Knutt	Be2,CLB1,2	KNB
Kanutsstrandvogel – Bruchwasserläufer	JAN	Fehler?
Kanutsstrandvogel – Knutt	Be1,Be2,Be	
Kanutstrandvogel – Knutt	GD	
Kanutsvogel – Knutt	B,Be1,Be2,Buff,F,GD,N,O1	
Kanutvogel – Knutt	GD	
Kapaun – Haushuhn	Buff	
Kapellenmeschter – Gelbspötter	Suol	
Kaphahn – Haushuhn	Buff	Bedeutet Kapaun.
Kappen-Ammer – Kappenammer	N	
Kappenammer – Kappenammer	B	
Kappenammer – Kappenammer	Buff	
Kappennonne – Haus-/Felsentaube	Buff,GD	Zu Rasse Haubentaube.
Kappenriegerlein – Sandregenpfeifer	Be97	
Kappentaucher – Haubentaucher	B,F,N	

Kapper (helgol.) – Braunkehlchen	H	
Kapper, swart hoaded (helgol.) – Schwarzkehlchen	H	
Kapperhaantje – Kampfläufer	Bri	
Kappershaantje – Kampfläufer (männl.)	Häp	
Kappeule – Waldohreule	B	
Kapphahn – Haushuhn	Do	
Kappiger Taucher – Haubentaucher	Buff	
Kapplerche – Haubenlerche	Suol	
Kapschaf – Wanderalbatros	H	
Kaptaube – Kapsturmvogel	H	
Kapuun – Haushuhn (männl., kastr.)	Häp	
Kapuzenmöve – Aztekenmöve	H	
Kapuzinermöve – Lachmöve	CLB1,2,3,N,O3	KNB
Kapuzinermöve – Schwarzkopfmöwe	B	
Kar – Dohle	Häp	
Karachel – Saatkrähe	Be2,F,H	
Karaechel – Saatkrähe	Be1	
Karak – Saatkrähe	Ad	
Karakas – Ringelgans	Do,F	
Karbellerche – Heidelerche	Do,F	
Kardinal – Bienenfresser	Buff,F	Auf Malta.
Kardinälchen – Mönchsgrasmücke	B,Be1,Be,Buff,F,GD,N	
Kardinali – Kanarienvogel	Suol	
Kardinalvogel – Kanarienvogel	Suol	
Kardinarienvogel – Kanarienvogel	Suol	
Karechel – Saatkrähe	Ad,B,Be97,Be,Buff,F,GD,K,Krü,N,O1,Suol… … Frisch Tafel 64 und Albin Band II, 22.	
Kareck – Saatkrähe	JAN,N	
Kareichel – Saatkrähe	Suol	
Kareikel – Saatkrähe	Suol	
Karekiet, groote (holl.) – Drosselrohrsänger	H	
Karethel – Saatkrähe	Ad	
Kariffer – Gänsesäger	Be1,Be2,Be,F,GD,N,O1	
Karke – Dohle	Häp	
Karkeliter – Eisente	Do,F	
Karkfinf – Feldsperling	Do,F	
Karkfink (helgol.) – Haussperling	H	
Karkfink, ingelsk (helgol.) – Feldsperling	H	
Karlkiek – Drosselrohrsänger	Do,F	
Karlsruher Ammer – Ortolan (juv)?, Zaunammer (weibl.)?	GD	
Karlsvogel – Blaukehlchen	F	
Karmelitertaube – Felsentaube/ Haustaubenrasse	Buff,O1	
Karmin-Gimpel – Karmingimpel	N	
Karminente – Kolbenente	B,Be2,Be,Buff,Krü,N	
Karminfink – Karmingimpel	Do,F	

Karmingimpel – Karmingimpel	B	Naumann 1824.	KN.
Karmingimpel, rotstirniger – Karmingimpel	CLB3		
Karmingimpel, weißstirniger – Karmingimpel	CLB3		
Karminhänfling – Birkenzeisig	Be1,Be2,Be,F,GD,Hp,Krü,N		
Karminhänfling – Bluthänfling	Be1,Be,Buff,GD		
Karminhänfling – Karmingimpel	B,F,N		
Karminhänfling, kleiner – Birkenzeisig	Be2,Buff,GD,N,Suol		
Karminköpfiger Fink – Karmingimpel	MW,N		
Karminosiniroter Hänfling – Birkenzeisig	Buff		
Karminpelikan – Rosaflamingo	Buff,GD		
Karminrother Gimpel – Karmingimpel	CLB1,2		KNB
Karminspecht – Mauerläufer	Do,F		
Karmoisinroter Fink – Karmingimpel	CLB2		
Karmoisinrother Gimpel – Karmingimpel	CLB1,2		KNB
Karmoisinroter Hänfling – Birkenzeisig	GD		
Karnarivogel – Kanarienvogel	Suol		
Karnbieter – Kernbeißer	Do,F,WüCl		
Karnel – Krickente	Be1,Be2,Be,H		
Karnell – Krickente	Be97		
Karnellchen – Krickente	H		
Karnelle – Knäkente	Ad,Krü,Suol		
Karnelle – Krickente	Ad		
Karnellen – Krickente	Be1		
Kärnknacker – Kernbeißer	Bri		
Kärntnerfink – Bergfink	Do,F		
Karnull – Knäkente	Suol		
Karnütje – Bluthänfling	Häp		
Karock – Saatkrähe	Be1,Buff		
Karok – Nebelkrähe	Scha		
Karok – Raben-/Nebelkrähe	Häp		
Karok (pomm.) – Saatkrähe	Krü,Suol		
Karolinenente – Brautente	B,H		
Karpenadler – Fischadler	F		
Karpfenheber – Fischadler	F,H		
Karpfenschläger – Fischadler	Do,F		
Karrakarrakîkîk – Drosselrohrsänger	Suol		
Karrakiet – Drosselrohrsänger	Suol		
Karrekiek – Drosselrohrsänger	Do,F		
Karsaak (grönl.) – Sterntaucher	Cz	Cranz 112.	Naum./Henn. 12, 139.
Karsaka, mittle – Weißwangengans	O1		
Karschafugl – Pirol	Do		
Karschavugl – Pirol	F,H		
Karsvagel – Pirol	Bri,Häp		= Kirschvogel
Karsvogel – Pirol	Suol		
Kartschhuhn – Truthuhn	Suol		
Kasak – Kolkrabe	F		
Kasarka – Rostgans	Buff		Von Linné fälschlich.

Kasarka – Weißwangengans	Buff...	
	... Kasarka: Für Pallas auch Zwerg- u. Bläßgans.	
Kasarka (russ.) – Ringelgans	H	
Kasarka (russ.) – Rostgans	B,Be,N	
Kasarka (russ.) – Rothalsgans	Be2,Be,Krü,N	
Kasarka (russ.) – Weißwangengans	Be2,N	
Kasarka, gemeine rotfüßige – Weißwangengans	Buff	
Käsemeischen – Blaumeise	Buff,K,Suol	Frisch T. 14.
Käsemeise – Blaumeise	Ad,Be1,Be2,Be,GD,Krü,N	
Käsmeise – Blaumeise	Do,F	
Kasnosobaja kasarca (russ.) – Rothalsgans	H	
Kaspar, grauer – Wachtelkönig	F	
Kaspar, schwarzer – Wachtelkönig	Be2	
Kasper – Wasserralle	Do,F	
Kasper, grauer – Wachtelkönig	N	
Kasper, schwarzer – Wachtelkönig	N	
Kasper, schwarzer – Wasserralle	N	
Käspernbicker – Kernbeißer	Bri	
Kaspische Meerschwalbe – Raubseeschwalbe	Be1,Be2,Be97,Buff,Krü,N,O3	
Kaspische Raubseeschwalbe – Raubseeschwalbe	N	
Kaspische Seeschwalbe – Raubseeschwalbe	CLB1,2,N	KNB
Kaspischer Purpurreiher – Purpurreiher	CLB3	
Kaspischer Schwan – Höckerschwan	Do	
Kasseberfinck – Kernbeißer	Suol	
Kaßfinke – Ortolan	Do,F	
Kastanienbrauner Strandläufer – Waldwasserläufer	Be2	
Kastanienbrauner Brachvogel – Sichler	Be,N	
Kastanienbrauner Reiher – Nachtreiher (juv.)	GD	Ardea badia.
Kastanienbrauner Reiher – Rallenreiher	Be2,Be,Krü,N	N: fraglich.
Kastanienbrauner Rohrsänger – Mariskensänger	N	N: Bd. 13/456.
Kastanienbrauner Sichelschnäbler – Kranich	Be1	
Kastanienbrauner Strandläufer – Waldwasserläufer	Be,Fri,Krü,N	
Kastanienbrauner Taucher – Gänsesäger (weibl. u. juv.)	Be2,Be,Buff,N	
Kastanienbrauner weißpunktirter ... ... Strandläufer – ... ... Wald-(Bruch)wasserläufer	Buff,GD	Tringa ochropus.
Kastanienfarbiger Krabbenfresser – Rallenreiher	Buff	
Kastanienhals – Rothalstaucher	F	

Kastanienhälsiger Taucher mit schwarzer ...	Be1,Be2,Be	
... Wirbelplatte und kurz abgestutztem ...		
... Schopfe – Rothalstaucher		
Kastanienhalsiger Taucher mit schwarzer ...	N	
... Wirbelplatte und kurz abgestutztem ...		
... Schopfe – Rothalstaucher		
Kastaniensteißfuß – Zwergtaucher	N	
Kastanientaucher – Zwergtaucher	Be2,Buff,F,Krü	
Kasteen – Flußseeschwalbe	F,H	
Kastrel(engl.) – Turmfalke	Tu	
Kaszarka, kleine – Rothhalsgans	GD	
Kaszarka, mittlere – Weißwangengans	MW	
Kat Meis – Sumpfmeise	zLa	
Kat-Ünger (helgol.) – Sperbergrasmücke	H	Bedeutung: Katzengrasmücke.
Katel – Rotkehlchen	Do,F	
Kathaan – Wiedehopf	GesS,H,Suol	
Kathan – Wiedehopf	Suol	
Katsch (pomm.) – Tafelente	Do	
Kätschbecassine – Bekassine	Be	
Kätsche – Ente allg.	Krü	
Katschhuhn – Truthuhn	Ad	
Kätschnepfe – Bekassine	Be2,CLB2,N	
Kätschneppe – Bekassine	Be	
Kätschrötele – Hausrotschwanz	GesS,zLa	
Kätschrötele – Rotkehlchen	Suol	
Kätschrötelein – Rotkehlchen	GesH	
Kätschschnepfe – Bekassine	Be2,F,Krü,N	KNB
Katt Maise – Sumpfmeise	zLa	Bedeutet kotmaiß bei H. Sachs 1531.
Kattuhl – Schleiereule	F,H	
Kattuhl – Steinkauz, Eulen allg.	Bri	
Kattuhl – Waldkauz	Do,F	
Kattuhl, grote – Waldkauz	H	
Kattünjer, grot – Dorngrasmücke	Suol	
Kattuul – Eule	Häp	
Kattvâgel – Eule	Häp	
Katûl – Waldkauz	Suol	
Kâtzekapp – Waldkauz	Suol	
Katzenadler – Mäusebussard	Do,F	
Katzenauff – Waldkauz	Suol	
Katzenäugel – Waldkauz	Suol	
Katzendrossel – Katzenvogel	BB	
Katzeneule – Schleiereule	Do,F	
Katzeneule – Waldohreule	B,Be1,Be2,Be,Be97,F,GD,N	
Katzenkopf – Waldohreule	o.Qu.	
Katzenlocker (steierm.) – Rauhfußkauz	F,H	
Katzenvogel – Katzenvogel	B,BB,H	
Katzenweihe – Steppenweihe	Blasius ...	
	... Ornithologische Monatsschrift 1891, 479.	
Katzeule – Waldohreule	GD	

Kauderhahn – Truthuhn	V	
Kaudrassel – Misteldrossel	Suol	
Kaudråssel, swarte – Amsel	Suol	
Kauk – Dohle	F,H,Scha,Suol	
Kauk, groot swart – Saatkrähe	F,H	
Kauke – Dohle	Suol	
Kauken – Dohle	H	
Käuken-Ühl, lütj (helgol.) – Zwergohreule	H	
Kaulkopf – Kiebitzregenpfeifer	Be2,B,F,N	
Kaupe – Saatkrähe	Scha	
Kautkegef – Dreizehenmöwe	Be2,N	
Kautz – Schleiereule	N	
Kautz – Sperbereule	Be2,GD	
Kautz – Steinkauz	GesH,Schwf,V	Hieß kutz im 15. Jahrh.
Kautz – Uhu	GesS,Tu	
Kautz – Waldkauz	G	
Kautz mit Ohren – Zwergohreule	Be2,N	
Kautz, dreifedriger – Sumpfohreule	N	
Kautz, gelber – Sumpfohreule	N	
Kautz, gelber ohne Federhörner – Sumpfohreule	Fri,N	
Kautz, gemeiner – Steinkauz	JAN	
Kautz, großer – Sperbereule	Be1,GD	
Kautz, großer – Steinkauz	Hp	
Kautz, großer – Waldkauz	Be1,O1	Naumann: „Grosser Kautz" … … von Bechstein ist Sumpfohreule.
Kautz, kleiner – Sperlingskauz	Be2,GD,O1	
Kautz, kleiner – Steinkauz	V	
Kautz, kleiner rauchfüßiger – Rauhfußkauz	N	
Kautz, langschwänziger – Rauhfußkauz	JAN	
Kautz, lappländischer – Bartkauz	N	N: Bd. 13/180.
Kautz, rauchfüßiger – Rauhfußkauz	N,V	
Kautz, rauhfüßiger – Rauhfußkauz	Be2	
Käutzchen – Sperbereule	Be2	
Käutzchen – Sperlingskauz	Be1,Be2,Hp,Krü	
Käutzchen – Steinkauz	Buff,Krü,N	
Käutzchen ohne Ohren, kleinster – Steinkauz	Buff	
Käutzchen, aschfarbiges – Zwergohreule	Be1,Be2,GD,N	
Käutzchen, gehörntes – Zwergohreule	Be1,Be2,Buff,Krü,N	
Käutzchen, gehörntes aschfärbiges – Zwergohreule	Buff	
Käutzchen, kleines – Sperlingskauz	Be2	
Käutzchen, kleines – Steinkauz	N	
Käutzchen, langschwänziges – Rauhfußkauz	N	
Kautzen (plur.) – Kauz allg.	StVb	
Kautzeule – Schleiereule	Ad,Be1,Buff,GD,Hp,Krü,N	
Kautzeule – Waldohreule	Be2,Krü,N	

Kautzeule, gemeine – Sperlingskauz	Be2	
Kautzeule, gemeine – Steinkauz	N	
Käutzlein – Schleiereule	N	
Käutzlein – Sperbereule	GD	
Käutzlein – Sperlingskauz	GD	
Käutzlein – Steinkauz	Buff,GesS,K,N,Z	Frisch T. 98 + 100, Albin I, 9.
Käutzlein – Waldkauz	Z	
Käutzlein – Waldohreule	Be1,Be2,Buff,Krü	
Käutzlein, frembdes – Zwergohreule	GesH	
Käutzlein, gehörntes – Waldohreule	Be2,N	
Käutzlein, gelbes mit Feder-Hörnern – Waldohreule	Fri	
Käutzlein, kleines – Sperlingskauz	Be2	
Käutzlein, kleines – Steinkauz	N	
Käutzlein, kleines – Zwergohreule	GesH	
Käutzlein, kleinstes ohne Ohren – Steinkauz	Fri	
Käutzlein, welsches – Zwergohreule	GesH	
Kauz – Sperbereule	Be	
Kauz – Steinkauz	Ad	
Kauz mit Ohren – Zwergohreule	Be	
Kauz, gestreifter – Bartkauz	MW	
Kauz, dreifederiger – Sumpfohreule	Be2	
Kauz, gelber – Sumpfohreule	O2	
Kauz, gelber, ohne Federohren – Sumpfohreule	Fri	
Kauz, großer – Sperbereule	Be97,Be05	
Kauz, großköpfiger – Waldkauz	CLB2	KNB
Kauz, kleiner – Sperlingskauz	Be1,Be,Be97,Be05,CLB1,2 Bechstein?	KN
Kauz, kleiner – Steinkauz	CLB2,Krü,MW,N,O2	
Kauz, nordischer – Bartkauz	CLB2	KNB
Kauz, rauchfüßiger – Rauhfußkauz	Be,CLB1,2,O2	KNB
Kauz, rauhfüßiger – Rauhfußkauz	Be,Be05,MW Bechstein?	KN
Kauz, roter – Waldohreule	O2	
Kauz, weißer – Schneeeule	CLB2	
Käuzchen – Sperbereule	Be	
Käuzchen – Sperlingskauz	Be,Be97,Be05	
Käuzchen – Steinkauz	Ad,F	
Käuzchen, aschfarbenes – Zwergohreule	Buff	
Käuzchen, aschfarbiges – Zwergohreule	Be	
Käuzchen, gehörntes – Zwergohreule	Be97,Be05	
Kauzeule – Schleiereule	Ad,Be2,Be	
Kauzeule – Waldohreule	Be,Buff,Krü	
Käuzlein – Schleiereule	Be2,N	
Käuzlein – Steinkauz	Jä	
Käuzlein kleinstes, – Sperlingskauz	MW	Frisch
Käuzlein, gehörntes – Waldohreule	GD	
Kawka (böhm.) – Dohle	Ad	

Käyke – Dohle	Buff	
Kayke – Dohle	Be1,Be2,Be,Be97,F,GesS,N,Suol	
Kayken – Dohle	Ad,Be,Krü	
Kayservogel – Haselhuhn	Hp	
Keatnerle – Sumpfmeise	Suol	
Kechler – Bergfink	Do,F	
Kecker Reiher – Rallenreiher	F,N	
Keckersch – Elster	F,N	
Keferentlein – Zwergtaucher	Fri,zLa	
Kefka – Dohle	Do,F	
Kegler – Bergfink	B,F	
Kehlhaken – Triel	O1	
Kehlhaken – Großer Brachvogel	O1	
Kehlhaken, kleiner – Regenbrachvogel	O1	
Kehlmeise – Sumpf-/Weidenmeise	Be2,F,N	
Kehlrötchen – Rotkehlchen	B,Be1,Be2,Be97,N	
Kehlrötling – Rotkehlchen	Be,F	
Keibgeier – Aasgeier allg.	Ad	
Keibgeier – Bartgeier	Ad	
Keibgeyer – Bartgeier	GesH	
Keibgyr – Bartgeier	Suol	
Keibgyr – Gänsegeier	GesS	Keib = Aas.
Keibrappe – Kolkrappe	Suol	
Keienitz – Fichtenkreuzschnabel	Hp	Heppe 1783.
Keilhaaken – Großer Brachvogel	Be,Be97	
Keilhaaken – Triel	Be2,Be	
Keilhaaken, kleiner – Regenbrachvogel	Be	
Keilhacke – Großer Brachvogel	Ad,Fri,Scha,Suol	
Keilhacke – Regenbrachvogel	Fri	
Keilhacke, kleiner – Regenbrachvogel	Fri	
Keilhacken – Großer Brachvogel	G,Krü	
Keilhacken – Zwergtrappe	G	Auch: Keilkaken.
Keilhake, kleiner – Regenbrachvogel	Be2,Fri	
Keilhaken – Goldregenpfeifer	Do,GD,Krü	
Keilhaken – Großer Brachvogel	B,Be2,F,GD,Hp,O2,N,Suol	
Keilhaken – Triel	N	
Keilhaken, großer – Großer Brachvogel	N	
Keilhaken, kleiner – Pfuhlschnepfe	Be2	
Keilhaken, kleiner – Regenbrachvogel	F,N	
Keilhaken, schwarzer – Sichler	JAN,N	
Keilhaken, türkischer – Sichler	N	
Keilschwanzmöve – Rosenmöve	H	
Keipp-Rapp – Kolkrabe	Suol	
Keivilchen – Braunkehlchen	Suol	
Keklik – Chukarhuhn	GesS	Springer 120.
Kekuschka Ente – Schnatterente	Buff	
Kekuschka-Aente – Schnatterente	Buff	
Kelwitte – Wasseramsel	Suol	D. h. „Kehlweiß", Westfalen.
Kemperkens (belg.) – Kampfläufer	Krü	

Kentische Meerschwalbe – Brandseeschwalbe	Be2,Be,Buff,N	Buffon/Otto Band 31.
Kentische Seeschwalbe – Brandseeschwalbe	Buff,F	Buffon/Otto Band 31.
Keppel – Goldregenpfeifer	Baldn	
Keptuschka – Steppenkiebitz	Buff	Name von Otto eingebracht.
Keptuschke Strandpfeifer – Steppenkiebitz	Buff	Nach Latham, Name von Otto eingebracht.
Kêr – Eichelhäher	Suol	
Kerckentlein – (Krick-/)Knäckente	Fri	
Kerderle – Wasseramsel	GesS	Zürich
Kêre – Eichelhäher	Suol	
Kerenbeißer – Kernbeißer	HaSa,Suol	H. Sachs: Regiment …, V. 130.
Kerfvögel – Spechte, Eisvögel, Eulen, Kuckucke u. a.	O1	
Kerfweihe, schwarzschultrige – Gleitaar	N	N: Bd. 13/129.
Kerkentlein – Knäkente	Buff	
Kerkkaauw (holl.) – Dohle	H	
Kern-Beiß – Kernbeißer	P1	
Kern-Beißer – Kernbeißer	G,Z	
Kernbeiß – Kernbeißer	Be,GesS,H,P,Suol… … „Kernbeißer" verwendet seit 1932.	
Kernbeißer – Kernbeißer	Ad,B,Be1,2,Be,Be05,Buff,CLB2,Fri,GD,GesS,… …H,Hp,Jä,K,Krü,N,O2,V,Z… … kernbeyss, 15. Jahrh. Frisch Tafel 4.	KNB
Kernbeißer – Kiefernkreuzschnabel	GD	
Kernbeißer pomeranzenfarbiger – Kiefernkreuzschnabel	GD	
Kernbeißer, brauner – Kernbeißer	Be1,Be2,Be,Be97,Buff,GD,Hp,N	
Kernbeißer, canadischer – Hakengimpel	Be2,Be,N	
Kernbeißer, gelehriger – Gimpel	Be2,Be,F,N	
Kernbeißer, gemeiner – Kernbeißer	Be1,Be2,Be,Be97,N,O1	
Kernbeißer, großschnäbeliger – Kiefernkreuzschnabel	MW	
Kernbeißer, großer – Hakengimpel	O2	
Kernbeißer, großer – Kiefernkreuzschnabel	GD	
Kernbeißer, großer pomeranzenfarbiger … … und rother – Hakengimpel	Be,N	
Kernbeißer, großer pommeranzenfarbiger – Hakengimpel	Be2	
Kernbeißer, großer roter – Hakengimpel	Be2	
Kernbeißer, großschnäbeliger – Kiefernkreuzschnabel	N	
Kernbeißer, grüner – Grünfink	Be2,Be,CLB1,2,F,MW,N,V	
Kernbeißer, hamburgischer – Feldsperling	Be1,Be2,MW„Mit größter Wahrscheinlichkeit" … … ein Feldsperling.	
Kernbeißer, kleinschnäbeliger – Fichtenkreuzschnabel	MW	

Kernbeißer, kreutzschnäbeliger – Fichtenkreuzschnabel	N	
Kernbeißer, kreuzschnäblicher – Fichtenkreuzschnabel	Be	
Kernbeißer, kreuzschnäbliger – Fichtenkreuzschnabel	Be2	
Kernbeisser, langschwänziger – Meisengimpel	CLB2,O3	
Kernbeisser, plattköpfiger – Kernbeißer	CLB3	
Kernbeisser, rosenfarbener – Rosengimpel	CLB1	KNB
Kernbeisser, rosenfarbiger – Rosengimpel	CLB2,O3	
Kernbeißer, rotbrüstiger – Gimpel	CLB1,2,MW,O3,N,V	
Kernbeißer, roter – Kiefernkreuzschnabel	GD	
Kernbeißer, scheerenschnäbliger – Kiefernkreuzschnabel	Be2,MW	
Kernbeißer, scherenschnäbeliger – Kiefernkreuzschnabel	N	
Kernbeißer, scherenschnäblicher – Kiefernkreuzschnabel	Be	
Kernbeyßer – Kernbeißer	Suol	
Kernekongojuk (grönl.) – Gryllteiste	H	
Kernel – Knäk- u. Krickente	K,StVb	Frisch T. 173, 175, 176.
Kernel – Knäkente	Baldn,Krü,Schwf,Suol	
Kernel – Krickente	Ad	
Kernell – Knäkente	F,N,Suol	
Kernell – Tüpfelsumpfhuhn	GesH	
Kernell – Zwergsäger	GesH	
Kernell (els.) – Knäkente	Buff,GesSH,zLa	Zum Lamm S. 103: bei Straßburg.
Kernella – Krickente	GesS	
Kernelle – Knäkente	Be2,Be,O1	
Kernelle – Krickente	Be2,Be	
Kernfresser – Hakengimpel	Be1,Be2,Be,Be97,F,N	
Kernfresser, großer – Hakengimpel	Be1,Be2,Be,N	
Kernhacker – Kernbeißer	Be2,Be,N	
Kernknacker – Kernbeißer	F,N	
Kernschneller – Kernbeißer	Ad	
Kernwerfer – Haussperling	Do	
Kerr (helgol.) – Brandseeschwalbe	H	
Kerr, groot (helgol.) – Raubseeschwalbe	F,H	
Kerr, lütj (helgol.) – Zwergseeschwalbe	F,H	
Kerr, lütj swart – Trauerseeschwalbe	F	
Kerr, lüttj swart (helgol.) – Trauerseeschwalbe	H	
Kerschgagele – Grasmücke (allg.)	Suol	
Kersenriefe – Pirol	Be1	
Kersenrife – Pirol	Be2,Be,Buff,F,GesSH,Hp,Krü,N,Suol,Tu	
Kertlutok(grönl.) – Schellente	Cz	Cranz S. 107.
Kerust – Grauammer	B,F	
Kesseler – Trauerseeschwalbe	Suol,Zupo	1449

Keßler – Trauerseeschwalbe	Baldn,Suol,zLa	
Ketsakas (lit.) – Elster	Buff	
Ketschnepfe – Bekassine	JAN	
Ketschschnepfe – Bekassine	B	
Kettschnepfe – Zwergschnepfe	Be97	
Keuchleindieb – Milane und Weihen	Suol	
Keulhaken – Triel	JAN	
Keulkopf – Kiebitzregenpfeifer	Be2,Buff	
Keutter – Taube (männl.)	Suol	
Keutzlein – Kauz (allg.)	HaSa,Suol	H. Sachs, Regiment … Vers 217.
Keutzlin, klein – Steinkauz	Schwf	
Kewitsch – Kiebitz	Suol	
Keylhacken – Großer Brachvogel	Suol	
Keylhaken – Goldregenpfeifer	Be1,GD	
Khata (arab.) – Spießflughuhn	B	
Kiässenknäpper – Kernbeißer	Suol	
Kibgeier – Seeadler	Be1,Be2,Be	
Kibgeyer – Gänsegeier	Schwf,Suol	Schwenckfeld 1603.
Kibick – Kiebitz	Scha	
Kibit – Kiebitz	N	
Kibita – Kiebitz	Scha	
Kibitz – Kiebitz	Ad,Be1,Be2,Buff,Fri,G,GD,Hp,Jä,Krü,O2	
Kibitz-Regenpfeifer, nordischer – Kiebitzregenpfeifer	N	
Kibitz, gefleckter – Kiebitzregenpfeifer	N	
Kibitz, gemeiner – Kiebitz	Krü,N,WüCl	
Kibitz, gestreifter – Kiebitzregenpfeifer	N	
Kibitz, gestreifter – Rotschenkel	Buff	
Kibitz, grauer – Kiebitzregenpfeifer	Ad,Buff,Krü,N,O1	
Kibitz, grauer – Steinwälzer	N	
Kibitz, grauer und weißer – Lachmöwe	Ad	
Kibitz, grüner – Goldregenpfeifer	Ad,Buff,Krü	
Kibitz, grüner – Triel	Suol	
Kibitz, grünschnäbeliger – Triel	Ad	
Kibitz, hauptdummer – Mornellregenpfeifer	Krü	
Kibitz, kleiner – Flußregenpfeifer	JAN	Oder Be2: Sandregenpfeifer.
Kibitz, kleiner – Sandregenpfeifer	N	
Kibitz, lappländischer – Alpenstrandläufer	Buff,N	
Kibitz, rotbeiniger – Kampfläufer	Buff	
Kibitz, schwarzbrüstiger – Spornkiebitz	Krü	
Kibitz, schwarzbunter – Kiebitzregenpfeifer	N	
Kibitz, Schweitzerischer – Kiebitzregenpfeifer	Buff	
Kibitz, Schweitzerscher – Kiebitzregenpfeifer	Buff	
Kibitz, schweizerischer – Kiebitzregenpfeifer	N	
Kibitz, türkischer – Austernfischer	Suol	
Kibitz, weißer – Lachmöwe	Ad	

Kibut – Kiebitz	Scha
Kichel – Haushuhn (juv.)	O1
Kichen – Haushuhn (juv.)	Suol
Kichertaube – Türkentaube	B
Kicker – Gimpel	F,N
Kickerihan – Haushuhn (männl.)	Suol
Kickhawek – Sperber	Bri
Kiczor (russ.) – Gerfalke	Buff
Kiebisch – Kiebitz	Buff
Kiebit – Kiebitz	Krü
Kiebith – Kiebitz	Be1,Be2,Be,GD,Hp,N
Kiebitz – Goldregenpfeifer	Be2,Be
Kiebitz – Kiebitz	B,Be97,Buff,CLB2,Hp,Krü,N Gibiz 13. Jh. KNB
Kiebitz, gehäubter – Kiebitz	Be2,CLB1,2,3,MW,N,V KNB
Kiebitz, bunter – Kiebitzregenpfeifer	Be2,Be,Buff
Kiebitz, doppelhörniger – Kiebitz	CLB3
Kiebitz, gefleckter – Drosseluferläufer	Be1,Be2,Be,Buff,GD,N
Kiebitz, gefleckter – Kiebitzregenpfeifer	Be2,CLB1,2 KNB
Kiebitz, gehaubter – Kiebitz	O3
Kiebitz, gemeiner – Kiebitz	Be1,Be2,Be,CLB2,GD,H,Krü,O1,V
Kiebitz, geselliger – Steppenkiebitz	CLB2,MW KNB
Kiebitz, gestreifter – Kiebitzregenpfeifer	Be2,Be
Kiebitz, gestreifter – Meerstrandläufer	Be2,Be,GD
Kiebitz, gestreifter – Rotschenkel	Be
Kiebitz, grauer – Kiebitzregenpfeifer	Be1,Be2,Be,GD
Kiebitz, grauer – Steinwälzer	Be2,Be
Kiebitz, grüner – Goldregenpfeifer	Be2,Be,GD,N
Kiebitz, kleiner – Sandregenpfeifer	Be2
Kiebitz, langgeschwänzter – Keilschwanzregenpfeifer	Be2 J. Th. Klein: Kybitz.
Kiebitz, langschwänziger – Keilschwanzregenpfeifer	Be
Kiebitz, lappländischer – Alpenstrandläufer	Be1,Be2,Be
Kiebitz, rotbeiniger – Kampfläufer (juv.)	Be1,GD
Kiebitz, rotbeiniger – Rotschenkel	Be2
Kiebitz, schwarzbauchiger – Kiebitzregenpfeifer	O3
Kiebitz, schwarzbäuchiger – Kiebitzregenpfeifer	Be2,Be,CLB1,2,MW
Kiebitz, schwarzbunter – Kiebitzregenpfeifer	Be2,Be
Kiebitz, schweizer – Kiebitzregenpfeifer	Be Müller 1773: Schweizerischer K. Ü
Kiebitz, schweizerischer – Kiebitzregenpfeifer	Be2,Be
Kiebitzente – Reiherente	F,H
Kiebitzregenpfeifer – Kiebitzregenpfeifer	B C. L. Brehm 1831 KN
Kiebitzregenpfeifer, gefleckter – Kiebitzregenpfeifer	CLB3

Kiebitzregenpfeifer, schweizer – Kiebitzregenpfeifer	CLB3	
Kiebiz – Kiebitz	Buff	
Kieckendief – Milane und Weihen	Suol	
Kieckendief (holl.) – Rotmilan	GesH	
Kiedelitt – Zaunkönig	Bri	
Kieder – Waldkauz	B,Be1,Be2,Be,Buff,F,GD,N,O1	
Kieferkreuzschnabel – Kiefernkreuzschnabel	B	
Kiefern-Kreutzschnabel – Kiefernkreuzschnabel	N	
Kiefernbuntspecht – Buntspecht	CLB3	
Kiefernkleiber – Kleiber	CLB3	
Kiefernkreutzschnabel – Kiefernkreutzschnabel	O1,3,V	
Kiefernkreuzschnabel – Kiefernkreuzschnabel	Be2,CLB1,2,MW,O3	N: S. 4 Zeilen höher. KNB
Kiefernkreuzschnabel, großer – Kiefernkreuzschnabel	CLB3	
Kiefernkreuzschnabel, kleiner – Kiefernkreuzschnabel	CLB3	
Kiefernpapagei – Kiefernkreuzschnabel	N	
Kiefernpapagey – Kiefernkreuzschnabel	Be2,N	
Kieferpapagei – Kiefernkreuzschnabel	B	
Kiek in't Ei – Kohlmeise	Do,F	
Kielhacke – Großer Brachvogel	Scha	
Kielhaken, großer – Großer Brachvogel	N	
Kielkrapp – Kolkrabe	F	
Kieloch – Großer Brachvogel	B	
Kielrabe – Kolkrabe	B,Be1,Be2,Be,Be97,F,Hp,N	
Kielrapp – Kolkrabe	Do	
Kienöhl – Buchfink	GD	Finkenschlag, z. T. auch F.-Name.
Kienöl – Buchfink	O1	
Kier – Flußseeschwalbe	Bri,Häp	
Kier, schwart – Trauerseeschwalbe	Bri	
Kierritt – Brandseeschwalbe	Bri	
Kierrnet – Brandseeschwalbe	Bri	
Kiesläufer – Schafstelze	Suol	
Kiespullchen – Schafstelze	Suol	
Kievitz – Kiebitz	Be1,Be2,Be,N	
Kiewiet – Kiebitz	Scha	
Kiewit – Kiebitz	Fri,Krü	
Kiewitt – Kiebitz	Bri,Do,F,Häp	
Kiewitz – Kiebitz	Krü,N	
Kiewitz, grauer – Thorshühnchen	Buff	
Kiewiz – Kiebitz	Hp	
Kifitz – Kiebitz	Krü	
Kik-int-Ei – Kohlmeise	Scha,Suol	
Kikendieb – Rotmilan	Be2,GD,N	

Kikerhan – Haushuhn (männl.)	Suol	
Kikeriki – Haushuhn	Do	
Kilchül – Schleiereule	Suol	
Kildihr – Keilschwanzregenpfeifer	Be2,GD	
Kildir – Keilschwanzregenpfeifer	Be,Buff	
Killdihr – Keilschwanzregenpfeifer	Be	
Kimpfer – Kampfläufer	Be	
Kind vom Hüwelhuof – Pirol	Bri	
Kinder Melcker – Ziegenmelker	Schwf	
Kindereule – Schleiereule	Do,F	
Kindermelker – Ziegenmelker	Ad,B,Be1,Be2,Be,Buff,F,GD,K,Krü,N,Suol	
Kindertäuscher – Rennvogel	B,H	
Kineksvîlchen – Zaunkönig	Suol	
Kingalik (grönl.) – Prachteiderente	Buff,Cz	Cranz S. 109, dtsch: Nasichte, v. Nase.
Kingfisher (engl.) – Eisvogel	Tu	
Kinigerl (österr.) – Zaunkönig	H	
Kinniachal – Zaunkönig	Suol	
Kiödmeise – Kohlmeise	Pp	Bedeutet Fleischmeise.
Kioe (isl.) – Schmarotzerraubmöwe	GD	
Kion – Schmarotzerraubmöwe	Buff	
Kioven (isl.) – Schmarotzerraubmöwe	Buff,GD	
Kirch Eule – Schleiereule	Schwf	
Kirch eule – Schleiereule	StVb	
Kirch Swalbe – Mauersegler	Tu	
Kirch-spier-schwalbe – Mauersegler	Buff	
Kircheneule – Schleiereule	F,N	
Kircheneule – Steinkauz	Buff	
Kirchenfalk – Turmfalke	Buff,F,Krü,Suol	
Kirchenfalke – Turmfalke	Be1,Be97,Buff,GD,Hp	
Kirchenhuhn – Steinkauz	Suol	
Kirchenschwalbe – Mauersegler	Do,F,GD	
Kirchenschwalbe – Mehlschwalbe	Do,F	
Kirchenspyre – Mehlschwalbe	GesS	
Kircheul – Schleiereule	GesH	
Kircheule – Schleiereule	Ad,B,Be1,Be2,Be,Be97,Be05,Buff,GD,K Krü,…	
	…Suol,V	Frisch T. 97, Albin Band III, 7 + 8.
Kircheule – Sperbereule	Be1,Be2,Be,N	
Kirchfalk – Turmfalke	B	
Kirchfalke – Turmfalke	Be2,Be,N	
Kirchfinck – Kernbeißer	GesS	
Kirchfincke – Kernbeißer	Suol	
Kirchfink – Grünfink	GD	
Kirchhan – Steinkauz	StVb	
Kirchkauz – Schleiereule	o.Qu.	
Kirchkäuzlein – Schleiereule	Suol	
Kirchrecke – Felsen-/Haustaube	StVb,Suol	
Kirchschwalb – Mehlschwalbe	GesH	
Kirchschwalbe – Mauersegler	Ad,Be2,Be,Buff,Hamb.Mag.,Krü,N	

Kirchschwalbe – Mehlschwalbe	B,Be2,Be,Krü,N,Suol	
Kirchswalbe – Mehlschwalbe	Suol	
Kirchtaube – Felsen-/Haustaube	Suol	
Kirchul – Schleiereule	GesS	
Kirchül – Schleiereule	Suol	
Kircke – Brandseeschwalbe	Mic	Auch Raubseeschwalbe möglich.
Kirke von Stübber, große – Raubseeschwalbe	Buff	
Kirke, caspische – Raubseeschwalbe	Buff	
Kirmewen – Lachmöwe	Buff	
Kirnbieter – Kernbeißer	Do,F	
Kirre – Eisente	Be,Buff,GD	
Kirre – Eisente	B,Be2,F,N,O1	
Kirre – Flußseeschwalbe	F,H	
Kirre – Turteltaube	Ad	
Kirren – Küstenseeschwalbe	H	
Kirreule – Waldkauz	B,Be1,Be2,Be,Be97,F,N	
Kirreule – Waldkauz	GD	
Kirrkvagel – Misteldrossel	Scha	
Kirrmeese – Flußseeschwalbe	Scha	
Kirrmeewe – Trauerseeschwalbe	Krü	
Kirrmeve – Küstenseeschwalbe	Buff,GD,K,Mar	
Kirrmeve – Trauerseeschwalbe (juv.)	Be1,Be2,Be	
Kirrmewe – Trauerseeschwalbe	Ad	
Kirrmöve – Lachmöwe	Do,Suol	
Kirrmöve – Lachmöwe	Do	
Kirrmöve – Trauerseeschwalbe	Buff	
Kirrmöwe – Küstenseeschwalbe	Cz	
Kirrmöwe – Lachmöwe	F	
Kirsch Finck – Kernbeißer	zLa	Zuerst b. Turner 1544 S. 328.
Kirsch Fincke – Kernbeißer	Schwf	
Kirsch Leske – Kernbeißer (sil.)	Schwf	
Kirsch-Fink – Kernbeisser	Z	
Kirsch-Finke – Kernbeisser	Z	
Kirsch-Kernbeißer – Kernbeisser	N	
Kirsch-Pirol – Pirol	N	
Kirsch-Vogel – Pirol	P	
Kirschbeißer – Kernbeißer	Ad,Be1,Be2,Be,Krü,N	
Kirschdieb – Pirol	Be1,Be2,Be,F,Hp,Krü,N	
Kirschdrossel – Pirol	Be2,Be,Buff,F,Hp,Krü,N	
Kirschdrossel, gelbe – Pirol	Be2,Be,Buff,Krü,N	
Kirschen Kneiper – Kernbeißer	zLa	
Kirschenbeißer – Kernbeißer	zLa	
Kirschendieb – Pirol	Buff	
Kirschenfink – Kernbeißer	Buff	
Kirschenknäpper – Gimpel	Bri	
Kirschenknäpper – Kernbeißer	Suol	
Kirschenknipper – Kernbeißer	H	

Kirschenknöller – Kernbeißer	Jä	
Kirschenknupper – Kernbeißer	Suol	
Kirschenröver – Kernbeißer	Do	
Kirschenschneller – Kernbeißer	Be1,Be2,Be,Buff,F,GD,GesSH,H,Hp	
Kirschenspecht – Pirol	F	
Kirschfinck – Kernbeißer	GesSH	
Kirschfincke – Kernbeißer	Suol	
Kirschfink – Grünfink	Buff	
Kirschfink – Kernbeisser	Ad,B,Be1,Be2,Be97,Be05,Buff,F,Fri,GD,…	
	…Hp,Jä,K,Krü,N,O1,2,Scha,V	Frisch T. 4.
Kirschfinke – Kernbeisser	Be,HHM	VN
Kirschfresser – Gartengrasmücke	Be1,Be2,Be,Be97	
Kirschhacker – Kernbeißer	Be1,Be2,Be,Buff,Krü,N	
Kirschhold – Pirol	Ad	
Kirschholder – Pirol	Krü	…
Kirschholdt – Pirol	Be1,Be2,Be,Buff,F,Hp,Krü,N,Schwf,Suol	
Kirschholf – Pirol	Be2,Be,N	
Kirschkern – Kernbeißer	B	
Kirschkernbeiser – Kernbeißer	B,Be2	
Kirschkernbeißer – Gimpel	Bri	
Kirschkernbeißer – Kernbeißer	CLB1,2,3,F,Krü,MW,O3,V	KNB
Kirschklöpfer – Kernbeißer	F,N	
Kirschknacker – Kernbeißer	B,F,N	
Kirschknäpper – Kernbeisser	Be1,Be2,Be,Buff,GD,Z	
Kirschknepper – Kernbeißer	Buff,Hp,Krü,Suol	
Kirschknöpper – Kernbeißer	Be97,F,N	
Kirschlasig – Kernbeißer	Do	
Kirschleske – Kernbeißer	Ad,Be1,Be2,Be,Buff,F,GD,Hp,K,Krü,N	
KirschLeske – Kernbeißer	Suol	Wort so lassen.
Kirschneller – Kernbeißer	K	
Kirschneröver – Kernbeißer	F	
Kirschpicker – Kernbeisser	F.H	
Kirschpirol – Pirol	F,Jä,N	
Kirschschneller – Kernbeißer	Ad,B,Buff,Krü,N,Schwf,Suol	
Kirschvogel – Kernbeißer	F,N	
Kirschvogel – Pirol	Ad,B,Be1,Be2,Be,Be97,Buff,F,Fri,G,GD,Hp,Jä,…	
	…K,Krü,N,P,Suol,V	Frisch T. 31.
Kirsenklepfer – Kernbeißer	Suol	
Kirsenkleppe – Kernbeißer	Suol	
Kirsenklepperi – Kernbeißer	Suol	
Kirsenrife – Pirol	Ad,Krü	
Kirseschneller – Kernbeißer	Suol	
Kirsfinck – Kernbeißer	StVb	
Kirsfincke – Grünfink	Tu	Engl. Grenefinche.
Kirsfincke – Kernbeißer	Suol	
Kirßfinck – Grünfink	GesS	
Kirßfinck – Kernbeißer	GesS	
Kirssfinck – Kernbeißer	Suol	Wort so lassen.
Kirssfuegel – Pirol	Suol	Wort so lassen.

Kirßvogel – Pirol	StVb	
Kirve (norw.) – Schmarotzerraubmöwe	Buff	
Kirvi – Schmarotzerraubmöwe	GD	
Kisitz – Kiebitz	Be1	
Kiskelkoarn – Dohle	Bri	
Kistrel (engl.) – Turmfalke	Tu	
Kit – Rotmilan	O1	
Kite, Black (engl.) – Schwarzmilan	Tu	
Kite (engl.) – Rotmilan	Tu	Turner X, 117, 193, 197.
Kitiwaka – Dreizehenmöwe	Do	
Kittivake – Dreizehenmöwe	Buff,F,GD,N	
Kittiwaka – Dreizehenmöwe	F,N	
Kittiwake – Dreizehenmöwe	Be2,Buff,Gun,Krü	
Kiufwa – Schmarotzerraubmöwe	Gun	Name im Museo Regio Danico.
Kiuino – Zwergohreule	Suol	Ahd., aus ital. Dialektnamen Chiuino.
Kive – Schmarotzerraubmöwe	Buff,Gun	
Kive – Skua	Gun	
Kivitz – Kiebitz	Krü	
Kiwartel – Wachtel	Bri	
Kiwiet – Kiebitz	Häp	
Kiwit – Kiebitz	H,Krü,Suol	
Kiwit, türkischer – Austernfischer	Suol	
Kiwitt – Kiebitz	Ad,WüCl	
Kiwitt-Huhn – Steinkauz	Fri,Suol	
Kiwitz – Kiebitz	Buff	
Kiwitz, bunter – Kiebitzregenpfeifer	Buff	
Kiwitz, grauer – Steinwälzer	Buff	
Kiwitz, Schweitzer – Kiebitzregenpfeifer	Buff	
Kiwiz – Kiebitz	Suol	
Kiwüt – Kiebitz	B,H	
Kjaeder (schwed.) – Auerhuhn	Buff	
Kjeld (dän.) – Austernfischer	H	
Kjoi (isl.) – Falkenraubmöwe	H	
Kjoi (isl.) – Spatelraubmöve	H	
Klaas – Dohle	Be1,Be2,Be,Buff,F,N,WüCl	
Klaber – Kleiber	Be1,Be2,Buff,GD,Hp,Krü,N	
Kläber – Kleiber	Be97,GesS,Suol	
Klackgenß – Weißwangengänse	zLa	Zum Lamm S. 94: = Baumgens.
Klaeshahn (dän.) – Eisente	H	
Kläfeli – Knäkente	B,F,N,V	
Klage – Steinkauz	Ad	
Klagefrau – Kauz (allg.)	Suol	
Klagefrau – Steinkauz	Ad	
Klagemutter – Kauz (allg.)	Suol	
Klagemutter – Steinkauz	Ad,B,F,N	
Klagender Adler – Schelladler	Buff	
Klageule – Schleiereule	B,F,N	
Klageule – Sperbereule	Be2	
Klagmutter – Sperbereule	Be2	

Klagmutter – Steinkauz	Jä	
Klähn – Kleiber	N	
Kläm – Tannenhäher	O1	
Klander – Kalanderlerche	Häp	
Klangente – Schellente	B,Be1,Be2,Be,Be97,Buff,F,GD,N	
Klapper – Kernbeißer	Be97	
Klapperbein – Weißstorch	Be2,Be,F,N	
Klapperente – Schellente	Be2,Be,Buff,F,GD,N	
Klappergrasmücke – Klappergrasmücke	B,CLB2,MW,N,V...	
	... Meyer & Wolf 1810.	KN, KNB
Klappergrasmücke, kleinschnäblige –	CLB3	
Klappergrasmücke		
Klappernachtigall – Klappergrasmücke	F,N	
Klappersänger – Klappergrasmücke	CLB2,Do,F	KNB
Klapperstorch – Schwarzstorch	F	
Klapperstorch – Weißstorch	Ad,B,Be2,Be,F,GD,Krü,N,Suol	
Klapperstorch, schwarzer – Schwarzstorch	N	
Klapperstork – Weißstorch	Be2,Be,N	
Klappervogel – Schwarzkehlchen	Buff	
Kläppner – Weißstorch	Ad	
Kläs – Dohle	Ad,Krü	
Klas – Dohle	Ad,JAN,Krü,Scha,Suol	Bedeutet Nikolaus.
Klashan (norw.) – Eisente	Ad,F,H,Suol,WüCl	
Klashanick – Eisente	Be2,N,WüCl	
Klashanig – Eisente	Do	
Klashanik – Eisente (Var.)	Be1,Be,Buff,Suol	
Klasrapp – Waldrapp	GD	
Klatschtaube – Felsen-/Haustaubenrasse	O1	
Klättenspecht – Mauerläufer	GesS,Suol	
Klatzschers – Felsentaube	K	
Klauber – Kleiber	Be2,Be,F,N	
Klaus – Dohle	F,H	
Klauskrei – Dohle	H	
Klausrabe – Alpenkrähe	B,F	
Klausrapp – Alpenkrähe	F,N	
Klausrapp – Waldrapp	Be1,Krü	
Klaußrab – Waldrapp	GesH	
Klawit – Steinkauz	Suol	
Klawitchen – Steinkauz	Suol	
Klayber – Kleiber	HaSa,Suol	H. Sachs, Regiment ... Vers 102.
Klebbeerenfresser – Misteldrossel	Do,F	
Kleber – Kleiber	Be2,Be,F,GesH,N	
Kleber-Blauspecht – Kleiber	Buff	
Kleberblauspecht – Kleiber	Be1,Be2,Be,F,GD,N	
Klebermaiß – Kleiber	HaSa,Suol	H. Sachs, Regiment ... Vers 180.
Kleene Fischmeese – Zwergseeschwalbe	Scha	
Kleenjümeken – Wintergoldhähnchen	Bri	
Kleer – Rotschenkel	F,H	
Kleffeli – Knäkente	Do	
Klehner – Kleiber	P2	

Kleiber – Kleiber	B,Be1,Be2,Be97,Buff,GD,Krü,N,O1,V,Z	
Kleiber, blauer – Kleiber	CLB1	
Kleiber, bläulicher – Kleiber	CLB1,2,MW,N	
Kleiber, europäischer – Kleiber	Be,N	
Kleiber, fremder – Kleiber	CLB3	
Kleiber, gelbbäuchiger – Kleiber	CLB1,2,N	KNB
Kleiber, gemeiner – Kleiber	Be2,Be05,N,O2	
Kleiber, nordischer – Kleiber	CLB3	
Kleibick – Austernfischer	Bri	
Kleiderweiß – Steinkauz	Suol	
Klein Blaw Zimmer – Steinrötel	Schwf	
Klein Blaw-Ziemer – Steinrötel	Suol	
Klein Brachvogel – Wachtelkönig	K,Schwf	
Klein Brachvogelchen – Schwarzkehlchen	Tu	
Klein Bundter Specht – Kleinspecht	Schwf	
Klein Dunckentlin – Zwergtaucher	zLa	
Klein Fischerlen – Zwergseeschwalbe	Baldn	
Klein Habicht – Habicht (männl.?)	Schwf	
Klein Käutzlein – Steinkauz	K	Albin I, 9.
Klein Keutzlin – Steinkauz	Schwf	
Klein Mübesslin – Trauerseeschwalbe	Be,N,Schwf, Suol	
Klein Rotbeinel – Stelzenläufer	Baldn	
Klein schwartz Teucherlin – Zwergtaucher	Schwf	
Klein schwartzer Seeschwalbe – Trauerseeschwalbe	Suol	
Klein schwarze seeschwalbe – Trauerseeschwalbe	Buff	
Klein schwarzer Seeschwalbe – Trauerseeschwalbe	Schwf	
Klein see Schwalbe – Zwergseeschwalbe	Buff	
Klein Seeschwalbe – Zwergseeschwalbe	Schwf,Suol	
Klein Seedüchel – Zwergtaucher	Baldn	
Klein Wahnkrengel – Schwarzstirnwürger	Schwf	
Klein Ziemer – Rotdrossel (sil.)	Schwf	
Klein Zimmer – Singdrossel	GesS	
Klein-Ent – Krickente	GesH	
Klein-Rollender – Buchfink, Zuchtname	Kö	
Klein-Specht – Kleinspecht	N	
Klein-Trostel – Rotdrossel	GesH	
Klein-Ziemer – Rotdrossel	Suol	
Kleinasiatische graue Ammer – Türkenammer	H	
Kleinasiatischer grauer Ammer – Türkenammer	H	
Kleinaugkautz, lappländischer – Bartkauz	N	N: Bd. 13/180.
Kleinaugkauz – Bartkauz	B	
Kleine Pfulschnepfe – Uferschnepfe	GD	
Kleine Aigrette – Seidenreiher	F,N	
Kleine Alkenlumme – Krabbentaucher	N	
Kleine aschfarbene Meve – Lachmöwe	Be1,GD	

Kleine aschfarbene Mewe – Lachmöwe	Krü	
Kleine aschfarbene Möve – Lachmöwe	Buff	
Kleine aschgraue Meve – Lachmöwe	Be2	
Kleine aschgraue Mewe – Flußseeschwalbe	Ad	
Kleine aschgraue Mewe – Lachmöwe	Buff	
Kleine aschgraue Möve – Lachmöwe	N	
Kleine Bachstelze – Schafstelze	Be1,Be2,Be,Be97,N,Schwf	
Kleine Baumeule – Zwergohreule	Be2,Be,N,O1	
Kleine Becassine – Zwergschnepfe	Be2,CLB2,Krü	KNB
Kleine Bekassine – Zwergschnepfe	Jä,N	
Kleine Bergälster – Schwarzstirnwürger	GD	
Kleine Bergelster – Schwarzstirnwürger	Be1,N	
Kleine Blässengans – Blässgans	CLB3	
Kleine Blässengans – Zwerggans	N	
Kleine Bläßgans – Zwerggans	N	
Kleine blaue Holztaube – Hohltaube	N	
Kleine Brachschnepfe – Regenbrachvogel	Krü	
Kleine Brandänte – Moorente	Buff	
Kleine braun und weiße Ente – Kragenente (weibl.)	Be2,N	
Kleine braune Gabelweihe – Schwarzmilan	Be2,GD	
Kleine braune Rohrdommel – Zwergdommel	GD	
Kleine braune Weißkehle – Dorngrasmücke	N	
Kleine braungelbe Grasmücke – Teichrohrsänger	Be1,Be2,Be,N	
Kleine bunte Meve – Lachmöwe	Be2,Be	
Kleine bunte Möve – Lachmöwe	N	
Kleine Dommel – Zwergdommel	O1	
Kleine dreizehige Möve – Dreizehenmöwe	CLB3	
Kleine Drossel – Einsiedlerdrossel	N	N: Bd. 13/262.
Kleine Drossel – Heckensänger	CLB2	KNB
Kleine Drossel – Wilsondrossel	H	
Kleine Drossel – Zwergdrossel	CLB3	KNB
Kleine Elfenbeinmöve – Elfenbeinmöwe	CLB3	
Kleine Ente – Eisente	CLB2	KNB
Kleine Ente – Krickente	V	
Kleine Ente mit purpurfarbenem Kopfe – Büffelkopfente	Buff	Bei Brisson.
Kleine Eule – Sperlingskauz	Be1,Be2,Be	
Kleine Eule – Steinkauz	Buff,JAN	Oder Sperlingskauz?
Kleine Eule – Zwergohreule	K	
Kleine Europäische Wasserralle – Tüpfelsumpfhuhn	Be2,Be,GD,Krü,N	
Kleine Falkeneule – Habichtskauz	Be	
Kleine Falkeneule – Sperbereule	Be1,Be2,GD,N	
Kleine Fettgans – Tordalk	GD	
Kleine Fischmeve – Fluß-/ Küstenseeschwalbe	GD	

Kleine Fischmeve – Flußseeschwalbe	Be2,N	
Kleine Fischmöve – Zwergseeschwalbe	Do	
Kleine Fischmöwe – Zwergseeschwalbe	F	
Kleine gehäubte afrikanische Trappe …	Be2	
… ohne Halskrause – Saharakragentrappe		
Kleine gehaubte Lerch – Heidelerche	GesH	
Kleine gelbe Ohreule – Waldohreule	Hp	
Kleine gelbrothe Grasmücke – Zilpzalp	Be1,Buff,N	
Kleine geschwätzige Grasmücke –	Be2,Be,N	
Klappergrasmücke		
Kleine Getraideweihe – Kornweihe	Be2	
Kleine Getreideweihe – Kornweihe	N	
(männl.)		
Kleine Golddrossel – Fels-Erddrossel	H	
Kleine Grasmücke – Gartengrasmücke	Krü,O2	
Kleine Grasmücke – Grauschnäpper	GD	
Kleine Grasmücke – Trauerschnäpper	Be2,Be,N	
Kleine Grasmücke – Weißbartgrasmücke	Buff	
Kleine Grasmücke – Zilpzalp	Be2,Be,N	
Kleine Grasschnepfe – Zwergschnepfe	N	
Kleine graue Gans – Saatgans	Be2,N	
Kleine graue Grasmücke –	Be1,Be2,Be,Be97,N	
Klappergrasmücke		
Kleine graue Meve – Lachmöwe	Be2,Be	
Kleine graue Meve – Sturmmöwe	GD	
Kleine graue Mewe – Lachmöwe	Buff	Brisson
Kleine graue Mewe – Sturmmöwe	Krü	
Kleine graue Möve – Lachmöwe	N	
Kleine graugelbe Grasemücke –	K	Frisch T. 24.
Zilpzalp/Fitis		
Kleine graugelbe Grasmücke –	GD	
Schilfrohrsänger		
Kleine Graumöve – Sturmmöwe	GD	
Kleine grönländische Taube –	N	
Krabbentaucher		
Kleine Haarbullen – Zwergschnepfe	Mic	
Kleine Haarschnepfe – Zwergschnepfe	N	
Kleine Habichtseule – Sperbereule	Be,CLB2	
Kleine Halbweihe – Kornweihe (männl.)	N	
Kleine Haubenente – Reiherente	Be1,Be2,Be,GD,N	
Kleine Haubenlerche – Heidelerche	Buff,GD	
Kleine Hauseule – Sperlingskauz	Be2,Be,GD,Krü	
Kleine Hauseule – Steinkauz	Buff,N	
Kleine Heerschnepfe – Zwergschnepfe	N	
Kleine Heringsmeve – Heringsmöwe	Be2	
Kleine Heringsmöve – Heringsmöwe	N	
Kleine Hetsche (böhm.) –	F,H	
Klappergrasmücke		
Kleine Holtaube – Turteltaube	H	

Kleine Holztaube – Haus-/Felsentaube	GD	
Kleine Holztaube – Hohltaube	Be1,Be2,Be,F,Fri,N	
Kleine Horneule – Waldohreule	Be2,Be,Buff,GD,N	
Kleine Kalanderammerlerche – Kalanderlerche	CLB3	
Kleine Kaszarka – Rothhalsgans	GD	
Kleine Knäckkriekente – Knäkente	CLB3	
Kleine Knollente – Moorente	H	
Kleine Kohlmaise – Tannenmeise	Fri	
Kleine Kohlmeise – Tannenmeise	Ad,Be1,2,Be,Be97,Buff,F,GD,… …K,Krü,N,O1,V	Frisch T. 13.
Kleine KolMeise – Tannenmeise	Schwf	
Kleine Kormoranscharbe – Kormoran	CLB3	
Kleine Krabbenlumme – Krabbentaucher	N	
Kleine Krähe – Rabenkrähe	Be2,N	
Kleine Kricke – Knäkente	Be1,Be2,Be,Be97	
Kleine Krickente – Knäkente	Be	
Kleine Krickente – Krickente	H	
Kleine Kriechänte – Krickente	Buff	
Kleine Kriechente – Knäkente	Be97	
Kleine Kriechente – Krickente	Be2,Be,Buff,N	
Kleine Kriekelster – Schwarzstirnwürger	N	
Kleine Kriekente – Knäkente	Be2	
Kleine Kriekente – Krickente	N	
Kleine Krikente – Krickente	GD	„Anas circia".
Kleine Kronschnepfe – Regenbrachvogel	F,H	
Kleine Krückelster – Rotkopfwürger	JAN	
Kleine Krückente – Krickente	JAN,N	
Kleine Lachmöve – Lachseeschwalbe	N	
Kleine Lachmöwe – Lachseeschwalbe	F	
Kleine lang- und lanzettschwänzige … … Raubmöve – Falkenraubmöwe	Do	
Kleine Lerche – Baumpieper	Be2	
Kleine Lerche – Wiesenpieper	Be2,Be,Buff,N	
Kleine Limose – Pfuhlschnepfe	F	
Kleine Lulu – Haubenlerche	Buff	
Kleine Lumme – Gryllteiste	N,O3	
Kleine Lumme – Krabbentaucher	CLB2,N	KNB
Kleine Mantelmöve – Heringsmöve	N,Suol	
Kleine Meerlerche – Zwergstrandläufer	F,N	
Kleine Meerlerche von St. Domingo – Zwergstrandläufer	Be2,Be	
Kleine Meerlerche zu St. Domingo – Alpenstrandläufer	Buff	
Kleine Meerschwalbe – Trauerseeschwalbe	GD	
Kleine Meerschwalbe – Zwergseeschwalbe	Be1,Be2,Be,Be97,Buff,Krü,MW,N	
Kleine Meise – Tannenmeise	Be1,Be2,Be,CLB2,Krü,N	KNB
Kleine Merch – Mittelsäger	Baldn	
Kleine Meve – Lachmöwe	Be2,Be	

Kleine Meve – Zwergmöwe	Be,MW,N	
Kleine Mewe – Zwergmöwe	Buff	
Kleine Mibe – Zwergseeschwalbe	Fabr	
Kleine Misteldrossel – Singdrossel	Be2,Be,Be97,N	
Kleine Mittelente – Krickente	Be2,Be	
Kleine Mittelente – Schnatterente	N	
Kleine Mittelschnepfe – Zwergschnepfe	Be2,N	
Kleine Moorgans – Saatgans	N	
Kleine Moorschnepfe – Zwergschnepfe	CLB3,N	
Kleine Mooskuh – Rallenreiher	JAN,Jä	
Kleine Mooskuh – Zwergdommel	Be1,Be2,Be,Buff,Krü,N	
Kleine Moosschnepfe – Zwergschnepfe	N	
Kleine Mosskuh – Rallenreiher	H	
Kleine Möve – Eismöwe	CLB3	
Kleine Möve – Lachmöwe	CLB2,N	KNB
Kleine Möve – Zwergmöwe	CLB2,N	
Kleine Möve – Zwergseeschwalbe	Buff	
Kleine Möwe – Zwergmöwe	F	
Kleine Mübeßlin – Trauerseeschwalbe	Buff	
Kleine Myrstickel – Flußuferläufer	Be	
Kleine Myrstikel – Flußuferläufer	Buff	
Kleine Nachtigal – Nachtigall	Be,Buff,K,N,Schwf	Frisch T. 21.
Kleine Nachtigall – Nachtigall	Be2,Be,F,GD	
Kleine Ohreule – Waldohreule	Be2,GD,N	
Kleine Ohreule – Zwergohreule	Be2,05,Be,CLB2,GD,Hp,MW,N,O2,V	KNB
Kleine Pfuhlschnepfe – Bekassine	Be2,Be,Hp,Krü,N	
Kleine Pfuhlschnepfe – Grünschenkel	Be2,Be	
Kleine Pfuhlschnepfe – Pfuhlschnepfe	Be97	
Kleine Pfuhlschnepfe – Teichwasserläufer	Be2,Be,N,O2	
Kleine Pfuhlschnepfe – Uferschnepfe	Be2,Be	
Kleine Pfulschnepfe – Bekassine	GD,Krü	
Kleine Pfulschnepfe – Uferschnepfe	Buff	
Kleine Pfulschnepfe – Waldschnepfe	Buff	
Kleine Polarmöve – Falkenraubmöwe	N	
Kleine Ralle – Zwergsumpfhuhn	Buff	Rallus pusillus, von Pallas.
Kleine Raubmeve – Falkenraubmöwe	N	
Kleine Raubmöve – Falkenraubmöwe	O3,WüCl	
Kleine Regenschnepfe – Regenbrachvogel	Do,F	
Kleine Rögerl – Krickente	H	
Kleine Rohrdommel – Rallenreiher	Buff	„Ardea Marsigli".
Kleine Rohrdommel – Zwergdommel	Be1,Be2,Be,Be97,CLB2,3,Fri,GD,N,O2,3	KNB
Kleine Rohrdommel aus der Barbarey – Zwergdommel	K	
Kleine Rohrschnepfe – Zwergschnepfe	N	
Kleine rote Uferschnepfe – Pfuhlschnepfe	N	
Kleine rotgelbe Ohreule – Waldohreule	Be1,Be,N	
Kleine rotgelbe Uferschnepfe – Pfuhlschnepfe	Be2,Be,N	
Kleine Ruderente – Trauerente	Be2,N	

Kleine Saatgans – Saatgans	N	
Kleine Schäckelster – Schwarzstirnwürger	N	
Kleine Schamoataube – Lachtaube	Krü	
Kleine Scharbe – Krähenscharbe	O2	
Kleine Scharbe – Zwergscharbe	CLB2,N	KNB
Kleine Schellente – Büffelkopfente	H	
Kleine Scheuereule – Steinkauz	Buff	
Kleine Scheuneneule – Sperlingskauz	Krü	
Kleine Scheuneule – Sperlingskauz	Be2	
Kleine Scheuneule – Steinkauz	JAN	Oder Sperlingskauz: Be2.
Kleine Schnarre – Singdrossel	Fri	
Kleine Schneegans – Saatgans	Be2,Krü,N,O2	
Kleine Schnepfe – Zwergschnepfe	Be2,CLB2,N,Suol,V	
Kleine Schopflerche – Heidelerche	Buff	
Kleine Schwalbenmeve – Zwergseeschwalbe	Be2,Be	
Kleine Schwalbenmöve – Zwergseeschwalbe	N	
Kleine Schwalbenmöwe – Zwergseeschwalbe	F	
Kleine Schwarzbrust – Mornellregenpfeifer	Be2,N	
Kleine schwarze Mewe – Trauerseeschwalbe	Ad	
Kleine schwarze Seeschwalbe – Trauerseeschwalbe	Ad,Be1,Be2,Be,Buff,K,Krü,N	Frisch T. 220.
Kleine schwarze Seeschwalbe – Weißflügelseeschwalbe	GD	
Kleine Schwarzmeise – Tannenmeise	V	
Kleine Seeschwalbe – Flußseeschwalbe	Buff	
Kleine Seeschwalbe – Zwergseeschwalbe	Be1,Be2,Be,Buff,CLB2,Krü,N,V	KNB
Kleine Seetaube – Krabbentaucher	F,N	
Kleine Silbermöve – Silbermöwe (Var.?)	CLB3,O3	
Kleine Sperbergrasmücke – Sperbergrasmücke	CLB3	
Kleine Spießlerche – Wiesenpieper	Be2	
Kleine Spitzlerche – Wiesenpieper	Be2,F,N	
Kleine Sprossernachtigall – Sprosser	CLB3	
Kleine Steinelster – Schwarzstirnwürger	F,N	
Kleine Steinklatsche – Schwarzkehlchen	Be1,Be2,Be,Be97,Krü,N	
Kleine Stockente – Krickente	Be2	
Kleine Stockente – Schnatterente	H	
Kleine Stôthâk – Sperber	Suol	
Kleine Strandschnepfe – Sichelstrandläufer	Be2,Be,N	
Kleine Strausänte – Reiherente	Buff	
Kleine Stübbersche Kirke – Brandseeschwalbe	Be2,N	
Kleine stumme Schnepfe – Zwergschnepfe	Be2,Buff,Krü,N	
Kleine Sturmschwalbe – Sturmschwalbe	F,N	
Kleine Sumpfschnepfe – Zwergschnepfe	Krü,N,O2,WüCl	

Kleine Sumpfschnerze – Zwerg-/Kleines Sumpfhuhn	Be1,GD	
Kleine Tannenmeise – Tannenmeise	CLB3	
Kleine Taube – Turteltaube	Scha	
Kleine Tauchänte – Zwergsäger	Buff	
Kleine Tauchente – Reiherente	Be1,Be2,Be,GD,N	
Kleine Tauchente – Zwergsäger	Be1,Be2,Be,CLB2,N,O2	KNB
Kleine Taucherente – Zwergtaucher	GD	
Kleine Trapp – Zwergtrappe	Krü	
Kleine Trappe – Zwergtrappe	Buff,CLB2,3,K,Suol	KNB
Kleine Trasselente – Krickente	F,N	
Kleine türkische Taube – Türkentaube	Suol	
Kleine Tüte – Flußregenpfeifer	Bri	
Kleine und braune Weißkehle – Dorngrasmücke	Be	
Kleine und weiße Tauchente – Zwergsäger	Be2	
Kleine Wachtel – Wachtel	CLB3	
Kleine Wald Eule – Steinkauz	Schwf	
Kleine Waldeule – Sperlingskauz	Be2,Krü	
Kleine Waldeule – Steinkauz	Buff,K	Frisch T. 98 + 100, Albin I, 9.
Kleine Waldeule – Zwergohreule	Be2,N	
Kleine Waldschnepfe – Bekassine	Buff,Krü	
Kleine Wasserralle – Kleines/ Zwergsumpfhuhn	Be97,Be,CLB2,GD,Krü	KNB
Kleine Wasserralle – Tüpfelsumpfhuhn	Buff,GD,Krü,O1	
Kleine Wasserralle – Zwergsumpfhuhn	Buff	„Rallus pusillus", von Pallas.
Kleine Wasserschnepfe – Zwergschnepfe	N	
Kleine Waterküken (pomm.) – Tüpfelsumpfhuhn	H	
Kleine Weihe – Kornweihe (weibl.)	Be1,Be2,Be,Be97,GD,N	
Kleine Weihe – Wiesenweihe	N	
Kleine weiße Grasmücke – Klappergrasmücke	Be2,Be,N	
Kleine weiße Möve – Elfenbeinmöwe	CLB2	KNB
Kleine weiße nordische Möve – Elfenbeinmöwe	N	
Kleine Weißkehle – Dorngrasmücke	Be1	
Kleine Weißkehle – Klappergrasmücke	Be2,N	
Kleine weißschwingige Möve – Polarmöwe	CLB1,2,N	KNB
Kleine weißschwingige Stoßmöve – Polarmöwe	N	
Kleine Weyhe – Wiesenweihe	JAN	
Kleine Wiesen-Lerch – Wiesenpieper	GesH	
Kleine Wilant'n – Krickente	H	
Kleine wilde blaue Ente – Stockente	Be2	
Kleine wilde Ente – Krickente	Be2,H	
Kleine wilde Gans – Rostgans	Be,Buff	
Kleine wilde Gans – Saatgans	Be2,Be,Be05,Buff,N	Otto: Var. Graugans.

Kleine wilde Pille – Krickente	H	
Kleine wilde Taube – Hohltaube	GesSH,O1	
Kleine Wildtaube – Hohltaube	F	
Kleine Zilverreiger (holl.) – Seidenreiher	H	
Kleine Zopflerche – Heidelerche	Be1,Buff,GD	
Kleine Zwergohreule – Zwergohreule	CLB3	
Kleine(r) Nachtigall – Nachtigall	Do	
Kleineent – Krickente	Buff	
Kleinendte – Krickente	GesS	
Kleinente – Krick-/Knäkente	Fri	
Kleinente – Krickente	B,Be2,Be,F,GD,N,Suol	
Kleiner Adler – Fischadler	Be,N	
Kleiner Adler – Rauhfußbussard	N	
Kleiner Adler – Schelladler	Buff	
Kleiner Adler – Schreiadler	Be1,Be2,Be,Be97,GD,K,N	
Kleiner afrikanischer gehäubter Trappe ...	Be2,N	Heute geltender Name.
... – Saharakragentrappe		
Kleiner afrikanischer gehaubter Trappe ...	Krü	Heute geltender Name.
... mit der Halskrause – Saharakragentrappe		
Kleiner Alk – Krabbentaucher	Be2,Be,CLB2,GD,Krü,MW,N,O1	KNB
Kleiner Allenbock – Lachmöwe	O1	
Kleiner Alpenstrandläufer –	N	
Alpenstrandläufer (Schinz)		
Kleiner Ameisenspecht – Grauspecht	Do,F	
Kleiner Ammer – Zwergammer	Buff,GD	
Kleiner aschfarbener Neuntödter –	N	
Neuntöter		
Kleiner Kiefernkreuzschnabel –	CLB3	
Kiefernkreuzschnabel		
Kleiner rothplattiger Hänfling –	GD	
Birkenzeisig		
Kleiner Schuhhu – Waldohreule	Hp	
Kleiner Storch – Schwarzstorch	Be	
Kleiner aschgrauer Dorndreher –	N	
Schwarzstirnwürger		
Kleiner aschgrauer Neuntöder –	Be1	
Schwarzstirnwürger		
Kleiner aschgrauer Neuntödter –	Be2,Be,N	
Schwarzstirnwürger		
Kleiner aschgrauer Würger –	GD	
Schwarzstirnwürger		
Kleiner Auerhahn – Birkhuhn	Be1,Be,GD,Hp,N	VN
Kleiner Auf – Waldohreule	Do,F	
Kleiner Bartfalk – Baumfalke	Do,F	
Kleiner Baumfalke – Baumfalke	Be2,N	
Kleiner Baumhackel – Mittelspecht	Be	
Kleiner Baumhacker – (Wald-)Baumläufer	Be1,Be2,Be,Buff,N	
Kleiner Baumhacker – Grünspecht	B	
Kleiner Baumhacker – Kleinspecht	B,F	

Kleiner Baumhacker – Mittelspecht	Be2,N,V	
Kleiner Baumläufer – Mauerläufer	Be1,Buff,N	
Kleiner Baumpicker – Kleinspecht	F,N	
Kleiner Baumspecht – Kleinspecht	Be2,Be,GD,N	
Kleiner Berg-Phasan – Birkhuhn	Kö	
Kleiner Bergelster – Schwarzstirnwürger	Be2,Be	
Kleiner Bergfasan – Birkhuhn	GesH,zLa	Nach Gessner 1555, 472–478.
Kleiner Bläsling – Bläßhuhn	GD	
Kleiner blaurückiger Eisvogel – Eisvogel	CLB3	
Kleiner Blauziemer – Blaumerle	Be,Buff,GD,N	
Kleiner Braacher – Regenbrachvogel	K	
Kleiner Bracher – Regenbrachvogel	Be2,Be,Buff,GD,N	
Kleiner Brachvogel – Goldregenpfeifer (Var.)	Be1, Be,Buff,Jä,Krü,N	
Kleiner Brachvogel – Mornellregenpfeifer	Be2,Be,Buff,F,N,O1	
Kleiner Brachvogel – Regenbrachvogel	Be2,Buff,CLB1,2,F,GesH,N,Schwf,Suol,V	KNB
Kleiner Brachvogel – Rotflügel-Brachschwalbe	Ad	
Kleiner Brachvogel – Rotschenkel	Be1,Be2,Be,GD,N	
Kleiner Brachvogel – Sichler	Be,Buff	
Kleiner Brachvogel – Tüpfelsumpfhuhn	Be2,Be	
Kleiner Brachvogel – Wachtelkönig	Ad,K,Krü	
Kleiner Brachvogel mit dünnem Schnabel … … – Dünnschnabelbrachvogel	N	
Kleiner brauner Rohrdommel – Zwergdommel	Be2,Buff,N	
Kleiner brauner Zitscherling – Berghänfling	CLB2	KNB
Kleiner bundter Wankrengel – Schwarzstirnwürger	Schwf	
Kleiner bunter Specht – Mittelspecht	Be2,Be,Buff	
Kleiner bunter und gesprenkelter Specht – Mittelspecht	Be2,N	
Kleiner bunter Wankrengel – Schwarzstirnwürger	K	Frisch T. 60.
Kleiner bunter Warkengel – Neuntöter	Be1,Be2,Be,Buff,GD,N	
Kleiner bunter Würgengel – Neuntöter	Be1,Be2,Be,Buff,GD,N	
Kleiner bunter Würger – Neuntöter	Be1,Be,GD	
Kleiner Buntspecht – Kleinspecht	Ad,Be1,Be2,Be,Be97,Be05,Buff,CLB2,3,GD,K,… …Krü,N,O1,2,3,V Frisch T. 37.	KNB
Kleiner Buntspecht – Mittelspecht	Hp,Jä	
Kleiner Buschreiher – Seidenreiher	O1	
Kleiner Bussard – Baumfalke	Be2,Be,Be97,N	
Kleiner Bußhart – Baumfalke	Be1,GD	
Kleiner Bußhart mit rothen … … schwarzfleckigen Schenkeln … … und rothweißem Halse – Baumfalke	Buff	
Kleiner Cormoran – Krähenscharbe	Buff,O2	
Kleiner Dölpel – Baßtölpel	Krü	
Kleiner Dölpel – Rotfußtölpel?	GD	

Kleiner Dompfaff – Gimpel	Bri	
Kleiner Dorndreher – Schwarzstirnwürger	Do,F	
Kleiner Dorngreuel – Klappergrasmücke	Be97	
Kleiner Dorngreul – Klappergrasmücke	Be1,Be2,Be,F,N	
Kleiner Dornreich – Klappergrasmücke	Be1,Be2,Be,Be97,F,N	
Kleiner Dunlin – Alpenstrandläufer (Schinz)	N	
Kleiner europäischer Fliegenfänger – Fitis	GD	„Nach Buffon".
Kleiner Europäischer Wasserralle –	Be1	
Tüpfelsumpfhuhn		
Kleiner Falcke – Baumfalke	Schwf,Suol	
Kleiner Falk – Merlin	Krü	
Kleiner Falke – Merlin	Buff,GD	
Kleiner Feigenfresser – Zwergschnäpper	F,N	
Kleiner Feldrabe – Rabenkrähe	Be	
Kleiner Finkenhabicht (männl.) – Sperber	N	
Kleiner Fischadler – Fischadler	Be2,Be,N	
Kleiner Fischadler – Seeadler	Buff,GD	
Kleiner Fischer – Baßtölpel	Krü	
Kleiner Fischer – Rotfußtölpel?	GD	
Kleiner Fischer – Trauerseeschwalbe	GD	
Kleiner Fischer – Zwergseeschwalbe	Be1,Be2,Be,Buff,Krü,N	
Kleiner Fischgeier – Fischadler	Jä	
Kleiner Fischgeier – Flußseeschwalbe	Jä	
Kleiner Fliegenfänger – Trauerschnäpper	Be2,N	
Kleiner Fliegenfänger – Zwergschnäpper	Be1,Be2,Be,Be97,F,CLB2,3,MW,N,O3...	
	... Bechstein 1795.	KNB
Kleiner Fliegenschnäpper –	Be1,Be2,Be,N	
Klappergrasmücke		
Kleiner Fliegenschnapper –	N	
Trauerschnäpper		
Kleiner Fliegenschnäpper –	Be,N	
Trauerschnäpper		
Kleiner Fliegenschnäpper –	N	
Zwergschnäpper		
Kleiner Fluß-Taucher – Zwergtaucher	V	
Kleiner Flußadler – Fischadler	Be2,Be,Buff,GD,N	
Kleiner Flußtaucher – Zwergtaucher	Krü	
Kleiner Gabelweihe – Schwarzmilan	N	
Kleiner Gauf – Zwergohreule	O1	
Kleiner gefleckter Adler – Schreiadler	GD	
Kleiner gehäubter afrikanischer Trappe ...	N	Heute geltender Name.
... ohne Halskragen – Saharakragentrappe		
Kleiner gehörnter Steissfuss –	CLB3	
Ohrentaucher		
Kleiner gehörnter Taucher – Ohrentaucher	Be,Buff,Krü	
Kleiner gehörnter Taucher –	N	
Schwarzhalstaucher		
Kleiner Geier – Mönchsgeier	O1	
Kleiner Geier – Schmutzgeier	Be2	

Kleiner Geier – Sperber	Suol		
Kleiner gelber Quittenhänfling – Bluthänfling	GD		
Kleiner Gerfalke – Gerfalke	H		
Kleiner gesprenkelter Specht – Kleinspecht	Be2,N		
Kleiner gestirnter Reiher aus der ... ... Barabarey – Zwergdommel	Be2		
Kleiner gestreifter Strandläufer – Meerstrandläufer (Var.)	Be2		
Kleiner Gewittervogel – Regenbrachvogel	Be2,Be,N		
Kleiner Geyer – Gänsegeier	GD		
Kleiner Geyer – Schmutzgeier	Buff		
Kleiner Goldregenpfeifer – Goldregenpfeifer (Var.)	Be1,Buff,Krü		
Kleiner Goldregenpfeifer – Wanderregenpfeifer	H	Naum. – Henn. 8, 31.	
Kleiner Gräser – Zwergschnepfe	Jä,N		
Kleiner Grasspecht – Kleinspecht	Hp	Heppe 1798.	
Kleiner grau- und weiss-bunter ... ... Sandlaeufer mit roten Schnabel und ... ... Füssen – Rotschenkel	Fri		
Kleiner grauer Baumlauferl – Baumläufer	Buff		
Kleiner grauer Baumsteiger – Baumläufer	Be2,Buff,N	Naum. lehnte Artenspaltung ab.	
Kleiner grauer Dorndreher – Schwarzstirnwürger	N		
Kleiner grauer Dorntreter – Schwarzstirnwürger	N		
Kleiner grauer Neuntödter – Schwarzstirnwürger	GD,K,N	Frisch T. 60.	
Kleiner grauer Neuntöter – Schwarzstirnwürger	Be2,O2		
Kleiner grauer Würger – Neuntöter	GD		
Kleiner grauer Würger – Schwarzstirnwürger	Be1,Be2,Be,Be97,Be05,GD,N,V		
Kleiner Grauspecht – Baumläufer	O1		
Kleiner Grauspecht – Waldbaumläufer	Jä		
Kleiner grönländischer Alk – Krabbentaucher	N		
Kleiner Grüel – Regenbrachvogel	O2		
Kleiner Grünling – Girlitz	Do		
Kleiner Grünschenkel – Waldwasserläufer	Do,F		
Kleiner Grünspecht – Baumläufer	GD		
Kleiner Grünspecht – Grauspecht	CLB2,Hp,N,zLa	Zum Lamm S. 216.	KNB
Kleiner Gütvogel – Regenbrachvogel	GD		
Kleiner Haagspatz – Klappergrasmücke	N		
Kleiner Habicht – Sperber	CLB2		KNB
Kleiner Hahn, Kleines Huhn mit ... ... rauchen Füßen – Haushuhnrasse	Fri		
Kleiner Hänfling – Birkenzeisig	Buff,O1,2		

Kleiner Hänfling der Weinberge – Birkenzeisig	Buff	
Kleiner Haubensteissfuss – Rothalstaucher	CLB2,N	KNB
Kleiner Haubentaucher – Rothalstaucher	CLB2	KNB
Kleiner Heckenschmätzer – Zilpzalp	Z	
Kleiner Heckenschnarrer – Kleines Sumpfhuhn	N	
Kleiner Hemeick – Teichwasserläufer	Be	Wäre „Hennik" richtig?
Kleiner Hennik – Teichwasserläufer	Be2,N	
Kleiner Holzbuchfink – Trauerschnäpper	Buff	Buffon/Otto Band 14.
Kleiner Holzfink – Grauschnäpper	GD	
Kleiner Holzfink – Trauerschnäpper	Be2,F,N	
Kleiner Hühnerhabicht – Kornweihe (männl.)	N	
Kleiner Ibis – Regenbrachvogel	Buff	Edwards
Kleiner Jütvogel – Regenbrachvogel	GD	
Kleiner kappiger Taucher – Ohrentaucher	Buff	„Columbus cristatus minor Brisson".
Kleiner Karminhänfling – Birkenzeisig	Be2,Buff,GD,N,Suol	
Kleiner Kautz – Sperlingskauz	Be2,GD,O1	
Kleiner Kautz – Steinkauz	V	
Kleiner Kauz – Sperlingskauz	Be1,Be,Be97,Be05,CLB1,2 Bechstein?	KNB
Kleiner Kauz – Steinkauz	CLB2,Fri,Krü,MW,N,O2	KNB
Kleiner Kehlhaken – Regenbrachvogel	O1	
Kleiner Keilhaaken – Regenbrachvogel	Be	
Kleiner Keilhacke – Regenbrachvogel	Fri	
Kleiner Keilhake – Regenbrachvogel	Be2	
Kleiner Keilhaken – Pfuhlschnepfe	Be2	
Kleiner Keilhaken – Regenbrachvogel	F,N	
Kleiner Kibitz – Flußregenpfeifer	JAN	Oder Sandregenpfeifer.
Kleiner Kibitz – Sandregenpfeifer	N	
Kleiner Kiebitz – Sandregenpfeifer	Be2	
Kleiner Kormoran – Krähenscharbe	Be2,Be,Buff,GD,Krü,N	
Kleiner Kornvogel – Wiesenweihe	N	
Kleiner Krabbentaucher – Krabbentaucher	N,WüCl	
Kleiner Krammetsvogel – … … Rostflügel-/Rostschwanzdrossel	N	
Kleiner Krammetsvogel – Schwarz-/ Rotkehldrossel	Be,N	
Kleiner Kreutzschnabel – Fichtenkreuzschnabel	N,V	
Kleiner Kreuzschnabel – Fichtenkreuzschnabel	Be2,Be,CLB2	KNB
Kleiner Krickelster – Schwarzstirnwürger	Be2,Be	
Kleiner Kronentaucher – Ohrentaucher	N	
Kleiner Krontaucher – Ohrentaucher	Do,F	
Kleiner Krummschnabel – Alpenstrandläufer	Be2,Be,F,N	
Kleiner Krummschnabel – Fichtenkreuzschnabel	Jä	

Kleiner Labbe – Falkenraubmöwe	Do	
Kleiner langschwänziger Strandjäger – Falkenraubmöwe	N	
Kleiner Lappentaucher – Zwergtaucher	F,N	
Kleiner Lerchenstoßer – Merlin	B	
Kleiner Lerchenstößer – Merlin	F,N	
Kleiner Mäusehabicht – Kornweihe (männl.)	N	
Kleiner Meeradler – Fischadler	Be1,Be2,Be97,Buff,GDN	
Kleiner Meertaucher – Sterntaucher (juv. o. Sokl.)	Buff,Krü,N	
Kleiner Merch – Mittelsäger	Suol	
Kleiner Mercher – Zwergsäger	Be2,N	
Kleiner Merrer – Zwergsäger	Be	
Kleiner Merrer – Zwergtaucher	Jä	
Kleiner Milan – Schwarzmilan	N	
Kleiner Mistler – Singdrossel	Buff,F	
Kleiner Mönch – Mönchsgrasmücke	Be1,Be2,Be,Buff,N	
Kleiner Myrstickel – Flußuferläufer	Be2,Krü,N	
Kleiner Neun-Tödter – Neuntöter	G	
Kleiner Neuntöder – Neuntöter	Be1	
Kleiner Neuntödter – Neuntöter	GD,P,Z	
Kleiner Neuntöter – Neuntöter	Be,Be97,Be05,Krü	
Kleiner nordischer Alk – Krabbentaucher	Be2,Be,N	
Kleiner Orhan – Birkhuhn	GesSH	
Kleiner Orpheus – Klappergrasmücke	Do,F	
Kleiner Papageitaucher – Krabbentaucher	Be2,Be,N	
Kleiner Papageytaucher – Krabbentaucher	GD	
Kleiner Peter Drikker – Krabbentaucher	Gun	
Kleiner Petrell – Sturmschwalbe	N	
Kleiner Pfeilschwanz – Eisente	Be2,Buff,N	
Kleiner Pfeilschwanz – Pfeifente	CLB2	KNB
Kleiner punktirter Strandläufer – Bruchwasserläufer	Be2,N	
Kleiner Purpurreiher – Purpurreiher	CLB3	
Kleiner Pygarg – Seeadler	Be2	
Kleiner Pygarge – Seeadler	GD	
Kleiner Rabe – Rabenkrähe	Be1,Be97,Be05,G,GD,Hp,V	
Kleiner Rallenreiher – Rallenreiher	CLB3	
Kleiner rauchfüßiger Kautz – Rauhfußkauz	N	
Kleiner Regenpfeifer – Flußregenpfeifer	Be2,Be,CLB1,2,MW,N,O2	KNB
Kleiner Regenpfeifer – Goldregenpfeifer	Be2	
Kleiner Regenwolp – Regenbrachvogel	Buff	
Kleiner Reiher – Nachtreiher	G	
Kleiner Reiher – Rallenreiher	Be1,Be2,Be,N	
Kleiner Reiher – Zwergdommel	Be2,Be,CLB2,MW,N	KNB
Kleiner Ritter (petit chevalier) – … … Wald-(Bruch-)wasserläufer	Buff	Tringa ochropus.
Kleiner Rohrdommel – Zwergdommel	Be2,Be,Buff,N	

Kleiner Rohrdommel aus der Barbarey – Zwergdommel	Be2	
Kleiner Rohrdommel der Barberei – Zwergdommel	Buff	
Kleiner Rohrdommel der Levante – Zwergdommel	Buff	Brisson
Kleiner Rohrgeier – Kornweihe (weibl.)	Be2,Be,N	
Kleiner Rohrreiher – Zwergdommel	N	
Kleiner Rohrsänger – Teichrohrsänger	V	
Kleiner Rohrschirf – Schilfrohrsänger	Do,F	Schirfen ist tonmalend.
Kleiner Rohrsperling – Schilfrohrsänger	Do,F	
Kleiner Rohrsperling – Sumpfrohrsänger	Scha	
Kleiner Rohrsperling – Teichrohrsänger	B,N,O2	
Kleiner Rohrtump – Zwergdommel	F,N	
Kleiner rostiger Neuntödter – Neuntöter	GD	
Kleiner rostiger Neuntödter – Rotkopfwürger	Buff,K	
Kleiner rostiger Neuntöter – Rotkopfwürger	Be2,Be,K,N	
Kleiner Rotbauch – Sichelstrandläufer	N	
Kleiner rotblättiger Hänfling – Birkenzeisig	Be1	
Kleiner roter Neuntöter – Neuntöter	Be2,N	N: Neuntödter.
Kleiner roter Wankrengel – Rotkopfwürger	Schwf	
Kleiner roter Warkengel – Rotkopfwürger	Be	
Kleiner roter Wartengel – Rotkopfwürger	Be2,Be,N	
Kleiner Rotfalke – Merlin	Be1,Be2,Be,N	
Kleiner rotgelber Schubut – Waldohreule	Be2,Be	
Kleiner Rothals – Moorente	Suol	
Kleiner Rothalß – Moorente	Baldn	
Kleiner Rotkopf – Birkenzeisig	Be1,Be2,Be,Be97,F,Krü,N	Be97: „Bergfink".
Kleiner rotplattiger Hänfling – Birkenzeisig	N	
Kleiner rotplättiger Hänfling – Birkenzeisig	Be2,Be,Fri	
Kleiner rotplättriger Hänfling – Birkenzeisig	Be97	
Kleiner Rotschenkel – Rotschenkel	Be1,Be2,Be,CLB1,2,GD,Krü,N	KNB
Kleiner Rotspecht – Kleinspecht	Be2,Be,CLB2,N	KNB
Kleiner Rotspecht – Mittelspecht	Jä	
Kleiner Säger – Zwergsäger	Be2,Be,CLB2,F,N,O1	KNB
Kleiner Sägetaucher – Zwergsäger	Be2,Be,Buff,N	
Kleiner Schildspecht – Mittelspecht	B,N	
Kleiner Schilf-Rohrsänger – Mariskensänger	N	N: Bd. 13/456.
Kleiner Schilfsänger – Teichrohrsänger	V	
Kleiner Schitzkebier – Buchfink	JAN	Finkenschlag, z. T. auch Finkenname.
Kleiner Schlammläufer – Zwergstrandläufer	CLB3	

Kleiner Schnepfenstrandläufer – Alpenstrandläufer	Fri	
Kleiner schöner Baumläufer – Mauerläufer	Be	
Kleiner Schreiadler – Schreiadler	N	N: Bd. 13/050.
Kleiner Schubhut – Waldohreule	Buff,GD	
Kleiner Schubhut mit kurzen Ohren – Waldohreule	Buff	
Kleiner Schubut – Waldohreule	A,Be2,Buff,GD,K N	Albin Band III/6.
Kleiner Schuffut – Waldohreule	Krü	
Kleiner Schuhu – Waldohreule	Be1,Be97,F,GD	
Kleiner Schwalben-Sturmvogel – Sturmschwalbe	N	
Kleiner Schwalbenschwanz – Schwarzmilan	N	
Kleiner Schwan – Zwergschwan	N	
Kleiner schwartzer Sturmvogel – Sturmschwalbe	K	Albin Band III, 92.
Kleiner schwarz und weißbunter und ... ... haariger Baumhacker – Mittelspecht	Be2,Be,N	
Kleiner schwarz und weißbunter ... ... Baumhacker – Mittelspecht	Be2,Buff,Krü	
Kleiner schwarz und weißer Taucher – Krabbentaucher	GD	
Kleiner schwarz und weißer Taucher – Trottellumme	GD	
Kleiner schwarz- und weißbunter Specht – Mittelspecht	Z	
Kleiner Schwarzbrust – Mornellregenpfeifer	Be	
Kleiner schwarzer Sturmvogel – Sturmschwalbe	Ad,Be2,Be,Buff,Krü,N	
Kleiner schwärzlicher Taucher – Zwergtaucher	H	
Kleiner Schwarzmantel – Heringsmöwe	F,N	
Kleiner schwarz und weißer Taucher – Krabbentaucher	N	o.k.
Kleiner See-Hahn – Zwergtaucher	Fri	
Kleiner Seehahn – Zwergtaucher	GD	
Kleiner Seevogel – Kampfläufer (weibl.)	Be2,N	
Kleiner Sichelschnäbler – Sumpfläufer	CLB1	
Kleiner Silberreiher – Seidenreiher	Be1,05,97,Buff,CLB2,3,F,GD,Krü,MW, ... N,O1,V, KNB	
Kleiner Singschwan – Zwergschwan	N	
Kleiner Specht – Mittelspecht	Be2	
Kleiner Sperber – Merlin	Be1,Be2,Be,Jä,N	
Kleiner Sperber (männl.) – Sperber	N	
Kleiner Spitzgeier – Kornweihe (männl.)	Be1,Be2,Be,N	
Kleiner Spitzgeyer – Kornweihe	GD	
Kleiner spitzschwänziger Strandjäger – Falkenraubmöwe	N	

Kleiner spitzschwänziger Struntjäger – Falkenraubmöwe	N	
Kleiner Spötterling – Waldlaubsänger	Be1,Be,N	
Kleiner Stecher – Neuntöter	Suol	
Kleiner Stein-Kautz – Steinkauz	G	
Kleiner Steinfletscher – Schwarzkehlchen	Jä	
Kleiner Steinkautz – Steinkauz	G	
Kleiner Steinpicker – Braunkehlchen	Be2,Be,Krü,N	
Kleiner Steinschmatzer – Braunkehlchen	Be	
Kleiner Steinschmätzer – Braunkehlchen	Ad,Be1,Be2,Be97,Buff,GD,Krü,N,O1,Z	
Kleiner Steinschmätzer – Schwarzkehlchen	CLB2,V	KNB
Kleiner Steißfuß – Zwergtaucher	Be2,Be,CLB1,2,Krü,MW,N,O2,3,V	KNB
Kleiner Stieglitz – Stieglitz	Be97	
Kleiner Stießert – Sperber	F	
Kleiner Stockfalke – Sperber	Be1,Be2,Be,N	
Kleiner Stoeßert – Sperber	Do	
Kleiner Storch – Schwarzstorch	Be2,Be,F,N	
Kleiner Stößer – Sperber	Do,F	
Kleiner Stoßfalke – Sperber	Be2,Be,Buff,GD,N	
Kleiner Strandjäger – Falkenraubmöwe	N	
Kleiner Strandläufer – Alpenstrandläufer	Buff	
Kleiner Strandläufer – Sandregenpfeifer	Be,GD	
Kleiner Strandläufer – Zwergstrandläufer	Be,Be1,2,97,CLB1,2,GD,MW,N,O2,Suol	KNB
Kleiner Strandpfeifer – Flußregenpfeifer	Be2,Be,N	
Kleiner Strandpfeifer – Seeregenpfeifer	Buff	
Kleiner Struntjäger – Falkenraubmöwe	N	
Kleiner Sturmtaucher – Kleiner Sturmtaucher	CLB2	KNB
Kleiner Sturmvogel – Sturmschwalbe	Buff,CLB2,Krü,N,V	KNB
Kleiner Sumpfläufer – Sumpfläufer	N,WüCl	
Kleiner Sumpfschnerz – Kleines Sumpfhuhn	Krü	
Kleiner Taucher – Krabbentaucher	Be2	
Kleiner Taucher – Ohrentaucher	Be2,Buff	
Kleiner Taucher – Zwergtaucher	Be1,Be,Be97,Buff,CLB2,GD,Krü,N	KNB
Kleiner Taucher aus der Nordsee – Prachttaucher	Be2,Buff,N	
Kleiner Teichschilfsänger – Teichrohrsänger	CLB3	
Kleiner Trappe – Triel	Fri	
Kleiner Trappe – Zwergtrappe	Be1,2,05,97,Buff,CLB2,GD,MW,N,O3	KNB
Kleiner Thurmfalke – Rötelfalke	CLB2,3	KNB
Kleiner Uferpfeifer – Flußregenpfeifer	CLB3	
Kleiner Uferschilfsänger – Schilfrohrsänger	CLB3	
Kleiner Uhu – Waldohreule	Be2,Be,Jä,N,O1,V	
Kleiner und brauner Waldgeier – Schwarzmilan	Be2	
Kleiner und schäckiger Adler – Fischadler	Be2	
Kleiner und schöner Baumläufer – Mauerläufer	Be2	

Kleiner und schwärzlicher Taucher – Zwergtaucher	Be2	
Kleiner Ungewittervogel – Sturmschwalbe	Buff	
Kleiner Unglücksvogel – Steinrötel	Be2,Be,Krü,N	
Kleiner Wahnkrengel – Neuntöter	Be2,Be,N	
Kleiner Waldgeier – Schwarzmilan	N	
Kleiner Waldgeyer – Schwarzmilan	GD	
Kleiner Waldkautz – Rauhfußkauz	N	
Kleiner Waldsänger – Klappergrasmücke	N	
Kleiner Wanderfalk – Baumfalke	Do,F	
Kleiner Wanderfalke – Baumfalke	Be2,N	
Kleiner Wasserläufer – Bruchwasserläufer	O2	
Kleiner Wasserläufer – Flußuferläufer	F,N	
Kleiner Wasserralle – Zwerg-/Kleines Sumpfhuhn	Be1,Be2,N	
Kleiner Wassertreter – Odinshühnchen	F,N	
Kleiner Weidensänger – Zilpzalp	N	
Kleiner Weidenzeisig – Schilfrohrsänger	Do,F	
Kleiner Weidenzeisig – Zilpzalp	Be1,Be2,Be,N,O2	
Kleiner Weih – Kornweihe	O1	
Kleiner Weinhänfling – Birkenzeisig	Buff	
Kleiner weisköpffiger Säger – Zwergsäger	K	Albin Band I, 89.
Kleiner Weißarsch – Bruchwasserläufer	Be2,Be,N,O1	
Kleiner Weißbacken – Baumfalke	Be2,Be,N	
Kleiner weißer Fischer – Rotfußtölpel?	GD	
Kleiner weißer Geier der Alten – Schmutzgeier	Be2,N	
Kleiner weißer Geyer – Schmutzgeier	Buff	
Kleiner weißer Reiger – Seidenreiher	Buff	
Kleiner weißer Reiher – Seidenreiher	Be1,Be,Buff,CLB2,GD,N	KNB
Kleiner weißer Säger – Zwergsäger	CLB3,N	
Kleiner weisser Storch – Weißstorch	CLB3	
Kleiner weißköpfiger Geyer – Schmutzgeier	Buff	
Kleiner weißköpfiger Säger – Zwergsäger	Be2,Be,Buff	
Kleiner Weißsteiß – Bruchwasserläufer	F	
Kleiner wilder Hahn – Birkhuhn	Buff	
Kleiner Wistling (bayer.) – Zilpzalp	H	
Kleiner Würger – Neuntöter	Be2,Be97,N	
Kleiner Würger – Schwarzstirnwürger	Be2,Be,CLB2,N,O3	
Kleiner Zaunammer – Zaunammer	CLB3	
Kleiner Ziemer – Rostflügel-/ Rostschwanzdrossel	N	
Kleiner Ziemer – Rotdrossel	Fri,GesH	
Kleiner Ziemer – Steinrötel	GesH	
Kleiner Züger – Teichwasserläufer	Jä,N	
Kleinere Canadensische Tageule – Schnee-Eule	Be2,GD	Bei Müller 1763.
Kleinere graue Möve – Lachmöve	N	

Kleinere grönländische Taube –	Krü,O2	
Krabbentaucher		
Kleinere Meerschwalbe –	GD,O2	
Trauerseeschwalbe		
Kleinere Meve – Fluß-/Küstenseeschwalbe	GD,Z	
Kleinere Meve – Flußseeschwalbe	Be1,Be2,Be,N	
Kleinere Meve – Lachmöwe	Be2,Be	
Kleinere Meve – Sturmmöwe	GD	
Kleinere Meve – Trauerseeschwalbe	P	
Kleinere Mewe – Flußseeschwalbe	Krü	
Kleinere Möve – Lachmöwe	N	
Kleinere rotgelbe Ohreule – Waldohreule	Be2,Buff	
Kleinere Stübbersche Kirke –	Be1,Buff,Krü	
Brandseeschwalbe		
Kleinere Wasserralle – Tüpfelsumpfhuhn	Be2,Be,Buff,N	
Kleinere wilde blaue Änte – Stockente	Buff	
Kleinere wilde blaue Ente – Stockente	Be	
Kleinerer Bramling – Bergfink	K	Albin Band III, 64.
Kleinerer Bunt-Specht – Kleinspecht	Fri	
Kleinerer bunter und gesprenkelter	N	
Specht – Mittelspecht		
Kleinerer ganz schwarzer Rabe –	Buff,Z	
Rabenkrähe		
Kleinerer Grau-Specht – Baumläufer	Fri	
Kleinerer Grauspecht – Baumläufer	Buff,K	Albin Band III, 25.
Kleinerer Neuntödter – Neuntöter(?)	Z	
Kleinerer Neuntödter – Rotkopfwürger	Fri	
Kleinerer Rotkopf – Birkenzeisig	GD	
Kleinerer Specht – Mittelspecht	Be1,Be	
Kleinerer Steinschmätzer – Braunkehlchen	Z	
Kleinerer Trappe – Zwergtrappe	GD	
Kleines Bachsteltzle – Nordische	zLa	Motacilla flava thunbergi.
Schafstelze		
Kleines Blaukehlchen – Blaukehlchen	CLB2	KNB
Kleines buntes Waldhuhn – Birkhuhn (?)	Be2	
Kleines buntes Waldhuhn – Haselhuhn	Be1	
Kleines Duch Entel – Zwergtaucher	Suol	
Kleines Duchentel – Zwergtaucher	Baldn-Suol	
Kleines Feldhuhn – Rebhuhn	Krü	
Kleines Feldhuhn – Wachtel	Be2,Be,F,Krü,N,O3	
Kleines Fischerlein – Zwergseeschwalbe	Be2,Be,F,N	
Kleines gesprenkeltes Wasserhuhn –	Be2,Be,Buff,Fri,GD	
Tüpfelsumpfhuhn		
Kleines graues Rebhuhn – Rebhuhn (Var.)	Buff,Hp	
Kleines graues Streichrebhuhn –	Buff,Hp	
Rebhuhn (Var.)		
Kleines Grünbein – Teichwasserläufer	N	
Kleines Käutzchen – Sperlingskauz	Be2	
Kleines Käutzchen – Steinkauz	N	
Kleines Käutzlein – Sperlingskauz	Be2	

Kleines Käutzlein – Steinkauz	N	
Kleines Käutzlein – Zwergohreule	GesH	
Kleines Krinisse – Fichtenkreuzschnabel	Schwf	
Kleines Langschnablichtes Wasserhuhn – Wasserralle	Fri	
Kleines Meerhuhn – Kleines/ Zwergsumpfhuhn	Be2,Be,N	
Kleines Rebhuhn – Wachtel	GD	
Kleines Riegerlein – Sandregenpfeifer	Baldn,Fri,Z	
Kleines Rohrhennel – Teichhuhn	Be2,Be,N	
Kleines Rohrhennl – Teichhuhn	Be2,Buff	
Kleines Rohrhuhn – Kleines/ Zwergsumpfhuhn	CLB2,3,F,Krü,MW,N,O3	KNB
Kleines Rohrhuhn – Tüpfelsumpfhuhn	O2	
Kleines Sumpfhuhn – Kleines Sumpfhuhn	N	
Kleines Trässele – Krickente	H	
Kleines Wasserhuhn – Teichhuhn	Be2,Be,Buff,F,N	
Kleines Wasserhuhn – Tüpfelsumpfhuhn	N	
Kleines Wasserhühnchen – Kleines/ Zwergsumpfhuhn	Be1,Be2,Be,GD,Krü,N	Name bei Jägern.
Kleines Wasserhühnchen – Tüpfelsumpfhuhn	F,N	
Kleines Wasserhühnchen – Wasserralle	Be1,Be2,Be,GD,Krü,N	
Kleines Waßer Hünlein – Zwergsumpfhuhn ?	zLa	
Kleines Weidenblättchen – Zilpzalp	N	
Kleines Weißkehlchen – Klappergrasmücke	N	
Kleines Zwergkäuzlein – Sperlingskauz	Jä	
Kleineste Meve, mit röhrenförmigen … … Nasenlöchern – Sturmschwalbe	Buff	
Kleinfüssige Kolbenente – Kolbenente	CLB3	
Kleinfüssige Ringelmeergans – Ringelgans	CLB3	
Kleingeschwätzige Grasmücke – Klappergrasmücke	Be	
Kleinhahn – Birkhuhn	Suol	
Kleinmevchen – Trauerseeschwalbe	Be1,Be2,Be,N	
Kleinmevchen – Weißflügelseeschwalbe	GD	
Kleinmewchen – Trauerseeschwalbe	Krü	
Kleinmöwchen – Trauerseeschwalbe	F	
Kleinrollender – Buchfink	Buff,Kö	Zuchtname
Kleinschildspecht – Mittelspecht	Do,F	
Kleinschnäbeliger Kernbeisser – Fichtenkreuzschnabel	MW	
Kleinschnäblige Gans – Zwerggans	N	
Kleinschnäblige Heringsmöve – Heringsmöve	CLB3	
Kleinschnäblige Klappergrasmücke – Klappergrasmücke	CLB3	

Kleinschnäblige Raubmöve – Schmarotzerraubmöwe	CLB3	
Kleinschnäblige Schnatterente – Schnatterente	CLB3	
Kleinschnäblige Schwanzmeise – Schwanzmeise	CLB3	
Kleinschnäblige Uferschwalbe – Uferschwalbe	CLB3	
Kleinspecht – Baumläufer	Buff,GD	
Kleinspecht – Kleinspecht	B,N ...	
	... N: Klein-Specht Naumann 1826. KN	
Kleinspecht – Baumläufer	Be1,Be2,Be,Be97,F,Krü	
Kleinspecht – Waldbaumläufer	N	
Kleinste Art von dem schwarz- und ... ... weißbunten Specht – Kleinspecht	Buff	...
Kleinste Becassine – Zwergstrandläufer	Be2	
Kleinste Bekassine – Zwergstrandläufer	N	
Kleinste Ente – Krickente	CLB2	
Kleinste Eule – Sperlingskauz	Be2	
Kleinste Fischermöve – Zwergseeschwalbe	Suol	
Kleinste Fischmeve – Trauerseeschwalbe	GD	
Kleinste Fischmeve – Zwergseeschwalbe	Be1,Be2,Be,N	
Kleinste Fischmewe – Zwergseeschwalbe	Krü	
Kleinste Fischmöve – Zwergseeschwalbe	Buff	
Kleinste Gras-mücke – Fitis	Fri	
Kleinste Grasmücke – Fitis	GD	
Kleinste Grasmücke – Zilpzalp	Be1,Be2,Be,Buff,N	
Kleinste Lerche – Wiesenpieper	Be2,Be,N	
Kleinste Meerlerche – Temminckstrandläufer	F,N	
Kleinste Meve – Trauerseeschwalbe	Be2,N	
Kleinste Meve – Weißflügelseeschwalbe	GD	
Kleinste Meve – Zwergseeschwalbe	Be2,Buff,K,N	Larus piscator.
Kleinste Meve mit röhrenförmigen ... ... Nasenlöchern – Sturmschwalbe	Be2,Be,GD,N	
Kleinste Möve – Trauerseeschwalbe	Buff	
Kleinste Möwe – Trauerseeschwalbe	Fri	
Kleinste Ohreule – Zwergohreule	Be1,Be2,Be97,Buff,GD,Krü,N	
Kleinste Ralle – Kleines Sumpfhuhn	JAN	
Kleinste Schnepfe – Alpenstrandläufer	Fri	
Kleinste Schnepfe – Sumpfläufer	Be	
Kleinste Schnepfe – Zwergschnepfe	Be2,Be,Buff,Fri,GD,K,Krü,N	
Kleinste zweifarbige Meve – Zwergseeschwalbe	N	
Kleinster Adler – Zwergadler	N	N: Bd. 13/058.
Kleinster Baum-Häcker – Baumläufer	K	Albin Band III, 25.
Kleinster Baumhacker – Baumläufer	Buff,Fri	
Kleinster Brachvogel – Sumpfläufer	Be2,Be,N	
Kleinster bunter Würger – Neuntöter	Buff,GD	

Kleinster Buntspecht – Kleinspecht	GD,Jä	
Kleinster Kiewit – Sandregenpfeifer	Buff,Fri	
Kleinster krummschnäbliger Strandläufer – Sumpfläufer	Be	
Kleinster Neuntödter – Bartmeise	Be1,Be2,Be,Buff,GD	Krü,N: Neuntöter.
Kleinster Rohrschirf – Schilfrohrsänger	Be2,Be,N	
Kleinster Rohrvogel – Schilfrohrsänger	O2	
Kleinster roter Falk – Rötelfalke	MW	
Kleinster roter Falke – Merlin	Be2	
Kleinster Rotfalke – Rötelfalke	N	
Kleinster Rothals – Moorente	N	
Kleinster Roter Falck – Merlin	Fri	
Kleinster Rotfalke – Merlin	GD	
Kleinster Rotspecht – Kleinspecht	Jä	
Kleinster Säger – Zwergsäger	Buff	
Kleinster Sandläufer – Sanderling	Be2,Buff,Krü,N	
Kleinster Sandläufer – Zwergstrandläufer	Be1,Be2,Be,N	
Kleinster Schlammläufer – Temminckstrandläufer	CLB3	
Kleinster Schnepfensandläufer – Alpenstrandläufer	Be2,Be,Buff,Krü	
Kleinster schwartz und weißflecklichter … … Specht – Kleinspecht	P	
Kleinster schwarz und weiß gescheckter … … Baumhacker – Kleinspecht	Be2,Be,N	
Kleinster schwarz- und weißbunter Specht – Kleinspecht	Krü,Z	
Kleinster Specht – Kleinspecht	Be2,Be,GD,Hp,N	
Kleinster Sperber – Merlin	GD	
Kleinster Strandläufer – Sanderling	Krü	
Kleinster Strandläufer – Zwergstrandläufer	Be2,N	
Kleinster Sturmvogel – Sturmschwalbe	MW	
Kleinster Würger – Neuntöter	Be2,Be,GD,N	GD: Bei Pennant.
Kleinster Zwergsteissfuss – Zwergtaucher	CLB3	
Kleinster Zwergstrandläufer – Temminckstrandläufer	N	
Kleinstes gehörntes Käutzlein – Zwergohreule	K	
Kleinstes Käutzchen ohne Ohren – Steinkauz	Buff	
Kleinstes Käutzlein ohne Ohren – Steinkauz	Fri	
Kleinstes Käuzlein – Sperlingskauz	MW	Frisch
Kleinstes Laubvögelchen – Zilpzalp	Be1,Be2,Be,B97,N	
Kleinstes Rebhun – Wachtel	Fri	
Kleinstes Rohrhuhn – Zwergsumpfhuhn	CLB3	
Kleinstes Wasserhühnchen – Zwergsumpfhuhn	N	
Kleintrappe – Zwergtrappe	Do,F	

Kleintrostel – Singdrossel	GesS
Kleinziemer – Rotdrossel	Be2,F,N
Klemesel – Sumpfmeise	Do,F
Klemesel – Tannenmeise	Do,F
Klemmer – Mäusebussard	Häp Klemmer war „kleiner Dieb" (Litauen).
Klemmer – Wanderfalke	Do,F
Klemmvagel – Baumfalke	Bri
Klemmvâgel – Mäusebussard	Häp Klemmer war „kleiner Dieb" (Litauen).
Klener – Kleiber	Be2,Be,Buff,F,Hp,N,O1,Suol
Klener – Kleiber, Pirole, Meisen u. a.	O1
Klener – Steinrötel	Ad
Klener Urhan – Birkhuhn	zLa Nach Gessner 1555, 472–478.
Klener (österr.) – Kleiber	P
Klepper – Kernbeißer	Ad,B,Be1,Be2,Be,Buff,F,GesSH,Hp,K,Krü,…
	…N,O1,Schwf,Suol Frisch Tafel 4.
Kleppner – Weißstorch	Ad,Fri,Krü,Suol
Kletsch – Steinschmätzer	O1
Klette – Stieglitz	Be97
Kletten Specht – Mauerläufer	Schwf
Kletten-Specht – Mauerläufer	Kö
Klettenfink – Stieglitz	F
Klettenklauber – Stieglitz	Do,F
Klettenspecht – Mauerläufer	Buff,Kö
Klettenvogel – Stieglitz	Do „Weil er auch auf die großen Kletten fliegt."
Kletter – Kleiber	Be1
Kletter – Stieglitz	Be1,Be2,Be,Buff,Fri,GD,GesS,Krü,N
Kletterhals – Stieglitz	Do,F
Kletterke – Stieglitz	Bri
Kletterrotvogel – Stieglitz	B
Kletterspachtel – Wald- und Gartenbaumläufer	F
Kletterspachtel – Waldbaumläufer	Do
Kletterspecht – Mauerläufer	Be1,Be2,Be,Buff,F,GD,GesH,N,V
Kletterspechtel (schles.) – Waldbaumläufer	H
Klettervogel – Baumläufer	V
Klettervogel – Stieglitz	F
Klettervogel – Waldbaumläufer	Jä
Klettervogel, gemeiner – Baumläufer	Be1,Be2,Be
Klettervogel, gemeiner – Waldbaumläufer	N
Klewff-Skwarwer (helgol.) – Kormoran	H
Klewitt – Steinkauz	Suol
Klick – Zwergseeschwalbe	Bri
Klimperdüker – Schellente	WüCl
Klingelente – Schellente	B,F,N
Klingender Adler – Schreiadler	Be2,Be,K,N
Klingender Schellenadler – Schreiadler	Be2,N
Klingender Schellenten-Adler – Schreiadler	Be1,Be
Klingender Schellentenadler – Schelladler	Buff,GD

Klinger – Schellente	Be2,Be,Buff,F,GD,GesS,N,Suol		
Klingerduker – Schellente	H		
Klippenfeldhuhn – Felsenhuhn	CLB2		KNB
Klippenhuhn – Felsenhuhn	B,CLB3	Auch: Klippenhuhn	KNB
Klippenschwalbe – Felsenschwalbe	V		
Klippenstrandläufer – Meerstrandläufer	Boie		Boie 1822, 1826.
Klippentaube – Felsen-/Haustaube	Be2,N		
Klippenvogel – Elfenbeinmöwe	Buff		
Klitscher – Grauammer	B,F		
Klitscher – Ortolan	Do,F		
Kliwit – Kiebitz	Suol		
Kliwitken – Steinkauz	Suol		
Kliwitt-Huhn – Steinkauz	Fri,Suol		
Kloan Singada (österr.) – Dorngrasmücke	H		
Kloster Freulin – Bachstelze	Schwf		
Kloster freulin – Bachstelze	Buff		
Klosterfräulein – Bachstelze	B,Be1,Be2,Be,Be97,Buff,F,GD,K,N		Frisch T. 23.
Klosterfräuwle – Bachstelze	GesS		
Klosterfreuwle – Bachstelze	Suol		
Klostergans – Ringelgans	B,Be2,Be,Buff,F,GD,N		
Klosternonne – Bachstelze	Be2,Be,Buff,F,GD,N		
Klostervogel – Mönchsgrasmücke	Do,F		
Klosterwentel(!) – Mönchsgrasmücke	F		
Klosterwenzel – Mönchsgrasmücke	B,Be1,Be2,Be,Be97,Buff,GD,Hp,K,N,O1,Suol…		
	… Frisch Tafel 23.		
Klotten – Haus-/Felsentaube	Häp		
Klub-Alk(e) – Tordalk	Gun		
Klubalk – Tordalk	B,Be1,Be2,Be,GD,Krü,N,O2		
Klubalker – Tordalk	GD		
Klubulk – Tordalk	F		
Klucke – Haushuhn (weibl.)	Häp,Suol		
Kluckhenn – Haushuhn (weibl.)	Häp		
Kludderhahn – Kampfläufer	Bri,F		
Klumphuhn – Haushahn	GD		Hühnerrasse
Kluncker-Râve – Kolkrabe	Suol		
Klunkrâv – Kolkrabe	H,Suol		
Klunkrawe – Kolkrabe	Bri,Häp		
Klunkrov – Kolkrabe	Do,F		
Klut – Triel	B,F,H		
Klut Hahn, Henne – Haushuhnrasse	Fri		
Klüte – Säbelschnäbler	O1		
Kluthahn – Haushahn	GD		Hühnerrasse
Klütjer – Goldammer	Do,F		
Klütjer – Grünfink	F		
Klutoors – Rothalstaucher	Suol		
Klyde (dän.) – Säbelschnäbler	Buff		
Klyster – Singdrossel	Suol		
Knackawer – Weißstorch	Scha,Suol		
Knackente – Knäkente	Buff		

Knäckente – Knäkente	Be1,Be2,Be97,Buff,CLB2,GD,Han,Krü,O1,V…
	… J. W. Hönert 1780, VN in Hzgt. Bremen! KNB
Knacker – Kernbeißer	Do,F
Knäckkriekente, blauflügelige – Knäkente	CLB3
Knäckkriekente, große – Knäkente	CLB3
Knäckkriekente, kleine – Knäkente	CLB3
Knacknowie – Weißstorch	Suol
Knackosbot – Weißstorch	Suol
Knäk-Ente – Knäkente	N
Knäkente – Knäkente	B,MW
Knäkerbên – Weißstorch	Suol
Knäkkriekente – Knäkente	N
Knapeneer – Weißstorch	Scha
Knappendräger – Weißstorch	Scha
Knäppener – Weißstorch	Scha
Knäpper – Kernbeißer	Buff
Knäpperstork – Weißstorch	Scha
Knappeule – Waldkauz	B,Be1,Be,Buff,F,Fri,GD,Hp,N,Suol
	Buffon: Gilt für alle Eulen.
Knappeule – Waldohreule	Be2,Be,F,N
Knappner – Weißstorch	Ad,Scha
Knäppner – Weißstorch	Scha
Knappûle – Waldkauz	Suol
Knaptaucher – Kormoran?	Mic	Knappen: essen, greifen.
Knarand – Schnatterente	Buff	Pontoppidan
Knarrant – Knäkente	WüCl
Knarrant – Schnatterente	F,H
Knarrendes Rohrhuhn – Wachtelkönig	CLB1,2,F,N	KNB
Knärrente – Knäkente	N
Knarrente – Schnatterente	Ad,Krü
Knarrer – Wachtelkönig	B,Be2,N,O1
Knarreule – Waldkauz	B,Be2,Be,Buff,F,GD,Krü,N
Knarrhuhn – Helmperlhuhn (fälschl.)	Be1,Be2
Knate – Krickente	Häp
Knatje – Krickente	Bri
Knauß – Schellente	zLa	Knaus = Auswuchs.
Knecht mäh! – Wachtelkönig	F
Knecht mähl – Wachtelkönig	Do
Knecht-mäh – Wachtelkönig	Jä
Knecht, alter – Wachtelkönig	Buff,GD,Fri
Knechte, alte – Wachtelkönig	Schwf
Knechtmäh (bayer.) – Wachtelkönig	H
Knechtvügelken – Blaukehlchen	Suol
Kneife – Buchfink	Buff
Kneifer – Gänsesäger	B,Be2,Be,Buff,F,GD,K,Krü,N,Suol
Kneifer – Mittelsäger	Ad
Kneifer, gezapfter – Gänsesäger	Be,Buff
Kneifer, gezopfter – Gänsesäger	Be2,Be,GD,N
Kneifer, gezöpfter – Gänsesäger	Hp

Kneifer, gezopfter – Mittelsäger	Be2,Ed,N	
Kneiffer – Gänsesäger	Krü	
Kneiffer – Mittelsäger	Krü	
Kneiper – Gänsesäger	Ad	
Knelle – Strandläufer i. w. S.	O1	
Knelle, gemeine – Flußuferläufer	O1	
Knellesle – Flußuferläufer	B,Be2,F,N	
Knelleslein – Flußuferläufer	O2	
Knelleslin – Flußuferläufer	O1	
Knepner – Weißstorch	Scha,Suol	
Kneppendräher – Weißstorch	Scha	
Kneppenträger – Weißstorch	Scha	
Knepper – Kernbeißer	Buff	
Knepper – Weißstorch	Scha,Suol	
Kneppner – Weißstorch	Ad,Krü	
Kneutje (holl.) – Bluthänfling	H	
Knipper – Grauammer	B,Be2,Be,Buff,F,K,N,O1,Suol	Frisch T. 6.
Knipper – Zippammer	Be1,Be2,Be,Be97,Buff,F,N	
Knippiul – Steinkauz	Bri	
Knirrkricke – Krickente?	Mic	Name nach der Stimme?
Knirschel – Bläßhuhn	O1	
Knitzel – Knutt	Suol	
Knobbe – Schellente	B,F,N	
Knobbed – Trauerente (männl.)	F,H	
Knobbet – Trauerente	Do	
Knobellerche – Heidelerche	Ad,Be2,Be,N	
Knochenbrecher – Riesensturmvogel	Buff	
Knollente, kleine – Moorente	H	
Knollente – Tafelente	F,H	
Knöllje – Schellente	B,F	
Knorreule – Waldkauz	Be1,GD	
Knorrhuhn – Helmperlhuhn (fälschl.)	Be1,Be2	
Knot – Knutt	O1	
Knot, japanese (engl.) – Großer Knutt	H	
Knott – Knutt	F	
Knüllis – Alpenstrandläufer	Zupo	15. Jahrh.
Knüllis – Kampfläufer	Suol	„Knüllen" – prügeln.
Knurre – Truthuhn	Be1,Be2,O1	
Knussel – Brachschwalben	O1	
Knust – Grauammer	Buff,F,Fri,K,N,Suol	
Knuster – Grauammer	O1	
Knustknipper – Grauammer	Be1,Be2,Be,Buff,F,N	
Knustknipper, Großer Lerchenfarbener – Grauammer	Buff	
Knützel – Knutt	Suol	
Kob – Kolkrabe	Suol	
Kobbe – Herings-/Silbermöwe	Häp	
Kobbe – Silberwöwe	Bri,Do,F	
Kobel Endte – Schellente	Schwf,Suol	

Kobel Lerch – Heidelerche	zLa	
Kobel Maise – Haubenmeise	zLa	
Kobel Maise – Sumpfmeise	zLa	
Kobel Meise – Haubenmeise	Schwf	
Kobel Regerlein – Sandregenpfeifer	Schwf,Suol	
Kobel Teucher, großer – Haubentaucher	Suol	
Kobel-Lerch – Haubenlerche	GesH	
Kobel-Meise – Haubenmeise	Kö	
Kobeldrossel – Singdrossel-Artefakt?	Schwf	1599 von Schwenckfeld …
		… gefunden, sonst keine Erwähnung mehr.
Kobelent – Reiherente	Suol	
Kobelente – Schellente	B,Be1,Be2,Be,Be97,Buff,F,GD,Hp,N	
Kobellerch – Haubenlerche	Buff,zLa	
Kobellerch – Heidelerche	Buff	
Kobellerche – Haubenlerche	Ad,Be1,2,97,Be,Buff,F,GD,Hp,K,Krü,N,Schwf,Suol	
	… Straßburger Vogelb. 1554. Frisch T. 15.	
Kobellerche – Heidelerche	GesS	
Kobelmaise – Haubenmeise	Buff,Fri	
Kobelmeise – Haubenmeise	Ad,B,Be1,2,Be,Buff,F,GD,Hp,K,Krü,N,O2	
Kobelmeiß – Haubenmeise	GesS,Suol	
Kobelmeißlein – Haubenmeise	GesH	
Kobelregerlein – Rotflügel-Brachschwalbe	Be1,Be2,Be,Buff,GDN	
Kobelregerlein – Sandegenpfeifer	Be1,Be,F,GD,Krü,N	
Kobelregerlin – Rotflügel-Brachschwalbe	O1	
Kobeltaucher – Haubentaucher	B,F	
Kobeltaucher, großer – Gänsesäger	Be2,Be,N	
Kobeltaucher, großer – Haubentaucher	Be1,Be2,Be,GD,N	
Kobelzeucher – Haubentaucher	Ad,Krü	
Kobetz – Rotfußfalke	GD	In Ingermanland.
Kobez – Rotfußfalke	F	Müller 1773: Kobetz,russ.
Kobilke – Reiherente	Suol	
Koch von Bülow – Pirol	Scha	
Koch von Külau – Pirol	Scha,Suol	
Koch von Külo – Pirol	Scha	
Koch von Kulo – Pirol	Do,F	
Kockock – Kuckuck	GesS	
Kocküük – Kuckuck	GesS	
Ködderfogel (schwed.) – Auerhuhn	Ad	
Köddra (schwed.) – Auerhuhn	Ad	
Koel Falck – Gerfalke	zLa	
Koel Meislein – Sumpfmeise	zLa(S. 278)	
Koelfalck – Wüstenfalke	zLa	Oder U. Art des Wanderfalken?
		… System der Jagdfalken nach Albertus Magnus.
Koelmussh – Heckenbraunelle	Tu	
Kogge – Herings-/Silbermöwe	Häp	
Kogge – Silbermöwe	Bri	
Kohfink – Schafstelze	Bri	
Kohl-Maise – Kohlmeise	Fri	

Kohl-Meise – Kohlmeise	Kö,N
Kohl-Meiße – Kohlmeise	G,P1,Z
Kohlamsel – Amsel	B,Be1,Be2,Be,Be97,F,GD,Jä,N
Kohlenfalk – Wanderfalke	Ad,Krü
Kohlenmeise – Kohlmeise	Buff
Kohlente – Reiherente	Suol
Kohleule – Schleiereule	Be1,Be2,Be,Be97,GD,N
Kohleule – Sumpfohreule	B,Be2,F,N
Kohlfalck – Wanderfalke	GesH
Kohlfalcke – Wanderfalke	Schwf Nicht: Gerfalke.
Kohlfalk – Wanderfalke	Ad,B,Be1,Krü
Kohlfalke – Wanderfalke	F,Hp,N
Kohlgans – Bläßgans	F,O1
Kohlhahn – Kohlmeise	Do,F
Kohlhoahn – Buntspecht	F
Kohlhoan – Buntspecht	H
Kohlkrapp – Kolkrabe	Do,F
Kohlmaise – Kohlmeise	Fri
Kohlmaise, große – Kohlmeise	HHM
Kohlmann – Kohlmeise	Suol
Kohlmeesch – Kohlmeise	F,H
Kohlmeesche – Tannenmeise	Häp
Kohlmeeske – Tannenmeise	Häp
Kohlmeis – Tannenmeise	Jä
Kohlmeis, deutsch – Tannenmeise	Buff
Kohlmeise – Kohlmeise	Ad,B,Be1,Be2,Be,Be97,Buff,CLB2,Fri,GD,…
	…Hp,Jä,K,Krü,MW,N,O1,P Frisch T. 13 KNB
Kohlmeise – Tannenmeise	CLB2,Suol
Kohlmeise, kleine – Tannenmeise	Ad,Be1,Be2,Be,Be97,F,Krü,N,O1,V
Kohlmeise, große – Kohlmeise	Ad,Be2,Be,N
Kohlmeißle – Sumpf-/Weidenmeise	Buff Buffon/Otto Band 17. In der Schweiz.
Kohlmesche – Kohlmeise	Bri
Kohlrabe – Kolkrabe	Ad,Be2,Be.F,Do,Jä,N,Suol,V
Kohlschwarze große Makreusen-Ente –	Buff,Krü Krü: Makreusen Ente.
Samtente	
Kohlschwarzer Pelikan – Kormoran	Be1,Be2,Be,Krü,N
Kohlschwarzes Blaßhuhn – Bläßhuhn	Be2,N
Kohlschwarzes Wasserhuhn – Bläßhuhn	Be2,Be,CLB3,N
Kohlsnipp – Waldschnepfe	Bri
Kohlsteinschmätzer – Braunkehlchen	CLB3
Kohltaube – Hohltaube	Be2,Krü,N
Kohltaube – Ringeltaube	B,Be2,Be,F,GD,Krü,N
Kohltüchel – Tafelente	F,H
Kohlvogel – Braunkehlchen	Scha
Kohlvögelchen – Braunkehlchen	B,Be1,Be2,Be,Be97,CLB2,F,Krü,N,V KNB
Kohlwistlich (böhm., sächs.) –	F,H
Wiesenpieper	
Kohlzeisla – Erlenzeisig (ad.)	Jä

Kohsa – Dohle	Buff,GD	Lettisch, litauisch.
Kohschietenackermanntje – Schafstelze	Bri	
Kohthahn – Wiedehopf	K	
Kohtmeißlein – Sumpfmeise	GesH	
Kok of Inde (engl.) – Helmperlhuhn	Tu	
Kokesch – Haushuhn (männl.)	Suol	
Kol – Gimpel	Suol	
Kol Meise – Kohlmeise	Schwf	
Kol Meiß – Weidenmeise	zLa	
Kol Rabe – Kolkrabe	Schwf	
Kol Taube – Hohltaube	Schwf	
Kol-Rabe – Kolkrabe	Suol	
Kolamsel – Amsel	Suol	
Kolben-Ente – Kolbenente	N	
Kolbenente – Kolbenente	B,Be2,Be,Buff,CLB2,Krü,MW,O1,V…	
	… Pallas 1782,	KNB
Kolbenente, gelbköpfige – Kolbenente	CLB3	
Kolbenente, kleinfüsssige – Kolbenente	CLB3	
Kolbenente, rothköpfige – Kolbenente	CLB3	
Kolbenente, schmalschwänzige –	CLB3	
Kolbenente		
Kolbentauchente – Kolbenente	CLB2,N	KNB
Kolbentäucher, großer – Gänsesäger	Be1	
Kolbentaucher, großer – Gänsesäger	Krü	
Kolckrabe – Kolkrabe	Fri,GesS,Suol	
Kolcrave – Kolkrabe	Buff	
Kolfalck – Wüstenfalke	zLa	Unterart des Wanderfalken?
	… System der Jagdfalken nach Albertus Magnus.	
Kolgans (holl.) – Bläßgans	Be2,MW,N	
Kolibri, deutscher – Goldhähnchen	GD,O1	
Kolibri, europäischer – Goldhähnchen	O2	
Kolibri, teutscher – Goldhähnchen (allg.)	Suol	
Koliger Rabe – Kolkrabe	Fri	
Kolikrabe – Kolkrabe	Fri	
Kolk – Kolkrabe	Do,F	Gessner 1555: Kolckrabe.
Kolk-Rabe – Kolkrabe	N	
Kolkrabe – Kolkrabe	Ad,B,Be1,Be2,Be,Be97,Be05,Buff,CLB2,3,…	
	…GD,Hp,Jä,Krü,MW,N,O1,V	KNB
Kolkrabe, schwarzer – Kolkrabe	JAN	
Kolkraue – Kolkrabe	Be2,Be,N	
Kolkrave – Kolkrabe	Be1,Be2,N	
Kolkrâwe – Kolkrabe	Häp,Suol	
Kollatz – Dohle	Suol	
Köller – Blauracke	zLa	
Koller – Gimpel	Suol	
Kollerhahn – Kampfläufer (männl.)	B	
Kollerhuhn – Kampfläufer (weibl.)	Be2,N	
Kollerrostät – Hausrotschwanz	Bri	
Köllge-Quene – Schellente (weibl.)	Be	

Kollitsch – Haussperling	Do	
Köllje – Schellente (männl.)	Be1,Be2,Be,Be97,N	
Köllje-Quene – Schellente (weibl.)	Be1,Be2,N	N: Köllje Quene
Köllje (männl.) – Schellente	Buff,GD	
Kollmeise – Kohlmeise	Be2,F,N	
Kolmaise – Tannenmeise	zLa	
Kolmaiß – Kohlmeise	HaSa	Hans Sachs, Regiment ..., Vers 176.
Kolmays – Kohlmeise	Suol	
Kolmeise – Kohlmeise	Suol	
KolMeise, kleine – Tannenmeise	Schwf	
Kolmeiß – Kohlmeise	GesSH,Suol	
Kolmeiß – Sumpfmeise	GesSH,Suol	Nach Färbung.
Kolmeiß – Tannenmeise	GesSH	
Kolmeyse – Kohlmeise	StVb,Suol	
Kölmeyse – Kohlmeise	Suol,Tu	
Kolrabe – Kolkrabe	Fri,H	
Kolrappe – Kolkrabe	H	
Kolsch (anhalt.) – Haussperling	Do	
Kolschwartzer Rabe – Kolkrabe	Fri	
Kommit – Steinkauz	Scha,Suol	
Kommittchen – Steinkauz	F	
Kommödiant – Jungfernkranich	Buff	Nach Aristoteles.
Kondor – Bartgeier	Buff	
Kondor – Gänsegeier	Do	
Kongecke – Eisente	F	
Kongeke – Eisente	Do	
König, grüner – Zilpzalp	Be1,Be2,Be,F,N	
Konickerl – Zaunkönig	Do,F	
König der Geyer – Mönchsgeier	Buff,K	
König der Vögel – Goldhähnchen	Be2,Be	
König der Vögel – Steinadler	Be2,Buff	
König der Vögel – Wintergoldhähnchen	N	
König, grüner – Fitis	GD	
König, grüner – Zilpzalp	Be,F	
Königadler – Kaiseradler	F	
Königadler – Steinadler	CLB1,2	
Königchen, gekröntes – Goldhähnchen	Be2,N	
Königerl – Zaunkönig	GD	
Königle – (Winter) Goldhähnchen	zLa	
Königlein – Goldhähnchen	Be1,Be,GD,GesH,Krü	
Königlein – Wintergoldhähnchen	F,Jä,N	
Königlein – Zaunkönig	Be1,Be2,Be,F,GD,GesH,Jä,N	
Königlein, gekröntes – Goldhähnchen	GD,Krü	
Königlen – Goldhähnchen	Be2	
Königlicher Geier – Rotmilan	Be2,N	
Königs-Zeisig – Korsenzeisig	H	
Königsadler – Kaiseradler	B,Krü,MW,N,O3	
Königsadler – Steinadler	Be2,Be,Buff,CLB1,GD,Krü,V	KNB
Königsadler der Sarden – Seeadler	GD	Cetti

Königsammer – Kappenammer   B,H
Königseider – Prachteiderente   N,O2
Königseiderente – Prachteiderente   B
Königseidergans – Prachteiderente   N
Königseidervogel – Prachteiderente   V
Königsente – Kolbenente   H
Königsente – Prachteiderente   CLB2,N   KNB
Königsfischer – Eisvogel   Ad,B,Be1,2,Be,F,GD,GesH,Hp,K Krü,N,O1…
                                             … Frisch Tafel 223.

Königsfischer, europäischer – Eisvogel   Be2,N
Königsgabelweih – Rotmilan   CLB3
Königsgans – Prachteiderente   Buff,GD,N,O1
Königsschnepfe – Großer Brachvogel   F,H
Königsvogel – Pirol   Scha
Königsvögerl – Zaunkönig   Suol
Königsweih – Rotmilan   B,F
Königsweihe – Rotmilan   Be1,Be2,Be,CLB2,Gd,N,V,WüCl   KNB
Königszeisig – Zitronenzeisig   H   Neuaufl.: Chrysomitris corsicana.
Konikerl – Zaunkönig   Be1,Be2,Be,N
Konoplänka (russ.) – Bluthänfling   Buff
Koogecke – Eisente   Bri
Koornspaar – Grauammer   Bri
Kop – Kolkrabe   HaSa,Suol   Hans Sachs, Regiment …, Vers 93.
Kop Riegerle – Sandregenpfeifer   Suol
Kop Riegerlein – Sandregenpfeifer   Schwf
Köpel – Goldregenpfeifer   Suol
Köpffle – Goldregenpfeifer   Suol
Kopflerche (sächs.) – Haubenlerche   H
Kopp – Kolkrabe   StVb,Suol
Köpp riegerlin – Flußregenpfeifer   StVb
Köpp Riegerlin – Regenpfeifer   Suol
Köppel – Würgfalke   Be1,Be2,GD,Schwf
Köppelläufken – Haubenlerche   Bri
Koppelmeise – Haubenmeise   H
Köppelmeise – Haubenmeise   Bri
Koppelmeyse – Haubenmeise   StVb,Suol
Koppenmeise – Haubenmeise   Be97,Jä,N
Koppenriegerle –   Be1,Be2,Be,N
    Rotflügel-Brachschwalbe
Koppenriegerlein –   GD
    Rotflügel-Brachschwalbe
Koppenriegerlein – Sandregenpfeifer   Be1,Be2,Be,GD,Krü,N
Koppermeise – Haubenmeise   Do,F
Koppichte Taube – Haus-/Felsentaube   GD   Zu Rasse Haubentaube.
Köpple – Zwergohreule   Suol
Köpplein – Zwergohreule   GesH
Kopplerche (sächs.) – Haubenlerche   CLB2,Do,F,H,Scha   KNB
Koppmeese – Haubenmeise   Do,F
Koppmeise – Haubenmeise   CLB2,Suol,V   KNB

Koppriegerle – Regenpfeifer	Suol	
Koppriegerle – Sandregenpfeifer	GesS	
Koppriegerlein – Rotflügel-Brachschwalbe	Buff	
Koppriegerlein – Rotschenkel	Fri,O2	
Koppriegerlein – Sandregenpfeifer	GesH	
Koppstelze – Haubenlerche	Scha	
Kopriegerlein – Rotschenkel	N	
Korak – Kolkrabe	Do,F	
Korak – Raben-/Nebelkrähe	Häp	
Korallen-Möve – Korallenmöwe	H	
Korallenmöve – Heringsmöwe	Do	
Korallenmöwe – Heringsmöwe	F	
Korkbaumdrossel – Misteldrossel	GD,Hp	Sardinien 1798, 83.
Korkorre – Rosaflamingo	Buff,GD	
Kormoran – Kormoran	B,Be1,Be2,Be97,Buff,CLB2,GD,Krü,N,O1…	
	… Müller 1773. Ü	KNB
Kormoran-Pelikan – Kormoran	N	
Kormoran-Scharbe – Kormoran	N	
Kormoran, kleiner – Krähenscharbe	Be2,Be,Buff,GD,Krü,N	
Kormoranpelikan – Kormoran	Be2	
Kormoranscharbe – Kormoran	CLB2,3,MW,O3,WüCl	KNB
Kormoranscharbe, kleine – Kormoran	CLB3	
Korn Hingst – Bluthänfling	Bri	
Korn-knaer – Wachtelkönig	Buff	
Korn-Lerch – Feldlerche	Kö	
Korn-Werffer – Haussperling	Suol	
Kornbicker – Haussperling	Bri,Häp	
Kornbuck (Hann.) – Haussperling	Do	
Korndieb – Haussperling	Be	
Kornelle – Krickente	H	
Korneule – Waldkauz	Be97	
Kornfink – Ortolan	Be1,Be2,Be,Be97,Buff,GD,Hp,N	
Kornfinke – Ortolan	Do,F	
Korngreggen – Eichelhäher	Suol	
Korngrille – Feldschwirl	Do,F	
Kornhingst – Bluthänfling	Häp	
Kornhühnchen (sächs.) – Wachtelkönig	H,Suol	
Kornhühnel (sächs.) – Wachtelkönig	H	
Kornhünel – Wachtelkönig	F	
Kornkrähe – Saatkrähe	Be97,Krü	
Kornlerche – Feldlerche	Ad,B,Be1,2,Be,Buff,F,Fri,GD,Hp,Jä,Krü,N,P,Suol	
Kornlerche – Grauammer	Be1,Be2,Be,Be97,Buff,GD,N	
Kornmutter – Wachtel	Suol	
Kornquaker – Grauammer	F	
Kornquarker – Grauammer	B	
Kornrabe – Kormoran	Be	
Kornsammler – Kranich	Buff	
Kornschnarre – Wachtelkönig	Do,F	
Kornschnepfe – Großer Brachvogel	B,Be2,Be,Buff,N	

Kornspatz – Haussperling   Do,F
Kornspercken – Feldsperling   Suol
Kornsperling – Haussperling   Ad,B,Be1,Be2,Be,Be97,Buff,F,GD,K,Krü,N
Kornuogel – Goldammer   zLa   In der Schweiz.
Kornvogel – Goldammer   Be2,Buff,F,GesS,N,Suol
Kornvogel – Kornweihe   B,Be1,Be2,Be,Be97,Be05,F,GD,N
Kornvogel, blauer – Kornweihe (männl.)   N
Kornvogel, kleiner – Wiesenweihe   N
Kornvogel, weißer – Kornweihe (männl.)   N
Kornweih – Kornweihe   B,Jä,O1
Kornweihe – Kornweihe   B,Be2,Be,Be05,CLB1,2,3,Krü,MW,N,O3,V...
                                                  ... Bechstein 1802   KNB

Kornwerfer – Haussperling   Be1,Be2,Be,Be97,Buff,F,GD,K,Krü,N   Frisch T. 8.
Korrakus – Trauerente   Do,F
Korrefräter – Haussperling   Suol
Korrid (Sokl., helgol.) – Tordalk   F,H
Korrock – Saatkrähe   Do   In Pommern heißt sie Karock: OTTO 1781.
Korrok – Saatkrähe   F
Korroken – Saatkrähe   Do,F
Korspercken – Feldsperling   HaSa   Hans Sachs, Regiment ..., Vers 195.
Kort – Grünfink   F
Kort Gühl-Klütjer (helgol.) – Grünfink   H
Korten Jan – Zaunkönig   Bri,Häp
Korten Jan Tuun – Zaunkönig   Häp
Kortenjan – Zaunkönig   Häp
Kortjan-Tuun – Zaunkönig   Häp
Kortjantje – Zaunkönig   Häp
Kortjantjen – Zaunkönig   Häp
Kortnaebet teiste (dän.) –   H
   Dickschnabellumme
Kosak – Kolkrabe   Do
Koschkelocker – Gartenrotschwanz   Suol
Kosebart – Haubentaucher   Suol
Kösterwupk – Wiedehopf   Scha
Kothamsel – Blaumerle   GesS
Kothantel – Krickente   H
Kote – Bläßhuhn   Bri
Kothfink – Bergfink   B,Be1,Be2,Be,F,Krü,N
Kothfink – Buchfink   HaSa,Suol   H. Sachs, Regiment ..., Vers 171.
Kothfink – Grauschnäpper   B,Be2,Be,F,N
Kothgeier – Schmutzgeier   N
Koth-Schwalbe – Uferschwalbe   P1
Kothhahn – Wiedehopf   Ad,Be1,2,97,Be,Buff,F,Fri,GD,H,Hp,K,Krü,...
                                                  ...Suol,V   Frisch T. 43.

Kothhan – Wiedehopf   Buff,Schwf
Kothhan wiß – Wiedehopf   StVb
Kothhfink – Bergfink   Buff,GD
Kothjäger – Schmarotzerraubmöwe   O1
Kothkrämer – Wiedehopf   B,H

Kothlerche – Bergpieper	Be2,Be,F,N
Kothlerche – Brachpieper	Be1,Be2,Be,Buff,Krü,N,P,Z
Kothlerche – Haubenlerche	Ad,B,Be2,97,Buff,F,K,Krü,N,Suol,V. Frisch T. 15.
Kothlerche – Steinschmätzer	P
Kothmaislein – Sumpf-/Weidenmeise	Buff
Kothmaiß – Sumpfmeise	HaSa,Suol Hans Sachs, Regiment ..., Vers 143.
Kothmeise – Sumpf-/Weidenmeise	Ad,B,Be1,Be2,Be,Be97,Buff,F,Jä,Krü,N
Kothmönch – Haubenlerche	Be1,Be2,Be,Be97,F,GD,Krü,N
Kothmünch – Haubenlerche	Ad,Buff,Hp
Kothreiher – Zwergdommel	Do
Kothreiher – Zwergrohrdommel	F
Kothschletter – Kleiber	Jä
Kothschnabel – Eisente	Do
Kothschwalbe – Uferschwalbe	B,Be1,Be2,Be,F,Jä,Krü,N,P
Kothvogel – Wiedehopf	JAN
Kott Meise – Sumpf-/Weidenmeise	Schwf
Kottler – Kleiber	Be1,Be2,Be,Buf,F,GesSH,Krü,N,O1,Suol
Kottlerch – Haubenlerche	Be2,Be,Buff
Kottlerche – Haubenlerche	Schwf
Kottmäuslein – Sumpf-/Weidenmeise	K
Kottmeise – Sumpf-/Weidenmeise	Buff,GD
Kottmünch – Haubenlerche	Suol
Kotüenel – Wiedehopf	Suol
Kothvogel – Goldammer	Suol
Kothvogel – Grünfink	Do,F
Kothvogel – Haubenlerche	Ad,Krü
Kothvogel – Wiedehopf	B,Be2,Do,F,N
Kougeke – Samtente	Bri
Kourier, italiänischer – Steinwälzer, künstl.verändert	Be1 Steinwälzer mit Säbelschnäbler-Beinen.
Kourier, italiänischer – Triel	Be2 Siehe Kourier bei Be1.
Kowhrna (lett.) – Dohle	Buff
Kra – Nebelkrähe	Scha
Krä – Rabenkrähe	Buff
Kraastecher – Raubwürger	F,H
Krabbe – Rabenkrähe	Do,F
Krabbedykker, lille (dän.) – Krabbentaucher	H
Krabbendüker – Gryllteiste	WüCl
Krabbenfresser – Hakengimpel	B
Krabbenfresser – Kleine Reiherarten	Buff Buffon/Otto Bd. 25.
Krabbenfresser, europäischer – Zwergdommel	Be2,Buff,Krü
Krabbenfresser, gelber – Rallenreiher	Buff „Ardea comata"
Krabbenfresser, kastanienfarbiger – Rallenreiher	Buff
Krabbenfresser, rothgelber – Nachtreiher	Buff „Ardea badia".
Krabbenlumme – Krabbentaucher	Do,F Nahrg: Schwarmbildende Planktonkrebse, ...
Krabbenlumme, kleine – Krabbentaucher	N

Krabbenreiher, tranquebarischer – Rallenreiher	Be2	
Krabbenstecher – Braunliest	H	
Krabbentaucher – Krabbentaucher	B,Krü,V	C. L. Brehm 1824 KNB
Krabbentaucher, hochscheiteliger – Krabbentaucher	CLB3	
Krabbentaucher, kleiner – Krabbentaucher	N,WüCl	
Krabbentaucher, plattscheiteliger – Krabbentaucher	CLB3	
Krabetz (krain.) – Haussperling	Be1,Be2	
Krache – Rabenkrähe	F,Jä,H	
Krachende Ente – Brandgans	Be2,Fri	
Krâchmierel – Ringdrossel	Suol	
Kracht-Ente – Brandgans	Fri	
Krachtente – Brandgans	B,Be2,Be,F,Fri,GD,N,V	
Krachtgans – Brandgans	B,Be2,Be,F,Fri,N	
Krack – Kolkrabe	Suol	
Krack – Rabenkrähe	F,H,Jä	
Kracke – Krickente	Ad	
Krade – Rabenkrähe	Be2,F,N,O1	
Kräe – Nebelkrähe	Fri	
Krae – Rabenkrähe	Tu	
Kräe – Rabenkrähe	GesSH	
Kraeg – Rabenkrähe	Tu	
Kraespecht – Schwarzspecht	GesS	
Krag – Rabenkrähe	Suol	
Kragdrossel – Singdrossel	B	
Kräge – Nebelkrähe	Be1,Be2,Be,F,N	
Kräge – Rabenkrähe	F,N	
Krage – Rabenkrähe	Suol	
Kräge, blaue – Blauracke	N	
Kragen-Ente – Kragenente	N	
Kragen-Trappe – Saharakragentrappe	Be,N	
Kragenammer – Weidenammer	H	
Kragendrossel – Ringdrossel	Do,F	
Kragendüte – Sandregenpfeifer	O1	
Kragenente – Kragenente	B,Be1,Be2,Be,Be97,Buff,CLB2,GD, … … Krü,MW,O1,V	KNB
Kragenente, chinesische – Mandarinente	V	
Krageneule – Schleiereule	Jä	
Kragenschnäpper – Halsbandschnäpper	F,O2	
Kragentauchente – Kragenente	N	
Kragentauchente, amerikanische – Kragenente	CLB2,N	KNB
Kragentauchente, isländische – Kragenente	CLB2,N	KNB
Kragentaucher – Haubentaucher	B,F	
Kragentaucher, großer – Haubentaucher	Be2,N	
Kragentrappe – Saharakragentrappe	B,Be2,Be,CLB2,3,Krü,MW,O1,2,V	KNB

Kragentrappe, asiatische – Saharakragentrappe	H
Krägge – Rabenkrähe	Bri
Krägle – Sandregenpfeifer	Be2,N
Kräglein – Sandregenpfeifer	F,Krü,O2
Kräglin – Sandregenpfeifer	O1
Krah – Nebelkrähe	N
Krah – Rabenkrähe	F,H
Krah – Saatkrähe	H
Krah Specht – Schwarzspecht	Schwf
Krah, schwarze – Saatkrähe	N
Krähe, aschgraue – Nebelkrähe	Ad
Krähdohle – Alpendohle	Be2,N
Krahe – Krähe allg.	P1
Krähe – Krähe allg.	P1
Krähe – Nebelkrähe	Buff,Fri,Z
Krähe – Nebelkrähe	Be1,Be2,Be,N,Scha
Krahe – Raben-und/oder Saatkrähe	Mic
Krahe – Rabenkrähe	Be1,Be,GesS
Krähe – Rabenkrähe	Be,Be1,2,05,97,CLB2,G,GesH,Jä,N,P,V KNB
Krähe – Schwarzspecht	Suol
Krähe, blaue – Blauracke	Be1,Be2,Be,Buff,F,N,Suol
Krähe, böhmische – Seidenschwanz	Hauffe 1773
Krähe, bundte – Nebelkrähe	GesH
Krähe, bunte – Elster	CLB2
Krähe, bunte – Nebelkrähe	Be1,Be2,Be,GD,N
Krähe, bunte – Rabenkrähe	GD
Krähe, bunte graue – Nebelkrähe	GD
Krahe, gemeine – Kolkrabe	Be2,Be,N
Krahe, gemeine – Nebelkrähe	Be2
Krähe, gemeine – Nebelkrähe	Be,Buff,GD,N,O1
Krähe, gemeine – Rabenkrähe	Be2,Be,Be97,N,O2
Krähe, gesellschaftliche – Saatkrähe	Be2,N
Krahe, graubunte – Nebelkrähe	Be2,Be,N
Krähe, graubunte – Nebelkrähe	Be1,Be,K,Krü Frisch T. 65.
Krähe, graue – Nebelkrähe	Be2
Krähe, graue – Nebelkrähe	Be1,Be,Be97,Buff,CLB2,GD,Hp,Krü,N,O1
Krähe, grauliche – Nebelkrähe	G
Krähe, große – Kolkrabe	Be2,Be,Be05,CLB1,2, … Bechst. 1803,
	… F,N,O3 KNB
Krähe, hellblaue – Blauracke	Ad
Krähe, kleine – Rabenkrähe	Be2,N
Krähe, rotbeinige – Alpenkrähe	Be2,N
Krähe, scheckige – Rabenkrähe	GD
Krähe, schwarze – Rabenkrähe	Be1,Be2,Be,Be97,Be05,CLB2,K,Krü,N
Krähe, schwarze – Saatkrähe	Be2,Buff,N
Krähe, schwedische – Nebelkrähe	F
Krähe, schweizer – Alpendohle	Krü
Krähe, schweizer – Alpenkrähe	F,Krü

Krähe, strasburger – Blauracke	Buff	
Krähe, straßburger – Blauracke	Be2,Be,F,Krü,N	
Krahe, weiße – Krähe, Mutation	Schwf	„Cornix candida".
Krähe, weißschnäbliche – Saatkrähe	CLB2	
Krähedohle – Alpenkrähe	Buff	
Krähedohle, schwarze – Alpenkrähe	Buff	
Krähen-Pelikan – Krähenscharbe	N	
Krähen-Rabe – Rabenkrähe	N	
Krähen-Scharbe – Krähenscharbe	B,CLB2,3,MW,N,O3	Meyer/Wolf 1810. KNB
Krähendohle – Alpenkrähe	B,Be1,Be2,Be,F,GD,N	
Krähendohle, schwarze – Alpenkrähe	Be2,N	
Krähenfalke – Wanderfalke	CLB3	
Krähengeier – Wespenbussard	F,N	
Krahenpelikan – Krähenscharbe	GD	
Krähenpelikan – Krähenscharbe	Be1,Be2,Be,Krü	
Krähenrabe – Rabenkrähe	F,MW,O3	Meyer/Wolf 1810. KN
Krähenrabe, schwarzer – Rabenkrähe	N	
Krähenreitel – Saatkrähe	Do,F	
Krähenscharbe – Krähenscharbe	CLB2,3	KNB
Krähenspecht – Schwarzspecht	B,Be1,Be2,Be,Be97,F,GD,Krü,N,Scha	
Krahenveitel – Saatkrähe	B,F	
Kräher – Haushuhn	K	Frisch T. 127–137.
Krähespecht – Schwarzspecht	Buff	
Krähhahn – Haushuhn	Be2	
Krahn – Kranich	Ad,Krü	
Krahne – Nebelkrähe	F	
Krahne – Nebelkrähe	Do	
Krährabe – Rabenkrähe	Be2,Be,N	
Krährabe, grauer – Nebelkrähe	Be1,Be2,Be,N	
Krährabe, schwarzer – Rabenkrähe	Be1,Be2,Be,GD	
Krahspecht – Schwarzspecht	F,GD,H,K	Frisch T. 34.
Krähspecht – Schwarzspecht	Ad	
Krai – Nebelkrähe	Buff	
Kraihhicker – Elster	Bri	
Krainische Amsel – Amsel	CLB3	
Krainische Eule – Zwergohreule	F,N	
Krainische Ohreule – Zwergohreule	CLB2,Krü,N	KNB
Krainische Zwergohreule – Zwergohreule	CLB3	
Krainitz – Wachtel	F	
Krake – Kolkrabe	F,H	
Kräke – Kolkrabe	Suol	
Krake – Nebelkrähe	Do,F	
Krake – Rabenkrähe	Suol	
Kralitsch (krain.) – Goldhähnchen	Be1,Be2	
Kramats vogel – Wacholderdrossel	StVb	
Kramatsvogel – Wacholderdrossel	Suol	
Kramatvogel – Wacholderdrossel	Suol	
Krambs-Vogel – Wacholderdrossel	Mic	
Krambsvogel – Misteldrossel	Buff	

Krambsvogel – Wachholderdrossel	Hp	
Krame – Rabenkrähe	Do,F	
Krameßvogel – Wacholderdrossel	GesS,Suol	
Kråmesvuogel – Wacholderdrossel	Suol	
Krametdrossel – Wacholderdrossel	K	
Kramets-vogel – Wacholderdrossel	Kö	
Krametsmerle – Ringdrossel	GD,GesS	
Krametsvogel – Wacholderdrossel	GD,Krü,Schwf,Suol,zLa	
Krametsvogel, rotfittiger – Rotdrossel	GD	
Krametsvogel, doppelter – Wacholderdrossel	GD	
Krametvogel – Drossel allg.	Schwf	
Krametvogel – Wacholderdrossel	GesS,K,Suol	Frisch T. 26.
Krametz vogel – Wacholderdrossel	zLa	
Krammersvogel – Misteldrossel	Ad	
Krammersvogel – Rotdrossel	Ad	
Krammersvogel – Singdrossel	Ad	
Krammersvogel – Wacholderdrossel	Ad	
Krammeßvogel – Wacholderdrossel	GesH	
Krammesuogel – Wacholderdrossel	Suol	
Krammesvogel – Wacholderdrossel	Ad	
Krammesvögel – Wacholderdrosseln	Tu	
Krammeter – Wacholderdrossel	Jä	
Krammets – Wacholderdrossel	Suol	Elsaß
Krammets-Vogel – Wacholderdrossel	G,Z	
Krammetsdrossel – Wacholderdrossel	Be2,Be,N	
Krammetsmerle – Ringdrossel	Be2,Buff,F,N	
Krammetsvogel – Misteldrossel	Ad,Buff,GD,Krü	
Krammetsvogel – Rotdrossel	Ad,B,Krü	
Krammetsvogel – Singdrossel	Ad,Be97,Krü	
Krammetsvogel – Wacholderdrossel	Ad,Be1,Be2,Be,Buff,CLB2,F,Fri,GD,GesH,…	
	…Hp,Jä,Krü,N,O1,Suol,Tu,V	KNB
Krammetsvogel, eigentlicher – Wacholderdrossel	Be2,N	
Krammetsvogel, gemeiner – Misteldrossel	Be2,Buff,N	
Krammetsvogel, gemeiner – Wacholderdrossel	Be2,Be,N	
Krammetsvogel, großer – Misteldrossel	Be1,Be2,Be97,F,Krü,N	
Krammetsvogel, kleiner – … … Rostflügel-/Rostschwanzdrossel	N	
Krammetsvogel, kleiner – Schwarz-/ Rotkehldrossel	Be,N	
Krammetsvogel, rosenroter – Rosenstar	Be1,Be2,Be,GD,N	
Krammetsvogel, rotfitticher – Rotdrossel	Be2	
Krammetsvogel, rotsittiger – Rotdrossel	Be,N	
Krammetsvogeldrossel – Wacholderdrossel	Ad	
Krammetvogel – Wacholderdrossel	Buff	
Krammis – Wacholderdrossel	Suol	

Krammitz – Wacholderdrossel	Suol
Krammser – Wacholderdrossel	Suol
Krammsvogel – Wacholderdrossel	GD,Hp
Krammsvogel – Wacholderdrossel	Be1,Be2,GD,Hp,N,Suol
Krammsvogel, doppelter – Misteldrossel	N
Krammutzer – Wacholderdrossel	Suol
Krampfschnabel – Säbelschnäbler	Buff
Kramsfogel (schwed., norw.) – Wacholderdrossel	K,Krü
Kramsfugl, dobbelt (dän.) – Misteldrossel	Buff
Kramsvâgel – Wacholderdrossel	Häp
Kramsvogel – Misteldrossel	Ad
Kramsvogel – Rotdrossel	Ad
Kramsvogel – Singdrossel	Ad
Kramsvogel – Wacholderdrossel	Ad,Be,Buff,Krü
Kråmsvuogel – Wacholderdrossel	Suol
Kramtsvogel – Wacholderdrossel	Be,GD
Kramtsvogel, doppelter – Misteldrossel	Be
Kramtsvogel, gemeiner – Misteldrossel	Be
Kramtsvogel, großer – Misteldrossel	Be
Kran – Kranich	Buff,GD,GesH,Schwf
Krän – Kranich	Tu
Krân – Kranich	Ad,Häp,O1,Suol
Kran – Nebelkrähe	Scha
Kranabeter – Wacholderdrossel	Buff,F,Krü,Suol
Kranabetsvogel – Wacholderdrossel	Buff
Kranabit – Wacholderdrossel	F
Kranakervogel – Wacholderdrossel	Be1
Kranawetsvogel – Wacholderdrossel	Suol
Kranawettsvogel – Wacholderdrossel	Jä
Kranch – Kranich	Be1,Be2,Be,Buff,F,GesH,N,StVb,zLa
Krane – Kranich	Buff
Kråne – Kranich	Krü,Suol
Krånek – Kranich	Suol
Kranevitsvogel – Wacholderdrossel	N
Kranewitevogel – Wacholderdrossel	Suol
Kranich – Kranich	Ad,B,Be2,Be,Buff,CLB1,2,Fabr,Fri,GD,GesH,
	HaSa,Hp,Jä,Kö,Mic,N,P,Schwf,Z KNB
Kränich – Kranich	Tu Ahd. kranuh, mhd. kranech.
Kranich von Gambia – Kranich	Fri
Kranich, afrikanischer gekrönter – Kranich	Fri
Kranich, aschgrauer – Kranich	MW
Kranich, balearischer gekrönter – Kranich	Fri
Kranich, gemeiner – Kranich	Be1,Be2,Be,Be05,CLB2,GD,Krü,,NO1,3,V,WüCl
Kranich, gemeiner grauer – Kranich	JAN
Kranich, grauer – Kranich	Be2,Be,CLB1,2,3,Krü,N,WüCl KNB
Kranich, graulicher – Kranich	CLB3
Kranich, grosser – Schneekranich	CLB2
Kranich, hochbeiniger – Stelzenläufer	Be2,N

Kranich, numidischer – Jungfernkranich	CLB2,Krü,N	
Kranich, schwarzgrauer gemeiner – Kranich	Be2,Be,N	
Kranich, sibirischer – Schneekranich	CLB2	
Kranich, weißer – Schneekranich	Be2,CLB2,MW,N	KNB
Kraniche – Kraniche	Zupo	1425
Kranicke – Kranich	Häp	
Kranig – Kranich	Be1,Be2,Be,N	
Krannabet – Wacholderdrossel	Be1,Be2,Be,Hp,Krü,N	
Krannabeter – Wacholderdrossel	Be2,Be,GD,N	
Krannabetvogel – Wacholderdrossel	Be2,Be,GD,Hp,Krü,N	
Krannich – Kranich	Be2,Be,Be97,N	
Krannich, hochbeiniger – Stelzenläufer	Be	
Kransföggel – Wacholderdrossel	Suol	
Kransvagel – Amsel	Bri	
Kransvogel – Wacholderdrossel	V	
Kranveitel – Nebelkrähe	Be	
Kranveitl – Nebelkrähe	Be1,GD	
Kranveitl – Saatkrähe	Be1,Be2,Be,N	
Kranvitvogel – Wacholderdrossel	Be1,Be2,Be,F,Krü,N	
Kranvitvogel – Wacholderdrossel	Buff,GD,GesS,Hp	
Kranwets-Vogel – Wacholderdrossel	P1	
Kranwetsvogel – Singdrossel	Be97	
Kranwetsvogel – Wacholderdrossel	Be,N,P,Suol	
Kranwetzvogel – Wacholderdrossel	Be2	
Kranzamsel – Ringdrossel	Do,F,Suol	
Kränzletube – Turteltaube	Suol	
Kranzri-Vogel – Wacholderdrossel	Scha	
Kranzvâgel – Wacholderdrossel	Häp	
Kraohn – Rabenkrähe	H,Jä	
Krapdrossel – Singdrossel	Do,F	
Krapp – Kolkrabe	Suol	
Krapp – Rabenkrähe	F,H,Jä	
Krappe – Rabenkrähe	H,Jä	
Krappenfresser – Hakengimpel	Be2,Be97, Be,N	
Kräppenfresser – Hakengimpel	Do,F	Krappe: Werkzeug der Büchsenmacher.
Krappenfresser – Kiefernkreuzschnabel	GD	
Krappenfresser, kanadensischer – Kiefernkreuzschnabel	GD	
Krappenspecht – Schwarzspecht	F,H	
Krasnaja Utka (russ.) – Rostgans	Buff	
Krasnoi – Rostgans	Buff	Russisch, nach Georgi.
Kräspecht – Schwarzspecht	GesH	
Kratte – Rabenkrähe	Be1,Be97	
Kratzelster – Eichelhäher	F,H	
Krätzer (mähr.) – Wachtelkönig	H	
Krau, schwarze – Saatkrähe	Be,Be2,N	Be 1802/S. 88: „schwarzer".
Kraun – Kranich	Häp,Suol	
Kräunen – Kranich	Bri	

Kraus-Agelaster – Raubwürger	Do	
Krausagelaster – Raubwürger	F	
Kräuselschnäbler – Haus-/Felsentaube	GD	Zu Rasse Möventaube.
Krauselster – Raubwürger	B,Be1,Be2,Be,F,N	
Krauser Hahn – Haushahn	GD	Hühnerrasse
Krauser Pelekan – Krauskopfpelikan	N	
Krauskopfige Kropfgans – Krauskopfpelikan	O3	
Krausköpfiger Pelekan – Krauskopfpelikan	N	
Kraut Henffling – Bluthänfling	Schwf	
Krautente – Knäkente	Do,F	Nester von Krautpflanzen umgeben.
Krautfiepper (sächs.) – Wiesenpieper	H	
Krautfiessper (sächs.) – Wiesenpieper	F,H	
Krautfink – Bluthänfling	K	Frisch T. 9.
Krautfletsche – Schwarzkehlchen	Do,F	
Krauthänferling – Bluthänfling	Scha	
Krauthänfling – Birkenzeisig	Be1,Be2,Be,GD,N	
Krauthänfling – Bluthänfling	Ad,B,Be1,Be2,Be,Be97,Buff,F,Fri,GD,Krü,N	
Krauthänfling – Heckenbraunelle	Ad,Be1,Be2,Be,Be97,Buff,F,GD,Krü,N	
Krauthenffling – Bluthänfling	K	
Krauthenfling – Bluthänfling	GesS	1585
Krautlerche – Baumpieper	Ad,Be2,Be,Be97,F,Krü,N	Allg.: Vogelstellername.
Krautlerche – Brachpieper	B,Be2,Be,Buff,F,Krü,N	
Krautlerche – Braunkehlchen	B,Be1,Be2,Be,Be97,F,Krü,N	
Krautlerche – Heidelerche	Ad	
Krautlerche – Wiesen- und Baumpieper	Be1	
Krautlerche – Wiesenpieper	B,Be2,N	
Krautveitel – Nebelkrähe	Be97	
Krautvogel – Baumpieper	Ad,B,Be2,Be,Hp,Jä,Krü,N,P1,Suol	
Krautvogel – Brachpieper	Krü	
Krautvogel – Braunkehlchen	Be2,Be,Krü,N,Suol	
Krautvogel – Braunkehlchen	HaSa	H. Sachs, Regiment ... V. 206.
Krautvogel – Grauammer	F	
Krautvogel – Grauammer	Do	
Krautvogel – Heidelerche	Ad	
Krautvogel – Wiesen- und Baumpieper	Be1	
Krautvogel (bayr.) – Wiesenpieper	Buff,Krü	
Krautvögelchen – Heidelerche	Krü	
Krautvögelchen – Wiesenpieper	Be2,Be,N	
Krautvögelchen (helv.) – Braunkehlchen	Be1,Be2,Be,Be97,Krü,N,O2	
Krautvögelein – Braunkehlchen	Jä	
Kraut Vögelken – Baumpieper	Suol	Suol S. 95. Döbel 1746.
Krautvöglein – Braunkehlchen	Do,F	
Krautwistlich (böhm., sächs.) – Wiesenpieper	F,H	
Krautzätscher – Berghänfling	F	
Krauweitel – Saatkrähe	F,H	
Kravant – Ringelgans	Do,F	
Kraye – Rabenkrähe	N	

Kräye – Rabenkrähe	GesS	
Kraye, schwartze – Saatkrähe	Be2,Schwf	
Kraye (holl.) – Rabenkrähe	GesH	
Krayen Scheicher – Raubwürger	zLa	
Krayen Specht – Schwarzspecht	zLa	
Kraynische Eule – Zwergohreule	Be2	
Kraynische Ohreule – Zwergohreule	Be2,Be	
Krechel – Turmfalke	Suol	
Krechelek – Turmfalke	Suol	
Krecke – Knäkente	Fri	
Kregen – Krähen	Zupo	1459
Krei – Raben-/Nebelkrähe	Häp	
Krei – Rabenkrähe	Bri,Scha,WüCl	
Krei, graag – Nebelkrähe	F	
Krei, swart – Rabenkrähe	H	
Krei, swarte – Rabenkrähe	Bri	
Kreiahlke – Rabenkrähe	Suol	
Kreichen – Schwanzmeise	Suol	
Kreigen – Krähen	Zupo	1449
Kreih – Nebelkrähe	F,H	
Kreih, zwart – Rabenkrähe	F	
Kreiner – Säbelschnäbler	Be	
Kreischmeve – Raubseeschwalbe	Be1,Be2,Be,N	
Kreischmewe – Raubseeschwalbe	Krü	
Kreischmöwe – Raubseeschwalbe	F	
Kreiselschnäbler – Felsentaube	K	Haustauben-Rasse/Sammelname.
Kreistaube – Ringeltaube	Suol	
Kreke – Krickente	Häp,Suol	
Krekschäle – Bläßhuhn	Scha	
Kremer – Säbelschnäbler	Be1,Buff,N,O1	
Kremer, gemeiner – Säbelschnäbler	O1	
Krempel – Fichtenkreuzschnabel	F,H	
Krenche – Kraniche	Zupo	1449
Krengel – Neuntöter	Scha	
Krengel – Neuntöter und Würger (allg.)	Suol	
Krenich – Kranich	Zupo	1459
Kreniche – Kraniche	Zupo	1449
Krennebet-Vogel – Wacholderdrossel	G	Bei G auch: Krennebetvogel.
Kreon – Kranich	Be2,Be,F,N	
Krepper – Haus-/Felsentaube	Buff,GD,K	Zu Rasse Kropftaube.
Kreschene – Teichhuhn	Scha	
Kreschere (Mark) – Teichhuhn	F,H	
Kreßler – Wachtelkönig	Ad,B,Be1,Be2,Be,F,GD,Hp,Krü,N,O1	
Kretscher – Tannenhäher	O1,V	
Kretzel (russ.) – Gerfalke	Buff	
Kreutlerche – Baumpieper	F	
Kreutlerche – Wiesenpieper	Do,F	
Kreutvogel – Baumpieper	Be2,Be,N	
Kreutvogel – Brachpieper	Fri	

Kreutvogel – Wiesen- und Baumpieper	Be1	
Kreutz-Ente – Zwergsäger	Fri	
Kreutzente – Krickente	N,O1	
Kreutzente – Zwergsäger	GD,N	
Kreutzente – Zwergtaucher	Be1	
Kreutzmeise – Tannenmeise	Krü,N	
Kreutzschnabel – Fichtenkreuzschnabel	Buff,Fri,Hp,K	Frisch 1759, T. 11.
Kreutzschnabel, bunter – Fichtenkreuzschnabel	N	
Kreutzschnabel, gemeiner – Fichtenkreuzschnabel	N,O1	
Kreutzschnabel, grauer – Fichtenkreuzschnabel	N	
Kreutzschnabel, großer – Hakengimpel	N	
Kreutzschnabel, großer – Kiefernkreuzschnabel	N,O1,V	
Kreutzschnabel, kleiner – Fichtenkreuzschnabel	N,V	
Kreutzschnabel, roter – Fichtenkreuzschnabel	N	
Kreutzschnabel, welscher – Kiefernkreuzschnabel	N,V	
Kreutzschnäbeliger Kernbeißer – Fichtenkreuzschnabel	N	
Kreützuogel – Fichtenkreuzschnabel	zLa	
Kreutzvogel – Fichtenkreuzschnabel	Buff,Hp,JAN,K,N	Frisch T. 11.
Kreutzvogel – Seidenschwanz	N	
Kreutzvogel, kurzschnäbeliger – Kiefernkreuzschnabel	N	
Kreuz-Schnabel – Kreuzschnabel	Z	
Kreuz-Vogel – Kreuzschnabel	Z	
Kreuzänte – Zwergsäger	Buff	
Kreuzente – Krickente	B,Be2,Be,Be97,F,N	
Kreuzente – Zwergsäger	B,Be2,Be,F,N	
Kreuzmaise – Tannenmeise	Suol	
Kreuzmeese – Tannenmeise	Scha	
Kreuzmeise – Sumpfmeise	CLB3	CLB 1832. So in Wien genannt.
Kreuzmeise – Tannenmeise	B,Be1,Be2,Be,Buff,F,GD,Hp,Suol	
Kreuzschnabel – Fichtenkreuzschnabel	Ad,Be,Be97,Be05,GD,HHM,Jä,Krü,O2 KNB	
Kreuzschnabel, bunter – Fichtenkreuzschnabel	Be2,Be	
Kreuzschnabel, gelber – Fichtenkreuzschnabel	Be2,Be,N	
Kreuzschnabel, gemeiner – Fichtenkreuzschnabel	Be1,Be2	
Kreuzschnabel, grauer – Fichtenkreuzschnabel	Be2,Be	
Kreuzschnabel, großer – Hakengimpel	Be2,Be,Be97,N	

Kreuzschnabel, großer – Kiefernkreuzschnabel	Be2,Be,CLB2
Kreuzschnabel, kleiner – Fichtenkreuzschnabel	Be2,Be,CLB2
Kreuzschnabel, mittlerer – Fichtenkreuzschnabel	CLB3
Kreuzschnabel, roter – Fichtenkreuzschnabel	Be2,Be
Kreuzschnabel, weißbindiger – Bindenkreuzschnabel	BB,CLB3,H,WüCl Bindenkreuzschn.: CLB 1827.
Kreuzschnabel, welscher – Kiefernkreuzschnabel	CLB2
Kreuzschnabel, zweibindiger – Bindenkreuzschnabel	CLB3,H Bindenkreuzschnabel: CLB 1827.
Kreuzschnäblicher Kernbeißer – Fichtenkreuzschnabel	Be
Kreuzschnäbliger Kernbeißer – Fichtenkreuzschnabel	Be2
Kreuzschnepfe – Uferschnepfe	O2
Kreuzschwalbe – Mauersegler	Do,F
Kreuzvogel – Fichtenkreuzschnabel	Ad,B,Be1Be2,Be,Be97,F,GD,GesS,… …HHM,Hp,Jä,K,Krü,Suol
Kreuzvogel – Kernbeißer	Ad
Kreuzvogel – Seidenschwanz	B,Be2,Be,F
Krewelberger (helv) – Habicht	GesS
Kreye – Rabenkrähe	Do,F,StVb
Kreye, schwarze – Saatkrähe	Be,N
Kriachente – Krickente	Do,F
Kribbe – Turmfalke	Suol
Kribben – Kleiner Greifvogel allg.	Bri
Kribbhabicht – Kleiner Greifvogel (allg.)	Bri
Krichel – Blauracke	O1
Krichendte – Krickente	GesS
Krichentlein – Krickente	Fabr,GesS,Suol
Krick-Agelaster – Raubwürger	Do
Krickaant – Krickente	H
Krickaen – Krickente (= a-en!)	H
Krickagelaster – Raubwürger	F
Krickännerk – Krickente	Suol
Krickänt – Krickente	Häp
Krickant – Knäkente	WüCl
Krickânt – Krickente	Häp,WüCl
Krickäntken – Krickente	H
Kricke – Krickente	B,Be1,Be2,Be,F,GD,Häp,N,Suol
Kricke, kleine – Knäkente	Be1,Be2,Be,Be97
Krickelster – Raubwürger	Be1,Be97,Be05,CLB2,F,H,Scha
Krickelster – Rotkopfwürger	Be2,Be,N
Krickelster – Schwarzstirnwürger	Scha

Krickelster, kleiner – Schwarzstirnwürger	Be2,Be	
Krickelster, rotköpfige – Rotkopfwürger	N	
Kricken – Krickente	Häp	
Krickente – Knäkente	Be2,Be,Buff,GD,Krü,Scha	Otto: verwechselt?
Krickente – Krickente	Krü,N,O3	Gessner 1555: Kruckentle.
Krickente mit dem einfachen Augenstrich – Knäkente	GD	
Krickente, große – Knäkente	Be,F	
Krickente, kleine – Knäkente	Be	Be 1802, 438: „Kleine oder große."
Krickente, kleine – Krickente	H	
Krickente, scheckige – Knäkente	Buff	
Krickerl – Krickente	H	
Krickianten – Teichhuhn	Bri	
Krickiantken – Krickente	Bri,H	
Krickschäle – Bläßhuhn	Scha	
Kridekrei – Dohle	F,H	
Kridewißchen – Steinkauz	Suol	
Kriech Endlin – Krick-/(Knäkente)	Schwf	
Kriech-Ente – Krickente	Hp	
Kriech-Entlein – Krickente	GesH	
Kriechänte, aegyptische – Moorente	Buff	
Kriechänte, gemeine – Knäkente	Buff	
Kriechänte, gemeine – Krickente	Buff	
Kriechänte, kleine – Krickente	Buff	
Krieche – Krickente	Ad	
Kriechelelster – Blauracke	Be1,Be2,Be,N	
Kriechelen – Turmfalke	Suol	
Kriechelster – Blauracke	Do,F,Krü	
Kriechen – Knäkente	Krü	
Kriechen – Krickente	Be1,Be2,Be,Be97,GD,N	
Kriechende Straußente – Reiherente	N	
Kriechente – Knäkente	Be2,Buff,GD,N	
Kriechente – Krick- u. Knäkente	Fri,K	Frisch T. 173, 175, 176.
Kriechente – Krickente	Ad,B,Be1,2,97,Be,Buff,CLB2,GD,Krü,N,O1,V	
	Buffon/Otto: Anas circia.	KNB
Kriechente, braune mit weißen Kopffedern – Kragenente	Be1	
Kriechente, fränkische – Knäkente	Ad	
Kriechente, fränkische – Krickente	Be2,N	
Kriechente, gemeine – Knäkente	Krü	
Kriechente, gemeine – Krickente	Be2,N	
Kriechente, große – Krickente	Be2	
Kriechente, kleine – Knäkente	Be97	
Kriechente, kleine – Krickente	Be2,Be,Buff,N	
Kriechentlein – Krick-/Knäkente	Fri	
Kriechentlein – Krickente	Buff,H,Jä	
Kriechling – Krickente	Ad	
Kriechschwalbe – Mauersegler	Be1	
Krieck-Ente – Krickente	Fri	

Krieckente – Knäkente	Fri,N	
Krieckente – Krickente	Be,CLB1,2,Fri	KNB
Krieg Endlin – Krick-/(Knäkente)	Schwf	
Krieg-Endte – Krick-/Knäkente	K	
Krieg-ente – Krickente	Buff	
Kriegälster – Raubwürger	O2	
Kriegelagelaster – Raubwürger	F	
Kriegelelster – Raubwürger	B,F	
Kriegesheld – Schwarzspecht	GD	
Kriegesvogel – Seidenschwanz	GD	
Kriegs-Agelaster – Raubwürger	Do	
Kriegsagelaster – Raubwürger	F	
Kriegselster – Raubwürger	Do,F	
Kriegsheld – Schwarzspecht	F,N	
Kriegsmann – Prachtfregattvogel	O2	
Kriegsschiff – Schmarotzerraubmöwe	Buff	Buffon/Otto Bd. 32.
Kriegsschiffvogel – Prachtfregattvogel	Krü	
Kriegsvagel – Seidenschwanz	Bri	
Kriegsvogel – Schmarotzerraubmöwe	Buff	Buffon/Otto Bd. 32.
Kriegsvogel – Seidenschwanz	Be1,Buff,F,H,Krü,Suol	
Krieke – Krickente	Ad,Krü	
Kriekelelster – Schwarzstirnwürger	Scha	
Kriekelster – Raubwürger	B,Be2,Be,N,Scha	
Kriekelster – Schwarzstirnwürger	Do,F	
Kriekelster, kleine – Schwarzstirnwürger	N	
Kriekente – Knäkente	Be2,Be97,GD	
Kriekente – Krickente	Ad,Be1,Be2,Be97,Buff,GD,Krü,MW,N,O1,	
Kriekente – Krickente/„Anas circia"	GD	
Kriekente, fränkische – Krickente	Be2	
Kriekente, gemeine – Krickente	Be2,Buff	
Kriekente, große – Knäkente	Be2	
Kriekente, große – Krickente	Be2	
Kriekente, kleine – Knäkente	Be2	
Kriekente, kleine – Krickente	N	
Kriekente, kurzschnäblige – Krickente	CLB3	
Kriekente, mittlere – Krickente	CLB3	
Kriekente, schmalschnäblige – Krickente	CLB3	
Krienitz – Fichtenkreuzschnabel	Do,F	
Krienitzer – Fichtenkreuzschnabel	Bri	
Krießduve (fland.) – Ringeltaube	GesS	
Kriet – Brandseeschwalbe	Bri	
Krietsteern – Brandseeschwalbe	Bri,Häp	
Krietsterenk – Brandseeschwalbe	Bri	
Krietstier – Brandseeschwalbe	Bri	
Krig-Elster – Blauracke	GesH	
Krig-Entlein – Krickente	GesH	
Krigelelster – Blauracke	GesS	
Krigelster – Blauracke	Suol	
Krigelt – Ringdrossel	Do	

Krija – Flußseeschwalbe	Do,F
Krika (obwend.) – Knäkente	Scha
Krikälste – Raubwürger	GD
Krikälster – Rotkopfwürger	GD
Krikand (dän.) – Krickente	Buff
Krikand (nieders.) – Knäkente	Buff
Krikänte – Knäkente	Buff
Krike – Knäkente	Fri
Krikente – Krickente	B,Be1,Buff,GD,Krü
Krikente mit dem doppelten Augenstrich – Krickente	GD
Krikente, kleine – Krickente	GD „Anas circia".
Krikke – Krickente	Ad,Krü
Krikken – Kleine Enten allg.	Bri
Krillvogel – Triel	Suol
Krimaes – Fichtenkreuzschnabel	H
Krimaß – Fichtenkreuzschnabel	Do,F
Krims – Fichtenkreuzschnabel	H,Suol
Krina – Dreizehenmöwe (juv.)	Gun
Kringalster – Raubwürger	H
Kringelt Troßel – Ringdrossel	F
Krinis – Fichtenkreuzschnabel (sil.)	Schwf,Suol
Krinis, großer – Kiefernkreuzschnabel	Suol
Krinisse, bundte – Fichtenkreuzschnabel	Schwf
Krinisse, geelbe – Fichtenkreuzschnabel	Schwf
Krinisse, gemeine – Fichtenkreuzschnabel	Schwf
Krinisse, graue – Fichtenkreuzschnabel	Schwf
Krinisse, große – Kiefernkreuzschnabel	Schwf
Krinisse, kleines – Fichtenkreuzschnabel	Schwf
Krinisse, recht geschrenckte – Fichtenkreuzschnabel	Schwf
Krinisse, Roß – Kiefernkreuzschnabel	Schwf
Krinisse, rote – Fichtenkreuzschnabel	Schwf
Krinitz – Bienenfresser	Be2,N
Krinitz – Fichten-/Kiefernkreuzschnabel	Hp
Krinitz – Fichtenkreuzschnabel (sil.)	Ad,B,Be1,Be2,Be,Be05,Buff,GesS,K,… …Krü,N,Schwf ,Suol Seit 14./15. Jh.
Krinitz, bunter – Fichtenkreuzschnabel	Be1,Be2,Be,N
Krinitz, gelber – Fichtenkreuzschnabel	Be1,Be2,Be,N
Krinitz, grauer – Fichtenkreuzschnabel	Be1,Be2,Be,N
Krinitz, roter – Fichtenkreuzschnabel	Be1,Be2,Be,N
Krischäle (Oderbr.) – Bläßhuhn	H,Scha
Krischan – Pirol	Do
Krischan Füerhak – Pirol	F
Krischan Fürhak – Pirol	Scha
Kritschale – Bläßhuhn	Buff
Kritschäne – Bläßhuhn	Be2,Be,F,GD,N,Scha
Kritschele – Bläßhuhn	Be2,Be,Fri,GD,N,Scha
Kritschene – Bläßhuhn	B

Kritschschärbe – Bläßhuhn	Ad,Krü	
Krîtswalwe – Mauersegler	Suol	
Kritzell – Bläßhuhn	Buff	
Kriunen – Kranich	Bri	
Kro-e – Nebelkrähe	H	
Kroa – Saatkrähe	H	
Kroah – Rabenkrähe	Do,F	
Kroche – Nebelkrähe	Do,F,Mic	
Kroë – Nebelkrähe	F,H	
Kroë – Rabenkrähe	F,H	
Kroë – Saatkrähe	F,H	
Kroeche – Nebelkrähe	Scha	
Kroen – Kranich	Suol	
Kroh – Nebelkrähe	Do,F	
Krohn – Kranich	Ad,Krü,Suol	
Krohspecht – Schwarzspecht	H	
Krokke – Sturmmöwe	GD	
Kromawetter – Wachholderdrossel	H	
Krometfogel – Wacholderdrossel	HaSa	Hans Sachs, Regiment ...V. 88.
Krometvogel – Wacholderdrossel	Suol	
Kromtvogel – Wacholderdrossel	Suol	
Kron – Kranich	Scha	
Kronawetter – Wacholderdrossel	Do,F	
Kronbermisch – Kranich	Buff	
Krone – Kranich	Scha	
Krönecke – Kranich	Häp	
Krönen – Kranich	Bri	
Kronendäpper – Kranich	Bri	
Kronenspächt – Kranich	Bri	
Kronenspächt – Wiedehopf	Bri	
Kronentaucher – Haubentaucher	F,JAN,N,Scha,Suol	
Kronentaucher, kleiner – Ohrentaucher	N	
Kronente – Gänsesäger	Suol	
Krones – Fichtenkreuzschnabel	F,H	
Krönitz – Fichtenkreuzschnabel	Do,F	
Kronschnepfe – Großer Brachvogel	GD	
Krônschnepfe – Großer Brachvogel	Be1,F,Suol	
Kronschnepfe – Waldschnepfe	Buff	
Kronschnepfe, kleine – Regenbrachvogel	F,H	
Kronschneppe – Großer Brachvogel	Scha	
Krônsnepp – Großer Brachvogel	Suol,WüCl	
Krônsnepp – Kranich	Suol	
Krontaucher – Haubentaucher	H	
Krontaucher, kleiner – Ohrentaucher	F	
Kronvogel von Whidah – Kranich	Fri	
Kronvögelchen – Wintergoldhähnchen	B	
Kronweil – Saatkrähe	Do,F	
Kronwidden – Wacholderdrossel	Jä	
Kronwittvogel – Wacholderdrossel	Jä	

Krooh, schwoarze – Saatkrähe	H	
Kroon – Kranich	WüCl	
Kroontje – Säbelschnäbler	Bri,Häp	
Krop-Gans – Rosapelikan	K	
Krop-Taucher – Krähenscharbe	Fri	
Kropf Taube – Haustaubenrasse	Fri	
Kropf-Gans – Rosapelikan	Fri	
Kropf-Ganß – Rosapelikan	Kö	
Kropfente – Krähenscharbe	B,Be2,Be,Fri,N	
Kropfente – Stockente	Ad	
Kropfer – Haus-/Felsentaube	GD,K	Rasse Kropftaube.
Kröpfer – Haus-/Felsentaube	GD	Rasse Kropftaube.
Kropffer – Felsentaube	K	Haustauben-Rasse.
Kropffgans – Rosapelikan	Schwf	
Kropffvogel – Rosapelikan	Fri,GesH,Suol	
Kropfgans – Rosapelikan	Buff,Fri,GD	
Kropfgans – Rosapelikan	Ad,B,Be1,Be2,Be,Be97,Buff,F,Fri,GD,K,Krü,…	
	…N,O1,Suol Müller 1773 Frisch T. 186	
Kropfgans, gemeine – Rosapelikan	O3	
Kropfgans, große – Krauskopfpelikan	H	
Kropfgans, krauskopfige –	O3	
Krauskopfpelikan		
Kropfpelekan – Rosapelikan	N	
Kropfpelikan – Rosapelikan	Be1,Be2,Be	
Kropfschwan – Rosapelikan	Fri	
Kropftaube – Haus-/Felsentaube	Buff,GD,O1,P1	Rasse Kropftaube.
Kropftaube, weiße rauchfüßige –	Buff	
Haustaubenrasse		
Kropftaucher – Kormoran	Krü	
Kropftaucher – Krähenscharbe	B,Be2,Be,Fri,GD,N	
Kropfuogel – Krauskopfpelikan	zLa	Auch bei Gessner 1557: 183–185.
Kropfvogel – Krähenscharbe	Fri	
Kropfvogel – Rohrdommel	Ad,Krü	
Kropfvogel – Rosapelikan	B,Be2,Be,Buff,GesS,N	
Kropgans – Rosapelikan	K	
Kropkirne (dän.) – Flußseeschwalbe	Buff	Pontoppidan
Kropper – Haus-/Felsentaube	Buff,GD,Häp,K	Rasse Kropftaube.
Kröpper – Haustaubenrasse	Buff	
Kröpper-Möwchen – Haustaubenrasse	Fri	
Kropptüt – Kampfläufer (weibl.)	Bri	
Kropptüthahn – Kampfläufer (männl.)	Bri	
Kroreiser – Raubwürger	zLa	Krähenreißer
Krösler – Kampfläufer	Be2,Be,F,N,O1	
Krossker – Rotkopfwürger	Fri	
Krößler – Kampfläufer	Buff	
Kröte, fliegende – Ziegenmelker	Buff	
Krucentlein – Krickente	Fabr	
Krück Endtle – Krick-/(Knäkente) (sil.)	Schwf	
Krück Endtlin – Krick-/(Knäkente) (sil.)	Schwf,Suol	

Kruck-Agelaster – Raubwürger	Do
Krück-Elster – Raubwürger	G
Krück-Ente – Knäkente	N
Kruck-Entlein – Krickente	GesH
Krückaent – Krickente	H
Kruckagelaster – Raubwürger	F
Krückälster – Neuntöter und Würger (allg.)	Suol
Krucke – Dohle	Do,F,Krü,Scha
Krückelster – Elster	N
Kruckelster – Neuntöter	Ad
Kruckelster – Raubwürger	Ad,Be1,Be2,Be,F,Krü,N
Krückelster – Raubwürger	Be1,Buff,H,Krü
Krückelster – Rotkopfwürger	Be1
Krückelster, große – Raubwürger	JAN
Krückelster, kleine – Rotkopfwürger	JAN
Kruckendtle – Krickente	GesS
Krückente – Knäkente	Be,Jä
Krückente, große – Knäkente	JAN,N
Krückente, kleine – Krickente	JAN,N
Kruckentle – Krick-/Knäkente	Fri
Kruckentle – Krickente	Suol
Kruckentlein – Knäkente	Fri
Kruckentlein – Krickente	Be2,Be,Buff
Krue – Kranich	Scha
Krugelente – Krickente	B,Be2,N
Krugelhahn – Auerhuhn	Be1,Be2,Be,Be97,F,Hp,N,O1
Krügelhahn – Auerhuhn	GD
Krugente – Krickente	B,Be1,Be2,GD,N
Kruk – Kolkrabe	F,H
Kruk-entle – Krickente	Buff
Krukan – Klappergrasmücke	Buff
Krükente – Krickente	B,JAN
Krukke – Dohle	Ad
Krukkee – Dohle	Scha
Krukkop (dän.) – Reiherente	Buff
Krûkrâne – Kranich	Suol
Krum-Schnabel – Fichtenkreuzschnabel	P1
Krumbschnabel – Fichtenkreuzschnabel	HaSa,Suol H. Sachs: Regiment ... V. 226.
Krumm-Schnabel – Kreuzschnabel	Z
Krümmer – Rotmilan	B,F
Krummer Wassersäbel – Säbelschnäbler	Be2,N
Krummhahn – Birkhuhn	Hp VN
Krummschnabel – Fichtenkreuzschnabel	Ad,Be1,Be2,Be,Be97,Buff,F,Fri,GD,... ...GesSH,HpKrü,N,Suol
Krummschnabel – Großer Brachvogel	Be1,Be2,Be, Buff,GD
Krummschnabel – Hausente	Be2
Krummschnabel – Kiefernkreuzschnabel	B,Be2,Be,N
Krummschnabel – Kreuzschnabel	Kö
Krummschnabel – Säbelschnäbler	B,F,N

Krummschnabel, großer – Hakengimpel	Buff	Buffon/Otto Bd. 10, 68.
Krummschnabel, großer – Kiefernkreuzschnabel	Be,Buff,Jä,MW	
Krummschnabel, großer – Knutt	N	
Krummschnabel, kleiner – Alpenstrandläufer	Be2,Be,F,N	
Krummschnabel, kleiner – Fichtenkreuzschnabel	Jä	
Krummschnabel, rotbrüstiger – Sichelstrandläufer	N	
Krummschnabel, weißschwarzer – Säbelschnäbler	Be2,Be,Buff,GD,N	
Krummschnabelente – Hausente	Be2	
Krummschnäbelige Schnepfe – Großer Brachvogel	N	
Krummschnäbeliger Baumkleber – Waldbaumläufer	N	
Krummschnabliche Ente – Hausente (Var.)	Hp	„Anas adunca", verhaustierte Stockente.
Krummschnabliche Haus Ente – Hausentenrasse	Fri	
Krummschnäbliche Polarente – Tordalk	Be	
Krummschnäbliche Schnepf – Regenbrachvogel	Fri	
Krummschnäbliche Schnepfe – Großer Brachvogel	Be	
Krummschnäblicher Baumkleber – Baumläufer	Be	
Krummschnäblichte Ente – Stockente (Var.)	GD	
Krummschnäblichte Polarente – Tordalk	GD	
Krummschnäblichte Schnepfe – Großer Brachvogel	GD	
Krummschnablichter Baumkleber – Baumläufer	GD	
Krummschnäblichter Taucher – Tordalk	GD	
Krummschnäblige Bergmoorente – Bergente	CLB3,N	
Krummschnäblige Ente – Hausente	Be2	
Krummschnablige Ente – Stock-/ Hausente (Var.)	Be1,Be2	
Krummschnäblige Hausente – Stockente (Var.)	GD	
Krummschnäblige Polarente – Tordalk	Be2,N	
Krummschnäblige Schnepfe – Großer Brachvogel	Be2	
Krummschnäbliger Baumkleber – Baumläufer	Be1,Be2	
Krummschnäbliger Regenpfeifer – Rennvogel	N	
Krumpschnabel – Fichtenkreuzschnabel	H	
Krumschnabel – Fichtenkreuzschnabel	P,Schwf	

Krumschnabel – Großer Brachvogel	JAN	
Krumschnaebeliche Schnepfe – Regenbrachvogel	Fri	
Krûnekrâne – Kranich	Bri,Suol	
Krunicke – Kranich	Scha	
Krünitz – Fichten-/Kiefernkreuzschnabel	Ad,Be1,Be2,Be,Be97,GD,Hp,Krü,N,O2,V	
Krünitzer – Fichtenkreuzschnabel	GD	
Krünsch – Fichtenkreuzschnabel	N	
Kruoshals – Kampfläufer	Bri	
Krup dörch'n Tun – Zaunkönig	Do,F	
Krup Hahn, Henne – Haushuhnrasse	Fri	
Krûpânt – Krickente	Suol	
Krupe – Rabenkrähe	Do,F	
Krupelente – Krickente	Do,F	
Krupente – Krickente	F	
Krüper – Baumläufer	B,F	
Kruppente – Krickente	Do	
Krushahn – Kampfläufer	WüCl	
Krüsvogel – Fichtenkreuzschnabel	Bri	
Krute – Haushuhn (weibl.)	Be2	
Krûtvögeli – Braunkehlchen	Suol	
Krützel – Krickente	O1	
Krützschnoabel – Fichtenkreuzschnabel	Suol	
Krützsnawel – Fichtenkreuzschnabel	Suol	
Krützvogel – Fichtenkreuzschnabel	Suol	
Kruup där'n Busch – Zaunkönig	Häp	
Kruup där'n Tuun – Zaunkönig	Häp	
Kruup därn Tuun – Zaunkönig	Bri	
Kruupje – Haushuhn	Häp	Zwerghuhn
Kruushahn – Kampfläufer	Bri,Häp	
Krüzele – Knäkente	B,F,N	
Krüzele – Krickente	H	
Krüzvogel – Buntspecht	Suol	
Krüzvogel – Fichtenkreuzschnabel	Suol	
Kry – Kranich	O1	
Kryckie – Dreizehenmöwe	Cz	
Krye – Kranich	Buff,GD,GesH	
Krykkie – Dreizehenmöwe	Gun	
Kryna – Dreizehenmöwe (juv.)	Gun	
Krytkia – Dreizehenmöwe (juv.)	Gun	
Krytkie – Dreizehenmöwe	Gun	
Kštor – Star	Suol	
Kuatutlar – Ziegenmelker	Suol	
Kubb, groot grü (helgol.) – Mantelmöwe	H	
Kubb, grü (helgol.) – Silbermöwe	H	
Kubbe – Herings-/Silbermöwe	Häp	
Kübitz – Kiebitz	Be1,Hp,Krü	
Küchelchen – Haushuhn	Be2	
Küchen – Haushuhn (juv.)	Be2,Suol	

Küchenelster – Blauracke	B,F	
Küchenschwalbe – Rauchschwalbe	Ad,B,Be1,Be2,Be,Buff,F,GD,K,Krü,N,Suol,V...	
	... Frisch Tafel 18.	
Küchlein – Haushuhn	Be2,Buff	
Kückebülow – Pirol	Do,F	
Kückelhahn – Haushuhn	Ad	
Kückendieb – Rotmilan	Do,F	
Kücker – Regenbrachvogel	B,F,N	
Kuckkuck – Kuckuck	G	Schreibweise ok.
Kuckuck – Kuckuck	Ad,Fri,Hp,Schwf,	Cuccuc 13. Jahrh. KNB
Kuckuck sin Köster – Wiedehopf	H	
Kuckuck, aschgrauer – Kuckuck	Be,CLB1,2,3	KNB
Kuckuck, europäischer – Kuckuck	Be	
Kuckuck, gemeiner – Kuckuck	Be,K,O3	Frisch T. 40.
Kuckuck, grauer – Kuckuck	CLB3	
Kuckuck, großer gefleckter – Häherkuckuck	CLB1,N	
Kuckuck, langgeschwänzter – Häherkuckuck	CLB2	KNB
Kuckuck, langschwänziger – Häherkuckuck	CLB1,2,3	KNB
Kuckuck, rotbrauner – Kuckuck	Be,CLB1,2	
Kuckuck, singender – Kuckuck	Be	
Kuckucks Köster – Wiedehopf	Häp	
Kuckucksamme – Dorngrasmücke	Do,F,Suol	Hat oft Kuckucksei im Nest.
Kuckucksammer – Dorngrasmücke	Be1,Be,N	
Kuckucksbote – Wiedehopf	F,H	
Kuckucksknecht – Wiedehopf	F	
Kuckucksköster – Wiedehopf	Bri,H,Hp,Suol	
Kuckucksküster – Wiedehopf	Be,F,Scha,Suol	
Kuckuckslakai – Wiedehopf	F	
Kuckuckslaquay – Wiedehopf	Be	
Kuckucksroß – Wiedehopf	F,H	
Kuckuckswirt – Nachtigall	GesS	
Kuckuk – Kuckuck	Be2,Buff	
Kuckuk aschgrauer – Kuckuck	Be2,N	
Kuckuk, andalusischer – Häherkuckuck	N	
Kuckuk, brauner – Kuckuck	Be2,N	
Kuckuk, braunroter – Kuckuck	Be2,N	
Kuckuk, europäischer – Kuckuck	Be1,Be2,Be,N	
Kuckuk, gemeiner – Kuckuck	Be2,Be97,Buff,N	
Kuckuk, langschwänziger – Häherkuckuck	N	
Kuckuk, rotbrauner – Kuckuck	Be2,Be97,N	
Kuckuk, roter – Kuckuck	Be2,N	
Kuckuk, singender – Kuckuck	Be2,N	
Kuckuksammer – Dorngrasmücke	Be2	
Kuckuksknecht – Wiedehopf	Be2,N	
Kuckuksküster – Wiedehopf	Be2,N	
Kuckukslaquai – Wiedehopf	Be2,N	
Kuder – Truthuhn	Suol	
Kudermeis – Blaumeise	Suol	

Kueb – Kolkrabe	Suol		
Kuerhenne – Truthuhn	Suol		
Kugel Elster – Blauracke	Schwf		
Kugelälster – Blauracke	GD		
Kugelelster – Blauracke	Be1,Be2,Be,Buff,F,Krü,N		
Kugelente – Krickente	H		
Kugelfiehaus – Pirol	Do,F		
Kugelfihaus – Pirol	Be2,N		
Kugelfiraus – Pirol	Ad,Krü		
Kugelschwänzige Raubmöwe –	CLB2,3,F,N		KNB
Spatelraubmöwe			
Kugelsi[fi?]haus – Pirol	Be		
Kuh Bachstelze – Schafstelze	Schwf		
Küh-Dieb – Buchfink, Zuchtname	Kö		
Kuhbachstelze – Schafstelze	Be1,Be2,Be,N		
Kühbitz – Kiebitz	Be2,Be,N		
Kuhdieb – Buchfink	Buff,GD	Finkenschlag, z. T. auch Finkenname.	
Kühdieb – Buchfink, Zuchtname	Kö		
Kuhe – Rohrdommel	K	Albin Band I, 68.	
Kuhhalter – Schafstelze	Suol		
Kuhherterl – Schafstelze	Suol	Kuhhirt, aus steir. hardila.	
Kuhhirt – Wiedehopf	F,H,Jä		
Kuhhirt (pomm.) – Schafstelze	Do,F		
Kuhhirt, gelber – Schafstelze	Scha		
Kühlkop – Kiebitzregenpfeifer	Buff		
Kuhls Sturmtaucher –	H		
Mittelmeersturmtaucher			
Kuhls Sturmtaucher –	H	Hennicke: Fraglich.	
Gelbschnabel-Sturmtaucher			
Kuhls Walduferläufer – Bruchwasserläufer	CLB3		
Kuhmelker – Ziegenmelker	Suol		
Kuhne – Truthuhn	Ad		
Kuhnen – Truthuhn	Häp		
Kuhner – Truthuhn	Krü		
Kühner Reiher – Rallenreiher	Be2,N		
Kuhnhahn – Truthuhn	Be1,Be2,GD		
Kuhreiher – Kuhreiher	B		
Kuhreiher – Rohrdommel	B,H		
Kuhsauger – Ziegenmelker	B,Be2,Buff,F,Krü,N		
Kühsauger – Ziegenmelker	GD,Krü		
Kuhscheiße – Schafstelze	Be1,Be2,Be,Be97,F,N,Schwf		
Kuhschiete – Schafstelze	Scha		
Kuhschwalbe – Rauchschwalbe	Do,F		
Kuhspinken – Schafstelze	Do,F	Spinke war/ist Sommersprosse.	
Kuhstelze – Bachstelze	Ad		
Kuhstelze – Schafstelze	Ad,B,Be2,Be,Buff,CLB2,F,GD,Jä,K,N,…		
	…Scha,Suol,V	Frisch Tafel 23.	KNB
Kühtaube – Ringeltaube	H		

Kuhtaube – Ringeltaube	Do,F
Kuhvogel, Cassins – Kuhstärling	H
Kuiken-Dief (holl.) – Schwarzmilan	Buff
Kukauza (krain.) – Kuckuck	Be1
Kükelhan – Haushuhn (männl.)	Suol
Küken – Haushuhn (juv.)	Be2,Suol
Küker (helgol.) – Sandregenpfeifer	Do,F,H
Küker road-hoaded (helgol.) –	H
Seeregenpfeifer	
Küker, lütj (helgol.) – Flußregenpfeifer	F,H
Kukeriku – Haushuhn (männl.)	Suol
Kükewieh – Rotmilan	Be2,N
Kükewih – Milane und Weihen	Suol
Kükewiw – Milane und Weihen	Suol
Kukkuck – Kuckuck	Tu
Kukkuk – Kuckuck	Buff,GesS,Jä
Kukkuksamme – Dorngrasmücke	Halle 1760
Kukuck, aschgrauer – Kuckuck	Be1
Kukuck, gemeiner – Kuckuck	Be1
Kukuck, singender – Kuckuck	Be1
Kukucksköster – Wiedehopf	Be1
Kukuk – Kuckuck	Ad,B,Buff,GD,Krü
Kukuk von Andalusien – Häherkuckuck	Buff
Kukuk, afrikanischer – Häherkuckuck	GD
Kukuk, andalusischer – Häherkuckuck	GD
Kukuk, aschgrauer – Kuckuck	N
Kukuk, brauner – Kuckuck	Buff
Kukuk, europäischer – Kuckuck	N
Kukuk, europäischer – Kuckuck	Buff,GD
Kukuk, gelber aschgrauer – Kuckuck	MW
Kukuk, gemeiner – Kuckuck	Be05,GD,V
Kukuk, gemeiner europäischer – Kuckuck	Buff,GD
Kukuk, großer gefleckter – Häherkuckuck	Buff
Kukuk, rotbrauner – Kuckuck (weibl.)	Be1,Be05,Buff,GD
Kukuk, singender – Kuckuck	N
Kukuksamme – Heckenbraunelle	GD
Kukuksbegleiter – Wendehals	GD
Kukuksknecht – Heckenbraunelle	GD
Kukuksknecht – Wiedehopf	B,GD
Kukuksköster – Wiedehopf	GD,Scha,WüCl
Kukukslaquay – Wiedehopf	GD
Kukuksmann – Wendehals	GD
Külau, Koch von – Pirol	Scha,Suol
Kulax – Mantelmöwe	WüCl
Kulax – Silbermöwe	WüCl
Kulax mit geel Föt – Heringsmöwe	WüCl
Kulckrave – Kolkrabe	Suol
Kuler – Truthuhn	Häp

Kulgeghef – Dreizehenmöwe	Buff	Buffon/Otto 1806, 32/24.
Kulkrabe – Kolkrabe	Be1,Be2,Be,N,Suol	
Kullerhahn – Kampfläufer	Do,F	
Kullerhaon – Truthuhn	Suol	
Kullerwölpen – Großer Brachvogel	Bri	
Külo, Koch von – Pirol	Scha	
Kulo, Koch von – Pirol	F	
Kulp – Waldkauz	Scha	
Kulpeule – Waldkauz	Do,F	
Kulskehahn – Kampfläufer	Bri	
Kuly – Waldkauz	Do,F	
Kummemit – Steinkauz	Scha	
Kummulis (lett.) – Stieglitz	Buff	
Kûn – Truthuhn	Suol	
Kûnhahn – Truthuhn	Suol	
Kunich – Zaunkönig	Suol	
Kunicli – Zaunkönig	Suol	
Kuniclîn – Zaunkönig	Suol	
Künige – Zaunkönig	Do	
Künigel (o-österr.) – Zaunkönig	F,H	
Künigevögerl – Zaunkönig	Do,F	
Künigle – Zaunkönig	Suol	
Küniglein – Zaunkönig	HaSa	
Kuningilîn – Zaunkönig	Suol	
Kuningsen (fland.) – Zaunkönig	GesS	
Kuningsgen – Zaunkönig	Tu	
Künit (fries.) – Kiebitz	H	
Künivögerl (steierm.) – Zaunkönig	H	
Kunstknipper – Grauammer	GD	
Kuntur – Bartgeier	Buff	
Kuoärdelduwe – Turteltaube	Bri	
Kuorga (lappl.) – Kranich	H	
Kupfemeise – Haubenmeise	Hp	
Kupferente – Pfeifente	F,H	
Kupferente – Weißkopf-Ruderente	B,Be2,N	
Kupferfasan – Fasan (o. Halsring)	F,H,zLa	Zum Lamm, S. 149.
Kupferflügel – Rotdrossel	GD	
Kupfergrasmücke (bayer.) – Dorngrasmücke	F,H	
Kupferschnepfe – Pfuhlschnepfe	ANG	
Kupferwachtel – Wachtel	Do,F	
Kupfmeise – Haubenmeise	Be1,Be2,Be,Buff,F,GD,Krü,N	
Kupmeise – Haubenmeise	Be2,N	
Kupp-Meise – Haubenmeise	Suol	
Kupp-Meisse – Haubenmeise	G	
Kuppel – Gerfalke	zLa	
Kuppel – Würgfalke	GesSH,Suol,zLa	Tiere jagen paarweise …
		… System der Jagdfalken, nach Albertus Magnus.

Kuppelfalke – Würgfalke	GesS	1585, Tiere jagen paarweise.
Kuppenente – Reiherente	B,Be2,F,N	
Kuppengans – Graugans (Var.)	Be2	
Kuppenlerche – Haubenlerche	JAN,N	
Kuppenmeise – Haubenmeise	Be2,F,N,V	
Kupplerche – Haubenlerche	Do,F	
Kuppmeise – Haubenmeise	Ad,B,Be1,Be2,Be,Buff,GD,Hp,Krü,N	
Kurack – Saatkrähe	F,H	
Kurak – Saatkrähe	Do	
Kureramsel – Ringdrossel	Be2,Buff,F,GD,GesS,N,Suol	
Kurg – Weißstorch	O1	
Kurhahn – Auerhuhn	Ad	
Kurierschnepfe – Rotschenkel	H	
Kuriffer – Gänsesäger	Be1,Be2,Be,GD,N	
Kurki (finn.) – Kranich	H	
Kurländische Schnepfe – Dunkler Wasserläufer	Buff	
Kurländischer Papagey – Blauracke	Be	
Kurlei – Brachvögel	O1	
Kurlei, gemeiner – Großer Brachvogel	O1	
Kurlei, großer – Großer Brachvogel	O1	
Kurlen – Großer Brachvogel	GesS	
Kurlu – Großer Brachvogel	GesS	
Kurock – Saatkrähe	B,Be2,N	
Kurrduwe – Turteltaube	Bri	
Kurre – Birkhuhn (lokal, weibl.)	Be1,Be2,Be,Be97,F,H,O1,Scha,Suol	
Kurre (preuss.) – Truthuhn	Ad,Buff,K,Suol	„Von seiner Stimme her."
Kurrhahn – Birkhuhn	Bri	
Kurrhahn – Truthuhn	Suol	
Kurrhôn – Birkhuhn	Suol	
Kurrier, italiänischer – Steinwälzer, künstl.verändert	Be1	Steinwälzer mit Säbelschnäbler-Beinen.
Kurt Jan in Tun – Zaunkönig	Bri	
Kurvogel – Grünfink	Be2,Krü	
Kürweihe – Rotmilan	B,Be2,F,N	
Kurweihe – Rotmilan	Krü	
Kurwy – Milane und Weihen	Suol	
Kurwy – Rotmilan	F,N	
Kurwyh – Rotmilan	JAN	
Kurze Genfer Lerche – Wiesenpieper	Buff	Buffon/Otto 14/204.
Kurzfangsperber – Kurzfangsperber	B	
Kurzflügelige Sumpfschnepfe – Doppelschnepfe	CLB3	
Kurzflügeliger Alk – Riesenalk	CLB2,N	
Kurzflügeliger Gartenspötter – Orpheusspötter	H	
Kurzflügeliger Papagaitaucher – Riesenalk	N	
Kurzflügeliger Papageitaucher – Riesenalk	CLB2	KNB

Kurzfüßiger Sturmvogel – Brustbandsturmvogel	H		
Kurzgeschopfter Haubensteißfuß – Rothalstaucher	N		
Kurzgeschwänzter Adler mit weißem … … Ringe – Steinadler	GD		Bei Pennant.
Kurzköpfiger Taucher – Rothalstaucher	Buff		
Kurzohr – Sumpfohreule	GD		
Kurzöhrichte Eule – Sumpfohreule	GD		
Kurzöhrichte Horneule – Sumpfohreule	GD		
Kurzöhrige Eule – Sumpfohreule	Be2,Be,CLB1,2,N,O1,V		KNB
Kurzöhrige Ohreule – Sumpfohreule	Be2,Be,MW,N	Bechstein 1803?	KN
Kurzschnabel – Eisente	Be2,F,N		
Kurzschnabelgans – Kurzschnabelgans	H		
Kurzschnabelige Gans – Kurzschnabelgans	O3		
Kurzschnäbelige Gans – Kurzschnabelgans	H		
Kurzschnäbeliger Kreutzvogel – Kiefernkreuzschnabel	N		
Kurzschnäblige Bachstelze – Bachstelze	CLB3		
Kurzschnäblige Eidertauchente – Prachteiderente	CLB2,N		KNB
Kurzschnäblige Eisschellente – Eisente	CLB3,N		
Kurzschnäblige Ente – Eisente	CLB2		
Kurzschnäblige Gans – Zwerggans	N		
Kurzschnäblige Kriekente – Krickente	CLB3		
Kurzschnäblige Löffelente – Löffelente	CLB3		
Kurzschnäblige Pfeifente – Pfeifente	CLB3		
Kurzschnäblige Raubmöve – Falkenraubmöwe	N		
Kurzschnäblige Ringelmeergans – Ringelgans	CLB3		
Kurzschnäblige Schellente – Schellente	CLB3,N		
Kurzschnäbliger Brachpieper – Brachpieper	CLB3		
Kurzschnäbliger grauer Laubvogel – Zilpzalp	CLB3		
Kurzschnäbliger graukehliger Steißfuß – Rothalstaucher	CLB3		
Kurzschnäbliger Mauerläufer – Mauerläufer	CLB3		
Kurzschnäbliger Nussknacker – Tannenhäher	CLB2,3		KNB
Kurzschnäbliges Goldhähnchen – Sommergoldhähnchen	CLB3		
Kurzschopfiger Steißfuß – Rothalstaucher	F		
Kurzschopfiger Taucher – Rothalstaucher	Be2,Be,N		
Kurzschwanz – Steinadler	Be2,F,GD,N		
Kurzschwanz, mit weißem Ringe – Steinadler	Be1,Be2,Buff,K,N		
Kurzschwänzige Bachstelze – Schafstelze	Be2,F,N		

Kurzschwänzige Eisschellente – Eisente	CLB3,N	
Kurzschwänzige Scharbe – Krähenscharbe	CLB2,3,N	KNB
Kurzschwänziger Adler – Steinadler	Be,Be97	
Kurzschwänziger Bergadler – Steinadler	Be2	
Kurzschwänziger Goldadler – Steinadler	Be2	
Kurzschwänziger Haasenadler – Steinadler	Be2	
Kurzschwänziger Steinadler – Kaiseradler	N	
Kurzschwänziger Steinadler – Steinadler	Be1,N	
Kurzschwänziger Steinadler – Steinadler	Buff	
Kurzschwänziger Steinadler mit weißem ...	Krü	
... Ringe am Schwanze – Steinadler		
Kurzschwänziger Stockadler – Steinadler	Be2	
Kurzschwänziger und brauner Steinadler	Be2	
– Steinadler		
Kurzzehige Ammerlerche – Kurzzehenlerche	CLB3	
Kurzzehige Lerche – Kurzzehenlerche	CLB2,H,MW,O3	KNB
Kurzzehiger Adler – Schlangenadler	Be,CLB1,MW	
Kurzzehiger Baumläufer –	CLB1,2,3,MW	
Gartenbaumläufer	C. L. Brehm (um 1820): Neue Art.	KNB
Kurzzehiger Baumläufer – Waldbaumläufer	N	N: Keine Anerkenng der neuen Art.
Kurzzehiger Natternadler – Schlangenadler	CLB2	KNB
Kurzzehiger Schlangenadler –	CLB2	KNB
Schlangenadler		
Kurzzunge – Kormoran	Int.	
Küscheißen – Schafstelze	HaSa,Suol	H. Sachs, Regiment ... V. 225.
Kussektak – Steinschmätzer	Buff	
Küsten-Meerschwalbe –	N	
Küstenseeschwalbe		
Küstenbrandgansente – Brandgans	CLB3	
Küstenläufer, hochköpfiger –	CLB3	
Meerstrandläufer		
Küstenläufer, mittlerer – Meerstrandläufer	CLB3	
Küstenläufer, plattköpfiger –	CLB3	
Meerstrandläufer		
Küstenlerche – Ohrenlerche	B,F	
Küstenmeerschwalbe –	O3,WüCl	Naumann 1838. KN
Küstenseeschwalbe		
Küstenrabe – Kolkrabe	CLB3	
Küstenseeschwalbe – Küstenseeschwalbe	B	Naumann 1838. KN
Küstenwasserpieper – Bergpieper	CLB3	
Küster – Alpendohle	F	
Küster – Wiedehopf	F	
Küsterknecht – Wiedehopf	B,H	
Küsuna (finn.) – Alpenschneehuhn	H	
Kut – Bläßhuhn	O1	
Kûter – Taube (männl.)	Suol	Aus kûto, 14. Jahrh.
Kutge-Gehf – Dreizehenmöwe	Gun	
Kutgegeaf – Dreizehenmöwe	Be2,N	

Kutgegeef – Dreizehenmöwe	K
Kutgegef – Dreizehenmöwe	Ad,Krü
Kutgegehef – Dreizehenmöwe	N
Kutgejef – Dreizehenmöwe	F,N
Kutjeblick – Wachtel	Bri
Kutjeblik – Wachtel	Ad
Kûtjenblik – Wachtel	Suol
Kutschhuhn – Truthuhn	Ad
Kutschnepfe – Bekassine	Be2,N
Kutschuhn – Truthuhn	Suol
Kütte (schles.) – Rebhuhn	Scha
Kuttengeier – Gänsegeier	Do
Kuttengeier – Mönchsgeier	Ad,B,F,Krü,A,WüCl	Albin Band II, 4.
Kuttengeyer – Mönchsgeier	Buff,K	Albin Band II, 4.
Kütter – Taube (männl.)	Suol
Kutter – Truthuhn	Suol
Kuttjant – Zaunkönig	Bri,Häp
Küttjeblick – Wachtel	Häp
Kuttvogel – Grünfink	Buff,GD,GesSH,Suol	Ornithographia 1657.
Küttvogel – Grünfink	Ad,Be,Krü
Kutvogel – Grünfink	Ad,B,Be1,Buff,F,K,Krü,N,StVb
Kutye gehf – Dreizehenmöwe	Mar
Kutyegef – Dreizehenmöwe	Mar
Kutz – Kauz (allg.)	Suol
Kutzen – Kauz (allg.)	Suol
Kutzen, niederlendisch – Sperlingskauz	Suol
Kützle – Zwergohreule	Suol
Kützlin – Kauz (allg.)	Suol
Kuuitz – Kiebitz	GesS
Kuunen – Truthuhn	Häp
Kuunhahn – Truthuhn	Häp
Kuuter – Taube (männl.)	Suol
Kuutge-Gef – Dreizehenmöwe	K
Kuwitri (russ.) – Flußuferläufer	B
Kwabbelfett – Wachtel	Suol
Kwattelken – Wachtel	Bri
Kwättelkien – Wachtel	Bri
Kwatter – Star	Bri
Kwickstert – Bachstelze	Suol
Kwinker (holl.) – Buchfink	H
Kwitt – Zwergseeschwalbe	Bri
Kybit – Kiebitz	Krü
Kybitz – Kiebitz	Be1,Be2,Be,Buff,Fri,GD,Hp,K,Krü,N,Suol,Z
Kybitz, Schweizerischer – Kiebitzregenpfeifer	Buff
Kybitz, wilder – Steppenkiebitz	Buff
Kybiz – Kiebitz	Buff
Kybiz, gemeiner – Kiebitz	Buff

Kyfitz – Kiebitz	Buff	
Kynges fissher (engl.) – Eisvogel	Tu	Auch „kynges fisher", Turner im engl. Text.
Kynütz – Kiebitz	GesH	
Kyrkkaja (schwed.) – Dohle	H	
Kyssektak (grönl.) – Steinschmätzer	Buff	
Kyte (engl.) – Rotmilan	Tu	
Kyve – Schmarotzerraubmöwe	Gun	
Kyve – Skua	Gun	
Kyvitta – Kiebitz	Krü	
Kyvitz – Kiebitz	Krü	
Kywit – Kiebitz	Krü,Tu	
Kywitz – Kiebitz	Buff,N	
L'anette – Gerfalke	Be	
Labb, gemeiner – Schmarotzerraubmöwe	O1	
Labbe – Schmarotzerraubmöwe	Be2,Buff,F,GD,Gun,N,O2	
		Wegen der „Argheit und Bosheit."
Labbe (schwed.) – Falkenraubmöwe	N	
Lach Taube – Lachtaube	Fri	
Lach-Meerschwalbe – Lachseeschwalbe	N	
Lach-Meve – Lachmöwe	N	
Lach-Taub – Lachtaube	GesH	
Lachduw – Lachtaube	Häp	
Lachende Gans – Bläßgans	Be2,Buff,GD,N	
Lachende Taube – Lachtaube	Krü	
Lachender – Buchfink	Buff,Kö	Zuchtname
Lachender Steinschmätzer – Trauersteinschmätzer	O3	
Lachendes Teublin – Lachtaube(sil.)	Schwf	
Lachgans – Bläßgans	B,Be2,Be,Buff,F,K,Krü,Ed,N,O1	Edwards T. 153.
Lachkobbe – Lachmöwe	Häp	
Lachmeve – Lachmöwe	Be2,Be,GD	
Lachmeve, braunköpfige – Lachmöwe	Be2,Be,N	
Lachmeve, große – Lachmöwe	Be2,Be,GD,N	
Lachmeve, rotfüßige – Lachmöwe	Be2,Be,GD,N	
Lachmeve, schwarzköpfige – Lachmöwe	Be1,Be2,Be97,GD	
Lachmewe – Lachmöwe	Buff	
Lachmewe, große – Fischmöwe	Buff	
Lachmewe, rotfüßige – Lachmöwe	Buff	Brisson
Lachmööw (helgol.) – Lachmöwe	H	
Lachmöve – Lachmöwe	B,CLB2,Krü,O1,2,3,V	Müller 1773, Ü, KNB
Lachmöve, gemeine – Lachmöwe	N	
Lachmöve, kleine – Lachseeschwalbe	N	
Lachmöve, schwarzköpfige – Lachmöwe	N	
Lachmöwe – Lachmöwe	CLB1	
Lachmöwe, kleine – Lachseeschwalbe	F	
Lachmöwe, schwarzköpfige – Lachmöwe	Krü	
Lachschwalbenmöve – Lachmöwe	CLB3,N	KNB
Lachseeschwalbe – Lachseeschwalbe	B,CLB1,2,N	C. L. Brehm 1822 KNB

Lachseeschwalbe, amerikanische – Lachseeschwalbe	CLB3,N	
Lachseeschwalbe, baltische – Lachseeschwalbe	CLB3,N	
Lachseeschwalbe, südliche – Lachseeschwalbe	CLB3,N	
Lachspecht – Grünspecht	Bri	
Lachsteinschmätzer – Trauersteinschmätzer	CLB2	KNB
Lachtaube – Hohltaube (weibl.)	Scha	
Lachtaube – Lachtaube/Türkentaube	Ad,Be1,Be2,Be97,GD,Hp,K,Krü,… …O1,2,3,P,V	Frisch Tafel 141.
Lachtaube – Türkentaube	Suol,O3	
Lachtaube, wilde – Turteltaube	F,Jä,N	
Lachweihe – Turmfalke	Be1,Be97,GD,Schwf,Suol	
Lachwy – Schwarzmilan	GesS	Von Lake.
Laerkfalk (dän.) – Baumfalke	H	
Lagopus – Schneehuhn	Cz	Cranz S. 103.
Lahne – Mornellregenpfeifer	Krü	
Lahnmeise – Sumpfmeise	Suol	
Laimschwalbe – Mehlschwalbe	K	
Lämer – Schnatterente	O2	
Lämmerfresser – Bartgeier	Suol	
Lämmergeier – Bartgeier	Ad,B,Be1,Be2,Be,Be97,Be05,CLB2,3,F,… …Krü,N,O1,2,Tu,V	KNB
Lämmergeier – Gänsegeier	H	
Lämmergeier der Alpen – Bartgeier	Be2,N	
Lämmergeier, schweitzerischer – Bartgeier	N	
Lämmergeier, schweitzerischer – Bartgeier	Be2,N	
Lämmergeyer – Bartgeier	GD	Namen „von seiner vorzüglichsten Nahrung."
Lämmergeyer – Seeadler	GD	
Lämmergeyer der Alpen – Bartgeier	Buff	
Lämmergeyer, goldbrüstiger – Bartgeier	GD	
Lämmergeyer, rothbrauner – Bartgeier	GD	Var. in Europa.
Lämmergîr – Bartgeier	Suol	
Lämmerhirte – Schafstelze	Buff	
Lämmerstelze – Schafstelze	Do,F	
Lammerzig – Bartgeier	Suol	
Lämmerzücker – Bartgeier	Suol	
Landadler – Kaiseradler	Krü	
Landadler – Steinadler	Ad,Be1,Be2,Be97,Buff,GD,Hp,Krü	
Landente – Zwergtrappe	N	
Landralle – Wachtelkönig	O1	
Landschwalbe – Mehlschwalbe	Be1,Be2,Be,Buff,GD,Krü,N	
Landschwalbe – Rauchschwalbe	B,F	
Landseeschwalbe – Flußseeschwalbe	CLB3	
Lanete – Gerfalke	zLa	
Lanete (unedel) – Mäuse-?/Rauhfuß-? Bussard	zLa	System der Jagdfalken nach Alb. Magnus.

Lanette – Gerfalke	Be2,N	
Lanette – Kornweihe	Do,F	
Lanette – Lanner	GD	
Lanette – Würgfalke	Be1,Krü,N	
Lanette, braune – Gerfalke	Be2,N	
Lang- und spitzschwänzige Ente – Spießente	Be2	
Langbeen – Weißstorch	Be2,Be,N	
Langbein – Austernfischer	Be	
Langbein – Stelzenläufer	Be1,Be2,Be97,F,GD,Krü,N,O2	
Langbein – Weißstorch	Be2,Be,F,N	
Langbein (bayer.) – Wachtelkönig	H,Jä	
Langbeinige Schnepfe – Waldschnepfe	Buff	
Langbeiniger Regenpfeifer – Stelzenläufer	Be2,N	
Langebeen – Weißstorch	Häp	
Langente – Eisente	B	
Langflügelicher Weihe – Wiesenweihe	MW	
Langflügelige und Größte Schwalbe – Mauersegler	Fri	
Langflüglige und große schwalbe – Mauersegler	Buff	
Langfuß – Austernfischer	Be	
Langfuß – Stelzenläufer	Be1,Be2,Be97,Buff,GD,Krü,N	
Langfüßiger Strandläufer – Dunkler Wasserläufer	CLB1,2,N	
Langfüßiger Strandreuter – Stelzenläufer	CLB2,3,N	KNB
Langfüssiger Wasserläufer – Grünschenkel	CLB1,3	
Langgeschwänzte Ente aus der Hudsonsbay – Eisente	GD	
Langgeschwänzte Ente aus Hudsonbay – Eisente	Be2,N	
Langgeschwänzte Holztaube – Wandertaube	K	Frisch T. 142.
Langgeschwänzte Meise – Schwanzmeise	Ad,Be2,Be,GD,K,Krü,N	Frisch T. 14.
Langgeschwänzte Lanette – Lannerfalke	Siemssen	
Langgeschwänzter Kiebitz – Keilschwanzregenpfeifer	Be2	J. Th. Klein: Kybitz.
Langgeschwänzter Kuckuck – Häherkuckuck	CLB2	KNB
Langgeschwänzter Kybitz – Keilschwanz-Regenpfeifer	K	
Langgeschwänzter Mornell – Keilschwanzregenpfeifer	Be2,Buff	
Langgeschwänzter Strandläufer – Prärieläufer	JAN	
Langgeschwänztes Berghuhn – Spießflughuhn	Krü	
Langhals – Haubentaucher	Bri,Jä,Suol,WüCl	
Langhals – Spießente	Be1,Be2,Be,F,GD,Häp,Han,N,Suol	
Langhalsige Ente – Haubentaucher	Jä	

Langhälsige Strichente – Spießente	Be2,N	
Langhans – Haubentaucher	H	
Langivie – Trottellumme	GD	Bei Pontoppidan.
Langkragen – Löffelente	Ad,Krü	
Langnefja (isl.) – Trottellumme	H	
Langöhrige Eule – Waldohreule	Be2,N	
Langschenkel – Stelzenläufer	N	
Langschnabel – Gänsesäger	GesS,Krü,Suol	
Langschnabel – Löffelente	Do,F	
Langschnabel – Mittelsäger	Be,Be12,Buff,F,Krü,N,Schwf,Suol,	Müller 1773.
Langschnabel, großer – Gänsesäger	GesH	
Langschnäbelige Grylllumme – Gryllteiste	CLB3	
Langschnäbeliger Baumläufer – Waldbaumläufer	N	
Langschnäbeliger Kreutzvogel – Fichtenkreuzschnabel	N	
Langschnabeliger Säger – Mittelsäger	O3	
Langschnäbeliger Säger – Mittelsäger	MW,V	
Langschnabelleinfink – Birkenzeisig	B	
Langschnäbliche Ringelmeergans – Ringelgans	CLB3	
Langschnäblicher Säger – Mittelsäger	Be	
Langschnäbliches Wasserhuhn – Wasserralle	Be	
Langschnäblichter Merrachen – Mittelsäger	GD	
Langschnäblichter Säger – Mittelsäger	GD	
Langschnäblige Halbente – Gänsesäger	Be2,Be,N	
Langschnäblige Halbente – Mittelsäger	Be2,Be,N	
Langschnäblige Löffelente – Löffelente	CLB3	
Langschnäbliger Harl – Mittelsäger	O1	
Langschnäbliger Mauerläufer – Mauerläufer	CLB3	
Langschnäbliger Meerrachen – Mittelsäger	Buff,GD	
Langschnäbliger Nußknacker – Tannenhäher	CLB2	KNB
Langschnäbliger Säger – Mittelsäger	Be1,Be2,Buff,CLB2,F,Krü,N,Scha,WüCl	KNB
Langschnäbliger Sägetaucher – Mittelsäger	Krü	
Langschnäbliger Schlammläufer – Sichelstrandläufer	CLB3	
Langschnäbliger Seerachen – Mittelsäger	Be2Buff,N	
Langschnäbliger Strandläufer – Sichelstrandläufer	CLB1,2,N	KNB
Langschnäbliger Taucher – Prachttaucher	CLB3	
Langschnäbliger und wahrer Sägetaucher – Mittelsäger	Krü	
Langschnäbliger Wasserkönig – Wasserralle	N	
Langschnäbliges Wasserhuhn – Wasserralle	Be2,F,Fri,N	

Langschwanz – Bartmeise	Do,F	
Langschwanz – Eisente	Be2,F,N	
Langschwanz – Habicht	B,F	
Langschwanz – Schwanzmeise	Ad,Do,F,Krü	
Langschwanz – Sperber	Suol	
Langschwanz aus Neuland und Island – Eisente	Be2,Be,N	
Langschwanz von Island – Eisente	Be1	
Langschwanz von Neuland – Eisente	Be1,GD	
Langschwanz, spitzbärtiger – Bartmeise	K	Frisch T. 8.
Lângschwänzchen – Schwanzmeise	Suol	
Langschwänzige Aente der Hudson-Bay – Eisente	Buff	
Langschwänzige Aente von Neuland – Eisente	Buff	
Langschwänzige Aente von Terre-Neuve – Eisente	Buff	= Neufundland
Langschwänzige Bachstelze – Gebirgsstelze	Do,F	
Langschwänzige Bartmeise – Beutelmeise	CLB3	
Langschwänzige Ente – Spießente	N	
Langschwänzige Eule – Habichtskauz	CLB2	KNB
Langschwänzige Eule aus Sibirien – Habichtskauz	N	
Langschwänzige Maise – Schwanzmeise	Fri	
Langschwänzige Meerschwalbe – Küstenseeschwalbe	N	
Langschwänzige Meise – Schwanzmeise	Buff,GD	
Langschwänzige Raubmöve – Falkenraubmöwe	N,WüCl	
Langschwänzige Seeschwalbe – Flußseeschwalbe	CLB3	KNB
Langschwänzige Seeschwalbe – Küstenseeschwalbe	CLB1,2,N	KNB
Langschwänziger Fink – Meisengimpel	CLB2,MW	KNB
Langschwänziger Gimpel – Meisengimpel	CLB2	KNB
Langschwänziger Kautz – Rauhfußkauz	JAN	
Langschwänziger Kernbeisser – Meisengimpel	CLB2,O3	KNB
Langschwänziger Kiebitz – Keilschwanzregenpfeifer	Be	
Langschwänziger Kuckuck – Häherkuckuck	CLB1,2,3	KNB
Langschwänziger Kuckuk – Häherkuckuck	N	
Langschwänziger Strandjäger – Schmarotzerraubmöwe	Be2,Buff,N	
Langschwänziger Strandläufer – Prärieläufer	CLB2,MW,N	KNB
Langschwänziger Uferläufer – Prärieläufer	CLB3,N	
Langschwänziger Wasserläufer – Prärieläufer	CLB1,2,N	KNB

Langschwänziges Flughuhn – Spiessflughuhn	O3	
Langschwänziges Käutzchen – Rauhfußkauz	N	
Langschwanzkauz – Rauhfußkauz	Do,F	
Langschwingige Raubmöve – Schmarotzerraubmöwe	CLB3	
Langstiel – Elster	F,H,Jä	
Languedocsche Meise – Beutelmeise	Be2,N	
Langvia (norw.) – Trottellumme	H	
Langvie – Trottellumme	Gun	
Langviir – Trottellumme	Gun	
Langvir – Trottellumme	Gun	
Langvire – Trottellumme	Gun	
Langzehiger Baumläufer – Waldbaumläufer	CLB3	
Langzüngler – Wendehals	F,N	
Lanner – Würgfalke	Do,F	
Lannerfalk – Würgfalke	B	
Lanette, langgeschwänzte	Siemssen	
Lansknecht – Wacholderdrossel	Suol	
Lanzenfleckiger Sänger – Strichelschwirl	O3	
Läpelaant – Löffelente	Bri	
Läpelant – Löffelente	WüCl	
Läpelent – Löffelente	H	
Lappenammer – Spornammer	B,F	
Lappenfuß – Odinshühnchen	WüCl	
Lappenfuß, grauer – Odinshühnchen	CLB3,N	
Lappentaucher, arctischer – Ohrentaucher	N	
Lappentaucher, gehörnter – Ohrentaucher	F,N	
Lappentaucher, geöhrter – Schwarzhalstaucher	F,N	
Lappentaucher, großer – Haubentaucher	F,N	
Lappentaucher, kleiner – Zwergtaucher	F,N	
Lappentaucher, rothalsiger – Rothalstaucher	N	
Lappentaucher, schwarzhalsiger – Schwarzhalstaucher	H	
Lappländer – Spornammer	Be2,F,GD,N	
Lappländische Ammer – Spornammer	O3	
Lappländische Eule – Bartkauz	F,MW,N,O3	N: Bd. 13/180.
Lappländische Schnepfe – Pfuhlschnepfe	Be2,Be,F,Krü,N	
Lappländische Schnepfe – Pfuhlschnepfe	GD	
Lappländische Sumpfmeise – Lapplandmeise	H	
Lappländische Tageule – Schnee-Eule	CLB2	KNB
Lappländische Uferschnepfe – Pfuhlschnepfe	Buff	
Lappländischer Distelfink – Spornammer	Be2,Be,N	
Lappländischer Fink – Spornammer	Be2,Be,Be97,Buff,GD,Krü,N	
Lappländischer Kautz – Bartkauz	N	N: Bd. 13/180.
Lappländischer Kibitz – Alpenstrandläufer	Buff,N	

Lappländischer Kiebitz – Alpenstrandläufer	Be1,Be2,Be	
Lappländischer Kleinaugkautz – Bartkauz	N	N: Bd. 13/180.
Lappländischer Regenpfeifer – Mornellregenpfeifer	Be2,Be,N	
Lappländischer Regenpfeiffer – Mornellregenpfeifer	Buff,GD	
Lappländischer Schnepf – Pfuhlschnepfe	Buff	
Lappländischer Strandläufer – Alpenstrandläufer	Be1,Be2,Be,Buff,Krü,N,O1	
Lappländischer Wasserläufer – Pfuhlschnepfe	Be2,Be,N	
Lappländisches Blaukehlchen – Blaukehlchen	N	N: Bd. 13/387.
Lapplands-Kautz – Bartkauz	N	N: Bd. 13/180.
Lapplandseule – Bartkauz	B,N	N: Bd. 13/180.
Lapplandskauz – Bartkauz	B	
Lappmärkische Aente – Bergente	Buff	
Lappmärkische Ente – Reiherente (weibl.) …	GD … oder Bergente (weibl.). Beide: „Anas scandiaca."	
Lappmärkische Ente – Samtente	Be2	
Lappmesen – Schwanzmeise	Buff	
Läpsch (altdt.) – Ziegenmelker	H	
Lapwing (engl.) – Kiebitz	Tu	
Larch – Feldlerche	Scha	
Lärche – Lerche	Ad	
Lärchenkreuzschnabel – Bindenkreuzschnabel	F	
Lark (schlesw.-holst.) – Feldlerche	F,H,Häp	
Lärke – Feldlerche	Do,F	
Lärmente – Schnatterente	B,Be2,Be,Buff,F,GD,N	
Larve – Papageitaucher	N	
Larventaucher – Papageitaucher	F,Krü,N	
Larventaucher, europäischer – Papageitaucher	CLB2,N	KNB
Larventaucher, Graba's – Papageitaucher	CLB3	
Larventaucher, graukehliger – Papageitaucher	N	
Larventaucher, nordischer – Papageitaucher	CLB2,3,N	KNB
Laschke – Kernbeißer	Scha,Suol	
Laske – Kernbeisser	F,H	
Lasken – Kernbeisser	H	
Lässig – Heckenbraunelle	H	
Lässig – Kernbeisser	F,H	
Lasur-Meise – Lasurmeise	N	
Lasurblaue Meise – Lasurmeise	Be2,CLB2,N	KNB
Lasurblauer Eisvogel – Eisvogel	CLB2,MW,N	KNB
Lasurmeise – Lasurmeise	B,Be2,Be,CLB1,2,3,MWN,O3	Bechst. 1807, Ü
Laubenschwalbe – Mehlschwalbe	B,Be2,Be,F,Krü,Suol	
Lättente – Kragenente	B,O1	

Lättentlein – Kragenente	Jä,N	
Laub Han – Birkhuhn	Schwf	
Laub-Han – Birkhuhn	Kö	Bei Kö auch Laubhan.
Laubenschwalbe – Mehlschwalbe	Buff,N	
Lauberdhacker – Grünspecht	CLB3	
Laubfincke – Goldammer	Schwf	
Laubfing (!) – Gimpel	Do	
Laubfink – Bergfink	B,Be1,Be2,F,GD,Krü,N	
Laubfink – Gimpel	Ad,B,Be1,Be2,Be,Buff,F,Krü,N	
Laubfinke – Bergfink	Buff	
Laubhahn – Auerhahn	Fri	
Laubhahn – Birkhuhn	Buff	
Laubhahn – Birkhuhn	Ad,Be,Be1,2,Buff,F,GD,Hp,KKrü,N	Frisch T. 109.
Laubhan – Birkhuhn	GesSH,Suol,zLa	Nach Gessner, 1555, 472–478.
Laubholzbaumpieper – Baumpieper	CLB3	
Laubholzbuntspecht – Buntspecht	CLB3	
Laubholzkleiber – Kleiber	CLB3	
Laubhuhn – Birkhuhn	B,F,Krü,O1,2V	
Laubsänger – Waldlaubsänger	Be2,Be,CLB2,N,Scha	Bechstein 1802. KNB
Laubsänger, Bonellis – Berglaubsänger	N	N: Bd. 13/417.
Laubsänger, dickschnäbeliger – Wanderlaubsänger	BB,H	
Laubsänger, gelbbäuchiger – Gelbspötter	CLB1,2,V	
Laubsänger, gelber – Gelbspötter	O2	
Laubsänger, grauer – Zilpzalp	CLB1,2	KNB
Laubsänger, graurückiger – Fitis	CLB3	
Laubsänger, großschnabeliger – Gelbspötter	V	
Laubsänger, grossschnäbliger – Gelbspötter	CLB2	KNB
Laubsänger, grüner – Waldlaubsänger	CLB1,2	KNB
Laubsänger, hochköpfiger – Fitis	CLB3	
Laubsänger, Natterers – Berglaubsänger	CLB2	KNB
Laubsänger, schwirrender – Waldlaubsänger	WüCl	
Laubvogel – Fitis	Suol	
Laubvogel – Waldlaubsänger	CLB2	KNB
Laubvogel, Bonellis – Berglaubsänger	N	N: Bd. 13/417.
Laubvogel, brauner – Berglaubsänger	F,N	N: Bd. 13/417.
Laubvogel, braunfüßiger – Zilpzalp	N	
Laubvogel, einsamer grauer – Zilpzalp	CLB3	
Laubvogel, gehäubter – Kronenlaubsänger	H	
Laubvogel, gelbbäuchiger – Gelbspötter	Be2,N	
Laubvogel, gelbbrauiger – Gelbbrauen-Laubsänger	H	
Laubvogel, gelbbrauiger – Goldhähnchen-Laubsänger	H	
Laubvogel, gelber – Gelbspötter	F,O3	
Laubvogel, gelber – Wacholderlaubsänger	H	
Laubvogel, gelbfüßiger – Fitis	N	

Laubvogel, gemeiner – Waldlaubsänger	O1	
Laubvogel, grauer – Zilpzalp	F	
Laubvogel, großer – Gelbspötter	N	
Laubvogel, grossschnäbliger schwirrender ... ... – Waldlaubsänger	CLB3	
Laubvogel, grüner – Grünlaubsänger	H	
Laubvogel, grüner – Waldlaubsänger	Be2,CLB3,F,N,O1,V	
Laubvogel, grünsteißiger – Berglaubsänger	F,N	N: Bd. 13/417.
Laubvogel, kurzschnäbliger grauer – Zilpzalp	CLB3	
Laubvogel, nordischer – Wanderlaubsänger	H	
Laubvogel, nordischer schwirrender – Waldlaubsänger	CLB3	
Laubvogel, schwarzstirniger – Sumpfrohrsänger	Be2	
Laubvogel, schwirrender – Waldlaubsänger	F	
Laubvogel, sibirischer – Zilpzalp (Var.)	H	
Laubvogel, weißbauchiger – Berglaubsänger	F,N	N: Bd. 13/417.
Laubvogel, zirpender – Waldlaubsänger	F	
Laubvögelchen – Fitis	Be1,Be2,Be,Be97,N	VN
Laubvögelchen – Waldlaubsänger	Be1,Be2,Be,Hp,N	Erstbeschr. Bechst. 1795.
Laubvögelchen, kleinstes – Zilpzalp	Be1,Be2,Be,B97,N	
Laubvögele – Fitis	Jä	
Lauditza (krain.) – Feldlerche	Be1,Be2	
Lauerk – Feldlerche	Häp	
Läufer – Fitis	GD	
Läufer – Zilpzalp	Be1,Be2,Be,F,N	
Läufer, europäischer – Rennvogel	Be,N	KNB
Läufer, französischer – Rennvogel	Be	
Läufer, isabellfarbiger – Rennvogel	N	
Läuferfalk – Wespenbussard	Be1,Be2,Be,Be97,Buff	
Läuferfalke – Wespenbussard	B,Be,F,GD,N	
Laufhuhn, andalusisches – Laufhühnchen	CLB2	KNB
Laufhuhn, mondfleckiges – Laufhühnchen	CLB2,MW	KNB
Laufhuhn, schnelles – Laufhühnchen	O3	
Laufhuhn, schwarzgewelltes – Laufhühnchen	MW	
Laufhühnchen – Laufhühnchen	B	
Läufken – Feldlerche	Bri	
Laugenschläger – Schafstelze	Buff	
Laurke – Feldlerche	Bri	
Laustaza (krain.) – Rauchschwalbe	Be1,Be2	
Lautschfuß – Haus-/Felsentaube	GD	Zu Rasse Trommeltaube.
Läuwerk – Feldlerche	Bri	
Laverock – Feldlerche	Tu	„Dialect word for skylark.“
Lawerik – Lerche	Suol	
Lazurblaue Meise – Lasurmeise	Be	

Lazy (engl.) – Rohrdommel	Tu		
Leachischer Sturmvogel – Wellenläufer	CLB2,MW,O3	KNB	
Leachs Stormsvale (dän.) – Wellenläufer	H		
Leachs-Petrell – Wellenläufer	N		
Leachs-Sturmschwalbe – Wellenläufer	N		
Leachscher Sturmvogel – Wellenläufer	N		
Leaph – Wiedehopf	F,H		
Leber-Jo – Schmarotzerraubmöwe	Gun	Gun 1767. Mit Leber zu fangen.	
Leberfarbiger Birkheher – Blauracke	Be1,Be2,Be,Buff,N		
Lebler – Löffler	Do,F		
Lechvögel – Sing- und Greifvögel	O1		
Leemvogel – Baumpieper	GD		
Lêendecker – Mauersegler	Suol	Schieferdecker	
Leep – Kiebitz	Häp	Leep = Läufer.	
Leeschvagel – Drosselrohrsänger	Scha		
Leeuwerik (holl. u. fries.) – Feldlerche	H		
Leeuwerk (holl.) – Feldlerche	Krü		
Leewaark – Feldlerche	Be1,Be2		
Leewark – Feldlerche	N		
Leewerck – Feldlerche	Buff		
Leewercke – Feldlerche	GesS		
Leffel Ente – Löffelente	Mic		
Leffeler – Löffler	StVb	Vers 347.	
Leffeler – Waldrapp	Suol		
Leffler – Löffler	Buff,GesH		
Lefler – Löffler	GesS,Suol,Tu		
Leggehaun – Haushuhn (weibl.)	Suol		
Leggeri – Haushuhn (weibl.)	Suol		
Legghenne – Haushuhn (weibl.)	Suol		
Lehmschwalbe – Mehlschwalbe	Ad,B,Be2,F,GD,Krü,N		
Lehmschwalbe – Rauchschwalbe	Be2,F,Krü,N		
Lehmvogel – Baumpieper	Be2,N		
Lehrike – Feldlerche	Scha		
Lehringe – Haubenlerche	Do,F		
Lehringe – Heidelerche	Do,F		
Lehrwark – Feldlerche	Scha		
Leicheneule – Sperbereule	Be2,Be,N		
Leicheneule – Sperlingskauz	Be1,Be,Be97,GD		
Leicheneule – Steinkauz	B,Buff,F,JAN,N	Be2: Sperbereule.	
Leichenhuhn – Eule allg.	Ad,Krü		
Leichenhuhn – Steinkauz	Ad,Scha,Suol		
Leichenhuhn – Uhu	Krü		
Leichenhuhn – Waldohreule	Krü		
Leichenhühnchen – Sperlingskauz	Be1,Be2,Be,Be05		
Leichenhühnchen – Steinkauz	B,F,N		
Leichenvogel – Steinkauz	B,F,N		
Leichhuhn – Eule allg.	Ad,Krü		
Leichhuhn – Sperlingskauz	GD		
Leichhuhn – Steinkauz	Ad,Fri		

Leichhuhn – Waldohreule   Krü
Leichvogel – Sperlingskauz   Be1,Be2,Be,GD
Leidig Spetzel – Feldsperling   StVb
Leidiges Spetzel – Feldsperling   Suol
Leierk – Feldlerche   Scha
Leierschwanz – Birkhuhn   Do,F
Leik – Feldlerche   Scha
Leikhaun – Steinkauz   Häp
Leimdrossel – Rotdrossel   Suol
Leimen-vögelein – Baumpieper   Buff
Leimen-Vögelein – Baumpieper   Suol
Leimenschwalbe – Rauchschwalbe   Be2,Be,N
Leimenvögelein – Baumpieper   Fri,Z
Leimenvögelein – Wiesenpieper?   Z
Leimêrder – Neuntöter und Würger (allg.)   Suol
Leimfinke – Bluthänfling   HHM   Hamb. Mag. 1749.
Leimschwalbe – Mehlschwalbe   B,Be1,Be2,Be,Buff,F,GD,K N,Suol   Frisch T. 17.
Leimschwalbe – Rauchschwalbe   Buff
Leimtrostel – Rotdrossel   GesH
Leimvogel – Baumpieper   B,Be2,Be97,GD,N,Suol   B: 1866, S. 891.
Leimvogel – Wiesen- und Baumpieper   Be1
Lein-Fink – Bluthänfling   Z
Leinenweber – Erlenzeisig   Do,F
Leiner – Schnatterente   Be2,Be,Buff,F,GesSH,N,O1,Schwf,Suol,zLa…
                                              … Nach Gessner, 1585, 121.

Leinfinck – Bluthänfling   GesH
Leinfincke – Bluthänfling   Schwf
Leinfink – Birkenzeisig   B,Be2,CLB2,GD,Krü,MW,N,O1,Suol,WüCl   KNB
Leinfink – Bluthänfling   Ad,Be2,Be,Buff,Fri,GD,Krü,N,O1
Leinfink, gelbschnäbliger – Birkenzeisig   CLB3
Leinfink, Holböll's – Birkenzeisig   CLB3
Leinhänfling – Birkenzeisig   Do,F
Leinhänfling – Bluthänfling   Be1
Leink – Feldlerche   Do,F,Scha
Leinlerche – Baumpieper   Do,F
Leinvogel – Baumpieper   B,Be   B: 1879, 5/251.
Leinzeisig – Birkenzeisig   CLB1,2,F,Scha,V   KNB
Leirenbendel – Grauschnäpper   Friderich 1849
Leirenbendel – Wendehals   F,H
Leirer – Schlagschwirl   F,N   Wien-Bezeichnung., wg. wunderl. Gesanges.
Leirike (schwed.) – Feldlerche   H
Leisdragge – Rohrsänger   zLa   Bei Suolahti 1909, S. 79, 107.
Leisdragge – Sumpfrohrsänger   Suol
Leisler's Eiderente – Eiderente   CLB3
Leislüning – Rohrammer   zLa
Leislünink – Rohrammer   Suol
Leißklicker – Flußuferläufer   zLa
Leiwark – Feldlerche   Scha
Leiwerik – Feldlerche   Bri

Leiwink – Feldlerche	Bojer	Emsland
Lelkevâgel – Kampfläufer (weibl.)	Bri,Häp	Lelk: Böse, boshaft.
Lemeritz – Goldammer	Suol	
Lemmeritz (schwäb.) – Goldammer	Do,F	
Lemplünke – Bluthänfling	Krü	
Lênk – Haussperling	Suol	
Lenriken – Feldlerche	Scha	
Lepel-ganz – Reiherente	Buff	
Lepelgans – Löffelente	Be2,Be,Buff,GD,K,N	Frisch T. 161–163.
Lepelgreet – Säbelschnäbler	Be2,Buff,N	
Lepelsnut – Löffelente	H	
Lepelsnute (nieders.) – Löffler	Ad	
Lepler (fries.) – Löffler	Be2,Be,Buff,GesH,N	
Lepler – Waldrapp	Suol	
Leporaria – Steinadler	GesH	
Lepp – Kiebitz	Häp	
Leppeier – Kiebitz	Häp	
Leppelgans – Löffelente	F	
Leppelschnute – Löffelente	Be1,Be2,Be,Be97,F,GD,N	
Leppelschnute – Spatelente	Be1,Be2,Be,GD	
Leppländische Schnepfe – Uferschnepfe	Do	Bei Flöricke Pfuhlschnepfe.
Leps – Haussperling	B,Be1,Be2,Be,Be97,F,N,O1	
Leps – Rohrammer	O1	
Lepsch – Ziegenmelker	F	
Lerc proper – Haubenlerche	Tu	
Lerc, wilde – Heidelerche	Tu	
Lerch (schlesw.-holst.) – Feldlerche	F,GesH,H,Krü,Tu,zLa	Zum Lamm S. 227.
Lerch – Haubenlerche	Buff	
Lerch (österr.) – Heidelerche	F,H	
Lerch Fälcklin – Baumfalke	Suol,Schwf	
Lerch mit dem Kobel – Haubenlerche	StVb,Suol	
Lerch, kleine gehaubte – Heidelerche	GesH	
Lerch, wilde – Heidelerche	GesS	
Lerche – Feldlerche	Be,Be1,2,Buff,CLB2,G,GD,Jä,Krü,N,P,Scha	KNB
Lerche aus Virginia und Karolina, …	Buff	
… gelbbärtige – Ohrenlerche		
Lerche mit'm Tupps – Haubenlerche	Scha	
Lerche von Brie – Haubenlerche	Buff	
Lerche, amerikanische – Ohrenlerche	Be1,Be2	
Lerche, braunfahle – Bergpieper	Be	
Lerche, braunfalbe – Bergpieper	Be2,Buff,N	
Lerche, braunfalbe – Brachpieper	Be1,Be2,Be,Buff,N	
Lerche, carolinische – Ohrenlerche	K	Frisch T. 16.
Lerche, dunkelfarbige – Baumpieper	Be2	
Lerche, florentinische – Bergpieper	Buff	
Lerche, gehaubte – Haubenlerche	Buff	
Lerche, gehörnte – Haubenlerche	Be2,BeBuff	
Lerche, gelbbärtige aus Virginien und …	N	
… Canada – Ohrenlerche		

Lerche, gelbbartige – Ohrenlerche	Be,Buff	
Lerche, gelbbärtige – Ohrenlerche	Be1,Be2,F,Krü	
Lerche, gelbbartige aus Virginien …	Be1,Be2	
… u. Carolina – Ohrenlerche		
Lerche, gelbe – Ohrenlerche	CLB2	
Lerche, gelbkopfige – Ohrenlerche	Buff	
Lerche, gelbköpfige – Ohrenlerche	Be1,Be2,Be,Krü,N	
Lerche, gemeine – Feldlerche	Be2,Be,Buff,CLB2,N,V	
Lerche, geohrte – Ohrenlerche	K	Frisch T. 16.
Lerche, gewellte – Haubenlerche	Be2	
Lerche, goreische – Baumpieper	Be2	
Lerche, graue – Brachpieper	Be2,N	
Lerche, große – Feldlerche	Be,Buff,Schwf	
Lerche, große – Haubenlerche	Be2,Be,Buff	
Lerche, große – Kalanderlerche	Be,Buff,Krü,N	
Lerche, große und gehörnte – Haubenlerche	N	
Lerche, kleine – Baumpieper	Be2	
Lerche, kleine – Wiesenpieper	Be2,Be,Buff,N	
Lerche, kleinste – Wiesenpieper	Be2,Be,N	
Lerche, kurzzehige – Kurzzehenlerche	CLB2,H,MW,O3	KNB
Lerche, louisianische – Baumpieper	Be2	
Lerche, louisianische – Wiesenpieper	Krü	
Lerche, mongolische – Kalanderlerche	N	
Lerche, nordische – Ohrenlerche	F	
Lerche, Pallas' kurzzehige – Stummellerche	H	
Lerche, provenzalische – Haubenlerche	Be2	
Lerche, russ'sche – Ohrenlerche	Scha	
Lerche, russische – Ohrenlerche	F	
Lerche, schwarze – Mohrenlerche	MW,O3	
Lerche, sibirische – Mohrenlerche	GD	
Lerche, sibirische – Ohrenlerche	Be2,Be,Buff,N	
Lerche, sibirische – Weißflügellerche	H	
Lerche, sibirische und mongolische –	N	
Kalanderlerche		
Lerche, tatarische – Mohrenlerche	Buff,GD	
Lerche, tungusische – Ohrenlerche (?)	K	
Lerche, türkische – Ohrenlerche	Be1,Be2,Be,K	Frisch T. 16.
Lerche, veränderliche – Mohrenlerche	Buff	
Lerche, virginische – Ohrenlerche	Be1,Be2,Be,K,Krü,N	Frisch T. 16.
Lerche, weißbäuchige – Brachpieper	Be2,N	
Lerche, weißflügelige – Weißflügellerche	H	
Lerche, yeltonische – Mohrenlerche	Buff	
Lerchen-Spornammer – Spornammer	N	
Lerchen-Strandläufer – Flußuferläufer	N	
Lerchen-Zuchtmeister – Merlin	G	
Lerchenammer – Grauammer	B,F,H	
Lerchenammer – Spornammer	B,F,N	
Lerchenammer, nordische – Schneeammer	Be2	
Lerchenammer, nordischer – Schneeammer	Be,Buff,GD,N	

Lerchenartiger Strandläufer – Flußuferläufer	Krü	
Lerchenente – Spießente	B,F,N	
Lercheneule – Sperlingskauz	Be2	
Lerchenfalk – Baumfalke	Ad,Buff,K,Krü,Suol	
Lerchenfalk – Sperber	Ad	
Lerchenfalk – Turmfalke	Krü	
Lerchenfalke – Baumfalke	Be1,Be2,Be,Be97,Be05,Buff,F,GD,Hp,N,O2	
Lerchenfalke – Sperber	Be1,Be2,Be,Be97,N	
Lerchenfalke – Sperber	Buff,GD	
Lerchenfalke – Turmfalke	Buff,GD	
Lerchenfänger – Merlin	Ad	
Lerchenfänger – Sperber	Be2	
Lerchenfarbiger Regenpfeifer – Triel	JAN,N	
Lerchenfarbiger Rohrsänger – Feldschwirl	JAN	
Lerchenfarbiger Spitzkopf – Feldschwirl	JAN,N	
Lerchenfarbiger Sporner – Spornammer	MW,N	
Lerchenfink – Spornammer	B,Be1,Be2,BeBe97,CLB2,F,MW,N,O1,V	KNB
Lerchengeier – Baumfalke	Jä	
Lerchengeier – Kornweihe (weibl.)	Be2,Be,Be97,Krü,N	
Lerchengeier – Schlangenadler	F,N	
Lerchengeschoß – Bluthänfling	Be,Jä	Jährige Männchen.
Lerchengeyer – Kornweihe	GD	
Lerchengeyer – Schlangenadler	GD	„Beym Büffon."
Lerchengraue Spornammer – Spornammer	V	
Lerchengrauer Dickfuss – Triel	CLB2,H	KNB
Lerchengrauer Regenpfeifer – Triel	Be2,CLB2,MW,N	
Lerchengrauer Spornammer – Spornammer	CLB2	KNB
Lerchengrauer Sporner – Schneeammer	CLB3	
Lerchengrauer Sporner – Spornammer	CLB2	KNB
Lerchengrauer Triel – Triel	N	
Lerchengschößle – Bluthänfling (juv.)	Jä	
Lerchenhabicht – Baumfalke	Do,F	
Lerchenhabicht – Turmfalke	Be2,Be,N	
Lerchenhacht – Baumfalke	Be2,N	
Lerchenhacht – Turmfalke	Be2,N	
Lerchenhächtlein – Baumfalke	P,Suol	
Lerchenheuschrecke – Baumpieper	Be2	
Lerchenheuschrecke – Wiesenpieper	Buff	
Lerchenkäutzchen – Sperlingskauz	Be1,Be2,GD	
Lerchenkäutzchen – Steinkauz	N	
Lerchenkauz – Steinkauz	B,F	
Lerchenkäuzchen – Sperlingskauz	Be,Be97	
Lerchenschnepfe – Sichelstrandläufer	Be1,Be2,Be,F,GD,N,O2	
Lerchenschnepfe – Sumpfläufer	Be2,F,N,O1	
Lerchensperber – Sperber	Jä	
Lerchensperber – Turmfalke	Be2,Be,Buff,Krü,N	
Lerchenspitzkopf – Feldschwirl	Do,F	
Lerchenspornammer – Spornammer	N,WüCl	

Lerchensporner – Spornammer	F,O3	
Lerchensporner, grönländischer – Schneeammer	CLB3	
Lerchenstecher – Baumfalke	Jä	
Lerchenstössel – Baumfalke	Suol	
Lerchenstößer – Baumfalke	Be2,F,Jä,N,Scha	
Lerchenstößer – Sperber	Be1,Be2,Be,Be97,Be05,GD,N	
Lerchenstoßer – Wanderfalke	B	
Lerchenstoßer, kleiner – Merlin	B	
Lerchenstößer, kleiner – Merlin	F,N	
Lerchenstrandläufer – Flußuferläufer	Be2	
Lerchenstrandläufer – Temminckstrandläufer	Do,F	
Lerchenzuchtmeister – Merlin	G	
Lerck – Feldlerche	Buff	
Lerich – Feldlerche	Buff,Krü	
Lerk (engl.) – Feldlerche	Scha,Tu	
Lerke – Feldlerche	Häp,Pescheck	13. Jahrh.
Lerkur (fär.) – Feldlerche	H	
Lesbische Ammer – Zwergammer	CLB2,O3	KNB
Leschke – Kernbeißer	O1	
Leske – Kernbeißer	B,Be2,Be,F,N,Schwf	
Less Titmous[e] (engl.) – Sumpfmeise und Tannenmeise	Tu	
Lessig – Kernbeisser	H	
Lessing – Kernbeißer	F,H	
Lesske – Kernbeißer	Suol	
Lessonische Raubmöve – Weißkopf-Sturmvogel	O3	Pterodroma lessonii, Neuseel., Antarktis.
Lettentli – Krickente	Suol	
Leuikhauhn – Steinkauz	Bri	
Leußklicker – Flußuferläufer	Suol	Suol schrieb: Leuß-.
Leußklücker – Flußuferläufer	StVb,Suol	Suol schrieb: Leuß-.
Leußklüker – Flußuferläufer	zLa	
Levke – Feldlerche	Häp	
Lewark – Feldlerche	Krü,Scha,WüCl	
Lewark, glattköppig – Feldlerche	F	
Lewchen (schlesw.-holst.) – Feldlerche	F,H	
Leweke – Feldlerche	Bri,Häp	
Lewerk (plattd.) – Feldlerche	Bri,Krü	
Lewerke – Feldlerche	Häp	
Lewerken – Feldlerche	Scha	
Lewertien – Feldlerche	Bri	
Lewink (schlesw.-holst.) – Feldlerche	F,H	
Lewittken – Feldlerche	Bri	
Libysche Ente – Bisamente	Be1	
Lich – Gimpel	Do,F	
Lichtensteins Pieper – Wiesenpieper	CLB2,3	KNB
Lichtgans – Grau- und Hausgans	Buff,GD,Krü	

Licke – Dohle	O1	
Liebestäubchen – Turteltaube	Krü	
Liebich – Gimpel	Be1,Be2,Be,Be97,F,N,O1	
Liebig – Gimpel	Buff	
Liechtgrawe Strich Lerch – Feldlerche	zLa	Wahrsch. Var.
Liedellerche (sächs.) – Heidelerche	F,H	
Liedler (bayer.) – Klappergrasmücke	B,F,H,Jä	
Liefe – Austernfischer	Häp	
Liekenuhl – Steinkauz	Do,F	
Liekhohn – Steinkauz	Häp	
Liekhöhn – Steinkauz	F	
Liekhôn – Steinkauz	Bri,Suol,WüCl	
Liekhön – Steinkauz	Do	
Liekhönken – Steinkauz	Suol	
Liekschnabel – Pfuhlschnepfe	WüCl	
Lierk – Feldlerche	Scha	
Lieschen Allerlei (schlesw.-holst.) – Gelbspötter	H	
Lieschenallerlei – Gelbspötter	F	
Liese – Grauammer	Scha	
Liest – Eisvogel	O1	
Lietze (brandbg.) – Bläßhuhn	B,F,H,Scha,Suol	Von poln. Dialektnamen lyska.
Liew – Austernfischer	Bri,Häp	
Liewe – Austernfischer	Bri,Häp	
Liewen – Austernfischer	Häp	
Lieze – Bläßhuhn	Scha	
Liiew – Austernfischer	F	
Liikhoon – Eule allg.	Ad,Krü	
Liikhoon – Steinkauz	Ad	
Lijstere – Singdrossel	Suol	
Lîkhaun – Steinkauz	Suol	
Lille Hetsche (böhm.) – Klappergrasmücke	H	
Lille Krabbedykker (dän.) – Krabbentaucher	H	
Lille Sölvet(dän.) – Dreizehenmöwe	Buff	
Limose – Uferschnepfe	B,Scha	
Limose, große – Uferschnepfe	N	
Limose, kleine – Pfuhlschnepfe	F	
Limose, Meyersche – Pfuhlschnepfe	N	
Limose, rostgelbe – Pfuhlschnepfe	N	
Limose, rostrote – Pfuhlschnepfe	N	
Limose, schwarzschwänzige – Uferschnepfe	N	
Linaria – Bluthänfling	GesS	
Lincks geschrenckte Krinisse – Fichtenkreuzschnabel	Schwf	
Linfink – Birkenzeisig	F	
Lingett (engl.) – Zilpzalp	Tu	
Linnés Geierfalke – Gerfalke	Be2,Be	

Linot (engl.) – Bluthänfling	Tu	
Lirche – Feldlerche	Do,F	
Lirike – Lerche	Suol	Niederdeutsch.
Lischallerlei – Gelbspötter	Suol	
Lischenallerlei – Gelbspötter	Suol	
Lîster – Singdrossel	Suol	
Lister – Wacholderdrossel	Bri	
Litauer – Dohle	Suol	
Littauischer Remitzvogel – Beutelmeise	Be	
Litte – Odinshühnchen	O1	
Litthauischer Remitzvogel – Beutelmeise	Be	
Litthauischer Remiz – Beutelmeise	N	
Litthauischer Remizvogel – Beutelmeise	Be2	
Liulink – Haussperling	Suol	
Live – Falkenraubmöwe	N	
Live – Schmarotzerraubmöwe	Be2	Man unterschied noch nicht die Arten.
Livia – Felsentaube	Tu	„Namend from its livid colour".
Lo-Rind – Rohrdommel	O2	
Lob – Gimpel	Suol	Aus Lobfink.
Lobe Gott – Wachtel	Bri	
Lobfinck – Gimpel	GesSH	
Lobfinck – Gimpel	Suol	
Loch Daube – Hohltaube	zLa	
Loch Taube – Ringeltaube	Schwf,zLa	
Loch-Taube – Felsentaube	K	Albin III,42 Columba livia.
Loch-Taube – Lachtaube	P1	Pernau: Auch Lochtaube.
Lochbrüter – Hausrotschwanz	Do,F	
Lochente – Brandgans	B,F,N	
Lochfink – Trauerschnäpper	B,Be2,Be,F,N	
Lochgans – Brandgans	B,Be2,Be,Buff,F,GD,N	
Lochkrahe – Schwarzspecht	N	
Lochkrähe – Schwarzspecht	B,Be2,Be,F,H,Scha	
Lochschnitzer – Grünspecht	GesS	
Lochschnitzer – Schwarzspecht	GesS	
Lochschwalbe – Uferschwalbe	Do,F,Scha	
Lochtaub – Ringeltaube	GesS	
Lochtaube – Felsen-/Haustaube	Be2,GD,N	
Lochtaube – Hohltaube	Ad,B,Be1,Be2,Be,CLB3,F,Fri,Hp,Jä,Krü,N	
Lochtub – Hohltaube	Suol	
Lochtube – Hohltaube	GesSH	
Lockaant (männl.) – Stockente	H	
Locken – Schleiereule	K	Albin Band III, 7 + 8.
Locker – Schnatterente	F,N	
Loder-Aente – Bergente	Buff	
Loderente – Bergente	Buff	Buffon/Otto 1809, 35/166.
Lodjoschnepfe – Uferschnepfe	F,N	
Loeffer – Löffler	HaSa	Hans Sachs, 1531: Regiment … V. 221.
Löffel – Löffler	GesS	
Löffel endtle – Löffelente	Buff	

Löffel Endtle – Löffelente (sil.)	Schwf	Fabricius 1564: Löffelente.
Löffel Ente mit rotgelben Bauch – Löffelente	Fri	
Löffel Ente mit weißen Bauch – Löffelente	Fri	
Löffel Gans – Waldrapp	Suol	
Löffel Ganß – Löffler	Tu,zLa	Gessner, 1557: 172 fand den … … Namen bei Turner, 1544.
Löffel gäß – Waldrapp	Suol	
Löffel Reiger – Löffler	Buff	
Löffel-Ente – Löffelente	Buff,Hp,N	
Löffelänte – Löffelente	Buff	
Löffelänte, rotbrüstige – Löffelente	Buff	
Löffelent – Löffelente	zLa	Zum Lamm, S. 104.
Löffelente – Löffelente	Ad,B,Be1,Be2,Be,Be97,Buff,CLB2,Fabr,Fri,GD,… …K,Krü,MW,O1,2,3,V	Frisch T. 161–3. KNB
Löffelente – Reiherente	Buff	
Löffelente – Spatelente	Be1,Be2,Be,GD	
Löffelente – Stockente	N	
Löffelente mit rotgelbem Bauch – Löffelente	Be	
Löffelente mit rotgelbem oder weißem … … Bauch – Löffelente	Be2,N	
Löffelente mit weißem Bauch – Löffelente	Be	
Löffelente pommersche – Löffelente	CLB3	
Löffelente, blauflügelige – Löffelente	CLB2,N	KNB
Löffelente, breitschnäblige – Löffelente	CLB3	
Löffelente, gemeine – Löffelente	Be2,Be,N	
Löffelente, große breitschnablige – Löffelente	N	
Löffelente, große langschnablige – Löffelente	N	
Löffelente, kurzschnäblige – Löffelente	CLB3	
Löffelente, langschnäblige – Löffelente	CLB3	
Löffelgans – Löffelente	Ad,Krü	
Löffelgans – Löffler	Ad,B,Be1,Be2,Be,Be97,Buff,F,Fabr,Fri,GD,K,… …Krü,N	Frisch T. 200–201.
LöffelGans – Löffler (silv.)	Schwf	
Löffelgans – Rosapelikan	Ad,B,Be2,Buff,Fri,GD,Krü,N	„fälschlich"
Löffelganß – Löffler	GesSH	
Löffelgenß – Waldrapp	Suol	
Löffelmeise – Schwanzmeise	F,H	
Löffelreiger – Löffler	GD	
Löffelreiger mit glatten Schnabel – Löffler	Fri	
Löffelreiger mit hubbrigen Schnabel – Löffler	Fri	
Löffelreiher – Löffler	Ad,B,Be2,Be05,Buff,F,GD,Krü,N,WüCl	KNB
Löffelreiher, gemeiner – Löffler	Be2,Be,N,O2	
Löffelreiher, weißer – Löffler	Be1,Be2,Be97,Buff,CLB2,GD,N	

Löffelreyger – Löffler	Fri	
Löffer – Waldrapp	Suol	
Löffler – Löffler	Ad,B,Be1,Be2,Buff,GesSH,Krü,N,O1,Schwf,zLa	
	Gess, 1557 fand Namen „Lefler" bei Turner, 1544.	
Löffler, holländischer – Löffler	CLB3	
Löffler, ungarischer – Löffler	CLB3	
Löffler, weißer – Löffler	Be2,Be,CLB2,MW,N,O3	KNB
Löfler – Löffler	Fri	
Loh Fincke – Dompfaff (sil.)	Schwf	
Loh-Fincke – Gimpel	Suol	
Lohe Fincke – Gimpel	Suol	
Lohfinck – Gimpel	K	
Lohfink – Gimpel	B,Be2,Be,Buff,Krü,N,Suol	Schlesien
Lohfinke – Blaumeise	H	
Lohfinke – Gimpel	Be1,Buff,F,GD,K	
Lohgelbe Ammer – Schneeammer	Be1	
Lohgelbe Eule – Sumpfohreule	N	
Lohgelbe Eule – Waldkauz	Be	
Lohgelber Ammer – Schneeammer	Be2,Be,N	
Lohme – Trottellumme	Ad,Krü	
Lohrrind – Rohrdommel	Be2,N	
Lohrückiger Baumläufer – Waldbaumläufer	CLB2,3,N	CLB 1820: Bauml. 2 Arten. KNB
Lohvogel – Gimpel	Ad	
Lom – Prachttaucher	GD	
Lom – Sterntaucher	B,Be2,GD,N	
Lom – Trottellumme	Be2,Gun,Krü	
Lom mit dem Halsbande, schwarz und …	Buff,Gun	
… weiß gesprenkelter – Prachttaucher		
Lom, gesprenkelter – Prachttaucher	F	
Lom, schwarz und weißgesprenkelter –	Be2,GD,N	
Prachttaucher		
Lom, weißzehiger – Prachttaucher (juv.)	N	
Lomb – Trottellumme	Do,F	
Lombe – Trottellumme	Be2,Be,GD,N	
Lome mit dem braunroten Schilde vorn …	Gun	
… am Halse, schwarzbraune …		
… – Sterntaucher		
Lome, schwarz und weiß gesprenkelte –	Krü	
Prachttaucher		
Lomgivie – Trottellumme	GD,Gun	Bei Pontoppian.
Lomme – Dickschnabellumme	K	Albin Band I/84 und Klein-Text.
Lomme – Eistaucher	JAN	Be2: Lomme ist Prachttaucher.
Lomme – Ohrentaucher	Ad	
Lomme – Prachttaucher	Ad,Be1,Be2,Be,F,GD,Hp,N	
Lomme – Sterntaucher	Ad	
Lomme – Trottellumme	Ad,Be2,Be,K,Krü,N	Klein 1760.
Lomvia (fär.) – Trottellumme	H,Krü	
Lomvie (norw.) – Trottellumme	Gun,H	
Lomvifre – Trottellumme	Gun	Auf den Färöern.

Lomvifvie – Trottellumme	Gun	Bei Pontoppian.
Lomvive – Trottellumme	Gun	
Longschwanz – Schwanzmeise	H	
Löning – Haussperling	Häp	
Looffink – Gimpel	Suol	
Loofschnibbe – Waldschnepfe	Bojer	Emsland
Loom – Eistaucher	Do,F	
Loom – Prachttaucher	GD,Gun	
Loom – Sterntaucher (SK)	GD,K	Loom: Bey dem Gehen hinken.
Loom – Trottellumme	Be1,Be,GD,N	
Loom (lappl.) – Prachttaucher	Buff	
Loon – Eistaucher	Krü	
Loon – Sterntaucher (PK)	K,Krü	Klein: Dritte Halbente.
Löppelgans – Löffelente	Do	
Löppelschnute – Löffelente	Do	
Lorbeerlerche – Theklalerche	B	
Lorch – Teichhuhn	Scha	
Lörch – Feldlerche	Do,F	
Lorch – Haubentaucher	B,Be2,Be,Buff,F,GD,Krü,N,Scha	
Lorch (Ruppin) – Teichhuhn	H	
Lord – Kragenente	Buff	
Lorind – Rohrdommel	Kö	
Loriot – Pirol	Fri,GesS,Krü	
Loriott, Vetter – Pirol	F	
Lork – Haubentaucher	Scha	
Lorkind – Rohrdommel	Fri	
Lorm – Trottellumme	Do,F	
Lorrind – Rohrdommel	Ad,Be,GD,GesSH,Krü,O1,Suol	
Lortsk – Feldlerche	Do,F	
Losrind – Rohrdommel	Buff,Krü	
Lothringer – Rohrammer	GD	
Lothringischer Fliegenfänger – Trauerschnäpper	N	
Lothringischer Fliegenschnapper – Trauerschnäpper	Be2,Be,N	
Lothringischer Fliegenschnäpper – Trauerschnäpper	Buff,N	
Lothringischer Ortolan – Rohrammer	Buff,GD	
Lottervogel – Gänsesäger	Krü	
Louis – Großer Brachvogel	N,Suol	Deutung des Naturlautes.
Louis, schwarzer – Sichler	Be2,N	
Louisianische Lerche – Baumpieper	Be2	
Louisianische Lerche – Wiesenpieper	Krü	
Loun (engl.) – Krähenscharbe	Tu	
Lounam – Zwergtaucher	Be2,Be,GD	
Louvva – Kormoran	GesH	
Lovogel – Säbelschnäbler	F,N	
Lowark – Feldlerche	Do,F	
Löweke – Feldlerche	Bri	

Löwerke – Brachpieper	Be1,Be2	
Löwerke – Feldlerche	Han	Han. Magaz. 26/1780.
Löwerke – Wiesenpieper	Buff	
Löwicke – Feldlerche	Häp	
Lowiesch – Nebelkrähe	Scha	
Löwike – Feldlerche	Häp	
Luber – Gänsesäger	Buff.	Nach Belon.
Lübich – Gimpel	B,GD	
Lübig – Gimpel	V	
Luch – Gimpel	Be1,Be2,Be,Be97,Do,F…	
	… Aus Lob von „Lobfink" entstanden.	
Lüch – Gimpel	Ad,B,Be,Buff,Krü,N,O1,Suol	Schlesien
Lucia (Spreew.) – Pirol	Scha	
Lucifa – Nachteule (allg.)	Suol	
Luckatze – Raubwürger	Do,F	
Ludellerche – Heidelerche	CLB1,2,F	
Lüdellerche – Heidelerche	Do	Lautnachahmend
Luderkrah – Nebelkrähe	F,N	
Luderkrähe – Nebelkrähe	Be2,F,N	
Luderkrähe – Schwarzspecht	Be,Buff,Krü	
Luderkrahe – Schwarzspecht	N	
Luderspecht – Schwarzspecht	B,Be2,F,N	
Ludlerche – Heidelerche	Buff	
Lüdlerche – Heidelerche	Be2,F,N	
Lüdudellerche – Heidelerche	Do	
Lüdudellerche – Heidelerche	F	
Lüff – Gimpel	B,Be2,F,N,O1	
Lüffchen – Haushuhn (juv.)	Suol	
Lüft – Gimpel	Suol	
Luftgimpel – Gimpel	Do,F	
Luftlerche – Feldlerche	Be1,Be2,Be,Be97,Buff,F,N	
Luftschiff – Sperber	Be2,Buff	
Luftschiffer – Sperber	Be1,Be2,Be,Buff,F,N	
Lügen-vog (helgol.) – Schellente	H	
Luh – Gimpel	B,Be,Be1,2,N,O1,Schwf,Suol	Aus Luhfink (sil.).
Luh – Gimpel	Buff	
Luhfink – Gimpel	Suol	Schlesien
Luhfinke – Gimpel	Do,F,GD	
Lühr-lütje akkerhennick (helgol.) – Zwergsumpfhuhn	H	
Lüif (fries.) – Austernfischer	H	
Luisianische Haubenente – Brautente	H	
Lülerche – Heidelerche	Be2,N	
Lüling – Haussperling	Suol	
Lulllerche – Heidelerche	B,Be2,F,N,O2	
Lülllerche – Heidelerche	Be	
Lulu – Heidelerche	Buff,GD,Krü	
Lulu, kleine – Haubenlerche	Buff	
Lum – Trottellumme	Be2,Be,N	

Lumb – Prachttaucher	Be2,Be,GD,HpN	
Lumbe – Prachttaucher	Be1,GD,Hp	
Lumbe – Trottellumme	Mar	Martens 1675.
Lumbe, dumme – Trottellumme	Krü	
Lumer – Trottellumme	Be1,Be2,Be,GD,N	
Lumm – Prachttaucher	Gun	
Lumm – Sterntaucher	Cz	Naum./Henn. 12, 139.
Lumm – Trottellumme	Krü	
Lumme – Eistaucher	Be2,Be,N	
Lumme – Ohrentaucher	Ad	
Lumme – Prachttaucher	Ad,Be1,Be2,Be,Buff,GD,Hp,N	
Lumme – Sterntaucher	Ad,Be2,N,O1	
Lumme – Trottellumme	Ad,Be,Be1,2,GD,Krü,N	Scopoli-Günther 1770.
Lumme mit weißen Augenlidern und …	N	„Ringellumme"
… Schläfestrich – Trottellumme		
Lumme, breitschnäbelige –	MW	
Dickschnabellumme		
Lumme, breitschnäblige –	CLB1,2,N	
Dickschnabellumme		
Lumme, Brünnich'sche –	N	
Dickschnabellumme		
Lumme, Brünnichische –	CLB1,2	KNB
Dickschnabellumme		
Lumme, Brünnichs – Dickschnabellumme	N	
Lumme, Brünnichsche –	CLB2,3	KNB
Dickschnabellumme		
Lumme, dumme – Trottellumme	CLB1,2,3,F,N,WüCl	KNB
Lumme, dummer – Trottellumme	Be2	
Lumme, Franks'sche –	N	
Dickschnabellumme		
Lumme, Franksische –	CLB2	
Dickschnabellumme		
Lumme, gemeine – Trottellumme	F,N	
Lumme, gemeiner – Trottellumme	Be2,N	
Lumme, grauer – Trottellumme	Be2,N	
Lumme, grönländische – Gryllteiste	N	
Lumme, grönländischer – Gryllteiste	Be2	
Lumme, großchnabelige –	O3	
Dickschnabellumme		
Lumme, kleine – Gryllteiste	N,O3	
Lumme, kleine – Krabbentaucher	CLB2,N	
Lumme, norwegische – Trottellumme	CLB3	
Lumme, ringäugige – Trottellumme	N	
Lumme, ringeläugige – Trottellumme	WüCl	
Lumme, rothalsige – Sterntaucher	F	
Lumme, rothälsiger – Sterntaucher	Be2,N	Hier richtig: ä, nicht a.
Lumme, schmalschnäblige – Trottellumme	F	
Lumme, schwarz und weiß gesprenkelte –	Krü	
Prachttaucher		

Lumme, schwarze – Gryllteiste	F,MW,N	
Lumme, schwarzer – Gryllteiste	Be2	
Lumme, weißgeringelte – Trottellumme (Var.)	CLB1,2,3,N,O3	KNB
Lumme, weißlicher – Gryllteiste (Var.?)	Be2	
Lummer – Trottellumme	Be97	
Lummerske Hohn – Haushuhn (Var.)	Häp	
Lump – Prachttaucher	Do,F	
Lumpe – Prachttaucher	Be2,Be,N	
Lun, russischer – Kornweihe	GD	
Lun (russ.) – Kornweihe	GD	
Lunam – Zwergtaucher	O1	
Lunck – Haussperling	Scha,	
Lund – Papageitaucher	B,Be1,Cz,F,GD,Gun,N,O1,2,V	
Lund-Alk(e) – Tordalk	Gun	
Lund, arktischer – Papageitaucher	N	Mit k.
Lunda – Papageitaucher	N	
Lunde – Papageitaucher	Be2,GD	
Lunder – Papageitaucher	GD	Auf den Färöern.
Lundvogel – Papageitaucher	N	
Lüne – Haussperling	Ad,Krü	
Lüng – Haussperling	Bri	
Lung-beaned hoafk (helgol.) – Rohrweihe	H	
Lungbeaned Hoafk – Rohrweihe	Do,F	
Lungen, gühl – Gebirgsstelze	F	
Lünhänfling – Birkenzeisig	Do,F	
Lünig – Haussperling	Scha	
Lüning – Haussperling	B,Be1,Be2,Be,Be97,Bri,F,GD,GesSH,Häp, …	
	… Krü,N,Suol	
Lüningk – Haussperling	Tu	
Lünink – Bluthänfling	Krü	
Lünink – Haussperling	Ad,Bri,Suol	
Lunjer – Haussperling	Häp	
Lünk – Haussperling	Häp,Suol	
Lünke – Bluthänfling	Krü	
Lünke – Haussperling	Ad,Krü	
Lunkerr – Lachseeschwalbe	Do,F	
Lunn-Kerr (helgol.) – Lachseeschwalbe	H	
Lunne – Papageitaucher	N	
Lunne – Sterntaucher	GD	
Lünning (sächs.) – Haussperling	Krü	
Lüntje – Haussperling	Bri,Häp	
Luppe – Wiedehopf	F,H	
Lurchvögel – Reiher, Löffler, Störche, Limikolen I	O1	
Lürerke – Brachpieper	Be	
Lurle – Haubenlerche	Be97	
Lürle – Haubenlerche	Be1,Be2,Be,Buff,N	
Lurlen – Feldlerche	Buff	

Lurlen – Heidelerche	GesS,Suol	
Lûsangel – Gänsesäger	Suol	
Luszgefügel – Edelvögel	Zupo	15. Jahrh.
Lüt Ruhrsparling – Teichrohrsänger	WüCl	
Lüt-lott-de-Kögge-ut – Pirol	Bri	
Lütj Beskütsk – Zwergschnäpper	Do,F	
Lütj Brief – Brachpieper	Do,F	
Lütj Dogger (helgol.) – Krabbentaucher	F,H	
Lütj Fliegenbitter (helgol.) – Fitis	F,H	
Lütj grü Stennick (helgol.) – Temminckstrandläufer	H	
Lütj Harrofs – Wiesenpieper	F	
Lütj Isskubb (helgol.) – Polarmöwe	H	
Lütj Käuken-Ühl (helgol.) – Zwergohreule	H	
Lütj Kerr (helgol.) – Zwergseeschwalbe	F,H	
Lütj Küker (helgol.) – Flußregenpfeifer	H	
Lütj Manteldräger (helgol.) – Heringsmöwe	H	
Lütj Müüsk – Goldhähnchen	Do,F	Wintergoldhähnchen
Lütj Reintüter – Regenbrachvogel	F,H	
Lütj Siede – Zwergtaucher	Do,F	
Lütj Skeetenjoager (helgol.) – Falkenraubmöwe	H	
Lütj stoarmswoalk (helgol.) – Sturmschwalbe	Do,F	
Lütj Svoan (helgol.) – Zwergschwan	H	
Lütj swart Kerr – Trauerseeschwalbe	F	
Lütj swart-futted Fliegenbitter (helgol.) – Zilpzalp	H	
Lütj Swummer-Stennik (helgol.) – Odinshühnchen	H	
Lütj-bonted akkerhennick (helgol.) – Tüpfelsumpfhuhn	H	
Lütj-falk (helgol.) – Merlin	H	
Lütje Backer – Zwergseeschwalbe	F,H	
Lütje Gütvogel – Regenbrachvogel	Bri	
Lütje Manteldräger – Heringsmöwe	Bri	
Lütjhoafk (helgol.) – Sperber	H	
Lütscher – Rotschenkel	Be	
Lütsuuk – Feldlerche	Bri,Häp	
Lütt Austvagel – Regenbrachvogel	WüCl	
Lütt Boomgoos – Mittelsäger	WüCl	
Lütt Düker – Zwergtaucher	WüCl	
Lütt grise Mev – Trauerseeschwalbe	WüCl	
Lütt Hawke – Sperber	Do,F	
Lütt Hosduw – Hohltaube	F	
Lütt Mev – Zwergseeschwalbe	WüCl	
Lütt Musbuck – Zaunkönig	Do,F	
Lütt Nachtuhl – Steinkauz	Do,F	
Lütt Regenpieper – Flußregenpfeifer	WüCl	

Lütt Tülüt – Regenpfeifer (allg.)	Suol	
Lütt Waterhohn – Tüpfelsumpfhuhn	WüCl	
Lütt Wilduw – Turteltaube	Do,F	
Lütt Wischepieper – Wiesenpieper	Do,F	
Lütt Zeischken – Erlenzeisig	Do,F	
Lütte Havk – Sperber	WüCl	
Lüttj Fliegenbitter – Fitis	Do	
Lüttj Harrofs – Wiesenpieper	Do	
Lüttj Küker – Flußregenpfeifer	F	
Lüttj swart Kerr (helgol.) – Trauerseeschwalbe	H	
Lüttje Backer – Zwergseeschwalbe	F	
Lüttje Wittstert – Waldwasserläufer	Bri	
Lüwich – Gimpel	Suol	Thüringen
Lybische Ente – Moschusente	Be2,Buff,GD	
Lybisches Huhn – Helmperlhuhn	Be1	
Lyke Foule (engl.) – Uhu	Tu	
Lynfinck – Bluthänfling	GesS,Suol	
Lyr – Gelbschnabel-Sturmtaucher	O1	
Lysblicker – Kernbeißer	B,Be2,Be,N	
Lysklicker – Flußuferläufer	Be2,F,GesH,N,O1,zLa	
Lysklicker – Kernbeißer	F,Schwf,Suol	
Lysklicker – Meerstrandläufer	Be	
Lyßklicker – Alpenstrandläufer	Buff	
Lyssklicker – Flußuferläufer	Be,O2,Suol	
Lyssklicker – Kernbeißer	Krü	
Lyssklicker – Wasseramsel?	Tu	Bei Turner.
Lyßkliker – Flußuferläufer	GesS	Straßburg
Lyßkücker – Flußuferläufer	Do	
Lyster – Amsel	B,Be2,Be,F,N,O1	
Lyster – Singdrossel	Suol	
Lyster (holl.) – Amsel	Buff,GesH	
Lyv, gemeiner – Austernfischer	O1	
Lyve – Austernfischer	Krü,O2	
Maafur (isl.) – Eismöwe	Buff	
Maandube – Haus-/Felsentaube (Var.)	Häp	
Maanduw – Haus-/Felsentaube (Var.)	Häp	
Maar (isl.) – Eismöwe	Buff	
Maase-Fut – Schmarotzerraubmöwe	Gun	Weil Vogel Nahrung erzwingt.
Maasochse – Rohrdommel	Be	
Maass Ente – Moorente	zLa	
Mackbiliß – Grünschenkel	StVb,Suol	
Mackente – Löffelente	Ad,Krü	
Mackente – Schnatterente	K	Gessner: Anas muscaria ist Schnatterente.
Mackente – Stockente	Krü	
Mackentel – Löffelente	K	
Macroule – Teichhuhn	Buff	
Macrurus – Kornweihe	GD	

Mäd, alte (österr.) – Wachtelkönig	H	
Madenfresser mit Gangfüßen – ...	Be2	„Fälschung" ist korrekt.
... Fälschung eines Glattschnabelani		
Mäer Ganß – Krauskopfpelikan	zLa	
Magd, alte – Wachtelkönig	Hp	
Magd, alte (sächs.) – Wachtelkönig	H	
Magd, faule – Wachtelkönig	Be2,Be,F,N,Suol	Halb schimpfend/scherzend.
Mähder – Wachtelkönig	Jä	
Mähderhex – Wachtelkönig	Do,F	
Mähdervogel – Wachtelkönig	Jä	
Mahl-Hänfling – Bluthänfling	CLB2	
Mähnenreiher – Rallenreiher	B,F,N	
Mahomeds-Capaun – Schmutzgeier	O2	
Maien-Waldhuhn – Birkhuhn?	Be2	
Maikreck – Knäkente	Suol	
Maikrick – Knäkente	Suol	
Maimöve – Trauerseeschwalbe	Do	
Maispecht – Kleiber	B,Be1,Be2,Be,Buff,F,Krü,N	
Maivâgel – Kuckuck	Häp	
Maivogel – Trauerseeschwalbe	Ad,B,Be1,Be2,Be,F,Krü,N,Suol	
Maivogel – Weißflügel-Seeschwalbe	Be	
Maivögelchen – Fitis	Do,F	
Maivögelchen – Trauerseeschwalbe	N	
Maivögelein – Trauerseeschwalbe	Be2	
Maknetzel – Tüpfelsumpfhuhn	B	
Makolwe – Eichelhäher	Suol	
Makosch – Tüpfelsumpfhuhn	B,Be1,Be2,F,GD,Krü,N	
Makrelenmeve – Fluß-/Küstenseeschwalbe	GD	
Makreusen-Ente, kohlschwarze große –	Buff,Krü	
Samtente		
Makreuserente, große – Samtente	GD	
Mala Zippa (krain.) – Berg-/Strandpieper	Be2,Buff	In Kärnten.
Malackischer Reiher – Rallenreiher	Be2	
Mälane – Rotmilan	Be2,N	
Malemuke – Eissturmvogel	Gun	
Malle mucke – Eissturmvogel	Buff	
Mallemokke – Eissturmvogel	Gun	
Mallemuck – Eissturmvogel	Häp	
Mallemucke – Eissturmvogel	Buff,Cz,Mar	
Mallemucke – Schwarzschnabel-	Buff	
Sturmtaucher		
Mallemucke (dän.) – Eissturmvogel	Ad,F,Krü,N	
Mallemugge – Eissturmvogel	Buff,K,Krü	
Mallemuk – Trottellumme	Do,F	
Mallmuck – Eissturmvogel	Buff	
Maloidjetel – Kleiber	Buff	Russ., Gmelin d. Ä.: Kl. Specht.
Maltheser Geier – Schmutzgeier	Krü	
Malthesergeier – Schmutzgeier	N	
Malthesergeyer – Schmutzgeier	Buff,GD	„Vultur fuscus."

Malvasier – Buchfink, Zuchtname	Buff,GD,Kö	Finkenschlag, z. T. auch F.-Name.
Man of war Bird – Schmarotzerraubmöwe	Buff	Buffon/Otto Bd. 32.
Mandarinenente – Mandarinente	H,V	
Mandarinente – Mandarinente	O2	
Mandel Krahe – Blauracke	Schwf	
Mandel-Krähe – Blauracke	Fri,Suol	
Mandelbrauner Millwürger – Neuntöter	Be1,Be2,Be,GD,N	
Mandelbrauner Würger – Neuntöter	JAN	
Mandelhäher – Blauracke	Krü,N	
Mandelheher – Blauracke	B,Jä	
Mandelkrähe – Blauracke	Ad,B,Be,Be1,2,97,05,Buff,CLB2,3,F,Fri,GD,Jä,…	
	…K,Krü,N,Scha,WüCl	Frisch T. 57., KNB
Mandelkrahe – Blauracke	Suol	
Mandelkrei – Blauracke	Do,F	
Mandeltaube – Blauracke	Ad,Krü	
Manillische Drossel – Blaumerle	N	
Mänle – Löffler	zLa	
Mänle – Tafelente	zLa	
Mannewächter – Turmfalke	Suol	Aus ahd. wannenweho.
Mannseule – Waldkauz	JAN	
Mantel-Krahe – Blauracke	G	
Mantel-Meve – Mantelmöwe	N	
Manteldrager – Mantelmöwe	Bri	
Manteldräger (helgol.) – Mantelmöwe	H	
Manteldräger, lütj (helgol.) – Heringsmöwe	H	
Manteldräger, lütje – Heringsmöwe	Bri	
Mantelhalbente – Mittelsäger	Be	
Mantelkrähe – Blauracke	O1,2,V	
Mantelkrähe – Nebelkrähe	Be2,Buff,F,Krü,N	
Mantelmeve – Mantelmöwe	Be1,Be2,Be,Buff,GD,MW	
Mantelmewe – Mantelmöwe	Krü	
Mantelmöve – Mantelmöwe	B,CLB1,2,3,O1,2,3,V	Bechst. 1791 KN, KNB
Mantelmöve, kleine – Heringsmöwe	N,Suol	
Marcolfus – Eichelhäher	GesSH,Schwf	
Marcolfus – Häher, Eichelhäher	Suol	
Marcolph – Tannenhäher	Ad,Be1,Be2,Be	
Marel (holl.) – Uferschnepfe	MW	
Marentlein – Knäkente	Buff	
Marggraf – Eichelhäher	Buff,GesS,zLa	
Marggraff – Eichelhäher	GesH	
Margolf – Eichelhäher	B	
Margraff – Eichelhäher	Suol	
Margrub – Eichelhäher	Suol	
Marilandische Drossel – Wacholderdrossel	Hell.	Hellfeld, p. 64.
Markelfuß – Eichelhäher	F	
Markgravisches Perlhuhn – Helmperlhuhn (Var.)	Buff	
Markloawen – Eichelhäher	Bri	

Marklof – Eichelhäher	Suol	
Markohle – Eichelhäher	Suol	
Markol – Bläßhuhn	Suol	
Markol – Eichelhäher	Suol	
Mârkola – Eichelhäher	Suol	
Markolf – Blauracke	Krü	
Markolf – Eichelhäher	Ad,Be1,Be2,Be,F,GD,Hp,Krü,N,O1,Suol	
Markolf, schwarzer – Tannenhäher	F	
Markolfus – Eichelhäher	Be1,Be2,Be,Buff,F,GD,K,N	Frisch T. 55
Markolius – Eichelhäher	Ad	
Markollef – Eichelhäher	Suol	
Markolph – Tannenhäher	Ad,Krü,N	
Markolwe – Eichelhäher	Suol	
Marks – Eichelhäher	Scha	
Markward – Eichelhäher	Buff,Hp	
Markward, russischer – Tannenhäher	F	
Markward, schwarzer – Tannenhäher	Be1,Be2,Be,Be97,Buff,Hp,Krü,N	
Markwart – Eichelhäher	Be1,Be2,Be,F,N,Suol	
Marling, groot (helgol.) – Uferschnepfe	F,H	
Marmelente – Marmelente	H	
Marmuck (helgol.) – Schwarzschnabel-Sturmtaucher	F,H	
Marolwe – Eichelhäher	Suol	
Marouette – Tüpfelsumpfhuhn	Buff	
Marquard – Eichelhäher	B,O1	
Marschente – Stockente	F,H	
Marsh-Harrier (engl.) – Rohrweihe	Tu	
Marsh-Hen (engl.) – Rallen i. w. S.	Tu	Mit Teichh., Bläßh, Sumpfhühnern, Rallen.
Martens Lombe – Trottellumme	Gun	
Martens Lumbe – Trottellumme	Gun	
Marterwinkel – Wendehals	Hp	Heppe 1798.
Martin pêcheur – Eisvogel	Buff,Suol	
Martinette, Chirche (engl.) – Mauersegler	Tu	„Kirch swalben“.
Martinette, Rok (engl.) – Mauersegler	Tu	
Martinsgans – Grau- und Hausgans	Be1,Buff,GD,K,Krü	Krü: „Hausgans“
Martinsvogel – Eisvogel	B,F,Krü	
Martinsvogel – Kornweihe	B,F	
Martischka (russ.) – Fischmöwe	Buff	
Martnet, Bank (engl.) – Uferschwalbe	Tu	
Martnette, Chirche (engl.) – Mauersegler	Tu	Siehe oben.
Marvogel – Hausrotschwanz	Suol	
Marwolt – Eichelhäher	Suol	
März-Ente – Stockente	N	
Märzamschel – Amsel	Jä	
Märzamsel – Amsel	Jä	
Märzane – Stockente	Scha	
Märzänte – Stockente	Buff	
Märzefühele – Schwarzspecht	F,H	

Märzendrossel – Singdrossel	Bri	
Märzenfülle – Wendehals	F,N	
Märzengans – Graugans	Jä	
Märzente – Stockente	Ad,B,Be1,Be,F,GD,K,Krü,N,Scha,Suol,WüCl	
		Frisch Tafeln 158–159.
Märzenteente – Stockente	Be2	
Märzgans – Graugans	B,Be2,F,N	
Mas Endt – Tafelente	zLa	
Maschänte – Stockente	Buff	
Maschente – Stockente	Be97,H,Krü	
Maschente, grobe wilde – Stockente	Be2,Be,GD	
Maschente, große wilde – Stockente	Be1	
Masenkönig – Raubwürger	F,H	
Masenmünch – Mönchsgrasmücke	Jä	
Masente – Gruppenbezeichng f. mehrere Tauchenten	zLa	
Maskengrasmücke – Maskengrasmücke	B	
Maskentaube – Ringeltaube	Buff	
Maskenwürger – Maskenwürger	B	
Masn – Kohlmeise	Jä	
Maß Ente – Moorente	zLa	Unspezifisch
Massen (nied.) – Drossel	Ad	Osnabrück: Maßen.
Maßhow – Mäusebussard	Ad	
Maßhuw – Mäusebussard	GesH	
Maßhuw – Rohrweihe	Suol	
Maßhuw – Waldkauz	GesS	
Maßkŭ – Rohrdommel	Suol	
Maßkuh – Rohrdommel	GesS	
Maßweher – Bartgeier	Ad,Krü	
Maßweher – Rohrweihe	Krü	
Maßweihe – Bartgeier	Ad,Krü	
Maßweihe – Rohrweihe	Krü	
Maßwey – Mäusebussard	GesH	
Maßwy – Fischadler	GesH	
Maßwy – Rohrweihe	G,Suol	
Maßwy – Schwarzmilan	GesS	Maß = Moos, Moor.
Mastheister – Eichelhäher	Scha	
Mastixvogel – Wacholderdrossel	GD	Wg. Mastixbaumbeeren in Griechenld.
Mathoen – Austernfischer	Suol	
Matkern – Tüpfelsumpfhuhn	B,Be2,Be,F,N	
Matkern – Wachtelkönig	StVb	
Matkernküken – Tüpfelsumpfhuhn	F	
Matkneltzell – Wachtelkönig	K	
Matkneltzl – Tüpfelsumpfhuhn	Be1	
Matknelzel – Tüpfelsumpfhuhn	Be2,Be,N	
Matkrillis – Grünschenkel	Suol	
Matkuillis – Wald-(Bruch)wasserläufer	Buff,K	Tringa ochropus. Gessner: „Matknillis."
Matquilis – Waldwasserläufer	Krü	
Matschke – Eichelhäher	F,N	

Mattenhühnlein – Regenbrachvogel	Krü	
Mattenhühnlein – Wachtelkönig	Ad	
Mattenhühnlein – Waldwasserläufer	Krü	
Mattenknäller – Waldwasserläufer	O2	
Mattenknelle – Waldwasserläufer	O1	
Matterwendel – Wendehals	Suol	
Mattevull – Eisvogel	Suol	
Mattkern – Rotflügel-Brachschwalbe	Ad	
Mattkern – Wachtelkönig	Ad,GesSH,K,Krü,Schwf,Suol,zLa...	
	... nach Gessner 1585. Zum Lamm, S. 160.	
Mattkernel – Wachtelkönig	Baldn-Suol	
Mattknillis – Grünschenkel	F,Fri,H,Suol	
Mattknillis – Knutt	GesS	Straßburg
Mattknillis – Waldwasserläufer	Ad,Be2,GesH,N,Schwf...	
	... Siehe Ges: Ochropus medius, 19 cm.	
Mattkniltzel – Kampfläufer	Baldn	
Mattknittzel – Alpenstrandläufer	Suol	
Mattknitzel – Kampfläufer	Suol	
Mattkrillis – Waldwasserläufer	Be	
Mattkuillis – Wald-(Bruch-)wasserläufer	Buff	Tringa ochropus.
Mattkuillis – Waldwasserläufer	Ad	Gessner: „Matknillis".
Mattschinsch (lett.) – Misteldrossel	Buff	
Mauchler, hochbeiniger – Rosapelikan	Ad	
Mauer Specht – Mauerläufer	Schwf	
Mauer Tole – Dohle, Var (?), unbek.	Schwf	
Mauer-Nachtigal – Gartenrotschwanz	Buff	
Mauer-Nachtigal, schwarzkehlige –	Buff	
Gartenrotschwanz		
Mauer-Schwalbe – Mauersegler	Z	
Mauer-Schwalbe – Mehlschwalbe	GesH	
Mauer-Segler – Mauersegler	N	
Mauerbaumläufer – Mauerläufer	Be2,Be,MW,N	
Mauerchlän – Mauerläufer	F,N	
Mauerfalck – Turmfalke	K	
Mauerfalk – Turmfalke	Ad,B,F,K	
Mauerfalke – Turmfalke	Be2,Be,Buff,GD,N	
Mauerhäkler – Mauersegler	B,F,N	
Mauerklän – Mauerläufer	Do	
Mauerklette – Mauerläufer	Be1,Be,CLB2,F,GD,Krü,N,O2,V	KNB
Mauerklette, rothflügelige – Mauerläufer	MW,N	
Mauerklettenvogel – Mauerläufer	Krü	
Mauerklettervogel – Mauerläufer	Be1,Be2,Be,GD,N	
Mauerläufer – Mauerläufer	B,Be,Buff,CLB2,GD,Krü,N	
	Scopoli 1768: Mauerlaufer.	VN, KNB
Mauerläufer, Hamburger – Feldsperling	Buff	
Mauerläufer, kurzschnäbliger –	CLB3	
Mauerläufer		
Mauerläufer, langschnäbliger –	CLB3	
Mauerläufer		

Mauerläufer, rotflügeliger – Mauerläufer	CLB2,N,O3	KNB
Mauermeise – Sumpf-/Weidenmeise	Be2,Be	
Mauermeise – Sumpfmeise	F,N	
Mauernachtigall – Gartenrotschwanz	Be1,Be2,Be,Krü	
Mauernachtigall – Hausrotschwanz	Ad,Do,F,GD	
Mauernachtigall, schwarzkehlichte – Hausrotschwanz	GD	
Mauernachtigall, schwarzkehlige – Hausrotschwanz	Be1,Be2,Be	
Mauerschwalbe – Mauersegler	Ad,B,Be1,2,Be,Be97,Buff,CLB2,F,GD,Jä,K,…	
	…Krü,MW,N,O1,2,Suol,V Frisch T. 17.	KNB
Mauerschwalbe – Mehlschwalbe	Jä,Krü	
Mauerschwalbe – Rauchschwalbe	Buff,Krü	
Mauerschwalbe – Uferschwalbe	P	
Mauerschwalbe, gemeine – Mauersegler	Be1,Be2,B,N	
Mauerschwalbe, große – Alpensegler	Buff,F	
Mauerschwalbe, große – Mauersegler	Be2,N	
Mauerschwalbe, große mit weißem … … Bauche– Alpensegler	Be2,Buff,Krü,N	
Mauerschwalbe, schwarze – Mauersegler	Buff,Krü	
Mauerschwalbe, weißbäuchige – Alpensegler	Be1,Be2,Be,N	
Mauersegler – Mauersegler	B,CLB2,MW,O3,V	Meyer/Wolf 1810
		KN, KNB
Mauersegler, hochköpfiger – Mauersegler	CLB3	
Mauersegler, plattköpfiger – Mauersegler	CLB3	
Mauerspatz – Feldsperling	Suol	
Mauerspecht – Mauerläufer	N	
Mauerspecht – Baumläufer	O1	
Mauerspecht – Mauerläufer	Ad,B,Be1,Be2,Be,Buff,F,GD,Krü,MW,Suol,V	
Mauerspecht, gemeiner – Mauerläufer	O2	
Maur-Schwalbe – Mehlschwalbe	Kö	
Maur-Specht – Mauerläufer	Kö	Schreibweise ok.
Maurenspecht – Buntspecht (Var.)	H	Picoides major numidus.
Maurerschwalbe – Mehlschwalbe	Do,F	
Maurerspecht – Kleiber	Buff,Krü	
Mauritanisches Huhn – Helmperlhuhn	Be1	
Maurspecht – Mauerläufer	GesH	
Mausadler – Gerfalke	Be2	
Mausadler – Lanner	Buff,GD	
Mausadler – Würgfalke	Be1	
Mausbussaar – Mäusebussard	O1	
Mäuse Falck – Turmfalke	Fri	
Mäuse-Bussard – Mäusebussard	N	
Mause-Falck – Mäusebussard	Suol	
Mäuse-Geyer – Mäusebussard	G	
Mause-Geyer – Mäusebussard	Suol	
Mauseaar – Mäusebussard	Hp	

Mäuseaar – Mäusebussard	Ad,B,Be2,Be,F,Krü,N	
Mäuseaar – Schreiadler	Krü	
Mäuseaar – Schwarzmilan	Be2,Be,F,N	
Mäuseaar, brauner – Mäusebussard	N	
Mauseaar, brauner – Mäusebussard (Var.)	JAN	
Mäuseaar, bunter – Mäusebussard	N	
Mauseaar, rötlicher – Schreiadler	GD	
Mäuseaar, rötlicher – Schreiadler	Be1,Be2,Be97,N	
Mauseaar, schwarzer – Mäusebussard	JAN	
Mäuseaar, schwarzer – Mäusebussard	N	
Mauseaar, weißer – Mäusebussard (Var.)	JAN	
Mäuseadler – Lanner	GD	
Mäuseadler – Schwarzmilan	Be2,Buff,N	
Mäuseahr – Schwarzmilan	GD	
Mäusebussard – Mäusebussard	B,Be2,Be,Be05,CLB1,2,Jä,Krü,MW,O3,V	KNB
Mäuseeule – Waldkauz	GD,Krü	
Mausefalck – Turmfalke	Fri	
Mausefalk – Mäusebussard	Ad,K	
Mäusefalk – Mäusebussard	Ad,B,Krü,MW,N,V	
Mäusefalk – Schreiadler	Krü	
Mäusefalk – Turmfalke	B,F	
Mäusefalk – Wespenbussard	Be1,Be2,Krü	
Mäusefalk – Wespenbussard	Buff	Bei einigen.
Mäusefalk, gemeiner – Mäusebussard	N	
Mäusefalk, gemeiner und glattbeiniger – Mäusebussard	Be2	
Mäusefalk, glattbeiniger – Mäusebussard	N	
Mausefalke – Mäusebussard	Buff,GD	
Mäusefalke – Mäusebussard	Be1,Be,Be97,Be05,F	
Mäusefalke – Rauhfußbussard	Be2,Be,N	
Mäusefalke – Schwarzmilan	Be	
Mäusefalke – Turmfalke	Be2,Be,N	
Mäusefalke – Wespenbussard	Be2,Be,GD,Krü,N	
Mäusefalke, rauhbeiniger – Rauhfußbussard	Be2,Be,N	
Mausegeier – Mäusebussard	Be05	
Mäusegeier – Mäusebussard	Ad,B,Be2,F,Krü,N	
Mäusegeier – Rauhfußbussard	Be,N	
Mäusegeier – Wespenbussard	Be2,Be	
Mausegeyer – Mäusebussard	Hp	
Mäusegraue Meise – Sumpfmeise	CLB2	KNB
Mäusehabicht – Kornweihe	Be2,Be	
Mäusehabicht – Mäusebussard	Ad,B,Be2,Be,F,Krü,N	
Mäusehabicht – Rauhfußbussard	Be2,Be,N	
Mäusehabicht – Sumpfohreule	Be2,GD	Bechstein 1805/911.
Mäusehabicht – Wespenbussard	Be1,Be2,Be,Be97,Buff,GDN	
Mäusehabicht, böhmischer – Kornweihe	Be1	
Mäusehabicht, kleiner – Kornweihe (männl.)	N	

Mäusekönig – Zaunkönig	F,Suol	
Mäusekönig – Zaunköniglein	Buff	
Mauser – Mäusebussard	Ad,B,Be2,Be,Be05,F,Hp,Jä,Krü,N,Scha,Suol	
Mauser – Milane	Suol	
Mauser – Rohrweihe	N	
Mauser – Wespenbussard	Be,Be2	
Mauser, isländische – Rauhfußbussard	JAN	
Mauser, isländischer – Rauhfußbussard	N	
Mauser, rauchfüßige – Rauhfußbussard	JAN	
Mauser, rauhfüßiger – Rauhfußbussard	N	
Mauser, weißer – Mäusebussard (Var.?)	Be2,N	
Mäusespecht – Wald- und Gartenbaumläufer	F	
Mausespecht – Wald- und Gartenbaumläufer	Scha	
Mäusespecht – Waldbaumläufer	Do	
Mauseule – Waldkauz	B,Be1,Be,Buff,F,GD,Hp,N	
Mausevogel – Birkenzeisig	Be1,Be2,Be,Buff,GD,N	
Mäusevogel – Birkenzeisig	Buff,F,GD,Krü	
Mäusevogel – Mäusebussard	Be2,N	
Mäusewächter – Mäusebussard	Ad,Be2,Be,Krü	
Mäusewächter – Wespenbussard	Be1,Be2,Be,Buff,F,GD,N	
Mäuseweihe – Mäusebussard	Be2,Be,N	
Mausfalk – Mäusebussard	O1	
Mausgeier – Mäusebussard	F,Jä	
Mausgeierl – Mäusebussard	Suol	
Maushack – Mäusebussard	Jä	
Mauskönig – Zaunkönig	Do	
Mauskopf – Mönchsgrasmücke	B,Be2,F,GD,N,Suol	
Mauß-Ar – Mäusebussard	Z	Auch: Maussaar.
Mausschnepfe – Zwergschnepfe	B,Be2,Buff,F,Krü,N	
Mäußkönig – Zaunkönig	GesH	
Mausvogel – Zaunkönig	Do,F	
Mausweihe, graue – Rotmilan	GD	
Maver – Möwe	O1	
Mavis (engl.) – Wein- u. Sing- u. Misteldrossel	Tu	
Mawerspyren – Mauersegler	GesS	
Mawrschwalbe – Rauchschwalbe	Suol	
Mayspecht – Kleiber	GD	
Mayvogel – Weißflügelseeschwalbe	GD	
Mayvögelein – Trauerseeschwalbe	Buff	
Meb – Lachmöwe	GesSH	
Meb – Möwe (allg.)	GesH,Suol	
Mebb – Möwe	StVb	
Mebe-Fischerlein genannt – Zwergseeschwalbe	Buff	
Mebe, schwartze – Trauerseeschwalbe	GesH	
Mechelen (brabant.) – Rosapelikan	GesS	

Mechlin (brabant.) – Rosapelikan	GesS	
Meckerzieg – Ziegenmelker	Do,F	
Meel Meise – Blaumeise	Schwf	
Meelmeese – Blaumeise	K,Suol	
Meelmeise – Sumpf/Weidenmeise	Fri	
Meelmeiß – Blaumeise	GesS	
Meelmeiße – Blaumeise	GesS	
Meelmeyse – Blaumeise	Suol	
Meelmeyse – Sumpfmeise (P. palustris)	Tu	
Meelmeyse – Sumpfmeise oder	Tu	
Tannenmeise		
Meelmeyse – Tannenmeise (P. ater)	Tu	
Meelmeyß – Blaumeise	Suol	Name mit ß so ok.
Meer Adler – Fischadler	Schwf	
Meer Amsel – Ringdrossel	P,Schwf	
Meer-Amßel – Ringdrossel	G	
Meer-Atzel – Papageitaucher	GesH	
Meer-Drussel – Ringdrossel	GesH	
Meer-ent – Spießente	Buff	
Meer-Ent – Trottellumme	GesH	
Meer-gans – Rosapelikan	Buff	
Meer-Heher – Blauracke	Buff	
Meer-Nöring – Sterntaucher	Fri	
Meer-Rab – Kormoran	GesH	
Meer-Rab – Waldrapp	GesH	
Meer-Regenpfeifer – Kiebitzregenpfeifer	Buff	
Meer-Rind – Rohrdommel	Buff	
Meer-Schwalbe – Brachschwalbe	GesH	
Meer-spatz – Rohrammer	Buff	
Meer-Strandläufer – Flußuferläufer	N	
Meer-Wasserläufer – Flußuferläufer	N	
Meer-Wasserläufer – Rotschenkel	N	
Meer-Zeißlein – Birkenzeisig	P,Suol,Z	
Meerach – Gänsesäger	GesH	
Meerachen – Haubentaucher	Krü	
Meerachen – Mittelsäger	Be1	
Meeradler – Adlerfregattvogel	Buff	
Meeradler – Fischadler	Ad,Be1,Be2,Be,GD,K,Krü,N,Suol	
Meeradler – Prachtfregattvogel	Be2,Be	
Meeradler – Seeadler	Ad,B,Be1,Be2,Be,Buff,F,G,GesH,Krü,N,O2	
Meeradler, europäischer – Fischadler	Be2,N	
Meeradler, großer – Kaiseradler	Ad	
Meeradler, großer – Seeadler	Be1,Be2,Be,Be97,Buff,GD	
Meeradler, kleiner – Fischadler	Be1,Be2,Be97,Buff,GD,N	
Meeradler, weißköpfiger –	N	N: Bd. 13/072.
Weißkopf-Seeadler		
Meerälster – Austernfischer	GD	
Meeramsel – Ringdrossel	Ad,B,Be1,Be2,Be,Be97,Buff,CLB2,F,GD,…	
	…Hp,Jä,Krü,N,Scha,Suol,V	KNB

Meeränte mit dem Halsband – Ringelgans	Belon	In Buff. Bd. 33, 59.
Meeränte mit dem Halsbande – Ringelgans	Buff	Bei Belon.
Meeratzel – Austernfischer	GesH	
Meerbrandgansente – Brandgans	CLB3	
Meerdrehals – Ohrentaucher	GD	
Meerdrehhals – Ohrentaucher	Be1,Be2,Krü	
Meerdrehhals – Schwarzhalstaucher	Be	
Meerdrossel – Ringdrossel	Ad,K,Krü	Frisch T. 30.
Meerel (holl.) – Amsel	GesSH	
Meerelster – Austernfischer	Ad,B,Be1,Be2,Be,Buff,F,GD,Krü,N,V	
Meerelster – Stelzenläufer	Ad,K	Falsch ist: Meerelster – Pica marina belonii
Meerelster, geschäckter – Austernfischer	Be	
Meerelster, gescheckte – Austernfischer	N	
Meerelstern – Säbelschnäbler	Bri	
Meereskrähe – Nebelkrähe	GesS	
Meereule – Sumpfohreule	Be2	
Meerfischer – Eisvogel	GesH	
Meergans – Eistaucher	B,Be2,N	
Meergans – Polartaucher	F	
Meergans – Prachttaucher	Do	
Meergans – Ringelgans	Be2,F,N	
Meergans – Rosapelikan	Ad,B,Be2,Be,GD,Krü,N,Suol	
Meergans, große – Eistaucher	F	
Meergans, weißwangige – Weißwangengans	CLB3,N	
Meerganser – Gänsesäger	Buff	
Meerganß – Krauskopfpelikan	zLa	Auch b. Gessner 1757: 183–185.
Meerganß – Möwe (allg)	GesH	
Meerganß – Rosapelikan	GesSH	
Meergratsch – Blauracke	Suol	
Meerhäher – Blauracke	F,GesS,Krü,P,Suol	
Meerhähnel – Dunkler Wasserläufer	B,N	
Meerhase – Haubentaucher	B,Be2,Be,F,N	
Meerheher – Blauracke	B,Be1,Be2,N	
Meerheister – Austernfischer	F,GD,N	
Meerhuhn – Dunkler Wasserläufer	B,Be1,Be2,GD,N	
Meerhuhn – Grünschenkel	Be1,Be2,Be,Buff,F,GD,Krü,N	
Meerhuhn – Rotflügel-Brachschwalbe	Buff	
Meerhuhn – Rotschenkel	H	
Meerhuhn – Teichhuhn	O1	
Meerhuhn – Tüpfelsumpfhuhn	Be1,Be2	
Meerhuhn – Uferschnepfe	Ad	
Meerhuhn mit dem Halsbande … … – Rotflügel-Brachschwalbe	Buff	
Meerhuhn, braunes – Teichhuhn (juv.)	Be1,Be2,Be,Buff,GD,N	
Meerhuhn, geflecktes – Tüpfelsumpfhuhn	Be1,Be2,Be,Buff	
Meerhuhn, gelbfüßiges – Bruchwasserläufer	Be1,Be2,Be	
Meerhuhn, gemeines – Teichhuhn	Be1,Be2,Be,GD,N	

Meerhuhn, gesprenkeltes – Tüpfelsumpfhuhn	Be2	
Meerhuhn, getüpfeltes – Tüpfelsumpfhuhn	Be2	
Meerhuhn, graues – Rotflügel-Brachschwalbe	Buff	
Meerhuhn, großes braunes – Teichhuhn	Be1,Be2	
Meerhuhn, grünfüßiges – Teichhuhn	Be2,Be,Be97,Buff,GD,N	
Meerhuhn, kleines – Kleines Sumpfhuhn	N	
Meerhuhn, kleines – Kleines/ Zwerg-Sumpfhuhn	Be2,Be	
Meerhuhn, pfeifendes – Grünschenkel	Buff	
Meerhuhn, pfeifendes – Teichhuhn	Be2	
Meerhuhn, punktirtes – Tüpfelsumpfhuhn	Be2,Be,N	
Meerhuhn, schwarzfüßiges – Rotflügel-Brachschwalbe	Buff	
Meerhuhn, violettes – Purpurhuhn	Buff	
Meerhühnchen – Kleines Sumpfhuhn	B	
Meerhûn – Teichhuhn	Suol	
Meerhünlein – Pfuhlschnepfe	GesH	
Meerhünlein – Uferschnepfe	GesH	
Meerhymber – Eistaucher	Gun	„Colombus maximus" b. Gess., Jonston.
Meerimber – Eistaucher	Gun	
Meerkatztaucher – Sterntaucher	Buff	
Meerkrähe – Bläßhuhn	Scha	
Meerkrähe – Nebelkrähe	Krü	
Meerkrähe – Wasseramsel	GesH	Gessn./Horst, 1669, S. 321.
Meerkräyen – Papageitaucher	zLa	Bei Gessner, 1557.
Meerläufer – Buntfuß-Sturmschwalbe	B	
Meerle – Amsel	K,Schwf	Frisch T. 29.
Meerlerche – Alpenstrandläufer	Buff,F,N,O2	
Meerlerche – Bergpieper	Be	
Meerlerche – Flußuferläufer	Be1,Be2,Be97,GD,Krü,N,O1	
Meerlerche – Meerstrandläufer	Be	
Meerlerche – Sandregenpfeifer	Krü	
Meerlerche zu St. Domingo, kleine – Alpenstrandläufer	Buff	
Meerlerche, kleine – Zwergstrandläufer	F,N	
Meerlerche, kleine von St. Domingo – Zwergstrandläufer	Be2,Be	
Meerlerche, kleinste – Temminckstrandläufer	F,N	
Meermeben, weiße – Lachmöwe	Buff	
Meermewe – Mantelmöwe	Buff	Buff./Otto Bd. 32: „Meermewe d. Linné".
Meernöhring – Eistaucher	Be2,N	
Meernordgans – Rothalsgans	Be2,Krü,N	
Meeröhring – Eistaucher	F	
Meeror – Gänsesäger	Jä	
Meerpapagei – Papageitaucher	Do,F	
Meerpetersvogel – Sturmschwalbe	CLB3,N	

Meerpfeifer – Meerstrandläufer	Buff	Name von Otto eingebracht.
Meerpferd – Eissturmvogel	Cz,Gun	
Meerrach – Gänsesäger	Buff,Suol	
Meerrach – Mittelsäger	K	Albin Band I, 87.
Meerrach – Säger (allg.)	Suol	
Meerrach mit schwarzem Kopfe – Gänsesäger	GD	
Meerrache – Gänsesäger	Jä	
Meerrache – Mittelsäger	Hp	
Meerrachen – Gänsesäger	B,F,Krü,N,V	
Meerrachen – Haubentaucher	B,Be1,Be2,Be,F,GD,N,O1	
Meerrachen – Mittelsäger	Be2,Be,Be97,Buff,CLB2,GD,Krü,N,O1,2,V, KNB	
Meerrachen, braunköpfiger – Mittelsäger	Be1,Be2,Be,N	
Meerrachen, bunter – Mittelsäger	Be1,Be,N	
Meerrachen, bunter und schwarzer – Mittelsäger	Be2	
Meerrachen, gezopfter – Mittelsäger	N	
Meerrachen, langschnäbliger – Mittelsäger	Buff	
Meerrachen, schwarzer – Mittelsäger	Be1,Be2,Be,Buff,N	
Meerracker – Mittelsäger	O1	
Meerrepphuhn – Rotflügel-Brachschwalbe	O1	
Meerrind – Rohrdommel	Ad,Be1,Be2,Be,GD,GesSH,K Krü	Albin I, 68
Meerrosdrossel – Ringdrossel	K	
Meerrothplatte – Birkenzeisig	H	
Meerrschwalm – Seeschwalbe (allg.)	Suol	
Meerschnäbler – Trottellumme	F,H	
Meerschnepfe – Zwergschnepfe	O3	
Meerschnepff – Austernfischer	GesH	
Meerschwalb – Flußseeschwalbe	HaSa	Hans Sachs, 1531, Regiment … V. 214.
Meerschwalbe – Alpensegler	F	
Meerschwalbe – Bienenfresser	Ad,Be2,GD,Krü,N	
Meerschwalbe – Dreizehenmöwe	Ad	
Meerschwalbe – Flußseeschwalbe	Be1,Be2,Be,Buff,GD,Krü,O1,Suol	
Meerschwalbe – Möwe (allg)	GesH	
Meerschwalbe – Rotflügel-Brachschwalbe	O2	
Meerschwalbe – Seeschwalbe (allg.)	Suol	
Meerschwalbe – Uferschwalbe	Be1,Be2,Be,F,Krü,N,O1	
Meerschwalbe – Zwergseeschwalbe	Buff	
Meerschwalbe mit brandgelber … … Schnabelspitze – Brandseeschwalbe	N	
Meerschwalbe, arctische – Küstenseeschwalbe	N	
Meerschwalbe, arktische – Küstenseeschwalbe	MW,N	
Meerschwalbe, aschgraue – Flußseeschwalbe	N	
Meerschwalbe, bunte – Trauerseeschwalbe (juv.)	Be2,Be,Buff,GD	
Meerschwalbe, cap'sche – Brandseeschwalbe	N	

Meerschwalbe, caspische –	Be,Buff,GD,O2
Raubseeschwalbe	
Meerschwalbe, cayennische –	N
Brandseeschwalbe	
Meerschwalbe, dickschnäbelige –	N
Lachseeschwalbe	
Meerschwalbe, Dougall's –	O3
Rosenseeschwalbe	
Meerschwalbe, Dougallische –	MW
Rosenseeschwalbe	
Meerschwalbe, Dougallsche –	N
Rosenseeschwalbe	
Meerschwalbe, englische –	N
Lachseeschwalbe	
Meerschwalbe, europäische –	Be1,Be2,Be,Buff,GD,Krü,N
Flußseeschwalbe	
Meerschwalbe, gefleckte –	Be1,Be2,Be,Buff,GD,Krü
Trauerseeschwalbe (juv.)	
Meerschwalbe, gemeine – Fluß-/	Buff,GD
Küstenseeschwalbe	
Meerschwalbe, gemeine – Flußseeschwalbe	Be1,Be2,BeBe97,Krü,N,O2
Meerschwalbe, graue – Trauerseeschwalbe	Be1,Be2,Be,Krü
Meerschwalbe, graue –	Be,Krü
Weißflügel-Seeschwalbe	
Meerschwalbe, große – Fluß-/	Buff,GD
Küstenseeschwalbe	
Meerschwalbe, große – Flußseeschwalbe	Be2,Be,N
Meerschwalbe, große – Raubseeschwalbe	Be2,N
Meerschwalbe, große mit weißem Bauche	Krü
– Alpensegler	
Meerschwalbe, größere – Fluß-/	Buff,GD
Küstenseeschwalbe	
Meerschwalbe, großschnabelige –	MW
Raubseeschwalbe	
Meerschwalbe, großschnablige –	N
Raubseeschwalbe	
Meerschwalbe, kamtschatkaische –	Be2,Be,N
Brandseeschwalbe	
Meerschwalbe, kamtschatkasche –	GD Bei Pennant …
Trauerseeschwalbe	… Verwechslung mit Brandseeschwalbe?
Meerschwalbe, kamtschatkische –	Buff
Trauerseeschwalbe	
Meerschwalbe, kaspische –	Be1,Be2,Be97,Buff,Krü,N,O3
Raubseeschwalbe	
Meerschwalbe, kentische –	Be2,Be,Buff,N
Brandseeschwalbe	
Meerschwalbe, kleine – Trauerseeschwalbe	GD
Meerschwalbe, kleine –	Be1,Be2,Be,Be97,Buff,Krü,MW,N
Zwergseeschwalbe	

Meerschwalbe, kleinere – Trauerseeschwalbe   GD
Meerschwalbe, kleinere – Zwergseeschwalbe   O2
Meerschwalbe, langschwänzige –   N
Küstenseeschwalbe
Meerschwalbe, mevenschnäbelige –   N
Lachseeschwalbe
Meerschwalbe, mevenschnabelige –   MW
Lachseeschwalbe
Meerschwalbe, mexikanische –   N
Brandseeschwalbe
Meerschwalbe, nordische –   N
Küstenseeschwalbe
Meerschwalbe, rotfüßige –   MW,N
Flußseeschwalbe
Meerschwalbe, rußschwarze –   Buff,GD
Rußseeschwalbe
Meerschwalbe, schnurrbärtige –   N
Weißbart-Seeschwalbe
Meerschwalbe, schreiende –   O2
Raubseeschwalbe
Meerschwalbe, schwarze –   Be1,Be2,Be,Be97,GD,Krü,N,O2,3
Trauerseeschwalbe
Meerschwalbe, schwarze –   GD,N
Weißflügelseeschwalbe
Meerschwalbe, schwarzgraue –   MW
Trauerseeschwalbe
Meerschwalbe, schwarzkehlige –   Be2,Be,N
Trauerseeschwalbe
Meerschwalbe, schwarzköpfige –   Be2,N
Flußseeschwalbe
Meerschwalbe, schwarzplattige –   N
Flußseeschwalbe
Meerschwalbe, schwarzrückige –   N
Weißflügel-Seeschwalbe
Meerschwalbe, schwarzschnäblige –   Be2,N
Brandseeschwalbe
Meerschwalbe, silberfarbene –   N
Küstenseeschwalbe
Meerschwalbe, silbergraue –   N
Küstenseeschwalbe
Meerschwalbe, spaltfüßige –   Be1,Be2,Be,Krü,N
Trauerseeschwalbe
Meerschwalbe, spaltfüßige –   GD
Weißflügelseeschwalbe
Meerschwalbe, stübbersche –   Be1,Be2,Be,Krü,N
Brandseeschwalbe
Meerschwalbe, weißbartige –   O3
Weißbart-Seeschwalbe

Meerschwalbe, weißflügelichte – Weißflügel-Seeschwalbe	N	
Meerschwalbe, weißflügelige – Weißflügel-Seeschwalbe	MW,O3	
Meerschwalbe, weißgraue – Brandseeschwalbe	CLB3,MW,N	
Meerschwalbe, weißliche – Brandseeschwalbe	CLB3,N	
Meerschwalbe, weißschwingige – Weißflügel-Seeschwalbe	N	
Meerschwalbe (österr.) – Bienenfresser	Buff	
Meerschwalm – Lachmöwe	GD	
Meerschwalm, grawer – Lachmöwe	Schwf,Suol	
Meerschwarzblättchen – Trauerschnäpper	B,Be2,Be,F	
Meerschwarzblattl – Trauerschnäpper	Be1,Be2,Be,N	
Meerschwarzplättchen – Trauerschnäpper	N	
Meerschwarzplattl – Trauerschnäpper	Buff	
Meerspatz – Rohrammer	Be1,Be2,Be,F,N	
Meerstaar – Rosenstar	V	
Meerstieglitz (österr.) – Schneeammer	Be1,Be2,Be,Be97,Buff,F,N	
Meerstorch – Kormoran	o.Qu.	
Meerstrandläufer – Flußuferläufer	Be2,Be,CLB1,N	N: Meer – Strandläufer.
Meerstrandläufer – Meerstrandläufer	Be,CLB1,2	KNB
Meerstrandläufer, trillernder – Flußuferläufer	CLB2	
Meersturmvogel – Weißgesicht-Sturmschwalbe	Buff	
Meertaucher – Papageitaucher	GD	
Meertaucher – Sterntaucher	H	
Meertaucher, gestreifter – Sterntaucher	Buff	
Meertaucher, großer – Eistaucher	Be2,Buff,Krü,N	
Meertaucher, kleiner – Sterntaucher (juv. o. Sokl.)	Buff,Krü,N	
Meertaucher, rotkehliger – Sterntaucher	Krü	
Meertaucher, schwarzkehliger – Prachttaucher	Krü	
Meerteufel – Bläßhuhn	Be1,Be2,Be,GD,K,Krü,N,Suol	Albin Band I, 83.
Meerteufel – Teichhuhn	Buff,K	Frisch T. 209 u. Albin II , 72.
Meertzische Druessel – Ringdrossel	Suol	
Meertzischedrussel – Ringdrossel	GesS	1585
Meeruferläufer – Rotschenkel	B,H	
Meeruferläufer, deutscher – Rotschenkel	CLB3	
Meeruferläufer, gestreifter – Rotschenkel	CLB3	
Meeruferläufer, nordischer – Rotschenkel	CLB3	
Meeruogel – Papageitaucher	zLa	Bei Gessner, 1557.
Meerwasserläufer – Flußuferläufer	N	N: Meer – Wasserläufer.
Meerwasserläufer – Rotschenkel	CLB1,2,N	N: Meer – Wasserläufer. KNB
Meerzeischen – Birkenzeisig	Ad,Jä,Krü	
Meerzeisel – Birkenzeisig	Buff,GD,Suol	

Meerzeiserl – Birkenzeisig	Suol
Meerzeisichen – Birkenzeisig	HHM
Meerzeisig – Bergfink	Be97
Meerzeisig – Birkenzeisig	Ad,B,Be2,Be,Buff,F,GD,Jä,Krü,N
Meerzeisig – Girlitz	Do,F
Meerzeisl – Birkenzeisig	H
Meerzeislein – Birkenzeisig	Be2,Be,Buff,Fri,GD,Hp,N
Meerzeißlein – Birkenzeisig	P
Meesche – Meise	Häp
Meese, düske – Trauerseeschwalbe	Scha
Meese, weiße – Flußseeschwalbe	Scha
Meeske – Kohlmeise	Bri
Meesken – Kohlmeise	Bri
Meesken – Meise	Häp
Meewentaube – Haus-/Felsentaube	GD Zu Rasse Möventaube.
Mehl Meißle – Blaumeise	zLa
Mehl-Meiße – Blaumeise	G
Mehlbrust – Gelbspötter	B,F
Mehlhänfling – Bluthänfling (juv., männl.)	B,Be2,Be,Be97,F,MW,N KNB
Mehlmaise – Sumpf-/Weidenmeise	HHM
Mehlmeise – Blaumeise	Ad,B,Be1,Be2,Be,Be97,Buff,F,GD,Krü,N,Suol
Mehlmeise – Schwanzmeise	Ad,B,Be2,Be,Buff,F,Krü,N
Mehlmeise – Sumpf-/Weidenmeise	Buff,GD
Mehlmeise – Sumpfmeise	Ad,B,F,N
Mehlmeiß – Blaumeise	Buff,GesH
Mehlrabe – Nebelkrähe	Be1,Be2,Be,Be97,Buff,F,GD,N
Mehlschwalbe – Mehlschwalbe	B,Be1,Be2,Be,Be97,Buff,CLB2,GD,Krü,N,…
	… O1,V Pallas 1767. VN
Mehlvogel – Kornweihe (männl.)	B,Be2,F,N
Mehlweihe – Kornweihe	B,F
Meigevogel – Trauerseeschwalbe	Zupo 1449
Meise – Kohlmeise	Jä
Meise bläuliche – Blaumeise	CLB3
Meise mit der Platte – Sumpf-/	Buff,GD
Weidenmeise	
Meise von Languedok – Beutelmeise	Buff
Meise, blaue – Blaumeise	Buff,GD,N
Meise, braune – Kohlmeise	GD
Meise, florentiner – Beutelmeise	Buff,GD
Meise, graue – Sumpf-/Weidenmeise	Be1,Be2,Be
Meise, graue – Sumpfmeise	Be,Krü,N
Meise, große – Kohlmeise	Ad,Be,Buff,CLB2,F,GesH,GD,Schwf,V
Meise, große blaue – Lasurmeise	Be2,Be,N
Meise, große schwarze – Kohlmeise	Be1,Be2,Buff,GD,Krü,N
Meise, größeste – Kleiber	Hp
Meise, größte – Kleiber	Be1,Be,GD
Meise, größte schwarze – Kohlmeise	Be
Meise, größte spechtartige – Kleiber	N
Meise, größte und spechtartige – Kleiber	Be2

Meise, hellblaue – Lasurmeise	Be2,N	
Meise, kleine – Tannenmeise	Be1,Be2,Be,CLB2,Krü,N	
Meise, langgeschwänzte – Schwanzmeise	Ad,Be2,Be,Krü,N	
Meise, langschwänzige – Schwanzmeise	Buff,GD	
Meise, languedocsche – Beutelmeise	Be2,N	
Meise, lasurblaue – Lasurmeise	Be2,CLB2,N	KNB
Meise, lazurblaue – Lasurmeise	Be	
Meise, mäusegraue – Sumpfmeise	CLB2	
Meise, polnische – Beutelmeise	F	
Meise, säbische – Lasurmeise	Be,N	
Meise, säbysche – Lasurmeise	Be1,Buff,Krü	Damalige Vermutg.: Var. d. Blaum.
Meise, schwarze – Tannenmeise	Buff	
Meise, schwarzgekappte – Sumpfmeise	A	Albin III, 58.
Meise, schwarzkehlige – Lapplandmeise	MW	
Meise, schwarzköpfige – Sumpf-/ Weidenmeise	Buff,GD	
Meise, sibirische – Lapplandmeise	CLB2,O3	KNB
Meise, zweifarbige – Indianermeise	CLB2,MW,O3	Baeolophus bicolor, am., KNB
Meve, zweifarbige – Zwergseeschwalbe	Be1,Be2,Be	
Meisefink – Kohlmeise	Buff	
Meisekönig – Sumpf-/Weidenmeise	Buff,GD,K	Frisch T. 13.
Meisekönig – Zaunkönig	Buff,K	Frisch T. 24.
Meisen-Mönch – Sumpf-/Weidenmeise	Kö	
Meisenfink – Kohlmeise	Be1,Be2,Be,F,Krü,N	
Meisenhäher – Unglückshäher	F	
Meisenhäher, gemeiner – Unglückshäher	H	
Meisenkönig – Haubenmeise	B,Be2,Be,F,N	
Meisenkönig – Mönchsgrasmücke	Ad,Hp,P	
Meisenkönig – Raubwürger	H	
Meisenkönig – Schwarzstirnwürger	Suol	
Meisenkönig – Sumpf-/Weidenmeise	Ad,Be1,Be2,Be,F,Krü	
Meisenkönig – Sumpfmeise	N	
Meisenkönig – Wintergoldhähnchen	F,H	
Meisenkönig – Zaunkönig	Ad,B,Be1,Be2,Be,Be97,F,GD,Hp,N	
Meisenkönig, braunköpfiger – Mönchsgrasmücke	Hp	
Meisenmönch – Mönchsgrasmücke	Ad,Hp	
Meisenmönch – Sumpfmeise	Krü	
Meisenmünch – Mönchsgrasmücke	F,Jä,H	
Meisenspechtlen – Buntspecht	Suol	
Meisenwolf – Schwarzstirnwürger	Suol	
Meiskinek – Zaunkönig	Suol	
Meisköhler – Kohlmeise	Suol	
Meislein, schwartz – Sumpfmeise	zLa	
Meisner's Grylllumme – Gryllteiste	CLB2,3	KNB
Meiß, indianische – Lasurmeise	GesH	
Meiß, schwartz – Weidenmeise	zLa	Ob's stimmt?
Meißlin, blaw – Blaumeise	Schwf	

Meißlin, graw – Sumpfmeise (sil.)	Suol,Schwf	
Meister – Sumpfmeise	F	
Meister Hämmerlein – Sumpfmeise	Do	
Meistersänger – Orpheusgrasmücke	B,MW,N,V	
Melampus – Sichelstrandläufer	GesS	Name von Gessner: Schwarze Füße.
Melan, roter – Rotmilan	CLB1 Rother Milon: Kramer 1756; ...	
	... Bechstein 1802	Ü
Melane – Rotmilan	Krü	
Meleagris – Helmperlhuhn	Buff,Fri	
Mêlhafter – Lachmöwe	Suol	
Melker – Waldkauz	Be1,Be,Buff,F,GD,N	
Mellan – (Rot-) Milan	Ad	
Ménétries Rohrsänger – Heckensänger	N	N: Bd. 13/398.
Menscheneule – Steinkauz	Do,F	
Merach – Säger	O1	
Meradler – Fischadler	GesS	
Merch – Gänsesäger	Be1,Be2,Be,F,GD,GesH,Krü,N,O1,Scha, zLa	
Merch – Haubentaucher	B,Be1,Be2,Be,F,K,N,O1, Schwf	Albin I, 81.
Merch – Säger (allg.)	Baldn,O1,Suol	Baldn-Suol.
Merch – Zwergsäger	Be2,GesH,N,O1	
Merch, wysse – Zwergsäger	Suol	
Merch, große – Gänsesäger	Baldn	
Merch, großer – Gänsesäger	Suol	
Merch, kleine – Mittelsäger	Baldn	
Merch, kleiner – Mittelsäger	Suol	
Merch, weiße – Spießente	zLa	Name irrtümlich vergeben.
Merch, weiße – Zwergtaucher	zLa	Straßburger Name, nach Gessner, 1555.
Merch, wysse – Zwergsäger	GesS	
Merchänte – Zwergsäger	Buff	
Merchente – Zwergsäger	Be1,Be2,Be,GD,Krü,N	
Mercher, kleiner – Zwergsäger	Be2,N	
Mercherkönig – Zwergsäger	F	
Mercolphus – Eichelhäher	GesS,Suol,Tu	
Merdel – Amsel	Suol	
Mêrel – Amsel	Be2,Be,N,Suol	
Merer Schwalbe – Wellenläufer	zLa	
Merg – Gänsesäger	GesS	
Merg – Säger (allg.)	Suol	
Merg – Zwergsäger	B	
Merg-Ente – Zwergsäger(weibl.)	Z	
Merganser – Gänsesäger	GesS,Krü	Name von Gessner.
Merge – Papageitaucher	GD	
Mergente – Zwergsäger	Z	
Mergentlein – Zwergsäger(weibl.)	Z	
Mergle – Krickente	F,H	
Merglein – Zwergsäger(weibl.)	Z	
Mergulus – Zwergtaucher	GesS	
Mergus – Mittelsäger	Buff	
Merhuhn, grünfüßiges – Teichhuhn	Be1	

Merich – Säger	Zupo	1449
Merich – Säger (allg.)	Suol	
Merikotka (finn.) – Seeadler	B	
Merkolf – Eichelhäher	Be97	
Merl – Amsel (männl.)	Ad,GD,GesH,Krü,Suol,Tu	
Merl – Merlin	Ad	
Merlaer (holl.) – Amsel	Be2,Be,GesSH,N	
Merlane – Amsel	F	
Merle – Amsel	Ad,B,Be1,Be2,Be,Be97,Buff,F,GD,… …GesS,Hp,Krü,N,O1,Suol	
Merle – Merlin	Ad,Krü	
Merle, blaue – Blaumerle	Be,Buff,GD	
Merle, schwarzkappige – Kappenammer	N	
Merlikin – Merlin	Pescheck	Name bekannt seit 13. Jahrh.
Merlin – Amsel	GesS	
Merlin – Merlin	B,Be1,Be2,Be,Be05,GD,Krü,N,Tu	Be1: 1791, Ü
Merlin-Falke – Merlin	N	
Merlinadler – Merlin	Be2,N	
Merlinfalk – Merlin	Suol	
Merlinfalke – Merlin	O3,WüCl	
Merlinhabicht – Merlin	B	
Merll – Amsel	Suol	
Merlmeise – Blaumeise	B,Be1,Be2,Be,Be97,F,GD,Krü,N	
Merpferd – Eissturmvogel	Cz	
Merrach – Gänsesäger	Fri,GesSH,Suol	
Merrach – Säger (allg.)	Suol	
Merrachen, langschnäblichter – Mittelsäger	GD	
Merrachen, langschnäbliger – Mittelsäger	GD	
Merrecher – Säger (allg.)	Suol	
Merrer – Moorente	H	
Merrer, kleiner – Zwergsäger	Be	
Merrer, kleiner – Zwergtaucher	Jä	
Merrher – Säger (allg.)	Suol	
Merrich – Säger (allg.)	Suol,Zupo	1425
Merriche – von Mergus, Säger, Taucher	Zupo	15. Jahrh.
Merrind – Rohrdommel	Suol	
Mertz Endte – Stockente	Buff,Schwf	
Mertz-Ambsel – Ringdrossel	Suol	
Mertz-Endte – Stockente	K	
Mertz-Ent – Stockente	GesH	
Mertzen – Grauammer	zLa	Zum Lamm S. 335.
Mertzendte – Stockente	Buff,Schwf	
Mertzentte – Stockente	Suol	
Mertzhenne – Haushuhn (juv.)	Suol	
Merz-Ente – Stockente	Hp	
Merzent – Stockente	Buff	
Merzente – Stockente	Be97,Fri,GesS	Nach Eber & Peucer.
Merzgans – Graugans	Be	

Meseke – Kohlmeise	Scha	
Meseke – Meise	Häp	
Mesk – Kohlmeise	Scha	
Metscher – Würger allgemein	GD	
Metzcher – Raubwürger	Be2,N	
Metze – Auerhuhn	O1	
Metzger – Raubwürger	B,F	
Meue – Möwe (allg.)	GesH	
Meus Ahr – Schwarzer Milan	Schwf	
Meuse Ahr, grauer – Rotmilan (Var.)	Schwf	
Meuse Ahr, rötlichter – Schreiadler	Schwf,Suol	
Meuse König – Zaunkönig	Schwf	
Meusekönig (schles.) – Zaunkönig	H	
Meusevogel – Birkenzeisig (sil.)	Schwf,Suol	
Meuß Ahr – Mäusebussard	Schwf,Suol	
Meuß König – Zaunkönig	StVb	
Meuß-König – Zaunkönig	Suol	Namen mit ß so lassen.
Meußgeyer – Mäusebussard	HaSa	
Meußkönig – Zaunkönig	GesS	
Mev, lütt – Zwergseeschwalbe	WüCl	
Mev, lütt grise – Trauerseeschwalbe	WüCl	
Mevchen – Haustaubenrasse	Buff	
Meve – Heringsmöwe	Buff	
Meve – Möwe (allg.)	Suol	
Meve mit dem Mohrenkopfe, graue – Lachmöwe	GD	
Meve mit röhrenförmigen Nasenlöchern, … … kleinste – Sturmschwalbe	GD	
Meve mit schwarzen Zehen – Schmarotzerraubmöwe	GD	
Meve, arctische – Schmarotzerraubmöwe	GD	
Meve, arktische – Schmarotzerraubmöwe	Be2	
Meve, aschgraue – Lachmöwe	Be1,GD	
Meve, aschgraue – Sturmmöwe	Be2,Be	
Meve, blaufüßige – Sturmmöwe	Be	
Meve, blauschnäblige – Sturmmöwe	Be,MW	
Meve, braune – Heringsmöwe (juv.)	Be1,Be2,Be,Buff,GD	
Meve, braune und geschuppte – Skua	Buff	
Meve, braungeschuppte – Heringsmöwe (juv.)	A	Albin Band II, 83.
Meve, braungeschuppte – Skua	Buff,GD	
Meve, braunlarvige – Lachmöwe	MW	
Meve, bunte – Lachmöwe	JAN	
Meve, dreifingerige – Dreizehenmöwe	Be1,Be	
Meve, dreizehige – Dreizehenmöwe	Be2,Be,MW	
Meve, dreyfingerige – Dreizehenmöwe	GD	
Meve, dreyzehige – Dreizehenmöwe	Buff	
Meve, gefleckte – Dreizehenmöwe	GD	
Meve, gefleckte – Heringsmöwe	Be1,Be2,Be	

Meve, gelbfüßige – Heringsmöwe	Be,MW
Meve, gemeine – Lachmöwe	Be2
Meve, gemeine – Sturmmöwe	Be1,Be97,GD
Meve, gemeine graue – Lachmöwe	Be2,Be
Meve, gemeine graue – Sturmmöwe	GD
Meve, graubraune – Heringsmöwe	Buff,GD
Meve, graubraune große – Mantelmöwe	Be1,Buff
Meve, graubunte große – Dreizehenmöwe	GD
Meve, graue – Lachmöwe	Be2,Be
Meve, graue – Sturmmöwe	Be1,Be2,Be,Buff,GD
Meve, graue mit dem Mohrenkopf – Lachmöwe	Be2,Be
Meve, grauliche – Eismöwe	Be2,Be,Buff
Meve, grauliche – Lachmöwe	Be2,Be
Meve, graurückige – Eismöwe	Be2
Meve, große – Fischmöwe	MW
Meve, große aschgraue – Lachmöwe	Buff,GD
Meve, große braune – Heringsmöwe (juv.)	Be2,Be
Meve, große graubraune – Mantelmöwe	Be2
Meve, große graue – Heringsmöwe	Buff,JAN	Be2 meint: Lach- und Sturmmöwe.
Meve, große graue – Lachmöwe	Be2
Meve, große graue – Sturmmöwe	Be2
Meve, große nordische – Eismöwe	Be,N
Meve, große nordische und weiße – Eismöwe	Be2
Meve, große nördliche – Skua	Buff
Meve, größere – Flußseeschwalbe	P
Meve, großschnabelige – Raubseeschwalbe	MW
Meve, größte bunte – Dreizehenmöwe	GD
Meve, größte bunte – Mantelmöwe	Be1,Be2,Be,Buff,GD
Meve, größte graue – Heringsmöwe	GD
Meve, größte graue – Lachmöwe	Be1,GD
Meve, isländische – Dreizehenmöwe	Be1,Be2,Be,Buff,GD
Meve, kleine – Lachmöwe	Be2,Be
Meve, kleine – Zwergmöwe	Be,MW,N
Meve, kleine aschfarbene – Lachmöwe	Be1,GD
Meve, kleine aschgraue – Lachmöwe	Be2
Meve, kleine aschgraue – Flußseeschwalbe	Ad
Meve, kleine bunte – Lachmöwe	Be2,Be
Meve, kleine graue – Lachmöwe	Be2,Be
Meve, kleine graue – Sturmmöwe	GD
Meve, kleinere – Fluß-/Küstenseeschwalbe	GD,Z
Meve, kleinere – Flußseeschwalbe	Be1,Be2,Be,N
Meve, kleinere – Lachmöwe	Be2,Be
Meve, kleinere – Sturmmöwe	GD
Meve, kleinere – Trauerseeschwalbe	P
Meve, kleinste – Trauerseeschwalbe	Be2,N
Meve, kleinste – Weißflügelseeschwalbe	GD
Meve, kleinste – Zwergseeschwalbe	Be2,N

Meve, kleinste mit röhrenförmigen ... ... Nasenlöchern – Sturmschwalbe	Be2,Be,N	
Meve, kleinste zweifarbige – Zwergseeschwalbe	N	
Meve, mit röhrenförmigen Nasenlöchern, ... kleineste – Sturmschwalbe	Buff	
Meve, nordische – Sturmmöwe	Be2,Be	
Meve, schwarze – Trauerseeschwalbe	Ad,Be1,Be2,Be,N	
Meve, schwarze – Weißflügelseeschwalbe	GD	
Meve, schwarzköpfige – Lachmöwe	Be2,Be,MW	Larus ridibundus.
Meve, schwarzköpfige – Schwarzkopfmöwe	MW,N	Larus melanocephalus.
Meve, schwarzrückige – Mantelmöwe	Be2,Be	
Meve, schwarzzehige – Falkenraubmöwe	Be	
Meve, schwarzzehige – Schmarotzerraubmöwe	Be2,GD	
Meve, schwedische – Dreizehenmöwe	Be2,Be,GD	
Meve, silbergraue – Silbermöwe	MW	
Meve, weise – Flußseeschwalbe? Lachmöwe?	Z	
Meve, weiße – Dreizehenmöwe	Be1,Be	
Meve, weiße – Eismöwe	Be	
Meve, weiße – Elfenbeinmöwe	Buff,MW	
Meve, weiße – Sturmmöwe	Be	
Meve, weiße dreifingerige – Dreizehenmöwe	Be2N,	
Meve, weißgraue – Eismöwe	MW	
Meve, weißgraue – Lachmöwe	Be2,Be	
Meve, weißgraue – Sturmmöwe	Be1,GD	
Meve, weißschwingige – Eismöwe	Be2,Be	
Mevenartige Ralle – Trauerseeschwalbe	Be2	
Mevenbüttel – Schmarotzerraubmöwe	Be1,Be2,GD,N	
Mevendücker – Zwergsäger	Be1,Be2,Be,GD	
Mevendüker – Zwergsäger	N	
Mevenförmige Ralle – Trauerseeschwalbe (juv.)	Be,GD	
Mevenpeiniger – Schmarotzerraubmöwe	GD	
Mevenschnabel – Trottellumme	Be1,Be2,Be,N	
Mevenschnäbelige Meerschwalbe – Lachseeschwalbe	N	
Mevenschnabelige Meerschwalbe – Lachseeschwalbe	MW	
Mevenschnäbelige Seeschwalbe – Lachseeschwalbe	N	
Mevenschnäbler – Dickschnabellumme	A,K	Albin Band I/84. Klein-Text.
Meventaucher – Zwergsäger	Be2,Be,GD,N	
Meventaucher – Zwergtaucher	Be1	
Mew – Lachmöwe	GesSH	
Mew – Möwe (allg)	GesH,Suol	
Mew, schwarzer – Trauerseeschwalbe	Buff	

Mewb – Möwe (allg.)	Suol	
Mewe – Möwe (allg.)	Suol	Mnd. mewe.
Mewe mit gespaltenen Füßen –	Buff	Albin
Trauerseeschwalbe		
Mewe mit schwarzen Zehen –	Buff	
Schmarotzerraubmöwe		
Mewe, arktische – Schmarotzerraubmöwe	Buff	
Mewe, aschgraue – Lachmöwe	Krü	
Mewe, blaugraue – Eismöwe	Krü	
Mewe, brasilische – Sturmmöwe	Buff	
Mewe, braun und weiß geschäckte –	Buff	
Mantelmöwe		
Mewe, braune – Heringsmöwe	Krü	
Mewe, braune – Skua	Buff	
Mewe, dreifingerige – Dreizehenmöwe	Krü	
Mewe, gefleckte – Mantelmöwe (juv.)	Buff,Krü	
Mewe, gemeine – Sturmmöwe	Krü	
Mewe, gemeine graue – Sturmmöwe	Krü	
Mewe, graubraune – Heringsmöwe	Buff,Hp	
Mewe, graubraune große – Mantelmöwe	Krü	
(juv.)		
Mewe, graue – Sturmmöwe	Krü	
Mewe, graurückige – Eismöwe	Buff	
Mewe, große aschgraue – Lachmöwe	Be1,Hp,Krü	
Mewe, große graubraune – Eismöwe	Ad	
Mewe, große graue – Sturmmöwe	Buff	
Mewe, größte bunte – Mantelmöwe	Krü	
Mewe, größte graue – Lachmöwe	Krü	
Mewe, isländische – Dreizehenmöwe	Krü	
Mewe, kleine – Zwergmöwe	Buff	
Mewe, kleine aschfarbene – Lachmöwe	Krü	
Mewe, kleine aschgraue – Lachmöwe	Buff	
Mewe, kleine graue – Lachmöwe	Buff	Brisson
Mewe, kleine graue – Sturmmöwe	Krü	
Mewe, kleine schwarze – Trauerseeschwalbe	Ad	
Mewe, kleinere – Flußseeschwalbe	Krü	
Mewe, rotfüßige – Lachmöwe	Buff	
Mewe, schwartzer – Trauerseeschwalbe	Suol	
Mewe, schwarze – Trauerseeschwalbe	Krü	
Mewe, schwarzköpfige – Lachmöwe	Buff	
Mewe, schwarzrückige – Mantelmöwe	Buff	
Mewe, schwarzzehige –	Buff	
Schmarotzerraubmöwe		
Mewe, sibirische – Zwergmöwe	Buff	
Mewe, weiße – Dreizehenmöwe	Ad,Hp,Krü	
Mewe, weiße – Elfenbeinmöwe	Buff	
Mewe, weißgraue – Sturmmöwe	Buff,Hp,Krü	
Mewe, Wyss – Lachmöwe (?)	Tu	

Mewe, zweifarbige – Zwergseeschwalbe	Krü		
Mewe, zwofarbige – Zwergseeschwalbe	Hp		
Mewen – Möwen	Zupo		1449
Mewen-Schnabel – Dickschnabellumme	K		
Mewenbüttel – Schmarotzerraubmöwe	Buff,Krü		
Mewendüker – Zwergsäger	Krü		
Mewenschnabel – Dickschnabellumme	K		
Mewenschnabel – Trottellumme	Krü		
Mewentaucher – Zwergsäger	Buff		
Mexikanische Meerschwalbe – Brandseeschwalbe	N		
Mexikanischer Grünspecht – Dreizehenspecht	Buff		Brisson
Mey Endte – Trauerseeschwalbe?	Mic	1554 H. Sachs: Meyvogel.	
Mey Specht – Kleiber	Schwf		
Mey vogel – Trauerseeschwalbe	StVb		
Meyerischer Sumpfläufer – Pfuhlschnepfe	CLB3		KNB
Meyerischer Sumpfwader – Pfuhlschnepfe	CLB2		KNB
Meyers Sumpfläufer – Pfuhlschnepfe	N		
Meyersche Limose – Pfuhlschnepfe	N		
Meyerscher Sumpfwader – Pfuhlschnepfe	N		
Meygefogel – Trauerseeschwalbe	Zupo	1459	Entspr. Maivogel.
Meys-Specht – Kleiber	Suol		
Meyspecht – Kleiber	Buff,GesSH,Suol,Tu		
Meyvagel (els.) – Trauerseeschwalbe	Buff		
Meyvogel – Lachmöwe/Fluß-/ Sumpfseeschwalben	Fri		
Meyvogel – Trauerseeschwalbe	Buff,KSchwf,StVb, GesH		Frisch T. 220.
Meyvögelein – Trauerseeschwalbe			
Meyvogel – Trauerseeschwalbe	Suol		Baldner 1666.
Meyvögelin – Trauerseeschwalbe	GesS,Suol,zLa	Nach Gessner 1555, 566.	
Meywe (altd.) – Lachmöwe/Fluß-/ Sumpfseeschwalben	Fri		
Mhel Meißle – Blaumeise	zLa		
Mibe, ascherfarbene – Sturmmöwe	Fabr		
Mibe, bunte – Silbermöwe	Fabr		
Mibe, graue – Lachmöwe	Fabr		
Mibe, große – Heringsmöwe (wahrsch.)	Fabr		
Mibe, kleine – Zwergseeschwalbe	Fabr		
Mibe, weiße – Dreizehenmöwe	Fabr		
Miben – Möwen, hier mit Seeschwalben	Fabr		
Michahelles Steindrossel – Blaumerle	CLB3		
Middelschlagaen – Pfeifente (sprich a-en)	H		
Mierel – Amsel	Suol		
Mierente – Moorente	H		
Mierhong – Truthuhn	Suol		
Mierschmuelef – Flußseeschwalbe	Suol		
Mierzmêrel – Amsel	Suol		
Mieß – Lachmöwe	GesSH		

Mieß – Möwe	Suol	Gessner
Miestelziemer – Misteldrossel	Buff	
Miethuhn – Wasserralle	Be1,Be2,F,GD,Krü,N,O1	
Mieuwe – Möwe (allg.)	Suol	
Milan – Schwarzmilan	B,F	
Milan – Milan	Be	Bechstein 1802.
Milan – Rotmilan	Ad,Be1,Be2,GD,Hp,Jä,Krü,N,O1,Z...	
	... Göchhausen 1710: Mülane.	
Milan royal – Rotmilan	Krü	
Milan, brauner – Rotmilan	Be2,Be	
Milan, brauner – Schwarzmilan	N	
Milan, schwarzer – Schwarzmilan	Be1,Be2,Be,CLB2,F,Jä,N,O3,V	Bechst. 1793, Ü
Milan, kleiner – Schwarzmilan	N	
Milan, oesterreichischer – Rotmilan	Be2,Be	
Milan, roter – Rotmilan	Be1,Be2,Be,CLB2,3,F,MW,N,O3,V	KNB
Milan, schwarzbrauner – Schwarzmilan	CLB2,MW,N,V	KNB
Milanbussard – Gleitaar	N	N: Bd. 13/129.
Milane – Kornweihe (weibl.)	Be1,Be2,Be,GD,N	Von den Jägern.
Milane – Rotmilan	Ad,Be2,Be,Be97,GD,Krü,N	
Milane, gemeine – Rotmilan	Be2,N	
Milane, rote – Rotmilan	Be05	
Milchsauger – Waldkauz	Be1,Be,Buff,F,GD,N	
Milchsauger – Ziegenmelker	Ad,B,Be,1,2,97,Buff,F,GD,K,Krü,N,Suol, Schwf	
Milchweiße Möve – Dünnschnabelmöwe	O3	
Mildetul – Alpendohle	F	
Miliaria – Grauammer	GesH	
Milion – Steinadler	Buff	
Millouin – Tafelente	Be2,Buff	
Millouinan – Bergente	Buff,GD	Buffon/Otto Bd. 34.
Millowine – Tafelente	Buff	Buffon/Otto Bd. 33.
Millwin – Tafelente	O1	
Millwürger – Neuntöter	B,F,JAN,Krü	
Millwürger, mandelbrauner – Neuntöter	Be1,Be2,Be,N	
Milo, Schultzen von – Pirol	Scha	
Milo, Schulz von – Pirol	B,Be1,Be2,Be,N	
Milo, Schulze von – Pirol	Ad,HHM,Suol	
Milone – Rotmilan	Jä	
Milouin – Tafelente	Buff	
Milow, Schulze von (märk.) – Pirol	Krü	
Minchlein – Gimpel	Buff	
Mirgigel – Zwergtaucher	GesH	
Mirgigeln – Zwergtaucher	GesS	
Mirgilgen – Krickente	Suol	
Mirgilgen – Säger (allg.)	Suol	
Mirle – Baumfalke	Z	Mirle ist aber ein Merlin.
Mirle – Merlin	GesS,zLa	Mirlin bei Alb. Magnus.
Mirlein – Merlin	GesH	
Mistel – Misteldrossel	Suol	Elsaß
Mistel Ziemer – Misteldrossel	Schwf	

Mistel-Drossel – Misteldrossel	N	
Mistel-Drostel – Misteldrossel	Fri	
Misteldrossel – Misteldrossel	Ad,B,Be,Be1,Be2,Be97,Buff,CLB1,2,GD,Hp, …	
	… Jä,K,Krü,MW,O1,2,3,V. Frisch T. 25. KNB	
Misteldrossel, graue – Misteldrossel	Krü	
Misteldrossel, große – Misteldrossel	GD,Krü	
Misteldrossel, hochköpfige – Misteldrossel	CLB3	
Misteldrossel, kleine – Singdrossel	Be2,Be,Be97,N	
Misteldrossel, plattköpfige – Misteldrossel	CLB3	
Misteler – Misteldrossel	StVb,Suol	
Mistelfinch – Misteldrossel	GesSH	
Mistelfinck – Misteldrossel	Suol	
Mistelfink – Misteldrossel	Be1,Be2,Be,GD,Krü,N	
Mistelziemer – Misteldrossel	Ad,B,Be1,Be2,Be,Buff,F,GD,Hp,K,Krü,N	
Mistfack – Haussperling	Do,F	
Mistfink – Bergfink	B,Be1,Be2,Be,Buff,F,GD,Hp,Krü,N,O1,2,Suol	
Mistfink – Buchfink	Suol	
Mistfink – Haussperling	B,F,N	
Mistfink – Wiedehopf	H	
Mistgeier – Schmutzgeier	N	
Misthahn – Wiedehopf	F,H,Scha,Suol	
Mistkratzele (bad.) – Haushuhn	Do	
Mistler (helv.) – Misteldrossel (1)	Ad,B,Be1,Be2,Be,Be97,Buff,Fri,GD,GesSH, …	
	… Hp,Jä,K,Kö,Krü,N,P,Scha,Schwf,Suol,Z	
		Frisch T. 25.
Mistler – Misteldrossel (2)	zLa	Nach Gessner, 1555, S. 729.
Mistler – Misteldrossel (3)	HaSa	Hans Sachs, Regiment …
		V. 190.
Mistler, kleiner – Singdrossel	Buff,F	
Mistlerche (sächs. + thür. + schles.) –	F,H,Jä,Scha	
Haubenlerche		
Mistletoe-Thrush (engl.) – Misteldrossel	Tu	
Mistvogel – Rabenkrähe	Jä	
Mistvogel – Wiedehopf	H,Jä	
Mithuhn – Wasserralle	Be	
Mitok – Wiedehopf	Suol	
Mitsoviel – Buchfink, Zuchtname	Buff,GD,Kö	Finkenschlag, z. T. auch Finkenname.
Mittägiger Würger – Raubwürger	MW	Heute: Var. Mittelmeer-Raubwürger.
Mittek (grönl.) – Eiderente	Cz,O1	
Mittel Endte – Tafelente	Schwf,Suol	
Mittel Eule – Steinkauz	Schwf,Suol	
Mittel Falcke – Gerfalke	Schwf,Suol	
Mittel Graumeve – Polarmöwe	MW	
Mittel Habicht – Habicht (männl.?)	Schwf	
Mittel-Endte – Tafelente	K	
Mittel-ent – Tafelente	Buff	
Mittel-Ent – Tafelente	GesH	
Mittel-Ente – Schnatterente	N	

Mittel-Ente – Tafelente	Buff	Zorn
Mittel-Gans – Bläßgans	N	
Mittel-SeeDüchel – Haubentaucher	Baldn	
Mittel-Specht – Mittelspecht	N	
Mittel-Waldhuhn – Rackelhuhn	N	
Mittelänte, graue – Spießente	Buff	
Mittelbrachvogel – Regenbrachvogel	B	
Mittelbuntspecht – Mittelspecht	CLB3	
Mittelbussard – Mäusebussard	CLB3	
Mittelente – Mittelsäger	Z	
Mittelente – Pfeifente	Be2,N	
Mittelente – Schnatterente	Ad,B,Be2,Be,F,Fabr,GesS,K,Krü,N,O1,Suol,WüCl	
	… 10. wilde Ente d. Schwf.	N: Mittel-Ente.
Mittelente – Spießente	Buff,K	Frisch T. 168.
Mittelente – Tafelente	Buff,GD,Z	
Mittelente mit rotfahler Brust – Pfeifente	Fri	
Mittelente, braunköpfige – Tafelente	Be1	
Mittelente, graue – Spießente (weibl.)	Be2,Be,F,N	
Mittelente, große – Spießente	F,N,Suol	
Mittelente, kleine – Krickente	Be2,Be	
Mittelente, kleine – Schnatterente	N	
Mittelente, rotbrüstige – Pfeifente	Be2,Fri,N	
Mittelente, rote – Tafelente	Be1,Be2,Be,Be97,F,N	
Mittelentlein – Knäkente	H,Jä	
Mitteleuropäischer Goldregenpfeifer –	Bri	
Goldregenpfeifer		
Mittelfalk – Gerfalke	Be2,Buff	
Mittelfalke – Bastard edler × unedler Falke	Suol	
Mittelfalke – Gerfalke	Be1,GD,Krü,N	
Mittelgans – Bläßgans (Var.)	B,MW,N	N: Mittel-Gans.
Mittelgrüel – Regenbrachvogel	O1	
Mittelhuhn – Rackelhuhn	B	
Mittelländischer Taucher-Sturmvogel …	H	
… – Mittelmeer-Sturmtaucher		
Mittellerche – Heidelerche	Ad,Be1,Be2,Be,Buff,F,GD,K,Krü,N,Suol,Schwf	
		Albin Band I, 42.
Mittelmeersturmtaucher –	B	
Mittelmeer-Sturmtaucher		
Mittelnebelkrähe – Nebelkrähe	CLB3	
Mittelrabe – Rabenkrähe	Be2,Be,F,Krü,N	
Mittelsaatkrähe – Saatkrähe	CLB3	
Mittelsäger – Mittelsäger	B	Brehm 1879,	KN
Mittelschnepfe – Doppelschnepfe	B,Be,Be1,2,CLB2,F,GD,Krü,MW,N,…	
	…O1,2,3,Suol,V,WüCl	KNB
Mittelschnepfe – Zwergschnepfe	Be2,Be,GD,Hp	
Mittelschnepfe, kleine – Zwergschnepfe	Be2,N	
Mittelseeschwalbe – Rüppellseeschwalbe	H	
Mittelspecht – Mittelspecht	B,Be2,Be,CLB2,N	Bechstein 1820.	KN, KNB

Mitteltaucher – Mittelsäger	Mic	Auch: Mittlere Tauchente.
Mittelwaldhuhn – Rackelhuhn	N,O3	N: Mittel-Waldhuhn.
Mittelweihe – Steppenweihe	F,N	N: Bd. 13/154.
Mitternächtlicher Taucher – Sterntaucher	Be2,Be,N	
Mittle Karsaka – Weißwangengans	O1	
Mittle Ohreule – Waldohreule	O1	
Mittle Tauchente – Mittelsäger	O1	
Mittler Baumhacker – Mittelspecht	N	
Mittler Baumpicker – Mittelspecht	N	
Mittler Bracher – Regenbrachvogel	Be2,N	
Mittler Brachvogel – Goldregenpfeifer	Be,N	
Mittler Brachvogel – Regenbrachvogel	Be,N	
Mittler Buntspecht – Mittelspecht	Be2,Be,O1	
Mittler Falke – Gerfalke	Be97	
Mittler Neuntöter – Rotkopfwürger	Be2,Be,N	
Mittler Polartaucher – Prachttaucher	N	
Mittler Puffin – Schwarzschnabel-Sturmtaucher	N	
Mittler Regenpfeifer – Goldregenpfeifer	Be2	
Mittler Rothals – Pfeifente	N	
Mittler Rotspecht – Mittelspecht	Be2,Be	
Mittler Sandläufer – Flußuferläufer	Be2,N	
Mittler Sturmtaucher – Schwarzschnabel-Sturmtaucher	N	
Mittler Sturmvogel – Schwarzschnabel-Sturmtaucher	N	
Mittler würgender Geyer – Rohrweihe	Buff	
Mittlere Bastardnachtigall – Gelbspötter	CLB3	
Mittlere Bekassine – Bekassine	N	
Mittlere Beutelmeise – Beutelmeise	CLB3	
Mittlere Blässengans – Bläßgans	N	
Mittlere Kaszarka – Weißwangengans	MW	
Mittlere Kriekente – Krickente	CLB3	
Mittlere Nachtigall – Nachtigall	CLB3	
Mittlere Ohreule – Waldohreule	Be1,Be2,Be,Be97,Be05,Buff,CLB1,2,3,GD,Hp,… …Krü,MW,N,V	KNB
Mittlere Ohreule – Waldohreule	Buff,	
Mittlere Raubmeve – Spatelraubmöwe	N	
Mittlere Raubmöve – Spatelraubmöwe	F,WüCl	
Mittlere Ringeltaube – Ringeltaube	CLB3	
Mittlere Singdrossel – Singdrossel	CLB3	
Mittlere Struntmöve – Spatelraubmöwe	N	
Mittlere Tauchente – Mittelsäger	Be2,Be97,N,O2	
Mittlere Wachholderdrossel – Wachholderdrossel	CLB3	
Mittlere Wachtel – Wachtel	CLB3	
Mittlere Wasserralle – Tüpfelsumpfhuhn	Be2,Be,Be97,CLB1,2,GD,Krü,N	KNB
Mittlere Weindrossel – Rotdrossel	CLB3	
Mittlere weissschwingige Möve – Eismöwe	CLB2,3,N	KNB

Mittlere weissschwingige Stoßmöve – Polarmöwe	CLB3	
Mittlere weißstirnige Gans – Bläßgans	N	
Mittlerer Bachuferläufer – Waldwasserläufer	CLB3	
Mittlerer Berghänfling – Berghänfling	CLB3	
Mittlerer Bracher – Regenbrachvogel	GD	
Mittlerer Brachvogel – Goldregenpfeifer	Be1,Be97,Krü	
Mittlerer Brachvogel – Großer Brachvogel	CLB3	
Mittlerer Brachvogel – Regenbrachvogel	Be1,Be2,Be97,Hp	
Mittlerer Buntspecht – Mittelspecht	Be1,Be97,Be05,Buff,CLB2,F,GD,Jä,Krü,… …N,O2,3,Scha,V	KNB
Mittlerer Dorngreil – Neuntöter	H	
Mittlerer Goldregenpfeifer – Goldregenpfeifer	CLB3	
Mittlerer Haussperling – Haussperling	CLB3	
Mittlerer Kreuzschnabel – Fichtenkreuzschnabel	CLB3	
Mittlerer Küstenläufer – Meerstrandläufer	CLB3	
Mittlerer Neuntöder – Rotkopfwürger	Be1	
Mittlerer Neuntödter – Raubwürger	GD	
Mittlerer Neuntödter – Rotkopfwürger	Buff,GD,Z	
Mittlerer Neuntödter – Schwarzstirnwürger	Fri,Z	
Mittlerer Purpurreiher – Purpurreiher	CLB3	
Mittlerer Rallenreiher – Rallenreiher	CLB3	
Mittlerer rotköpfiger Würger – Rotkopfwürger	CLB3	
Mittlerer Rotspecht – Mittelspecht	F,Jä,N	
Mittlerer Säger – Mittelsäger	Bri,CLB2,N,WüCl	KNB
Mittlerer Sandläufer – Flußuferläufer	Be1,Be,GD	
Mittlerer Sandläufer – Meerstrandläufer	Be	
Mittlerer Seehahn – Haubentaucher	Fri	
Mittlerer Strauchsteinschmätzer – Schwarzkehlchen	CLB3	
Mittlerer Turmfalke – Turmfalke	CLB3	
Mittlerer Wasserralle – Tüpfelsumpfhuhn	Be1	
Mittlerer Wasserschwätzer – Wasseramsel	CLB3	
Mittlerer Würger – Schwarzstirnwürger	CLB3	
Mittlerer Zeisig – Erlenzeisig	CLB3	
Mittlerer Zwergsteißfuß – Zwergtaucher	CLB3	
Mittleres Repphuhn – Steinhuhn	O1	
Mittleres Rohrhuhn – Tüpfelsumpfhuhn	CLB1,2,N	KNB
Mittleres Waldhuhn – Rackelhuhn	N	
Mittles Waldhuhn – Rackelhuhn	CLB1,2,3,MW,V	KNB
Mitwaldlein – Zilpzalp	B,Be1,Be2,Be97,F,N	
Mitzler – Misteldrossel	Suol	
Moadkohlf – Eichelhäher	Suol	
Moas'nkönig – Raubwürger	H	
Moasn, spanische – Raubwürger	H	
Moder Ente – Moorente	Fri	

Moder-Ente – Reiherente	GD	
Moderente – Bergente	Be1,Be2,Be,Be97,GD,N	
Moderente – Moorente	B,Be2,F,K,N	Frisch T. 170.
Moderente – Reiherente	Be2,Be,F,N	
Moderente – Samtente	Be1,Be2,Be,Buff,GD,Krü,N	
Moge – Möwe	O1	
Möglitz – Odinshühnchen	O1	
Mohntaube – Haus-/Felsentaube	GD	Zu Rasse Trommeltaube.
Mohr – Gänsesäger (?, Var.?)	Be1,Be2,Be,Buff,GD,Hp,Krü,O1	
Mohr – Rohrdommel	GesS	
Mohränte – Tafelente	Buff	
Mohren – Trauerschnäpper	B	
Mohrenente – Trauerente	B,F,N	
Mohrenhuhn – Bläßhuhn	Be2,N	
Mohrenhuhn – Haushahn	GD	Hühnerrasse
Mohrenkopf – Lachmöwe	B,Be1,F,Krü,N	
Mohrenkopf – Mönchsgrasmücke	Ad,B,Be1,Be2,Be,Be97,Buff,F,GD,N	
Mohrenköpfchen – Trauerschnäpper	Be2,F,N	
Mohrenkropftaube – Haustaubenrasse	Buff	
Mohrenlerche – Mohrenlerche	B,BB,H	
Mohrenlerche – Mönchsgrasmücke	H	
Mohrente – Bergente	Be2,Be,N	
Mohrente – Löffelente	Ad,Krü	
Mohrente – Samtente	Be2,Be,Buff,GD,Krü,N	
Mohrente – Stockente	Krü	
Mohrente – Trauerente	Be2,Be,Buff,Krü,N,O1	Kramer 1756, VN.
Mohrenwachtel – Wachtel	Be1,F,N	
Mohrenwasserhuhn – Bläßhuhn	Be1,Be2,Be,Buff,N	
Möhrenzeisig – Girlitz	Do,F	
Mohrgans – Saatgans	Be05	
Mohrhahn – Birkhuhn	Be,N	
Mohrhuhn – Birkhuhn	Be1	
Mohrlerche – Berg-/Strandpieper	Be2,N	
Mohrmaise – Schwanzmeise	HHM	
Mohrmeise – Schwanzmeise	Ad,B,Be2,Be,F,Krü,N	
Mohrmeise – Sumpf-/Weidenmeise	Ad,Krü	
Mohrschnepfe – Doppelschnepfe	Ad,Krü	
Mohrschnepfe – Bekassine	Krü	
Mohrschnepfe – Uferschnepfe	Krü	
Mohrschnepfe – Waldschnepfe	Krü	
Mohrschnepfe – Zwergschnepfe	Krü	
Mohrvogel – Bläßhuhn	Krü	
Mohrvogel – Dorngrasmücke	Krü	
Mohrvogel – Teichhuhn	Krü	
Mohrvögelchen – Schwanzmeise	Krü	
Mohrvögelchen – Sumpf-/Weidenmeise	Ad,Krü	
Mohrvögelchen – Teichhuhn	Krü	
Mohrvögelein – Heckenbraunelle	Fri	

Mohrwasserhuhn – Bläßhuhn	Buff	
Moje Wärsvogel – Bekassine	Bri	
Molleton – Pfeifente	Buff.-Sch.	Cuvier/Schaltenbrandt.
Molleton – Tafelente	Buff.-Sch.	Cuvier/Schaltenbrandt.
Molliceps – Raubwürger	Tu Kernbeißer bei Krünitz. Bekassine bei …	
	… Aristoteles. Gessner glaubte nicht an Bekassine.	
Mömck – Kampfläufer	Do,F	
Mon Taube – Haustaubenrasse	Fri	
Monatstaube – Haus-/Felsentaube	Ad,Buff,GD	
Mönch – Mönchsgeier	Ad,Buff,K,Krü	
Mönch – Mönchsgrasmücke	Ad,B,Be1,Be2,Be,Be97,CLB1,2,Buff,F,GD,…	
	…Hp,K,Krü,N,P,Suol,V	KNB
Mönch – Papageitaucher	F,N	
Mönch – Ringelgans	Be2,N	
Mönch – Schwarzstirnwürger	Suol	
Mönch – Sperbergrasmücke	H	
Mönch – Sumpfmeise	Do,F	
Mönch mit dem schwarzen …	Z	
… Ober-Kopf – Mönchsgrasmücke		
Mönch mit der braunen Platte –	Buff,GD	Weiblich
Mönchsgrasmücke		
Mönch mit der röthlich-braunen Platte …	Z	Weiblich
… – Mönchsgrasmücke		
Mönch mit der schwartzen Platte –	Fri	
Mönchsgrasmücke		
Mönch mit der schwarzen Platte –	Buff,GD	Männlich
Mönchsgrasmücke		
Mönch mit einer röthlichen Platte –	Buff,Fri	Männlich
Mönchsgrasmücke		
Mönch mit rother Platte – Mönchsgrasmücke	Be2	
Mönch mit röthlicher Platte –	Buff,Z	Weiblich
Mönchsgrasmücke		
Mönch mit schwarzer Platte –	Be2,Buff,Z	
Mönchsgrasmücke		
Mönch mit schwarzer und rother Platte …	Be,N	
… – Mönchsgrasmücke		
Mönch-Ente – Stockentenbastard	Hp	„Anas monacha."
Mönch-Grasmücke – Mönchsgrasmücke	N	
Mönch-Grasmücke, rostscheitelige –	N	
Mönchsgrasmücke		
Mönch-Grasmücke, schwarzschulterige …	H	Var. Heinekeni.
… – Mönchsgrasmücke		
Mönch, braunköpfiger – Mönchsgrasmücke	Krü	
Mönch, braunköpfigter – Mönchsgrasmücke	P	
Mönch, grauer – Dohle	Krü	
Mönch, kleiner – Mönchsgrasmücke	Be1,Be2,Be,Buff,N	
Mönch, rostscheiteliger – Mönchsgrasmücke	N	N: Bd. 13/411.
Mönch, röthlicher – Mönchsgrasmücke	Z	Weiblich

Mönch, rothscheiteliger – Mönchsgrasmücke	H	
Mönch, schwarzer – Mönchsgrasmücke	Z	
Mönch, schwarzplattigter – Mönchsgrasmücke	Z	
Mönchente – Stockente (Bastard)	Be2,Be,GD	
Mönchgrasmücke – Mönchsgrasmücke	B	Naumann 1822.
Mönchlein – Mönchsgrasmücke	Be2,Be,F,N	
Mönchlein – Mönchsgrasmücke	Buff	
Mönchmaise – Sumpf-/Weidenmeise	Fri	
Mönchmeise – Sumpf-/Weidenmeise	Ad,Be2,Be,Be97,Buff,GD,Hp,K,Krü	
Mönchmeise – Sumpfmeise	N	
Mönchsadler – Gänsegeier	B,N	
Mönchsgans – Ringelgans	Do,F	
Mönchsgeier – Gänsegeier	Do	
Mönchsgeier – Mönchsgeier	B,N,V	
Mönchsgeyer – Mönchsgeier	Buff	
Mönchsmeise – Sumpfmeise	Do,F	
Mönchswenzel – Mönchsgrasmücke	B	
Mondente – Brandgans	EG	Ersch/Gruber.
Mondfleckige Drossel – Himalayadrossel	N	N: Bd. 13/255.
Mondfleckige Drossel – Schieferdrossel	N	N: Bd. 13/348.
Mongolische Lerche – Kalanderlerche	N	
Mondfleckiges Laufhuhn – Laufhühnchen	CLB2	KNB
Mondförmig geflecktes Laufhuhn – Laufhühnchen	O3	
Mondhühnchen – Kleines Sumpfhuhn	F,H	
Mondsfleckiges Laufhuhn – Laufhühnchen	MW	
Mondtaube – Haustaubenrasse	Buff	
Mongolische Lerche – Mongolenlerche	Buff	
Mönnick – Kampfläufer	Be1,Be2,Be,Be97,Krü,N	
Mönnik – Kampfläufer	GD	
Montken – Kampfläufer	Bri,Häp	
Moor (württ.) – Bläßhuhn	H	
Moor Endte – Reiherente	Suol	
Moor-Buzzard (engl.) – Rohrweihe	Tu	
Moor-Endte – Reiherente	K	Albin Band I, 95.
Moor-Ente – Moorente	N	
Moor-Schneehuhn – Moorschneehuhn	N	
Moor-Schnepfe, große – Doppelschnepfe	N	
Mooränte – Moorente	Buff	
Moorente – Bergente	Be2,GD,N	
Moorente – Löffelente	Ad,Be2,F,N	
Moorente – Moorente	B,Be2,Be	
Moorente – Reiherente	Ad,Be2,Be,Buff,GD,Hp,K,N	Frisch T. 171.
Moorente – Samtente	Be2,Be,Buff,GD,Krü,N	
Moorente – Trauerente	GD	
Moorente, nordische weißäugige – Moorente	CLB3	

Moorente, östliche weißäugige – Moorente	CLB3	
Moorente, weißäugige – Moorente	N	
Moorente, weissköpfige –	CLB3	
Weißkopf-Ruderente		
Mooreule – Sumpfohreule	B,Be1,Be2,Be,F,N	
Moorgans – Saatgans	B,Be2,Be,F,N	
Moorgans, große – Saatgans	N	
Moorgans, kleine – Saatgans	N	
Moorgans, ringelschnäblige – Saatgans	N	
Moorgrasemücke – Heckenbraunelle	Scha	
Moorgrasmücke – Heckenbraunelle	Do,F	
Moorhahn – Birkhuhn	Be2,F,N	
Moorhahn – Schottisches	Buff	
Moorschneehuhn		
Moorhen (engl.) – Teichhuhn u. andere	Tu	Moorhens, sometimes called marsh hens.
Ralliden		
Moorhohn – Birkhuhn	Bri	
Moorhohn – Rebhuhn	Häp	
Moorhuhn – Birkhuhn	B,Be2,Be,F	
Moorhuhn – Bläßhuhn	Do	
Moorhuhn – Bläßhuhn	F	
Moorhuhn – Moorschneehuhn	B	
Moorhuhn – Teichhuhn	F	
Moorhuhn, braunes – Teichhuhn	N	
Moorhuhn, gemeines – Teichhuhn	N	
Moorhuhn, grünfüßiges – Teichhuhn	N	
Moorhühnchen – Kleines/Zwergsumpfhuhn	N	
Moorkrick – Pfeifente	Suol	
Moorlamm – Bekassine	F,H	
Möörle – Moorente	H	
Moorlerche – Berg-/Strandpieper	Be2	
Moorlerche – Bergpieper	B,F,N	
Moormänneken – Wiesenpieper	Bri	
Moormeise – Schwanzmeise	Ad,B,Be2,Be,Be97,GD,Hp,Krü,N	
Moorochse – Rohrdommel	B,Be2,N	
Moorrind – Rohrdommel	N	
Moorschneehuhn – Moorschneehuhn	O2,3	
Moorschneehuhn – Schneehuhn	Krü	
Moorschnepfe – Bekassine	Ad,Jä,N	
Moorschnepfe – Doppelschnepfe	Ad,Be2	
Moorschnepfe – Regenbrachvogel	Be2,Buff,N	
Moorschnepfe – Uferschnepfe	Be2,Be,GD	
Moorschnepfe – Waldschnepfe	Buff	
Moorschnepfe – Waldwasserläufer	H	
Moorschnepfe – Zwergschnepfe	Ad,B,Be2,Be,CLB2,F,Krü,MW,O1,V	KNB
Moorschnepfe, große – Doppelschnepfe	Krü	
Moorschnepfe, hochköpfige –	CLB3	
Zwergschnepfe		
Moorschnepfe, kleine – Zwergschnepfe	CLB3,N	

Moorsumpfschnepfe – Zwergschnepfe	CLB2	KNB
Mooruhl – Sumpfohreule	Be2	
Moorulk – Kampfläufer	Bri,Häp	
Moorvâgel – Bläßhuhn	Bri,Häp	
Moorvogel – Sumpfmeise	Ad	
Moorvogel (nieders.) – Bläßhuhn	Ad	
Moorvögelchen – Heckenbraunelle	Ad	
Moorwasserläufer – Dunkler Wasserläufer	B,F,H	
Moorweihe – Rohrweihe	Do,F	
Moos Kuh – Rohrdommel	Schwf	
Moos Ochse – Rohrdommel	Schwf	
Moos-Emmerling – Rohrammer	Buff	
Moos-kuw – Rohrdommel	Buff	Jonston, Buff 25, S. 345.
Moos-Ochs – Rohrdommel	K	Albin Band I, 68.
Moos-Schnepfe – Doppelschnepfe	N	
Moos-Schnepfe, große – Doppelschnepfe	N	
Moosämmerling – Rohrammer	Ad	
Moosbürz – Zaunammer	B,Be,F,N	Be2: Mooßbürz.
Moose, weißer – Sturmmöwe (?)	Gun	
Moosemmering – Rohrammer	Buff,GD,Hp	„-emmering" ist richtig.
Moosemmerling – Rohrammer	Be1,Be2,Be,Be97,F,Krü,N	
Moosente – Löffelente	Be2,Be,F,N	
Moosente – Stockente	B,F,N,O1	
Moosgais – Rohrdommel	H	
Moosgeier – Mäusebussard	Ad	
Moosgeier – Rauhfußbussard	B,Be1,Be97,F,N	
Moosgeier – Rohrweihe	Jä	
Moosgeyer – Rauhfußbussard	GD	
Moosgrähle – Großer Brachvogel	Jä	
Moosgrille – Großer Brachvogel	Suol	
Moosgrille, große – Großer Brachvogel	Jä	
Moosgrühle – Großer Brachvogel	Jä	
Mooshahn – Birkhuhn	Ad,Be1,Be2,Be,Be97,Buff,F,GD,Hp,N	VN
Mooshuhn – Birkhuhn	F	
Mooshuhn (Posen) – Teichhuhn	F,H	
Mooshun – Birkhuhn	Suol	
Mooshuwe – Mäusebussard	Ad	
Möösk (fries.) – Seeregenpfeifer	H	
Mooskrähe – Rohrdommel	B,Be1,Be2,GD,Krü,N	
Moosků – Rohrdommel	Suol	
Mooskuh – Rohrdommel	Ad,Be2,Be,Buff,F,Jä,Krü,N.O1	
Mooskuh – Zwergdommel	Do	
Mooskuh – Zwergrohrdommel	F	
Mooskuh, kleine – Rallenreiher	JAN,Jä	
Mooskuh, kleine – Zwergdommel	Be1,Be2,Be,Buff,Krü,N	
Mooskuhe – Rohrdommel	Hp	
Moosochs – Rohrdommel	Ad,Suol	
Moosochse – Rohrdommel	Ad,B,Be97,Be,GD,H,K,Krü	Albin Band I, 68.
Moosregel – Rohrdommel	Be2,Be,N	

Moosreigel – Rohrdommel	K		Albin Band I, 68.
Moosreiger – Rohrdommel	Hp		
Moosreiher – Rohrdommel	Ad,B,Be1,Be2,Be,F,GD,N		
Moosriegel – Rohrdommel	GD,Krü,Scha		
Moosrigel – Rohrdommel	Be1,K	Frisch T. 205.	Albin Band I, 68.
Moosrind – Rohrdommel	Be2,Be,N		
Mooßämmerling – Rohrammer	HHM	Hamb. Mag.1749.	VN
Mooßbürz – Zaunammer	Be2		
Moosschnepf – Bekassine?	P		
Moosschnepfe – Doppelschnepfe	Ad,Buff,Krü		
Moosschnepfe – Bekassine	B,Be1,Be2,Buff,F,GD,Krü,N,P1,V		
Moosschnepfe – Doppelschnepfe	Be2,Fri,Hp,Suol		
Moosschnepfe – Regenbrachvogel	Be2,Be,N		
Moosschnepfe – Zwergschnepfe	Be2		
Moosschnepfe, kleine – Zwergschnepfe	N		
Moosschneppe – Bekassine	Be		
Moossperling – Feldsperling	Ad		
Moossperling – Rohrammer	Ad,B,F,Krü		
Moossperlingk – Feldsperling	Suol		
Moosstier – Rohrdommel	V		
Moosweih – Fischadler	B,O1		
Moosweih – Rohrweihe	B		
Moosweihe – Fischadler	Be2,Be,F,GD,Krü,N		
Moosweihe – Mäusebussard	F,V		
Moosweihe – Rohrweihe	Be1,Be2,Be,Be97,F,GD,N		
Möppel-Gans – Rothalsgans	Fri		
Möppelgans – Rothhalsgans	B,Be2,Be,Fri,GD,N		
Mops-Gans – Rothalsgans	Fri		
Mopsgans – Rothhalsgans	B,Be2,Be,Fri,GDN		
Môr – Bläßhuhn	Suol		
Morasthuhn – Moorschneehuhn	B,CLB1,GD,O1,V		
Morasthuhn, weißes – Schneehuhn (Moor-)	Be2,GD,N		
Morastlerche – Berg-/Wiesenpieper	Be2		
Morastlerche – Bergpieper	Be1,Buff,Krü		
Morastlerche – Mohrenlerche	GD		
Morastpieper – Wiesenpieper	CLB3		
Morastschilfsänger – Seggenrohrsänger	CLB3		
Morastschneehuhn – Moorschneehuhn	CLB2,3,F,N		KNB
Morastwaldhuhn – Moorschneehuhn	MW,N		
Möre (württ.) – Bläßhuhn	H,O1,2,Suol		
Morehen – Haselhuhn	GesS		
Morelle – Bläßhuhn	Buff		
Morente – Moorente	Fri,K		Frisch T. 170.
Morente – Bergente	Be97		
Morente – Löffelente	Be,Buff,K		
Mörente – Moorente (wahrsch.)	Fabr		
Morente – Schnatterente	K	Gessner: Anas muscaria ist Schnatterente.	
Mörenteufel – Rohrweihe	O2		Möre ist Bläßhuhn.
Morfer – Kormoran	Be2		

Morfex – Kormoran	Buff,F,N	
Morgenländischer Brachvogel – Großer Brachvogel	CLB3	
Morgente – Moorente	H,Jä	
Morhen (engl.) – [Schottisches] Moorschneehuhn	Tu	
Morillon – Reiherente	Buff	Belon
Morillono – Krickente	GesS	
Morinell – Mornellregenpfeifer	B,Be1,Be2,Be,Buff,GD,Krü,N	
Morinell, tatarischer – Mornellregenpfeifer	Buff	Pallas
Morinellchen – Mornellregenpfeifer	Buff	
Morinellchen, sibirisches – Mornellregenpfeifer	Buff	Lepechin
Morinelle – Mornellregenpfeifer	Be2,Be,K,Krü	
Morinelle – Steinwälzer (weibl.)	Be1,Be2,Be,CLB2	KNB
Morinelus – Mornellregenpfeifer	Krü	
Mörle – Moorente	F	
Mormaise – Schwanzmeise	Buff,Fri	
Mormon – Papageitaucher	Krü	
Mormone – Papageitaucher	Do,F	
Mornel – Kiebitz	K	Frisch T. 213.
Mornelgybitz – Mornellregenpfeifer	Buff,K	
Mornell – Mornellregenpfeifer	Ad,B,Be1,Be2,Be,Buff,GD,K,Krü,N,O1,3,V … … Albin II, 61, 62. Edwards 141. Klein 1750. Ü	
Mornell – Steinwälzer	Be2,N	
Mornell-Regenpfeifer – Mornellregenpfeifer	N	
Mornell-Steinwälzer – Steinwälzer	N	
Mornell, englischer – Mornellregenpfeifer (Var.)	Be1,Krü	
Mornell, grauer – Mornellregenpfeifer	Ad,Buff,Krü	
Mornell, langgeschwänzter – Keilschwanzregenpfeifer	Be2,Buff	
Mornellchen – Mornellregenpfeifer	Be1,Be2,Be,F,GD,Krü,N	
Mornellchen, engelländisches – Mornellregenpfeifer	Buff	Brisson, Var.
Mornelle – Mornellregenpfeifer	Ad	
Mornellkibitz – Mornellregenpfeifer	Ad,Krü	
Mornellkibitz – Steinwälzer	N	
Mornellkiebitz – Mornellregenpfeifer	Do,F,GD	
Mornellkybitz – Mornellregenpfeifer	Be2,Be,N	
Mornellregenpfeifer – Mornellregenpfeifer	Be2,CLB2,Krü,MW	KNB
Mornellregenpfeifer, dummer – Mornellregenpfeifer	CLB3	
Mornellregenpfeifer, hochstirniger – Mornellregenpfeifer	CLB3	
Mornellstrandläufer – Steinwälzer	Be1,Be2,Be,GD,N	
Morolt – Eichelhäher	Suol	
Morphnoskollege – Schreiadler	N	
Morrind – Rohrdommel	Suol	

Morskaja – Rothalsgans	Be2,Krü,N	
Mortetter (engl.) – Schwarzkehlchen	Tu	Turner im engl.Text.
Mos Endtle – Löffelente	Schwf	
Mos Reigel – Rohrdommel	Schwf	
Mos-Endtle – Löffelente	Buff	
Mosammerling – Rohrammer	Krü	
Mosämmerling – Rohrammer	Krü	
Mosbock – Bekassine	Suol	
Mosch – Haussperling	Suol	
Mösch – Haussperling	Do,Suol	
Mösche – Haussperling	Bri,Suol	
Möschemännchen – Haussperling	Suol	
Moschowitterischer Falck – Gerfalke, weiße Morphe	Schwf,Suol	
Moschusente – Moschusente	Be2,Buff,GD,K	
Moscowitische Kamm-Ente – Moschusente	GD	
Mosellerche – Berg-/Wiesenpieper	Be1,Be2	
Mosfalk – Rohrweihe	B	
Mosgeier – Mäusebussard	Krü	
Mosgeier – Rauhfußbussard	Krü	
Mosgeier – Rohrweihe	B	
Moshahn – Birkhuhn	Krü	
Moskowiter Falke – Subspecies des Wanderfalken	zLa	
Moskowitische Ente – Moschusente	Be2,Buff	
Moskowitische Kammente – Moschusente	Be2	
Moskrähe – Rohrdommel	Krü	
Moskuh – Rohrdommel	Krü	
Mosmerling – Rohrammer	Do,F	„Lebt in morast. u. sumpfigen Gegenden."
Mosreigel – Rohrdommel	K	Albin Band I, 68.
Mosreiher – Rohrdommel	Krü	
Moß-Emmerling – Rohrammer	P,Suol,Z	
Moß-Kolben – Mittelsäger	Z	
Moß-Kolben – Tafelente	Z	Auch: Moßkolben Hinweis auf Gesner.
Moß-Lerche – Bergpieper ?	Z	
Moß-Reiger – Rohrdommel	GesH	
Moß-Sauger – best. Limikolen ?	Z	
Moß-Schnepf – Bekassine	Z	
Moß-Schnepff – Bekassine	P1	
Moß-sperck – Feldsperling	HaSa,Suol	H. Sachs 1531 Regiment ..., V. 169.
Mossbürz – Zaunammer	Do	
Mossche (holl.) – Haussperling	GesH	
Mösschke (fries.) – Sandregenpfeifer	H	
Mosschnepfe – Bekassine	Krü,P	
Mosschnepff – Bekassine	P1	
Moßemmerling – Rohrammer	Buff	
Moßkolben – Tafelente	Z	
Moßkuh – Rohrdommel	GesSH	
Moßküh – Rohrdommel	Suol	

Moßkuh, kleine – Rallenreiher	H	
Moßochs – Rohrdommel	Buff,GesS	
Mossperling – Rohrammer	Krü	
Moßraiger – Rohrdommel	Suol	
Moßreigel – Rohrdommel	Suol	
Moßreiger – Rohrdommel	GesS	
Mossreiher – Rohrdommel	Do	
Moßschnepf – Bekassine	P	
Moßschnepf – Doppelschnepfe	Suol	
Moßweihe – Bartgeier	Ad,Krü	
Moßweihe – Rohrweihe	Ad	
Moßwy – Rohrweihe	Suol	
Mosweih – Rohrweihe	B	
Mosweihe – Rohrweihe	Ad,Krü	
Mot Hen (engl.) – Teichhuhn	Tu	
Motazille, schwedische – Blaukehlchen	GD	
Mott Hünle, gescheckt – Tüpfelsumpfhuhn	Schwf,Suol	Schwenckfeld 1603.
Mott Hünlin – Flußregenpfeifer (?)	Schwf	Schwenckfeld 1603.
Mott Hünlin – Wasserralle	Schwf,Suol	Suol: Mott-Hünlin.
Mottenhühnlein – Waldwasserläufer	Krü	
Motthuhn – Rotflügel-Brachschwalbe	Ad	
Motthühnchen – Kleines Sumpfhuhn	F,H	
Motthühnchen – Rotflügel-Brachschwalbe	Ad	
Motthühnchen – Waldwasserläufer	Ad	
Motthühnlein – Regenbrachvogel	Krü	
Motthühnlein – Waldwasserläufer	Krü	
Motthühnlein, bunt und geschäcktes – Waldwasserläufer	Be	
Motthühnlein, buntes – Tüpfelsumpfhuhn (?)	Be2,K,Krü	Schwenckfeld: Glareola VIII.
Motthühnlein, buntes – Waldwasserläufer	Fri,GD,K,N	S. Probl. Wald-(Bruch)wasserläufer.
Motthühnlein, geschäcktes – Waldwasserläufer	Be2	
Motthühnlein, geschecktes – Wald-(Bruch)wasserläufer	GD	
Motthühnlein, geschecktes – Waldwasserläufer	Krü,N	
Motthünlein, bunt – Wald-(Bruch)wasserläufer	Buff	Tringa ochropus.
Motthünlein, buntes – Wald-(Bruch)wasserläufer	Buff	Tringa ochropus.
Motthünlein, gescheckt – Wald-(Bruch)wasserläufer	Buff	Tringa ochropus.
Mottsumpfhuhn – Kleines Sumpfhuhn	o.Qu.	J. f. O. 1941, 268.
Mounier (franz.) – Beutelmeise	GesH	
Mountain Aquila (engl.) – Schmutzgeier	Tu	
Mour-entle (helv.) – Krickente	Buff	
Moussiers Rötling – Diademrotschwanz	H	
Mövchen – Haus-/Felsentaube	Buff,GD	Zu Rasse Möventaube.

Mövchentaube – Haus-/Felsentaube (Var.)	O1	
Möve – Haus-/Felsentaube (Var.)	Häp	
Möve – Lachmöve	Jä	
Möve – Möwe allg.	Suol	
Möve – Sturmmöwe	GD	
Möve, arktische – Schmarotzerraubmöve	Be,N	Mit k.
Möve, aschgraue – Lachmöve	CLB1,2	
Möve, aschgraue – Sturmmöve	N	
Möve, blaufüßige – Sturmmöve	F,V	
Möve, bleigrauköpfige – Aztekenmöve	CLB2,MW,N	KNB
Möve, Bonarpartes – Bonapartemöve	H	
Möve, Bonellis – Habichtsadler	N	N: Bd. 13/033.
Möve, braune – Heringsmöve (juv.)	Buff,N	
Möve, braune – Skua	Krü	
Möve, braunköpfige – Lachmöve	CLB1,2	
Möve, dreizehige – Dreizehenmöve	CLB2,O2,3,N,V,WüCl	KNB
Möve, dünnschnäbelige –	H,O3	
Dünnschnabelmöve		
Möve, Fabricius – Mantelmöve	CLB3	
Möve, gabelschwänzige – Schwalbenmöve	BB,H	Naumann 1840.
Möve, gefleckte – Heringsmöve	N	
Möve, gelbfüßige – Heringsmöve	CLB2,N	
Möve, gemeine – Lachmöve	CLB2,O1,V	
Möve, gemeine graue – Lachmöve	CLB1,N	
Möve, graue – Lachmöve	CLB2,N	
Möve, graue – Sturmmöve	N,O2	
Möve, graue mit dem Mohrenkopf –	N	
Lachmöve		
Möve, graukopfige – Graukopfmöve	O3	
Möve, grauliche – Eismöve	N	
Möve, grauliche – Lachmöve	CLB2	
Möve, graurückige – Eismöve	N	
Möve, graurückige – Silbermöve	CLB2	
Möve, grönländische dreizehige –	CLB3	
Dreizehenmöve		
Möve, große braune – Heringsmöve (juv.)	N	
Möve, große bunte – Silbermöve (juv.)	N	
Möve, große dreizehige – Dreizehenmöve	CLB3	
Möve, große gefleckte – Silbermöve (juv.)	N	
Möve, große graubraune – Mantelmöve	N	
(juv.)		
Möve, große graue – Heringsmöve	N	
Möve, große graue – Lachmöve	N	
Möve, große graue – Sturmmöve	N	
Möve, große graurückige – Silbermöve	N	
Möve, große schwarzköpfige – Fischmöve	CLB2	KNB
Möve, große schwarzkopfige – Fischmöve	O3	
Möve, große weiße – Eismöve	CLB2,N	

Möve, große weißgraue – Eismöwe	CLB1,N	
Möve, große weißschwingige – Eismöwe	CLB1,2,3,N	KNB
Möve, größte bunte – Mantelmöwe (juv.)	N	
Möve, isländische – Dreizehenmöwe	N	
Möve, kleine – Eismöwe	CLB3	
Möve, kleine – Lachmöwe	CLB2,N	
Möve, kleine – Zwergmöwe	CLB2,N	
Möve, kleine – Zwergseeschwalbe	Buff	
Möve, kleine aschfarbene – Lachmöwe	Buff	
Möve, kleine aschgraue – Lachmöwe	N	
Möve, kleine bunte – Lachmöwe	N	
Möve, kleine dreizehige – Dreizehenmöwe	CLB3	
Möve, kleine graue – Lachmöwe	N	
Möve, kleine weiße – Elfenbeinmöwe	CLB2	
Möve, kleine weiße nordische – Elfenbeinmöwe	N	
Möve, kleine weißschwingige – Polarmöwe	CLB1,2,N	KNB
Möve, kleinere – Lachmöwe	N	
Möve, kleinere graue – Lachmöwe	N	
Möve, kleinste – Trauerseeschwalbe	Buff	
Möve, milchweiße – Dünnschnabelmöwe	O3	
Möve, mittlere weißschwingige – Eismöwe	CLB2,3,N	KNB
Möve, Müllersche – Mantelmöwe	CLB3	
Möve, nordische – Sturmmöwe	N	
Möve, rosenfarbige – Rosenmöwe	BB,H	
Möve, rotfüßige – Lachmöwe	V	
Möve, schneeweiße nordische – Elfenbeinmöwe	N	
Möve, schwarzköpfige – Lachmöwe	CLB1,2,N	
Möve, schwarzkopfige – Schwarzkopfmöwe	O3	
Möve, schwarzköpfige – Schwarzkopfmöwe	CLB2,N	KNB
Möve, schwarzzehige – Falkenraubmöwe	Be,N	
Möve, schwedische – Dreizehenmöwe	N	
Möve, sibirische – Heringsmöwe	H	
Möve, silberblaugraue – Silbermöwe	CLB1,2,3,N	KNB
Möve, silbergraue – Silbermöwe	CLB1,2,3,N,V	KNB
Möve, weißaugige – Weissaugenmöwe	O3	
Möve, weiße – Elfenbeinmöwe	Buff	
Möve, weiße – Mantelmöwe	Buff	Otto: Name kommt ihr nicht zu.
Möve, weiße nordische – Elfenbeinmöwe	N	
Möve, weißgraue – Silbermöwe	N	
Möve, weißgraue – Lachmöwe	N	
Möve, weißschwingige – Eismöwe	N,V,WüCl	
Mövenbüttel – Schmarotzerraubmöwe	Be	
Mövenschnabel – Trottellumme	GD	
Mövenschnäbler – Trottellumme	GD	
Mövenschnäblige Seeschwalbe – Lachseeschwalbe	CLB1,2	KNB
Möventaube – Haus-/Felsentaube	Buff,GD	Rasse

Möventaucher – Zwergsäger	B,F	
Mötenteufel – Rohrweihe	Jä	
Möwe – Haus-/Felsentaube (Var.)	Häp	
Möwe, braunfleckige – Heringsmöwe (juv.)	F	
Möwe, gelbfüßige – Heringsmöwe	F	
Möwe, gesprenkelte grönländische – Eissturmvogel	Gun	
Möwe, graue – Sturmmöwe	F	
Möwe, kleine – Zwergmöwe	F	
Möwe, weißschwingige – Eismöwe	F	
Möwenbüttel – Schmarotzerraubmöwe	F	
Möwenschabel – Trottellumme	F	
Mübeß – Trauerseeschwalbe	Suol	
Mübeßlin – Trauerseeschwalbe	Be2,F	
Mübeßlin, klein – Trauerseeschwalbe	Be,N,Schwf,Suol	
Mübeßlin, kleine – Trauerseeschwalbe	Buff	
Mück Endtle – Löffelente	Buff,Schwf,Suol	
Mücke – Feldsperling	Ad	
Mücken-Ent – Schnatterente	GesH	
Mückenente – Löffelente	B,Be2,Be,F,N	
Mückenfänger – Grauschnäpper	B,F,H,Suol	
Muckenschnapper – Grauschnäpper	H	
Muckenschnapperle – Zilpzalp	Do,F	
Mückenstecher – Fliegenschnäpper	GesH	
Mückenstecher – Gelbspötter	Suol	
Muckenstecher – Grauschnäpper	Suol	
Mückenstecher – Grauschnäpper	F,Schwf,Suol	
Mückenstecher – Ziegenmelker	Be1,Be2,Be,Be97,Buff,Krü,Suol	
Mückente – Löffelente	Ad,Krü	
Mückentel – Löffelente	Buff	
Muckenvogel – Zilpzalp	Jä	
Muckenvogel – Zilpzalp	Suol	
Mückenvogel (bayer.) – Fitis	H	
Mückenvögelein (bayer.) – Zilpzalp	H	
Muddersneppe (dän.) – Flußuferläufer	H	
Müderich – Zwergtaucher	Suol	
Müderli – Zwergtaucher	F,N,Suol	
Muer Ente – Moorente	zLa	Unspezifisch
Mueramstel – Singdrossel	Suol	
Muerentle – Krickente	GesS	
Muerswälk – Mauersegler	F,Do,WüCl	
Muerswalke – Mehlschwalbe	Bri	
Müerswâlke – Rauchschwalbe	Häp	
Mûerswâlken – Mauersegler	Suol	
Muggebicker – Heckenbraunelle	Suol	
Muggen-Chlöpfer – Grauschnäpper	Suol	
Muggenbickerli – Baumläufer	Suol	
Müggenschnapper – Grauschnäpper	H	
Muggensnapper – Grauschnäpper	Häp,Suol	

Muggensnegger – Grauschnäpper	Bri	
Muggenstecher – Grauschnäpper	Suol	
Muggent – Löffelente	Suol	Schnappt nach fliegenden Insekten.
Muggent – Schnatterente	GesS	
Muggente – Löffelente	Be2,Be,Buff,F,K,N	
Muggente – Schnatterente	K	
Muhmlein – Sumpfmeise	Ad	
Muhrendt – Reiherente	Suol	
Muhrvogel – Reiherente	Baldn,Suol	
Muisejeger – Mäusebussard	Bri	
Mukkent – Löffelente	Buff	
Mülane – Milane allg.	Suol	
Mülane – Rotmilan	G,Krü	
Mulkedieb – Ziegenmelker	Do,F	
Müller – Klappergrasmücke	Suol	
Müller – Schwanzmeise	H	
Müllerbursch – Schwanzmeise	F	
Müllerbursche – Schwanzmeise	H	
Müllerchen – Klappergrasmücke	B,Be1,Be2,Be,Be97,CLB1,2,3,F,Krü,…	
	…N,O1,2,Scha,V,WüCl	KNB
Müllerchen, großes – Dorngrasmücke	F	
Müllergrasmücke – Klappergrasmücke	Do,F	
Müllerl (bei Innsbruck) –	H,Suol	
Klappergrasmücke		
Müllerlein – Klappergrasmücke	B,Jä	
Müllermeise – Blaumeise	Do,F	
Müllermeise – Schwanzmeise	F,H	
Müllermeise – Sumpfmeise	Do,F	
Müllers Advokatenspecht – Schwarzspecht	H	
Müllersche Möve – Mantelmöwe	CLB3	
Müllerweihe – Kornweihe	Do,F	
Mummeltäucher – Haubentaucher	Suol	
Münch – Mönchsgrasmücke	P1	
Münch mit der schwarzen Platte –	K	Männl. Frisch T. 23.
Mönchsgrasmücke		
Münch mit rötlicher Platte –	K	Weibl., Frisch T. 23.
Mönchsgrasmücke		
Münchle – Flußseeschwalbe	Fabr …	
	… Auch Schwarzkopf, schwarzplatt. Seeschwalbe.	
Münchlein – Mönchsgrasmücke	GesSH,HaSa,Suol,zLa	H. Sachs, Reg. V. 140.
Münchlin – Mönchsgrasmücke (sil.)	Schwf	
Münchmeise – Sumpf-/Weidenmeise	Be1,Be2,Be,Buff,K,Krü	Frisch T. 13.
Münchmeise – Sumpfmeise	N	
Munck – Kampfläufer	Bri,Häp	
Münschmeise – Sumpfmeise	Be	
Münsterschwalbe – Mehlschwalbe	GesS	
Münsterspyr – Alpensegler	B,F	
Münsterspyr – Mehlschwalbe	Be2,Be,GesH,N	
Münsterspyre – Mauersegler	Suol	

Münsterspyre – Mehlschwalbe	GesS,Suol	
Munsterspyren – Mehlschwalbe	Krü	
Muosche – Haussperling	Tu	
Mur Endtle – Löffelente	Schwf	
Mur Maise – Sumpfmeise	zLa	„Mur-Meyse" im Straßb. Vogelb., 1554.
Mur Meise – Sumpf-/Weidenmeise	Schwf	
Mur Specht – Mauerläufer	Schwf	
Mur-Endtle – Löffelente	Buff	
Mur-Ente – Moorente	Fri	
Mur-Ente – Reiherente	GD	
Mur-Entlein – Krickente	GesH	
Mur, wilde – Tafelente	zLa	
Mûrchlän – Mauerläufer	Suol	
Murente – Gruppenbezeichng f. mehrere Tauchenten	zLa	
Murente – Löffelente	Be2,Be,F,N	
Murente – Moorente	B,Be2,Fri,N	
Murente – Reiherente	Be2,Be,N	
Murente – Schnatterente	K	
Murente – Tafelente	zLa	Mur ist Sumpf, nach Gessner 1557, 34.
Murentel – Löffelente	Buff,K	
Murentle – Krickente	Suol	
Murentlein – Krickente	Be2,Be,Buff,F,Fri,GD,N	
Murfogel – Reiherente	Zupo	15. Jahrh.
Murfögel – Reiherenten	Zupo	1425
Murhahn – Schottisches Moorschneehuhn	Buff	
Murhan – Schottisches Morrschneehuhn	GesSH	
Murkolf – Eichelhäher	B,F	
Mürle – Moorente	Do	
Murmaislein – Sumpf-/Weidenmeise	Buff	
Murmäuslein – Sumpf-/Weidenmeise	K	
Murmeise – Mönchsgrasmücke	N	
Murmeise – Sumpf-/Weidenmeise	Buff	
Murmeiß – Sumpf-/Weidenmeise	Buff,GD,GesSH	
Mûrmeiß – Sumpfmeise	Suol	
Murmeyse – Sumpfmeise	StVb,Suol	
Murre – Krabbentaucher	Be2,F,GD,N	
Murre – Tordalk	O1	
Murrmeise – Mönchsgrasmücke	Be1,Be2,Be,Be97,F,N	
Murrmeise – Sumpf-/Weidenmeise	B,Be1,Be2,Be,Be97,Buff,F,N	
Murschwalbe – Mehlschwalbe	Buff,GesS,Krü,Suol	
Murspecht – Mauerläufer	Be1,Be2,Be,Buff,GesS,N,Suol	
Murspyr – Mehlschwalbe	Be2,Be,GesH,N	
Murspyre – Mehlschwalbe	GesS	
Murspyren – Mehlschwalbe	Buff,Krü	
Murvogel – Reiherente	Zupo	15. Jahrh.
Mürvogel – Reiherente	Zupo	1449
Murvögelin – Reiherente	Schnurre	In Brucker (1889): Straßburger Zunft- und Polizeiverordnung des 14. u. 15. Jahrh.

Murvögelin – Reiherente	Zupo	13. Jahrh.
Musbuck, lütt – Zaunkönig	F	
Müsch – Haussperling	Bri	
Musch – Haussperling	Suol	
Musch-Lünk – Haussperling	Suol	
Musche – Haussperling	Bri,Suol	
Müsche – Haussperling	GesS,Suol,Tu	
Muschel – Feldsperling	Ad	Langes U.
Muschel – Haussperling	Ad,Krü	
Muschelant – Bergente	WüCl	
Muschelente – Bergente	B,Be2,Be,F,Krü,N,O2	
Muschelente – Reiherente	Do,F	
Muschelgans – Weißwangengans	Do	
Muschelkönig – Gänsesäger	Be2,Be,F,N	
Muschelnischel – Feldsperling	Ad	
Muschelnischel – Rohrammer	Ad,Krü	Adelung: Aus Mossperling verderbt.
Muschelspatz – Feldsperling	Do,F	M.: Ableitg v. Mücke/Mucke = Insekt.
Muschelsperling – Feldsperling	Ad,Be1,Be2,Be,Buff,F,GD,Krü,N	
Muschelsperling – Rohrammer	Ad	Adelung: Aus Mossperling verderbt.
Muscheltaube, holländische – Haustaubenrasse	Buff	
Mûsebickeler – Mäusebussard	Suol	
Mûsehawk – Turmfalke	Suol	
Mûsekibbese – Mäusebussard	Suol	
Muser – Mäusebussard	StVb,Suol	
Mûsevogel – Zaunkönig	Suol	
Müsjäger – Mäusebussard	Do,F	
Müsken – Zwergschnepfe	Suol	
Musketier – Buchfink	GD	Finkenschlag, z. T. auch Finkenname.
Mûskünig – Zaunkönig	Suol	
Muspel – Rohrdommel	Ad,Krü	
Muspyre – Mehlschwalbe	Suol	
Musquetier – Buchfink	Buff	
Musquetierer – Buchfink, Zuchtname	Kö	
Müsser – Mäusebussard	GesS	
Mustela – Triel	GesS	
Mustet – Sperber	Suol	
Muthühnchen – Tüpfelsumpfhuhn	B,N	
Mutschel – Feldsperling	Ad	
Mutschel – Haussperling	Krü	
Mutschelsperling – Feldsperling	Ad	
Mutschelsperling – Rohrammer	Ad,Krü	Adelung: Aus Mossperling verderbt.
Mutter Cary's Hühnchen – Sturmschwalbe	Buff	Mother Cary's chicken.
Mutter Kareys Henne – Sturmschwalbe	Do,F	
Muttergottesvogel – Schwalbe (allg.)	Suol	
Muttvogel – Bläßhuhn	GesS	
Muusbekassin – Zwergschnepfe	F,H	
Muusfink – Wiesenpieper	Bri	
Müüsk (helgol.) – Dreizehenmöwe	H	

Müüsk, lütj – Wintergoldhähnchen	F	
Muyrsperling – Feldsperling	Suol	
Muzuk – Knutt	Häp	
Myre Dromble (engl.) – Rohrdommel	Tu	
Myrenjäger – Wendehals	Suol	
Myrle – Merlin	Be2,Be,Buff,F,N,Schwf,Suol	
Myrstickel, kleiner – Flußuferläufer	Be,Be2,Krü,N	
Myrstikel, kleine – Flußuferläufer	Buff	
Nabelkrähe – Nebelkrähe	P	
Nabelkraye – Nebelkrähe	N	
Nabelkreye – Nebelkrähe	Be	
Nachahmer des Menschen – Jungfernkranich	Buff	Nach Athaeneus.
Nachreiher – Nachtreiher	Buff	
Nacht Eule – Steinkauz	Schwf	
Nacht Rabe – Nachtreiher	Schwf	
Nacht Rabe – Ziegenmelker	Fri	
Nacht Räblin – Ziegenmelker	Schwf	
Nacht Ram – Nachtreiher	Suol	
Nacht rapp – Ziegenmelker	StVb	
Nacht Reyger – Nachtreiher	Suol	
Nacht Schwalbe – Ziegenmelker	Fri	
Nacht-Rab – Ziegenmelker	GesH	
Nacht-Rabe – Ziegenmelker	GesH	
Nacht-Reyger – Nachtreiher	K	
Nachtbaumkauz – Waldkauz	CLB3	
Nachtdrämer – Ziegenmelker	Bri	
Nachtegael – Nachtigall	Suol	
Nachtegal – Nachtigall	GesS,Suol,zLa	
Nachtgalle – Nachtigall	Suol	
Nachteul – Waldkauz	GesSH,Suol	
Nachteule – „Nacht"eule allg.	StVb	
Nachteule – Eule allg.	Krü	
Nachteule – Schleiereule	Be2,F,N	
Nachteule – Steinkauz	Buff	
Nachteule – Uhu	Suol	
Nachteule – Waldkauz	Buff,	
Nachteule – Waldkauz	Ad,Be1,2,97,05,Buff,F,GD,Hp,Jä,Krü,N,O1,V	
Nachteule, braunschwarze – Waldkauz	Be1,BeBuff,	
Nachteule, eigentliche – Waldkauz	GD	
Nachteule, feurige – Schleiereule	Be2,Buff,GD,N	Be2: S. 399.
Nachteule, fleckige – Schnee-Eule	Be2,N	
Nachteule, gemeine – Schleiereule	O1	
Nachteule, gemeine – Waldkauz	Fri,Jä	
Nachteule, graue – Waldkauz	Be2,Be	
Nachteule, große langgeschwänzte – Habichtskauz	MW	
Nachteule, uralische – Habichtskauz	GD	
Nachtfalke – Rotfußfalke	GD	

Nachtfalter – Ziegenmelker	Jä	
Nachtgäl – Nachtigall	Tu	
Nachtgall, blawe – Blaumerle	zLa	
Nachtgalle – Sprosser	Schwf	
Nachthauri – Uhu	Suol	
Nachtheujel – Waldkauz	Suol	
Nachthûri – Uhu	Suol	
Nachtigaal – Steinkauz	Häp	
Nachtigal – Nachtigall	Buff,HaSa,O1,P	Ahd. nahtagala, mhd. nachtegal.
Nachtigal – Sprosser	Buff	
Nachtigal, buntflügelichte – Schwarzkehlchen	Buff	
Nachtigal, große – Sprosser	O1	
Nachtigal, kleine – Nachtigall	Be,N	
Nachtigall – Nachtigall	Ad,B,Be1,Be2,Be,Be97,Buff,CLB2,G,…	
	…GD,GesH,Hp,Jä,N,Kö,P,StVb,V,Z	KNB
Nachtigall – Nachtigall + Sprosser	Fri	
Nachtigall des Nordens – Singdrossel	B	Name in Norwegen.
Nachtigall erzgebirgische – Sperbergrasmücke	H	
Nachtigall Okens – Nachtigall	CLB3	
Nachtigall-Rohrsänger – Rohrschwirl	H	
Nachtigall-Sänger – Nachtigall	N	
Nachtigall, buntflügelige – Schwarzkehlchen	Buff	Buffon/Otto 1791, 15/320.
Nachtigall, echte – Nachtigall	F	
Nachtigall, fahle – Dorngrasmücke	N	
Nachtigall, fremde – Nachtigall	CLB3	
Nachtigall, gemeine – Nachtigall	Be1,Be2,Be,Be97,N	
Nachtigall, gesperberte – Sperbergrasmücke	N	
Nachtigall, graue – Gartengrasmücke	N	
Nachtigall, graue – Sprosser	H	
Nachtigall, große – Sprosser	Be1,Be2,Be,Be97,CLB2,GD,Krü,N	
Nachtigall, große und kleine – Nachtigall	Buff	Klein S. 138.
Nachtigall, grossschnäblige – Nachtigall	CLB3	
Nachtigall, italiänische – Blaukehlchen	Be1,Be2,Be,N	
Nachtigall, kleine – Nachtigall	GD	
Nachtigall, kleine – Nachtigall	Be2,Be,F	
Nachtigall, mittlere – Nachtigall	CLB3	
Nachtigall, ostindische – Blaukehlchen	Be1,Be2,Be,N	
Nachtigall, pohlnische – Sprosser	N	
Nachtigall, polnische – Sprosser	Be	
Nachtigall, polnische – Sprosser	Be2,Be,Krü	
Nachtigall, rote – Nachtigall	F,H	
Nachtigall, sächsische – Sprosser	Krü	
Nachtigall, sächsische – Nachtigall	Be2,Be,N	
Nachtigall, schwarzköpfige – Mönchsgrasmücke	N	

Nachtigall, schwedische – Blaukehlchen	F	N: Bd. 13/387.
Nachtigall, unechte – Gartengrasmücke	Fri	
Nachtigall, unechte (schlesw.-holst.) – Gelbspötter	H	
Nachtigall, ungarische – Sprosser	CLB2,H,V	
Nachtigall, weiße – Nachtigall	Buff	Variation vorwiegend in Zuchten.
Nachtigall, wiener – Sprosser	Be,CLB2,Krü,O2	
Nachtigallartiger Heckensänger – Heckensänger	N	N: Bd. 13/398.
Nachtigallartiger Weidensänger – Rohrschwirl	N	N: Bd. 13/474.
Nachtigalle – Nachtigall	Krü,Schwf	
Nachtigalle, große – Sprosser	Schwf,Suol	
Nachtigallenkönig – Blaukehlchen	Do,F	Wegen schönem Gesang, weißst.
Nachtigallfarbiger Piepersänger – Rohrschwirl	N	N: Bd. 13/474.
Nachtigallfarbiger Rohrsänger – Rohrschwirl	N	N: Bd. 13/474.
Nachtigallgrasmücke – Nachtigall	CLB1,2,MW	KNB
Nachtigallkönig – Blaukehlchen	N	
Nachtigallrohrsänger – Rohrschwirl	B,F	Naumann um 1820.
Nachtigallschwirl – Rohrschwirl	F,H	
Nachtkautz – Waldkauz	N	
Nachtkauz – Rauhfußkauz	Do	
Nachtkauz – Steinkauz	Do,F	
Nachtkauz – Waldkauz	B,Be,CLB1,2,F,Krü,MW	Bechstein? KNB
Nachtkauz, plattköpfiger – Rauhfußkauz	CLB3	
Nachtklatsche – Ziegenmelker	Jä	
Nachtlerche – Feldlerche	Ger	Gerber 1717.
		D. Heidelerche ist im Gegensatz dazu d. Taglerche.
Nächtliche Rohrdommel – Nachtreiher	N	
Nächtling – Steinkauz	GD	
Nachtmännle – Steinkauz	Suol	
Nachtpatscher – Ziegenmelker	Jä	
Nachtphilomele – Nachtigall	Buff	
Nachtphilomele – Sprosser	Be2,Be,F,N	
Nachtra – Nachtreiher	Tu	
NachtRaab – Nachtreiher	Baldn	
Nachtrab – Nachtreiher	Be97,GesS,Tu	
Nachtrab – Weißstorch	Scha	
Nachtrab – Ziegenmelker	HaSa	
Nachtrabe – Nachtreiher	Ad,B,Be1,Be2,Be,Be05,Buff,CLB2,F,Fri,GD,K,…	
	…GesSH,K,Krü,N,Suol,V	Frisch T. 203. KNB
Nachtrabe – Waldkauz	Ad,Buff,Hp	Bei den Griechen.
Nachtrabe – Rohrdommel	Suol	
Nachtrabe – Waldrapp	Be1,GD,Krü,Schwf,Suol	
Nachtrabe – Ziegenmelker	Ad,B,Be1,Be2,Be,Be97,Buff,F,GD,Krü,N,Suol	
Nachtrabl – Ziegenmelker	N	

Nachträblein – Ziegenmelker	N	
Nachträblin – Ziegenmelker	Buff	
Nachtram – Nachtreiher	Ad,Be2,Be,Buff,GD,K,GesSH,Krü,N,...	
	...Schwf,StVb,Tu	
Nachtram – Ziegenmelker	Ad,Krü	
Nachtrap – Nachtreiher	Tu	
Nachtrap – Ziegenmelker	Fri	
Nachtrapp – Waldkauz	B,F,N	
Nachtrauen – Nachtreiher	GesS	
Nachtrave – Steinkauz	Häp	
Nachtrave – Ziegenmelker	Häp	
Nachtrawe – Steinkauz	Bri,Häp	
Nachtrawe – Ziegenmelker	Bri,Häp	
Nachtreiher – Nachtreiher	Ad,B,Be1,2,Be,Be97,Be05,CLB2,GD,Krü,...	
	...MW,N,O1,2,3,V	KNB
Nachtreiher, hochköpfiger – Nachtreiher	CLB3	
Nachtreiher, östlicher – Nachtreiher	CLB3	
Nachtreiher, südlicher – Nachtreiher	CLB3	
Nachtreyger – Nachtreiher	K	
Nachtrohrdommel – Nachtreiher	CLB2,V	KNB
Nachtrothschwanz – Hausrotschwanz	F,JAN,N	
Nachtrüblin – Ziegenmelker	F	
Nachtrücklin – Ziegenmelker	Do	
Nachtsänger – Dorngrasmücke	B,Be1,Be2,Be,Be97,F,Krü,N	
Nachtsänger – Heckenbraunelle	GD	
Nachtsänger – Nachtigall	Krü,O3	
Nachtsänger – Sprosser	Be2,Be,N	
Nachtsänger (böhm.) – Sumpfrohrsänger	F,H	
Nachtschade – Ziegenmelker	Ad,Be,Buff,GD,K,Krü,N,Schwf,Suol	
Nachtschaden – Ziegenmelker	F,O1	
Nachtschadt – Ziegenmelker	zLa	Zum Lamm, S. 208.
Nachtschäger – Sprosser	GD	
Nachtschatten – Nachtreiher	GD	In Litauen.
Nachtschatten – Ziegenmelker	Ad,B,Be1,Be2,Be,Be97,CLB2,F,GD,...	
	...Jä,Krü,N,Suol,V	KNB
Nachtschläger – Nachtigall	Scha	
Nachtschläger – Sprosser	Ad,Be2,Be,K,Krü,N,Suol	
Nachtschläger (böhm.) – Sumpfrohrsänger	H	
Nachtschnabel – Saatkrähe	Be1,GD,Jä	Aus Nacktschnabel? Siehe dort.
Nachtschnicker – Rotkehlchen	Scha	
Nachtschotte – Ziegenmelker	Suol	
Nachtschreier – Nachtreiher	Krü	Klein 1750, Ü: Nacht Reyger.
Nachtschreier (bayer.) – Wachtelkönig	F,H,Jä	
Nachtschreyer – Nachtreiher	GD	
Nachtschwalbe – Ziegenmelker	Ad,B,Be2,Be,Bri,Buff,CLB2,F,GD,K,Jä,Krü,N,...	
	...O1,Suol,V,WüCl	Frisch T. 101. KNB
Nachtschwalbe, ägyptische – Pharaonenziegenmelker	H	

Nachtschwalbe, europäische – Ziegenmelker	Be1,Be2,Be,Be97,Be05,GD,N,O3
Nachtschwalbe, große – Ziegenmelker	Be2,Be,N
Nachtschwalbe, helle – Pharaonenziegenmelker	H
Nachtschwalbe, rothalsige – Rothalsziegenmelker	O3
Nachtschwalbe, sandfarbene – Pharaonenziegenmelker	H
Nachtschwälk – Ziegenmelker	Do,F
Nachtspade – Ziegenmelker	Be1,Krü
Nachtspinkerier – Nachtigall	Do,F
Nachtsspade – Ziegenmelker	Suol
Nachttrappe – Triel	Do,F
Nachtuhl, lütt – Steinkauz	F
Nachtvagel – Trauerente	H
Nachtviole – Ziegenmelker	Do,F,Scha
Nachtvogel – Nachtigall	Krü
Nachtvogel – Steinkauz	F
Nachtvogel – Trauerente	Do,F
Nachtvogel – Ziegenmelker	Ad,Be1,Be2,Be,Be97,Buff,F,GD,K,Krü,…
	…N,Schwf,Suol Frisch T. 101.
Nachtwache – Hakengimpel	Be2,F,N
Nachtwache von Nattvaka – Kiefernkreuzschnabel	GD
Nachtwächter – Haushuhn	Buff,K Frisch T. 127–137.
Nachtwanderer – Ziegenmelker	Ad,B,Be1,Be2,Be,Buff,F,GD
Nachtwanderer, europäische – Ziegenmelker	Krü
Nachtwandrer – Ziegenmelker	N
Nackenwindel – Wendehals	B,F,Fri,N
Nacktschnabel – Saatkrähe	B,Be2,Be,Be97,Be05,F,N,V
Nadelschwanz – Spießente	B,Be1,Be2,Be,Buff,F,GD,N Pennant
Nadelschwänziger Segler – Stachelschwanzsegler	H
Nadelschwänziges Flughuhn – Spießflughuhn	MW
Nadlenwindel – Wendehals	Do,F
Naebelkräe – Nebelkrähe	GesS
Nagelhetz – Elster	Suol,zLa
Nägenmorder – Neuntöter	Häp
Nägenmürer – Neuntöter	Do,F,WüCl
Nägenmürer – Raubwürger	F
Nägenmürer, grot – Raubwürger	WüCl
Naghtrauen – Nachtreiher	Tu
Naghtrauen – Ziegenmelker	Suol
Naghtrave – Ziegenmelker	GesS
Nägnmörer – Neuntöter	Scha
Nägnmörer – Neuntöter und Würger (allg.)	Suol

Nahtagala – Nachtigall	Suol	
Nahtegal (schwäb.) – Nachtigall	Ad,Krü	Pescheck, 13. Jahrh.
Nahtram – Waldkauz	Ad	
Nahtwigglen – Kauz (allg.)	Suol	
Napoleonsschnepfe – Dunkler Wasserläufer	Do,F,H	Do: Napoleonschnepfe.
Narr – Rotfußtölpel?	GD	Oder Baßtölpel?
Narr – Zippammer	Be2,Be97,Buff,F,GD,N	Buffon/Otto Bd. 12.
Narrenente – Kragenente	B	
Närrische Ammer – Zippammer	Buff	Buffon/Otto Bd. 12.
Närrischer Sperling – Italiensperling	Buff	
Nasichte – Prachteider	o.Qu.	
Naßarsch – Zaunkönig	Suol	
Naßaschelche – Zaunkönig	Suol	
Nässelfink – Braunkehlchen	Be,Krü	
Nater Halß – Wendehals	zLa	Nach Gessner, 1555, 552.
Nater Wendel – Wendehals	zLa	Nach Gessner, 1555, 552.
Nater Zwang – Wendehals	zLa	Nach Gessner, 1555, 552.
Naterhalß – Wendehals	GesSH,Suol	
Naterwendel – Wendehals	GesSH,Schwf,Suol	
Naterwindel – Wendehals	Fri,P	
Naterzwang – Wendehals	GesSH,Suol	
Natewatta (schwed.) – Karmingimpel	Buff	
Natteradler – Schlangenadler	CLB3	
Natterbussard – Schlangenadler	B	
Natterers Laubsänger – Berglaubsänger	CLB2	KNB
Natterers Sänger – Berglaubsänger	MW	
Nattergaal – Nachtigall	Häp	
Nattergal – Nachtigall	Bri	
Natterhals – Wendehals	Ad,B,Be1,2,Be,Buff,Hp,K,Krü,N,V	Frisch T. 38.
Natternadler – Schlangenadler	Be,F,N,WüCl	
Natternadler, kurzzehiger – Schlangenadler	CLB2	
Natternwendel – Wendehals	Do,F	
Natternwindel – Wendehals	P1	
Nattervogel – Wendehals	Ad,N	
Natterwendel – Wendehals	Ad,B,Be2,Be,Buff,Hp,K,Krü,N,Suol	
Natterwidel – Wendehals	Suol	
Natterwinde – Wendehals	Suol	
Natterwindel – Wendehals	B,Be1,Be2,Be,Be97,Buff,GD,Hp,Krü,N,Suol,Z	
Natterwindtel – Wendehals	Z	
Natterzange – Wendehals	B,F	
Natterzwang – Wendehals	Ad,Be,2,Be,Buff,F,GD,Hp,K,Krü,N	Frisch T. 38.
Naumannische Drossel – Naumannsdrossel	CLB2,MW,O3	KNB
Naumanns-Drossel – Rostflügel- oder Rostschwanzdrossel	CLB3,N	
Nawelrawen – Nebelkrähe	Suol	
Nebel Khre – Nebelkrähe	zLa	
Nebel Kraehe – Nebelkrähe	Fri	Frisch T. 65.
Nebel-Krahe – Nebelkrähe	P1	
Nebel-Rabe – Nebelkrähe	N	

Nebeldohle – Dohle	Fri	
Nebelgeier – Rauhfußbussard	B,F,Jä	
Nebelkra – Nebelkrähe	HaSa,Suol	Pescheck 13. Jahrh.
		Hans Sachs, 1531: Regiment …, V. 124.
Nebelkrae – Nebelkrähe	Buff,Suol	
Nebelkrähe – Nebelkrähe	Ad,B,Be1,Be2,Be,Be97,Be05,Buff,CLB1,2,GD,…	
	…GesSH,Hp,Jä,K,Krü,N,O1,2,3,V,Z	KNB
Nebelkrähe, hochköpfige – Nebelkrähe	CLB3	
Nebelkrähe, plattköpfige – Nebelkrähe	CLB3	
Nebelkrapp – Nebelkrähe	Do,F	
Nebelkraye – Nebelkrähe	Be2,H,Schwf	
Nebelkrehe – Nebelkrähe	zLa	
Nebelkrey – Nebelkrähe	StVb	
Nebelmeise – Sumpfmeise	Be	
Nebelrabe – Nebelkrähe	F,Jä,MW	Meyer/Wolf 1810? KN
Neben – Steinsperling	zLa	
Nebenlerch – Steinsperling	zLa	
Nedderkenblatt – Bekassine	Bri,Häp	
Neegendöter – Neuntöter	Do,F	
Neg'nmürer, grot – Raubwürger	H	
Neg'nmürer, isländisch – Raubwürger	H	
Negendöder – Neuntöter und Würger (allg.)	Suol	
Nêgendöter – Neuntöter und Würger (allg.)	Suol	
Nêgenmarder – Neuntöter und Würger (allg.)	Suol	
Negenmarten – Raubwürger	H	
Negenmörder (nieders.) – Neuntöter	Ad,Bri,Häp,Suol	Auch: Neuntöter u. Würger allg.
Negenmürer – Neuntöter und Würger (allg.)	Suol	
Negerhuhn – Haushahn	GD	Hühnerrasse
Negn'mürer – Neuntöter	H	
Neimêrder – Neuntöter und Würger (allg.)	Suol	
Nerike – Haubentaucher	B,Be2,Be,F,N,O1	
Nerrelkönig – Zaunkönig	Scha	
Nesselente – Schnatterente	B,Be2,F,N	
Neßelfink – Braunkehlchen	Buff	
Nesselfink – Braunkehlchen	Ad,Be1,Be2,Be,Be97,F,Krü,N	
Nesselfink – Dorngrasmücke	Do.F	
Nesselfink – Grauschnäpper	B,Be2,Be,F,N	
Nesselfinke – Braunkehlchen	GD	
Nesselfinke – Grauschnäpper	Be1,Buff,Krü	
Nesselkönig – Zaunkönig	Ad,B,Be,Be1,2,Buff,F,GD,Hp,K,Krü,N	
Nesselkünig – Zaunkönig	GesSH,Suol	Frisch T. 24.
Nesselstuk – Braunkehlchen	Ad	
Nesselzeischen – Birkenzeisig	F,N	
Nesselzeisig – Birkenzeisig	Do,F	
Nesselzeislein – Birkenzeisig	Be2,Be	
Neststörer – Neuntöter	Do,F	
Nettelkön'k – Zaunkönig	Häp	
Nettelkönig – Braunkehlchen	Do,F	
Nettelkönig – Zaunkönig	Krü,Scha	

Nettelkönning (nieders.) – Zaunkönig	Be2,Be,N,Suol	
Netzescharb (helv.) – Kormoran	GesS,Suol	
Neumodi-Vogel (ungar.) – Rosenstar	H	
Neumodivogel – Rosenstar	Do,F	
Neun Mörder – Neuntöter	Schwf	
Neun Mürder – Raubwürger	Tu	
Neun-Tödter – Neuntöter	G	
Neun-Tödter, großer – Raubwürger	G	
Neun-Tödter, kleiner – Neuntöter	G	
Neünmörder – Neuntöter	Ad,B,F,H,zLa	Auch bei Gessner, 1555.
Neunmörder – Neuntöter und Würger (allg.)	Suol	
Neunmörder – Raubwürger	Be1,Be2,Be,Buff,GesH,Krü,N	
Neunmörder – Rotkopfwürger	Fri,H	
Neunmörder – Würger allg.	StVb	
Neunmörder, großer – Raubwürger	GesH	
Neunmürder, Großer – Raubwürger	Tu	
Neuntöder – Rotkopfwürger	Fri	
Neuntöder, blauer – Raubwürger	Be1	
Neuntöder, gemeiner – Raubwürger	Be1	
Neuntöder, großer Europäischer – Raubwürger	Be1	
Neuntöder, großer roter – Rotkopfwürger	Be1	
Neuntöder, kleiner – Neuntöter	Be1	
Neuntöder, kleiner aschgrauer – Schwarzstirnwürger	Be1	
Neuntöder, mittlerer – Rotkopfwürger	Be1	
Neüntödter – Neuntöter	P,zLa	Auch bei Gessner, 1555.
Neuntödter – Raubwürger	Buff,GesH,P	
Neuntödter – Rotkopfwürger	P	
Neuntödter, aschfärbener – Raubwürger	Z	
Neuntödter, blauer – Raubwürger	N	
Neuntödter, gemeiner – Raubwürger	Be2,Be,GD,N	
Neuntödter, großer – Raubwürger	GD,P1,Z	
Neuntödter, großer blauer – Raubwürger	JAN	
Neuntödter, großer europäischer – Raubwürger	Buff,GD	
Neuntödter, großer roter – Rotkopfwürger	GD,JAN,N	
Neuntödter, größter – Raubwürger	Be2,Be	
Neuntödter, kleiner – Neuntöter	GD,Z	
Neuntödter, kleiner aschfarbener – Neuntöter	N	
Neuntödter, kleiner aschgrauer – Schwarzstirnwürger	Be2,Be,N	
Neuntödter, kleiner grauer – Schwarzstirnwürger	GD	
Neuntödter, kleiner rostiger – Neuntöter	GD	
Neuntödter, kleiner rostiger – Rotkopfwürger	Buff	
Neuntödter, kleinerer – Neuntöter (?)	Z	
Neuntödter, kleinster – Bartmeise	Be1,Be2,Be,Buff,GD	
Neuntödter, mittlerer – Raubwürger	GD	

Neuntödter, mittlerer – Rotkopfwürger	Buff,GD,Z	
Neuntödter, mittlerer – Schwarzstirnwürger	Z	
Neuntödter, rostiger – Neuntöter	GD	
Neuntödter, rostnackiger – Rotkopfwürger	N	
Neuntödter, roter – Neuntöter	GD	
Neuntödter, rotköpfiger – Rotkopfwürger	CLB2,V	
Neuntödter, rotrückiger – Neuntöter	CLB2,V	
Neuntödter, schwarz sprenglicher – Rotkopfwürger	Z	
Neuntödter, schwarzer und weißer großer – Raubwürger	P	
Neuntöter – Gerfalke	Be2,N	
Neuntöter – Neuntöter	Ad,B,Krü,N	Gessner 1555: Nüntöder.
Neuntöter – Raubseeschwalbe	Krü	
Neuntöter – Raubwürger	Ad,F,N,O1	
Neuntöter – Würgfalke	N	
Neuntöter, aschfarbener kleiner – Neuntöter	Be2	
Neuntöter, aschfarbiger – Raubwürger	Be2,Be,N	
Neuntöter, aschfarbner – Neuntöter	Be	
Neuntöter, blauer – Raubwürger	Be2,Be,F	
Neuntöter, blauer – Schwarzstirnwürger	F	
Neuntöter, brauner – Neuntöter	H	
Neuntöter, gemeiner – Raubwürger	Be,Krü	
Neuntöter, grauer – Raubwürger	Be05	
Neuntöter, großer – Raubwürger	Be97,Be05,CLB2,Jä,O2,V	Auch mit dt.
Neuntöter, großer – Rotkopfwürger	Be97	
Neuntöter, großer bunter – Raubwürger	Ad,Krü	
Neuntöter, großer europäischer – Raubwürger	Be2,Be,N	
Neuntöter, großer roter – Rotkopfwürger	Be2,Be,Krü	
Neuntöter, großer roter – Schwarzstirnwürger	Be05	
Neuntöter, kleiner – Neuntöter	Be,Be97,Be05,Krü	
Neuntöter, kleiner grauer – Schwarzstirnwürger	Be2,N,O2	N: Neuntödter.
Neuntöter, kleiner rostiger – Rotkopfwürger	Be2,Be,K,N	
Neuntöter, kleiner roter – Neuntöter	Be2,N	N: Neuntödter.
Neuntöter, kleinster – Bartmeise	Be,Krü,N	
Neuntöter, mittler – Rotkopfwürger	Be2,Be,N	
Neuntöter, schwarzöhriger – Rotkopfwürger	Be2,Be,N	
Neunwürger – Neuntöter	N	
Neuvogel – Schneeammer	Ad,B,Be1,Be2,Be,Buff,F,GD,K,Krü,N,Suol,Schwf	
Nicabitz (österr.) – Bergfink	P,Suol	
Nicawitz – Bergfink	Fri	
Nickawitz – Bergfink	Ad,Krü,Suol	
Nicowitz – Bergfink	GD	
Niederlendisch Endtlin – Zwergsäger	Suol	
Niederlendisch kutzen – Sperlingskauz	Suol	

Niedelkiönik – Zaunkönig	Bri	
Niederländisches Endtlin – Zwergsäger	Be	
Niederländisches Entchen – Zwergsäger	Be2,GD,N	
Niederländisches Entchen – Zwergtaucher	Be1	
Niederlendisch Endtlin – Zwergsäger	Schwf	
Nieper, französ (helgol.) – Zwergammer	H	
Nieselzeisig – Girlitz	Do,F	
Niezer – Rohrammer	Do,F	
Nifferl – Fitis	Suol	
Nigald – Krähenscharbe	O1	
Night-Heron (engl.) – Nachtreiher	Tu	
Nigowitz – Bergfink	Suol	
Nigowitzer – Bergfink	Suol	
Nikabitz – Bergfink	Be1,Be2,N	
Nikabiz – Bergfink	Buff,F,Hp,Krü	
Nikaviz – Bergfink	Buff,Krü	
Nikawiss – Bergfink	Be1,Be2,Be,F,N	
Nikawitz – Bergfink	Ad,Be97,Be,Buff,Krü	
Nikawiz – Bergfink	Hp	
Nikeviz – Bergfink	Buff,Krü	
Nikowitz – Bergfink	Buff,GD,Jä,Krü	
Nikowiz – Bergfink	Hp	
Nikwitz – Bergfink	Jä	
Nilgans – Nilgans	B,Buff,Krü,O2	
Nilssonsches Goldhähnchen – Sommergoldhähnchen	CLB3	
Nimmersatt – Rosapelikan	Ad,B,Be1,Be2,Be,Buff,F,Fri,GD,K,Krü,N,Suol	
Nimmersatt – Sichler	Be2,N	
Nimmersatt, brauner – Sichler	CLB2,N	
Nimmersatt, gemeiner – Sichler	Be2,Be,N	
Nimmersatt, sichelschnäbeliger – Sichler	MW	
Nimmersatt, sichelschnäbliger – Sichler	Be2,N	
Niögenmåner – Neuntöter und Würger (allg.)	Suol	
Niögenmårder – Neuntöter und Würger (allg.)	Suol	
Nirgel – Schwarzspecht	Do	
Nirper, road-sträked (helgol.) – Waldammer	H	
Niwelkrägge – Nebelkrähe	Bri	
Nöddehakker (dän.) – Kleiber	H	
Noddi, gemeiner – Noddiseeschwalbe	H	
Nödwaeke (norw.) – Kleiber	H	
Noesselfinke – Braunkehlchen	Buff	
Non (engl.) – Blaumeise	Tu	Parus cæruleus.
Nonn Endte – Zwergsäger	Schwf	
Nonn Endtlin – Zwergsäger	Schwf	
Nonn-Meiße – Sumpf-/Weidenmeise	Z	
Nonn, wysse – Zwergsäger	GesS	
Nonne – Bachstelze	B	
Nonne – Mönchsgrasmücke	Do,F,Scha	
Nonne – Schleiereule	Jä	

Nonne – Sumpfmeise	Do,F	
Nonne – Zwergsäger	GesH,Krü,O1,WüCl	
Nonne, weiße – Zwergsäger	Be2,Be,Be97,Buff,GD,GesH,Hp,N,O2,V	
Nonne, weiße – Zwergtaucher	Be1	
Nonneli – Zwergsäger	N	
Nonnenentchen – Zwergsäger	B,Be2,Be,GD,N	
Nonnenentchen – Zwergtaucher	Be1	
Nonnenente – Zwergsäger	F,JAN,Krü	
Nonneneule – Schleiereule	Do,F	
Nonnengans – Ringelgans	Be2,Be,Buff,GD,N	
Nonnengans – Weißwangengans	B,Be2,F,N,O1,Suol	
Nonnengrasemücke – Mönchsgrasmücke	Scha	
Nonnengrasmücke – Mönchsgrasmücke	Do,F	
Nonnenmeese – Sumpfmeise	Scha	
Nonnenmeise – Sumpf-/Weidenmeise	Ad,B,Be1,Be2,Be,Be97,Buff,F,GD,Hp,Krü,O2… … Frisch, T. 13b–2, 1736.	
Nonnenmeise – Sumpfmeise	N	
Nonnenmeise, aschgraue – Sumpf-/ Weidenmeise	Be2,Be,Buff,GD,N	
Nonnenmeise, gemeine – Sumpfmeise	H	
Nonnensäger – Zwergsäger	Buff	
Nonnensteinschmätzer – Nonnensteinschmätzer	B	
Nonnentaube – Haus-/Felsentaube	Buff,GD	Zu Rasse Haubentaube.
Nonnmaise – Sumpf-/Weidenmeise	HHM	
Nonnmeise – Sumpf-/Weidenmeise	Buff	
Nord-Seetaucher – Sterntaucher	N	
Nordamerikan. weißköpfiger Seeadler … … – Weißkopfseeadler	V	
Nordamerikanische Silbermöve – Silbermöwe	CLB3	
Nordamerikanischer Seeadler – Weißkopf-Seeadler	CLB3	
Nordamerikanischer Wasser-Pieper – Pazifikpieper	H	
Nordeuropäische Gryllumme – Gryllteiste	CLB3	
Nordgans – Bläßgans	Do,F	
Nordgans – Rothalsgans	Be2,N	
Nordgans – Weißwangengans	Buff,N	Bei Pallas.
Nordgans, bunte – Rothalsgans	Be2,Buff,GD,N	
Nordgans, gemeine rothfüßige – Weißwangengans	Buff	
Nordgans, wilde – Bläßgans	Be2,Buff,N	Bei Brisson.
Nordische Ammer – Waldammer	CLB2,O3	KNB
Nordische Bachstelze – Bachstelze	CLB3	
Nordische braune Ente – Samtente	Be2,Be,N	
Nordische braune oder schwarze Ente – Samtente	Buff,GD	
Nordische Dohle – Dohle	CLB3	

Nordische Eiderente – Eiderente	CLB3	
Nordische Eidertauchente – Eiderente	CLB2	KNB
Nordische Elster – Elster	CLB3	
Nordische Fettgans – Riesenalk (ausgest.)	GD	
Nordische Gans – Schneegans	Be2,Be,Buff,GD,N,O1	
Nordische Grauammer – Grauammer	CLB3	
Nordische Graugans – Graugans	CLB3,N	
Nordische Grylllumme – Gryllteiste	CLB2,N	KNB
Nordische Haubenmeise – Haubenmeise	CLB3	
Nordische Lerche – Ohrenlerche	F	
Nordische Lerchenammer – Schneeammer	Be2	
Nordische Meerschwalbe – Küstenseeschwalbe	N	
Nordische Meve – Sturmmöwe	Be2,Be	
Nordische Möve – Sturmmöwe	N	
Nordische Ringamsel – Ringdrossel	CLB3	
Nordische Schafstelze – Gebirgsstelze	CLB3	
Nordische Schafstelze – Schafstelze	H	U.-Art: Nord. Schafst. (M. f. thunbergi).
Nordische Schneegansente – Schneegans	CLB3	
Nordische Schneelerche – Ohrenlerche	Be	
Nordische Schwanzente – Eisente	Buff	
Nordische Schwartze Ente – Samtente	Fri	
Nordische schwarze Ente – Samtente	Be2	
Nordische Schwarzendte – Samtente	Buff	
Nordische Seeschwalbe – Flußseeschwalbe	CLB3	KNB
Nordische Seeschwalbe – Küstenseeschwalbe	CLB1,2,F,N	KNB
Nordische Sturmmöwe – Sturmmöwe	CLB3	
Nordische Sumpfmeise – Sumpfmeise	H	Parus salicarius borealis.
Nordische Sumpfmeise – Weidenmeise	H	
Nordische Sumpfschnepfe – Bekassine	CLB3	
Nordische Wasserralle – Wasserralle	CLB3	
Nordische weissäugige Moorente – Moorente	CLB3	
Nordischer Alk – Papageitaucher	Be2,N,O1	
Nordischer Ammer – Waldammer	CLB2	KNB
Nordischer Baumfalke – Baumfalke	CLB3	
Nordischer Baumhacker – Schwarzspecht	CLB3	
Nordischer Buchfink – Bergfink	CLB3	
Nordischer Bussard – Mäusebussard	CLB3	
Nordischer Dompfaff – Gimpel	Bri	
Nordischer Edelfink – Buchfink	CLB3	
Nordischer Eichelheher – Eichelhäher	CLB3	
Nordischer Goldadler – Steinadler	CLB3,N	N: Bd. 13/008.
Nordischer Goldammer – Goldammer	CLB3	
Nordischer Goldregenpfeifer – Goldregenpfeifer	Bri	
Nordischer Grauhänfling – Berghänfling	F	
Nordischer Grünling – Grünfink	CLB3	

Nordischer Habicht – Habicht	CLB3	
Nordischer Kauz – Bartkauz	CLB2	KNB
Nordischer Kibitz-Regenpfeifer – Kiebitzregenpfeifer	N	
Nordischer Kleiber – Kleiber	CLB3	
Nordischer Larventaucher – Papageitaucher	CLB2,3,N	KNB
Nordischer Laubvogel – Wanderlaubsänger	H	
Nordischer Lerchenammer – Schneeammer	Be,Buff,GD,N	
Nordischer Meeruferläufer – Rotschenkel	CLB3	
Nordischer Papagaitaucher – Tordalk	N	Hier richtig: a.
Nordischer Papageitaucher – Tordalk	CLB2	KNB
Nordischer Papagoy – Papageitaucher	Gun	
Nordischer Penguin – Riesenalk (ausgest.)	GD	
Nordischer Rohrammer – Rohrammer	CLB3	
Nordischer Schilfsänger – Schilfrohrsänger	CLB3	
Nordischer Schneekauz – Schnee-Eule	CLB3	
Nordischer Schrappvogel – Schwarzschnabel-Sturmtaucher	O2	
Nordischer Schwan – Singschwan	CLB2,F,V	KNB
Nordischer schwirrender Laubvogel – Waldlaubsänger	CLB3	
Nordischer Seeadler – Seeadler	CLB3	
Nordischer Seehahn – Prachttaucher	Buff,Krü	
Nordischer Seepapagey – Papageitaucher	Cz	
Nordischer Seetaucher – Sterntaucher	CLB2	KNB
Nordischer Sperling – Feldsperling	CLB3	
Nordischer Sporner – Schneeammer	CLB3	
Nordischer Staar – Star	CLB3	
Nordischer Steinkauz – Steinkauz	CLB3	
Nordischer Steinschmätzer – Braunkehlchen	CLB3	
Nordischer Steinschmätzer – Steinschmätzer	CLB3	
Nordischer Steinwälzer – Steinwälzer	CLB3	
Nordischer Steißfuß – Ohrentaucher	CLB2,N	KNB
Nordischer Stieglitz – Stieglitz	CLB3	
Nordischer Strandläufer – Odinshühnchen	Be2,Be,Buff,N	
Nordischer Sturmtaucher – Schwarzschnabel-Sturmtaucher	CLB2,3,N	KNB
Nordischer Sturmvogel – Schwarzschnabel-Sturmtaucher	N	
Nordischer Taucher – Ohrentaucher	F,N	
Nordischer Taucher – Papageitaucher	N	
Nordischer Taucher – Sterntaucher	CLB2	KNB
Nordischer Tauchersturmvogel … … – Schwarzschnabel-Sturmtaucher	N	
Nordischer Uferpfeifer – Sandregenpfeifer	CLB3	
Nordischer Uhu – Uhu	CLB3	
Nordischer Wasserschwätzer – Wasseramsel	BB,CLB1,2,3	KNB

Nordischer Weißschwanz – Steinschmätzer	CLB3	
Nordisches Goldhähnchen – Wintergoldhähnchen	CLB3	
Nordisches Rothkehlchen – Rotkehlchen	CLB3	
Nordisches Schneehuhn – Moorschneehuhn	CLB1	
Nordisches Schneewaldhuhn – Moorschneehuhn	CLB1	
Nordisches Teichhuhn – Teichhuhn	CLB3	
Nordlandsheher – Unglückshäher	N	N: Bd. 13/214.
Nördliche Bartmeise – Bartmeise	CLB3	
Nördliche Rohrdommel – Rohrdommel	CLB3	
Nördliche Schwanzente – Eisente	Be2,GD,N	
Nördlicher dreizehiger Specht – Dreizehenspecht	Be2,N	
Nördlicher Ohrentaucher – Ohrentaucher	Krü,O2	
Nördlicher rothälsiger Taucher – Sterntaucher	CLB3	
Nördlicher Taucher – Sterntaucher	Be2,Buff,Krü,N	
Nordmeve, große – Eissturmvogel	Krü	
Nordmöve, große – Eissturmvogel	Buff	
Nordöstliche Grylllumme – Gryllteiste	CLB2,N	KNB
Nordöstlicher Gänsesäger – Gänsesäger	CLB3	
Nordöstlicher Habicht – Habicht	zLa...	
	... Accipiter gentilis buteoides, Menzbier 1882	
Nordöstlicher rothälsiger Taucher – Sterntaucher	CLB3	
Nordöstlicher Singschwan – Singschwan	CLB3	
Nordseeausternfischer – Austernfischer	CLB3	
Nordseetaucher – Sterntaucher	Bri,Do,F,WüCl	Naum. 1844: Nord-Seetaucher.
Nordseetaucher – Sterntaucher	Do	
Nordvogel – Falkenraubmöwe	N	
Nordvogel – Gänsesäger	Krü	
Nordvogel – Krabbentaucher	Gun	
Nordvogel – Schmarotzerraubmöwe	Be2,Be,Buff,F,GD,N,O1	
Nordvogel – Skua	Buff	
Nordwestvogel – Odinshühnchen	Buff	
Norhan – Auerhahn	Int.	Norhannen (plur.).
Noricke – Haubentaucher	Buff,F,N	
Nöricke – Haubentaucher	Fri	
Noricke – Lappentaucher (allg.)	Suol	
Noricke – Lappentaucher (allg.)	Fri	
Noricke – Zwergtaucher	GD	
Nöricke – Zwergtaucher	Fri	
Norike – Haubentaucher	Be2	
Nörike – Haubentaucher	Fri	
Nöring – Haubentaucher	Buff,Fri	
Nöring – Lappentaucher (allg.)	Fri,Suol	
Nöringente – Gänsesäger (weibl.)	Fri	

Nork – Haubentaucher	GD	
Nörke – Bläßhuhn	Scha	
Norke – Haubentaucher	Fri	
Nörke – Haubentaucher	Buff	
Nörke – Lappentaucher	Suol	Tschech. norek, wend. norjak.
Norke – Lappentaucher (allg.)	Fri,Suol	
Nörks – Gänsesäger	Krü	
Norks – Haubentaucher	GD	
Norks – Mittelsäger	GD	
Nörks – Mittelsäger	B,Be1,Be2,Be,Krü,N,O1	
Nörks – Zwergsäger	Buff	
Norwegische Eiderente – Eiderente	CLB3	
Norwegische Lumme – Trottellumme	CLB3	
Norwegischer Falke – Rauhfußbussard	Be2,GD,N	
Norwegischer Geier – Schmutzgeier	Be2,N	
Norwegischer Geierfalke – Gerfalke	Be1	
Norwegischer Gerfalk – Gerfalke	H	
Norwegischer Geyer – Gänsegeier	GD	
Norwegischer Geyer – Schmutzgeier	Buff	
Norwegischer Geyerfalke – Gerfalke (Var.)	Buff,GD	
Norwegischer Girfalk – Gerfalke	H	
Norwegischer Grünspecht – Grauspecht	B,Buff,GD	Bei Klein.
Norwegischer Jagdfalk – Gerfalke	H	
Norwegischer Specht – Grauspecht	Be2,Be,F,N	
Norwegisches Felsenschneehuhn –	CLB3	
Alpenschneehuhn		
Norwestlicher rothhälsiger Taucher –	CLB3	
Sterntaucher		
Nössel König – Zaunkönig	Schwf	
Nösselfincke – Trauerschnäpper (sil.)	Schwf,Suol	
Noßelfink – Braunkehlchen	Buff	
Nosselfink – Braunkehlchen	Ad,Krü	Ad + Krü: Nossel- .
Nösselfink – Grauschnäpper	K	Frisch T. 22.
Nösselfink – Trauerschnäpper	Do,F	
Nösselfinke – Braunkehlchen	Be1,Be2,N	
Nößelkönig – Zaunköniglein	Buff	
Nötebicker (nieders.) – Tannenhäher	Ad,Krü	
Nötebiter – Kleiber	Suol	
Nöthäher – Tannenhäher	Do,F	
Nötknacker – Tannenhäher	Do,F	
Notmusch (holl.) – Steinsperling	H	
Nötväcka (schwed.) – Kleiber	H	
Nousbrecher – Tannenhäher	Tu	
Nubischer Brachpieper – Brachpieper	CLB3	
Nuenmoerder – Würger	GesS	Weitere Zuordnung nicht möglich.
Nuenmoerder, groser – Raubwürger	GesS	„Groser" ist richtig.
Nuentöder – Würger	GesS	Weitere Zuordnung nicht möglich.
Nuetsmouk – Ziegenmelker	Suol	

Nuin Mürder – Raubwürger	Tu	
Nuin-mûrder – Neuntöter und Würger (allg.)	Suol	
Numenius – Großer Brachvogel	Buff	
Numidische Henne – Helmperlhuhn	zLa	„Gallina Numidica" bei Ges 1555, 462.
Numidische Jungfer – Jungfernkranich	Buff,CLB2,Krü,N,O1	KNB
Numidischer Hahn – Helmperlhuhn	Buff	
Numidischer Kranich – Jungfernkranich	CLB2,Krü,N	KNB
Numidisches Huhn – Helmperlhuhn	Be1,Krü	
Nun, grawe – Zwergsäger	zLa	Gessner: Aus Straßburg.
Nun, weiße – Zwergsäger	zLa	
Nun (engl.) – Blaumeise	Tu	Parus cæruleus.
Nünemörder – Neuntöter und Würger (allg.)	Suol	
Nünmörder – Neuntöter und Würger (allg.)	Suol	
Nunn, grauwe – Zwergsäger	GesS	
Nunn, grawe – Zwergsäger	Suol	
Nunn, grawe – Zwergsäger (weibl.)	StVb	
Nunn, große weiße – Zwergsäger	Baldn	
Nunn, große weiße – Zwergsäger	Suol	
Nunn, weiß – Zwergsäger	Suol	
Nunn, weiße – Zwergsäger	StVb	
Nunnel – Zwergsäger	Zupo	1459
Nünnel – Zwergsäger	Schnurre	
Nünnel – Zwergsäger	zLa,Zupo	Straßbg. Stadtverordng. 1449.
Nünnelin – Zwergsäger	Zupo	15. Jahrh.
Nunnen – Zwergsäger	Zupo	1425
Nünnlin – Zwergsäger	StVb,Zupo	15. Jahrh.
Nünnlin – Zwergsäger	Suol	
Nüntöder – Neuntöter und Würger (allg.)	Suol	
Nüntöter – Neuntöter und Würger (allg.)	Suol	
Nus Här – Eichelhäher	Suol	
Nus Här – Eichelhäher (sil.)	Schwf	
Nusbickel – Kleiber	StVb	
Nuserle – Zaunkönig	Suol	
Nushacker – Kleiber	Suol	
Nushaer – Kleiber	Suol	
Nushaer – Tannenhäher	Suol	
Nushäkker – Kleiber	Tu	
Nushäkker – Kleiber	Suol	
Nuß Hecker – Eichelhäher	Schwf	
Nuß-Heeger – Eichelhäher	G	
Nuß-Heger – Eichelhäher	G	
Nuss-Heher – Eichelhäher	Fri	
Nuß-Heher – Tannenhäher	Z	
Nuß-Heyer – Eichelhäher	G	
Nußacker – Eichelhäher	F	
Nußbeißer – Eichelhäher	Be1,Be2,Be,Be97,Krü,N	
Nußbeißer – Eichelhäher	GD	
Nußbeißer – Kernbeißer	B,Be1,Be2,Be,Be97,F,N	
Nußbeißer – Kernbeißer	Buff,GD	

Nußbeißer – Tannenhäher	Buff,Hp	
Nußbeißer – Tannenhäher	GD	
Nußbeißer – Tannenhäher	Ad,B,Be1,Be2,Be,Be97,F,Krü,N,Suol	
Nußbickel – Kleiber	Buff	
Nußbickel – Kleiber	Be2,Krü,N	
Nußbicker – Kleiber	Suol	
Nußbicker – Kleiber ?	Kö	„Picus cinereus."
Nußbicker – Tannenhäher	Ad,Buff,GesS,Hp,Krü,Schwf,Suol	
Nußbrecher – Tannenhäher	Ad,Be1,Be2,Be,Buff,F,GD,GesSH,Hp,K,Krü,…	
	…N,Schwf,Suol, zLa	Frisch T. 56.
Nußbreischer – Tannenhäher	Be,K	
Nußbretscher – Tannenhäher	Buff,GesSH,Krü,Suol,zLa	
Nussenkracher – Tannenhäher	Suol	
Nusser – Eichelhäher	H	
Nusserl – Tannenhäher	Suol	
Nussert – Eichelhäher	H	
Nussert – Tannenhäher	Do,F,Suol	
Nußfink – Feldsperling	B	
Nußgraggl – Tannenhäher	Suol	
Nußgrankel – Tannenhäher	Suol	
Nußgratscher – Tannenhäher	Suol	
Nußhacker – Eichelhäher	B,Be1,Be2,Be,Be97,GD,Krü,N	
Nußhäcker – Kleiber	GesH	
Nußhacker – Kleiber	Ad,Be1,Be2,Be,Be97,Buff,F,GD,Krü,N	
Nußhacker – Tannenhäher	Ad,Be1,Be2,Be,Buff,CLB1,F,GD,Hp,Krü,Schwf	
Nußhackl – Tannenhäher	Suol	
Nußhaer – Kleiber	Be2,Krü,N	
Nußhaer – Tannenhäher	zLa	Von Gessner, 1555.
Nußhäher – Eichelhäher	Ad,F,Krü,V	
Nußhäher – Tannenhäher	Ad,F,GD,GesSH,Krü,P1,Suol,V,WüCl	
Nußhär – Eichelhäher	F	
Nußhart – Tannenhäher	Do,F	
Nußhauer – Kleiber	Buff	
Nußhecker – Eichelhäher	Be2,Be,Buff,F,N	
Nußhecker – Tannenhäher	Do,F	
Nußheer – Tannenhäher	HaSa,Suol	H. Sachs, 1531, Regiment …, V. 148.
Nußheher – Blauracke	Be2,Be,N	
Nußheher – Eichelhäher	B,Be,Be1,2,97,Buff,CLB2,Fri,GD,Jä,N	KNB
Nußheher – Tannenhäher	Be1,2,97,05,Buff,CLB1,GD,Hp,K,N,O1,2	KNB
Nußheher, rotbrauner – Tannenhäher	Buff	
Nußheher, schwarzer – Tannenhäher	Be2,Jä,N	
Nußheikel – Eichelhäher	Do,F	
Nußheüer – Tannenhäher	zLa	
Nußheyer – Eichelhäher	Be2,Be,N	
Nußjäägg – Tannenhäher	B,F	
Nußjäck – Eichelhäher	B,O1	
Nußjack – Eichelhäher	Do,F	
Nußjäck, schwarzer – Tannenhäher	Jä	
Nußjäk – Tannenhäher	Suol	

Nußjeck – Eichelhäher	Jä,N	
Nußknacker – Tannenhäher	B,Be1,Be2,Be,Be97,GD,Hp,Jä,Krü,N,Suol	
Nussknacker, gefleckter – Tannenhäher	CLB1	
Nußknacker, gemeiner – Tannenhäher	V	
Nussknacker, kurzschnäbliger –	CLB2,3	KNB
Tannenhäher		
Nussknacker, langschnäbliger –	CLB2	
Tannenhäher		
Nußknaker – Tannenhäher	Buff	
Nußkragel – Tannenhäher	Suol	
Nußkrähe – Tannenhäher	Ad,B,Be,Be1,2,97,Buff,CLB1,F,GD,Hp,K,Krü,N	
Nußkrahe – Tannenhäher	Schwf,Suol	Frisch T. 56.
Nußkrelchen – Tannenhäher	Do,F	
Nußkretscher – Tannenhäher	Be1,Be2,Be,GD,Krü,N,Suol	
Nußpicker – Kernbeißer	Krü	
Nußpicker – Kleiber	F,GesH,Krü,N,Scha,Suol,zLa	
Nußpicker – Tannenhäher	B,Be1,Be2,Be,Be97,F,GD,GesH,Hp,K,Krü,N	
Nußprangl – Tannenhäher	B,F	Frisch T. 56.
Nußrabe – Tannenhäher	B,CLB1,F,MW,N	Meyer/Wolf 1810 KN
Nußbickel – Kleiber	Suol	
Nußhäer – Eichelhäher	Suol	Name mit sß ist richtig.
Nußspatz – Feldsperling	B,F	
Nußsperling – Feldsperling	B,Be2,F,GD,N	
Nußsperling – Steinsperling	Be2,Krü,N	
Nusstschagele – Tannenhäher	Suol	
Nusstschargel – Tannenhäher	Suol	
Nußbicker – Kleiber	GesS	
Nußbickl – Kleiber	GesS	
Nußhacker – Kleiber	GesS	
Nußhäcker – Kleiber	GesS	
Nußhäher – Kleiber	GesS	
Nut-jobber (engl.) – Kleiber	Tu	
Nutschkebier – Buchfink	JAN	Finkenschlag, … z. T. auch Finkenname.
Nutseeker (engl.) – Kleiber	Tu	
Nyghyngall (engl.) – Nachtigall	Tu	
Nyn murder (engl.) – Raubwürger	Tu	
Nyraka – Moorente	Buff	
Nyroka-Ente – Moorente	N	
Nyroko-Ente – Moorente	Buff	
Oadebar – Weißstorch	Scha	
Oadeber – Weißstorch	Scha	
Oadlear (helgol.) – Seeadler	H	
Obär – Weißstorch	Bri,Häp	
Oberbürgermeister – Mantelmöwe	Do,F	
Oberschnabel – Säbelschnäbler	GesH,zLa	
Ochse – Zaunkönig	Buff,GD	
Ochsen Euglin – Goldhähnchen	Schwf	
Ochsen-Aeuglein – Goldhähnchen	K	Wintergoldhähnchen

Ochsenauge – Goldhähnchen	Ad	
Ochsenauge – Rotkehlchen	GD	In Sardinien.
Ochsenäugelen – Goldhähnchen	Be97	
Ochsenäuglein – Goldhähnchen	Be1,Be2,Be,GD,GesH,Hp	
Ochsenäuglein – Wintergoldhähnchen	F,N	
Ochseneugle – Goldhähnchen (allg.)	Suol	
Ochsenkopf – Neuntöter	Do,F	
Ochsenkopf – Rotkopfwürger	Fri	
Ochsenögele – Zaunkönig	Suol	
Ochsenpuper – Wiedehopf	F	
Ochsseneugle – Goldhähnchen	GesS	
Ocnus – Rohrdommel	GesH	
Odebär – Weißstorch	F,N	
Odebarr – Weißstorch	Suol	
Odeboer – Weißstorch	Be1,Be2,Be97,GD,GesH,N,Suol	
Odeheer – Weißstorch	Be1	
Oderbengel – Wendehals	H	
Odinshenne – Odinshühnchen	B,Do,F	Brehm 1867.
	… „Odinshenne“: Übersetzt aus Odinshani (isl.).	
Oedbäa – Weißstorch	Scha	
Oefener – Fitis	Suol	
Oehrigen – Lappentaucher	Fri	
Oehrlein – Lappentaucher	Fri	
Oelb (sächs.) – Höckerschwan	Buff,GD,GesH,Schwf	
Oelbs – Höckerschwan	Schwf	
Oelbsch – Höckerschwan	Buff	
Oellrick – Mäusebussard	Suol	Auch Oelrick, nach der Stimme.
Oere (dän.) – Seeadler	B	
Oernefalk (dän.) – Mäusebussard	Buff	
Oesterreicher – Nebelkrähe	Jä	
Oesterreicher, brauner – Rotmilan	Be2	
Oesterreichischer Falke – Rauhfußbussard	Be2	
Oesterreichischer Milan – Rotmilan	Be2	
Oesterreichischer Rohrspatz – Beutelmeise	Be2,N	
Officierkragen – Ringdrossel	Be2,GD,N	
Offizierkragen – Ringdrossel	Buff,F	
Oh-Hahn – Auerhuhn	K	
Ohhahn – Auerhuhn	K	Druckfehler? Ohrhahn?
Ohn-vogel – Rosapelikan	Buff	
Ohne Palatin (!) – Schmutzgeier	Buff	
Ohnvogel – Rosapelikan	Ad,B,Be2,GD,K,Krü,N,Schwf Suol,V	
		Frisch T. 186
Ohr Eule – Waldohreule	Schwf	
Ohr Han – Auerhuhn	Schwf	
Ohr kautz – Waldohreule	Suol	
Ohr Kutz – Waldohreule	Schwf,Suol	
Ohr-Eule – Waldohreule	Z	
Ohr-Han – Auerhuhn	Kö	
Ohrbeär, swarte – Schwarzstorch	Bri	

Ohrbeer – Weißstorch	Bri	
Ohren-Steißfuß – Schwarzhalstaucher	N	
Ohreneule, gemeine – Waldohreule	GD	
Ohreneule, große gelbbraune – Uhu	Be1,Be	
Ohrenheüjel – Waldohreule	Suol	
Ohrenkautz – Zwergohreule	N,O1	
Ohrenkäuzchen – Zwergohreule	Do,F	
Ohrenruech – Ohrentaucher	O1	
Ohrensteinschmätzer – Mittelmeer-Steinschmätzer	B,BB,CLB2,H	Hellkehlige Variante.. KNB
Ohrensteißfuß – Ohrentaucher	Be2,CLB1,2,F	KNB
Ohrensteißfuß – Schwarzhalstaucher	B,Be,CLB2,WüCl	
Ohrensteissfuss, rothälsiger – Ohrentaucher	CLB3	
Ohrensteissfuss, schwarzhälsiger – Schwarzhalstaucher	CLB3	
Ohrentaucher – Ohrentaucher	Be1,Be2,Buff,GD,Hp,Krü… … Müller 1773, Ü/Houttuyn 1763: Geoorde Fuut.	
Ohrentaucher – Schwarzhalstaucher	Be,CLB2,N	KNB
Ohrentaucher, bunter – Ohrentaucher	Krü,O2	
Ohrentaucher, nördlicher – Ohrentaucher	Krü,O2	
Ohrentaucher, südlicher – Schwarzhalstaucher	Krü,O2	
Ohreule – Uhu	Ad,Be2,Be	
Ohreule – Waldohreule	B,Be2,Be,Buff,CLB2,GD,Jä,N,Scha	
Ohreule, gemeine – Waldohreule	Be1,Be2,Be,N	
Ohreule, große – Uhu	Be,Be2,97,Buff,CLB1,2,F,GD,Krü,MW,N,O3,V… … Bechstein 1803. KNB	
Ohreule, große gelbbraune – Uhu	Be2,Buff,N	
Ohreule, große weiße – Schnee-Eule	GD	
Ohreule, große weiße – Uhu	Buff	Var. Lappland.
Ohreule, kleine – Waldohreule	Be2,GD,N	
Ohreule, kleine – Zwergohreule	Be,Be2,05,CLB2,GD,Hp,MW,N,O2,V… … Bechstein 1803. KN.	
Ohreule, kleine gelbe – Waldohreule	Hp	
Ohreule, kleine rotgelbe – Waldohreule	Be1,Be,N	
Ohreule, kleinere rotgelbe – Waldohreule	Be2,Buff	
Ohreule, kleinste – Zwergohreule	Be1,Be2,Be97,Buff,GD,Krü,N	
Ohreule, krainische – Zwergohreule	CLB2,Krü,N	
Ohreule, kraynische – Zwergohreule	Be2,Be	
Ohreule, kurzöhrige – Sumpfohreule	Be2,Be,MW,N	Bechstein 1803? KN.
Ohreule, mittle – Waldohreule	O1	
Ohreule, mittlere – Waldohreule (1)	Be1,Be2,Be,Be97,Be05,CLB1,2,3,Krü,MW,N,V	
Ohreule, mittlere – Waldohreule (2)	Buff,GD,Hp	KNB
Ohreule, rostgelbe – Waldohreule	JAN	
Ohreule, rotgelbe – Waldohreule	Be2,N	
Ohreuleurzöhrige – Sumpfohreule	Be2,Be	
Ohrgeier – Ohrengeier	O3	
Ohrhahn – Auerhuhn	Be1,Be2,Be,Be97,Buff,F,GD,Hp,K,Krü,N … Frisch T. 107. Klein: Ohhahn.	

Ohrhuhn – Wachtel	Ad	
Ohriger – Haubentaucher	Fri	
Öhriger – Haubentaucher	Fri	
Ohrkautz – Waldohreule	Be,Be2,GesH,N,V	
Ohrkautze – Ohreulen	O1	
Ohrkauz – Waldohreule	Be97,Do,F,GD	
Ohrkauz – Zwergohreule	B,F	
Öhrlein – Lappentaucher	Fri	
Ohrreutz – Waldohreule	Buff	
Ohrtaube – Turteltaube	K	Frisch T. 140.
Ohrvogel – Rosapelikan	Be1,Be,GD,Krü	
Ohu – Uhu	GesS,Schwf	
Oie cravant (franz.) – Ringelgans	H	
Oienken – Bergfink	Buff	
Ojefaar – Weißstorch	Häp	
Ojevaar – Weißstorch	Bri	
Okeitsok (grönl.) – Kormoran	Cz	Cranz S. 111.
Okens Nachtigall – Nachtigall	CLB3	
Oklaster – Elster	F,H	
Okulaster – Elster	H	
Olaster – Elster	Do,F	
Ölb – Höckerschwan	F,GesS,H	
Ölbaumspötter – Blaßspötter	H	
Ölbs – Schwan	Fri,GesS,H,Suol	Höckerschwan
Ölbsch – Höckerschwan	GesS	
Öldieb – Schleiereule	o.Qu.	
Old Radbraker – Raubwürger	Bri	
Olelster – Elster	H	
Olester – Elster	F	
Olifar – Weißstorch	Häp	
Olimerle – Pirol	Be1,Be,Buff,GesS,Hp,Krü	
Oliven Wasserhuhn – Teichhuhn (juv.)	Be,Buff,Fri	
Olivenammer – Ortolan (juv)?, Zaunammer (weibl.)?	GD	
Olivenbrauner Rohrschirf – Teichrohrsänger	Be2,N	
Olivenbrauner Spitzkopf – Schilfrohrsänger	N	
Olivenfarbener Strandläufer – Knutt	Be2,Be,Buff	
Olivenfarbiger Strandläufer – Alpenstrandläufer	MW	
Olivenfarbiger Strandläufer – Knutt	Krü	
Olivengrauer Rohrschirf – Sumpfrohrsänger	Be2,Be,JAN,N	
Olivengrauer Spitzkopf – Sumpfrohrsänger	N	
Olivengrünlicher Rohrsänger – Feldschwirl	N	
Olivenmerle – Pirol	Be2,F,N	
Olivenrohrsänger – Olivenspötter	H	
Olivensänger – Olivenspötter	O3	
Olivenspötter – Olivenspötter	B,H	
Olivenwasserhuhn – Teichhuhn (juv.)	Be	
Ollrick – Mäusebussard	Suol	
Ölps – Schwan	Fri	

Ölpsch – Schwan	Fri	
Ômaksl – Amsel	Suol	
Ombrine – Eistaucher	Gun	
Ômeste – Amsel	Suol	
Omsel – Amsel	F	
Omšl – Amsel	Suol	
Omstel – Amsel	F	
On-vogel – Rosapelikan	Kö	
Ondrach – Ente (männl.)	Suol	
Onkefeissjen – Zwergtaucher	Suol	
Onschwal (dän.) – Schwarzstorch	GesS	
Onšpel – Amsel	Suol	
Onuogel – Krauskopfpelikan	zLa	Auch b. Gessner 1557: 183–185.
Onvogel – Rosapelikan	Ad,Be2,Buff,Fri,GesSH,Krü,N,Suol	
Oostvogel – Sandregenpfeifer	Be2,Be,F,N	
Operette – Jungfernkranich	Buff	
Opernkranich – Jungfernkranich	Buff	
Operntänzer – Jungfernkranich	Buff	Plinius, zitiert v. Halle S. 521.
Oplinza (krain.) – Turmfalke	Be1	
Or-han – Auerhuhn	Buff	
Orangeköpfchen – Goldhähnchen	Do	Sommergoldhähnchen
Orangeköpfchen – Sommergoldhähnchen	F	
Ordelhuen – Auerhuhn	Suol	
Ordentlicher Dornreich – Mönchsgrasmücke	Hp	
Orel (russ.) – Seeadler	B	
Oreule – Waldohreule	StVb	
Orfraie (old French name) – Seeadler	Tu	Turner: „Like … … Osprey a corruption of Ossifraga.“
Orgelan – Ortolan	Do,F	
Orgelhahn – Ortolan	Scha	
Orgelhetsche (böhm.) – Dorngrasmücke	F,H	
Orhan – Auerhuhn	GesSH	
Orhan – Birkhuhn	Suol	
Orhan, kleiner – Birkhuhn	GesSH	
Orhâne – Auerhuhn	Suol	
Orhane (dän., norw.) – Birkhuhn	H	
Orhüwel – Waldohreule	Suol	
Örike – Haubentaucher	Fri	
Orio – Pirol	GesS	
Ork – Haubentaucher	Scha	
Orkanmännchen – Sturmschwalbe	Buff,Krü	
Orkanmevchen – Sturmschwalbe	Be2,N	
Orkanmövchen – Sturmschwalbe	Be,GD	
Orkanmöwchen – Sturmschwalbe	F	
Orkutz – Waldohreule	Suol	
Orlan – Ortolan	Scha	
Orlihan – Auerhuhn	Suol	
Örn (fär.) – Fischadler	H	

Orospiza – Bergfink	Buff	Des Aristoteles
Orpheus, kleiner – Klappergrasmücke	F	
Orpheusgrasmücke – Orpheusgrasmücke	CLB2,N	KNB
Orpheussänger – Orpheusgrasmücke	CLB2,N	
Orr (schwed.) – Birkhuhn	H	
Orre – Birkhuhn	O1	
Orre (schwed.) – Auerhuhn	Ad	
Orrhane (schwed.) – Auerhahn	Ad	
Ortolahn – Ortolan	Buff,Hp,Suol	Hochberg 1682: Ortolano.
Ortolan – Alpenbraunelle	N	Aus Naumann – Text.
Ortolan – Grauammer	Be1,Be2,Be,Buff,CLB2,N,Scha	KNB
Ortolan – Ortolan	Ad,B,Be Be1,2,97,Buff,CLB1,2,3,Fri,GD,Hp,K,...	
	...Krü,N,O1,V	Frisch T. 5. KNB
Ortolan – Schneeammer	Be97	
Ortolan, grauer – Grauammer	Be,F,N	
Ortolan, grauer – Grauortolan	BB,H	
Ortolan, irischer – Wellenläufer	o.Qu.	
Ortolan, lothringischer – Rohrammer	Buff,GD	
Ortolankönig – Kappenammer	B,F,H	
Ortulahn – Ortolan	Be1,Be2,N	
Ortulan – Ortolan	Buff,GD	
Ortygometra – Auerhuhn	GesS	Nach Albertus.
Ortygometra – Wachtelkönig	GesH	
Oru (krain.) – Rabenkrähe	Be1	
Oru, velch (krain.) – Kolkrabe	Be1	
Oruwhertzog – Uhu	GesS	
Orvogel – Rosapelikan	Be	
Osel Black (engl.) – Amsel	Tu	
Osgeyer – Bartgeier	Suol	
Osgeyer – Gänsegeier	GesS	
Ospel – Amsel	Suol	
Osprei – Fischadler	O1	
Osprey (engl.) – Fischadler	B,Tu	
Ossenpuper – Wiedehopf	Scha	
Ossepupa – Wiedehopf	F	
Ossepûper – Wiedehopf	Suol	
Ossifraga – Steinadler	GesH	
Ossifrage, Bearded (engl.) – Bartgeier	Tu	Turner: „Possibly ...
		... Pliny means die Lämmergeier".
Ossifrage (engl.) – Seeadler	Tu	
Ossifragus – Seeadler	GD	
Ostdüte, graue – Pfuhlschnepfe	N	
Ostdüte, große – Uferschnepfe	N	
Ostdüte, große graue – Pfuhlschnepfe	N	
Ostdüte, rote – Pfuhlschnepfe	N	
Osteren-Pfiffer – Wendehals	Suol	
Österreicher, brauner – Rotmilan	GD	Falco austriacus.
Österreichische Perückeneule – Waldkauz	GD	Naum.: „Wahrscheinlich Strix sylvestris."
Österreichischer Falke – Rauhfußbussard	N	

Österreichischer Giarolvogel – Rotflügel-Brachschwalbe	Be2,N	
Österreichischer Milan – Rotmilan	Be	
Österreichisches Sandhuhn – Rotflügel-Brachschwalbe	Be1,Be2,Be,Buff,CLB2,3,GD,N	KNB
Ostervogel – Kuckuck	Suol	
Ostindische Nachtigall – Blaukehlchen	Be1,Be2,Be,N	
Ostindischer Reiher – Nachtreiher	Buff	
Östliche Bartmeise – Bartmeise	CLB3	
Östliche Baumnachtigall – Heckensänger	H	
Östliche Haubenlerche – Haubenlerche	CLB3	
Östliche weissäugige Moorente – Moorente	CLB3	
Östlicher Alk – Tordalk	CLB3	
Östlicher Austernfischer – Austernfischer	CLB3	
Östlicher Eis-Seetaucher – Gelbschnabeltaucher	H	
Östlicher Girlitz – Girlitz	CLB3	
Östlicher griechischer Heckensänger – Heckensänger	H	
Östlicher Heckensänger – Heckensänger	H	Var. syriaca.
Östlicher Nachtreiher – Nachtreiher	CLB3	
Östlicher Seeadler – Seeadler	CLB3	
Östliches Blaukehlchen – Blaukehlchen	CLB3,N	N: Bd. 13/387.
Ostrogothische Ente – Weißkopf-Ruderente	GD	
Ostrogotische Ente – Scheckente	N	
Ostseeausternfischer – Austernfischer	CLB3	
Ostseetaucher – Prachttaucher	CLB2,3,F,N	KNB
Osttüte – Uferschnepfe	Do,F	
Ostvogel – Sandregenpfeifer	Buff	
Ostvogel – Triel	Scha	
Otber – Weißstorch	Suol	
Otfer (mhd.) – Weißstorch	Kinzelbach	= Adebar
Otjebâr – Weißstorch	Suol	
Otte – Kleiber	Bri	
Ottebar – Weißstorch	Suol	
Otterfink – Wendehals	Suol	
Ottermännchen – Wendehals	Jä	
Ottermännlein – Wendehals	Jä	
Otternwendel – Wendehals	Do,F	
Ottervogel – Raubwürger	B,F	
Ottervogel, bläulicher – Raubwürger	Be2,Be,N	
Otterwendel – Wendehals	V	
Otterwindel – Wendehals	B,Be1,Be2,Be,GD,Hp,N,Z	
Ötzer – Haubentaucher	F,H	
Ötzer – Ohrentaucher	F,H	
Ötzer – Schwarzhalstaucher	H	
Ötzer – Zwergtaucher	H	
Oul (engl.) – Waldkauz	Tu	„Strix stridula" = Var. Brandeule.

Ousel, Water (engl.) – Wasseramsel	Tu	
Owl, Eagle (engl.) – Uhu	Tu	Ende 19. Jh. oft „Bubo ignavus."
Owl, Horn(engl.) – Waldohreule	Tu	
Owl (engl.) – Waldkauz	Tu	„Strix stridula" = Var. Brandeule.
Oxei, Great (engl.) – Kohlmeise	Tu	
Oxeye, Great (engl.) – Kohlmeise	Tu	
Oyevaer (holl.) – Weißstorch	GesH	
Paapche – Gimpel	F	
Paape – Gimpel	Do	
Pachsteltz – Bachstelze	HaSa,Suol	
Paew (holl.) – Pfau	GesH	
Paffe – Ziegenmelker	Be2	
Pagadette = Höckertaube – Felsen-/ Haustaube (Var.)	O1	
Pagati (krain.) – Helmperlhuhn	Be1,Be2	
Pagelun – Pfau	GesH,Häp	
Pagelün – Pfau	Tu	In „Saxon."
Pählule – Schleiereule	Suol	
Paketinchen – Flußregenpfeifer	Suol	
Palamedesvogel – Kranich	Mü	
Palette – Löffler	F,GD,N	
Palette Lebler – Löffler	F	
Pallas' kurzzehige Lerche – Stummellerche	H	
Pallas' Stummellerche – Stummellerche	H	
Pallasischer Sänger – Streifenschwirl	MW	
Pallasischer Schilfsänger – Streifenschwirl	CLB2	KNB
Pallassischer Wasserschmätzer – Wasseramsel	O3	
Pallette – Löffler	Be2	
Palumbes – Ringeltaube	Tu	Bei Aristoteles.
Pämfalck – Merlin × „Hoverfalke"	Suol	
Pämhachkel – Specht allg.	Suol	
Pan – Pfau (weibl?)	HaSa	
Pann-Rotten – Dohle	H	
Pannrotten – Dohle	Do,F	
Pantoffelmöve – Falkenraubmöwe	Do	
Pantomimist – Jungfernkranich	Buff	Nach Plinius.
Pänzelein – Zwergtaucher	Suol	
Papagaitaucher – Papageitaucher	N	
Papagaitaucher, baltischer – Tordalk	N	Mit a, Balt. ohne h.
Papagaitaucher, gemeiner – Papageitaucher	N	Richtig: a.
Papagaitaucher, graukehliger – Papageitaucher	N	Richtig: a.
Papagaitaucher, kurzflügeliger – Riesenalk	N	
Papagaitaucher, nordischer – Tordalk	N	Hier richtig: a.
Papagay, curländischer – Blauracke	N	
Papagay, deutscher – Blauracke	N	
Papagei-Alk – Rotschnabelalk	H	

Papagei, curländischer – Blauracke	Be2	
Papagei, deutscher – Blauracke	Be1,Be2,Be,F,Krü	
Papagei, deutscher – Fichtenkreuzschnabel	Fri	
Papagei, finnischer – Hakengimpel	Be2,Be,F,N	
Papageiente – Papageitaucher	Ad,Krü	
Papageitaucher – Papageitaucher	Ad,Be2,Be,CLB2,Krü,V...	KNB
	... Martens 1675: Papageytaucher	Ü
Papageitaucher – Tordalk	Be2,Be,N,O1	
Papageitaucher gemeiner graukehliger – Papageitaucher	Be2,Be	
Papageitaucher, europäischer – Papageitaucher	CLB2	
Papageitaucher, großer – Riesenalk	CLB2,N	KNB
Papageitaucher, kleiner – Krabbentaucher	Be2,Be,N	
Papageitaucher, kurzflügeliger – Riesenalk	CLB2	
Papageitaucher, nordischer – Tordalk	CLB2	KNB
Papageitaucher, scheermesserschnäblicher – Tordalk	Be	
Papageitaucher, scheermesserschnäbliger – Tordalk	Be2,N	
Papagey – Papageitaucher	Mar	
Papagey, deutscher – Blauracke	Buff,GD,Schwf	
Papagey, deutscher – Fichtenkreuzschnabel	F,Krü	
Papagey, finnischer – Kiefernkreuzschnabel	GD	
Papagey, schwedischer – Kiefernkreuzschnabel	GD	
Papagey, so genandter – Papageitaucher	Mar	
Papagey, teutscher – Blauracke	GesH,Suol	
Papagey, teutscher – Fichtenkreuzschnabel	Fri	
Papageytaucher – Papageitaucher	GD,O2	
Papageytaucher – Tordalk	GD	
Papageytaucher gemeiner graukehliger – Papageitaucher	Be	
Papageytaucher, großer – Riesenalk (ausgest.)	GD	
Papageytaucher, großer nordischer – Riesenalk (ausgest.)	GD	
Papageytaucher, kleiner – Krabbentaucher	GD	
Papagoy, nordischer – Papageitaucher	Gun	
Pape – Mönchsgrasmücke	Häp	
Paperling – Bobolink	H	
Pâpke – Bläßhuhn	Suol	
Paradiesmeerschwalbe – Rosenseeschwalbe	N	
Paradiesseeschwalbe – Rosenseeschwalbe	B,F	
Paradiesvogel – Hakengimpel	Suol	
Pardal, grünschnäblichter – Triel	Be	
Pardale – Feldlerche	Be2,Be,N	
Pardel – Goldregenpfeifer	Ad,Be1,Be2,Be,Buff,F,GD,K,Krü,N,O1	
Pardel – Kiebitz	Be2,F,GD,K,N,Suol	Frisch T. 213.

Pardel – Kiebitzregenpfeifer	Ad,Buff,K	
Pardel – Regenpfeifer	Suol	
Pardel, grauer – Kiebitzregenpfeifer	Be,Krü	
Pardel, grüner – Goldregenpfeifer	GD,Krü	
Pardel, grünschnabeliger – Triel	Krü	
Pardel, grünschnäbliger – Triel	Be2,Be,N	
Pardelvogel – Goldregenpfeifer	GD	
Parder – Kiebitzregenpfeifer	Be1,Be2,Be,Buff,GD,Krü,N,O1	
Parderstrandläufer – Kiebitzregenpfeifer	B,Be2,N	
Pardervogel – Goldregenpfeifer	B,Be1,Be2,Be,Buff,Hp,Krü,N	
Pareckentaube – Haustaubenrasse	Buff	
Parijsse – Rothuhn	zLa	Von pernix – Rebhuhn.
Pariser Papagei – Hakengimpel	Do,F	
Parisvogel – Hakengimpel	B,Be1,Be2,Be,Be97,F,Krü,N	
Parisvogel – Kiefernkreuzschnabel	GD	
Pärkädel – Zwergtaucher	H	
Pärkötel – Zwergtaucher	Bri	
Parniise – Rothuhn	GesH	
Parnijsen – Rothuhn	GesS	
Parnijsse – Steinhuhn	Suol	
Parnise – Rothuhn	Be97	
Parnisse – Rothuhn	Ad,Krü	
Parra – Goldhähnchen	Be2,GesH	Parva, Kleiner Vogel.
Parra – Wintergoldhähnchen	F,N	
Parra (lat.) – Wintergoldhähnchen	zLa	
Partel – Goldregenpfeifer	Be97	
Partridge (engl.) – Rebhuhn	Tu	
Paruquen Taube – Haustaubenrasse	Fri	
Paschott (helv.) – Alpenbraunelle	H	
Pasian – Fasan	Schwf	
Pasperling – Wiesenpieper	Do,F	Auch pasperling stammt von ital. pispola.
Passagierfalke – „fremder Landfahrer" …	Hp	Im September bis Dezember … … beim Durchzug gefangener Falke.
Passer, Common (engl.) – Haussperling	Tu	
Passer, Great (engl.) – Grauammer	Tu	Turner: „For several reasons I consider …"
Passerine – Dorngrasmücke	Buff	Name in der Provence.
Passerinette – Weißbartgrasmücke	Buff	
Paßgängertrappe (kirgis.) – Saharakragentrappe	B,H	
Paßvogel – Seidenschwanz	Do,F	
Pasters Jochen – Haussperling	Do,F	
Pastetentaube – Haus-/Felsentaube	Buff,GD,K,Krü,Suol	Haustauben-Rasse.
Pastor – Mantelmöwe	Bri	
Patries – Rebhuhn	Bri	
Patriese – Rebhuhn	Bri,Häp	
Patscherl – Lappentaucher (allg.)	Suol	
Patschfuß – Wasservogel mit Schwimmhäuten	Ad	
Pau (krain.) – Pfau	Be1,Be2,Häp	

Pauer-Ganz – Hausgans	K	
Pauer-Taube – Felsentaube	K	Haustauben-Rasse.
Pauertaube – Felsen-/Haustaube (Var.)	Suol	
Paulun – Pfau	Be2,Häp	
Paumfalck – Baumfalke	HaSa,Suol	H. Sachs, 1531: Regiment ..., V. 157.
Paumheckel – Baumläufer	HaSa,Suol	H. Sachs, 1531: Regiment ..., V. 179.
Paumheckel – Specht allg.	Suol	
Paurenschwalbe – Rauchschwalbe	K	
Paurerschwalbe – Rauchschwalbe	Suol	
Pausbackenvogel – Rothalstaucher	F	
Pauscheule – Waldkauz	B,F	
Pauwe – Pfau	GesH	
Pavedette – Felsentaube	K	Haustauben-Rasse
Paw – Pfau	Be1,Be2,Schwf	
Pawlun – Pfau	Be1	
Peacock, Indian (engl.) – Pfau	Tu	
Peacock (engl.) – Pfau	Tu	
Pechmeise – Tannenmeise	B,Be1,Be2,Be,Be97,F,GD,Jä,Krü,N	
Pechrotschwanz – Hausrotschwanz	F,N	
Pechvogel – Auerhuhn	F	
Pecok (engl.) – Pfau	Tu	
Pedehuppe – Wiedehopf	Scha	
Peder Drikker (norw.) – Krabbentaucher	N	„Peter der Trinker".
Peerdschwälken – Mauersegler	Be2,Be	
Peerdschwalken – Mauersegler	N	
Peersschwalken – Mauersegler	Do,F	
Pegasin – Bekassine	Suol	
Peifente – Pfeifente	GD	
Peitschenstiel – Bachstelze	Scha	
Peiwek – Kiebitz	Suol	
Peksok (grönl.) – Gänsesäger	Cz	Cranz S. 107.
Pelecan – Löffler	GesH,Schwf	
Pelecanus – Löffler	zLa	Bei Gessner 1557, 172.
Pelekan – Kormoran	N	
Pelekan – Löffler	Buff	
Pelekan – Rosapelikan	B,GD,N	
Pelekan, frisierter – Krauskopfpelikan	N	
Pelekan, gemeiner – Rosapelikan	N	
Pelekan, großer – Rosapelikan	CLB2,MW,N	
Pelekan, krauser – Krauskopfpelikan	N	
Pelekan, krausköpfiger – Krauskopfpelikan	N	
Pelekan, schwarzer – Kormoran	Buff	
Pelerin – „fremder Landfahrer" ...	Hp	... Im Sept. bis Dez. beim ...
		... Durchzug gefangener Falke.
Pelican – Rosapelikan	Buff,Fri	
Pelican, deutscher – Löffelente	GD	
Pelikan – Baßtölpel	CLB2	KNB
Pelikan – Kormoran	Be2,Buff,N	
Pelikan – Löffler	Ad,Be1,Be2,Be,GD,Krü,N	

Pelikan – Rosapelikan	Ad,B,Be1,Be2,Be,Be97,Buff,F,GD,Krü,N,O1
Pelikan, bassaner – Baßtölpel	N
Pelikan, bassanischer – Baßtölpel	Be2,Be,N
Pelikan, deutscher – Löffelente	Be1,Be2,Be,F,Hp,Krü,N,O1
Pelikan, gemeiner – Rosapelikan	Be2,Buff,Krü,O1,V
Pelikan, großer – Rosapelikan	Be2,Be
Pelikan, kohlschwarzer – Kormoran	Be1,Be2,Be,Krü,N
Pelikan, schwarzer – Kormoran	Be1,Be2,Be,Be97,F,Krü,N
Pelikan, schwarzer und kohlschwarzer – Kormoran	GD
Pelikan, weißer – Wahrsch. Rotfußtölpel	GD
Pella (engl.) – Graureiher (?)	Tu
Pellican – Rosapelikan	HaSa,StVb
Pelzmeise – Schwanzmeise	Do,F,Suol
Pendulin – Beutelmeise	Be1,Be2,Be,Buff,GD,Krü,N,O1
Pendulinmeise – Beutelmeise	Be1,Be2,Be,Buff,GD,Krü,N
Pendulino – Beutelmeise	GD
Pendulino, bononischer – Beutelmeise	HHM Hamb. Magaz. 1757.
Penelope – Pfeifente	Be2,Be,F,GD,K,N
Penelope – Tafelente	GesSH
Penelopeente – Pfeifente	Be1,Be2,Be97,GD,N
Penelopenente – Pfeifente	Krü
Penelops – Pfeifente	Ad,Buff
Penelops (Penelope) – hier: Stockente	Fabr Hoffmann: …
	… Odysseus-Gattin Penelope liebte Enten.
Penguin, nordischer – Riesenalk (ausgest.)	GD
Penguin, ungeflügelter – Riesenalk (ausgest.)	GD
Penkerchen – Buchfink	Suol
Penkewa – Buchfink	HHM Böhmisch VN
Per drikker (dän. + norw.) – Gryllteiste	H
Percnopterus – Schmutzadler	Tu
Perdrys (holl) – Rebhuhn	GesH
Perhup – Wiedehopf	Scha
Perknopterusgeier – Gänsegeier	N
Perl Huhn – Helmperlhuhn	Fri
Perl-Eule – Schleiereule	Fri,Suol
Perlenralle – Tüpfelsumpfhuhn	F,H
Perlente – Bergente	H
Perlente – Pfeifente	F,H
Perlente – Spießente	F,H
Perleule – Schleiereule	B,Be,Be2,97,05,Buff,CLB2,F,GD,Hp,Jä,N,V KNB
Perleule, schwarzbraune (?) – Schleiereule	Be2,Buff,N Fragezeichen von Naumann.
Perlfarbenes Wasserhuhn – Tüpfelsumpfhuhn	Buff
Perlhans – Wendehals	F,H
Perlhuhn – Helmperlhuhn	Ad,Buff,Fri,K,Krü,Suol Frisch T. 126.
Perlhuhn, gemeines – Helmperlhuhn	Be1,Be2,B,Krü,O1,2,3,V
Perlhuhn, markgravisches – Helmperlhuhn (Var.)	Buff

Perlhuhn, schwarzbuntes – Helmperlhuhn	Krü	
Perlhun – Helmperlhuhn	Be2,K	
Perlin – Helmperlhuhn	Be1,Be2,Suol	
Perlkauz – Schleiereule	Do,F	Kleine weiße Flecken auf dem Federkleid.
Perlralle – Tüpfelsumpfhuhn	Buff	
Perlschleierkauz – Schleiereule	CLB3	
Permise – Rothuhn	Be	
Permise – Steinhuhn	Be	Fehler, s. Be 1793: Pernise.
Perniise – Rothuhn	GesH	
Pernijse – Steinhuhn	Suol	
Pernijsen – Steinhuhn	zLa	Gessner 1555, 665: Perniise.
Pernisa – Rothuhn	Krü	
Pernise – Rebhuhn	GesS	
Pernise – Rothuhn	Ad,Be1,Krü,O1	
Pernise – Steinhuhn	Be2,Be,Buff,N	Bechstein 1793.
Pernisjen – Rothuhn	GesS	
Pernisse – Rothuhn	Krü	
Pernyse – Rothuhn	Fri	
Perpelitz (krain.) – Wachtel	Be2	
Perpelitza (krain.) – Wachtel	Be1	
Perpelitze – Wachtel	Suol	
Perpelitzka – Wachtel	F	
Perrückeneule – Schleiereule	B	
Persianische Ente – Rostgans	Fri	
Persianischer Spatz – Bartmeise	Be	
Persianischer Spatz – Beutelmeise	Be2,Buff,GD,N	
Persische Aente – Stockente	Buff	
Persische Ente – Rostgans	Fri,N	
Persisches blaues Huhn – Purpurhuhn	Buff	
Pertries – Rebhuhn	Bri	
Pertrige (engl.) – Rebhuhn	Tu	Turner im engl. Text.
Peruckeneule – Schleiereule	Be2,N	
Perückeneule – Schleiereule	F	
Perückeneule, österreichische – Waldkauz	GD	Naum.: „Wahrscheinlich Strix sylvestris."
Perückentaube – Haus-/Felsentaube	Buff,GD	Zu Rasse Haubentaube.
Pestilenz vöglin – Birkenzeisig	zLa	
Pestilenzvogel – Braunkehlchen	Ad,Krü	
Pestilenzvogel – Grauschnäpper	B,Be1,Be2,Be,Be97,Buff,F,KKrü,N	Frisch T. 22.
Pestilenzvogel – Seidenschwanz	F,H	
Pestvogel – Grauschnäpper	Krü	
Pestvogel – Seidenschwanz	B,Be1,Be2,Be,Bri,Buff,F,GD,Jä,Krü,N,O1,Suol	
Pestvugel – Seidenschwanz	Suol	
Peter der Taucher – Krabbentaucher	Be2	
Peter Drikker – Krabbentaucher	Do,F,GD,Gun	Gunnerus: Kl. Peter Drikker …
		… Vogel nickt b. Schwimmen als wolle er trinken.
Peter Drikker, kleiner – Krabbentaucher	Gun	
Peter Dyker – Krabbentaucher	Be2	
Peter Dykker – Krabbentaucher	GD,Gun	Gunnerus: Kl. Peter Dykker.
Peterchen – Sturmschwalbe	GD	
Peterdrikker – Krabbentaucher	Gun	Gunnerus: Kl. Peterdrikker.

Peterel – Sturmschwalbe	O1	
Peteril – Sturmschwalbe	Gun	
Peters Läufer – Sturmschwalbe	Do	
Petersfugl (dän.) – Sturmschwalbe	H	
Petersläufer – Sturmschwalbe	B,F	
Petersvogel – Sturmschwalbe	Do,F,Gun,Krü,WüCl	
Petersvogel, färöischer – Sturmschwalbe	CLB3	
Peterwitzel – Kiebitz	Suol	
Petrell – Sturmschwalbe	Ad,Be2,Be,Buff,F,GD,K,Krü,N	Albin III, 92.
Petrell, gabelschwänziger – Wellenläufer	N	
Petrell, kleiner – Sturmschwalbe	N	
Petschora-Pieper – Petschorapieper	H	
Petter – Stieglitz	Suol	
Petter (holl.) – Stieglitz	GesH	
Pfaeflin – Gimpel	Buff	
Pfaff – Bläßhuhn	Ad,Buff,F,GesH,StVb	Straßb. Vogelb. V. 362.
Pfaff – Lachmöwe	F,N,Suol	
Pfaff – Mönchsgrasmücke	Be1,Be2,Be,F,N	
Pfaff – Ziegenmelker	Buff,F,GesH,Schwf,Suol	Irrtum b. Turner (Suol).
Pfaffchen – Braunkehlchen	Buff,GD	
Pfäffchen – Braunkehlchen	Ad,Be1,Be2,Be,Be97,F,Krü,N	
Pfäffchen – Gimpel	Be1,Be2,Be,Buff,Hp,N	
Pfaffe – Bläßhuhn	B,Be1,Be2,Be,Buff,GD,K,N,Schwf,…	
	…Suol,StVb	Frisch T. 20.
Pfaffe – Gimpel	Do,F	
Pfaffe – Ziegenmelker	Ad,B,Be1,Be,Buff,GD,K,Krü,N	
	Suolahti: Irrtum bei Turner.	Frisch T. 101.
Pfäfflein – Gimpel	B,F,GesH	
Pfäfflin – Gimpel	GesS,Suol	
Pfaffmeise – Sumpfmeise	Jä	
Pfånastiel – Schwanzmeise	Suol	
Pfannen Stiel – Schwanzmeise	zLa	
Pfannenstieglitz – Schwanzmeise	Ad,Be2,Be,Buff,F,GD,Hp,K,Krü,N	Frisch T. 14.
Pfannenstiehl – Schwanzmeise	Bri	
Pfannenstiel – Schwanzmeise	Ad,B,Be2,Be,Be97,Buff,CLB2,F,Fri,GD,Hp…	
	…Jä,Krü,N,O1,2,P,V	KNB
Pfannenstiel – Sumpfmeise	Ad	
Pfannenstiel, weißer – Schwanzmeise	N	
Pfannenstielchen – Schwanzmeise	Be2,N,Suol	
Pfannenstielein – Schwanzmeise	GesH	
Pfannenstielmeise – Schwanzmeise	Jä	
Pfannenstiglitz – Schwanzmeise	GesSH,Schwf	
Pfannenstil – Schwanzmeise	GesS,StVb,Suol	
Pfannenstößer – Schwanzmeise	Do,F	
Pfannestiglitz – Schwanzmeise	Suol	
Pfau – Pfau	Be2,Fri,K,P	Frisch T. 118–120.
Pfau aus Neuengland, wilder – Truthuhn	Buff	
Pfau-Taube – Felsentaube	Fri,K	Haustauben-Rasse
Pfau, chinesischer – Kranich	Fri	

Pfau, gemeiner – Pfau	Be1,Be2	
Pfau, teutscher – Kiebitz	Fri	
Pfau, westindischer – Truthuhn	Buff	
Pfau, wilder – Auerhuhn	Be2,Buff,N	
Pfau, wilder – Kiebitz	Kö	
Pfauentaube – Haus-/Felsentaube (Var.)	Buff,GD,O1	Haustauben-Rasse
Pfautaube – Haus-/Felsentaube	K	Haustauben-Rasse
Pfauteufel – Kampfläufer	B	
Pfauw – Pfau	GesH	
Pfaw – Pfau	HaSa,Schwf	
Pfäwin – Pfau (fem.)	Schwf	
Pfefferfraß – Seidenschwanz	Krü	
Pfeffervogel – Seidenschwanz	B,Be2,Be,Buff,F,GD,Hp,Jä,Krü,N	
Pfeffervögelchen – Seidenschwanz	Be2,Be,N	
Pfeffervögelein – Seidenschwanz	Hp,Jä	Dazu Hp 422.
Pfeffervöglein – Seidenschwanz	Krü,Suol	
Pfeidrossel – Singdrossel	GD	
Pfeif-Endte – Pfeifente	G	
Pfeif-Ente – Pfeifente	Hp,N	
Pfeif-ente – Pfeifente	Buff	
Pfeifammer – Ortolan	GD	
Pfeifammer – Zaunammer	B,Be1,Be2,Be,Be97,Buff,F,Krü,N,V	
Pfeifant'n – Pfeifente	H	
Pfeifänte – Pfeifente	Buff	
Pfeifdrossel – Rotdrossel	Be2,Be,Buff,F,GD,N	
Pfeifdrossel – Singdrossel	Ad,Be1,Be2,Be,F,Hp,K,Krü,N	Frisch T. 27.
Pfeifender Wasserläufer – Grünschenkel	CLB3,N	
Pfeifendes Meerhuhn – Grünschenkel	Buff	
Pfeifendes Meerhuhn – Teichhuhn	Be2	
Pfeifent – Pfeifente	Buff	
Pfeifente – Pfeifente	Ad,B,Be1,Be2,Be,Be97,Buff,CLB2,K,Krü,…	
	…MW,O1,2,3,V	KNB
Pfeifente – Reiherente	Be1,Be2,Be,GD,N	
Pfeifente – Spießente	Be1,Be2,Be,Buff,GD,Krü,N	
Pfeifente, gehaubte – Kolbenente	N	
Pfeifente, gehäubte – Kolbenente	V	
Pfeifente, gemeine – Pfeifente	Be2,Be,GD,N	
Pfeifente, grossschnäblige – Pfeifente	CLB3	
Pfeifente, kurzschnäblige – Pfeifente	CLB3	
Pfeifente, rothe – Rostgans	N	
Pfeifente, rothhaubige – Kolbenente	Be2,N	
Pfeifente, rothhäubige – Kolbenente	Krü	
Pfeifente, schmalschnäblige – Pfeifente	CLB3	
Pfeifer – Meerstrandläufer	GD	
Pfeifer – Pfeifente	H,Jä	
Pfeifer – Rotschenkel	F,H,Jä	
Pfeiferle – Flußuferläufer	Be2,B,F,N	
Pfeiferle – Krickente	F,H	
Pfeiferschnepfe – Zwergschnepfe	Suol	

Pfeiff Drossel – Rotdrossel	Schwf	
Pfeiff Endtlin – Pfeifente (sil.)	Schwf,Suol	
Pfeiff-Ent – Pfeifente	GesH	
Pfeiffdrossel – Rotdrossel	K,Suol	
Pfeifholder – Pirol	Ad,Be2,F,Krü,N	
Pfeifjolder – Pirol	Be	
Pfeiflerche – Heidelerche	Ad	
Pfeiflerche – Wiesenpieper	K	Frisch T. 16.
Pfeifschnepfe – Goldregenpfeifer	Do,F	
Pfeifschnepfe – Grünschenkel	Be2,F,N	
Pfeifschnepfe – Rotschenkel	H	
Pfeifvogel – Großer Brachvogel	Jä	
Pfeilente – Spießente	Be2,V	
Pfeilfalk – Habicht	B	
Pfeilfalke – Habicht	Do,F	
Pfeilmeise – Schwanzmeise	GD	
Pfeilschnepfe – Grünschenkel	Buff	= Brissons „Limosa grisea."
Pfeilschwanz – Eisente	Do,F	
Pfeilschwanz – Spießente	B,Be,1,CLB2,Buff,F,GD,HanJä,Krü,N,O2,Suol	
	KNB	
Pfeilschwanz – Zwergsäger	Be2,Be,Buff,Hp,N,O1	
Pfeilschwanz, kleiner – Eisente	Be2,N	
Pfeilschwanz, kleiner – Pfeifente	CLB2	
Pferd des Kuckucks – Schmutzgeier	O.Qu.	
Pfersichklepfer – Star	Suol	
Pffaw – Pfau	Tu	
Pfingelster – Buchfink	Buff	
Pfingstdrossel – Pirol	Do,F	
Pfingstvogel – Pirol	Ad,B,Be1,Be2,Be,Be97,Be05,Buff,CLB2,F,Jä,…	
	…Fri,GD,Hp,Krü,N,O1,Scha,Suol,V KNB	
Pfinkelster – Buchfink, Zuchtname	Kö	
Pfisterle – Flußuferläufer	Baldn	
Pfisterlein – Flußuferläufer	Be1,Be2,Be,Buff,GD,Krü,N,Suol	
Pfisterlin – Flußuferläufer	Baldn-Suol	
Pfit – Buchfink	Suol	
Pflugschaarnase – Papageitaucher	Be2,Be,N	Hier richtig: aa.
Pflugscharnase – Papageitaucher	B,F	
Pflugschnabel – Rosaflamingo	N	
Pflugschnäbler – Rosaflamingo	B	
Pflümpfle – Zwergtaucher	Jä	
Pflümple – Zwergtaucher	N	
Pfoh – Pfau	StVb	
Pfriemen-Ente – Spießente	GD	
Pfriemenente – Spießente	B,Be2,Be,Buff,F,N	
Pfriemenschwänziges Flughuhn – Spießflughuhn	CLB2	KNB
Pfrillenvögerl – Zwergtaucher	Höfer	Fängt viele Pfrillen: Ellritzen.
Pfudelschnepfe – Uferschnepfe	GD	
Pfuhl-Schnepffe – Bekassine	G	

Pfuhlpieper – Wiesenpieper	Scha	
Pfuhlschnepfe – Zwergschnepfe	Ad,Fri	
Pfuhlschnepfe – Bekassine	Ad,Be1	
Pfuhlschnepfe – Doppelschnepfe	Ad,B,Be2,Be,N	
Pfuhlschnepfe – Grünschenkel	Be2,Be,CLB1,2,N	KNB
Pfuhlschnepfe – Pfuhlschnepfe	B,Be2	
Pfuhlschnepfe – Uferschnepfe	Be2,Be,Hp,Krü,N,O1	
Pfuhlschnepfe – Waldschnepfe	Ad,Scha	
Pfuhlschnepfe, bunte – Dunkler Wasserläufer	Be2,N,O1	
Pfuhlschnepfe, eigentliche – Grünschenkel	Be2,N,O1	
Pfuhlschnepfe, gefleckte – Dunkler Wasserläufer	Be1,Be2,Be,N	
Pfuhlschnepfe, gemeine – Bekassine	Be1	
Pfuhlschnepfe, gemeine – Pfuhlschnepfe	Be2,Be,Krü	
Pfuhlschnepfe, gemeine – Uferschnepfe	Be1,Be2,Be,Be97,N	
Pfuhlschnepfe, graue – Grünschenkel	Be2,N	
Pfuhlschnepfe, große – Doppelschnepfe	Be2,Be,Krü,N	
Pfuhlschnepfe, große – Grünschenkel	Be2,Be,N,O2	
Pfuhlschnepfe, große – Pfuhlschnepfe	Be2	
Pfuhlschnepfe, große – Uferschnepfe	JAN	
Pfuhlschnepfe, große graue – Grünschenkel	Be2,Be,N	
Pfuhlschnepfe, größte – Pfuhlschnepfe	Be2,Be,N	
Pfuhlschnepfe, kleine – Bekassine	Be2,Be,Hp,Krü,N	
Pfuhlschnepfe, kleine – Grünschenkel	Be2,Be	
Pfuhlschnepfe, kleine – Pfuhlschnepfe	Be97	
Pfuhlschnepfe, kleine – Teichwasserläufer	Be2,Be,N,O2	
Pfuhlschnepfe, kleine – Uferschnepfe	Be2,Be	
Pfuhlschnepfe, rotbeinige – Dunkler Wasserläufer	N	
Pfuhlschnepfe, rote – Pfuhlschnepfe	Be2,N	
Pfuhlschnepfe, rote – Uferschnepfe	N	
Pfuhlschnepffe – Schnepfe	Suol	
Pfuhlwassertreter – Thorshühnchen	B	
Pfulschnepfe – Dunkler Wasserläufer	GD	
Pfulschnepfe – Uferschnepfe	GD	
Pfulschnepfe – Waldschnepfe	Buff	
Pfulschnepfe mit roter Brust – Waldschnepfe	Buff	
Pfulschnepfe, gefleckte – Dunkler Wasserläufer	GD	
Pfulschnepfe, gemeine – Uferschnepfe	Buff,GD	
Pfulschnepfe, gemeine – Waldschnepfe	Buff	
Pfulschnepfe, große – Grünschenkel	GD	
Pfulschnepfe, große graue – Grünschenkel	Buff,Krü	
Pfulschnepfe, kleine – Bekassine	GD,Krü	
Pfulschnepfe, kleine – Uferschnepfe	Buff,GD	
Pfulschnepfe, kleine – Waldschnepfe	Buff	
Pfulschnepfe, rote – Pfuhlschnepfe	Buff,GD,Krü	
Pfulschnepff – Pfuhlschnepfe	GesSH,Suol	

Pfulschnepff – Pfuhlschnepfe	Suol	
Pfundtaube – Ringeltaube	F,H,Jä	
Pfurtzi – Zwergtaucher	GesSH	
Pfutschekönig (österr.) – Zaunkönig	F,H	
Pfutschepfeil (österr.) – Zaunkönig	F,H	
Pfutschkini – Zaunkönig	Suol	
Pfutschkünig – Zaunkönig	Suol	
Pfützmeise – Sumpf-/Weidenmeise	Be2,Buff,GD	
Pfützmeise – Sumpfmeise	N	
Phaeopus – Regenbrachvogel	Be1	
Phaëton – Rotschnabel-Tropikvogel	Buff	
Phaëton, fliegender – Rotschnabel-Tropikvogel	Buff	
Phalarope – Odinshühnchen	Buff	
Phalarope, grauer – Odinshühnchen	Buff	
Phalarope, rötlicher – Thorshühnchen	Buff	
Phalaropus, aschgrauer – Odinshühnchen	Buff	
Phalaropus, braunschwarzer – Thorshühnchen	Buff	
Phalaropus, gegitterter – Odinshühnchen	Buff	
Phalaropus, grauer – Odinshühnchen	Buff	
Phalaropus, rötlicher – Thorshühnchen	Buff	
Pharaohuhn – Helmperlhuhn	Be1,Krü	
Pharaons-Capaun – Schmutzgeier	O2	
Pharaonshuhn – Helmperlhuhn	Suol	
Phasan – Fasan	Ad,Be2,Buff,Kö,Krü,N,P	
Phasanenvogel – Fasan	Be2,N	
Phasant – Fasan	N	
Phasian – Jagdfasan	Do,F	
Phatta – Ringeltaube	Tu	Aus dem Griechischen.
Phau – Pfau	Be1,Be2	
Pheasant (engl.) – Fasan	Tu	
Phesan (engl.) – Fasan	Tu	
Philomele – Nachtigall	Be1,Be2,Be,F,GD,Krü,N	
Phönicopter – Rosaflamingo	Buff,GD	
Phönikopter – Rosaflamingo	Buff	
Phulschnepfe, große – Grünschenkel	Be1	
Picha sassa (helv.) – Steinschmätzer	H	
Pick-Meiße – Kohlmeise	G	
Pickart – Rohrdommel	Ad,GesSH,Krü,O1,Suol	
Pickmeise – Kohlmeise	Ad,B,Be,Be1,2,97,Buff,F,GD,Hp,Krü,N,Suol	
Pickschwalbe – Mauersegler	F	
Picus, Crow (engl.) – Schwarzspecht	Tu	
Picus, Green (engl.) – Grünspecht	Tu	
Piddl – Heidelerche	Do,F	
Pie, Sea (engl.) – Austernfischer	Tu	
Pie, Seed (engl.) – Eichelhäher	Tu	
Pie (engl.) – Elster	Tu	
Piedewitt – Kiebitz	Do,F	

Pielånt – Stockente	Häp	
Pielstart – Spießente	WüCl	
Pielsteert – Spießente	Häp	
Pienk – Bergfink	Suol	
Pienken – Bergfink	Be1,Be2,Be,GD,Krü,N	
Piep Lerche – Baumpieper	Fri	Frisch T. 16.
Piep Lerche – Wiesenpieper	Fri	
Piepäne – Pfeifente	Be2,F,N	
Piepant – Pfeifente	H,WüCl	
Piepente – Pfeifente	Be2,F,N	
Pieper – Pieper	Be2	Bechstein 1807, für Anthus.
Pieper – Wiesenpieper	Be2,N	
Pieper, dänischer – Wiesenpieper	CLB3	
Pieper, dünnschnäbliger – Wiesenpieper	CLB3	
Pieper, grünlicher – Wiesenpieper	CLB3	
Pieper, hochköpfiger – Wiesenpieper	CLB3	
Pieper, Lichtensteins – Wiesenpieper	CLB2,3	KNB
Pieper, Richardischer – Spornpieper	CLB2	KNB
Pieper, Richards – Spornpieper	MW	
Pieper, rotkehliger – Rotkehlpieper	CLB2,3	KNB
Pieper, Seebohms – Petschorapieper	H	
Pieperfarbiger Rohrsänger – Feldschwirl	N	
Pieperken – Baumpieper	Bri	
Pieperken – Pieper (allg.)	Suol	
Piepersänger, nachtigallfarbiger – Rohrschwirl	N	N: Bd. 13/474.
Pieplerche – Baumpieper	Be2,Be,Be97,Buff,F,Fri,GD,Krü,N	
Pieplerche – Feldschwirl	N	
Pieplerche – Wiesen-und Baumpieper	Be1	
Pieplerche – Wiesenpieper	B,Be2,Be,N	
Pieplerche, bunte – Baumpieper	Be	
Pieplerche, weiße – Baumpieper	Be	
Piepmeischen – Goldhähnchen	Do,F	Wintergoldhähnchen
Piepmöve – Zwergmöwe	Do	
Piepmöwe – Sturmmöwe	F	
Piepschnepfe – Uferschnepfe	Scha	
Piepsvogel – Grauschnäpper	Be1,Be,Krü	
Piepvugel – Heckenbraunelle	Suol	
Pierolt – Steinrötel	GD	Verwechslung mit Pirol b. Krünitz 1/714.
Pierschwalbe – Mauersegler	Be2,Be,F,Fri,N	
Piet – Zwergsäger	O1	
Piewitz – Kiebitz	Do,Suol	
Piger (engl.) – Rohrdommel	Tu	
Pihlstaart – Eisente	B,Be2,F,N	
Pihlstaart – Spießente	Siemssen	
Pihwähne – Spießente	N	
Pihwäne – Spießente	Be2,F	
Pijlsteert – Spießente	Suol	
Pijlstert – Spießente	zLa	Holl. 1581.

Pikschoster – Säbelschnäbler	H	
Pikschwalbe – Mauersegler	Scha	
Pilaris (lat.) – Misteldrossel	zLa	
Pilart (brabant) – Gimpel	GesH,Suol	
Pilente – Bachstelze	GesSH	
Pilente – Löffelente	Ges	
Pilgerfalke – Wanderfalke	Suol	
Pilgrimfalke – Wanderfalke	Be,F	
Pilgrimsfalke – Wanderfalke	Be2,N	
Pillchen – Haushuhn (juv.)	Suol	
Pille, graute wille – Stockente	H	
Pille, kleine wilde – Krickente	H	
Pille, wilde – Krickente	F,H	
Pille, wilde – Stockente	H	
Pillente – Ente (zahm)	Suol	
Pillo – Gimpel	Suol	
Pillwegischen – Bachstelze	Ad	
Pillwenken – Bachstelze	Ad	
Pilwegichen – Bachstelze	GesSH	
Pilwegichen – Löffelente	Ges	
Pilweissen – Steinkauz	Suol	
Pilwenckgen – Bachstelze	GesSH	
Pilwenckgen – Flußuferläufer	Fabr	Wahrsch. eher Bachstelze.
Pilwincken – Bachstelze	GesH	
Pimeise – Sumpfmeise	Jä	
Pimpel (holl.) – Blaumeise	H	
Pimpel Meise – Blaumeise	Schwf	
Pimpelmaise – Sumpf/Weidenmeise	Fri	
Pimpelmees (holl.) – Blaumeise	H	
Pimpelmeese – Blaumeise	Suol	
Pimpelmeise – Blaumeise	Ad,B,Be1,Be2,Be,Be97,Bri,F,Jä,GD,Hp,K,Krü,N	
	… Frisch, 1736, Tafel 14.	
Pimpelmeise – Kohlmeise	Do,F	
Pimpelmeise – Sumpf-/Weidenmeise	Ad,Buff,GD	
Pimpelmeiß – Blaumeise	Buff,GesS	
Pimpelmeyß – Blaumeise	Suol	
Pin Harrofs – Baumpieper	Do,F	
Pineken – Bergfink	Do,F	
Pinelmeise – Blaumeise	Be1,Be2,Be,Buff,GD,Krü,N	
Pinguin – Tordalk	O1	
Pink – Buchfink	Buff	
Pinkelste – Buchfink	GD	Finkenschlag, aber auch Finkenname.
Pinkestvôgel – Pirol	Suol	
Pinkhahn – Kohlmeise	Do,F	
Pinkmeev – Flußseeschwalbe	F,H	
Pinkmeise – Kohlmeise	Do,F,GD	Nach den Rufen. Goeze 1796.
Pinosch (krain.) – Bergfink	Be1,Be2	
Pintad – Helmperlhuhn	O1	
Piot – Elster	Tu	

Pip-Lerche – Wiesenpieper	Z	
Pipe – Truthuhn	Be1,Be2,Suol	
Piper – Truthuhn	Suol	
Piper – Wiesenpieper	Be	
Piper, Richard'scher – Spornpieper	O3	
Pipers (of Crane or Pigeon) – Junge von Kranich u. Taube	Tu	Turner: „Young pigeons … … are still called Pipers in England."
Piphun – Truthuhn	Suol	
Pipi – Haushuhn	Do	
Pipit, Tree (engl.) – Baumpieper	Tu	
Pipkreck – Krickente	Suol	
Piplerche – Baumpieper	Buff,Fri,GD,Krü	
Piplerche – Wiesenpieper	Suol,K	Frisch T. 16.
Pippel – Haushuhn (juv.)	O1	
Pippel – Nestflüchter	O1	
Pipplerche – Pieper	O1	
Pipsvogel – Grauschnäpper	Be2,F,N	
Pirck-Hahn – Birkhuhn	G	
Pirckamsel – Ringdrossel	Suol	
Pirckhun – Auerhuhn	GesS	
Pirgamschel – Ringdrossel	HaSa	H. Sachs, 1531, Regiment …, V. 141.
Pirgamsel – Ringdrossel	Suol	
Pirgkra – Alpendohle	Suol	
Pirgkra – Alpenkrähe	Suol	
Pirgkra – Alpenkrähe/-dohle?	HaSa	H. Sachs, 1531, Regiment …, V. 227.
Pirgrap – Alpendohle/-krähe	Ad	
Pirgspatz – Steinsperling	HaSa,zLa	H. Sachs, 1531, Regiment …, V. 142.
Pirkhan – Birkhuhn	HaSa	
Pirgspatz – Steinsperling	Suol	
Pirholer – Pirol	Suol	
Pirol – Pirol	B,Be2,Be,Be05,Buff,GD,Hp,Jä,Krü,MW,N,O1,V… … Leske 1779	VN
Pirol, eigentlicher – Pirol	Be2,N	
Pirol, europäischer – Pirol	CLB2	KNB
Pirol, gelber – Pirol	CLB1,2,3	
Pirol, gemeiner – Pirol	Be1,Be2,Be,Be97,N,O2	
Pirol, geschwätziger – Pirol	CLB3	
Pirold – Pirol	Be1,Be2,Be,Buff,F,Hep,N	
Piroler – Pirol	H	
Pirolmeise – Blaumeise	Be97	
Pirolt – Pirol	Ad,Be,Krü	
Pirr-Eule – Pirol	H	
Pirreule – Pirol	B,F	
Pîrswâlken – Mauersegler	Suol	
Piscator – Zwergseeschwalbe	GesS	Straßburg
Pischik – Steppenkiebitz	Buff	Wolga, Pallas.
Pisele – Haushuhn (juv.)	Suol	
Pisperling – Baumpieper	Be97,GD,Krü	
Pisperling – Wiesen- und Baumpieper	Be1	

Pisperling – Wiesenpieper	B,Be2,Be,F,N,O1	
Pispoletta – Bergpieper	Buff	
Pispolette – Berg-/Strandpieper	Do,F	
Pisspott – Zwergtaucher	Bri	
Pistor – Flußuferläufer	GesS	
Pitchou – Provencegrasmücke	Buff	
Piter Pater – Elster	Häp	
Pitt, gemeiner – Sanderling	O1	
Pittour – Rohrdommel	GesS,Suol,Tu	
Piwäne – Spießente	Strat	
Piwe Ente – Spießente	Mic	Piwäne ist Spießente.
Piwek – Kiebitz	Suol	
Piwitsch – Kiebitz	Suol	
Pläckle – Birkenzeisig	F,H	
Pläckle, braunes – Berghänfling	F,H	
Plaetlin – Birkenzeisig	zLa	
Plâgvogel – Kolkrabe	Do,Suol	
Planga – Schreiadler	Be1,Be2	
Plappergrasmücke – Klappergrasmücke	Do,F	
Plärre – Bläßhuhn	B,N	
Plärren – Bläßhuhn	Jä	
Plärrer – Bläßhuhn	F	
Plas Endte – Pfeifente	Schwf,Suol	
Pläss (bay.) – Bläßhuhn	H	
Pläßling – Bläßhuhn	Suol	
Platea – Löffler	zLa	Bei Gessner 1557, 172.
Plätling – Bläßhuhn	Suol	
Platte – Säbelschnäbler	Krü	
Platteerke – Haubentaucher	Bri	
Platteerke – Taucher	Häp	
Plattehrke – Colymbus podiceps L.	(Podiceps carolinensis). Nicht identifizierbarer, sagenhafter? nordam. Lappentaucher.	
Plattel – Mönchsgrasmücke	Do,F	
Plattemeise – Sumpfmeise	GD	
Platten-Meisse – Sumpf-/Weidenmeise	Z	
Plattenkopf – Mönchsgrasmücke	Be1,Be2,Be,N	
Plattenmaise – Sumpf-/Weidenmeise	Buff	
Plattenmeise – Sumpf-/Weidenmeise	Be1,Be2,Be,Be97,Buff,F,GD,Krü	
Plattenmeise – Sumpfmeise	N	
Plattenmönch – Mönchsgrasmücke	Be1,Be2,Be,Be97,N	
Plattköpfige Bastardnachtigall – Gelbspötter	CLB3	
Plattköpfige Finkenmeise – Kohlmeise	CLB3	
Plattköpfige Habichtseule – Sperbereule	CLB3	
Plattköpfige Misteldrossel – Misteldrossel	CLB3	
Plattköpfige Nebelkrähe – Nebelkrähe	CLB3	
Plattköpfige Racke – Blauracke	CLB3	
Plattköpfige Ringeltaube – Ringeltaube	CLB3	
Plattköpfige Saatkrähe – Saatkrähe	CLB3	
Plattköpfige Singdrossel – Singdrossel	CLB3	

Plattköpfige Turteltaube – Turteltaube	CLB3
Plattköpfige Waldschnepfe – Waldschnepfe	CLB3
Plattköpfige Weindrossel – Rotdrossel	CLB3
Plattköpfiger Alpensegler – Alpensegler	CLB3
Plattköpfiger Bachuferläufer – Waldwasserläufer	CLB3
Plattköpfiger brauner Ibis – Sichler	CLB3
Plattköpfiger Fichtenflüevogel – Heckenbraunelle	CLB3
Plattköpfiger Fischadler – Fischadler	CLB3
Plattköpfiger Goldregenpfeifer – Goldregenpfeifer	CLB3
Plattköpfiger Haubensteissfuss – Haubentaucher	CLB3
Plattköpfiger Haussperling – Haussperling	CLB3
Plattköpfiger Kampfstrandläufer – Kampfläufer	CLB3
Plattköpfiger Kernbeißer – Kernbeißer	CLB3
Plattköpfiger Küstenläufer – Meerstrandläufer	CLB3
Plattköpfiger langschnäbliger Säger – Mittelsäger	CLB3
Plattköpfiger Mauersegler – Mauersegler	CLB3
Plattköpfiger Nachtkauz – Rauhfußkauz	CLB3
Plattköpfiger Rauchfussbussard – Rauhfussbussard	CLB3
Plattköpfiger Sanderling – Sanderling	CLB3
Plattköpfiger Schlangenadler – Schlangenadler	CLB3
Plattköpfiger Seidenschwanz – Seidenschwanz	CLB3
Plattköpfiger Steinadler – Steinadler	CLB3
Plattköpfiger Strandpfeifer – Flußuferläufer	CLB3
Plattköpfiger Strauchsteinschmätzer – Schwarzkehlchen	CLB3
Plattköpfiger Turmfalke – Turmfalke	CLB3
Plattköpfiger Wendehals – Wendehals	CLB3
Plattköpfiger Wespenbussard – Wespenbussard	CLB3
Plattköpfiger Zwergfalke – Merlin	CLB3
Plattköpfiges Auerhuhn – Auerhuhn	CLB3
Plättle – Birkenzeisig	Do
Plättlei-Zeisig – Birkenzeisig	Suol
Plättlin – Birkenzeisig	zLa
Plattmeise – Sumpf-/Weidenmeise	Be2,Buff
Plattmeise – Sumpfmeise	Jä,N
Plattmönch – Gimpel	Do,F
Plattmönch – Mönchsgrasmücke	F,N,O1,2,Suol,WüCl
Plattscheiteliger Krabbentaucher – Krabbentaucher	CLB3

Plattschnabeliger Strandläufer – Sumpfläufer	O3	
Plattschnäbliger Strandläufer – Sumpfläufer	CLB2	KNB
Plattschnäbliger Wassertreter – Thorshühnchen	F,N,WüCl	
Plattstirnige Eiderente – Eiderente	CLB3	
Plauderracker – Blauracke	Do,F	
Plauderrackervogel – Blauracke	Be1,Be2,Be,Krü,N	
Plerrhahn – Kampfläufer	Ad	
Pleßlein – Bläßhuhn	HaSa,Suo	H. Sachs, 1531, Regiment ..., V. 185.
Pletlin – Birkenzeisig	zLa	
Plickstertz – Mehlschwalbe	HaSa,Suol	H. Sachs, 1531, Regiment ..., V. 198.
Plitik – Zwergseeschwalbe	F,H	
Ploch-Taube – Ringeltaube	K	Frisch T. 138.
Plochtaub – Ringeltaube	GesS,StVb	Ploch = Baumstamm.
Plochtaube – Hohltaube	Fri	Ploch = Baumstamm.
Plochtaube – Ringeltaube	Be1,Be97,Buff,Fri,GD,HaSa,Hp,Krü,Schwf	
Plochtub – Ringeltaube	Suol	
Plofuß – hier: Gerfalke (?)	HaSa	
Plogdriver – Bachstelze	Häp	
Plogdriver Aâbars – Bachstelze	Häp	
Plogsteert – Bachstelze	F,Häp	
Plôgstert – Bachstelze	Suol	
Ploogsteert – Bachstelze	Bri	
Ploogstert – Bachstelze	Bri	
Plottenmeise (!) – Sumpf-/Weidenmeise	Hp	
Plotzer – Goldammer	Suol	
Plover, Stilt (engl.) – Stelzenläufer	Tu	
Pluchstert – Bachstelze	Suol	
Plümageente – Brautente	Be2	
Plümagenente – Brautente	Buff	
Plümente – Brautente	Be2,Buff,Ed,K,O1	Edwards T. 101.
Plümente – Kragenente	Be1,Be,Be97,Krü	
Plümente aus Amerika – Brautente	Be2,Buff	
Plümente (männl.) – Kragenente	Buff,GD	
Plümple – Zwergtaucher	Do,F	
Plumpser – Fischadler	Do,F	
Pluuier – Goldregenpfeifer	Suol	
Pluver (engl.) – Goldregenpfeifer	Tu	
Pluvialis, grüner – Goldregenpfeier	GesS	
Pluvier – Goldregenpfeifer	Suol	
Pluvier – Triel	St	
Poangratsche – Rabenkrähe	Suol	
Pochard – Tafelente	Tu	„Nyroca ferina."
Pockerle – Truthuhn	Ad	
Pogelun – Pfau	Be1,Be2	
Pohlnische Beutelmeise – Beutelmeise	Be1,N	
Pohlnische Gans – Bläßgans	Buff	In Österreich.
Pohlnische Nachtigall – Sprosser	N	
Pohlsneppe – Doppelschnepfe	Bri	

Pohlsneppe – Zwergschnepfe	Suol	
Poifitschen – Kiebitz	Bri	
Poihoi – Uhu	Suol	
Poingerl – Erlenzeisig	H	
Polar Halbente – Prachttaucher	K	
Polar-Aente – Prachttaucher	Buff	
Polar-Meve – Polarmöwe	N	
Polar-Seetaucher – Prachttaucher	N	
Polaralk – Papageitaucher	Krü	
Polarente – Papageitaucher	Ad,B,Be2,Be,F,GD,N	
Polarente – Polartaucher	F	
Polarente – Prachttaucher	Be1,Be2,Be,Be97,GD,Hp,Krü,N	
Polarente, krummschnäbliche – Tordalk	Be	
Polarente, krummschnäblichte – Tordalk	GD	
Polarente, krummschnäblige – Tordalk	Be2,N	
Polarfalk – Gerfalke	B	
Polarfalke – Gerfalke	BB	
Polargans – Schneegans	N	
Polarhalbente – Prachttaucher	Be2,Be,GD,N	
Polarlarventaucher – Papageitaucher	CLB3	
Polarlumme – Dickschnabellumme	B,CLB2,3,N	KNB
Polarlumme – Polartaucher	F	
Polarlumme – Prachttaucher	Be2,N	
Polarlumme – Trottellumme	CLB2	KNB
Polarmeve – Schmarotzerraubmöwe	Be2,GD	
Polarmewe – Schmarotzerraubmöwe	Buff	
Polarmöve – Polarmöwe	B,H,N,O3	
Polarmöve – Schmarotzerraubmöwe	Be,N	
Polarmöve, kleine – Falkenraubmöwe	N	
Polarseetaucher – Prachttaucher	N,WüCl	
Polartaucher – Eistaucher	Be2,Be,N	
Polartaucher – Prachttaucher	B,Be,Be1,2,CLB2,GD,Krü,O2,V.	
		CLB 1831, KNB
Polartaucher, großer – Prachttaucher	CLB3,N	
Polartaucher, mittler – Prachttaucher	N	
Polierer – Triel	Be2	
Polka – Schnatterente	F,H	
Pöll – Haushuhn (weibl.)	Suol	
Poll-Lerch (schlesw.-holst.) – Haubenlerche	H	
Pollenbeißer – Gimpel	N	
Poller – Blauracke	Do,F	
Pollerche (plattd.) – Haubenlerche	Do,Krü	
Polllerche – Haubenlerche (3 mal l)	F	
Polllewark (plattd.) – Haubenlerche	Krü	
Pollmeesch – Haubenmeise	F,H	
Pollnscher Adler – Steinadler (Var.)	K	„Sehr seltener Adler", …
		… ausgestorben, falls es ihn überhaupt gab.
Pollun – Pfau	Häp	
Polmeve – Schmarotzerraubmöwe	Be2,Ed, GD,K	Edwards T. 148.

Polmewe – Schmarotzerraubmöwe — Buff

Polmöve – Schmarotzerraubmöwe — Be,N

Polmöwe – Schmarotzerraubmöwe — F

Polnische Nachtigall – Sprosser — Be

Polnische Aunachtigall – Sprosser — F

Polnische Beutelmeise – Beutelmeise — Be2,Be,CLB3,Krü

Polnische Ente – Schnatterente — H

Polnische Gans – Bläßgans — Be2,F,N

Polnische Meise – Beutelmeise — Do,F

Polnische Nachtigall – Sprosser — Be2,Be,Krü

Polnische Ratscheln – Pfeifente — H

Polnische Ratschen – Pfeifente — Do,F

Polnische Sumpfnachtigall – Sprosser — Do,F

Polnische Taube = Indianer – Felsen-/ — O1
   Haustaube (Var.)

Polnische Wachtel – Wachtel — Be1

Polnischer Remiz – Beutelmeise — GD

Polnisches Rotkehlchen – Zwergschnäpper — Do,F,Scha

Polschnep – Pfuhlschnepfe — GesS,Suol

Polschnepff – Pfuhlschnepfe — GesH

Polurer – Triel — Be,N   J. A. Naumann 1799.

Polver – Misteldrossel — GesS

Pomeraner – Rotkopfwürger — B,Be2,GD

Pomeranzenfarbiger Kernbeißer – — GD
   Kiefernkreuzschnabel

Pomeranzenschnäbler – Zwergdrossel — Ad

Pomeranzenvogel – Mornellregenpfeifer — Ad,B,Buff,F,Krü,N

Pommeraner – Rotkopfwürger — F,N

Pommeranzenvogel – Mornellregenpfeifer — Be2,Be

Pommerischer Rabe – Saatkrähe — Be1,Be2,Be

Pommersche Löffelente – Löffelente — CLB3

Pommersche Raubmöve – Spatelraubmöwe — N

Pommersche Seeschwalbe – — CLB3
   Flußseeschwalbe

Pommersche Sturmmöwe – Sturmmöwe — CLB3

Pommersche Zwergseeschwalbe – — CLB3,N
   Zwergseeschwalbe

Pommerscher Adler – Schreiadler — O3

Pommerscher Rabe – Saatkrähe — Be,F,GD,N

Pommerscher Schlammläufer – — CLB3
   Alpenstrandläufer

Pommerscher Schreiadler – Schreiadler — CLB3

Pommerscher Würger – Rotkopfwürger — Be2,Be,N

Pömpeli – Zwergtaucher — N

Pömpelin – Zwergtaucher — O1

Poolânt – Stockente — Häp   Lockente

Pope (engl.) – Papageitaucher — GD

Porder (!) – Kiebitzregenpfeifer — Buff

Porphyrio – Purpurhuhn — GesSH

Porphyrion – Purpurhuhn	Buff	
Port-Egmonts-Henne – Skua	N	
Port-Henne – Skua	F	
Porthenne – Skua	Do	Port Egmont: Hafen v. Egmont/Falklands.
Porzellanhühnchen (thür.) – Tüpfelsumpfhuhn	F,H,Scha	
Porzellanschnecke – Reiherente (männchl., alt)	F,H	
Poseganischer Reiher – Rallenreiher	N	
Poseganscher Reiher – Rallenreiher	Be2	
Posseneule – Zwergohreule	B,Be1,Be2,Be,F,GD,N,O1	
Possenmacher – Jungfernkranich	Krü	
Possenreißer – Mornellregenpfeifer	B,Be1,Be2,Be,Buff,F,GD,Krü,N	
Pöstken – Grauschnäpper	Bri	
Postoina (krain.) – Seeadler	Be1	
Postoka (krain.) – Turmfalke	Be1	
Pozellanmeise – Lasurmeise	F	
Pracher an der Reege – Pirol	Häp	
Pracht-Ente – Prachteider	N	
Prachtadler – Schelladler	H	Var. fulvecens.
Prachtammer – Kappenammer	B	A. Brehm Band 3/1866, 249.
Prachteiderente – Prachteider	N	
Prachteiderente – Scheckente	B	
Prachteidergans – Prachteider	N	
Prachtente – Prachteiderente	CLB2,MW,O3	KNB
Prächtiger Fasan – Goldfasan	Be2	
Prachvogl – Brachvogel	HaSa	
Prack – Mittelsäger	O1	
Prairietäubchen – Prärieläufer	B	
Praka (krain.) – Elster	Be1	
Prandvogel – Hausrotschwanz	HaSa	H. Sachs, 1531, Regiment …, V. 196.
Pranghahn – Auerhuhn	Suol	
Prantvogel – Hausrotschwanz	Suol	
Präsexter – Eichelhäher	Be97	
Präst – Papageitaucher	GD	= Priester, Island.
Praticola – Rotflügel-Brachschwalbe	Buff	Kramer
Praunellen – Heckenbraunelle	HaSa	
Praunellen – Heckenbraunelle	Suol	
Prib – Seidenschwanz	GD	
Priero, Schulz von – Pirol	Scha	
Prierow, Schulz von – Pirol	F	
Priester – Papageitaucher	GD	Island
Priestergürtel – Mohrenlerche	GD	
Priestergürtel – Ohrenlerche	Be2,Be,Buf,F,N	
Priesterlerche – Ohrenlerche	F	
Pringerl – Erlenzeisig	Do,F	
Prinzchen – Lasurmeise	Be2,Be	
Prinzchenmeise – Lasurmeise	F,JAN,N	
Prischke – Knäkente	GD	

Provence-Grasmücke – Provencegrasmücke	H	
Provencer Grasmücke – Provencegrasmücke	CLB2	KNB
Provencer Sänger – Provencegrasmücke	CLB2	KNB
Provencesänger – Sardengrasmücke	B	
Provenser Sänger – Provencegrasmücke	MW	
Provenzalische Lerche – Haubenlerche	Be2	
Provenzalischer Sänger – Provencegrasmücke	O3	
Provenzialische Lerche – Mohrenlerche	GD	
Prüker – Haus-/Felsentaube	Häp	Variation cucullata.
Prunell – Heckenbraunelle	Buff,Krü	
Prunell-Grasmücke – Heckenbraunelle	Be97,Buff	
Prunelle – Heckenbraunelle	F,GD,GesSH,Krü,N	
Pruneller – Heckenbraunelle	Be1,Be2,Buff	
Prunellerl – Heckenbraunelle	Be	
Prunellert – Heckenbraunelle	N	
Prunellgrasmücke – Heckenbraunelle	Be1,Be2,Be,GD,N	
Pruoder Piro – Pirol	Suol	Nach Konrad von Megenberg.
Prutter – Star	Suol	
Ptarmigan – Alpenschneehuhn	F,N,O1	
Ptarmigan – Moor- u. Alpenschneehuhn	Be1,Be2,Be	
Ptarmigan – Schneehuhn (Moor-)	Buff,GD	Bei Pennant.
Puacker – Nachtreiher	O1	
Pudel-Schnepffe – Zwergschnepfe	Suol	
Pudelschnepfe – Bekassine	Ad	
Pudelschnepfe – Doppelschnepfe	Ad	
Pudelschnepfe – Uferschnepfe	Be,GD	
Pudelschnepfe – Waldschnepfe	Buff	
Pudelschnepfe – Zwergschnepfe	Ad,Be2,Be,Buff,F,Fri,K,Krü,N	
Puder – Truthuhn	Be1,Be2	
Pudhuhn – Truthuhn	Suol	
Püewitz – Kiebitz	Suol	
Puffin – Papageitaucher	N	
Puffin – Kleiner Sturmtaucher	CLB2	KNB
Puffin – Papageitaucher	Ad,Be2,Be,GD	
Puffin – Schwarzschnabelsturmtaucher	Buff,CLB2,F,GD,N	= Atlantik- … KNB
Puffin – Sturmschwalbe	O1	
Puffin von der Insel Saint-Kilda, grauer … … und weißer – Eissturmvogel	Buff	
Puffin, grauer – Grosser Sturmtaucher	CLB2	
Puffin, grauer und weißer – Eissturmvogel	Krü	
Puffin, mittler – Schwarzschnabel-Sturmtaucher	N	
Puffing – Papageitaucher	O1	
Puffinmeve – Schwarzschnabel-Sturmtaucher	Buff,GD,N	Heute z. B.: Atlantiksturmtaucher.
Puffinmöve – Schwarzschnabel-Sturmtaucher	Buff,GD	Heute z. B.: Atlantiksturmtaucher.
Puffintaucher – Schwarzschnabelsturmtaucher	N	Heute z. B.: Atlantiksturmtaucher.
Puffinvogel – Schwarzschnabel-Sturmtaucher	Buff	Heute z. B.: Atlantiksturmtaucher.

Pugoss – Wendehals	Bri	
Pugvogel – Wiedehopf	F,H	
Puheule – Waldkauz	Do,F	
Puhi – Uhu	Be2,Be,Buff,GD,N	
Pûhin – Uhu	Suol	
Puhlschnepfe – Doppelschnepfe	Be2,N	
Puhlschnepffe – Schnepfe	Suol	
Puhorst – Wiedehopf	Häp	
Puhu – Uhu	Buff,Suol	
Puhuy – Uhu	Ad,Be1,Be2,Be,Buff,F,GD,K,N,,Schwf,Suol	
Puivogel – Uhu	Suol	
Pukkelnebbede Edderfugl – Prachteiderente	Buff	Bei Fabricius: „Höckerschnäbeliger Edderfugl."
Pulle – Haushuhn (weibl.)	Suol	
Pullein – Haushuhn (juv.)	Suol	
Pullroß, grauer – Kiebitzregenpfeifer	Be	
Püloh – Pirol	F	
Püloh, Vogel – Pirol	Be1,Be2,Be,N	
Pülow – Pirol	Do	
Pulros – Goldregenpfeifer	B,Be2,Be,Buff,F,GD,K,Krü,N,O1,Schwf,Suol… … Frisch Tafel 216, 1758.	
Pulros, grauer – Kiebitzregenpfeifer	N	
Pülroß – Goldregenpfeifer (1)	HaSa	H. Sachs, 1531, Regiment …, V. 179.
Pulroß – Goldregenpfeifer (2)	Ad,Buff,GesSH,Suol	Gybertus Longolius.
Pulroß – Kiebitzregenpfeifer	Ad	
Pulroß, grauer – Kiebitzregenpfeifer	Be2,Be,Buff,GD	
Pulschneppe – Uferschnepfe	GD	
Puluier – Goldregenpfeifer	GesH,Suol	
Pulurer – Goldregenpfeifer	Suol	
Pulver – Goldregenpfeifer	Tu	
Pulvier – Goldregenpfeifer	Ad,Buff,GesS,K,Kö,Krü,Schwf,Suol. Name von … … Gybertus Longolius (1507–1543), Frisch T. 216.	
Pulvier – Kiebitzregenpfeifer	Ad	
Pumpelmeese – Blaumeise	Scha	
Pumpelmeise – Blaumeise	Be,F,N	
Pumpelmeise – Kohlmeise	Do,F	
Pümpelmêsk – Blaumeise	Suol	
Pumpergeselle – Wiedehopf	Bri	
Pumposs – Wiedehopf	Häp	
Punctierter Wasserläufer – Waldwasserläufer	O2	Siehe punktierter W.
Punctirte Schnepfe – Rotschenkel (juv.)?	GD	
Punctirter Strandläufer – Waldwasserläufer?	GD	Tringa ochropus. KNB
Punctirtes Rohrhuhn – Tüpfelsumpfhuhn	CLB1,2,Krü	KNB
Pundterkräe – Nebelkrähe	Buff,GesS,Suol	
Punhahn – Truthuhn	Häp	
Punhunne – Truthuhn	Häp	
Punktierter Wasserläufer – Waldwasserläufer	F,Suol,WüCl	Üblicher Name bis etwa 1869.
Punktirte Ralle – Tüpfelsumpfhuhn	Krü	
Punktirte Schnepfe – Dunkler Wasserläufer?	Be2	

Punktirte Schnepfe – Waldwasserläufer (juv.)	Be1	
Punktirter Brachvogel – Dunkler Wasserläufer?	Be2	
Punktirter Strandläufer – Waldwasserläufer?	Be,Be1,2,97,Buff,CLB2,Krü,MW,N	Tr. ochropus.
Punktirter Wasserläufer – Waldwasserläufer?	B,N,O2	Tringa ochropus.
Punktirtes Meerhuhn – Tüpfelsumpfhuhn	Be2,Be,N	
Punktirtes Rohrhuhn – Tüpfelsumpfhuhn	CLB1,MW,N	
Punktirtes Wasserhuhn – Tüpfelsumpfhuhn	N	
Punsch – Waldkauz	Do	
Punscheule – Waldkauz	F,N	
Pupelhahn – Wiedehopf	Suol	
Puphahn – Wiedehopf	F,Suol	
Puphin (engl.) – Papageitaucher	Tu	
Puphinus – Papageitaucher	GesS	Name in England.
Puphopp – Wiedehopf	Bri,H	
Puphoppe – Wiedehopf	Bri	
Pupin – Schwarzschnabel-Sturmtaucher	Ad,K	The Puffin of the Isle of Man ... ... Turner (1544): Papageitaucher
Pupin (engl.) – Papageitaucher	Tu	
Puppergesell – Wiedehopf	F,H	
Puppertsen – Wiedehopf	Bri	
Puppes – Wiedehopf	H	
Pupphahn – Wiedehopf	H	
Pupu – Wiedehopf	F,H	
Puran – Truthuhn	Suol	
Purhan – Truthuhn	Suol	
Pürküdel – Zwergtaucher	F	
Pürkügel – Zwergtaucher	Do	
Purpur-Köpchen mit weißen Backen – Büffelkopfente	K	
Purpur-Reiher – Purpurreiher	N	
Purpurfarbener Reiher – Purpurreiher	Buff,N	
Purpurfarbenes Wasserhuhn – Purpurhuhn	Buff	
Purpurfarbiger Reiher – Purpurreiher	Buff	
Purpurfarbiger Reiher mit dem Federbusch – Purpurreiher	Buff	Brisson
Purpurfarbner Reiher – Purpurreiher	Be2,Be	
Purpurhuhn – Purpurhuhn	B,Buff	KNB
Purpurhuhn, blaues – Purpurhuhn	CLB2	KNB
Purpurhuhn, hyacinthblaues – Purpurhuhn	CLB2,V	
Purpurhuhn, hyacinthfarbiges – Purpurhuhn	CLB2	
Purpurhuhn, hyazinthfarbiges – Purpurhuhn	MW	
Purpurköpfchen mit weißen Backen – Büffelkopfente	Buff	
Purpurralle – Purpurhuhn	Buff,K	
Purpurreiher – Purpurreiher	B,Be1,Be2,Be,Be97,Buff,CLB2,GD,Krü,MW,... ...O1,2,3,V Müller 1773. Ü, KNB	
Purpurreiher mit dem Zopfe – Purpurreiher	Buff	
Purpurreiher, gehaubter – Purpurreiher	Be2,N	

Purpurreiher, gehäubter – Purpurreiher	Be	
Purpurreiher, glattköpfiger – Purpurreiher	Be1,Be2,Be,N	
Purpurreiher, kaspischer – Purpurreiher	CLB3	
Purpurreiher, kleiner – Purpurreiher	CLB3	
Purpurreiher, mittlerer – Purpurreiher	CLB3	
Purpurvogel – Purpurhuhn	Ad,Buff,GesH,Krü	
Purre – Flußuferläufer	O1	
Purrhahn – Kampfläufer	CLB1,2,V	KNB
Purzeltaube – Haus-/Felsentaube	GD	Zur Rasse Turniertaube.
Pusch Eule – Waldkauz	Schwf,Suol	
Pusch Schneppe – Waldschnepfe	Schwf,Suol	
Pusch-Schnepffe – Waldschnepfe	K	
Pûscheule – Waldkauz	Suol	
Puserl – Haushuhn (juv.)	Suol	
Put – Haushuhn (weibl.)	Suol	
Putchen – Truthuhn	Be1,Be2	
Pute – Truthuhn	Be1,Be2,Suol	
Puten – Truthuhn	Häp	
Puter – Truthuhn	Ad,B,Be1,Be2,Buff,GD,Krü	
Puter, gemeiner – Truthuhn	O1	
Puter, wilder – Auerhuhn	Be2,Be,N	
Puter, wilder – Truthuhn	H	
Puterhahn – Truthuhn	Ad,Buff,Fri	
Puterhuhn – Truthuhn	Ad,Be1,Be2,Krü	
Puterhuhn, wilder – Truthuhn	GD	
Puthuhn – Truthuhn	Ad,GD	
Puthühnchen – Haushuhn (juv.)	Suol	
Putpurlut – Wachtel	Suol	
Putt – Haushuhn (weibl.)	Suol	
Puttchen – Haushuhn (juv.)	Suol	
Putte – Haushuhn (juv.)	Suol	
Putte – Haushuhn (weibl.)	Suol	
Puttel – Haushuhn (juv.)	Suol	
Pütterke – Stieglitz	Bri,Häp,Suol	
Putthahn – Haushuhn (männl.)	Suol	
Putthenneken – Haushuhn (weibl.)	Häp	
Putthönecke – Haushuhn (weibl.)	Häp	
Putthuhn – Haushuhn (weibl.)	Suol	
Puttok (engl.) – Rotmilan	Tu	
Puttputt – Haushuhn	Do	
Puvâgel – Wiedehopf	Bri,Häp	
Püwik – Kiebitz	Suol	
Püwitsch – Kiebitz	Bri	
Py (engl.) – Elster	Tu	
Pygarg – Seeadler	N	
Pygarg, großer – Seeadler	Be2	
Pygarg, großer – Weißkopf-Seeadler	GD	
Pygarg, kleiner – Seeadler	Be2	
Pygarge, große – Seeadler	GD	
Pygarge, kleiner – Seeadler	GD	

Pygargus – Schlangenadler	GD	„Name steht unrichtig."
Pygargus – Seeadler	GD	
Pylsteert – Spießente	Be1,Be2,Be,GD,Han,N	
Pylstert – Eisente	GesS	
Pylstertze – Spießente	Mic	
Pylsterz – Spießente	Do,F,N	
Pylwähne- Spießente	Do	
Pynmaiß – Blaumeise	HaSa,Suol	H. Sachs, 1531, Regiment …, V. 170.
Pyrale – Pirol	Ad,Krü	
Pyrenäengeier – Schmutzgeier	N	
Pyrenäischer Adler – Mönchsgeier	Be2,N	
Pyrenäisches Haselhuhn – Spießflughuhn	GD,Krü	
Pyrohl – Pirol	Suol	
Pyrol – Pirol	Be1,Buff,Hp,Krü,Z	
Pyrold – Pirol	Buff,Fri,Hp,Krü	
Pyrolf – Pirol	Ad,Krü	
Pyrolt – Pirol	Ad,Be1,Buff	
Qickstyärt – Bachstelze	Suol	
Qippstaat – Bachstelze	Scha	
Qorkringel – Neuntöter	F	
Quaag – Rabenkrähe	N	
Quaakreiher – Nachtreiher	Be2,N	
Quabbelarsch – Hausrotschwanz	Do,F	
Quabbstert – Bachstelze	Scha	
Quacara – Wachtel	Buff	
Quackel (holl.) – Wachtel	Be2,Fri,Schwf,GesH	
Quackente – Schellente	Be1,Be2,Be,Be97,Buff,CLB2,GD	KNB
Quäcker – Bergfink	Be2,Be,Be97,Buff,Fri,Hp,Krü,P,Scha,Z	
Quacker – Bergfink	K	
Quacker-Ente – Schellente	Buff,Hp	
Quackerente – Schellente	Be1,Be2,Be,Be97,Buff,GD	
Quäckerle – Steinkauz	Suol	
Quäckfink – Bergfink	Be2,Be,Buff,Hp	
Quackreiher – Nachtreiher	Be1,Be,Be97,Buff,GD,O1,V	
Quackreiher – Zwergdommel	H	
Quackstaart, geel – Schafstelze	F	
Quäckstart – Bachstelze	Scha	
Quäcksteert – Bachstelze	Ad,Häp	
Quail (engl.) – Wachtel	Tu	
Quajot – Rallenreiher	Buff	Aldrovand
Quajotta – Rallenreiher	Buff	Aldrovand
Quâke – Kolkrabe	Suol	
Quake – Rabenkrähe	F,N	
Quakel – Wachtel	Ad,Be1,Be,Be97,Buff,K	
Quakente – Schellente	F,N,WüCl	
Quaker – Bergfink	Ad,K,Krü	
Quäker – Bergfink	Ad,B,Be1,Bri,CLB2,Buff,F,Fri,GD,Jä,…	
	…K,Krü,N,O1,Suol,WüCl	Frisch T. 3. VN
Quäker – Kolkrabe	Suol	

Quaker – Schellente	B,F,N	
Quakeränte – Schellente	Buff	
Quäkfink – Bergfink	Be1,GD,N	
Quakler – Bergfink	Ad	
Quakreiher – Nachtreiher	B,F,Krü	
Quakstert – Bachstelze	Suol	
Quäksterz – Bachstelze	B,F	
Quale (engl.) – Wachtel	Tu	
Quallenvögel – Meisen, Finken, Ammern, Lerchen, Tauben	O1	
Quäppstärt, blauer – Bachstelze	Scha	
Quappstärt, gelber – Schafstelze	Scha	
Quappstärt, gelber – Schafstelze	Scha	
Quargringel – Raubwürger	Ad,Fri	
Quark – Neuntöter	F,H	
Quarker – Nachtreiher	Do	
Quarkringel – Neuntöter	B	
Quarkringel – Schwarzstirnwürger	Do,F	
Quarkvogel – Neuntöter	F,H	
Quarkvogel – Schwarzstirnwürger	Scha	
Quartanreiher – Zwergdommel	B,N	
Quartel – Wachtel	Häp	
Quätschfink – Bergfink	B,Be1,Be2,F,N	
Quattel – Wachtel	Häp,Suol	
Quatter – Star	Bri,Häp,Suol	
Queck – Bergfink	Be2,Be,Buff,F,GD,Krü,N,Schwf	
Quecker – Bergfink	Buff,G,Hp,Suol	
Quecker – Goldammer (sil.)	Schwf	
Quecker (männl.) – Gimpel	Buff,GesS	
Queckfink – Bergfink	Krü	
Queckstaart – Bachstelze	Be2,N	
Queckstarz – Bachstelze	Be97	
Quêckstelz – Bachstelze	Suol	
Queckstelze – Bachstelze	Be2,Be,F,N	
Queckstertze – Bachstelze	Schwf	
Quecksterz – Bachstelze	Be1,Be2,Be,Buff,N	
Quecksterz – Wasseramsel	Do	
Quecksterze – Bachstelze	GD,K	Frisch T. 23.
Queekstaart – Bachstelze	Be	
Queekstart – Bachstelze	Scha	
Queker – Bergfink	Buff	
Quekstelze – Bachstelze	JAN	
Quêkstert – Bachstelze	Suol	
Quêksterz – Bachstelze	Suol	
Quellje – Reiherente	o.Qu.	Mehrere Fundstellen.
Quellje – Tafelente	Be1,Be2,Be,Be97,F,Krü,N,O1	
Quellje – Trauerente	B	
Querky – Jungfernkranich	O1	
Querquedula – Krickente	GesS	

Querrelmeise – Schwanzmeise	F,H	
Quetel – Helmperlhuhn	O1	
Quetel – Perlhühner	O1	
Quetsch – Gimpel (weibl.)	Ad,Buff,Fri,GesSH,HaSa,Suol	HaSa V. 229.
Quetschfincke – Goldammer	Schwf	
Quetschfink – Bergfink	Be,Be97,GD,Krü	
Quetschfink – Gimpel	Be1,Be2,Be,Buff,F,GD,Krü,N	
Quetschfinke – Bergfink	Buff	
Quette – Zwergseeschwalbe	Häp	
Quick-stertz – Bachstelze	Buff	
Quickli – Steinkauz	Suol	
Quickstärz – Schafstelze	Do,F	
Quicksteert – Bachstelze	Ad,Häp	
Quickstertz – Bachstelze	GesS	
Quickstertz – Gebirgsstelze	zLa	
Quicksterz – Bachstelze	Buff,GD	
Quicksterz – Kleiber	Buff,Krü	
Quickuhle – Steinkauz	Bri	
Quidvogel – Mäusebussard	GD	
Quieker – Bergfink	Do,F	
Quiekschwalbe – Mauersegler	F	
Quiekstärt – Bachstelze	Bri	
Quieschfink – Gimpel	Be1,Be2,Be	
Quieter – Berghänfling	Scha	
Quietschfing (!) – Gimpel	Do	
Quietschfink – Bergfink	Be1,Be2,Be,N	
Quietschfink – Gimpel	Buff,F,GD,Krü,N	
Quikstert – Bachstelze	Suol	
Quikstertz – Bachstelze (incl.Trauerbachst.)	GesH,Tu	Engl. Wagtail.
Quiksterz – Bachstelze	Suol	
Quina (ital.) – Bergpieper	Buff	
Quitmaase – Polarmöwe	Buff	Buffon/Otto Bd. 31.
Quitmase (norw.) – Eismöwe	Buff	
Quitmaster – Eismöwe	GD	
Quitschel – Rotdrossel	Do,F	
Quitschenfräter – Seidenschwanz	Do,F	
Quitschfink – Bergfink	F	
Quitschfink – Gimpel	B,Krü	
Quitt – Zwergseeschwalbe	Häp	
Quitte – Zwergseeschwalbe	Bri	
Quittenhänfling – Berghänfling	Ad,Krü	
Quittenhänfling, kleiner gelber – Bluthänfling	GD	
Quittenhenffling – Berghänfling	K	
Quitter – Berghänfling	Ad,B,Be,Buff,F,Fri,Krü,N,O2,Scha	
	Buffon: Name stand unter „Kleiner Hänfling".	
Quitter – Bluthänfling	Be	
Quittje – Zwergseeschwalbe	Bri	
Quorkringel – Neuntöter	H	

Quôthan – Wiedehopf	Suol
Quuntsch – Grünfink	Suol
Quuntscher – Grünfink	Do,F
Qvackel – Wachtel	K

Raab – Kolkrabe	Be1,Be2,Be,N	
Raabe, schwartzer – Kolkrabe	Kö	
Raaggans – Ringelgans	Do,F	
Raake – Blauracke	Be1,Be2,Be,N	
Raake, blaue – Blauracke	K,Suol	
Raaw – Kolkrabe	Bri	
Rab – Kolkrabe	Ad,B,Be1,Be2,Be,Fri,GesSH,N,P	
Rab – Nebelkrähe	F,H	
Rab – Rabenkrähe	H,Jä	
Rab – Saatkrähe	F,H	
Rabe – Kolkrabe	Be1,Be2,Be97,Buff,CLB2,3,Fri,GD,GesH, …	
	… Häp,K,N,Scha,Schwf,Tu,Z	
Rabe – Rabenkrähe	Be1,Be2,Be97,CLB2,N,Z	KNB
Rabe, altenburgischer – Saatkrähe	Be2,N	
Rabe, blauer – Blauracke	Be1,Be2,Be,F,GD,N	
Rabe, eigentlicher – Kolkrabe	Be2,Be,N	
Rabe, gemeiner – Kolkrabe	Be1,Be2,Be,Be97,Be05,N,O1,2	Bechstein 1795.
Rabe, gemeiner – Rabenkrähe	Be2,Buff,Hp,N	
Rabe, gemeiner Ralle – Wasserralle	N	
Rabe, gemeiner schwarzer – Kolkrabe	Be2,Buff,N	
Rabe, glänzender – Bläßhuhn	Be1	
Rabe, grauer – Nebelkrähe	Be2,Be,Be97,Be05,F,GD,N	
Rabe, großer – Kolkrabe	Be2,Be,Be05,N	
Rabe, größter – Kolkrabe	Be1,Be2,Be,Buff,GD,Krü,N	
Rabe, kleiner – Rabenkrähe	Be1,Be97,Be05,G,GD,Hp,V	
Rabe, kleiner – Saatkrähe	Fri	
Rabe, kleinerer ganz schwarzer – Rabenkrähe	Buff,Z	
Rabe, koliger – Kolkrabe	Fri	
Rabe, kolschwartzer – Kolkrabe	Fri	
Rabe, pommerischer – Saatkrähe	Be1,Be2,Be	
Rabe, pommerscher – Saatkrähe	Be,F,GD,N	
Rabe, russischer – Unglückshäher	GD	
Rabe, sächsischer – Saatkrähe	Be2,F,N	
Rabe, schwarzer – Alpendohle	Be,Krü	
Rabe, schwarzer – Alpenkrähe	Be	
Rabe, schwarzer – Kolkrabe	Be1,Be2,Be,Be97,N	
Rabe, schwarzer – Rabenkrähe	Be1,Be2,Buff,N	
Rabe, weißer – Kolkrabe, Mutation	Schwf	„Corvus albus."
Rabenente – Trauerente	Do,F …	… Noch heute auf Island: Hrafnsönd – Rabenente.
Rabenkrähe – Rabenkrähe	Ad,B,Be1,Be2,Be,Be97,Be05,Buff,CLB1,2, …	
	… F,GD,GesS,Hp,K,Krü,N,O1,V	KNB
Rabenkrähe, blauer – Blauracke	Be05	

Rabenmeisen – Kleiber Pirole, Meisen u. a.	O1	
Rabenpelikan – Krähenscharbe	Be2,N	
Räbhuen – Rebhuhn	GesS	
Rabhuhn – Rebhuhn	Be2,Fri	
Räbhuhn – Rebhuhn	Be1,Be,N	
Räbhuhn – Rebhuhn	Buff,Hp	
Räbhuhn, weltsch – Rothuhn	GesS	
Räbhun – Pfau (sil.)	Schwf	
Räbhûn, weltsch – Steinhuhn	Suol	
Räbhûn, wys – Alpenschneehuhn	Suol	
Rabraker – Raubwürger	Ad	
Rabraker (hann.) – Neuntöter	Ad	
Racham – Schmutzgeier	N	
Racham (arab) – Mönchsgeier	Buff	
Rachamach – Mönchsgeier	O1	
Rachamach – Schmutzgeier	N	
Rache – Blauracke (sil.)	Be1,Buff,F,Schwf,Suol	
Rache – Mittelsäger	Be,Schwf,Suol	Gänsesäger bekannt?
Räche – Saatkrähe	F,H	
Racher – Blauracke	Be2,Be,Buff,N	
Rack – Rabenkrähe	Do	
Racke – Blauracke	Ad,Be2,Be,CLB2,Krü,N,Suol	KNB
Racke – hier: Saatkrähe	Fabr	Ähnl. sind: Rooche, Rooke, Rok.
Racke, blaue – Blauracke	Ad,Be2,Be,CLB1,2,3,MW,N,O2,V	KNB
Racke, deutsche – Blauracke	CLB3	
Racke, gelbe – Pirol	Be2,Be,F	
Racke, plattköpfige – Blauracke	CLB3	
Rackehelse – Spießente	Zupo	1425
Rackelhahn – Rackelhuhn	Krü,V	
Rackelhanar (schwed.) – Rackelhuhn	N	
Racker, europäischer – Blauracke	Be1,Be2,Be,N	
Rackelhane (schwed.) – Rackelhuhn	Buff	
Rackelhaner – Rackelhuhn	GD	
Rackelhuhn – Rackelhuhn	B,CLB1,N	
Racker – Blauracke	Ad,Be1,Be2,Be,Be05,Buff,CLB2,F,GD,Jä, …	
	… K,Krü,N,Suol Frisch T. 57.	KNB
Racker – Eichelhäher	Ad,Häp	
Racker – Saatkrähe	Ad,Krü	
Racker, blauer – Blauracke	GD,O1,Suol	
Rackervogel – Blauracke	Be1,Be2,Be,F,GD,Krü,N	
Rackhals – Spießente	StVb,Suol,Zupo	15. Jahrh. Langer Hals.
Rackhalss – Spießente	Baldn	
Rackhelse – Spießente	Zupo	1459
Räckholter – Wacholderdrossel	Suol	Schweiz
Räckholtervogel – Wacholderdrossel	Suol	Schweiz
Rackkelse – Spießente	Zupo	1449
Rad – Kolkrabe	Jä	
Rad swenseken – Rotschwanz (allg.)	Suol	
Rådbråker – Neuntöter und Würger (allg.)	Suol	

Radbraker – Raubwürger	F,H	
Radbrecher – Neuntöter	F,H	
Radbrecher – Raubwürger	H	
Radbrecher – Schwarzstirnwürger	F,H	
Radbreker – Neuntöter und Würger (allg.)	Suol	
Radbreker – Raubwürger	Bri	
Radekker – Raubwürger	Bri	
Radgaas (dän.) – Ringelgans	Be2.H,N	
Râdkelchen – Rotkehlchen	Suol	Thüringen
Râdkelken – Rotkehlchen	Suol	
Radom – Rohrdommel	Suol	
Radump – Rohrdommel	Bri	
Raebhun, wyß – Alpenschneehuhn	GesS	
Raedsherr – Elfenbeinmöwe	Buff	
Raetsch-endte – Stockente	Buff	
Ragel – Graureiher	O1	
Ragel – Reiher (allg.)	Suol	
Ragel – Reiher, Störche, Kraniche	O1	
Ragel, großer weißer – Silberreiher	Be2	
Rägengilp – Großer Brachvogel	Bri	
Rägenwilp – Großer Brachvogel	Bri	
Rager – Graureiher	F,N	
Rager, großer weißer – Silberreiher	Be	
Räggi – Tannenhäher	Suol	
Raghals – Spießente	Suol	
Raghalse – Spießente	Zupo	15. Jahrh.
Rägher – Tannenhäher	Suol	
Raham (arab.) – Schmutzgeier	Ad	
Rahm – Kolkrabe	Ad,Krü	
Rahrdum – Rohrdommel	Häp	
Rahts-Herr – Elfenbeinmöwe	K	
Raigaas (dän.) – Ringelgans	H	
Raiger – Graureiher	Ad,Hp	
Rail, Water (engl.) – Wasserralle	Tu	
Rainschwalbe – Mauersegler	Fri	
Ralle – Wasserralle	Fri	
Rainschwalbe – Uferschwalbe	Ad,F,O1	
Raitgar – Zwergtaucher	Bri	
Raitrumper – Rohrdommel	Do,F	
Rak – Blauracke	Krü	
Rak – Eichelhäher	Ad,Häp	
Rakau – Haubentaucher	Jä	
Rake – Blauracke	Be2,Be,Krü,N	
Rake – Saatkrähe	Ad	
Rake, blaue – Blauracke	Ad,Buff,GD,Krü,Scha	
Rake, gelbe – Pirol	N	
Rakelhuhn – Auerhahn-Hybrid (weibl.)	ZLa	
Raker – Blauracke	Ad,Buff,GD,Krü	
Raker, europäischer – Blauracke	Buff	

Rale (engl.) – Wachtelkönig	Tu	Nicht gesichert.	
Rall – Wachtelkönig (männl.)	Ad		
Rall – Wasserralle	Suol		
Rall, braune – Wasserralle	Suol		
Rall, graue – Trauerseeschwalbe	Buff		
Rall, graue – Wasserralle	Suol		
Ralle – Trauerseeschwalbe	Buff	Bei Linné.	
Ralle – Wachtelkönig	Ad,Be1,Be2,Be,Be97,Buff,GD,Krü,N		
Ralle – Wasserralle	CLB2,N,Suol	Klein 1750. Ü	KNB
Ralle, große – Wasserralle	Be2,Be,O1		
Ralle, daurische – Kleines Sumpfhuhn	GD,Krü		
Ralle, deutsche – Wasserralle	N		
Ralle, europäische – Wasserralle	N		
Ralle, gefleckte – Tüpfelsumpfhuhn	Buff		
Ralle, gemeine – Wachtelkönig	Be2,O1,N		
Ralle, graue – Trauerseeschwalbe (juv.)	Be2,N		
Ralle, graue – Wachtelkönig	N		
Ralle, kleine – Zwergsumpfhuhn	Buff	„Rallus pusillus", von Pallas.	
Ralle, kleinste – Kleines Sumpfhuhn	JAN		
Ralle, mevenartige – Trauerseeschwalbe	Be2		
Ralle, mevenförmige – Trauerseeschwalbe (juv.)	Be,GD		
Ralle, punktirte – Tüpfelsumpfhuhn	Krü		
Ralle, schwarze – Teichhuhn	Be,F		
Ralle, schwarze – Wasserralle	Be2,Be,N,Suol		
Ralle, schwarzer – Teichhuhn	Be2,N		
Ralle, taurische – Kleines Sumpfhuhn	N		
Ralle, taurische – Kleines/Zwergsumpfhuhn	Be2,Be		
Ralle, taurische – Zwergsumpfhuhn	Buff	„Rallus pusillus", von Pallas	
Rallenreiher – Rallenreiher	B,Be1,Be2,Be,CLB2,Krü,MW,N,O1	KNB	
Rallenreiher, grosser – Rallenreiher	CLB3		
Rallenreiher, illyrischer – Rallenreiher	CLB3		
Rallenreiher, kleiner – Rallenreiher	CLB3		
Rallenreiher, mittlerer – Rallenreiher	CLB3		
Rallenrohrdommel – Rallenreiher	CLB2,N	KNB	
Ramaspötter – Blaßspötter	B		
Ramitsch – Amsel	F		
Ramm – Kolkrabe	Do,StVb,Suol		
Ränenbicker – Baumläufer	Suol		
Ranger – Graureiher	O1		
Ranseul – Schleiereule	Suol		
Ranseul – Waldohreule	Tu		
Ransuyle (holl.) – Schleiereule	Buff		
Ranswle – Schleiereule	Suol		
Rantz Eule – Schleiereule	Schwf,Suol		
Rantz Eule – Waldohreule	Schwf		
Ranzeneule – Waldohreule	JAN		
Ranzeule – Schleiereule	Be2,Be,F,N		
Ranzeule – Waldohreule	B,Be1,Be2,Be,F,GD,N		

Raow – Kolkrabe	Scha	
Rapffinck – Grünfink	K	Rapsfink?
Rapffink – Grünfink	Krü	
Rapfink – Grünfink	Be2,Buff,GD,N	
Rapfinke – Grünfink	Be1,Buff	
Raphohn – Rebhuhn	WüCl	
Raphön – Rebhuhn	Tu	
Raphun – Rebhuhn	Mic	
Rapp – Kolkrabe	Ad,B,Be2,Be,F,Fri,GesS,Krü,N,Suol	
Rapp-Fink, grüngelber – Grünling	Be	
Rappe – Kolkrabe	Be1,Be97,Schwf,StVb	
Rappenkeib – Kolkrabe	Suol	Elsäss. Dialektwort: Rabenaas.
Rappfinck – Grünfink	GesSH,Suol	
Rappfink – Grünfink	Ad,B,F	
Rapphauen – Rebhuhn	Bri	
Rapphaun – Rebhuhn	Do	
Rapphohn – Rebhuhn	Ad,Häp	
Rapphoon – Rebhuhn	Scha	
Rapsfink – Grünfink	Do,F	
Rârdum – Rohrdommel	Suol	
Rarg (fries.) – Graureiher	Buff	
Rârigdum – Rohrdommel	Suol	
Raro – Würgfalke	Do	
Räschen – Löffelente	B,Be2,F,N	
Räschenkopf – Löffelente	Be2,F,N	
Räsgenkopf – Löffelente	Be,GD	
Raßler – Alpenstrandläufer	B	
Raßler – Temminckstrandläufer	Do	Name wg. großer Bewegl., Umhertollen.
Raßler – Zwergstrandläufer	F,Jä,N,O2	
Raßler, grauer – Temminckstrandläufer	F,Jä,N	
Rath – Rotkehlchen	GD	In Sardinien.
Rathsherr – Sturmmöwe	Be	
Rathsherr, sogenannter – Elfenbeinmöwe	O2	
Ratsch – Ente (männl.)	Suol	
Rätsch – Ente (männl.)	Suol	
Rätsch – Stockente (männl.)	Be2,Be,O1	
Rätsch Endte – Stockente	Schwf	
Rätsch-Ent – Stockente	GesH	
Rätsche – Hausente	Be2,K,Schwf,Suol	
Rätsche – Stockente	Ad,Be1,Buff	
Rätsche (schles.) – Tafelente	Do	
Ratscheln, polnische – Pfeifente	H	
Ratschen, polnische – Pfeifente	F	
Rätschenente – Stockente	Be	
Rätschent – Stockente	Suol	
Rätschente – Löffelente	O2	
Rätschente – Stockente	Ad,Be2,Krü,N,O2	
Ratscher – Krickente	H	
Ratscherl – Krickente	H	
Ratscherle – Knäkente	F,H	

Rätschvogel – Wachtelkönig	Suol	
Ratsherr – Elfenbeinmöwe	B,Buff,K,Mar,N	
Ratsherr – Heringsmöwe	Be2,Be,F,N	
Ratsherr – Mantelmöwe	Cz	… da von Norwegern Schwartbacker genannt.
Ratsherr-Möve – Elfenbeinmöwe	H	
Rattgans – Ringelgans	H	
Raub-Meerschwalbe – Raubseeschwalbe	N	
Raubbussard – Adlerbussard	B	
Räuber – Schmarotzerraubmöwe	Buff	
Räuber junger Hüner – Schwarzmilan	Buff	
Räuber, bärtiger – Bartgeier	Be	
Raubfalk – Gerfalke	Be2	
Raubfalke – Gerfalke	Be1,Buff,GD,N	
Raubhaun – Rebhuhn	Do	
Raubhuhn – Rebhuhn	Do,F	
Raubkrähe – Rabenkrähe	Ad,Do,F	
Raubkrähe, schwarze – Rabenkrähe	Be2,Be,Krü,N	
Raubmeve, Buffons – Falkenraubmöwe	MW	
Raubmeve, Buffonsche – Falkenraubmöwe	N	
Raubmeve, große – Skua	MW,N	
Raubmeve, kleine – Falkenraubmöwe	N	
Raubmeve, mittlere – Spatelraubmöwe	N	
Raubmöve kleine – Falkenraubmöwe	O3,WüCl	
Raubmöve, Bojes – Schmarotzerraubmöwe	CLB2,3	KNB
Raubmöve, braune – Skua	O2	
Raubmöve, Buffonische – Falkenraubmöwe	O3	
Raubmöve, Buffonische – Schmarotzerraubmöwe	CLB2	
Raubmöve, gemeine – Schmarotzerraubmöwe	O2	
Raubmöve, große – Skua	CLB1,2,3,F,H,O3,V,WüCl	KNB
Riedschnepfe, große – Doppelschnepfe	Krü,N	
Raubmöve, größte – Skua	N	
Raubmöve, kleinschnäblige – Schmarotzerraubmöwe	CLB3	
Raubmöve, kurzschnäblige – Falkenraubmöwe	N	
Raubmöve, langschwänzige – Falkenraubmöwe	N,WüCl	
Raubmöve, langschwingige – Schmarotzerraubmöwe	CLB3	
Raubmöve, Lessonische – Weißkopf-Sturmvogel	O3	Pterodroma lessonii, Neuseel., Antarktis.
Raubmöve, mittlere – Spatelraubmöwe	F,WüCl	
Raubmöve, pommersche – Spatelraubmöwe	N	
Raubmöve, Richardson'sche – Schmarotzerraubmöwe	O3	
Raubmöve, Schleeps – Schmarotzerraubmöwe	CLB2,3	KNB

Raubmöwe, breitschwänzige – Spatelraubmöwe	CLB1,F,MW,N,O3	
Raubmöwe, kugelschwänzige – Spatelraubmöwe	CLB2,3,F,N	KNB
Raubschwalbe – Mauersegler	F,H,Suol	
Raubseeschwalbe – Raubseeschwalbe	B	C. L. Brehm 1831 KN
Raubseeschwalbe, baltische – Raubseeschwalbe	CLB3,N	
Raubseeschwalbe, caspische – Raubseeschwalbe	CLB3	
Raubseeschwalbe, kaspische – Raubseeschwalbe	N	
Raubseeschwalbe, Schilling'sche – Raubseeschwalbe	CLB3	
Raubseeschwalbe, Schillingsche – Raubseeschwalbe	N	
Raubwürger – Raubwürger	B	C. L. Brehm 1854 KN
Raubwürger, großer – Raubwürger	Bri	
Raubwürger, südlicher – Mittelmeer-Raubwürger	H	
Rauce – Saatkrähe	Tu	
Rauch – Saatkrähe	Be1,Be2,Be,Buff,F,Krü,N	
Rauchbeinichter Falke – Rauhfußbussard	GD	
Rauchbeiniger Falke – Rauhfußbussard	JAN	
Rauchfuß – Haus-/Felsentaube	GD	Zu Rasse Trommeltaube.
Rauchfuß – Rauhfußbussard	Be1,F,Fri,GD,N,O2	
Rauchfuß – Schelladler	GD	„Falco maculatus", aus engl. Ü.
Rauchfuß – Schreiadler	B,N,Scha	
Rauchfußadler – Schreiadler	Be	
Rauchfußadler – Steinadler	B,N	
Rauchfußbussard – Rauhfußbussard	B	
Rauchfussbussard, hochköpfiger – Rauhfussbussard	CLB3	
Rauchfussbussard, plattköpfiger – Rauhfussbussard	CLB3	
Rauchfüßige Mauser – Rauhfußbussard	JAN	
Rauchfüssiger Bussard – Rauhfussbussard	CLB1,2,V	KNB
Rauchfüßiger Falke – Rauhfußbussard	CLB2,Krü,N	KNB
Rauchfüßiger Kautz – Rauhfußkauz	N,V	
Rauchfüßiger Kauz – Rauhfußkauz	Be,CLB1,2,O2	KNB
Rauchfußkauz – Rauhfußkauz	B,Be	KNB
Rauchkaspar – Haussperling	Do,F	
Rauchschwalbe – Mauersegler	H,Jä,Suol	In Deutschland weit verbreitet: … Fälschl. Rauchschwalbe.
Rauchschwalbe – Rauchschwalbe	Ad,B,Be1,Be2,Be,Be97,Buff,CLB2,Fri,GD, … … Jä,K,Krü,MW,N,O1,2,3,StV,V Frisch T. 18. KNB	
Rauchschwalm – Rauchschwalbe	Suol	1517: Rauchswalbe.
Rauchspatz – Haussperling	Do,F	

Rauchsperling – Haussperling	B,Be2,Be,F,N	
Rauchtaube – Haus-/Felsentaube	GD	Zu Rasse Trommeltaube.
Raudbrystingur (isl.) – Knutt	H	
Raue – Kolkrabe	B,Be2,Be,N	
Rauhbeinige Weihe – Rauhfußbussard	Be,F,N	
Rauhbeiniger Bussard – Rauhfußbussard	Be2,Be,Be05,N	
Rauhbeiniger Falke – Rauhfußbussard	Be1,Be2,Be97,N	
Rauhbeiniger Mäusefalke – Rauhfußbussard	Be2,Be,N	
Rauhe – Kolkrabe	Do,F	
Rauhfuß – Rauhfußbussard	Be2,Be,Be97	
Rauhfuß – Schreiadler	Be2	
Rauhfußadler – Schreiadler	Be2,F,N	
Rauhfußsadler – Steinadler	Be2,F	
Rauhfußbussard – Rauhfußbussard	N	
Rauhfußfalke, europäischer – Rauhfußbussard	Be2,Be,N	
Rauhfüßiger Bussaar – Rauhfußbussard	O1,3	
Rauhfüßiger Bussard – Rauhfußbussard	Be2,MW,O3	
Rauhfüßiger Falk – Rauhfußbussard	Be2,MW	
Rauhfüßiger Kautz – Rauhfußkauz	Be2	
Rauhfüßiger Kauz – Rauhfußkauz	Be,Be05,MW	Bechstein KN
Rauhfüßiger Mauser – Rauhfußbussard	N	
Rauhfußkauz – Rauhfußkauz	Be	
Rauk – Kolkrabe	Häp	
Rauk – Saatkrähe	Suol	
Raukallenbeck – Eismöwe	V	
Raukallenbeck – Silbermöwe	B,F,N,Suol	
Raukallenbock – Eismöwe	Meisner/Schinz 1815	
Rauke – Kolkrabe	Häp	
Rauphähnel – Mornellregenpfeifer	Do,F	
Rautböstken – Rotkehlchen	Bri	
Rautzeule – Schleiereule	Ad,K	Albin Band III, 7 + 8.
Rav – Kolkrabe	Do,F	
Rave – Kolkrabe	Ad,B,Be1,Buff,GesS,Krü,N	
Rave, grauer – Nebelkrähe	Be1	
Raven – Kolkrabe	Tu	
Raw – Kolkrabe	Do,F,WüCl	
Râwe – Kolkrabe	Häp,Scha,Suol	
Rayer – Graureiher	zLa	
Rayke – Dohle	Ad,K	
Rayn byrde (engl.) – Grünspecht	Tu	Unsicher, ob Rayn byrde Grünspecht ist.
Raynbird (engl.) – Grünspecht	Tu	Unsicher, ob Raynbird Grünspecht ist.
Reb-Feldhuhn – Rebhuhn	N	
Reb-Hun – Rebhuhn	Kö	
Rebfeldhuhn – Rebhuhn	N,O3	S. auch Repphuhn.
Rebhuhn – Rebhuhn	Ad,B,Be2,Be,CLB1,2,Fri,GD,Hp,Jä,N … … P1,Z,V,Ahd. rebhuon.	KNB
Rebhuhn – Birkhuhn	Buff	

Rebhuhn – Schneehuhn	Be1,Be2	
Rebhuhn aus Griechenland, feuerrotes – Steinhuhn	Buff	
Rebhuhn des Aldrovand, damaszener – Rebhuhn (Var.)	Hp	
Rebhuhn des Brisson, grauweißliches – Rebhuhn (Var.)	Hp	
Rebhuhn von Damaskus – Rebhuhn	Son	Sonini 1801.
Rebhuhn, arabisches – Spießflughuhn	Krü	
Rebhuhn, bellonisches – Haselhuhn	Buff	Buffon/Martini Band 6, 5.
Rebhuhn, damascener – Rebhuhn (Var.)	Buff	
Rebhuhn, damaszener – Rebhuhn (Var.)	Buff	
Rebhuhn, europäisches rothes – Rothuhn	Hp	
Rebhuhn, gemeines – Rebhuhn	Be1,Be2,Be,Be97,N	
Rebhuhn, graues – Rebhuhn	Be1,Be2,Be,Buff,GD,Hp,N	
Rebhuhn, graues gemeines – Rebhuhn	GD	
Rebhuhn, graues kleines – Rebhuhn	Fri	
Rebhuhn, grauweißes – Rebhuhn (Var.)	Buff	
Rebhuhn, griechisches – Rothuhn	Be1,Be,Be97,GD	
Rebhuhn, griechisches – Steinhuhn	Be2,Be,N	
Rebhuhn, griechisches rothes – Steinhuhn	Hp	
Rebhuhn, indianisches – Halsbandfrankolin	Buff,GD	
Rebhuhn, italiänisches – Rothuhn	Be1,Be,Be97	
Rebhuhn, italiänisches – Steinhuhn	Be2,Be,Buff	
Rebhuhn, italienisches – Steinhuhn	N	
Rebhuhn, kleines – Wachtel	GD	
Rebhuhn, kleines graues – Rebhuhn (Var.)	Buff,Hp	
Rebhuhn, rotes – Rothuhn	Be1,Be,Be97,N	
Rebhuhn, rotes – Steinhuhn	Be2,Be,N	
Rebhuhn, rotes europäisches – Rothuhn	Be1,Be2,Be97	
Rebhuhn, rotes europäisches – Steinhuhn	Be2,Be,N	
Rebhuhn, rotes französisches – Rothuhn	N	
Rebhuhn, rotes italiaenisches – Steinhuhn	Fri	Frisch T. 116.
Rebhuhn, rotfüßiges – Rothuhn	Be1,Be,Be97	
Rebhuhn, rotfüßiges – Steinhuhn	Be2,Be,N	
Rebhuhn, rotes – Steinhuhn	Buff	
Rebhuhn, rotes europäisches – Rothuhn	Buff,GD	
Rebhuhn, rotfüßiges – Steinhuhn	Buff	
Rebhuhn, schweizerisches – Steinhuhn	Be2,Be,N	
Rebhuhn, wälsches – Rothuhn	Krü	
Rebhuhn, weißes – Alpenschneehuhn	Be,N	
Rebhuhn, weißes – Moorschneehuhn	F,N	
Rebhuhn, weißes – Rebhuhn (Var.)	Buff	
Rebhuhn, weißes – Schneehuhn	Buff,Hp	
Rebhuhn, welsch – Rothuhn	Fri	
Rebhuhn, welsches – Rothuhn	Be1,Be	
Rebhuhn, welsches – Steinhuhn	Be2,Be,Buff,N	
Rebhuhn, wildes – Moorschneehuhn	N	
Rebhuhn, wildes – Schneehuhn	Be2	

Rebhuhn, zyprische – Halsbandfrankolin	Buff,GD
Rebhühnerstößer – Habicht	Do,F,N
Rebhun – Rebhuhn	G,GesH,P
Rebhun, kleinstes – Wachtel	Fri
Rebhun, weiß – Alpenschneehuhn	GesH
Rebhun, welsch – Rothuhn	GesH
Rebjüntele – Mönchsgrasmücke	Suol
Rebrufhuhn – Rebhuhn	Krü
Rebschößlein – Birkenzeisig	F,N
Rebvogel (helv.) – Rotdrossel	H
Rech – Ente (männl.)	Suol
Recht geschrenckte Krinisse – Fichtenkreuzschnabel	Schwf
Rechter Brachvogel – Goldregenpfeifer	Buff,Fri
Rechter Regenpfeifer – Goldregenpfeifer	Buff
Rechtholtervogel – Wacholderdrossel	Suol
Reck – Bläßhuhn	GesS
Reckel – Blauracke	O1
Reckholdervogel – Misteldrossel	Ad
Reckholdervogel – Singdrossel	Ad
Reckholdervogel – Wacholderdrossel	Ad,Be2,Be,F,Krü,N
Reckholter – Misteldrossel	Suol
Reckholter-Vogel – Wacholderdrossel	GesH
Reckholterdrostel – Misteldrossel	Suol
Reckoltervogel – Wacholderdrossel	GesS,Suol
Redbreast (engl.) – Gimpel?, Gartenrotschwanz?	Tu
Redbreste, Robin (engl.) – Rotkehlchen	Tu
Redcheeked Ibis (engl.) – Waldrapp	Tu
Rede Sparrow (engl.) – Rohrammer	Tu
Rede Tail (engl.) – (Garten-)Rotschwanz	Tu
Rede tale (engl.) – (Garten-)Rotschwanz	Tu
Redshanc (engl.) – Rotschenkel	Tu Auch: Redshanca.
Redstart (engl.) – Rotschwanz	Tu
Redump – Rohrdommel	Suol
Reed-Bunting (engl.) – Rohrammer	Tu
Reed-Sparrow (engl.) – Rohrammer	Tu
Reer – Reiher allg.	Suol
Reermesken – Beutelmeise	Ad
Reetmees – Drosselrohrsänger	Do,F
Reeve (engl.) – Kampfläufer (weibl.)	Krü
Regen-Brachvogel – Regenbrachvogel	N
Regen-Vogel – Großer Brachvogel	GesH
Regenbitter – Pirol	Suol
Regenbitter – Wendehals	Suol
Regenbrachschnepfe – Regenbrachvogel	Be2,N
Regenbrachvogel – Regenbrachvogel	B,CLB1,2,3,MW,O3,V M./Wolf 1810. KN, KNB
Regenfink – Buchfink	Do,F
Regenfleuter – Goldregenpfeifer	Bri,Häp

Regengilp – Goldregenpfeifer	Häp	
Regengülp – Großer Brachvogel	Suol	
Regenkatte – Pirol	Suol	
Regenkatte – Wendehals	Suol	
Regenkatze – Pirol	B,Be1,Be2,Be,F,Hp,Krü,N	
Regenpfeifer – Goldregenpfeifer	Ad	Willughby/Halle 1760, Plover/Übers.
Regenpfeifer – Großer Brachvogel	Bri	
Regenpfeifer – Regenpfeifer	Be	Bechstein 1803, Plover für Charadrius.
Regenpfeifer grüner – Goldregenpfeifer	Be	
Regenpfeifer mit dem Halsbande – Sandregenpfeifer	Be	Für Charadrius aus Pluvialis: Gessner.
Regenpfeifer, alexandrinischer – Seeregenpfeifer	Be2,Be,Buff,GD,Krü,N	
Regenpfeifer, asiatischer – Wanderregenpfeifer	H	Naum. – Henn. 8, 31.
Regenpfeifer, asiatischer – Wermutsregenpfeifer	H	
Regenpfeifer, baltischer – Flußregenpfeifer	Be2,Be,N	
Regenpfeifer, baltischer – Sandregenpfeifer	Buff	
Regenpfeifer, buntschnäbeliger – Sandregenpfeifer	N,V	
Regenpfeifer, buntschnäblicher – Sandregenpfeifer	N	
Regenpfeifer, buntschnäbliger – Sandregenpfeifer	Be2,Be,CLB1,2,Krü	KNB
Regenpfeifer, caspischer – Wermutsregenpfeifer	H	
Regenpfeifer, dickknieiger – Triel	Be97	
Regenpfeifer, dummer – Mornellregenpfeifer	Be2,Be,CLB2,F,N,V	KNB
Regenpfeifer, dunkelbrüstiger – Seeregenpfeifer	Be2,Be,N	
Regenpfeifer, französischer – Rennvogel	Buff,GD,N	
Regenpfeifer, gemeiner – Goldregenpfeifer	Be2,Be,GD,Krü,N,Z	
Regenpfeifer, geschäckter – Kiebitzregenpfeifer	O2	
Regenpfeifer, geselliger – Steppenkiebitz	Buff,GD	
Regenpfeifer, gewöhnlicher – Sandregenpfeifer	Be97	
Regenpfeifer, goldgrüner – Goldregenpfeifer	Be1,Be2,Be,Krü,N	
Regenpfeifer, grauer – Kiebitzregenpfeifer	Be2,Be,Buff,N	
Regenpfeifer, grauer – Sanderling	GD	
Regenpfeifer, großer – Goldregenpfeifer	Be2	
Regenpfeifer, großer – Triel	Be2,Be,Buff,GD,N	Bechstein 1803.
Regenpfeifer, grüner – Goldregenpfeifer	Be1,Be2,Be97,GD,Hp,N	
Regenpfeifer, kleiner – Flußregenpfeifer	Be2,Be,CLB1,2,MW,N,O2	KNB
Regenpfeifer, kleiner – Goldregenpfeifer	Be2	
Regenpfeifer, krummschnäbliger – Rennvogel	N	

Regenpfeifer, langbeiniger – Stelzenläufer	Be2,N
Regenpfeifer, lappländischer –	Be2,Be,N
Mornellregenpfeifer	
Regenpfeifer, lerchenfarbiger – Triel	JAN,N
Regenpfeifer, lerchengrauer – Triel	Be2,CLB2,MW,N
Regenpfeifer, mittler – Goldregenpfeifer	Be2
Regenpfeifer, rechter – Goldregenpfeifer	Buff
Regenpfeifer, rothbeiniger – Stelzenläufer	Be97
Regenpfeifer, schreiender –	Be1,Be2,Be,Buff
Keilschwanzregenpfeifer	
Regenpfeifer, schwarzbindiger –	Be2,Be,N
Flußregenpfeifer	
Regenpfeifer, sibirischer –	Be2,Buff,F,N
Mornellregenpfeifer	
Regenpfeifer, silberfarbener –	Be2
Kiebitzregenpfeifer	
Regenpfeifer, silberfarbner –	N
Kiebitzregenpfeifer	
Regenpfeifer, spornflügeliger –	Buff
Spornkiebitz	
Regenpfeifer, tartarischer –	Be2,N
Mornellregenpfeifer	
Regenpfeifer, weißstirniger –	Be2,Be,CLB1,2,MW,N KNB
Seeregenpfeifer	
Regenpfeifer, weißstirniger –	BB,H
Wermutregenpfeifer	
Regenpfeiferkiebitz, geselliger –	H
Steppenkiebitz	
Regenpfeiffer – Goldregenpfeifer	Buff
Regenpfeiffer, gemeiner – Goldregenpfeifer	Buff
Regenpfeiffer, goldgrüner –	Buff
Goldregenpfeifer	
Regenpfeiffer, grüner – Goldregenpfeifer	Buff,Krü
Regenpfeiffer, lappländischer –	Buff,GD
Mornellregenpfeifer	
Regenpfeiffer, silberfarbiger –	Buff
Kiebitzregenpfeifer	
Regenpieper – Goldregenpfeifer	Bri,Häp
Regenpieper – Grauschnäpper	B,F,H
Regenpieper – Sandregenpfeifer	WüCl
Regenpieper, lütt – Flußregenpfeifer	WüCl
Regenschnepfe – Grünschenkel	B,Be1,Be2,Be,Buff,GD,Krü,N,O1,2
Regenschnepfe – Pfuhlschnepfe	Be2,Be
Regenschnepfe – Regenbrachvogel	B
Regenschnepfe, kleine – Regenbrachvogel	F
Regenspatz – Wendehals	Do,F
Regenuogel – Großer Brachvogel	Suol
Regenvogel – Doppelschnepfe	Krü
Regenvogel – Girlitz	Do,F

Regenvogel – Großer Brachvogel	Ad,B,Baldn,Be2,Be,Buff,F,GesSH,K, …	
	… N,Scha,Suol,Zupo.	Straßb. Zupo 1449,
		Albin Bd. I, 79.
Regenvogel – Grünschenkel	GD	
Regenvogel – Grünspecht	Buff,F,H,Krü	In England.
Regenvogel – Ortolan	GD,Krü	
Regenvogel – Pfuhlschnepfe	Be2,Be	
Regenvogel – Pirol	F,H	
Regenvogel – Regenbrachvogel	B,Be1,Be2,Be,Be97,Buff,Fri,GesSH,GD,Hp,…	
	…Krü,N,O1,2.	Gessner 1555: Regenvogel.
Regenvogel – Schwarzspecht	Do,F	
Regenvogel – Triel	Fri	
Regenvogel – Wendehals	Ad,Do,F,Krü	Auch W. war ein Wettervogel.
Regenvogel die kleinere Art – Regenbrachvogel	Fri	
Regenvögele – Wendehals	H	
Regenvogelschnepfe – Regenbrachvogel	Be97	
Regenwilp – Goldregenpfeifer	Bri,Häp	
Regenwilp – Regenpfeifer	Suol	
Regenwolf – Großer Brachvogel	N	
Regenwolf – Regenbrachvogel	N	
Regenwolf – Wendehals	Ad,Krü	
Regenwölp – Großer Brachvogel	Be2,Be,N,Suol	
Regenwölp – Regenbrachvogel	WüCl	
Regenwolp, kleiner – Regenbrachvogel	Buff	
Regenworp – Großer Brachvogel	Be1,Be2,Be,GD,Hp,N	
Regenworp – Regenbrachvogel	Be1,Be2,Be,N	
Regenwulf – Goldregenpfeifer	Bri,Häp	
Regenwulf – Großer Brachvogel	Bri,Häp	
Regenwulp – Großer Brachvogel	Be1,Be2,Be,GD,Hp,N	
Regenwulp – Regenbrachvogel	Be1,Be2,Be,GD,N	
Regenwulz – Großer Brachvogel	Do,F	
Regenzilp – Goldregenpfeifer	Bri	
Reger – Graureiher	K	Frisch T. 198.
Reger – Regenpfeifer	Suol	
Reger – Reiher allg. (sil.)	Schwf	
Reger Falck – Gerfalke	Schwf,Suol	
Reger, aschenfarbener – Graureiher	Schwf	
Reger, blawer – Graureiher (sil.)	Schwf	
Reger, bundter – Nachtreiher	Schwf	
Reger, rodter – Purpurreiher	Schwf	
Reger, roter – Nachtreiher	Buff	Schwenckfeld
Reger, schwarzer – Nachtreiher	Schwf	
Reger, weißer – Silberreiher	Buff,Schwf	
Regerfalk – Gerfalke	Be2	
Regerfalke – Gerfalke	Be1,GD,N	
Regerl – Knäkente	Suol	
Regerl – Krickente	H	
Regerlein – Regenpfeifer	StVb	

Regerlente – Knäkente	Suol	
Regerlin – Regenpfeifer	Suol	
Reggel – Graureiher	O1	
Regget – Graureiher	Bri	
Rehger – Graureiher	Bri	
Reibgeier – Bartgeier	Ad	
Reidente – Schnatterente	F,H	
Reidmese – Sumpfrohrsänger	Suol	
Reidmuess – Rohrammer	Buff	Turner
Reidmůß – Rohrammer	Suol	
Reidommel – Rohrdommel	Suol	
Reidum – Rohrdommel	Häp	
Reidump – Rohrdommel	Bri,Häp	
Reier – Graureiher	Be,Häp	
Reier – Reiher (allg.)	Suol	
Reigel – Graureiher	B,Buff,F,K,N,Scha	Frisch T. 198.
Reigel – Reiher (allg.)	Suol	
Reigel, grauer – Graureiher	Schwf	
Reigel, grawer – Graureiher	Be2,Be,Buff,N	
Reigel, weißer – Silberreiher	Be2,Be,Buff,N,Schwf,V	
Reiger – Graureiher	Be1,Be2,Be,Bri,Buff,GesH,GD,Häp,Hp,N,Z	
Reiger – Reiher (allg.)	Schwf,Suol	Ahd. heigaro, mhd. reiger.
Reiger mit drei Nackenfedern, aschgrauer – Nachtreiher	Buff,Fri	Frisch T. 203.
Reiger-ente – Reiherente	Buff	
Reiger-Ente – Reiherente	Fri	
Reiger, aschenfarbener – Graureiher	GesH	
Reiger, aschgrauer mit 3 Nackenfedern – Nachtreiher	Fri	Frisch T. 203.
Reiger, aschgrauer – Graureiher	Be2	
Reiger, blauer – Graureiher	Be2,Kö	
Reiger, blawer – Graureiher	GesS	
Reiger, brauner – Sichler	Fabr	
Reiger, bunter – hier: Graureiher nach erster Mauser	Fabr	
Reiger, bunter – Nachtreiher	Ad,Be,Krü	
Reiger, gemeiner mit schwarzer Blässe – Graureiher	Fri	
Reiger, gemeiner weißbunter – Graureiher	Be2	
Reiger, grauer – Graureiher	Be,Fabr,Krü	
Reiger, grauer mit weißer Blässe – Graureiher	Fri	
Reiger, grauwer – Graureiher	GesS	
Reiger, kleiner weißer – Seidenreiher	Buff	
Reiger, roter – Purpurreiher	Fabr	
Reiger, türkischer – Nachtreiher	Buff	
Reiger, weis – hier: Graureiher, Dunenkleid	Fabr	
Reiger, weißer – Seidenreiher	GesH,Kö	
Reiger, weißer – Silberreiher	Buff,GesH	

Reigerchen, gelbbraunes – Rallenreiher	N	
Reigerente – Reiherente	B,Be2,Be,F,Fri,GD,N	Frisch 1758.
Reigerfalck – Würgfalke	GesS	1585
Reigergen, gelbbraunes – Rallenreiher	Be2	
Reihdommel – Rohrdommel	GesS	
Reihel – Graureiher	Buff,K	
Reiher – Graureiher	Ad,Be1,Be2,Be,Buff,GD,Häp,Hp,Jä,N	
Reiher – Reiher allg.	Schwf	
Reiher – Schwarzstorch	F	
Reiher gemeiner grauer – Graureiher	Ad	
Reiher mit dem Federbusch, purpurfarbiger – Purpurreiher	Buff	Brisson
Reiher mit dem Federbusche, grauer – Graureiher	Buff	
Reiher mit drey Nackenfedern, aschgrauer – Nachtreiher	Buff,GD	
Reiher mit weißer Platte – Graureiher	Be2,N	
Reiher ohne Federbusch, großer weißer – Silberreiher	Buff	
Reiher-Ente – Reiherente	N	
Reiher, aigrettenähnlicher – Silberreiher (var.)	Be2	
Reiher, aschfarbener – Graureiher	Ad,GD,Krü	
Reiher, aschgrauer – Graureiher	Be2,Be,CLB1,2,MW,N,V	KNB
Reiher, aschgrauer mit 3 weißen Nackenfedern – Nachtreiher	N	
Reiher, aschgrauer mit drei Nackenfedern – Nachtreiher	Be2	
Reiher, blauer – Graureiher	Ad,Be2,Be,Buff,GD,Krü,N	
Reiher, bläulicher – Graureiher	Be2	
Reiher, bläulichter – Graureiher	N	
Reiher, brauner – Purpurreiher	F	
Reiher, brauner – Rallenreiher	O2	
Reiher, braunroter – Purpurreiher	Be1,Be2,Be,N	
Reiher, bunter – Nachtreiher (juv.)	Be1,Be2,Be,GD,N	
Reiher, caspischer – Purpurreiher	N	
Reiher, dickhälsiger – Rohrdommel	Be2,Be,N	
Reiher, eigentlicher – Graureiher	GD	
Reiher, gardenscher – Nachtreiher (var.)	Be2	
Reiher, gefleckter – Nachtreiher (juv.)	Be1,H,N	
Reiher, gehäubter – Graureiher	Be2,Be,N	
Reiher, gelber – Rallenreiher	F	
Reiher, gelbzehiger – Seidenreiher	N	
Reiher, gelbzehiger – Silberreiher	Be2	
Reiher, gemeiner – Graureiher	Be1,Be,Be97,Be05,CLB2,Krü,N,O1,2	
Reiher, geschäckter – Nachtreiher (Var.)	Be2	
Reiher, gescheckter – Zwergdommel	N	
Reiher, gestirnter – Rohrdommel	GD	
Reiher, gestrichelter – Rallenreiher	JAN	Oder Zwergdommel: Be2.
Reiher, gestrichelter – Zwergdommel	Be1,Be2,Be,Krü,N	

Reiher, gestrichelter und geschäckter – Zwergdommel	Be2	
Reiher, grauer – Graureiher	Be1,Be,Be05,Buff,CLB3,GD,Krü,N	
Reiher, grauer – Nachtreiher (juv., Var.)	Be2,Be,Be97,N	
Reiher, grauer aschfarbiger – Graureiher	Be	
Reiher, grauer und schwarzer – Nachtreiher	Be2	
Reiher, graugelber – Purpurreiher (juv.)	Be2,Be,N	
Reiher, graugelblicher – Purpurreiher	Be1	
Reiher, graulicher – Graureiher	CLB3	
Reiher, großer – Graureiher (Var.)	Be1,Be2,Be, Be97,Be05,Buff,CLB3,N	
Reiher, großer weißer – Silberreiher	Be1,Be2,Be,Be97,Buff,GD.Krü,N	
Reiher, großer weißer ohne Federbusch – Silberreiher	Be2,Be,N	
Reiher, grüngelber – Rallenreiher	Buff	
Reiher, grüngelber – Zwergdommel	Be1,Be2,Be,GD,Krü	
Reiher, indischer – Silberreiher	Be1,Be2,Be,N	
Reiher, kastanienbrauner – Nachtreiher (juv)	GD	Ardea badia.
Reiher, kastanienbrauner – Rallenreiher	Be2,Be,Krü,N	N: fraglich – (?).
Reiher, kecker – Rallenreiher	F,N	
Reiher, kleiner – Nachtreiher	G	
Reiher, kleiner – Rallenreiher	Be1,Be2,Be,N	
Reiher, kleiner – Zwergdommel	Be2,Be,CLB2,MW,N	
Reiher, kleiner gestirnter aus der Barabarey – Zwergdommel	Be2	
Reiher, kleiner weißer – Seidenreiher	Be1,Be,Buff,CLB2,GD,N	
Reiher, kühner – Rallenreiher	Be2,N	
Reiher, malackischer – Rallenreiher	Be2	
Reiher, poseganischer – Rallenreiher	N	
Reiher, poseganscher – Rallenreiher	Be2	
Reiher, purpurfarbener – Purpurreiher	Buff,N	
Reiher, purpurfarbiger – Purpurreiher	Buff	
Reiher, purpurfarbner – Purpurreiher	Be2,Be	
Reiher, roströtlicher – Kuhreiher	O3	
Reiher, roter – Purpurreiher	CLB2,F	
Reiher, rotfüßiger – Rallenreiher	Be2,Buff	
Reiher, schneeweißer – Silberreiher	Be2,N	
Reiher, schwäbischer – Zwergdommel	Be1,Be2,Be,Krü,N	
Reiher, schwarz und weiß gehaubter italiänischer – Rallenreiher	Buff	
Reiher, schwarzblauer – Schwarzstorch?	Be2	
Reiher, schwarzer – Graureiher	GD	
Reiher, schwarzer – Nachtreiher (juv.)	Be1,Be,Buff,N	
Reiher, schwarzer – Schwarzstorch	Be2,Buff,N	
Reiher, türkischer – Graureiher	Be2,Be,N	
Reiher, türkischer – Nachtreiher	GD,Krü	
Reiher, türkischer – Silberreiher	Be1,Be2,Be,N	
Reiher, ungehäubter – Graureiher	Be2,Be,GD,N	
Reiher, weißbunter – Graureiher	Be,N	
Reiher, weißer – Seidenreiher	Buff,GD,N	

Reiher, weißer – Silberreiher	Be,CLB2,Krü,N	KNB
Reiherauken – Möwen	O1	
Reiherente – Reiherente	B,Be2,Be,Krü,MW,O1,2,3,V	KNB
Reiherhühner – Brachschwalben	O1	
Reihermoorente – Reiherente	B,N	
Reihermoorente, breitschnäblige – Reiherente	CLB3	
Reihermoorente, schmalschnäblige – Reiherente	CLB3	
Reiherreiher – Reiher, Störche, Kraniche	O1	
Reihertauchente – Reiherente	B,CLB2,N	KNB
Reimêrel – Ringdrossel	Suol	
Reinhards Schneehuhn – Alpenschneehuhn	CLB2	KNB
Reinike – Weißstorch	Ad,Krü	
Reinint – Stockente	Suol	
Reinkoppel – Goldregenpfeifer	StVb,Suol	
Reinschwalb – Uferschwalbe	GesH,HaSa	H. Sachs 1531: Regiment ... V. 76.
Reinschwalbe – Mauersegler	P1	Hier richtig, aber fälschl.?: Ohne h.
Reinschwalbe – Uferschwalbe	Be2,Be,K,N	Frisch T. 18.
Reinschwalben – Uferschwalbe	Suol	
Reintüter, groot – Großer Brachvogel	F,H	
Reintüter, lütj – Regenbrachvogel	F,H	
Reinvogel – Wachtelkönig	GesH	
Reinweißer Storch – Weißstorch	CLB3	
Reischmuelef – Flußseeschwalbe	Suol	
Reisstärling – Bobolink	H	
Reisvogel – Bobolink	H	
Reisvogel, wandernder – Bobolink	H	
Reit-Rumper – Rohrdommel	H	
Reitdump – Rohrdommel	Häp,Suol	
Reiter – Buchfink	Scha	
Reiter, gestreifter – Meerstrandläufer	Be2,Be,O1	
Reiter, grauer – Flußuferläufer	O1	
Reiter, roter – Rotschenkel	O1	
Reiterfink – Buchfink	Do	
Reiterfink – Buchfink	F	
Reiterzu – Buchfink	Buff	
Reiterzug – Buchfink	O1,2	
Reitherzû – Buchfink	Suol	
Reitherzû – Buchfink	Buff,GD,StVb,Suol ...
	... Finkenschlag, z. T.auch Finkenname.
Reitklemmer – Rohrweihe	H,F	
Reitlüning – Rohrammer	Bri	
Reitlünink – Rohrammer	Suol	
Reitlünk – Rohrammer	Bri	
Reitlünk – Sumpfmeise	Suol	
Reitlünke – Sumpfmeise	Häp	
Reitlüntje – Rohrammer	Bri	

Reitmaise – Rohrammer	Krü
Reitmaise – Rohrammer	Buff,GD
Reitmeeske – Sumpfmeise	Häp,Suol
Reitmeise – Rohrammer	Be2,Be,GD,N
Reitmeise – Sumpf-/Weidenmeise	B,Be2,Be,F
Reitmeise – Sumpfmeise	N
Reitmeiß – Sumpf-/Weidenmeise	Buff,GD,GesSH
Reitnusker – Sumpfmeise	Häp
Reitnüsker – Sumpfmeise	Suol
Reitpieper – Teichrohrsänger	F,H
Reitradump – Rohrdommel	Bri
Reitrumper – Rohrdommel	Do,F
Reitschier – Buchfink	Do,F
Reitse – Dreizehenmöwe	O1
Reitsperling – Rohrammer	B,Do,F
Reitticker – Drosselrohrsänger	Bri
Reitticker – Schilfrohrsänger	Häp Rohrsänger allg.
Reitzu – Buchfink	JAN Finkenschlag, z. T. auch Finkenname.
Reitzug – Buchfink	GD Finkenschlag, z. T. auch Finkenname.
Rêkelti – Rotkehlchen	Suol
Rêkelti – Rotschwanz (allg.)	Suol
Rêkli – Rotkehlchen	Suol
Rêkli – Rotschwanz (allg.)	Suol
Remes – Beutelmeise	Buff
Remitz – Beutelmeise	Be1,Be2,Be,GD;Krü,N,O1,2
Remitzvogel, littauischer – Beutelmeise	Be
Remiz – Beutelmeise	Ad,B,Buff,GD;V
Remiz, littauischer – Beutelmeise	N
Remizvogel, littauischer – Beutelmeise	Be2
Rendeklæter – Kleiber	Suol
Rengeldauf – Ringeltaube	Suol
Renkhälsle – Wendehals	Suol
Renneklæter – Kleiber	Suol
Rennvogel – Rennvogel	B
Rennvogel, europäischer – Rennvogel	N,O3,WüCl,N
Rennvogel, Temminck's – Temminckrennvogel	H
Renomist – Kampfläufer	Be1,Be2,Be,gd;Krü,N,O1,V
Renommist – Kampfläufer	Do,F
Repetiervogel – Nachtigall	Krü
Rephuen kluck – Rebhuhn-„Glucke" (mit Jungen)	zLa
Rephuen, rodt – Steinhuhn	zLa
Rephuhn – Rebhuhn	Buff,Hp,K
Rephuhn, weißes – Schneehuhn	Krü
Rephun – Rebhuhn	HaSa
Repphuhn – Rebhuhn	Ad,Be1,Be2,Be,F,GD,Krü,N,O1,V
Repphuhn, arabisches – Spießflughuhn	O2
Repphuhn, großes – Rothuhn	O1

Repphuhn, indianisches – Halsbandfrankolin	Krü	
Repphuhn, mittleres – Steinhuhn	O1	
Repphuhn, rotes – Rothuhn	Krü	
Repphuhn, wälsches – Rothuhn	Ad	
Repphuhn, weißes – Schneehuhn	Ad	
Repphuhn, zyprisches – Halsbandfrankolin	Krü	
Repphûn – Rebhuhn	StVb	
Rerprerp – Wachtelkönig	Bri	
Revierfalke – Rauhfußbussard	Be2,N	
Resienkopf – Löffelente	Do	
Retsche – Stockente (männl.)	Fri,GesS	
Retschendt – Stockente	GesS	
Retschente – Stockente	Fri	
Reuter – Dunkler Wasserläufer	GD,GesH	
Reuter, brauner – Bruch-(Wald) wasserläufer	Buff	Tringa littorea.
Reuter, gestreifter – Rotschenkel	Be,Buff	
Reuter, grünfüßiger – Grünschenkel	GD	
Reuter, roter – Rotschenkel	Be1,Be2,Be,GD,N	
Reuther, roter – Rotschenkel	GD	
Revierjäger – Kornweihe	Do,F	
Reydommel – Rohrdommel	Fri	
Reydt Mûss – Rohrammer	Tu	
Reydt Müss – Rohrammer	Tu	
Reyer – Graureiher	Baldn,Be1,Be,Mic,N	
Reyer, blauer – Graureiher	Be2	
Reyer, bunter – Nachtreiher	Buff	
Reyer, gemeiner weißbunter – Graureiher	Be2	
Reyer, rother – Rohrdommel	zLa	
Reyger – Graureiher	StVb,Tu	
Reyger mit weißer Platte – Graureiher	Fri	
Reyger, aschfarbener – Graureiher	Buff	
Reyger, aschgrauer – Nachtreiher	Fri	
Reyger, schwarzer – Schwarzstorch	Buff	Klein
Reyger, weißer – Silberreiher	Fri	Frisch T. 204.
Reyhengaas – Ringelgans	Be2,N	
Reyher – Graureiher	Hp	
Rhaad – Saharakragentrappe	Be2,N,O1	
Rhaad-Trappe – Saharakragentrappe	Be2	
Rhaadtrappe – Saharakragentrappe	N	
Rhaaschwälble – Flußseeschwalbe	Jä	
Rhein Schwalb, große – Weißflügelseeschwalbe	zLa	
Rhein Schwalbe, große – Lachmöwe	zLa	
Rhein-Ent – Zwergsäger	GesH	
Rhein-Meve – Lachmöwe	Z	Auch: RheinMeve.
Rhein-Schwalbe – Mauersegler	Kö,P1	
Rheinänte – Zwergsäger	Buff	

Rheindüchel – Haubentaucher	N	
Rheinente – Zwergsäger	Be2,Be,N,O1,zLa	Name wurde von Zum Lamm auch dem Kappensäger gegeben.
Rheinentli – Zwergsäger	N	
Rheinganß – Weißwangen- und Ringelgans	Suol	
RheinMeve – Lachmöwe	Suol	
Rheinreiher – Graureiher (Var.)	Be1,Be2,Be,F,N	
Rheinschaar – Eistaucher	O1	
Rheinschwalb – Uferschwalbe	GesH	
Rheinschwalbe – Flußseeschwalbe	Jä,Suol	
Rheinschwalbe – Lachmöwe	Jä	Bei den Bauernschützen.
Rheinschwalbe – Mauersegler	Kö,P	
Rheinschwalbe – Mehlschwalbe	GesS	
Rheinschwalbe – Uferschwalbe	Ad,Be2,Be,Buff,GD,Krü,N,O2,Suol,V	
Rheinschwalben – Ufer- und Seeschwalben	zLa	
Rheinschwalm – Uferschwalbe	StVb,Suol	
Rheinseeschwalbe – Lachmöwe	Z	
Rheintaube – Turteltaube	Do,F	
Rheintaucher – Zwergsäger	Be1,Be2,Buff,F,GD,Hp,N	
Rheintaucher – Zwergtaucher	Krü	
Rheintaucher, großer – Eistaucher	N	
Rheinvogel – Purpurhuhn	Krü	
Rheinvogel – Tüpfelsumpfhuhn	Be1,Be2,Be	
Rheinvogel – Uferschwalbe	Be2,Be,F,GesH,N	
Rheinvögelein – Uferschwalbe	GesH	
Rhinschwalm – Flußseeschwalbe	Suol	
Rhinschwälmele – Flußseeschwalbe	Suol	
Rhinspirel – Flußseeschwalbe	Suol	
Rhordumel – Rohrdommel	Suol	
Rhorgeutz – Rohrammer	GesS	
Rhorgytz – Rohrammer	GesS	
Rhorpfuß – Rohrdommel	StVb,Suol	
Rhorspar – Rohrammer	GesS	
Rhorspatz – Rohrammer	StVb	
Rhorspätzle – Rohrammer	GesS	
Rhorspatzs – Feldsperling	zLa	
Rhorsperling – Rohrammer	GesS,Suol	
Rhyn-schwalbe – Uferschwalbe	Buff	In der Gegend von Straßburg.
Rhyn-vogel – Uferschwalbe	Buff	In der Gegend von Straßburg.
Rhynent – Zwergsäger	Suol	
Rhynente – Zwergsäger	GesS	
Rhynvogel – Uferschwalbe	Suol	
Rhynvögele – Uferschwalbe	GesS	
Richan – Blauracke	zLa	Bei Gessner 1555,673: Richau.
Richard – Eichelhäher	Suol	
Richard'scher Piper – Spornpieper	O3	
Richardischer Pieper – Spornpieper	CLB2	KNB
Richards Pieper – Spornpieper	MW	
Richardscher Stelzenpieper – Spornpieper	CLB3	

Richardson'sche Raubmöve – Schmarotzerraubmöwe	O3	
Richau – Eichelhäher	Suol	
Richau (braband.) – Eichelhäher	GesH	
Ricke – Saatkrähe	Krü	
Ridump – Rohrdommel	H	
Ried Meißlin – Sumpf-/Weidenmeise	Schwf	
Ried-Schnepfe – Waldschnepfe	N	
Ried-Schnepfe – Doppelschnepfe	N	
Ried-Schnepff – Waldschnepfe	Kö	
Ried-Schnepffe – Doppelschnepfe	G	
Riedgaiß – Bekassine	Suol	
Riedgimser – Wisenpieper	Jä	„-Gimser" vom Lockton.
Riedgrasschilfsänger – Seggenrohrsänger	CLB3	
Riedhahn – Auerhuhn	O1	
Riedhuhn – Auerhuhn	B	
Riedhuhn – Wasserralle	B	
Riedmeise – Rohrammer	Be2,Be,F,N,O1	
Riedmeise – Schwanzmeise	B,F,N	
Riedmeislein – Sumpf-/Weidenmeise	Buff	
Riedmeislin – Sumpfmeise	GD	
Riedochse – Rohrdommel	B,F	
Riedschnepfe – Bekassine	B,Be1,Be2,GD,Krü,N	
Riedschnepfe – Bekassine	GD	
Riedschnepfe – Doppelschnepfe	Be2,Buff,Fri,Hp,K,Krü …	… Name bei Frisch: Scolopace major.
Riedschnepfe – Doppelschnepfe	Be2,Krü	
Riedschnepfe – Kiebitz	Be2,Be,F,N	
Riedschnepfe – Schnepfe	Suol	
Riedschnepfe – Uferschnepfe	Be2,Be,GD	
Riedschnepfe – Waldschnepfe	Be2,F	
Riedspatz – Rohrammer	Suol	
Riedsperling – Rohrammer	B,F	
Riedstrandläufer – Kiebitz	B,Be2,Be,N	
Riedt-meiss – Rohrammer	Buff	
Riedvogel – Bobolink	H	
Riegelspatz – Feldsperling	Jä	
Riegelsperk – Feldsperling	Jä	
Riegelsperling – Feldsperling	Jä	
Rieger – Regenpfeifer	Suol	
Riegerle – Flußregenpfeifer	GesS	
Riegerle – Regenpfeifer	Suol	
Riegerle – Rotflügel-Brachschwalbe	Buff	
Riegerle – Schwarzflügel-Brachschwalbe	Be1,Be2	
Riegerlein – Flußregenpfeifer	GesH,H,JAN	Ochropus minor.
Riegerlein – Rotflügel-Brachschwalbe	Buff	
Riegerlein – Schwarzflügel-Brachschwalbe	Be	
Riegerlein, braun- und weißscheckiges – Flußregenpfeifer	Z	Zorn 2/427.

Riegerlein, kleines – Sandregenpfeifer	Z	
Riegerlen – Flußregenpfeifer	Baldn	
Riegerli, kleines –	Baldn	
Zwerg-o. Temminckstrandläufer?		
Riegerlin – Flußregenpfeifer	Schwf,Suol	
Rieke Lüe – Pirol	Häp	
Riekelüe – Pirol	Bri	
Riemenbein – Austernfischer	Be	
Riemenbein – Stelzenläufer	Ad,Be1,Be2,Be97,Buff,GD,K,Krü,N,V	
Riemenfuß – Austernfischer	Be	
Riemenfuß – Stelzenläufer	Ad,B,Be1,Be2,Be97,F,Gd,Krü,N,O1,2	
Riemenfuß, blaufüßiger – Säbelschnäbler	Krü	
Riemenfuß, rotfüßiger – Stelzenläufer	Be2,Be,Krü,N	
Riemling – Stelzenläufer	GesS	
Riepe – Alpenschneehuhn	O1	
Riesenalk – Riesenalk	B,N	Ausgestorben 1852.
Riesengans – Saatgans	Buff	Buff: Große Var. d. Graugans.
Riesenlerche – Kalanderlerche	GD	
Riesenmöve – Mantelmöwe	B,CLB1,2,3,F,N	KNB
Riesenpelekan – Rosapelikan	N	
Riesenpelikan – Krauskopfpelikan	N	
Riesenpelikan – Rosapelikan	Be1,Be2,Be,Buff,GD	
Riesenraubmöve – Skua	B,CLB3	
Riesenraubmöwe – Skua	F	
Riesenschwalbe – Mauersegler	Do,F	
Riesensturmvogel – Riesensturmvogel	BB,Buff	
Riesentaucher – Eistaucher	B,CLB3,F,N	
Riesenvogel – Riesensturmvogel	Buff	
Rieserlein – Schafstelze	GesH	
Riester – Alpendohle	N,V	
Riesterkäfe – Alpendohle	F	
Rietganß – Weißwangen- und Ringelgans	Suol	
Riethahn – Auerhuhn	Be1,Be2,Be,Be97,Buff,F,GD,Hp,N	
Rietmaise – Schwanzmeise	Buff,Fri	
Rietmeise – Bartmeise	Be	
Rietmeise – Beutelmeise	Ad	
Rietmeise – Schwanzmeise	Ad,Be2,GD,Krü	
Rietmeise – Sumpf-/Weidenmeise	Ad,Be1,Be2,Be,Buff,Krü	
Rietmeise – Sumpfmeise	N	
Rietmeiß – Sumpf-/Weidenmeise	Buff,GD,GesSH	
Rietschnepf – Waldschnepfe	GesH	
Rietschnepfe – Zwergschnepfe	Ad	
Rietschnepfe – Bekassine	Ad	
Rietschnepfe – Doppelschnepfe	Ad	
Rietschnepfe – Uferschnepfe	Krü	
Rietschnepfe – Waldschnepfe	Be	
Rietschnepff – Bekassine	GesS	
Rietschnepff – Schnepfe	Suol	
Rietschnepff – Waldschnepfe	GesS	

Rietschneppe – Bekassine   Be
Rietsperling – Feldsperling   Ad
Rietsperling – Rohrammer   Ad,Krü
Rievdakfalle (lappl.) – Gerfalke   H
Riffer – Wiedehopf   Suol
Right Egle – Lämmergeier (?)   Tu   Turner: „… possibly it …
                                                                              … should be identif. with Lämmergeier."

Rimörder – Neuntöter und Würger (allg.)   Suol
Rindekleber – Baumläufer   Buff   Rinde- nicht Rindenkleber.
Rinden-Kleber – Baumläufer   Buff
Rindenkläber – Baumläufer   GesS
Rindenkleber – Baumläufer   B,Be1,Be2,Be,Buff,F,GD,N
Rindenkleber – Kleiber   Fri,Suol
Rindenkleberli – Kleiber   Suol
Rindenkletter – Mauerläufer   GD
Rindenpicker – Specht (allg.)   Suol
Rinder Star – Star   Schwf
Rinderkleber (!) – Baumläufer   Schwf
Rindermelker – Ziegenmelker   Ad,Buff
Rinderschiesser – Schafstelze   o.Qu.
Rinderschisser – Schafstelze   GesH
Rinderschysser – eine Stelze   GesS,Suol,zLa
Rinderstaar – Star   Be1,Be2,Be,Buff,GesSH,GD,Hp,K,Krü,Suol
                                                                              Frisch Tafel 1763, 217.

Rinderstahr – Star   Ad
Rinderstar – Star   Do,F,GesS,N   Star frißt Ungeziefer in der Nähe
                                                                              des Weideviehs.

Rinderstelze – Schafstelze   B,Be1,Be2,Be,Be97,F,N,V
Rinderstral – Star   F,N,Suol
Rindgimser (sächs.) – Wiesenpieper   F,H
Rindmäuslein – Sumpf-/Weidenmeise   K
Rindmeise – Sumpf-/Weidenmeise   Be1,Be2,Be,Buff,GD
Rindmeise – Sumpfmeise   Ad,Be,F,Krü
Rindochse – Rohrdommel   H
Rindreiher – Rohrdommel   B,H
Rindsmaislein – Sumpf-/Weidenmeise   Buff
Rindsmeise – Sumpfmeise   F,N
Ring Amsel – Ringdrossel   GesH,Kö,Schwf,zLa   Nach Gessner 1555, 583.
Ring-Drossel – Ringdrossel   N
Ringamsel – Ringdrossel   Ad,B,Be1,Be2,Be,Be97,Buff,CLB2,F,Fri GD, …
                                                                              … GesS,Jä,N,O1,2,Suol. S. Ring-Amsel.   KNB

Ringamsel, gelbschnäblige – Ringdrossel   CLB3
Ringamsel, nordische – Ringdrossel   CLB3
Ringäugige Lumme – Trottellumme   N
Ringdrosel – Ringdrossel   Buff
Ringdrossel – Ringdrossel   Ad,B,Be1,Be2,Be,Be97,CLB2,GD,K,Krü, …
                                                                              … MW,O3,V   Frisch Tafel 30, 1739.   KNB

Ringel Spatz – Feldsperling   Schwf
Ringel Sperling – Feldsperling   Schwf

Ringel Taube – Ringeltaube (sil.)	Fri,Schwf,Tu	
Ringel-Amsel – Ringdrossel	Fri,Kö	
Ringel-Daube – Ringeltaube	Kö	
Ringel-Gans – Ringelgans	N	
Ringel-Lumme – Trottellumme	N	
Ringel-Spatz – Feldsperling	GesH	
Ringel-Taube – Ringeltaube	G,N	
Ringelamsel – Ringdrossel	Ad,Buff,Fri,H,Hp,Krü	Gess. 1555: Ringamsel.
Ringeläugige Lumme – Trottellumme	WüCl	
Ringeldrossel – Ringdrossel	Ad,K	
Ringelduw – Ringeltaube	Do,F	
Ringeldûwe – Ringeltaube	Suol	
Ringelfalk – Kornweihe	Ad,B,K,Krü	Albin Band III, 3.
Ringelfalke – Kornweihe (weibl.)	Be1,Be2,Be,Be97,Be05,Buff,F,GD,K,N,O1	
RingelFinck – Buchfink	Schwf	
Ringelfink – Buchfink	Be1,V	
Ringelfink – Feldsperling	B,F,MW,N	
Ringelfink – Steinsperling	GD	
Ringelfink – Buchfink (Var.)	Buff	
Ringelflughuhn – Sandflughuhn	H	
Ringelgans – Brandgans	Be2,Be,Buff,GD	
Ringelgans – Ringelgans	Ad,B,Be1,Be2,Be,Buff,CLB2,Fri,GD,Krü, …	
	… MW,O1,2,3	KNB
Ringelgeier – Kornweihe (weibl.)	Be1,Be,F,N	
Ringelgeyer – Kornweihe	GD	
Ringelhuhn – Sandflughuhn	Be,N	
Ringellumme – Trottellumme	B	
Ringelmeergans – Ringelgans	N	
Ringelmeergans, breitschwänzige – Ringelgans	CLB3	
Ringelmeergans, graubäuchige – Ringelgans	CLB3	
Ringelmeergans, kleinfüßige – Ringelgans	CLB3	
Ringelmeergans, kurzschnäblige – Ringelgans	CLB3	
Ringelmeergans, langschnäbliche – Ringelgans	CLB3	
Ringelmeise – Blaumeise	B,Be2,F,N	
Ringelmeve – Sturmmöwe (juv.)	Krü	
Ringelmewe – Dreizehenmöwe (juv.)	Gun	
Ringelmewe – Sturmmöwe	Ad	
Ringelschnäblige Moorgans – Saatgans	N	
Ringelschnäblige Saatgans – Saatgans	N	
Ringelschwanz – Kornweihe (weibl.)	B,Be2,Be,F,N	
Ringelschwanz – Steinadler	Be2,N	
Ringelschwanzadler – Steinadler	Be2,F,Krü,N	
Ringelschwänziger Adler – Steinadler	B,JAN,N	
Ringelschwänziger Bergadler – Steinadler	Be2	
Ringelschwänziger Goldadler – Steinadler	Be2	

Ringelschwänziger Haasenadler –   Be2
  Steinadler
Ringelschwänziger Stockadler – Steinadler   Be2
Ringelspat – Feldsperling?   StVb   Vers 383.
Ringelspatz – Feldsperling   B,Buff,F,GD,GesSH,N   Schwenckfeld 1603.
Ringelspatz – Rohrammer   Jä
Ringelspatz – Steinsperling   O2
Ringelsperling – Feldsperling   B,Be1,Be2,Be,Be97,Buff,F,GD,Krü,N ...
                                                                   ... Schwenckfeld 1603.

Ringelsperling – Feldsperling   Buff,GD
Ringelsperling – Rohrammer   Do,F
Ringelsperling – Steinsperling   GD
Ringeltaub – Ringeltaube   GesSH
Ringeltaube – Ringeltaube   Ad,B,Be,Be1,2,97,Buff,CLB1,2,Fri,GD,GesS, ...
                                                ... Hp,Jä,K,Krü,MW,O1,2,3,P,V,Z   Frisch T. 138.
                                                                                           KNB
Ringeltaube – Turteltaube   Fri,Scha
Ringeltaube, hochköpfige – Ringeltaube   CLB3
Ringeltaube, mittlere – Ringeltaube   CLB3
Ringeltaube, plattköpfige – Ringeltaube   CLB3
Ringeltaubn – Ringeltaube   StVb
Ringeltub – Ringeltaube   Suol   Turner 1544: Ringeltaube.   KNB
Ringelwaldhuhn – Sandflughuhn   CLB2,JAN,MW,N   KNB
Ringelweih – Kornweihe   O2
Ringente – Reiherente   Buff
Ringente – Spatelente   GD
Ringetayle (engl.) – Seeadler   Tu   „Pygargus est ... ringetayle.“
Ringgaas (norw.) – Brandgans   H
Ringged Dove (engl.) – Ringeltaube   Tu
Ringkragen – Trauerschnäpper   Buff
Ringkragen, schwarzer – Ohrenlerche   GD   Bei Buffon.
Ringlerche – Kalanderlerche   Be,GD,Krü,N,O2
Ringlerche, große – Kalanderlerche   Buff
Ringmerle – Ringdrossel   Be1,Be2,Be,Buff,F,GD,N
Ringmusch (holl.) – Feldsperling   H
Ringschnäblige Gans – Saatgans   Do,F
Ringschwanz – Kornweihe   Be1,Buff,GD
Ringsperling – Feldsperling   Buff
Ringsperling – Rohrammer   Scha
Ringsperling – Steinsperling   Be1,Be2,Be,Be97,Krü,N,O1
Ringtail – Kornweihe   Tu   Turner im engl. Text: Female.
Ringtail (engl.) – Kornweihe (männl.)   Tu   Turner: „Subbuteo.“
Ringtale (engl.) – Kornweihe (weibl.)   Tu
Ringtaube – Ringeltaube   Be1,Be2,Be,Buff,GD,Hp,Krü,N,Scha
Ringtayle (engl.) – Seeadler   Tu   „Pygargus est ... ringetayle.“
Ringtrost – Ringdrossel   Be2,Be,N
Ringvia – Trottellumme   Krü
Rinnenkläber – Baumläufer   GesS
Rinnenkläber – Kleiber   Suol

Rinnenkleber – Baumläufer GesH
Rinneritscher – Waldbaumläufer Jä
Rintütar – Regenpfeifer Suol
Ripe – Wachteln, Reb-, Waldhühner O1
Riset, brauner – Berghänfling Be2,Be,N Risus: Lachen, Gelächter. Fluggesang?
Risse – Dreizehenmöwe Gun Auf Island.
Rita (fär.,isl.) – Dreizehenmöwe H
Rithe – Saatkrähe P Pernau 1716.
Ritscher – Buchfink, Zuchtname Buff,GD,Kö F.-schlag, z. T. auch Finkenname.
Ritsa (isl.) – Dreizehenmöwe H
Ritscherschwalbe – Mehlschwalbe Do,F
Rittel-Geyer – Turmfalke G
Rittelfalk – Turmfalke JAN,V
Rittelfalke – Turmfalke CLB2 KNB
Rittelgeier – Turmfalke Ad,Be1,Be2,Be,Be97,Be05,CLB2,Krü,V KNB
Rittelgeyer – Turmfalke G,Hp,Suol
Rittelweib – Wendehals Do,F
Rittelweibel – Schwarzspecht H
Rittelweier – Turmfalke Be
Rittelweihe – Rotmilan Be2
Rittelweihe – Turmfalke Be2,Be
Rittelweiher – Turmfalke GD,N
Rittelweyer – Turmfalke Be2,Be
Ritter, weißschwänziger – Kornweihe Buff
Ritter, weißschwänziger – Schlangenadler GD
Ritter (petit chevalier), kleiner – Buff Tringa ochropus.
  Waldwasserläufer
Rittlweyer – Turmfalke Be1,Buff
Ro-ad stätjed (helgol., weibl. + juv.) – H
  Gartenrotschwanz
Roab, groot – Kolkrabe H
Road Stennek (helgol.) – Sichelstrandläufer H
Road-bresched (helgol.) – Rotkehlchen H
Road-futted Falk (helgol.) – Rotfußfalke H
Road-halssed Skwarmer (helgol.) – H
  Sterntaucher
Road-hoaded Küker (helgol.) – H
  Seeregenpfeifer
Road-hoaded Slabb-Enn (helgol.) H
Road-hoaded Verwoahrfink (helgol.) – H
  Rotkopfwürger
Road-rögged Verwoahrfink (helgol.) H
Road-sträked Nirper (helgol.) – H
  Waldammer
Roadbresched – Rotkehlchen F
Roadhalßed Harrofs – Baumpieper Do
Roatschwänzele – Rotschwanz (allg.) Suol
Roatstättien – Hausrotschwanz Bri
Roatvogl – Rotschwanz (allg.) Suol

Rob – Kolkrabe	F,H	
Robberhöne (dän.) – Pfuhlschnepfe	Buff	
Robel-Lerch – Heidelerche	GesH	Besser: Kobel-.
Robientje – Bluthänfling	Bri	
Robin – Bluthänfling	Häp	
Robin – Wanderdrossel (ausgest.)	N	N: Bd. 13/336.
Robin Redbreste (engl.) – Rotkehlchen	Tu	
Roch – Saatkrähe	F,H,Krü	
Rocham (arab.) – Mönchsgeier	Buff	
Roche – Saatkrähe	Ad,Krü	
Röck – Saatkrähe	F,H	
Rödben (dän.) – Rotschenkel	H	
Rödbenet Sneppe (norw.) – Rotschenkel	H	
Rödbent snäppa (schwed.) – Rotschenkel	H	
Rôdborstje – Rotkehlchen	Suol	
Rôdbörstken – Rotkehlchen	Suol	
Rôdboss – Rotkehlchen	Suol	
Roddump – Rohrdommel	Suol	
Rode Abt – Mönchsgrasmücke	Häp	
Rödelgeyer – Turmfalke	P,Suol	
Rodler – Haus-/Felsentaube	GD	Zu Rasse Trommeltaube.
Rôdsneppe (dän.) – Knutt	H	
Rôdstert – Rotschwanz (allg.)	Suol	
Rodt Rephuen – Steinhuhn	zLa	
Rodter Reger – Purpurreiher	Schwf	
Rodtkrepftle – Gartenrotschwanz	zLa	
Rodump – Rohrdommel	Häp	
Rodzâel – Rotschwanz (allg.)	Suol	
Rodzelche – Rotschwanz (allg.)	Suol	
Roeck – Saatkrähe	Be1,Buff,GesSH,Krü,N,Suol	
Roek – Saatkrähe	Be2,Be,GesS	
Roetelwy – Rotmilan	GesS	
Roettere – Dreizehenmöwe	Gun	Auf Island.
Rögerl – Krickente	H	
Rögerl, kleine – Krickente	H	
Roggengans – Saatgans	B,Be2,Be,F,N,Scha	
Roggenwöif – Wachtel	Bri	
Rogis – Gänsesäger	GesH	
Rohatsch – Haubentaucher	F,H	
Rohdump – Rohrdommel	Scha	
Rohgeyer, brauner – Rohrweihe	Buff,GD	
Rohr Ahr – Mäusebussard	Schwf,Suol	
Rohr Drummel – Rohrdommel (sil.)	Schwf	
Rohr Falck – Rohrweihe (sil.)	Schwf,Suol	
Rohr Falcke – Fischadler	Schwf,Suol	
Rohr Henne – Bläßhuhn	Schwf	
Rohr hennle – Bläßhuhn	Buff	
Rohr Reigel – Rohrdommel	Schwf	
Rohr Reyger – Rallenreiher	Baldn	

Rohr spar – Rohrammer	Buff	
Rohr Sperrling – Rohrammer (sil.)	Schwf	Gessn. 1585: „Passer harundinaceus."
Rohr Trumm – Rohrdommel	Schwf	
Rohr-Ammer – Rohrammer	N	
Rohr-ammering – Rohrammer	Buff	
Rohr-Dommel – Rohrdommel	G	
Rohr-Drossel – Drosselrohrsänger	Suol	
Rohr-Emmerling – Rohrammer	Z	
Rohr-Henne – Bläßhuhn	K,Suol	Albin Band I, 83.
Rohr-reiger – Rohrdommel	Kö	
Rohr-Reiger, großer – Purpurreiher	GesH	
Rohr-spatzle – Rohrammer	Buff	
Rohr-Sperling – Rohrammer	G,P1	
Rohradler – Fischadler	Be2,Be,N	
Rohrammer – Rohrammer	Ad,B,Be1,Be2,Be,Be97,Buff,CLB1,2,Fri, …	
	… GD,Krü,MW,O1,2,3,V	KNB
Rohrammer aus Sibirien – Kappenammer	Buff	Buffon/Otto Band 12, 203.
Rohrammer, nordischer – Rohrammer	CLB3	
Rohrammerig – Rohrammer	Be	
Rohrammering – Rohrammer	Be1,Be2,F,N	
Rohrbombe – Rohrdommel	N	
Rohrbrüller – Rohrdommel	B,Be1,Be2,Be,F,GD,Krü,N,Suol	
Rohrdomel, gemeine – Rohrdommel	Be97	
Rohrdommel – Drosselrohrsänger	Scha	
Rohrdommel – Rohrdommel	Ad,B,Be1,Be2,Buff, CLB1,2,Fri,GD,Hp,Jä, …	
	… K,Kö,Krü,N,O1,2,V Frisch T. 205, Albin I, 68.	
		KNB
Rohrdommel der Barberei, kleiner – Zwergdommel	Buff	
Rohrdommel, braungestreifter – Zwergdommel	Be2,Buff	„Ardea danubialis."
Rohrdommel, gelbe – Rallenreiher	N	
Rohrdommel, gemeine – Rohrdommel	CLB2	
Rohrdommel, gemeiner – Rohrdommel	Be2,N	
Rohrdommel, gestrichelter – Zwergdommel	Be2	
Rohrdommel, große – Rohrdommel	Be2,Be,Be05,Bri,CLB2,N,O3	KNB
Rohrdommel, hochstirnige – Rohrdommel	CLB3	
Rohrdommel, kleine – Rallenreiher	Buff	„Ardea Marsigli."
Rohrdommel, kleine – Zwergdommel	Be1,Be2,Be,Be97,CLB2,3,Fri,GD,N,O2,3	
Rohrdommel, kleine braune – Zwergdommel	GD	
Rohrdommel, kleiner – Zwergdommel	Be2,Be,Buff,N	
Rohrdommel, kleiner aus der Barbarey – Zwergdommel	Be2	
Rohrdommel, kleiner brauner – Zwergdommel	Be2,N	
Rohrdommel, nächtliche – Nachtreiher	N	
Rohrdommel, nördliche – Rohrdommel	CLB3	
Rohrdommel, rothgelber – Zwergdommel	Buff	

Rohrdommelein – Zwergdommel	N	
Rohrdommelreiher – Rohrdommel	CLB1,2,MW,N	
Rohrdommlein – Zwergdommel	Be2	
Rohrdommlin – Zwergdommel	Be	
Rohrdommmel, kleiner brauner – Zwergdommel	Buff	
Rohrdrommel – Rohrdommel	Ad,Krü	
Rohrdrossel – Drosselrohrsänger	Ad,B,Be1,Be2,Be,Be97,CLB2,Buff,F,GD, …	
	… K,Krü,MW,N,O2,Scha,V	KNB
Rohrdrossel – Ringdrossel	Do,F	
Rohrdrossel – Rohrammer	Be2,Be,F,GD,N,Scha	
Rohrdrossel, singende – Drosselrohrsänger	Be2,Be,Buff	
Rohrdrum – Rohrdommel	Ad,Krü	
Rohrdrummel – Rohrdommel	K,Suol	Albin Band I, 68.
Rohrdrump – Rohrdommel	Suol	
Rohrdummel – Rohrdommel	Baldn,P,Suol	
Rohrdummel, graue – Graureiher	Be	
Rohrdump – Rohrdommel	Be2,Buff,F,GesH,Krü,N,Scha	
Rohremmerling – Rohrammer	Buff,F,GD,Krü	
Rohreule – Sumpfohreule	B,Be2,F,N	
Rohrfalk – Rohrweihe	B	
Rohrfalk – Rotmilan	Hp	
Rohrfalke – Fischadler	Be,Be1,2,97,Buff,F,GD,N	Buff 1786, 1/225.
Rohrfalke – Rohrweihe	B,Be2,Be,F,N	
Rohrfink – Feldsperling	B	
Rohrgeier – Rohrweihe	B,Be2,Be,F,Jä,N	
Rohrgeier, brauner – Rohrweihe	Be1,Be2,Be97	
Rohrgeier, kleiner – Kornweihe (weibl.)	Be2,Be,N	
Rohrgeyer – Rotmilan	Hp	
Rohrgrasemücke – Seggenrohrsänger	N	
Rohrgrasmücke – Schilfrohrsänger	GD	
Rohrgrasmücke – Seggenrohrsänger	Be2	
Rohrgrasmücke – Sumpfrohrsänger	Be2,F,N,O1	
Rohrgrasmücke – Teichrohrsänger	Be1,Be2,Be,Be97,Buff,Krü,N	
Rohrgytz – Rohrammer	GesH	
Rohrhacker – Schwarzhalstaucher	F,H	
Rohrhahn (Neus. See) – Bläßhuhn	Be,Buff,GD,H,K	Frisch T. 208.
Rohrhänl – Tüpfelsumpfhuhn	Suol	
Rohrhendl (schles.) – Bläßhuhn	H	
Rohrhenne – Bläßhuhn	Be1,Be2,Be,GesH,K,N	Albin Band I, 83.
Rohrhenne – Teichhuhn	O2	
Rohrhenne mit rotem Blässel – Teichhuhn	Be2	
Rohrhenne, weißblässige – Bläßhuhn	N	
Rohrhennel – Teichhuhn	F,Jä	
Rohrhennel – Tüpfelsumpfhuhn	Be2	
Rohrhennel – Wasserralle	Jä	
Rohrhennel mit rotem Blässel – Teichhuhn	N	
Rohrhennel, kleines – Teichhuhn	Be2,Be,N	
Rohrhennele – Wasserralle	Be2,N	

Rohrhennl – Bläßhuhn	Buff	
Rohrhennl mit rotem Blaßl – Teichhuhn	Buff	
Rohrhennl, kleines – Teichhuhn	Be2,Buff	
Rohrhuhn – Bläßhuhn	Ad,Be2,Buff,F,GD,N	
Rohrhuhn – Teichhuhn	O1,WüCl	
Rohrhuhn – Wasserralle	Krü	
Rohrhuhn, baillonisches – Kleines/	CLB2,MW	
Zwerg-Sumpfhuhn		
Rohrhuhn, baillonisches – Zwergsumpfhuhn	N	
Rohrhuhn, brauner – Odinshühnchen	Buff	
Rohrhuhn, braunes – Odinshühnchen	Be,N	
Rohrhuhn, braunes – Teichhuhn	CLB2	
Rohrhuhn, buntes – Tüpfelsumpfhuhn	CLB3	
Rohrhuhn, geflecktes – Teichhuhn	CLB2	
Rohrhuhn, geflecktes – Tüpfelsumpfhuhn	CLB2,3,F,N	KNB
Rohrhuhn, gemeines – Wasserralle	O2	
Rohrhuhn, gesprenkeltes –	CLB3,F,O3	
Tüpfelsumpfhuhn		
Rohrhuhn, grünfüßiges – Teichhuhn	CLB1,2,Krü,MW,O3,V	KNB
Rohrhuhn, kleines – Kleines Sumpfhuhn	F,N	
Rohrhuhn, kleines – Kleines/	CLB2,3,Krü,O3	KNB
Zwergsumpfhuhn		
Rohrhuhn, kleines – Tüpfelsumpfhuhn	O2	
Rohrhuhn, kleines – Zwergsumpfhuhn	MW	
Rohrhuhn, kleinstes – Zwergsumpfhuhn	CLB3	
Rohrhuhn, knarrendes – Wachtelkönig	CLB1,2,F,N	KNB
Rohrhuhn, mittleres – Tüpfelsumpfhuhn	CLB1,2,N	
Rohrhuhn, punctirtes – Tüpfelsumpfhuhn	CLB1,2,Krü,MW,N	
Rohrhuhn, schwarzes – Bläßhuhn	Be2,Buff,N	
Rohrhühnlein – Teichhuhn	Be1,Be2,Be,GD,N	
Rohrhühnlein – Wasserralle	Be2,N,O2	
Rohrhühnlin – Wasserralle	O1	
Rohrhun – Bläßhuhn	Suol	
Rohrhun, schwarzes – Bläßhuhn	Suol	
Rohrhünel – Wasserralle	Baldn	
Rohrhunel – Wasserralle	Suol	
Rohrhünlein – Teichhuhn	Suol	
Rohrhünlin – Wasserralle	Baldn,Suol	
Rohrküh – Rohrdommel	Fri	
Rohrleps – Feldsperling	Be2,Be,F,N	
Rohrleps – Rohrammer	B,Be1,Be2,Be,F,N	
Rohrleschspatz – Rohrammer	B,F	
Röhrlesspatz – Rohrammer	Jä	
Rohrmeise – Bartmeise	Be1,Be2,Be,Be97,F,Krü,N,V	
Rohrmeise – Beutelmeise	Ad	
Rohrmeise – Sumpf-/Weidenmeise	Be1,Be2,Be,Buff	
Rohrmeise – Sumpfmeise	Be,F,GD,N	
Rohrmeve – Flußseeschwalbe	Ad,Be1,Be2,Be,GD,K,N	Frisch T. 219.
Rohrmewe – Flußseeschwalbe	Krü	

Rohrmöve – Flußseeschwalbe	Do	
Rohrmöwe – Flußseeschwalbe	F	
Rohrnachtigall – Drosselrohrsänger	F,H	
Rohrpampe – Rohrdommel	Krü	
Rohrplattel – Sumpfrohrsänger	Do,F	
Rohrpompe – Rohrdommel	Be1,Be2,Be,GD,K,Suol	Albin Band I, 68.
Rohrpump – Rohrdommel	B	
Rohrpumpe – Rohrdommel	N	
Rohrreiger – Rohrdommel	GesH,K	Frisch T. 205, Albin Band I, 68.
Rohrreiger – Zwergdommel	O1	
Rohrreiher – Rohrdommel	Ad,Krü,N	
Rohrreiher – Zwergdommel	Be2,F,Scha	
Rohrreiher, kleiner – Zwergdommel	N	
Rohrreyger – Rohrdommel	Fri	
Rohrriegel – Rohrdommel	Scha	
Rohrs-spar – Rohrammer	Buff	
Rohrs-sperling – Rohrammer	Buff	
Rohrsänger – Drosselrohrsänger	V	
Rohrsänger – Schilfrohrsänger	Be2,Be97,GD,Krü,N,O1	
Rohrsänger – Seggenrohrsänger	Be1,Be2,N	
Rohrsänger – Sumpfrohrsänger	Be2,Be,N	
Rohrsänger – Teichrohrsänger	B,Be,Be1,2,97,Buff,CLB2,Krü,MW,N,O3	KNB
Rohrsänger mit gefleckter Kehle – Schlagschwirl	N	
Rohrsänger, Cetti's – Seidensänger	H	
Rohrsänger, gefleckter – Schilfrohrsänger	N	
Rohrsänger, gefleckter Sandläufer – Bruchwasserläufer	Be2,Be,O1,N	
Rohrsänger, gelbbauchiger – Gelbspötter	N	
Rohrsänger, gelbgestreifter – Seggenrohrsänger	JAN	
Rohrsänger, gestreifter – Streifenschwirl	BB,H	
Rohrsänger, großer – Drosselrohrsänger	CLB2,N	
Rohrsänger, kastanienbrauner – Mariskensänger	N	N: Bd. 13/456.
Rohrsänger, kleiner – Teichrohrsänger	V	
Rohrsänger, lerchenfarbiger – Feldschwirl	JAN	
Rohrsänger, Ménétries – Heckensänger	N	N: Bd. 13/398.
Rohrsänger, nachtigallfarbiger – Rohrschwirl	N	N: Bd. 13/474.
Rohrsänger, olivengrünlicher – Feldschwirl	N	
Rohrsänger, pieperfarbiger – Feldschwirl	N	
Rohrsänger, rostfarbiger – Heckensänger	N	N: Bd. 13/398.
Rohrsänger, schwarzbärtiger – Mariskensänger	N	N: Bd. 13/456.
Rohrschilfsänger – Drosselrohrsänger	CLB3	
Rohrschirf – Drosselrohrsänger	V	
Rohrschirf – Schlagschwirl	F	
Rohrschirf – Seggenrohrsänger	N	

Rohrschirf – Teichrohrsänger	O1	
Rohrschirf mit gefleckter Kehle – Schlagschwirl	N	
Rohrschirf olivengrauer – Sumpfrohrsänger	Be2,Be,N	
Rohrschirf, brauner – Teichrohrsänger	Be2,JAN,N	
Rohrschirf, gelbgestreifter – Seggenrohrsänger	Be2	
Rohrschirf, gestreifter – Seggenrohrsänger	F	
Rohrschirf, grauer – Sumpfrohrsänger	F	
Rohrschirf, großer – Drosselrohrsänger	Be2,Be,CLB2F,N,O1	
Rohrschirf, kleiner – Schilfrohrsänger	F	
Rohrschirf, kleinster – Schilfrohrsänger	Be2,Be,N	
Rohrschirf, olivenbrauner – Teichrohrsänger	Be2,N	
Rohrschirf, olivengrauer – Sumpfrohrsänger	JAN	
Rohrschleifer – Teichrohrsänger	Be	
Rohrschliefer – Drosselrohrsänger	B,Be2,Be,N	
Rohrschliefer – Seggenrohrsänger	Be2,F,N	
Rohrschliefer – Teichrohrsänger	Be1,Be2,Be,F,N	
Rohrschlüpfer – Teichrohrsänger	Do,F	
Rohrschmätzer – Schilfrohrsänger	Be2,Be,N	
Rohrschmätzer – Sumpfrohrsänger	Be2,Be,F,N	
Rohrschmätzer – Teichrohrsänger	B,F,N	
Rohrschmetzer – Teichrohrsänger	JAN	
Rohrschnepfe – Zwergschnepfe	Ad,Be1,Be2,Be,Be97,Fri,GD,Hp,Krü,Suol	
Rohrschnepfe, kleine – Zwergschnepfe	N	
Rohrschwalbe – Flußseeschwalbe	B	
Rohrschwalm – Fluß-/Küstenseeschwalbe	Buff,GD,K	Rostro rubro.
Rohrschwalm – Flußseeschwalbe	Ad,Be1,Be2,Be,F,Krü,N	
Rohrschwalm – Zwergseeschwalbe	K,Schwf,Suol	
Rohrschwätzer – Drosselrohrsänger	F,H	
Rohrschwirl – Rohrschwirl	B	Liebe 1878, KN.
Rohrspaarling – Rohrammer	Be2,Be,N	
Rohrspar – Rohrammer	Be1,Be2,Be,F,GesH,N,Schwf	
Rohrspatz – Bartmeise	Be	
Rohrspatz – Beutelmeise	GD	
Rohrspatz – Drosselrohrsänger	Bri,H	
Rohrspatz – Feldsperling	B,Be,F,zLa	
Rohrspatz – Neuntöter und Rotkopfwürger	Suol	
Rohrspatz – Rohrammer	Ad,B,Be2,Be,F,Jä,Krü,N,Suol	
Rohrspatz – Schilfrohrsänger	Jä	
Rohrspatz – Teichrohrsänger	Do,F	
Rohrspatz – Beutelmeise	Buff	
Rohrspatz, grosser – Drosselrohrsänger	F	
Rohrspatz, oesterreichischer – Beutelmeise	Be2,N	
Rohrspätzlein – Rohrammer	GesH	
Rohrspatzlin – Rohrammer	Be2,Be,Buff,N,Schwf	
Rohrsperlich – Feldsperling	Do,F	
Rohrsperling – Drosselrohrsänger	B,JAN,N,Scha	
Rohrsperling – Feldsperling	Ad,B,Be1,Be2,Be,Be97,F,Krü,N,Suol,V	

Rohrsperling – Haussperling	Ad
Rohrsperling – Neuntöter	K
Rohrsperling – Rohrammer	Ad,B,Be1,Be2,Be,Be97,Buff,F,Fri,GD,GesH, …
	… Hp,Krü,N,O1,Scha,Suol VN
Rohrsperling – Rohrsänger (allg.)	Suol
Rohrsperling – Schilfrohrsänger	Ad,Be2,N
Rohrsperling – Seggenrohrsänger	Be2,N
Rohrsperling – Teichrohrsänger	Be1,Be2,Be,F,N
Rohrsperling, großer – Drosselrohrsänger	Be1,Be2,F,N
Rohrsperling, kleiner – Schilfrohrsänger	F
Rohrsperling, kleiner – Sumpfrohrsänger	Scha
Rohrsperling, kleiner – Teichrohrsänger	B,N,O2
Rohrspötter – Sumpfrohrsänger	Jä
Rohrspotter (Wien) – Sumpfrohrsänger	F,H
Rohrspottvogel – Sumpfrohrsänger	Do,F
Rohrsprachmeister – Sumpfrohrsänger	Do,F Name wg. großer stimmlicher Begabung.
Rohrsprosser – Drosselrohrsänger	B,F,Scha
Rohrtaucher – Haubentaucher	Scha
Rohrthumel – Rohrdommel	Jä
Rohrtrommel – Rohrdommel	GD,Jä
Rohrtrum – Rohrdommel	K Albin Band I, 68.
Rohrtrumm – Rohrdommel	GesH
Rohrtrummel – Rohrdommel	Be1,Be2,Be,Be97,F,Fri,JAN,K,Krü,N …
	… Frisch Tafel 205, 1758, Albin Band I, 68.
Rohrtuba – Rohrdommel	GesS
Rohrtump – Zwergdommel	Be2,Be,O1
Rohrtump, kleiner – Zwergdommel	F,N
Rohrvogel – angeseilter Fangvogel auf	JAN
dem Heerd	
Rohrvogel – Drosselrohrsänger	B,Be2,Be97,Buff,GD,Krü,N
Rohrvogel – Rohrweihe	Ad,B,Be2,F,Hp,N
Rohrvogel – Seggenrohrsänger	Be2,N
Rohrvogel, großer – Drosselrohrsänger	O2
Rohrvogel, brauner – Rohrweihe	N
Rohrvogel, gemeiner – Teichrohrsänger	O2
Rohrvogel, kleinster – Schilfrohrsänger	O2
Rohrvogel, zirpender – Feldschwirl	O2
Rohrweih – Rohrweihe	B
Rohrweihe – Rohrweihe	Be2,Be,Be05,CLB1,2,3,Krü,MW,N,O3,V …
	… Bechstein, Ornithol. Tb. 1802. KNB
Rohrwrangel – Rohrammer	Ad
Rohrwrangel – Teichrohrsänger	Suol
Rohrwrangel, singender – Neuntöter	Be1,Be2,Be,Buff,GD,N
Rohrwürger – Neuntöter	GD
Rohrwürger, singender – Neuntöter	Be1,Be2,Be,Buff,N
Rohrzeisig – Teichrohrsänger	B,Be2,F,N
Rohrzeisig (schles.) – Sumpfrohrsänger	F,H
Rohschmätzer – Schilfrohrsänger	F
Rohschmetzer – Schilfrohrsänger	JAN

Rohspatz – Rohrammer	GesH		
Rohsperling – Neuntöter und Rotkopfwürger	Suol		
Rohsperling – Rohrammer	JAN		
Roht-Schnabel mit schwartzem Kopff – Aztekenmöwe	K		
Rohte Endte – Tafelente	K		
Rohtes Hasel-Hun – Schottisches Moorschneehuhn	K		Albin Band I, 23 + 24.
Rohtes Holtz-Hun – Schottisches Moorschneehuhn	K		Albin Band I, 23 + 24.
Rohthälßlein – Krick-/Knäkente	K		Knäkente
Rohtknussel – Rotflügel-Brachschwalbe	K		
Rohtköpffiger Seeschwalm – Lachmöwe	K		Albin Band II, 86.
Rohtschwäntzlein mit einer schwartzen … … Mittelfeder – Hausrotschwanz	K		Richtig: Gartenrotschwanz, Fri T. 20.
Rohtschwäntzlein mit roht gesprengter … … Brust – Hausrotschwanz	K	K 60, 147.	Frisch T. 20.
Rohtvogel – Sprosser	K		
Rohtvogel – Stieglitz	K		
Roiller – Taube (männl.)	Suol		
Roitelet – Zaunköniglein	Buff		
Roithon – Steinhuhn	Suol		
Röje – Auerhuhn	O1		
Rôk – Saatkrähe	Suol		
Rok Martinette (engl.) – Mauersegler	Tu		
Rôkart – Saatkrähe	Suol		
Rôke – Saatkrähe	Suol		
Röke (niders.) – Kolkrabe	Ad		
Rökle – Rotkehlchen	Suol		
Rökle – Rotschwanz (allg.)	Suol		
Roller (els.) – Blauracke	Be1,Be2,Be97,Buff,GesSH,N,O1,StVb,Suol… … Elsäss. Dialektname: StVb 214.		
Röller – Blauracke	GesS,zLa		
Roller – Turteltaube	Do		
Rollmeise – Kohlmeise	Do,F		
Rollows, groot (helgol.) – Kohlmeise	H		
Römische Taube – Haustaubenrasse	Buff		
Römischer Vogel – Beutelmeise	Buff,GD		
Römischer Zeisig – Grünfink	F,N		
Römisches Zeischen – Beutelmeise	HHM		Hamb. Magazin 1757, VN.
Roobe – Saatkrähe	Be		
Rooche – Saatkrähe	Be1,Be2,Be,Buff,F,K,Krü,N,Schwf,Suol		
Roocke – Saatkrähe	K,Suol		Frisch T. 64.
Rook – Saatkrähe	Ad,GesS,Tu		
Rook (niders.) – Kolkrabe	Ad,Bri,H,Häp		
Rooke – Kolkrabe	Häp		
Rooke – Saatkrähe (sil.)	B,Be1,Be2,Be97,Be05,Buff,F,Krü,N,Schwf		
Rookhahn – Haushuhn	Häp		

Rookschwälk – Rauchschwalbe	Do,F	
Rookswälk – Rauchschwalbe	WüCl	
Rookswâlke – Rauchschwalbe	Häp	
Rookswolk – Rauchschwalbe	H	
Roordump – Rohrdommel	Scha	
Rootgoos – Bläßgans	H	
Rootstertken – Rotschwanz (allg.)	Suol	
Roper – Uhu	Buff,Gun	= „Rufer"
Rorbrust – Moorente	H	
Rôrchue – Rohrdommel	Suol	
Rördrossel (dän.) – Drosselrohrsänger	H	
Rôrdum – Rohrdommel	Suol	
Rordummel – Rohrdommel	Fabr,GesS,Suol	
Rordump – Rohrdommel	GesS,Suol	
Rordumpf – Rohrdommel	Suol	
Rordumpff – Rohrdommel	GesS	
Rorganß – Weißwangen- und Ringelgans	Suol	
Rorgeutz – Drosselrohrsänger	Suol	
Rorgickeze – Drosselrohrsänger	Suol	
Rorgitz – Drosselrohrsänger	StVb,Suol	
Rorgytz – Drosselrohrsänger	Suol	
Rorhänlin – Wasserralle	Suol	
Rorhennle – Bläßhuhn	Suol	
Rorka – Saatkrähe	H	
Rörks – Mittelsäger	JAN	
Rôrmuni – Rohrdommel	Suol	
Rorreigel – Rohrdommel	GesS,Suol	
Rorspar – Feldsperling	Suol	
Rorspar – Rohrammer	Suol	
Rorsperling – Rohrammer	Fabr	Die Rohrammerart hieß früher „arundinacea."
Rorstork – Rohrdommel	Suol	
Rortrum – Rohrdommel	Buff	
Rortrum – Rohrdommel	Krü	
Rortrumm – Rohrdommel	GesS,Suol	
Rosdam – Rohrdommel	Suol	
Rosdom – Rohrdommel	Tu	
Rosdrossel – Ringdrossel	K	Frisch T. 30.
Rosdumpf – Rohrdommel	Buff,Krü	
Rosen-Gimpel – Rosengimpel	N	
Rosenbrüstiger Würger – Schwarzstirnwürger	CLB2,3	KNB
Rosendrossel – Rosenstar	F,H,O2,V	
Rosenfarbene Ackerdrossel – Rosenstar	Be2,GD	
Rosenfarbene Amsel – Rosenstar	Buff,GD,O1	
Rosenfarbener Gimpel – Rosengimpel	CLB2	
Rosenfarbener Kernbeisser – Rosengimpel	CLB1	KNB
Rosenfarbige Ackerdrossel – Rosenstar	Krü,N	
Rosenfarbige Amsel – Rosenstar	Be2,Be,N	
Rosenfärbige Amsel – Rosenstar	Buff	

Rosenfarbige Bruchweidendrossel – Rosenstar	Be2,Be,N	
Rosenfarbige Drossel – Rosenstar	Be1,Be2,Be,Buff,CLB2,GD,K,MW,N	KNB
Rosenfarbige Drossel mit schwarzblauem ... ... Kopfe und hinterwärts geschmücktem ... ... Haarzopfe – Rosenstar	Buff	Siehe Klein.
Rosenfarbige Möve – Rosenmöwe	BB,H	
Rosenfarbige Staaramsel – Rosenstar	CLB3,N	
Rosenfarbige Staramsel – Rosenstar	H	Nicht: Staaramsel.
Rosenfarbige-haarzopfigte Drossel – Rosenstar	GD	
Rosenfarbiger Fink – Rosengimpel	CLB2,MW,N	KNB
Rosenfarbiger Flamingo – Rosaflamingo	N,O3	
Rosenfarbiger Gryllenfresser – Rosenstar	V	
Rosenfarbiger Hirtenvogel – Rosenstar	H	
Rosenfarbiger Kernbeißer – Rosengimpel	CLB2,O3	KNB
Rosenfarbiger Staar – Rosenstar	CLB2,N,V	KNB
Rosenfarbiger Viehstaar – Rosenstar	O3	
Rosenfarbiger Viehvogel – Rosenstar	CLB2,MW,H	KNB
Rosenfarbigter Fink – Rosengimpel	Buff	
Rosenfarbne Ackerdrossel – Rosenstar	Buff	
Rosenfink – Rosengimpel	N	
Rosenfink (schwed.) – Karmingimpel	H	
Rosengimpel – Karmingimpel	Do,F	
Rosengimpel – Rosengimpel	B,N	N: Rosen-Gimpel.
Rosenkrametsvogel – Rosenstar	Do	
Rosenkrammetsvogel – Rosenstar	F	
Rosenmöve – Rosenmöwe	B,H	
Rosenroter Krammetsvogel – Rosenstar	Be1,Be2,Be,N	
Rosenrote Amsel – Rosenstar	Buff	
Rosenroter Krammetsvogel – Rosenstar	GD	
Rosenrotpunktierte Doppelschnepfe – Großer Brachvogel	Be1	Variation
Rosensilber-Möve – Dünnschnabelmöwe	B,H	
Rosenstaar – Rosenstar	B	
Rosenstar – Rosenstar	H,Z	Quelle: Museum König, Bonn, 4/2014.
Rosentärne (schwed.) – Rosenseeschwalbe	H	
Rosenwürger – Schwarzstirnwürger	B,F	
Rosgeyer – Gänsegeier	Schwf,Suol	
Roß Amsel – Ringdrossel	Schwf	Sucht Würmer im Pferdemist.
Roß Krinisse – Kiefernkreuzschnabel	Schwf	
Roß meis – Kohlmeise	zLa	
Roß-Ente – Stockente	Buff	
Roß-Krinis – Kiefernkreuzschnabel	Suol	
Ross' Möve – Rosenmöve	H	
Roßadler – Seeadler	Be05	
Roßamsel – Ringdrossel	Be,F,Suol	
Roßamsel – Ringdrossel	Be,Buff,F,GD,GesSH,Suol ... ... Name: Vogel suchte Würmer im Pferde (Roß-)mist.	

Roßänte – Stockente	Buff	
Roßdam – Rohrdommel	GesS	
Roßdrecklin – Schafstelze	StVb,Suol	Sucht Nahrung im Pferdemist.
Roßdrossel – Ringdrossel	Be2,Be,N	
Roßdumpf – Rohrdommel	Krü	
Roßendte – Stockente	Schwf	
Roßente – Schnatterente	F,H	
Roßente – Stockente (Var.)	Be1,Be2,Be,Be97,O1	
Roßgeier – Bartgeier	Ad	
Roßgeier – Schmutzgeier	Krü	
Roßgeier – Seeadler	Be1,Be2,Be	
Roßgeyer – Bartgeier	GesH	
Roßgrünling – Kiefernkreutzschnabel	O1	
Rossignole (franz.) – Nachtigall	Krü	
Roßkrinitz – Kiefernkreuzschnabel	B,Be2,N	
Rossolan – Schneeammer	Buff	
Roßreigel – Rohrdommel	Buff,Krü	
Roßßgyr – Bartgeier	Suol	Wort so lassen.
Rosstärt – Hausrotschwanz	Bri	
Rost-Ente – Rostgans	N	
Rostafter – Fichtenammer	GD	
Rostammer – Grauortolan	B,H	
Rostbraune Ente – Moorente	Buff	
Rostbrauner Wasserläufer – Pfuhlschnepfe	MW	MW: Wahrscheinlich, unsicher.
Rostbürzel – Fichtenammer	Buff,GD	
Rostdrossel – Ringdrossel	B,F	
Rôstert – Rotschwanz (allg.)	Suol	
Rostfalk – Rohrweihe	B	
Rostfalke – Rohrweihe	Do,F,JAN	
Rostfarbene Ente – Rostgans	JAN	
Rostfarbige Ente – Rostgans	N	
Rostfarbiger Rohrsänger – Heckensänger	N	N: Bd. 13/398.
Rostfarbiger Sänger – Heckensänger	N	N: Bd. 13/398.
Rostfarbiger Strandläufer – Knutt	N	
Rostflügel – Haubenlerche	Krü	
Rostflügeldrossel – Rostflügeldrossel	B,N	N: Bd. 13/307.
Rostflügelige Drossel – Rostflügeldrossel	N	N: Bd. 13/307.
Rostflügelige Klette – Mauerläufer	Do	
Rostflügelige Mauerklette – Mauerläufer	Do	
Rostgans – Rostgans	B	
Rostgeier – Rohrweihe	B	
Rostgelbe Limose – Pfuhlschnepfe	N	
Rostgelbe Uferschnepfe – Pfuhlschnepfe	N	
Rostgelber Bergfink – Bergfink (Var.)	MW	
Rostgelber Steinschmätzer – Mittelmeersteinschmätzer	CLB2,N	KNB
Rostgelber Sumpfläufer – Pfuhlschnepfe	N	
Rostgelber Weissschwanz – Mittelmeersteinschmätzer	CLB3	

Rostgelbgraue Gans – Saatgans	CLB1,2,3,N	KNB
Rostgraue Grasmücke – Dorngrasmücke	Be1,Be2,Be,CLB2,MW,O1	KNB
Rostgraue Grasmücke – Gartengrasmücke	Be97	
Rostgraue Haubenlerche – Haubenlerche	CLB3	
Rostgraue Heckengrasmücke – Dorngrasmücke	CLB3	
Rostgrauer Sänger – Dorngrasmücke	Be	
Rostgrauer Spitzkopf – Teichrohrsänger	N	
Rosthalsdrossel – Rotkehldrossel	N	N: Bd. 13/316.
Rosthalsige Drossel – Rotkehldrossel	N	N: Bd. 13/316.
Rosthalsiger Tagschläfer – Rothals-Ziegenmelker	MW	
Rostige Weihe – Rohrweihe	Be1,Be2,Be,Buff,N	
Rostige Weihe – Rotmilan	Be2,Hp,N	
Rostiger Falke – Rohrweihe	Be1,Be2,Be,N	
Rostiger Neuntödter – Neuntöter	GD	
Rostkappe – Mönchsgrasmücke	N	N: Bd. 13/411.
Rostkehlige Drossel – Rotkehldrossel	N	N: Bd. 13/316.
Rostnackenwürger – Rotkopfwürger	B	
Rostnackiger Neuntödter – Rotkopfwürger	N	
Rostrote Drossel – Heckensänger	CLB2,MW,N	N: Bd. 13/398.
Rostrote Limose – Pfuhlschnepfe	N	
Rostrote Schnepfe – Pfuhlschnepfe	F	
Rostrote Schnepfe – Uferschnepfe	Do	Bei Flöricke Pfuhlschnepfe.
Rostrote Uferschnepfe – Pfuhlschnepfe	N,WüCl	
Rostrote Uferschnepfe – Uferschnepfe	Do	Bei Flöricke Pfuhlschnepfe.
Rostroter Strandläufer – Knutt	CLB1,2,F,N	
Rostroter Strandläufer – Sichelstrandläufer	N	
Rostroter Sumpfläufer – Pfuhlschnepfe	CLB1,2,3,N,O3	KNB
Rostroter Sumpfwader – Pfuhlschnepfe	CLB2,MW	KNB
Rostroter Sumpfwater – Pfuhlschnepfe	N	
Rostroter Wasserläufer – Pfuhlschnepfe	N	
Rostrotes Waldhuhn – Schottisches Moorschneehuhn	MW	
Rosträtlicher Reiher – Kuhreiher	O3	
Rostscheitelige Grasmücke – Mönchsgrasmücke	N	N: Bd. 13/411.
Rostscheitelige Mönch-Grasmücke – Mönchsgrasmücke	N	
Rostscheiteliger Mönch – Mönchsgrasmücke	N	N: Bd. 13/411.
Rostschwänzige Zwergdrossel – Einsiedlerdrossel	N	Heute: Catharus ustulatus. N: Bd. 13/262.
Rostschwänzige Zwergdrossel – Zwergdrossel	N	Heute: Catharus guttatus. N: Bd. 13/273.
Roststrandläufer – Knutt	B	
Rostweih – Rohrweihe	B,O1,O2	Oken 1837, 568.
Rostweihe – Rohrweihe	Be1,Be2,Be,Be97,Be05,CLB2,3,F, GD,Krü, … … N,O1,Z	

Rot Drossel – Rotdrossel	Schwf	
Rot Räbhuhn – Rothuhn	GesS	
Rot Räbhůn – Steinhuhn	Suol	
Rot Rebhun – Rothuhn	GesH	
Rot Veldhun – Rothuhn	Schnurre	Brucker, 1889: ...
		... Straßbger Zunft- u. Polizeiverordung.
Rot velthun – Steinhuhn (?)	Zupo	15. Jahrh.
Rot-brüstle – Rotkehlchen	Buff	
Rot-ent – Tafelente	Buff	
Rot-hals – Tafelente	Buff	
Rot-kehlein – Rotkehlchen	Buff	
Rot-kelchyn – Rotkehlchen	Buff	
Rot-Kropff – Rotkehlchen	Buff	
Rothachelie (helv.) – Rotkehlchen	H	
Rotammer – Zippammer	B,Do,F	
Rotauge – Trauerschnäpper	Be2,Do,F,N	
Rotbart – Rotkehlchen	Ad,Be1,Be2,Be,F,Hamb.Mag.,Krü,N,Scha	
Rotbärtchen – Rotkehlchen	B	
Rotbärtiger Ammer – Grauortolan	CLB3	
Rotbauch – Gartenrotschwanz	Ad	
Rotbauch – Sichelstrandläufer	Be2,Do,F	
Rotbauch, kleiner – Sichelstrandläufer	N	
Rotbauchige Schnepfe – Sichelstrandläufer	N	
Rotbäuchige Schnepfe – Sichelstrandläufer	Be1,Be2,Be,Be97	
Rotbäuchiger Wassertreter – Thorshühnchen	Be2	
Rotbäuchiger Bracher – Sichelstrandläufer	Be2,N	
Rotbäuchiger Brachvogel –	Be2,Be,CLB1,2,MW,N	KNB
Sichelstrandläufer		
Rotbauchiger Steinschmätzer – Steinrötel	N	
Rotbauchiger Steinschmätzer – Steinrötel	Do,F	
Rotbäuchiger Wassertreter – Thorshühnchen	Be,F,MW,N	
Rotbäuchlein – Gartenrotschwanz	Be2,F,N	
Rotbein – Dunkler Wasserläufer	Be2,Be,N	
Rotbein – Lachmöwe	Be2,Be,F,N	
Rotbein – Rotschenkel	Ad,B,Be,Be1,2,Buff,F,GesS,Krü,O1,Suol,Zupo	
Rothbein – Steinwälzer	Be2,N	
Rotbeine – Rotschenkel	Zupo	1449
Rotbeinel, grohes – Rotschenkel	Suol	Wort ok.
Rotbeinige Krähe – Alpenkrähe	Be2,N	
Rotbeiniger Kiebitz – Kampfläufer (juv.)	Be1	
Rotbeiniger Kiebitz – Rotschenkel	Be2	
Rotbeiniger Regenpfeifer – Stelzenläufer	Be97	
Rotbeiniger Strandläufer – Rotschenkel	Be2	
Rotbeiniger Wasserläufer – Rotschenkel	N	
Rotbeinle – Rotschenkel	H	
Rotbeinlein – Rotschenkel	A,Be2,N,O2,Suol	Albin Band III/87.
Rotbeinlin – Rotschenkel	Zupo	1449
Rôtbênt Snep – Rotschenkel	Suol	
Rotbeyne – Rotschenkel	Zupo	1459

Rotbläß – Teichhuhn	Be2,Be,O1	
Rotbläßchen – Teichhuhn	B,Be1,Be2,Be,N,Suol,V	
Rotblässe – Teichhuhn	F	
Rotblässiges Wasserhuhn – Teichhuhn	Be2,Be,N	
Rotbläßle – Teichhuhn	Jä	
Rotblatt – Bluthänfling	H	
Rotblattel – Bluthänfling	Do,F	
Rotblättele – Birkenzeisig	Jä	
Rotblattl – Bluthänfling	H	
Rotblettle – Birkenzeisig	Suol,zLa	
Rôtbosk – Rotkehlchen	Scha,Suol	
Rotbost – Gimpel	F	
Rôtböst – Rotkehlchen	Suol	
Rotböster – Bluthänfling	Be2,Be,N	
Rotbosthänfling – Bluthänfling	Do,F	
Rotböstig Snepp – Sichelstrandläufer	WüCl	
Rotbostje – Rotkehlchen	Häp	
Rotböstje – Rotkehlchen	Bri	
Rotbrändelein – Hausrotschwanz	Suol	
Rotbrauner Geyeradler – Schmutzgeier	Buff	
Rotbrauner kleinster Würger – Neuntöter	JAN	
Rotbrauner Kuckuck – Kuckuck	Be,CLB1,2	KNB
Rotbrauner Kuckuk – Kuckuck	Be2,Be97,N	
Rotbrauner Kukuk – Kuckuck	Be1,Be05	
Rotbrauner Strandläufer – Knutt	Be,MW,N	
Rotbraunkopf, grosser – Tafelente	H	
Rotraunköpfige Tafelmoorente – Tafelente	CLB3	
Rothbristle – Steinrötel	zLa	
Rotbrust – Alpenstrandläufer	Be2	
Rotbrust – Moorente	Jä	
Rotbrust – Pfuhlschnepfe	N	
Rötbrust – Rotkehlchen	Tu	
Rotbrust – Rotkehlchen	Suol	
Rotbrust – Turteltaube	Krü	
Rotbrüstchen – Gartenrotschwanz	Be97	
Rôtbrüstchen – Rotkehlchen	Ad,B,Be1,Be2,Be,Be97,F,Krü,N,O1,Suol	
Rotbrüstel – Bluthänfling	O1	
Rotbrüstel – Rotkehlchen	Ad	
Rotbrüsteli – Rotkehlchen	Suol	Schweiz
Rotbrüsteli (helv.) – Gartenrotschwanz	H	
Rotbrustente – Pfeifente	Do,.F	
Rotbruster – Bluthänfling	F	
Rotbrüster – Bluthänfling	B,Be2,Be,N	
Rotbrüsterle – Rotkehlchen	Suol	
Rotbrüstige Drossel – Wanderdrossel (ausgest.)	N	Bd. 13/336.
Rotbrüstige Gans – Rothalsgans	Be2,Be,N	
Rotbrüstige Mittelente – Pfeifente	Be2,N	
Rotbrüstige Schnepfe – Alpenstrandläufer	Be2	

Rotbrüstige Schnepfe – Sichelstrandläufer	Be2,N	
Rotbrüstige Tauchente – Mittelsäger	Be2,Be,N	
Rotbrüstiger Gimpel – Gimpel	Be2,CLB1,N	
Rotbrüstiger Hänferling – Bluthänfling	N	
Rotbrüstiger Hänfling – Bluthänfling	Be2,N	
Rotbrüstiger Kernbeißer – Gimpel	CLB1,2,MW,O3,N,V	KNB
Rotbrüstiger Krummschnabel – Sichelstrandläufer	N	
Rotbrüstiger Säger – Mittelsäger	N	
Rotbrüstiger Sänger – Rotkehlchen	MW,N,O3	Bechstein 1805 /09.
Rotbrüstiger Strandläufer – Sichelstrandläufer	Do,F	Rote Färbung führte zu vielen Namen.
Rotbrüstiger und gezopfter Säger – Mittelsäger	Be2	
Rotbrüstiges Wasserhuhn – Pfuhlschnepfe	Be2,Krü,N	
Rotbrustje – Rotkehlchen	Häp	
Rotbrüstle – Rotkehlchen	GesS,Suol	
Rotbrüstlein – Gartenrotschwanz	Be1,Be2,F,Krü,N	
Rotbrustlein – Rotkehlchen	Suol	
Rotbrüstlein – Rotkehlchen	Ad,Jä,Suol	
Rotbrüstli (helv.) – Rotkehlchen	H	
Rotbrustschnepfe – Sichelstrandläufer	Do,F	
Rotbrusttaube – Turteltaube	Krü	
Rotbuchfink – Buchfink	Do	
Rotbürzel – Berghänfling	F	
Rotbüschen (hann.) – Rotkehlchen	Do	
Rotbuschente – Kolbenente	B	
Rotbuschige Ente – Kolbenente	Be2,N	
Rotbuster – Bluthänfling	Do	
Rotdacheli – Rotkehlchen	Suol	Schweiz
Rotdacheli – Rotschwanz (allg.)	Suol	
Rotdroschl – Rotdrossel	Be2,Be,N	Pernau 1707: Roth-Droschel.
Rotdrossel – Rotdrossel	Ad,B,Be1,2,Be,Be97,CLB1,2,3,Jä,Krü,MW … … F,O1,3,V	
Rotdrossel – Singdrossel	Be2,Be,N	
Rotdröstle (helv.) – Rotdrossel	H	
Rote Endte – Tafelente	Schwf,Suol	
Rote Ente – Rostgans	Be,CLB2,MW,N,O1	KNB
Rote ente – Tafelente	Fabr	
Rote Eule – Waldkauz	Be1,Be,N	
Rote Gans – Rostgans	Be,N	
Rote Gansente – Rostgans	CLB3	
Rot Grasmuck (bayer.) – Dorngrasmücke	H,Jä	
Rote Grasmücke – Zilpzalp	Be2	
Rote Höhlenente – Rostgans	N	
Rote Krinisse – Fichtenkreuzschnabel	Schwf	
Rote Milane – Rotmilan	Be05	
Rote Mittelente – Tafelente	Be1,Be2,Be,Be97,Do,F,N	

Rote Nachtigall – Nachtigall	F,H	
Rote Ostdüte – Pfuhlschnepfe	N	
Rote Pfeifente – Rostgans	N	
Rote Pfuhlschnepfe – Pfuhlschnepfe	Be2,N	
Rote Pfuhlschnepfe – Uferschnepfe	N	
Rote Pfulschnepfe – Pfuhlschnepfe	Krü	
Rote Schleiereule – Schleiereule	Be2,N	
Rote Spottdrossel – Rotrücken-Spottdrossel	BB,H	
Rote Uferschnepfe – Pfuhlschnepfe	O2	
Rote Wasserdrossel – Odins- und	Be	
Thorshühnchen		
Rote Wasserdrossel – Odinshühnchen	Be2,N	
Rote Wasserdrossel – Thorshühnchen	Be2,Be,N,O1	
Rote Weihe – Rohrweihe	Be2,N	
Rote wilde Taube – Rotfußfalke	zLa	
Rötel – Rotkehlchen	F	
Röthel – Turmfalke	GD	
Röthle – Rotkehlchen	Do,GesS,Suol	
Rötele – Rotschwanz (allg.)	Suol	
Rötelein – Rotkehlchen	Be2,Be,F,N	Hier ohne th richtig.
Rötelfalk – Rötelfalke	B,MW	
Rötelfalk – Turmfalke	V	
Rötelfalke – Rötelfalke	N,O3	
Rötelfalke – Turmfalke	Be1,CLB2,N	KNB
Rötelfalke, sizilianischer – Rötelfalke	CLB2	
Rötelgeier – Sperber	Be2,Be,N	
Rötelgeier – Turmfalke	Ad,Be2,Be,Be97,Jä,Krü,N,V	
Rötelgeierle – Turmfalke	Jä	
Rötelgeierlein – Turmfalke	Be2,Be,N	
Rotelgeyer – Sperber	GesH	
Rötelgeyer – Turmfalke	HaSa,Suol	H. Sachs, 1531, Regiment … V. 219.
Rotelgeyer – Turmfalke	Suol	
Rötelgeyr – Habicht	GesS	
Rötelgrasmücke – Weißbartgrasmücke	B,H	
Rötelhuhn – Turmfalke	Be2,Be,Do,F,N	
Rötelschwalbe – Rauchschwalbe	Do,F	
Rötelschwalbe – Rötelschwalbe	B	
Rötelsilbermöve – Korallenmöve	B,H	
Rötelsteinschmätzer –	B	
Mittelmeersteinschmätzer		
Rötelweib – Turmfalke (sil.)	Be1,Be2,Be,GD,N,Schwf,Suol	Aus Rötelweih.
Rötelweib, weis – Turmfalke (Var.)	Schwf	
Rötelweibchen – Turmfalke	Be2,Be,Do,F,N	
Rötelweih – Turmfalke	B,Schwf,Suol	
Rötelweihe – Rotmilan	Be2,Be,F	
Röelweihe – Mäusebussard	Be	
Rötelweihe – Rotmilan	N	
Rotelweihe – Turmfalke	Be2,Be,GD,Krü,N…	Hier richtig: Rotel-, nicht „Rothel"- oder „Röthel"!

Rötelweyh – Rotmilan	GesH	
Rötelweyhe – Turmfalke	GD	
Rötelwy – Rohrweihe	Suol	
Rotent – Tafelente	GesS	
Rotente – Knäkente	Ad,Krü	
Rotente – Pfeifente	B,Be2,Be,F,N	
Roter Kreuzschnabel – Fichtenkreuzschnabel	Be	
Roter Ammer – Rohrammer	Be1,Be2,Be,F,N	
Roter Bracher – Sichelstrandläufer	Be2,N	
Roter Falcke – (nordafr.) Wüstenfalke	zLa System der Jagdfalken nach Alb. Magnus.	
Roter Falke – Turmfalke	Be2,N	
Roter Fasan – Goldfasan	Be2	
Roter Flamant – Rosaflamingo	Be,MW,N	
Roter Flamingo – Rosaflamingo	Be,CLB2,O1	KNB
Roter Gabelweih – Rotmilan	CLB3	
Roter Geier – Gänsegeier	Krü,O2	
Roter Geiskopf – Uferschnepfe (juv.)	Be1	
Roter Geißkopf – Pfuhlschnepfe	Krü	
Roter Geißkopf – Uferschnepfe	Krü	
Roter Grüel – Sichelstrandläufer	O1	
Roter Hänfling – Bluthänfling	Be1,Be2,CLB2,N	KNB
Roter Kauz – Waldohreule	O2	
Roter Kreutzschnabel – Fichtenkreuzschnabel	N	
Roter Kreuzschnabel – Fichtenkreuzschnabel	Be2	
Roter Krinitz – Fichtenkreuzschnabel	Be1,Be2,Be,N	
Roter Kuckuk – Kuckuck	Be2,N	
Roter Melan – Rotmilan	CLB1...	
	... Rother Milon: Kramer 1756 (Ü); Bechstein 1802.	
Roter Milan – Rotmilan	Be1,Be2,Be,CLB2,3,Do,F,MW,N,O3,V	KNB
Roter Reiger – Purpurreiher	Fabr	
Roter Reiher – Purpurreiher	CLB2,F	KNB
Roter Reiter – Rotschenkel	O1	
Roter Reuter – Rotschenkel	Be1,Be2,Be,N	
Roter Reyer – Rohrdommel	zLa	
Roter Rotschwaf – Gartenrotschwanz	F,H	
Roter Schartenschnäbler – Rosaflamingo	N	
Roter Sperber – Turmfalke	Be1,Be2,Be,N	
Roter Strandläufer – Sichelstrandläufer	Be2	
Roter Teucher – Mittelsäger	GesS	
Roter Warkengel – Rotkopfwürger	Be2,Be,F,N	
Roter Warkrengel – Rotkopfwürger	Schwf	
Roter Wasserläufer – Pfuhlschnepfe	Be2,N	
Roter Wasserläufer – Uferschnepfe	N	
Roter Wassertreter – Odinshühnchen	N	
Roter Wassertreter – Thorshühnchen	Be2,CLB2,3,N,O2	KNB
Rotes – Ringelgans	Ad	

Rotes Bastardwasserhuhn – Odins- und Thorshühnchen	Be	
Rotes Bastardwasserhuhn – Thorshühnchen	Be2,Be,N	
Rotes Blaßhuhn – Teichhuhn	Be1	
Rotes Bläßhuhn – Teichhuhn	Be2,Be,Be97,N,O2	
Rotes europäisches Rebhuhn – Rothuhn	Be1,Be2,Be97	
Rotes europäisches Rebhuhn – Steinhuhn	Be2,Be,N	
Rotes Feldhuhn – Rothuhn	Be2,Be,CLB2,MW,N…	
… Rot velthun Straßburg 15. Jh.		KNB
Rotes Feldhuhn – Steinhuhn	Be2,N	
Rotes französisches Rebhuhn – Rothuhn	N	
Rotes Haselhuhn – Schottisches Moorschneehuhn	A	Albin I/23, 24.
Rotes Italiaenisches Rebhuhn – Steinhuhn	Fri	Frisch T. 116.
Rotes Rebhuhn – Rothuhn	Be1,Be,Be97,N	
Rotes Rebhuhn – Steinhuhn	Be2,Be,N	
Rotes Repphuhn – Rothuhn	Krü	
Rotes Unterfutter – Unglückshäher	N	N: Bd. 13/214.
Rotes Wasserhuhn – Tüpfelsumpfhuhn	Be2,Be	
Rotes Wasserhuhn mit schwarzen Füssen … … – Rotflügel-Brachschwalbe	Be	
Rotes Wasserhuhn mit schwefelgelben … … Beinen und Augenliedern … … – Bruchwasserläufer	Be2,Be	
Rotetetchen – Krabbentaucher	Krü	
Rotfalk – Turmfalke	Do,F	
Rotfalke – Turmfalke	B,N	
Rotfalke, kleiner – Merlin	Be1,Be2,Be,N	
Rotfalke, kleinster – Rötelfalke	N	
Rotfeck – Rosaflamingo	GesS	Name von Gessner.
Rotfeldhuhn – Rothuhn	N,O3	
Rotfiderle – Gartenrotschwanz	zLa	
Rotfiederlin – Gartenrotschwanz	zLa	
Rotfinck – Buchfink	GesS,Suol	
Rotfinck – Gimpel	Suol	
Rotfink – Bergfink	B,Be1,Be2,Be,F,Krü,N	
Rotfink – Buchfink	B,Be1,Be2,Be,F,N,O1	
Rotfink – Feldsperling	B	
Rotfink – Gimpel	Ad,Be1,Be2,Be,Be97,F,Krü,N	
Rothfitticher Krammetsvogel – Rotdrossel	Be2	
Rotflügel – Mauerläufer	Do,F	
Rotflügelige Mauerklette – Mauerläufer	MW,N	
Rotflügeliger Mauerläufer – Mauerläufer	CLB2,N,O3	KNB
Rotfus – Rotschenkel	Be	
Rotfuß – Austernfischer	Krü	
Rotfuß – Rotschenkel	Ad,B,Be1,Be2,Krü,N	
Rotfuß-Gans – Kurzschnabelgans	H	
Rotfüßchen – Rotschenkel	H	
Rotfhüßel – Austernfischer	Krü	

Rotfüßel – Rotschenkel	Ad,H,Krü,Schwf,Suol	
Rotfußfalke – Rotfußfalke	B,N	
Rotfußfalke, blaugrauer – Rotfußfalke	CLB3	
Rotfußgans – Kurzschnabelgans	B	
Rotfußgans – Weißwangengans	Be1,Be	
Rotfüßige Lachmeve – Lachmöwe	Be2,Be,N	
Rotfüßige Meerschwalbe – Flußseeschwalbe	MW,N	
Rotfüßige Möve – Lachmöwe	V	
Rotfüßige Schnepfe – Rotschenkel	Be1,Be2,N	
Rotfüßige Seeschwalbe – Flußseeschwalbe	CLB1,2,3,N	KNB
Rotfhüßiger Austernfischer – Austernfischer	CLB1,2,MW,N,O3	KNB
Rotfüßiger Falke – Rotfußfalke	Be2,Be,CLB2,3,MW,N,O3	KNB
Rotfüßiger Reiher – Rallenreiher	Be2	
Rotfüßiger Riemenfuss – Stelzenläufer	Be2,Be,Krü,N	
Rotfüßiger Strandläufer – Rotschenkel	Be2	
Rotfüßiger Strandreiter – Stelzenläufer	Krü	
Rotfüßiger Strandreuter – Stelzenläufer	Be2,CLB2,3,N,O2	KNB
Rotfüßiger Wasserläufer – Rotschenkel	Be2,Be,CLB1,2,F,MW,N,WüCl	
Rotfüßiger Wasserläufer – Rotschenkel	Do	
Rotfüßiges Rebhuhn – Rothuhn	Be1,Be,Be97	
Rotfüßiges Rebhuhn – Steinhuhn	Be2,Be,N	
Rotfüßiges Sandhuhn – Rotflügel-Brachschwalbe	Be2,N	
Rotfüßler – Dunkler Wasserläufer	H,O1	
Rotgans – Baßtölpel	Be2,Krü,N	
Rotgans – Krabbentaucher	Krü	
Rôtgans – Lachmöwe	Suol	
Rotgans – Ringel-/Weißwangengans	Buff,GD,Mar; GD: „Geschrey klingt wie Rot, Rot."	
Rotgans – Ringelgans (holl.)	Ad,Be2,Krü,MW,N,O1,2,Suol	
Rotgans – Weißwangengans	Krü	
Rotgebrüstetes Haselhuhn – Pfuhlschnepfe	GD	
Rotgebrüstetes Haselhuhn – Pfuhlschnepfe	Be2,Krü	
Rotgefiederte Schnepfe – Steinwälzer	Be2,Be,N	
Rotgefleckter Strandläufer – Kampfläufer (juv.)	Be2,N	
Rotgelbe Grasmücke – Nachtigall	Be2,Be,N	
Rotgelbe Ohreule – Waldohreule	Be2,N	
Rotgelber Geier – Gänsegeier	N	
Rotgelber Schubut – Waldohreule	Be1	
Rotgelber Schuhu – Waldohreule	JAN	
Rotgelbeule – Waldohreule	Do	
Rotges – Krabbentaucher	Be2,N	
Rotges – Krabbentaucher	GD,Gun,Mar	
Rotges – Ringelgans	Ad,Be1,Be2,Krü,N,Suol	
Rotges – Ringelgans	GD GD: „Ihr Geschrey klingt wie Rot, Rot."	
Rotgesgans – Ringelgans	Be,Krü	
Rotgimpel – Gimpel	Ad,B,Be1,Be2,Be,CLB2,F,Jä,Krü	KNB
Rotgolle – Gimpel	Suol	
Rötgôs – Ringelgans	Suol	

Rotgrauer Würger – Neuntöter	Be	
Rotgrauer kleinster Würger – Neuntöter	Be1	
Rotgrauer kleinster Würger – Neuntöter	Buff	
Rothgrauer Sänger – Zilpzalp	CLB2	KNB
Rotgrauer Würger – Neuntöter	Be2,Be,N	
Rotgügger – Gimpel	Suol	
Rotgügger – Rotkehlchen	Suol	
Rot knillis – Alpenstrandläufer	StVb	Vers 348
Rot Kniltzel – Alpenstrandläufer	Baldn	
Rot-Brüstlein – Rotkehlchen	Z	
Rot-brüstlin – Rotkehlchen	Buff	
Rot-Droschel – Rotdrossel	P,Z	Pernau 1707.
Rot-Drossel – Rotdrossel	N	
Rot-Drostel – Rotdrossel	Fri	
Rot-Feldhuhn – Rothuhn	N	
Rot-Gimpel – Gimpel	N	
Rot-Kehle – Rotkehlchen	G	
Rot-Kehlein – Rotkehlchen	Z	
Rot-Schlegel – Gimpel	G	
Rot-Schwantz – Gartenrotschwanz	G	
Rot-Specht – Buntspecht	N	
Rot-Specht – Buntspecht	G	
Rot-Specht – Kleinspecht	G	
Rot-Specht – Mittelspecht	G	
Rot-Sperling – Feldsperling	Z	
Rothaariger Specht – Mittelspecht	F,N	
Rothals – Haubentaucher	Suol	
Rothals – Knäkente	Ad,Krü	
Rothals – Kolbenente	Jä,Krü	Bei schwäbischen Jägern.
Rothals – Moorente	Jä,Suol	Bei schwäbischen Jägern.
Rothals – Ohrentaucher	Be2,Be	
Rothals – Pfeifente	Be2,Buff,Krü,N	
Rothals – Rothalsgans	Be2,N	
Rothals – Rothalstaucher	Krü	
Rothals – Rotkehldrossel	N	N: Bd. 13/316.
Rothals – Schellente (weibl.)	Jä	Bei schwäbischen Jägern.
Rothals – Tafelente	Ad,Be1,Be2,Be,Be97,Bri,Jä,Krü,N,O1 …	
	… Bei schwäbischen Jägern.	
Rothals – Uferschnepfe	Ad,K	
Rothals-Ente – Tafelente	Hp	
Rothals-Gans – Rothalsgans	MW,N	
Rotals-Ziegenmelker – Rothalsziegenmelker	H	
Rothals, eigentlicher – Tafelente	Be2,Be,N	
Rothals, großer – Tafelente	Suol	
Rothals, kleiner – Moorente	Suol	
Rothals, kleinster – Moorente	N	
Rothals, mittler – Pfeifente	N	
Rothälschen – Knäkente	Be97	
Rothälschen – Uferschnepfe	Ad	

Rothalsdrossel – Bechsteindrossel	B		
Rothälseli – Rotkehlchen	Suol		
Rothalsente – Pfeifente	Do,F		
Rothhalsente – Tafelente	Be2,Do,F,N		
Rothalsente – Trauerente	B		
Rothalsgans – Rothalsgans	B,Be2,Be,CLB2,Krü,O3	Pallas 1776	KN, KNB
Rothalsige Drossel – Rotkehldrossel	N		N: Bd. 13/316.
Rothälsige Halsbandnachtschwalbe …	CLB2		KNB
… – Rothals-Ziegenmelker			
Rothalsige Lumme – Sterntaucher	Do,F		
Rothalsige Nachtschwalbe –	O3		
Rothalsziegenmelker			
Rothalsiger Lappentaucher – Rothalstaucher	N		
Rothälsiger Lumme – Sterntaucher	Be2,N		Hier richtig: ä.
Rothälsiger Ohrensteissfuss – Ohrentaucher	CLB3		KNB
Rothalsiger Seetaucher – Sterntaucher	N		
Rothalsiger Steißfuß – Rothalstaucher	O2		
Rothalsiger Steißfuß – Rothalstaucher	N,WüCl		
Rothalsiger Sumpftreter – Uferschnepfe	N		
Rothalsiger Taucher – Ohrentaucher	N		
Rothälsiger Taucher – Ohrentaucher	Be2,Be		
Rothälsiger Taucher – Rothalstaucher	Krü		
Rothälsiger Taucher – Sterntaucher	CLB2,N	Hier richtig: ä.	KNB
Rothälsiger Wassertreter – Odinshühnchen	Be,F		
Rothälsiger Wassertreter – Odinshühnchen	Be2,N		
Rothälsiger Ziegenmelker –	CLB2		KNB
Rothals-Ziegenmelker			
Rothälslein – Knäkente	Be1,Be2,Be,Krü,N		
Rothälslein – Krickente	Be2,Be		
Rothälslein – Uferschnepfe	Ad		
Rothalsmeergans – Rothalsgans	CLB3,N		
Rothalß – Tafelente	GesS		
Rothalssteißfuß – Rothalstaucher	B		
Rothammer – Zippammer	N		
Rothänfling – Birkenzeisig	Be1,Be2,Be,Krü,N,Suol		
Rothänfling – Bluthänfling	Ad,B,Be1,Be2,Be97,F,Hamb.Mag.,Krü,N		
Rothaubige Pfeifente – Kolbenente	Be2,N		
Rothäubige Pfeifente – Kolbenente	Krü		
Rothaubiger Fink – Karmingimpel	Be,N		
Rothäubiger Fink – Karmingimpel	Be1	Wahrsch. ausl. Art, s. Naum./Henn. 3, 247.	
Rotauge – Grauschnäpper	GD		
Rotbart – Rotkehlchen	GD,Hp		
Rotbauch – Sichelstrandläufer	JAN		
Rotbäuchige Schnepfe – Sichelstrandläufer	GD		
Rotbäuchlein – Hausrotschwanz	GD		
Rotbein – Lachmöwe	Buff		
Rotbein – Rotschenkel	GD,GesH,N,StVb		
Rotbeinel, groh – Rotschenkel (?)	Baldn		
Rotbeinel, groß – Dunkler Wasserläufer	Baldn		

Rotbeinel, großes – Dunkler Wasserläufer	Suol	
Rotbeinel, klein – Stelzenläufer	Baldn	
Rotbeinige Pfuhlschnepfe – Dunkler Wasserläufer	N	
Rotbeinige Strandschnepfe – Rotschenkel	N	
Rotbeiniger Kibitz – Kampfläufer	Buff	Name von Otto eingebracht.
Rotbeiniger Kiebitz – Kampfläufer (juv.)	GD	
Rotbeiniger Strandläufer – Kampfläufer	Buff	Name von Otto eingebracht.
Rotbeiniger Strandläufer – Rotschenkel	Buff	
Rotbeinlein – Kampfläufer	Buff	Name von Otto eingebracht.
Rotbeinlein – Rotschenkel	GD,K	Albin Band III, 87.
Rotbläschen – Teichhuhn	Buff	
Rotbläßchen – Teichhuhn	GD	
Rotblässiges kleines Wasserhuhn – Teichhuhn	Fri	
Rotbost – Gimpel	Do	
Rotbraune Ente – Moorente	Buff,GD	
Rotbrauner Brachvogel mit grünen Flügeln – Sichler	Buff	
Rotbrauner kleinster Würger – Neuntöter	GD	
Rotbrauner Kukuk – Kuckuck (weibl.)	Buff,GD	
Rotbrauner Lämmergeyer – Bartgeier	GD	Variation in Europa.
Rotbrauner Nußheher – Tannenhäher	Buff	
Rotbrüstchen – Rotkehlchen	GD,Hp	
Rotbrüstige Ente – Löffelente	GD	
Rotbrüstige Löffelänte – Löffelente	Buff	
Rotbrüstige Mittel-Ente – Pfeifente	Fri	
Rotbrüstige Mittelente – Pfeifente	Fri	
Rotbrüstiger Hänfling – Bluthänfling	GD,P	
Rotbrüstiges Haselhuhn – Pfuhlschnepfe	Buff	
Rotbrüstiges Wasserhuhn – Pfuhlschnepfe	Buff,GD	
Rotbrüstlein – Rotkehlchen	GesH,K	Frisch T. 19.
Rotbrüstlen, schwarzkehliges – Gartenrotschwanz	Fri	
Rotdroschel – Rotdrossel	Buff,P	
Rotdrossel – Rotdrossel	Buff,GD,HHM,Hp,Z	
Rote Aente – Rostgans	Buff	
Rote Droschel – Rotdrossel	P1	
Rote Drossel – Rotdrossel	K	Frisch T. 28.
Rote Ente – Moorente	Buff	
Rote Eule – Waldkauz	GD	
Rote Gans – Rosaflamingo	Buff,GD	
Rote Gans – Rostgans	Buff	
Rote Mittelente – Tafelente	GD,K	Frisch T. 182.
Rote Pfulschnepfe – Pfuhlschnepfe	Buff,GD	
Rote Schleuer Eule – Schleiereule	Fri	
Rote Schleyereule – Schleiereule	GD	
Rote Wasserdrossel – Thorshühnchen	Buff	
Rote Weyhe – Rohrweihe	Buff	

Rotkehlpieper – Baumpieper	Do	
Rötel-Geyer – Turmfalke	Fri	
Rötel-Geyerlein – Turmfalke	Z	
Rötelein – Rotkehlchen	GesH	
Rötelgeyer – Turmfalke	Buff,Fri,Hp	
Rötelgeyer mit aschgrauem Schwantz – Turmfalke	Fri	
Rotelhuhn – Turmfalke	Fri	
Rötelweibchen – Turmfalke	Fri	
Rötelweihe – Turmfalke	Hp	
Rotelweitze – Turmfalke	GD	
Rötelweyh – Rotmilan	GesH	
Rötelweyh – Turmfalke	Buff	
Roter Ammer – Rohrammer	GD	Name von Pennant. … … Goetze/Donndorf: „Kein passender Name."
Roher Falck – Turmfalke	Fri,GesH	
Roter Falke – Turmfalke	GD	
Roter Flamant – Rosaflamingo	K	
Roter Flaminger – Rosaflamingo	Buff	
Roter Flamingo – Rosaflamingo	Buff,GD	
Roter Hänfling – Bluthänfling	Buff,P	
Roter Kernbeißer – Kiefernkreuzschnabel	GD	
Roter Neuntödter – Neuntöter	GD	
Roter Reger – Nachtreiher	Buff	Schwenckfeld
Roter Reuter – Rotschenkel	GD	
Roter Reuther – Rotschenkel	GD	
Roter Sperber – Turmfalke	GD	
Roter Strandläufer – Sichelstrandläufer	GD	
Roter Wassertreter – Thorshühnchen	CLB2,3	KNB
Rotes Bastardwasserhuhn – Odinshühnchen	Buff	
Rotes Bastardwasserhuhn – Thorshühnchen	Buff	
Rotes Blashuhn – Teichhuhn	GD	
Rotes europäisches Rebhuhn – Rothuhn	Buff,GD	
Rotes Haselhuhn – Schottisches Moorschneehuhn	K	Albin Band I, 23 + 24.
Rotes Haselhun – Halsbandfrankolin	K	Lagopus altera.
Rotes Holzhun – Halsbandfrankolin	K	Lagopus altera.
Rotes Italiaenisches Rebhuhn – Steinhuhn	Fri	Frisch T. 116.
Rotes Käutzlein mit Federohren – Waldohreule	Fri	
Rotes Rebhuhn – Rothuhn	Fri,GD	
Rohes Rebhuhn – Steinhuhn	Buff	
Rotes Wasserhuhn – Wald-(Bruch)wasserläufer	Buff,GD	Tringa ochropus.
Rotes Wasserhuhn mit schwarzen Füßen … … – Rotflügel-Brachschwalbe	Buff	
Rotes Wasserhuhn mit schwefelgelben … … Beinen und Augenliedern … … – Bruchwasserläufer	Buff	

Rotfalke, kleinster – Merlin	GD	
Rotfinck – Buchfink	GesH	
Rotfink – Bergfink	GD	
Rotfink – Buchfink	Buff,GD,Hp	
Rotfink – Gimpel	Buff,GD,Hp	
Rotfinke – Buchfink	Buff	
Rotfittiger Krametsvogel – Rotdrossel	GD	
Rotflüglicher Flamant – Rosaflamingo	Buff	
Rotfuß – Rotschenkel	GD	
Rotfuß, wilder – Weißwangengans	Buff	
Rotfüßel – Rotschenkel	GD,K	Albin Band III, 87.
Rohfußgans – Weißwangengans	Buff,GD	
Rotfüßige Lachmewe – Lachmöwe	Buff,GD	Brisson
Rotfüßige Mewe – Lachmöwe	Buff	
Rotfüßige Schnepfe – Rotschenkel	GD	
Rotfüßiger Reiher – Rallenreiher	Buff	
Rotfüßiges Rebhuhn – Steinhuhn	Buff	
Rotfüßiges Wasserhuhn – Rotschenkel	GD	
Rotfüßlein – Rotschenkel	Fri	
Rotgans – Baßtölpel	Buff	
Rotgans – Ringel- o. Weißwangengans (1)	Buff,GD	GD: „Ihr Geschrey klingt wie Rot,Rot."
Rotgans – Ringel- o. Weißwangengans (2)	Gun	„Berniclae"
Rotgelbe Ohreule – Waldohreule	JAN	
Rotgelber Krabbenfresser – Nachtreiher	Buff	„Ardea badia."
Rotgelber Rohrdommel – Zwergdommel	Buff	„Ardea soloniensis."
Rotgelber Schubut – Waldohreule	Buff,GD,Hp,K	Albin Band III, 6.
Rotgelblicher Weißschwanz – Mittelmeersteinschmätzer	GD	
Rotgimpel – Gimpel	Buff	
Rotgrauer Holzschreyer – Eichelhäher	Buff	
Rothals – Pfeifente	GD,Hp	„Wiewohl sehr unrichtig."
Rothals – Rothalstaucher	Buff	
Rothals – Tafelente	Buff,GD,GesH,K	
Rothals – Uferschnepfe	Buff,K	
Rothals, großer – Tafelente	Baldn	
Rothalsgans – Rothalsgans	Buff,GD	
Rothälsige Aente – Tafelente	Buff	
Rothälsige Ente – Tafelente	Buff	
Rothalsige Tauchente – Sterntaucher	GD	
Rothälsiger Taucher – Rothalstaucher	Buff	
Rothalsiger Taucher – Sterntaucher	GD	
Rothälsiger Taucher – Sterntaucher	GD	
Rothälslein – Knäkente	GD	
Rothälslein – Krickente	Buff	
Rothalß, kleiner – Moorente	Baldn	
Rothänfling – Birkenzeisig	GD	
Rothänfling – Bluthänfling	GD	
Rothaubige Pfeifänte – Kolbenente	Buff	
Rothuhn – Haselhuhn	Buff	

Rothuhn – Rothuhn	Fri,GD	
Rothuhn, italienisches – Rothuhn	N	
Rotkählchen – Rotkehlchen	HHM	Hamburger Magazin, 1749.
Rotkehlchen – Rotkehlchen	Buff,CLB1,2,GD,Hp	KNB
Rotkehlein – Rotkehlchen	Fri,K	Frisch T. 19.
Rotkehlichter Taucher – Sterntaucher	GD	
Rotkehligen – Rotkehlchen	P	
Rotkehliger Pieper – Rotkehlpieper	CLB2,3	KNB
Rotkehliger Sänger – Rotkehlchen	CLB2	KNB
Rotkehliger Taucher – Sterntaucher	GD	
Rotkehllein – Rotkehlchen	GD	
Rotknillis – Rotflügel-Brachschwalbe	Buff	
Rotknillis – Sichelstrandläufer	GesH	
Rotknittzel – Alpenstrandläufer	Baldn	Baldner-Name bei Suolahti.
Rotknussel – Rotflügel-Brachschwalbe	Buff,K	
Rotkopf – Pfeifente	Hp	
Rotkopf – Rotkopfwürger	Buff,GD	
Rotkopf – Tafelente	Buff,GD,Hp,K	
Rotkopf, größerer – Bluthänfling	GD	
Rotkopf, kleinerer – Birkenzeisig	GD	
Rotkopfente – Kolbenente	Buff	
Rotköpfige Ente – Tafelente	Buff	
Rotköpfiger Enten Taucher – Schellente	Fri	
Rotköpfiger Ententaucher – Gänsesäger (weibl.)	Fri	
Rotköpfiger Neuntödter – Rotkopfwürger	CLB2	KNB
Rotköpfiger Seeschwalm – Lachmöwe	GD	
Rotköpfiger Würger – Rotkopfwürger	Buff,CLB1,2,3,GD	KNB
Rotkröpfchen – Rotkehlchen	GD,Hp	
Rotkropff – Rotkehlchen	GesH	
Rotkröpfl – Rotkehlchen	GD	
Rötlicher Ammer – Rötelammer	GD	
Rötlicher brauner Weißschwanz … … – Mittelmeersteinschmätzer	GD	
Rötlicher Fischgeyer – Rohrweihe	Buff	
Rötlicher Geyer – Sperber	GesH	
Rötlicher Mauseaar – Schreiadler	GD	
Rötlicher Mönch – Mönchsgrasmücke (weibl.)	Z	
Rötlicher Phalarope – Thorshühnchen	Buff	
Rötlicher Phalaropus – Thorshühnchen	Buff	
Rötling – Haus-/Gartenrotschwanz	Hp	
Rötling – Hausrotschwanz	GD	
Rötling, weißköpfiger – Gartenrotschwanz	Z	
Rotplattiger Hänfling – Birkenzeisig	Buff,Fri,GD,K	Frisch T. 10.
Rotplettel – Teichhuhn	StVb	Vers 384.
Rotrückiger Neuntödter – Neuntöter	CLB2	KNB
Rotrückiger Würger – Neuntöter	CLB1,2,3	KNB
Rotschenkel, kleiner – Rotschenkel	GD	

Rotschläger – Gimpel	GD	
Rotschlegel – Gimpel	Buff,Hp	
Rotschnabel mit schwarzem Kopf – Aztekenmöwe	K	
Rotschwaenzlein mit einer schwartzen ... ... Mittelfeder – Hausrotschwanz (weibl.)	Fri	Frisch T. 20.
Rotschwaenzlein mit gantz rothem ... ... Schwanze – Gartenrotschwanz	Fri	
Rotschwaenzlein mit halbrothen ... ... halbschwartzen Schwanz – Blaukehlchen	Fri	Frisch T. 20.
Rotschwaenzlein mit rothgesprengter ... ... Brust – Gartenrotschwanz (juv.)	Fri	Frisch T. 20.
Rotschwantz – Hausrotschwanz	Buff	
Rotschwäntzlein – Gartenrotschwanz	GesH,P1	
Rotschwäntzlein – Hausrotschwanz	GesH	
Rotschwäntzlein, weißkopfigtes – Gartenrotschwanz	P	
Rotschwanz – Gartenrotschwanz	Buff,GD	
Rotschwanz – Haus-/Gartenrotschwanz	Hp	
Rotschwanz – Hausrotschwanz	Buff,GD	
Rotschwänzchen – Gartenrotschwanz	GD	
Rotschwänzchen – Hausrotschwanz	Buff	
Rotschwänzel, großes – Steinrötel	N,O1	
Rotschwänzlein – Gartenrotschwanz	GD	
Rotschwänzlein – Haus-/Gartenrotschwanz	Hp	
Rotschwänzlein – Hausrotschwanz	GD	
Rotschwänzlein, schwarzbrüstiges – Hausrotschwanz	Hp	
Rotschwänzlein, weißblässiges – Gartenrotschwanz	Fri	
Rotschwänzlein, weißköpfiges – Gartenrotschwanz	Hp	
Rotschwenzel – Gartenrotschwanz	Buff	
Rotschwenzel – Hausrotschwanz	Buff,GD	
Rotschwenzlein – Gartenrotschwanz (weibl.)	Buff	
Rotspecht – Buntspecht	Hp	
Rotspecht – Kleinspecht	GD	
Rotspecht, größerer – Buntspecht	Buff	
Rotsperling – Feldsperling	Buff,GD,Z	
Rotstärz – Haus-/Gartenrotschwanz	Hp	
Rotstertz – Hausrotschwanz	GesH	
Rotsterz – Hausrotschwanz	GD	
Rotstiert – Gartenrotschwanz	Do	Von Sterz.
Rottrostel – Rotdrossel	GesH	
Rothuhn – Haselhuhn	Ad,Be1,Be2,Be,F,GD,Krü,N	
Rothuhn – Rothuhn	Ad,B,Be1,Be2,Be97,CLB2,3,Krü,MW,N,O1,V	
Rothuhn – Steinhuhn	Be2,Be,Buff,F,N	Bechstein 1793.
Rothuhn, barbarisches – Felsenhuhn	Krü	

Rothuhn, barbarisches – Rothuhn	Be1	
Rothuhn, französisches – Rothuhn	Be2,N	
Rothuhn, griechisches – Rothuhn	Be1	
Rothuhn, griechisches – Steinhuhn	Krü	
Rothuhn, italiänisches – Rothuhn	Be2	
Rothuhn, weißbuntes – Rothuhn (Var.)	Be1,Be2	
Rothun – Rothuhn	GesSH,zLa	
Rothûn – Steinhuhn	Suol	
Rothüserli – Rotkehlchen	Suol	
Rôthuserli – Rotschwanz (allg.)	Suol	
Rotvogel – Gimpel	Buff,GesH	
Rotvogel – Nachtigall	Buff,Fri,GD,Hp,K	Frisch T. 21.
Rotvogel – Stieglitz	Buff,GD,Hp	
Rotvögelchen – Stieglitz	Buff	
Rotwispel – Hausrotschwanz	Do	
Rotwistlich – Gartenrotschwanz	Do	
Rotwistling – Gartenrotschwanz	Do	
Rotzagel – Hausrotschwanz	GesH	
Rotzagl – Gartenrotschwanz	Do	
Rôtilo – Rotkehlchen	Suol	
Rotje – Krabbentaucher	Krü	
Rotje – Sturmschwalbe	Buff,Krü	
Rotjer (helgol.) – Gryllteiste	F,H	
Rotjes – Krabbentaucher	Gun,Krü	
Rotjes – Ringelgans	Ad,Be1,Be2,F,Krü,N	
Rotjesgans – Ringelgans	Be,Krü	
Rotkälinden – Rotkehlchen	Suol	
Rotkätchen – Rotkehlchen	Do,F,Suol	
Rotkatel – Rotkehlchen	Do,F,Suol	Katel ist Katharina.
Rotkehlchen – Rotkehlchen	Ad,B,Be1,Be2,Be,Be97,CLB1,2,Jä,Krü, …	
	… MW,N,V	
Rotkehlchen mit schwarzem Kinn –	Be2,N	
Gartenrotschwanz		
Rotkehlchen von Gibraltar – Blaukehlchen	Be2,Be,N	
(weibl.)		
Rotkehlchen-Sänger – Rotkehlchen	N	
Rotkehlchen, blaues – Blaukehlchen	Be1,Be2,Be,Krü,N	
Rotkehlchen, großes – Gartenrotschwanz	Ad	
Rotkehlchen, nordisches – Rotkehlchen	CLB3	
Rotkehlchen, polnisches – Zwergschnäpper	F,Scha	
Rotkehlchen, spanisches – Zwergschnäpper	F,Scha	
Rotkehlchenpieper – Rothkehlpieper	B	
Rotkehlchyn – Rotkehlchen	GesS	
Rotkehle – Rotkehlchen	Be2,N	
Rotkehlein – Rotkehlchen	Jä,Krü	
Rotkehleken – Rotkehlchen	Häp	
Rotkehlgen – Rotkehlchen	Krü	
Rotkehlicher Ententaucher – Sterntaucher	JAN	
Rotkehligen – Rotkehlchen	Suol	„Rothkehligen", Pernau um 1720.

Rotkehliger Ammer – Fichtenammer	N		
Rotkehliger Ammer – Grauortolan	CLB3		
Rotkehliger Ententaucher – Sterntaucher	Be2,Be,N		
Rotkehliger Fliegenfänger – Zwergschnäpper	CLB3		
Rotkehliger Meertaucher – Sterntaucher	Krü		
Rotkehliger Pieper – Rotkehlpieper	CLB2,3		KNB
Rotkehliger Sänger – Rotkehlchen	Be,CLB2,N	C. L. Brehm 1823.	KNB
Rotkehliger Seetaucher – Sterntaucher	Be2,Be,Krü,MW,N		
Rotkehliger Taucher – Sterntaucher	Be2,Be,F,O2,N,V		
Rotkehliger Wiesen-Pieper – Rotkehlpieper	BB,H		
Rotkehltaucher – Sterntaucher	B,Suol		
Rötkelchen – Rotkehlchen	Tu		
Rotkelchin – Rotkehlchen	Suol		
Rotkelchyn – Rotkehlchen	Suol		
Rotkelgen – Rotkehlchen	Buff		
Rotknellis – Rotflügel-Brachschwalbe	O1		
Rotknillis – Alpenstrandläufer	Suol		
Rotknillis – Rotflügel-Brachschwalbe	Be1,Be2,Be,Krü,N		
Rotknillis – Sichelstrandläufer	GesSH	Gegenstück zu Mattknillis.	
Rotknittzel – Alpenstrandläufer	Suol		
Rotknussel – Alpenstrandläufer	Suol		
Rotknussel – Rotflügel-Brachschwalbe	Ad,Be1,Be2,Be,Krü,N,O1		
Rotknützel – Alpenstrandläufer	Suol		
Rothkoegelken – Stieglitz	GesS		
Rotkogel – Stieglitz	F		
Rotkögelken – Stieglitz	Suol		
Rotkopf – Birkenzeisig	Krü		
Rotkopf – Bluthänfling	B,Do,F		
Rotkopf – Knäkente	Krü		
Rotkopf – Kolbenente	Krü		
Rotkopf – Moorente	H,Jä		
Rotkopf – Pfeifente	H		
Rotkopf – Rotkopfwürger	B,Be1,Be2,Be,Be97,F,Jä,Krü,N,Suol,V		
Rotkopf – Tafelente	Ad,Be1,Be2,Be,Be97,F,Krü,N		
Rotkopf-Neuntödter – Rotkopfwürger	CLB2		
Rotkopf, größerer – Bluthänfling	Be2,Be,N		
Rotkopf, kleiner – Bergfink	Be97		
Rotkopf, kleiner – Birkenzeisig	Be1,Be2,Be,Be97,F,Krü,N	Be97: „Bergfink".	
Rotköpfchen – Rotkehlchen	Be1		
Rotkopfente – Kolbenente	B,Be2,Be,Krü,N		
Rotkopfente – Trauerente	B		
Rotkopfgirlitz – Rotstirngirlitz	H		
Rotköpfichter Seeschwalbe – Lachmöwe (?)	Schwf		
Rotköpfige Ente – Gänsesäger	Scha		
Rotköpfige Ente – Kolbenente	Be2,N		
Rotköpfige Ente – Moorente	Be,N		
Rotköpfige Ente – Tafelente	Be1,Be2,Be,N		
Rotköpfige graue Ente – Tafelente	N		

Rotköpfige Haubenente – Kolbenente	Be2,Be,N,V
Rotköpfige Kolbenente – Kolbenente	CLB3
Rotköpfige Krickelster – Rotkopfwürger	N
Rotköpfige Seeschwalbe – Lachmöwe	N
Rotköpfige Stechente – Gänsesäger (weibl. u. juv.)	N
Rotköpfige Steinelster – Rotkopfwürger	N
Rotköpfige Tafelmoorente – Tafelente	CLB3
Rotköpfige Tauchergans – Gänsesäger (weibl. u. juv.)	Be1,Be2,Be,N
Rotköpfiger Girlitz – Rotstirngirlitz	H
Rotköpfiger Neuntödter – Rotkopfwürger	CLB2,V
Rotköpfiger Seeschwalm – Lachmöwe	Ad,Be,N
Rotköpfiger Würger – Rotkopfwürger	Be1,Be2,Be,Be97,Be05,CLB1,2,3, …
	… Jä,MW,N,O3,V KNB
Rotköpflein – Moorente	H,Jä
Rotkopfsperling – Italiensperling	B
Rotkopfwürger – Rotkopfwürger	B
Rotkropf – Rotkehlchen	H
Rotkröpfchen – Rotkehlchen	Ad,B,Be2,Be,Be97,Krü,N
Rotkröpfel – Rotkehlchen	Do,F,Suol
Rotkröpfel, spanisches – Zwergschnäpper	F
Rotkropff – Gartenrotschwanz	zLa Seit H. Sachs bekannt.
Rotkropff – Rotkehlchen	HaSa,Suol H. Sachs, 1531: Regiment …, V. 102.
Rotkropf – Steinrötel	zLa
Rotkröpfflin – Rotkehlchen	GesS,Suol
Rotkröpfl – Rothkehlchen	Jä
Rotkröpfle – Rotkehlchen	H
Rotkröpflein – Rotkehlchen	Suol
Rotkropp – Rotkehlchen	GesS
Rotkröpsel – Zwergschnäpper	Do
Rötle – Rotkehlchen	GD
Rotlein – Gartenrotschwanz	Be
Rötlein – Gartenrotschwanz	B,Be2,N
Rotleinfink – Birkenzeisig	B
Rotlerche – Bergpieper	Krü
Rotlerche (hess.) – Haubenlerche	F,H
Rötliche Weihe – Rotmilan	Be1,Be2,Be,N
Rötlicher Fischgeier – Rohrweihe	Be2,N
Rötlicher Geier – Gänsegeier	CLB3,N
Rötlicher Mäuseaar – Schreiadler	Be1,Be2,Be97,N
Rötlicher Sänger – Heckensänger	N,O3 N: Bd. 13/398.
Rötlicher Steinschmätzer – Mittelmeer-Steinschmätzer	CLB2,MW,N KNB
Rötlicher Uferläufer – Grasläufer	H
Rötlicher Weißschwanz – Mittelmeersteinschmätzer	N
Rötlichgrauer Seidenschwanz – Seidenschwanz	CLB1,2,MW,N KNB

Rötlichter Meuse Ahr – Schreiadler	Schwf,Suol	
Rötling – Braunkehlchen	Be1,Be2,Be,Be97,Krü,N	
Rötling – Gartenrotschwanz	B,Be1,Be2,Be,Be97,Krü,N	
Rötling – Hausrotschwanz	Be1,Be2,BeBe97,Krü,N	
Rötling, Moussiers – Diademrotschwanz	H	
Rothmeise – Sumpfmeise	Ad	
Rotmilan – Rotmilan	B	„Rotmilan" allg. verwendet seit 1932.
Rotmohr – Pfeifente	Do,F,O1	
Rothmohr – Tafelente	N,O1	
Rotmoor – Pfeifente	H	
Rotmoor – Tafelente	Do,F	Verbreitet am Bodensee u. i. d. Schweiz.
Rotmoorente – Trauerente	B	
Rotnasen (steierm.) – Teichhuhn	F,H	
Rotplatten – Teichhuhn	F	
Rotplattiger Hänfling – Birkenzeisig	Krü	
Rotplattl – Birkenzeisig	H	
Rotplättle – Birkenzeisig	Do,F	
Rotplättlein – Birkenzeisig	Suol	
Rothplettel – Teichhuhn	Suol	
Rotpriester – Bluthänfling	Do,F	
Rotprüstlin – Rotkehlchen	StVb,Suol	Straßb. Vogelbuch 1554.
Rotrückiger Neuntödter – Neuntöter	CLB2,V	
Rotrückiger Würger – Neuntöter	Be2,Be,Be97,Be05,Bri,CLB1,2,3,F,MW, …	
	… N,Suol,O3,V,WüCl	KNB
Rots[f]ittiger Krammetsvogel – Rotdrossel	Be	
Rotscheitelige Grasmücke – Mönchsgrasmücke	H	
Rotscheiteliger Mönch – Mönchsgrasmücke	H	
Rotschenkel – Dunkler Wasserläufer	N	
Rotschenkel – Rotschenkel	B,H	J. A. Naumann 1799, VN
Rotschenkel, großer – Dunkler Wasserläufer	Be1,Be2,Be,CLB1,2,F,GD,N,WüCl	
Rotschenkel, kleiner – Rotschenkel	Be1,Be2,Be,CLB1,2,Krü,N	
Rotschenkelicher Wasserläufer – Rotschenkel	N	
Rotschertz – Rotschwanz (allg.)	HaSa,Suol	H. Sachs, 1531: Regiment …, V. 197.
Rotschlägel – Gimpel	Ad,Be,Krü	
Rotschläger – Gimpel	B,Be1,Be2,Be,F,N	
Rotschlegel – Gimpel	Be2,N,Suol	
Rotschnabel – Lachmöwe	F	
Rotschnabel mit braunen Kopf – Lachmöwe	N	
Rotschnabel mit schwarzem Kopf – Lachmöwe	N	
Rotschnabel mit schwarzem Kopfe – Aztekenmöwe	Be1,Be2,Krü	
Rotschnäbliger Schwan – Höckerschwan	Do,F,N	
Rotschopf – Wiedehopf	F	
Rotschwaf, roter – Gartenrotschwanz	F,H	

Rotschwaferl – Rotschwanz (allg.)	Suol	
Rotschwäntzlein, weißkopfigtes – Gartenrotschwanz	P	
Rotschwanz – Blaukehlchen	Be2,Be,N	
Rotschwanz – Gartenrotschwanz	Ad,Be1,Be2,Be,Be97,Buff,Krü,N	
Rotschwanz – Hausrotschwanz	Ad,Be2,Be,Jä	
Rotschwanz – Steinrötel	Ad	
Rotschwanz, blauer – Hausrotschwanz	N	
Rotschwanz, blauer und schwarzer – Hausrotschwanz	Be1,Be2,F	
Rotschwanz, grauer – Gartenrotschwanz	N	
Rotschwanz, großer – Hakengimpel	Be2,Be,F,N	
Rotschwanz, schwarzer – Hausrotschwanz	Be1,Be2,Be97,CLB2,F,Krü,N	
Rotschwanz, schwarzer und blauer – Hausrotschwanz	Be1,Be2,Be	
Rotschwanz, zweiter – Blaukehlchen	Be2,Be,N	
Rotschwänzchen – Gartenrotschwanz	Ad,Be2,Be,MW,N,V	Ges 1555: Rotschwentzel.
Rotschwänzchen – Hausrotschwanz	Ad,Be2,Be,N	
Rotschwänzchen – Rotkehlchen	Suol	
Rotschwänzchen – Steinrötel	Krü	
Rotschwänzchen, gemeines – Gartenrotschwanz	Be1,Be2,Be,Be97,Krü,N	
Rotschwänzchen, großes – Singdrossel	Be97	
Rotschwänzchen, großes – Steinrötel	Be1,Be2,Be,Krü	
Rotschwänzchen, schwarzkehliges – Gartenrotschwanz	CLB2	
Rotschwänzel – Hausrotschwanz	Krü	
Rôtschwänzel – Rotschwanz (allg.)	Suol	
Rotschwänzel, gemeines – Gartenrotschwanz	O1	
Rôtschwanzer – Rotschwanz (allg.)	Suol	
Rotschwanzhäher – Unglückshäher	F,WüCl,H	
Rotschwänziger Häher – Unglückshäher	N	N: Bd. 13/214
Rotschwänziger Heher – Unglückshäher	N	N: Bd. 13/214
Rotschwänziger Würger – Isabellwürger	BB	
Rotschwänzle – Hausrotschwanz	Jä	
Rôtschwänzle – Rotschwanz (allg.)	Suol	
Rotschweiferl – Rotschwanz (allg.)	Suol	
Rotschwentzel – Gartenrotschwanz	GesS	
Rotschwentzel – Rotschwanz (allg.)	Suol	
Rotschwentzlin – Haus- oder Gartenrotschwanz	StVb	
Rotschwentzlin – Rotschwanz (allg.)	Suol	
Rotschwenzlein – Rotschwanz (allg.)	Suol	
Rotsittiger Krammetsvogel – Rotdrossel	Be,N	
Rotslauftaube – Lachtaube	Krü	
Rotspatz – Feldsperling	B,Do,F	
Rotspecht – Buntspecht	Ad,B,CLB2,Jä,StVb,Suol	KNB
Rotspecht – Kleinspecht	B	

Rotspecht, großer – Buntspecht	Be2,Be,Jä,N	
Rotspecht, größerer – Buntspecht	Krü	
Rotspecht, kleiner – Kleinspecht	Be2,Be,CLB2,N	
Rotspecht, kleiner – Mittelspecht	Jä	
Rotspecht, kleinster – Kleinspecht	Jä	
Rotspecht, mittler – Mittelspecht	Be2,Be	
Rotspecht, mittlerer – Mittelspecht	F,Jä,N	
Rotsperling – Feldsperling	B,Be1,Be2,Be,Be97,F,Krü,N	
Rotstart – Gartenrotschwanz	Do,F	
Rotstärt – Gartenrotschwanz	Be1,Be2,Be97,Krü,N	
Rotsteertje – Gartenrotschwanz	Häp	
Rotsterniges Blaukehlchen – Blaukehlchen	N	N: Bd. 13/387.
Rotstert – Gartenrotschwanz	GesS	
Rotstert – Rotschwanz (allg.)	Suol	
Rotstertz – Rotschwanz (allg.)	Suol	
Rötstertz – Rotschwanz (allg.)	Suol	
Rötstertz – Rotschwanz (Garten-)	Tu	
Rotstertzlein – Rotschwanz (allg.)	Suol	
Rotsterz – Gartenrotschwanz	Be2,Buff,GesS,N	
Rotsterz – Hausrotschwanz	B,Be2,Be,N	
Rotsterzchen – Gartenrotschwanz	Be1,Be2,F,Krü,N	
Rotsterze – Gartenrotschwanz	Krü	
Rotstiert – Gartenrotschwanz	F	
Rotstiert – Hausrotschwanz	Be2,Be,F,N	
Rotstirniger Karmingimpel – Karmingimpel	CLB3	
Rotstörzchen – Gartenrotschwanz	V	
Rott Hals – Kolbenente	Schwf	
Rott Hals – Moorente	Suol	
Rott Kopf – Moorente	Suol	
Rott Kopff – Kolbenente	Schwf	
Rott-kaelichen – Rotkehlchen	Buff	
Rottbein – Dunkler Wasserläufer	zLa	
Rottbein – Rotschenkel	Schwf,Suol	
Rottbrüstlein – Rotkehlchen	N	
Rottbrüstlin – Rotkehlchen	Be2,Be,Schwf,zLa	
Rottchen – Krabbentaucher	Krü,O1,2	
Rottchen – Krabbentaucher	K	
Rotte Fincke – Buchfink	Schwf	
Rottefink – Buchfink	Be2,Be,N	
Rottele – Hausrotschwanz	B	
Röttele – Hausrotschwanz	Do,F	
Röttelfalk – Turmfalke	JAN	
Röttelgeier – Turmfalke	Be1	
Röttelweibel – Turmfalke	Suol	
Rotter – Krabbentaucher	Be2,F,N	
Rottetetche – Krabbentaucher	K	
Rottfalck – Gerfalke	zLa	
Rottfutted (helgol.) – Steppenflughuhn	H	Bedeutung: Rattenfüßig.
Rottgans – Krabbentaucher	Krü	

Rottgans – Ringelgans	B,Bri,F,Krü,WüCl	
Rottgaus – Ringelgans	Bri	
Rottge – Krabbentaucher	K	
Rottgoos – Ringelgans	H	
Röttgoos – Ringelgans	Bri	
Rottgôs – Ringelgans	Suol	
Rotthals – Kolbenente	Be2,Be,Buff,K,N	
Rotthals – Tafelente	K	
Rotthuhn – Haselhuhn	B,Be,K,N,Suol	Frisch T. 112.
Rotthun – Haselhuhn	Krü	
Rottkählichen – Rotkehlchen	Schwf,Suol	Schwenckfeld 1603.
Rottkogel – Stieglitz	Be1,Schwf	
Rottkopf – Kolbenente	Be2,Be,Buff,K,N	
Rottkopf – Pfeifente	H	
Rottkopff – Tafelente	K	
Rottkrop(p)lein – Rotkehlchen	K	Frisch T. 19.
Rottkröpfflin – Rotkehlchen	Schwf	
Rottkröppflein – Rotkehlchen	N	
Rottkröpplein – Rotkehlchen	Be2,Be	
Rottplatten (steierm.) – Teichhuhn	H	
Rottrostel – Rotdrossel	GesS,Suol	
Rottrostl – Rotdrossel	Buff	
Rottschwanz – Hausrotschwanz	Schwf	
Rottschwanz – Rotschwanz (allg.)	Suol	
Rottvogel – Gimpel	Ad,Be2,Be,Buff,K,N,Schwf	
Rottvogel – Stieglitz	Ad	
Rottzagel – Gartenrotschwanz	K	Frisch T. 19.
Rotuogel – Rosaflamingo	GesS	Name von Gessner.
Rotvogel – Feldsperling	Krü	
Rotvogel – Gimpel	Ad,B,Buff,F,GesS,Krü,StVb,Suol	
Rotvogel – Nachtigall	Ad,Be1,Be2,Be,Be97,F,Krü,N,Suol	
Rotvogel – Rotschenkel	H	
Rotvogel – Sprosser	Do,F	
Rotvogel – Stieglitz	Ad,Be1,Be2,Be,Be97,Do,F,Krü,N	
Rotvogel, amerikanischer – Wanderdrossel (ausgest.)	N	N: Bd. 13/336.
Rotvögelchen – Stieglitz	Be,Krü	
Rotvögelein – Stieglitz	Be2,N	
Rotweihe – Rohrweihe	Do,F	
Rotwert – Bergfink	GesS	
Rotwispel – Gartenrotschwanz	Suol	
Rotwispel – Hausrotschwanz	F	
Rotwistlich – Gartenrotschwanz	F	
Rotwüstling – Gartenrotschwanz	Ad,F	
Rotwüstling – Hausrotschwanz	Ad	
Rotwüstling, großer – Steinrötel	Be1,Be2,Be,FKrü,N	
Rötz (odenw.) – Wachtelkönig	ZLa	
Rotzägel – Gartenrotschwanz	Be2,Be,GesS,N	GesS: Rotzaegel.
Rotzagel – Gartenrotschwanz	Be2,Be,F,Krü,N	

Rotzagel – Hausrotschwanz	Ad,B,Be2,Be,F,N,Schwf	
Rotzägel – Hausrotschwanz	Be2,Be	
Rotzägel – Rotschwanz (allg.)	Suol	
Rotzahl – Gartenrotschwanz	Be2,Be,F,N	
Rotzahl – Hausrotschwanz	Ad,Be2,Be,N	
Rotzarel – Hausrotschwanz	Do	Kontrolliert.
Rotzeisel – Birkenzeisig	B,F	
Rotzeisig – Karmingimpel	Do,F	
Rotzeisl – Birkenzeisig	F,H	
Rötzel – Wachtelkönig	zLa	
Rotziemer – Rotdrossel	B,Do,F	
Rotzigeli – Gartenrotschwanz	o.Qu.	Schweiz
Rotzigeli – Hausrotschwanz	o.Qu.	Schweiz
Rotzippe – Rotdrossel	B	
Rotzügel – Hausrotschwanz	Do,F	
Rotzzagel – Hausrotschwanz	N	
Rouce (engl.) – Saatkrähe	Tu	
Rouch – Saatkrähe	Be1,Be2,Krü,K,N,Schwf	Frisch T. 64.
Rouche – Saatkrähe	Be2,Be,N	
Rouck – Saatkrähe	Be1,Buff,H,Krü	
Rouk – Saatkrähe	Be2,Be,N	
Rouke (engl.) – Saatkrähe	Tu	
Routschatzla – Rotkehlchen	Suol	
Routzeule – Schleiereule	K	Ist Rautzeule gemeint?
Rovmaage (dän.) – Falkenraubmöwe	H	
Rowert – Bergfink	Be,Be1,2,Buff,F,GD,GesH,Hp,Krü,N,O1, …	
	… Suol,Tu	
Rubbientje – Bluthänfling	Häp	
Rübenzeisig – Girlitz	Do,F	
Rubetarius – Kornweihe (männl.)	Tu	Turner: „That Hawk English people …
		… name Hen-Harrier."
Rubeus lanarius – Neuntöter	zLa	System d. Jagdfalken nach Alb. Magnus.
Rubie – Bluthänfling	Häp	
Rubin (fries) – Bluthänfling	B,Be2,Be,Bri,F,GesH,Häp,N,Suol	
Rubingekrönter Zaunkönig – Goldhähnchen	Be1,Be2,Be,GD	
Rubingekrönter Zaunkönig – Sommergoldhähnchen	N	
Rubinkrönlein – Sommergoldhähnchen	Do,F	
Rubîntje – Bluthänfling	Suol	
Rübsenfink – Bluthänfling	F,H	
Ruch – Blauracke	Krü	
Ruch – Eichelhäher	Ad	
Rûch – Lappentaucher (allg.)	Suol	
Ruch – Rothalstaucher	Be2,N	
Rûch – Saatkrähe	Ad,F,GesS,HaSa,Suol	H. Sachs, 1531, V. 177.
Ruche – Saatkrähe	H,Suol	
Ruchel – Zwergtaucher	Fri	
Rûchen – Lappentaucher (allg.)	Suol	

Ruchen – Zwergtaucher	GesSH	
Ruchert – Dohle	Ad	
Ruchert – Saatkrähe	Ad,Suol	
Ruchhalshahn – Kampfläufer	Suol	
Ruchtaucher – Rothalstaucher	F	
Ruck – Rabenkrähe	Do	
Ruck – Saatkrähe	Be2,Be,Buff,F,Krü,N	
Rück – Saatkrähe	Be1,Be2,Be	
Rücke – Saatkrähe	Ad,Be,G,JAN,N,Suol	
Rückenrabe – Saatkrähe	Ad,Krü	
Rucker – Taube (männl.)	Suol	
Ruckert – Taube (männl.)	Suol	
Ruckes – Taube (männl.)	Suol	
Ruckes – Turteltaube	Do	
Ruckstaube – Ringeltaube	Ad,Krü	
Rückwärtslöper – Kleiber	Do,F	
Rüddelgeier – Turmfalke	N	
Rudelgeyer – Turmfalke	JAN	
Ruder-Ente – Weißkopf-Ruderente	N	
Ruderänte – Weißkopf-Ruderente	Buff	
Ruderente – Weißkopf-Ruderente	B,Be2,Be,Krü,O1	Müller 1879, KN
Ruderente, kleine – Trauerente	Be2,N	
Rudsderze – Rotschwanz (allg.)	Suol	
Ruech – Haubentaucher	O1	
Ruech – Lappentaucher (allg.)	Suol	
Ruech – Saatkrähe	GesS,O1	
Ruech – Taucher	O1	
Ruettelweyh – Rotmilan	GesS	
Ruettelwy – Rotmilan	GesS	
Ruf – Kampfläufer	Krü	
Rufer – Uhu	Buff	
Rufer – Wiedehopf	Suol	
Ruff – Kampfläufer	Ad,O1	
Ruffe (engl.) – Kampfläufer	Krü	
Rüfgen – Löffelente	Fri	
Rufhuhn – Rebhuhn	Be1,Be2,Be,Buff,F,GD,Hp,N	
Rug – Haubentaucher	B,F,N	
Rügen – Saatkrähe	F,H,Jä	
Rûggelen – Lappentaucher (allg.)	Suol	
Ruggelen – Zwergtaucher	GesS	
Rüggelen – Zwergtaucher	GesH	
Rûgger – Taube (männl.)	Suol	
Rughals – Kampfläufer (männl.)	Bri	
Ruhrdummel – Rohrdommel	N	
Ruhrdump – Rohrdommel	Be2,Be,N,WüCl	
Ruhrhohn – Teichhuhn	WüCl	
Rührlöffelschwanz – Schwanzmeise	F,H	
Ruhrspaarling, groose – Drosselrohrsänger	Be	
Ruhrspaarling, groote – Drosselrohrsänger	Be2,Be,N	

Ruhrsparling – Rohrammer	WüCl	
Ruhrsparling, grot – Drosselrohrsänger	WüCl	
Ruhrsparling, lüt – Teichrohrsänger	WüCl	
Ruhrvogel – angeseilter Fangvogel auf dem Heerd	JAN	Seite 125, Z 5.
Rundschwanz – Mäusebussard	F,H	
Rüppell'scher Sänger – Maskengrasmücke	O3	
Rüppellsche Seeschwalbe – Rüppellseeschwalbe	H	
Rurch – Haubentaucher	F,N	
Rûrdump – Rohrdommel	Suol	
Rûrdunk – Rohrdommel	Suol	
Rüschen – Löffelente	Be	
Rusgeier – Mäusebussard	Jä	Schwarze Variation.
Rusgen – Bergente	GesS	Nach Fabricius.
Rusgen – Reiherente	Buff	
Rüsgen – Reiherente	Buff	
Rûsgen – Reiherente	Suol	
Rusgen – Schellente	GesS	
Rusigte Ente – Reiherente	Buff	
Ruß-Ent – Bergente	GesH	
Russ'sche Lerche – Ohrenlerche	Scha	
Russ'scher Hänfling – Berghänfling	Scha	
Rußbraune Seeschwalbe – Rußseeschwalbe	BB,H	
Rußente – Reiherente	Krü,O2	
Rußente – Samtente	Do,F	Ente fast ganz schwarz.
Russerl – Heckenbraunelle	Do,F	
Russey (ital.) – Purpurreiher	GesS	Am Lago Maggiore.
Rußfarbener Sturmvogel – Dunkler Sturmtaucher	Buff	
Rußfarbenes Blaßhuhn – Teichhuhn	Buff	
Rußfarbenes Wasserhuhn – Bläßhuhn	Hp	
Rußfarbige Ente – Reiherente	Be1,Be2,Be,Be97,GD,N	
Rußfarbige Ente – Samtente	Be2,N	
Rußfarbiges Blaßhuhn – Bläßhuhn	Be1,Be2,Be,N	
Rußfarbiges Wasserhuhn – Bläßhuhn	Be1,Be2,Be,Buff,GD,N	
Rußfärbiges Wasserhuhn – Bläßhuhn	GD	
Rußige Ente – Reiherente	Be2,Be,N	
Russische Ant – Eiderente	WüCl	
Russische Bartmeise – Bartmeise	CLB3	
Russische Blaumeise – Blaumeise	H	
Russische Ente – Eiderente	F,H	
Russische Lerche – Ohrenlerche	F	
Russische Taube – Haus-/Felsentaube	GD	Zu Rasse Haubentaube.
Russischer Adler – Fischadler	Be2,N	
Russischer Adler – Schreiadler	Be2,Be,N	
Russischer Falk – Gerfalke	Krü	
Russischer Hänfling – Berghänfling	F	
Russischer Holzschreier – Tannenhäher	Do,F	

Russischer Lun – Kornweihe   GD
Russischer Markward – Tannenhäher   Do,F
Russischer Rabe – Unglückshäher   GD
Russisches Sandhuhn – Sandflughuhn   Krü
Russisches Steppenhuhn – Sandflughuhn   Krü
Rußschwalbe – Rauchschwalbe   Do,F
Rußschwarze Meerschwalbe –   Buff,GD
  Rußseeschwalbe
Rußseeschwalbe – Rußseeschwalbe   B
Rußsturmtaucher – Dunkler Sturmtaucher   B
Rußvogel – Hausrotschwanz   Suol
Ruthänflich – Bluthänfling   F,H
Rütling – Gartenrotschwanz   Do
Rütsch – Ente(männl.) allg.   Hp
Rütschente – Stock-/Hausente   Do,F
Rutsterz – Hausrotschwanz   Do,F
Rüttelfalk – Turmfalke   B,Bri,F
Rüttelfalke – Turmfalke   N
Rüttelgeier – Rotmilan   Do,F
Rüttelgeier – Turmfalke   Ad,B,F,Jä,N,Suol
Rüttelgeyer – Turmfalke   GD
Rüttelweib – Turmfalke   Do,F
Rüttelweibel – Schwarzspecht   Do,F
Rüttelweih – Mäusebussard   B
Rüttelweih – Turmfalke   Suol
Rüttelweihe – Mäusebussard   Be1,Be2,Be97,F,GD,N
Rüttelweihe – Rotmilan   B,N
Rüttelweihe – Turmfalke   F,Scha,WüCl
Rüttelweyh – Mäusebussard   GesS
Rüttelweyh – Rotmilan   GesH
Rüttelweyhe – Mäusebussard   Buff
Rüttelwy – Turmfalke   Suol
Ryestere – Alpendohle   N
Rynschwalme – Uferschwalbe   GesS
Rynstern – Alpendohle   F
Ryol – Flußuferläufer   Suol
Rype – Alpenschneehuhn   Cz   Grönland
Rype (norw.) – Schneehuhn   Be1,Be2,Be,Buff,GD
Ryserle – Schafstelze   GesS,Suol   Ungeklärter Name.
Rysklicker – Flußuferläufer   Suol

Saagbeck – Mittelsäger   Bri
Saat-Gans – Saatgans   N   KNB
Saat-Hun – Goldregenpfeifer   G
Saat-Rabe – Saatkrähe   N
Saatfink – Bluthänfling   Be2,F,N
Saatgans – Saatgans   B,Be2,Be,Be05,Buff,CLB2,Krü,MW,O1,2,3,V
                                                  Otto: Saatgans ist Variation der Graugans.   KNB
Saatgans, breitschwänzige – Saatgans   CLB3

Saatgans, buntschnäblige – Saatgans	N
Saatgans, dunkle – Saatgans	CLB3
Saatgans, große – Saatgans	N
Saatgans, kleine – Saatgans	N
Saatgans, ringelschnäblige – Saatgans	N
Saatgans, wahre – Saatgans	CLB3
Saatgrille – Goldregenpfeifer	B
Saathuhn – Goldregenpfeifer	Ad,Be2,Krü,N,Scha
Saathuhn – Regenbrachvogel	Hp
Saathun – Goldregenpfeifer	Krü
Saathun – Großer Brachvogel	G
Saathun – Großtrappe	G
Saatkrähe – Saatkrähe	Ad,B,Be1,Be2,Be,Be97,Be05,Buff,CLB1,2, ...
	... GesS,GD,Jä,Krü,N,O1,2,3,V KNB
Saatkrähe, fremde – Saatkrähe	CLB3
Saatkrähe, hochköpfige – Saatkrähe	CLB3
Saatkrähe, plattköpfige – Saatkrähe	CLB3
Saatkrähe, schwarze – Saatkrähe	Be,GD,Krü
Saatkrei – Saatkrähe	Do,F,WüCl Saatkrähe: Halle 1760, KN.
Saatkreie – Saatkrähe	Bri
Saatlerche – Feldlerche	Ad,B,Be1,Be2,Be,Be97,Buff,CLB3, ...
	... F,GD,Hp,Krü,N,V
Saatlerche – Haubenlerche	Be2
Saatlerche – Heidelerche	Ad
Saatrabe – Saatkrähe	Be1,Be2,Be,F,MW Bechstein 1803? KN.
Saatvogel – Goldregenpfeifer	B,Ne2,Be,F,N,O1
Saatvogel – Regenbrachvogel	Be1,Be2,Be,GD,N
Saatvogel – Saatkrähe	Scha
Saatvogel, schwarzbrüstiger –	JAN
Goldregenpfeifer	
Säbelschnabel – Säbelschnäbler	Ad,Be1,Be2,Be,Buff,F,GD,Krü,N,O1
Säbelschnäbler – Säbelschnäbler	Ad,B,Be1,Be2,Be,Buff,GD,K Krü,N,V ...
	... Müller 1773, KN Albin I,101 KNB
Säbelschnäbler, blaufüssiger –	CLB2,MW
Säbelschnäbler	
Säbelschnäbler, europäischer –	O3
Säbelschnäbler	
Säbelschnäbler, gemeiner – Säbelschnäbler	Be2,Buff,GD,N
Säbelschnäbler, schwarzgefleckter –	Be2,N
Säbelschnäbler	
Säbelschnäbler, schwarzköpfiger –	CLB2,N KNB
Säbelschnäbler	
Säbelschnäbler, schwimmfüßiger –	CLB3,N
Säbelschnäbler	
Säbelschnäbler, spaltfüßiger –	CLB3,N
Säbelschnäbler	
Sabinische Schwalbenmöwe –	CLB2 KNB
Schwalbenmöwe	
Säbische Meise – Lasurmeise	Be,N

Säbler – Säbelschnäbler	Krü	
Säbysche Meise – Lasurmeise	Be1,Buff,Krü	Vermutg.: Var. d. Blaumeise.
Sacherschnepfe – Zwergschnepfe	Suol	
Sächsiche Nachtigall – Sprosser	Krü	
Sächsische Nachtigall – Nachtigall	Be2,Be,N	
Sächsischer Rabe – Saatkrähe	Be2,F,N	
Sackente – Krähenscharbe	B,Be2,Be,Fri,N	
Sacker – Gerfalke	zLa	
Sacker – Mönchsgeier	O1	
Sacker – Würgfalke (1)	Be1,2,Buff,F,GesSH,GD,HaSa,N,Schwf,Suol, …	
	… zLa System d. Jagdfalken nach Alb. Magnus.	
Sacker – Würgfalke (2)	Hans Sachs, 1531: Regiment …, Vers 153.	
Sackeradler – Würgfalke	Be2,N	
Sackerfalk – Würgfalke	Ad,Buff,Hp,K	
Sackerfalke – Würgfalke	Be2,Suol	
Sackerfalke, heiliger – Würgfalke	GD	
Sackgans – Rosapelikan	Ad,B,Be1,2,Be,Buff,F,Fri,GD,Krü,N,Schwf, …	
	… Suol	
Sackganß – Krauskopfpelikan	zLa	Auch b. Gessn. 1557: 183–185.
Sackganß – Rosapelikan	GesH	
Sacrefalk – Würgfalke	Hp,K,Krü	
Sacrifalk – Würgfalke	Hp	
Sådkreige – Saatkrähe	Suol	
Saegyser – Sichler	zLa	Von Säg-Eisen, Bogen einer Säge.
Saf-Saf – Saharakragentrappe	N,O1	
Saf-sas – Saharakragentrappe	Be2	
Saffranköpfiges Goldhähnchen – Wintergoldhähnchen	CLB1,2,3,MW,O3,V,WüCl	KNB
Safrangoldhähnchen – Wintergoldhähnchen	B	
Safranköpfchen – Wintergoldhähnchen	Do,F	
Safranköpfiges Goldhähnchen – Wintergoldhähnchen	N,V	
Sägatzel – Mittelsäger	O1	
Sägatzeln – Säger	O1	
Sägeente – Gänsesäger	F	
Sägeente – Mittelsäger	N	
Sägeente, große – Gänsesäger	N	
Sägefeiler – Kohlmeise	Do,F	
Sägegans – Gänsesäger	B,F,H	
Sägeiser – Sichler	zLa	
Säger – Gänsesäger	Krü	
Säger – Mittelsäger	Ad,Krü	
Säger – Säger (allg.)	Be Bechstein 1803, für Mergus. KNB	
Säger, gemeiner – Gänsesäger	Be2,Be,Krü,N	
Säger, gemeiner – Mittelsäger	Buff,GD,K,N	
Säger, gemeiner und gezopfter – Mittelsäger	Be2	
Säger, gezopfter – Mittelsäger	Be1,Be,Buff,GD,Krü,N,O1	
Säger, großer – Gänsesäger	CLB2,F,N,O3,Scha,WüCl	
Säger, grosser weisser – Zwergsäger	CLB3	

Säger, hochköpfiger langschnäbliger – Mittelsäger	CLB3	
Säger, kleiner – Zwergsäger	Be2,Be,CLB2,F,N,O1	
Säger, kleiner weißer – Zwergsäger	CLB3,N	
Säger, kleiner weißköpfiger – Zwergsäger	Be2,Be,Buff	
Säger, kleinster – Zwergsäger	Buff	
Säger, langschnabeliger – Mittelsäger	O3	
Säger, langschnäbeliger – Mittelsäger	MW,V	
Säger, langschnäblicher – Mittelsäger	Be	
Säger, langschnäblichter – Mittelsäger	GD	
Säger, langschnäbliger – Mittelsäger	Be1,Be2,Buff,CLB2,F,Krü,N,Scha,WüCl	KNB
Säger, mittlerer – Mittelsäger	Bri,CLB2,N,WüCl	
Säger, plattköpfiger langschnäbliger – Mittelsäger	CLB3	
Säger, rotbrüstiger – Mittelsäger	N	
Säger, rotbrüstiger und gezopfter – Mittelsäger	Be2	
Säger, schwarz und weißer – Mittelsäger	Buff	Von Brisson.
Säger, schwarzer – Mittelsäger	Buff	Von Brisson.
Säger, schwarzhälsiger – Zwergsäger	Be2,Be	
Säger, schwarzmanteliger – Mittelsäger	Buff	Von Otto?
Säger, weißer – Zwergsäger	Be2,Be,CLB2,F,MW,N,O3,V,WüCl	KNB
Säger, weißköpfiger – Zwergsäger	GD,N	
Sägerente – Gänsesäger	H	
Sägerrachen – Gänsesäger	N	
Sägeschnäbler – Gänsesäger	Krü	
Sägeschnäbler – Mittelsäger	Ad,B,Be1,Be2,Be,Buff,GD,Hp,Krü,N	
Sägetaucher – Gänsesäger	Ad,Buff,Krü	
Sägetaucher – Mittelsäger	Buff	
Sägetaucher, gezopfter – Mittelsäger	Krü	
Sägetaucher, kleiner – Zwergsäger	Be2,Be,Buff,N	
Sägetaucher, langschnäbliger – Mittelsäger	Krü	
Sägetaucher, langschnäbliger und w3 er	Krü	
Sägetaucher, wahrer – Mittelsäger	Be1,Be2,GD,N	
Sägetaucher, weißer – Zwergsäger	Be1,Be2,Be,Buff,GD,Krü,N	
Sagiser – Sichler	Buff	
Säglerch – Heidelerche	Suol	
Sägyser – Sichler	Be2,Be,Buff,GD,GesSH,N	
Sahlgans – Schneegans	Krü	
Säing – Sturmmöwe	Gun	
Sakerfalk – Würgfalke	Be05,Krü	
Sakerfalk, heiliger – Würgfalke	Be2,N	
Sakerfalke – Würgfalke	Be1,N	
Sakerfalke, heiliger – Würgfalke	Be1,Buff	
Sakerheiliger – Würgfalke	Be2	
Sakhrfalk – Würgfalke	B	
Sakrefalk – Würgfalke	Krü	
Salatlerche – Haubenlerche	Be,Be97,F	Vogelstellername

Salbeyvogel – Schilfrohrsänger	GD	
Salbeyvogel – Teichrohrsänger	Buff	Nach Albin.
Sallatlerche – Haubenlerche	Be1,Be,N	
Sämann – Schafstelze	Suol	
Samenzeisig – Girlitz	Do,F	
Samet Hünle – Wasserralle	Schwf,Suol	
Samethünle – Thorshühnchen	GesS	
Sammet-Ente – Samtente	N	
Sammet-Hüenli – Wasserralle	Suol	
Sammet-Huhnlein – Wasserralle	Buff	
Sammet-Hünlein – Wasserralle	Z	
Sammetente – Samtente	B,Be1,Be2,Be,Buff,F,GD,Krü,MW,O1,2,3, …	
	… WüCl, Pallas/v. Zimmermann 1787. Ü KNB	
Sammethounle – Wasserralle	Buff	
Sammethuhn – Wasserralle	Be2,Be,CLB2,F,GD,Krü,N	KNB
Sammethühnchen – Kleines Sumpfhuhn	Z…	
	… Wird angezweifelt, war noch nicht beschrieben.	
Sammethühnlein – Wasserralle	Be2,Be,Buff,N	
Sammethünel – Alpenstrandläufer	Fri	
Sammethünlein – Wasserralle	GesH	
Sammetköpfchen – Samtkopfgrasmücke	B	
Sammettauchente – Samtente	N	
Sammettrauerente – Samtente	N	
Sammettrauerente, ächte – Samtente	CLB3	
Sammettrauerente, breitschnäblige – Samtente	CLB3,N	
Sammettrauerente, großfüßige – Samtente	CLB3,N	CLB3: – grossfüssige – .
Sammettrauerente, Hornschuch's – Samtente	CLB3,N	
Sammthuhn – Wasserralle	Be1,Buff,GD	
Sammettauchente – Samtente	CLB2	KNB
Samtente – Samtente	CLB2	
Sand Regerlin – Flußregenpfeifer (sil.)	Schwf,Suol	
Sand Vogel – Sandregenpfeifer (?)	Schwf	Schwenckfeld 1603.
Sand-Flughuhn – Sandflughuhn	N	
Sand-Lauffer – Regenpfeifer	Suol	
Sand-Regenpfeifer – Sandregenpfeifer	N	
Sand-Steppenhuhn – Sandflughuhn	N	
Sandberghuhn – Sandflughuhn	Krü	
Sanddickfuss – Triel	CLB3	
Sandemling – Sandregenpfeifer	Buff	= Sanderling?
Sanderling – Knutt	Krü	
Sanderling – Sanderling	B,Buff,Krü,N,O1	C. L. Brehm 1831, Ü
Sanderling, amerikanischer – Sanderling	CLB3	
Sanderling, gemeiner – Sanderling	O2	
Sanderling, grauer – Knutt	O2	
Sanderling, hochköpfiger – Sanderling	CLB3	
Sanderling, plattköpfiger – Sanderling	CLB3	

Sanderling, schwärzlicher – Meerstrandläufer	O2	
Sanderling, violetter – Meerstrandläufer	O2	
Sandfarbene Nachtschwalbe – Pharaonenziegenmelker	H	
Sandfarbener Ziegenmelker – Pharaonenziegenmelker	H	
Sandflughuhn – Rotflügel-Brachschwalbe	Do,F	
Sandflughuhn – Sandflughuhn	B,CLB2,3,MW,O3	KNB
Sandhohn – Triel	Bri	
Sandhuhn – Alpenstrandläufer	Fri	
Sandhuhn – Kragentrappe	Be	
Sandhuhn – Mornellregenpfeifer	F	
Sandhuhn – Rotflügel-Brachschwalbe	B,GD,Krü,N	
Sandhuhn – Sandflughuhn	Be,N	N auch: Sand-Flughuhn. KNB
Sandhuhn – Schwarzflügel-Brachschwalbe	Be2	
Sandhuhn – Triel	Suol	
Sandhuhn – Wasserralle	B	
Sandhuhn (helgol.) – Mornellregenpfeifer	H	
Sandhuhn mit dem Halsbande ... ... – Schwarzflügel-Brachschwalbe	Be1,Be	
Sandhuhn, braunringiges ... ... – Schwarzflügel-Brachschwalbe	Be2	
Sandhuhn, geflecktes – Rotflügel-Brachschwalbe (juv.)	Be1,Be2,Be,N	
Sandhuhn, gemeines – Rotflügel-Brachschwalbe	Be2,Be,N,O1,2	
Sandhuhn, österreichisches – Rotflügel-Brachschwalbe	Be1,Be2,Be,Buff,CLB2,3,GD,N	
Sandhuhn, rotfüßiges – Rotflügel-Brachschwalbe	Be2,N	
Sandhuhn, russisches – Sandflughuhn	Krü	
Sandhuhn, schwarzköpfiges ... ... – Schwarzflügel-Brachschwalbe	Be	
Sandhuhn, südliches – Rotflügel-Brachschwalbe	CLB3	
Sandhühnchen – Flußregenpfeifer	B,Be2,F,N	
Sandkiebitz – Flußregenpfeifer	Do,F,Scha	
Sandkuleken – Sandregenpfeifer	Scha	
Sandlaeufer – Alpenstrandläufer	Fri	
Sandläufer – Flußregenpfeifer	B,Be2,G,N	
Sandläufer – Flußuferläufer	Be2,F,N	
Sandläufer – Rotflügel-Brachschwalbe	Ad,Krü	
Sandläufer – Sanderling	Be1,Be2,Buff,F,GD,N,O3	
Sandläufer – Waldwasserläufer	Krü	
Sandläufer, blauer – Flußuferläufer	Be2,Be,N	
Sandläufer, blauer – Meerstrandläufer	Be	
Sandläufer, braun und gelbbunter, mit ... ... gelben Füßen – Bruchwasserläufer	Fri	

Sandläufer, braun und weiß-bunter, mit ...	Fri
... grünlichen Füßen – Knutt	
Sandläufer, brauner – Alpenstrandläufer	Be2,Be,N
Sandläufer, bunter – Flußuferläufer	Be1,Be2,Be,GD,N
Sandläufer, bunter – Meerstrandläufer	Be
Sandläufer, dreizehiger – Sanderling	Be2,JAN,N
Sandläufer, eigentlicher – Sanderling	GD
Sandläufer, gefleckter – Knutt (juv.)	Buff,Krü
Sandläufer, gemeiner – Flußuferläufer	Be1,Be2,Be,Krü,N,O1
Sandläufer, gemeiner – Knutt	Be2,Buff,Krü
Sandläufer, gemeiner – Sanderling	Be2,Be,N
Sandläufer, gestreifter – Rotschenkel	Buff
Sandläufer, getüpfelter – Bruchwasserläufer	Be2,Be,N
Sandläufer, getüpfelter – Knutt (juv.)	Krü
Sandläufer, grauer – Flußuferläufer	Be2,Be,N
Sandläufer, grauer – Knutt	Buff
Sandläufer, grauer – Meerstrandläufer	Be
Sandläufer, grauer – Sanderling	Be2,N
Sandläufer, großer – Waldwasserläufer	Be2,Be,N
Sandläufer, größter –	Be1,Be2,GD,Krü,N
Wald-(Bruch)-wasserläufer	
Sandläufer, kleiner grau und weißbunter ...	Fri
... mit roten Schnabel und Füßen ...	
... – Rotschenkel	
Sandläufer, kleinster – Sanderling	Be2,Buff,Krü,N
Sandläufer, kleinster – Zwergstrandläufer	Be1,Be2,Be,N
Sandläufer, mittler – Flußuferläufer	Be2,N
Sandläufer, mittlerer – Flußuferläufer	Be1,Be,GD
Sandläufer, mittlerer – Meerstrandläufer	Be
Sandläufer, schwarzer – Waldwasserläufer	Be2,F,N
Sandläufer, trillernder – Flußuferläufer	Krü
Sandläuferchen – Zwergstrandläufer	N
Sandläuferchen, braunes –	F
Alpenstrandläufer	
Sandläuferchen, graues –	N
Temminckstrandläufer	
Sandläuferchen, graues –	Be1,Be2,Be,N
Zwergstrandläufer	
Sandlauferl – Zwergstrandläufer	Suol
Sandläuferlein – Flußuferläufer	Buff,Krü
Sandläuferlein – Sanderling	Be2,N
Sandläuferlin – Sanderling	O1
Sandler – Sandregenpfeifer	Do,F
Sandlerche – Brachpieper	Do,F
Sandlerche – Feldlerche	JAN
Sandlerche – Heidelerche	Scha
Sandling – Sanderling	N
Sandpfeifer – Flußuferläufer	B,Be1,Be2,Be,Buff,GD,Krü,N,WüCl
Sandpfeifer – Rotschenkel	Suol

Sandpfeifer – Wald-(Bruch)wasserläufer	Buff,GD,Krü	Tringa ochropus.
Sandpfeifer, gemeiner – Flußuferläufer	O1	
Sandpfeiffer – Flußuferläufer	Buff	
Sandpiper, Common (engl.) – Flußuferläufer	Tu	„… Actitis hypoleucus."
Sandpiper (engl.) – Flußuferläufer	Tu …	… „Turner evidently means the Common Sandpiper …"
Sandregenpfeifer – Sandregenpfeifer	B,O3,N	Naumann: Sand-Regenpfeifer. – Naumann 1834 KN
Sandreger – Nachtreiher	Buff	
Sandreger – Purpurreiher (sil.)	Schwf,SDuol	
Sandregerlein – Flußregenpfeifer	H,JAN,K	Gessner: ochropus minor.
Sandregerlein – Regenpfeifer	Suol	Suol auch Sand Regerlin.
Sandregerlein – Rotflügel-Brachschwalbe	Buff	
Sandregerlein – Sanderling	Be2,Be,Buff,GD,Krü,N,O2	
Sandregerlein – Sandregenpfeifer	Be1,Be2,Be,Buff,F,GD,Krü,N	
Sandregerlein – Schwarzflügel-Brachschwalbe	Be1,Be2,Be	
Sandreiher – Rotflügel-Brachschwalbe	Ad,Krü	
Sandschnepf – Alpenstrandläufer	Fri	
Sandschnepfe – Grünschenkel	F,H	
Sandschnepfe – Teichwasserläufer	Be2,Be,N,O2	
Sandschnepflin – Teichwasserläufer	O1	
Sandschwalbe – Uferschwalbe	Ad,B,Be1,Be2,Be,Buff,F,GD,Jä,K,Krü,N,WüCl	Frisch Tafel 18, 1736.
Sandschwälk – Uferschwalbe	F	
Sandschwölk – Uferschwalbe	F	
Sandswalk – Uferschwalbe	Bri	
Sandswälk – Uferschwalbe	Do	
Sandswölk – Uferschwalbe	Do	
Sandtal (dän.) – Fluß-/Küstenseeschwalbe	Buff	Bei Pontoppidan.
Sandtärne (dän.) – Fluß-/Küstenseeschwalbe	Buff,GD	Bei Pontoppidan.
Sanduferpfeifer – Sandregenpfeifer	H	
Sandvogel – Flußregenpfeifer	F,H	
Sandvogel – Rotflügel-Brachschwalbe	Be2,Be,N	
Sandvogel – Sandregenpfeifer	Be1,H,GD,Krü,Schwf,Suol	Schwenckfeld 1603.
Sandvogel mit dem Halsbande – Rotflügel-Brachschwalbe	Be2,Be,N	
Sandwachtel – Wachtel	B,Be1,F,N	
Sandwaldhuhn – Sandflughuhn	JAN,N	
Sandwich-Meerschwalbe – Brandseeschwalbe	N	
Sandwich-Seeschwalbe – Brandseeschwalbe	Do,F	
Sang Drossel – Singdrossel	Schwf	
Sang-Droschel – Singdrossel	Z	
Sangdroschel – Singdrossel	Buff,GD	
Sangdrossel – Rotdrossel	Ad,Buff,K	Frisch T. 28.

Sangdrossel – Singdrossel	Be1,Be2,Be,Hp,Jä,K,Krü,N	
Sangdruschel – Drossel allg.	Suol	
Sangdruschel – Misteldrossel	zLa	
Sangdruschel – Singdrossel	Be2,Be,GesSH,N,Suol	
Sänger – Fitis	GD	
Sänger – Gelbspötter	Be1,Be2,Be,Be97,N	
Sänger – Waldlaubsänger	Be2,N	
Sänger-Grasmücke – Orpheusgrasmücke	N	
Sänger-Laubvogel – Orpheusspötter	H	
Sänger, blasser – Blaßspötter	H	
Sänger, blaukehliger – Blaukehlchen	Be2,Be,CLB2,Krü,N,O3	
Sänger, Cettischer – Seidensänger	CLB2,MW,O3	
Sänger, dicker – Streifenschwirl	O3	
Sänger, drosselartiger – Drosselrohrsänger	N	
Sänger, fahler – Dorngrasmücke	Be,CLB2,N,O3	
Sänger, feuerköpfiger – Sommergoldhähnchen	N	
Sänger, gekrönter – Goldhähnchen	Be2,Be,MW	
Sänger, gekrönter – Wintergoldhähnchen	CLB2,F,N,V	
Sänger, gelbbäuchiger – Gelbspötter	Be2,Be,CLB2,MW,N	
Sänger, geschwätziger – Klappergrasmücke	Be2,Be,N	
Sänger, gesperberter – Sperbergrasmücke	Be2,Be,CLB2,N,O3,V	
Sänger, graubrüstiger – Heckenbraunelle	Be2,Be	
Sänger, grauer – Gartengrasmücke	Be2,Be,CLB2,N,V	
Sänger, grüner – Waldlaubsänger	MW	
Sänger, lanzenfleckiger – Strichelschwirl	O3	
Sänger, Natterers – Berglaubsänger	MW	
Sänger, Pallasischer – Streifenschwirl	MW	
Sänger, provencer – Provencegrasmücke	CLB2,MW	MW: „provenser."
Sänger, provenzalischer – Provencegrasmücke	O3	
Sänger, rostfarbiger – Heckensänger	N	N: Bd. 13/398.
Sänger, rostgrauer – Dorngrasmücke	Be	
Sänger, rotbrüstiger – Rotkehlchen	MW,N,O3	Bechstein 1805/09.
Sänger, rotgrauer – Zilpzalp	CLB2	
Sänger, rotkehliger – Rotkehlchen	Be,CLB2,N	C. L. Brehm 1823. KNB
Sänger, rötlicher – Heckensänger	N,O3	N: Bd. 13/398
Sänger, Rüppell'scher – Maskengrasmücke	O3	
Sänger, sardinischer – Sardengrasmücke	CLB2,MW	
Sänger, sardischer – Sardengrasmücke	B,O3	
Sänger, schieferbrüstiger – Heckenbraunelle	Be2,Be,CLB1,2,MW,N,V	Bechstein 1803.
Sänger, schlagender – Nachtigall	CLB2	
Sänger, schwarzbärtiger – Mariskenrohrsänger	O3	
Sänger, schwarzbauchiger – Gartenrotschwanz	V	
Sänger, schwarzbauchiger – Hausrotschwanz	O3	

Sänger, schwarzbäuchiger – Hausrotschwanz	Be2,Be,CLB1,MW,N	Bechstein 1803.
Sänger, schwarzbäuchigter – Hausrotschwanz	Krü	
Sänger, schwarzbrüstiger – Hausrotschwanz	CLB2	KNB
Sänger, schwarzkehliger – Gartenrotschwanz	Be2,Be,CLB2,MW,N,O3	KNB
Sänger, schwarzkehligter – Gartenrotschwanz	Krü	
Sänger, schwarzköpfiger – Mönchsgrasmücke	Be2,Be,CLB2,N,V	
Sänger, schwarzkopfiger – Samtkopfgrasmücke	O3	
Sänger, schwarzköpfiger – Samtkopfgrasmücke	CLB2,MW	
Sänger, schwarzscheiteliger – Mönchsgrasmücke	O3	
Sänger, schwarzstirniger – Sumpfrohrsänger	Be2	
Sänger, seidenartiger – Seidensänger	CLB2,MW	
Sänger, südlicher – Orpheusgrasmücke	O3	
Sänger, weißbärtiger – Weissbart-Grasmücke	CLB2,MW,O3	
Sänger, weißstirniger – Mönchsgrasmücke	Be	
Sängerdrossel – Zwergdrossel	B	
Sanglaerke (dän.) – Feldlerche	H	
Sanglarke (norw.) – Feldlerche	H	
Sanglerch – Feldlerche	Buff,GesS	
Sanglerch – Heidelerche	GesS,Suol	
Sanglerche – Feldlerche	Ad,Be1,Be2,Be,Be97,Buff,GD,Hp,K,Krü,...	
	...N,Scha, Schwf,	Frisch T. 15.
Santreiger – Flußregenpfeifer	Fabr Anderer Name f. d. Vogel: Sandregerlein.	
Sanglerche – Heidelerche	Ad	
Sankutbertsente – Eiderente	Do	
Sansknittel (österr.) – Wachtelkönig	H	
Sappen (Östl.Schl.-Holst.) – Bläßhuhn	H	
Sarcel – Knäkente	O1	
Sarcella – Krickente	GesS	
Sarcella (ital.) – Knäkente	Buff	
Sarcelle – Knäkente	Krü	
Sarcelli – Knäkente	N	
Sardellentaucher – Sterntaucher	Be2 Themse – Fischer: Sprat – Loon.	
Sardengrasmücke – Sardengrasmücke	B	
Sardensänger – Sardengrasmücke	B	
Sardinische Grasmücke – Sardengrasmücke	CLB2	KNB
Sardinischer Sänger – Sardengrasmücke	CLB2,MW	KNB
Sardinischer Staar – Einfarbstar	CLB2,N	N: Bd. 13/226.
Sardinischer Star – Einfarbstar	F	
Sardischer Sänger – Sardengrasmücke	B,O3	

Sascharei – Elster	Buff	
Sât Krei – Saatkrähe	H	
Sattelkrähe – Nebelkrähe	GD	
Sattelkrahe – Nebelkrähe	H	
Sattelkrähe – Nebelkrähe	Be1,Be2,Be,Be97,F,Krü,N	
Sauerkönig – Fitis	F	
Sauerkönig – Fitis	Do	
Sauhalterl – Schafstelze	Suol	
Sauherterl – Schafstelze	Suol	Sauhirt, aus steir. hardila.
Sauhocker – Hausrotschwanz	Do	Von Saulocker.
Saulacka – Wiedehopf	H	
Saulecker – Hausrotschwanz	Be2,Be,N	
Saulerche – Haubenlerche	Do,F,Scha	
Saulocker – Gartenrotschwanz	Be1,Be2,Be,Be97,F,K,Krü,N,Suol	Frisch T. 19
Saulocker – Hausrotschwanz	Be2,Be,GD,K,N	
Saulocker – Wiedehopf	F,H	
Saulokker – Gartenrotschwanz	Buff	
Säung – Sturmmöwe	Gun	
Saunigel – Grünspecht	Suol	
Sauschwarz – Amsel	GD,Krü	
Sautkrägge – Saatkrähe	Bri	
Sautreiber (boehm.) – Kleiber	F,H	
Sberke – Haussperling	Suol	
Scalucher – Kormoran	Be2,Be,Buff,GesH	
Scaluer – Kormoran	Be2,Be,Buff	
Scalueren – Kormoran	Suol	
Scalver – Kormoran	GesH	
Scalver – Krähenscharbe	Fri	
Scarb – Kormoran	Buff	
Scarua – Scharbe	zLa	Ahd.
Schaak – Kolkrabe	Suol	
Schabbelschnabel – Säbelschnäbler	A,Ad,Be2,Be,Buff,F,GD,K,N	Albin I/101.
Schacher – Wacholderdrossel	Suol	
Schachtdraussel – Wacholderdrossel	Suol	
Schackälster – Elster	Fri	
Schäckchen – Knäkente	Be1,Be2,Be,Be97	
Schäckchen – Krickente („Anas circia")	GD	
Schacke – Elster	Do,F	
Schacke – Misteldrossel	Do,F	
Schacke – Wacholderdrossel	Suol	
Schackelster – Elster	F,H,Scha	
Schäckelster – Schwarzstirnwürger	Be2,F	
Schäckelster, kleine – Schwarzstirnwürger	N	
Schackente – Knäkente	O1	
Schäckente – Knäkente	B,Be2,N	
Schäckente – Zwergsäger	Be2,N	
Schacker – Elster	Scha	
Schäcker – Neuntöter	Do,F	
Schacker – Rotdrossel	B	

Schacker – Wacholderdrossel	Be1,Be2,Be,F,GD,Hp,Krü,N,O1,…	
	…Scha,Suol,WüCl,zLa	onomatopoetisch
Schäckerdickkopf – Neuntöter	Be2,F,N	
Schäckerdickkopf – Rotkopfwürger	Be2,J.A.Naum.	
Schäckerdickkopf, grauer –	Be2,N	
Schwarzstirnwürger		
Schackerruthgen – Gelbspötter	JAN	
Schackhäster – Elster	Scha	
Schackheist – Elster	Scha	
Schäckicher Würger – Neuntöter	Be	
Schäckichter Würger – Neuntöter	Buff	
Schäckig Endtlin – Knäkente	Be	
Schackig Entlein – Krickente	Be	
Schäckig Entlein – Krickente	Be2	
Schäckige Ente – Kragenente	Be1,Be2,Be,Be97,Buff,GD	
Schäckiger Adler – Fischadler	Be,N	
Schäckiger Eisvogel – in Asien lebend	MW	
(A. „rudis")		
Schäckiger Emmerling – Schneeammer	Be1,Be2,Be,Be97	
Schäckiger Fliegenfänger –	Be2,N	
Trauerschnäpper		
Schäckiger Fliegenschnapper –	N	
Trauerschnäpper		
Schäckiger Fliegenschnäpper –	N	
Trauerschnäpper		
Schäckiger Steinschmätzer –	CLB2,O3	KNB
Nonnensteinschmätzer		
Schäckiger Würger – Neuntöter	Be1,Be2,Be97,GD,N	
Schäckiges Entlein – Knäkente	Be2,N	
Schäckigtes Huhn – Helmperlhuhn	Buff	
Schackrutchen – Gelbspötter	Do,F	
Schackruthchen – Gelbspötter	Be1,Be2,Be,Be97,N,Suol	
Schackruthgen – Gelbspötter	JAN	Bechstein: Schackruthchen.
Schäfer (pomm.) – Bachstelze	Do	
Schäferdickkopf – Rotkopfwürger	N	
Schäferdickkopf – Schwarzstirnwürger	B,F	
Schäferdickkopf, grauer –	JAN	Be2: Grauer Schäckerdickkopf.
Schwarzstirnwürger		
Schäfereule – Schleiereule	Be2,MW,O1	
Schäffelgreet – Säbelschnäbler	Do,F	Pomm. Platt: – greeten:
		Längere Schritte machen.
Schaffickel – Zwergohreule	HaSa,Suol	H. Sachs, 1531, Vers 219.
Schafhalterl – Schafstelze	Suol	Schafhirt, aus steir. hardila.
Schafitle – Zwergohreule	Suol	
Schaflerche – Wiesenpieper	Be2,F,N,O2	Schafstelze nach damaliger
		Meinung, um 1900 (z. B. Hennicke).
		Es wurde nichts verändert.
Schafstelze – Schafstelze	B,CLB2,Jä,V	C. L. Brehm 1823. KNB
Schafstelze, aschgrauköpfige – Schafstelze	CLB2	KN

Schafstelze, chinesische – Schafstelze	H	Alt: Budytes taivanus.
Schafstelze, deutsche – Schafstelze	CLB3	
Schafstelze, gelbbrauige – Schafstelze	H	U.-Art: Engl. Schafstelze (M. f. flavissima).
Schafstelze, gelbe – Schafstelze	H	U.-Art: Sykesschafstelze (M. f. beema).
Schafstelze, gelbköpfige – Zitronenstelze	CLB2	KNB
Schafstelze, gelbstirnige – Schafstelze	H	Var. Alt: Budytes campestris.
Schafstelze, grauköpfige – Maskenstelze	H	
Schafstelze, grauköpfige – Sardinien-Schafstelze	H	Budytes flavus cinereocapillus.
Schafstelze, Hodgsons – Zitronenstelze	H	„Budytes citreolus citreoloides".
Schafstelze, nordische – Gebirgsstelze	CLB3	
Schafstelze, nordische – Schafstelze	H	U.-Art: Nord. Schafst. (M. f. thunbergi).
Schafstelze, schwarzköpfige – Schafstelze	H	Budytes melanocephalus.
Schafstelze, weißköpfige – Schafstelze	H	Var. Alt: Budytes leucocephalus.
Schafvögele – Schafstelze	Jä	
Schag – Kormoran	O1	
Schagaster – Elster	Suol	
Schagfink – Buchfink	F	
Schaggata (lett.) – Elster	Buff	
Schäkerdickkopf – Schwarzstirnwürger	F	
Schäkerhex – Elster	F,H	
Schakerutchen – Gelbspötter	B	Vogelstellername
Schakker – Wacholderdrossel	Scha	
Schalach – Graureiher	O1	
Schalaster – Elster	Buff,	
Schalaster – Elster	Ad,B,Be1,Be2,Be,Be97,Buff,F,Fri,Hp, … … Krü,N,Scha,Suol	
Schalater – Elster	Do	
Schalhäster – Elster	Do	
Schall Endtle – Löffelente	Schwf,Suol	
Schall-ente – Löffelente	Buff	
Schalladler – Schelladler	Do	
Schallente – Löffelente	Ad,Be2,Be,Buff,F,GD,K,Krü,N	Frisch T. 161–163.
Schallente – Schellente	B,F,N	
Schallente – Spatelente	Be1,Be2,Be,GD	
Schäller – Waldrapp	Ad	
Schallhäster – Elster	F	
Schalltauchente – Schellente	CLB2	KNB
Schalochorn – Kormoran	Schwf	„Qvasi ein Schlucker."
Schalster – Elster	Fri	
Schalucher – Kormoran	B,Be2,Buff,F,N,O1	
Schalucheren – Kormoran	Suol	
Schaluchhoern – Kormoran	Be2	
Schaluchorn – Kormoran	Be1,Be,GesSH,GD,Krü,N,Suol	AlbMagn: Schlucker.
Schamoataube, kleine – Lachtaube	Krü	
Schapelschnabel – Säbelschnäbler	Ad	
Schapensteel (nieders.) – Schwanzmeise	Ad	
Schapsente – Krickente	B,Be2,Be,Buff,F,N,O1	

Scharb – Kormoran	Ad,Be1,Be2,Be,Be97,Buff,Fri,GD,Krü, … … N,O1,StVb,zLa	
Scharb – Krähenscharbe	Fri	
Scharbe – Kormoran	Ad,Buff,F,GD,Häp,Jä,Krü,N,Suol	Ahd. scarva
Scharbe – Schellente	Ad,Krü	
Scharbe, gehaubte – Krähenscharbe	N	
Scharbe, gehäubte – Krähenscharbe	CLB2,MW	
Scharbe, gemeine – Kormoran	Krü,V	
Scharbe, große – Kormoran	O2	
Scharbe, grüne – Krähenscharbe	N	
Scharbe, kleine – Krähenscharbe	O2	
Scharbe, kleine – Zwergscharbe	N	
Scharbe, kurzschwänzige – Krähenscharbe	CLB2,3,N	KNB
Scharbege – Mittelsäger	Be1,Be2,Be,GD,Krü	
Scharbeje – Gänsesäger	Bri,Häp	
Scharbeje – Mittelsäger	Be,F,GD,Häp,N	
Scharbus – Kormoran	GesS	Zürich
Schare – Elster	Suol	
Scharente – Krickente	F,H	
Scharf – Kormoran	Cz	
Scharff – Kormoran	Baldn,zLa	S. 71
Scharfrichter – Raubwürger	Do,F	
Scharfschnäbler – Rosaflamingo	B	
Scharik – Steinwälzer	F	
Scharjes – Gänsesäger	Häp	
Scharjes – Mittelsäger	Häp	
Scharjes – Zwergsäger	Bri,Häp	
Schärke – Flußseeschwalbe	Bri	
Schärke – Pfuhlschnepfe	Häp	
Scharke – Trauerseeschwalbe	Häp	
Schärke – Trauerseeschwalbe	Bri	
Schärke – Uferschnepfe	Bri,Häp	
Scharlachkehlchen – Gartenrotschwanz	Ad	
Scharmvogel – Kormoran	Jä	
Scharnekel – Neuntöter	Scha	
Scharp – Wachtelkönig	Suol	
Scharpvogel – Wachtelkönig	Suol	
Scharratzel – Knäkente	Suol	
Scharrdart – Wachtelkönig	Häp	
Scharre – Misteldrossel	Be1,Be2,Be,Hp,Krü,N	
Schars – Wachtelkönig	Be1,Be2,Be,GD, Krü,N,O1	
Schärs – Wachtelkönig	Be	
Scharschnabel – Rosaflamingo	N	
Schartenschnabel – Rosaflamingo	N	
Schartenschnäbler – Rosaflamingo	Ad,B,Buff,GD,N	
Schartenschnäbler, roter – Rosaflamingo	N	
Schartenschnäbler, weißer – Rosaflamingo	N	
Scharzamsel – Amsel	Be	
Schättchen – Birkenzeisig	Be1,Be2,Be,F,N,O1,Suol	

Schattengans – Baßtölpel	Buff	
Schatterchen (elsäss.) – Dorngrasmücke	Do	
Schätterhätz – Raubwürger	Jä	
Schätterhäz – Raubwürger	Do,F	
Schätterhetz – Raubwürger	H	
Schätterhex – Elster	F,H	
Schättgen – Birkenzeisig	JAN	Bechstein: Schättgen.
Schattvogel – Dorngrasmücke	Be97	
Schaufelente – Bergente	B,Be1,Be2,Be,Buff,F,GD,N	
Schaufelente – Stockente	JAN,N	
Schaufeule – Uhu	Ad,Krü	
Schauffaut – Uhu	Ad,Krü	
Schaufler – Löffler	Be2,Be,F,N	
Schaukler – Sumpf-/Weidenmeise	Buff,GD	Buff Bd. 17. Des Aristoteles.
Schaunsch – Grünfink	B,F	
Schaunz – Grünfink	B,F	
Schauspieler – Jungfernkranich	Buff	Nach Aristoteles.
Schawieh – Rotmilan	F	
Schawieh – Rotmilan	Do	
Scheck – Kiebitzregenpfeifer	B,Be2,Be,Buff,F,N	
Scheck-Ente – Scheckente	N	
Scheck-Ente – Zwergsäger (männl.)	Z	
Scheckänte – Zwergsäger	Buff	
Schecke – Mäusebussard	GD	
Schecke – Schellente	F,H,Jä	
Schecke – Wachtelkönig	Ad,K	
Schecke, großer – Gänsesäger	Jä	
Scheckente – Knäckente	F	
Scheckente – Schellente	Jä,N	
Scheckente – Zwergsäger	Be1,Be,GD,Hp,Z	
Schecker – Singdrossel	Be97	
Scheckhaun – Helmperlhuhn	Suol	
Scheckicht Endtlin – Knäk/(Krickente)	Schwf	
Scheckig Entlein – Krick-/Knäkente	GD,K	Frisch T. 173, 175, 176.
Scheckig Entlein – Krickente	Be1	
Scheckige Ente – Kragenente	N	
Scheckige Ente – Scheckente	N	
Scheckige Kraehe – Rabenkrähe	Fri	Evtl. Nebelkrähe, Be 1793/637.
Scheckige Krähe – Rabenkrähe	GD	
Scheckige Krickente – Knäkente	Buff	
Scheckiger Baumhacker – Dreizehenspecht	Do,F	
Scheckiger Buntspecht – Dreizehenspecht	B	
Scheckiger Fliegenfänger – Trauerschnäpper	Be	
Scheckiger Steinschmätzer – Nonnensteinschmätzer	H	
Scheckiger Würger – Neuntöter	F	
Scheckigt-endtlin – Knäkente	Buff	
Scheckruthchen – Gelbspötter	Mey/J. A. Naum.	Vogelstellername

Schecktaube – Ringeltaube	Krü	
Scheckter Emmerling – Schneeammer	Buff	
Scheel-ent – Reiherente	Buff	
Scheerengeier – Rauhfußbussard	Be1,N	
Scheerengeier – Rotmilan	Jä	
Scheerengeyer – Rauhfußbussard	GD	
Scheerenschnäbliger Kernbeißer –	Be2,MW	
Kiefernkreuzschnabel		
Scheergeierle – Trauerseeschwalbe	Jä	
Scheerke – Flußseeschwalbe (s. Scherke)	O1	
Scheerke – Trauerseeschwalbe (juv.)	Be1,Be2,Be,GD,Krü	
Scheermesserschnabel – Papageitaucher	Be2,Be,N	
Scheermesserschnabel – Tordalk	Krü	
Scheermesserschnäbler – Tordalk	A,Be1,Be2,Be,GD,K,Krü,N	Albin III/95.
Scheermesserschnäblicher	Be	
Papageitaucher – Tordalk		
Scheermesserschnäbliger	Be2,N	
Papageitaucher – Tordalk		
Scheerschnabel – Papageitaucher	Be	
Scheerschnabel – Tordalk	Be1,Be2,Be,GD,N	
Scheerschnäbler – Tordalk	GD	
Scheerschwänzel – Milane	Suol	
Scheerschwänzel – Rotmilan	Be1,Be2,Be,Buff,F,GD,K,N,O1	
Scheerschwenzel – Rotmilan	Be97	
Scheerwänzel – Rotmilan	Hp	
Scheißdreckskrämer – Wiedehopf	F	
Scheißfalk – Schmarotzerraubmöwe	Ad,Krü	
Scheißfalke – Schmarotzerraubmöwe	Be2,Be,Buff,F,K,N	
Scheißregel – Graureiher	Suol	Namen mit ß so lassen.
Scheißreger – Graureiher	Suol	Namen mit ß so lassen.
Scheißrekel – Graureiher	Suol	Namen mit ß so lassen.
Scheissrekel – Wiedehopf	Bri	
Scheißvogel – Schmarotzerraubmöwe	Do,F	
Scheldrack – Gänsesäger	GesH	
Scheldracke – Gänsesäger	Be2,Be,Fri,N	
Scheldrak – Brandgans	F,N	
Scheledrack – Gänsesäger	GesH	
Schelent – Schellente	zLa	
Schell-Ent – Schellente	GesH	
Schell-Ente – Schellente	N	
Schelladler – Schelladler	Ad,B,Buff,CLB3,H	Brehm 1878 Ü
Schelladler – Schreiadler	Be1,Be97, GD,K	Stresemann: Journal für
		Ornithologie, 89, Sonderheft 1941/87.
Schellaria – Schellente	GesS	
Schelldracke – Gänsesäger	F	
Schellen – Schellente	O1	
Schellenadler – Schreiadler	Be2,Be,N	
Schellenadler, klingender – Schreiadler	Be2,N	
Schellent – Löffelente	Suol	

Schellent – Schellente	GesS	
Schellente – Löffelente	Be2,Be,Buff,Krü,N	
Schellente – Reiherente	N	
Schellente – Schellente	B,Be2,CLB2,Krü,MW,O2,3	JAN 1801,VN. KNB
Schellente – Spatelente	Be1,Be2,Be,GD	
Schellente, gemeine – Schellente	V	
Schellente, grosse – Schellente	CLB3	
Schellente, große – Spatelente	N	
Schellente, isländische – Spatelente	N	
Schellente, kleine – Büffelkopfente	H	
Schellente, kurzschnäblige – Schellente	CLB3,N	
Schellente, schmalschnäblige – Schellente	CLB3	
Schellente, schwarzbunte – Schellente	N	
Schellente, weiß- und schwarzbunte – Schellente	CLB3,N	
Schellente, weißbunte – Schellente	N	
Schellenten-Adler, klingender – Schreiadler	Be1,Be	
Schellentenadler, klingender – Schelladler	Buff,GD	
Scheller – Alpenkrähe	Be97,O1	
Scheller – Schelladler	N	N: Bd. 13/040.
Scheller – Waldrapp	Ad,Be1,Buff,GesSH,O1	
Schelltauchente – Schellente	CLB2,N	KNB
Scheltrake – Gänsesäger	Do	
Schelver – Mittelsäger	O1	
Schenkler, weiß – Kormoran	Gun	Schenkel: Unbeständige weiße Flecken.
Scheper – Graureiher	O1	
Scherben – Kormoran	Jä	
Scherengeier – Rauhfußbussard	B	
Scherenschnäbeliger Kernbeißer – Kiefernkreuzschnabel	N	
Scherenschnäblicher Kernbeißer – Kiefernkreuzschnabel	Be	
Scherenweihe – Rotmilan	Do,F	
Scherian – Kranich	Be1,Be2,F,GD,N,O1	
Scherke – Flußseeschwalbe	Ad	
Schermesserschnäbler – Tordalk	F	
Scherp – Wachtelkönig	Suol	
Scherphans – Haussperling	Suol	
Scherrendtlin – Schnatterente	Be2,Be	
Scherrente – Schnatterente	Do,F	Möglich: Von Buffons Schnarr-, Schnerrente.
Scherrentlin – Schnatterente	N	
Scherschnabel – Papageitaucher	Krü	
Scherschnabel – Tordalk	Krü	
Scherschnäbler – Tordalk	Do,F	
Scherschwanz – Milane	Suol	
Scherschwänzel – Rotmilan	Do,GD	
Schertenschnäbler, weißer – Rosaflamingo	Buff,GD	
Schertz – Baumläufer (?)	Suol	
Scherzenvögelin – Baumläufer	Suol	

Scheschke – Birkenzeisig	Suol	
Scheßlin – Birkenzeisig	Suol	Namen mit ß so lassen.
Schetschke – Birkenzeisig	Suol	
Scheuereule – Steinkauz	Ad,K	Albin Band I, 9, Frisch T. 98 + 100.
Scheuereule, kleine – Steinkauz	Buff	
Scheuneneule – Sperlingskauz	Be	
Scheuneneule, kleine – Sperlingskauz	Krü	
Scheunenkauz – Steinkauz	B,F	
Scheunenschwalbe – Rauchschwalbe	Buff,GD,Krü	
Scheuneule – Sperlingskauz	Be1,Be97	
Scheuneule – Steinkauz	N	
Scheuneule, kleine – Sperlingskauz	Be2	
Scheuneule, kleine – Steinkauz	JAN	Oder Sperlingskauz: Be2.
Scheusal – Trauerseeschwalbe	Buff	Buffon/Otto Band 31, 42.
Schewieh – Rotmilan	Do,F	
Schiebchen – Rohrammer	B,Be1,Be2,Be,F,N	
Schiebgen – Rohrammer	JAN	
Schiebichen – Rohrammer	Be2,Be,N,O1	
Schiebjäck – Saatkrähe	O1	
Schiebkarre – Gimpel	GD	
Schieferbrüstchen – Heckenbraunelle	Do,F	
Schieferbrüstige Grasmücke – Heckenbraunelle	CLB2	KNB
Schieferbrüstiger Fluevogel – Heckenbraunelle	O3	
Schieferbrüstiger Flüevogel – Heckenbraunelle	CLB1,2,V	KNB
Schieferbrüstiger Sänger – Heckenbraunelle	Be2,Be,CLB1,2,MW,N,V	Bechstein 1803. KNB
Schieferfarbiger Staar – Einfarbstar	N	N: Bd. 13/226.
Schiefermöwe – Heringsmöwe	H	
Schieferstar – Einfarbstar	F	
Schieldrake – Brandgans	Buff	
Schießhöfferich – Wiedehopf	Suol	
Schiet in't Hei – Kohlmeise	Do,F	
Schietenreiher – Graureiher	Häp	
Schiethupper – Wiedehopf	Bri	
Schietlarch – Haubenlerche	Do,F	
Schilänte – Stockente	Buff	
Schild Endtle – Löffelente	Schwf,Suol	
Schild Ente – Löffelente	Fri	
Schild Reger – Nachtreiher	Schwf	
Schild-endte – Löffelente	Buff	
Schild-Ent – Löffelente	GesH	
Schild-ent – Reiherente	Buff	
Schild-Ent – Schellente	GesH	
Schildamsel – Ringdrossel	Buff,GD,Hp	
Schildamsel – Wasseramsel	Do,F	
Schildamsel (helv.) – Ringdrossel	Ad,Be1,Be2,Be,Be97,F,Jä,Krü,N,O2,Suol,V	

Schilddrossel – Ringdrossel	Ad,B,Be2,Be,Buff,F,Fri,GD,N	
Schildente – Löffelente	Ad,B,Be1,Be2,Be,Buff,F,Fri,GD,Hp,K Krü,N	
	Frisch Tafeln 161–163, alle 1758.	
Schildente – Schellente	Krü	
Schildente – Stockente (Var.)	Be1,Be2,Be,Be97,Buff,O1,2	
Schildfink – Buchfink	B,Be1,Be2,Be,Buff,F,GD,Hp,Krü,N,Suol	
Schildhahn – Auerhuhn (männl.)	Krü	
Schildhahn – Birkhuhn	Ad,Be1,Be2,Be,Be97,Buff,F,GD,Hp,N	VN
Schildhan – Birkhuhn	Suol	
Schildhenne – Auerhuhn (weibl.)	Krü	
Schildhuhn – Birkhuhn	B,F,O1	
Schildkrae – Nebelkrähe	Buff	
Schildkrähe – Mittelspecht	Do	Als Trivialname sehr unwahrscheinlich.
Schildkrahe – Nebelkrähe	H	
Schildkrähe – Nebelkrähe	Ad,Be,Be1,2,97,05,CLB2,F,GD,Hp,Krü,N	KNB
Schildnachtigall – Blaukehlchen	Be1,Be2,Be,Be97,F,Krü,N	
Schildrabe – Nebelkrähe	Ad,Krü	
Schildreger – Nachtreiher	Be2,N,Suol	
Schildreiher – Graureiher	Be2,F,N	
Schildreiher – Nachtreiher	Ad,B,Be1,Be2,Be,Be97,F,GD,Krü,N,O1,V	
Schildreyer – Nachtreiher	Buff	
Schildreyger – Nachtreiher	K	Frisch T. 203.
Schildröstle (helv.) – Ringdrossel	H	
Schildseeschwalbe – Weißflügelseeschwalbe	B	
Schildspecht – Buntspecht	B,F,Scha	
Schildspecht – Kleinspecht	B,F	
Schildspecht, großer – Buntspecht	N	
Schildspecht, kleiner – Kleinspecht	N	
Schildspecht, kleiner – Mittelspecht	B,N	
Schildtaube – Ringeltaube	Krü	
Schildtaucher – Reiherente?	Mic	„Schildente" ist Tauchente.
Schildvink (holl.) – Buchfink	H	
Schilf-Dornreich – Rohrsänger allg.	P1	
Schilf-Dornreich – Schilfrohrsänger	P,Z	
Schilf-Rohrsänger – Schilfrohrsänger	N	
Schilf-Rohrsänger, kleiner – Mariskensänger	N	N: Bd. 13/456.
Schilf-Schmätzer – Schilfrohrsänger	Z	
Schilf-Schmätzer – Sumpfrohrsänger	Z	Auch: Schilfschmätzer.
Schilfdornreich – Neuntöter	Suol	
Schilfdornreich – Schilfrohrsänger	Ad,Krü	
Schilfdornreich – Teichrohrsänger	B,Be1,Be2,Be,Be97,Krü,N	
Schilfdrossel – Drosselrohrsänger	Be2,Be,F,N,O1	
Schilffalk – Rohrweihe	B	
Schilfgeier – Rohrweihe	B	
Schilfgrasmücke – Schilfrohrsänger	Do,F	
Schilfhaun (westf.) – Bläßhuhn	H	
Schilfrohrammer – Rohrammer	CLB3	

Schilfsänger – Schilfrohrsänger	Be2,Be,CLB2,Krü,MW,N,O1,2,3	Be 1802, KNB
Schilfsänger – Teichrohrsänger	B,Krü	
Schilfsänger, Bonellis – Berglaubsänger	CLB2	KNB
Schilfsänger, Brehms – Teichrohrsänger	CLB3	
Schilfsänger, Cettischer – Seidensänger	CLB2	KNB
Schilfsänger, drosselartiger – Drosselrohrsänger	CLB1,2,3,V	KNB
Schilfsänger, dünnschnäbliger – Feldschwirl	CLB3	
Schilfsänger, gestreifter – Seggenrohrsänger	CLB1,2,3,N	KNB
Schilfsänger, kleiner – Teichrohrsänger	V	
Schilfsänger, nordischer – Schilfrohrsänger	CLB3	
Schilfsänger, Pallasischer – Streifenschwirl	CLB2	KNB
Schilfsänger, schön singender – Sumpfrohrsänger	CLB3	
Schilfsänger, schwarzstreifiger – Schilfrohrsänger	CLB3	
Schilfsänger, seidenartiger – Seidensänger	CLB2,H	KNB
Schilfschmätzer – Rohrammer	Be2,Be97,Buff,Krü	
Schilfschmätzer – Schilfrohrsänger	GD,Z	
Schilfschmätzer – Seggenrohrsänger	Do,F	
Schilfschmätzer – Teichrohrsänger	B,Be1,Be2,Be,Be97,Krü,N	
Schilfschnitzer – Rohrammer	Be1	
Schilfschwätzer – Rohrammer	B,Be,F,GD,N	
Schilfsperling – Rohrammer	F,N	
Schilfsperling – Sumpf-/Weidenmeise	Be1,Be2,Be,Buff,GD,Krü	
Schilfsperling – Sumpfmeise	H,N	
Schilfvogel – Rohrammer	B,Be1,Be2,Be,Be97,Buff,F,GD,N	
Schilfvögelein – Schilfrohrsänger	Z	
Schilfweih – Rohrweihe	B	
Schilfweihe – Rohrweihe	Be2,F,N	
Schilk – Haussperling	O1	Oken 1816: S. 395.
Schillele – Haushuhn (juv.)	Suol	
Schilling'sche Raubseeschwalbe – Raubseeschwalbe	CLB3	
Schillingische Seeschwalbe – Raubseeschwalbe	CLB1	KNB
Schillingsche Raubseeschwalbe – Raubseeschwalbe	N	
Schillingsche Seeschwalbe – Raubseeschwalbe	CLB2	
Schilpschalp – Zilpzalp	Do,F	
Schilt Krahe – Nebelkrähe (sil.)	Schwf,Suol	
Schilt-ent – Löffelente	Buff	
Schiltent – Schellente	GesS	
Schiltente – Löffelente	GesS,Suol	
Schiltente – Schellente	Ges	Schnabel leicht konvex wie Schild.
Schiltkräe – Nebelkrähe	GesS	

Schiltkrae – Nebelkrähe	Suol	
Schiltreiher – Graureiher	Scha	
Schiltspecht – Buntspecht (allg.)	StVb,Suol	Straßb. Vogelb. Vers 423.
Schimmel – Bergente	B,Be1,Be2,Be,Be97,Buff,N	
Schimmel Endte – Reiherente oder Bergente	Mic	
Schimmelänte – Bergente	Buff	
Schimmeldücker – Bergente	WüCl	
Schimmelente – Bergente	F,H,Jä	
Schimmelente – Reiherente	Do,F	
Schindel-Kriecher – Baumläufer	Z	
Schindelkriecher – Baumläufer	Be1,Be2,Be,Be97,Buff,F,GD,Krü,Z	
Schindelkriecher – Waldbaumläufer	N	
Schinkendêw – Kohlmeise	Suol	
Schinkenmeise – Kohlmeise	B,Be1,Be,Buff,F,GD,Krü,N	
Schinkowitz (krain.) – Buchfink	Be1,Be2	
Schinz's Strandläufer – Alpenstrandläufer	N	
Schinzischer Schlammläufer – Alpenstrandläufer	CLB3	
Schinzischer Strandläufer – Alpenstrandläufer (Schinz)	CLB1,2,N,O3	KNB
Schippchen – Haushuhn (juv.)	Do,Suol	
Schipser – Haushuhn (juv.)	Suol	
Schirfe – Rohrsänger	O1	
Schirigadl – Elster	Suol	
Schirpis (lett.) – Kernbeißer	Buff	
Schirtmöwe – Zwergseeschwalbe	F,H	
Schißdreckvogel – Wiedehopf	Suol	
Schißhöfferich – Wiedehopf	Suol	
Schit'edreier – Graureiher	F	
Schitrehger – Graureiher	Bri	
Schitscherling – Birkenzeisig	Be1,F	
Schitterei – Graureiher	Suol	
Schitterreiher – Graureiher	Häp	
Schittrei – Graureiher	Suol	
Schittreiger – Graureiher	Bri	
Schittreiher – Graureiher	Be,Bri	
Schittscherling – Birkenzeisig	Be2,N	
Schitzkebier – Buchfink	JAN	Finkenschlag, z. T. auch Finkenname.
Schitzkebier, kleiner – Buchfink	JAN	Finkenschlag, z. T. auch Finkenname.
Schkengs – Haussperling	Do,F	
Schlachter – Lannerfalke	Krü	
Schlächter – Raubwürger	Do,F	Lanius: Schlächter. Gessner 1555.
Schlachter – Würgfalke	F,Krü,N	
Schlachter, großer – Gerfalke	Be2,N	
Schlächter, großer – Lannerfalke	GD	
Schlachter, großer – Würgfalke	Be1	
Schlachtfalke – Würgfalke	B,CLB3,F,N,O2	
Schlackergans – Saatgans	F,H	

Schlackergaus – Graugans, Saatgans	Suol	
Schlaerule – Schleiereule	Suol	
Schläfereule – Schleiereule	B,F,GD,N	
Schlafeule – Schleiereule	F	
Schlag Taube – Felsen-/Haustaube	Schwf,Suol	
Schlag-Wachtel – Wachtel	N	
Schlagende Grasmücke – Nachtigall	Be2,CLB2,N	KNB
Schlagender Sänger – Nachtigall	CLB2	KNB
Schläger – Sprosser	Be2,Be	
Schlagfalk – Würgfalke	B	
Schlagfink – Buchfink	B	
Schlaghahn – Haubentaucher	B,Be1,Be2,Be,Be97,F,GD,Krü,N	
Schlagschwirl – Schlagschwirl	B,H	Liebe 1878; Brehm 1879, KN
Schlagtaub – Ringeltaube	GesSH	
Schlagtaube – Haus-/Felsentaube	Be2,Buff,GD,K,Krü,N ...	
	... Albin Band III, 42, Columba livia.	
Schlagtaube – Ringeltaube	Be1,Be2,Be,Buff,Fri,Hp,Krü,N,V	
Schlägtaube – Ringeltaube	P1	
Schlagtaube, große – Ringeltaube	F	
Schlagtaube, zahme – Haus-/Felsentaube	GD	
Schlagwachtel – Wachtel	B,Be1,Be2,Be,Be97,F,N	N: Schlag-Wachtel.
Schlammläufer – Alpenstrandläufer	CLB3	
Schlammläufer, bogenschnäbliger – Sichelstrandläufer	CLB3	
Schlammläufer, breitschnäbliger – Sumpfläufer	CLB3	
Schlammläufer, kleiner – Zwergstrandläufer	CLB3	
Schlammläufer, kleinster – Temminckstrandläufer	CLB3	
Schlammläufer, langschnäbliger – Sichelstrandläufer	CLB3	
Schlammläufer, pommerscher – Alpenstrandläufer	CLB3	
Schlammläufer, Schinzischer – Alpenstrandläufer	CLB3	
Schlammläufer, Temminckscher – Temminckstrandläufer	CLB3	KNB
Schlammsauger – eine Art Moß-Vögel = ?	Z	Eine Art Moß – Vögel = ?
Schlangenadler – Schlangenadler	H,O3	C. L. Brehm 1831, KN
Schlangenadler, hochköpfiger – Schlangenadler	CLB3	
Schlangenadler, kurzzehiger – Schlangenadler	CLB2	KNB
Schlangenadler, plattköpfiger – Schlangenadler	CLB3	
Schlangenbussard – Schlangenadler	B,F	
Schlangenfresser – Mäusebussard	Be2,Be,F,N	
Schlanke Ohreule – Waldohreule	CLB3	

Schlanker Kuckuck – Häherkuckuck	CLB3	
Schlanz (krain.) – Nachtigall	Be1,Be2	
Schläphack – Colymbus podiceps L. ...	Nicht identifizierb. Sagenh.? Nordam.	
... (Podiceps carolinensis)	Lappentaucher.	
	Hann. Mag. 1780, 412. S. Gatterer S. 164.	
Schlappfittich – Grauschnäpper	Do,F	
Schlappfittich – Trauerschnäpper	F,H	
Schlaren-Vögelein – Schilfrohrsänger	Z	Auch: Schlarenvögelein.
Schlatenvögelein – Schilfrohrsänger	Z	
Schlayreul – Schleiereule	HaSa,Suol	H. Sachs, 1531, Regiment ...,
		V. 222.
Schlechtfalk – Wanderfalke	MW,O1	
Schlechtfalk – Würgfalke	Krü,V	
Schlechtfalke – Gerfalke	Be2,Be	
Schlechtfalke – Wanderfalke	Ad	
Schlechtfalke – Würgfalke	Ad,Be,CLB1,2	KNB
Schleckergans – Saatgans	F,H	
Schleckergans – Schneegans	Be2,Buff,GD,N	
Schleckergoos – Kranich	Häp	
Schleeps Raubmöve –	CLB2,3	KNB
Schmarotzerraubmöwe		
Schleier Eul – Waldohreule	Tu	
Schleier Eule – Schleiereule (sil.)	Schwf	
Schleier-ühl (helgol.) – Schleiereule	H	
Schleieraffe – Schleiereule	F	
Schleierauffe – Schleiereule	Be1,Be2,Be,Be97,Buff,N	
Schleiereul – Schleiereule	Suol	Schleiereule 15. Jahrh.
Schleiereule – Schleiereule	Ad,B,Be1,2,Be,Be97,Be05,CLB1,2,Jä, ...	
	... Krü,N,O1,2,3,V	
Schleiereule – Waldkauz	Be,N	
Schleiereule – Schleiereule	Buff	
Schleiereule, gelbe – Schleiereule	Be,N	
Schleiereule, rote – Schleiereule	Be2,N	
Schleierkautz – Schleiereule	N,V	
Schleierkauz – Schleiereule	B,Be2,Be,CLB1,2,F,MW,N	KNB
Schleierkauz, deutscher – Schleiereule	CLB3	
Schleierlerche – Heidelerche	F,V	
Schleiermeese – Schwanzmeise	Scha	
Schleiermeise – Haubenmeise	Ad,Krü	
Schleiermeise – Schwanzmeise	B,F	
Schleiermeise – Sumpfmeisemeise	Krü	
Schleiertaube – Felsen-/Haustaubenrasse	O1	
Schleuereule – Schleiereule	Fri,JAN,K	Albin Band III, 7 + 8.
Schleyer eyl – Schleiereule	StVb	
Schleyer Taube – Haustaubenrasse	Fri	
Schleyer-Eule – Schleiereule	Kö,P,Z	
Schleyer-Meise – Sumpf-/Weidenmeise	Suol	
Schleyereul – Schleiereule	GesSH	
Schleyereule – Schleiereule	GD,Hp,K	Frisch T. 97 u. Albin III, 7 + 8.

Schleyereule, gelbe – Schleiereule	GD	
Schleyereule, rote – Schleiereule	Fri,GD	
Schleyertaube – Haus-/Felsentaube	GD	Zu Rasse Haubentaube.
Schlichente – Mittelsäger	B,Be2,F,N	
Schlichtänte – Mittelsäger	Buff	
Schlichtendte – Mittelsäger	Schwf	Richtig: Schluchtente. Druckfehler b. Schwenkfeld.
Schlichtente – Mittelsäger	Be,GD,Krü,Suol …	
		Richtig: Schluchtente. Druckfehler b. Schwenkfeld.
Schlichtköpffiger großer Taucher – Haubentaucher	GD,K	Albin Band I, 81.
Schlickheister – Austernfischer	Bri	
Schliefente – Reiherente	B,F,N	
Schlingrabe – Kormoran	Ad,K	
Schloppe – Flamingos, Löffler	O1	
Schlosserhahn – Kohlmeise	Do,F	
Schlösserle – Birkenzeisig	Be1	
Schlossermeise – Kohlmeise	Do,F	
Schloßweiße Türckische Turtel Taube – Lachtaube	zLa	
Schlotengatzer – Drosselrohrsänger	B,Jä	
Schlotschwalbe – Rauchschwalbe	B,Be2,F,N	
Schlub(fries) – Löffelente	GesS	
Schluchente – Mittelsäger	B,Be2,F,N	
Schlucht-Ent – Gänsesäger	zLa	
Schlucht-Ent – Mittelsäger	GesH	
Schluchtente – Gänsesäger	GesS	
Schluchtente – Mittelsäger	GesS,Suol	
Schlucker – Kormoran	Ad,Be1,Be2,Be,Buff,F,Fri,GD,GesS, …	
	… K,Krü,N,Suol	Frisch Tafel 187, 1758.
Schlucker – Krähenscharbe	Buff,N	
Schlucker – Ziegenmelker	Buff	
Schlüpfgrasmücke – Provencegrasmücke	B	
Schlupfkönig – Zaunkönig	B,Be2,Be,Buff,F,GD,Hp,N	
Schmähknecht – Wiedehopf	F,H	
Schmahlente – Krickente	Krü	
Schmal-Ende – Pfeifente	Suol	
Schmal-Endte – Krickente	G	
Schmäl-Endte – Stockente	Buff	
Schmalänte – Stockente	Buff	
Schmälchen – Baumpieper	Do	
Schmale – Pfeifente	Suol	
Schmälendte – Pfeifente	Schwf	
Schmalente – (Krick-/)Knäkente	Fri	
Schmalente – Krickente	Ad,Be2,Be,Krü	
Schmalente – Stockente	Be1,Be97,O1,2	
Schmalköpfige Waldschnepfe – Waldschnepfe	CLB3	
Schmalschnabel-Lumme – Trottellumme	N	

Schmalschnäbelige Lumme – Trottellumme	Do	
Schmalschnäbeliger Wassertreter – Odinshühnchen	N	
Schmalschnäblige Eidertauchente – Eiderente	CLB2	KNB
Schmalschnäblige Kriekente – Krickente	CLB3	
Schmalschnäblige Lumme – Trottellumme	F	
Schmalschnäblige Pfeifente – Pfeifente	CLB3	
Schmalschnäblige Reihermoorente – Reiherente	CLB3	
Schmalschnäblige Schellente – Schellente	CLB3	
Schmalschnäblige Spießente – Spießente	CLB3	
Schmalschnäbliger graukehliger Steißfuß – Rothalstaucher	CLB3	
Schmalschnäbliger Hakengimpel – Hakengimpel	CLB3	
Schmalschnäbliger Wassertreter – Odinshühnchen	CLB2,WüCl	KNB
Schmalschwänzige Kolbenente – Kolbenente	CLB3	
Schmalschwänzige Trauerente – Trauerente	CLB3,N	
Schmalvogel – Baumpieper	B,Be2,F,N	
Schmalzbettler (österr.) – Kleiber	F,H,Suol	
Schmänte – Pfeifente	Be97	
Schmarnza (krain.) – Rotkehlchen	Be1,Be2	
Schmarotzer – Rotmilan	Be2	
Schmarotzer-Raubmeve – Schmarotzerraubmöwe	N	
Schmarotzermeve – Schmarotzerraubmöwe	Be1,Be2,GD,MW	
Schmarotzermewe – Schmarotzerraubmöwe	Buff,Krü	
Schmarotzermöve – Schmarotzerraubmöwe	Be,GD,N,O1	
Schmarotzerraubmeve – Schmarotzerraubmöwe	MW	
Schmarotzerraubmöve – Schmarotzerraubmöwe	B,CLB1,2,3,O3,V	KNB
Schmarozzer – Jungfernkranich	Buff	Plinius, zitiert v. Halle S. 521.
Schmarutzer – Rotmilan	Be2	Le Vaillant: Parasite, übers. Bechstein.
Schmätzender Fliegenvogel – Trauerschnäpper	Be1	
Schmätzerle – Hausrotschwanz	Ad	
Schmeenk – Pfeifente	Bri	
Schmeent – Pfeifente	Bri	
Schmei – Pfeifente	Suol	
Schmeige – Pfeifente	Baldn	
Schmeigen – Pfeifente	Suol	
Schmelche – Mehlschwalbe	Suol	
Schmelche – Singdrossel	Suol	Steiermark

Schmelchen (österr.) – Baumpieper	F,H	
Schmelcherl – Baumpieper	Suol	
Schmelcherl – Mehlschwalbe	Suol	
Schmelcherl – Zwergohreule	Suol	
Schmelchvogerl – Baumpieper	Suol	
Schmelichen – Pfeifente	Schwf,Suol	
Schmelichen – Stockente	Buff	
Schmelvogel – Baumpieper	Be	
Schmelvogel (öster.) – Wiesen- und Baumpieper	Be1,Krü	
Schmelvogerl – Baumpieper	Suol	
Schmelvogl – Wiesenpieper	Buff	
Schmerl – Baumfalke	Ad,Be2,Be,F,K,N,Z	
Schmerl – Merlin	Buff,G,GD	Zorn lehnte einen drosselgroßen Schmerl ab.
Schmerl – Merlin	Ad,B,Be1,Be2,Be,G,Krü,N,Suol,V	
Schmerl – Sperber	G,Suol	
Schmerl – Wanderfalke	Z	
Schmerl, europäischer – Merlin	Be2,Be,N	
Schmerlchen – Merlin	Ad,Krü	
Schmerle – Merlin	Ad,GesS,Krü	
Schmerlein – Merlin	Ad,Do,F,Krü	
Schmerlfalk – Wanderfalke	B	
Schmerlfalke – Baumfalke	Do,F	
Schmerlgeier – Baumfalke	Ad,Krü	
Schmerlgeier – Merlin	Krü	
Schmerlin – Merlin	Suol,zLa	Smirlin bei Alb. Magnus.
Schmerling – Merlin	Buff,GD,O2	
Schmervogel – Baumpieper	Suol	
Schmervogel – Heidelerche	Be1,Be2,Be,Buff,N,V	
Schmetsche – Grasmücke (allg.)	Suol	
Schmetternde Grasmücke – Sprosser	Be2,CLB2,N	KNB
Schmetz – Zaunkönig	Do,F	
Schmetzerle – Gartenrotschwanz	Krü	
Schmeu – Zwergsäger	O1	
Schmey – Pfeifente	Buff	
Schmeymer – Lanner	Buff	
Schmeymer – Mäusebussard	GesS	
Schmia – Pfeifente	H	
Schmidetseasch – Kohlmeise	Suol	
Schmidtl – Fitis	B	
Schmiedel (wien.) – Fitis	H	
Schmiedel (wien.) – Waldlaubsänger	F,H	
Schmiedel (wien.) – Zilpzalp	H,Suol	
Schmiel-Ente – Krickente	Fri	
Schmielber – Schwalbe (allg.)	Suol	
Schmiele – Pfeifente	Suol	
Schmielente – Knäkente	B,Be2,Be,N	
Schmielente – Krickente	Be2,Be,F,Fri,Krü,N	

Schmiering – Bruchwasserläufer	Be2,Be,Buff,K,Krü	
Schmierl – Merlin	Ad,O1	
Schmierl – Sperber (männl.)	Be2,N	
Schmierlein – Merlin	Ad,Be1,Be2,Be,Be05,Buff,F,GD,HaSa,Hp, …	
	… K,Krü,N,Suol	Hans Sachs, 1531, Vers 153.
Schmil-Ent – Stockente	GesH	
Schmilendte – Pfeifente	Schwf	
Schmilendte – Stockente	Buff	
Schmilent – Stockente	Buff	
Schmilente – Pfeifente	Suol	
Schmirbel – Schwalbe (allg.)	Suol	
Schmirl – Baumfalke	Z	Ist aber Merlin.
Schmirl – Merlin	Ad,Suol	
Schmirle – Merlin	GD,StVb,Suol,zLa	Straßb. Vogelb. V. 349.
Schmirlein – Merlin	GesS	
Schmirlin – Merlin	Suol	
Schmirn – Sperber	B,F	
Schmirring – Bruchwasserläufer	Be2,BeGesSH,K,Schwf …	
	… Ochropus magnus, 22 cm.	
Schmirring – Triel	Ges	Gessner, 1585.
Schmirrling – Bruchwasserläufer	Be1	
Schmittl – Fitis	Be1,Be2,Be,Be97,F,GD,N	
Schmittl – Zilpzalp	F,N,Suol	
Schmollef – Schwalbe (allg.)	Suol	
Schmorbel – Schwalbe (allg.)	Suol	
Schmuelmesch – Schwalbe (allg.)	Suol	
Schmüente – Pfeifente	F,N	
Schmuerwel – Schwalbe (allg.)	Suol	
Schmuns – Grünfink	JAN	
Schmünte – Pfeifente	B,Be1,Be2,Be,F,GD,N,O1	
Schmurbel – Schwalbe (allg.)	Suol	
Schmutzgeier – Schmutzgeier	B	
Schmutzhahn – Wiedehopf	F,H	
Schmutziger Aasgeier – Schmutzgeier	CLB2,3,O3	KNB
Schmutziger Aasvogel – Schmutzgeier	MW,N	
Schmyhe – Pfeifente	StVb,Suol	
Schnaar – Misteldrossel	Be2,Be,Krü,N	
Schnaarziemer – Misteldrossel	Be2	
Schnabbelschnabel – Säbelschnäbler	Krü	
Schnabel-Schnabel – Säbelschnäbler	Buff	
Schnäbelin, breyt – Löffelente	Suol	
Schnabelschwan – Höckerschwan	Buff,Krü	
Schnabelschwan – Singschwan	Be2,Be	
Schnäbler – Säbelschnäbler	Ad,Krü	
Schnäderent – Ente (männl.)	Suol	
Schnagezer – Wacholderdrossel	Suol	
Schnaivogel – Buntspecht	F,H	
Schnäkäker (Braunschw.) – Wachtelkönig	H	
Schnarcher (hess.) – Wachtelkönig	H	

Schnarcheule – Schleiereule	B,F
Schnarchhuhn – Auerhuhn	Krü
Schnarchhuhn – Mittelwaldhuhn/	Be1,Be2,GD,N
Rackelhuhn	
Schnarchkautz – Schleiereule	N
Schnarchkauz – Schleiereule	Be2,F,Suol
Schnarchuhn – Rackelhuhn	Buff
Schnärente – Knäkente	Be2
Schnarf – Wachtelkönig	B,Be1,Be2,Be,GD,Krü,N,O1
Schnarker – Wachtelkönig	B,Be1,Be2,Be,GD,Krü,N,O1
Schnarp – Wachtelkönig	O1,Suol
Schnärper – Bläßhuhn	Do
Schnarper – Wachtelkönig	B
Schnärper – Wachtelkönig	Be,N
Schnarr – Misteldrossel	Suol,V
Schnarr Endte – Schnatterente	Schwf,Suol
Schnarr-Endte – Schnatterente	K
Schnarr-Ente – Schnatterente	Hp
Schnarr-ente – Schnatterente	Buff
Schnarr-Ganß – Gänsesäger	Z
Schnarrant – Schnatterente	WüCl
Schnarränte – Schnatterente	Buff
Schnarrdart – Wachtelkönig	Häp
Schnarrdrossel – Misteldrossel	Buff,GD,Hp,K
Schnarrdrossel – Misteldrossel	Ad,Be1,Be2,Be,F,Krü,N,WüCl
Schnarre – Misteldrossel	Ad,Be1,Be2,Be,Be97,Buff,CLB2,F,Fri,GD, …
	… Hp, K,Krü,N,O2,Scha,Schwf,Suol,V
	Frisch T. 25.
Schnärre – Misteldrossel	Be,Buff,F,N,Suol
Schnarre – Teichhuhn	Krü
Schnärre – Wacholderdrossel	Do,F
Schnarre – Wachtelkönig	Ad,Buff,GD,Jä,K,Krü,SuolZ
Schnarre – Wasserralle	Krü
Schnarre, kleine – Singdrossel	Fri
Schnärrente – Knäkente	B,Be,F,N
Schnarrente – Krickente	H
Schnarrente – Schnatterente	Ad,B,Be1,Be2,Be,Be97,Buff,F,GD,K,Krü,N
	Frisch Tafel 168, 1758.
Schnarrer – Misteldrossel	Ad,Suol,zLa onomatopoetisch
Schnarrer – Wachtelkönig	Be,Scha
Schnarrezer – Misteldrossel	Suol
Schnarrgans – Gänsesäger	Be1,Be2,Be,F,Buff,GD,Krü,N
Schnarrhuhn – Wachtelkönig	Suol
Schnarrhühnchen (sächs.) – Wachtelkönig	H
Schnarrichen – Wachtelkönig	B,Be1,Be2,Be,GD,Hp,Krü,N
Schnarrwach – Wachtelkönig	Suol
Schnarrwachtel – Wachtel	B,Be2,Be,F,GD,N
Schnarrwachtel – Wachtelkönig	Ad,Be1,Be2,Be,F,GD,Hp,Krü,N,Suol
Schnarrziemer – Misteldrossel	Be1,Be,F,Krü,N

Schnärrziemer – Misteldrossel	N	
Schnärz – Wachtelkönig	B,Be1,Be2,Be,Be97,CLB2,F,Krü,N,O2,V	KNB
Schnärz – Wasserralle	O1	
Schnatter Endte – Schnatterente	Schwf,Suol	KNB
Schnatter-Endte – Schnatterente	K	
Schnatter-Ente – Schnatterente	Buff,Hp	
Schnatter-ente – Schnatterente	Buff	
Schnatterente – Schnatterente	Ad,B,Be1,Be2,Be,Be97,Buff,CLB2,GD,K …	
	… Krü,MW,N,O1,2,3,V	Frisch T. 168.
Schnatterente, großschnäblige – Schnatterente	CLB3	
Schnatterente, kleinschnäblige – Schnatterente	CLB3	
Schnatterer – Hausente	Be2	
Schnatterer – Stockente	Be1,Buff	
Schnê-Chräje – Alpendohle	Suol	
Schneamoas – Schwanzmeise	Suol	
Schneatâcha – Alpenkrähe	Suol	
Schnebler – Gänse- und Mittelsäger	StVb	
Schnebler – Gänsesäger	Suol	
Schnebler – Mittelsäger	Suol	
Schnêchächli – Alpendohle	Suol	
Schneckenfresser – Samtente	Suol	
Schnee Amsel – Ringdrossel	Schwf	
Schnee Finck – Bergfink	Schwf	
Schnee Gan? – Saatgans	Baldn	
Schnee Gans – Schneegans	Schwf	
Schnee Huhn – Schneehuhn	Fri	
Schnee Leschke – Seidenschwanz (sil.)	Schwf	
Schnee-Ammer – Schneeammer	Buff	
Schnee-Eule – Schnee-Eule	N	
Schnee-Fink – Schneesperling	N	
Schnee-gans – Rosapelikan	Buff	
Schnee-Gans – Schneegans	N	
Schnee-Ganß – Graugans	Kö	
Schnee-Ganß – Saatgans	GesH	
Schnee-Hun – Schneehuhn	Kö	
Schnee-König – Zaunkönig	Fri	
Schnee-Lerche – Ohrenlerche	Fri	
Schnee-Leschke – Seidenschwanz	Suol	
Schnee-Meiße – Schwanzmeise	P1	
Schnee-Ortolan – Schneeammer	Buff	
Schnee-Spornammer – Schneeammer	N	
Schnee-vogel – Schneehuhn	Kö	
Schneeaar – Rauhfußbussard	B,CLB2,F,JAN,N,V	KNB
Schneealpenrabe – Alpendohle	O3	
Schneeammer – Schneeammer	Ad,B,Be1,Be2,Be,Be97,Buff,CLB2,Fri, …	
	… GD,K Krü,MW,N,O1,2,V	Frisch T. 6, 1734.
		KNB
Schneeammerling – Schneeammer	B,Be1,Be,F,Suol	KN

Schneeamschel – Ringdrossel	Suol
Schneeamsel – Mornellregenpfeifer	H
Schneeamsel – Ringdrossel	Be,Buff,F,GD,Suol
Schneeânt – Pfeifente	Bri,Häp
Schneebergfink – Bergfink	CLB3
Schneebussard – Rauhfußbussard	Do,F
Schneedachel – Alpendohle	B
Schneedachl – Alpendohle	F,H
Schneedahle – Dohle	Be2,N
Schneedale – Alpendohle	Suol
Schneedohle – Alpendohle	CLB2,F,H,O1 KNB
Schneedohle – Dohle	Ad,Be1,Be2,Be,Be97,Be05,Krü,N
Schneedrossel – Ringdrossel	Ad,B,Be2,Be,F,K,Krü,N,Scha,V Frisch T. 30.
Schneedsgern (bayer.) – Wachtelkönig	H,Jä
Schneeemmerling – Schneeammer	Be2,Buff,GD,N
Schneeeule – Schnee-Eule	B,Be1,Be2,Be,Be05,CLB2,GD,N,O1,3,V... KNB
	Pallas/v. Zimmermann 1787: Ü aus Snowy owl.
Schneefinck – Bergfink	GesSH
Schneefink – Bergfink	Ad,Be1,Be2,Be,Buff,F,GD,Hp,K,Krü,N,Suol
	Frisch Tafel 3, 1733.
Schneefink – Schneeammer	Be,F,N,O2
Schneefink – Schneesperling	Be2,Be,Be97,Buff,CLB1,2,GD,MW,N, ...
	... O1,2,3, Müller1773 Ü, franz.Name: Brisson
	1760. KNB
Schneefinke – Bergfink	GD
Schneefinke – Schneeammer	Be1
Schneeflocke – Schneeammer	ZLa
Schneegacke – Dohle	Be1,Be2,Be,Krü
Schneegäcke – Dohle	Ad,Be2,Be97,F,GD,Krü,N
Schneegake – Dohle	N
Schneegans – Bläßgans	H
Schneegans – Graugans	Be1,Be2,Be,Be97,Buff,Fri,GD,Hp,Jä,Krü, ...
	... N,O2 Buffon/Otto: Gilt auch für die Hausgans.
Schneegans – Rosapelikan	Ad,Be1,Be2,Be,Be97,Buff,Fri,GD,K,Krü,N, ...
	... Schwf GD: Der Name ist „fälschlich",
	Frisch T. 186.
Schneegans – Saatgans	Be2,Be,Be05,F,Fabr,Jä,N,O1
	Fabricius: Gans kommt erst spät aus dem Norden.
Schneegans – Schneegans	Ad,B,Be1,Be2,Be,Buff,CLB2,GD,K, ...
	... Krü,MW,N,O1,3 Pallas 1776, KNB
Schneegans, kleine – Saatgans	Be2,Krü,N,O2
Schneegansente – Schneegans	N
Schneegansente, nordische – Schneegans	CLB3
Schneeganß – Rosapelikan	GesH
Schneeganß – Saatgans	GesS,Suol Namen mit ß so lassen.
Schneegeier – Mäusebussard	H
Schneegeier – Rauhfußbussard	B,F,N,Suol
Schneegeyer – Rauhfußbussard	GD
Schneegitz (schwäb.) – Goldammer	Do,Suol
Schneeguckerl – Schwanzmeise	Suol

Schneehase – Schneehuhn	Be1,Be2,Be,Buff,GD	
Schneehuen – Alpenschneehuhn	GesS,Suol	
Schneehuhn – Alpen-/Moorschneehuhn	K	Frisch T. 110–111.
Schneehuhn – Alpenschneehuhn	B,F,Jä,N,O1,V	
Schneehuhn – Moorschneehuhn	N	
Schneehuhn – Sandflughuhn	JAN	J. A. Naum. 1804 benannt – Widerruf 1805.
Schneehuhn – Schneehuhn	Ad,Be1,Be2,Be,Be97,Buff,Fri,GD,Krü	
	Frisch T. 110 + 111, 1758.	
Schneehuhn, europäisches – Schneehuhn	Be2	
Schneehuhn, isländisches –	CLB2,O2,3,V	KNB
Alpenschneehuhn		
Schneehuhn, isländisches – Schneehuhn	Krü	
Schneehuhn, nordisches – Moorschneehuhn	CLB1	
Schneehuhn, Reinhards – Alpenschneehuhn	CLB2	KNB
Schneehuhn, schottisches – Schottisches	Krü,O2,V	
Moorschneehuhn		
Schneehün – Alpenschneehuhn	GesH,Suol	
Schneehün – Schneehuhn	P,StVb	
Schneekader – Misteldrossel	Be,Jä	
Schneekader, doppelter – Misteldrossel	Be2,N	
Schneekäke – Dohle	JAN,N,Suol	
Schneekaker – Wachtelkönig	Häp	
Schneekater – Misteldrossel	B,F	
Schneekater – Ringdrossel	Suol	Katel ist Katharina.
Schneekater, weiß – Ringdrossel	Suol	
Schneekatter – Ringdrossel	Suol	
Schneekautz – Schnee-Eule	Be2,N	
Schneekauz – Schnee-Eule	Be,CLB1,2,F,MW,O2	Bechstein? KNB
Schneekauz, nordischer – Schnee-Eule	CLB3	
Schneekiniger (Sudeten) – Zaunkönig	Do … „und pfeift munter trotz Eis u. Schnee".	
Schneekinigerl (Linz) – Zaunkönig	F,H,Suol	Fri T. 24, 1736.
Schneekönig – Zaunkönig	Ad,B,BeBe1,Be2,Be,Be97,Buff,CLB1,2, …	
	… F,Fri,GD,GesH,Hp,Jä,K,Krü,N,Scha, …	
	… Schwf,Suol,V	
Schneeköning – Zaunkönig	Suol Schneekönig: KNB	
Schneekrähe – Alpendohle	B,Be2,CLB2,F,N,O1	KNB
Schneekrähe – Dohle	Be2,CLB2,F,N	
Schneekrähe – Nebelkrähe	Be2,F,GD,N	
Schneekrähi – Alpenkrähe	F,H	
Schneekräy – Alpendohle	H	
Schneelerche – Alpenbraunelle	F	
Schneelerche – Berg-/Strandpieper	Do,F	Wohl Bergpieper.
Schneelerche – Ohrenlerche	Ad,Be1,Be2,Be,Buff,F,Fri,GD,Krü,N,O1,2	
Schneelerche – Schneeammer	Be1,Be2,Be,Be97,Buff,F,GD,Krü,N,O1	
Schneelerche, gelbbartige nordische –	Be2,Buff	
Ohrenlerche		
Schneelerche, gelbbbärtige nordische –	N	
Ohrenlerche		

Schneelerche, gelbe bartige nordische – Ohrenlerche	Be1
Schneelerche, nordische – Ohrenlerche	Be
Schneeleschke – Seidenschwanz	B,Be2,Be,F,N
Schneemaise – Schwanzmeise	Buff,Fri
Schneemasn – Schwanzmeise	Suol
Schneemeise – Schwanzmeise	Ad,B,Be2,Be,Buff,CLB2,F,GD,Hp,Jä, …
	… Krü,N,P,Suol,V KNB
Schneemeise – Sumpf-/Weidenmeise	Ad
Schneemerkur – Birkhuhn	Krü
Schneemöve – Elfenbeinmöwe	B,N
Schneeortolan – Schneeammer	B,Be2,F,GD,Krü,N
Schneer – Misteldrossel	Be,Hp
Schneerabe (C. Pyrrhocorax) – Alpendohle (!)	MW …
	… Namenstausch erst 1861 M/W 1810? KN
Schneereiher – Silberreiher	B,Be2,F,N
Schneertjer – Trauerseeschwalbe	Bri
Schneesperling – Schneeammer	Ad,Be1,Be2,Be,Be97,Buff,GD,Krü,N
Schneespornammer – Schneeammer	CLB1,2,N N: Schnee-Spornammer KNB
Schneesporner – Schneeammer	CLB2,3,F,O3
Schneesporner – Spornammer	F
Schneetageule – Schneeeule	CLB2 KNB
Schneetahe – Alpendohle	F,N,Suol
Schneeuogel – Alpenschneehuhn	Suol
Schneevogel – Alpen-/Moorschneehuhn	Fri
Schneevogel – Alpenschneehuhn	GesSH
Schneevogel – Berg-/Strandpieper	Do,F
Schneevogel – Heidelerche	Do,F
Schneevogel – Ohrenlerche	V
Schneevogel – Schneeammer	Ad,B,Be1,Be2,Be,Be97,Buff,F,Fri,GD,K, …
	… Krü, N,Scha,Schwf,Suol Frisch T. 6, 1734.
Schneevogel – Schneehuhn	Ad,Krü
Schneevogel – Schneesperling	F,N
Schneevogel – Seidenschwanz	Be1,Be2,Be,Buff,F,GD,Krü,N,Schwf,Suol
Schneevogel – Wacholderdrossel	Suol
Schneevogel – Zitronenzeisig	Suol
Schneevogel aus der Hudsonsbay – Schneeammer	Buff
Schneevogel mit Lerchensporen – Schneeammer	GD
Schneevögelein – Zitronenzeisig	O2
Schneevögeli – Zitronenzeisig	Be2,F,N
Schneevöglein – Zitronenzeisig	Krü
Schneewaldhuhn, nordisches – Moorschneehuhn	CLB1
Schneeweiße nordische Möve – Elfenbeinmöwe	N
Schneeweißer Habicht – Habicht	Schwf
Schneeweißer Reiher – Silberreiher	Be2,N

Schneezwitscherer – Schneeammer	Zeitung	Flensburger Tageblatt 4. 1. 14
Schneider – Prachtfregattvogel	O2	
Schnefflein – Fliegenschnäpper	GesH	
Schnegäke – Dohle	Buff	
Schneganß – Schneegans, Saatgans, Wildgans allg.	StVb	Seit 13. Jahrh. als „snegans" bek.
Schneidervogel – Zistensänger	O2	
Schneikönig – Zaunkönig	CLB1	
Schneller Regenpfeifer – Rennvogel	Buff	
Schnelles Laufhuhn – Laufhühnchen	O3	
Schnellfuß – Rotschenkel	GD	Vorschlag Donndorf.
Schnep Hun – Waldschnepfe	Schwf,Suol	
Schnepf – Waldschnepfe	P	
Schnepf, bogenschnabliche – Großer Brachvogel	Fri	
Schnepf, canadischer – Säbelschnäbler	Buff	
Schnepf, gewölbter – Dunkler Wasserläufer	Buff	
Schnepf, krummschnäbliche – Regenbrachvogel	Fri	
Schnepf, lappländischer – Pfuhlschnepfe	Buff	
Schnepf, türkische – Regenbrachvogel	Be1	
Schnepf, türkischer – Sichler	Be2,Be,N	
Schnepfchen – Bekassine	Be1,Be2,Be,GD,Krü,N	
Schnepfe – Alpenstrandläufer	Be2,N	
Schnepfe – Bekassine	Ad,Be2,Be,HaSa	
Schnepfe – Rotschenkel	H	
Schnepfe – Sichelstrandläufer	Be1,Be2,Be,Be97	
Schnepfe – Waldschnepfe	B,Be2,Buff,CLB2,GD,Jä,N	
Schnepfe aus Canada, weiße – Säbelschnäbler	Buff	
Schnepfe mit über sich krumm … … gebogenem Schnabel – Säbelschnäbler	Buff	
Schnepfe, aschgraue – Knutt	Be2,N	
Schnepfe, braunschnäbliche – Großer Brachvogel	Be,GD,N	
Schnepfe, braunschnäblige – Großer Brachvogel	Be1,Be2,Be	
Schnepfe, brünette – Alpenstrandläufer	Krü	
Schnepfe, bunte – Kiebitzregenpfeifer	Be2,Buff,N	
Schnepfe, cambridgische – Dunkler Wasserläufer	Buff	
Schnepfe, curländische – Dunkler Wasserläufer	Be2,N	
Schnepfe, dethardingische – Sichelstrandläufer	Be2,Be,N	
Schnepfe, dunkelbraune – Dunkler Wasserläufer	Be1,Be2,Buff,N	
Schnepfe, engländische – Dunkler Wasserläufer	Buff	

Schnepfe, gefleckte – Dunkler Wasserläufer	Be2,Be,N
Schnepfe, gemeine – Bekassine	Be2,Buff,GD,Krü,N
Schnepfe, gemeine – Waldschnepfe	Be1,Be2,Be,GD,Krü,N,O1
Schnepfe, geschäckte – Waldschnepfe (Var.)	Be1
Schnepfe, gewölkte – Dunkler Wasserläufer	Be2,GD,N
Schnepfe, graubraune – Kleiner Schlammläufer	MW
Schnepfe, graue – Dunkler Wasserläufer (Wikl.)	Be2,Be,N
Schnepfe, große rotbrüstige – Knutt	Be1
Schnepfe, große – Doppelschnepfe	Be1,Be2,Be,Buff,GD,Krü,N,Suol Beschreibung v. Pennant. Vogel: Sib.bis M-Europa.
Schnepfe, große – Waldschnepfe	Be2,Be,Buff,CLB2,N,V
Schnepfe, große langbeinige – Doppelschnepfe	N
Schnepfe, große rotbrüstige – Knutt	Be,N
Schnepfe, große rotfüßige – Dunkler Wasserläufer	Be2,Be,N
Schnepfe, große rotbrüstige – Knutt (Brutkl.)	JAN
Schnepfe, große sibirische – Doppelschnepfe	Buff,Krü,N Pennant. Arkt. Gegenden Sib., bis ME.
Schnepfe, große und langbeinige – Doppelschnepfe	Be2
Schnepfe, größere – Waldschnepfe	Be2,Be,N
Schnepfe, hochbeinige – Austernfischer	Be
Schnepfe, hochbeinige – Stelzenläufer	Be2,Be,Buff,GD,N
Schnepfe, kleine – Zwergschnepfe	Be2,CLB2,N,Suol,V
Schnepfe, kleine stumme – Zwergschnepfe	Be2,Buff,Krü,N
Schnepfe, kleinste – Sumpfläufer	Be
Schnepfe, kleinste – Zwergschnepfe	Be2,Be,Krü,N
Schnepfe, krummschnäbelige – Großer Brachvogel	N
Schnepfe, krummschnäbliche – Großer Brachvogel	Be
Schnepfe, krummschnäblichte – Großer Brachvogel	GD
Schnepfe, krummschnäblige – Großer Brachvogel	Be2
Schnepfe, krumschnaebeliche – Regenbrachvogel	Fri
Schnepfe, kurländische – Dunkler Wasserläufer	Buff
Schnepfe, langbeinige – Waldschnepfe	Buff
Schnepfe, lappländische – Pfuhlschnepfe	Be2,Be,F,GD,Krü,N
Schnepfe, punktirte – Dunkler Wasserläufer?	Be2
Schnepfe, punktirte – Waldwasserläufer (juv.)	Be1

Schnepfe, rostrote – Pfuhlschnepfe	F
Schnepfe, rotbauchige – Sichelstrandläufer	N
Schnepfe, rotbäuchige Schnepfe – Sichelstrandläufer	Be1,Be2,Be,Be97
Schnepfe, rotbrüstige – Alpenstrandläufer	Be2
Schnepfe, rotbrüstige – Sichelstrandläufer	Be2,N
Schnepfe, rotfüßige – Rotschenkel	Be1,Be2,N
Schnepfe, rotgefiederte – Steinwälzer	Be2,Be,N
Schnepfe, rotgefleckter Strandläufer – Kampfläufer (juv.)	Be2,N
Schnepfe, rotbäuchige – Sichelstrandläufer	GD
Schnepfe, rotfüßige – Rotschenkel	GD
Schnepfe, schwarz und weiße – Austernfischer	Be1,Be
Schnepfe, schwarze – Austernfischer	N
Schnepfe, schwarze und weiße – Austernfischer	Be2,Buff
Schnepfe, strohgelbe – Waldschnepfe (Var.)	Be1
Schnepfe, stumme – Zwergschnepfe	B,Be2,F,GD,N,O1
Schnepfe, türkische – Regenbrachvogel	Be2,GD
Schnepfe, türkische – Sichler	F
Schnepfe, türkische – Stelzenläufer	F,N
Schnepfe, weiße – Austernfischer	N
Schnepfe, weiße – Waldschnepfe (Var.)	Be1
Schnepfenente – Spießente	F
Schnepfeneule – Sperbereule	Jä
Schnepfeneule – Sumpfohreule	B,Be2,Be,F,N
Schnepfenläufer – Kleiner Schlammläufer	H
Schnepfenlimose – Kleiner Schlammläufer	H
Schnepfensandläufer – Alpenstrandläufer	F,N
Schnepfensandläufer, kleinster – Alpenstrandläufer	Be2,Be,Buff,Krü
Schnepfenschwalbe – Waldwasserläufer	H
Schnepfenstrandläufer – Sumpfläufer	B,Be2,F,N
Schnepfente – Spießente	B,N
Schnepferl (o-österr.) – Wasserralle	Do,F,H
Schnepff – Waldschnepfe	GesH,P
Schnepff, große – Waldschnepfe	GesSH
Schnepffe – Bekassine	K
Schnepffe – Waldschnepfe	Schwf,Suol
Schnepffe, größere – Waldschnepfe	GesH
Schnepffhun – Bekassine	GesS
Schnepffhůn – Schnepfe	Suol
Schnepffhun – Waldschnepfe	GesSH
Schnepfflein – Bekassine	GesH
Schnepfflein – Gartenrotschwanz	Suol
Schnepfflein – Grauschnäpper	Suol
Schnepfflin – Bekassine	GesS
Schnepfflin – Grauschnäpper	Suol

Schnepfhuhn – Schnepfe (allg.)	Fri
Schnepfhuhn – Waldschnepfe	Ad,Buff,F,Krü
Schnepfle – Dorngrasmücke	Do,F
Schnepflein – Bekassine	Buff,Be2,N
Schnepfli – Dorngrasmücke	Be1,Be2,Be,N
Schnepfli – Klappergrasmücke	Buff
Schnepfvogel – Schnepfe (allg.)	Fri
Schnephun – Waldschnepfe	K
Schneppe – Bekassine	Be2,N
Schneppe – Waldschnepfe	Be1,Be2,Be,F,GD,Krü,N
Schneppe, braune – Uferschnepfe	Scha
Schneppekinek – Großer Brachvogel	Suol
Schnepphahn – Waldschnepfe	Be
Schnepphuhn – Waldschnepfe	Ad,Be1,Be2,GD,N
Schnerck – Wachtelkönig	Buff
Schnercker – Wachtelkönig (sil.)	Schwf,Suol
Schnerf – Misteldrossel	Ad
Schnerf – Odins-/Thorshühnchen	O1
Schnerf – Wachtelkönig	Ad,Be97,Hp,Krü,Suol
Schnerff – Wachtelkönig	P
Schnerffe – Wachtelkönig	P1
Schnerffen – Wachtelkönig	Suol
Schnerker – Wachtelkönig	Be1,Be2,Be,Buff,N
Schnerper – Wachtelkönig	B,F,N
Schnerpf – Wachtelkönig	Suol
Schnerps – Wachtelkönig	CLB2,N KNB
Schnerr – Misteldrossel	B,CLB2,G KNB
Schnerr Endtlin – Schnatterente (sil.)	Schwf,Suol
Schnerr-ente – Schnatterente	Buff
Schnerre – Misteldrossel	Be1,Be2,Buff,Hp,K,Krü,N,Suol
Schnerrentlin – Schnatterente	H
Schnerrer – Misteldrossel	Be1,Be2,Be,Buff,GesSH,Hp,Jä,Krü,N,Suol
Schnertz – Wachtelkönig	G,Suol
Schnertz (Schnetz) – Wachtelkönig	Fabr Hoffmann: Wahrscheinlich ist „Schnetz" falsch.
Schnerz – Wachtelkönig	Häp,Hp,GD,Krü
Schnerz – Zaunkönig	Do,F,Scha
Schnetsche (hess.) – Dorngrasmücke	Do
Schnetz – Birkenzeisig	Suol
Schneykönig – Zaunkönig	Scha
Schnibbe – Bekassine	GD
Schnibbe – Bekassine	Be1,Be2,Be,F,GD,Krü,N
Schnickerkönig – Zaunkönig	F
Schniegel – Gimpel	Be1,Be2,Be,Krü,N,O1
Schniekinch (böhm.) – Zaunkönig	F,H
Schniel – Gimpel	Be1,Be2,Be,GD,N,O1
Schniezel – Gimpel	GD
Schnigel – Gimpel	B,Buff,F,Hp,Suol
Schniggerkönig – Zaunkönig	Do

Schnikinch – Zaunkönig	Do	
Schnil – Gimpel	B,F	
Schniring – Flußseeschwalbe	StVb	Straßburger Vogelbuch Vers 348.
Schnirling – Flußseeschwalbe	zLa	
Schnirrig – Flußseeschwalbe	O1	
Schnirring – Flußseeschwalbe	Be2,Be,Buff,F,GD,GesSH,N,Suol,zLa Schnirring ist ein alter Name der Flußseeschwalbe.	
Schnirring – Triel	zLa	
Schnitter – Kranich	Buff	
Schnittl – Zilpzalp	Be1,Be2	
Schnitzer – Wiesenpieper	Jä	
Schnitzerlein (sächs.) – Wiesenpieper	F,H,Jä	
Schnuente – Pfeifente	Bri	
Schnurrbärtige Meerschwalbe – Weißbart-Seeschwalbe	N	
Schnurrbärtige Seeschwalbe – Weißbart-Seeschwalbe	CLB1,2,N	KNB
Schnurrbärtige Wasserschwalbe – Weißbart-Seeschwalbe	CLB3,N	
Schnurrbartseeschwalbe – Weißbart-Seeschwalbe	Do,F	Weißer Streifen an Kopf wie Schnurrbart.
Schnurre – Wacholderdrossel	Do,F	
Schnurrgans – Eistaucher	Be2,Be,F,N	
Schnurrgans – Prachttaucher	Jä	
Schnurz – Zaunkönig	O1	
Schnykünig – Zaunkönig	GesS,Suol	
Schoarze Krooh – Saatkrähe	H	
Schöbbeje – Gänsesäger	Be1,GD,Häp,Krü	
Schöbbeje – Mittelsäger	Häp	
Schöbbige – Gänsesäger	Be2	
Schöbeje – Gänsesäger	Häp	
Schöbeje – Mittelsäger	Häp	
Schocker – Dohle	O1	
Schoffittl – Zwergohreule	Suol	
Schofler – Löffelente	o.Qu.	
Schofüttel – Zwergohreule	Suol	Aus 15. Jahrh. bezeugt.
Schoia (krain.) – Eichelhäher	Be1.	
Scholaster – Elster	F,GD,Suol	
Scholfer – Kormoran	GesH	
Schollenhoppler – Bachstelze	Suol	
Schollenhüpfer – Schwarzkehlchen	B,Be2,Be,F,Krü,N	
Schollenhüpfer – Steinschmätzer	Suol	
Schollenstößerlin – Bachstelze?	StVb	Straßburger Vogelbuch Vers 348.
Scholster – Elster	H	
Scholucher – Kormoran	Buff,Suol	
Scholucheren (holl) – Kormoran	GesH	
Scholucherscharb – Kormoran	Fri	
Scholver – Kormoran	B,Be2,Buff,GesS,N,O1	

Scholwer – Kormoran	Scha	
Schomer – Wacholderdrossel	O1	
Schomerlin – Wacholderdrossel	Buff	
Schomerling – Wacholderdrossel	Be1,Be2,Be,F,GD,Hp,Krü,N	
Schometa (arab.) – Seeadler	B	
Schön singende Bachstelze – Heckenbraunelle	Buff	
Schön singender Schilfsänger – Sumpfrohrsänger	CLB3	
Schöne Ente, frembde – Brandgans	Baldn	
Schöne Rögerl – Krickente	H	
Schöne Zopfänte – Brautente	Buff	
Schöner Baumläufer – Mauerläufer	N	
Schöner Sperber – Sperber	CLB3	
Schönsingende Bachstelze – Heckenbraunelle	Be1,Be2,Be,N	N: Schön singende B.
Schoper – Säbelschnäbler	O1	
Schopf-Meiße – Haubenmeise	P1,Z	
Schopfdrossel – Seidenschwanz	Ad	
Schopfente – Prachttaucher	GD	
Schopfente – Reiherente	B,Be2,Be,Buff,GD,N	
Schopfente, schwarze – Reiherente	Be2,N	
Schöpfer – Stieglitz	GD	
Schopfibis – Waldrapp	H	
Schopflerche – Haubenlerche	B,Be1,Be2,Be,Be97,Buff,F,GD,Hp,Jä,N,V	
Schopflerche, kleine – Heidelerche	Buff	
Schopfmaise – Haubenmeise	Fri	
Schopfmeise – Haubenmeise	Ad,B,Be1,Be2,Be,Be97,Buff,F,GD,… …Hp,Jä,K,Krü,N,P,Suol	Frisch T. 14.
Schopftaube – Haus-/Felsentaube	GD	Zu Rasse Haubentaube.
Schöpfmeise – Haubenmeise	Krü	
Schopfpelekan – Krauskopfpelikan	B	
Schopfreiher – Rallenreiher	B,F,O3,N	N: Schopf-Reiher.
Schopfscharbe – Krähenscharbe	B	
Schopper – Baumläufer	O1	
Schopper – Mauerläufer	O1	
Schöppleinslerche – Haubenlerche	Jä	
Schornsteinfeger – Mauersegler	Do,F	
Schornsteinschwalbe – Rauchschwalbe	Be2,F,N	
Schorrebock – Bekassine	F,H	
Schorschnabel – Rosaflamingo	F	
Schosserle – Birkenzeisig	GesS	
Schösserle – Birkenzeisig	Be2,Be,F,N,Schwf,Suol	
Schösserlein – Birkenzeisig	Be,GesH,Krü,O2	
Schösserlein – Bluthänfling	Ad,Krü	
Schößle – Bluthänfling	F,H	
Schößlein – Bluthänfling	Ad,GesH,Krü	
Schößli – Birkenzeisig	Suol	Ende 15. Jahrh. aus schesslin.
Schößlin – Bluthänfling	GesS	

Schößling – Bluthänfling	Be2,Be,F	
Schösszerlein – Birkenzeisig	Be	
Schößzling – Bluthänfling	N	Namen mit ß so lassen.
Schoster – Säbelschnäbler	H	
Schoster von Giewitz – Haubenlerche	Do,F	
Schötbeje – Gänsesäger	Be	
Schotische Gans – Weißwangengans	GD	
Schöttchen – Birkenzeisig	JAN	
Schotten-Gans – Baßtölpel	N	
Schottengans – Baßtölpel	Be2,Be,F,Gd,Krü	
Schottenganß – Basstölpel	GesH,zLa	
Schottenhuhn – Moorschneehuhn	Do,F	
Schottenhuhn – Schottisches Moorschneehuhn	B	
Schottische BaumGanß – Ringelgans	Baldn	
Schottische Baumganß – Ringelgans	Suol	Namen mit ß so lassen.
Schottische Gans – Baßtölpel	A,Ad,Be2,Be,Buff,GD,K,Krü,N,zLa	Albin I/86.
Schottische Gans – Ringelgans	Be2,Be,Buff,Cz,GD,Krü,N	
Schottische Gans – Weißwangengans	Be1,Be2,Be,Fri,GesS,N	
Schottische Gänse – Ringel- u. Weißwangengans	Gun	„Berniclae"
Schottische Gänse – seltene Branta-Arten	zLa	Name der Gänse im Binnenland.
Schottische Ganse (sing.) – Weißwangengans (weibl)	zLa	
Schottische Nordgans – Weißwangengans	Do	
Schottisches Haselhuhn – Schottisches Moorschneehuhn	Buff	
Schottisches Schneehuhn – Schottisches Moorschneehuhn	Krü,O2,V	
Schottisches Waldhuhn – Schottisches Moorschneehuhn	CLB1,2,O3	KNB
Schottländische Enten – Ringel- u. Weißwangengans	Gun	„Berniclae"
Schottländischer Vogel – Schottisches Morrschneehuhn	GesH	
Schottsche Gans – Baßtölpel	K	Albin I, 86.
Schouna (krain.) – Schwarzspecht	Be1	
Schovler – Löffelente	O1	
Schoyk – Wachtelkönig	Do,F	
Schrabe – Mittelsäger	O1	
Schräifäkster – Eichelhäher	Bri	
Schräk – Wachtelkönig	Bri	
Schrake – Wachtelkönig	Häp	
Schrappläirke – Haubenlerche	Bri	
Schrappvogel, gemeiner – Gelbschnabel-Sturmtaucher	O2	
Schrappvogel, nordischer … … – Schwarzschnabel-Sturmtaucher	O2	
Schrarik – Eichelhäher	WüCl	
Schrarik – Steinwälzer	WüCl	

Schrathûn – Alpenschneehuhn	Fri,GesH,Krü,Suol
Schrathuon – Alpenschneehuhn	GesS … Bei Luzern.
Schrättele – Steinkauz	Suol
Schratthuen – Alpenschneehuhn	Suol
Schrecke – Wachtelkönig	Ad,B,Be1,Be2,Be,Be97,Fri,Hp,K,N,Suol,Tu
	Naumann: Schrecke ist lokaler Name.
Schrecker Brachvogel – Wachtelkönig	Suol
Schreckvogel – Gänsesäger	GD
Schreckvogel – Mittelsäger	Be1,Be2,Be,GD,Hp,Krü
Schrei-Adler – Schreiadler	N
Schreiadler – Schelladler	O1,2,3
Schreiadler – Schreiadler	B,Be2,Be,Be97,Be05,CLB1,2,MW,N,V …
	… Bechstein 1793, Ü, KNB
Schreiadler, großer – Schelladler	H,WüCl
Schreiadler, kleiner – Schreiadler	N N: Bd. 13/050.
Schreiadler, pommerscher – Schreiadler	CLB3
Schreiende Meerschwalbe –	O2
Raubseeschwalbe	
Schreiender Dickfuß – Triel	CLB2,3 KNB
Schreiender Regenpfeifer –	Be1,Be2,Be,Buff
Keilschwanzregenpfeifer	
Schreiender Schwan – Singschwan	Fabr
Schreier – Keilschwanzregenpfeifer	Be2,Be
Schreier – Sandregenpfeifer	Buff Buff. Bd. 28: criards – Schreyer.
Schreier – Schellente	B,Be2,F,N
Schreier – Schreiadler	Be1,Be2,Be,F,Krü,N
Schreiheher – Unglückshäher	CLB2,N N: Bd. 13/214. KNB
Schreiheister – Grünspecht	Scha,Suol
Schreikiakster – Raubwürger	Bri
Schreikibiz – Keilschwanzregenpfeifer	Buff
Schreikiebitz – Keilschwanzregenpfeifer	Be
Schreiwäkster – Eichelhäher	Bojer Emsland
Schremd – Sterntaucher	H
Schremel – Eisente	Do,F
Schremel – Sterntaucher	Do,F
Schretzlin – Steinkauz	Suol
Schreyadler – Schreiadler	GD Bei Bechstein.
Schreyender Adler – Schelladler	Buff
Schreyer – Keilschwanzregenpfeifer	Buff
Schreyer – Schellente	Buff,GD
Schreyer – Schreiadler	GD
Schric – Goldhähnchen?	Tu
Schric (engl.!) – Raubwürger	Tu
Schrich – Wachtelkönig	Suol
Schrîck – Wacholderdrossel	Suol
Schrick – Wachtelkönig	Ad,GesH,Krü
Schricke – Wachtelkönig	Ad
Schriek – Wachtelkönig	Tu Schlegel: „The Dutch … schriek is the
	Water Rail."
Schritz – Wachtelkönig	O1

Schrocke – Gänsesäger	Scha
Schrollenhupfer – Steinschmätzer	Jä
Schrömer, doppelter – Prachttaucher	H
Schrömer, doppelter – Polartaucher	F
Schrotbeutel – Zwergtaucher	Do,F,Suol
Schrottbeutel – Zwergtaucher	H
Schrunthahn – Truthuhn	Ad,Suol
Schrupp – Haussperling	Suol
Schruppe – Haussperling	Suol
Schrute – Truthuhn	Ad,Suol
Schruthahn – Truthuhn	Ad
Schruuthahn – Truthuhn	Ad,Suol
Schryck – Wachtelkönig	Ad,Be,Buff,GesH,Suol
Schrye – Wachtelkönig	Buff
Schrye (fries) – Großer Brachvogel	GesH
Schryk – Wachtelkönig	B,Be2,Be,K,N,O1,Tu Turner: „Crex pratensis."
Schubbe (lett.) – Buchfink	Buff
Schubber – Weißstorch	O1
Schubhut mit kurzen Ohren, kleiner – Waldohreule	Buff
Schubhut, kleiner – Waldohreule	Buff,GD
Schubslerche – Haubenlerche	GD,Suol
Schubuf – Uhu	Krü
Schûbût – Uhu	Ad,Be,F,GD,Suol,V
Schubut (nieders.) – Uhu	Ad,Be1,Be2,Be,Häp,N Schubuth (nieders.).
Schubut-Eule – Uhu	Suol
Schubut, kleiner – Waldohreule	A,Be2,K,N Albin III/6.
Schubut, kleiner rotgelber – Waldohreule	Be2,Be
Schubut, rotgelber – Waldohreule	Be1,K
Schubuteule – Uhu	Be1,Be2,Be,Buff,GD,K,N Frisch T. 93.
Schufer – Uhu	Be97
Schufeul – Uhu	Fri
Schuffans – Uhu	Suol
Schuffaus – Uhu	Fri,Tu
Schuffauß – Uhu	GesSH,Suol Begriff mit ß, nicht verändern.
Schuffel – Löffler	O1
Schüffel – Uhu	Fri,GesS,Suol,Tu
Schuffel, weißer – Löffler	O1
Schüffelgreet – Säbelschnäbler	Be2,Buff,N
Schuffeul – Uhu	GesSH
Schuffler – Löffler	Buff,GD,N
Schuffut – Uhu	Be2,Be,Buff,Fri,GD,Hp
Schuffut, kleiner – Waldohreule	Krü
Schufler – Löffler	B,Be2,Be,Buff,F,GesS,N
Schufut – Uhu	Ad,Be1,F,Fri,Krü,Scha
Schugger – Weißstorch	O1
Schuhetzer – Uhu	Suol
Schuhhu, kleiner – Waldohreule	Hp

Schuhmacher – Säbelschnäbler	N
Schuhmächerle – Erlenzeisig	F,H
Schuhu – Uhu	Ad,B,Be1,2,Be,Be97,Be05,Buff,CLB2, …
	… F,Fri,G,GD,Häp,Hp,Jä,Krü,N,O1,P, …
	… Suol,WüCl,Z KNB
Schuhu, gemeiner kleiner – Waldohreule	Be2,N
Schuhu, gemeiner kleinerer – Waldohreule	Be
Schuhu, großer – Uhu	V
Schuhu, kleiner – Waldohreule	Be1,Be97,F,GD
Schuhu, rotgelber – Waldohreule	JAN
Schuhueule – Uhu	Do
Schuithäpek – Wiedehopf	F
Schuithup – Wiedehopf	Bri
Schuithüppek – Wiedehopf	H
Schulaster – Elster	Suol
Schult von Tülau – Pirol	Suol
Schultzen von Milo – Pirol	Fri,Scha
Schuluer – Kormoran	Be2,Be,Buff,N
Schulueren – Kormoran	Suol
Schulver – Kormoran	Be2,Buff,GesSH,N
Schulz von Brielow – Pirol	Scha
Schulz von Bülau – Pirol	Be
Schulz von Bülow – Pirol	Be2,N
Schulz von Bütow – Pirol	F
Schulz von Milo – Pirol	B,Be1,Be2,Be,Hp,N
Schulz von Milow – Pirol	Buff
Schulz von Priero – Pirol	Scha
Schulz von Prierow – Pirol	Do,F
Schulz von Prirau – Pirol	JAN
Schulz von Tharau – Pirol	Suol
Schulz von Therau – Pirol	Be2,N
Schulz von Thierau – Pirol	Suol
Schulz von Thurau – Pirol	Do,F
Schulze Bülow – Pirol	Do,F
Schulze von Bülow – Pirol	Scha
Schulze von Milo – Pirol	Ad,HHM,Suol
Schulze von Milow (märk.) – Pirol	Krü
Schünenuhl – Schleiereule	Do,F,WüCl
Schupfdrossel – Seidenschwanz	Krü
Schupkönig – Zaunkönig	Be2,Be,K,N
Schuppdrossel – Seidenschwanz	Ad,Krü
Schuppendrossel – Seidenschwanz	Ad
Schuppengrasmücke – Sperbergrasmücke	Scha
Schuppenkönig – Zaunkönig	Do,F
Schuppige Grasmücke – Sperbergrasmücke	F
Schuppische Grasmücke – Sperbergrasmücke	Do
Schuppsente – Reiherente	Ad,N

Schups – Reiherente	GD	
Schupsente – Krickente	GD	
Schupsente – Reiherente	B,Be2,Be,Buff,F	
Schupslerche – Haubenlerche	Be2,Be,F,N	
Schur – Heringsmöwe	O1	
Schur – Möwe	O1	
Schureck – Grauschnäpper	Do,F	Schelmchen vom poln. „szurek".
Schurek – Grauschnäpper	B,N,Suol	
Schusserl – Bluthänfling	F,H	
Schußvogel – Bluthänfling	Do,F	
Schußvogerl – Bluthänfling	H	
Schuster, blauer (kärnt.) – Kleiber	F,H	
Schustervogel – Säbelschnäbler	B,F,N	
Schustervogel – Truthuhn	Suol	
Schüttelkopf – Haus-/Felsentaube	Buff,GD	Zu Rasse Pfauentaube.
Schüttenreiher – Graureiher	Scha	
Schutteule – Sperbereule	Jä	
Schüttreer – Graureiher	Suol	
Schüttreiher – Graureiher	F,Scha	
Schuvuut (nieders.) – Uhu	Ad	
Schuwhut – Uhu	JAN	
Schûwût – Uhu	Suol	
Schwa – Skua	O1	
Schwaan – Höckerschwan	G	
Schwaan – Singschwan	G	
Schwabe – Fichtenkreuzschnabel	H	
Schwabelchen – Schwalbe (allg.)	Suol	
Schwäbischer Reiher – Zwergdommel	Be1,Be2,Be,GD,Krü,N	
Schwack – Rallenreiher	O1	
Schwacker – Steinschmätzer	F,O1	
Schwader – Gartenrotschwanz	Do,F	
Schwäderle – Girlitz	Suol	
Schwaderlein – Girlitz	O1,2	
Schwäderlein – Girlitz	Be2,F,GesH,Krü,N,O2	
Schwäderlein – Zitronenzeisig + Girlitz	Be	
Schwäderleinzeisig – Girlitz	Do	
Schwaker – Steinschmätzer	Do	
Schwalb – Rauchschwalbe	GesSH,Tu,zLa	
Schwalbe – Mehlschwalbe	Scha	
Schwalbe – Rauchschwalbe	Fri,GesSH	
Schwalbe innerhalb der Häuser – Rauchschwalbe	Buff	
Schwalbe mit dem weißen Bürzel – Mehlschwalbe	Be2,Buff,N	
Schwalbe mit gleichlangen … … Schwanzfedern – Ziegenmelker	Buff	
Schwalbe, barbarische – Alpensegler	Be2,Be,N	
Schwalbe, bärtige – Ziegenmelker	Be2,Be,N	

Schwalbe, braune – Uferschwalbe	CLB2,F,V
Schwalbe, gemeine – Mehlschwalbe	zLa
Schwalbe, gemeine – Rauchschwalbe	Buff,Krü
Schwalbe, gibraltarische – Alpensegler	O1
Schwalbe, graue – Uferschwalbe	Be1,Be2,Be,Krü,N
Schwalbe, großbärtige – Ziegenmelker	Ad,Be2,Be,Buff,GD,Krü,N
Schwalbe, große – Mauersegler	Z
Schwalbe, große schwartzbraune – Mauersegler	Buff,Fri
Schwalbe, große spanische – Alpensegler	GD
Schwalbe, größte – Alpensegler	Be2,Be,GD,N
Schwalbe, innere – Rauchschwalbe	Buff,JAN
Schwalbe, langflüglige und große – Mauersegler	Buff
Schwalbe, singende – Rauchschwalbe	P
Schwalbe, spanische – Alpensegler	Be2,Be,Buff,F,N
Schwalbe, spanische – Rötelschwalbe	Krü
Schwalbe, weißbauchige – Mehlwalbe	P1,Z
Schwalbe, weißbauchigte – Mehlwalbe	P
Schwalben-Schwantz – Habicht	G
Schwalben-Sturmvogel, kleiner – Sturmschwalbe	N
Schwalbenartige Seeschwalbe – Flußseeschwalbe	CLB1
Schwalbenente – Spießente	B,F,N,Suol
Schwalbenfalke – Baumfalke	Jä
Schwalbenfalke – Sperber	Be1,Be2,Be,GD,N
Schwalbengans – Zwerggans	N
Schwalbengeier – Seeadler	Be1
Schwalbengeier – Sperber	Be1,Be2,Be,F,N
Schwalbengeyer – Sperber	GD
Schwalbengrasmücke – Grauschnäpper	Scha
Schwalbengrasmücke – Mönchsgrasmücke	Do,F
Schwalbengrasmücke – Trauerschnäpper	B,F
Schwalbenmeve – Flußseeschwalbe	Buff
Schwalbenmeve, gemeine – Flußseeschwalbe	Be2,Be,N
Schwalbenmeve, große – Raubseeschwalbe	JAN,N
Schwalbenmeve, kleine – Zwergseeschwalbe	Be2,Be
Schwalbenmeve, schwarze – Trauerseeschwalbe	Be2,Be,N
Schwalbenmeve, schwarzplattige – Flußseeschwalbe	Be2,GD,N
Schwalbenmewe – Flußseeschwalbe	Hp
Schwalbenmöve – Flußseeschwalbe	Do
Schwalbenmöve – Schwalbenmöwe	H
Schwalbenmöve, kleine – Zwergseeschwalbe	N

Schwalbenmöve, schwarzköpfige – Schwarzkopfmöwe	CLB3	
Schwalbenmöve, schwarzplattige – Flußseeschwalbe	Be,Buff	
Schwalbenmöwe – Flußseeschwalbe	F	
Schwalbenmöwe, kleine – Zwergseeschwalbe	F	
Schwalbenmöwe, sabinische – Schwalbenmöwe	CLB2	KNB
Schwalbenmöwe, schwarzplattige – Flußseeschwalbe	Fri	
Schwalbenschnepfe – Waldwasserläufer	Be2,F,N,O1	
Schwalbenschwanz – Milan (allg.)	Suol	
Schwalbenschwanz – Rotmilan	Ad,B,Be1,Be2,Be,F,Jä,G,GD,Hp,Krü,N,Scha	
Schwalbenschwanz, kleiner – Schwarzmilan	N	
Schwalbenschwanzgeier – Rotmilan	H	
Schwalbenschwänzige Steppenralle – … … Rotflügel-Brachschwalbe	Be2,Be,Buff,GD,N	Pallas
Schwalbenschwanzmöve – Schwalbenmöwe	H	
Schwalbenstelze – Rotflügel-Brachschwalbe	F,N	
Schwalbenstelze, gemeine – Rotflügel-Brachschwalbe	N	
Schwalbenstößer – Baumfalke	Do,F	
Schwalbenstösser – Sperber	B,F	
Schwalbensturmvogel – Sturmschwalbe	O3,WüCl	
Schwalbensturmvogel, gabelschwänziger – Wellenläufer	N	
Schwalbensturmvogel, Harcourts … … gabelschwänziger … … – Madeira-Wellenläufer	H	
Schwalbentaube – Haustaubenrasse	Buff	
Schwalbenwader – Rotflügel-Brachschwalbe	N	
Schwälcke – Mehlschwalbe	Häp	
Schwale – Rauchschwalbe	Scha	
Schwalfke – Mehlschwalbe	Häp	
Schwâlk – Mehlschwalbe	Häp	
Schwâlke – Mehlschwalbe	Häp	
Schwälke – Rauchschwalbe	Do,F	
Schwalm – Flußseeschwalbe	Ad	
Schwalm – Rauchschwalbe	Be2,Be,GesSH,N	
Schwalm – Schwalbe (allg.)	Ad,Suol	
Schwalm – Schwalben	StVb	
Schwalmel – Rauchschwalbe	Do,F	
Schwalmente – Spießente	N	
Schwan – Höckerschwan	Ad,Be1,Be2,Be,Buff,Fabr,Fri,GD,GesH, … … HaSa,Hp,Kö,Krü,Mic,N,Schwf,StVb,Z	
	Ahd. swan.	KNB
Schwan – Singschwan	Ad,Baldn,Be2,Be,GD,Krü	

Schwan, äeschenfarbener – Höckerschwan	zLa	
Schwan, gelbnasiger – Singschwan	F,N	
Schwan, gelbschnäbliger – Singschwan	F	
Schwan, gemeiner – Höckerschwan	Be1,Be2,Be, Krü,N,O1,2	
Schwan, glattschnäbliger – Singschwan	Be2,N	
Schwan, grawer – Höckerschwan	zLa	
Schwan, isländischer – Singschwan	F,O3	
Schwan, kleiner – Zwergschwan	N	
Schwan, nordischer – Singschwan	CLB2,F,V	
Schwan, rotschnäbliger – Höckerschwan	F,N	
Schwan, schreiender – Singschwan	Fabr	
Schwan, schwarzhalsiger – Schwarzhalsschwan	Krü	
Schwan, schwarzköpfiger – Schwarzhalsschwan	Krü	
Schwan, schwarznasiger – Höckerschwan	F	
Schwan, schwarznasiger – Zwergschwan	N	
Schwan, schwarzschnabeliger – Singschwan	MW,V	Zwergschwan erst 1830 beschrieben.
Schwan, schwarzschnäbliger – Singschwan	N	
Schwan, schwarzstirniger – Höckerschwan	Be2,N	
Schwan, stummer – Höckerschwan	Be1,Be2,Be,Be97,CLB2,F,GD,Krü,N,O1,2,V	
Schwan, weißer – Steinadler (Var.)	GD	„Falco albus."
Schwan, wilder – Höckerschwan	Buff,Krü	
Schwan, wilder – Singschwan	Be1,Be2,Be,Be97,Buff,G,GD,Jä,Krü,N,O1,2,Z	
Schwan, zahmer – Höckerschwan	Be1,Be2,Be,Buff,CLB2,G,GD,N,O1,V,Z	
Schwanadler – Schlangenadler	G	
Schwanadler, weißer – Steinadler (Var.)	GD	„Falco albus."
Schwanchel – Grünling	Scha	
Schwane – Höckerschwan	G	
Schwane, zahmer – Höckerschwan	Z	
Schwanen Taucher – Rosapelikan	Fri	
Schwanenduker – Gänsesäger (männl.)	Bri	
Schwanengans – Kanadagans	B	
Schwanengans – Schwanengans	O2	
Schwanenkopftaucher – Rosapelikan	Fri	
Schwanentaucher – Rosapelikan	Be1,Be2,Be,Buff,F,Fri,GD,Krü,N	
Schwanente – Höckerschwan	Be1,Be2,Be,N	
Schwangans – Höckerschwan	Buff,K,Krü	Frisch T. 152.
Schwangans – Singschwan	Krü	
Schwangelbnasiger – Singschwan	F	
Schwangsel – Grünfink	Buff	
Schwanis – Grünfink	Do,F	
Schwaniß – Grünfink	Be1,Be2,Be,N	
Schwanitz – Grünfink	Buff,GD,O1	
Schwaniz – Grünfink	Be97	
Schwanschel – Grünfink	Ad,Be1,Be2,Be,F,Fri,G,Hp,Krü,N,Suol	VN
Schwansel – Grünfink	Krü	
Schwantz Meißlein – Schwanzmeise	zLa	

Schwantz-Meiße – Schwanzmeise	G,P1	
Schwantzmeise – Schwanzmeise	P	
Schwantzmeislin – Schwanzmeise	zLa	Bei Gessner.
Schwantzmeißlein – Schwanzmeise	GesSH	
Schwantzmeißlin – Schwanzmeise	Suol	Namen mit ß so lassen.
Schwanz – Grünfink	Suol	
Schwanzmeise – Schwanzmeise	CLB2	KNB
Schwanz Meise – Schwanzmeise	Schwf	
Schwanz-Meise – Schwanzmeise	N	N: Auch Schwanzmeise.
Schwanz-Meiße – Schwanzmeise	Z	
Schwanzeisvogel – Bienenfresser	Be1,Be2,Be,F,GD,Krü,N	
Schwanzel – Grünfink	Buff,GD	
Schwanzente – Eisente	Be2,Buff,F,N	
Schwanzente, nordische – Eisente	Buff	
Schwanzente, nördliche – Eisente	Be2,GD,N	
Schwanzka – Grünfink	Be1,Be2,Be,N	
Schwanzke – Grünfink	Buff,F	
Schwanzkiebitz – Keilschwanzregenpfeifer	Be2	
Schwanzkiwitz – Keilschwanzregenpfeifer	Be	
Schwanzklofer – Schafstelze	Buff	
Schwanzmaise – Schwanzmeise	Fri	
Schwanzmeise – Schwanzmeise	Ad,B,Be1,2,Be,Be97,Buff,CLB2,GD,Hp,Jä, …	
	… Krü,MW,N,O1,2,3,V	KNB
Schwanzmeise – Sumpf-/Weidenmeise	Ad	
Schwanzmeise, großschnäblige – Schwanzmeise	CLB3	
Schwanzmeise, kleinschnäblige – Schwanzmeise	CLB3	
Schwanzmeise, schwarzbrauige – Schwanzmeise	H	
Schwanzmeise, schwarzzügelige – Schwanzmeise	H	
Schwanzmeise, südliche – Schwanzmeise	H	
Schwanzmeise, südliche – Schwanzmeise	H	
Schwanzmeise, weißköpfige – Schwanzmeise	H	
Schwanzmeise, westliche – Schwanzmeise	H	
Heckensänger, westlicher – Heckensänger	H	Var. galactotes.
Schwappelarsch – Haurotschwanz	o.Qu.	Schwanzzittern
Schwapulis (lett.) – Gimpel	Buff	
Schwart Holtschrage – Tannenhäher	Do,F	
Schwart Kier – Trauerseeschwalbe	Bri	
Schwart Tweelstaartwieh – Schwarzmilan	F	
Schwart Tweelstartwieh – Schwarzmilan	Do	
Schwartbacker – Mantelmöwe	Cz	In Norwegen.
Schwartbage – Mantelmöwe	Gun	
Schwarte Bicker – Trauerseeschwalbe	Do	
Schwarte Waterheunken (westf.) – Bläßhuhn	H	

Schwartkehl – Rohrammer	F	
Schwartrauk – Rabenkrähe	H	
Schwartz brauner Adler – Kaiseradler	Fri	
Schwartz braunes Rebhuhn – Rebhuhn	Fri	
Schwartz Eysuogel – Wasseramsel	zLa	
Schwartz Indianisch Huen – Truthuhn	zLa	
Schwartz Meislein – Sumpfmeise	zLa	
Schwartz Meiß – Weidenmeise	zLa	
Schwartz Storch – Schwarzstorch	zLa	
Schwartz Storck – Schwarzstorch	zLa	
Schwartz Teucherlin – Zwergtaucher	K,Schwf	
Schwartz Wasser Hünle – Wasserralle	Schwf,Suol	
Schwartz-Amßel – Amsel	G	
Schwartz-kopffigter Dornreich – Mönchsgrasmücke	P	
Schwartz-Meiße – Tannenmeise	G	
Schwartz-Specht – Schwarzspecht	Fri,G	
Schwartz-taucher – Bläßhuhn	Kö	
Schwartzbein – Sichelstrandläufer	GesH	
Schwartzbrauner Falck – Wanderfalke	Fri	
Schwartzbrauner Fisch-Geyer mit … … gelbem Kopf – Rohrweihe	Fri	
Schwartzbrauner Habigt – Habicht	Fri	
Schwartzbrauner Habigt – Mäusebussard	Fri	Frisch T. 74.
Schwartzbrüstige Bachstelze – Bachstelze	P	
Schwartzdrossel – Amsel	Krü	
Schwartze Amsel – Amsel	Fri,K,Schwf	
Schwartze Dohle – Dohle	Buff,Fri	
Schwartze Drossel – Amsel	Z	
Schwartze Endte mit schwartzem, rohten … … und gelben Schnabel – Samtente	K	Klein-Text.
Schwartze Grasmücke – Mönchsgrasmücke	K	
Schwartze Kraehe – Saatkrähe	Fri	
Schwartze Kraye – Saatkrähe	Schwf	
Schwartze Mebe – Trauerseeschwalbe	GesH	
Schwartze Schupsente mit weißem … … Unterleib – Reiherente	K	Albin I, 95.
Schwartze Wewe – Trauerseeschwalbe	K	Wohl Druckfehler: Mewe?
Schwartze Wilde Ente – Stockente (Var.)	Fri	
Schwartzer Adeler – Steinadler	Schwf,Suol	
Schwartzer Adler – Steinadler	GesH	
Schwartzer Ahr – Steinadler (sil.)	Schwf	
Schwartzer Eysvogel – Wasseramsel	zLa	
Schwartzer Falck – Wanderfalke	GesH	
Schwartzer Ganstaucher – Kormoran	Fri	
Schwartzer Mewe – Trauerseeschwalbe	Suol	
Schwartzer Raabe – Kolkrabe	Kö	
Schwartzer Reiger – Nachtreiher	Fri	
Schwartzer Reyger – Schwarzstorch	K	

Schwartzer Specht – Schwarzspecht	Buff	
Schwartzer Storch – Schwarzstorch	Fabr,Fri,G,GesSH,Mic,Schwf	
Schwartzfalck – Wüstenfalke	zLa	System d. Jagdfalken nach Alb. Magnus.
Schwartzfüeß – Alpenstrandläufer	Baldn,Suol	
Schwartzfuß – Sichelstrandläufer	GesH	
Schwartzhan – Schottisches Morrschneehuhn	GesH	
Schwartzkehlein – Gartenrotschwanz	Fri	
Schwartzkehligte Bachsteltze – Bachstelze	P	
Schwartzkopf – Mönchsgrasmücke	K	
Schwartzkopff – Küstenseeschwalbe	K	Hirundo marina major.
Schwartzköpff – Mönchsgrasmücke	GesSH,zLa	
Schwartzköpfiger Dornreich – Mönchsgrasmücke	P1	
Schwartzköpfiger Enten-Taucher – Schellente	Fri	
Schwartzkopfichter Dornreich – Mönchsgrasmücke	P1	
Schwartzkrae – Rabenkrähe	Suol	
Schwartzmeisse – Tannenmeise	G	
Schwartzplattige Schwalben Möwe – Flußseeschwalbe	Fri	
Schwartzrückige Grasmücke – Trauerschnäpper	Fri	
Schwartzspecht – Schwarzspecht	Fri,StVb	
Schwartztaucher – Bläßhuhn	GesH,Kö,Suol	
Schwartztüchel – Reiherente	Do	
Schwarz Blashuhn – Bläßhuhn	K	Frisch T. 208, Albin I, 83.
Schwarz sprenglicher Neuntödter – Rotkopfwürger	Z	
Schwarz Täucherlein – Zwergtaucher	K	Frisch T. 184.
Schwarz und braunköpfiger Ententaucher – Schellente	Be2	
Schwarz und weiß gefleckter Specht – Buntspecht	Be2,Be	
Schwarz und weiß gehaubter ... ... italiänischer-Reiher – Rallenreiher	Buff	
Schwarz und weiß gesprenkelte Lome – Prachttaucher	Krü	
Schwarz und weiß gesprenkelte Lumme – Prachttaucher	Krü	
Schwarz und weiß gesprenkelter Lom – Prachttaucher	GD	
Schwarz und weiß gesprenkelter Lom – ... ... mit dem Halsbande – Prachttaucher	Buff,Gun	
Schwarz und weiße Schnepfe – Austernfischer	Be1,Be	
Schwarz und weißer Fasan aus China – Silberfasan	Be2	

Schwarz und weißer Fliegenschnäpper – Schwarzkehlchen	Be1,Be2,Be,Be97,N	
Schwarz und weißer Säger – Mittelsäger	Buff	Von Brisson.
Schwarz und weißer Taucher – Ohrentaucher (juv.)	Be2,Be,GD,N	
Schwarz und weißer Taucher – Trottellumme	Be2,Be,N	
Schwarz und weißgesprenkelter Lom – Prachttaucher	Be2,N	
Schwarz und weißscheckiger … … schmätzender Fliegenvogel … … – Trauerschnäpper	Be	
Schwarz- und weiß-scheckigter … … schmätzender Fliegenvogel … … – Trauerschnäpper	Buff,Z	
Schwarz- und weißschäckiger … … schmatzender Fliegenvogel … … – Trauerschnäpper	Be2	
Schwarz- und weißschäckiger … … schmätzender Fliegenvogel … … – Trauerschnäpper	N	
Schwarz- und weißscheckigter … … Fliegenvogel – Trauerschnäpper	Z	
Schwarz-Drossel – Amsel	N	
Schwarz-Specht – Schwarzspecht	N,Z	
Schwarz- u. weißschäckiger Fliegenvogel … … – Trauerschnäpper	Be1	
Schwarz-Wasser heunle – Wasserralle	Buff	
Schwarzamsel – Amsel	Ad,B,Be1,Be2,Be97,CLB2,F,GD,HpJä, … … Krü,N,Suol,V	KNB
Schwarzbäckchen – Baumfalke	Be2,F,N	
Schwarzbacken – Wanderfalke	B,Be,F,N	
Schwarzbacken, großer – Wanderfalke	Be1,Be2	
Schwarzbändige Feldflüchte – Felsentaube	Be	
Schwarzbart – Zippammer	GD	
Schwarzbärtchen – Birkenzeisig	Ad,Be2,Be,Buff,F,GD,K,Krü,N	Frisch T. 10.
Schwarzbärtige Eule – Bartkauz	N	N: Bd. 13/180.
Schwarzbärtiger Rohrsänger – Mariskensänger	N	N: Bd. 13/456.
Schwarzbäuchiger Sänger – Hausrotschwanz	N	
Schwarzbärtiger Sänger – Mariskenrohrsänger	O3	
Schwarzbauch – Alpenstrandläufer	F	
Schwarzbauchiger Kiebitz – Kiebitzregenpfeifer	O3	
Schwarzbäuchiger Kiebitz – Kiebitzregenpfeifer	Be2,Be,CLB1,2,MW	KNB
Schwarzbäuchiger nordischer Wasserstar – Wasseramsel	H	

Schwarzbauchiger Sänger – Gartenrotschwanz	V	
Schwarzbäuchiger Sänger – Hausrotschwanz	Be2,Be,CLB1,MW,O3	Bechstein 1803.
Schwarzbauchiger Steinschmätzer – Hausrotschwanz	N	
Schwarzbäuchiger Wasserschwätzer – Wasseramsel	CLB1,2,3	KNB
Schwarzbäuchigter Sänger – Hausrotschwanz	Krü	
Schwarzbauchwasserschwätzer – Wasseramsel	B	
Schwarzbindiger Regenpfeifer – Flußregenpfeifer	Be2,Be,N	
Schwarzblattel – Gartenrotschwanz	Suol	
Schwarzblättel (schles.) – Sumpfrohrsänger	H	
Schwarzblattiger Fliegenschnapper – Trauerschnäpper	Be2,Be	
Schwarzblattl – Mönchsgrasmücke	Suol	
Schwarzblättli – Mönchsgrasmücke	Suol	
Schwarzblaue Drossel – Schieferdrossel	N	N: Bd. 13/348.
Schwarzblaue wilde Taube – Felsentaube	Hp	
Schwarzblauer Falke – Wanderfalke	Be2,N	
Schwarzblauer Reiher – Schwarzstorch	Be2	
Schwarzbrauige Schwanzmeise – Schwanzmeise	H	Prazak (Neuaufl.): A. caudatus vagans.
Schwarzbraune Ente – Samtente	Gun	Bei Linné.
Schwarzbraune Lome mit dem braunroten … Schilde vorn am Halse – Sterntaucher	Gun	
Schwarzbraune Perleule – Schleiereule	Buff	
Schwarzbraune wilde Ente – Samtente	Be2,Be,Buff,Gun,Krü,N	Bei D. Jonston.
Schwarzbraune (?) Perleule – Schleiereule	Be2,N	Fragezeichen von Naumann.
Schwarzbrauner Adler – Seeadler	Be2,N	
Schwarzbrauner Adler – Steinadler	Be1,Be,Be97,Buff,GD,N	„Falco Melanaëtes.“ Buffon – Martini: Band 1/112.
Schwarzbrauner Bergadler – Steinadler	Be2	
Schwarzbrauner Falk – Wanderfalke	Krü,N	
Schwarzbrauner Falke – Wanderfalke	Be2,GD	
Schwarzbrauner Gabelweih – Schwarzmilan	CLB3	
Schwarzbrauner Goldadler – Steinadler	Be2	
Schwarzbrauner Haasenadler – Steinadler	Be2	
Schwarzbrauner Habicht – Mäusebussard	Fri	
Schwarzbrauner Habicht – Wanderfalke	Be1,Be2,Be,GD,N	
Schwarzbrauner Milan – Schwarzmilan	CLB2,MW,N,V	KNB
Schwarzbrauner Steißfuß – Ohrentaucher (juv.)	Be2,N	
Schwarzbrauner Stockadler – Steinadler	Be2	
Schwarzbrauner Storch – Schwarzstorch	CLB3	
Schwarzbrauner Tannenheher – Tannenhäher	Buff	

Schwarzbrauner Taucher – Ohrentaucher (juv.)	Be2,Be,N	
Schwarzbrauner Uferläufer – Dunkler Wasserläufer	CLB3	
Schwarzbrauner Wasserläufer – Dunkler Wasserläufer	CLB1,2	KNB
Schwarzbraunes Braunkehlchen – Braunkehlchen	Be1,Be2,Be,Buff,Krü,N	
Schwarzbrust – Alpenstrandläufer	Be2,F,N	
Schwarzbrust, kleine – Mornellregenpfeifer	Be2,Be,N	
Schwarzbrüstchen – Hausrotschwanz	B,Be2,Be,F,N,V	
Schwarzbrüstiger Kibitz – Spornkiebitz	Krü	
Schwarzbrüstiger Saatvogel – Goldregenpfeifer	JAN	
Schwarzbrüstiger Sänger – Hausrotschwanz	CLB2	KNB
Schwarzbrüstiges Rotschwänzlein – Hausrotschwanz	Hp	
Schwarzbrüstli – Schwarzkehlchen	Suol	
Schwarzbunte Schellente – Schellente	N	
Schwarzbunte Taucherente – Gryllteiste	Be2,GD,N	
Schwarzbunter Kibitz – Kiebitzregenpfeifer	N	
Schwarzbunter Kiebitz – Kiebitzregenpfeifer	Be2,Be	
Schwarzbuntes Perlhuhn – Helmperlhuhn	Krü	
Schwarzchopf – Mönchsgrasmücke	Suol	
Schwarzdrossel – Amsel	B,Be1,2,Be,Be97,Bri,Buff,CLB1,2,F,GD, … … Hp,Jä,MW,O1,2,3,V	KNB
Schwarze Ackerkrähe – Saatkrähe	Be2,Be,GD,N	
Schwarze Aente – Trauerente	Buff	
Schwarze Amsel – Amsel	Be2,Be,Buff,GD,HHM,Hp,N	
Schwarze Amselmeerle – Amsel	K	
Schwarze Bachstelze – Bachstelze	BB,H,MW	
Schwarze Dohle – Dohle	GD,N	
Schwarze Drossel – Amsel	Ad,Jä,K	Frisch T. 29.
Schwarze Ente – Brillenente	Be1,Be2,Be,Buff,GD,N	
Schwarze Ente – Moschusente	Hp	
Schwarze Ente – Reiherente	Be2,Be,Buff,N	
Schwarze Ente – Samtente	Be,Buff,Gun,N	
Schwarze Ente – Trauerente	Be1,Be2,Be,Be97,Buff,CLB2,F,GD,Krü,N	KNB
Schwarze Ente mit rotem und gelbem … … Schnabel – Brillenente	Be	
Schwarze Ente mit schwarzem Schnabel – Brillenente	Be	
Schwarze Ente mit schwarzem, rotem … … und gelbem Schnabel – Brillenente	Be1,Be2,N	
Schwarze Ente mit schwarzem, rotem … … und gelbem Schnabel – Samtente	Buff	
Schwarze Ente mit weißer Platte – Brillenente	Buff	

Schwarze Eule – Waldkauz	Buff,Hp	
Schwarze Feldkrähe – Saatkrähe	Be1,Be2,Be,JAN	
Schwarze Gabelweihe – Schwarzmilan	Be2,Be,F,GD,N	
Schwarze Gans – Saatgans	F,H	
Schwarze Grasmücke – Mönchsgrasmücke	Be2,Be	
Schwarze Grasmücke – Trauerschnäpper	Jä	
Schwarze Grasmücke mit bunten ...	Be2,Be,N	
... Flügeln – Trauerschnäpper		
Schwarze Grönländische Taube –	Be2,Be,N	
Gryllteiste		
Schwarze Grylllumme – Gryllteiste	CLB2	KNB
Schwarze Hauskrähe – Rabenkrähe	Be	
Schwarze Hühnerweihe – Schwarzmilan	Be1,Be2,Be,GD,N	
Schwarze Krah – Saatkrähe	N	
Schwarze Krähe – Rabenkrähe	Be1,Be2,Be,Be97,Be05,Buff,CLB2, ...	
	... GD,Hp,K,Krü,N	KNB
Schwarze Krähe – Saatkrähe	Be2,Buff,N	
Schwarze Krähendohle – Alpenkrähe	Be2,Buff,N	
Schwarze Krau – Saatkrähe	Be2,N	
Schwarze Kraye – Saatkrähe	Be2	
Schwarze Kreye – Saatkrähe	Be,N	
Schwarze Lerche – Mohrenlerche	MW,O3	
Schwarze Lumme – Gryllteiste	F,MW,N	
Schwarze Mauerschwalbe – Mauersegler	Buff,Krü	
Schwarze Meerschwalbe –	Be1,Be2,Be,Be97,GD,Krü,N,O2,3	
Trauerseeschwalbe		
Schwarze Meerschwalbe –	GD,N	
Weißflügelseeschwalbe		
Schwarze Meise – Tannenmeise	Buff	
Schwarze Meve – Trauerseeschwalbe	Ad,Be1,Be2,Be,Buff,K,N	Frisch T. 220.
Schwarze Meve – Weißflügelseeschwalbe	GD	
Schwarze Mewe – Trauerseeschwalbe	Krü	
Schwarze oder braune Grasmücke –	Buff	
Klappergrasmücke		
Schwarze Ralle – Wasserralle	Buff,Gun,K	Frisch T. 212.
Schwarze Ralle – Teichhuhn	Be,F	
Schwarze Ralle – Wasserralle	Be2,Be,Suol	
Schwarze Raubkrähe – Rabenkrähe	Be2,Be,Krü,N	
Schwarze Saatkrähe – Saatkrähe	Be,GD,Krü	
Schwarze Schnepfe – Austernfischer	N	
Schwarze Schopfente – Reiherente	Be2,Buff,GD,Hp,K,N Frisch T. 171 u. Albin I, 95.	
Schwarze Schwalbenmeve –	Be2,Be,N	
Trauerseeschwalbe		
Schwarze See-Ente – Trauerente	Buff,N	
Schwarze See-Ente mit dem schwarzen ...	Buff	
... Schnabelgeschwulste-Trauerente		
Schwarze See-Ente, mit dem ...	Buff,GD	
... Federbusche und weißem ...		
... Flügelstriche– Reiherente		

Schwarze Seeente – Trauerente	Be2,Be	
Schwarze Seeente mit dem Federbusch …	Be2,Be	
… und weißen Flügelstriche – Reiherente		
Schwarze Seeente mit Federbusch und …	N	
… weißem Flügelstrich – Reiherente		
Schwarze Seeschwalbe – Trauerseeschwalbe	Be2,Buff,CLB1,2,F,N,V,WüCl	KNB
Schwarze Seeschwalbe –	N	
Weißflügel-Seeschwalbe		
Schwarze Stechente – Gryllteiste	Be2,N	
Schwarze Steppenlerche – Mohrenlerche	Buff,GD	
Schwarze Tauchente – Reiherente	JAN	
Schwarze und weiße Schnepfe –	Be2,Buff	
Austernfischer		
Schwarze Wasseramsel – Wasseramsel	Buff	
Schwarze Wasserschwalbe –	CLB3,N	
Trauerseeschwalbe		
Schwarze Wasserstelze – Wasserralle	Be1,Be2,Be,Buff,F,GD,Krü,N	
Schwarze Weihe – Schwarzmilan	N	
Schwarze wilde Ente – Stockente	Fri	
Schwarzendte, nordische – Samtente	Buff	
Schwarzente – Moorente	H	
Schwarzer Storch – Schwarzstorch	Be	
Schwarzer Strandläufer – Waldwasserläufer	Be2	
Schwarzer Adebar – Schwarzstorch	F,H	
Schwarzer Adler – Steinadler	O1	
Schwarzer Adler – Kaiseradler	F,JAN,K,N	
Schwarzer Adler – Seeadler	Be2,N	
Schwarzer Adler – Steinadler	B,Be,Be97,Be05,Buff,CLB2,GD,N,V	KNB
„Falco Melanaëtes.“		
Schwarzer Alk – Gryllteiste	O2	
Schwarzer Alke – Gryllteiste	Krü	
Schwarzer Ammer – Winterammer	MW	
Schwarzer Baumhacker – Schwarzspecht	F	
Schwarzer Baumhackl – Schwarzspecht	H	
Schwarzer Bergadler – Steinadler	Be2	
Schwarzer Blaßhahn – Bläßhuhn	Buff	
Schwarzer Blauspecht – Wasseramsel	Buff	
Schwarzer Bölch – Bläßhuhn	O1	
Schwarzer Bracher – Sichler	N	
Schwarzer Brachvogel – Sichler	F,N	
Schwarzer Caspar – Wachtelkönig	Be	
Schwarzer Caspar – Wasserralle	Be1,Be2,Be	
Schwarzer Casper – Wachtelkönig	Ad,GD,KKrü	In Livland.
Schwarzer Casper – Wasserralle	GD,Krü,Suol	
Schwarzer Colgrave – Kolkrabe	JAN	
Schwarzer Cormorant – Kormoran	Fri	
Schwarzer Eisvogel – Prachtfregattvogel	Krü	
Schwarzer Eisvogel – Wasseramsel	zLa	
Schwarzer Erdgeier – Schmutzgeier	N	

Schwarzer Falk – Wanderfalke	Krü	
Schwarzer Falke – Schwarzmilan	Be1,Be2,Be,GD,N	
Schwarzer Falke – Wanderfalke	Be1,Be2,Be,N	
Schwarzer Feldrabe – Rabenkrähe	Be	
Schwarzer Fliegenfänger – Trauerschnäpper	Be1,Be2,Be,Buff,N,Suol	
Schwarzer Fliegenschnäpfer – Trauerschnäpper	JAN	
Schwarzer Fliegenschnapfer – Trauerschnäpper	Do,F	
Schwarzer Fliegenschnäpper – Schwarzkehlchen	N	
Schwarzer Fliegenschnapper – Trauerschnäpper	Be2,Be,N	
Schwarzer Fliegenschnäpper – Trauerschnäpper	N,O2	
Schwarzer Fliegenstecher – Trauerschnäpper	Be1,Be2,Be,Buff,F,N	
Schwarzer Fliegenstecher mit weißem … … Halsring – Schwarzkehlchen	Be2,Be,Krü,N	
Schwarzer Fragattvogel – Prachtfregattvogel	Be2	
Schwarzer Gabelweih – Schwarzmilan	O2	
Schwarzer Gabelweihe – Schwarzmilan	N	
Schwarzer Galgenvogel – Kolkrabe	GD,Krü	
Schwarzer Ganstaucher – Kormoran	Be	
Schwarzer Gänstaucher – Kormoran	Be2,N	
Schwarzer Geier – Mönchsgeier	CLB3,Krü	
Schwarzer Geist – Alpenkrähe	F	
Schwarzer Geist mit feurigen Augen – Alpendohle	Be,Krü,N	
Schwarzer Geist mit feurigen Augen – Alpenkrähe	Be1,Be2,Be,Buff,GD,K,Krü	
Schwarzer Geyer – Mönchsgeier	GD	„Vultur niger."
Schwarzer Gilm – Gryllteiste	O1	
Schwarzer Gimpel – Gimpel (Var.)	Buff	
Schwarzer großer Specht – Schwarzspecht	K	Frisch T. 34.
Schwarzer Haasenadler – Steinadler	Be2	
Schwarzer Hahn der moskowitischen Berge – Auerhuhn	Buff	
Schwarzer Hainotter – Schwarzstorch	Scha	
Schwarzer Hänfling – Karmingimpel	Buff,GD,N	Buff 11/S. 110.
Schwarzer Hausrotschwanz – Hausrotschwanz	CLB3	
Schwarzer Holzschreier – Tannenhäher	Be2,F,N	
Schwarzer Hühnerdieb – Schwarzmilan	Be2,GD,N	
Schwarzer Hühnergeier – Schwarzmilan	Be2,Jä,N	
Schwarzer Hünergeyer – Schwarzmilan	Buff	
Schwarzer Kaspar – Wachtelkönig	Be2	
Schwarzer Kasper – Bläßhuhn	Do	
Schwarzer Kasper – Wachtelkönig	N	
Schwarzer Kasper – Wasserralle	N	

Schwarzer Keilhaken – Sichler	JAN,N	
Schwarzer Klapperstorch – Schwarzstorch	N	
Schwarzer Kolkrabe – Kolkrabe	JAN	
Schwarzer Krähenrabe – Rabenkrähe	N	
Schwarzer Krährabe – Rabenkrähe	Be1,Be2,Be,GD	
Schwarzer Krau – Saatkrähe	Be	
Schwarzer Louis – Sichler	Be2,N	
Schwarzer Lumme – Gryllteiste	Be2	
Schwarzer Markolf – Tannenhäher	Do,F	
Schwarzer Markward – Tannenhäher	Be1,Be2,Be,Be97,Buff,Hp,Krü,N	
Schwarzer Mauseaar – Mäusebussard	JAN	
Schwarzer Mäuseaar – Mäusebussard	N	
Schwarzer Meerrachen – Mittelsäger	Be1,Be2,Be,Buff,N	
Schwarzer mew – Trauerseeschwalbe	Buff	
Schwarzer mexikanischer Specht – Dreizehenspecht	Buff	Brisson
Schwarzer Milan – Schwarzmilan	Be1,2,Be,CLB2,F,Jä,N,O3,V	
	Bechstein 1793, Ü	KNB
Schwarzer Mönch – Mönchsgrasmücke	Z	
Schwarzer moskovitischer Berghahn – Auerhuhn	Hp	Heppe 1783, von Albin beschrieben.
Schwarzer Nußheher – Tannenhäher	Be2,Jä,N	
Schwarzer Nußjäck – Tannenhäher	Jä	
Schwarzer Pelekan – Kormoran	Buff	
Schwarzer Pelikan – Kormoran	Be1,Be2,Be,Be97,F,Krü,N	
Schwarzer Rabe – Alpendohle	Be,Krü	
Schwarzer Rabe – Alpenkrähe	Be	
Schwarzer Rabe – Kolkrabe	Be1,Be2,Be,Be97,N	
Schwarzer Rabe – Rabenkrähe	Be1,Be2,Buff,N	
Schwarzer Ralle – Teichhuhn	Be2,N	
Schwarzer Ralle – Wasserralle	N	
Schwarzer Reger – Nachtreiher	Schwf	
Schwarzer Reiher – Graureiher	GD	
Schwarzer Reiher – Nachtreiher (juv.)	Be1,Be,Buff,N	
Schwarzer Reiher – Schwarzstorch	Be2,Buff,N	
Schwarzer Reiher (juv.) – Nachtreiher	H	
Schwarzer Reyger – Graureiher	K	
Schwarzer Reyger – Schwarzstorch	Buff	Klein
Schwarzer Ringkragen – Ohrenlerche	GD	Bei Buffon.
Schwarzer rotbrüstiger Taucher – Mittelsäger	Be2	
Schwarzer Rotschwanz – Hausrotschwanz	Be1,Be2,Be97,CLB2,F,Krü,N	KNB
Schwarzer Säger – Mittelsäger	Buff	Von Brisson.
Schwarzer Sandläufer – Waldwasserläufer	Be2,F,N	
Schwarzer Sichler – Sichler	O2	
Schwarzer Specht – Schwarzspecht	Be2,Buff,N,Schwf	
Schwarzer Staar – Einfarbstar	N	N: Bd. 13/226.
Schwarzer Steinschmätzer – Trauersteinschmätzer	CLB2,MW	KNB
Schwarzer Stieglitz – Stieglitz	Be97	

Schwarzer Stockadler – Steinadler	Be2	
Schwarzer Storch – Schwarzstorch	Be1,Be2,Be,Be97,Buff,CLB1,2,3,GD,K,Jä, …	
	… Krü,MW,N,O1,2,3,V Frisch T. 197.	KNB
Schwarzer Strandläufer –	Buff	„Tringa littorea" Belon.
Bruch-(Wald)-wasserläufer		
Schwarzer Strandläufer – Dunkler	Be1,Be2,BeBuff,GD	Name v. Otto.
Wasserläufer		
Schwarzer Strandläufer – Waldwasserläufer	Be,N	
Schwarzer Sturmvogel …	GD	
… – Schwarzschnabel-Sturmtaucher		
Schwarzer Sturmvogel – Sturmschwalbe	Be2,N	
Schwarzer Taucher – Mittelsäger	Be,Buff	
Schwarzer Taucher – Wasseramsel	Fabr	
Schwarzer Taucher – Zwergtaucher	Do,F	
Schwarzer Teucher – Mittelsäger	Schwf	War Gänsesäger bekannt?
Schwarzer Uferläufer – Dunkler	CLB3	
Wasserläufer		
Schwarzer und blauer Rotschwanz –	Be1,Be2,Be	
Hausrotschwanz		
Schwarzer und kohlschwarzer Pelikan –	GD	
Kormoran		
Schwarzer und weißer Fliegenschnäpper …	Krü	
… – Schwarzkehlchen		
Schwarzer und weißer großer	P	
Neuntödter – Raubwürger		
Schwarzer und weißer Taucher –	Be2	
Krabbentaucher		
Schwarzer und weißer Taucher –	Buff	
Ohrentaucher		
Schwarzer Waldhahn – Birkhuhn	Be2,Be,GD,Krü,N	
Schwarzer Wasserläufer –	O2	
Dunkelwasserläufer		
Schwarzer Wasserrabe – Kormoran	Be2,Be,Buff,N	
Schwarzer Wassertreter – Teichhuhn	Be2,Be,N	
Schwarzer Wassertreter – Wasserralle	Ad,Be,Be1,2,Buff,F,GD,K,Krü,N Frisch T. 212.	
Schwarzer Wiesenknarrer – Wasserralle	F,N	
Schwarzer Zeisig – Birkenzeisig	Be2	
Schwarzer Zeisig – Karmingimpel ?	Buff,GD,N; Buff 11/S. 110 + 340: Siehe	
	Literatur. Kleins Brandfink?	
Schwarzes Blaßhuhn – Bläßhuhn	Be2,Be,GD	
Schwarzes Bläßhuhn – Bläßhuhn	CLB2,N	KNB
Schwarzes Flußteufelchen – Teichhuhn	Buff	
Schwarzes Rohrhuhn – Bläßhuhn	Be2,Buff,N	
Schwarzes Rohrhun – Bläßhuhn	Suol	
Schwarzes Taucherhuhn – Gryllteiste	Be2,Be,CLB2,GD,N	KNB
Schwarzes Täucherhuhn – Gryllteiste	Be1,Be2	
Schwarzes Täucherlein – Ohrentaucher	GD	
Schwarzes und weißes Wasserhuhn –	Buff	
Ohrentaucher		

Schwarzes Waldhuhn – Birkhuhn	Be1	
Schwarzes Wasserhuhn – Bläßhuhn	Be1,Be2,Be,Buff,CLB1,2,3,GD,Krü,MW,N	KNB
Schwarzes Wasserhuhn – Teichhuhn	Buff	
Schwarzes Wasserhuhn mit breiten …	Buff	
… Zehenkappen – Bläßhuhn		
Schwarzes Wasserhuhn mit grünen	Be2,Be,Buff,N	
Beinen – Teichhuhn		
Schwärzestes Wasserhuhn – Bläßhuhn	GD	„Fulica aterrima."
Schwarzflügel – Kornweihe (männl.)	Be1,Be2,Be,F,GD,N	
Schwarzflügel – Waldwasserläufer	F,H,O1,2	
Schwarzflügeliger Falke – Gleitaar	CLB3	
Schwarzflügeliger Giarol …	BB,H	
… – Schwarzflügel-Brachschwalbe		
Schwarzflügeliger Strandreuter –	CLB2,3,MW,N	KNB
Stelzenläufer		
Schwarzflügliger Gleitaar – Gleitaar	N	N: Bd. 13/129.
Schwarzflügliger Schwimmer – Gleitaar	N	N: Bd. 13/129.
Schwarzfuß – Schwarzkehlchen	Buff	
Schwarzfüßige Trauerente – Trauerente	CLB3,N	
Schwarzfüßiges Meerhuhn –	Buff	
Rotflügel-Brachschwalbe		
Schwarzgefleckter Säbelschnäbler –	Be2,N	
Säbelschnäbler		
Schwarzgeflügelter Uhu – Uhu	Buff	Var. Aldrovandi.
Schwarzgekappte Meise – Sumpf-/	A,K	Albin Band III, 58.
Weidenmeise		
Schwarzgelber Ackervogel –	Be1,Be2,Be,Buff,Krü,N	
Goldregenpfeifer		
Schwarzgeschulterter Bussard – Gleitaar	N	N: Bd. 13/129.
Schwarzgewelltes Laufhuhn – Laufhühnchen	MW	
Schwarzgraue Meerschwalbe –	MW	
Trauerseeschwalbe		
Schwarzgraue Seeschwalbe –	CLB1,2	KNB
Trauerseeschwalbe		
Schwarzgrauer Fliegenfänger –	Be1,Be2,Be,Be97,CLB3,MW,N	
Trauerschnäpper		
Schwarzgrauer gemeiner Kranich – Kranich	Be2,Be,N	
Schwarzhäher – Tannenhäher	Do,F	„Die Farbe ist schwarzbraun. …"
Schwarzhahnl – Schwarzspecht	F,H	
Schwarzhalsiger Lappentaucher –	H	
Schwarzhalstaucher		
Schwarzhälsiger Ohrensteißfuß –	CLB3	
Schwarzhalstaucher		
Schwarzhalsiger Säger – Zwergsäger	Be2,Be	
Schwarzhalsiger Schwan –	Krü	
Schwarzhalsschwan		
Schwarzhalsiger Seetaucher – Eistaucher	F,MW,N,V	
Schwarzhalsiger Steißfuß –	H	
Schwarzhalstaucher		

Schwarzhalsiger Taucher – Schwarzhalstaucher	H		
Schwarzhalssteißfuß – Schwarzhalstaucher	H		
Schwarzhalstaucher – Schwarzhalstaucher	H		
Schwarzheher – Tannenhäher	B,Jä		
Schwarzkählchen – Garten-/ Hausrotschwanz	HHM		
Schwarzkäppchen – Mönchsgrasmücke	Ad,Be1,Buff,Hp		
Schwarzkappe – Mönchsgrasmücke	B,Be1,Be2,Be97,Buff,F,GD,N		
Schwarzkappige Merle – Kappenammer	N		
Schwarzkappiger Ammer – Kappenammer	N		
Schwarzkärtchen – Birkenzeisig	Be1		
Schwarzkehl – Rohrammer	Do		
Schwarzkehlchen – Gartenrotschwanz	Ad,Be1,Be2,Be,Be97,Buff,F,Krü,N,V		
Schwarzkehlchen – Hausrotschwanz	Be1,Be2,BeBe97,F,GD,Krü,N		
Schwarzkehlchen – Schwarzkehlchen	B,Be,Be1,2,97,Krü,N,O1,2	Bechst. 1795	KN
Schwarzkehlchen, graues – Bachstelze	Be2		
Schwarzkehldrossel – Bechsteindrossel	B		
Schwarzkehlein – Gartenrotschwanz	Buff,Fri,K,Suol		Frisch T. 19.
Schwarzkehlein, graues – Bachstelze	Be,N		
Schwarzkehlicher Ententaucher – Eistaucher	JAN		
Schwarzkehlichte Bachstelze – Bachstelze	GD		
Schwarzkehlichte Mauernachtigall – Hausrotschwanz	GD		
Schwarzkehlichter Taucher – Prachttaucher	GD		
Schwarzkehlige Bachstelze – Bachstelze	Be1,Be2,Be,Be97,F,Hp,Krü		
Schwarzkehlige Bachstelze – Gebirgsstelze	Do,F		
Schwarzkehlige Drossel – Schwarzkehldrossel	CLB2,3,MW,N,O3	N: Bd. 13/330	KNB
Schwarzkehlige Grasmücke – Schwarzkehlchen	N		
Schwarzkehlige Mauer-Nachtigal – Gartenrotschwanz	Buff		
Schwarzkehlige Mauernachtigall – Hausrotschwanz	Be1,Be2,Be		
Schwarzkehlige Meerschwalbe – Trauerseeschwalbe	Be2,Be,N		
Schwarzkehlige Meise – Lapplandmeise	MW		
Schwarzkehlige Taucherente – Prachttaucher	Be2,GD,N		
Schwarzkehliger Ackervogel – Goldregenpfeifer	Buff		
Schwarzkehliger Ententaucher – Eistaucher	Be2,Be		
Schwarzkehliger gelber Steinschmätzer ... ... – Mittelmeersteinschmätzer	N		
Schwarzkehliger Meertaucher – Prachttaucher	Krü		
Schwarzkehliger Sänger – Gartenrotschwanz	Be2,Be,CLB2,MW,N,O3		KNB

Schwarzkehliger Seetaucher – Prachttaucher	Be2,Be,CLB2,Fri,JAN,Krü,MW,N	KNB
Schwarzkehliger Steinsänger –	CLB1,2,N	KNB
Schwarzkehlchen		
Schwarzkehliger Steinschmätzer –	N	
Gartenrotschwanz		
Schwarzkehliger Steinschmätzer –	Be,Be1,2,97,CLB2,JAN,Krü,MW,N,V	KNB
Schwarzkehlchen		
Schwarzkehliger Taucher – Polartaucher	F	
Schwarzkehliger Taucher – Prachttaucher	Be1,Be2,Be,Be97,CLB2,Krü,O2,3,N,V	KNB
Schwarzkehliger Wiesenschmätzer –	N,O3,Suol,WüCl	Wiesenschmätzer nach 1800.
Schwarzkehlchen		
Schwarzkehliger Ziemer –	N	
Schwarzkehldrossel		
Schwarzkehliges Rotbrüstlen –	Fri	
Gartenrotschwanz		
Schwarzkehliges Rotschwänzchen –	CLB2	KNB
Gartenrotschwanz		
Schwarzkehliges Waldhuhn – Haselhuhn	Be2,Be,MW,N,V	
Schwarzkehligte Bachstelze – Bachstelze	Buff	
Schwarzkehligter Sänger – Gartenrotschwanz	Krü	
Schwarzkopf – Bartgeier	Suol	
Schwarzkopf – Brandseeschwalbe	K	K-Reyger-Text.
Schwarzkopf – Flußseeschwalbe	Ad,Be1,Be2,Be,Buff,F,GD,Krü,N	
Schwarzkopf – Mittelsäger	V	
Schwarzkopf – Mönchsgrasmücke	Ad,B,Be1,2,Be,Be97,Buff,CLB2,F,GD, …	
	… Hp,Jä,K,Krü,N,O2,Scha,Suol,V	Frisch T. 23.
		KNB
Schwarzkopf – Reiherente	Be2,Be,Buff,F,GD,N	
Schwarzkopf – Schwarzkopfmöwe	Ad	
Schwarzkopf – Tannenmeise	Buff	
Schwarzkopf-Meve – Schwarzkopfmöwe	N	
Schwarzköpfchen – Kohlmeise	Do,F	
Schwarzköpfchen – Mönchsgrasmücke	Jä	
Schwarzköpfchen – Samtkopfgrasmücke	B	
Schwarzkopff – Mönchsgrasmücke	Schwf	
Schwarzkopfichter Dornreich –	P	Auch: Schwarzkopfigter D.
Mönchsgrasmücke		
Schwarzköpfige Ammer – Kappenammer	O3	
Schwarzköpfige Gelbammer – Spornammer	Be,GD	
Schwarzköpfige Goldammer – Spornammer	Be,GD,Krü	
Schwarzköpfige Grasmücke –	Be1,Be2,Be,Be97,Buff,CLB1,MW,N,WüCl …	
Mönchsgrasmücke	… Bechstein 1805/09	KN
Schwarzköpfige Grasmücke –	CLB2,H	
Samtkopfgrasmücke		
Schwarzköpfige Lachmeve – Lachmöwe	Be1,Be2,Be97,GD	
Schwarzköpfige Lachmöve – Lachmöwe	N	
Schwarzköpfige Lachmöwe – Lachmöwe	Krü	
Schwarzköpfige Meerschwalbe –	Be2,N	
Flußseeschwalbe		

Schwarzköpfige Meise – Sumpf-/ Weidenmeise	Buff,GD	
Schwarzköpfige Meve – Lachmöwe	Be2,Be,MW	Larus ridibundus.
Schwarzköpfige Meve – Schwarzkopfmöwe	MW,N	Larus melanocephalus.
Schwarzköpfige Mewe – Lachmöwe	Buff	
Schwarzköpfige Möve – Lachmöwe	CLB1,2,N	
Schwarzkopfige Möve – Schwarzkopfmöwe	O3	
Schwarzköpfige Möve – Schwarzkopfmöwe	CLB2,N	KNB
Schwarzköpfige Nachtigall – Mönchsgrasmücke	N	
Schwarzköpfige Schafstelze – Schafstelze	H	Budytes melanocephalus.
Schwarzköpfige Schwalbenmöve – Schwarzkopfmöwe	CLB3	
Schwarzköpfige Seeschwalbe – Flußseeschwalbe	Be2,N	
Schwarzköpfige Tauchente – Gänsesäger	Fri	
Schwarzköpfige(r) Ammer – Kappenammer	CLB1,2,3,MW,N,V	KNB
Schwarzköpfige(r) Spornammer – Schneeammer	CLB1,2	KNB
Schwarzköpfiger Dornreich – Sumpf-/ Weidenmeise	K,Krü	Frisch T. 13.
Schwarzköpfiger Ententaucher – Schellente	Be,GD,N	
Schwarzköpfiger Fischvogel – Trauerseeschwalbe	Be2,Be	
Schwarzköpfiger Fischvogel – Weißflügel-Seeschwalbe	Be	
Schwarzköpfiger Fliegenfänger – Halsbandschnäpper	N	
Schwarzköpfiger Flüevogel – Bergbraunelle	MW	
Schwarzköpfiger Geieradler – Bartgeier (juv.)	MW,N	
Schwarzköpfiger Gelbammer – Spornammer	Buff	
Schwarzköpfiger Gimpel – Gimpel	CLB1,2,N,V	KNB
Schwarzköpfiger Goldammer – Kappenammer	N	
Schwarzköpfiger Goldammer – Spornammer	Be2,Buff,N	
Schwarzköpfiger Säbelschnäbler – Säbelschnäbler	CLB2,N	KNB
Schwarzköpfiger Sänger – Mönchsgrasmücke	Be2,Be,CLB2,N,V	KNB
Schwarzkopfiger Sänger – Samtkopfgrasmücke	O3	
Schwarzköpfiger Sänger – Samtkopfgrasmücke	CLB2,MW	KNB
Schwarzköpfiger Schwan – Schwarzhalsschwan	Krü	
Schwarzköpfiger Seetaucher – Eistaucher	F,N	
Schwarzköpfiger Spornammer – Schneeammer	CLB2,N	KNB
Schwarzköpfiger Sporner – Schneeammer	CLB3	

Schwarzköpfiger Sternvogel – Trauerseeschwalbe	Be2	
Schwarzköpfiger Wassersäbler – Säbelschnäbler	CLB2	KNB
Schwarzköpfiges Sandhuhn … … – Schwarzflügel-Brachschwalbe	Be	
Schwarzköpfigter Ammer – Kappenammer	Buff	
Schwarzkopfmeise – Sumpfmeise	F	
Schwarzkopfmöve, große – Fischmöwe	H	
Schwarzkräe – Rabenkrähe	GesS	
Schwarzkragen – Keilschwanzregenpfeifer	Buff	
Schwarzkrähe – Rabenkrähe	Buff,F,Krü	
Schwarzkrähe – Saatkrähe	Scha	
Schwarzkuppe – Mönchsgrasmücke	Be2,Be,F,N	
Schwarzlappentaucher – Schwarzhalstaucher	H	
Schwärzliche Ente – Kolbenente	Be2	
Schwärzliche Ente – Samtente	Buff,GD	
Schwärzliche Seeschwalbe – Trauerseeschwalbe	CLB1,2	KNB
Schwärzliche Wasserschwalbe – Trauerseeschwalbe	CLB3,N	
Schwärzlicher Adler – Steinadler	Buff	
Schwärzlicher Falk mit pfeilförmigen Flecken – Habicht	Buff	
Schwärzlicher Falke mit pfeilförmigen … … Flecken – Habicht (juv.)	Be1,Be,B	
Schwärzlicher Falke mit pfeilförmigen … … Flecken – Habicht	GD	
Schwärzlicher Hausrotschwanz – Hausrotschwanz	CLB3	
Schwärzlicher Sanderling – Meerstrandläufer	O2	
Schwärzlicher Sturmvogel – Kleiner Sturmtaucher	Buff	
Schwärzlicher Taucher – Ohrentaucher	Buff,Krü	
Schwärzlicher Taucher – Zwergtaucher	Be1,Be,GD,Hp,Krü,N	
Schwarzlob – Gimpel	F,H,Suol	
Schwarzmantel – Mantelmöwe	B,N	
Schwarzmantel, großer – Mantelmöwe	F,N	
Schwarzmantel, kleiner – Heringsmöwe	F,N	
Schwarzmanteliger Säger – Mittelsäger	Buff	Name von Otto?
Schwarzmeise – Kohlmeise	Be1,Be2,Be,Buff,GD,Krü,N	
Schwarzmeise – Sumpf-/Weidenmeise	B,Be2,Be,Buff,F,Krü,N	
Schwarzmeise – Tannenmeise	Ad,Be1,Be2,Be,Be97,F,GD,Hp,Krü,N,O1,Suol	
Schwarzmeise, kleine – Tannenmeise	V	
Schwarzmergle – Krickente	H	
Schwarzmöve – Trauerseeschwalbe	Do	
Schwarzmöve – Trauerseeschwalbe	F	
Schwarznackige Ente … … – Bastard Moschusente x Stockente	Be2,GD	Auch: Bastard Haus-/Moschusente.

Schwarznasiger Schwan – Höckerschwan	Do,F
Schwarznasiger Schwan – Zwergschwan	N
Schwarzöhriger Neuntöter – Rotkopfwürger	Be2,Be,N
Schwarzöhriger Steinschmätzer …	MW,O3
… – Mittelmeersteinschmätzer	
Schwarzpisber – Hausrotschwanz	Do,F
Schwarzplatl – Mönchsgrasmücke	GD
Schwarzplättchen – Mönchsgrasmücke	Ad,B,Be2,Be,F,Jä,N
Schwarzplatte – Mönchsgrasmücke	Be1,Be2,Be,Buff,GD,N
Schwarzplatte – Sumpfmeise	GD
Schwarzplättel – Mönchsgrasmücke	Suol
Schwarzplatterl – Mönchsgrasmücke	Jä
Schwarzplattige Grasmücke – Mönchsgrasmücke	Be2,Be,Buff,GD,N
Schwarzplattige Meerschwalbe – Flußseeschwalbe	N
Schwarzplättige Schwalbenmeve – Flußseeschwalbe	GD
Schwarzplattige Schwalbenmeve – Flußseeschwalbe	Be2,N
Schwarzplättige Schwalbenmöve – Flußseeschwalbe	Buff
Schwarzplättige Schwalbenmöve – Flußseeschwalbe	Be
Schwarzplattige Seeschwalbe – Flußseeschwalbe	N
Schwarzplattiger Fliegenfänger – Trauerschnäpper	N
Schwarzplattiger Fliegenschnapper – Trauerschnäpper	N
Schwarzplattiger Fliegenschnäpper – Trauerschnäpper	N
Schwarzplattiger Hänfling – Erlenzeisig	Be1
Schwarzplattigter Fliegenschnäpper – Trauerschnäpper	Buff
Schwarzplattigter Mönch – Mönchsgrasmücke	Z
Schwarzplattl – Mönchsgrasmücke	Jä
Schwarzplättl – Mönchsgrasmücke	Be2,Be,Jä,N
Schwarzplättl (schles.) – Kleiber	H
Schwarzrückige Bachstelze – Bachstelze	CLB2	KNB
Schwarzrückige Grasmücke – Trauerschnäpper	Fri,K	Frisch T. 24.
Schwarzrückige Meerschwalbe – Weißflügel-Seeschwalbe	N
Schwarzrückige Meve – Mantelmöwe	Be2,Be
Schwarzrückige Mewe – Mantelmöwe	Buff
Schwarzrückige Seeschwalbe – Weißflügel-Seeschwalbe	N

Schwarzrückige weiße Häringsmewe – Heringsmöwe	Buff		
Schwarzrückiger Adler – Steinadler	JAN		
Schwarzrückiger Fliegenfänger – Trauerschnäpper	Be1,2,Be,Be97,Buff,CLB1,2,3,Krü, … … MW,N,O3,V,WüCl		KNB
Schwarzrückiger Fliegenschnapper – Trauerschnäpper	N		
Schwarzrückiger Fliegenschnäpper – Trauerschnäpper	N		
Schwarzrückiger rotköpfiger Würger – Rotkopfwürger	CLB3		
Schwarzrückiger Sturmtaucher … … – Schwarzschnabel-Sturmtaucher	N		
Schwarzrückiger Sturmvogel … … – Schwarzschnabel-Sturmtaucher	MW,N		
Schwarzrückiger und Brauner … … Fliegenfänger – Trauerschnäpper	Fri		Frisch T. 24.
Schwarzrük – Mantelmöwe	Cz		
Schwarzscheitelige Fichtengrasmücke … … – Mönchsgrasmücke	CLB3		
Schwarzscheitelige Gartengrasmücke … … – Mönchsgrasmücke	CLB3		
Schwarzscheitelige Grasmücke – Mönchsgrasmücke	CLB2,V	C. L. Brehm 1823.	KNB
Schwarzscheitelige nordische … … Grasmücke – Mönchsgrasmücke	CLB3		
Schwarzscheiteliger Sänger – Mönchsgrasmücke	O3		
Schwarzschnabel – Dickschnabellumme	GD,Krü		
Schwarzschnabel – Steinwälzer	Be1,Be2,Be,Buff,F,GD,N		
Schwarzschnabel – Tordalk (juv.)	Be1,Krü		
Schwarzschnabel-Schwan – Singschwan	N		
Schwarzschnabeliger Schwan – Singschwan	MW,V	Zwergschwan erst 1830 beschrieben.	
Schwarzschnäblige Meerschwalbe – Brandseeschwalbe	Be2,N		
Schwarzschnäbliger Schwan – Singschwan	N		
Schwarzschnepfe – Dunkler Wasserläufer	Do,F		
Schwarzschnepfe – Sichler	B,N		
Schwarzschulterige Mönch-Grasmücke … …– Mönchsgrasmücke	H		Var. Heinekeni.
Schwarzschultrige Kerfweihe – Gleitaar	N		N: Bd. 13/129.
Schwarzschultriger Gleitaar – Gleitaar	N		N: Bd. 13/129.
Schwarzschwänzige Ente – Pfeifente (juv.)?	Be2		
Schwarzschwänzige Ente – Stockente (Bastard)	GD		
Schwarzschwänzige Limose – Uferschnepfe	N		
Schwarzschwänzige Uferschnepfe – Uferschnepfe	N,WüCl		

Schwarzschwänziger Sumpfläufer – Uferschnepfe	CLB2,3,O3	KNB
Schwarzschwänziger Sumpfwader – Uferschnepfe	CLB2,MW,N	KNB
Schwarzschwanzschnepfe – Uferschnepfe	Do,F	
Schwarzschwinger – Kornweihe (männl.)	Be2,Be,N	
Schwarzspecht – Schwarzspecht	Ad,B,Be1,2,Be,Be97,Be05,Buff,CLB1,2,3, … … Fri,GD,Jä,K,Krü,MW,O1,2,3,V Frisch T. 34. KNB	
Schwarzspecht, großer – Schwarzspecht	Be1,Be2,Be,GD,N	
Schwarzstaar – Einfarbstar	B	
Schwarzstirniger Laubvogel – Sumpfrohrsänger	Be2	
Schwarzstirniger Sänger – Sumpfrohrsänger	Be2	
Schwarzstirniger Schwan – Höckerschwan	Be2,N	
Schwarzstirniger Würger – Schwarzstirnwürger	CLB1,2,3,MW,N,V	KNB
Schwarzstirnwürger – Schwarzstirnwürger	B	
Schwarzstorch – Schwarzstorch	B,G	
Schwarzstreifiger Schilfsänger – Schilfrohrsänger	CLB3	
Schwarztaucher – Bläßhuhn	Buff,GD	
Schwarztaucher – Zwergtaucher	Ad	
Schwarztaucherle – Schwarzhalstaucher	Do,F	
Schwarztäucherlein – Ohrentaucher	Be2,GD	
Schwarztäucherlein – Schwarzhalstaucher	H	
Schwarztäucherlein – Schwarzhalstaucher	Be,N	
Schwarztäucherlein – Zwergtaucher	K	
Schwarztüchel (juv. + weibl.) – Reiherente	F,H	
Schwarzwadel – Hausrotschwanz	Do,F	
Schwarzwild (engl.,männl.) – Birkhuhn	Buff	
Schwarzwistlich – Gartenrotschwanz	Suol	
Schwarzwistlich – Hausrotschwanz	Do,F	
Schwarzwistling – Hausrotschwanz	Do	Möglich, aber unklar: Von Stimme.
Schwarzzehige Meve – Falkenraubmöwe	Be	
Schwarzzehige Meve – Schmarotzerraubmöwe	Be2,GD	
Schwarzzehige Mewe – Schmarotzerraubmöwe	Buff	
Schwarzzehige Möve – Falkenraubmöwe	Be,N	
Schwarzziemer – Misteldrossel	JAN	
Schwarzzügelige Schwanzmeise – Schwanzmeise	H	Schwarzbrauige Schwanzmeise (s. o.).
Schwarzzügeliger Albatros – Schwarzbrauenalbatros	H	
Schwatte Jäsvuagel – Wasseramsel	Bri	
Schwätzer – Klappergrasmücke	Do,F	

Schwätzer – Seidenschwanz	Be1,Be2,Be,Buff,F,Krü,N	
Schwätzer – Wasseramsel	V	
Schwazdröstle (helv.) – Amsel	H	
Schweberle – Baumfalke	Ad,Krü	
Schwedengast – Bergfink	Do ,F	
Schwederle – Girlitz	Buff	
Schwederle – Girlitz + Zitronenzeisig	Ad,Be1,Krü	
Schwedische Krähe – Nebelkrähe	Do,F	
Schwedische Meve – Dreizehenmöwe	Be2,Be,GD	
Schwedische Motazille – Blaukehlchen	GD	
Schwedische Möve – Dreizehenmöwe	N	
Schwedische Nachtigall – Blaukehlchen	F	N: Bd. 13/387.
Schwedische Wassernachtigall – Blaukehlchen	Do	
Schwedischer Distelfink – Bergfink (Var.)	GD	
Schwedischer Fink – Bergfink (Var.)	GD	
Schwedischer Papagey – Kiefernkreuzschnabel	GD	
Schwedisches Blaukehlchen – Rotsterniges Blaukehlchen	CLB1,2,3,N	KNB
Schwefelgelbe Bachstelze – Gebirgsstelze	CLB1,2,3,F,N,O3,V	KNB
Schweifmeise – Schwanzmeise	F,H	
Schweimer – Baumfalke	Ad	
Schweimer – Gerfalke	Be2,Be,N,zLa	
Schweimer – Milane	Suol	
Schweimer – Würgfalke	O2	
Schweimer (unedel) – Mäuse-?/ Rauhfußbussard?	zLa	System d. Jagdfalken nach Alb. Magnus.
Schweinetreiber – Bachstelze	Scha	
Schweitzer Kiwitz – Kiebitzregenpfeifer	Buff	
Schweitzer Strandläufer – Kiebitzregenpfeifer	Buff	
Schweitzer-Kiebitz – Kiebitzregenpfeifer	GD	
Schweitzereremit – Alpenkrähe	N	
Schweitzereremit – Waldrapp	GD,Krü	
Schweitzerischer Kibitz – Kiebitzregenpfeifer	Buff	
Schweitzerischer Kybitz – Kiebitzregenpfeifer	Buff,GD	
Schweitzerischer Lämmergeier – Bartgeier	N	
Schweitzerischer Strandläufer – Kiebitzregenpfeifer	Buff	
Schweitzerkrähe – Alpenkrähe	Krü,GD,N	
Schweitzerrabe – Alpenkrähe	Krü,GD	
Schweitzerscher Kibitz – Kiebitzregenpfeifer	Buff	
Schweizer – Waldrapp	Ad	
Schweizer Bergeremit – Waldrapp	K	Albin Band III, 16.

Schweizer Kiebitz – Kiebitzregenpfeifer	Be	Müller 1773: Schweitzerischer K. Ü
Schweizer Kiebitzregenpfeifer – Kiebitzregenpfeifer	CLB3	
Schweizer Krähe – Alpendohle	Krü	
Schweizer Krähe – Alpenkrähe	F,Krü	
Schweizer Strandläufer – Kiebitzregenpfeifer	Be	
Schweizer Zeisig – Girlitz	Do,F	
Schweizer Zeising – Girlitz	Scha	
Schweizerdohle – Alpendohle	Be	
Schweizerdohle – Alpenkrähe	Be	
Schweizereinsiedler – Waldrapp	K,Suol	Albin Band III, 16.
Schweizereremit – Alpenkrähe	Be97	
Schweizereremit – Waldrapp	Be1,Buff	
Schweizerischer Kibitz – Kiebitzregenpfeifer	N	Ohne t, bzw. e.
Schweizerischer Kiebitz – Kiebitzregenpfeifer	Be2,Be	
Schweizerischer Lämmergeier – Bartgeier	Be2	
Schweizerischer Strandläufer – Kiebitzregenpfeifer	Be2,Be	
Schweizerisches Rebhuhn – Steinhuhn	Be2,Be,N	
Schweizerkiebitz – Kiebitzregenpfeifer	B,Be2,F,N	
Schweizerkrähe – Alpenkrähe	Be1,Be2,Be97,Buff	
Schweizerrabe – Alpenkrähe	Be1	
Schweizertaube – Haustaubenrasse	Buff	
Schwelmente – Spießente	Do,F	
Schwemgans – Kormoran	Fabr,zLa	
Schwemmer – Baumfalke	Ad,K,Krü	
Schwemmer – Mäusebussard	Suol	
Schwemmer – Rotmilan	Schwf	
Schwemmer – Schwarzmilan	GesS	
Schwemmer – Turmfalke	Buff	
Schwemmerfalke – Lanner	GD	
Schwemmerganß – Kormoran	Suol	
Schwemmerganß – Kormoran	GesS,zLa	Gessner (1554): niederdt.
Schwentzle, geel – Schafstelze	Zum Lamm	
Schwertrauk – Rabenkrähe	Do	
Schwetz – Weißstorch	O1	
Schweymer – Mäusebussard	Suol	
Schwienhierd – Bachstelze	Be2,Be,N	
Schwimmende Uferschnepfe ... ... – Dunkler Wasserläufer (Wikl.)	Be2,Be,Buff,N	
Schwimmender Strandläufer – Odinshühnchen	Be2,N	
Schwimmender Uferläufer – Dunkler Wasserläufer	CLB3	
Schwimmender Wasserläufer ... ... – Dunkler Wasserläufer (Wikl.)	Be2,Be,CLB1,2,N	KNB

Schwimmer – Rotmilan	F	
Schwimmer – Baumfalke	Ad,K,Krü	
Schwimmer – Gerfalke	Be2,N	
Schwimmer – Lannerfalke	Buff,GD,Hp	
Schwimmer – Mäusebussard	Suol	
Schwimmer – Rotmilan	B,Be1,Be2,Be,GD,N	
Schwimmer – Schwarzer Milan	Schwf	
Schwimmer – Sperber	Be1,Be2,Be,Buff,GD,Krü,N	
Schwimmer – Turmfalke	Be2,Be,F,N	
Schwimmer – Würgfalke	Be1	
Schwimmer, schwarzflügliger – Gleitaar	N	N: Bd. 13/129.
Schwimmerfalk – Gerfalke	Be2	
Schwimmerfalke – Gerfalke	Be,N	
Schwimmfüßiger Säbelschnäbler – Säbelschnäbler	CLB3,N	
Schwimmfüssiger Wasserläufer – Schlammtreter	CLB2,MW	KNB
Schwimmgans – Kormoran	zLa	
Schwimmkrähe – Krähenscharbe	B,Be2,Be,Buff,GD,Krü,N	
Schwimmlerche – Odinshühnchen	Do,F	
Schwimmschnepfe – Dunkler Wasserläufer (Wikl.)	Be2,Be,N	
Schwimmschnepfe – Odinshühnchen	Be2,F,N	
Schwimmstrandläufer – Odinshühnchen	Do,F	
Schwinner – Gerfalke	Be2,N	
Schwirl – Feldschwirl	B,F,N	
Schwirl – Schilfrohrsänger	O1	
Schwirl – Seggenrohrsänger	Be2	
Schwirl, gelber – Seggenrohrsänger	N	
Schwirl, großer – Schlagschwirl	N	
Schwirrender Fichtenlaubvogel – Waldlaubsänger	CLB3	
Schwirrender Laubsänger – Waldlaubsänger	WüCl	
Schwirrender Laubvogel – Waldlaubsänger	Do,F	
Schwirrlaubvogel – Waldlaubsänger	B,F	
Schwoarze Krooh – Saatkrähe	H	
Schwoinz – Grünfink	Be,CLB2,F	KNB
Schwöleken – Rauchschwalbe	Bri	
Schwölk – Mehlschwalbe	Do,F	
Schwolken – Rauchschwalbe	Bri	
Schwonetz – Grünfink	Be1,Be2,Be,Fri,N	
Schwonez (boehm.) – Grünfink	Buff	
Schwung – Grünfink	Be	
Schwunitz – Grünfink	Ad,Fri,Krü	VN
Schwunitz, wendischer – Grünfink	Ad	
Schwunsch – Grünfink	B,Be,Hp,N,Scha,Suol; Seit 16. Jh. belegt (Sachsen).	
Schwunsche – Grünfink	Be1,Be2,N	
Schwunschhänfling – Grünfink	N	

Schwuntz – Grünfink	Suol	
Schwunz – Grünfink	Be1,Be2,Buff,GD,N,O1,2,Suol	
Schwymer – Würgfalke	Be1	
Schyt-Valck – Spatelraubmöwe?	K	Klein-Reyger 1760.
Schyt-Walck – Schmarotzerraubmöwe	Gun	
Scoarenkoaterhoafk (helgol.) – Turmfalke	H	
Scolucherez – Kormoran	Suol	
Scolucherez (holl) – Kormoran	GesH	
Scolver (holl) – Kormoran	GesH	
Screcke – Wachtelkönig	Suol	
Screek – Wachtelkönig	Suol	
Scrica – Wachtelkönig	Tu	
Sdeleze – Stieglitz	Suol	
Se-Cob (engl.) – Lachmöwe	Tu	
Sea Crow (engl.) – Nebelkrähe	Tu	
Sea-Aquila (engl.) – Seeadler	Tu	
Sea-Cob (engl.) – Lachmöwe	Tu	
Sea-Eagle (engl.) – Seeadler	Tu	
Sea-Pie (engl.) – Austernfischer	Tu	
Sechsspiegel – Buchfink	V	
Sechsspiegelichter Fink – Buchfink	N	
Sechsspiegeliger Fink – Buchfink	Be2	
See Amsel – Bienenfresser	Fri	
See Amsel – Wasseramsel	Schwf	
See Endt – großer Schwimmvogel v.d.See (Eistaucher)	zLa	Unspezifischer Name.
See Gans – großer Schwimmvogel v.d.See (Eistaucher)	zLa	Unspezifischer Name.
See Gell (engl.) – Lachmöwe	Tu	
See Meb – Möwe (allg.)	Baldn,Suol	
See Rabe (sil.) – Kormoran	Schwf,Suol	
See Schwalbe – Bienenfresser	Fri	
See Schwalbe, klein – Zwergseeschwalbe	Buff	
See Taube – Goldregenpfeifer	Schwf	
See Taube – Gryllteiste	Fri	
See-Aare – Samtente	Gun	Bei Pontoppidan.
See-Amsel – Ringdrossel	P	
See-Elster – Austernfischer	Buff	
See-Elster – Papageitaucher	GD	
See-Elster – Peifente	Fri	
See-Emmer – Eistaucher	Cranz	
See-Ente (bay.) – Bläßhuhn	H	
See-Ente mit dem schwarzen ... ... Schnabelgeschwulste, schwarze ... ... – Trauerente	Buff	
See-Ente, braune – Samtente	Buff	
See-Ente, mit dem Federbusche ... ... u. weißem Flügelstriche, schwarze ... ... – Reiherente	Buff,GD	

See-Ente, schwarze – Trauerente	Buff,N	
See-Meve – Lachmöwe	Suol,Z	
See-Möve – Möwe (allg.)	Suol	
See-Orre – Samtente	Buff,Gun	
See-Papagey – Papageitaucher	Fri	
See-rabe – Kormoran	Buff	
See-Rabe – Kormoran	Fri	
See-Rache – Säger (allg.)	Suol	
See-Rache mit roten Kopf – Gänsesäger	Fri	
See-Rache mit schwartzen Kopf – Gänsesäger	Fri	
See-Rachen – Gänsesäger	G	
See-Regenpfeifer – Seeregenpfeifer	N	
See-Schwalbe – Flußseeschwalbe	G	Küstenseeschwalbe?
See-Strandläufer – Meerstrandläufer	N	
See-Sturmvogel – Sturmschwalbe	Buff	
See-Taube – Goldregenpfeifer	Suol	
See-Taucher – Papageitaucher	Fri	
See-vogel – Spießente	Buff	
See-Wasserrabe – Kormoran	N	
See-Wasserrabe – Krähenscharbe	N	
Seeadler – Fischadler	GD	
Seeadler – Seeadler	Ad,B,Be,1,Be2,Be97,Be,Be05,CLB1,2,GD, … … Jä,Krü,MW,N,O1,3	KNB
Seeadler, amerikanischer – Weißkopf-Seeadler	N	N: Bd. 13/072.
Seeadler, deutscher – Seeadler	CLB3	
Seeadler, grönländischer – Seeadler	CLB3	
Seeadler, großer – Seeadler	Be2,N	
Seeadler, isländischer – Seeadler	CLB3	
Seeadler, nordamerikanischer … … weißköpfiger – Weißkopfseeadler	V	
Seeadler, nordamerikanischer – Weißkopf-Seeadler	CLB3	
Seeadler, nordischer – Seeadler	CLB3	
Seeadler, östlicher – Seeadler	CLB3	
Seeadler, weißköpfiger – Weißkopf-Seeadler	CLB1,N	N: Bd. 13/072. KNB
Seeadler, weißschwänziger – Seeadler	CLB1,2,N,V,WüCl	N: Bd. 13/066. KNB
Seeälster – Austernfischer	GD,K	
Seeälster – Pfeifente	Fri,GD	
Seeamsel – Bienenfresser	Fri	
Seeamsel – Ringdrossel	Ad,B,Be1,Be2,Be,Krü,N,P1,Suol	
Seeamsel – Wasseramsel	Ad,B,Be1,Be97,Buff,F,GD,GesS,Hp,N	
Seeant, swarte – Trauerente	Bri	
Seeänte, braune – Samtente	Buff	
Seebecaßine – Großer Brachvogel	Buff	
Seebohms Pieper – Petschorapieper	H	
Seebull – Polartaucher	F	
Seebull – Prachttaucher	H	

Seechwalbe, klein – Zwergseeschwalbe	Suol	
Seed Pie (engl.) – Eichelhäher	Tu	„Seed"-Saat, hier Eicheln.
Seedeüchel – Lappentaucher (allg.)	Suol	
Seedeüchel – Taucher	Baldn-Suol	
Seedrache – Haubentaucher	B,CLB2,F,N	KNB
Seedrossel – Ringdrossel	Ad	
Seedrossel – Wasseramsel	B	
Seedüchel, klein – Zwergtaucher	Baldn	
Seeelster – Austernfischer	B,Be2,Be,Buff,F,Krü,N	
Seeelster – Krabbentaucher	Krü	
Seeelster – Papageitaucher	Be2,GD,Krü,N	
Seeelster – Pfeifente	Be2,Fri	
Seeemmer – Riesenalk	Cz	Cranz S. 111.
Seeente – Austernfischer	Krü	
Seeente – Bläßhuhn	Jä	
Seeente – Papageitaucher	Krü	
Seeente – Pfeifente	GD	
Seeente – Weißkopf-Ruderente	Be2,N	
Seeente mit gehäubtem rotem Kopfe, ...	Buff	Pallas
... große – Kolbenente		
Seeente, braune – Samtente	Be1,Be2,Be,GD,Krü	
Seeente, große mit rotem gehäubtem	Be2,Be,N	
Kopfe – Kolbenente		
Seeente, schwarze – Trauerente	Be2,Be	
Seeente, schwarze mit dem Federbusch ...	Be2,Be	
... und weißen Flügelstriche – Reiherente		
Seeente, schwarze mit Federbusch und ...	N	
... weißem Flügelstrich – Reiherente		
Seefächer – Dreizehenmöwe	Be2,Be,GD,N	
Seefächer – Rotschnabel-Tropikvogel	Buff	
Seefalke – Fischadler	Do,F	
Seefalke mit Fischerhosen – Fischadler	Be2,N	
Seefasan – Löffelente	B,Be1,Be2,Be,Be97,F,GD,Hp,Krü,N	
Seefluder – Eistaucher	Ad,Fri	
Seefluder – Prachttaucher	GesS	
Seefluder, große – Prachttaucher	zLa,Baldn	Bei Baldner, 1666.
Seefluder, großer – Eistaucher	F	
Seeflunder – Eistaucher	Be2,Be,N	
Seeflunder, großer – Eistaucher	Be1,Be2,Be,GD,Krü,N	
Seeflutter – Prachttaucher	zLa	
Seeflutter, großer – Eistaucher	Baldn-Suol	
Seeflutter, großer – Rothalstaucher	Suol	
Seegall – Kiebitz	Krü	
Seegalle – Lachmöwe	Ad	
Seegans – Bläßgans	F,N	
Seegans – Graugans (Var.)	Be2	
Seegans – Polartaucher	F	
Seegans – Prachttaucher	Do	

Seegans – Rosapelikan	Be2,Krü,N	
Seegans – Weißwangengans	B,Be2,GD,N	
Seeganß – Weißwangen- und Ringelgans	Suol	Namen mit ß so lassen.
Seeganß – Weißwangengans	StVb	
Seegeiß – Gänsesäger	F,N	
Seegell (engl.) – Lachmöwe	Tu	
Seegestert – Schwanzmeise	Do,F	
Seegrasemücke – Schilfrohrsänger	Scha	
Seegrasemücke – Teichrohrsänger	Scha	
Seegrasmücke – Schilfrohrsänger	Do,F	
Seegrasmücke – Teichrohrsänger	Do,F	
Seehäher – Krähenscharbe	Ad,Be2,Buff,Krü,N	
Seehahn – Bläßhuhn	Scha	
Seehahn – Eistaucher	B,Be2,Be,F,N	
Seehahn – Haubentaucher	B,Fri,Scha	
Seehahn – Prachttaucher	Ad,Be2,Be,Buff,GD,N	
Seehahn – Sterntaucher	Ad	
Seehahn, gehörnter – Haubentaucher	Be,F,Krü,N	
Seehahn, großkappichter – Haubentaucher	GD	
Seehahn, großkappiger – Haubentaucher	Be,Krün,N	
Seehahn, großkappiger und gehörnter – Haubentaucher	Be2	
Seehahn, kleiner – Zwergtaucher	GD	
Seehahn, mittlerer – Haubentaucher	Fri	
Seehahn, nordischer – Prachttaucher	Buff,Krü	
Seehähner, großkappige – Haubentaucher	Buff	
Seehahntaucher – Eistaucher	Do	
Seehahntaucher – Prachttaucher	Be2,Buff,F,GD,N	
Seehan – Haubentaucher	Mic	
Seeheher – Austernfischer	K	
Seeheher – Krähenscharbe	Be1,Be,GD,K,Krü	Frisch T. 188.
Seeheister – Austernfischer	Bri	
Seehenne – Austernfischer	Krü	
Seehenne – Krabbentaucher	Krü	
Seehuhn – Ohrentaucher	Ad	
Seehymber – Eistaucher	Gun	Bei Gessner, Jonston: Colymbus maximus.
Seeimber – Eistaucher	Gun	
Seekatz – Gänsesäger	F,N	
Seekatz – Mittelsäger	N	
Seekatze – Mittelsäger	B,O1	
Seekatze – Sterntaucher	Buff	Cat-marin.
Seekrähe – Dreizehenmöwe	N	
Seekrähe – Flußseeschwalbe	Do,F	
Seekrähe – Krähenscharbe	Ad,B,Be,Be1,2,97,Buff,GD,K,Krü,N; Frisch T. 188.	
Seekrähe – Lachmöwe	B,Be2,Be,F,GD,Krü,N,Suol	
Seekrähe, große – Lachmöwe	Be1,Be2,Be,N	
Seekrähe, große – Sturmmöwe	Be1,GD,Krü	
Seelerche – Alpenstrandläufer	Buff	

Seelerche – Flußregenpfeifer	B,Be2,Be,F,Krü,N	
Seelerche – Flußuferläufer	Be2,Krü,N	
Seelerche – Sandregenpfeifer	Ad,Be,Be1,2,97,Buff,GD,K,Krü,N,O1;	
		Frisch T. 214.
Seelerche – Schneeammer	Be2,Be,F,N	
Seelerche – Steinwälzer (weibl.)	Be2,Be,F,GD,N	
Seelerche, große – Flußseeschwalbe	Buff	Bei Albin.
Seelerche, große – Sandregenpfeifer	V	
Seemähbe – Möwe (allg.)	Suol	
Seemähbe, andere – Dreizehenmöwe	Baldn	
Seemähbe, frembde – Spatelraubmöwe	Baldn	
Seemähbe, gemeine – Lachmöwe	Baldn	
SeeMähbe, große – Raubseeschwalbe	Baldn	
Seemähben – Möwen	Baldn-Suol	
Seemannche – Steinwälzer	F,H	
Seemeb, frembde – Dreizehenmöwe	Baldn	
SeeMebe – Raubseeschwalbe	Baldn	
Seemeve – Lachmöwe	Be2,Be	
Seemeve – Mantelmöwe	Be1,Be2,Be,Buff,GD	
Seemeve – Sturmmöwe	Be1,GD	
Seemeve, gemeine – Lachmöwe	Be	
Seemeve, gemeine graue – Lachmöwe	Be	
Seemeve, große – Eismöwe	Be2,Be	
Seemeve, große – Mantelmöwe	Be2,Be,GD	
Seemeve, weißgraue – Lachmöwe	Be	
Seemewe – Mantelmöwe	Krü	
Seemewe – Sturmmöwe	Krü	
Seemewe, große – Mantelmöwe	Buff	
Seemewe, größte schwarzköpfige – Fischmöwe	Buff	
Seemornell – Sandregenpfeifer	Ad,Be2,Be,Buff,GD,K,Krü,N	Frisch T. 214.
Seemornell – Steinwälzer	Be1,Buff,F,N	
Seemornelle – Sandregenpfeifer	Ad	
Seemöve – Lachmöwe	N	
Seemöve – Mantelmöwe	N	
Seemöve, große – Eismöwe	N	
Seemöve, große – Mantelmöwe	Buff	
Seemöwe, große – Mantelmöwe	F,N	
Seenachtigall – Sumpfrohrsänger	Do,F,Scha	
Seeorre – Samtente	Krü	
Seepapagai – Papageitaucher	N	
Seepapagei – Papageitaucher	Be2,F,K,Krü,O1	
Seepapagey – Papageitaucher	Fri,GD,K	Frisch T. 192.
Seepapagey, nordischer – Papageitaucher	Cz	
Seepfau – Kampfläufer	Be1,Be2,Be,Be97,F,GD,Krü,N	
Seepfau – Kranich	Fri	
Seepferd – Eissturmvogel	Buff,F,Gun,Krü,N	Buffon/Otto Band 35.
Seepferd – Schwarzschnabel-Sturmtaucher	Buff	

Seerab – Kormoran	Jä	Frisch T 187.
Seerab – Krähenscharbe	Fri	
Seerabe – Gänsesäger	Be1,Be2,Be,GD,Hp,Krü,N	
Seerabe – Kormoran	Ad,B,Be,Be1,2,Buff,F,Fri,GD,K,Krü,N, …	
	… O1,Scha	
Seerabe – Krähenscharbe	GD,Krü	
Seerabe – Lachmöwe	Scha	
Seerabe – Trauerente	Do,F	
Seerabe, großer – Kormoran	Be2,N	
Seerabe, großer schwarzer – Kormoran	Be2,Be,Buff,GD,Krü,N	
Seerabe, weißer – Baßtölpel	B,Be2,Be,Buff,F,GD,Krü,N	
Seerach mit rotem Kopfe – Gänsesäger	GD	
Seerache – Gänsesäger	Be1,Buff	
Seerache mit rotem Kopf – Gänsesäger	Buff	
Seerache mit roten Kopf – Mittelsäger?	Fri	Frisch Tafel 191 + Text.
Seerache mit schwartzen Kopf – Gänsesäger	Fri	
Seerache mit schwarzem Kopfe –	GD	
Gänsesäger		
Seerachen – Gänsesäger	Ad,B,Be2,Be,Buff,Fri,GD,Krü,N	
Seerachen – Mittelsäger	Buff,N	
Seerachen, gemeiner – Mittelsäger	Be2,Be,N	
Seerachen, großer – Gänsesäger	Be2,Be,N	
Seerachen, langschnäbliger – Mittelsäger	Be2,Buff,N	
Seerebhuhn – Rotflügel-Brachschwalbe	Buff	Sonnerat
Seerebhuhn, geflecktes –	Be,F,N	
Rotflügel-Brachschwalbe (juv.)		
Seeregenpfeifer – Seeregenpfeifer	B,O3	Naumann 1834. KN
Seerohrdommel – Rohrdommel	CLB3	
Seerotkehlchen – Sterntaucher	B,Be2,BeGD,N	
Seescharbe – Krähenscharbe	B	
Seeschilfsänger – Drosselrohrsänger	CLB3	
Seeschnepf – Großer Brachvogel	Jä	Bei schwäbischen Jägern.
Seeschnepfe – Austernfischer	B,Be2,BuffN	
Seeschnepfe – Odinshühnchen	Buff,Cz	
Seeschnepfe – Pfuhlschnepfe	B,Be2,Be	
Seeschnepfe – Uferschnepfe	F,JAN,N	
Seeschwalb – Bienenfresser	GesSH	
Seeschwalb – Dreizehenmöwe	K	
Seeschwalbe – Bienenfresser	Ad,B,F,Fri,Krü	
Seeschwalbe – Dreizehenmöwe	Ad,Be2,Be,GD,N	
Seeschwalbe – Eisvogel	Buff,GD	
Seeschwalbe – Flußseeschwalbe	Be1,Be2,Be,Buff,GD,Krü	Schwenckfeld 1603.
Seeschwalbe – Mantelmöwe	Buff	Otto: Name kommt ihr nicht zu.
Seeschwalbe – Rotflügel-Brachschwalbe	Buff,GD	
Seeschwalbe des Weltmeers –	CLB3	
Flußseeschwalbe		
Seeschwalbe mit brandgelber …	N	
… Schnabelspitze – Brandseeschwalbe		

Seeschwalbe mit gespaltenem ... ... Schwanze, große – Fluß-/ ... ... Küstenseeschwalbe	Buff,GD	Küstenseeschwalbe etwas größer.
Seeschwalbe schwarzrückige ... ... – Weißflügel-Seeschwalbe	N	
Seeschwalbe, arctische – Küstenseeschwalbe	F,N	Flöricke: „Arktisch".
Seeschwalbe, aschgraue – Flußseeschwalbe	Be2,N	
Seeschwalbe, aschgraue schwarzköpfige ... – Flußseeschwalbe	Be	
Seeschwalbe, baltische – Lachseeschwalbe	F	
Seeschwalbe, bleigraue – Weißbart-Seeschwalbe	F,N	
Seeschwalbe, breitflügelige – Rußseeschwalbe	Buff	
Seeschwalbe, bunte – Trauerseeschwalbe (juv.)	N	
Seeschwalbe, caspische – Raubseeschwalbe	Buff	
Seeschwalbe, dickschnäbelige – Lachseeschwalbe	N	
Seeschwalbe, dickschnäblige – Lachseeschwalbe	F	
Seeschwalbe, Dougall'sche – Rosenseeschwalbe	CLB1,2,3	
Seeschwalbe, Dougallische – Rosenseeschwalbe	CLB1	KNB
Seeschwalbe, Dougalls – Rosenseeschwalbe	F	
Seeschwalbe, Dougallsche – Rosenseeschwalbe	N	
Seeschwalbe, englische – Lachseeschwalbe	CLB1,2,F,N,O2	
Seeschwalbe, europäische – Flußseeschwalbe	Be2,Buff,N	
Seeschwalbe, gefleckte – Trauerseeschwalbe (juv.)	Be2,Buff,CLB1,2	
Seeschwalbe, gemeine – Flußseeschwalbe	Be2,CLB1,2,N,V,WüCl	
Seeschwalbe, gestreifte – Brandseeschwalbe	Buff	
Seeschwalbe, graue – Trauerseeschwalbe	Be2	
Seeschwalbe, graue schwarzköpfige – Flußseeschwalbe	JAN	
Seeschwalbe, große – Brandseeschwalbe	Ad	
Seeschwalbe, große – Flußseeschwalbe	Be2,Buff,N	
Seeschwalbe, große – Lachmöwe	Be1,Krü,N	
Seeschwalbe, große – Prachtfregattvogel	Krü	
Seeschwalbe, grosse – Raubseeschwalbe	CLB2	
Seeschwalbe, große mit gespaltenem ... ... Schwanze – Flußseeschwalbe	Be2,BeN	
Seeschwalbe, große und rotköpfige – Lachmöwe	Be2	

Seeschwalbe, großer – Lachmöwe	Buff	
Seeschwalbe, großschnäblige – Raubseeschwalbe	CLB1,2	
Seeschwalbe, größte – Raubseeschwalbe	N	
Seeschwalbe, kaspische – Raubseeschwalbe	CLB1,2,N	KNB
Seeschwalbe, kentische – Brandseeschwalbe	Buff,F	Buffon/Otto Band 31.
Seeschwalbe, klein – Zwergseeschwalbe	Schwf	
Seeschwalbe, klein schwartzer – Trauerseeschwalbe	Suol	
Seeschwalbe, klein schwarze – Trauerseeschwalbe	Buff,Schwf	
Seeschwalbe, kleine – Flußseeschwalbe	Buff	
Seeschwalbe, kleine – Zwergseeschwalbe	Be1,Be2,Be,Buff,CLB2,Krü,N,V	
Seeschwalbe, kleine schwarze – Trauerseeschwalbe	Ad,Be1,Be2,Be,Krü,N	
Seeschwalbe, kleine schwarze – Weißflügelseeschwalbe	GD	
Seeschwalbe, langschwänzige – Flußseeschwalbe	CLB3	
Seeschwalbe, langschwänzige – Küstenseeschwalbe	CLB1,2,N	
Seeschwalbe, mevenschnäbelige – Lachseeschwalbe	N	
Seeschwalbe, mövenschnäblige – Lachseeschwalbe	CLB1,2	
Seeschwalbe, nordische – Flußseeschwalbe	CLB3	
Seeschwalbe, nordische – Küstenseeschwalbe	CLB1,2,F,N	
Seeschwalbe, pommersche – Flußseeschwalbe	CLB3	
Seeschwalbe, rotfüßige – Flußseeschwalbe	CLB1,2,3,N	KNB
Seeschwalbe, rotköpfichter – Lachmöwe(?)	Schwf	
Seeschwalbe, rotköpfige – Lachmöwe	N	
Seeschwalbe, Rüppellsche – Rüppellseeschwalbe	H	
Seeschwalbe, rußbraune – Rußseeschwalbe	BB,H	
Seeschwalbe, Schillingische – Raubseeschwalbe	CLB1,2	KNB
Seeschwalbe, schnurrbärtige – Weißbart-Seeschwalbe	CLB1,2,N	KNB
Seeschwalbe, schwalbenartige – Flußseeschwalbe	CLB1	
Seeschwalbe, schwarze – Trauerseeschwalbe	Be2,Buff,CLB1,2,F,N,V,WüCl	
Seeschwalbe, schwarze – Weißflügel-Seeschwalbe	N	
Seeschwalbe, schwarzgraue – Trauerseeschwalbe	CLB1,2	

Seeschwalbe, schwarzköpfige – Flußseeschwalbe	Be2,N	
Seeschwalbe, schwärzliche – Trauerseeschwalbe	CLB1,2	
Seeschwalbe, schwarzplattige – Flußseeschwalbe	N	
Seeschwalbe, silberfarbene – Flußseeschwalbe	CLB3	
Seeschwalbe, silberfarbene – Küstenseeschwalbe	N	
Seeschwalbe, silbergraue – Flußseeschwalbe	CLB3	
Seeschwalbe, silbergraue – Küstenseeschwalbe	CLB1,2,F,N	KNB
Seeschwalbe, spaltfüßige – Trauerseeschwalbe	Buff	
Seeschwalbe, stübberische – Brandseeschwalbe	Buff	
Seeschwalbe, südliche – Lachseeschwalbe	CLB2	KNB
Seeschwalbe, wandernde – Rüppellseeschwalbe	O3	
Seeschwalbe, weißbärtige – Weissbart-Seeschwalbe	MW,N	
Seeschwalbe, weiße – Lachmöwe	GD,Suol	
Seeschwalbe, weißer – Lachmöwe	Schwf	
Seeschwalbe, weißflügelichte – Weißflügel-Seeschwalbe	N	
Seeschwalbe, weißflügelige – Weißflügel-Seeschwalbe	N	
Seeschwalbe, weißgraue – Brandseeschwalbe	CLB1,2	KNB
Seeschwalbe, weißschwingige ... ... – Weißflügel-Seeschwalbe	CLB1,2,N	KNB
Seeschwalm – Bienenfresser	Ad,B,Be2,K,N	Gelbköpfiger B.:Var.?
Seeschwalm – Eisvogel	Schwf	
Seeschwalm, großer – Lachmöwe	N,Schwf,Suol	
Seeschwalm, rotköpfiger – Lachmöwe	Ad,Be,GD,N	
Seeschwalme – Eisvogel	Be2,N,Suol	
Seespecht – Eisvogel	B,Be2,GD,N	
Seesperling – Krabbentaucher	Cz	
Seestaar – Rosenstar	Be2,Buff,GD,O1	
Seestar – Rosenstar	Be,F,Krü,N	
Seestar (böhm.) – Tüpfelsumpfhuhn	H	
Seestorch – Kormoran	Cz,Krü	
Seestrandläufer – Meerstrandläufer	B,F,O3	
Seesturmvogel – Sturmschwalbe	Be2,Be,Krü,N	
Seetangvogel – Kormoran	o.Qu.	Alter Name in England.
Seetaube – Goldregenpfeifer	Be2,Be,Buff,F,N	

Seetaube – Gryllteiste	A,Ad,B,Be1,Be2,Be,Fri,GD,K,Krü,N
	Albin Band I/85 und Edwards Tafel 50.
Seetaube – Krabbentaucher	Be2,GD,Krü
Seetaube – Trottellumme	GD
Seetaube aus Grönland – Krabbentaucher	Krü
Seetaube, grönländische – Gryllteiste	Fri
Seetaube, grönländische – Krabbentaucher	GD,Krü
Seetaube, kleine – Krabbentaucher	F,N
Seetaucher, grönländischer – Krabbentaucher	Krü
Seetäuchel – Haubentaucher	Fri
Seetaucher – Papageitaucher	Fri,GD,Krü
Seetaucher – Sterntaucher	Häp
Seetaucher mit dem Halsbande – Eistaucher	Be2,Be,N
Seetaucher, arctischer – Prachttaucher	CLB2
Seetaucher, gefleckter – Sterntaucher	CLB2
Seetaucher, gesprenkelter – Sterntaucher	Be,F,N
Seetaucher, großer – Prachttaucher	Be2,Be,Buff,GD,N
Seetaucher, isländischer – Eistaucher	F
Seetaucher, nordischer – Sterntaucher	CLB2
Seetaucher, rothalsiger – Sterntaucher	N
Seetaucher, rotkehliger – Sterntaucher	Be2,Be,Krü,MW,N
Seetaucher, schwarzhalsiger – Eistaucher	F,MW,N,V
Seetaucher, schwarzkehliger – Prachttaucher	Be2,Be,CLB2,JAN,Krü,MW,N
Seetaucher, schwarzköpfiger – Eistaucher	F,N
Seetaucher, wahrer – Mittelsäger	Be2,Be
Seeteuchel – Lappentaucher (allg.)	Suol
Seeteufel – Bläßhuhn	Ad,Be2,F,N
Seeteufel – Haubentaucher	B,Be2,Buff,F,Fri,GD,Krü,N,Scha
Seeteufel – Kampfläufer	B
Seeteufel – Lappentaucher (allg.)	Suol Aus Seeteuchel. Bedtg nicht gefunden.
Seetüte – Rotschenkel	H
Seevogel – Eisente	GesS
Seevogel – Spießente	Krü
Seevogel, großer – Kampfläufer (männl.)	Be2,JAN,N
Seevogel, kleiner – Kampfläufer (weibl.)	Be2,N
Seewachtel – Wachtel	Krü
Seewasser-Rabe – Kormoran	K
Seewasseramsel – Wasseramsel	Krü
Seewasserrabe – Kormoran	Be2,Buff,Krü
Seewasserrabe – Krähenscharbe	Be2,Buff
Sef-Oend (isl.) – Haubentaucher	GD
Seggen-Rohrsänger – Seggenrohrsänger	N
Seggensänger – Seggenrohrsänger	F,O3
Seggenschilfsänger – Schilfrohrsänger	B
Segler, nadelschwänziger – Stachelschwanzsegler	H

Seh schwalm – Trauerseeschwalbe	StVb		
Sehamsel – Wasseramsel	GesS		
Sehegans – Bläßgans (wahrsch.)	Fabr	Sehegans wohl Seegans.	
Sehr großer Sturmvogel – Riesensturmvogel	Buff		
Sehschwalm – Flußseeschwalbe	StVb		
Sehschwalm – Seeschwalbe (allg.)	Suol		
Sehschwalm – Trauerseeschwalbe	Suol		
Seibliächter (helv.) – Alpenbraunelle	H		
Seiden-Reiher – Seidenreiher	N		
Seiden-Schwantz – Seidenschwanz	Fri,G		
Seiden-Schwäntzlein – Seidenschwanz	P1,Z		
Seiden-Wasserhuhn – Wasserralle	Buff		
Seidenartiger Sänger – Seidensänger	CLB2,MW		KNB
Seidenartiger Schilfsänger – Seidensänger	CLB2,H		KNB
Seidenbracher – Sichler	Ad		
Seideneil – Schleiereule	Suol		
Seidenreiher – Seidenreiher	B,O3	Naumann 1833.	KN
Seidenrohrsänger – Seidensänger	B,H		
Seidensänger – Seidensänger	O3		
Seidenschwantz – Seidenschwanz	Fri,GesSH,zLa		
Seidenschwäntzel – Seidenschwanz	Suol		
Seidenschwäntzlein – Seidenschwanz	P		
Seidenschwanz – Gartenrotschwanz	Do,F,Scha		
Seidenschwanz – Hausrotschwanz	Scha		
Seidenschwanz – Seidenschwanz	Ad,B,Be2,Be,Buff, Hp,Fri,GD,Jä,K,N,O1 … KNB		
	… Eber/Peucer 1552: Seydenschwantz	Fri T. 32.	
Seidenschwanz aus Europa – Seidenschwanz	Buff		
Seidenschwanz, europäischer – Seidenschwanz	Be2,Be,CLB1,2,GD,N		KNB
Seidenschwanz, europäischer gemeiner – Seidenschwanz	Krü		
Seidenschwanz, gelbbauchiger – Zedernseidenschwanz	MW	Meyer 1822.	
Seidenschwanz, gemeiner – Seidenschwanz	Be1,Be2,Be,Be97,CLB2,GD,N,O2,3,V		
Seidenschwanz, graubauchiger – Seidenschwanz	MW	Meyer 1819.	
Seidenschwanz, graubäuchiger – Seidenschwanz	CLB1,2,MW,N	Meyer 1822.	
Seidenschwanz, hochköpfiger – Seidenschwanz	CLB3		
Seidenschwanz, plattköpfiger – Seidenschwanz	CLB3		
Seidenschwanz, rötlichgrauer – Seidenschwanz	CLB1,2,MW,N		
Seidenschwänzchen – Seidenschwanz	Be2,Be,N		
Seidenschwanzdrossel – Seidenschwanz	Krü		

Seidenschweif – Seidenschwanz	B,Be1,Be2,Be,F,Hp,N	
Seidenschweifel – Seidenschwanz	Krü,N	
Seidenschweiffl – Seidenschwanz	Be	
Seidenschweifl – Seidenschwanz	Be2,Buff,GD	
Seidenschwentzken – Seidenschwanz	Suol	
Seidenschwentzlein – Seidenschwanz	Suol	
Seidenvogel – Seidenschwanz	F,H,Jä	
Seidenvögelchen – Fitis	GD	
Seidenvögelchen – Waldlaubsänger	B,Be1,F,N	
Seidenvögelchen – Zilpzalp	Hp	
Seideschwantz – Seidenschwanz	Suol	
Seideschwanz – Seidenschwanz (sil.)	Schwf	„Seideschwanz" im Schwf.-Original.
Seiling – Schneeammer	F	
Seisler – Zitronengirlitz	zLa	Variante f. Erlenzeisig.
Sejung – Sturmmöwe	Gun	
Selpalaster – Elster	Do	
Seltener Weidenzeisig – Seggenrohrsänger	Be2	
Seltner Weidenzeisig – Seggenrohrsänger	N	„Seltner" statt „seltener": ok.
Semaw, white with a black cop (engl.) – Lachmöwe	Tu	
Sensenwetzer (bayer.) – Wachtelkönig	F,H,Jä	
Sepalaster – Elster	F,H	
Serbak (grönl.) – Gryllteiste	Cz	
Serchvack, grönländische – Sturmmöwe	Be2,Be	
Serin – Girlitz	Buff	
Serinus – Girlitz	Be2,GD,N	
Seyden-Schwäntzlein – Seidenschwanz	P1	
Seydenschwantz – Seidenschwanz	Suol	
Seyffertitzes Drossel – Weißbrauendrossel	CLB2,3	KNB
Sgärter – Trauerseeschwalbe	Bri	
Sguacco – Rallenreiher	Buff	„Ardea comata."
Shag – Krähenscharbe	Buff	
Shagg – Krähenscharbe	Buff	
She Ent – Papageitaucher	zLa	
She Ganß – Eistaucher (Sokl.)	zLa	
Shearwater (engl.) – Sturmtaucher … u. a. Procellariiformes	Tu	
Sheld-Drake (engl.) – Brandgans	Tu	
Sheldappel (engl.) – Buchfink	Tu	
Shell-apple (engl.) – Buchfink	Tu	Tu: Northumbrian name for the chaffinch.
Shieldrake (engl.) – Brandgans	H	
Shovelard (engl.) – Löffler	Tu	
Shric (engl.) – Goldhähnchen?	Tu	
Shrike (engl.) – Raubwürger	Tu	
Sibchen (lux.) – Waldlaubsänger	F,H	
Siberische Braunelle – Bergbraunelle	N	
Siberischer Flüevogel – Bergbraunelle	N	
Siberischer Steinschmätzer – Bergbraunelle	N	

Sibirische Berglerche – Ohrenlerche	Be1,N	
Sibirische Drossel – Schieferdrossel	N	N: Bd. 13/348.
Sibirische Goldammer – Weidenammer	Buff	
Sibirische Lerche – Mohrenlerche	GD	
Sibirische Lerche – Ohrenlerche	Be2,Be,Buff,N	
Sibirische Lerche – Weißflügellerche	H	
Sibirische Meise – Lapplandmeise	CLB2,O3	KNB
Sibirische Mewe – Zwergmöwe	Buff	
Sibirische Möve – Heringsmöwe	H	
Sibirische und mongolische Lerche – Kalanderlerche	N	
Sibirische Wiesenschafstelze – Schafstelze	H	Alt: Budytes flavus beema.
Sibirischer Grünling – Chinagrünling	H	
Sibirischer Ammer – Weidenammer	GD	
Sibirischer Hahn – Mornellregenpfeifer	Buff	Lepechin: Sibirskoi Petuschock.
Sibirischer Heher – Unglückshäher	N	N: Bd. 13/214.
Sibirischer Kranich – Schneekranich	CLB2	KNB
Sibirischer Laubvogel – Zilpzalp (Var.)	H	
Sibirischer Regenpfeifer – Mornellregenpfeifer	Be2,Buff,F,N	
Sibirisches Blaukehlchen – Blaukehlchen	N	N: Bd. 13/387.
Sibirisches Morinellchen – Mornellregenpfeifer	Buff	Lepechin
Siblitschvink – Stieglitz	Suol	
Sichelflügelige Ente – Sichelente	BB,H	
Sichelreiher – Sichler	B,N	
Sichelschmied – Tannenmeise	Do,F	
Sichelschnabel – Sichler	B,Be2,Be,Buff,GD,Krü,N	
Sichelschnäbeliger Nimmersatt – Sichler	MW	
Sichelschnäblein – Sichler	Be	
Sichelschnäbler – Baumläufer	Be2,F,GD	
Sichelschnäbler – Säbelschnäbler	Ad,Krü	
Sichelschnäbler – Sichler	Ad,Be2,Be,F,GD,N,O1	
Sichelschnäbler – Waldbaumläufer	N	
Sichelschnäbler, kastanienbrauner – Kranich	Be1	
Sichelschnäbler, kleiner – Sumpfläufer	CLB1	
Sichelschnäblicher Ibis – Sichler	Be	
Sichelschnäbliger Ibis – Sichler	Be,N	
Sichelschnäbliger Nimmersatt – Sichler	Be2,N	
Sichelschnepfe – Großer Brachvogel	CLB1,2,F,H,V	KNB
Sichler – Baumläufer	Be2,F,GD	
Sichler – Großer Brachvogel	Ad,K,Suol	Albin Band I/79.
Sichler – Sichler	Ad,B,Buff,GD,GesH,zLa	
	Gessner 1555: Sichler.	Zum Lamm S. 83.
Sichler – Waldbaumläufer	N	
Sichler, brauner – Sichler	CLB2,N	
Sichler, dunkelfarbiger – Sichler	N,WüCl	
Sichler, grüner – Sichler	O2	

Sichler, schwarzer – Sichler	O2	
Sichlerbrachvogel – Dünnschnabel-Brachvogel	B	
Sichlerstrandläufer – Sichelstrandläufer	B	Brehm 1879.
Sicilianischer Turmfalke – Rötelfalke	N	
Sickschwalbe – Mauersegler	Do	
Sidenswans – Seidenschwanz	H	
Sidenswenke – Seidenschwanz	Do	Helgoländisch. Rückübersetzt.
S'schwänzchen – Seidenschwanz	Do	Sidenschwänzchen
Siebenschwanz – Seidenschwanz	Ad,Krü	
Siebenstimmer – Waldlaubsänger	Do,F	
Siebenstimmer (mäh.) – Gelbspötter	F,H	
Siede, lütj – Zwergtaucher	F	
Siedenspinner – Gelbspötter	Suol	
Siedenswenske – Seidenschwanz	F	
Siedn (helgol.) – Rothalstaucher	F,H	
Siedn, groot (helgol.) – Haubentaucher	H	
Siegelhuhn – Haselhuhn	GD	
Sienfalk – Turmfalke	Scha	
Siercher-Dieb – Haussperling	Suol	
Siesken – Erlenzeisig	Suol	
Sietinemmerlin – Zippammer	F	
Sievenwiewelken – Waldwasserläufer	F,H	
Sifitz – Kiebitz	Suol	
Sigelhuhn – Haselhuhn	Ad,Krü	
Signis – Girlitz	Buff	Buffon-Schaltenbrandt.
Silber-Meve – Silbermöwe	N	
Silber-Reiher – Silberreiher	N	
Silberblaugraue Möve – Silbermöwe	CLB1,2,3,N	KNB
Silberfarbene Meerschwalbe – Küstenseeschwalbe	N	
Silberfarbene Seeschwalbe – Flußseeschwalbe	CLB3	
Silberfarbene Seeschwalbe – Küstenseeschwalbe	N	
Silberfarbener Regenpfeifer – Kiebitzregenpfeifer	Be2	
Silberfarbiger Regenpfeiffer – Kiebitzregenpfeifer	Buff	
Silberfarbner Regenpfeifer – Kiebitzregenpfeifer	N	
Silberfasan – Silberfasan	Be2,Be97,O3	
Silbergraue Meerschwalbe – Küstenseeschwalbe	N	
Silbergraue Meve – Silbermöwe	MW	
Silbergraue Möve – Silbermöwe	CLB1,2,3,N,V	KNB
Silbergraue Seeschwalbe – Flußseeschwalbe	CLB3	KNB
Silbergraue Seeschwalbe – Küstenseeschwalbe	CLB1,2,F,N	KNB

Silberkiebitz – Kiebitzregenpfeifer	Do,F	
Silbermewe – Silbermöwe	Buff	
Silbermöve – Silbermöwe	B,CLB2,V,O2,3	Petersen 1766. KNB
Silbermöve, ächte – Silbermöwe	CLB3	
Silbermöve, große – Silbermöwe	CLB3,N	
Silbermöve, kleine – Silbermöwe (Var.?)	CLB3(?),O3	
Silbermöve, nordamerikanische – Silbermöwe	CLB3	
Silbermöve, südliche – Steppenmöwe	H	
Silbermöwe – Silbermöwe	CLB1	
Silbernachtigall – Blaukehlchen	Do,F	
Silberreiher – Seidenreiher	CLB2,3	
Silberreiher – Silberreiher	B,Be2,Be,O3	Naumann 1838–1833? KNB
Silberreiher, amerikanischer – Silberreiher	CLB3	
Silberreiher, bemähnter – Seidenreiher	CLB3	
Silberreiher, europäischer großer – Silberreiher	O2	
Silberreiher, europäischer kleiner – Seidenreiher	O2	
Silberreiher, großer – Silberreiher	Be1,Be2,Be,Be97,CLB2,GD,Krü,MW,N,O1,V	
Silberreiher, kleiner – Seidenreiher	Be1,97,05,Buff,CLB2,3,F,GD,Krü,MW,N,O1,V	
Silbervogel – Blaukehlchen (weißst.)	Be2,F,GD,N	
Silberweiße Mewe – Silbermöwe	Buff	
Sing-Drostel – Singdrossel	Fri,N	
Singada, kloan (österr.) – Dorngrasmücke	H	
Singdrossel – Rotdrossel	Be2,Be,K,N	
Singdrossel – Singdrossel	Ad,B,Be,Be1,2,97,Buff,CLB1,2,GD,Hp,K, …	
	… GD,Hp,K,Krü,MW,O1,2,3,V. Frisch T. 27.	
		KNB
Singdrossel, hochköpfige – Singdrossel	CLB3	
Singdrossel, mittlere – Singdrossel	CLB3	
Singdrossel, plattköpfige – Singdrossel	CLB3	
Singdröstle (helv.) – Singdrossel	H	
Singedrossel – Singdrossel	Ad,Krü	Eber/Peucer 1552: Sangdruschel.
Singelerche – Feldlerche	Krü,Scha	
Singende Rohrdrossel – Drosselrohrsänger	Be2,Be,Buff	
Singende Schwalbe – Rauchschwalbe	P	
Singender Adler – Zwergadler	F	
Singender Kuckuck – Kuckuck	Be,Do	Übersetzung von Cuculus canorus (s. o.).
Singender Kuckuk – Kuckuck	Be2,N	
Singender Kukuck – Kuckuck	Be1	
Singender Kukuk – Kuckuck	N	
Singender Rohrwrangel – Neuntöter	Be1,Be2,Be,Buff,GD,K,N	Naum. 1822, 30.
Singender Rohrwürger – Neuntöter	Be1,Be2,Be,Buff,N	
Singerinn – Nachtigall	Krü	
Singlerche – Feldlerche	B,Buff,F,Krü	
Singlewark – Feldlerche	Do,F	
Singmerle – Ringdrossel	F	
Singpieper – Wiesenpieper	CLB3	

Singschwan – Höckerschwan	Buff,Krü	
Singschwan – Singschwan	B,Be,Be1,2,97,Buff,CLB2,GD,Krü,N,O1,2,3,V	
Singschwan, eigentlicher – Singschwan	Krü	Zu Singschwan, s. o.: KNB
Singschwan, großer – Singschwan	N	
Singschwan, isländischer – Singschwan	CLB3,N	
Singschwan, kleiner – Zwergschwan	N	
Singschwan, nordöstlicher – Singschwan	CLB3	
Singschwanz – Eisente	Do,F	
Singwürger – Neuntöter	B,F	
Sinischer Vogel – Kormoran	GesH	
Sinkende Halbänte – Sterntaucher	Buff	
Sippdrossel – Rotdrossel	Be2,N	
Sippe – Singdrossel	Suol	
Sirenswanz – Seidenschwanz	Do,F	
Sischen – Erlenzeisig	Be2,Be,F,N	
Siscin (engl.) – Erlenzeisig	Tu	Turner im engl. Text.
Sisgen (fries.) – Erlenzeisig	GesH	
Sisigomo – Rosapelikan	zLa	Ahd. Volksname, S. 71.
Sisik (norw.) – Erlenzeisig	H	
Siskin – Stieglitz	Buff	
Siskin (engl.) – Erlenzeisig	Tu	
Sitelle – Kleiber	Buff	Nach Sitta.
Sittvogel – Kleiber	Do,F	
Sittvogel, europäischer – Kleiber	Be1,Be2,Be,GD,N	
Sitzaufrühl – Buchfink, Zuchtname	Kö	
Sitzaufthul – Buchfink	Buff	
Sitzaufthül – Buchfink	GD	Finkenschlag, z. T. auch Finkenname.
Sizchen – Flußuferläufer	Suol	
Sizi – Flußuferläufer	Suol	
Sizilianischer Rötelfalke – Rötelfalke	CLB2	KNB
Sizilianischer Turmfalke – Rötelfalke	CLB2	KNB
Sjukenaar – Habicht	Häp	
Skaiti (lappl.) – Falkenraubmöwe	H	
Skalucher – Kormoran	N	
Skaluer – Kormoran	N	
Skalver – Kormoran	Be2,Buff,N	
Skandinavischer Jagdfalk – Gerfalke	H	
Skarbe – Kormoran	Buff	
Skarv – Krähenscharbe	N	
Skarv(en) – Kormoran	Gun	
Skast (schles.) – Seeadler	Be1,Buff,Schwf,Suol	
Skeetenjoager (helgol.) – Schmarotzerraubmöve	H	
Skeetenjoager, goot (helgol.) – Skua	H	
Skeetenjoager, lütj (helgol.) – Falkenraubmöwe	H	
Skeetenjoager, uhrgrootst (helgol.) – Spatelraubmöve	H	
Skegla-Ritur (isl.) – Dreizehenmöwe	Buff	

Skel-endt – Reiherente	Buff	
Skerz – Star	F	
Sketenjoager – Schmarotzerraubmöwe	F	
Sketenjoager, groot – Skua	F	
Skogsknert – Dorngrasmücke	Do,F	
Skoltsch (krain.) – Turmfalke	Be1	
Skopa (russ.) – Fischadler	B	
Skov-rype (norw.) – Moorschneehuhn	H	
Skrabe (dän.) – Atlantiksturmtaucher	Buff	
Skräkke (dän.) – Mittelsäger	Buff	
Skreiskarv – Kormoran	Gun	„Schreye-stark."
Skua – Skua	Buff,GD,GesH	
Skua (norw.) – Skua	B,O1,N,V	
Skua-Meve – Skua	Buff	
Skua-Mewe – Skua	Krü	
Skua-Möve – Skua	N	
Skua-Raubmöve – Skua	N	
Skualabb (schwed.) – Skua	H	
Skuamöve – Skua	CLB2	KNB
Skue – Skua	GD,Gun	
Skue (dän.) – Skua	H	
Skuir (fär.) – Skua	H	
Skütt (Sokl., Helgold.) – Trottellumme	H	
Skwarmer, road-halssed (helgol.) – Sterntaucher	H	
Skwarwer (helgol.) – Eistaucher	H	
Skwarwer, groot (helgol.) – Eistaucher	H	
Skyra (weibl., schwed.) – Eiderente	H	
Slabb-Enn, road-hoaded (helgol.) – Brandgans	H	
Slaüghan – Haubentaucher	H	
Sleckergâs – Graugans, Saatgans	Suol	
Sleephack – Haubentaucher	Bri,Häp	
Sleepsack – Haubentaucher	Häp,Intn.	
Sleepsteert – Haubentaucher	Häp	
Sleepstert – Haubentaucher	Bri	
Slickheister – Knutt	Häp	
Sliektütje – Rotschenkel	Bri	
Sliepuschka (russ.) – Kleiber	Buff	Gmelin d.Ä.: Dummer Blinder.
Slopedak – Ziegenmelker	Bri	
Sloppen – Löffelente	H	
Slup (fries.) – Löffelente	GesSH	
Slupo (fries.) – Löffelente	GesS	
Slut – Grünschenkel	Zupo	Zupo: 15. Jahrh.
Sluten – Grünschenkel	Suol,Zupo	Zupo: 1425.
Smaelle-Lot – Odinshühnchen	Buff	
Smalente – Pfeifente	Schnurre	
Smatche (engl.) – Steinschmätzer	Tu	
Smeant – Pfeifente	Suol	

Smeent – Pfeifente	Häp	
Smenn – Pfeifente	H	
Smênt – Pfeifente	Suol	
Smente – Pfeifente	H	
Smerl – Merlin	Tu	
Smerla – Merlin	GesS	
Smerle – Merlin	Krü	
Smerlus – Merlin	GesS	
Smich – Pfeifente	Zupo	15. Jahrh.
Smiche – Pfeifente	Schnurre	Brucker (1889): Straßburger …
	Zunft- u. Polizeiverordnung im 15. Jahrh.	
Smichen – Pfeifenten	Zupo	1425
Smielenstrieper – Grasmücke (allg.)	Suol	
Smielentrecker – Grasmücke (allg.)	Suol	
Smielentrecker (westfäl.) – Dorngrasmücke	Do	
Smierlein – Sperber	Krü	
Smilges (lett.) – Gimpel	Buff	
Sminke – Pfeifente	H	
Smiril (fär.) – Merlin	H	
Smirill (isl.) – Merlin	B,F,H	
Smirle – Merlin	GesS	
Smirlein – Merlin	GesH	
Smirring – Bruchwasserläufer	Buff	
Smock-heiked (helgol., männl.) – Gartenrotschwanz	H	
Smockkeikel – Gartenrotschwanz	Suol	
Smokheited, swart (helgol.) – Hausrotschwanz	H	
Smunt – Pfeifente	H,Häp	
Smunte – Pfeifente	Häp	
Smyche – Pfeifente	Schnurre	
Smychen – Pfeifenten	Zupo	Um 1450.
Smye – Pfeifente	Zupo	15. Jahrh.
Smyrle – Merlin	Schwf,Suol	
Smyrlin – Merlin	Buff,Schwf	
Smyrna-Eisvogel – Braunliest	H	
Snäppa, rödbent (schwed.) – Rotschenkel	H	
Snäppe – Waldschnepfe	Bri	
Snark – Wachtelkönig	Suol	
Snarker (helgol.) – Misteldrossel	H,Suol	
Snarr – Wachtelkönig	Suol	
Snarre – Baumläufer	Suol	
Snarredart (oldbg.) – Wachtelkönig	H	
Snarrendart – Wachtelkönig	Do,F	
Snarrendert – Wachtelkönig	Bri	
Snartendart – Wachtelkönig	Scha,Suol,WüCl	
Snartvagel – Wachtelkönig	Bri	
Snatvâgel – Wachtelkönig	Häp	
Snee-ühl (helgol.) – Schnee-Eule	H	

Snêfink – Schneeammer	Suol	
Snepff, Holtz – Waldschnepfe	Tu	
Snepp – Waldschnepfe	WüCl	
Snepp-Falk (helgol.) – Wanderfalke	H	
Snepp, rotböstig – Sichelstrandläufer	WüCl	
Sneppe – Grauschnäpper	Suol	
Sneppe – Pfuhlschnepfe	Häp	
Sneppe – Uferschnepfe	Bri,Häp	
Sneppe – Waldschnepfe	Bri	
Sneppe, rödbenet (norw.) – Rotschenkel	H	
Sneppfalke – Wanderfalke	Do,F	
Snipp – Bekassine	Bri	
Snipp – Waldschnepfe	Bri	
Snipp, grôt – Rotschenkel	Suol	
Snippe – Pfuhlschnepfe	Häp	
Snippe – Uferschnepfe	Häp	
Snitza (krain.) – Kohlmeise	Be1,Be2	
Snöijacke – Nebelkrähe	Bri	
Snöripa (schwed.) – Alpenschneehuhn	H	
So genandte Taube – Gryllteiste	Mar	Laut Martens Original, S. 16–17.
So genandte tauch Taube – Gryllteiste	Mar	
So genandter Papagey – Papageitaucher	Mar	
So genannte rothe Aente – Rostgans	Buff	
Socke – Krickente	B,Be2,Be,Buff,F,GD,GesSH,N,O1,Suol	
Socker – Würgfalke	GD	
Socker Falck – Würgfalke	Schwf	
Sockerfalck – Würgfalke	GesS,Suol	
Sockerfalk – Würgfalke	Ad,K,Krü	
Sockerfalke – Würgfalke	Buff	
Soeke (helv.) – Krickente	Buff	
Sogenannter Bibertaucher – Gänsesäger	Buff	
Sogenannter Bürgermeister – Eismöwe	O2	
Sogenannter Rathsherr – Elfenbeinmöwe	O2	
Sohle – Baßtölpel	GesS	
Soker – Fischadler	GesS	
Soker – Seeadler	GesH	
Sokerfalk – Würgfalke	Ad,Be1	
Sokerfalke – Würgfalke	N	
Sokerheiliger – Würgfalke	Be2	
Soland-Gans – Baßtölpel	N	
Solandgans – Baßtölpel	Be2,Buff,GD,Krü	
Soldatentüt – Rotschenkel	Bri	
Soldatentüte – Goldregenpfeifer	Bri	
Solend – Baßtölpel	Be2,Be,Buff,F,GD,Krü,N	
Solend Guse (engl.) – Baßtölpel	Tu	
Solend-Gans – Baßtölpel	N	
Solendgans – Baßtölpel	Be	
Solendganß – Basstölpel	GesH,zLa	
Solendguse (engl.) – Baßtölpel	GesSH	

Solognesische Eule – Waldkauz	GD	„Strix soloniensis" …
		… Naumann/Hennicke Band 5, S. 34.
Sölwersnepp – Säbelschnäbler	H	
Sommer Krinisse – Fichtenkreuzschnabel	Schwf	
Sommer Rötele – Hausrotschwanz	Schwf	
Sommer-Aglek – Eisente (Var.)	Buff	
Sommer-Droschel – Singdrossel	P1	
Sommer-Halb-Ente – Krickente (Anas circia)	Hp	
Sommer-Kriekelster – Schwarzstirnwürger	N	
Sommer-Röthelein – Hausrotschwanz	GesH	
Sommer-Rothschwanz – Gartenrotschwanz	Buff	
Sommer-Zaun König – Goldhähnchen	Fri	
Sommeraglek – Eisente (Var.)	Buff	
Sommeral – Eisente (Var.)	Buff	
Sommerammer – Ortolan	B,F,JAN,N	
Sommeränte – Brautente	Buff	
Sommerdroschel – Singdrossel	Be,Kö	
Sommerdroschl – Singdrossel	Be2,Be,Buff,N	
Sommerdrossel – Pirol	Be1,Be2,Be,F,Hp,Krü,N	
Sommerdrossel – Singdrossel	Ad,B,Be1,Be2,Be,F,GD,Hp,Krü,N	
Sommerente – Brautente	Be2,Buff,Krü,O2	
Sommerente, amerikanische – Brautente	Be2,Buff	
Sommergans – Grau-/Hausgans	Do	
Sommergoldhähnchen –	B	
Sommergoldhähnchen		
Sommerhalbente – Knäkente	B,Be1,Be2,Be,Be97,Buff ,CLB2,N,O1	KNB
	Otto: Verwechselt.	
Sommerhalbente – Krickente („Anas circia")	Be2,Be,Buff,GD,Krü,N	
Sommerkönig – Fitis	B,Be1,Be2,Be,Be97,F,GD,N	
Sommerkönig – Goldhähnchen (allg.)	Ad,Be2,K,Krü,Suol	Sommergoldhähnchen
Sommerkönig – Wintergoldhähnchen	B,F,N	
Sommerkönig (schles.) – Zilpzalp	F,H,Hp	
Sommerkreuzschnabel –	Be	
Fichtenkreuzschnabel		
Sommerkrickelster – Schwarzstirnwürger	Be2,F	
Sommerkriechänte – Krickente	Buff	Anas circia.
Sommerkriechente – Krickente	Krü	
Sommerkriekelster – Schwarzstirnwürger	B	
Sommerkriekente – Knäkente	Be2,N	
Sommerkrinitz – Fichtenkreuzschnabel	Be1,Be2,Be,N	
Sömmerkubb (helgol.) – Silbermöwe	H	
Sommermauser – Wespenbussard	B,Be2,F,N	
Sommerortolan – Ortolan	N	
Sommerrötele – Gartenrotschwanz	Be2,Buff,F,Krü,N	
Sommerrötele – Hausrotschwanz	Be,F,GD	Be: -rotele.
Sommerrotschwanz – Hausrotschwanz	B,GD	
Sommerrotschwanz – Gartenrotschwanz	Krü	
Sommerrottele – Hausrotschwanz	Be2,N	
Sommervogel – Ortolan	Do,F,Scha	

Sommervogel – Steinschmätzer	B,Jä	
Sommervogel (grönl.) – Sterntaucher	Cz	Cranz S. 112.
Sommerzaunkönig – Goldhähnchen	Ad,Be1,Be2,Be,Be97,GD,Krü	
Sommerzaunkönig – Wintergoldhähnchen	HHM,K,N	
Sondere Art der Wasservögelin …	Baldn	
… – Odins- oder Thorshühnchen		
Sonderling – Alpenstrandläufer	Be1	
Sonderling – Sanderling	CLB2,N	KNB
Sonderling – Steinwälzer	Krü	
Sonderling, grauer – Sanderling	CLB1,2,MW	KNB
Sonnenadler – Kaiseradler	N	
Sonnengeier – Mönchsgeier	Ad,Krü	
Sonnengeyer – Mönchsgeier	K	
Sonnenkönig – Fitis	Do,F	
Sonnenvogel – Steinadler	Krü	
Sonnenzeisig – Girlitz	Do,F	
Sooland – Baßtölpel	O1	
Sor-Entlein – Krickente	GesH	
Sorbel (Krotoschin) – Bläßhuhn	H	Westpoln. Stadt Krotoszyn, Krotoschin.
Sorente – Krickente	O1	
Sorente – Tafelente	zLa	Sor- ist Sumpf-, nach Gessner 1557, 34.
Sorentle – Krickente	Suol	
Sorentle (helv.) – Krickente	Buff,GesS	
Sorentlein – Krickente	Be2,Be,F,N	
Sorentlein – Krickente	Buff,GD	
Sörön-Pedder (norw.) – Sturmschwalbe	H	
Sorte – Samtente	Gun	
Sössel-Lewark (schlesw.-holst.) – Feldlerche	F,H	
Sösselewak – Feldlerche	Do	
Spaarling – Haussperling	Be2,N	
Spachheister – Elster	Suol	
Spadelente – Löffelente	Buff,Hp	
Spaliervögelchen – Waldlaubsänger	B,F	
Spalkel – Rauchschwalbe	Suol	
Spalliervögelchen – Waldlaubsänger	N	
Spaltfuß – Trauerseeschwalbe	Be1,Be2,Be,Buff,F,Krü,N	
Spaltfuß – Weißflügelseeschwalbe	GD	
Spaltfüßige Meerschwalbe – Trauerseeschwalbe	Be1,Be2,Be,Krü,N	
Spaltfüßige Meerschwalbe – Weißflügelseeschwalbe	GD	
Spaltfüßige Seeschwalbe – Trauerseeschwalbe	Buff	
Spaltfüßige Zwergseeschwalbe – Zwergseeschwalbe	CLB3,N	
Spaltfüßiger Säbelschnäbler – Säbelschnäbler	CLB3,N	

Spanier – Heckenbraunelle	Be1,Be2,Be,Be97,N	Vogelstellername
Spanier – Sperbergrasmücke	B,F	
Spanisch Häckster – Eichelhäher	Häp	
Spanische Agalster – Raubwürger	H	
Spanische Bachstelze – Mittelmeersteinschmätzer	GD	
Spanische Galster – Raubwürger	H	
Spanische Gibraltarschwalbe – Alpensegler	Krü	
Spanische Grasmücke – Sperbergrasmücke	F,Jä,N	
Spanische Moasn – Raubwürger	H	
Spanische Schwalbe – Alpensegler	Be2,Be,Buff,F,N	
Spanische Schwalbe – Rötelschwalbe	Krü	
Spanische Taube – Haustaubenrasse	Buff	
Spanischer Buchfink – Bergfink	Suol	
Spanischer Dorndrall – Raubwürger	H	
Spanischer Dorndreher – Raubwürger	H	
Spanischer Dorndreher – Schwarzstirnwürger	F,H,Suol	
Spanischer Dornreiher – Rotkopfwürger	F,H	
Spanischer Fink – Weidensperling	MW	
Spanischer Sperling – Italiensperling	CLB2	KNB
Spanischer Sperling – Weidensperling	O2	
Spanischer Twogfink – Bergfink	Bri	
Spanisches Rotkehlchen – Zwergschnäpper	Do,F,Scha	Kräftige Stimme, schöner Gesang.
Spanisches Rotkröpfel – Zwergschnäpper	F	
Spanske Bookfink – Bergfink	Suol	
Spar – Haussperling	Be2,Be,F,GesSH,N,O1	
Spar-alster – Neuntöter und Würger (allg.)	Suol	
Sparbarazier – Buchfink	Buff,GD,Kö	Finkenschlag, auch Finkenname.
Sparber – Sperber	Häp	
Sparbutzer – Haussperling	Bri	
Spardeif – Haussperling	Suol	
Sparg – Haussperling	F	
Sparhabicht – Sperber	Ad	
Sparhauc (engl.) – Sperber (weibl.?), Habicht?	Tu	Turner: Schlägt Tauben, Rebh. u. größ. Vögel.
Sparhauca (fries.) – Sperber	GesS	
Sparhauke (fries.) – Sperber	GesS	
Spark – Haussperling	Do	
Sparkâz – Haussperling (männl.)	Suol	
Sparkoatz – Haussperling	Bri	
Sparling – Haussperling	B,Suol,WüCl	
Sparlink – Haussperling	Suol	
Sparlotzen – Haussperling	Bri	
Sparmeise – Tannenmeise	B,F	
Sparr – Haussperling	B	
Sparrlinge – Haussperling	Bri	

Sparrow-Hawk (engl.) – Sperber (weibl.?), Habicht?	Tu	Turner: Text siehe oben, bei Sparhauc.
Sparrow, Grass (engl.) – Zilpzalp	Tu	Turner: „A little smaler more slender" … … than a sparrow. Slender ist „schlank."
Sparrow, Hedge (engl.) – Heckenbraunelle	Tu	
Sparrow, Rede (engl.) – Rohrammer	Tu	
Sparrow (engl.) – Haussperling	Tu	
Sparwer – Sperber	Bri	
Sparwer – Sperbergrasmücke	WüCl	
Spatel – Rauchschwalbe	Suol	
Spatel – Schellente	O1	
Spatel-Ente – Spatelente	N	
Spatel-Raubmöve – Spatelraubmöve	H	
Spatelente – Löffelente	Be2,Be,F,GD,Krü,N	
Spatelente – Reiherente	Buff	
Spatelente – Spatelente	B,Be1,Be2,Be,GD	
Spatelgans – Löffler	B,Be1,Be2,Be97,F,GD,Krü,N	
Spatelraubmöve – Spatelraubmöwe	B	
Spatelreiher, weißer – Löffler	V	
Spatjer – Haussperling	Häp	
Spätz – Haussperling	Tu	
Spatz – Haussperling	Ad,B,Be1,2,Be,Be97,Be05,Buff,CLB2,F, … … Fri,GD,GesSH,Häp,Hp,Jä,K,Krü,N,O1, … … Scha,Schwf,Suol,Tu,V,zLa Frisch T. 8. KNB	
Spatz – Sperling	StVb,Z	
Spatz, einsamer – Blaumerle	B,F	
Spatz, persianischer – Bartmeise	Be	
Spatz, persianischer – Beutelmeise	Be2,Buff,GD,N	
Spatz, türkischer – Bartmeise	Be	
Spatz, türkischer – Beutelmeise	Be2,Buff,GD,N	
Spatz, wilder – Grauammer	GesH	
Spatze – Sperling	Z	
Spatzeneule – Sperlingskauz	Be1,Be2,Be	
Spatzeneule – Steinkauz	F,JAN,N	
Spatzenfalk – Merlin	Do,F	
Spatzenmännel – Haussperling	Suol	
Spatzenstecher – Raubwürger	F,H,Jä	
Spatzenstecher – Sperber	Do,F	
Spatzeule – Sperlingskauz	GD	
Spatzg (sächs.) – Haussperling	Suol	Kein Druckfehler.
Spatzich – Haussperling	Suol	
Spatzker – Haussperling	Do,F	
Specht – Buntspecht	Häp	
Specht – Grünspecht	Suol	
Specht – Schwarzspecht	F	
Specht mit außerordentlichen Füßen – Dreizehenspecht	K	
Specht mit drey Zehen – Dreizehenspecht	Buff,GD	
Specht, aschgrauer – Kleiber	Buff	

Specht, blaw – Kleiber	Schwf	
Specht, bundter – Buntspecht	Schwf	
Specht, bunter – Buntspecht	Be2,Be,Buff,GD,Hp,N	
Specht, dreifingeriger und schäckiger – Dreizehenspecht	Be2,Be,N	
Specht, dreizehiger – Dreizehenspecht	Be,Be1,2,97,05,CLB2,MW,N,O2,3,V	KNB
Specht, dreyfingeriger – Dreizehenspecht	Buff,GD	
Specht, dreyzehichter – Dreizehenspecht	GD	
Specht, dreyzehiger – Dreizehenspecht	Buff,GD	
Specht, dreyzehigter – Dreizehenspecht	GD	
Specht, gemeiner – Schwarzspecht	Be1,Be2,Be,N	
Specht, gespregleter – Buntspecht	Schwf	
Specht, gesprenckleter – Buntspecht	GesH	
Specht, gesprenkelter – Buntspecht	Be1,Be,F,GD	
Specht, gesprenkelter – Mittelspecht	Be	
Specht, gespröckelter – Buntspecht	zLa	
Specht, grauer – Grauspecht	O2	
Specht, graugrüner – Grauspecht	B,JAN,MW,N	
Specht, grauköpfiger – Grauspecht	B,Be2,Be,Be05,Buff,N	
Specht, großer – Schwarzspecht	Be2,Buff,CLB2,GesSH,Krü,N,Schwf	
Specht, großer gemeiner – Schwarzspecht	GD,N	
Specht, großer schwarz- und weißbunter – Buntspecht	Krü	
Specht, großer schwarzer – Schwarzspecht	GD,Hp	
Specht, großer schwarzer gemeiner – Schwarzspecht	Be	
Specht, größerer – Buntspecht	Be1,Be	
Specht, größerer bunter – Buntspecht	N	
Specht, größerer gesprenkelter – Buntspecht	Be2,N	
Specht, größerer schwarz und weiß … … gefleckter – Buntspecht	N	
Specht, größerer schwarz- und weißbunter – Buntspecht	Buff,Z	
Specht, grüner – Grünspecht	Be2,N	
Specht, grüngrauer – Grauspecht	B,N	
Specht, gujanischer – Dreizehenspecht	Buff	
Specht, klein – Kleinspecht	N	Naum.: „Klein-Specht".
Specht, kleiner – Mittelspecht	Be2	
Specht, kleiner bunter – Mittelspecht	Be2,Be,Buff	
Specht, kleiner bunter und gesprenkelter – Mittelspecht	Be2,N	
Specht, kleiner gesprenkelter – Kleinspecht	Be2,N	
Specht, kleiner schwarz- und weißbunter – Mittelspecht	Z	
Specht, kleinerer – Mittelspecht	Be1,Be	
Specht, kleinerer bunter und … … gesprenkelter – Mittelspecht	N	
Specht, kleinster – Kleinspecht	Be2,Be,GD,Hp,N,	

Specht, kleinster schwartz und ... ... weißflecklichter – Kleinspecht	P	
Specht, kleinster schwarz-und ... ... weißbunter – Kleinspecht	Krü,Z	
Specht, nördlicher dreizehiger – Dreizehenspecht	Be2,N	
Specht, norwegischer – Grauspecht	Be2,Be,F,N	
Specht, rothaariger – Mittelspecht	F,N	
Specht, schwartzer – Schwarzspecht	Buff	
Specht, schwarz und weiß gefleckter – Buntspecht	Be2,Be	
Specht, schwarzer – Schwarzspecht	Be2,Buff,N,Schwf	
Specht, schwarzer mexikanischer – Dreizehenspecht	Buff	Brisson
Specht, schwarzer, großer – Schwarzspecht	K	Frisch T. 34.
Specht, tapferer – Schwarzspecht	Be1,Be2,Be,N	
Specht, weis – Buntspecht	Schwf	
Specht, weißrückiger – Weißrückenspecht	CLB2,MW,N,O3,V – Erstbeschr. Bechst. 1802	
		KNB
Specht (deutsch u. engl.) – Specht	Tu	
Spechtartige Blaumeise – Blaumeise	GD	
Spechtartige Blaumeise – Kleiber	N	
Spechtartige Meise – Kleiber	Buff,Hp,K	Frisch T. 39.
Spechtkrähe – Schwarzspecht	GD,H,Jä	
Spechtl – Kleinspecht	Buff	
Spechtle – Buntspecht	GesS	
Spechtlein – Buntspecht	GesH	
Spechtlein, blaues – Kleiber	P	
Spechtmeise – Kleiber	Buff,CLB2,N	KNB
Spechtmeise, blaue – Kleiber	Be1,Be2,Be,GD,N,O3	
Spechtmeise, europäische – Kleiber	Be2,Be,CLB1,N	
Spechtmeise, gelbbrüstige – Kleiber	WüCl	
Spechtmeise, gemeine – Kleiber	Be1,Be2,Be,Be97,MW,N	
Spechtmeise, syrische – Felsenkleiber	H	
Spechtrabe – Tannenhäher	B,F	
Spechtrabe, gefleckter – Tannenhäher	O3	
Speck-Endte – Pfeifente	G	
Speck-Ente – Pfeifente	Buff	
Speckänte – Pfeifente	Buff	
Speckente – Pfeifente	Ad,B,Be1,Be2,Be,Be97,F,GD,Krü,N,Suol	
Speckmäisicken – Kohlmeise	Bri	
Speckmeis – Kohlmeise	WüCl	
Speckmeise – Kohlmeise	B,Be1,Be2,Bri,Buff,F,GD,Krü,N	
Speckmeise (thür.) – Sumpf-/Weidenmeise	B,Be1,Be2,Be,Be97,Krü,N	
Speckmeve – Lachmöwe	Be2	
Speckmöve – Lachmöwe	N	
Speckmöwe – Lachmöwe	F	
Speckspanier – Heckenbraunelle	Be2,F,N	
Speendrossel – Blaumerle	Buff,GD	

Speeralster – Schwarzstirnwürger	H
Speermeise – Tannenmeise	Be1,Be2,Be,Buff,F,GD,Hp,N
Speethals – Mittelsäger	WüCl
Speffzk – Schwarzspecht	Do,F
Speiche – Mauersegler	Suol
Speicherdieb – Haussperling	Be,Be1,2,97,Buff,F,GD,K,Krü,N Frisch T. 8.
Speichersperling – Haussperling	Buff,GD,K
Speier – Mauersegler	H,Suol
Speier – Mehlschwalbe	Suol
Speierl – Mehlschwalbe	GD
Speik – Rauchschwalbe	Suol
Speinz – Würgfalke	Ad
Speir – Mauersegler	Ad
Speiren – Mauersegler	Suol
Speiren (niederdt.) – Uferschwalbe	Buff,GesS,Suol,Tu
Speirer – Flußseeschwalbe	Baldn,Suol,zLa
Speirer – Mauersegler	Baldn,Suol
Speirschwalb – Uferschwalbe	Suol
Sper-Agelaster – Raubwürger	Do
Speragelaster – Raubwürger	F
Speralster – Neuntöter und Würger (allg.)	Suol
Speralster – Raubwürger	Be1,GD
Sperber – Kornweihe	JAN
Sperber – Merlin	Buff,K
Sperber – Sperber	Ad,B,Be1,2,Be,Be97,Be05,Buff,CLB1,2, …
	… Fri,G,GD,GesSH,HaSa,Hp,Jä,Krü,Mic, …
	… N,O2,Schwf,StVb,V,Z,zLa Zum Lamm S. 120.
	Ahd. sparwari.
Sperber – Turmfalke	Be1,Be2,Be,GD
Sperber mit braungepfeilter Brust – Sperber	Fri
Sperber mit dem weißgelben Nackenring – Merlin	Be2
Sperber mit gesäumten Pfeil-Flecken – Sperber	Fri
Sperber mit gestreifter Brust – Sperber	Fri
Sperber mit weißem Nackenring – Merlin	N
Sperber mit weißgelbem Nackenring – Merlin	Be
Sperber-Grasmücke – Sperbergrasmücke	N
Sperber, deutscher – Sperber	CLB3 S. o. zu Sperber: KNB
Sperber, egyptischer – Schmutzgeier	Buff
Sperber, gemeiner – Sperber	Krü
Sperber, großer – Habicht	Be2
Sperber, großer – Sperber	N
Sperber, hochköpfiger – Sperber	CLB3
Sperber, kleiner – Merlin	Be1,Be2,Be,Jä,N
Sperber, kleiner – Sperber (männl.)	N
Sperber, kleinster – Merlin	GD
Sperber, roter – Turmfalke	Be1,Be2,Be,GD,N

Sperber, schöner – Sperber	CLB3
Sperber, weißer – Kornweihe (männl.)	Be2,N
Sperberartiger Fischgeyer – Kornweihe	Buff
Sperbereule – Schnee-Eule	Be2,N
Sperbereule – Sperbereule	B,Be1,Be2,Be,Be97,Be05, …
	… MW,N,O1 Meyer 1809, KN.
Sperberfalk – Habicht	B,Be2,F,N
Sperberfalk – Sperber	N
Sperberfalke – Habicht	N
Sperberfalke – Sperber	Be1,GD
Sperbergrasmücke – Sperbergrasmücke	B,Be2,Be,CLB2,3,O1,V
Sperbergrasmücke, kleine – Sperbergrasmücke	CLB3
Sperbernachtigall – Sperbergrasmücke	Do,F
Sperck – Haussperling	HaSa
Sperelster – Raubwürger	Be2,Be,F,Jä,N
Sperg – Haussperling	F,Schwf
Sperk – Haussperling	Ad,B,Be2,Be,Fri,GesS,Jä,N,O1,Suol
Sperlelster – Raubwürger	H
Sperlich – Haussperling	Do,F
Sperling – Feldsperling	Scha
Sperling – Haussperling	Be1,Be2,Be,Be97,Buff,CLB2,GD,GesH,Hp, …
	… MW,N,O2,Scha,Schwf,Suol, V KNB
Sperling mit dem Halsband – Feldsperling	Be2
Sperling mit dem Halsband – Steinsperling	Krü
Sperling mit dem Halsbande – Feldsperling	N
Sperling mit dem Halsbande – Steinsperling	N
Sperling, canarischer – Kanarengirlitz	Be2
Sperling, dalmatischer – Fichtenammer	N
Sperling, einsamer – Blaumerle	Buff,GD,N
Sperling, gelbkehliger – Steinsperling	H
Sperling, gemeiner – Haussperling	Be2,CLB2,GD,Krü,N
Sperling, grauer – Haussperling	GD
Sperling, indianischer – Bartmeise	Be
Sperling, italiänischer – Italiensperling	Buff,O2
Sperling, italienischer – Haussperling (Var.)	Krü
Sperling, italienischer – Italiensperling	CLB2 KNB
Sperling, kanarischer – Kanarengirlitz	Buff,GD
Sperling, nordischer – Feldsperling	CLB3
Sperling, spanischer – Italiensperling	CLB2 KNB
Sperling, spanischer – Weidensperling	O2
Sperling, weißer – Haussperling, Mutation	Schwf
Sperling, wilder – Feldsperling	Be1,Be2,Be,Buff,G,GD,Krü
Sperling, wilder – Heckenbraunelle	Be1,Be2,Be,Buff,GD,Krü,N
Sperling, wilder – Steinsperling	Be2,Be,GD,N
Sperlinghabicht – Turmfalke	Hp
Sperlingk – Haussperling	GesS,Tu In „Saxon."
Sperlings Sänger – Weißbartgrasmücke	MW

Sperlings-Eule – Sperlingskauz	N	
Sperlingsadler – Sperber (weibl.)	zLa	Zum Lamm, S. 121.
Sperlingsammer – Rohrammer	Be1,Be2,Be97,Be,Buff,CLB2,F,GD,N,V	KNB
	Buffon/Otto, 11/140, im Text.	
Sperlingseule – Sperlingskauz	B,Be2,Be97,F Naumann 1820.	KN
Sperlingseule – Steinkauz	N,O3	
Sperlingsfalk – Sperber	Do,F	
Sperlingsfalke – Turmfalke	GD	
Sperlingsgrasmücke – Dorngrasmücke	Do,F	
Sperlingsgrasmücke – Weißbartgrasmücke	B,CLB2,H	KNB
Sperlingshabicht – Sperber	Scha	
Sperlingshabicht – Turmfalke	Be2,Be,Buff,F,Krü,N	
Sperlingskautz – Sperlingskauz	Krü	
Sperlingskautz – Steinkauz	N,V	
Sperlingskauz – Sperlingskauz	CLB1	KNB
Sperlingskauz – Steinkauz	B,CLB2,F	KNB
Sperlingssänger – Weißbartgrasmücke	CLB2	
Sperlingsspecht – Kleinspecht	B,Be2,F,Krü,N	
Sperlingssteinkauz – Steinkauz	CLB3	
Sperlingsstößer – Sperber	B,F,JAN,N	
Sperlingstößer – Sperber	Suol	
Sperlink – Haussperling	Suol	
Spermeise – Tannenmeise	Do,Suol	
Sperr – Haussperling	B,F	
Sperralster – Rotkopfwürger	H	
Sperrelster – Raubwürger	V	
Sperrgalster – Neuntöter und Würger (allg.)	Suol	
Sperrmeise – Tannenmeise	Krü	
Sperwer – Sperber	GesS,Schwf,Tu	
Sperwer – Sperber (weibl.?), Habicht?	Tu Turner: Schlägt Tauben, Rebhühner u. a.	
Spêt-Wörgel – Neuntöter und Würger (allg.)	Suol	
Spetmeise, dänische (dän.) – Kleiber	H	
Spetzel – Feldsperling	StVb	
Spetzel, leidiges – Feldsperling	Suol	
Spetzerich – Haussperling	Suol	
Spetzert – Haussperling (männl.)	Suol	
Speurer – Flußseeschwalbe	Buff	
Speyer – Mauersegler	Be1,Buff,F	
Speyerl – Mauersegler	P1	
Speyerl – Mehlschwalbe	Be1,Be2,Be,Buff	
Speyerschwalb – Mauersegler	Be2,Be,N	
Spiegel Endte – Stockente	Schwf	
Spiegel Meis – Kohlmeise	zLa	
Spiegel Meise – Kohlmeise	Schwf	
Spiegel-Agelaster – Raubwürger	Do	
Spiegel-endt – Stockente	Buff	
Spiegel-Ent – Stockente	GesH	
Spiegel-Entlein – Krickente	Fri	
Spiegelänt – Stockente	Buff	

Spiegelänte – Stockente	Buff
Spiegelelster – Raubwürger	Do
Spiegelent – Stockente	GesS,Suol
Spiegelente – Krickente	B,Be1,Be2,Be,Be97,F,GD,N,V
Spiegelente – Stockente	Ad,Be1,Be2,Be,Be97,F,Fri,GD,K,Krü, …
	… N,O1,2, Frisch Tafeln 158–159/1758.
Spiegelente, große – Stockente	Fri
Spiegelentlein – Krickente	GD
Spiegelfink – Buchfink	Do,F
Spiegelgans – Rothalsgans	B,N
Spiegelhäher – Eichelhäher	F,H
Spiegelhahn – Birkhuhn	Be2,Be,F,Fri,N
Spiegelhuhn – Birkhuhn	B,F
Spiegellerche – Weißflügellerche	B,H
Spiegelmaise – Kohlmeise	Fri
Spiegelmaiß – Kohlmeise	GesS
Spiegelmeise – Kohlmeise	Ad,B,Be1,Be2,Be,Be97,Buff,F,GD,Hp,Jä, …
	… K,Krü,N,Suol Frisch T. 13.
Spiegelmeise – Schwanzmeise	B,Be2,Be,N
Spiegelmeiß – Kohlmeise	GesH,Suol Namen mit ß so lassen.
Spiegelvogel – Blaukehlchen	Buff,V
Spiegelvögelchen – Blaukehlchen	Be1,Be2,Be,Be97,F,Krü,N
Spiegelvögelein – Blaukehlchen	Fri
Spiek Kriews – Seeregenpfeifer	Bri
Spiekschwalbe – Mehlschwalbe	Do,F
Spielhahn – Birkhuhn	Ad,Be1,Be2,Be,Buff,F,Fri,GD,Hp,Jä,K,
	Krü,N,Suol Frisch T. 109.
Spielhenne – Birkhuhn	Jä
Spielhuhn – Birkhuhn	B,F,O1,2
Spier – Haussperling	Ad
Spier – Mehlschwalbe	Buff
Spier-Schwalbe – Mehlschwalbe	Z
Spiere – Mauersegler	Ad,Fri
Spierer – Flußseeschwalbe	Do,F
Spierschwalbe – Mauersegler	Ad,Fri,Krü,N
Spierschwalbe – Mehlschwalbe	Buff,Fri,Krü
Spierschwälken – Mauersegler	Be
Spierschwalken – Mauersegler	Be2,F,N
Spîerswålken – Mauersegler	Suol
Spies Endte – Spießente (sil.)	Schwf
Spies Lörche (!) – Baumpieper (sil.)	Schwf
Spies-Endte – Spießente	K
Spies-Endte, islandsche – Eisente	Suol
Spies-Ente – Spießente	Buff
Spies-Lörche – Baumpieper	Suol
Spiesendte – Spießente	Buff
Spiesente – Spießente	Buff,K
Spiesfink – Grauschnäpper	Be

Spieslerche – Brachpieper	Be,Buff	
Spieß-Ente – Spießente	Hp	
Spießente – Mittelsäger	H	
Spießente – Spießente	Ad,Be1,Be2,Be,B,CLB1,2,GD,Jä,K, …	
	… Krü,MW,N,O1,2,3,V Frisch T. 160.	KNB
Spießente mit langem Schwanze,	Buff	
isländische – Eisente		
Spiessente, amerikanische – Spießente	CLB3	
Spiesente, breitschnäblige – Spießente	CLB3	
Spießente, isländische – Eisente	Be2,Be,Buff,GD,N	
Spiessente, schmalschnäblige – Spießente	CLB3	
Spießer – Mittelsäger	F,H	
Spießer – Neuntöter	B,F	
Spießer, eigentlicher – Neuntöter	Be2,GD,N	
Spießfink – Grauschnäpper	B,Be2,F,N	
Spießflughuhn – Spießflughuhn	B,H	
Spiessgans – Haubentaucher	H	
Spießgans – Sterntaucher (juv. o. Sokl.)	B,Be,GD,N	
Spießganz – Sterntaucher	Buff	
Spießlerche – Baumpieper	B,Be2,CLB2,F,GD,Jä,N,Suol,V	KNB
Spießlerche – Brachpieper	Be2,F,N	
Spießlerche – Heidelerche	Ad,Krü	
Spießlerche – Wiesen- und Baumpieper	B,Be1,N	
Spießlerche, kleine – Wiesenpieper	Be2	
Spießmöve – Flußseeschwalbe	Do,F	
Spießmöwe – Trauerseeschwalbe	Suol	
Spießschwalbe – Rauchschwalbe	CLB2,F,Jä,Scha,V	KNB
Spießschwanz – Eisente	Do,F	
Spießschwanz – Spießente	F,Hp,Schwf	
Spiessschwänziges Flughuhn –	CLB2	KNB
Spießflughuhn		
Spietzschwantz – Spießente	Suol	
Spigelmays – Kohlmeise	Suol	
Spikergrise – Grauammer	Bri	
Spil-Han – Birkhuhn (weibl.)	Kö,Schwf	Schwf: Spil Han.
Spilhan – Birkhuhn	GesSH,Suol	
Spillhahn – Auerhuhn	Ad,Be,Buff,F,GD,Hp,N	
Spillhahn – Birkhuhn	Ad,Be1,Be2,Be,Be97,N,V	
Spillhan – Auerhuhn	JAN	
Spink (engl.) – Buchfink	Tu	
Spinndicke – Kohlmeise	Bri,Suol	
Spinnenfänger – Mauerläufer	Buff	In England.
Spinnenmeerschwalbe – Lachseeschwalbe	F,N	
Spinnenseeschwalbe – Lachseeschwalbe	B	
Spinoletta – Bergpieper	Buff Buff Bd. 14. Bei Ray und Willughby.	
Spinolette – Berg-/Strandpieper	Do,F	
Spinolette – Brachpieper	Be	
Spint – Bienenfresser	B,F,O1,2	

Spintvâgel – Buntspecht	Bri,Häp	
Spinzag – Säbelschnäbler	O1	
Spipola – Baumpieper	Buff	Bei Aldrovand.
Spipoletta – Bergpieper	Buff,H	Halle 1760.
Spipolette – Brachpieper	Buff,Krü	
Spir – Mauersegler	Suol	
Spirch – Haussperling	Do	
Spirck-schwalbe – Mehlschwalbe	Buff	
Spire – Flußseeschwalbe	Bri	
Spîre – Mauersegler	Suol	
Spirel – Mauersegler	Suol	
Spirer – Flußseeschwalbe	B,Be2,Be,Buff,GD,GesH,N,O1,StVb,Suol, ...	
	... Zupo, Straßb. Vogelb., Vers 346.	
		Straßb. Zupo 1449.
Spirk – Haussperling	Ad,Suol	
Spirkschwalbe – Mauersegler	Ad	
Spirkschwalbe – Mehlschwalbe	Be1,Be2,Be,Buff,F,Fri,GD,Krü,N	
Spirle – Flußseeschwalbe	Suol	
Spirle – Mauersegler	Suol	
Spirrwatz – Haussperling	Suol	
Spirschwalbe – Mauersegler	Be2,Buff,K,N,Suol	Frisch T. 17.
Spirschwalbe – Mehlschwalbe	Suol	
Spirschwalben – Uferschwalbe	Suol	
Spirsuale – Mauersegler	Suol	
Spîrswâlken – Mauersegler	Suol	
Spisslerche – Baumpieper	N,Suol	
Spitz-Ente – Spießente	N	
Spitzackel – Spießente	Do	
Spitzänte – Spießente	Buff	
Spitzbärtiger Langschwanz – Bartmeise	Be1,Be2,Be,Buff,GD,K.Krü,N	Frisch T. 8.
Spitzbauer – Elster	Do,F	
Spitzboov – Haussperling	Do,F	
Spitzchlänli – Baumläufer	Suol	
Spitzente – Eisente	Buff	
Spitzente – Gänsesäger	O1	
Spitzente – Spießente	B,Be2,F,Krü,V	
Spitzeschar – Kohlmeise	Suol	
Spitzflügel – Wanderfalke	Do,F	
Spitzgeier – Kornweihe	B,F,Jä	
Spitzgeier, kleiner – Kornweihe (männl.)	Be1,Be2,Be,N	
Spitzgeyer, kleiner – Kornweihe	GD	
Spitzhabch – Sperber	Suol	
Spitzk-Dogger (Wikl., Helgold.) – Trottellumme	H	
Spitzkopf – Haubenlerche	Suol	
Spitzkopf – Schilfrohrsänger	Do,F	
Spitzkopf – Teichrohrsänger	Be1,N	
Spitzkopf mit der Schwanzbinde – Teichrohrsänger	Be1,N	

Spitzkopf mit gefleckter Kehle – Schlagschwirl	N	
Spitzkopf, gestreifter – Seggenrohrsänger	N	
Spitzkopf, großer – Drosselrohrsänger	N	
Spitzkopf, grünlichgrauer – Schlagschwirl	JAN,N	
Spitzkopf, lerchenfarbiger – Feldschwirl	JAN,N	
Spitzkopf, olivenbrauner – Schilfrohrsänger	N	
Spitzkopf, olivengrauer – Sumpfrohrsänger	N	
Spitzkopf, rostgrauer – Teichrohrsänger	N	
Spitzlerche – Baumpieper	B,Be2,Be,F,Jä,N,O1	
Spitzlerche – Heckenbraunelle	Ad	
Spitzlerche – Wiesenpieper	Be2	
Spitzlerche, kleine – Wiesenpieper	Be2,F,N	
Spitzmeise – Haubenmeise	F	
Spitznickel – Haubenlerche	Suol	
Spitzpumpe – Nachtreiher	Krü	
Spitzschnäbliger Wassertreter – Odinshühnchen	Be2,N	
Spitzschwantz – Spießente	GesSH	
Spitzschwanz – Eisente	Be1,Be2,Be,F,GD,N	
Spitzschwanz – Spießente	B,Be1,Be2,Be,Buff,F,Fri,GD,K,N,Suol	Frisch Tafel 160/1758.
Spitzschwanz, grauer – Spießente (weibl.)	Be2	
Spitzschwanzente – Eisente	B	
Spitzschwänzige Ente – Spießente	Be,Buff,N	
Spitzschwänziger Strandjäger – Schmarotzerraubmöwe	N	
Spitzvogel – Alpenbraunelle	B	
Spitzzackel – Spießente	F,H	
Spiza – Bergfink	Buff	Bei Aristoteles?
Spîzelek – Zaunkönig	Suol	
Splanthaowk – Milane (allg.)	Suol	
Splanthaowk – Rotmilan	Scha	
Spochheigster – Elster	Suol	
Spocht – Felsentaube/Haustaubenrasse	Suol	
Spoonbill (engl.) – Löffler	Tu	
Sporck – Haussperling	GesH	
Sporenammer – Schneeammer	F	
Sporenammer – Spornammer	B,F	
Sporenfink – Spornammer	B,F	
Sporenkiebitz – Spornkiebitz	B	
Sporenpieper – Spornpieper	B	
Sporenstelze – Zitronenstelze	B	
Spork – Haussperling	Ad	
Spörk – Haussperling	Ad	
Sporn-Pieper – Spornpieper	H	
Spornammer, lerchengraue – Spornammer	V	
Spornammer, lerchengrauer – Spornammer	CLB2	
Spornammer, schwarzköpfige – Schneeammer	CLB1,2	KNB

Spornammer, schwarzköpfige(r) – Schneeammer	CLB2		KNB
Spornammer, schwarzköpfiger – Schneeammer	N		
Sporner, grauer – Spornammer	Be2,N		
Sporner, lerchenfarbiger – Spornammer	MW,N		
Sporner, lerchengrauer – Schneeammer	CLB3		
Sporner, lerchengrauer – Spornammer	CLB2		
Sporner, nordischer – Schneeammer	CLB3		
Sporner, schwarzköpfiger – Schneeammer	CLB3		
Spornfink – Spornammer	Be2,Be,N		
Spornflügeliger Regenpfeifer – Spornkiebitz	Buff		
Spornpieper – Spornpieper	BB	Gloger 1834.	KN
Spottdrossel, Spottdrossel rote – Rotrücken-Spottdrossel	BB,H		
Spotte-Jo – Schmarotzerraubmöwe	Gun		Spottname
Spötter – Gelbspötter	Jä		
Spötter – Klappergrasmücke	B		
Spötter, gelber (böhm.) – Gelbspötter	H		
Spötter, grauer (bei Wien) – Gartengrasmücke	H		
Spötter, großer roter – Steinrötel	F		
Spötterl – Dorngrasmücke	Jä		
Spötterl – Gelbspötter	Jä		
Spötterl (bayer.) – Dorngrasmücke	H		
Spötterl (bayer.) – Klappergrasmücke	F,H,Jä		
Spötterl, grauer – Gartengrasmücke	F		
Spötterling – Gelbspötter	B,Be1,Be2,Be,F,N		
Spötterling, großer – Gelbspötter	Be2,N		
Spötterling, grüner – Waldlaubsänger	F		
Spötterling, kleiner – Waldlaubsänger	Be1,Be,N		
Spottsteindrossel – Steinrötel	CLB3		
Spottvogel – Dorngrasmücke	Be1,Be2,Be,Hp,N		
Spottvogel – Gelbspötter	Be2,F,N,Suol,V		
Spottvogel – Heckenbraunelle	GD		
Spottvogel – Neuntöter	Do,F,Jä	Wg. der Imitationen im Gesang.	
Spottvogel – Pirol	Pescheck		
Spottvogel – Raubwürger	Suol		
Spottvogel – Star	F,H		
Spottvogel, grauer – Gartengrasmücke	N,V		
Spottvogel, gelber – Gelbspötter	N		
Spottvögelchen – Klappergrasmücke	Be2,Be,N		
Spotvogel (holl.) – Gelbspötter	H		
Spove – Großer Brachvogel	o.Qu.		
Spraa – Star	Bri,Häp, Krü,N,O1,2,P,V		Pernau 172.
Sprache – Star	Be2,Be,F,N		
Sprachmeister – Gartengrasmücke	Do,F		
Sprachmeister – Orpheusspötter	B		
Sprachmeister (böhm.) – Gelbspötter	F,H,Scha,Suol		

Sprachmeister (schles.) – Sumpfrohrsänger	H
Sprägn – Star	Suol
Sprah – Star	Suol
Sprah – Star	Do
Sprahe – Star	Be2,Be,F,N
Sprahl – Star	Suol
Spräklig – Buntspecht	Häp
Spraklihrer – Gelbspötter	Bri
Språle – Star	Suol
Spränke – Star	Suol
Spraol – Star	Suol
Spratjen (Hann.) – Haussperling	Do
Språwe – Star	Suol
Sprê – Star	Suol
Spreche – Star	Ad,Be1,Buff,F,GD,Hp,K,Krü,Schwf
Spree – Star	Be,Bri,Häp,K,N,Suol
Spreedrossel – Blaumerle	K
Spreeh – Star	Bri
Spreele – Star	Suol
Spreen – Star	F
Spreerdrossel – Ringdrossel	Jä
Spreh – Star	StVb
Spreh – Star	O1,Suol
Sprehdrossel – Blaumerle	Ad
Sprehe – Rabenkrähe	Scha
Sprehe – Star	Ad,B,Be1,Be2,Be97,Buff,F,GD,GesSH, …
	… Häp,Hp,K,Krü,N,Scha,Suol,WüCl, Zupo.
	Zupo: 15. Jh.
Sprehe, gemeine – Star	Be2,N
Sprehen – Stare	Zupo Straßb. Zunft- u. Polizeiverordng. 1449.
Sprehm – Star	Be1,Be2,Be,N
Sprehn – Star	Scha
Sprei – Star	Bri,F,Häp,Suol,WüCl
Spreie – Star	Suol
Sprein – Star	F,Mic
Sprejer – Star	Suol
Sprên – Star	Ad,Be1,Buff,GD,Hp,Krü,Suol
Sprenglich Endlein – Krick-/Knäkente	K
Sprenglicht Endte – Knäk/(Krickente)	Schwf
Sprenglicht-endte – Knäkente	Buff
Sprenglichter Grillvogel – Sandregenpfeifer	Be1
Sprenglichter Grisivogel – Sandregenpfeifer	Krü
Sprenkliche Ente – Knäkente	Be,N
Sprenklicher Grillvogel – Sandregenpfeifer	Be,Krü
Sprenklicht Entlein – Krick-/Knäkente	K
Sprenklige Ente – Knäkente	Be2
Sprenkliger Grillvogel – Sandregenpfeifer	Be2,N
Sprentzgen – Sperber	Suol
Sprenz – Sperber	Be97

Sprenzchen – Merlin	Be2,Be,N	
Sprenzchen – Sperber (männl.)	Be1,Be2,Be,Be97,F,GD,N	
Spreu – Star	B,Be2,F,N	
Spreufink – Buchfink	B,Be1,Be2,Be,Buff,F,GD,N	
Spreune – Star	Be1	
Spreuwe – Star	Be2,Be,F,GesS,N	
Sprewe – Star	Ad	
Spreyn – Star	Suol	
Sprien (helgol.) – Star	H,Suol	
Sprihe – Star	F	
Sprin – Star	Suol	
Sprinckel – Rotdrossel	zLa	Zum Lamm S. 266.
Sprinne – Star	Ad	
Sprintz – Merlin	ZLa	
Sprintz – Sperber (männl.)	Fri,GesSH,Schwf,Suol,zLa	
Sprintz – Würgfalke	K	
Sprintzel – Sperber (männl.)	GesSH,Schwf,StVb,Suol	
Sprintzgen – Sperber (männl.)	Hp	
Sprintzle – Sperber	GesS	
Sprintzlein – Sperber (männl.)	HaSa	
Sprintzlin – Sperber (männl.)	StVb	
Sprintzling – Sperber (männl.)	GesS,Schwf,Suol	
Sprinz – Baumfalke	Do,F	
Sprinz – Habicht	Ad	
Sprinz – Merlin	Ad,N	
Sprinz – Sperber (männl.)	Ad,B,Be,Be1,2,Buff,F,GD,GesS,Hp,Krü,N,O1,Z	
Sprinz – Würgfalke	Be2,Krü	
Sprinzel – Sperber (männl.)	Be2,GD,K,N	
Sprinzl – Sperber (männl.)	GD	
Sprinzlein – Sperber	P,Suol	
Sprockheister – Neuntöter und Würger (allg.)	Suol	
Sproh – Star	Suol	
Sprole – Haussperling	Do	
Spros-Vogel – Sprosser	K	
Spross-Vogel – Sprosser	Buff	
Sprosser – Sprosser	Ad,B,Be1,Be2,Be,Be97,Fri,GD,Hp,Jä,K, …	
Sproßer – Sprosser	Buff	Sonst „Sprosser".
Sprosser-Sänger – Sprosser	N	
Sprossergrasmücke – Sprosser	CLB2,MW,V	KNB
Sprossernachtigall – Sprosser	WüCl	
Sprossernachtigall, grosse – Sprosser	CLB3	
Sprossernachtigall, kleine – Sprosser	CLB3	
Sprossersänger – Sprosser	N,O3	Meyer 1822.
Sprossvogel – Sprosser	Ad,Be2,Be,F,Fri,Krü,N,P,Suol	Frisch T. 21.
Sproßvogel – Sprosser	K	Klein schrieb „Sproßvogel".
Sprottfink – Buchfink	B,F	
Sprue – Star	Be1,Be2,Be,Be97,F,N	
Spruhe – Star	F,JAN	

Sprutter – Star	Bri,Häp,Suol	
Spucknäpfchen – Lasurmeise	F	
Spuervull – Sperber	Suol	
Spunsk – Haussperling	Suol	
Spuntzig – Feldsperling	Do,F	
Spurr (norw.) – Haussperling	Ad	
Spurschwalbe – Mauersegler	Be1,Be2,Be,F,N	
Spürschwalbe – Mauersegler	Be1,Be2,Buff,Krü,N	
Spyr – Haussperling	Ad	
Spyr – Mauersegler	GesSH,N,zLa	Nach Gessner 1555.
Spyr-schwalbe – Mauersegler	Buff	
Spyr, großer – Alpensegler	N	
Spyre (holl.) – Mauersegler	Ad,F,O2	
Spyre, wysse – Mehlschwalbe	GesS	
Spyren – Mauersegler	Buff,GesS	
Spyren, wysse – Mehlschwalbe	Suol	
Spyrer – Flußseeschwalbe	GesS,Suol,zLa	Name seit 15. Jh. belegt.
Spyrn – Mauersegler	Do	
Spyrschwalb – Mauersegler	GesH	
Spyrschwalbe – Mauersegler	B,Be,Buff,F,GesS,Krü	
Spyrschwalbe – Mehlschwalbe	Be2,Be,Buff,GD,N,O1	
Spyrschwalbe, eigentliche – Mauersegler	GD	
Spyrswalecke – Mauersegler	Suol	
Squackoreiher – Rallenreiher	Be2,Be,CLB2,N	KNB
Squackreiher – Rallenreiher	F	
Squajotta – Rallenreiher	Buff	
Squajottareiher – Rallenreiher (Var.)	Be2,N	
Squakko-Reiher – Rallenreiher	Be1	
Squatarola (ital.) – Kiebitzregenpfeifer	Buff	
St. Cubertsente – Eiderente	N	
St. Cuthberts Duck – Eiderente	Krü	
St. Cuthbertsente – Eiderente	Be2	
St. Kubertsente – Eiderente	Be1	
St. Kuthbertsente – Eiderente	Be,F,N	
St. Martin – Kornweihe (männl.)	Be1,Be2,Be,O1	
St. Martin, blauer – Kornweihe	GD	
St. Martinsvogel – Eisvogel	Be2,Krü	
St. Peter – Sturmschwalbe	Ad	
St. Petersvogel – Sturmschwalbe	Be2,Be,Krü,N	
St. Cuthberts Aente – Eiderente	Buff	
St. Cuthbertsente – Eiderente	GD	
St. Martin – Kornweihe	Buff,GD	Bei den Jägern im 2. Jahr.
St. Martin – Schlangenadler	GD	
St. Martin der Große – Kornweihe	Buff,GD	
St. Martin der große – Schlangenadler	GD	Borowski: „Name gehört aber zu … … Falco cyaneus" (Kornweihe).
St. Martinsvogel – Eisvogel	GD,N	
St. Peters-Vogel – Sturmschwalbe	Buff,Gun	

St. Petersvogel – Sturmschwalbe	Buff,GD	
Staar – Star	Ad,B,Be1,Be2,Buff,CLB1,2,Fri,G,GD,Hp, …	
	… Jä,Kö,Krü,N,Schwf,Suol,WüCl,zLa	KNB
Staar mit dem Halsbande – Alpenbraunelle	Be2,Be,N	
Staar mit einem Halsbande –	Be1	
Alpenbraunelle		
Staar, amerikanischer – Tannenhäher	Jä	
Staar, bunter – Star	Be2,CLB1,2,MW	KNB
Staar, einfarbiger – Einfarbstar	CLB2,3	KNB
Staar, gemeiner – Star	Be1,Be2,Be,Be97,Buff,CLB2,GD,Krü,O1,3,V	
Staar, glänzender – Star	CLB3	
Staar, holländischer – Star	CLB3	
Staar, nordischer – Star	CLB3	
Staar, rosenfarbiger – Rosenstar	CLB2,N,V	
Staar, sardinischer – Einfarbstar	CLB2,N	N: Bd. 13/226
Staar, schieferfarbiger – Einfarbstar	N	N: Bd. 13/226
Staar, schwarzer – Einfarbstar	N	N: Bd. 13/226
Staar, weißer – Star, Mutation	Schwf	Otto: 1775 bei Greifswald
Staaramsel, rosenfarbige – Rosenstar	CLB3,N	
Staare – Star	N	Ahd. stara.
Staarhäher – Tannenhäher	Suol	
Staarl – Star	Be2,Jä,N	
Staarmatz – Star	Be1,Be2,Be,Be97,N,Suol	Bedeutet Matthäus.
Staarmätzchen – Star	GD	
Staarmätzgen – Star	GD	
Staatschwanz – Bachstelze	Scha	
Stabziemer – Ringdrossel	B,Be2,Be,F,N	
Stachelschnabel – Säbelschnäbler	Be2,Be,Buff,N	
Stachelschwalbe – Rauchschwalbe	B,Be1,Be2,Be,Be97,Buff.F,GD,Krü,N,Scha	
Stachlick – Stieglitz	B,Be2,F,N	
Stachlitz – Stieglitz	B	
Stackint – Stockente	Suol	
Stackmierel – Amsel	Suol	
Stadt-Rötling – Hausrotschwanz	P	
Stadt-Rotschwäntzlein – Hausrotschwanz	P	
Stadtkrähe – Dohle	CLB2	KNB
Stadtrötling – Garten-/Hausrotschwanz	HHM	
Stadtrotschwäntzlein – Hausrotschwanz	P1	
Stadtrotschwänzlein – Hausrotschwanz	Hp	
Stadtrötling – Hausrotschwanz	Ad,Be1,Be2,Be,F,GD,Krü,N	
Stadtrotschwanz – Hausrotschwanz	B,Be2,Be,JAN,N	
Stadtrotschwänzchen – Hausrotschwanz	Be1,Be2,Be,Be97,N	
Stadtschwalbe – Mehlschwalbe	B,Buff,F,Fri,Jä,Krü,N,O2,3,Suol	
Stadtschwalbe – Rauchschwalbe	Be1,Be2,Be,Buff,GD,Krü,N	
Staer – Star	Buff,GesSH,Hp,Krü	
Stahr – Star	Ad,Be1,Be2,Be,Be97,Krü,N,P	
Stähtmeise – Schwanzmeise	Bri	
Stainewl – Steinkauz	HaSa,Suol	H. Sachs: Regiment …, V. 224.

Stainfalck – Bastard Wanderfalke x „Hoverfalke"	Suol	
Stainlerch – Feldlerche	HaSa,Suol	H. Sachs: Regiment …, V. 237.
Stainridel – Steinrötel	Suol	
Stainrötlein – Steinrötel	HaSa,Suol	H. Sachs: Regiment …, V. 087.
Stainschmatz – Steinschmätzer	HaSa,Suol	H. Sachs: Regiment …, V. 174.
Stakerfalk – Würgfalke	Krü	
Stallrauchschwalbe – Rauchschwalbe	CLB3	
Stallschwalbe – Mehlschwalbe	Scha	
Stallschwalbe – Rauchschwalbe	B,F	
Stammern Hinnerk – Regenbrachvogel	Bri	
Stammgans – Graugans	B,CLB2,F,N	KNB
Stammtaube – Hohltaube	Krü	
Ständer – Buchfink	JAN	Vogelstellername für Finken mit Revier.
Stangenmeise – Schwanzmeise	F,H	
Stanschwalbe – Mauersegler	H	
Stappelvogel – Brachpieper	Be	
Star – Star	Ad,HaSa,Mic,StVb,Z	
Stär – Star	Be2,F,N,Tu	
Star, bunter – Star	N	
Star, einfarbiger – Einfarbstar	MW,N	N: Bd. 13/226.
Star, gemeiner – Star	N	
Star, sardinischer – Einfarbstar	F	
Staramsel – Rosenstar	Do,F	
Staramsel, rosenfarbige – Rosenstar	H	Statt Staaramsel.
Starbvogel – Nebelkrähe	F,H	
Stären – Küstenseeschwalbe	Häp	
Stärentje – Küstenseeschwalbe	Häp	
Starker Weisssperber – Sperber	Be2,N	
Starl – Star	Be1,Be,F,GD,Hp	
Stärlein – Star	Be2,F,N	
Starling (engl.) – Star	Tu	
Stärmann-Hütik – Gartenrotschwanz	Suol	
Starmatz – Star	F	
Stärn – Küstenseeschwalbe	Häp	
Starn – Star	GesS	
Starspecht – Dreizehenspecht	Do,F	
Startmeese – Schwanzmeise	Scha	
Stauden Regerl – Zwergdommel	Buff	
Stauden-Ragerl – Zwergdommel	Be1	
Stauden-Rötling – Schwarzkehlchen	P1	
Staudenfahrer (österr.) – Dorngrasmücke	F,H	
Staudengatzer – Dorngrasmücke	Do,F	
Staudenkratzer – Neuntöter	Do	
Staudenquatscher – Dorngrasmücke	Do,F	
Staudenquatscher – Gartengrasmücke	Do,F	
Staudenragel – Zwergdommel	O1	
Staudenragerle – Zwergdommel	Be2,Be	

Staudenral – Neuntöter	F,H
Staudenregerle – Zwergdommel	Be
Staudenreiher – Zwergdommel	F,H
Staudenschnapper – Grauschnäpper	Ad
Staudenschnapper – Schwarzkehlchen	P
Staudenschnapperlein – Schwarzkehlchen	P
Staudenschwatzer – Dorngrasmücke	Jä
Staudenschwätzer – Dorngrasmücke	B
Staudentratzer – Neuntöter	F,H
Staudenvogel – Gartengrasmücke	Do,F
Staudenvogel (österr.) – Dorngrasmücke	H
Staudenweltscher – Grasmücke (allg.)	Suol
Staudervögerl – Neuntöter	H
Stauthabik – Habicht	Bri
Stealtsbeinche – Bachstelze	Suol
Stechente – Gänsesäger	Do,F
Stechente – Gryllteiste	B,F
Stechente – Mittelsäger	N
Stechente, rotköpfige – Gänsesäger (weibl. u. juv.)	N
Stechente, schwarze – Gryllteiste	Be2,N
Stecher, kleiner – Neuntöter	Suol
Stechfink – Buchfink, zuchtspezif. Name	Be97
Stechlick – Stieglitz	Be,Fri
Stechlik – Stieglitz	Scha,Z
Stechlitz – Stieglitz	Be1,Be2,Be,Be97,Buff,F,Fri,GD,Hp,Krü,N
Stechschwalbe – Rauchschwalbe	Ad,B,Be1,Be2,Be,CLB2,F,GD,N,O1,V KNB
Stechtaucher – Gänsesäger	F
Stechvogel – Habicht (juv.)	B,F,N
Steckahrn Falck – Gerfalke	zLa
Steckneck (schwed.) – Kernbeißer	Buff
Steebuul – Steinkauz	Häp
Steenbicker – Zwergseeschwalbe	F,H
Steenbicker – Flußregenpfeifer	Bri
Steengall – Turmfalke	Be1,Be,Buff,K
Steenknacker – Kernbeißer	Do,F
Steenoor – Steinadler	WüCl
Steenpicker – Braunkehlchen	Be2,Be,Krü,N
Steenpicker – Steinschmätzer	WüCl
Steensquette (norw.) – Steinschmätzer	Cz Cranz S. 104.
Steenswalwe – Mehlschwalbe	Bri
Steent Tütje – Alpenstrandläufer	Bri
Steentüte – Mornellregenpfeifer	Bri
Steenuul – Steinkauz	Bri
Steenuul – Uhu	Häp
Steerenk – Flußseeschwalbe	Bri
Steermeeske (nieders.) – Schwanzmeise	Ad
Steern – Flußseeschwalbe	Bri
Steern – Küstenseeschwalbe	Bri,Häp

Steert – Rotmilan	Be2,N	
Stegelisse – Stieglitz	Suol	
Stegelitze – Stieglitz	Suol	
Stegemörder – Neuntöter	F,H	
Steglick – Stieglitz	GesS	
Steglitze – Stieglitz	Suol	
Stegur – Blaumerle	N	Slegur ist richtig! Stegur ist falsch.
Stegur – Steinrötel	Be1,Be2,Be	Slegur für Steinrötel ist richtig!
Stehlik (böhm.) – Stieglitz	Ad	
Steierling – Mehlschwalbe	Jä	
Steilitsch – Stieglitz	Suol	
Steillitzk – Stieglitz	Bri	
Stein Adler – Mäusebussard	Fri	
Stein Amsel – Amsel	zLa	
Stein Amsel – Ringdrossel	Schwf	
Stein Amsel – Rotkehldrossel	zLa	… Mit einer Roten kälen.
Stein Amsel – Schwarzkehldrossel	zLa	… Mit einem Aeschenfarbenen Halß.
Stein Amsel, blaw – Steinrötel	Schwf	
Stein Drossel – Steinrötel	Schwf	
Stein Falck – Baumfalke	Fri	
Stein gellelin – Dunkler Wasserläufer	StVb	
Stein Henffling – Birkenzeisig	Schwf	
Stein Huhn – Schneehuhn	Fri	
Stein Lerche – Steinsperling	zLa	
Stein Meiß – Mornell	zLa	
Stein Rötel – Steinrötel	Schwf	
Stein Troschel – Steinrötel	zLa	
Stein-Adler – Steinadler	N	
Stein-Agelaster – Raubwürger	Do	
Stein-Amßel – Ringdrossel	G	
Stein-Amßel – Steinrötel	G	
Stein-Eule – Zwergohreule (?)	G	
Stein-Falck – Baumfalke	GesH	
Stein-Feldhuhn – Steinhuhn	N	
Stein-hünlein – Steinhuhn	Kö	
Stein-Kautz – Steinkauz	G	
Stein-Kautz, kleiner – Steinkauz	G	
Stein-Krähe – Alpenkrähe	N	
Stein-Merle – Steinrötel	N	
Stein-Raab – Waldrapp	Kö	„Corvus silvaticus."
Stein-Rötling – Steinrötel	P1	
Stein-Schmätzer, größerer – Steinschmätzer	Z	
Stein-Schwalbe – Mauersegler	Z	
Stein-Sperling – Steinsperling	N	
Stein-Taube – Felsentaube	K	Albin III, 42, Columba livia.
Stein-Trostel – Steinrötel	GesH	
Steinadler – hier unklar: See- oder Steinadler	zLa	1704 bei Dahn erlegt.
Steinadler – Kaiseradler	Krü	

Steinadler – Mäusebussard	Be2,Be,Fri,GD,N
Steinadler – Merlin	Be2
Steinadler – Rauhfußbussard	N
Steinadler – Schelladler	Buff
Steinadler – Schreiadler	Be1,Be2,Be,GD,N
Steinadler – Seeadler	Be2,Be,Be97,Be05,N
Steinadler – Steinadler	Ad,B,Be1,Be2,Be,Be97,Be05,CLB1,2,G,…
	…GD,Hp,Jä,K,Krü,MW,N,O1,V KNB
Steinadler, brauner – Steinadler	GD,N „Auf dem Harze."
Steinadler, großer – Steinadler	Be2,Krü
Steinadler, hochköpfiger – Steinadler	CLB3
Steinadler, kurzschwänziger – Kaiseradler	N
Steinadler, kurzschwänziger – Steinadler	Be1,Buff,N
Steinadler, kurzschwänziger mit weißem …	Krü
… Ringe am Schwanze – Steinadler	
Steinadler, kurzschwänziger und	Be2
brauner – Steinadler	
Steinadler, plattköpfiger – Steinadler	CLB3
Steinadler, weißer – Steinadler	Be2
Steinagelaster – Raubwürger	F
Steinalpenrabe – Alpenkrähe	O3
Steinämmerling – Steinschmätzer	Krü
Steinämmerling – Zaunammer	Be
Steinämmerling – Zippammer	Be
Steinamsel – Amsel	ZLa
Steinamsel – Blaumerle	Buff,GD,GesS
Steinamsel – Ringdrossel	Ad,Buff,GesSH,Suol
Steinamsel – Singdrossel	Be97
Steinamsel – Steinrötel	Ad,Be,Buff,F,GD,GesH,Hp,Krü,N,O1,2
Steinamsel – Unglückshäher	GD
Steinamsel, blawe – Blaumerle	GesS
Steinamsel, grawe – Blaumerle	GesS
Steinamsel (!) – Pirol	Ad
Steinartsche – Steinschmätzer	Suol
Steinätsche – Steinschmätzer	F
Steinätschke – Steinschmätzer	Do
Steinauff – Uhu	GesSH,Suol
Steinauffe – Sperbereule	Be1,Be2,Be,GD
Steinauffe – Sperlingskauz	Be1,Be2,Be
Steinauffe – Steinkauz	Buff
Steinäul – Steinkauz	Suol
Steinbachstelze – Bachstelze	Be1,Be2,Be,Krü,N
Steinbeiser – Steinschmätzer	P1
Steinbeißer – Kernbeißer	F
Steinbeißer – Alpenstrandläufer	Buff
Steinbeißer – Braunkehlchen	Be97
Steinbeißer – Flußuferläufer	B,Be2,F,GesSH,N
Steinbeißer – Kernbeißer	Ad,B,Be,1,2,Buff,GD,GesH,Hp,Krü,N,Schwf,zLa
Steinbeißer – Steinschmätzer	B,Be1,Be2,Be,Be97,Buff,F,GD,Jä,Krü,N,P,Suol

Steinbeißer – Wasseramsel	Tu	
Steinbeißer, brauner – Kernbeißer	Ad,Be2,Be,GD,K GD,K,Krü,N	Frisch T. 4.
Steinbeißer, gehaubter indianischer – Kardinal	GesH	
Steinberz – Bachstelze	Suol	
Steinbicker – Alpenstrandläufer	Buff	
Steinbicker – Flußuferläufer	GesS,Suol	
Steinbicker – Kernbeißer	Ad,Suol	
Steinbicker – Steinschmätzer	JAN	
Steinbißer – Flußuferläufer	zLa	
Steinbrächer – Bartgeier	G	
Steinbrecher – Seeadler	B,Be2,Be,F,N	
Steinbrecher – Steinadler	GesH	
Steinbrüchel – Seeadler	Suol	
Steinbysser – Flußuferläufer	Gess	1585
Steinbysser – Kernbeißer	GesS,Suol	
Steinchek (engl.) – Steinschmätzer	Tu	
Steindachen – Alpendohle	F	
Steindahe – Alpendohle	Suol	
Steindohle – Alpendohle	B,Be2,Be,F,N	
Steindohle – Alpenkrähe	Be1,Be2,Be,Be97,Be05,CLB2,Buff,F,GD, …	
	… Krü,N,O1,V „Corvus graculus!"	KNB
Steindohle – Waldrapp	O1	
Steindohlendrossel – Alpendohle	CLB3	
Steindrehender Strandläufer – Steinwälzer	Be2,Be,N	
Steindreher – Steinwälzer	B,Be1,Be2,Be,Buff,F,GD,N	
Steindreher aus der Hudsonsbay – Steinwälzer	GD	
Steindrossel – Steinrötel	B,Be1,Be2,Be,Be97,Buff,CLB2,F,GD,Jä,	
	Krü,MW,N,O3,Suol	KNB
Steindrossel, blaue – Blaumerle	CLB3,N	
Steindrossel, Gourcys – Steinrötel	CLB3	
Steindrossel, grosse bunte – Steinrötel	CLB3	
Steindrossel, Michahelles – Blaumerle	CLB3	
Steinduhle – Alpenkrähe	Be2,N	
Steinelster – Raubwürger	F,N	
Steinelster – Rotkopfwürger	F	
Steinelster – Schwarzstirnwürger	Be2	
Steinelster – Steinschmätzer	B,Jä	
Steinelster, kleine – Schwarzstirnwürger	F,N	
Steinelster, rotköpfige – Rotkopfwürger	N	
Steinemmerling – Steinschmätzer	Krü	
Steinemmerling – Zaunammer	Be1,Be2,Be97,F,Jä,N	
Steinemmerling – Zippammer	Be1,Be2,Buff,GD,N	
Steinente – Kragenente	GD	
Steineul – Steinkauz	GesSH	
Steineule – Uhu	GD	
Steineule – Sperbereule	Be1,Be2,Be,Be97,Be05,GD,N	
Steineule – Steinkauz	Buff,F,Hp,Krü,N,O1,Suol	

Steineule – Sumpfohreule	F,Fri,N
Steineule – Uhu	Ad,Be2,Be,Buff,Krü,N
Steineule – Waldkauz	Fri
Steineule – Zwergohreule	Be2,G,GD,N
Steinfache – Alpenkrähe	N
Steinfalck – Bastard Wanderfalke x „Hoverfalke"	Suol „Hockerfalck", Ges: Wanderfalke (Var?).
Steinfalck – Baumfalke	Fri,GesS
Steinfalck mit schwartzem Barte – Baumfalke	Fri
Steinfalcke (unedel) – Wanderfalke?, Turmfalke?	zLa System d. Jagdfalken, nach Alb. Magnus.
Steinfalk – Merlin	Ad,B,F,O1
Steinfalk – Turmfalke	Krü
Steinfalk – Wanderfalke	B
Steinfalke – Baumfalke	Be2,Be,Buff,N
Steinfalke – Merlin	Be2,GD,N
Steinfalke – Sperber (männl.)	Be1,Be2,N
Steinfalke – Wanderfalke	Be2,Be,F,N
Steinfeldhuhn – Steinhuhn	Be2,Be,CLB2,MW,N,O3,V
	N: Stein-Feldh. KNB
Steinfelsentaube – Hohltaube	GD
Steinfinck – Steinsperling	zLa Auch: Steinfink.
Steinfink – Kernbeißer	Ad,Krü
Steinfink – Schneesperling	B,F,N
Steinfink – Steinsperling	B,CLB2,F,N KNB
Steinflatsche – Braunkehlchen	Krü
Steinfletsch (helv.) – Braunkehlchen	H
Steinfletsche – Braunkehlchen	Ad,Be1,Be2,Buff,GD,K,Krü,N,Suol Frisch T. 22.
Steinfletsche – Dorngrasmücke	Buff,GD Nach Pennant.
Steinfletsche – Klappergrasmücke	Be1,Be2,N
Steinfletsche – Steinschmätzer	Ad,F,Hp,Schwf
Steinfletscher – Braunkehlchen	N,Suol
Steinfletscher – Neuntöter	Suol
Steinfletscher – Steinschmätzer	Jä
Steinfletscher, kleiner – Schwarzkehlchen	Jä
Steinfletschker – Steinschmätzer	B,F,N,Suol
Steinfletschker, großer – Steinschmätzer	Be2,N
Steingal – Turmfalke	zLa
Steingal – Waldwasserläufer	O2,zLa
Steingalk – Turmfalke	Ad
Steingall – Braunkehlchen	Ad,Krü
Steingall – Dunkler Wasserläufer	Baldn-Suol,GesS Stein + gellen.
Steingall – Turmfalke (männl.)	Ad,GesSH,Krü,Tu
Steingall – Waldwasserläufer	Suol
Steingalle – Turmfalke	Ad
Steingallel – Wald- (Bruch-)wasserläufer	Buff
Steingällel – Waldwasserläufer	B,Be1,Be2,Be,F,GD,Krü,N Tringa ochropus.
Steingällelein – Dunkler Wasserläufer	GesH

Steingällyl – Wald-(Bruch-)wasserläufer	Buff	Tringa ochropus.
Steingällyl – Waldwasserläufer	Suol	
Steingeier – Kornweihe (weibl.)	B,Be2,Be,F,N	
Steingeier – Rotmilan	Be1,Be2,Be,F,N	
Steingeier – Seeadler	B,Be1,Be2,Be,Be97,F,N	
Steingeier – Steinadler	Krü	
Steingell – Waldwasserläufer	Baldn	
Steingellel – Waldwasserläufer	Suol	
Steingellelin – Waldwasserläufer	Suol	
Steingeyer – Bartgeier	GesH	
Steingeyer – Kornweihe	Buff,GD	Scopoli
Steingeyer – Seeadler	Buff,GD	
Steingîr – Steinadler	Suol	
Steingnodel – Triel	Do,F	
Steingyr – Bartgeier	Suol	
Steingyr – Gänsegeier	GesS	
Steinhabicht – Merlin	Be2,Be,N	
Steinhäher – Tannenhäher	F	
Steinhähnl – Steinhuhn	Suol	Erstbeschreibung als Unterart

„Perdix graeca saxatilis" von Bechstein 1805.

Steinhänfling – Berghänfling	Ad,B,Buff,F,Hp,K,Jä,Krü,N,P	Frisch T. 9.
Steinhänfling – Birkenzeisig	Suol	Pernau 1720.
Steinhänfling – Bluthänfling (juv., männl.)	Be2,Be,Be97,Buff,GD,MW,N	
Steinhatz – Alpendohle	Ad	
Steinhatz – Waldrapp	Ad	
Steinheher – Tannenhäher	B,Be1,Be2,Be,GD,Jä,N	
Steinhenffling – Berghänfling	K	
Steinhetz – Alpendohle	Be2,Buff,O1	
Steinhetze – Alpendohle	GesH,Suol	
Steinhetzen – Alpendohle (P. grac.)	GesS	
Steinhuhn – Schneehuhn (schweiz.)	Fri	
Steinhuhn – Alpenschneehuhn	F,N,O1,V	
Steinhuhn – Rothuhn	Be1,Be,Be97,GD	
Steinhuhn – Schneehuhn (schweiz.)	Ad,Be2,Be,Buff,GD,Krü	
Steinhuhn – Steinhuhn	B,Be2,Be,Buff,CLB2,Jä,Krü,MW,N,O2,V …	KNB

… Deutscher Name: Scopoli 1768.   VN

Steinhŭn – Alpenschneehuhn	GesH,Suol	
Steinhuon – Alpenschneehuhn	GesS	
Steinkautz – Sperbereule	Be1,Be2,GD	
Steinkautz – Steinkauz	Ad,Be2,Krü,N,V	Steinkutz 15. Jahrh.
Steinkauz – Sperbereule	Be,Be97	
Steinkautz – Steinkauz	Buff,GesSH,Hp	
Steinkautz, großer – Sperbereule	GD	
Steinkautz, kleiner – Steinkauz	G	
Steinkäutzchen – Sperlingskauz	Be2	
Steinkäutzchen – Steinkauz	N	
Steinkäutzlein – Steinkauz	Krü	
Steinkauz – Steinkauz	B,Be,CLB2,O2	KNB
Steinkauz, nordischer – Steinkauz	CLB3	

Steinkäuzlein, gemeines – Steinkauz	Jä	
Steinklatsche – Braunkehlchen	Ad,Be,Krü	
Steinklatsche – Steinschmätzer	Be1,Be2,Be,Be97,F,G,Hp,Jä,Krü,N,Suol	
Steinklatsche, kleine – Schwarzkehlchen	Be1,Be2,Be,Be97,Krü,N	
Steinklatscher – Steinschmätzer	Do	Entwickelt aus Steinfletscher.
Steinkletsche – Steinschmätzer	Be1,Be2,Be,F,Krü,N	
Steinklitsch – Steinschmätzer	B,Be1,Be2,Be,Krü,N	
Steinklitsche – Steinschmätzer	Be97,Scha	
Steinklitscher – Steinschmätzer	Do,F	
Steinklopfer – Flußuferläufer	GesS	
Steinknipper – Kernbeißer	Suol	
Steinkräe – Alpenkrähe	GesS	
Steinkrähe – Alpendohle	Be,Krü	
Steinkrähe – Alpenkrähe	B,Be1,Be2,Be97,Be05,Buff,CLB2,F,GD,N,V KNB	
Steinkrähe – Saatkrähe	N	
Steinkrähe – Waldrapp	Krü	
Steinkutz – Steinkauz	StVb,Suol	
Steinkûz – Schleiereule	Suol	
Steinlerch – Feldlerche	GesS,Suol	
Steinlerch – Heidelerche	Buff,GesH	
Steinlerche – Alpenbraunelle	B,Be1,F,N,V	
Steinlerche – Brachpieper	Ad,Krü	
Steinlerche – Heidelerche	Ad,Be1,Be2,Be,Be97,F,GesS,K,Krü,N,Schwf	
		Albin Band I, 42.
Steinlerche – Steinsperling	ZLa	
Steinlerche – Wiesenpieper	B,Be2,F,N	
Steinmerl – Steinrötel	GD	
Steinmerle – Singdrossel	Be97	
Steinmerle – Steinrötel	Be1,Be2,Be,Buff,F,GD,Krü,N,Suol	
Steinmerle – Tannenhäher	GD	
Steinpardal – Triel	Be1,Be2,Be,Krü	
Steinpardel – Säbelschnäbler	G	
Steinpardel – Triel	B,Buff,GD,K,N	
Steinpatsche – Braunkehlchen	Ad,Be2,Be,Buff,Krü,N	
Steinpatsche – Dorngrasmücke	GD	
Steinpatsche – Klappergrasmücke	Be1,Be2	
Steinpatsche – Steinschmätzer	Be2,Hp,N	
Steinpatscher – Braunkehlchen	GD,K,Suol	Frisch T. 22.
Steinpicker – Flußuferläufer	B,Be1,Be2,Be97,F,GD,GesH,Krü,N	
Steinpicker – Meerstrandläufer	Be	
Steinpicker – Schwarzkehlchen	Be1,Be2,Be,Be97,Jä,Krü,N	
Steinpicker – Steinschmätzer	B,Be2,F,N,Scha,Suol	
Steinpicker, großer – Steinschmätzer	Be1,Be2,Be,Be97,Krü	
Steinpicker, kleiner – Braunkehlchen	Be2,Be,Krü,N	
Steinpieper – Strandpieper	F	
Steinpletsche – Steinschmätzer	F	
Steinquäcker – Steinschmätzer	Be2,Be	
Steinquaker – Steinschmätzer	B,F	
Steinquäker – Steinschmätzer	F,Krü,N	

Steinrab – Waldrapp	GesH	
Steinrabe – Alpenkrähe	Be,Be1,Be2,Be,Be97,F,Krü,N	KN
Steinrabe – Kolkrabe	B,Be1,Be2,Be,Be97,Buff,F,GD,Hp,N	
Steinrabe – Waldrapp	Ad,Be1,GD,Krü,Schwf,Suol	
Steinrabe (C. Graculus) – Alpenkrähe (!)	MW	
Steinrahen – Alpenkrähe	GesS	
Steinrap – Waldrapp	GesS	
Steinrapp – Alpenkrähe	N	
Steinrapp – Waldrapp	Ad,Be1,Buff,K,Krü,Suol	Albin III, 16.
Steinrappe – Waldrapp	Buff,K,StVb	Albin III, 16.
Steinreitling – Steinrötel	B,Be1,Be2,Be,Buff,GD,Krü,N	
Steinreutling – Steinrötel	Do,F	
Steinrödel – Steinrötel	Krü	
Steinrötel – Singdrossel	Be97	
Steinrötel – Steinrötel	Ad,B,Be1,Be2,Be,Buff,GD,Jä,Krü,N	
		Gessner 1555: Steinrötele.
Steinrötel – Unglückshäher	GD	Bei Pennant, Gatterer.
Steinrotele – Steinrötel	K	Albin III, 55.
Steinrötele – Steinrötel	Fri,GesS,Suol	
Steinrötelein – Steinrötel	GesH	
Steinrötling – Hausrotschwanz	F	
Steinrötling – Steinrötel	Ad,Krü	
Steinrotschwanz – Hausrotschwanz	B,Be2	
Steinrotschwänzchen – Hausrotschwanz	N	
Steinröttele – Unglückshäher	Buff	
Steinrutsche – Steinschmätzer	Suol	
Steinrutscher – Steinschmätzer	Be97,Suol	
Steinsage – Alpenkrähe	F,H	
Steinsänger – Steinschmätzer	B,CLB2,F,V	KNB
Steinsänger, braunkehliger – Braunkehlchen	CLB1,2,N	
Steinsänger, schwarzkehliger – Schwarzkehlchen	CLB1,2,N	
Steinsänger, weißschwänziger – Steinschmätzer	CLB1,N	
Steinschäker – Steinschmätzer	Do,F	
Steinschlößlein – Birkenzeisig	Hp	
Steinschmack – Braunkehlchen	Ad,Krü	
Steinschmack – Steinschmätzer	Krü	
Steinschmack – Turmfalke (männl.)	Ad,Be1,Be2,Be,Buff,F,Krü,N	
Steinschmacker – Steinschmätzer	Be,Buff,Krü	
Steinschmatz – Braunkehlchen	Ad,Krü	
Steinschmatz – Turmfalke	Ad,Be2,Be,F,GesSH,K,N	
Steinschmatze – Steinschmätzer	Suol	
Steinschmatzen – Steinschmätzer	Suol	
Steinschmätzer – Braunkehlchen	Krü	
Steinschmatzer – Schwarzkehlchen	Be,GD,Krü	
Steinschmatzer – Schwarzkehlchen	Be2,N	
Steinschmatzer – Steinschmätzer	Be1,Be2,Jä,N,P	

Steinschmätzer – Steinschmätzer	B,Be,Be97,Krü,O1,2,Scha Zorn 1743. VN KNB
Steinschmätzer – Turmfalke	Be2,Be,GD,N
Steinschmätzer schwarzkehliger – Schwarzkehlchen	JAN
Steinschmätzer siberischer – Bergbraunelle	N
Steinschmätzer – Steinschmätzer	B,Be,Be97,CLB2,Krü,MW,N,O1,2,Scha,V,Z KNB
Steinschmätzer, blaukehliger – Blaukehlchen	N
Steinschmätzer, braunkehliger – Braunkehlchen	Be1,Be2,Be,Be97,CLB2,3,Krü,MW,N,V KNB
Steinschmätzer, gefleckter – Brachpieper	F
Steinschmätzer, grauer – Steinschmätzer	Bri,Krü,N
Steinschmätzer, graurückiger ... ... schwarzkehliger – Steinschmätzer	Krü
Steinschmätzer, großer – Steinschmätzer	Be1,Be2,Be,Be97,GD,Krü,N,O1,Z
Steinschmätzer, größerer – Steinschmätzer	Be2,Be,Buff,GD,Krü,N
Steinschmätzer, isabellfarbiger – Isabellsteinschmätzer	H
Steinschmatzer, kleiner – Braunkehlchen	Be
Steinschmätzer, kleiner(er) – Braunkehlchen	Ad,Be1,Be2,Be97,Buff,GD,Krü,N,O1,Z
Steinschmätzer, kleiner – Schwarzkehlchen	CLB2,V KNB
Steinschmätzer, lachender – Trauersteinschmätzer	O3
Steinschmätzer, nordischer – Braunkehlchen	CLB3
Steinschmätzer, nordischer – Steinschmätzer	CLB3
Steinschmätzer, rostgelber – Mittelmeersteinschmätzer	CLB2,N KNB
Steinschmätzer, rotbauchiger – Steinrötel	F
Steinschmätzer, rotbäuchiger – Steinrötel	N
Steinschmätzer, rötlicher – Mittelmeer-Steinschmätzer	CLB2,MW,N
Steinschmätzer, schäckiger – Nonnensteinschmätzer	CLB2,O3 KNB
Steinschmätzer, scheckiger – Nonnensteinschmätzer	H
Steinschmätzer, schwarzbauchiger – Hausrotschwanz	N
Steinschmätzer, schwarzer – Trauersteinschmätzer	CLB2,MW
Steinschmätzer, schwarzkehliger – Gartenrotschwanz	N
Steinschmätzer, schwarzkehliger – Schwarzkehlchen	Be1,Be2,Be,Be97,CLB2,Krü,MW,N,V
Steinschmätzer, schwarzkehliger gelber ... ... – Mittelmeersteinschmätzer	N

Steinschmätzer, schwarzöhriger …	MW,O3	
… – Mittelmeersteinschmätzer		
Steinschmätzer, weißbunter –	MW	
Nonnensteinschmätzer		
Steinschmätzer, weißlicher –	N,O3	Schwarzkehlige Morphe.
Mittelmeersteinschmätzer		
Steinschmätzer, weißschwanziger –	O3	
Steinschmätzer		
Steinschmätzer, weißsschwänziger –	Be2,N	
Steinschmätzer		
Steinschmatzerl – Steinschmätzer	Hp	
Steinschmatzerle – Braunkehlchen	Ad	
Steinschmecker – Steinschmätzer	GD	
Steinschmetzer – Schwarzkehlchen	Krü	
Steinschmetzer – Turmfalke	Be1,Be,Be97,Buff,GD	Bechstein 1791.
Steinschnepfe – Waldschnepfe	B,F	
Steinschößlein – Birkenzeisig	Buff,GD	
Steinschößling – Birkenzeisig	Be1,Be2,Be,F,N	
Steinschwacker – Steinschmätzer	Be1,Be2,N	
Steinschwalbe – Felsenschwalbe	B,F,Krü,N	
Steinschwalbe – Mauersegler	Ad,B,Be1,Be2,Be,Buff,F,GD,Jä,K,Krü,N, …	
	… Suol,V,Z	Frisch Tafel 17, 1736.
Steinschwalbe – Uferschwalbe	Krü	
Steinspatz – Steinsperling	F,Jä	
Steinspatz – Steinsperling	Do	
Steinsperling – Steinsperling	B,CLB1,2,3,Jä,Krü,N,O3,V …	
	C. L. Brehm 1823.	KNB
Steinstelze – Bachstelze	B,F	
Steintahe – Alpendohle	Krü	
Steintahe – Alpenkrähe	Be2,Buff,N,Suol	
Steintahe – Dohle	Suol	
Steintahle – Alpenkrähe	Be1	
Steintähn – Alpenkrähe	H	
Steintale – Alpendohle	Be	
Steintale – Alpenkrähe	Be,Krü	
Steintaube – Felsentaube	Ad,B,Be2,Be,N,O2,Suol	
Steintaube – Felsentaube/Haustaube	Hp	
Steintaube – Hohltaube	Fri,Krü	
Steinthale – Alpenkrähe	GD	
Steintrostel – Steinrötel	GesS	
Steintröstel – Steinrötel	GesH,Suol	
Steintule – Alpendohle	Be1,Be,Krü	
Steintule – Alpenkrähe	Buff	
Steintüter – Mornellregenpfeifer	F,H	
Steinwälzer – Steinwälzer	B,Be2,Krü,N,Z	Buffon/Otto 1798. Ü KNB
Steinwälzer – Triel	Ad,Be1,Be2,Be,Be97,Buff,GD,K,Krü,N,O1,V	
Steinwälzer, gemeiner – Steinwälzer	O2	
Steinwälzer, nordischer – Steinwälzer	CLB3	

Steinweltzer – Steinwälzer	Buff	
Steinwelzer – Steinwälzer	Buff	
Steinwelzer – Triel	K	
Steinwipper – Steinschmätzer	Do,F	
Steinzeiserl – Birkenzeisig	Suol	
Steisfuß, geöhrter – Schwarzhalstaucher	MW	
Steißfuß – Haubentaucher	Be1,Be2,Be,GD	
Steißfuß – Lappentaucher (allg.)	Suol	
Steißfuß, arctischer – Ohrentaucher	N	
Steißfuß, arktischer – Ohrentaucher	H,O3	
Steissfuss, dänischer graukehliger – Rothalstaucher	CLB3	
Steißfuß, dunkelbrauner – Ohrentaucher (juv.)	Be2,Be,Buff,GD,N	
Steißfuß, gehaubter – Haubentaucher	N,O3	
Steißfuß, gehäubter – Haubentaucher	Be2,Be,CLB1,2,Krü,MW,V	KNB
Steißfuß, gehörnter – Haubentaucher	Krü	
Steißfuß, gehörnter – Ohrentaucher	Be2,Be,CLB2,MW,N,WüCl	KNB
Steißfuß, gehörnter – Schwarzhalstaucher	Be,O3	
Steißfuß, geöhrter – Ohrentaucher	GD,O3	
Steißfuß, geöhrter – Schwarzhalstaucher	CLB2,N	
Steißfuß, graukehliger – Rothalstaucher	Be2,Be,CLB2,F,MW,N,O3	KNB
Steißfuß, großer – Haubentaucher	WüCl	
Steissfuss, grosser gehörnter – Ohrentaucher	CLB3	
Steißfuß, großhaubiger – Haubentaucher	N	
Steissfuss, isländischer nordischer – Ohrentaucher	CLB3	
Steißfuß, kleiner – Zwergtaucher	Be2,Be,CLB1,2,Krü,MW,N,O2,3,V	KNB
Steissfuss, kleiner gehörnter – Ohrentaucher	CLB3	
Steissfuss, kurzschnäbliger graukehliger ... ... – Rothalstaucher	CLB3	
Steißfuß, kurzschopfiger – Rothalstaucher	F	
Steißfuß, nordischer – Ohrentaucher	CLB2,N	KNB
Steißfuß, rothälsiger – Rothalstaucher	O2	
Steißfuß, rothalsiger – Rothalstaucher	N,WüCl	
Steissfuss, schmalschnäbliger ... ... graukehliger – Rothalstaucher	CLB3	
Steißfuß, schwarzbrauner – Ohrentaucher (juv.)	Be2,N	
Steißfuß, schwarzhalsiger – Schwarzhalstaucher	H	
Stelk – Rotschenkel	GD,O1	„In Island, ... seiner Stimme wegen"
Stelkur (fär., isl.) – Rotschenkel	H	
Stellers Ente – Scheckente	CLB2,MW,N	KNB
Stellers Tauchente – Scheckente	CLB2	KNB
Stelzengrasmücke – Maskengrasmücke	B	
Stelzenläufer – Austernfischer	Be	

Stelzenläufer – Stelzenläufer	B,Be1,Be2,Be,Krü,N,O1,2,V		
	… Stelzenläufer: Halle1760		KN
Stelzenläufer – Wasserralle	Krü		
Stelzenläufer, grauschwänziger –	N,WüCl		
Stelzenläufer			
Stelzenpieper – Spornpieper	F,H		
Stelzenpieper, Richardscher – Spornpieper	CLB3		
Stelzer – Stelzenläufer	N		
Stênbicker – Steinschmätzer	Suol		
Stenfalk (schwed., norw., dän.) – Merlin	H		
Stenn-poahl (helgol.) – Zwergmöwe	H		
Stennick, ütj grü (helgol.) –	H		
Temminckstrandläufer			
Stennick, witt (helgol.) – Sanderling	F,H		
Stennuul – Uhu	Häp		
Stênpicker – Steinschmätzer	Suol		
Stenswålken – Mauersegler	Suol		
Stênswalwe – Mehlschwalbe	Suol		
Stent – Flußuferläufer	Häp		
Stenwick – Alpenstrandläufer	F		
Stenzente – Stockente	Buff		
Stephanfalk – Gerfalke	Be2		
Stephanfalke – Gerfalke	Be,N		
Steppenadler – Steppenadler	B,H		
Steppenammerlerche – Mohrenlerche	CLB3		
Steppenbrachschwalbe –	B		
Schwarzflügel-Brachschwalbe			
Steppenbussard – Mäusebussard (Var.)	B,H	Buteo buteo vulpinus.	
Steppenfalk – Gerfalke	Be2		
Steppenfalke – Gerfalke	N		
Steppenhuhn – Sandflughuhn	JAN,Krü,N		
Steppenhuhn – Steppenflughuhn	F,H		
Steppenhuhn, russisches – Sandflughuhn	Krü		
Steppenkiebitz – Steppenkiebitz	B,H		
Steppenkragentrappe –	H		
Saharakragentrappe			
Steppenlerche – Weißflügellerche	CLB2,H		KNB
Steppenlerche, schwarze – Mohrenlerche	Buff,GD		KNB
Steppenralle – Rotflügel-Brachschwalbe	Do,F		
Steppenralle, schwalbenschwänzige …	Be2,Be,N		
… – Rotflügel-Brachschwalbe			
Steppenschwalbe –	F,N		
Rotflügel-Brachschwalbe			
Steppentaube – Steppenflughuhn	F		
Steppenwachtel – Steppenflughuhn	F		
Steppenweih – Steppenweihe	B		
Steppenweihe – Steppenweihe	B,N	Naumann 1826, N: Bd. 13/154.	KN
Sterbehuhn – Eule	Ad		

Sterbehuhn – Steinkauz	Fri,Suol	
Sterbehuhn – Uhu	Ad,Krü	
Sterbekauz – Steinkauz	Suol	
Sterbevogel – Seidenschwanz	B,Be2,Be,Buff,F,GD,Hp,Krü,N	
Sterbevogel – Steinkauz	Fri,Suol	
Stercoraire – Schmarotzerraubmöwe	O2	
Sterengall – Turmfalke	B,Be2,F,N	
Sterlitz – Stieglitz	B,F	
Sterlitze – Stieglitz	F,N	
Sterlyng (engl.) – Star	Tu	
Stern – Zwergmöwe	Ges	
Stern (engl.) – Trauerseeschwalbe	Tu	
Sternadler – Kaiseradler	Krü	
Sternadler – Steinadler	Be1,Be,Buff,GD,GesH,Hp,Krü	
Sternänte – Zwergsäger	Buff	
Sternardt – Goldammer	Be1,Be2,Be,F,N	
Sternenfalke – Habicht	GD	
Sternente (weibl.) – Zwergsäger	Ad,B,Be2,Be,F,K,Krü,N	Albin I, 89.
Sternfalk – Habicht	Be1,GD	
Sternfalk – Wanderfalke	Krü	
Sternfalke – Habicht	Be2,Buff,N	
Sternfalke – Würgfalke	B,Be2,Be,F,N	
Sterngall – Turmfalke	GD	
Sterngucker – Rohrdommel	F,H	
Sternlumme – Sterntaucher (juv. o. Sokl.)	B,F,N	
Sterntaucher – Zwergsäger	Be2	
Sternte – Zwergsäger (weibl.)	GD	
Sternvogel, schwarzköpfiger – Trauerseeschwalbe	Be2	
Stert – Rotmilan	B,F	
Stertmeseke – Schwanzmeise	Suol	
Stertzendte – Stockente	Schwf	
Sterzente – Stockente	Ad,Be1,Be2,Buff,F,H,K	
Sterzbeinchen – Bachstelze	Suol	Aus Beinsterze.
Steuerling – Mehlschwalbe	Buff,GD,Jä,Krü,Z	
Steure – Mauersegler	Jä	
Steurle – Uferschwalbe	Jä	
Steußfuß – Lappentaucher (allg.)	Suol	
Steynbisser – Flußuferläufer	Tu	
Steyngall – Turmfalke	GesS	
Steyr – Mehlschwalbe	Suol	
Sthar – Star	zLa	
Sticherling – Gebirgsstelze	B	
Sticherling – Grauschnäpper	F,Schwf,Suol	
Sticherling – Steinschmätzer	Buff	
Sticherling, gelber – Fitis	GD	
Sticherling, gelber – Gebirgsstelze	Be1,Be2,Be,Be97,Buff,N,Schwf	
Sticherling, gelber – Schafstelze	Be2,Be,Buff,F,GD,N	
Sticherling, gelber (schles.) – Gelbspötter	F,H,Suol	

Sticherling, grauer – Gebirgsstelze	Buff	
Stichling – Gelbspötter	Suol	
Stichlitz – Stieglitz	Be1,Be2,Buff,F,Fri,GD,Krü,N,O1	
Stichsäge – Gänsesäger	Krü	
Stichsäge – Mittelsäger	Krü	
Stichsäger – Gänsesäger	Krü	
Stichsäger – Mittelsäger	Krü	
Stickamsel – Ringdrossel	Do	
Stickup – Bekassine	Be1,Bri,Häp	
Stickup – Doppelschnepfe	Be2,B,F,Krü,N	So wird getrennt: Stik-kup.
Stickup – Uferschnepfe	GD,Hp	
Stiegelitz – Stieglitz	Buff,Hp,Scha	
Stiegellitsch – Stieglitz	Suol	
Stieglitsch – Stieglitz	F,H,Suol	
Stieglitsche – Stieglitz	Häp	
Stieglitz – Stieglitz	Ad,B,Be1,2,97,Buff,CLB2,Fri,G,GD,Hp,Jä, …KNB	
	… K,Krü,N,O2,3,P,Schwf,V,Z Frisch T. 1. VN	
Stieglitz mit gelber Brust – Stieglitz	Be97	
Stieglitz mit vier Streifen – Bergfink (Var.)	GD	
Stieglitz, deutscher – Stieglitz	CLB3	
Stieglitz, gemeiner – Stieglitz	Be2,N	
Stieglitz, großer – Stieglitz	Be97	
Stieglitz, kleiner – Stieglitz	Be97	
Stieglitz, nordischer – Stieglitz	CLB3	
Stieglitz, schwarzer – Stieglitz	Be97	
Stieglitz, vierstreifiger – Bergfink (Var.)	GD	
Stieglitz, weißer – Stieglitz	Be97	
Stieglitz, weißköpfiger – Stieglitz	Be97	
Stieglitzke – Stieglitz	Do,F	
Stieglizk – Stieglitz	Suol	
Stiehkop – Uferschnepfe	Bri	
Stielitze – Stieglitz	Do,F	
Stielmeise – Schwanzmeise	Jä	
Stiertmeske – Schwanzmeise	Bri	
Stießer – Habicht	Suol	Hier ist ß korrekt.
Stiesser – Sperber	Suol	Hier ist ss korrekt.
Stießert, großer – Habicht	F	
Stießert, kleiner – Sperber	F	
Stiftsfräulein – Bachstelze	Be1,Be2,Be,Be97,Buff,F,GD,N	
Stigalitsch – Stieglitz	Do,F	
Stigelhitz – Stieglitz	Suol	
Stigelitz – Stieglitz	Kö,Suol,Tu	
Stiglitz – Stieglitz	Buff,Fri,HaSa,Krü,P,Suol	Seit 13. Jh. belegt.
Stiglitzen – Stieglitz	Suol	
Stilk – Ufer- und Pfuhlschnepfe	O1	
Stillitz – Stieglitz	Be,Buff,F,Krü	
Stilt – Stelzenläufer	O2	
Stilt-Plover (engl.) – Stelzenläufer	Tu	
Stingerwitz – Wiedehopf	H	

Stinker – Wiedehopf	F,H,Jä	
Stinkerwitz – Wiedehopf	F	
Stinkevogel – Wiedehopf	JAN	
Stinkhahn – Wiedehopf	B,Be1,Be2,Be,Be97,Bri,Buff,F,GD,Hp, …	
	… Häp,N,Suol	
Stinkhenne – Wiedehopf	F	
Stinkvogel – Wiedehopf	B,F,N	
Stip in't Ei – Tannenmeise	Häp	Ei ist getüpfelt.
Stip int Ei – Kohlmeise	Bri	Ei ist getüpfelt.
Stirlitz – Stieglitz	Suol	
Stirn – Flußseeschwalbe	GesSH	
Stirren – Star	F,H	
Stirtmeeschen – Schwanzmeise	Do,F	
Stoar – Star	F,H	
Stoarmswoalk, lütj – Sturmschwalbe	F	
Stoarzebainche – Bachstelze	Suol	
Stocdove (engl.) – Hohltaube	Tu	
Stock Ahr – Habicht (sil.)	Schwf,Suol	
Stock Eule – Steinkauz	Schwf	
Stock Eule – Waldkauz	Fri	
Stock-Adler – Steinadler	GesH	
Stock-Ahr – Steinadler	Suol	
Stock-Entlein – Schwarzhalstaucher,Sk?	Z	
Stockaant – Stockente (männl.)	H	
Stockaar – Habicht	Ad,Be1,Be2,Be,Be05,GD	
Stockaar – Mäusebussard	CLB2,V	KNB
Stockadler – Habicht	Ad	
Stockadler – Steinadler	B,Be1,Be,Be97,Be05,F,GD,N	
Stockadler gemeiner brauner – Steinadler	Be2	
Stockadler, brauner – Steinadler	Be2	
Stockadler, gemeiner – Steinadler	Be2	
Stockadler, kurzschwänziger – Steinadler	Be2	
Stockadler, ringelschwänziger – Steinadler	Be2	
Stockadler, schwarzbrauner – Steinadler	Be2	
Stockadler, schwarzer – Steinadler	Be2	
Stockadler, weißschwänziger – Steinadler	Be2	
Stockahr – Habicht	Be97,Buff,GD,K,N	
Stockahrn – Steinadler	Suol	
Stockahrn – Würgfalke	GesH	
Stockahrn Falck – Würgfalke	zLa	System der Jagdfalken …
	… nach Albertus Magnus	
Stockamsel – Amsel (weibl. o. juv.)	B,Be2,CLB2,3,F,Jä,N,O1	
Stockamsel – Ringdrossel	Be1,Be2,Be,Be97,F,GD,N,V	KNB
Stockant – Stockente	H	
Stockant'n – Stockente	H	
Stockantl – Stockente	H	
Stockar – Steinadler	StVb	Vers 251.
Stockarn – Steinadler	GesH,Suol	
Stockauf – Waldkauz	Suol	

Stocke – Stockente	H	
Stockente – Kragenente	GD	
Stockente – Löffelente	Be2,Be,GD,Krü,N	
Stockente – Ringelgans	Cz	In Norwegen.
Stockente – Stockente	Ad,B,Be2,CLB1,2,GesS,Krü,MW,N, …	
	… O1,2,3,Scha,V	KNB
Stockente, grönländische – Stockente	CLB3	
Stockente, grosse – Stockente	CLB3	
Stockente, isländische – Stockente	CLB3	
Stockente, kleine – Krickente	Be2	
Stockente, kleine – Schnatterente	H	
Stockente, wahre – Stockente	CLB3	
Stockentlein – Krickente	H,Jä	
Stocker – Jochgeier	o.Q.	Mhd. stocar.
Stocker – Stockente	H,Suol	
Stocker Falcke – Würgfalke	Schwf	
Stockerfalk – Würgfalke	Ad,Be1,K	
Stockerfalke – Würgfalke	Buff,GD,N	
Stockerheiliger – Würgfalke	Be2	
Stockeuel – Sperlingkauz	Krü	Wohl Fehler.
Stockeul – Waldkauz	GesSH	
Stockeule – Zwergohreule	Be,Krü	
Stockeule – Sperlingskauz	Ad,Be2	
Stockeule – Steinkauz	Ad,F,K,N	Frisch T. 98 + 100, Albin I, 9.
Stockeule – Waldkauz	B,Be1,Be2,Be,Be97,Be05,Buff,F,Fri,GD,N,Suol	
Stockeule – Zwergohreule	Be1,Be2,Buff,GD,N	
Stockewl – Waldkauz	HaSa,Suol	H. Sachs, 1531: „Regim...."", V. 223.
Stockfalk – Habicht	F,Jä	
Stockfalk – Würgfalke	Be1,Krü	
Stockfalke – Habicht	B,Be1,Be2,Be,Be97,Be05,CLB2,GD,N,V	KNB
Stockfalke – Würgfalke	Buff,GD	
Stockfalke, kleiner – Sperber	Be1,Be2,Be,N	
Stockfinck – Bluthänfling	zLa	Stock hier Käfig?
Stockfink – Grünfink	Do,F	
Stockhabicht – Habicht	P	
Stockhabicht, großer – Habicht	Suol	
Stockhänffling – Birkenzeisig	GesH	
Stockhänfling – Birkenzeisig	Be2,Be,Buff,F,N	
Stockhänfling – Bluthänfling	Be2,Be,F,N	
Stockheiliger – Würgfalke	Be2	
Stockhenfling – Birkenzeisig	GesS,Schwf,Suol	
Stockhenfling – Bluthänfling	zLa	Gessner 1555.
Stockkauz – Steinkauz	B,F	
Stockmauser – Mäusebussard	Jä	
Stockmeise – Tannenmeise	F,H	
Stockmüser – Mäusebussard	Suol	
Stockschnepfe – Waldschnepfe	Suol	
Stockstösser – Sperber	B,F	
Stocktaube – Felsentaube	K	Albin Band III, 44.

Stocktaube – Hohltaube	A,Krü	Albin Band III/44.
Stockziemer – Ringdrossel	Ad,B,Be1,Be2,Be,Be97,Buff,F,GD,Krü,N,Suol	
Stoepling – Brachpieper	Buff	
Stoer – Star	GesS	
Stohr-Ent – Stockente	GesH	
Stok-Ente – Ringelgans	Cz	
Stokkente – Löffelente	Buff	
Stolhüppi – Wiedehopf	F,H	
Stolk (schwed.) – Rotschenkel	H	
Stöltebecke – Bachstelze	Häp	
Stoltebecke – Bachstelze	Bri	
Stolucherez – Kormoran	Be2,Buff,N	
Stolzo – Auerhuhn	Buff,GesS	Rätien, Zürich.
Stonchatter (engl.) – Schwarzkehlchen	Tu	
Stoothawk – Baumfalke	F	
Stoothawk – Turmfalke	Do,F	
Stoparola – Dorngrasmücke	Buff	Nach Aldrovand.
Stöpling – Baumpieper (sil.)	F,Schwf,Suol	
Stöpling – Brachpieper	Be2,Be	
Stöpling – Wiesenpieper	Do,F	
Stoppelfink – Bergfink	Suol	
Stoppelgans – Hausgans	Fabr	Zur Nachlese auf Stoppelfelder getrieben.
Stoppellerche – Brachpieper	Do,F	
Stoppelvogel – Baumpieper (sil.)	B,Be2,Be,F,N,Schwf,Suol	
Stoppelvogel – Brachpieper	B,Be2,Be,Buff,F,N	
Stoppelvogel – Wiesen- und Baumpieper	Be1	
Stoppelvogel – Wiesenpieper	Do,F	
Stöpplich – Brachpieper	F	
Stöppling – Baumpieper	Be2,Be,N	
Stöppling – Brachpieper	B,F,N	
Stöppling – Wiesen- und Baumpieper	Be1	
Stör – Star	Tu	
Stor Jagtfalk (norw.) – Gerfalke	H	
Stor-Endte – Stockente	K	
Stor-Ente – Stockente	Buff	
Storah – Storch	zLa	Ahd.
Storänte – Stockente	Buff	
Storch – Weißstorch	Ad,Be2,Be,Buff,Fabr,Fri,GD,HaSa,Jä,Mic, …	
	… N,P,Scha,Schwf,V,Z	Ahd. storah.
Storch, blauer – Schwarzstorch	Be2	
Storch, brauner – Schwarzstorch	Buff,F,N	
Storch, bunter – Weißstorch	Be,N	
Storch, bunter weißer gemeiner – Weißstorch	Krü	
Storch, gemeiner – Weißstorch	Be1,Be,CLB2,Krü,N,O1,2	
Storch, gemeiner und bunter – Weißstorch	Be2	
Storch, gewöhnlicher – Weißstorch	Buff	
Storch, grauschnäbeliger – Maguaristorch	MW	Südamerika, Ciconia maguari, …
		… Gefangenschafts-Flüchtling.

Storch, kleiner – Schwarzstorch	Be2,Be,F,N
Storch, kleiner weisser – Weißstorch	CLB3
Storch, reinweisser – Weißstorch	CLB3
Storch, schwartz – Schwarzstorch	zLa
Storch, schwartzer – Schwarzstorch	Fabr
Storch, schwarzbrauner – Schwarzstorch	CLB3
Storch, schwarzer – Schwarzstorch	Be1,Be2,Be,Be97,CLB1,2,3,Jä,Krü, …
	… MW,N,O1,2,3,V KNB
Storch, weißer – Weißstorch	Be1,Be2,Be,Be97,Bri,CLB1,2,3,F,Krü,..
	….MW,N,O3,V KNB
Storch, weisslicher – Weißstorch	CLB3
Storch, wilder – Schwarzstorch	Be2,Be,F,N
Storchschnepfe – Sichler	H
Storchschnepfe – Stelzenläufer	B,F,N
Storchschnepfe – Uferschnepfe	F,H
Storchschnepfe – Waldwasserläufer	H
Storck – Weißstorch	Baldn,Kö,Schwf,StVb,Tu
Storck, schwartz – Schwarzstorch	zLa
Storendte – Stockente	Schwf
Storent – Stockente	GesS,Suol Nach Albertus.
Storente – Stockente	Be1,Be2,H,K,O1,2
Störente – Stockente (Var.)	Be1,Be,Be97
Stork – Weißstorch	Be1,Be2,Be,Be97,GD,GesH,Häp,N,Suol
Stork (engl.) – Weißstorch	Tu
Störk – Weißstorch	Bri
Störke – Weißstorch	Häp
Storm-Swoalk med üttklept Stjert …	H
… (helgol.) – Wellenläufer	
Stormatz – Star	H
Stormfinck – Sturmschwalbe	K Albin Band III, 92.
Stormtüt – Alpenstrandläufer	Bri
Störschek (krain.) – Zaunkönig	Be1,Be2
Stortelk – Steinschmätzer	Bri
Stortz-Ent – Stockente	GesH
Stortz-Ente – Stockente	Buff
Störtzente – Gründelente	Fri
Storzent – Stockente	GesS,Suol Nach Albertus.
Stos Fälcklin – Baumfalke	Schwf,Suol
Stosch (Ostpr.) – Wachtelkönig	F,H
Stosfalck – Merlin	ZLa
Stosfalck – unspez. Name für Falken	zLa
Stosmöve, braune – Skua	Buff
Stoß – Turmfalke	Bri
Stoßaar – Greifvogel (allg.)	Ad
Stoßadler – Fischadler	Krü,Scha
Stoßadler – Seeadler	Krü
Stößel – Habicht	Do,Suol
Stoßente – Stockente	B,F,N
Stößer – Baumfalke	Be2,N

Stößer – Greifvogel (allg.)	Ad
Stoßer – Habicht	StVb Straßburger Vogelbuch, 1554, Vers 259.
Stößer – Habicht	Scha,Suol
Stößer – Mäusebussard	Do,F
Stoßer – Rotmilan	Buff
Stößer – Rotmilan	Be1,Be2,Be,N
Stößer – Sperber	Be1,Be2,Be,GD,Scha
Stößer – Wanderfalke	Scha
Stößer, blauer – Merlin	Jä
Stößer, großer – Habicht	F
Stößer, kleiner – Sperber	F
Stoßert – Habicht	Do
Stößervogel – Habicht	B
Stoßfalck – Habicht	StVb Straßburger Vogelbuch, 1554, Vers 284.
Stoßfalk – Gerfalke	GesS
Stossfalk – Habicht	Suol Das ss im Namen ist korrekt.
Stoßfalk – Habicht	Do,F,Suol … Das ß im Namen ist korrekt.
	… Schneller, wendiger Angriff nach Anpirschen.
Stoßfalk – Sperber	Krü
Stoßfalk – Wanderfalke	B
Stoßfalk – Würgfalke	Be1,Be05
Stoßfalke – Baumfalke	Be1,Be2,Be,Be97,F,GD,Hp,N,Suol
Stoßfalke – Würgfalke	Buff,GD,N
Stoßfalke, kleiner – Sperber	Be2,Be,Buff,GD,N
Stoßfelcklin – Baumfalke	Suol
Stoßgeier – Fischadler	Krü
Stoßgeier – Habicht	Suol
Stoßgeier – Rotmilan	B,Be1,Be2,Be,F,N
Stoßgeier – Seeadler	Krü
Stoßgeier – Steinadler	Krü
Stoßgyr – Habicht	GesS
Stoßheiliger – Würgfalke	Be2
Stoßmeve, braune – Skua	GD
Stoßmöve, braune – Skua	Buff
Stossmöve, grosse weissschwingige – Polarmöwe	CLB3
Stossmöve, hochköpfige weissschwingige – Polarmöwe	CLB3
Stoßmöve, kleine weißschwingige – Polarmöwe	N
Stossmöve, mittlere weissschwingige – Polarmöwe	CLB3
Stoßvogel – Großer Greifvogel (allg.)	Ad
Stoßvogel – Habicht	Suol
Stoßvogel – Rotmilan	Be1,Be2,Be,F,GD,N,O1
Stothaft – Kornweihe	Do,F
Stôthâk, kleine – Sperber	Suol
Stotterer – Zilpzalp	Do,F

Stoussvull – Sperber	Suol	
Strab – Gänsesäger	O1	
Strab – Säger	O1	
Sträb (oldbg.) – Wasserralle	H	
Strabe – Gänsesäger	GD,Krü	
Straben – Gänsesäger	Be1,Be2,Be	
Strahl – Star	B,F,Suol	
Strahlschnepfe – Kampfläufer	Do,F	
Straked Fliegenbitter (helgol.) …	H	
… – Gelbbrauen-Laubsänger		
Stralschnepfe – Kampfläufer	Be2,N	
Stralschneppe (dän.) – Kampfläufer	Buff	
Strand-Hog – Schmarotzerraubmöwe	Buff	Jütisch/dän. = Strandfalk.
Strand-Pieper – Strandpieper	H	
Strand-Wasserläufer – Grünschenkel	N	
Strandadler – Weißkopf-Seeadler	N	N: Bd. 13/072.
Strandaelster – Austernfischer	O2	
Strandbekaßin – Bruch-(Wald-)	Buff	„Tringa littorea",
wasserläufer		Pontoppidan.
Strandelster – Austernfischer	B,Be2,Be,Buff,F,G,Krü,N	
Stranderle – Meerstrandläufer	Buff,Gun …	
	… Ström 1767. Name von Otto eingebracht.	
Strandfalke – Falkenraubmöwe	Do	
Strandhäster – Austernfischer	Be2,Be,Buff,N	
Strandheher – Austernfischer	K	
Strandheister – Austernfischer	Be2,Be,Buff,F,GD,N	
Strandhester – Austernfischer	WüCl	
Strandhühnlein – Bruch-(Wald-)	Buff	„Tringa littorea."
wasserläufer		
Strandjager – Schmarotzerraubmöwe	Buff	
Strandjäger – Schmarotzerraubmöwe	Be2,Be,Buff,F,GD,N	
Strandjäger, gestreifter –	Be2,Buff	
Schmarotzerraubmöwe		
Strandjäger, gestreifter – Skua	Buff,GD	
Strandjäger, kleiner – Falkenraubmöwe	N	
Strandjäger, kleiner langschwänziger –	N	
Falkenraubmöwe		
Strandjäger, langschwänziger –	Be2,Buff,N	
Schmarotzerraubmöwe		
Strandjäger, spitzschwänziger –	N	
Schmarotzerraubmöwe		
Strandläufer – Austernfischer	Be	
Strandläufer – Knutt	Krü	
Strandläufer – Rotflügel-Brachschwalbe	Ad,Krü	
Strandläufer – Rotschenkel	H	
Strandläufer – Sanderling	Be2,Be,Buff,N	Bechstein 1809 (für Calidris).
Strandläufer – Sandregenpfeifer	Buff	
Strandläufer – Stelzenläufer	Be2,Be,N	

Strandläufer – Wald-(Bruch-)wasserläufer	Buff	Tringa ochropus.
Strandläufer mit belappten Zehen –	Be2,N	
Odinshühnchen		
Strandläufer von Greenwich –	Be2,Be,N	
Kampfläufer (juv.)		
Strandläufer-Schnepfe, graue – Kleiner	H	
Schlammläufer		
Strandläufer, aschgrauer – Bruch-(Wald-)	Buff	„Tringa littorea" von Brisson.
wasserläufer		
Strandläufer, aschgrauer – Knutt (juv.)	Be1,Be2,Be,Buff,CLB1,2,GD,MW,N	
Strandläufer, aschgrauer mit belappten …	N	
… Zehen – Thorshühnchen		
Strandläufer, bogenschnabeliger –	O3	
Sichelstrandläufer		
Strandläufer, bogenschnäbliger –	CLB1,2,F,Krü,N,WüCl C. L. B. 1822. KNB	
Sichelstrandläufer		
Strandläufer, bogenschnäbliger –	Krü	
Sumpfläufer		
Strandläufer, Bonapartes –	H	
Weißbürzel-Strandläufer		
Strandläufer, braun und weiß gefleckter …	Be2,Buff,N	
… – Kiebitzregenpfeifer		
Strandläufer, brauner – Odinshühnchen	Buff	
Strandläufer, breitschnäbliger –	CLB1,2	KNB
Sumpfläufer		
Strandläufer, bunter – Kiebitzregenpfeifer	Be	
Strandläufer, englischer – Kampfläufer (juv.)	Be2,Be,F,N	
Strandläufer, gefleckter –	Be2,Be,N	
Bruchwasserläufer		
Strandläufer, gefleckter – Drosseluferläufer	Be2,Be,Buff,CLB2,MW,N	
Strandläufer, gefleckter – Knutt (juv.)	Krü	
Strandläufer, gefleckter –	H	
Spitzschwanzstrandläufer		
Strandläufer, gegitterter – Odinshühnchen	Buff	
Strandläufer, gelbfüßiger –	Be2,Krü,N	
Waldwasserläufer		
Strandläufer, gemeiner – Flußuferläufer	Be1,Be2,Be,Be97,Buff,GD,Krü,N Pennant	
Strandläufer, gemeiner – Knutt	Krü	
Strandläufer, gemeiner – Rotschenkel	Buff	
Strandläufer, gemeiner – Waldwasserläufer	Krü	
Strandläufer, gemeiner rotbeiniger –	Krü	
Rotschenkel		
Strandläufer, gestreifter – Meerstrandläufer	Be2,Be,GD	
Strandläufer, gestreifter – Rotschenkel	Be,Buff	
Strandläufer, getüpfelter – Knutt (juv.)	Buff,GD,Krü	
Strandläufer, gezügelter –	N	
Zwergstrandläufer		
Strandläufer, grauer – Kiebitzregenpfeifer	Be1,Be2,Be,Buff,GD,N,O1	
Strandläufer, grauer – Knutt (Winterkl.)	GD	

Strandläufer, grauer grünfüßiger – Kiebitzregenpfeifer	Be2,Be,Buff,N	
Strandläufer, Greenwichscher – Kampfläufer (juv.)	Be2,Buff	Name von Otto eingebracht.
Strandläufer, großer rotbauchiger – Knutt	N	
Strandläufer, großer rotbeiniger – Rotschenkel	Krü	
Strandläufer, größter – Waldwasserläufer	Be2,Be,N	
Strandläufer, grüner – Knutt	Be1,Be,GD,Krü	
Strandläufer, grüner – Waldwasserläufer	Be1,Be2,Be,Be97,Buff,GD,N	Tringa ochropus.
Strandläufer, grünfüßiger – Kiebitzregenpfeifer	N	
Strandläufer, grünfüßiger – Waldwasserläufer	Krü,N	
Strandläufer, hebridischer – Steinwälzer	Be1,Be2,GD,N	
Strandläufer, hochköpfiger – Knutt	CLB3	
Strandläufer, isländischer – Knutt	Bri,CLB1,2,3,F,N,O3,WüCl	C. L. B. 1822. KNB
Strandläufer, isländischer – Meerstrandläufer (Var.)	Be2	
Strandläufer, isländischer – Sichelstrandläufer	Be2	
Strandläufer, kämpfender – Kampfläufer	Be2,Be,Krü,N	Bechstein 1803.
Strandläufer, kastanienbrauner – Waldwasserläufer	Be2,Be,Krü,N	
Strandläufer, kastanienbrauner weiß … … punctirter – Wald-(Bruch-)wasserläufer	Buff,GD	
Strandläufer, kleiner – Alpenstrandläufer	Buff	
Strandläufer, kleiner – Sandregenpfeifer	Be,GD	
Strandläufer, kleiner – Zwergstrandläufer	Be1,Be2,Be,Be97,CLB1,2,GD,MW,N,O2,Suol	
Strandläufer, kleiner gestreifter – Meerstrandläufer (Var.)	Be2	
Strandläufer, kleiner punktirter – Bruchwasserläufer	Be2,N	
Strandläufer, kleinster – Sanderling	Krü	
Strandläufer, kleinster – Zwergstrandläufer	Be2,N	
Strandläufer, kleinster krummschnäbliger – Sumpfläufer	Be	
Strandläufer, langfüßiger – Dunkler Wasserläufer	CLB1,2,N	
Strandläufer, langgeschwänzter – Prärieläufer	JAN	
Strandläufer, langschnäbliger – Sichelstrandläufer	CLB1,2,N	KNB
Strandläufer, langschwänziger – Prärieläufer	CLB2,MW,N	
Strandläufer, lappländischer – Alpenstrandläufer	Be1,Be2,Be,Buff,Krü,N,O1	
Strandläufer, lerchenartiger – Flußuferläufer	Krü	

Strandläufer, nordischer – Odinshühnchen	Be2,Be,Buff,N
Strandläufer, olivenfarbener – Knutt	Be2,Be
Strandläufer, olivenfarbener – Knutt	Buff
Strandläufer, olivenfarbiger – Alpenstrandläufer	MW
Strandläufer, olivenfarbiger – Knutt	Krü
Strandläufer, plattschnabeliger – Sumpfläufer	O3
Strandläufer, plattschnäbliger – Sumpfläufer	CLB2
Strandläufer, punktirter – Waldwasserläufer	Be1,Be2,Be,Be97,Buff,CLB2,GD,Krü,MW,N Tringa ochropus. GD: punctirt
Strandläufer, rostfarbiger – Knutt	N
Strandläufer, rostroter – Knutt	CLB1,2,F,N
Strandläufer, rostroter – Sichelstrandläufer	N
Strandläufer, rotbeiniger – Rotschenkel	Be2
Strandläufer, rotbrauner – Knutt	Be,MW,N
Strandläufer, rotbrüstiger – Sichelstrandläufer	F
Strandläufer, roter – Sichelstrandläufer	Be2
Strandläufer, rotfüßiger – Rotschenkel	Be2
Strandläufer, rotbeiniger – Kampfläufer	Buff
Strandläufer, rotbeiniger – Rotschenkel	Buff
Strandläufer, roter – Sichelstrandläufer	GD
Strandläufer, Schinz's – Alpenstrandläufer	N
Strandläufer, Schinzischer – Alpenstrandläufer (Schinz)	CLB1,2,N,O3 KNB
Strandläufer, schwarzer – Waldwasserläufer	Be2
Strandläufer, schwarzer – Bruch-(Wald-) wasserläufer	Buff „Tringa littorea", Belon.
Strandläufer, schwarzer – Dunkler Wasserläufer	Be1,Be2,BeBuff,GD Name von Otto eingebracht.
Strandläufer, schwarzer – Waldwasserläufer	Be,N
Strandläufer, Schweitzer – Kiebitzregenpfeifer	Buff
Strandläufer, Schweitzerischer – Kiebitzregenpfeifer	Buff
Strandläufer, schweizer – Kiebitzregenpfeifer	Be
Strandläufer, schweizerischer – Kiebitzregenpfeifer	Be2,Be
Strandläufer, schwimmender – Odinshühnchen	Be2,N
Strandläufer, steindrehender – Steinwälzer	Be2,Be,N
Strandläufer, Temminck's – Temminckstrandläufer	N
Strandläufer, Temminckischer – Temminckstrandläufer	CLB1,2,MW,N,O3
Strandläufer, trillernder – Flußuferläufer	Be2,CLB1,Krü,MW,N

Strandläufer, veränderlicher – Alpenstrandläufer	Be,CLB1,2,Krü,MW,N	
Strandläufer, wasserhuhnähnlicher – Odinshühnchen	Be2,Be,N	
Strandläufer, weißer – Säbelschnäbler	Buff	
Strandläufer, weißer – Sanderling	F	
Strandläufer, weißpunktirter – Waldwasserläufer	Be2,Be,Krü,N	
Strandläuferchen, graues – Temminckstrandläufer	F,N	
Strandläuferlein – Flußuferläufer	Be1,Be2,Be,Buff,GD,Krü,N	
Strandläuferschnepfe, graubraune … … – Kleiner Schlammläufer	CLB2	KNB
Strandlöber, islandsk (dän.) – Knutt	H	
Strandlooper – Alpenstrandläufer	Bri	
Strandlooper – Sanderling	Bri	
Strandlöper – Alpenstrandläufer	WüCl	
Strandpfeifer – Flußregenpfeifer	B,JAN,N	
Strandpfeifer – Flußuferläufer	F,N	
Strandpfeifer – Goldregenpfeifer	Be2,Be,GD,N	
Strandpfeifer – Sandregenpfeifer	Be1,Be2,Be,Be97,Buff,F,GD,Krü,N,O1	
Strandpfeifer – Seeregenpfeifer	Be,O2,N	
Strandpfeifer mit dem Halsbande – Sandregenpfeifer	Be2,N	
Strandpfeifer, ägyptischer – Sandregenpfeifer	Buff	
Strandpfeifer, alexandrinischer – Seeregenpfeifer	Be2,Be,Buff	
Strandpfeifer, großer – Sandregenpfeifer	Be2,Buff,N	
Strandpfeifer, hebridischer – Steinwälzer	Buff	
Strandpfeifer, hochscheiteliger – Flußuferläufer	CLB3	
Strandpfeifer, Keptuschke – Steppenkiebitz	Buff	Nach Latham, Name von Otto eingebracht.
Strandpfeifer, kleiner – Flußregenpfeifer	Be2,Be,N	
Strandpfeifer, kleiner – Seeregenpfeifer	Buff	
Strandpfeifer, plattköpfiger – Flußuferläufer	CLB3	
Strandpfeiffer – Flußregenpfeifer	Krü	
Strandpfeiffer – Goldregenpfeifer	Buff	
Strandpfeiffer – Sandregenpfeifer	Buff,Krü	
Strandpieper – Bergpieper	B	
Strandpieper – Strandpieper	BB,H	
Strandreiter – Stelzenläufer	B,F,N,O1	
Strandreiter, blaufüßiger – Säbelschnäbler	Krü	
Strandreiter, europäischer – Stelzenläufer	V	
Strandreiter, rotfüßiger – Stelzenläufer	Krü	
Strandreuter – Stelzenläufer	Be1,Be2,Be97,Buff,GD,Krü,N,WüCl	
Strandreuter, blaufüßiger – Säbelschnäbler	O2	

Strandreuter, gemeiner – Stelzenläufer	Be2,Be,N	
Strandreuter, langfüßiger – Stelzenläufer	CLB2,3,N	KNB
Strandreuter, rotfüßiger – Stelzenläufer	Be2,CLB2,3,N,O2	KNB
Strandreuter, schwarzflügeliger – Stelzenläufer	CLB2,3,MW,N	KNB
Strandschnepfe – Dunkler Wasserläufer	Be1,Be2,Be,GD,N	
Strandschnepfe – Flußuferläufer	Ad,Be2,Be,Buff,Krü,N	
Strandschnepfe – Grünschenkel	Be2,N	
Strandschnepfe – Rotschenkel	GD,H	
Strandschnepfe – Uferschnepfe	Buff,Krü	
Strandschnepfe, gefleckte – Dunkler Wasserläufer	Be1,Be2,Be,O1,N	
Strandschnepfe, kleine – Sichelstrandläufer	Be2,Be,N	
Strandschnepfe, rotbeinige – Rotschenkel	N	
Strandschneppe – Meerstrandläufer	Ström	Ström, wohl Schwede, 1767.
Strandschneppe – Sanderling	Scha	
Strandschwalbe – Uferschwalbe	B,Be1,Be2,Be,Buff,F,GD,Krü,N	
Strandskade (dän.) – Austernfischer	Buff,H	Pontoppidan
Strandsnipe (norw.) – Flußuferläufer	H	
Strandtüte, groote – Knutt	Bri	
Strandvibe, islands (norw.) – Knutt	H	
Strandvipa, isländsk (schwed.) – Knutt	H	
Strandvogel, braungefleckter – Kiebitzregenpfeifer	Be1,Be2,Be,GD,N	
Strandvogel, dollmetschender – Steinwälzer	Be1,Be2,Be	Strv. dollmetschender.
Strandvogel, dolmetschender – Steinwälzer	N	Strv. dolmetschender.
Strandvogel, dunkelfarbiger – Knutt	Be2	
Strandvogel, gefleckter – Drosseluferläufer	Be1,Be2,Be,N	
Strandvogel, grüner – Knutt	Be1,Be2	
Strandwasserläufer – Grünschenkel	Be2	
Strangkatze – Neuntöter	F,H	
Strankkatze – Raubwürger	H	
Strantjäger – Schmarotzerraubmöwe	Buff	
Strantläufer – Stelzenläufer	JAN	
Strantreuter – Stelzenläufer	JAN	
Strasburger Krähe – Blauracke	Buff	
Strasburger Taucher – Zwergsäger	Hp	
Straßburger Häher – Blauracke	Krü	
Straßburger Hänfling – Bluthänfling	Be1,Be2,GD	
Straßburger Krähe – Blauracke	Be2,Be,F,Krü,N	
Straßburger Taucher – Zwergsäger	Be1,Be2,Be,GD	
Straßburgerkrähe – Blauracke	Be1	
Straßburgischer Hänfling – Bluthänfling	Buff	
Straßburgischer Heher – Blauracke	Buff	
Straßenlerche – Haubenlerche	Do,F	
Straßenräuber – Haubenlerche	Suol	Scherzhaft.
Stratenbengel – Haussperling	Do,F	
Straubhahn – Kampfläufer	Ad	
Straubige Henne – Haushuhnrasse	Fri	

Strauch-Agelaster – Raubwürger	Do	
Strauch-Rohrsänger – Sumpfrohrsänger	H	
Strauchagelaster – Raubwürger	F	
Strauchamsel – Ringdrossel	B,Be2,F,GD,N	
Strauchelster – Raubwürger	Be2,Be,F,Fri,N	
Strauchgrasmücke – Heckenbraunelle	Be2,Be,Buff,F,N	
Strauchreiher – Zwergdommel	Scha	
Strauchrohrsänger – Sumpfrohrsänger	N	N: Bd. 13/453.
Strauchsänger, weißbärtiger – Weißbart-Grasmücke	H	
Strauchschilfsänger – Drosselrohrsänger	CLB3	
Strauchschmätzer – Schwarzkehlchen	Do,F	
Strauchsteinschmätzer, hochköpfiger – Schwarzkehlchen	CLB3	
Strauchsteinschmätzer, mittlerer – Schwarzkehlchen	CLB3	
Strauchsteinschmätzer, plattköpfiger – Schwarzkehlchen	CLB3	
Straus Endte – Schellente	Schwf,Suol	
Straus Endte, große langschnäblichte … … gescheckte – Mittel-/Gänsesäger?	Schwf	
Straus Meislin – Haubenmeise	Schwf	
Straus Meiß – Haubenmeise	zLa	Bei Gessner 1555.
Straus Teucher – Haubentaucher	Schwf,Suol	
Straus-Zaucher – Haubentaucher	K	Albin Band I, 81.
Strausänte, kleine – Reiherente	Buff	
Strausendte – Schellente	Buff	
Strausente – Reiherente	Be1	
Strausente – Schellente	Hp	
Sträusgen – Winter-/Sommergoldhähnchen	JAN	
Straushahn – Kampfläufer	N	
Strausmeise – Haubenmeise	Be,Buff,K	
Strausmeislein – Haubenmeise	Buff,GD	
Strausmeislin – Haubenmeise	Suol	
Strauß Endt – Reiherente	GesS	
Strauß Ente – Reiherente	zLa	
Strauß europäischer – Großtrappe	Fri	
Strauß-Agelaster – Raubwürger	Do	
Strauß-Ente – Reiherente	Fri	
Strauß-Täucher – Gänsesäger	GesH	
Strauß, chinesischer – Kranich	Fri	
Strauß, europäischer – Großtrappe	B	
Strauß, teutscher – Großtrappe	Fri	
Straußagelaster – Raubwürger	F	
Straußänte – Reiherente	Buff	
Sträußchen – Wintergoldhähnchen	Ad,Be2,N	
Sträußchenkönigin – Wintergoldhähnchen	Do,F	
Sträußchenlerche (sachs.) – Haubenlerche	F,H	
Sträußellerche (sachs.) – Haubenlerche	H	

Straußelster – Raubwürger	B,F	
Straußente – Reiherente	B,Be2,Be,Be97,F,GD,Krü,N,O2	
Straußente – Schellente	Be2,Be,Buff,GD,N	
Straußente, buschige oder kammige ...	Buff	
... kriechende – Reiherente		
Straußente, kammige – Reiherente	N	
Straußente, kammige kriechende –	Be2,Be	
Reiherente		
Straente, kriechende – Reiherente	N	
Straußhahn – Kampfläufer	Ad,B,Be2,Be,F,Krü	
Straußkuckuck – Häherkuckuck	CLB2,3,N	KNB
Straußkukuk – Häherkuckuck	B,MW,V	
Sträußlein – Goldhähnchen	Be1,Be2,Be,GD,GesH,Hp	
Sträußlein – Wintergoldhähnchen	N	
Straußlerche – Haubenlerche	Do,F	
Sträußlin – Wintergoldhähnchen	Do,F	
Straußmaise – Haubenmeise	Fri	
Straußmeise – Haubenmeise	Ad,B,Be1,Be2,Be97,F,Krü,N	
Straußmeißlein – Haubenmeise	GesH	
Straussmohr – Reiherente	N	
Straußreiher – Seidenreiher	Be,CLB2,F,N,V	KNB
Straußtaucher – Gänsesäger	Be1,Be2,Be,GD,Krü,N	
Straußtaucher – Haubentaucher	Ad,B,Be1,Be2,Be,F,GD,K,Krü,N	Frisch T. 183.
Strefmännchen – Braunkehlchen	Suol	
Streichrebhuhn, kleines graues – Rebhuhn	Buff,Hp	
(Var.)		
Streifenschwirl – Streifenschwirl	B	
Streifvagel – Polartaucher	Suol	
Streit Schnepfe – Kampfläufer	Fri	
Streitbarer Vogel – Kampfläufer	GesH	
Streithahn – Kampfläufer	Ad,Be2,Be,Buff,F,GD,Krü,N	
Streithuhn – Kampfläufer	Be1,Be2,Be,Buff,GD,N	
Streithun – Kampfläufer	Suol	
Streitschnepf – Kampfläufer	Fri,Suol	
Streitschnepfe – Kampfläufer	Ad,Be2,Be,Buff,CLB1,2,F,GD,Krü,N,V	KNB
Streitstrandläufer – Kampfläufer	CLB1,2,MW,N	KNB
Streitvogel – Kampfläufer	B,Be1,Be2,Be,Buff,GD,Jä,Krü,N	
Streitvogel – Schneeammer	Do,F	
Strernfalke – Habicht	Be	
Stresch (krain.) – Zaunkönig	Be1,Be2	
Streuslein – Goldhähnchen	K	Wintergoldhähnchen
Streuslin – Goldhähnchen	Schwf	
Strich Lerch, falbe oder Liechtgrawe –	zLa	Wahrscheinlich Variation.
Feldlerche		
Strich oder Streich Lerch, gemeine –	zLa	Wahrscheinlich Variation.
Feldlerche		
Strichente – Spießente	Do,F	
Strichente, langhälsige – Spießente	Be2,N	
Striekvogel – Wachtelkönig	Scha	

Striemenschwirl – Strichelschwirl	H	
Strietvagel – Schneeammer	Be1,Be2	
Strietvogel – Schneeammer	Be,N	
Strimpetsche – Braunkehlchen	Be1	
Strippschneppe – Sanderling	Scha	
Stroetjagger – Schmarotzerraubmöwe	Be1	
Strohgelbe Schnepfe – Waldschnepfe (Var.)	Be1	
Strohkratzer – Heckenbraunelle	Be2,Buff,F,GD,Krü,N	
Strohschneider (steierm.) – Wachtelkönig	F,H,Suol	
Strohvogel – Goldammer	Do,F	
Stromamsel – Wasseramsel	B,Be2,Be,F,N	
Stromdrossel – Wasseramsel	B,F	
Stromente – Kragenente	Krü,N,O2	
Stromkatze – Neuntöter	F,H	
Stromstaer (dän.) – Wasseramsel	H	
Strömstaer (norw.) – Wasseramsel	H	
Stromvogel – Gryllteiste	Cz	Cranz 113.
Stromvogel – Sturmmöwe	B,Be2,Be,F,N	
Stromvogel – Zwergmöwe	Do	
Strontjäger – Schmarotzerraubmöwe	Ad	
Strontjager – Spatelraubmöwe?	K „Schwarzer" Schn.: … Schmarotzerraubmöwe?	
Strontjagger (holl.) – Schmarotzerraubmöwe	Krü	
Strueßle – Goldhähnchen	GesS	
Strumpfweber – Erlenzeisig	GD,O2	
Strumpfweber – Grauammer	Be1,Be2,Be,F,N	
Strumpfwirker – Erlenzeisig	F	
Strumpfwirker – Grauammer	B,Be97,CLB2,F,Krü,Suol,V	KNB
Strundjager – Schmarotzerraubmöwe	Buff,GD,Gun	
Strundjäger, gestreifter – Skua	GD	
Strunt-jagger – Schmarotzerraubmöwe	Buff	
Struntjaeger (dän.) – Falkenraubmöwe	H	
Struntjaeger (dän.) – Schmarotzerraubmöve	H	
Struntjaeger (dän.) – Spatelraubmöve	H	
Struntjager – Schmarotzerraubmöwe	Cz,Gun,Mar	
Struntjäger – Schmarotzerraubmöwe	Ad,Be1,Be2,Be,Buff,GD,Krü,N,O1,V	
Struntjäger – Spatelraubmöwe	F	
Struntjäger, gestreifter – Skua	Buff,GD,Krü	
Struntjäger, großer – Spatelraubmöwe	N	
Struntjäger, kleiner – Falkenraubmöwe	N	
Struntjäger, kleiner langschwänziger – Falkenraubmöwe	N	
Struntjäger, kleiner spitzschwänziger – Falkenraubmöwe	N	
Struntmeve – Schmarotzerraubmöwe	Be2,Be	
Struntmöve – Schmarotzerraubmöwe	N	
Struntmöve, mittlere – Spatelraubmöwe	N	
Struntmöwe – Schmarotzerraubmöwe	F	
Strûssentli – Reiherente	Suol	Suol., nicht ändern.
Strüssle – Goldhähnchen (allg.)	Suol	Suol., nicht ändern.

Strußmeißlin – Haubenmeise	GesS,Suol	
Strûssmor – Reiherente	Suol	
Struthuhn – Kampfläufer	Be2,N	
Struupfhahn – Kampfläufer	Häp	
Struusshahn – Kampfläufer	Be1	Dialekt, nicht ändern.
Stübberische Seeschwalbe – Brandseeschwalbe	Buff	
Stübbersche Kirke, große – Raubseeschwalbe	Be1,Be2,Be,GD,Krü,N	
Stübbersche Kirke, kleine – Brandseeschwalbe	Be2,N	
Stübbersche Kirke, kleinere – Brandseeschwalbe	Be1,Buff,Krü	
Stübbersche Meerschwalbe – Brandseeschwalbe	Be1,Be2,Be,Krü,N	
Stubenschwalbe – Rauchschwalbe	Do,F	
Stubentaube – Felsen-/Haustaube	Krü,Suol	
Stubentäuchen – Turteltaube	Krü	
Stücksäge – Gänsesäger	Krü	
Stücksäge – Mittelsäger	Krü	
Stücksäger – Gänsesäger	Krü	
Stücksäger – Mittelsäger	Ad,Krü	
Studer – Eistaucher	B,Be2,F,N	
Stuhrk – Weißstorch	Be2,N	
Stumme – Zwergschnepfe	F,N,O2,Suol	
Stumme Becassine – Zwergschnepfe	WüCl	
Stumme Bekassine – Zwergschnepfe	F,Krü,N	
Stumme Schnepfe – Zwergschnepfe	B,Be2,F,GD,N,O1	
Stummel-Lerche – Stummellerche	H	
Stummellerche – Kurzehenlerche	B	
Stummellerche, Pallas' – Stummellerche	H	
Stummelmöve – Dreizehenmöwe	B,F,WüCl	
Stummelspecht – Dreizehenspecht	Do,F	
Stummer Schwan – Höckerschwan	Be,Be1,2,97,CLB2,F,GD,Krü,N,O1,2,V	KNB
Stummschnepfe – Zwergschnepfe	Suol	
Stumpfnase – Papageitaucher	Be2,N	
Stumpfscharnase – Papageitaucher	Do,F	
Stumpfschnepfe – Zwergschnepfe	Suol	
Stuoak – Weißstorch	Bri	
Sturk – Weißstorch	Do,F	
Sturm-Möve – Sturmmöwe	N	
Sturmfink – Sturmschwalbe	Ad,Be,Buff,F,GD,K,Krü,N	Albin III, 92.
Sturmmeve – Eissturmvogel	Ad	
Sturmmeve – Sturmmöwe	Be2,Be,MW	
Sturmmeve – Sturmschwalbe	Ad,Be,Buff,GD,K,Krü,N	Albin III, 92.
Sturmmeve, bunte – Mantelmöwe	Be2,N	
Sturmmmeve, weißgraue – Eismöwe	Be2	
Sturmmöve – Sturmmöwe	B,CLB2,O3,V	Bechstein 1803. KN, KNB

Sturmmöve – Zwergmöwe	Do	
Sturmmöve, große – Silbermöwe	N	
Sturmmöve, weißgraue – Eismöve	N	
Sturmmöwe, große – Silbermöwe	F	
Sturmmöwe, hochköpfige – Sturmmöwe	CLB3	
Sturmmöwe, nordische – Sturmmöwe	CLB3	
Sturmmöwe, pommersche – Sturmmöwe	CLB3	
Sturmschwalbe – Sturmschwalbe	B,Be2,Be,Buff,GD,Krü,N	
Sturmschwalbe, buntfüßige – Buntfuß-Sturmschwalbe	H	
Sturmschwalbe, gabelschwänzige – Wellenläufer	N	
Sturmschwalbe, kleine – Sturmschwalbe	F,N	
Sturmsegler – Odinshühnchen	Buff,GD	Müller 1773.
Sturmsegler – Wellenläufer	B	A. Brehm 1867.
Sturmtaucher – Schwarzschnabel-Sturmtaucher	B	
Sturmtaucher, afrikanischer kleiner … … – Kleiner Sturmtaucher	H	
Sturmtaucher, arctischer … … – Schwarzschnabel-Sturmtaucher	N	Seit etwa 2015/16: Atlantisturmtaucher.
Sturmtaucher, dunkelfarbiger – Kleiner Sturmtaucher	CLB2	
Sturmtaucher, dunkler – Kleiner Sturmtaucher	CLB2	
Sturmtaucher, englischer … … – Schwarzschnabel-Sturmtaucher	CLB2,3,N	Seit etwa 2015/16: Atlantisturmtaucher.
Sturmtaucher, gemeiner … … – Schwarzschnabel-Sturmtaucher	N	Seit etwa 2015/16: Atlantisturmtaucher.
Sturmtaucher, graurückiger … … – Schwarzschnabel-Sturmtaucher	CLB2	Seit etwa 2015/16: Atlantisturmtaucher.
Sturmtaucher, großer – Großer Sturmtaucher	B,CLB2	KNB
Sturmtaucher, kleiner – Kleiner Sturmtaucher	CLB2	KNB
Sturmtaucher, Kuhls – Mittelmeersturmtaucher	H	Eigene Art b. Hennicke
Sturmtaucher, Kuhls (?) – Gelbschnabel-Sturmtaucher	H	?? Fraglich
Sturmtaucher, mittler – Schwarzschnabel-Sturmtaucher	N	Seit etwa 2015/16: Atlantisturmtaucher.
Sturmtaucher, nordischer … … – Schwarzschnabel-Sturmtaucher Seit etwa 2015/16: Atlantisturmtaucher.	CLB2,3,N KNB	
Sturmtaucher, schwarzrückiger … … – Schwarzschnabel-Sturmtaucher	N	Seit etwa 2015/16: Atlantisturmtaucher.
Stürmtüt – Knutt	Bri	
Sturmtüte – Knutt	Häp	

Sturmverkünder – Sturmschwalbe	Buff,F,GD,N	
Sturmverkündiger –	Buff,GD	Seit etwa 2015/16: Atlantisturmtaucher.
Schwarzschnabel-Sturmtaucher		
Sturmverkündiger – Sturmschwalbe	Be2,Be,Krü	
Sturmvogel – Eissturmvogel	Ad,Krü	
Sturmvogel – Großer Brachvogel	Ad	
Sturmvogel – Prachtfregattvogel	Be2	
Sturmvogel – Prachttaucher	H	
Sturmvogel – Sturmmöwe	Be2,Be,F,N	
Sturmvogel – Sturmschwalbe	A,Be2,Be,Buff,GD,K,N,O1	Albin III/92.
Sturmvogel – Zwergmöwe	Do	
Sturmvogel, arctischer –	N	Seit etwa 2015/16: Atlantisturmtaucher.
Schwarzschnabel-Sturmtaucher		
Sturmvogel, aschgrauer –	Buff	Seit etwa 2015/16: Atlantisturmtaucher.
Schwarzschnabel-Sturmtaucher		
Sturmvogel, Bulwer's – Bulwersturmvogel	H	
Sturmvogel, dunkler – Kleiner	CLB2	
Sturmtaucher		
Sturmvogel, englischer –	CLB2,N,O3	
Schwarzschnabel-Sturmtaucher		Seit etwa 2015/16: Atlantisturmtaucher.
Sturmvogel, gemeiner –	Buff,N	Seit etwa 2015/16: Atlantisturmtaucher.
Schwarzschnabel-Sturmtaucher		
Sturmvogel, gemeiner – Sturmschwalbe	Be2,Be,Buff,Krü,N,O2	
Sturmvogel, geschäckter – Sturmschwalbe	Be2,N	
Sturmvogel, gewöhnlich großer …	Buff	Seit etwa 2015/16: Atlantisturmtaucher.
… – Schwarzschnabel-Sturmtaucher		
Sturmvogel, gewöhnlicher kleiner –	Be2,Be,Buff	
Sturmschwalbe		
Sturmvogel, grauer – Dunkler Sturmtaucher	Buff	
Sturmvogel, grauer – Eissturmvogel	O2	
Sturmvogel, grauer – Großer Sturmtaucher	CLB2	
Sturmvogel, graurückiger …	CLB2,MW	Seit etwa 2015/16: Atlantisturmtaucher.
… – Schwarzschnabel-Sturmtaucher		
Sturmvogel, großer – Eissturmvogel	Buff,Krü	
Sturmvogel, großer – Riesensturmvogel	Buff	
Sturmvogel, großer –	GD	Seit etwa 2015/16: Atlantisturmtaucher.
Schwarzschnabel-Sturmtaucher		
Sturmvogel, größter – Riesensturmvogel	Buff	
Sturmvogel, kleiner – Sturmschwalbe	Buff,CLB2,Krü,N,V	
Sturmvogel, kleiner schwarzer	Buff	
Sturmvogel, kleiner schwarzer –	Ad,Be2,Be,Krü,N	
Sturmschwalbe		
Sturmvogel, kleinster – Sturmschwalbe	MW	
Sturmvogel, kurzfüßiger –	H	
Brustbandsturmvogel		
Sturmvogel, Leachischer – Wellenläufer	CLB2,MW,O3	KNB
Sturmvogel, Leachscher – Wellenläufer	N	
Sturmvogel, mittler –	N	
Schwarzschnabel-Sturmtaucher		

Sturmvogel, nordischer – Schwarzschnabel-Sturmtaucher	N	Seit etwa 2015/16: Atlantisturmtaucher.
Sturmvogel, rußfarbener – Dunkler Sturmtaucher	Buff	
Sturmvogel, schwarzer – Schwarzschnabel-Sturmtaucher	GD	Seit etwa 2015/16: Atlantisturmtaucher.
Sturmvogel, schwarzer – Sturmschwalbe	Be2,N	
Sturmvogel, schwärzlicher – Kleiner Sturmtaucher	Buff	
Sturmvogel, schwarzrückiger … … – Schwarzschnabel-Sturmtaucher	MW,N	Seit etwa 2015/16: Atlantisturmtaucher.
Sturmvogel, sehr großer – Riesensturmvogel	Buff	
Sturnellus – Star	GesS	1585
Stürtzente – Gründelente	Fri	
Sturzente – Stockente	B,F,N	
Stuttnefja (isl.) – Dickschnabellumme	H	
Stützelmeise – Haubenmeise	Do,F	
Stutzente – Stockente	N	
Stutzlerche – Haubenlerche	Do,F	
Stuur-Amsel (helgol.) – Rotdrossel	H	
Styärtmêse – Schwanzmeise	Suol	
Subaquila – Schmutzgeier	Tu	
Subeeck – Habicht	Häp	
Suckvögel – Regenpfeifer, Trappen u. a.	O1	
Südliche Feldtaube – Haus-/Felsentaube	CLB3	
Südliche Grasmücke – Orpheusgrasmücke	Krü,O2	
Südliche Grauammer – Grauammer	CLB3	
Südliche Lachseeschwalbe – Lachseeschwalbe	CLB3,N	
Südliche Schwanzmeise – Schwanzmeise	H	Prazak (Naum. – Henn.): A. caudat. Irbyi. Avibase: Aegithalos caudatus. „Irbii": Südeuropa. KNB
Südliche Seeschwalbe – Lachseeschwalbe	CLB2	
Südliche Silbermöve – Steppenmöwe	H	
Südlicher Bienenfresser – Bienenfresser	CLB3	
Südlicher dreyzehiger Specht – Dreizehenspecht	Buff	
Südlicher Girlitz – Girlitz	CLB3	
Südlicher Goldadler – Steinadler	CLB3	
Südlicher Hausrotschwanz – Hausrotschwanz	CLB3	
Südlicher Nachtreiher – Nachtreiher	CLB3	
Südlicher Ohrentaucher – Schwarzhalstaucher	Krü,O2	
Südlicher Raubwürger – Mittelmeer-Raubwürger	H	
Südlicher Sänger – Orpheusgrasmücke	O3	
Südlicher Wasserschwätzer – Wasseramsel	BB	
Südlicher Würger – Mittelmeerwürger	CLB2,O3	KNB
Südliches Sandhuhn – Rotflügel-Brachschwalbe	CLB3	

Sula (fär., isl., norw.) – Baßtölpel	H	
Sule, weiße – Baßtölpel	N	
Sulente – Baßtölpel	O1	
Sulkonge (fär.) – Schwarzbrauenalbatros	H	Färöer-Vogel, übersetzt: Tölpelkönig.
Sultan – Purpurhuhn	Buff	
Sultanshenne – Purpurhuhn	Buff,O2	
Sultanshuhn – Purpurhuhn	Buff,Krü,O1	
Sultanshuhn, europäisches – Purpurhuhn	Krü	
Sultanshuhn, hyacinthblaues – Purpurhuhn	CLB2,O3	
Sultanshuhn, hyacinthfarbiges – Purpurhuhn	CLB2	
Summerkränzle – Tannenmeise	Suol	
Summerrötele – Gartenrotschwanz	GesS	
Summerrötele – Rotschwanz (allg.)	Suol	
Sumpf-Lerche – Bergpieper?	Z	
Sumpf-Meise – Sumpfmeise	N	
Sumpf-Rohrsänger – Sumpfrohrsänger	N	
Sumpf-Schnepfe – Doppelschnepfe	N	
Sumpf-Schnepfe, große – Doppelschnepfe	N	
Sumpfbeutelmeise – Beutelmeise	Be1,Be2,Be,Krü,N	
Sumpfbussard – Rohrweihe	B,Be1,Be2,Be,Be97,Be05,F,Krü,N	
Sumpfbuzzard – Rohrweihe	GD	
Sumpfente – Moorente	Be2,F,Fri,N	
Sumpfente – Tafelente	Be1,Be2,Be,N	
Sumpfeule – Sumpfohreule	B,Be1,Be2,Be05,Jä,O2	Bechstein 1791, KN
Sumpfeule, gehörnte – Sumpfohreule	Be2,N	
Sumpffalk – Rohrweihe	B	
Sumpfgeier – Rohrweihe	B	
Sumpfhuhn – Teichhuhn	Buff	
Sumpfhuhn, geflecktes – Tüpfelsumpfhuhn	F	
Sumpfhuhn, gesprenkeltes – Tüpfelsumpfhuhn	F,N	
Sumpfhuhn, getüpfeltes – Tüpfelsumpfhuhn	WüCl	
Sumpfhuhn, grünfüßiges – Teichhuhn	WüCl	
Sumpfhuhn, kleines – Kleines Sumpfhuhn	N	
Sumpfkapaun – Rohrdommel	O2	
Sumpfläufer – Bekassine	Jä	
Sumpfläufer – Goldregenpfeifer	Be2,Be,N	
Sumpfläufer – Sumpfläufer	B	J. F. Naumann 1836, KNB
Sumpfläufer – Ufer-/Pfuhlschnepfe	O1	
Sumpfläufer, isländischer – Uferschnepfe	CLB3	
Sumpfläufer, kleiner – Sumpfläufer	N,WüCl	
Sumpfläufer, Meyerischer – Pfuhlschnepfe	CLB3	KNB
Sumpfläufer, Meyers – Pfuhlschnepfe	N	
Sumpfläufer, rostgelber – Pfuhlschnepfe	N	
Sumpfläufer, rostroter – Pfuhlschnepfe	CLB1,2,3,N,O3	KNB
Sumpfläufer, schwarzschwänziger – Uferschnepfe	CLB2,3,O3	KNB

Sumpflerche – Bergpieper	B,Be1,Be,Buff,F,Krü,N	
Sumpflerche – Mohrenlerche	GD	
Sumpflerche – Wiesenpieper	B,Be2,F,N	
Sumpfmeise – Beutelmeise	Be2,Be,N	
Sumpfmeise – Sumpf-/Weidenmeise	B,Be1,Be2,Be,Be97,Buff,CLB1,2,3,F,GD, … … Hp,Krü,MW,O1,2,3,V	KNB
Sumpfmeise – Beutelmeise	Buff	
Sumpfmeise, bärtige – Bartmeise	N	
Sumpfmeise, lappländische – Lapplandmeise	H	
Sumpfmeise, nordische – Sumpfmeise	H	Parus salicarius borealis.
Sumpfmeise, nordische – Weidenmeise	H	
Sumpfnachtigal – Drosselrohrsänger	O1,O2	
Sumpfnachtigall – Drosselrohrsänger	Be1,Be2,Be,Be97,F,Jä,N	
Sumpfnachtigall, graue – Sprosser	F	
Sumpfnachtigall, große – Sprosser	F	
Sumpfnachtigall, polnische – Sprosser	F	
Sumpfnachtigall, ungarische – Sprosser	F	
Sumpfnase – Papageitaucher	Be	
Sumpfohreule – Sumpfohreule	Be2,Be,CLB2,3,N,O2,V	Bechst. 1802, KNB
Sumpfpieper – Wiesenpieper	CLB2,3	KNB
Sumpfrohrsänger – Sumpfrohrsänger	B,N	Erstbeschreibung als Motacilla/Sylvia palustris: Bechstein 1798.
Sumpffrostweihe – Rohrweihe	V	
Sumpfsänger – Schilfrohrsänger	Krü	
Sumpfsänger – Sumpfrohrsänger	B,Be2,Be,CLB2,MW,N,O1,3	Bechst. 1798, KNB
Sumpfsänger – Teichrohrsänger	Krü	
Sumpfschilfsänger – Sumpfrohrsänger	B,CLB1,2,N	Deutscher N. v. Naum. 1823. KNB
Sumpfschnepfe – Bekassine	Ad,B,Be1,Be2,Krü,N	
Sumpfschnepfe – Doppelschnepfe	Buff	
Sumpfschnepfe – Bekassine	GD	
Sumpfschnepfe – Doppelschnepfe	Ad,Be2,Be,Krü,N	N: Sumpf-Schnepfe.
Sumpfschnepfe – Grünschenkel	O1	
Sumpfschnepfe – Uferschnepfe	Krü	
Sumpfschnepfe – Zwergschnepfe	Ad	
Sumpfschnepfe, brehmische – Bekassine	CLB2	KNB
Sumpfschnepfe, brehms – Bekassine	CLB3	
Sumpfschnepfe, färöische – Bekassine	CLB3	
Sumpfschnepfe, fremde – Bekassine	CLB3	
Sumpfschnepfe, gemeine – Bekassine	N	
Sumpfschnepfe, gesperberte – Doppelschnepfe	CLB3	
Sumpfschnepfe, große – Doppelschnepfe	CLB2,3,Krü,N,O2,V,WüCl	KNB
Sumpfschnepfe, kleine – Zwergschnepfe	Krü,N,O2,WüCl	
Sumpfschnepfe, kurzflügelige – Doppelschnepfe	CLB3	
Sumpfschnepfe, nordische – Bekassine	CLB3	
Sumpfschneppe – Bekassine	Be	

Sumpfschnerz – Kleines Sumpfhuhn	N	
Sumpfschnerz – Zwerg-/Kleines Sumpfhuhn	Be2,Be,F	Name bei Jägern.
Sumpfschnerz, kleiner – Kleines Sumpfhuhn	Krü	
Sumpfschnerze – Kleines Sumpfhuhn	JAN	
Sumpfschnerze, kleine – Kleines Sumpfhuhn	GD	
Sumpfschnerze, kleine – Zwerg-/Kleines Sumpfhuhn	Be1	
Sumpfsperling – Weidensperling	B	
Sumpfspötter – Sumpfrohrsänger	Do,F	
Sumpftaucher – Zwergtaucher	B,Be2,F,N	
Sumpftreter, rothalsiger – Uferschnepfe	N	
Sumpfvogel – Drosselrohrsänger	Krü	
Sumpfwader – Pfuhlschnepfe	B	
Sumpfwader, gelber – Pfuhlschnepfe	CLB2	
Sumpfwader, Meyerischer – Pfuhlschnepfe	CLB2	
Sumpfwader, Meyerscher – Pfuhlschnepfe	N	
Sumpfwader, rostroter – Pfuhlschnepfe	CLB2,MW	
Sumpfwader, schwarzschwänziger – Uferschnepfe	CLB2,MW,N	
Sumpfwalduferläufer – Bruchwasserläufer	CLB3	
Sumpfwasserläufer – Rotschenkel	B,H	
Sumpfwater – Uferschnepfe	Do,F	
Sumpfwater, rostroter – Pfuhlschnepfe	N	
Sumpfweih – Rohrweihe	B	
Sumpfweihe – Mäusebussard	Be1,Be2,Be,Be97,GD,N	
Sumpfweihe – Rohrweihe	B,Be2,Be05,CLB2,F,Krü,MW,N,O1	KNB
Sumpfweihe, braune – Rohrweihe	Be2	
Sumpfweyhe – Mäusebussard	Buff	
Sumpfweyhe – Rohrweihe	Buff	
Sumpfwieh – Mäusebussard	Do,F	
Sumpwieh – Rohrweihe	WüCl	
Suubeeck – Habicht	Häp	
Suwicke – Habicht	Häp	
Suwiehe (hann.) – Rohrweihe	Ad	
Suwiek – Habicht	Häp	
Svart And – Samtente	Gun	
Svart Hackspett – Schwarzspecht	Häp	
Svarta – Samtente	Gun	
Svoan, lütj (helgol.) – Zwergschwan	H	
Swäælke – Schwalbe (allg.)	Suol	
Swaalk – Mehlschwalbe	F	
Swäfelk – Schwalbe (allg.)	Suol	
Swainsons-Drossel – Zwergdrossel	H	
Swal – Schwalbe (allg.)	Pescheck	13. Jahrh.
Swale – Rauchschwalbe	GesS,Tu	In Saxon.
Swale – Schwalbe (allg.)	Suol	Swal, bekannt seit 13. Jahrh.

Swäleke – Mehlschwalbe	Häp	
Swalewe – Schwalbe (allg.)	Suol	
Swalfke – Mehlschwalbe	Häp	
Swalk – Mehlschwalbe	Do,Häp	
Swälk – Mehlschwalbe	Do,F	
Swalke – Mehlschwalbe	Häp	
Swalke – Rauchschwalbe	Bri	
Swalke – Schwalbe (allg.)	Suol	
Swallig – Schwalbe (allg.)	Suol	
Swallow, great (engl.) – Alpensegler	Tu	Turner im engl. Text.
Swallow, Water (engl.) – Flußuferläufer	Tu	
Swallow (engl.) – Rauchschwalbe	Tu	
Swaluwe (holl.) – Rauchschwalbe	GesH	
Swalwe – Rauchschwalbe	Bri,GesS	
Swalwe – Schwalbe (allg.)	Suol	Bei Walther v. d. Vogelw., 12./13. Jahrh.
Swalwenfänger – Baumfalke	Suol	
Swän – Höckerschwan	Tu	
Swân – Höckerschwan	Häp,Suol,Tu	
Swantant – Trauerente	Do	
Swart Adebar – Schwarzstorch	WüCl	
Swart Ant – Trauerente	F	
Swart Ant mit en Knust – Trauerente	H	Bei den Entenfängern der Ostsee.
Swart Ant mit Wit in de Flünken – Samtente	H	
Swart Besküts (helgol.) – Trauerschnäpper	F,H	
Swart Fleigensnäpper – Trauerschnäpper	Do,F	
Swart hoaded Kapper (helgol.) – Schwarzkehlchen	H	
Swart Juhlgutt (helgol.) – Dunkler Wasserläufer	F,H	
Swart Krei – Rabenkrähe	H	
Swart Smokheited (helgol.) – Hausrotschwanz	H	
Swart-hoaded Verwoahrfink (helgol.) … … – Schwarzstirnwürger	H	
Swartdroosel – Amsel	Häp	
Swarte Ant mit en Knust – Trauerente	WüCl	
Swarte Ant mit Witt in de Flünken – Samtente	WüCl	
Swarte Bicker – Trauerseeschwalbe	F,H	
Swarte Gans – Kormoran	Scha	
Swarte Kaudråssel – Amsel	Suol	
Swarte Krei – Rabenkrähe	Bri	
Swarte Ohrbeär – Schwarzstorch	Bri	
Swarte Seeant – Trauerente	Bri	
Swartkopp – Lachmöwe	H	
Swartrauk – Dohle	Häp	
Swartspecht – Schwarzspecht	Do,F	
Swarwer (helgol.) – Prachttaucher	H	

Swatdrosel – Amsel	Bri
Swattdrossel – Amsel	Suol
Swattköppken – Mönchsgrasmücke	Suol
Swattkoppmêse – Sumpfmeise	Suol
Swattplättchen – Mönchsgrasmücke	Suol
Sweigelk – Schwalbe (allg.)	Suol
Swicksteert – Bachstelze	Ad
Swickswolicken – Rauchschwalbe	Bri
Swienhüder – Bachstelze	Do,F
Swimern – Lanner	Buff
Swimern – Würgfalke	Be1
Swisdeck – Hausrotschwanz	Do,F,H
Swöægelke – Schwalbe (allg.)	Suol
Swöäliken – Rauchschwalbe	Bri
Swoalk – Rauchschwalbe	Do,F
Swoan – Höckerschwan	F,H
Swoan (helgol.) – Singschwan	H
Swöleke – Rauchschwalbe	Bri
Swoon – Höckerschwan	Häp
Swöwelk – Mehlschwalbe	Do,F
Swulk – Mehlschwalbe	Häp
Swummer-Stennik, groot (helgol.) – Thorshühnchen	H
Swummer-Stennik, lütj (helgol.) – Odinshühnchen	H
Swunsch – Grünfink	Suol
Syrische Spechtmeise – Felsenkleiber	H
Taalke – Dohle	Ad,Häp
Taben (helv.) – Alpendohle	Buff
Tâcha – Alpenkrähe	Suol
Tachele – Dohle	Suol
Tacküge – Hausrotschwanz	Bri
Taern – Flußseeschwalbe	O2
Taerne – Flußseeschwalbe	Gun
Taeschenmul – Löffelente	Buff,GesS
Tafel-Ente – Tafelente	N Tafelente, s. u.: KNB
Tafelente – Tafelente	B,Be,Be1,2,97,CLB1,2,GD,Krü,MW,O1,2,3,V
Tafelmoorente – Tafelente	B,N ... ... Tafelmoorente: Pennant/Zimmermann 1787 KN
Tafelmoorente, rotbraunköpfige – Tafelente	CLB3
Tafelmoorente, rotköpfige – Tafelente	CLB3
Tafeltauchente – Tafelente	CLB2 KNB
Täfi – Alpendohle	F
Täfie – Alpendohle	N
Täfin – Alpendohle	H
Taga – Dohle	Suol
Tagadler – Schnee-Eule	Be

Tagen – Rabenkrähe	H	
Tagenschlaf – Ziegenmelker	Scha	
Tagenschlafa – Ziegenmelker	Scha	
Tager – Nebelkrähe	F,H	
Tager – Saatkrähe	Do,F,H	
Tagerl – Dohle	Be2,F,N	
Tages-Schlaffe – Ziegenmelker	G,Suol	
Tageschläfer – Ziegenmelker	Ad,Buff,Fri,JAN,Krü,N	
Tageschläffer – Ziegenmelker (sil.)	Schwf,Suol	
Tageschläger – Nachtigall	Ad,K,Krü	Frisch T. 21.
Tagesschlaffe – Ziegenmelker	G	
Tageule – Schnee-Eule	Be1,Be2,GD,N	
Tageule, canadische – Schnee-Eule	N	
Tageule, große – Schnee-Eule	N	
Tageule, große braune – Habichtskauz	N	
Tageule, kleiner Canadensische – Schnee-Eule	GD	Bei Müller 1763.
Tageule, kleinere Canadensische – Schneeeule	Be2	
Tageule, lappländische – Schnee-Eule	CLB2	KNB
Tageule, uralische – Habichtskauz	CLB2	KNB
Tageule, weiße – Schnee-Eule	Be2,GD,N	
Tageule, weiße und canadische – Schnee-Eule	N	
Tageverderber – Graureiher	GD,Krü	In Sardinien.
Tagkäutzchen – Sperlingskauz	N	
Tagkäuzchen – Sperlingskauz	F	
Tåglåster – Alpenkrähe	Suol	
Taglerche – Feldlerche	B,Be1,Be2,Be,Be97,F,N	
Tagnachtigall – Nachtigall	Be1,Be,F,N	
Tagphilomele – Nachtigall	Buff,Krü	
Tagschlaeger – Nachtigall	Buff	
Tagschlaf – Ziegenmelker	Be1,Be2,Be,Be05,F,N,Scha,Suol	
Tagschläfer – Ziegenmelker	B,Be1,Be2,Be,Be97,F,GD,Krü,N,Suol,V	
Tagschläfer, ägyptischer – Pharaonenziegenmelker	H	
Tagschläfer, europäischer – Ziegenmelker	Be2,Be,N	
Tagschläfer, gemeiner – Ziegenmelker	N	
Tagschläfer, getüpfelter – Ziegenmelker	MW,N	
Tagschläfer, rosthalsiger – Rothals-Ziegenmelker	MW	
Tagschlaffe – Ziegenmelker	Be2,N	
Tagschläffer – Ziegenmelker	Fri,K	
Tagschläger – Nachtigall	Be,GD,Suol	
Tagvogel – Nachtigall	Be97	
Tah – Dohle	GesS	
Taha – Alpenkrähe	GesS,Suol	
Taha – Dohle	Suol	

Tahe – Alpenkrähe	F,GesH,H	
Tahe – Dohle	Be1,Be2,Be,Be97,Buff,GesS,HaSa N,O1,Suol	
	HaSa: Hans Sachs 1531: Regiment ... Vers 124.	
Tahen – Alpendohle	Be2,F,GesS,N	Gemeint ist: Pyrrh. graculus
Tahle – Dohle	Fri,GD	
Tahlecke – Dohle	Fri	
Tahlik – Dohle	Fri	
Taille mer – Skua	Tombe	Tombe S. 64, s. Lit.verz.
Taille-vent – Skua	Tombe	Tombe S. 64, s. Lit.verz.
Taktschläger – Zilpzalp	Bri	
Talbit – Hakengimpel	Be2,Be,F,N,O1	
Talbit (schwed.) – Kiefernkreuzschnabel	GD	
Talbitar – Hakengimpel	F,N	
Talbitar (schwed.) – Kiefernkreuzschnabel	GD	
Talchen – Dohle	H	
Tâle – Dohle	Be1,Be2,Be,Be97,F,N,Scha,Suol	
Täle – Dohle	Do	
Tale Wülp – Regenbrachvogel	Bri	
Tale, weiße – Dohle (Var.)	Schwf	
Talecke – Dohle	Scha	
Tâleke – Dohle	H,Suol	
Talekee – Dohle	F	
Talekke – Dohle	Bri	
Talev – Purpurhuhn	O1	
Talghacker – Kohlmeise	Suol	
Talglicker – Kohlmeise	Do	
Talglicker – Kohlmeise	F	
Talgmeise – Kohlmeise	B,F,N	
Talgmöske – Kohlmeise	Suol	
Talhe – Dohle	GesS	
Talicke – Dohle	B,F,H,Scha	
Taljockel – Buch-, Bergfink	Suol	Von Jakob.
Talk – Dohle	Be1,Be2,Be,N	
Tälke – Dohle	F	
Tâlke (nieders.) – Dohle	B,Be2,F,H,Krü,N,O1,Scha,Suol	
Talken – Dohle	Ad	
Tallbitar – Hakengimpel	Be2	
Tallibieter – Kohlmeise	F,H	
Tallimöschen – Kohlmeise	F,H	
Talschneehuhn – Moorschneehuhn	B,Do,F,N	
	„Dieses Schneehuhn ist kein Gebirgsvogel."	
Tamarisken-Rohrsänger – Mariskenrohrsänger	N	N: Bd. 13/456.
Tamariskenrohrsänger – Mariskenrohrsänger	B	
Tan – Dohle	Buff	
Tan Meislin – Goldhähnchen	Schwf	
Tanen Meisle – Tannenmeise	zLa	
Tanenluser – Wintergoldhähnchen	F	

Tann-Meise – Tannenmeise	Z
Tannbicker – Schwarzspecht	Suol
Tannemäuslein – Goldhähnchen	Be2
Tannemäuslein – Wintergoldhähnchen	N
Tannen Meisle – Tannenmeise	GesS
Tannen-Elster – Tannenhäher	Buff
Tannen-Häher – Tannenhäher	H
Tannen-Heher – Tannenhäher	Fri,N,Z
Tannen-Heyer – Tannenhäher	G
Tannen-Maise – Tannenmeise	Fri
Tannen-Meise – Tannenmeise	N
Tannenälster – Tannenhäher	GD
Tannenappelfräter – Fichtenkreuzschnabel	Do
Tannenappelfreter – Fichtenkreuzschnabel	F
Tannenbaumhacker – Tannenhäher	Krü
Tannenelster – Tannenhäher	Be1,Be2,Be,F,Hp,Krü,N
Tannenfalk – Wanderfalke	B
Tannenfalke – Baumfalke	Be05
Tannenfalke – Wanderfalke	Be2,Be,CLB1,2,3,F,MW,N KNB
Tannenfink – Bergfink	Ad,B,Be1,Be2,Be,Be97,Buff,F,GD,Hp,K, …
	… Krü,N,Scha Frisch T. 3.
Tannenfink, großer – Spornammer	Krü
Tannenfinke – Bergfink	GD
Tannenhacker – Tannenhäher	Krü
Tannenhäher – Tannenhäher	Ad,GD,Krü,N,V
Tannenhäher, dickschnäbeliger – Tannenhäher	Bri
Tannenhäher, dünnschnäbliger – Tannenhäher	Bri,Scha
Tannenhak – Tannenhäher	Krü
Tannenheher – Tannenhäher	B,Be1,Be2,Be,Be97,Be05,Buff,CLB1,Fri, …
	… GD,Hp,Jä,K,O2 Frisch T. 56. KNB
Tannenheher, schwarzbrauner – Tannenhäher	Buff
Tannenheyer – Tannenhäher	Be2,Be,N. Göchhausen 1710 Tannen-Heyer. VN
Tannenhuhn (schweiz.) – Schwarzspecht	B,F,H,Tschudi
Tannenkäutzchen – Sperlingskauz	N
Tannenkäuzchen – Sperlingskauz	Be05,F
Tannenkönig – Zaunkönig	Do,F
Tannenkrähe – Tannenhäher	Ad,K,Krü
Tannenlaubvogel – Zilpzalp	Do,F
Tannenluser – Goldhähnchen	Do Wintergoldhähnchen
Tannenmaise – Tannenmeise	Fri
Tannenmäuslein – Goldhähnchen	Be1,Be,Be97,GD
Tannenmeise – Goldhähnchen	Ad
Tannenmeise – Tannenmeise	Ad,B,Be1,Be2,Be,Be97,Buff,CLB2,Jä,GD, …
	… Hp,K,Krü,MW,O3,V … KNB
	… Gessner 1555: Tannmeissle. Frisch T. 13.
Tannenmeise, grosse – Tannenmeise	CLB3

Tannenmeise, kleine – Tannenmeise	CLB3	
Tannenmeislein – Wintergoldhähnchen	Do,F	
Tannennachtkauz – Rauhfußkauz	CLB3	
Tannenpapagei – Fichtenkreuzschnabel	Ad,Be1,Be2,Be,Be97,F,Krü,N,O1,Suol	
Tannenpapagei – Kiefernkreuzschnabel	B,Be2,Be,N,V	
Tannenpapagey – (Fichten-) Kreuzschnabel	Buff,GD,Hp	
Tannenroller (schweiz.) – Schwarzspecht	B,F,H	
Tannenspötter (bayer.) – Fitis	F,H	
Tannenstieglitz – Stieglitz	Be97	
Tannenvogel – Fichtenkreuzschnabel	B,Be1,Be2,Be,Buff,F,GD,Hp,Krü,N,Suol	
Tannenzeisig – Birkenzeisig	Scha	
Tannenzeisig – Zitronenzeisig	F	
Tänner – Flußseeschwalbe	B,Be2,Buff,F,N,O1	
Tannfinck – Bergfink	GesH,Suol	
Tannfink – Bergfink	H,Jä,Suol	
Tannkönning (nieders.) – Zaunkönig	Be2,N	
Tannmeise – Tannenmeise	O1,2	
Tannmeissle – Tannenmeise	Ges	1555
Tannmeißlein – Goldhähnchen	GesH	
Tannroller – Schwarzspecht	N	
Tantalus – Rosapelikan	Ad	
Tänzer – Jungfernkranich	Buff,Krü	Nach Plinius.
Tanztaube – Kampfläufer	Be2,F,N	
Taolk – Dohle	Scha,Suol	
Taperl – Dohle	Do,F	
Tapferer Specht – Schwarzspecht	Be1,Be2,Be,N	
Tarangolo – Regenbrachvogel	GesS	
Tard – Klappergrasmücke	Suol	
Tarda – Großtrappe	GesS	
Tarin – Erlenzeisig	Buff	
Tärn – Küstenseeschwalbe	Cz	Cranz 1770.
Tärne – Flußseeschwalbe	F	
Tärne, Dougalls (schwed.) – Rosenseeschwalbe	H	
Tärne (dän.) – Flußseeschwalbe	Buff	Pontoppidan
Tarrock – Dreizehenmöwe	Be1,Be,GD,Krü	
Tarrok – Dreizehenmöwe	Be2,N	
Tartar – Mornellregenpfeifer	Buff	
Tartar (ungar.) – Haushuhn (männl.)	Ad	
Tartarischer Regenpfeifer – Mornellregenpfeifer	Be2,N	
Tärz – Habicht (männl.)	Ad,Krü	
Taschenmaul – Löffelente	B,Be1,Be2,Be,Be97,Buff,F,Fri,GesH,K,N,O1	
		Frisch Tafeln 161–163, 1758.
Taschenmaus – Löffelente	GD	
Taschenmul – Löffelente	Suol	
Taschitza (krain.) – Rotkehlchen	Be1,Be2	
Taschtza (krain.) – Rotkehlchen	Be1,Be2	

Tatarak (grönl.) – Dreizehenmöwe	H	
Tatarenlerche – Mohrenlerche	B	
Tatarische Lerche – Mohrenlerche	Buff,GD	
Tatarischer Morinell – Mornellregenpfeifer	Buff	Pallas
Tater – Goldammer	Scha	
Tattaret – Dreizehenmöwe	Cz	
Tattaret – Lachmöwe	Buff	
Tattarok (grönl.) – Heringsmöwe	Buff	
Tatu – Eichelhäher	F	
Taub, weiße Wilde – Ringeltaube	zLa	
Taube – Felsentaube	K	Columba livia, Albin III, 42.
Taube – Gryllteiste	K	Albin I, 85.
Taube – Ringeltaube	Scha	
Taube – Taube allg.	Schwf,Tu	
Taube – Zwergschnepfe	Buff	Von taub.
Taube aus Grönland – Krabbentaucher	K	
Taube gemeine wilde – Ringeltaube	N	
Taube mit der Mönchskappe – Haus-/ Felsentaube	GD	Zu Rasse Haubentaube.
Taube Schnepfe – Zwergschnepfe	N	
Taube, blaue – Felsen-/Haustaube	Be2,N	
Taube, blawe – Hohltaube	Schwf	
Taube, einheimische – Felsen-/Haustaube	Buff	
Taube, einheimische zahme – Felsen-/ Haustaube	Krü	
Taube, gehörnte – Haustaubenrasse	Buff	
Taube, gemeine – Felsen-/Haustaube	Be1,Be2,Be,Buff,GD,Krü,N	
Taube, gemeine – Hohltaube	GD	
Taube, gemeine – Ringeltaube	Be2,Be	
Taube, gemeine wilde – Hohltaube	Hp	
Taube, gewöhnliche – Ringeltaube	Be	
Taube, gewöhnliche wilde – Ringeltaube	Be2,N	
Taube, grönländische – Gryllteiste	Ad,B,Be1,Be2,Be,F,Krü,N,O1	
Taube, grönländische – Krabbentaucher	Be2,Be,GD,Gun,O1	Bei Albin und Edward.
Taube, große – Ringeltaube	Be2,Be,Jä,Scha	
Taube, große wilde – Ringeltaube	Be1,Be97,N	
Taube, größere grönländische – Gryllteiste	Krü,O2	
Taube, grüngeflügelte – Haus-/Felsentaube	GD	Zu Rasse Haubentaube.
Taube, heimische – Felsen-/Haustaube	Schwf,Suol	
Taube, kleine – Turteltaube	Scha	
Taube, kleine grönländische – Krabbentaucher	N	
Taube, kleine türkische – Türkentaube	Suol	
Taube, kleine wilde – Hohltaube	GesSH,O1	
Taube, kleinere grönländische – Krabbentaucher	Krü,O2	
Taube, lachende – Lachtaube	Krü	
Taube, polnische = Indianer – Felsen-/ Haustaube (Var.)	O1	

Taube, Ringel – Ringeltaube	Tu	
Taube, rote wilde – Rotfußfalke	zLa	
Taube, rußische – Haus-/Felsentaube	GD	Zu Rasse Haubentaube.
Taube, schwarzblaue wilde – Felsentaube	Hp	
Taube, so genandte	Mar	
Taube, spanische – Haustaubenrasse	Buff	
Taube, türkische – Felsentaube/ Haustaubenrasse	O1	
Taube, weißrumpfige – Felsen-/Haustaube	Be2,N	
Taube, wilde – Ringeltaube	Jä	
Taube, wilde – Felsentaube	Be1,Be2,Be,O1	
Taube, wilde – Haus-/Felsentaube	GD,Hp	
Taube, wilde – Hohltaube	Ad,Be97,GD,Krü,Schwf,V	
Taube, wilde – Ringeltaube	Be,O1,P1,Schwf	
Taube, wilde gemeine – Felsentaube	Be	
Taube, wilde und zahme – Felsen-/ Haustaube	N	
Taube, zahme – Felsen-/Haustaube	Be1,Be2,Buff,Krü,O1,Schwf	
Taube, zyprische – Haus-/Felsentaube	GD	Zu Rasse Haubentaube.
Tauben – Tauben	StVb	
Tauben Falck – Habicht	Schwf	
Tauben-Fänger – Habicht	Z	
Taubenaar – Habicht	Do,F	
Taubenfalck – Habicht	Suol	
Taubenfalck – Wanderfalke	HaSa	
Taubenfalk – Habicht	Ad,B,Be1,Jä,K,Krü,V	
Taubenfalke – Habicht	Be2,Be,Be97,Buff,CLB2,GD,N	KNB
Taubenfalke – Rotmilan	GD	
Taubenfalke – Sperber	Be2,Be97,GesH,N	
Taubenfalke – Wanderfalke	F,N,O2	
Taubenförmiger Fischvogel – Brandseeschwalbe	Be2,Be,N	
Taubengeier – Habicht	Be1,Be2,Be,F,Jä,Krü,N	
Taubengeier – Sperber	Krü	
Taubengeier, brauner – Habicht	Be1,Be2,Be,N	
Taubengeyer – Habicht	Buff,GD,Hp	
Taubenhabicht – Habicht	Ad,Be1,Be,Be05,Buff,CLB1,2,3,F,GD, …	
	… Jä,Krü,O3,P,V	KNB
Taubenhabicht – Sperber	Suol	
Taubenhabicht, gemeiner – Habicht	Be2,N	
Taubenhabicht, großer – Habicht	Be2,N	
Taubenhacht – Habicht	Ad,Krü	
Taubenhacht – Mäusebussard	Krü	
Taubenhack – Habicht	Jä	
Taubenlumme – Gryllteiste	F,N	
Taubenstessl – Habicht	Suol	Die ss im Namen lassen.
Taubenstößer – Habicht	CLB2,F,V	KNB
Taubenstößer – Sperber	Be1,Be2,Be,Be97,Be05,F,GD,N	
Taubenstosser – Wanderfalke	B,Be2,N	

Taubenstösser – Wanderfalke	F	
Taubensturmschwalbe – Bulwersturmvogel	B	
Taubentaucher – Gryllteiste	O2	
Taubenvogel – Habicht	Jä	
Tauber – Haus-/Felsentaube (männl)	HaSa	
Tauber-Täucher – Gryllteiste	Gun	
Täubert – Taube (männl.)	Suol	
Täubert – Taube (männl.)	Suol	
Täubin – Felsentaube	K	Columba livia, Albin III, 42.
Täubinn – Taube (weibl.)	Suol	
Täublein, indianisches – Lachtaube	Be1	
Täublein, türkisches – Lachtaube	Be1,Be2,Krü	
Tauch Endte – Mittelsäger	Schwf	Gänsesäger damals bekannt?
Tauch Entlin – Krickente	zLa	
Tauch Taube, so genandte – Gryllteiste	Mar	
Tauch-Ent – Kormoran	GesH	
Tauch-Entlein – Zwergtaucher	GesH	
Tauchänte, bunte – Prachttaucher	Buff	
Tauchänte, große – Gänsesäger	Buff	
Tauchänte, kleine – Zwergsäger	Buff	
Tauchänte, ungarische – Zwergsäger	Buff	
Tauchänte, weiße – Mittelsäger	Buff	
Tauchänte, weiße – Zwergsäger	Buff	
Tauchel – Haubentaucher	Fri	
Täuchel – Haubentaucher	Fri,GesH	
Tauchentchen – Zwergtaucher	B,Be1,Be2,Be,GD,Krü,N	
Tauchente – Mittelsäger	Be1,Be2,Be,CLB2,GD,Krü,N,V	KNB
Tauchente – Säger	O1	
Tauchente – Schellente	Be2,N	
Tauchente – Zwergsäger	Krü	
Tauchente – Zwergsäger (wahrsch.)	Fabr	Gessner Historia avium 1585.
Tauchente, bunte – Prachttaucher	Be2,Be,GD,Krü,N	
Tauchente, Fabers – Eisente	CLB2	KNB
Tauchente, gefleckte – Zwergsäger	Be2,Be,N	
Tauchente, gemeine – Gänsesäger	Be2,Be,Krü,N,O2	
Tauchente, gezopfte – Mittelsäger	Krü	
Tauchente, große – Gänsesäger	Be2,Be,Be97,GD,N,O2	
Tauchente, große – Nilgans	Be2,Be	
Tauchente, größte gefleckte – Sterntaucher	Krü	
Tauchente, Hornschuchs – Samtente	CLB2	KNB
Tauchente, kleine – Reiherente	Be1,Be2,Be,GD,N	
Tauchente, kleine – Zwergsäger	Be1,Be2,Be,CLB2,N,O2	
Tauchente, kleine und weiße – Zwergsäger	Be2	
Tauchente, mittle – Mittelsäger	O1	
Tauchente, mittlere – Mittelsäger	Be2,Be97,N,O2	
Tauchente, rotbrüstige – Mittelsäger	Be2,Be,N	
Tauchente, rothalsige – Sterntaucher	GD	
Tauchente, schwarze – Reiherente	JAN	
Tauchente, schwarzköpfige – Gänsesäger	Fri	

Tauchente, Stellers – Scheckente	CLB2	KNB
Tauchente, ungarische – Zwergsäger	Be1,Be2,Be,N	
Tauchente, weißäugige – Moorente	CLB2	KNB
Tauchente, weiße – Mittelsäger	GD,Krü	
Tauchente, weiße – Zwergsäger	Be1,Be,Be97,GD,JAN,Krü,N	
Tauchente, weißköpfige – Weißkopf-Ruderente	CLB2	KNB
Tauchente, wilde – Zwergsäger	Krü	
Tauchentlein – Haubentaucher	GD	
Tauchentlein – Zwergtaucher	Do,F,Jä	
Tauchentlein, gemeines – Haubentaucher	GD	
Taucher – Bläßhuhn	Suol	Ahd. tuhhari.
Taucher – Gänsesäger	Buff	
Taucher – Haubentaucher	Buff,Fri,G,Z	
Täucher – Kormoran	GesH	
Taucher – Mittelsäger	Buff	
Taucher (Teplitz) – Teichhuhn	H	
Taucher aus der Nordsee, kleiner – Prachttaucher	Buff	
Täucher grosser – Mittelsäger	Be	
Taucher mit braungelbem … … Kiebitzschopfe, großer – Haubentaucher	GD	
Taucher mit braungelben Kiebitzschopfe – Haubentaucher	Be2,Be	
Taucher mit braungelben Kiwitzschopfe, … … großer – Haubentaucher	Buff	
Taucher mit dem Schopfe – Haubentaucher	Be2,Be,Buff,N	
Taucher mit der roten Brust – Mittelsäger	Buff	
Taucher mit roter Kehle – Sterntaucher	GD	
Taucher ohne herabhängenden Schopf, … … großer – Haubentaucher	Buff,GD	
Taucher-Sturmvogel, mittelländischer … … – Mittelmeer-Sturmtaucher	H	
Taucher-Sturmvogel, dunkler – Dunkler Sturmtaucher	H	
Taucher-Sturmvogel, grauer – Dunkler Sturmtaucher	H	
Taucher, amerikanischer – Prachttaucher	Be2,GD,N	
Taucher, arctischer – Ohrentaucher	N	
Taucher, arctischer – Prachttaucher	CLB2	
Taucher, arktischer – Ohrentaucher	H	
Taucher, bekappter – Haubentaucher	Be,N	
Taucher, bekappter und gehörnter – Haubentaucher	Be2	
Taucher, bunter – Rothalstaucher	Fab	
Taucher, dunkelbrauner – Ohrentaucher (juv.)	Be1,Be2,Be,Buff,GDN	
Taucher, gefleckter – Sterntaucher	CLB2	
Taucher, gehaubeter schwarz und weißer – Zwergsäger	Hp	

Taucher, gehaubter – Haubentaucher	Buff
Taucher, gehörnter – Haubentaucher	Be,Buff,N
Taucher, gehörnter – Ohrentaucher	Be2,Be,CLB2,N,V
Taucher, gelber – Schwarzhalstaucher	Fabr
Taucher, gemeiner – Zwergtaucher	CLB2
Taucher, geöhrter – Ohrentaucher	Be2,GD,Hp,O1
Taucher, geöhrter – Schwarzhalstaucher	Be,N,V
Taucher, gesprenkelter – Sterntaucher	Be1,Be2,Be,Buff,GD,Krü,N
(juv. o. Sokl.)	
Taucher, gestreifter – Sterntaucher	Buff
Taucher, gezackter – Gänsesäger	Be,Buff,GD,N
Taucher, gezopfter – Haubentaucher	Buff,GD,Krü
Taucher, graubäckiger – Rothalstaucher	Buff,Krü
Taucher, grauer – Rothalstaucher	N
Taucher, graukehlichter – Rothalstaucher	JAN
Taucher, graukehliger – Rothalstaucher	Be2,F,Krü,N,V
Taucher, grönländischer – Gryllteiste	Fri
Taucher, grönländischer – Trottellumme	GD
Taucher, großer – Eistaucher	Be2,CLB2,N
Taucher, großer – Gänsesäger	Be,Buff,Fabr,GD,Hp,N
Taucher, großer – Prachttaucher	JAN Be2: Eistaucher.
Taucher, großer bekappter – Haubentaucher	Be2
Taucher, großer gehaubter – Haubentaucher	Be1,Buff,N
Taucher, großer gehäubter – Haubentaucher	Be2,Be
Taucher, großer gehörnter – Haubentaucher	Be2
Taucher, großer mit braungelbem …	Be2,Be,Krü,N
… Kiebitzschopfe – Haubentaucher	
Taucher, großer nordischer – Eistaucher	Be2,Be,Buff,GD,Krü,N
Taucher, großer nordischer –	Be2
Papageitaucher	
Taucher, großer nördlicher – Prachttaucher	Be2,Be,N
Taucher, großer nördlicher – Prachttaucher	Buff,GD
Taucher, grosser rotbrüstiger – Mittelsäger	Be2,N
Taucher, großer schwarzer – Kormoran	Ad
Taucher, großer und gezackter –	Be2
Gänsesäger	
Taucher, größerer rotbrüstiger – Mittelsäger	Be2,Be,Buff,GD,N
Taucher, größter gefleckter – Sterntaucher	GD
Taucher, größter rothbrüstiger – Mittelsäger	GD
Taucher, grüner – Goldregenpfeifer	Buff
Taucher, kastanienbrauner – Gänsesäger	Be2,Be,Buff,N
(weibl. u. juv.)	
Taucher, kastanienhalsiger mit schwarzer …	N
… Wirbelplatte und kurz abgestutztem …	
… Schopfe – Rothalstaucher	
Taucher, kastanienhälsiger mit schwarzer …	Be1,Be2,Be
… Wirbelplatte und kurz abgestutztem …	
… Schopfe – Rothalstaucher	
Taucher, kleiner – Krabbentaucher	Be2

Taucher, kleiner – Ohrentaucher	Be2,Buff	
Taucher, kleiner – Zwergtaucher	Be1,Be,Be97,Buff,CLB2,GD,Krü,N	
Taucher, kleiner aus der Nordsee – Prachttaucher	Be2,N	
Taucher, kleiner gehörnter – Ohrentaucher	Be,Buff,Krü	
Taucher, kleiner gehörnter – Schwarzhalstaucher	N	
Taucher, kleiner kappiger – Ohrentaucher	Buff	„Colymbus cristatus … minor" Brisson.
Taucher, kleiner schwarz und weißer – Krabbentaucher	GD,N	
Taucher, kleiner schwarz und weißer – Trottellumme	GD	
Taucher, kleiner schwärzlicher – Zwergtaucher	H	
Taucher, kleiner und schwärzlicher – Zwergtaucher	Be2	
Taucher, krummschnäblichter – Tordalk	GD	
Taucher, kurzköpfiger – Rothalstaucher	Buff	
Taucher, kurzschopfiger – Rothalstaucher	Be2,Be,N	
Taucher, langschnäbliger – Prachttaucher	CLB3	
Taucher, mitternächtlicher – Sterntaucher	Be2,Be,N	
Taucher, nordischer – Ohrentaucher	F,N	
Taucher, nordischer – Papageitaucher	N	
Taucher, nordischer – Sterntaucher	CLB2	KNB
Taucher, nördliche – Sterntaucher	Buff	
Taucher, nördlicher – Sterntaucher	Be2,Krü,N	
Taucher, nördlicher rothälsiger – Sterntaucher	CLB3	
Taucher, nordöstlicher rothälsiger – Sterntaucher	CLB3	
Taucher, norwestlicher rothälsiger – Sterntaucher	CLB3	
Taucher, rothalsiger – Ohrentaucher	N	
Taucher, rothälsiger – Ohrentaucher	Be2,Be	
Taucher, rothälsiger – Rothalstaucher	Krü	
Taucher, rothälsiger – Sterntaucher	CLB2,GD,N	
Taucher, rothälsiger – Rothalstaucher	Buff	
Taucher, rothalsiger – Sterntaucher	GD	
Taucher, rotkehlichter – Sterntaucher	GD	
Taucher, rotkehliger – Sterntaucher	Be2,Be,F,GD,O2,N,V	
Taucher, schlichtköpfiger großer – Haubentaucher	GD	
Taucher, schwarz und weißer – Ohrentaucher (juv.)	Be2,Be,GD,N	
Taucher, schwarz und weißer – Trottellumme	Be2,Be,N	
Taucher, schwarzbrauner – Ohrentaucher (juv.)	Be2,Be,N	
Taucher, schwarzbrauner Uferläufer – Dunkler Wasserläufer	CLB3	

Taucher, schwarzer – Mittelsäger	Be,Buff
Taucher, schwarzer – Wasseramsel	Fabr
Taucher, schwarzer – Zwergtaucher	F
Taucher, schwarzer rotbrüstiger – Mittelsäger	Be2
Taucher, schwarzer und weißer – Krabbentaucher	Be2
Taucher, schwarzer und weißer – Ohrentaucher	Buff
Taucher, schwarzhalsiger – Schwarzhalstaucher	H
Taucher, schwarzkehlichter – Prachttaucher	GD
Taucher, schwarzkehliger – Polartaucher	F
Taucher, schwarzkehliger – Prachttaucher	Be1,Be2,Be,Be97,CLB2,Krü,O2,3,N,V
Taucher, schwärzlicher – Ohrentaucher	Buff,Krü
Taucher, schwärzlicher – Zwergtaucher	Be1,Be,GD,Hp,Krü,N
Taucher, strasburger – Zwergsäger	Hp
Taucher, straßburger – Zwergsäger	Be1,Be2,Be,GD
Taucher, unbekannter – Prachttaucher (juv.)	Be1,Be2,Buff,N
Taucher, weißer – Zwergsäger	JAN
Taucher, weißlicher – Mittelsäger	Be2,Buff,GD,Krü,N
Taucher, weißlicher – Zwergsäger	Be2,Buff
Taucher, weißzehiger – Prachttaucher	Be2
Taucheränte – Prachttaucher	Buff
Taucheränte, größte gefleckte – Sterntaucher	Buff
Taucherchen – Zwergtaucher	Buff
Taucherchen, gemeines – Zwergtaucher	Be1,Be2,Be,GD
Taucherentchen, gemeines – Zwergtaucher	Krü
Taucherente, dunkelbraune – Ohrentaucher	GD
Taucherente, gefleckte – Sterntaucher (juv. o. Sokl.)	N
Taucherente, gehäubte – Haubentaucher	GD
Taucherente, gemeine – Gänsesäger	Krü
Taucherente, geöhrter – Ohrentaucher	GD
Taucherente, gesprenkelte – Sterntaucher (juv. o. Sokl.)	GD,N
Taucherente, graukehlichte – Rothalstaucher	GD
Taucherente, graukehlige – Rothalstaucher	Be2
Taucherente, großöhrige – Ohrentaucher	Be2,Be,GD
Taucherente, großöhrige – Schwarzhalstaucher	Be,N
Taucherente, größte – Sterntaucher (juv. o. Sokl.)	N
Taucherente, größte gefleckte – Sterntaucher	Be
Taucherente, kleine – Zwergtaucher	GD
Taucherente, schwarzbunte – Gryllteiste	Be2,GD,N

Taucherente, schwarzkehlige – Prachttaucher	Be2,GD,N	
Tauchergans – Gänsesäger	Ad,Be1,Be2,Be,Be97,Buff,CLB2,GD, … … Hp,Krü,N,O1 Müller 1773.	KNB
Täuchergans – Mittelsäger	Be2,Buff,GD,N	
Tauchergans, rotköpfige – Gänsesäger (weibl. u. juv.)	Be1,Be2,Be,N	
Taucherhuhn – Gryllteiste, Lummen	O1	
Taucherhuhn – Trottellumme	Be2,Be,GD,N	
Täucherhuhn – Trottellumme	Be1,Be2,Be,N	
Taucherhuhn, dummes – Trottellumme	Be1,Be2,Be,Be97,GD,Krü,N	
Taucherhuhn, schwarzes – Gryllteiste	Be2,Be,CLB2,GD,N	
Täucherhuhn, schwarzes – Gryllteiste	Be1,Be2	
Taucherhuhn, weißliches – Gryllteiste (Var.?)	Be2	
Täucherkiebitz – Gänsesäger	Be1,Be2,Be,GD	
Täucherkiebitz – Gänsesäger	Krü,N	
Täucherkiebitz – Mittelsäger	B,GD,Krü,N	
Taucherkiewitz – Mittelsäger	Be2,Buff	
Taucherkiwitz – Gänsesäger	Buff	
Taucherle – Zwergtaucher	Fri,Jä	
Taucherlein – Bläßhuhn	Buff,GD	
Täucherlein – Trottellumme	GesH	
Taucherlein – Zwergtaucher	Buff,Fri,HaSa	
Täucherlein – Zwergtaucher	GesH	
Täucherlein, gemeines – Haubentaucher	Buff,Hp	
Täucherlein, schwarz – Zwergtaucher	K	Frisch T. 184.
Täucherlein, schwarzes – Ohrentaucher	GD	
Tauchermeve – Eismöwe	Be2	
Täuchermeve – Eismöwe	Be	
Tauchermeve – Trottellumme	GD,N	
Tauchermöve – Eismöwe	B,N	
Täuchermöve – Eismöwe	Buff	
Tauchermöve – Trottellumme	Be2,Be,GD	
Täuchermöwe – Trottellumme	Be1	
Täuchermöwe – Trottellumme	F	
Taucherpfeifente – Bergente	B,Be2,N	
Taucherrotkehlchen – Sterntaucher	Be2,Be,n	
Tauchersage – Gänsesäger	N	Richtig: a statt ä.
Tauchersäge – Gänsesäger	Be2,F	
Taucherschwalbe – Gryllteiste	Krü	
Taucherschwan – Rohrdommel	Krü	
Tauchersturmvogel – Schwarzschnabel-Sturmtaucher	F	Seit etwa 2015/16: Atlantistormtaucher.
Tauchersturmvogel, nordischer … … – Schwarzschnabel-Sturmtaucher	N	Seit etwa 2015/16: Atlantistormtaucher.
Tauchertaube – Gryllteiste	B,GD,O1,N	
Täuchertaube – Gryllteiste	Be1,Be2,Be	
Tauchertaube – Trottellumme	Krü	

Tauchertlein – Haubentaucher	Buff		
Täuchervogel – Ohrentaucher	Krü		
Tauchgans – Gänsesäger	Ad,Fri,N,Scha		
Tauchhuhn – Haubentaucher	Fri		
Tauchhuhn, dummes – Trottellumme	F		
Tauchhun – Bläßhuhn	Suol		
Tauchreiher – Kormoran	Ad,Krü		
Tauchschwan – Rohrdommel	Ad		
Tauchte – Reiherente	Ad		
Taumler – Felsen-/Haustaube	GD,K	Zu Rasse Turniertaube.	
Taunkonning – Zaunkönig	Be		
Taurische Ralle – Kleines Sumpfhuhn	N		
Taurische Ralle – Kleines/Zwergsumpfhuhn	Be2,Be		
Taurische Ralle – Zwergsumpfhuhn	Buff	Rallus pusillus, von Pallas.	
Tauschnarre – Teichhuhn	Be2,Be,Krü,N		
Tauschnarre – Wachtelkönig	Fri		
Tauschnarre – Wasserralle	B,Be1,Be2,Be,Krü,N,Suol	Richtig: Thauschnarre.	
Tauschnarre (Mark) – Wachtelkönig	Ad,F,H,Krü,Suol		
Tauschnärz – Wasserralle	O1		
Tausendkünstler – Gelbspötter	Do,F		
Taxen – Rabenkrähe	F		
Tayen – Rabenkrähe	Do		
Tedder – Birkhuhn	O1		
Teeling (holl) – Krickente	GesH		
Teermann – Wasserralle	Do		
Teermann (sächs.) – Wasserralle	F,H		
Teich-Rohrsänger – Teichrohrsänger	N		
Teich-Wasserläufer – Teichwasserläufer	N		
Teichadler – Schlangenadler	Be05		
Teichhendl (steierm.) – Bläßhuhn	H		
Teichhuhn – Teichhuhn	B,CLB1,2,V	C. L. Brehm 1831.	KNB
Teichhuhn, gemeines – Teichhuhn	N		
Teichhuhn, grünfüßiges – Teichhuhn	Bri,CLB3,N,Scha		
Teichhühnchen – Teichhuhn	B		
Teichhühnel (sächs.) – Bläßhuhn	H		
Teichlaubvogel – Teichrohrsänger	Be2,F,N,V		
Teichmoorschnepfe – Zwergschnepfe	CLB3		
Teichrohrammer – Rohrammer	CLB3		
Teichrohrsänger – Teichrohrsänger	B,N	Naumann 1823,	KN
Teichsänger – Teichrohrsänger	B,Be2,Be,N,V		
Teichschilfsänger – Teichrohrsänger	CLB1,2		KNB
Teichschilfsänger, großer – Drosselrohrsänger	CLB3		
Teichschilfsänger, kleiner – Teichrohrsänger	CLB3		
Teichschnepfe – Teichwasserläufer	O2		
Teichstrandpfeifer – Flußuferläufer	CLB3,N		
Teichsumpfschnepfe – Bekassine	CLB3		
Teichuferläufer, deutscher – Teichwasserläufer	CLB3		

Teichwasserläufer – Teichwasserläufer	B,Be2,Be,CLB1,2,MW,N,O3	Bechst. 1796. KNB
Teist (fär.) – Gryllteiste	Cz,Gun,O2	
Teista (isl.) – Gryllteiste	GD,H	
Teiste, Brünnichs (dän., norw.) – Dickschnabellumme	H	
Teiste (dän. + norw. + schwed.) – Gryllteiste	B,F,GD,Gun,N	
Teisti (fär.) – Gryllteiste	H	
Teistukofa (isl.) – Gryllteiste	H	
Tele – Krickente	Tu	Querquedula crecca.
Teling (fries) – Krickente	GesS	
Temminck's Rennvogel – Temminckrennvogel	H	
Temminck's-Strandläufer – Temminckstrandläufer	N	
Temminckischer Strandläufer – Temminckstrandläufer	CLB1,2,MW,N,O3	KNB
Temmincks Zwergstrandstrandläufer … … – Temminckstrandläufer	WüCl	
Temmincks-Rennvogel – Temminckrennvogel	N	
Temminckscher Schlammläufer – Temminckstrandläufer	CLB3	KNB
Tempatlohoak – Löffelente	Buff	
Ten (dän.) – Flußseeschwalbe	Buff	Pontoppidan
Tendelöh (dän.) – Flußseeschwalbe	Buff	Pontoppidan
Tene – Flußseeschwalbe	Gun	
Tengmalms-Kautz – Rauhfußkauz	N	
Tengmalms-Kauz – Rauhfußkauz	CLB2,H,O1	KNB
Tengmalmseule – Rauhfußkauz	O3	
Tengmalmskauz – Rauhfußkauz	Do	
Tenne – Flußseeschwalbe	Gun	
Tercellin – Habicht (männl.)	Schwf	
Terek-Wasserläufer – Terekwasserläufer	H	
Terekwasserläufer – Terekwasserläufer	B	
Tern, Black (engl.) – Trauerseeschwalbe	Tu	
Terne – Flußseeschwalbe	O1	
Terne – Trauerseeschwalbe	O1	
Terne, Dougalls (dän.) – Rosenseeschwalbe	H	
Tersch – Kornweihe	GD	Bei den Jägern im 1. Jahr.
Tetrez (slavon.) – Auerhuhn	Buff	Von Tetras, Tetrao.
Teuber – Taube allg.	Schwf	
Teubin – Taube (weibl.)	Schwf,Suol	
Teublin, lachendes – Lachtaube (sil.)	Schwf	
Teublin, türckisch – Lachtaube	Schwf	
Teuchel – Kormoran	zLa	
Teucher – Haubentaucher	Schwf	
Teucher – Säger (allg.)	Schwf,Suol	
Teucher, großer – Mittelsäger	Schwf	War Gänsesäger damals bekannt?

Teucher, roter – Mittelsäger	GesS	
Teucher, schwarzer – Mittelsäger	Schwf	War Gänsesäger damals bekannt?
Teucherlein – Zwergtaucher	Fabr	
Teucherlin, klein schwartz – Zwergtaucher	Schwf	
Teucherlin, schwartz – Zwergtaucher	Schwf	
Teufel – Kormoran	GesS	
Teufel, geflügelter – Habicht	Suol	
Teufel, gestrobelter und gekraußter – Kampfläufer	zLa	
Teufelbolzen – Schwanzmeise	Be	
Teufels-Sturmvogel – Teufelssturmvogel	H	
Teufelsbelzchen – Schwanzmeise	Be,Krü	
Teufelsbölzchen – Schwanzmeise	GD	
Teufelsbolzen – Schwanzmeise	B,Be2,Be97,F,GD,N,Suol	
Teufelspelz – Schwanzmeise	F,N	
Teufelspelzchen – Schwanzmeise	N,Suol	
Teufelspoltzen – Schwanzmeise	JAN	
Teufelspolzen – Schwanzmeise	CLB2	KNB
Teutscher Braacher – Großer Brachvogel	A,K	Albin Band I, 79.
Teutscher Falk – Wanderfalke	K	
Teutscher Kolibri – Goldhähnchen (allg.)	Suol	
Teutscher Papagey – Blauracke	GesH,K	
Teütscher Papagey – Blauracke	Suol	
Teutscher Papagey – Fichtenkreuzschnabel	Fri	
Teutscher Pfau – Kiebitz	Fri	
Teutscher Strauß – Großtrappe	Fri	
Tewbin – Felsen-/Haustaube (weibl)	HaSa	Hans Sachs, 1531: Regiment …
Thale – Dohle	Buff,K,Schwf	Frisch T. 67.
Thaleche – Dohle	Buff	
Thalekee – Dohle	Do	
Thalike – Dohle	Do	
Thalk – Dohle	Buff	
Thalke – Dohle	GD	
Thalken – Dohle	Buff	
Thanfinck – Bergfink	zLa	Zuerst in Straßb. Vogelbuch 1555, 469.
Thannfinck – Bergfink	GesS	
Thannfink – Bergfink	Buff	
Thannmeisle – Goldhähnchen	GesS	
Thannmeißle – Goldhähnchen (allg.)	Suol	
Thannmeißle – Tannenmeise	Suol	
Thannmeißlein – Goldhähnchen	GesH	
Tharau, Schulz von – Pirol	Suol	
Thauschnarre – Wasserralle	Buff,Fri,GD,JAN,K	Frisch T. 212.
Therau, Schulz von – Pirol	Be2,N	
Therna-Kriia (isl.) – Fluß-/ Küstenseeschwalbe	GD	
Thierau, Schulz von – Pirol	Suol	
Thikkeneed Bustard – Triel	Buff	Belon, Pennant f. jungen Vogel.
Thödler (schweiz.) – Kleiber	Fri	

Thohle – Dohle	Buff	
Thole – Dohle	GD,K	
Thole, wilde – Alpendohle	GesH	
Tholk – Dohle	JAN	
Thomas im Zaun – Zaunkönig	Buff	
Thomas im Zaune – Zaunkönig	B,Be2,F,N	
Thomas Winter – Rotkehlchen	F	
Thonmaiß – Tannenmeise	HaSa	Hans Sachs, 1531: Regiment ..., V. 170.
Thonmaiß – Tannenmeise	Suol	
Thorn kretzer – Neuntöter	zLa	Name möglicherw. v. Gessn.1555.
Thorn kretzer – Schneefink	zLa	
Thornkrätzer – Würger	GesS	Weitere Zuordng. nicht möglich.
Thornkretzer – Raubwürger	Buff	
Thornträer – Würger	GesS	Weitere Zuordng. nicht möglich.
Thorntraser – Raubwürger	Buff	
Threhalß – Wendehals	zLa	Nach Gessner 1555, 552.
Thriel – Triel	Baldn	
Throssel (engl.) – Wein- u. Sing- u. Misteldrossel	Tu	
Thrusche (engl.) – Wein- u. Sing-u. Misteldrossel	Tu	
Thrush, Blue (engl.) – Blaumerle	Tu	
Thul – Dohle	GD	
Thum-Dechant – Gimpel (Var.)	Buff	
Thum-Pfaffe – Gimpel	Buff,G	
Thumbherz – Gimpel	GesS	
Thumbpfaff – Gimpel	GesSH	
Thumdechant – Gimpel (Var.)	Buff	
Thumherr – Gimpel	Buff,GD,GesH,Hp,K,Schwf	
Thumpfaff – Gimpel	Buff,GesS,Hp,K	Frisch T. 2.
Thumpfaffe – Gimpel	GD,Schwf	
Thumpfaffe – Mönchsgrasmücke	Hp	
Thumpfaffe, weißer – Dompfaff, Mutation	Schwf	
Thurau, Schulz von – Pirol	F	
Thurmeule – Schleiereule	Buff,GD,Hp,JAN	
Thurmeule – Sperbereule	GD	
Thurmeule – Steinkauz	Buff	
Thurmfalk – Turmfalke	Buff	
Thurmfalke – Turmfalke	Buff,GD,Hp	
Thurmschwalbe – Mauersegler	Buff,GD,JAN	
Thurmwiedehopf – Waldrapp	Buff,GD	
Thurn(!)schwalbe, große – Mauersegler	Buff	
Thurnkönick – Zaunkönig	GesSH	
Thurnkönig – Zaunkönig	Buff	
Thůrnkreye – Dohle	StVb	
Thutvogel – Goldregenpfeifer	Buff	
Tiarenk – Raubseeschwalbe	F	
Tickelkn – Haushuhn (juv.)	Suol	
Tickhöneken – Haushuhn	Häp	

Tider – Auerhuhn	O1	
Tideritchen – Gelbspötter	N,Suol	
Tidra (isl.) – Auerhuhn	Ad	
Tiederiet – Grauammer	Bri	
Tiefsinnige Drossel – Blaumerle	N	
Tieger, braunköpfiger – Gänsesäger (weibl. u. juv.)	Be2,N	Hier richtig: ie.
Tiegersperling – Feldsperling	Krü	
Tiegersperling – Steinsperling	Krü	
Tiele – Knäk- und Krickente	O1	
Tierkater – Mauersegler	Do,F,N	
Tieswalwe – Mauersegler	Suol	
Tiffert – Taube (männl.)	Suol	
Tiffkrähe – Blaurake	Bri	
Tifitteke – Kiebitz	Suol	
Tifittik – Kiebitz	Suol	
Tiger, braunköpfiger – Gänsesäger (weibl. u. juv.)	N	
Tikkedei – Tannenmeise	Häp	Nach dem Ruf.
Tikkerassien – Ortolan	Do,F	
Tild – Stelzenläufer	O2	
Tilg, braunköpfiger – Gänsesäger	Buff	
Tilling – Heckenbraunelle	Be2,F,N	
Tiltapp – Laubsänger	GesS	Fitis, Waldlaubs. oder Zilpzalp.
Timphahn – Bläßhuhn	Be1,Be2,Be,F,GD,Häp,N	
Timphänn – Bläßhuhn	Bri	
Timphohn (Stade) – Bläßhuhn	H	
Timtam – Zilpzalp	Do,F	
Tinksmed – Rotschenkel	H	
Tioppelmeesken – Haubenmeise	Be2	
Tirck (fries.) – Thorshühnchen	GesH	
Tirolk – Pirol	Do,F	
Tistelvinkelin – Stieglitz	Pe	Bekannt im 13. Jahrh.
Titchen – Goldregenpfeifer	Ad	
Titerinchen – Gelbspötter	Do,F	
Titeritchen – Gelbspötter	B,F	
Titlark (engl.) – Baumpieper	Tu	
Titling – Heckenbraunelle	GesH,O1	
Titling – Klappergrasmücke	Buff	Nach Turner.
Titling (engl.) – Baumpieper (?)	Tu	
Titlyng (engl.) – Baumpieper (?)	Tu	„It is impossible to say … … what Turner's Titlyng was."
Titmouse Greatest (engl.) – Kohlmeise	Tu	
Titmouse, Great (engl.) – Kohlmeise	Tu	
Tittilgen – Rotschenkel	Fabr	Statt Tittiluen. „Rotschenkel" ist Vermutung.
Tiufwa – Schmarotzerraubmöwe	Gun	Name im Museo Regio Danico.
Tiur (norw.) – Auerhuhn	H	
Tjäder (schwed.) – Auerhuhn	H	
Tjáldur (fär., isl.) – Austernfischer	H	

Tjarkelt – Rotschenkel	Bri,Häp	
Tjartel – Kampfläufer (weibl.)	Bri	
Tjeld (dän.) – Austernfischer	H	
Tjoi (fär.) – Spatelraubmöve	H	
Tjürk – Zaunkönig	Suol	
Tjürn – Zaunkönig	Suol	
Tluit – Waldwasserläufer	Do,F	
Tödder (norw.) – Auerhuhn	H,O1	
Todeneule – Schleiereule	Be1	
Todeneule – Sperlingskauz	Be1,Be97	
Todenhühnchen – Sperlingskauz	Be97	
Todenköpfchen – Trauerschnäpper	Be1	
Todenvogel – Birkenzeisig	Be1,Be2,Be	
Todenvogel – Grauschnäpper	Be1,Be	
Todenvogel – Mauerläufer	Be	
Todenvogel – Sperlingskauz	Be1	
Todenvogel – Trauerschnäpper	Be1,Be	
Todler – Kleiber	N	
Todten vogel – Braunkehlchen	Buff	
Todten Vogel – Trauerschnäpper	Schwf	
Todteneule – Schleiereule	GD,N	
Todteneule – Steinkauz	JAN,N	
Todtenhuhn – Steinkauz	Fri,Suol	
Todtenkauz – Steinkauz	Jä	
Todtenköpfchen – Trauerschnäpper	Buff,N	Buffon/Otto Band 14.
Todtenkrähe – Nebelkrähe	CLB2	KNB
Todtenuögele – Trauerschnäpper	Suol	
Todtenvogel – Mauerläufer	N	
Todtenvogel – Birkenzeisig	Buff,GD,N,Schwf	
Todtenvogel – Braunkehlchen	Be1,Be,Be97,Buff,GD,N	
Todtenvogel – Grauschnäpper	Buff,K,N	Frisch T. 22.
Todtenvogel – Mauerläufer	Buff,GD	
Todtenvogel – Schleiereule	GD	
Todtenvogel – Seidenschwanz	Suol	
Todtenvogel – Sperlingskauz	GD	
Todtenvogel – Steinkauz	Buff,CLB2,Jä,JAN,N,Suol	
Todtenvogel – Steinschmätzer	B	
Todtenvogel – Trauerschnäpper	Jä,N	
Todtenvögele – Steinkauz	Jä	
Todtenvögele – Trauerschnäpper	GesS,Suol	
Todtenvögelein – Halbandschnäpper	Jä	
Todtenvögelein – Trauerschnäpper	GesH,Jä	
Todtenwichtel – Zwergohreule	Suol	
Tödter – Kleiber	Suol	
Togand (dän.) – Mittelsäger	Buff	
Tohe – Dohle	JAN	
Tohlen – Dohle	H	
Tole – Dohle	Ad,Be1,Be2,Be,F,GesH,Krü,N,Schwf	
Tolk – Steinwälzer	O1	

Tolken – Dohle	H	
Tollente – Mittelsäger	Scha	
Tollerche – Haubenlerche	F,Scha	
Tollige Haus-Ente – Hausentenrasse	Fri	
Tolllerche – Haubenlerche	Do	
Tollmeese – Haubenmeise	Scha	
Tollmeise – Haubenmeise	Do,F	
Tölpel – Baßtölpel	B,O1	Klein 1750, Ü
Tölpel vom Baß – Baßtölpel	N	
Tölpel von Bassan – Baßtölpel	Be2,N	
Tölpel von Bassan – Baßtölpel	Buff	
Tölpel, bassan'scher – Baßtölpel	N	
Tölpel, bassanischer – Baßtölpel	CLB2,3	KNB
Tölpel, gemeiner – Baßtölpel	O2	
Tölpel, grosser – Baßtölpel	CLB3	
Tölpel, weißer – Baßtölpel	Be,CLB2,Krü,MW,N,O3,V,WüCl	KNB
Tomeisle – Tannenmeise	Jä	
Tomlingen – Zaunkönig	Be2	
Tonmeise – Tannenmeise	Do,F	
Tonmese – Tannenmeise	H	
Tônswalw – Mauersegler	Suol	
Toorenkahne – Dohle	Bri	
Toorenkak – Dohle	Bri	
Toorenkrai – Dohle	Bri	
Top-Skarve – Krähenscharbe	Gun	
Topane – Samtente	Do	
Töpellewark – Haubenlerche	Do,F	
Töpken-Lewald – Haubenlerche	Scha	
Toplaerke (dän.) – Feldlerche	H	
Toplârk – Haubenlerche	Suol	
Topmeise (dän.) – Haubenmeise	Buff,GD	
Topmeseke – Haubenmeise	Suol	
Topp-Levchen (schlesw.-holst.) – Haubenlerche	H	
Toppe – Reiherente	Bri	
Töppellârk – Haubenlerche	Suol	Töppellark bed. Haubenlerche.
Töppellerch (plattd.) – Haubenlerche	Be1,Be2,Be,Krü,N	
Töppellerche (plattd.) – Haubenlerche	Do F,Krü	
Töppellewark (plattd.) – Haubenlerche	Krü,WüCl	
Töppelmeesk – Haubenmeise	Do,F	Bedeutet Haubenmeise.
Toppelmeesken – Haubenmeise	Be,N	
Töppelmeis – Haubenmeise	WüCl	
Töppelwak – Haubenlerche	Do,F	
Toppelwerhopp – Wiedehopf	F	
Topplevchen – Haubenlerche	Do,F	
Toppleweke – Haubenlerche	Bri	
Toppmeesch – Haubenmeise	F,H	
Toppmeesche – Haubenmeise	Bri	
Topskarve – Krähenscharbe	Gun	

Tord – Tordalk	O1,2	
Tord-Alk – Tordalk	N	KNB gehört zu Tordalk. KNB
Tord-Papagaitaucher – Tordalk	N	Hier richtig: a im Namen.
Tordalk – Tordalk	B,Be1,Be2,Be,CLB2,3,GD,Krü,MW,N,O3,V	
Tordpapageitaucher – Tordalk	CLB2	KNB
Tordwaserhuhn – Tordalk	GD	
Torenkraihe – Dohle	Bojer	Emsland
Torenschwälk – Mauersegler	Do	Schwalk ist niederdeutsch für Schwalbe.
Torff Ente – ?	Mic	Sie ist schwarz und …
		… größer als andere große Enten.
Tormhawk – Turmfalke	Do,F	
Tormschwälk – Mauersegler	F	
Torn-Graesmutte (dän.) – Dorngrasmücke	H	
Tornauviarsuk (grönl.) – Kragenente	Cz	Cranz S. 108.
Tornirisk (dän., norw.) – Bluthänfling	H	
Tornkaane – Dohle	Häp	
Tornkrai – Dohle	Bri	
Tornkraser – Raubwürger	Be2,Be,F,N	
Tornkrätzer – Raubwürger	Be1,Be2,Be,N	
Tornkrei – Dohle	H,Häp	
Tornkretzer – Neuntöter und Würger (allg.)	Suol	
Tornoviarsuk (grönl.) – Kragenente	Buff	
Tornträer – Neuntöter und Würger (allg.)	Suol	
Törrhane – Auerhahn	Ad	
Tostläirke – Haubenlerche	Bri	
Totan – Dunkler Wasserläufer	Fri	
Tôte-Vögeli – Trauerschnäpper	Suol	
Toten-Krooh – Nebelkrähe	H	
Toteneule – Schleiereule	Be2,Be	
Toteneule – Sperlingskauz	Be2,Be,Krü,O1	
Toteneule – Steinkauz	Ad,B,F,Krü	
Toteneule – Steinkauz	Do	
Toteneule – Waldkauz	Do	
Toteneule – Waldkauz	F	
Totengräuel – Neuntöter und Würger (allg.)	Suol	
Totengräul – Neuntöter	H	
Totengreuel – Neuntöter	B	
Totenkopf – Schleiereule	Do	
Totenkopf – Schleiereule	F	
Totenkopf – Waldschnepfe	Suol	
Totenköpfchen – Trauerschnäpper	Do	Viel Kopfschwarz bei jungen Männchen.
Totenköpfchen – Trauerschnäpper	B,Be2,Be,F	
Totenkrähe – Nebelkrähe	F	
Totenkrähe – Nebelkrähe	Do	
Totenkrooh – Nebelkrähe	F	
Totenkrooh – Nebelkrähe	Do	
Totenuhr – Steinkauz	Ad	
Totenvogel	Do	
Totenvogel – Birkenzeisig	Do	

Totenvogel – Birkenzeisig	F,Suol	
Totenvogel – Braunkehlchen	Ad,Be2,Krü,O1	
Totenvogel – Grauschnäpper	B,Be2,F	
Totenvogel – Mauerläufer	Be1,Be,2,V	S. auch Toden- und Todtenvogel!!
Totenvogel – Schwarzspecht	F,H	
Totenvogel – Sperlingskauz	Be2,Be,Be05,Krü	
Totenvogel – Steinkauz	B,F,Krü,V	
Totenvogel – Steinkauz	Do	
Totenvogel – Steinschmätzer	Scha	
Totenvogel – Trauerschnäpper	Do	
Totenvogel – Trauerschnäpper	Be2,F	
Totenvögelchen – Braunkehlchen	Do	
Totenvögelchen – Braunkehlchen	F	
Totenvögelchen – Grauschnäpper	H	
Tottgoos – Graugans	Häp	
Tottler – Kleiber	B,Be1,Be2,Be,Be97,F,Krü,N,O2,Suol	
Tottler – Kleiber	Buff,GD,GesSH	
Touch – Saatkrähe	GesS	
Traehals – Wendehals	GesS	
Traehals – Wendehals	Suol	
Trähehalß – Wendehals	GesH	
Tran – Kranich	O1	
Trana (schwed.) – Kranich	H	
Trane (dän. + norw.) – Kranich	H	
Tranquebarischer Krabbenreiher – Rallenreiher	Be2	
Trap – Großtrappe	HaSa,zLa	S. 166
Träp – Großtrappe	Tu	
Trap gans – Brandgans	zLa	Hier Irrtum: Trap gans bedeutet normal … … Großtrappe. Siehe Zum Lamm S. 96.
Trap Ganss – Großtrappe	Tu	
Trape – Großtrappe	P	
Trapgans – Großtrappe	K	Albin Band III, 38.　　　Frisch T. 106.
Trapganß – Großtrappe	Suol	
Traphuhn – Großtrappe	JAN	
Trapp – Großtrappe	Buff,F,Fri,G,GesH,StVb,Suol,WüCl	
Trapp Gans – Großtrappe	Schwf	
Trapp-Ganß – Großtrappe	Kö	
Trapp, dickbeiniger – Triel	O1	
Trapp, großer – Großtrappe	O1	
Trapp, kleine – Zwergtrappe	Krü	
Trappe – Großtrappe	Ad,Be2,Be,Buff,CLB2,G,GD,Hp,Jä,Mic, … … N,Scha,Schwf.	KNB Mhd. trappe, belegt seit 1200.
Trappe – Trappe allg.	P1	
Trappe dickbeinige – Triel	F	
Trappe mit dem Federbusche und der … … Halskrause – Kragentrappe	Be2,N	Wohl Saharakragentrappe.
Trappe, arabische – Kragentrappe	K	Sahara-?/Steppen? – Kragentrappe.
Trappe, deutsche – Großtrappe	CLB3	

Trappe, dickbeiniger – Triel	Be2,N	
Trappe, dickknieiger – Triel	Buff	
Trappe, gemeine – Großtrappe	Buff,Krü,O1	
Trappe, gemeiner – Großtrappe	Be1,Be2,Be97,N	
Trappe, große – Großtrappe	Be,CLB2,3,Krü,V	KNB
Trappe, großer – Großtrappe	Be1,Be2,Be,Be97,CLB2,GD,MW,N,O3	
Trappe, kleine – Zwergtrappe	Buff	
Trappe, kleine – Zwergtrappe	CLB2,3,Suol	KNB
Trappe, kleine gehäubte afrikanische ...	Be2	Auch Steppenkragentrappe möglich.
... ohne Halskrause – Saharakragentrappe		
Trappe, kleiner – Triel	Fri	
Trappe, kleiner – Zwergtrappe	Be1,Be2,Be97,Be05,Buff,CLB2,GD,MW,N,O3	
Trappe, kleiner afrikanischer gehäubter –	Be2,N	Heute: Saharakragentrappe.
Kragentrappe		
Trappe, kleiner afrikanischer gehaubtere ...	Krü	
... mit der Halskraus – Saharakragentrappe		
Trappe, kleiner gehäubter afrikanischer ...	N	
... ohne Halskragen – Saharakragentrappe		
Trappe, kleinerer – Zwergtrappe	GD	
Trappen, gemeiner – Großtrappe	Be	
Trappenauken – Pelikane, Tölpel	O1	
Trappenhühner – Haushuhn, Pfau, Fasanen	O1	
u. a.		
Trappenreiher – Austernfischer,	O1	
Stelzenläufer		
Trappenzwerg – Zwergtrappe	Be1,Be2,Be97,Buff,F,GD,Krü,N	
Trappgans – Bläßgans	Be2,F,N	
Trappgans – Großtrappe	Ad,B,Be1,Be2,Be,Be97,Be05,Buff,F,Fri, ...	
	... GD,Hp,K,Krü,N	VN
Trappganß – Großtrappe	GesSH	
Trapphahn – Großtrappe	Buff,F,Krü	
Trapphenne – Großtrappe	Buff,Krü	
Trapphuhn – Großtrappe	Buff	
Träpple – Zwergtrappe	H	
Trappvogel – Großtrappe	Do,F	
Trassel – Krickente	H	
Trässele, kleines – Krickente	H	
Trasselente – Knäkente	B,F	
Trasselente, große – Knäkente	N	
Trasselente, kleine – Krickente	F,N	
Tratschkatel – Elster	Suol	Katel ist Katharina.
Trauer-Ente – Trauerente	N	
Trauer-Meise – Trauermeise	MW	
Trauerammer – Trauerschnäpper	Be1,Be2,Buff,GD	
Trauerbachstelze – Bachstelze	CLB2,O3,H	Var. Motacilla alba yarelli.
		KNB
Trauerente – Samtente	Do	
Trauerente – Trauerente	B,Be1,Be2,Be,Be97,Buff,GD,Krü,MW,O2,3,V ...	
	... Pennant/von Zimmermann 1787.	KNB

Trauerente, breithöckerige – Trauerente	CLB3
Trauerente, breithökerige – Trauerente	N
Trauerente, großschwänzige – Trauerente	CLB3,N
Trauerente, schmalschwänzige – Trauerente	CLB3,N
Trauerente, schwarzfüßige – Trauerente	CLB3,N
Trauereule – Sperbereule	F,N
Trauerfliegenfänger – Trauerschnäpper	B,CLB3 C. L. Brehm 1831, KN.
Trauerfliegenschnäpper – Trauerschnäpper	Do „Trauerschnäpper" entstand rel. spät,1932.
Trauerfliegenschnäpper – Trauerschnäpper	F Erstbeschr. als …
	… Muscicapa muscipeta: Bechstein 1792.
Trauermeise – Trauermeise	B,BB,CLB2,H,O3 KNB
Trauerseeschwalbe – Trauerseeschwalbe	B Brehm 1879, KN.
Trauersteinschmätzer – Trauersteinschmätzer	B,H
Trauertauchente – Trauerente	CLB2,N KNB
Trauervogel – Trauerschnäpper	B,Be1,Be2,Be,Buff,F,GD,Krü,N …
	… „Trauerschnäpper" wird verwendet seit 1932.
Traupis – Erlenzeisig	Buff
Trayhals – Wendehals	Be2,N,Schwf
Treani (fär.) – Kranich	H
Trech – Ente (männl.)	Suol
Tree-Creeper (engl.) – Baumläufer	Tu
Tree-Pipit (engl.) – Baumpieper	Tu
Treibente – Löffelente	Fri
Trepel – Birkhuhn	O1
Tressel – Krickente	zLa
Tressel, gemein – Krickente	zLa
Treßelin – Krickente	zLa
Tresselin – Krickente	ZLa
Trichada (gr.) – Misteldrossel	zLa
Triehl – Triel	Suol
Triel – Triel	B,Be1,Be2,Be,Buff,GD,GesH,Krü,N,O1 …
	… Gessner 1585: Triel, Griel.
Triel, europäischer – Triel	N
Triel, gemeiner – Sichler	O1
Triel, lerchengrauer – Triel	N
Trieltrappe – Zwergtrappe	Ad,Be1,Be2,Buff,GD,K,Krü,N,Suol
Trieshohn – Rebhuhn	Bri
Triesken – Rebhuhn	Bri
Triester Haussperling – Haussperling	CLB3
Triester Rohrammer – Rohrammer	CLB3
Triftling – Rosenstar	F,H
Triftstelze – Schafstelze	B,Be2,F,N
Trillelster – Elster	Do,F
Trillerfalk – Turmfalke	Do,F
Trillerhawk – Turmfalke	Do,F
Trillerjahn – Grauammer	Do,F
Trillernder Meerstrandläufer – Flußuferläufer	CLB2

Trillernder Sandläufer – Flußuferläufer	Krü	
Trillernder Strandläufer – Flußuferläufer	Be2,CLB1,Krü,MW,N	KNB
Trillernder Wasserläufer – Flußuferläufer	CLB1,2,Krü,MW,N	KNB
Trine – Grauammer	Scha	
Tringa, gefleckte – Drosseluferläufer	Buff	Edwards
Trischel – Drossel allg.	Pescheck	13. Jahrh.
Tritfögel – Schellenten	Zupo	Zunft- u. Polizeiverodnung, um 1425.
Trittli – Alpenbraunelle	Suol	
Trittvögel – Schellente	Zupo	Zunft- u. Polizeiverodnung, um 1500.
Tritvogel – Schellente	Zupo	Zunft- u. Polizeiverodnung, um 1500.
Trochilus – Zaunkönig	GD	
Troeschel – Drossel allg.	Pescheck	13. Jahrh.
Troessel – Krickente	Buff	
Troeßlen – Krickente	GesS	Gessner 1585. Nur drosselgroß.
Troestler (helv.) – Singdrossel	H	
Troglodit – Zaunkönig	Be1,Be2,Be	
Troglodyt – Zaunkönig	Buff,F,GD,N	
Troglodytin – Zilpzalp	Buff	Von Belon, fälschlich.
Troillumme – Trottellumme	CLB1,2,F,Krü,MW,N,O3,V,WüCl	KNB
Troiltaucher – Trottellumme	Be1,Be2,Be,F,GD,Krü,N	
Trollvogel – Krabbentaucher	Be2,F,GD,Gun,N	
Trommeltaube – Felsen-/Haustaube	GD,O1	Haustauben-Rasse.
Trompeter – Kanarengirlitz	Do	
Troossel, grü (helgol.) – Singdrossel	H	
Trooßl – Ringdrossel	Do	
Tropik-Vogel, großer – Rotschnabel-Tropikvogel	Buff	
Tropikente – Rotschnabel-Tropikvogel	Buff	
Tropiker – Rotschnabel-Tropikvogel	Buff	
Tropiker, fliegender – Rotschnabel-Tropikvogel	Buff	
Tropikvogel – Rotschnabel-Tropikvogel	BB,Buff,H	
Troschel – Drossel	HaSa	H. Sachs, 1531, Regiment ..., Vers 109.
Troschel – Drossel (allg.)	Suol	
Troeschel – Drossel	Pe	Bekannt im 13. Jahrhundert.
Troschel, gemeine – Wacholderdrossel	zLa	Zum Lamm, S. 265.
Trösel – Krickente	B,Be2,Be,Buff,F,GD,GesH,N,O1	
Trössel – Krickente	Zupo	1449
Trößel – Krickente, Kleine Ente	... zLa	Gessner 1557, 34, ...
	... seit 1425 in Straßb. Zunft- u. Polizeiverodnung.	
Trossel – Ortolan	Be2,Buff,F,GD,N	
Trossel – Singdrossel	GesS	
Trosselamsel – Ortolan	Do	
Trosselin – Krickente	Zupo	Zunft- u. Polizeiverodnung, um 1500.
Trosseln – Krickenten	Zupo	Zunft- u. Polizeiverodnung, um 1425
Trößlein – Krickente	Ad,Suol	Name mit ß, so lassen.
Trößlen – Krickente	Suol	Name mit ß, so lassen.
Trostel – Drossel (allg.)	Ad,Be1,Be,StVb,Suol	
Trostel – Misteldrossel	zLa	

Trostel – Singdrossel	GesSH,StVb,Suol	
Tröstle – Drossel (allg.)	Suol	
Trottellumme – Trottellumme	B	Brehm 1879.
Trottler – Kleiber	Jä	
True – Schmarotzerraubmöwe	Gun	Färöer: Dieb.
Trummel-Taube – Felsen-/Haustaube	Fri	Haustauben-Rasse.
Trummelstaube – Felsen-/Haustaube	K	Haustauben-Rasse.
Trummeltaube – Felsen-/Haustaube	Buff	Haustauben-Rasse.
Trun – Stieglitz	B,Be2,N,O1	
Truns – Stieglitz	Be1,Be,Be97,Buff,F,GD,GesS,Krü	
Truo – Pelikan	zLa	Zum Lamm S. 70.
Trush, Mistletoe (engl.) – Misteldrossel	Tu	
Trushe (engl.) – Wein-, Sing-, Misteldrossel	Tu	
Trut – Truthuhn	Krü	
Trute – Truthuhn	Ad,Krü	
Trüter – Alpenstrandläufer	Bri	
Truthahn – Truthuhn	B,Be1,Be2,Buff,GD,K,Krü,V	Frisch T. 122.
Truthahn, gemeiner – Truthuhn	O3	
Truthahn, wilder – Truthuhn	H	
Truthenne – Truthuhn	Krü	
Truthuhn – Truthuhn	Ad,O1	
Truthuhn, gemeines – Truthuhn	Be1,Be2 Krü,O2	
Trutwild – Truthuhn	H	
Trutwild, amerikanisches – Truthuhn	H	
Trutzbock – Truthuhn	Suol	
Trybvogel – Mittelsäger	Suol	
Tschackwoi (russ.) – Rothalsgans	N	
Tschadel – Elster	Suol	
Tschaderer – Elster	Suol	
Tschaderkatel – Elster	Suol	
Tschætscher – Birkenzeisig	Suol	
Tschafit – Zwergohreule	Suol	Aus 15. Jh. bezeugt.
Tschafittel – Zwergohreule	Suol	Aus 15. Jh. bezeugt.
Tschägschlich – Birkenzeisig	Suol	
Tschagwoi – Rothalsgans	Krü	
Tschaika (russ.) – Sturmmöwe	Buff	Buffon/Otto Bd. 32.
Tschak – Tannenhäher	Suol	
Tschäker – Eichelhäher	F,H	
Tschakwoi – Rothalsgans	Be2	
Tschank – Tannenhäher	Suol	
Tscharker – Doppelschnepfe	Suol	
Tschaschke – Birkenzeisig	Buff	
Tschater – Bekassine	F	
Tschätscher – Birkenzeisig	Do,F,Scha	
Tschätscherling – Birkenzeisig	Do,F	
Tschätschke – Birkenzeisig	Be2,Be,K,Krü,N	Frisch T. 10.
Tschätschmeise – Tannenmeise	Do,F	
Tschaupmoas – Haubenmeise	Suol	

Tschauytle – Zwergohreule	GesS,Suol	
Tschech – Haussperling	Suol	
Tscheche – Sperling	Suol	Schimpfwort
Tschekerle – Birkenzeisig	Suol	
Tschern – Flußseeschwalbe	O2	
Tscherna (krain.) – Schwarzspecht	Be1	
Tscheske – Birkenzeisig	Be	
Tschetscherle – Birkenzeisig	Buff,GesS	
Tschetscherlein – Birkenzeisig	Suol	
Tschetschke – Birkenzeisig	GD	
Tschetschotka (russ.) – Birkenzeisig	Buff	
Tschettchen – Birkenzeisig	Be2,CLB2,N	KNB
Tschetzke – Birkenzeisig	Ad,Buff,GD,K,Krü,Suol	
Tschezke – Bergfink	Be97	
Tschezke – Birkenzeisig	Be1,Be2, F,N	
Tschiftscha (lappl.) – Fischadler	B	
Tschilgtschalg – Zilpzalp	Do,F	
Tschiltshalg (böhm.) – Zilpzalp	H	
Tschim-Tscham (österr. Schlesien) – Zilpzalp	H	
Tschimtscham – Zilpzalp	Do,F	
Tschirp – Haussperling	Suol	
Tschischek (böhm.) – Erlenzeisig	Ad,Fri	
Tschitsch – Tannenmeise	Do	
Tschitschmeese – Tannenmeise	H	
Tschitschmeise – Tannenmeise	F	
Tschockerl – Dohle	Do,F	
Tschôgelester – Elster	Suol	
Tschoi – Eichelhäher	Suol	
Tschoie – Eichelhäher	Suol	Aus sloven. šoia.
Tschoie – Rabenkrähe	Suol	
Tschoikerle – Dohle	Do,F	
Tschokalaster – Elster	Suol	
Tschokerl – Dohle	Buff,GD	
Tschokerle – Dohle	B	
Tschokrich, bloer (boehm.) – Kleiber	F,H	
Tschotscherl – Birkenzeisig	Buff,GD	
Tschötscherl – Birkenzeisig	Be1,Be2,Be,N	
Tschuck (krain.) – Zwergohreule	Be1	
Tschudderlehu – Uhu	Suol	
Tschuderihu – Uhu	Suol	
Tschuetscherle – Birkenzeisig	GesS	
Tschuhu – Uhu	Jä,Suol	
Tschui – Eichelhäher	F,H	
Tschuk – Zwergohreule	F,H,Suol	
Tschukar – Chukarhuhn	B	
Tschungel – Schleiereule	Suol	
Tschunkel – Schleiereule	Suol	
Tschüpperle – Haushuhn (juv.)	Suol	

Tschürrn (helgol.) – Zaunkönig	F,H	
Tschusch – Waldohreule	F,H	
Tschütscherle – Birkenzeisig	Suol	
Tschütscherlein – Birkenzeisig	Be,GesH,N	
Tsitsi – Zaunammer	O1	
Tsuri – Kranich	Be2,F,N	
Tübene – Taube (weibl.)	Suol	
Tûbengîr – Habicht	Suol	
Tûbenstößel – Sperber	Suol	
Tuberich – Taube (männl.)	Suol	
Tuch Endte, weiße – Mittelsäger	Schwf	
Tuchelent – Gänsesäger	Suol	
Tücheli – Zwergtaucher	N	
Tuchent – Gänsesäger	Suol	
Tuchent, wysse – Zwergsäger	Suol	
Tüchterli – Zwergtaucher	GesH,Suol	
Tuck – Wachtel	F	
Tuckäntl – Zwergtaucher	Jä	
Tuckentlein – Zwergtaucher	Jä	
Tucker – Bluthänfling	Bri	
Tucker (bay.) – Bläßhuhn	H	
Tuckert – Bluthänfling	Bri,F,H	
Tuddelgrâtsch – Klappergrasmücke	Suol	
Tüdick – Rotschenkel	H	
Tuecchel (helv.) – Haubentaucher	GesS	
Tuechterli – Zwergtaucher	GesS	
Tüet – Goldregenpfeifer	Häp	
Tüet – Haushuhn (juv.)	Häp	
Tüet – Rotschenkel	Häp	
Tüfnieslewertien – Haubenlerche	Bri	
Tuglek (grönl.) – Eistaucher	Buff,Cz	Cranz S. 110.
Tuhle – Dohle	F	
Tühlüht – Rotschenkel	H,WüCl	
Tühlüt – Sandregenpfeifer	WüCl	
Tuhrle – Dohle	H	
Tul – Dohle	Ad,Be1,Be2,Be,Buff,GesS,K,N,O1,Suol, zLa	
Tül-Chräj – Schwarzspecht	Suol	
Tula – Dohle	GesS	
Tülau, Schult von – Pirol	Suol	
Tule – Alpendohle	H	
Tule – Dohle	Be2, Be,F,(H),N,Schwf	N: Thule, (H): Tule.
Tule, wilde – Alpendohle	Suol	
Tulen, wilde – Alpendohle (P. grac.)	GesS	
Tulf, gemeiner – Rotflügel-Brachschwalbe	O1	
Tulfis – Schwarzflügel-Brachschwalbe	Be2,Be	
Tülke – Regenpfeifer	O1	
Tulla – Dohle	Suol	
Tullfis – Flußregenpfeifer	JAN	
Tullfiß – Flußregenpfeifer (sil.)	H,Schwf,Suol	Schwenckfeld 1603.

Tullfiß – Sandregenpfeifer	Be1,Be2,Be,Buff,GD,Krü,N	
Tullfiß – Schwarzflügel-Brachschwalbe	Be	
Tullfitz – Flußregenpfeifer	F	
Tülüt, grôt – Rotschenkel	Suol	
Tülüt, lütt – Regenpfeifer (allg.)	Suol	
Tumherr – Gimpel	Be1,Be,F,N,Suol	
Tümmel-Taube – Haustaubenrasse	Fri	
Tummeltaube – Felsen-/Haustaube	GD	Zu Rasse Turniertaube.
Tummler – Felsen-/Haustaube	GD	Zu Rasse Turniertaube.
Tümmler – Felsen-/Haustaube	Buff,GD	Zu Rasse Turniertaube.
Tümmler – Turteltaube	Do	
Tümpelmeisk – Sumpfmeise	Do,F	
Tumpfaff – Gimpel	Ad,N,Suol	
Tumpfaffe – Gimpel	Be2,Be,F,N	
Tumpfaffe – Mönchsgrasmücke	Be2,Be,N	
Tumpfaffen – Gimpel	Be1	
Tundra-Regenpfeifer – Wanderregenpfeifer	H	Naum. – Henn. 8, 31.
Tundrablaukehlchen – Blaukehlchen	B	
Tundraregenpfeifer – Amerikan. Sandregenpfeifer	Brehmbücherei (240, 4)	
Tunes – Helmperlhuhn	GesS	
Tungusische Lerche – Ohrenlerche	K	Frisch T. 16.
Tûnhüpper – Zaunkönig	Suol	
Tunisches Huhn – Helmperlhuhn	Be1	
Tunkentli – Zwergtaucher	F,N	
Tunker – Haubentaucher	F	
Tûnkeschlîker – Zaunkönig	Suol	
Tunkönig – Zaunkönig	Bri,Do,Scha	
Tûnkrîter – Zaunkönig	Suol	
Tûnkrüper – Zaunkönig	Do,F,Suol,WüCl	
Tûnsinger – Grauschnäpper	Suol	
Tüpfelsumpfhühnchen – Tüpfelsumpfhuhn	B,Suol	
Tüpfelwasserläufer – Waldwasserläufer	B,H	
Tur – Auerhuhn	O1	
Türckisch Endte – Moschusente	Schwf	
Türckisch Teublin – Lachtaube	Schwf	Türkentaube war unbekannt.
Türckischer Antvogel – Rostgans	Baldn	
Turcksche Endte – Moschusente	K	
Türken-Taube – Türkentaube	Z	Name stammt vom Museum König, Bonn. Für Zorn war die Türkentaube eine Lachtaube.
Türkenente – Moschusente	GesS	
Türkisch Endte – Moschusente	Buff,Suol	
Türkische Ente – Kolbenente	Be2,Be,N	
Türkische Ente – Moschusente	Be2,Buff,GD,K,O1	Heute: Haustierform.
Türkische Henne – Truthuhn	Suol	
Türkische Lerche – Ohrenlerche	Be1,Be2,Be,Buff,GD,zLa	Nach Rötenbeck.
Türkische Nachtigall – Gartenrotschwanz	Do	
Türkische Schnepf – Regenbrachvogel	Be1	
Türkische Schnepfe – Regenbrachvogel	Be2,GD	

Türkische Schnepfe – Sichler	Do,F
Türkische Schnepfe – Stelzenläufer	F,N
Türkische Taube – Felsen-/Haustaube	Buff,Fri,O1
Türkischer Goisar – Sichler	N
Türkischer Goiser – Regenbrachvogel	Be1,Be2,GD
Türkischer Goiser – Sichler	Be2,Be
Türkischer Goißer – Sichler	GD
Türkischer Häher – Tannenhäher	Do,F
Türkischer Hahn – Truthuhn	Be1,Be2,Buff
Türkischer Holtz-Schreyer – Tannenhäher	Fri
Türkischer Holtzheher – Tannenhäher	Fri
Türkischer Holzschreier – Tannenhäher	Be1,Be2,Be,F,Krü,N,Scha
Türkischer Holzschreyer – Tannenhäher	Buff,Hp
Türkischer Keilhaken – Sichler	N
Türkischer Kibitz – Austernfischer	Suol
Türkischer Kiwit – Austernfischer	Suol
Türkischer Markward – Tannenhäher	Do
Türkischer Reiger – Nachtreiher	Buff
Türkischer Reiher – Graureiher	Be2,Be,N
Türkischer Reiher – Nachtreiher	GD
Türkischer Reiher – Nachtreiher	Krü
Türkischer Reiher – Silberreiher	Be1,Be2,Be,N
Türkischer Schnepf – Sichler	Be2,Be,N
Türkischer Spatz – Bartmeise	Be
Türkischer Spatz – Beutelmeise	Be2,N
Türkischer Spatz – Beutelmeise	Buff,GD
Türkischer Vogel – Tannenhäher	Be2,N
Türkisches Huhn – Truthuhn	Ad,Krü
Türkisches Täublein – Lachtaube	Be1,Be2,Krü
Turkish Duck (engl.) – Moschus-/ Warzenente?	Tu
Türkscher Holzheher – Tannenhäher	Scha
Turlur – Rotschenkel	O1
Turmdohle – Dohle	CLB3,O1
Turmeule – Schleiereule	B,Be1,Be2,Be,Be97,F,Jä,Krü,N,Suol,V
Turmfalk – Turmfalke	Ad,B,Krü,MW,O1,V
Turmfalke – Turmfalke	Be1,Be2,Be,Be97,Be05,CLB1,2,N,O3 … … Halle 1760. Ü, KNB
Turmfalke, hochköpfiger – Turmfalke	CLB3
Turmfalke, italiänischer – Rötelfalke	N
Turmfalke, kleiner – Rötelfalke	CLB2,3
Turmfalke, mittlerer – Turmfalke	CLB3
Turmfalke, plattköpfiger – Turmfalke	CLB3
Turmfalke, sicilianischer – Rötelfalke	N
Turmfalke, sizilianischer – Rötelfalke	CLB2
Turmhavk – Turmfalke	WüCl
Turmkrähe – Dohle	B,Be2,Be,CLB1,2,F,Krü,N,V Bechst. 1802, KNB
Turmkrooh – Dohle	H
Turmrabe – Dohle	F,MW,N,V Meyer/Wolf 1810, KN

Turmschwalbe – Mauersegler	Ad,B,Be2,Be,Be97,CLB2,F,Jä,Krü, …	
	… N,O2,Scha,Suol,V,WüCl	KNB
Turmschwalbe, gemeine – Mauersegler	N	
Turmschwalbe, große – Alpensegler	F,N	
Turmschwalbe, große – Mauersegler	Be2,Be,N	
Turmsegler – Mauersegler	B,CLB2,F,N,WüCl	KNB
Turmsperber – Turmfalke	Jä	
Turmtaube – Felsen-/Haustaube	Be2,N	
Turmvögele – Dohle	F,Jä,H	
Turmwiedehopf – Alpenkrähe	B,Be97,F,N	
Turmwiedehopf – Waldrapp	Be1,Krü	
Turniertaube – Felsen-/Haustaube	GD	Tauben-Rasse.
Turnkönick – Zaunkönig	Suol	
Turnquäker – Mauersegler	Bri	
Turns – Stieglitz	Suol	
Tûrnswâlken – Mauersegler	Suol	
Turnswöelike – Mauersegler	Bri	
Turnweih – Turmfalke	Suol	
Turpan – Rostgans	Buff	Russ., nach Georgi.
Turpan (russ.) – Rostgans	B	
Turpan (russ.) – Samtente	Buff	
Turpane (russ.) – Samtente	Be1,Be2,Be,Buff,F,GD,Krü,N	
Turpanente – Samtente	EG	EG ist Ersch/Gruber 1820.
Turtel – Felsentaube	B	
Turtel – Turteltaube	F,Schwf,Suol	
Turtel Duve (engl.) – Turteltaube	Tu	
Turtel Taube – Turteltaube	Fri,Schwf	
Turtel Taube, schloßweiße Türckische –	zLa	
Lachtaube		
Turtel-Daube – Turteltaube	Kö	
Turtel-Taub – Turteltaube	GesH	
Turtel-Taube – Turteltaube	N	
Turteldüwe – Turteltaube	Do,F	Niederdt. -düwe ist -taube.
Turteltaub – Turteltaube	GesH,StVb	
Türteltaub – Turteltaube	HaSa,Suol	H. Sachs, 1531, Regiment …, V. 204.
Turteltaub, indianische – Lachtaube	GesH	
Turteltäubchen – Turteltaube	CLB2,N	KNB
Turteltäubchen, indianisches – Lachtaube	Krü	
Turteltaube – Turteltaube	Ad,B,Be,Be1,2,97,CLB1,2,Fri,G,GD,Hp,K,, …	
	… KrüMW,N,O1,2,3,P,Suol,V,Z	
	Frisch T. 140.	KNB
Turteltaube mit dem schwarzen	Be1,Be2	Türkentaube noch nicht beschrieben.
Halsbande – Lachtaube		
Turteltaube mit schwarzem Halsbande –	Krü	Türkentaube noch nicht beschrieben.
Lachtaube		
Turteltaube, einheimische – Lachtaube	Be1,Be2,Krü	Be unterschied Lach- u. Turtelt.
Turteltaube, gemeine – Lachtaube	Be1,Be2,Krü	
Turteltaube, gemeine – Turteltaube	Be2,N	
Turteltaube, hochköpfige – Turteltaube	CLB3	

Turteltaube, plattköpfige – Turteltaube	CLB3	
Turteltaube, wilde – Turteltaube	Be2,Be,N	
Turteltaube, zweifelhafte – Turteltaube	CLB3	
Turteltaubenführer – Kuckuck	Son.	Sonini 1801/250.
Turteltäublein, indianisches – Lachtaube	Be2	
Turteltûb – Turteltaube	Suol	
Turtle Dove (engl.) – Turteltaube	Tu	
Turtul-Taube – Turteltaube	K	
Turtur – Turteltaube	Tu	Bei Aristoteles.
Turtur Teublin, indianisch – Lachtaube	Schwf	
Tût – Haushuhn (juv.)	Suol	
Tüt – Rotschenkel	Bri,H	
Tüt groote, – Rotschenkel	Bri	
Tütchen – Goldregenpfeifer	B	
Tüte – Goldregenpfeifer	Bri,Do,F,Häp,Scha	
Tüte – Goldregenpfeifer, Regenpfeifer (allg.)	Suol	
Tüte – Grünfink	Ad	
Tüte – Rotschenkel	Bri,Häp	
Tüte – Sanderling	Bri	
Tüte Brodick – Goldregenpfeifer	Bri	
Tüte, groote – Großer Brachvogel	Bri	
Tüte, kleine – Flußregenpfeifer	Bri	
Tütenwölup – Großer Brachvogel	Bri	
Tüter – Rotschenkel	Bri	
Tütewelle – Großer Brachvogel	Suol	
Tütewelle – Regenpfeifer (allg.)	Suol	
Tütewelp – Großer Brachvogel	Suol	
Tütewelp – Regenpfeifer (allg.)	Suol	
Tuti (hindu.) – Karmingimpel	B	
Tütje – Haushuhn (juv.)	Suol	
Tütje – Rotschenkel	Bri	
Tutjeblick – Wachtel	Bri	
Tütlü – Rotschenkel	H	
Tütschnepfe – Rotschenkel	B,Be2,Buff,F,Krü	
Tütte – Goldregenpfeifer	Scha	
Tuttel – Goldregenpfeifer	Bri	
Tuttelduw – Turteltaube	Bri	
Tütteli – Alpenbraunelle	Suol	
Tutteltube – Turteltaube	Suol	
Tutter – Grünfink	B,Be1,Be2,Be,Be97,Buff,F,GD,GesSH,N,O1,Suol	
Tutvogel – Goldregenpfeifer	Be	
Tütvogel – Goldregenpfeifer	B,Be2,Be,Krü,N	
Tutwelp – Großer Brachvogel	Bri	
Tuuker – Haubentaucher	Be2,N	
Tuunkönig – Zaunkönig	F,Häp	
Tuunkrieter – Zaunkönig	Bri,Häp	
Tuunsinger – Grauschnäpper	Häp	
Tuyker (holl.) – Kormoran	GesH	
Twälstiert – Rotmilan	WüCl	

Tweelstaartwieh, schwart – Schwarzmilan	F	
Tweelstart, geel – Rotmilan	F	
Twelsteert – Rotmilan	H	
Twêlstêrt – Milane (allg.)	Suol	
Twêlstêrtwih – Milane (allg.)	Suol	
Twelstiert – Rotmilan	Do,F	Plattdeutsch für Gabelschwanz.
Twielstärt – Rotmilan	Bri	
Twite – Berghänfling	Buff	
Twogfink – Buchfink	Bri	
Twogfink, spanischer – Bergfink	Bri	
Tyrannchen – Fitis	GD	
Tyrannchen – Goldhähnchen	Ad,K,Krü	Sommergoldhähnchen
Tyrannchen – Zilpzalp	Be1,Be2,Be,F,N	
Tyreel – Rotmilan	Be2	
Tyrerl – Rotmilan	N	
Tyrolf – Pirol	Ad,Krü	
Tyrolk – Pirol	Be2,Be,N	
Tyrolt – Grünfink	Buff	
Tyrolt – Pirol	Be1,Buff,GesSH,Hp,HaSa,Krü,Suol	HaSa V. 105.
Tyrolt – Pirol	Be1	
Tyv-Jo – Skua	Gun	
Tyve – Schmarotzerraubmöwe	Gun	Färöer: Dieb.
Tyverl – Rotmilan	B,F	
Tyvjo (norw.) – Schmarotzerraubmöve	H	
Tyvmaage (dän.) – Falkenraubmöwe	H	
Tyvmaage (dän.) – Schmarotzerraubmöve	H	
Tyvmaage (dän.) – Spatelraubmöve	H	

U – Uhu	Suol	
Ü-prumb – Rohrdommel	Bri	
Uart – Krickente	F,H	
Über Swalbe – Uferschwalbe	Tu	
Überschnabel – Säbelschnäbler	Baldn,GD,N,Suol,V,zLa	
Uberschwalbe – Uferschwalbe	GesSH,Suol	
Udeahr – Weißstorch	Suol	
Udeb – Wiedehopf	F,H	
Uebergehender – Buchfink	Buff	
Ueberschnabel – Säbelschnäbler	Buff	
Uelke – Steinkauz	Scha	
Ufer-Sanderling – Sanderling	N	
Ufer-Schnepfe, graue – Terekwasserläufer	H	
Ufer-Schwalbe – Uferschwalbe	N,Z	
Uferkibitz – Sandregenpfeifer	Ad	
Uferkiebitz – Sandregenpfeifer	Krü	
Uferläufer Bartrams – Prärieläufer	N	1811 J. A. + J. F. Naum.: Tringa macroura.
Uferläufer-Kiwitz – Bruch-(Wald-) wasserläufer	Buff	Tringa littorea.
Uferläufer, gefleckter – Drosseluferläufer	CLB3,N	
Uferläufer, gemeiner – Flußuferläufer	O2	

Uferläufer, langschwänziger – Prärieläufer	CLB3,N	
Uferläufer, rötlicher – Grasläufer	H	
Uferläufer, schwarzer – Dunkler Wasserläufer	CLB3	
Uferläufer, schwimmender – Dunkler Wasserläufer	CLB3	
Uferläufer, Vieillots – Grasläufer	H	
Uferlerche – Brachpieper	Krü	
Uferlerche – Flußregenpfeifer	JAN,Krü	
Uferlerche – Flußuferläufer	F,H	
Uferlerche – Ohrenlerche	Be1,Be2,Be,Buff,GD,Krü,N	
Uferlerche – Sandregenpfeifer	Be1,Be2,Be,Be97,Buff,GD,Krü,N	
Uferpfeifer, buntschnäbliger – Sandregenpfeifer	CLB3	
Uferpfeifer, kleiner – Flußregenpfeifer	CLB3	
Uferpfeifer, nordischer – Sandregenpfeifer	CLB3	
Uferpfeifer, weisskehliger – Seeregenpfeifer	CLB3	
Uferpfeifer, weisslicher – Seeregenpfeifer	CLB3	
Uferpfeifer, weissstirniger – Seeregenpfeifer	CLB3	
Uferpieper – Bergpieper	B,CLB2	KNB
Uferpieper – Strandpieper	F	
Ufersanderling – Sanderling	N,WüCl	
Uferschilfsänger – Schilfrohrsänger	B,CLB1,2,3,F,N	KNB
Uferschilfsänger, kleiner – Schilfrohrsänger	CLB3	
Uferschnepfe – Grünschenkel	N	
Uferschnepfe – Pfuhlschnepfe	Be,Be2	
Uferschnepfe – Rotschenkel	O1	
Uferschnepfe – Uferschnepfe	B,Be1,Be2,Be,Buff,GD,Krü	
Uferschnepfe, bellende – Grünschenkel	Be2,Buff	= Brissons „Limosa grisea."
Uferschnepfe, bellende – Uferschnepfe	Krü	
Uferschnepfe, braune – Dunkler Wasserläufer	Be2,Buff,N	
Uferschnepfe, bunte – Dunkler Wasserläufer	Be2,N	
Uferschnepfe, bunte – Grünschenkel	Be2,Be,Buff,Krü,N	
Uferschnepfe, fuchsrote – Pfuhlschnepfe	Be2,Buff,Krü,N	
Uferschnepfe, gemeine – Uferschnepfe	Be,Buff,Krü	
Uferschnepfe, graue – Dunkler Wasserläufer	N	
Uferschnepfe, graue – Grünschenkel	Buff	= Brissons „Limosa grisea."
Uferschnepfe, graue – Pfuhlschnepfe	Be2,Be,BB	
Uferschnepfe, große – Uferschnepfe	N,O2	
Uferschnepfe, große rostgelbe – Uferschnepfe	Be2	
Uferschnepfe, große rotgelbe – Uferschnepfe	Be,Buff,Krü	
Uferschnepfe, kleine rote – Pfuhlschnepfe	N	

Uferschnepfe, kleine rotgelbe – Pfuhlschnepfe	Be2,Be,N
Uferschnepfe, lappländische – Pfuhlschnepfe	Buff
Uferschnepfe, rostgelbe – Pfuhlschnepfe	N
Uferschnepfe, rostrote – Pfuhlschnepfe	N,WüCl
Uferschnepfe, rote – Pfuhlschnepfe	O2
Uferschnepfe, schwarzschwänzige – Uferschnepfe	N,WüCl
Uferschnepfe, schwimmende ... ... – Dunkler Wasserläufer (Wikl.)	Be2,Be,Buff, N
Uferschnepfe, weiße – Säbelschnäbler	Buff
Uferschnepfe, weißsteißige – Grünschenkel	N
Uferschneppe – Uferschnepfe	Scha
Uferschwalbe – Uferschwalbe	Ad,B,Be1,Be2,Be,Be97,Buff,CLB2,Fri,GD, ... K,Krü,MW,N,O1,2,3,V Frisch T. 18. KNB
Uferschwalbe, hochköpfige – Uferschwalbe	CLB3
Uferschwalbe, kleinschnäblige – Uferschwalbe	CLB3
Uferspecht – Eisvogel	B,Be2,F,Krü,N
Ufersteiger – Flußuferläufer	Krü
Ufersteinwälzer – Steinwälzer	CLB3
Uferstrandläufer – Sandregenpfeifer	Krü
Uferstrandläufer – Waldwasserläufer	Be1
Ufertaube – Felsen-/Haustaube	B,Be2,N
Ugpatekortok (grönl.) – Eiderente	H
Uhl – Waldkauz	Buff
Ühl (helgol.) – Sumpfohreule	H
Uhl, graag – Waldkauz	F,WüCl
Uhr-Han – Auerhuhn	Kö
Uhreule – Waldohreule	B,F
Uhrgrootst Skeetenjoager (helgol.) – Spatelraubmöve	H
Uhrhahn – Auerhuhn	Ad,GD,Krü
Uhrhâne – Auerhuhn	Suol
Uhruhl – Waldohreule	WüCl
Uhu – Uhu	Ad,B,Be1,Be2,Be,Be97,Be05,Buff,CLB1,2, ... Fri,GD,GesSH,Hp,Jä,K,Krü, N,O2,Z, ... Frisch T. 93.
Uhu – Waldkauz	JAN,N
Uhu-Ohreule – Uhu	N
Uhu, deutscher – Uhu	CLB3 KNB gehört zu Uhu – Uhu. KNB
Uhu, großer – Uhu	O1,V
Uhu, kleiner – Waldohreule	Be2,Be,Jä,N,O1,V
Uhu, nordischer – Uhu	CLB3
Uhu, schwarzgeflügelter – Uhu	Buff Var. Aldrovandi.
Uhu, weißer – Schnee-Eule	GD
Uhueule – Uhu	Be1,Be2,Be,N
Uiver – Weißstorch	Suol
Ul – Eule (allg.)	Suol

Ul – Schleiereule	F	
Ul – Waldkauz	GesH	
Ül – Waldkauz	Suol	
Ulan – Ortolan	Do,F	
Ulcke – Steinkauz	Bri	
Ule – Eule (allg.)	Suol	
Ule – Uhu	Buff	
Üle – Waldkauz	Tu	Engl. Owl, Howlet.
Üleke – Steinkauz	Häp	
Ulenkopp – Waldschnepfe	Bri	
Ülenmörder – Neuntöter und Würger (allg.)	Suol	
Uluhl – Schleiereule	Do	
Ulwer – Weißstorch	Suol	
Ummelše – Amsel	Suol	
Unbekannter Taucher – Prachttaucher (juv.)	Be1,Be2,Buff,N	Colymbus ignotus Bechstein.
Une Dame (franz) – Schleiereule	GesH	
Unechte Nachtigall – Gartengrasmücke	Fri	Frisch T. 21.
Unechte Nachtigall (schlesw.-holst.) – Gelbspötter	H	
Unewärsvagel – Großer Brachvogel	Bri	
Ungarische Aunachtigall – Sprosser	F	
Ungarische Nachtigall – Sprosser	CLB2,H,V	KNB
Ungarische Sumpfnachtigall – Sprosser	F	
Ungarische Tauchänte – Zwergsäger	Buff	
Ungarische Tauchente – Zwergsäger	Be1,Be2,Be,N	
Ungarischer Bienenfresser – Bienenfresser	CLB3	
Ungarischer Häher – Blauracke	GesS,Suol	
Ungarischer Löffler – Löffler	CLB3	
Ungefleckte Drossel – Weißbrauendrossel	N	N: Bd. 13/289.
Ungeflügelter Penguin – Riesenalk (ausgest.)	GD	
Ungehäubter Reiher – Graureiher	Be2,Be,GD,N	
Ünger, grü (helgol.) – Gartengrasmücke	H	Ünger ist Grasmücke.
Ungewittervogel – Eissturmvogel	Gun	Von Gunnerus so genannt.
Ungewittervogel – Sturmschwalbe	Ad,Be2,Be,Buff,F,GD,Gun,Krü,N	
Ungewittervogel, kleiner – Sturmschwalbe	Buff	
Ungleiche Ente – Scheckente	N	
Unglücks-Heher – Unglückshäher	N	N: Bd. 13/214.
Unglückshäher – Unglückshäher	N,O3	
Unglücksheher – Unglückshäher	B,CLB2,N	N: Unglücks-Heher KNB
Unglücksrabe – Unglückshäher	F,GD,MW,N	N: Bd. 13/214.
Unglücksvogel – Steinkauz	Do,F	
Unglücksvogel – Steinrötel	Be2,Be,F,Krü,N,O1	
Unglücksvogel – Unglückshäher	Ad,Buff,CLB2,F,GD,Krü,N,O2	KNB
Unglücksvogel, kleiner – Steinrötel	Be2,Be,Krü,N	
Unk – Rohrdommel	Scha	
Unkenfresser – Mäusebussard	B,Be1,Be2,Be,Be97,F,GD,Krü,N	
Unsbel – Amsel	Suol	
Unschuldsvogel – Tannenhäher	Be1,Be2	
Unschwalbe – Schwarzstorch	GesS	

Unter-Adler – Schmutzgeier	GesH	
Unteralpengrasmücke – Weißbartgrasmücke	CLB2	KNB
Unteralpensänger – Weißbartgrasmücke	CLB2,O3	KNB
Unterfutter, rotes – Unglückshäher	N	N: Bd. 13/214.
Unterich – Ente (männl.)	Suol	
Unterirdische Aente – Bergente	Buff	Des Scopoli.
Unterirdische Ente – Bergente	Be1,GD	
Unterirdische Ente – Brandgans	Hp	
Untert – Ente (männl.)	Suol	
Unverheyrateter Fink – Buchfink	Bock	1782
Unvogel – Rosapelikan	GesS,Suol	
Uol – Waldkauz	GesS	
Upisch – Wiedehopf	Scha	
Uplandische Eule – Rauhfußkauz	GD	
Uraleule – Habichtskauz	B,F	
Uralhabichtseule – Habichtskauz	N	
Uralische Ente – Weißkopf-Ruderente	Be2,N	
Uralische Eule – Habichtskauz	CLB2	KNB
Uralische Nachteule – Habichtskauz	GD	
Uralische Tageule – Habichtskauz	CLB2	KNB
Uralischer Baumkauz – Habichtskauz	CLB3	
Uralkauz – Habichtskauz	Do,F	
Uralsche Eule – Habichtskauz	N	
Urana (krain.) – Nebelkrähe	Be1	
Ureule – Waldohreule	Be2,N	
Urhahn – Auerhuhn	Ad,Be1,Be2,Be,Be97,F,N,O1	
Urhan – Auerhuhn	Fri,GD,GesH,Hp,Mic	
Urhan, klener – Birkhuhn	zLa	Nach Gessner 1555, 472–478.
Urhane (dän.) – Auerhuhn	H	
Urhenne – Auerhuhn	Be2	
Urhuen – Auerhuhn	Suol	
Urhuhn – Auerhuhn	B,O2	
Urigurap – Schmutzgeier	N,O1	
Urkind – Rohrdommel	Fri	
Urlhan – Auerhuhn	Suol	
Urogallus – Auerhuhn	GesS	
Urrind – Rohrdommel	Ad,Be,GesSH,Krü	
Urteldauf – Turteltaube	Suol	
Urtlan – Ortolan	B,H	
Urtulan – Ortolan	Do,F	
Urwel – Weißstorch	Suol	
Urwind – Rohrdommel	Be97	
Usele – Gans (juv.)	Suol	
Uspel – Amsel	Suol	
Usrind – Rohrdommel	Be1,Be2,GD,N	
Utlan – Ortolan	B,F,H	
Uueingaerdsuogel (!) – Rotdrossel	Suol	

Uul – Eule allg.   Häp
Uule – Eule allg.   Häp,Krü
Uva – Uhu   Suol
Uvilo – Uhu   Suol
Uvo – Uhu   Suol
Uw – Uhu   Suol
Uwel – Waldkauz   GesSH

Vagabundenvogel – Fichtenkreuzschnabel   Ber   Berthold 1996. VN
Vâgel Büelo – Pirol   Bri,Häp
Vâgel Bülo – Pirol   Häp,Suol,WüCl
Vageln – Trauerente   H   Bei den Entenfängern der Ostsee.
Väldhuen – Rebhuhn   GesS
Valk – Falke allg.   Pe   Bekannt im 13. Jahrhundert.
Vandhöne – Wasserralle   Gun
Vandstaer (dän.) – Wasseramsel   H
Vasand – Fasan   Pe   Bekannt im 13. Jahrhundert.
Vasant – Fasan   Zupo   1425
Vasanthan – Fasan (männl.)   Zupo   15. Jahrh.
Vasanthun – Fasan (weibl.)   Zupo   15. Jahrh.
Vaßhun – Fasan   Int.
Vattenstare (schwed.) – Wasseramsel   H
Vauhl, kalummer – Kanarienvogel   Suol   Suolahti: „Kalummer-Vauhl".
Vberschwalben – Uferschwalbe   Suol
Vederspiel – best. Falke   Pe   Federspiel: Abgerichteter Falke, 13. Jh.
Vehe – Weihe   zLa
Velch Oru (krain.) – Kolkrabe   Be1
Veldböck – Felsen-/Haustaube (Var.)   Suol
Veldhoen (holl.) – Rebhuhn   GesH
Veldt-Lerche – Feldlerche   Suol
Veldtube – Felsen-/Haustaube (Var.)   Suol
Velt hön – Rebhuhn   Tu
Velthüner – Rebhühner   Zupo   1425
Vennhuhn – Moorschneehuhn   Do,F
Venntüte – Goldregenpfeifer   Bri
Venturon – Kanarengirlitz   GD   Rasse in Italien bis Türkei.
Venturon (franz.) – Zitronenzeisig   Be2,Be,Buff,F,N
Venturon (franz.) – Zitronenzeisig + Girlitz Be
Venturon alpin (franz.) – Zitronenzeisig   H
Venustaube – Felsen-/Haustaubetaube   Buff,GD   Zu Rasse Haubentaube.
Veränderliche Lerche – Mohrenlerche   Buff
Veränderlicher Adler – Wespenbussard   N
Veränderlicher Brachvogel –   Be2,N
    Alpenstrandläufer
Veränderlicher Strandläufer –   Be,CLB1,2,Krü,MW,N   KNB
    Alpenstrandläufer
Verdrehtes Wagenrad – Wendehals   Do,F
Vere – Birkhuhn   O1

Verkehrtschnabel – Säbelschnäbler	B,Be2,Be,Buff,GD,Krü,N	
Vermischter Falk – Bastard edler x unedler Falke	Suol	
Verschiedenfarbige Ente – Scheckente	N	
Verwoahrfink, road-hoaded (helgol.) – Rotkopfwürger	H	
Verwoahrfink, road-rögged (helgol.) – Neuntöter	H	
Verwoahrfink, swart-hoaded (helgol.) – Schwarzstirnwürger	H	
Vetter – Goldammer	Do	
Vetter Loriott – Pirol	Do,F	
Vetterdaft – Gelbspötter	Do,F	
Vhr Eule – Waldohreule	Suol	
Vhrhane – Auerhuhn	Suol	
Vidual – Pirol	Buff,Hp,Krü	
Viduel – Pirol	Be1,Be2,Be,N	
Viehamsel – Rosenstar	B,F	
Viehauser – Großer Brachvogel	Jä	
Viehbachstelze – Schafstelze	Be97	
Viehbachstelze, gelbe – Schafstelze	Be1,Be2,Be,N	
Viehhirt – Schafstelze	Suol	
Viehstaar – Rosenstar	B	
Viehstaar, rosenfarbiger – Rosenstar	O3	
Viehstar – Rosenstar	Do,F	
Viehstelze – Schafstelze	Be2,Be,F,N,Suol,V	
Viehvogel – Rosenstar	B,F,V	
Viehvogel, rosenfarbiger – Rosenstar	CLB2,MW,H	KNB
Vieillots Uferläufer – Grasläufer	H	
Vielfarbiger Kampfläufer – Kampfläufer	N	
Vielfras – Rosapelikan	Schwf,Suol	
Vielfraß – Gänsesäger	Be1,Be2,Buff,F,N	
Vielfraß – Kormoran	Be2,Be,F,Fri,N,Suol	
Vielfraß – Rosapelikan	Ad,Be1,Be2,Be,Fri,GD,K,N	Frisch T. 186.
Vier Aeuglein – Schellente	K	
Vieräuglein – Schellente (weibl.)	Ad,Be1,Be2,Be,Buff,F,GD,K,N	Frisch T. 181.
Vierogen – Schellente	H	
Vierspiegelichter Fink – Buchfink	N	
Vierstreifiger Stieglitz – Bergfink (Var.)	GD	
Vierte Halbente – Prachttaucher	Ed,K	Edwards Tafel 146.
Viertelsgrüel – Dunkler Wasserläufer	B,Be2,N	
Viertelsgrüel – Grünschenkel	H,O1,2	
Viertelsgrüel – Rotschenkel	H,O1,Suol	
Viertelsgrül – Dunkler Wasserläufer	Do,F	
Vig Dressel – Knäkente	Suol	
Vinago – Hohltaube (Felsentaube?)	Tu	Aristoteles-Name.
Vinelle – Bluthänfling	Jä	
Violetter Sanderling – Meerstrandläufer	O2	
Violettes Meerhuhn – Purpurhuhn	Buff	

Violettes Wasserhuhn – Purpurhuhn	Buff	
Virginische Lerche – Ohrenlerche	Be1,Be2,Be,Buff,Krü,N	Frisch T. 16.
Virginischer Goldregenpfeifer – Wanderregenpfeifer	H	Naum. – Henn. 8, 31.
Virl – Flußuferläufer	O1	
Virlen – Flußuferläufer	Buff	
Vishaern – Fischadler	GesS	
Vishärn – Fischadler	Suol,Tu	= Vish-ärn!
Viska (schwed.) – Berghänfling	Buff	
Visperl – Fitis	P1	
Vißgeir – Schmutzgeier	GesS	
Vißhärn – Seeadler	GesH	Turner
Vivitz – Kiebitz	Zupo	1449
Vivitz-köpplin – Goldregenpfeifer	Zupo	15. Jahrh.
Vivitze – Kiebitze	Zupo	1425
Vliegenvanger (holl.) – Grauschnäpper	H	
Vocke – Nachtreiher	Ad	
Vôgel Bülo – Pirol	Suol	
Vogel Bülow – Pirol	Do,Scha	
Vogel Caspar – Bekassine	Be,Krü,N	
Vogel der Egypter, geheiligter – Schmutzgeier	Buff	
Vogel für Haus – Pirol	H	
Vogel fürs Haus – Pirol	F	
Vogel Haine – Rosapelikan	N	
Vogel Hein – Rosapelikan	Suol	
Vogel Heine – Rosapelikan	Do,F	
Vogel Jupiters – Steinadler	Be2,Be	
Vogel Püloh – Pirol	Be1,Be2,Be,N	
Vogel vom Haus – Pirol	F,H	
Vogel von Kyburg – Alpenbraunelle	zLa	
Vogel Wud-Wud – Wiedehopf	H	
Vogel-Bülow – Pirol	H	
Vogel-Casper – Bekassine	Be2	
Vogel, afrikanischer – Tannenhäher	Be2,N	
Vogel, blaw – Steinrötel	Schwf	
Vogel, fremder – Austernfischer	Be	
Vogel, fremder – Stelzenläufer	Be1,Be2,Be,Buff,Krü	
Vogel, hundertzüngiger – Blaukehlchen	Glutz	In Lappland.
Vogel, italiänischer – Tannenhäher	Be2	
Vogel, italienischer – Tannenhäher	N	
Vogel, schottländische – Schottisches Morrschneehuhn	GesH	
Vogel, türkischer – Tannenhäher	Be2,N	
Vogel, welscher – Sichler	Be2,Be,Buff,GesH,N	
Vogelbierhaus – Pirol	Do	
Vogelfalk – Sperber	Krü,Scha	
Vögelfalke – Sperber	Be2,Be,N	
Vogelfiraus – Pirol	Ad	

Vogelgeier – Habicht	Jä	
Vogelgeier – Seeadler	Be2,Be	
Vogelgeier – Sperber	Do,F	
Vogelgeier – Wespenbussard	Be2,N	
Vögelgeier – Wespenbussard	Be	
Vögelgeierla – Wespenbussard	Be1	
Vogelgeierle – Wespenbussard	Be2,F,N	
Vogelgeyer – Gänsegeier	Bo,GD	
Vogelgeyer – Schmutzgeier	GD	Weil er in d. Farben abwechselt.
Vogelhabicht – Sperber	Do,F,Suol	
Vogelhäckla (bayer.) – Kleinere Taggreife in Bayern	Jä	
Vogelhain – Rosapelikan	GesH,Suol,Tu	
Vogelheine – Krauskopfpelikan	zLa	Auch bei Gessner 1757: 183–185.
Vogelheine – Rosapelikan	Be2,Be,Buff,GD,GesH,N,Suol	
Vögelin, canari – Girlitz	ZLa	
Vogelkönig – Zaunkönig	Do,F	
Vogelspötter – Pirol	Ad,Krü	
Vogelsteßel – Sperber	Suol	
Vogelstößel – Kuckuck	Suol	
Vogelstößer – Kuckuck	Suol	
Vogelstößer – Sperber	B,F	
Vogelstrauß (österr.) – Pirol	Krü	
Vogeltaube – Lachtaube	Krü	Türkentaube war noch nicht beschrieben.
Vogl, gryes – Regenpfeifer	Suol	
Volhinische Beutelmeise – Beutelmeise	Be2,Buff,K,N	Buff,K: Volhynische Beutelmeise.
Volkrabe – Kolkrabe	B,Be2,F,N	
Voll Habicht – Habicht (weibl.)	Schwf	
Voll-Ent – Reiherente	GesH	
Vollent – Reiherente	Suol	
Vollente – Reiherente	GesS	
Vollhinische Beutelmeise – Beutelmeise	Be,GD	GD: Vollhynische Beutelmeise.
Volmar – Sturmschwalbe	Suol	
Vom Haus, Vogel – Pirol	F,H	
Von Lüne – Bluthänfling	Krü	
Vrhan – Auerhuhn	StVb	
Vrhan – Birkhuhn	Suol	
Vrrind – Rohrdommel	Suol	
Vuchtars – Kormoran	Suol	
Vuchtarß – Kormoran	GesS	
Vugelhawk – Sperber	Suol	
Vulpanser (engl.) – Brandgans	Buff	
Vultur – Gänsegeier	GesS	
Vultur – Geier allg.	Tu	
Vwel – Waldkauz	Suol	

Waarth – Stockente (männl.)	Han	
Wachender Würgvogel – Raubwürger	Be1,Be2,BeN,	
Wachholder Drossel – Wacholderdrossel	K,N	Naum. s. u. Frisch T. 26.
Wachholder-Droschel – Wacholderdrossel	Z	

Wachholder-Vogel – Wacholderdrossel	GesH	
Wachholderdrossel – Wacholderdrossel	Ad,B,Be1,Be2,Be,Be97,Buff,CLB2,GD,Hp, …	
	… Krü,MW,N,O2,3,V N: Auch Wa. – Dr. KNB	
Wachholderdrossel – Wacholderlaubsänger	CLB1	
Wachholderdrossel, grosse –	CLB3	
Wachholderdrossel		
Wachholderdrossel, hochköpfige –	CLB3	
Wachholderdrossel		
Wachholderdrossel, mittlere –	CLB3	
Wachholderdrossel		
Wachholderlaubsänger –	CLB1	
Wacholderlaubsänger		
Wachholdermeise – Haubenmeise	Buff	In England.
Wachholderschnepfe – Waldschnepfe	Siemssen	Kleinere Abart der Waldschnepfe.
Wachholderwaldhuhn – Birkhuhn	CLB3	
Wachholderziemer – Wacholderdrossel	GesH	
Wachholtervogel – Wacholderdrossel	Suol,Tu	
Wachmeister – Wiedehopf	Suol	
Wacholder-Drostel – Wacholderdrossel	Fri	
Wacholderschnerz – Zaunkönig	Scha	
Wacholter-Ziemer – Wacholderdrossel	Suol	
Wacholtervogel – Wacholderdrossel	GesS	
Wachtel – Dohle	Be,Be1,Buff,GD,GesS,Krü,Suol	Ges 1585.
Wachtel – Wachtel	Ad,B,Be,Be1,2,97,Buff,CLB2,Fri,G,GD, …	
	… HaSa,Hp,GesSH,Jä,Kö,Krü,Mic,N,O1,2,P, …	
	… Schwf,StVb,Tu,Z	
Wachtel König – Wachtelkönig	Fri	
Wachtel-könig – Wachtelkönig	Buff	
Wachtel-König – Wachtelkönig	G,GesH	
Wachtel, aschgraue – Wachtel	Be1	
Wachtel, bunte – Wachtel	Be1	
Wachtel, europäische – Wachtel	CLB2	KNB
Wachtel, gemeine – Wachtel	Be2,Fri,GD,N,V	Frisch T. 117.
Wachtel, große – Wachtel	Be1	
Wachtel, grosse europäische – Wachtel	CLB3	
Wachtel, große polnische – Wachtel (Var.)	Buff	
Wachtel, kleine – Wachtel	CLB3	
Wachtel, mittlere – Wachtel	CLB3	
Wachtel, polnische – Wachtel	Be1	
Wachtelchen – Wachtel	Ad	
Wachtelen – Wachteln	Zupo	Strßb. Zunft- u. Pol. Verordg 1449
Wachtelentchen – Knäkente	Be2,Be,O1	
Wachtelentchen – Krickente (weibl.)	GD,N	„Anas circia."
Wachtelente – Krickente	B,F	
Wachtelfalk – Gerfalke	Be2	
Wachtelfalke – Gerfalke	Be,N	
Wachtelfalke – Lanner	GD	
Wachtelfeldhuhn – Wachtel	MW,N	
Wachtelhabicht – Sperber (männl.)	Be1,Be2,Be,F,GHD,Krü,N	
Wachtelhabicht, weißgesperberter – Sperber	JAN	

Wachtelhuhn – Wachtel	F	
Wachtelkini (österr.) – Wachtelkönig	H	
Wachtelknecht (böhm.) – Wachtelkönig	H,Suol	
Wachtelkönig – Wasserralle	Buff	Buffon: „Falsche Benennung."
Wachtelkönig – Wachtelkönig	Ad,B,Be,Be1,2,97,Buff,CLB1,2,Fri,GD, ...	
	... GesH,Hp,Jä,K,Krü,N,O1,2,P,V,Schwf	KNB
Wachtelkönig – Wendehals	Buff	Auf Malta.
Wachtelköniginn – Wachtelkönig	Krü	Gessner/Horst 1669: Wachtelkönig.
Wachtelkönning – Wachtelkönig	Be	
Wachtelmutter – Wasserralle	Buff	Buffon: „Falsche Benennung."
Wachtelmutter (russ.) – Wachtelkönig	Ad,GD,Krü	
Wachteln – Wachteln	Zupo	Strßb. Zunft- u. Pol. Verordg. 1449.
Wachter – Raubwürger	HaSa	
Wächter – Raubwürger	B,Be2,Be,Be97,Buff,F,GD,N,Suol	
Wackelarsch – Haurotschwanz	o.Qu.	Schwanzzittern
Wackelschwanz – Bachstelze	Do,F	
Wackelstart – Bachstelze	Be97	
Wackelstärt – Bachstelze	Be1,Be2,Be,N	
Wackelsteert – Bachstelze	Häp	
Wäckerle – Steinkauz	Suol	
Wäckert – Bergfink	B,Be2,F,N	
Wacksterte – Bachstelze	Fri	
Wacksterze – Bachstelze	Ad	
Wädehopp – Wiedehopf	Scha	
Wadeschwalbe – Rotflügel-Brachschwalbe	Krü	
Waeglerch – Haubenlerche	Buff	
Wagel – Mantelmöwe	B,N,O1	
Wagengänger – Neuntöter	F,H	
Wagenkrengel – Neuntöter und Würger (allg.)	Suol	Aus ahd. wargengil.
Wagenkrinklich – Neuntöter	F,H	
Wagenrad, verdrehtes – Wendehals	F	
Wagenstêrtje – Bachstelze	Suol	
Waghopp – Wiedehopf	Scha	
Wäglerche – Haubenlerche	GesS,Suol	
Wagtale – Bachstelze	GesS,Tu	Wagtale: engl.
Wagtäubchen – Turteltaube	H	
Wählhopp – Wiedehopf	F	
Wahnkrengel, klein – Schwarzstirnwürger	Schwf	
Wahnkrengel, kleiner – Neuntöter	Be2,Be,N	
Wahre Grasmücke – Dorngrasmücke	Krü	
Wahre Saatgans – Saatgans	CLB3	
Wahre Stockente – Stockente	CLB3	
Wahrer Edelfink – Buchfink	CLB3	
Wahrer Sägetaucher – Mittelsäger	Be1,Be2,GD,N	
Wahrer Seetaucher – Mittelsäger	Be2,Be	
Wahrte – Stockente	Be	
Wahrvogel – Raubwürger	B,F1	
Walathee – Raubwürger	Be1,Buff	

Wald eul – Waldkauz	StVb
Wald Eule, kleine – Steinkauz	Schwf
Wald Fincke – Bergfink	Schwf
Wald kutz – Waldkauz	StVb
Wald rappe – Waldrapp	Schwf
Wald Rötelin – Rotkehlchen	Schwf
Wald Schneppe – Waldschnepfe	Schwf,Suol
Wald Sperling – Feldsperling	Schwf
Wald Zinslin – Goldhähnchen	Schwf
Wald-Ammer – Waldammer	H
Wald-Amsel – Ringdrossel	GesH
Wald-Heher – Eichelhäher	Z
Wald-Laubvogel – Waldlaubsänger	N
Wald-Lerch – Haubenlerche	GesH
Wald-Meiße – Tannenmeise?	P1
Wald-Ohreule – Waldohreule	N
Wald-Raab – Waldrapp	Kö
Wald-Rab – Waldrapp	GesH
Wald-Rapp – Waldrapp	Buff
Wald-Rötelein – Rotkehlchen	GesH
Wald-Rötling – Gartenrotschwanz	Z
Wald-Schnepf – Waldschnepfe	P1
Wald-Schnepfe – Waldschnepfe	Z
Wald-Schnepff – Waldschnepfe	Kö,P1
Wald-Schnepffe – Waldschnepfe	G
Wald-Spatz – Feldsperling	GesH
Wald-Strandläufer – Bruchwasserläufer	N
Wald-Trostel – Rotdrossel	GesH
Wald-Wasserläufer – Bruchwasserläufer	N
Wald-Zinslin – Goldhähnchen (allg.)	Suol
Waldammer – Waldammer	B,BB
Waldämmerling – Goldammer	Ad,Krü
Waldamsel – Ringdrossel	Ad,Be2,Buff,Fri,GD,GesS,Krü,N,Suol
Waldathee – Raubwürger	Be
Waldather – Raubwürger	N
Waldäuferl – Zwergohreule	Do,F
Waldäuffel – Waldkauz	N
Waldauffel – Zwergohreule	Be1
Waldäuffel – Zwergohreule	Be2,Be,GD,N
Waldäuffl – Waldkauz	Be1,GD
Waldauffl – Zwergohreule	Buff
Waldäufl – Waldkauz	B,F
Waldbachsteltze – Baumpieper	Suol
Waldbachstelze – Bachstelze	CLB3
Waldbachstelze – Baumpieper	Be1,Be2,Be,Be97,F,N
Waldblasse – Gartenrotschwanz	Jä
Waldbläßlein – Gartenrotschwanz	Jä
Waldbussard – Mäusebussard	F,H
Walddröschel – Rotdrossel	Be1,Be

Walddröscherl – Rotdrossel	Be2,Be,Buff,N
Walddrossel – Rotdrossel	Be1,Be2,Be,GD,Hp,Krü,N
Walddrossel – Singdrossel	F
Waldedelfink – Buchfink	CLB3
Waldelster – Rotkopfwürger	Be2,Be,F,N
Waldelster – Schwarzstirnwürger	Be05
Waldemmeritze – Zaunammer	Do,F
Waldemmeriz – Zaunammer	N
Waldemmerling – Zaunammer	B
Waldeufel – Zwergohreule	B
Waldeul – Waldkauz	Suol
Waldeule – Sperlingskauz	Be1,Be
Waldeule – Steinkauz	Ad,F,JAN,N
Waldeule – Waldkauz	F,JAN,N,O2,O3
Waldeule – Zwergohreule	Be1,Be2,Be,Buff,GD,Krü,N
Waldeule, gemeine graue – Waldkauz	Krü
Waldeule, kleine – Sperlingskauz	Be2,Krü
Waldeule, kleine – Steinkauz	K
Waldeule, kleine – Zwergohreule	Be2,N
Waldfalk – Wanderfalke	B
Waldfalke – Falke (allg.)	Suol
Waldfalke – Wanderfalke	Be2,F,N
Waldfinck – Bergfink	GesSH,Suol
Waldfink – Bergfink	Buff,GD,K
Waldfink – Bergfink	Ad,B,Be1,Be2,Be,Buff,F,GD,K,Krü,N Frisch T. 3.
Waldfink – Buchfink	B,Be1,Be2,Be,Buff,F,GD,N,V
Waldfink – Feldsperling	B
Waldfink – Steinsperling	Be1,Be2,Be,Be97,GD,N
Waldfinke – Bergfink	GD
Waldflüevogel – Heckenbraunelle	B
Waldgans – Saatgans	H Hennicke (9/342): Waldgans ist Ackergans …
	… Ackergans ist UA d. Saatgans (A. fab. arvensis).
Waldgeier – Mäusebussard	B,Be1,Be2,Be,Be97,F,Jä,Krü,N
Waldgeier – Schwarzmilan	B,F
Waldgeier – Sperber	Suol
Waldgeier, brauner – Schwarzmilan	Be2,Be,N
Waldgeier, kleiner – Schwarzmilan	N
Waldgeier, kleiner und brauner – Schwarzmilan	Be2
Waldgeyer – Mäusebussard	Buff,GD
Waldgeyer, brauner – Schwarzmilan	GD
Waldgeyer, kleiner – Schwarzmilan	GD
Waldgimser (österr.) – Baumpieper	F,Jä,H
Waldgoldammer – Goldammer	CLB3
Waldgrasmücke – Schilfrohrsänger	Buf Buffon/Otto Band 15.
Waldgüggel (schweiz.) – Schwarzspecht	Tschudi
Waldhaer – Raubwürger/ (Schwarzstirnwürger)	GesS
Waldhäher – Eichelhäher	Ad,F,GD,Krü,V
Waldhäher – Neuntöter und Würger (allg.)	Suol

Waldhäher – Raubwürger	GesH	
Waldhahn – Auerhuhn	Be1,Be,Buff,F,GD,Hp,N,Suol	VN
Waldhahn – Raubwürger	Krü	
Waldhahn – Schwarzspecht	B,H	
Waldhahn, großer – Auerhuhn	Be2,N	
Waldhahn, schwarzer – Birkhuhn	Be2,Be,GD,Krü,N	
Waldhahnl – Schwarzspecht	H	
Waldhähnle – Schwarzspecht	F,H	
Waldhaselhuhn – Haselhuhn	CLB3,N	
Waldhaubenlerche – Heidelerche	CLB3	
Waldhäuffl – Waldkauz	Be97	
Waldheher – Eichelhäher	B,Be1,Be2,Be,Buff,GD,Hp,K,Krü,N	Frisch T. 55
Waldheher – Raubwürger	Be2,Be,N	
Waldhehr – Eichelhäher	JAN	
Waldhenne, große – Auerhuhn	Be2	
Waldherr – Neuntöter	K	
Waldherr – Neuntöter und Würger (allg.)	Suol	
Waldherr – Raubwürger	B,Be2,Be,F,N	
Waldherr – Raubwürger/	GesSH	
(Schwarzstirnwürger)		
Waldhof – Waldrapp	Ad,Krü	
Waldhoff – Waldrapp	A,K,Suol	Albin III/16.
Waldhopf – Wiedehopf	Ad	
Waldhuhn – Auerhuhn	B,Be2	
Waldhuhn – Haselhuhn	Do,F	
Waldhuhn – Schneehuhn	Ad	
Waldhuhn – Schwarzspecht	F,N	
Waldhuhn, afrikanischer – Spießflughuhn	GD	
Waldhuhn, buntes – Birkhuhn	Be1,Be2	
Waldhuhn, buntes – Haselhuhn	Be1	
Waldhuhn, gabelschwänziges – Birkhuhn	Be2,Be,MW,N	Bechstein 1803.
Waldhuhn, geschäcktes – Sandflughuhn	O2	
Waldhuhn, geschecktes – Sandflughuhn	Krü	
Waldhuhn, großes – Auerhuhn	Be2,Be,N	Bechstein 1803.
Waldhuhn, hasenfüßiges –	Be2,Be,CLB1,N	
Alpenschneehuhn		
Waldhuhn, kleines buntes – Birkhuhn (?)	Be2	
Waldhuhn, kleines buntes – Haselhuhn	Be1	
Waldhuhn, mittleres – Rackelhuhn	N	
Waldhuhn, mittles – Rackelhuhn	CLB1,2,3,MW,V	KNB
Waldhuhn, rostrotes – Schottisches	MW	
Moorschneehuhn		
Waldhuhn, schottisches – Schottisches	CLB1,2,O3	KNB
Moorschneehuhn		
Waldhuhn, schwarzes – Birkhuhn	Be1	
Waldhuhn, schwarzkehliges – Haselhuhn	Be2,Be,MW,N,V	
Waldhuhn, weißes – Alpenschneehuhn	N	
Waldhuhn, weißes – Moorschneehuhn	Be,F,N	
Waldhuhn, weißes – Schneehuhn	Be1,Be2,Be,Be97,GD,MW	Bei Pennant.
Waldhühnle – Haselhuhn	F,H	

Waldhuppeli – Haubenmeise	Suol	
Waldhüsele – Erlenzeisig	Suol	
Waldjäger – heute Bruch-, um 1800	B,Be2,Be,GD,Krü,N,O1	
Waldwasserläufer		
Waldjäger – Waldwasserläufer	Krü	
Waldjäger – Bruchwasserläufer	Buff	Pennant: Tringa glareola.
Waldjakel – Buch-, Bergfink	Suol	Von Jakob.
Waldkanari – Baumpieper	Do,F	
Waldkater – Rotkopfwürger	B	
Waldkatze – Rotkopfwürger	B,Be2,Be,Buff,F,N	
Waldkautz – Rauhfußkauz	JAN	
Waldkautz – Schleiereule	Be1,Buff,GD,Krü,N	
Waldkautz – Waldkauz	N	
Waldkautz, kleiner – Rauhfußkauz	N	
Waldkäutzchen – Sperlingskauz	N	
Waldkauz – Schleiereule	Be2,Be,Krü	
Waldkauz – Waldkauz	B	Klein 1759.
Waldkäuzchen – Sperlingskauz	F	
Waldkrähe – Schwarzspecht	Suol	
Waldkröpper – Ringeltaube	Scha	
Waldkutzen – Waldkauz	Suol	
Waldlaubsänger – Waldlaubsänger	B,CLB2,O3 Erstbeschreibung als Motacilla …	
	… sibilatrix mihi: Bechst. 1795/688. KNB	
Waldlaubvogel – Waldlaubsänger	Suol	Naumann 1823, KN.
Waldläufer – Waldwasserläufer	Scha	
Waldlerch – Heidelerche	GesS,Suol	
Waldlerch – Steinsperling	ZLa	
Waldlerche – Baumpieper	Be2,Be,F,Jä,N	
Waldlerche – Heidelerche	Ad,B,Be1,Be2,Be,Be97,Buff,CLB2,F,K,Krü, …	
	… MW,N,O1,3,Schwf,V Albin Band I, 42. KNB	
Waldlump – Kuckuck	Do,F	
Waldmaise – Tannenmeise	Fri	
Waldmeise – Kohlmeise	Do,F	
Waldmeise – Sumpf-/Weidenmeise	Be,Hp	
Waldmeise – Tannenmeise	Ad,Be1,Be2,Be,Be97,Buff,F,GD,Jä,K,Krü,N	
Waldmeise, graue – Tannenmeise	GD	
Waldmeise, große – Kohlmeise	Be2,N	
Waldmeißle – Goldhähnchen	GesS	
Waldmeißle – Tannenmeise	Suol	Namen mit ß so lassen.
Waldmeißlein – Goldhähnchen	GesH	
Waldmoas – Tannenmeise	H	
Waldnachtigall – Heidelerche	B,Be2,Be,F,Krü,N	
Waldnachtigall – Nachtigall	Be2,Be,F,N W. H. Kramer, 1756:	
	Eigene Art, siehe Auennachtigall.	
Waldnachtigall – Singdrossel	B	Name in Norwegen.
Waldohreule – Waldohreule	B,CLB3,Krü,O3	Naumann 1820, KN.
Waldpapagei – Fichtenkreuzschnabel	Do,F	
Waldpferd – Schwarzspecht	F,H	
Waldpfleger – Eichelhäher	Scha	

Waldpieper – Baumpieper	B,F	
Waldrab – Waldrapp	GesH	
Waldrabe – Alpendohle	Be,Krü	
Waldrabe – Alpenkrähe	Be2,Be,Be97,N,O1	
Waldrabe – Kolkrabe	CLB3,Do,F	
Waldrabe – Waldrapp	Ad,Be1,Be2,Buff,GD,Krü,O1,Suol	
Waldrabenkrähe – Rabenkrähe	CLB3	
Waldrap – Waldrapp	Tu	
Waldrapp – Alpenkrähe	F,N	
Waldrapp – Waldrapp	Ad,Be1,K,O2, zLa	Albin Band III, 16.
Waldrappe – Waldrapp	Ad,Suol	
Waldrappe – Waldrapp	Buff,K	Albin Band III, 16.
Waldroetele – Rotkehlchen	Buff	
Waldrötchen – Rotkehlchen	B,Be2,Be,N	
Waldrötel – Rotkehlchen	Do,F	
Waldrötele – Gartenrotschwanz	Jä	
Waldrötele – Rotkehlchen	GesS,Suol	
Waldrotelein – Rotkehlchen	K	Frisch T. 19.
Waldrötlein – Rotkehlchen	GD,Hp,K	
Waldrotschwänzlein – Gartenrotschwanz	Hp	
Waldrotschweifl – Gartenrotschwanz	GD	
Waldrötlein – Rotkehlchen	Ad,Be1,Be2,Be,Krü,N	
Waldrötli (helv.) – Rotkehlchen	H	
Waldrötling – Rotkehlchen	Be97	
Waldrotschwanz – Gartenrotschwanz	B,CLB3,N	
Waldrotschwanz – Hausrotschwanz	Be2	
Waldrotschwänzchen – Gartenrotschwanz	Be2,Be,F,Jä	
Waldrotschwänzchen – Hausrotschwanz	Be,N	
Waldrotschwänzlein – Gartenrotschwanz	Jä	
Waldrotschweif – Hausrotschwanz	Be1,Be2,Be,N	
Waldrotschweifel – Gartenrotschwanz	Do,F,N	
Waldrotschweifl – Gartenrotschwanz	Be2	
Waldrotschweifl – Hausrotschwanz	Krü	
Waldsänger – Dorngrasmücke	B,Be1,Be2,Be,Be97,Buff,F,GD,N	
Waldsänger – Klappergrasmücke	Be1,Be2,Be,F	
Waldsänger – Zilpzalp	O3	
Waldsänger, grüner – Grünwaldsänger	H	
Waldsänger, kleiner – Klappergrasmücke	N	
Waldschäck – Trauerschnäpper	Be2,Be,F,N	
Waldschäde – Ziegenmelker	Do,F	
Waldschnepf – Waldschnepfe	Fri	
Waldschnepfe – Knutt	Be2,Be,Krü	
Waldschnepfe – Waldschnepfe	Ad,B,Be1,Be2,Be,Be97,Buff,CLB1,2,Fri, …	
	… GD,Hp,Jä,K,Krü,MW,N,O1,3	KNB
Waldschnepfe, europäische – Waldschnepfe	Be2,Be,Buff,CLB2,GD,N	KNB
Waldschnepfe, gemeine – Waldschnepfe	Be2,Fri,Krü,N,O2	
Waldschnepfe, gemeine gewöhnliche – Waldschnepfe	Be	

Waldschnepfe, gewöhnliche – Waldschnepfe	Be2,N	
Waldschnepfe, große – Waldschnepfe	V	
Waldschnepfe, kleine – Bekassine	Buff,Krü	
Waldschnepfe, plattköpfige – Waldschnepfe	CLB3	
Waldschnepfe, schmalköpfige – Waldschnepfe	CLB3	
Waldschnepff – Waldschnepfe	GesSH,Suol	
Waldspatz – Feldsperling	B,F,Suol	
Waldspatz – Heckenbraunelle	H,Jä	
Waldspecht – Buntspecht	Do,F	
Waldsperling – Feldsperling	Ad,B,Be1,Be2,Be,Be97,Buff,F,GD,K,Krü,N ...	
	... Frisch Tafel 7, 1734.	
Waldsperling – Steinsperling	GD,N	
Waldsperling (böhm.) – Zilpzalp	F,H	
Waldsperling, eigentlicher – Steinsperling	GD	
Waldspink – Feldsperling	Do,F	
Waldstaar – Star	CLB3	
Waldstael – Tannenhäher	Be1,Be,Buff,Hp,Krü	
Waldstarl – Tannenhäher	Be2,Do,F,GD	
Waldstelze – Baumpieper	Krü	
Waldstelze – Gebirgsstelze	B,F,Krü	
Waldstorch – Schwarzstorch	B,F,H	
Waldstrandläufer – Bruchwasserläufer	Be2,Be,CLB2,MW ...	
	... Übersetzung Latham v. Bechstein 1796.	
Waldt Herr – Neuntöter	Schwf	
Waldt Höher – Neuntöter	Schwf	
Waldt Lerch – Heidelerche	GesS,zLa	
Waldt Lerche – Wiesenpieper	zLa	Kein spez. Name.
Waldt Meisle – Tannenmeise	GesS,zLa	Nach Gessner 1555.
Waldt Rötele – Steinrötel	zLa	
Waldt Schnepff, großer – Waldschnepfe	zLa	
Waldtaube – Felsen-/Haustaube	GD	
Waldtaube – Hohltaube	Ad,Be1,Be2,Be,F,Hp,Krü,N	
Waldtaube – Ringeltaube	B,Be2,Be,Fri,GD,Krü,N	
Waldtaube, große – Ringeltaube	F	
Waldteufel – Zwergohreule	Do,F	
Waldteufelchen – Zwergohreule	B	
Waldtfinck – Bergfink	StVb	Vers 470.
Waldtrapp – Waldrapp	GesS,zLa	
Waldtrostel – Singdrossel	GesS	
Walduferläufer, getüpfelter – Bruchwasserläufer	CLB3	
Walduferläufer, großer – Bruchwasserläufer	CLB3	
Walduferläufer, Kuhls – Bruchwasserläufer	CLB3	
Waldvogel – Nachtigall	Be2,Be,N	
Waldvogel, grauer – Zilpzalp	CLB3	
Waldvöglein – Waldlaubsänger	Do,F	
Waldwasserläufer – Bruchwasserläufer	CLB1,2,B	KNB

Waldweihe – Mäusebussard	Be		
Waldwistlich – Gartenrotschwanz	Do,F	Name wahrscheinlich von Stimme.	
Waldwistling – Gartenrotschwanz	Do	Name wahrscheinlich von Stimme.	
Waldzaunkönig – Zaunkönig	CLB3		
Waldzeischen – Goldhähnchen	Ad		
Waldzeisig – Goldhähnchen	Ad,Krü		
Waldzeislein – Goldhähnchen	Be1,Be2,Be,GD		
Waldzeislein – Wintergoldhähnchen	F,N		
Waldzeißlein – Goldhähnchen	GesH		
Waldzinßle – Goldhähnchen	GesS		
Waldzinßle – Tannenmeise	Suol		
Walghvogel – Dodo	GesH		
Walhäkster – Steinschmätzer	Suol		
Wälhopp – Wiedehopf	Scha		
Wall-Creeper (engl.) – Mauerläufer	Tu		
Wallhäckster – Steinschmätzer	Bri,Häp		
Wallhäeckster – Steinschmätzer	Häp		
Wallhahn – Auerhuhn	F		
Walpert (österr.) – Waldlaubsänger	F,H		
Walrotschwänzchen – Gartenrotschwanz	Do		
Wälsche Grasmücke – Sperbergrasmücke	H		
Wälscher Hahn – Truthuhn	Be1,Be2,Krü		
Wälscher Hänfling – Grünfink	Be1,Be2,GD,N		
Wälsches Huhn – Truthuhn	Ad,Gd,Krü,Z		
Wälsches Rebhuhn – Rothuhn	Krü		
Wälsches Repphuhn – Rothuhn	Ad		
Walt-rapp – Waldrapp	Tu		
Waltaube – Hohltaube	GD		
Waltlerch – Steinsperling	zLa		
Waltrap – Waldrapp	Tu		Engl. Red-cheeked Ibis.
Wältsch Rephuen – Steinhuhn	zLa	S. 137	Gessner 1555, 665: Perniise.
Wältscher Gilbling – Ortolan	zLa		
Wan Krengel – Neuntöter(sil.)	Schwf		
Wan-Krengel – Raubwürger	N		
Wander Falck – Wanderfalke	Schwf,Suol		
Wander-Drossel – Wanderdrossel (ausgest.)	N		N: Bd. 13/336.
Wander-Schellente – Schellente	N		
Wanderäher – Turmfalke	Bo		
Wanderdrossel – Wanderdrossel	B,CLB3		
Wanderdrossel, amerikanische – Wanderdrossel (ausgest.)	N		N: Bd. 13/336.
Wanderfalk – Wanderfalke	K		Schwenckf. 1603: Wander Falck.
Wanderfalke – Wanderfalke	Ad,Be1,Be2,Be,Be97,Be05,CLB1,2,3,GD, …		
	… Krü,MW,N,O1,3,V		Penn./Zimmerm. 1787
			KNB
Wanderfalk, kleiner – Baumfalke	F		
Wanderfalke, amerikanischer – Wanderfalke	Be1		
Wanderfalke, edler deutscher – Wanderfalke	GD		
Wanderfalke, kleiner – Baumfalke	Be2,N		

Wandergans – Weißwangengans	o.Qu.	Gefunden bei Th. Storm.
Wandergimpel – Gimpel	CLB3	
Wanderlaubvogel – Wanderlaubsänger	B	
Wandernde Seeschwalbe – Rüppellseeschwalbe	O3	
Wandernder Albatros – Wanderalbatros	BB	
Wandernder Reisvogel – Bobolink	H	
Wanderrabe – Kolkrabe	CLB3	
Wanderschellente – Schellente	CLB3	
Wandersperber – Sperber	CLB3	
Wandmecher – Kampfläufer	Suol	
Wandschopper (österr.) – Kleiber	F,H	
Wandtwehe – Turmfalke	K	
Wandwäher – Turmfalke	Be1,GD,GesS,Hp,Schwf,Suol	
Wandwehe – Turmfalke	Ad,Be1,Buff	
Wandweher – Turmfalke	Be2,Be,F,GesH,N	
Wandwüher – Turmfalke	GD	
Wangehals – Wendehals	Do,F	
Wangerer – Schwarzspecht	F,H	
Wangertsdreischel – Rotdrossel	Suol	
Wangertsvull – Rotdrossel	Suol	
Wankrengel – Neuntöter und Würger (allg.)	Suol	
Wankrengel – Raubwürger	Be2,Be,F	
Wankrengel, kleiner bundter – Schwarzstirnwürger	Schwf	
Wankrengel, roter – Rotkopfwürger	Schwf	
Wannaber – Turmfalke	Suol	
Wanne – Kiebitz	Kö	
Wannen Wäher – Turmfalke	Schwf	
Wannen wyh – Turmfalke	StVb,Suol	
Wannenwädel – Turmfalke	Kö	
Wannenwäher – Turmfalke	GesSH,Suol,zLa	
Wannenwäher, weis – Turmfalke, Var.	Schwf	
Wannenwehe – Turmfalke	Be2	
Wannenweher – Turmfalke	Ad,Be,Be1,2,97,Buff,F,GD,GesH,K,Krü,N,O1	
Wannenwehre – Turmfalke	JAN	
Wannenweihe – Turmfalke	Ad	
Wannenweiher – Turmfalke	zLa	
Wannenwey – Turmfalke	StVb,Suol	
Wannenweyher – Turmfalke	O2	
Wannenwier – Turmfalke	Suol	
Wanntwehen – Turmfalke	GesSH,Suol	
Wanterkueb – Saatkrähe	Suol	
Wantermes – Tannenmeise	Suol	
Wapel – Mantelmöwe	F	
Wäpke – Krickente	Buf	Buffon/Otto Bd. 35.
Wäpstiert – Bachstelze	WüCl	
Wapte – Bergente (männl.)	Krü	
War Krengel – Neuntöter	Schwf	

War-Krengel – Neuntöter und Würger (allg.)	Suol	
War-Krungel – Raubwürger	N	
Wargengel – Raubwürger	Be,Fri	
Wargengil – Neuntöter	Suol	Ahd.
Warkenckel – Neuntöter	zLa	
Warkengel – Neuntöter	Be2,Be,F,GesSH,N	
Warkengel – Neuntöter und Würger (allg.)	Suol	
Warkengel – Raubwürger	Be1,Buff,GesH	
Warkengel, kleiner bunter – Neuntöter	Be1,Be2,Be,Buff,GD,N	
Warkengel, kleiner roter – Rotkopfwürger	Be	
Warkengel, roter – Rotkopfwürger	Be2,Be,F,N	
Warkrengel – Raubwürger	Be	
Warkrengel, roter – Rotkopfwürger	Schwf	
Warkrungel – Raubwürger	Be2	
Warkvogel – Neuntöter	B	
Wärsvogel, moje – Bekassine	Bri	
Wârt – Stockente (männl.)	Häp,Suol	Bedeutet Hüter.
Warte – Bergente (männl.)	Be1,Be2,Be97,GD,O1	
Warte – Ente (männl)	Krü,Suol	
Warte – Stockente (männl.)	Be2,O1	
Wartengel, kleiner roter – Rotkopfwürger	Be2,Be,N	
Wartenkrengel – Neuntöter und Würger (allg.)	Suol	
Warvogel – Raubwürger	Be2,Be,N	
Waser Teücherlin – Krickente	zLa	
Wasser Amsel – Wasseramsel	Schwf,zLa	
Wasser Deücherlein – Haubentaucher	zLa	
Wasser Deücherlein – Zwergtaucher	zLa	
Wasser Deucherlin – Haubentaucher	zLa	
Wasser Deucherlin – Zwergtaucher	zLa	
Wasser Hen – Teichhuhn	Tu	
Wasser Hünle, schwartz – Wasserralle	Schwf	
Wasser hünlein – Bezeichnung für kleine Rallen	zLa	
Wasser hünlein – Tüpfelsumpfhuhn	zLa	
Wasser hünlein – Wasserralle	zLa	
Wasser hünlein – Zwergsumpfhuhn	zLa	
Wasser Hünlin – Bekassine	Schwf	
Wasser Hünlin – Flußregenpfeifer (?)	Schwf	Schwenckfeld 1603.
Wasser Hünlin, bundt – Tüpfelsumpfhuhn	Schwf,Suol	Schwenckfeld 1603.
Wasser Rabe – Kormoran	Schwf	
Wasser Schnepffe – Bekassine	Schwf	
Wasser Steltz – Bachstelze (incl. Trauerbachst.)	Tu	Engl. Wagtail.
Wasser Steltz, blawe – Gebirgsstelze	zLa	
Wasser Steltz, geele – Gebirgstelze	Baldn	
Wasser Steltz, gelbe – Schafstelze	zLa	
Wasser-amsel – Wasseramsel	Buff	
Wasser-Amsel – Wasseramsel	GesH,Z	

Wasser-Amsel (ital.) – Tannenhäher	GesH	
Wasser-Amßel – Wasseramsel	G	
Wasser-Drossel – Drosseluferläufer	Buff	Nach Brisson.
Wasser-Drossel – Wasseramsel	K	
Wasser-Huhn – Haubentaucher	G	
Wasser-Hun, welsch – Bläßhuhn	GesH	
Wasser-Hünlin – Eisvogel	Suol	
Wasser-Lerche – Bergpieper?	Z	
Wasser-Nachtigall – Blaukehlchen	P1	
Wasser-Nachtigall – Drosselrohrsänger	GesH	
Wasser-Pieper – Bergpieper	N	
Wasser-Pieper, nordamerikanischer –	H	
Pazifikpieper		
Wasser-rabe – Kormoran	Buff	
Wasser-Rabe – Kormoran	GesH	
Wasser-Ralle – Wasserralle	N	
Wasser-Schnepfe – Flußuferläufer	N	
Wasser-Schnepfe, große – Doppelschnepfe	N	
Wasser-Schwalbe – Uferschwalbe	Kö,P1,Z	
Wasser-schwalme – Uferschwalbe	Buff	In der Gegend v. Straßburg.
Wasser-Schwätzer – Wasseramsel	N	
Wasser-Staar – Wasseramsel	Buff	
Wasser-steltz, weiße – Bachstelze	Buff	
Wasser-Teückerlin – kleine Taucher	zLa	Rallen, Enten, Lappentaucher.
Wasser-Trostel – Wasseramsel	GesH	
Wasser, Hünle schwartz – Wasserralle	Suol	
Wasseradler – Fischadler	Jä	
Wasseramsel – Wasseramsel	Ad,B,Baldn,Be1,Be2,Be,Be97,Buff,CLB2, …	
	… GD,GesSH,Hp,Jä,Krü,O1,P,N,V	KNB
Wasseramsel, gefleckte – Drosseluferläufer	Be2,Buff	
Wasseramsel, gemeine – Wasseramsel	O2	
Wasseramsel, schwarze – Wasseramsel	Buff	
Wasseramstel – Eisvogel	Suol	
Wasseräntchen – Zwergtaucher	Jä	
Wasserbachstelze – Gebirgsstelze	Suol	
Wasserbachstelze – Schafstelze	Krü	
Wasserbecassine – Flußuferläufer	Be,O1	
Wasserbecassine – Waldwasserläufer	Be2,O1	
Wasserbeisser – Säbelschnäbler	Krü	
Wasserbekassine – Flußuferläufer	Be2,N	
Wasserbekassine – Waldwasserläufer	F,Krü,N	
Wasserdeuchel – Lappentaucher (allg.)	Suol	
Wasserdeuchel – Zwergtaucher	zLa	Bei Ryff, 1545.
Wasserdölpel – Rotfußtölpel ?	GD	
Wasserdornreich – Drosselrohrsänger	Be2,Be,Krü,N	
Wasserdornreich – Teichrohrsänger	B,F,JAN,N	
Wasserdrossel – Drosseluferläufer	Be2,Krü,N	
Wasserdrossel – Odins- und Thorshühnchen	Be	
Wasserdrossel – Odinshühnchen	Be2,Buff,F,N	
Wasserdrossel – Thorshühnchen	Be2,F,Krü,N	

Wasserdrossel – Wasseramsel	Ad,B,Be,Buff,F,N
Wasserdrossel mit Wasserhühnerpfoten, …	Buff
…eisengraue – Odinshühnchen	
Wasserdrossel, braune – Odinshühnchen	O1
Wasserdrossel, gefleckte –	Be
Drosseluferläufer	
Wasserdrossel, rote – Odins- und	Be
Thorshühnchen	
Wasserdrossel, rote – Odinshühnchen	Be2,N
Wasserdrossel, rote – Thorshühnchen	Be2,Be,Buff,N,O1
Wasserduckerli – Zwergtaucher	Jä
Wasserelster – Austernfischer	B,Be2,Be,Buff,F,GD,Krü,N
Wasserendt, wild – Ente all.	StVb
Wasserentchen – Zwergsäger	Be2,Be,Krü,N
Wasserfalk – Rohrweihe	B,Krü
Wasserfalke – Rohrweihe	Be1,Be2,Be,Be97,Buff,GD,N
Wasserfalke – Rotmilan	Be2,F,N
Wasserganß – Weißwangen- und	Suol
Ringelgans	
Wassergeier – Rohrweihe	B
Wassergiemer – Gebirgsstelze	F,H
Wassergratsch – Sumpfrohrsänger	Do
Wâssergrâtsch (luxemb.) –	F,H,Suol
Sumpfrohrsänger	
Wasserhabicht – Rohrweihe	Scha
Wasserhahn – Bläßhuhn	Buff
Wasserhähnlein – Eisvogel	N
Wasserhähnlein – Sanderling	GD
Wasserhendel – Wasserralle	Suol
Wasserhendl (steierm.) – Bläßhuhn	H
Wâsserhengchen – Zwergtaucher	Suol
Wasserhenn – Teichhuhn	GesH
Wasserhenne – Teichhuhn	Be1,Be2,Be,Buff,GD,Krü,N
Wasserhenne, gemeine – Teichhuhn	Be2,Be,N
Wasserhenne, große – Teichhuhn	Be2,Be,N
Wasserhennel – Teichhuhn	N
Wasserhennl – Teichhuhn	Be2,Buff
Wasserhennle – Eisvogel	Be2,F,N
Wasserhennlein – Eisvogel	Buff
Wâsserhînchen – Eisvogel	Suol
Wasserhüendel – Wasserralle	Suol
Wasserhuenle – Bekassine	GesS
Wasserhüenli – Eisvogel	Suol
Wasserhüenli – Teichhuhn	Suol
Wasserhühnlein mit roten Beinen –	K Albin Band III, 87.
Rotschenkel	
Wasserhuhn – Wasserralle	Buff
Wasserhuhn – Bläßhuhn	Ad,B,Be2,Be,Buff,F,GD,GesH,Jä,K,N
Wasserhuhn – Haubentaucher	Fri,G
Wasserhuhn – Teichhuhn	Be97,Buff,Jä,Krü,N

Wasserhuhn – Wasserralle	Be2,Be,Gun,Krü,N,Z	
	Drontheim-Schriften, Teil 2/303.	
Wasserhuhn ähnlicher Strandläufer –	Buff	
Thorshühnchen		
Wasserhuhn am Wasser – Wasserralle	Fri	
Wasserhuhn mit nackter roter Stirn ...	Buff	
... und Knie, dunkelbraunes großes ...		
... – Teichhuhn		
Wasserhuhn mit schwefelgelben ...	Buff	
... Beinen und Augenliedern, rotes ...		
... – Bruchwasserläufer		
Wasserhuhn mit acht Zähnen an der	Buff	
Zunge, graues – Knutt		
Wasserhuhn mit breiten Zehenkappen, ...	Buff	
... schwarzes – Bläßhuhn		
Wasserhuhn mit den grünen Füßen –	GD	
Teichhuhn		
Wasserhuhn mit grünen Beinen,	Buff	
schwarzes – Teichhuhn		
Wasserhuhn mit grünen Füßen – Teichhuhn	Be2,Be,N	
Wasserhuhn mit roter Stirn und Knieen –	N	
Teichhuhn		
Wasserhuhn mit schwarzen Füßen, ...	Buff	
... rotes – Rotflügel-Brachschwalbe		
Wasserhuhn punktirtes – Tüpfelsumpfhuhn	N	
Wasserhuhn-Kiwitz – Odinshühnchen	Buff	
Wasserhuhn, aschgraues – Knutt	N	
Wasserhuhn, brauner – Teichhuhn (juv.)	Buff,GD	
Wasserhuhn, brauner mit schwarzem ...	Buff	Tringa ochropus.
... Schnabel und grünen Füßen – Wald- ...		
... (Bruch-) wasserläufer		
Wasserhuhn, braunes – Odinshühnchen	N	
Wasserhuhn, braunes – Teichhuhn (juv.)	Be	
Wasserhuhn, braunes mit schwarzem ...	Be2,Be,Krü,N	
... Schnabel und grünen Füßen ...		
... – Waldwasserläufer		
Wasserhuhn, breitschwänziges – Bläßhuhn	CLB3	Frisch T. 208.
Wasserhuhn, buntes – Odinshühnchen	Buff	
Wasserhuhn, dunkelbraunes – Teichhuhn	Buff,N	
Wasserhuhn, dunkelbraunes großes –	Be	
Teichhuhn		
Wasserhuhn, dunkelbraunes großes, mit ...	Be	
...grünen Beinen – Teichhuhn		
Wasserhuhn, dunkelbraunes großes, mit ...	Be2	
... roter Stirn und Knieen – Teichhuhn		
Wasserhuhn, englisches – Odinshühnchen	Buff	
Wasserhuhn, fleckigtes – Goldregenpfeifer	Buff,GD	
Wasserhuhn, geflecktes – Tüpfelsumpfhuhn	Be2,Be,N	

Wasserhuhn, gelbfüßiges – Bruchwasserläufer	Be2,Be	
Wasserhuhn, gemeines – Bläßhuhn	Be,Be1,2,97,Buff,CLB2,GD,N,O1,2,3,V,WüCl	
Wasserhuhn, gemeines – Flußuferläufer	GD	
Wasserhuhn, gemeines schwarzes – Bläßhuhn	GD	Frisch T. 208.
Wasserhuhn, gesprenkeltes – Tüpfelsumpfhuhn	Be2,Be,N	
Wasserhuhn, getüpfeltes – Tüpfelsumpfhuhn	Be2,N	
Wasserhuhn, graues – Flußuferläufer	Be2,Be,Buff,Krü	
Wasserhuhn, graues – Knutt	Be1,Be2,GD,O1	
Wasserhuhn, graues mit 8 Zähnen an der Zunge – Knutt	Be	
Wasserhuhn, graues mit schwarzem … … Schnabel und gelben Füßen … … – Rotschenkel	Be2,Be N	
Wasserhuhn, größeres – Wasserralle	Buff	
Wasserhuhn, großes – Bläßhuhn	N	
Wasserhuhn, großes – Teichhuhn	Buff,N,Z	
Wasserhuhn, großes – Wasserralle	Be97	
Wasserhuhn, großes schwärzliches aschgraues – Teichhuhn	Buff	
Wasserhuhn, grünfüßiges – Teichhuhn	Be2,Buff,CLB1,2,F,GD,Hp,N	
Wasserhuhn, kleines – Teichhuhn	Be2,Be,Buff,F,N	
Wasserhuhn, kleines – Tüpfelsumpfhuhn	N	
Wasserhuhn, kleines gesprenkeltes – Tüpfelsumpfhuhn	Be2,Be,Fri	
Wasserhuhn, kleines Langschnablichtes – Wasserralle	Fri	
Wasserhuhn, kohlschwarzes – Bläßhuhn	Be2,Be,CLB3,N	
Wasserhuhn, langschnäbliches – Wasserralle	Be	
Wasserhuhn, langschnäbliges – Wasserralle	Be2,F,N	
Wasserhuhn, purpurfarbenes – Purpurhuhn	Buff	
Wasserhuhn, rotblässiges – Teichhuhn	Be2,Be,N	
Wasserhuhn, rotbrüstiges – Pfuhlschnepfe	Be2,Krü,N	
Wasserhuhn, rotes – Tüpfelsumpfhuhn	Be2,Be	
Wasserhuhn, rotes m. schwefelgelben … … Beinen und Augenliedern … … – Bruchwasserläufer	Be2,Be	
Wasserhuhn, rotes mit schwarzen … … Füssen – Rotflügel-Brachschwalbe	Be	
Wasserhuhn, rotbrüstiges – Pfuhlschnepfe	Buff,GD	
Wasserhuhn, rotes – Wald-(Bruch-) wasserläufer	Buff,GD	Tringa ochropus.
Wasserhuhn, rotfüßiges – Rotschenkel	GD	
Wasserhuhn, rußfarbenes – Bläßhuhn	Hp	
Wasserhuhn, rußfarbiges – Bläßhuhn	Be1,Be2,Be,Buff,GD,N	

Wasserhuhn, schwarzes – Bläßhuhn	Be,Be1,2,Buff,CLB1,2,3,GD,Krü,MW,N	KNB
Wasserhuhn, schwarzes – Teichhuhn	Buff	
Wasserhuhn, schwarzes mit grünen Beinen – Teichhuhn	Be2,Be,N	
Wasserhuhn, schwarzes und weißes – Ohrentaucher	Buff	
Wasserhuhn, schwärzestes – Bläßhuhn	GD	„Fulica aterrima."
Wasserhuhn, violettes – Purpurhuhn	Buff	
Wasserhuhn, weißbäuchiges – Teichhuhn (juv.)	B,Be	
Wasserhuhn, weißbauchiges – Teichhuhn (juv.)	Buff,GD,Hp	
Wasserhuhn, weißblässiges (Laus.) – Bläßhuhn	Be,H	
Wasserhuhn, weißbläßiges großes – Bläßhuhn	Buff	
Wasserhuhn, welsches – Teichhuhn (juv.)	Be1,Be2,Be,Buff	
Wasserhuhnähnlicher Strandläufer – Odinshühnchen	Be2,Be,N	
Wasserhühnchen – Bekassine	Be1,Be2,Be,GD,Krü,N	
Wasserhühnchen – Flußuferläufer	N	
Wasserhühnchen – Teichhuhn (juv.)	Be2,Be,Buff,GDN,O1	
Wasserhühnchen – Zwergschnepfe	Be1,Be2,Be,Be97,Buff,GD,Krü,N	
Wasserhühnchen, kleines – Kleines Sumpfhuhn	GD,N	
Wasserhühnchen, kleines – Kleines/Zwergsumpfhuhn	Be1,Be2,Be,Krü	Name bei Jägern.
Wasserhühnchen, kleines – Tüpfelsumpfhuhn	F,N	
Wasserhühnchen, kleines – Wasserralle	Be1,Be2,Be,GD,Krü,N	
Wasserhühnchen, kleinstes – Zwergsumpfhuhn	N	
Wasserhühnl – Teichhuhn	Jä	
Wasserhühnla, grünes – Eisvogel	H	
Wasserhühnlein – Krickente	zLa	Irrtum: Ralle.
Wasserhühnlein mit roten Füßen – Rotschenkel	K	Albin Band III, 87.
Wasserhühnlein, buntes – Waldwasserläufer	Be2,Be,N	
Wasserhühnlin – Wasserralle	O1	
Wasserhun – Bläßhuhn	K,Schwf	Albin Band I, 83.
Wasserhun – Teichhuhn	HaSa	
Wasserhünel – Teichhuhn	Baldn,Suol	
Wasserhünle – Schnepfe	Suol	
Wasserhünle, groß – Wachtelkönig	GesS	
Wasserhünlein – Eisvogel	Be2,GesH	
Wasserhünlein – Teichhuhn	Fabr	Ergebn. „weitgreifender Untersuchungen."
Wasserhünlein, groß – Wachtelkönig	GesH	
Wasserhünlin – Bakassine	StVb	
Wasserhünlin – Eisvogel	Schwf	
Wasserhünlin – Schnepfe	Suol	

Wasserhünlin mit Rotenbeinen – Rotschenkel	Schwf,Suol	
Wasserkönig – Wasserralle	Do,F	
Wasserkönig, langschnäbliger – Wasserralle	N	
Wasserkrähe – Krähenscharbe	B,Be2,Be,N	
Wasserkrähe – Nebelkrähe	Krü	
Wasserkrähe – Wasseramsel	GesH	Gesner/Horst 1669, S. 321.
Wasserläufer, rostroter – Pfuhlschnepfe	N	
Wasserlaufer – Wasserralle	Buff	
Wasserläufer – Rotschenkel	H	
Wasserläufer – Teichhuhn	Be2,Be,N	
Wasserläufer – Wasserläufer	Be	Bechstein 1803 für Tringa.
Wasserläufer – Wasserralle	Ad	
Wasserläufer punktierter – Waldwasserläufer	F,Suol,WüCl	Üblicher Name bis etwa 1869.
Wasserläufer, brauner – Dunkler Wasserläufer	H	
Wasserläufer, bunter – Bruch-(Wald) wasserläufer	Buff	„Tringa littorea."
Wasserläufer, bunter – Grünschenkel	Be2,N	
Wasserläufer, dickfüßiger – Pfuhlschnepfe (juv.)	Be2,Be,MW,N	
Wasserläufer, dunkelbrauner – Dunkler Wasserläufer	Be2,Be,CLB1,2,MW,N	
Wasserläufer, dunkelfarbiger – Dunkler Wasserläufer	N,O3,WüCl	
Wasserläufer, dunkelfüßiger – Uferschnepfe	Be2,Be,MW,N	
Wasserläufer, gefleckter – Drosseluferläufer	CLB1,2,N	
Wasserläufer, gefleckter – Dunkler Wasserläufer	Be2,Be,CLB1,2,N	KNB
Wasserläufer, gemeiner – Waldwasserläufer	H	
Wasserläufer, getüpfelter – Waldwasserläufer	CLB1,2,F,N	KNB
Wasserläufer, grauer – Grünschenkel	CLB3	
Wasserläufer, grauer – Pfuhlschnepfe	Be2,Be	
Wasserläufer, großer – Grünschenkel	F	
Wasserläufer, großer – Waldwasserläufer	O2	
Wasserläufer, grünfüßiger – Grünschenkel	Be2,Be,CLB1,2,MWN,N,WüCl	KNB
Wasserläufer, grünfüßiger – Waldwasserläufer	F,Krü	
Wasserläufer, heller – Grünschenkel	Bri,F,O2	
Wasserläufer, hellfarbiger – Grünschenkel	N,O3,WüCl	
Wasserläufer, kleiner – Bruchwasserläufer	O2	
Wasserläufer, kleiner – Flußuferläufer	F,N	
Wasserläufer, langfüßiger – Grünschenkel	CLB1,3	
Wasserläufer, langschwänziger – Prärieläufer	CLB1,2,N	KNB

Wasserläufer, lappländischer – Pfuhlschnepfe	Be2,Be,N	
Wasserläufer, pfeifender – Grünschenkel	CLB3,N	
Wasserläufer, punktirter – Waldwasserläufer	B,N,O2	Siehe punktierter …
Wasserläufer, rostbrauner – Pfuhlschnepfe	MW	Wahrscheinlich Pfuhlschnepfe.
Wasserläufer, rotbeiniger – Rotschenkel	N	
Wasserläufer, roter – Pfuhlschnepfe	Be2,N	
Wasserläufer, roter – Uferschnepfe	N	
Wasserläufer, rotfüßiger – Rotschenkel	Be2,Be,CLB1,2,F,MW,N,WüCl	
Wasserläufer, rotschenkelicher – Rotschenkel	N	
Wasserläufer, schwarzbrauner – Dunkler Wasserläufer	CLB1,2	KNB
Wasserläufer, schwarzer – Dunkelwasserläufer	O2	
Wasserläufer, schwimmender … … – Dunkler Wasserläufer (Wikl.)	Be2,Be,CLB1,2,N	
Wasserläufer, schwimmfüßiger – Schlammtreter	CLB2,MW	KNB
Wasserläufer, trillernder – Flußuferläufer	CLB1,2,Krü,MW,N	KNB
Wasserlauffer – Wasserralle	K	
Wasserlerch – Bergpieper	Suol	
Wasserlerch – Wasserpieper (alt)	Baldn	
Wasserlerche – Bergpieper	B,Be,Be2,F,Krü,N	
Wasserlerche – Odinshühnchen	Do,F	
Wasserlerche – Wiesenpieper	B,F,Jä,N	
Wâssermêrel – Wasseramsel	Suol	
Wassermerl – Eisvogel	Be2,F,GD,N	
Wassermerle – Wasseramsel	Ad,Be2,Be,F,Krü,N	
Wassermerle – Wasseramsel	GD	
Wassernachtigal – Blaukehlchen	Buff	
Wassernachtigall – Blaukehlchen	Be2,Be,Be97,F,GD,Jä,Krü,N,V	Pernau 1716.
Wassernachtigall – Drosselrohrsänger	B,Be2,Be,F,N	
Wassernachtigall – Nachtigall	Be1,Be2,Be,F,Krü,N	
Wasserochs – Rohrdommel	Be1,Be,Be97,Buff,GD,GesS,Krü,Suol	
Wasserochse – Rohrdommel	B,Be2,F,GD,Hp,N	
Wasserortlan – Goldammer	Scha	
Wasserpieper – Bergpieper	B,Be,Be2,CLB1,F,Krü,MW,O1,2,V	KNB
Wasserpiper – Bergpieper	Krü,O3 Wasserp. aus Pieplerche; Bechst. 1807.	
Wasserrab – Kormoran	zLa	
Wasserrab – Samtente	Suol	
Wasserrabe – Bläßhuhn	Do,F	
Wasserrabe – Gänsesäger	Fabr	
Wasserrabe – Kormoran	Ad,B,Be1,Be2,Be,Be97,Buff,F,GD,K,Krü,N,V	
Wasserrabe – Krähenscharbe	Be1,Be2,Be,Be97,Buff,GD,Krü,N,O1,2	
Wasserrabe, gemeiner – Krähenscharbe	Be2,N	
Wasserrabe, glänzender – Bläßhuhn	Be2,Be,N	
Wasserrabe, schwarzer – Kormoran	Be2,Be,Buff,N	Frisch T. 187.

Wasserrall – Wasserralle	Buff		
Wasserralle – Tüpfelsumpfhuhn	Krü		
Wasserralle – Wasserralle	Buff,GD		
Wasserralle – Wasserralle	B,Be2,Be,Buff,CLB1,2,GD,MW,O2,3	Ü,	KNB
Wasserralle, deutsche – Wasserralle	CLB3		
Wasserralle, große – Wasserralle	Be,Buff,CLB2,GD,Krü		
Wasserralle, große schwarze – Wasserralle	Buff,GD		
Wasserralle, großer – Wasserralle	Be1,Be2,N		
Wasserralle, größere – Wasserralle	Buff		
Wasserralle, kleine – Kleines Sumpfhuhn	GD		
Wasserralle, kleine – Zwerg-/Kleines Sumpfhuhn	Be97,Be,CLB2,Krü		
Wasserralle, kleine – Tüpfelsumpfhuhn	Buff,GD,Krü,O1		
Wasserralle, kleine – Zwergsumpfhuhn	Buff		
Wasserralle, kleine Europäische – Tüpfelsumpfhuhn	Be2,Be,GD,Krü,N		
Wasserralle, kleiner – Kleines Sumpfhuhn	N		
Wasserralle, kleiner – Zwerg-/Kleines Sumpfhuhn	Be1,Be2		
Wasserralle, kleiner Europäischer – Tüpfelsumpfhuhn	Be1		
Wasserralle, kleinere – Tüpfelsumpfhuhn	Be2,Be,Buff,N		
Wasserralle, mittlere – Tüpfelsumpfhuhn	Be2,Be,Be97,CLB1,2,GD,Krü,N		
Wasserralle, mittlerer – Tüpfelsumpfhuhn	Be1		
Wasserralle, nordische – Wasserralle	CLB3		
Wasserrebhuhn – Waldschnepfe	Be2,Be,GD,Krü,N		
Wasserrralle, gemeiner – Wasserralle	N		
Wassersäbel – Säbelschnäbler	Be,Buff		
Wassersäbel, krummer – Säbelschnäbler	Be2,N		
Wassersäbler – Säbelschnäbler	Be1,Buff,F,GD,Krü,O2		
Wassersäbler, blaufüßiger – Säbelschnäbler	Be2,CLB2,N		KNB
Wassersäbler, gemeiner – Säbelschnäbler	Be1,Be2,Be		
Wassersäbler, schwarzköpfiger – Säbelschnäbler	CLB2		
Wassersänger – Drosselrohrsänger	Krü		
Wassersänger – Wasseramsel	Be2,Be,F,Krü,N		
Wasserscheerer – Gelbschnabel-Sturmtaucher	O1		
Wasserscheerer – Atlantiksturmtaucher	Buff,N	Früher: Schwarzschnabel-Sturmtaucher.	
Wasserscheerschnabel – Papageitaucher	Be2,N		
Wasserscherer – Großer Sturmtaucher	B		
Wasserscherer – Atlantiksturmtaucher	F	Früher: Schwarzschnabel-Sturmtaucher.	
Wasserscherschnabel – Papageitaucher	B		
Wasserschilfsänger – Seggenrohrsänger	CLB3		
Wasserschmätzer – Wasseramsel	F		
Wasserschmätzer, Pallassischer – Wasseramsel	O3		
Wasserschmätzer, weissbrustiger – Wasseramsel	O3		

Wasserschnabel – Papageitaucher	Be
Wasserschnabel – Säbelschnäbler	B
Wasserschnabel – Tordalk	Be1,Be2,Be,GD,Krü,N
Wasserschnäbler – Säbelschnäbler	Buff
Wasserschnepf – Bekassine (?)	Z
Wasserschnepf(f) – Schnepfen u. langschn. Limikolen	zLa Unspezifische Bezeichnung.
Wasserschnepfchen – Zwergstrandläufer	Suol
Wasserschnepfe – Zwergschnepfe	Ad
Wasserschnepfe – Bekassine	Ad,Be1,Buff,GD,Krü
Wasserschnepfe – Doppelschnepfe	Ad,Be2,N
Wasserschnepfe – Flußuferläufer	Be2,Be,Buff,GD,O1
Wasserschnepfe – Grünschenkel	F,H
Wasserschnepfe – Rotflügel-Brachschwalbe	Krü
Wasserschnepfe – Schnepfe (allg.)	Suol
Wasserschnepfe – Uferschnepfe	Be,GD,Hp
Wasserschnepfe – Waldschnepfe	Buff
Wasserschnepfe – Waldwasserläufer	B,H
Wasserschnepfe – Zwergschnepfe	Be1,Be2,Be,GD,Krü
Wasserschnepfe, grosse – Doppelschnepfe	Krü
Wasserschnepfe, große – Großer Brachvogel	Be2,Be,N
Wasserschnepfe, kleine – Zwergschnepfe	N
Wasserschnepflein – Zwergschnepfe	Be2,N,O2
Wasserschneppe – Bekassine	Be
Wasserschreier – Rosapelikan	Krü
Wasserschwalb – Flußuferläufer	GesH
Wasserschwalbe – Mauersegler	Fabr
Wasserschwalbe – Uferschwalbe	Ad,B,Be1,Be2,Be,Buff,F,GD,K,Krü,N,P,Suol,V
Wasserschwalbe, dunkle – Trauerseeschwalbe	CLB3,N
Wasserschwalbe, schnurrbärtige – Weißbart-Seeschwalbe	CLB3,N
Wasserschwalbe, schwarze – Trauerseeschwalbe	CLB3,N
Wasserschwalbe, schwärzliche – Trauerseeschwalbe	CLB3,N
Wasserschwalbe, weißflügelige – Weißflügel-Seeschwalbe	B
Wasserschwalbe, weißschwingige ... ... – Weißflügel-Seeschwalbe	CLB3,F,N
Wasserschwalm – Uferschwalbe	Suol
Wasserschwalme – Uferschwalbe	Be2,Be,GesS
Wasserschwätzer – Wasseramsel	B,Be2,CLB2,F,Krü,MW,O2 Bechstein 1802, KN.
Wasserschwätzer, braunbäuchiger – Wasseramsel	CLB1,2,N KNB
Wasserschwätzer, gemeiner – Wasseramsel	Be2,Be,N,V

Wasserschwätzer, hochköpfiger – Wasseramsel	CLB3	
Wasserschwätzer, mittlerer – Wasseramsel	CLB3	
Wasserschwätzer, nordischer – Wasseramsel	BB,CLB1,2,3	KNB
Wasserschwätzer, schwarzbäuchiger – Wasseramsel	CLB1,2,3	KNB
Wasserschwätzer, südlicher – Wasseramsel	BB	
Wasserspecht – Eisvogel	B,Be2,F,Krü,N,Scha,Suol	
Wassersperling – Rohrammer	B,Be1,Be2,Be,Be97,Buff,F,GD,Krü,N	
Wasserspiecht – Eisvogel	Suol	
Wâssersprôn – Wasseramsel	Suol	
Wasserstaar – Tüpfelsumpfhuhn	Jä	Wegen des gesprenkelten Kleides.
Wasserstaar – Wasseramsel	B,Be1,Be2,Be,Be97,Buff,CLB2,GD,Hp, …	
	… Jä,Krü,N,O1,WüCl	KNB
Wasserstahr – Wasseramsel	Ad	
Wasserstar – Wasseramsel	Bri,F	
Wasserstar, brauner – Wasseramsel	H	
Wasserstar, gemeiner – Wasseramsel	H	
Wasserstar, schwarzbäuchiger nordischer – Wasseramsel	H	
Wasserstels – Bachstelze	V	
Wassersteltz – Bachstelze	Suol,zLa	
Wassersteltz, gelbe – Gebirgsstelze	GesH	
Wassersteltz, grawe – Bachstelze	GesS	
Wassersteltz, grohe – Bachstelze	Baldn	
Wassersteltz, wysse – Bachstelze	GesS	
Wassersteltze – Bachstelze	Fabr	
Wassersteltze, grawe – Bachstelze	GesH,Schwf	
Wassersteltze, weiße – Bachstelze	GesH,Schwf	
Wasserstelza – Bachstelze	Suol	
Wasserstelze – Bachstelze	Ad,B,Be1,Be2,Be,Be97,F,GD,Krü,N	
Wasserstelze – Gebirgsstelze	B,F	
Wasserstelze – Wasseramsel	Do	
Wasserstelze – Wasserralle	F,JAN,Krü	
Wasserstelze, blaue – Bachstelze	H	Halle 1760.
Wasserstelze, gelbe – Gebirgsstelze	Be2,Be,N	
Wasserstelze, graue – Bachstelze	Be2,Be,N	
Wasserstelze, schwarze – Wasserralle	Be1,Be2,Be,Buff,F,GD,Krü,N	
Wasserstelze, weiße – Bachstelze	Be2,Be,Jä,N	Unterfranken
Wasserstelzer – Bachstelze	Suol	
Wassersterz – Bachstelze	B,Be1,Be2,Be,Be97,GD,N	
Wasserstewerlein – Bachstelze	HaSa	
Wasserteucherle – kleine Taucher	zLa	Rallen, Enten, Lappentaucher.
Wasserteufel – Bläßhuhn	Ad,Be2,Be,GD,K,N,Suol	Albin Band I, 83.
Wasserteufel – Teichhuhn	K	Frisch T. 209.
Wasserthûl – Samtente	StVb	V. 345 in Suol. 437.
Wassertölpel – Baßtölpel	Krü	

Wassertölpel – Rotfußtölpel	GD	
Wasserträger – Rosapelikan	Ad,Buff,Krü	
Wassertreter – Odinshühnchen	B	Bechstein 1803, KN
Wassertreter – Wasserralle	Fri,GD	
Wassertreter, aschgrauer – Odinshühnchen	MW	
Wassertreter, brauner – Thorshühnchen	O3	
Wassertreter, breitplattschnäbliger – Thorshühnchen	CLB2	
Wassertreter, breitschnäbeliger – Thorshühnchen	N	
Wassertreter, breitschnäbliger – Thorshühnchen	CLB3,F	
Wassertreter, gemeiner – Odins- u. Thorshühnchen	Be	
Wassertreter, gemeiner – Odinshühnchen	Be2,CLB2,N	KNB
Wassertreter, grauer – Odinshühnchen	CLB2,F,N,O2,3	KNB
Wassertreter, großer – Thorshühnchen	N	
Wassertreter, kleiner – Odinshühnchen	F,N	
Wassertreter, plattschnäbliger – Thorshühnchen	F,N,WüCl	
Wassertreter, rotbäuchiger – Thorshühnchen	Be2,Be,F,MW,N	
Wassertreter, roter – Odinshühnchen	N	
Wassertreter, roter – Thorshühnchen	Be2,CLB2,3,N,O2	KNB
Wassertreter, rothalsiger – Odinshühnchen	Be,F	
Wassertreter, rothälsiger – Odinshühnchen	Be2,N	
Wassertreter, schmalschnäbeliger – Odinshühnchen	N	
Wassertreter, schmalschnäbliger – Odinshühnchen	CLB2,WüCl	
Wassertreter, schwarzer – Teichhuhn	Be2,Be,N	
Wassertreter, schwarzer – Wasserralle	Ad,Be1,Be2,Be,F,K,Krü,N	
Wassertreter, spitzschnäbeliger – Odinshühnchen	N	
Wassertreter, spitzschnäbliger – Odinshühnchen	Be2	
Wassertrostle – Wasseramsel	Buff,GesS	
Wasservielfraß – Rosapelikan	Ad,Be1,Be2,Be,GD,Krü,N,Suol	
Wasservogel – Mäusebussard	B,Be1,Be2,Be97,F,GD,N	
Wasservogel, fremde – Säbelschnäbler	Buff	
Wasserweih – Rohrweihe	B	
Wasserweihe – Rohrweihe	Be2,Be,F,Krü,N	
Wasserweißkehlchen – Schilfrohrsänger	Be2,Be,F,N,O1	
Wasserweißkehlchen – Teichrohrsänger	Do,F	
Wasserweißkehle – Drosselrohrsänger	Be2,Be,N	
Wasserweißkehle – Teichrohrsänger	JAN,N	
Wasserwisekrîps – Wasserralle	Suol	
Wasserwolf – Wendehals	Ad,Krü	
Wasserzeisig – Drosselrohrsänger	Krü	

Wasserzeisig – Teichrohrsänger	B,Be2,N	
Wasßer Hünlein, kleines – Zwerg(?)-sumpfhuhn	zLa	
WasßerRaab – Samtente	Baldn	
WasßerSchnepf – Bekassine	Baldn	
Wästrik (estn.) – Bluthänfling	Buff	
Water Rail (engl.) – Wasserralle	Tu	Name nicht von Turner.
Water Swallow (engl.) – Flußuferläufer	Tu	
Water-Craw (engl.) – Wasseramsel	Tu	
Water-Hen (engl.) – Bläßhuhn	Tu	Black with a white frontal patch.
Water-Ousel (engl.) – Wasseramsel	Tu	
Wâtergaidling – Wasseramsel	Suol	
Wâterhainken – Eisvogel	Suol	
Waterhaun (westf.) – Bläßhuhn	Bri,H	
Waterhäun (westf.) – Bläßhuhn	H	
Waterhaun, grote (westf.) – Bläßhuhn	H	
Waterhenn – Teichhuhn	Bri	
Wäterhenneck (helgol.) – Bläßhuhn	H	
Waterhennick – Bläßhuhn	Do,F	
Wäterhennick, gröön-futtet (helgol.) – Teichhuhn	H	
Waterheunken, schwarte (westf.) – Bläßhuhn	H	
Waterhohn (westf.) – Bläßhuhn	H	
Waterhohn, lütt – Tüpfelsumpfhuhn	WüCl	
Wâterhöhnken – Teichhuhn	Bri,Suol	
Waterhönken (westf.) – Bläßhuhn	H	
Waterhönken, graut (westf.) – Bläßhuhn	H	
Waterküken – Tüpfelsumpfhuhn	Do	
Waterküken, kleine (pomm.) – Tüpfelsumpfhuhn	H	
Waterspreen – Wasseramsel	Do,F	
Watersprei – Wasseramsel	WüCl	
Waterswalecke – Mauersegler	Suol	
Wätertroosel – Wasseramsel	Do	
Wätertrooßel – Wasseramsel	F	
Wâterwolp – Goldregenpfeifer	Bri,Häp	
Waterwolp – Regenpfeifer	Suol	
Wâterwulf – Goldregenpfeifer	Häp	
Wäwala – Pirol	Do,F	
Wäwale – Pirol	Scha	
Weberammer – Grauammer	Do,F	
Wechholderziemer – Wacholderdrossel	GesH	
Wecholterziemer – Wacholderdrossel	GesS	
Wechseldrossel – Schieferdrossel	B	
Weck den Knecht – Wachtel	Suol	
Weckflecklein – Blaukehlchen	GesH	
Weckholdervogel – Wacholderdrossel	Do,F	
Weckholtervogel – Drossel allg.	Schwf	

Weckolder ziemer – Misteldrossel	StVb	
Weckolder ziemer – Wacholderdrossel	StVb	
Weckolderziemer – Misteldrossel	Suol	
Weckolderziemer – Wacholderdrossel	Suol	
Weckuhr – Alpenstrandläufer	Bri	
Wedehappe – Wiedehopf	H	
Wedehoppe – Wiedehopf	Buff,GesS	
Wedehoppen – Wiedehopf	H	
Wedehupp – Wiedehopf	F,H	
Wedehuppe – Wiedehopf	Ad,N	
Wedel schwanz – Nachtigall	Buff	
Wedelschwanz – Bachstelze	B,Be2,Buff,GD,N	
Wedelschwanz – Gebirgsstelze	F	
Wederik – Ente (männl.)	Suol	Niederdeutsch
Wedewael – Pirol	GesS	
Wedewäl – Pirol	Suol	
Wedich – Ente (männl.)	Suol	
Wedick (preuß.) – Tafelente	Do	
Weehopp – Wiedehopf	Bri,Häp	
Weepstiert – Schafstelze	F	
Weepstirten, witte – Bachstelze	Be2,Be,N	
Weg-Lerch – Haubenlerche	GesH	
Wegeheubellerche – Haubenlerche	Buff	
Wegelerche – Haubenlerche	Ad,Be1,Be2,Be,Buff,F,GD,Hp,K,Krü, …	
	… N,Scha,Schwf	Frisch T. 15.
Wegestertz – Bachstelze	GesSH	
Wegestarz – Bachstelze	Suol	
Wegestelze – Bachstelze	F	
Wegestertz – Gebirgsstelze	zLa	
Wegesterz – Bachstelze	B,Be1,Be2,Be,Be97,Buff,GD,N	
Wegflackerer – Ziegenmelker	Jä	
Wegflagge – Ziegenmelker	Jä	
Wegfleck – Blaukehlchen	StVb,Suol	
Wegflecklein – Blaukehlchen	Be1,Be2,Be,Be97,GD,Krü,N	
Wegflecklin – Blaukehlchen	Buff,F,GesS	
Weghob – Wiedehopf	F	
Weglerch – Haubenlerche	zLa	
Weglerche – Feldlerche	Be,Buff,N	
Weglerche – Haubenlerche	B,Krü,O2,V	
Weglerche – Feldlerche	Be1,Be2,Be,Be97	
Wegstelze – Bachstelze	Do	
Wegstiert, grag – Bachstelze	F	
Wegtaube – Turteltaube	Be2,Be,F,Krü,N,Scha	
Wegwoan – Pirol	Scha	
Weh – Rotmilan	Häp	
Weheklage (altdt.) – Ziegenmelker	F,H	
Wehklage – Sperlingskauz	Krü	
Wehklage – Steinkauz	Ad,B,F,CLB2,N,V	KNB
Wehklager – Steinkauz	Do	

Wehrhahn – Wiedehopf	F	
Wehrvogel – Raubwürger	B	
Weib, altes (boehm.) – Kleiber	F,H	
Weibermann – Wendehals	Do,F	
Weichfalke – Rotmilan	Be2,F,N	
Weichfederdrossel – Himalayadrossel	B	
Weichfederige Drossel – Himalayadrossel	N	N: Bd. 13/257
Weichfedrige Ente – Eiderente	Do	
Weichmilane – Rotmilan	Be1,Be2,Be,JAN,N	
Weicker – Triel	GesS	
Weidemblatt – Fitis	Be2	
Weidemösch – Rohrammer	Suol	
Weiden Sperling – Feldsperling	Schwf	
Weiden Zeisig – Fitis/Zilpzalp	Fri	
Weiden-Drossel – Drosselrohrsänger	Suol	
Weiden-Laubvogel – Zilpzalp	N	
Weiden-Nachtigal – Teichrohrsänger	Buff	
Weiden-Rohrsänger – Rohrschwirl	N	N: Bd. 13/475
Weiden-Zeisig – Laubsänger (Zilpzalp)	G	
Weiden-Zeisig – Zilpzalp	Buff	
Weiden-Zeißig – Laubsänger (Fitis)	G	
Weiden-Zeißlein – Fitis	P1,Z	
Weidenammer – Weidenammer	B,H	
Weidenblatt – Fitis	Be2,Be,N	
Weidenblatt, großes – Fitis	F	
Weidenblättchen – Fitis	B,Be2,Be,N	
Weidenblättchen – Zilpzalp	B,F	
Weidenblättchen, kleines – Zilpzalp	N	
Weidendrossel – Drosselrohrsänger	Ad,B,Be2,Be,Be97,Buff,F,GD,K,Krü,N	
Weideneule – Waldkauz	B,F,Krü,N	
Weidenfink – Feldsperling	B	
Weidenfink – Steinsperling	Be2	
Weidengickerlin – Blaukehlchen	StVb	
Weidengucker – Schilfrohrsänger	GD	
Weidengucker – Teichrohrsänger	Be1,Be2,Be,Be97,F,Krü,N	
Weidengückerle – Zilpzalp	zLa	Ein nur in Straßburg …
		… belegter Name für Zilpzalp.
Weidenguckerlein – Blaukehlchen	Be1,Be2,Be,F,GD,N	
Weidenguckerlein – Schilfrohrsänger	GD	
Weidengückerlein – Zilpzalp	GesH	
Weidenhopf – Wiedehopf	F	
Weidenhuhn – Moorschneehuhn	B	
Weidenhüpfer – Wiedehopf	F,H	
Weidenhupp – Wiedehopf	Scha	
Weidenlaubsänger – Fitis	CLB1,3	KNB
Weidenlaubsänger – Zilpzalp	B,Bri,O3,Scha,Suol	Gilbert White, England,
		… unterschied 1768 Zilpzalp von Fitis.
Weidenlaubvogel – Zilpzalp	F,N N 1823: Weiden-Laubvogel,	KN.
Weidenlerche – Baumpieper	Be2,Krü,N	

Weidenlerche – Feldschwirl	Buff	Buffon/Otto Band 14.
Weidenlerche – Wiesenpieper	Buff	
Weidenmeise – Beutelmeise	Krü	
Weidenmeise – Goldhähnchen	Be1,Be2,Be,GD,Krü	C. L. Brehm 1831.
Weidenmeise – Weidenmeise	CLB3,H	
Weidenmeise – Wintergoldhähnchen	N	
Weidenmeise – Beutelmeise	Buff	
Weidenmücke – Fitis	B,Be2,Be,F,N	
Weidenmücke – Laubsänger	Ad,Krü	
Weidenmücke – Schilfrohrsänger	GD	
Weidenmücke – Teichrohrsänger	Be1,Be2,Be,F,N	
Weidenmücke – Zilpzalp	B,F,N	
Weidenmücke – Zilpzalp/Fitis	K Klein: Fitis + Zilpzalp.	Frisch T. 24.
Weidennachtigall – Schilfrohrsänger	Krü	
Weidennachtigall – Teichrohrsänger	Krü	
Weidenpfeiferchen (luxemb.) – Sumpfrohrsänger	Do,F,H	
Weidenpieper – Baumpieper	B,F	
Weidenrohrsänger – Rohrschwirl	Do,F,N N: Weiden – Rohrs.	N: Bd. 13/474.
Weidensänger – Rohrschwirl	O3	
Weidensänger – Fitis	CLB2,V	
Weidensänger – Laubsänger (Fitis)	Krü	
Weidensänger – Seggenrohrsänger	Be2 Naumann: Binsen – Rohrsänger.	
Weidensänger – Zilpzalp	B,Be2,Be,CLB2,MW,N,O1 Bechst. 1802, KN.	
Weidensänger, brauner – Zilpzalp	N	
Weidensänger, grauer – Zilpzalp	F	
Weidensänger, kleiner – Zilpzalp	N	
Weidensänger, nachtigallartiger – Rohrschwirl	N	N: Bd. 13/474.
Weidenschilfsänger – Drosselrohrsänger	CLB3	
Weidenschlefferchen – Sumpfrohrsänger	o.Qu. Aus deutschem Luxemburg.	
Weidenschneehuhn – Moorschneehuhn	CLB1,2,F,N	KNB
Weidenspatz – Feldsperling	B,F	Frisch T. 7.
Weidenspatz – Rohrammer	GesH	
Weidensperling – Bergfink	Krü	
Weidensperling – Feldsperling	Ad,B,Be,Be1,2,97,Buff,F,GD,K,Krü,N,Suol,V	
Weidensperling – Steinsperling	GD,N	
Weidensperling – Weidensperling	B	
Weidenstelze – Schafstelze	Do,F	
Weidenzeisig – Fitis	B,F,Jä,Suol,V	
Weidenzeisig – Goldhähnchen	Ad,Krü	
Weidenzeisig – Laubsänger (Fitis)	Ad,Krü	
Weidenzeisig – Schilfrohrsänger	GD	
Weidenzeisig – Seggenrohrsänger	Be2,N	
Weidenzeisig – Sumpfrohrsänger	Be2,N	
Weidenzeisig – Waldlaubsänger	Be1,Be2,Be,Krü,N,O1	
Weidenzeisig – Zilpzalp	B,Be1,Be2,Be,Be97,Buff,F,G,Hp,N,O1	
	Göchhausen 1710. Frisch T. 24.	VN
Weidenzeisig – Zilpzalp/Fitis	GD,K	

Weidenzeisig, großer – Fitis	Be1,Be2,Be,Be97,N,O2	
Weidenzeisig, kleiner – Schilfrohrsänger	F	
Weidenzeisig, kleiner – Zilpzalp	Be1,Be2,Be,N,O2	
Weidenzeisig, seltener – Seggenrohrsänger	Be2	
Weidenzeisig, seltner – Seggenrohrsänger	N	
Weidenzeising – Fitis	Scha	
Weidenzeisle – Fitis	Jä	
Weidenzeislein – Goldhähnchen	Be1,Be2,GD	
Weidenzeislein – Schilfrohrsänger	GD	
Weidenzeislein – Wintergoldhähnchen	N	
Weidenzeislein – Zilpzalp	Be1,Be2,Buff,N	Niedenthal 1656. VN
Weidenzeißig – Fitis	G	
Weidenzeißlein – Fitis	P1,Z,Suol	
Weidenzeißlein – Zilpzalp	Hp	
Weidenzeiszeln – Zilpzalp	Be	
Weidenzesk (schles.) – Zilpzalp	H	
Weidenzinker – Teichrohrsänger	Do,F	
Weidepfeiferchen – Sumpfrohrsänger	Suol	
Weiderich – Schilfrohrsänger	Be2,Be97,GD,N	
Weiderich – Seggenrohrsänger	Be2,F,N	
Weiderich – Sumpfrohrsänger	F,N	
Weiderich – Teichrohrsänger	Be97,Buff,F	
Weiderich, bunter – Schilfrohrsänger	Be2,N	
Weiderich, gefleckter – Schilfrohrsänger	Be2,F,N	
Weideschlefferchen (luxemb.) – Sumpfrohrsänger	H	
Weideschlöfferchen – Sumpfrohrsänger	Suol	
Weidewall – Pirol	Hp,Krü	
Weidrich – Schilfrohrsänger	Krü	
Weidrich – Sumpfrohrsänger	Be2	
Weidrich – Teichrohrsänger	Krü	
Weidvogel – Regenbrachvogel	Be1,GD	
Weidwail – Pirol	Suol,Tu	
Weidwall – Pirol	Be1,Be2,Be,Buff,Krü,N	
Weidweidweid – Wendehals	Suol	
Weier – Milane und Weihen	Suol	
Weih – Habicht	Jä	
Weih – Rohrweihe	Scha	
Weih-ar – Milane und Weihen	Suol	
Weih, eigentlicher – Rotmilan	O1	
Weih, großer – Rohrweihe	O1	
Weih, kleiner – Kornweihe	O1	
Weih, weißer – Kornweihe	B	
Weihe – Mäusebussard	Be1,Be2,Be,Be97,GD,N	
Weihe – Rauhfußbussard	Be,N	
Weihe – Rotmilan	GD	
Weihe – Rotmilan	Be,Be1,2,97,GD,Jä,N,Schwf	
		Ahd. wio, mhd. wie.
Weihe – Weihe	Be	Bechstein 1802 für Circus.

Weihe mit gelblichem Schwanz und ... ... Fischerhosen – Rotmilan	Be2	
Weihe mit gablichtem Schwanz und ... ... Fischerhosen – Rotmilan	Buff	
Weihe mit gablichten Schwanze und ... ... Fischerhosen – Rotmilan	Hp	
Weihe mit gabligem Schwanz und Federhosen – Rotmilan	N	
Weihe, aschgraue – Wiesenweihe	CLB1,2,3,V	
Weihe, blasse – Steppenweihe	N,WüCl	N: Bd. 13/154.
Weihe, blaßgraue – Steppenweihe	N	N: Bd. 13/154.
Weihe, blaue – Kornweihe (männl.)	Be2,Be,F,N	
Weihe, blaurote – Wiesenweihe	N	
Weihe, braune – Mäusebussard	Be2,Be	
Weihe, braune – Rotmilan	Be2,Be	
Weihe, braune – Schwarzmilan	F,GD,N	
Weihe, braune und schwarze – Schwarzmilan	Be2	
Weihe, bunte – Rotmilan	Be2,Be,N	
Weihe, dalmatische – Steppenweihe	N	N: Bd. 13/154.
Weihe, gemeine – Mäusebussard	Be2,N	
Weihe, gemeine – Rotmilan	Be2,Be,N	
Weihe, graue – Kornweihe	CLB3	
Weihe, grauweiße – Steppenweihe	N	N: Bd. 13/154.
Weihe, große braune – Rauhfußbussard	N	
Weihe, kleine – Kornweihe (weibl.)	Be1,Be2,Be,Be97,GD,N	
Weihe, kleine – Wiesenweihe	N	
Weihe, langflügelicher – Wiesenweihe	MW	
Weihe, rauhbeinige – Rauhfußbussard	Be,F,N	
Weihe, rostige – Rohrweihe	Be1,Be2,Be,Buff,N	
Weihe, rostige – Rotmilan	Be2,Hp,N	
Weihe, rote – Rohrweihe	Be2,N	
Weihe, rötliche – Rotmilan	Be1,Be2,Be,N	
Weihe, schwarze – Schwarzmilan	N	
Weihe, weiße – Kornweihe (männl.)	Be1,Be2,Be,F,JAN,N	
Weihe, weißer – Kornweihe	zLa	Gessner: helles Blaugrau = „weiß."
Weiher – Milane und Weihen	Suol	
Weiher – Rotmilan	Buff,GesSH	
Weihfalk – Rotmilan	Be1	
Weihrauch – Pirol	Ad,B,Be,Be1,2,97,05,Fri,GD,Hp,Krü,N,O1, KNB	
Weihrauch, Bruder – Pirol	F	
Weihrauchsvogel – Pirol	Be1,Be2,Be,F,N	
Weihrauchvogel – Pirol	Ad,Buff,CLB2,Hp,Krü	
Weiker – Rennvogel	O1	
Weiker – Goldregenpfeifer	Krü	
Weiker – Triel	O1	
Wein Drossel – Rotdrossel	Schwf	
Wein kernel – Tüpfelsumpfhuhn	StVb	
Wein-Droschel – Rotdrossel	Kö,Z	

Wein-Drossel – Rotdrossel	G,Suol	
Wein-Droßel – Rotdrossel	G	
Wein-Drostel – Rotdrossel	Fri	
Wein-Rothhänfling – Bluthänfling	Buff	
Weinamsel (helv.) – Rotdrossel	H	
Weinblüten-Vogel – Steinschmätzer	Buff	Oenanthe
Weinblütenvogel – Steinschmätzer	Buff	Buffon/Otto Bd. 16.
Weindroschel – Rotdrossel	GD	
Weindroschel – Singdrossel	Be,Buff	
Weindroschl – Singdrossel	Be2,N	
Weindrossel – Drosselrohrsänger	Be1	
Weindrossel – Pirol	H	
Weindrossel – Rotdrossel	Ad,B,Be,CLB2,Buff,F,GD,HHM,Hp,Jä, …	
	… Krü,K,N,P,V,WüCl	Frisch T. 28.
Weindrossel – Singdrossel	Be1,Be2,Be,N,O1,Suol	
Weindrossel – Singdrossel	Buff,GD	
Weindrossel mit ungefleckter Brust – Weißbrauendrossel	N	N: Bd. 13/289.
Weindrossel, hochköpfige – Rotdrossel	CLB3	
Weindrossel, mittlere – Rotdrossel	CLB3	
Weindrossel, plattköpfige – Rotdrossel	CLB3	
Weindrostl – Rotdrossel	N	
Weindröstle (helv.) – Singdrossel	H	
Weindruschel – Rotdrossel	GesSH	
Weindrustel – Rotdrossel	N	
Weingaerdsdrossel – Wein-, Sing- und Misteldrossel	Tu Turdus iliacus … … + Turdus viscivorus + T. musicus.	
Weingaerdsvögel – Wein-, Sing- und Misteldrossel	Tu Turdus iliacus … … + Turdus viscivorus + Turdus musicus	
Weingarfvogel – Rotdrossel	Buff	Druckfehler?
Weingart – Rotdrossel	Do	
Weingartendrossel – Rotdrossel	Krü	
Weingartenvogel – Rotdrossel	Krü	
Weingartsvogel – Rotdrossel	Suol	
Weingartvogel – Rotdrossel	Be1,Be2,Be,F,GD,GesSH,Hp,N	
Weingesang – Buchfink	GD,O1,2 Finkenschlag, z. T. auch Finkenname.	
Weinhänfling – Bluthänfling	Buff,Krü	Buffon/Otto 11, 21.
Weinhänfling, kleiner – Birkenzeisig	Buff	
Weinkernel – Tüpfelsumpfhuhn	Suol	
Weinkernell – Tüpfelsumpfhuhn	GesH,JAN,N	
Weinlerche – Haubenlerche	Be2,Be,Buff,F,Krü,N	
Weinrote Drossel – Singdrossel	Be2,Be,K,N	
Weintrostel – Rotdrossel	Be2,Be,GesH	
Weinvogel – Gartenrotschwanz	Buff	
Weinvogel – Hausrotschwanz	GD	
Weinvogel – Rotdrossel	Do,F,Scha	
Weinvögele – Gartenrotschwanz	GesS	
Weinvögelein – Rotdrossel	GesS	
Weinzapfen – Schwanzmeise	GD	

Weinzapfer – Schwanzmeise	B,Be2,Be,Buff,F,Hp,Krü,N	
Weinzerl – Truthuhn	Suol	
Weinziepe – Rotdrossel	Be2,Be,N	
Weinzierl – Truthuhn	Suol	
Weinzippe – Rotdrossel	Do,F	Aus „Weinziepe".
Weis Kopff – Bartgeier	Suol	Schwenckfeld 1603.
Weis Kopff – Gänsegeier	Schwf	
Weis Reiger – hier: Graureiher, Dunenkleid	Fabr	
Weis Rötelweib – Turmfalke (Var.)	Schwf	
Weis Specht – Buntspecht	Schwf	
Weis Wannenwäher – Turmfalke, Var.	Schwf	
Weis-Specht – Buntspecht	Suol	
Weise Fisch-Meve – Flußseeschwalbe?	Z	
Weise Fischmeve – Flußseeschwalbe?	Z	
Weise Meve – Flußseeschwalbe? Lachmöwe?	Z	
Weise Tageule – Schneeeule	F	
Weisel – Rotdrossel	Be1,Be2,Be,N,Suol	
Weisköpffichter Geyer – Bartgeier	Schwf	
Weisköpfichter Geyer – Bartgeier	Suol	
Weiß Haselhuhn – Alpen-/Moorschneehuhn	Fri	
Weiss Nunn – Zwergsäger	Suol	
Weiß Rebhun – Alpenschneehuhn	GesH	
Weiß Schenkler – Kormoran	Gun	Schenkel m. unbeständ. weißen Flecken.
Weiss Schneekater – Ringdrossel	Suol	
Weiß und schwarze Bachstelze – Bachstelze	K	Frisch T. 23.
Weiß- und schwarzbunte Schellente – Schellente	CLB3,N	
Weiß-Droschel – Singdrossel	P1,Z	
Weiß-Drostel – Singdrossel	Fri	
Weiß-Hun – Schneehuhn	Kö	
Weiß-kopfigtes Rothschwäntzlein – Gartenrotschwanz	P	
Weiß-Specht – Weißrückenspecht	N	
Weißamsel – Singdrossel	Do,F	
Weißarsch – Rotkopfwürger	Jä	
Weißarsch – Waldwasserläufer	Be1,Be2,Be,Be97,F,GD,Krü,N,O1	
Weißarsch, kleiner – Bruchwasserläufer	Be2,Be,N,O1	
Weißärschel – Mehlschwalbe	Suol	
Weißauge – Moorente	Be2,F,N	
Weißauge – Tafelente	Be1	
Weißaugenente – Moorente	B	
Weißaugenmöve – Weißaugenmöve	H	
Weißäugige Ente – Moorente	Be2,Be,CLB1,2,MW,N,O1,3,V	KNB
Weißäugige kleine braune Ente – Moorente	Be2,N	
Weißäugige Moorente – Moorente	N	
Weißäugige Möve – Weißaugenmöwe	O3	
Weißäugige Tauchente – Moorente	CLB2	KNB

Weißback – Baumfalke	Jä,K	
Weißback – Eisente	Do,F	
Weißback – Papageitaucher	Ad,Be2,GD,K,N	Frisch T. 192.
Weißback – Wanderfalke	Z	
Weißback mit langem Schwanze – Eisente	Be2,N	
Weißback mit langen Schwanzfedern – Eisente	Buff	
Weißbäckchen – Baumfalke	Be1,Be2,Be97,Be05,F,GD,Jä,N	
Weißbäckchen – Krickente	Be	
Weißbäckchen – Trauerente	JAN	
Weißbäckchen – Wanderfalke	B	
Weißbacke – Baumfalke	Ad	
Weißbacke, großer – Würgfalke	Ad,Krü	
Weißbacken – Wanderfalke	Be2	
Weißbacken mit langem Schwanze – Eisente	Be	
Weißbacken mit langen Schwanzfedern – Eisente	Be1,GD	
Weißbacken, kleiner – Baumfalke	Be2,Be,N	
Weißbackenente – Trauerente	Be2,CLB2,N	KNB
Weißbäckige Ente – Trauerente	JAN	
Weißbäckl – Baumfalke	Jä	
Weißbäcklein – Baumfalke	Jä,Suol	
Weißbart – Wanderfalke	Jä	
Weißbärtchen – Weißbart-Grasmücke	B,H	
Weißbärtel – Klappergrasmücke	Be97,F	
Weißbartel – Klappergrasmücke	Be	
Weissbärtige Grasmücke – Weißbart-Grasmücke	CLB2	KNB
Weißbartige Meerschwalbe – Weißbart-Seeschwalbe	O3	
Weißbärtige Seeschwalbe – Weissbart-Seeschwalbe	MW,N	
Weissbärtiger Sänger – Weissbart-Grasmücke	CLB2,MW,O3	KNB
Weissbärtiger Strauchsänger – Weißbart-Grasmücke	H	
Weißbartl – Klappergrasmücke	Be1,Be2,N	
Weissbauch – Fischadler	B,CLB2,3,F,Jä,V	KNB
Weissbauch – Pfeifente	Suol	
Weißbauch – Schlangenadler	Be2,Be	
Weißbauch – Spießente	Buff	
Weißbäuchige Eule – Waldkauz	Be1	
Weißbäuchige Lerche – Brachpieper	Be2,N	
Weißbäuchige Mauerschwalbe – Alpensegler	Be1,Be2,Be,N	
Weißbäuchige Schwalbe – Mehlwalbe	P1,Z	
Weißbäuchiger Heckenschmätzer – Zilpzalp	Z	

Weißbauchiger Laubvogel – Berglaubsänger	F,N	Buffon/Otto Bd. 13/417.
Weißbäuchiges Wasserhuhn – Teichhuhn (juv.)	B,Be	
Weißbauchiges Wasserhuhn – Teichhuhn (juv.)	Buff,GD,Hp	
Weißbauchigte Schwalbe – Mehlwalbe	P	
Weißbauchwasserschwätzer – Wasseramsel	B	
Weißbindenkreuzschnabel – Bindenkreuzschnabel	B	
Weißbindiger Kreuzschnabel – Bindenkreuzschnabel	BB,CLB3,H,WüCl … … Bindenkreuzschnabel: C. L. Brehm 1827.	
Weißbläß – Bläßhuhn	O1	
Weißblaß (bay.) – Bläßhuhn	H,Jä	
Weisslass'l (steierm.) – Bläßhuhn	H	
Weißblässchen – Bläßhuhn	N	Hier richtig: Mit ss.
Weißblässe – Bläßhuhn	Be1,Be2,Be,Buff,F,GD,N	
Weißblässige Rohrhenne – Bläßhuhn	N	
Weißblässiges großes Wasserhuhn – Bläßhuhn	Buff,Fri	
Weißblässiges Rotschwänzlein – Gartenrotschwanz	Fri	
Weißblässiges Wasserhuhn (Laus.) – Bläßhuhn	Be,H	
Weissbläßle (württ.) – Bläßhuhn	H	
Weißblattel – Gartenrotschwanz	Suol	
Weißblattel – Klappergrasmücke	Do,F	
Weissblattl (bei Wien) – Klappergrasmücke	H	
Weißbörzel – Steinschmätzer	GD	
Weißbrustiger Wasserschmätzer – Wasseramsel	O3	
Weißbunte Bachstelze – Bachstelze	Be2,Be,N	
Weißbunte Ente – Schellente	Do,F	
Weißbunte Eule – Schnee-Eule	Be1,Be2,Be,GD,N	
Weißbunte Schellente – Schellente	N	
Weißbunte schlichte Eule – Schnee-Eule	Be1,Be2,Be,GD,K,N	
Weißbunter Fasan – Fasan	Fri	
Weißbunter Reiher – Graureiher	Be,N	
Weissbunter Steinschmätzer – Nonnensteinschmätzer	MW	
Weißbuntes Rothuhn – Rothuhn (Var.)	Be1,Be2	
Weißbuntspecht – Mittelspecht	B,F,MW,N	
Weißbürzel – Steinschmätzer	B,Be2,F,N	
Weißbürzel – Waldwasserläufer	F,H	
Weißdrauschl – Singdrossel	Jä	
Weißdroschel – Singdrossel	Be,Buff,GD,P	
Weißdroschl – Singdrossel	Be2,Be,Jä,N	
Weißdrossel – Rotdrossel	Be2,Be,GD,K,N	
Weißdrossel – Singdrossel	Ad,B,Be1,Be2,Be,Be97,Buff,CLB2,F,GD,… …Hp,Jä,K,Krü,N,P,V Frisch T. 2. KNB	

Weißdrostel – Singdrossel	Be,Fri,N	
Weiße Ackermeise – Bachstelze	o.Qu.	
Weiße Ammer – Schneeammer	GesS	
Weiße Amsel – Amsel (Mutation)	Schwf	
Weiße Avocette – Säbelschnäbler	Buff	
Weiße Bachsteltz – Bachstelze	zLa	
Weiße Bachstelze – Bachstelze	Be1,Be2,Be,Be97,Bri,Buff,CLB1,2,3,F,GD, …	
	… Hp,Jä,Krü,MW,N,O3,Scha,V,WüCl	KNB
Weisse Bürgermeistermöve – Eismöwe	CLB2	
Weiße Doppelschnepfe – Großer	Be1	
Brachvogel (Var.)		
Weiße dreifingerige Meve – Dreizehenmöwe	Be2N,	
Weiße Droschel – Singdrossel	Kö,P1	
Weiße Drossel – Singdrossel	Schwf	
Weiße Emmeritz – Grauammer	Schwf	
Weiße Ente – Hausente	Be2	
Weiße ente – Hausente	Fabr	
Weiße Eule – Schleiereule	Be1,Be2,Buff,GD,Jä,N	
Weiße Eule – Schnee-Eule	Be1,Be2,Be,CLB2,N,V	KNB
Weiße Gans – Schneegans	CLB2,Krü	KNB
Weiße geflammte Eule – Schleiereule	Be	
Weiße Grasmuck – Klappergrasmücke	Jä	
Weiße Grasmücke – Gartengrasmücke	Be1,Be2,Be,Be97,N	
Weiße Krahe – Krähe, Mutation	Schwf	„Cornix candida."
Weiße Lerche – Feldlerche (Var.)	Fri	
Weiße Meermeben – Lachmöwe	Buff	
Weiße Meese – Flußseeschwalbe	Scha	
Weiße Merch – Spießente	zLa	Name irrtümlich vergeben.
Weiße Merch – Zwergtaucher	zLa	Straßbg. Name nach Gessne 1555.
Weiße Meve – Dreizehenmöwe	Be1,Be,GD,K	
Weiße Meve – Eismöwe	Be	
Weiße Meve – Elfenbeinmöwe	Buff,MW	
Weiße Meve – Sturmmöwe	Be	
Weiße Mewe – Dreizehenmöwe	Ad,Hp,Krü	
Weiße Mewe – Elfenbeinmöwe	Buff	
Weiße Mibe – Dreizehenmöwe	Fabr	
Weiße Möve – Elfenbeinmöwe	Buff	
Weiße Möve – Mantelmöwe	Buff	Otto: Name kommt ihr nicht zu.
Weiße Nachtigall – Nachtigall	Buff	Variation vorwiegend in Zuchten.
Weiße Nonne – Zwergsäger	Be2,Be,Be97,Buff,GD,GesH,Hp,N,O2,V	
Weiße Nonne – Zwergtaucher	Be1	
Weiße nordische Möve – Elfenbeinmöwe	N	
Weiße Nun – Zwergsäger	zLa	
Weiße nunn – Zwergsäger	StVb	
Weiße Pieplerche – Baumpieper	Be	
Weiße rauchfüßige Kropftaube –	Buff	
Haustaubenrasse		
Weiße Schnepfe – Austernfischer	N	
Weiße Schnepfe – Waldschnepfe (Var.)	Be1	

Weiße Schnepfe aus Canada – Säbelschnäbler	Buff	
Weiße Seeschwalbe – Lachmöwe	GD,Suol	
Weiße Sule – Baßtölpel	N	
Weiße Tageule – Schnee-Eule	Be2,GD,N	
Weiße Tale – Dohle (Var.)	Schwf	
Weiße Tauchänte – Mittelsäger	Buff	
Weiße Tauchänte – Zwergsäger	Buff	
Weiße Tauchente – Mittelsäger	GD,Krü	
Weiße Tauchente – Zwergsäger	Be1,Be,Be97,GD,Krü,N	
Weiße Tuch Endte – Mittelsäger	Schwf	
Weiße Uferschnepfe – Säbelschnäbler	Buff	
Weiße und canadische Tageule – Schnee-Eule	N	
Weiße und schwartze Bachstelze – Bachstelze	Fri	
Weiße und schwarze Bachsteltze – Bachstelze	Buff	
Weiße und schwarze Ente – Eiderente	Be2	
Weiße Wasser-steltz – Bachstelze	Buff	
Weiße Wassersteltze – Bachstelze	GesH,Schwf	
Weiße Wasserstelze – Bachstelze	Be2,Be,Jä,N	Unterfranken
Weiße Weihe – Kornweihe (männl.)	Be1,Be2,Be,F,N	
Weiße wilde gemeine Ente – Stockente (Var.)	Be2	
Weiße Wilde Taub – Ringeltaube	zLa	
Weiße Wildente – Stockente	O1	
Weiße-emmeriz – Grauammer	Buff	
Weiße, oben weißbläuliche, Häringsmewe – Heringsmöwe	Buff	
Weißente – Zwergsäger	F	
Weißer Aasfresser – Schmutzgeier	N	
Weißer Adler – Steinadler (Var.)	GD	„Falco albus."
Weißer Adler – Steinadler (Var.)	K	„Sehr seltener Adler", … … ausgestorben, wenn es ihn überhaupt gab.
Weißer Baumpieper – Baumpieper	Be2	
Weißer Bergfink – Schneeammer	Ad	
Weißer Buchfincke – Buchfink	Schwf	Mutation
Weißer Bussard – Mäusebussard (Var.?)	Be2, CLB2,V	KNB
Weißer chinesischer Fasan mit langen Ohren – Silberfasan	Be2	
Weißer Dritt-Vogel – Schellente	GesH	
Weißer Drittvogel – Schellente	Buff,GesS	Um Straßburg Größenbezeichnung … … für den Marktgebrauch.
Weißer Emmeritz – Grauammer	Be1,Be2,Be,N	
Weißer Emmeritz – Schneeammer	GesH	
Weißer Emmerling – Grauammer	HaSa	
Weißer Falck – Gerfalke	GesH,K,zLa	
Weißer Falck – Kornweihe (männl.)	Fri	

Weißer Falcke – Gerfalke (Var.)	Schwf,Suol	Weiße Morphe.
Weißer Falk – Gerfalke	K,Krü,O1	
Weißer Falk – Kornweihe	B	
Weißer Falke – Gerfalke	Be2,Be,Be97,Hp,N	
Weißer Falke – Kornweihe (männl.)	Be2,Be,N	
Weißer Falke – Mäusebussard (Var.)	Be2	
Weißer Fasan aus China – Silberfasan	Be2	
Weißer Fincke – Buchfink	Schwf	Mutation
Weißer Fink – Buchfink	Be1	
Weißer Finkenhabicht – Sperber (Var.)	Be2	
Weißer Fischer – Baßtölpel	Krü	
Weißer Fischer – Rotfußtölpel?	GD	
Weißer Fischgeier – Schmutzgeier	Be2,N	
Weißer Flamant – Rosaflamingo	Buff	
Weißer Flammenreiher – Rosaflamingo	Buff	
Weißer Fliegenschnäpper – Schwarzkehlchen	N	
Weißer Geier – Mönchsgeier	O1	
Weißer Geier – Schmutzgeier	Be2,Be,CLB3,Krü,N	
Weißer Geierfalke – Gerfalke	Be1	
Weißer Gelbschnabel – Silberreiher	Be2,Be,Buff,GD,Krü,N	Müller 1773.
Weißer Geyer – Gänsegeier	GD	
Weißer Geyer – Kornweihe (männl.)	Fri	
Weißer Geyer – Rotmilan (Var.)	K	Klein 1760.
Weißer Geyer – Schmutzgeier	Buff,K	
Weißer Geyerfalke – Gerfalke (Var.)	Buff,GD	
Weißer Gümpel – Dompfaff	Schwf	Mutation
Weißer Hainotter – Weißstorch	Scha	
Weißer Hans – Kornweihe	Buff,GD	
Weißer Hans – Schlangenadler „Jean le blanc"	Do,F,GD,N	Brissons „Aquila Pygargus".
Weißer Harl – Zwergsäger	O1	
Weißer Hühner-Ahr – Gänsegeier	GD	
Weißer Hühneraar – Gänsegeier	GD	
Weißer Hühneraar – Schmutzgeier	Be2,Be,Krü,N	
Weißer Hühnerahr – Schmutzgeier	K	
Weißer Hüner Ahr – Rotmilan (Var.)	Schwf	
Weißer Hüneraar – Schmutzgeier	Buff	
Weißer Hünerahr – Rotmilan (Var.)	K	Klein 1750.
Weißer Isländischer Falke – Gerfalke	Be	
Weißer Ißländischer Falke – Gerfalke (Var.)	GD	
Weisser Kauz – Schneeeule	CLB2	KNB
Weißer Kibitz – Lachmöwe	Ad	
Weißer Kornvogel – Kornweihe (männl.)	N	
Weißer Krahn – Schneekranich	K	
Weißer Kranich – Kranich	Be2,N	
Weisser Kranich – Schneekranich	CLB2,MW	KNB
Weißer Löffelreiher – Löffler	Be1,2,97,Buff,CLB2,GD,N	Frisch T. 200–201.
Weißer Löffler – Löffler	Be2,Be,Buff,CLB2,GD,K,MW,N,O3	KNB

Weißer Mauseaar – Mäusebussard (Var.)	JAN	
Weißer Mauser – Mäusebussard (Var.?)	Be2,N	
Weißer Moose – Sturmmöwe (?)	Gun	
Weißer Pelikan – Wahrsch. Rotfußtölpel	GD	
Weißer Pfannenstiel – Schwanzmeise	N	
Weißer Rabe – Kolkrabe, Mutation	Schwf	„Corvus albus."
Weißer Reger – Silberreiher	Buff,Schwf	
Weißer Reigel – Silberreiher	Be2,Be,Buff,K,N,Schwf,V	
Weißer Reiger – Seidenreiher	GesH,Kö	
Weißer Reiger – Silberreiher	Buff,GesH	
Weißer Reiher – Seidenreiher	Buff,GD,N	
Weißer Reiher – Silberreiher	Be,Buff,CLB2,GD,Krü,N	KNB
Weißer Reyger – Silberreiher	Fri,K	Frisch T. 204.
Weißer Säger – Zwergsäger	Be2,Be,CLB2,F,MW,N,O3,V,WüCl	KNB
Weißer Sägetaucher – Zwergsäger	Be2,Be,Buff,GD,Krü,N	
Weißer Sägetaucher – Zwergtaucher	Be1	
Weißer Scharten Schnaebler – Rosaflamingo	Fri	
Weißer Schartenschnäbler – Rosaflamingo	N	
Weißer Schertenschnäbler – Rosaflamingo	Buff,GD	
Weißer Schnepf – Waldschnepfe (Var.)	Fri	
Weißer Schuffel – Löffler	O1	
Weißer Schwan – Steinadler (Var.)	GD	„Falco albus."
Weißer Schwanadler – Steinadler (Var.)	GD	„Falco albus."
Weißer Seerabe – Baßtölpel	B,Be2,Be,Buff,F,GD,Krü,N	
Weißer Seeschwalbe – Lachmöwe	Schwf	
Weißer Spatelreiher – Löffler	V	
Weißer Sperber – Kornweihe (männl.)	Be2,N	
Weißer Sperling – Haussperling	Schwf	Mutation
Weißer Staar – Star (Var.)	Schwf	Otto: 1775 bei Greifswald.
Weißer Steinadler – Steinadler	Be2	
Weißer Stieglitz – Stieglitz	Be97	
Weißer Storch – Weißstorch	Buff,GD,K	Frisch T. 196.
Weißer Storch – Weißstorch	Be1,Be2,Be,Be97,Bri,Buff,CLB1,2,3,F,GD, …	
	… K,Krü,MW,N,O3,V	KNB
Weißer Strandläufer – Säbelschnäbler	Buff	
Weißer Strandläufer – Sanderling	Do,F	
Weißer Taucher – Zwergsäger	JAN	
Weißer Thumpfaffe – Dompfaff (Var.)	Schwf	
Weißer Tölpel – Baßtölpel	Be,CLB2,Krü,MW,N,O3,V,WüCl	KNB
Weißer Uhu – Schnee-Eule	GD	
Weißer Weih – Kornweihe	B	
Weißer Weihe – Kornweihe	zLa	Gessner: Helles Blaugrau = „weiß."
Weißer Ziemer – Wacholderdrossel (Var.)	Fri	
Weißer Zwergreiher – Seidenreiher	N	
Weißes Berghuhn – Alpen-/	Fri	
Moorschneehuhn		
Weißes Birkhuhn – Schneehuhn	Be1,Be2,Be,Buff,F,GD,N	
Weißes Haselhuhn – Alpen-/	Be,Buff,F,GD,K,Krü,N,Suol	In Preußen.
Moorschneehuhn		

Weißes Haselhuhn aus der Hudsonbay – Säbelschnäbler	Buff	
Weißes Haselhuhn mit Hasenfüßen – Moorschneehuhn	GD	
Weißes Morasthuhn – Schneehuhn	Be2,GD,N	
Weißes Rebhuhn – Alpenschneehuhn	Be,N	
Weißes Rebhuhn – Moorschneehuhn	Do,F,N	
Weißes Rebhuhn – Rebhuhn (Var.)	Buff	
Weißes Rebhuhn – Schneehuhn	Buff,Hp	
Weißes Rephuhn – Schneehuhn	Krü	
Weißes Repphuhn – Schneehuhn	Ad	
Weißes Waldhuhn – Alpenschneehuhn	N	
Weißes Waldhuhn – Moorschneehuhn	Be,F,N	
Weißes Waldhuhn – Schneehuhn	Be1,Be2,Be,Be97,GD,MW	Bei Pennant.
Weißes Wildhuhn – Schneehuhn	Ad,Buff,Krü	
Weißfalk – Kornweihe	B	
Weißfalke – Kornweihe (männl.)	Be2,F,N	
Weißfleck – Kornweihe (weibl.)	B,F,N	
Weißfleck – Kornweihe/Wiesenweihe	JAN	
Weißfleckichter Ammer – Zaunammer	HHM	Hamb. Mag. 1749.
Weißfleckige Ammer – Schneeammer	Buff,K	Frisch T. 6.
Weißfleckige Ammer – Zaunammer	Buff,GD	
Weißfleckiger Ammer – Schneeammer	GD	
Weißfleckiger Ammer – Zaunammer	Be2,Be,Fri	Bechst. 1795/323 u. 1802/135: Emberiza Elaeathorax, mihi.　Frisch T. 6.
Weissflügel-Lerche – Weißflügellerche	H	
Weißflügelichte Meerschwalbe – Weißflügel-Seeschwalbe	N	
Weißflügelichte Seeschwalbe – Weißflügel-Seeschwalbe	N	
Weissflügelige Lerche – Weißflügellerche	H	
Weißflügelige Meerschwalbe – Weißflügel-Seeschwalbe	MW,O3	
Weißflügelige Seeschwalbe – Weißflügel-Seeschwalbe	N	
Weißflügelige Wasserschwalbe – Weißflügel-Seeschwalbe	B	
Weißflügelseeschwalbe – Weißflügel-Seeschwalbe	B	
Weißfuß – Fischadler	B	
Weißfußadler – Fischadler	Be2,N	
Weißgefleckter Adler – Schreiadler	Be2	
Weißgefleckter Ammer – Schneeammer	GD	
Weißgeringelte Lumme – Trottellumme (Var.)	CLB1,2,3,N,O3	KNB
Weißgescheckte Amsel – Amsel (Var.)	Schwf	
Weißgeschwänzte Bachstelze – Steinschmätzer	Be2,Be,Krü,N	
Weißgeschwänzter Adler – Kornweihe	Buff	Scopoli
Weißgeschwänzter Adler – Seeadler	Be1,Be,Be97, Buff,GD	

Weißgeschwänzter Adler – Steinadler	Be1,Be97,Buff,Krü	
Weißgesperberter Finkenhabicht – Sperber	JAN	
Weißgesperberter Habicht – Sperber (weibl.)	Be1,Be2,Be,GD,N	
Weißgesperberter Wachtelhabicht – Sperber	JAN	
Weißgraue Fischmeve – Lachmöwe	Be	
Weißgraue Meerschwalbe – Brandseeschwalbe	CLB3,MW,N	
Weissgraue Meve – Eismöwe	MW	
Weißgraue Meve – Lachmöwe	Be2,Be	
Weißgraue Meve – Sturmmöwe	Be1,GD	
Weißgraue Mewe – Sturmmöwe	Buff,Hp,Krü	
Weißgraue Möve – Lachmöwe	N	
Weißgraue Möve – Silbermöwe	N	
Weißgraue Seemeve – Lachmöwe	Be	
Weissgraue Seeschwalbe – Brandseeschwalbe	CLB1,2	KNB
Weißgraue Sturmmmeve – Eismöwe	Be2	
Weißgraue Sturmmöve – Eismöwe	N	
Weißgrauer Geyer – Kornweihe	GD	
Weißhalsiger Fliegenfänger – Halsbandschnäpper	CLB1,N,O3,V,WüCl	
Weisshälsiger Fliegenfänger – Halsbandschnäpper	CLB2,3	KNB
Weißhalsiger Fliegenschnäpper – Halsbandschnäpper	Do,F	
Weisshalsiger Geier – Schmutzgeier	CLB3	
Weißhänfling – Bluthänfling (juv., männl.)	Be2,Be,Be97,F,MW,N	
Weißhuhn – Alpenschneehuhn	Be,F,N,O1,V	
Weißhuhn – Moorschneehuhn	B,N	
Weißhuhn – Schneehuhn	Ad,Be1,Be2,GD,Krü	
Weißhun, wild – Alpenschneehuhn	GesH	
Weißkätchen – Dorngrasmücke	Do,F	
Weißkätel – Klappergrasmücke	Do,F	
Weißkehle, kleine braune – Dorngrasmücke	N	
Weißkehlchen – Dorngrasmücke	B,Buff,GD,Krü,N,Suol	
Weißkehlchen – Klappergrasmücke	Be1,Be2,Be,Be97,F,Krü,N,O2,V	
Weißkehlchen – Schwarzkehlchen	Be,Be1,2,97,Buff,GD,Krü,N	Buff/Otto 15, 305.
Weißkehlchen – Steinschmätzer	Be,Be1,2,97,Buff,F,GD,Krü,N,O1	
Weißkehlchen mit schwarzen Backen – Steinschmätzer	Be,GD,Krü,N	
Weißkehlchen, englisches – Schwarzkehlchen	Buff	
Weißkehlchen, großes – Dorngrasmücke	F	
Weißkehlchen, kleines – Klappergrasmücke	N	
Weißkehle – Gartengrasmücke	F,N	
Weißkehle – Klappergrasmücke	Krü	
Weißkehle – Sperbergrasmücke	Krü	
Weißkehle – Steinschmätzer	Krü	

Weißkehle, braune – Dorngrasmücke	JAN	
Weißkehle, braune kleine – Dorngrasmücke	Be2	
Weißkehle, große – Gartengrasmücke	Be1,Be2,Be97, Be,N	
Weißkehle, große – Sperbergrasmücke	Be2,Be,N	
Weißkehle, grüngraue – Gartengrasmücke	Be2,Be,N	
Weißkehle, kleine – Dorngrasmücke	Be1	
Weißkehle, kleine – Klappergrasmücke	Be2,N	
Weißkehle, kleine und braune – Dorngrasmücke	Be	
Weißkehlein mit schwarzen Backen – Steinschmätzer	Be1,Be2	
Weißkehlein mit schwarzen Backen – Trauerschnäpper	K	Frisch T. 24.
Weißkehliger Fliegenschnäpper – Halsbandschnäpper	Do,F	
Weisskehliger Uferpfeifer – Seeregenpfeifer	CLB3	
Weißkopf – Bartgeier	B,Be1,Be2,Be,Krü,N	
Weißkopf – Fischadler	Krü,N	
Weißkopf – Kornweihe (weibl.)	Be2,Be,Buff	Scopoli
Weißkopf – Noddiseeschwalbe	Sl	Sloane I/6.
Weißkopf – Rohrweihe	B,Be2,Be,F,N	„Die Jäger nannten ihn Weißkopf."
Weißkopf – Seeadler	Be1,Be2,Be,Be97,Buff,GD,Krü	
Weißkopf – Weißkopf-Ruderente	Krü	
Weißkopf – Weißkopf-Seeadler	GD	
Weißkopfente – Weißkopf-Ruderente	B	
Weißkopff – Seeadler	K	
Weißkopfgeier – Gänsegeier	B,F	
Weißköpfige Aente – Weißkopf-Ruderente	Buff	
Weißköpfige Ente – Eisente oder Weißkopf-Ruderente	GD	Beide: „Anas leucocephala."
Weißköpfige Ente – Weißkopf-Ruderente	O3	
Weißköpfige Ente – Weißkopf-Ruderente	Be2,Be,CLB2,Hp,MW,N	KNB
Weißköpfige Gans – Weißwangengans	N	
Weißköpfige Grasmücke – Mönchsgrasmücke	Be1,Be	
Weißköpfige kleine Gans – Weißwangengans	Be2,Be,Buff,N	
Weissköpfige Moorente – Weißkopf-Ruderente	CLB3	
Weissköpfige Schafstelze – Schafstelze	H	Var. Alt: Budytes leucocephalus.
Weissköpfige Schwanzmeise – Schwanzmeise	H	
Weissköpfige Tauchente – Weißkopf-Ruderente	CLB2	KNB
Weißköpfiger Adler – Mäusebussard (?)	Be1	
Weißköpfiger Adler – Seeadler (juv.)	Be2	
Weißköpfiger Adler – Weißkopf-Seeadler	O3	
Weißköpfiger Adler – Weißkopf-Seeadler	CLB1,GD,MW,N	N: Bd. 13/07.

Weißköpfiger Adler mit glattem Kopf – Seeadler	Buff		
Weißköpfiger Adler mit halbweißem Schwanze – Seeadler	Buff		
Weißköpfiger Ammer – Fichtenammer	N		
Weißköpfiger Blaufuß – Fischadler	Be1,Be2,Be,Be97,GD,N		
Weißköpfiger Dornreich – Mönchsgrasmücke	Be1,Be		
Weißköpfiger Fischadler – Seeadler	Be2,Buff,GD		Buff. I, Tab. VII.
Weißköpfiger Fischadler – Weißkopf-Seeadler	GD		
Weißköpfiger Geier – Bartgeier	Be1,Be2,Be,N		
Weißköpfiger Geier – Bartgeier	O3		
Weißköpfiger Geier – Gänsegeier	Be,CLB2,Krü,MW,N,O2,V,WüCl		KNB
Weißköpfiger Geier – Schmutzgeier	Be2,Be,N		
Weißköpfiger Geieradler – Bartgeier	MW,N		
Weißköpfiger Geyer – Gänsegeier	GD,JAN		
Weißköpfiger Geyer – Schmutzgeier	Be		
Weissköpfiger Höckerschwan – Höckerschwan	CLB3		
Weißköpfiger Meeradler – Weißkopf-Seeadler	N		N: Bd. 13/072.
Weißköpfiger Rötling – Gartenrotschwanz	Z		
Weißköpfiger Säger – Zwergsäger	GD,N		
Weißköpfiger Seeadler – Weißkopf-Seeadler	CLB1,N	N: Bd. 13/072.	KNB
Weißköpfiger Stieglitz – Stieglitz	Be97		
Weißköpfiges Rotschwänzlein – Gartenrotschwanz	Hp		
Weißköpfigter Ammer – Fichtenammer	Buff		Buff, S. 13, 293.
Weißkopfigtes Rotschwäntzlein – Gartenrotschwanz	P		
Weisskopfmöwe – Steppenmöwe	H		
Weißkopfseeadler – Weißkopf-Seeadler	B		
Weißkragen – Gerfalke	Be2,GD		
Weißlack – Papageitaucher	Do		
Weißler – Bergpieper	B,F		
Weißlich – Rotdrossel	B,F		
Weißliche Meerschwalbe – Brandseeschwalbe	CLB3,N		
Weißlicher Adler – Seeadler	GD		
Weißlicher Bussard – Mäusebussard (Var.?)	Be2,MW		
Weisslicher Falke – Gerfalke	CLB2		KNB
Weißlicher Lumme – Gryllteiste (Var.?)	Be2		
Weißlicher Steinschmätzer – Mittelmeer-Steinschmätzer	N,O3		
Weisslicher Storch – Weißstorch	CLB3		
Weißlicher Taucher – Mittelsäger	Be2,Buff,GD,Krü,N		
Weißlicher Taucher – Zwergsäger	Be2,Buff		
Weisslicher Uferpfeifer – Seeregenpfeifer	CLB3		
Weißliches Taucherhuhn – Gryllteiste (Var.?)	Be2		
Weißling – Grauschnäpper	GD		

Weißling – Hausrotschwanz	GD
Weißssling – Trauerschnäpper	Be2,F,N
Weißling – Waldkauz	GD „Strix alba" – Naumann: „Wahrscheinlich …"
Weißmergle – Knäckente	F,H
Weißmüller – Klappergrasmücke	Be1,Be2,Be,Be97,F,N
Weißplättchen – Gartenrotschwanz	Do,F
Weißpunktirter Strandläufer – Waldwasserläufer	Be2,Be,Krü,N
Weißring – Steinadler	Be2,GD,N
Weißrückige Bergmoorente – Bergente	CLB3,N
Weißrückiger Buntspecht – Weißrückenspecht	B,CLB3
Weißrückiger Specht – Weißrückenspecht	CLB2,MW,N,O3,V Erstbeschreibung Bechstein … 1802, 66 als Elsterspecht P. leucotos, mihi. KNB
Weißrückiger Weißschwanz – Mittelmeer-Steinschmätzer	N
Weißrumpfige Taube – Felsen-/Haustaube	Be2,N
Weißsack – Papageitaucher	F
Weißscheitelige(r) Ammer – Fichtenammer	CLB2,3,N KNB
Weissschnabel – Saatkrähe	CLB2 KNB
Weissschnäbliche Krähe – Saatkrähe	CLB2 KNB
Weißschwanz – Kornweihe	Buff
Weißschwanz – Seeadler	Be2,Be,Be05,F,GD,K,Krü,N
Weißschwanz – Steinadler	Be2,Be,N
Weißschwanz – Steinschmätzer	B,Be,Be1,2,97,CLB2,Buff,F,GD,Krü,N,O1,V KNB
Weißschwanz, aschgrauer – Steinschmätzer (Var.)	Buff,MW
Weissschwanz, deutscher – Steinschmätzer	CLB3
Weissschwanz, deutscher Weißschwanz – Wachtelkönig	CLB3
Weißschwanz, grauer – Steinschmätzer (Var.)	Buff,CLB3,MW
Weissschwanz, großer – Steinschmätzer (Var.)	MW
Weissschwanz, hochstirniger – Steinschmätzer	CLB3
Weissschwanz, nordischer – Steinschmätzer	CLB3
Weissschwanz, rostgelber – Mittelmeer-Steinschmätzer	CLB3
Weißschwanz, rothgelblicher – Mittelmeersteinschmätzer	GD
Weißschwanz, rötlicher brauner … … – Mittelmeersteinschmätzer	GD
Weißschwanz, weißrückiger – Mittelmeer-Steinschmätzer	N
Weißschwänzel – Steinadler	Be2,GD,K,N Bock, Nat.-Gesch. v. Preußen.
Weißschwänziger Adler – Seeadler	Be2,Be05,CLB1,2,Krü,N KNB

Weißschwänziger Adler – Steinadler	JAN,N		
Weißschwänziger Bergadler – Steinadler	Be2		
Weißschwänziger Bussard – Adlerbussard	H		
Weißschwänziger Falke – Kornweihe (weibl.)	Be1,Be2,Be,GD,N		
Weißschwänziger Goldadler – Steinadler	Be2		
Weißschwänziger Ritter – Kornweihe	Buff		
Weißschwänziger Ritter – Schlangenadler	GD		
Weißschwänziger Seeadler – Seeadler	CLB1,2,N,V,WüCl	N: Bd. 13/066	KNB
Weißschwänziger Steinsänger – Steinschmätzer	CLB1,N		
Weißschwanziger Steinschmätzer – Steinschmätzer	O3		
Weißschwänziger Steinschmätzer – Steinschmätzer	Be2,N		
Weißschwänziger Stockadler – Steinadler	Be2		
Weißschwarzer Krummschnabel – Säbelschnäbler	Be2,Be,Buff,GD,N		
Weißschwingenmöve – Eismöwe	B		
Weißschwingige Meerschwalbe – Weißflügel-Seeschwalbe	N		
Weißschwingige Meve – Eismöwe	Be2,Be		
Weißschwingige Möve – Eismöwe	N,V,WüCl		
Weißschwingige Möwe – Eismöwe	F		
Weißschwingige Seeschwalbe – Weißflügel-Seeschwalbe	CLB1,2,N		KNB
Weißschwingige Wasserschwalbe … … – Weißflügel-Seeschwalbe	CLB3,F,N		
Weißspecht – Buntspecht	Ad,Be2,Buff,F,K,Krü		
Weißspecht – Mittelspecht	Be,Be1,2,97,05,CLB2,Buff,F,GD,Hp,N,O2,V.		KNB
Weißspecht – Weißrückenspecht	B,F,N	N: Weißrücken-Specht.	
Weißsperber – Kornweihe	B,F		
Weißsperber, großer – Sperber	Be2,N		
Weißsperber, starker – Sperber	Be2,N		
Weißspiegel – Schnatterente	Be2,Be,F,N		
Weißspyr – Mehlschwalbe	Be2,Be,F,GesH,N		
Weißschwanz, rötlicher – Mittelmeer-Steinschmätzer	N		
Weißsteiß – Waldwasserläufer	B,Be2,F,N		
Weißsteiß, kleiner – Bruchwasserläufer	F		
Weißsteißige Uferschnepfe – Grünschenkel	N		
Weißstelze – Bachstelze	B		
Weißsternblaukehlchen – Blaukehlchen	B		
Weißsterniges Blaukehlchen – Blaukehlchen	CLB2,3,N	N: Bd. 13/373.	KNB
Weißstirn – Pfeifente	F,N		
Weißstirnige Ente – Bastard Moschusente x Stockente (?)	Be2		

Weißstirnige Gans – Bläßgans	Be2,CLB2,F,N,O3	KNB
Weißstirnige Grasmücke – Mönchsgrasmücke	Be1,Be2,Be	
Weissstirniger Fliegenfänger – Halsbandschnäpper	CLB3	
Weissstirniger Karmingimpel – Karmingimpel	CLB3	
Weißstirniger Regenpfeifer – Seeregenpfeifer	Be2,Be,CLB1,2,MW,N	KNB
Weißstirniger Regenpfeifer – Wermutregenpfeifer	BB,H	
Weißstirniger Sänger – Mönchsgrasmücke	Be	
Weissstirniger Uferpfeifer – Seeregenpfeifer	CLB3	
Weißtrostel – Singdrossel	GesH	
Weißwangen-Gans – Weißwangengans	N	
Weisswangengans – Weißwangengans	CLB2	Erstbeschreibung als … … Anser leucopsis: Bechstein 1803.
Weißwangige Gans – Weißwangengans	Be2,Be,Krü,MW,N,O1,2,3,V Bechst. s. o.	KNB
Weißwangige Meergans – Weißwangengans	CLB3,N	
Weißweih – Kornweihe	B	
Weißzehiger Lom – Prachttaucher (juv.)	N	
Weißzehiger Taucher – Prachttaucher	Be2	
Weißzopf – Zwergsäger	A,Ad,Be2,Be,Buff,GD,K,N,O1,Suol Albin I/89.	
Weißzopf – Zwergtaucher	Be1	
Weißzügelige Bachstelze – Schafstelze	H	Budytes melanocephalus paradoxus.
Weitschu – Buchfink	Buff	
Weitschuh – Buchfink, Zuchtname	Kö	
Weitzel – Rotdrossel	V	
Weizel – Rotdrossel	Be1,Be2,Be,N	
Weizenbier – Buchfink	Gat	Name eines Schlags.
Weizenschilfsänger – Schilfrohrsänger	CLB3	
Weizhäher – Blauracke	Suol	
Wel(?)cher Hanfling – Grünfink	Do,F	Flöricke übernahm „welch" für „welsch".
Welchhun – Truthuhn	GesS	
Welle Ente – Stockente (männl.)	H	
Welsch – Truthuhn	V	
Welsch Hun – Truthuhn	K,Schwf	
Welsch Rebhuhn – Rothuhn	Fri	
Welsch Rebhun – Rothuhn	GesH	
Welsch Wasser-Hun – Bläßhuhn	GesH	
Welschänt – Gänsesäger	Buff	
Welsche Ad – Neuntöter	H	
Welsche Agelaster – Schwarzstirnwürger	Do,F	
Welsche Elster – Neuntöter	Do,F	
Welsche Grasmücke – Gartengrasmücke	Hp	
Welsche Grasmücke – Sperbergrasmücke	Do,F,V	Vogel war selten, daher fremd, „welsch".

Welsche Grasmücke (bayer.) – Gartengrasmücke	H,Jä	
Welschegans – Hausgans-Var.	Fabr	Im Ausland gezüchtet?
Welscher Ad – Neuntöter	H	
Welscher Ammer – Grauammer	Do,F	
Welscher Gilbling – Ortolan	GesH	
Welscher Goldammer – Grauammer	Be1,Be2,Be,Buff,N,Schwf,Suol	
Welscher Häher – Blauracke	GesS	
Welscher Hahn – Truthuhn	Buff,Fri,K,O1	Frisch T. 122.
Welscher Han – Truthuhn	GesH	
Welscher Hänfling – Grünfink	Be,Buff,GD	
Welscher Henffling – Grünfink	Suol	
Welscher Henffling – Grünfink (sil.)	Schwf	
Welscher Kreutzschnabel – Kiefernkreuzschnabel	N,V	
Welscher Kreuzschnabel – Kiefernkreuzschnabel	CLB2	KNB
Welscher Vogel – Sichler	Be2,Be,Buff,GesH,N	
Welsches Huhn – Truthuhn	Krü,Suol	
Welsches Käutzlein – Zwergohreule	GesH	
Welsches Rebhuhn – Rothuhn	Be1,Be	
Welsches Rebhuhn – Steinhuhn	Be2,Be,Buff,N	
Welsches Wasserhuhn – Teichhuhn (juv.)	Be1,Be2,Be,Buff	
Welschguller – Truthuhn	Suol	
Welschhuhn – Truthuhn	Suol	
Welster – Goldregenpfeifer	Do,F	
Welster, witt (helgol.) – Kiebitzregenpfeifer	F,H	
Weltmeermövchen – Sturmschwalbe	B	
Weltsch Räbhuhn – Rothuhn	GesS	
Weltsch Räbhůn – Steinhuhn	Suol	
Weltscher Häher – Blauracke	zLa	
Wendehals – Wendehals (sil.)	Ad,B,Be1,Be2,Be97,Be05,Buff,CLB2, … … Fri,GD,Hp,Jä,Krü,N,Schwf	KNB
Wendehals, bunter – Wendehals	CLB1,2,MW,N	KNB
Wendehals, gemeiner – Wendehals	Be2,Be,Buff,GD,O2,N,V	
Wendehals, getüpfelter – Wendehals	CLB3	
Wendehals, grauer – Wendehals	N	
Wendehals, plattköpfiger – Wendehals	CLB3	
Wendehalß – Wendehals	G	
Wendel – Wendehals	Krü,O1	
Wendetaube – Haustaubenrasse	Buff	
Wendhals – Wendehals	K	Frisch T. 38.
Wendische Goldammer – Ortolan	Do,F	
Wendischer Schwunitz – Grünfink	Ad	
Wendzeh – Eisvogel	O1	
Wengehals – Wendehals	N	
Wennekreonen – Kranich	Bri	
Wepstart – Schafstelze	Do,F	
Wepstiert – Schafstelze	Do	

Werchvogel – Pirol	F,H	
Werckkengel – Neuntöter und Würger (allg.)	Suol	
Werehopp – Wiedehopf	F	
Wergel – Raubwürger	Suol	
Werkengel – Neuntöter	GesSH	
Werkengel – Neuntöter und Würger (allg.)	Suol	
Werkengel – Raubwürger	GesH	
Werkkengel – Würger allg.	StVb	
Werla – Mehlschwalbe	Scha	
Wespen-Bussard – Wespenbussard	N	
Wespenaar – Wespenbussard	Krü,O2	
Wespenbussard – Wespenbussard	B,Be2,Be,Be05,CLB1,2,Krü,MW,O1,3,V	KNB
Wespenbussard, europäischer – Wespenbussard	CLB2	KNB
Wespenbussard, hochköpfiger – Wespenbussard	CLB3	
Wespenbussard, plattköpfiger – Wespenbussard	CLB3	
Wespenfalk – Wespenbussard	B,Be2,Buff,F,Krü	
Wespenfalk, europäischer – Wespenbussard	V	
Wespenfalke – Wespenbussard	Be1,Be2,Be,Be97,Be05,CLB2,GD,N	KNB
Wespenfresser – Wespenbussard	Be2,Buff,F,N	
Wespengeier – Wespenbussard	B,F	
Wespenweihe – Wespenbussard	Do,F	
Westgothischer Distelfink – Bergfink (Var.)	GD	
Westindischer Pfau – Truthuhn	Buff	
Westliche Haubenlerche – Haubenlerche	CLB3	
Westliche Schwanzmeise – Schwanzmeise	H	Schwarzbrauige Schwanzmeise.
Westlicher Heckensänger – Heckensänger	H	Var. galactotes.
Westlicher Kampfstrandläufer – Kampfläufer	CLB3	
Westlicher spanischer Heckensänger – Heckensänger	H	
Wet – Ente (männl.)	Suol	Neuniederdeutsch.
Wetik – Ente (männl.)	Suol	
Wetter-Vogel – Großer Brachvogel	GesH	
Wetterfink – Buchfink	Do,F	
Wettergeisvogel – Großer Brachvogel	Be	
Wetterhansl – Schwarzspecht	F,H	
Wetterschwälk – Uferschwalbe	F	
Wetterschwölk – Uferschwalbe	F	
Wetterswälk – Uferschwalbe	Do	
Wetterswölk – Uferschwalbe	Do	
Wetteruogel – Großer Brachvogel	Suol	
Wettervogel – Großer Brachvogel	Ad,B,Be1,Be2,Buff,GD,GesS,Hp,K,N,Suol	
		Albin Band I, 79.
Wettervogel – Grünschenkel	GD	
Wettervogel – Regenbrachvogel	Be1,Be2,Be,GD,Krü,N	
Wettervogel – Wendehals	Ad,Do,F	

Wey – Buchfink	Buff,GD	Finkenschlag, z. T. auch Finkenname.
Weydenganß – Weißwangen- und Ringelgans	Suol	
Weydenzeisig – Fitis/Zilpzalp	HHM	
Weydganß – Weißwangen- und Ringelgans	StVb	
Weye – Habicht	Fri	
Weye – Rotmilan	Tu	
Weyer – Milane und Weihen	Suol	
Weyh – Rotmilan?	StVb	
Weyhe – Rotmilan	Buff,GesH	
Weyhe, graue – Mönchsgeier	Buff	
Weyhe, kleine – Wiesenweihe	JAN	
Weyhe, rote – Rohrweihe	Buff	
Weyrauch – Pirol	G	
Weyrauch-Vogel – Pirol	Suol	
Weysser Falck – (helle U.A.) Wanderfalke	zLa	System der Jagdfalken nach Alb. Magnus.
Wheatear (engl.) – Steinschmätzer	Tu	
Whimbrel (engl.) – Regenbrachvogel	K	
White Gull (engl.) – Sturmmöwe??	Tu	Marine Möwe.
White Semaw with a blak cop (engl.) – Lachmöwe	Tu	
Whites Drossel – Erddrossel	N	N: Bd. 13/262.
Wicht – Zwergohreule	Suol	
Wichtel – Steinkauz	Do,F	
Wichtel – Zwergohreule	Suol	
Wichtl (österr.) – Steinkauz	B	
Wickele – Kauz (allg.)	Suol	
Wickerle – Steinkauz	Suol	
Wickert – Bergfink	Be2,N,O1	
Wid-Wid – Wendehals	Suol	
Widden – Berghänfling	B	
Widdewal – Pirol	Buff,GesH,Krü	
Widehopf – Wiedehopf	H,Z	
Widehopfe – Wiedehopf	Be2,Buff,N	
Widehopffe – Wiedehopf	GesS	
Widehup – Wiedehopf	H	
Widehuppe – Wiedehopf	Do	
Widehuppfe – Wiedehopf	H	
Widekoppf – Wiedehopf	H	
Widen-spatz – Rohrammer	Buff	
Wîdenpickerli – Fitis	Suol	
Wîdewâl – Pirol	B,Fri,O2,Suol	
Widewalch – Pirol	Suol	
Widewall (schweiz.) – Pirol	Be,Buff,GD,Krü,N	
Widewoal – Pirol	Suol	
Widewol – Pirol	Scha	
Widhoff – Wiedehopf	F	
Widhopf – Wiedehopf	HaSa,Krü,P	
Widhopff – Wiedhopf	Kö,P1,StVb,Tu	

Widhopffen – Wiedehopf	GesH	
Widhoppf – Wiedehopf	H	
Widtwalch – Pirol	zLa	
Widwal – Pirol	GesSH	
Widwall – Pirol	Hp	
Widwel – Pirol	Kö	
Widwol – Pirol	GesS,Kö	
Wie-up – Wiedehopf	H	
Wiebsterten – Bachstelze	Do,F	
Wiede Hopffe – Wiedehopf	Schwf	
Wiedehopf – Wiedehopf	Ad,B,Be1,Be2,Be,Be97,Buff,Fri,GD,Hp,K,N,Z	
	Ahd. wituhoffa.	KNB
Wiedehopf, bunter – Wiedehopf	N	
Wiedehopf, einbindiger – Wiedehopf	CLB3	
Wiedehopf, europäischer – Wiedehopf	Be2,CLB2,GD,O3,N	KNB
Wiedehopf, gebänderter – Wiedehopf	CLB1,2,MW,N	
Wiedehopf, gemeiner – Wiedehopf	Be1,Be2,Be,Buff,CLB2,Krü,N,V	
Wiedehopf, zweibindiger – Wiedehopf	CLB3	
Wiedehopfe – Wiedehopf	Buff	
Wiedehopff – Wiedehopf	G	
Wiedehoppe – Wiedehopf	Be1,Be2,Be,GD,N	
Wiedehöppe – Wiedehopf	Be2,N	
Wiedehuppe – Wiedehopf	F,H	
Wiederwalch – Pirol	Be2,Be,N	
Wiedevaal – Pirol	Bri	
Wiedewal – Pirol	Fri,Häp,Scha	
Wiedewall – Pirol	Be1,Be2,F,Hp,N	
Wiedewol – Pirol	Fri,Suol	
Wiedewulch – Pirol	Jä	
Wiedhoff – Wiedehopf	Be2,K,N	
Wiedhopf – Wiedehopf	Fri,Hp,Jä,O1,Z	
Wiedhopf, gemeiner – Wiedehopf	O2	
Wiedhopp – Wiedehopf	H,Jä	
Wiedwalch – Pirol	O1	
Wiedwall – Pirol	JAN	
Wiegelwagel – Pirol	Bri,Suol	
Wiegwehe – Turmfalke	Ad,B,Be2,F,N	
Wiegwehen – Turmfalke	Be1,Buff,GesSH,K,Suol	
Wieh – Rotmilan	F	
Wieh – Mäusebussard	WüCl	
Wieh – Schwarzmilan	Do,F	
Wieh, zwartbrun – Schwarzmilan	F	
Wieherspecht – Grünspecht	B,F,Suol	
Wiehop – Wiedehopf	Ad	
Wiehwieh – Rotmilan	Do	
Wiek (lit.) – Elster	Buff	
Wieland – Mantel-, Herings-, Fischmöwe u. a.	O1	Auch Möwe allg.
Wiendrossel – Singdrossel	Be2,Be,N	

Wiener Nachtigall – Sprosser	Be,CLB2,Krü,O2	KNB
Wiener, großer – Sprosser	V	
Wienernachtigall – Sprosser	Be2,N	
Wier – Milane und Weihen	Suol	
Wierga – Schwarzstirnwürger	F,H	
Wiesel – Rotdrossel	Be97	
Wieselchen – Mittelsäger	Buff,GD	
Wieselchen – Zwergsäger	Schwf,Suol	
Wieselent – Zwergsäger	GesH	
Wieselentchen – Zwergsäger	B,N	
Wieselente – Zwergsäger	F,JAN	
Wieselerche – Heidelerche	K	Albin Band I, 42.
Wieselfarbige Ammer – Schneeammer (juv.)	GD	
Wieselkopf – Zwergsäger	Be1,Be2,Be,N	
Wiesen-Grössel – Wachtelkönig	P1	Auch: Wiesengrössel.
Wiesen-Lerch, kleine – Wiesenpieper	GesH	
Wiesen-Pieper – Wiesenpieper	N	
Wiesen-Pieper, rotkehliger – Rotkehlpieper	BB,H	
Wiesen-Sumpfhuhn – Wachtelkönig	N	
Wiesen-Trachelia – Rotflügel-Brachschwalbe	Buff	Scopoli
Wiesenammer – Grauammer	B,Be1,Be2,Be,F,N	
Wiesenammer – Zippammer	Ad,Be1,Be2,Be,Be97,Buff,F,GD,N,O2,V	
	Goeze, Donndorf = GD: Name paßt nicht.	
Wiesenammer, grauköpfiger – Zaunammer	Be	
Wiesenammering, grauköpfiger – Zippammer	Be1,Be2,Be,Buff,GD,N	
Wiesenammerling – Zaunammer	Do	
Wiesencasper – Wachtelkönig	Suol	
Wiesenemmeritz – Zippammer	Be1,Be2,Be,Be97,Buff,F,GD	
	Goeze, Donndorf = GD: Name paßt nicht.	
Wiesenemmeriz – Zippammer	H	
Wiesenemmerling – Zaunammer	Do,F,N	
Wiesenemmerling – Zippammer	GD = Goeze, Donndorf: Name paßt nicht.	
Wieseneule – Sumpfohreule	B,Be2,F,MW,N,O1	
Wiesenfletsch – Braunkehlchen	Do,F	
Wiesenhopf – Wiedehopf	Do,F	
Wiesenhopp – Wiedehopf	Be2,N	
Wiesenknarre – Wachtelkönig	Ad,Be97	
Wiesenknarrer – Wasserralle	Buff	
Wiesenknarrer – Wachtelkönig	B,Be1,Be2,Be,Buff,CLB1,2,GD,Hp, …	
	… Krü,N,Suol,V,WüCl	
Wiesenknarrer, grauer – Wasserralle	Be2,Be,Buff,Gun,N	Halle 1760, 493.
Wiesenknarrer, hochköpfiger – Wachtelkönig	CLB3	
Wiesenknarrer, schwarzer – Wasserralle	F,N	
Wiesenkrätzer – Wachtelkönig	Suol	
Wiesenlaufer – Wachtelkönig	Be	
Wiesenläufer – Wachtelkönig	Ad,Be1,Be2,Buff,F,GD,K,Krü,N,Suol	
Wiesenlerch – Wiesenpieper	GesH	
Wiesenlerche – Baumpieper	Be2,F,N	

Wiesenlerche – Brachpieper	Be97
Wiesenlerche – Feldlerche	Do,F,Krü
Wiesenlerche – Heidelerche	Ad
Wiesenlerche – Wiesen- und Baumpieper	Be1 Wiesenpieper, s. folgende: Frisch T. 15.
Wiesenlerche – Wiesenpieper	B,Be2,Be,Buff,Fri,F,Jä,K,Krü,N,O1,Scha,Z
Wiesenmahder – Wachtelkönig	Suol
Wiesenmertz – Zippammer	GesH
Wiesenmerz – Zippammer	Be1,Be2,Be,F,N
Wiesenpieper – Wiesenpieper	B,Be2,Be,CLB1,2,3,Krü,MW,V
	Bechstein 1807, KNB
Wiesenpiper – Wiesenpieper	O3
Wiesenquitscher – Braunkehlchen	Do,F
Wiesenrall – Wachtelkönig	Jä
Wiesenralle – Wachtelkönig	F,N,O3
Wiesenratscher (österr.) – Wachtelkönig	H
Wiesenrebhuhn – Halsbandfrankolin	GD
Wiesenrepphuhn – Halsbandfrankolin	Krü
Wiesenschafstelze, sibirische – Schafstelze	H Alt: Budytes flavus beema.
Grünling, sibirischer – Chinagrünling	H
Wiesenschmätzer – Braunkehlchen	WüCl
Wiesenschmätzer, braunkehliger –	Bri,N,O3 „Wiesenschmätzer" nach 1800.
Braunkehlchen	
Wiesenschmätzer, schwarzkehliger –	N,O3,Suol,WüCl „Wiesenschmätzer" nach 1800.
Schwarzkehlchen	
Wiesenschnake (sächs.) – Wachtelkönig	H
Wiesenschnarcher – Wachtelkönig	B,Be1,Be2,Be,F,N,Suol
Wiesenschnärper – Wachtelkönig	B,N
Wiesenschnärr – Wachtelkönig	Jä
Wiesenschnarre – Tüpfelsumpfhuhn	Be2,Be,Buff,GD,Krü,N,O2
Wiesenschnarre – Wachtelkönig	Buff,Suol Meyer/Wolf 1810. KN
Wiesenschnarrer – Wachtelkönig	Jä,MW
Wiesenschnepfe – Doppelschnepfe	Suol
Wiesenschnurrer – Wachtelkönig	H
Wiesenschwalbe –	Be1,Be2,Be,Buff,GD,N
Rotflügel-Brachschwalbe	
Wiesenschwalbe mit dem Halsbande …	Be
… – Schwarzflügel-Brachschwalbe	
Wiesensperling – Haussperling	Ad
Wiesensperling – Heidelerche	Ad
Wiesenspitzlerche – Wiesenpieper	Do,F
Wiesenstaar – Star	Be2,Be
Wiesenstaar, gemeiner – Star	Be2
Wiesenstar – Star	Do,F,N
Wiesenstar, gemeiner – Star	N
Wiesensteinpicker – Braunkehlchen	Do,F
Wiesensteinschmätzer – Braunkehlchen	CLB3
Wiesenstelze – Schafstelze	B,Be2,F,N
Wiesensumpfhuhn – Wachtelkönig	F
Wiesenuhu – Sumpfohreule	Do,F

Wiesenvögeli (helv.) – Braunkehlchen	H	
Wiesenweih – Wiesenweihe	B	
Wiesenweihe – Wiesenweihe	CLB2,3,MW,N,O3,V	
	Naumann 1820.	KN, KNB
Wiesenwipper – Wiesenpieper	Bri	
Wiesenzätsch (sächs.) – Wachtelkönig	H	
Wieshopf – Wiedehopf	H,Jä	
Wietüpper – Braunkehlchen	Bri	
Wietzuogel – Steinsperling	zLa	Wiesenvogel
Wietzvogel – Steinsperling	zLa	
Wiewelken – Flußuferläufer	Bri	
Wifezer (bayer.) – Waldlaubsänger	F,H	
Wigelwagel – Pirol	F,H	
Wigene – Pfeifente	Tu	„Mareca penelope."
Wigeon (engl.) – Pfeifente	K,Tu	
Wigge – Rotmilan	Bri	
Wigger – Kauz (allg.)	Suol	
Wiggle – Kauz (allg.)	Suol	
Wiggügel – Karmingimpel	GesS	Gessner 1585. Bedeutung: …
		… „wig-" ist Kampf, „-gügel" kl. Gimpel.
Wiggügel – Karmingimpel	GesS	
Wiggügel – Pirol	Suol	Hier irrte Suol. Gemeint: Karmingimpel.
Wigla – Steinkauz	Suol	
Wigweg – Kauz (allg.)	Suol	
Wih – Rotmilan	Scha	
Wihals – Wendehals	F,H	
Wiherdieb – Milane und Weihen	Suol	
Wîhoppe – Wiedehopf	Suol	Altmark
Wije – Rotmilan	Häp	
Wik (westf.) – Tafelente	Do	
Wilant'n, kleine – Krickente	H	
Wild blauw Ent – Stockente	Suol	
Wild blaw Enten – Stockente	GesS	
Wild Duck(engl.) – Stockente	Tu	
Wild Endte – Wildente	Schwf	
Wild Endte, große – Stockente	Schwf	
Wild Endtle, breitschnäblichte – Löffelente	Schwf	
Wild Hatsche – Wildente	Schwf	
Wild Hun – Pfau	Schwf	
Wild Wasserendt – Ente all.	StVb	
Wild Weißhun – Alpenschneehuhn	GesH	
Wild wyß Huon – Alpenschneehuhn	GesS	
Wild-Agelaster – Raubwürger	Do	Wild im Namen bed. unecht, uneigentlich.
Wild-Elster – Raubwürger	G	
Wild-Endte, große – Stockente	Buff	
Wild-Hun – Schneehuhn	Kö	
Wildagelaster – Raubwürger	F	
Wildälster – Neuntöter und Würger (allg.)	Suol	
Wildant'n, große – Stockente	H	

Wildantn – Stockente	H	
Wildblau – Stockente	Fri	
Wilde – Grau-/Hausgans	Do,F	
Wilde [Ente], gemeine – Stockente	Z	
Wilde Aelster – Raubwürger	GD	
Wilde Ant – Stockente	H	
Wilde Ante – Stockente	H	
Wilde Atzel – Blauracke	GesH	
Wilde blaue Ente – Stockente	Be2,Be,GesH	
Wilde blaw Endte – Stockente	Schwf	
Wilde braune Ente – Samtente	Be1,Be2,Be,Buff,GD,Hp,Krü,N	
Wilde braune Ente – Tafelente	Ad,Be2,Be,Buff,K,Krü,N	8. wilde Ente d. Schwf.
Wilde canadische Gans – Kanadagans	Buff	
Wilde Daube – Hohltaube	Kö	
Wilde Elster – Raubwürger	CLB2,JAN,N,V	KNB
Wilde Ent (männl.) – Stockente	H	
Wilde Ente – Ente allg.	Hp	
Wilde Ente – Stockente (weibl.)	Be,Be1,2,97,Buff,CLB2,Fri,G,GD,Jä,Mic,N,O1,V	
Wilde Ente – Tüpfelsumpfhuhn	GesH	Zu Wilde Ente – Stockente: KNB
Wilde Ente mit einem weißen Bauche – Spießente	Buff	
Wilde Eule – Waldkauz	Be1	
Wilde Gans – Graugans	Ad,Be,Be1,2,97,05,Buff,CLB2,Fabr,G, … … GD,Hp,K,Krü,Mic,N,O1,2,P,Schwf,V	
	Frisch T. 155.	KNB
Wilde Gans – Saatgans	Be2,Be,Fri,GesH,Jä,N	Frisch T. 155.
Wilde Gans mit graubraunen Federn … … – Grau- und Hausgans	Be2,Be,Buff,N	
Wilde Ganß – Graugans	G,Kö,Z	
Wilde Ganß – Saatgans	GesS	
Wilde gemeine Ente – Stockente	N	
Wilde gemeine Gans – Graugans	Be2,N	
Wilde gemeine Taube – Felsentaube	Be	
Wilde Goldkrähe – Blauracke	Be1,Be2,Be,Buff,K,N	Frisch T. 57.
Wilde Grau-Endte – Tafelente	K	
Wilde graue ent – Tafelente	Buff	
Wilde graue Ent – Tafelente	GesH	
Wilde graue Ente – Tafelente	Be2,Be,Buff,K,N	Frisch T. 182.
Wilde graw Endte – Tafelente	Schwf	
Wilde grawe Ent – Tafelente	GesS,Suol	
Wilde Holtz Daube – Hohltaube	zLa	Zum Lamm, S. 194.
Wilde Holtz Taub – Blauracke	zLa	
Wilde Holtz Taub – Wasseramsel	zLa	„… ist hier irrtüml. gebraucht.“
Wilde Holtz-Krähe – Blauracke	GesH	
Wilde Holtzkrae – Blauracke	Suol	
Wilde Holzkrae – Blauracke	GesS	
Wilde Lachtaube – Turteltaube	F,Jä,N	
Wilde Lerc – Heidelerche	Tu	Lerc kein Fehler. Tu: Haubenlerchen-Var.
Wilde Lerch – Heidelerche	GesS	

Wilde Lerk – Heidelerche	Tu	Tu: Haubenlerchen-Var.
Wilde Mur – Tafelente	zLa	
Wilde Nordgans – Bläßgans	Be2,Buff,N	Bei Brisson.
Wilde oder singende Ente – Pfeifente	K	11. wilde Ente d. Schwf.
Wilde Pille – Krickente	F,H	
Wilde Pille – Stockente	H	
Wilde Taube – Ringeltaube	Jä	
Wilde Taube – Felsen-/Haustaube	Be1,Be2,Be,GD,Hp,K,O1 …	
	… Albin Band III, 42: Columba livia.	
Wilde Taube – Hohltaube	Ad,Be97,GD,Krü,Schwf,V	
Wilde Taube – Ringeltaube	Be,O1,P1,Schwf	
Wilde Tauchente – Zwergsäger	Krü	
Wilde Thole – Alpendohle	GesH	
Wilde Tule – Alpendohle	Suol	
Wilde Tulen – Alpendohle (P. grac.)	GesS	
Wilde Turteltaube – Turteltaube	Be2,Be,N	
Wilde und zahme Taube – Felsentaube	N	
Wilde zweischopfige Alpenlerche – Ohrenlerche	Be2,Be,N	
Wildelster – Raubwürger	Ad,B,Be2,Be,Buff,F,Krü,N	
Wildente – Stockente	B,F,Jä,Krü,N,O2	
Wildente – Tafelente	Be1,Be2,Be,Be97,GD,Krü,N	
Wildente, weiße – Stockente	O1	
Wilder Storch – Schwarzstorch	Be	
Wilder Elster – Raubwürger	Be1,Be2,Be	
Wilder Fasan – Jagdfasan	H,O3	
Wilder Hahn – Auerhuhn	Be1,Be2,Be,Be97,Buff,F,GD,Hp,N	VN
Wilder Kanarienvogel – Baumpieper	F	
Wilder Kanarienvogel – Kanariengirlitz	B	
Wilder Kybitz – Steppenkiebitz	Buff	
Wilder Pfau – Auerhuhn	Be2,Buff,N	
Wilder Pfau – Kiebitz	Kö	
Wilder Pfau aus Neuengland – Truthuhn	Buff	
Wilder Puter – Auerhuhn	Be2,Be,N	
Wilder Puter – Truthuhn	H	
Wilder Rotfuß – Weißwangengans	Buff	
Wilder Schwan – Höckerschwan	Buff,Krü	
Wilder Schwan – Singschwan	Be1,Be2,Be,Be97,Buff,G,GD,Jä,Krü,N,O1,2,Z	
Wilder Spatz – Grauammer	GesH	
Wilder Sperling – Feldsperling	Be1,Be2,Be,Buff,G,GD,Krü	
Wilder Sperling – Heckenbraunelle	Be1,Be2,Be,Buff,GD,Krü,N	In Italien.
Wilder Sperling – Steinsperling	Be2,Be,GD,N	
Wilder Storch – Schwarzstorch	Be2,Be,F,N	
Wilder Truthahn – Truthuhn	H	
Wildes Puterhuhn – Truthuhn	GD	
Wildes Rebhuhn – Moorschneehuhn	N	
Wildes Rebhuhn – Schneehuhn	Be2	
Wildetul – Alpendohle	Be2,Buff,N	
Wildfalke – Falke (allg.)	Suol	

Wildfang – Ente (allg.)	Hp	
Wildfang – Stockente	Krü	
Wildfeuer – Buchfink, Zuchtname	Kö	
Wildgans – Graugans, Saatgans	B,N,Suol	
Wildganß – Graugans	StVb	
Wildhenne, grâwi – Steinhuhn	Suol	
Wildhoff – Wiedehopf	Do	
Wildhohn – Rebhuhn	Bri	
Wildhuen – Alpenschneehuhn	Suol	
Wildhuhn – Auerhuhn	Suol	
Wildhuhn – Rebhuhn	Be1,Be2,Be,Buff,F,GD,Hp,Krü,N	
Wildhuhn – Schneehuhn	Ad	
Wildhuhn, weißes – Schneehuhn	Ad,Buff,Krü	
Wildkater – Raubwürger	Do,F	
Wildling – Ente allg.	Hp	
Wildling – Stockente	Krü	
Wildpute – Truthuhn	H	
Wildschwan – Höckerschwan	Do,F	
Wildschwan – Singschwan	N	
Wildsfeuer – Buchfink	Buff,GD	Finkenschlag, z. T. auch F.-Name.
Wildt ente – Stockente	Buff	
Wildtaube – Hohltaube	H,Jä	
Wildtaube – Ringeltaube	B,Be1,Be2,Be,Buff,GD,Hp,N	
Wildtaube, große – Ringeltaube	F	
Wildtaube, kleine – Hohltaube	F	
Wildtrute – Truthuhn	H	
Wilduw – Ringeltaube	Do,F	
Wilduw, lütt – Turteltaube	F	
Wildwald – Raubwürger	B,Be1,Be2,Be,F,N	
Wilewal – Pirol	Suol	
Wilhälsle – Wendehals	Suol	
Will Ant – Stockente	WüCl	
Will Duw – Ringeltaube	WüCl	
Will Goos – Graugans	WüCl	
Wille Aant – Stockente	Bri,H	
Wille Ahnt – Stockente	H	
Wille Duw – Hohltaube	Häp	
Wille Duwen – Ringeltaube	Bri	
Wille Goos – Saatgans	Bri,H	
Wille Ianen – Stockente	Bri	
Wilsons-Drossel – Einsiedlerdrossel	N	N: Bd. 13/273.
Wimmermeve – Raubseeschwalbe	N	
Wilsons-Drossel – Wilsondrossel	H	
Wiltelen (helv.) – Star	GesS	
Wimbrel – Regenbrachvogel	Buff,O1	
Wimgrell – Regenbrachvogel	Do,F	
Wimmermeve – Raubseeschwalbe	Be1,Be2,Be,GD	
Wimmermewe – Raubseeschwalbe	Krü	
Wimmermöve – Raubseeschwalbe	B	

Wimmermöwe – Raubseeschwalbe	F	
Wimprell – Regenbrachvogel	Be2,Be,N	
Wind-Vogel – Großer Brachvogel	GesH	
Winddachl – Alpendohle	F,H	
Winddohle – Alpendohle	H	
Winddrossel – Rotdrossel	Do,F	
Windehals – Wendehals	Ad,B,Be2,Krü	
Windewall – Pirol	Be	
Windfleeter – Lachmöwe	Scha	
Windgeisvogel – Großer Brachvogel	Be	
Windhals – Wendehals	Buff,F,Fri,HaSa,N,Schwf,Suol	HaSa: V. 126, Hans Sachs 1531: Regiment ..., dort Windhals.
Windhalß – Wendehals	GesH	
Windische Goldammer – Ortolan	GD	
Windischspatz – Truthuhn	Suol	
Windracke – Grünspecht	Scha	
Windracker – Grünspecht	Suol	Schimpfwort
Windsche – Ortolan	B,Be1,Be2,Be,Be97,Buff,F,N	
Windsche Goldammer – Ortolan	Buff,Hp	
Windthals – Wendehals	StVb,zLa	Nach Gessner 1555, 552.
Windthalß – Wendehals	GesS	
Winduogel – Großer Brachvogel	Suol	
Windvater – Ziegenmelker	B	In: Leben derVögel.
Windvogel – Großer Brachvogel	Ad,B,Be1,Be2,Buff,GD,GesS,Hp,K,N	Albin I, 79.
Windvogel – Regenbrachvogel	Be2,Be,Buff,N	
Windwächel – Turmfalke	Ad,Suol	
Windwachl – Turmfalke	Be2,Be,Buff,F,N	
Windwahl – Turmfalke	Be1,Be2,Be,Buff,F,N	
Windwehe – Turmfalke	B,N	
Windweher – Turmfalke	Do,F	
Windwehl – Turmfalke	Be2,GD,N	
Windwettervogel – Großer Brachvogel	GD	
Windwohl – Turmfalke	Be97	
Windzirkel – Baumfalke	Ad,Krü	
Winesel – Rotdrossel	B	
Winfräter – Rotdrossel	Do,F	
Wingertsvogel – Rotdrossel	Do	
Wingertvogel – Rotdrossel	F	
Winkerneil (els.) – Tüpfelsumpfhuhn	Buff	
Winkernel – Tüpfelsumpfhuhn	B,Buff,O1	
Winkernell – Tüpfelsumpfhuhn	Be1,Be2,Be,F,GD,Krü,N	
Winsel – Rotdrossel	Be1,Be2,Be,Buff,F,Fri,GesSH,Hp,N,Schwf,Suol	
Winser – Rotdrossel	O1	
Winserlein – Pieper (allg.)	Suol	
Winsler – Pieper (allg.)	Suol	
Winter crow (engl.) – Nebelkrähe	Tu	
Winter Finck – Bergfink	Schwf	
Winter König – Zaunkönig	Schwf	
Winter Krahe – Nebelkrähe	Schwf	

Winter kreye – Nebelkrähe	StVb	
Winter Krinisse – Fichtenkreuzschnabel	Schwf	
Winter Rötele – Rotkehlchen	Schwf	
Winter Rötele – Steinrötel	zLa	
Winter-Al – Eisente	Buff	
Winter-Droschel – Rotdrossel	Kö,Pl	
Winter-Ente – Eisente	Hp	
Winter-Halb-Ente – Knäkente	Hp	
Winter-Halbente – Knäkente	Buff,N	
Winter-Kriekelster – Raubwürger	N	
Winter-Ortolan – Grauammer	JAN	
Winter-roetele – Rotkehlchen	Buff	
Winter-Rötelein – Rotkehlchen	GesH	
Winter-Zaunkönig – Zaunkönig	Buff,Fri	
Winterammer – Gimpel (männl.)	Be1	
Winterammer – Grauammer	B,F,N	
Winterammer – Zitronenzeisig	Be2,N	
Winteramsel – Ringdrossel	Do,F	
Winterand – Spießente	Buff	Buffon/Otto Bd. 34 Winter-ente.
Winteränte mit herabhängendem ...	Buff	
... Federbusch – Zwergsäger		
Winterbachstelze – Gebirgsstelze	N	
Winterdroschl – Rotdrossel	Be2,Be,Buff,N	
Winterdrossel – Rotdrossel	Ad,B,Be1,Be2,Be,Buff,GD,Hp,Krü,N,P,Suol,V	
Winterdrossel – Seidenschwanz	B,Be2,Be,F,N	
Winterdrossel – Singdrossel	Be2,Be,N	
Winterelster – Elster	CLB3	
Winteremmerling – Zaunammer	Buff,GD	
Winterente – Eisente	B,Be,Be1,2,97,Buff,CLB2,F,GD,N,O1,WüCl	
Winterente – Zwergsäger	Be2,Be,GD,N	Zu Winterente – Eisente: KNB
Winterente – Zwergtaucher	Be1	
Winterfinck – Bergfink	GesSH	
Winterfingk – Bergfink	Suol	
Winterfink – Bergfink	Ad,B,Be1,Be2,Be,Buff,F,GD,Hp,K,Krü,N.	
Winterfinke – Bergfink	GD	
Wintergans – Saatgans	F,H	S. Erläuterung bei Waldgans.
Wintergoldhähnchen – Wintergoldhähnchen	B	
Wintergrasemücke – Baumpieper	Buff,GD	
Wintergrasmücke – Heckenbraunelle	GD,Krü,N	
Winterhalbente – Knäkente	Be1,Be2,Be,Be9,Buff,GD,Krü	
		Frisch Tafel 24/1736.
Winterkönig – Zaunkönig	Ad,B,Be1,Be2,Be,Be97,Buff,F,GesH,Hp,K,N	
Winterkrae – Nebelkrähe	Buff,Suol	
Winterkräe – Saatkrähe	GesS	
Winterkrahe – Nebelkrähe	Be2,N	
Winterkrähe – Nebelkrähe	Be1,Be2,Be,F,GD,GesS,Krü,N	
Winterkrähe – Rabenkrähe	CLB3	
Winterkrähe – Saatkrähe	Suol	
Winterkrei – Nebelkrähe	Bri	

Winterkreie – Nebelkrähe	H	
Winterkreuzschnabel –	Be	
Fichtenkreuzschnabel		
Winterkrey – Nebelkrähe	Suol	
Winterkrieckelster – Raubwürger	Do	
Winterkriekelster – Raubwürger	Be2,F	
Winterkrinitz – Fichtenkreuzschnabel	Be1,Be2,Be,N	
Winterlerche – Goldammer	Suol	
Winterlerche – Ohrenlerche	Be1,Be2,Be,Be97,F,GD,Krü,N,V	
Winterlerche – Wiesen- und Baumpieper	Be1	
Winterlerche – Wiesenpieper	Buff	
Winterling – Grauammer	B,F	
Winterling – Schneeammer	Ad,B,Be1,Be2,Be,Buff,F,GD,K,Krü,N,	
	Schwf,Suol	Frisch Tafel 6/1734.
Winterlüninck – Zaunkönig	GesS	
WinterMeb – Lachmöwe	Baldn	
Wintermeve – Dreizehenmöwe	Be1,Be2,Be,Be97,GD	
Wintermewe – Dreizehenmöwe	Hp,Krü	
Wintermöve – Dreizehenmöwe	CLB2,N	KNB
Wintermöve – Sturmmöwe	B,N,O1	
Wintermöve – Zwergmöwe	Do	
Wintermöve, blaufüßige – Sturmmöwe	CLB2,N	
Wintermöwe – Dreizehenmöwe	F	
Wintermöwe – Sturmmöwe	F	
Winternachtigal – Heckenbraunelle	Buff	
Winternachtigall – Heckenbraunelle	Be1,Be2,Be,Be97,F,GD,N	
Winternachtigalle – Heckenbraunelle	Krü	
Winternörks – Gänsesäger	Be1,Be2,Be,F,GD,Krü,N	
Winterortolan – Grauammer	Be2,Be,F,N,Scha	
Winterrötchen – Rotkehlchen	B,Do,F	
Winterrötele – Rotkehlchen	GesS,Suol	
Winterrötele – Rotschwanz (allg.)	Suol	
Winterrötelein – Rotkehlchen	Be2,Be,N	
Wintersperling – Schneeammer	Ad,Be1,Be2,Be,Be97,Buff,F,GD,K,Krü,N	
Wintersporner – Schneeammer	CLB3	
Winterstelze – Gebirgsstelze	B,F	
Wintersturmvogel – Eissturmvogel	CLB3,N	
Wintertaucher – Eistaucher	B,CLB2,3,F,N	KNB
Wintervogel – Fichtenkreuzschnabel	Do,F	
Wintervogel – Schneeammer	Be1,Be2,Be,Be97,N	
Wintervogel – Seidenschwanz	Do,F	
Winterwasserpieper – Bergpieper	CLB3	
Winterzaunkönig – Zaunkönig	Be1,Be2,Be,GD,HHM,Hp,Krü,N,O2	
Winthals – Wendehals	Suol	
Wintsch – Buchfink	O1	
Wintsche – Buchfink	Be2,Buff,F,GD,N	
Wintze – Rotdrossel	Be,F,GesH,Suol	
Wintzel – Rotdrossel	Buff	
Wintzerlein – Wiesenpieper	P1	

Winze – Rotdrossel	Be2,GesS,N	
Winzel – Rotdrossel	GD,Hp	
Winzer (helv.) – Rotdrossel	H	
Wioddewal – Pirol	GesS	
Wippenzagel – Bachstelze	Suol	
Wippquecksterz – Bachstelze	Suol	
Wippschwanz – Bachstelze	B,F,N,Scha	
Wippstaart – Bachstelze	Be2,Be,N	
Wippstärt – Bachstelze	Be1,Be2,Be,Be97,N,Scha	
Wippstart – Bachstelze	Scha	
Wippstärt, geeler – Schafstelze	N	
Wippstärt, gelber – Schafstelze	Scha	
Wippsteert – Bachstelze	Ad,Häp	
Wippstert – Bachstelze	Bri,Suol	
Wippstert – Braunkehlchen	Scha	
Wippsterz – Bachstelze	B,Be2,F,N	
Wippsterz – Seidenschwanz	Be	
Wippsterz, gelber – Schafstelze	F,N	
Wippsterze – Bachstelze	GD	
Wippzagel – Bachstelze	Suol	
Wipschwanz – Bachstelze	Be2,GD	
Wipsteert – Bachstelze	Be2,Be,GD,N	
Wipsteert, geele – Schafstelze	Bri	
Wipstertz – Seidenschwanz	Schwf	
Wipsterz – Seidenschwanz	Be1,Be2,Buff,GD,Krü,N	
Wirbler – Nachtigall	Suol	Mhd. durlinc.
Wirchelen – Regenbrachvogel	Suol	
Wirhelen – Regenbrachvogel	B,Be2,N,O1,2	
Wirk (männl.) – Stockente	H	
Wirthhuhn – Wasserralle	Han	Han. Magazin 26/1780.
Wischenknarker – Wachtelkönig	Suol	
Wischenpieper, lütt – Wiesenpieper	F	
Wischenuhl – Sumpfohreule	Do,F	
Wischplante – Pfeifente	F,H	
Wise Emmeritz – Zippammer	Buff	
Wisegimchen – Braunkehlchen	Suol	
Wisekrîps – Wachtelkönig	Suol	
Wisel – Rotdrossel	Suol	
Wiselgen – Krickente	Suol	
Wiselgen – Zwergsäger	GesS,Suol	
Wisemmertz – Zippammer	Buff,GesS,Suol	
Wisenhünlin – Wachtelkönig	Suol	
Wisepillo – Braunkehlchen	Suol	
Wiseschnipsert – Wiesenpieper	Suol	
Wisevilchen – Braunkehlchen	Suol	
Wisper – Zilpzalp	Suol	
Wisperl – Fitis	P1	
Wisperl – Waldlaubsänger	Suol	
Wisperle – Wiesenpieper	Be2,F,N	

Wisperlein – Fitis	B,Be1,Be2,Be,Be97,F,N,P	
Wisperlein – Laubsänger	Ad	
Wisperlein – Waldlaubsänger	Suol	
Wisperlin – Fitis	O1	
Wisperlin – Wiesenpieper	O1	
Wisplantn – Pfeifente	H	
Wissbrüstli – Steinschmätzer	Suol	
Wîsshuen – Alpenschneehuhn	Suol	
Wîsskopf – Bartgeier	Suol	
Wißperlein – Fitis	P	
Wißsited Quaker – Schellente	Do	
Wistling – Fitis	Jä	
Wistling – Gartenrotschwanz	Be2,Be,Be97,Buff,N	
Wistling – Hausrotschwanz	B,Be1,Be2,Be97,GD,Jä,Krü,N,V	
Wistling – Zilpzalp	Jä	
Wistling, großer – Gelbspötter	Jä	
Wistling, kleiner (bayer.) – Zilpzalp	H	
Wit-Gückel – Pirol	Suol	
Wite Ackermann – Bachstelze	Suol	
Withewall – Pirol	Buff,Hp,Krü	
Withupf – Wiedehopf	H	
Witkele – Wasseramsel	Suol	Westfalen: Weißkehle.
Witkeleken – Schwarzkehlchen	Suol	
Witkeleken – Steinschmätzer	Suol	
Witt Hawk – Kornweihe	Do,F	
Witt Juhlgutt – Grünschenkel	Do,F	
Witt Stennick (helgol.) – Sanderling	Do,F,H	
Witt Welster (helgol.) – Kiebitzregenpfeifer	F,H	
Witt-Jükkid Borrfink (helgol.) – Bindenkreuzschnabel	H	
Witt-sitted (helgol.) – Schellente	H	
Wittbackdüker – Schellente	WüCl	
Wittblick – Steinschmätzer	Bri	
Wittbücke – Schellente	Mic	
Witte Weepstirten – Bachstelze	Be2,Be,N	
Wittediewel – Waldwasserläufer	F,H	
Wittelwalsch – Pirol	Be1	
Wittewahl – Pirol	GD	
Wittewal – Pirol	Ad,GesH	
Wittewalch – Pirol	Ad,Be2,Be,Buff,GesS,Hp,Krü,N,Suol	
Wittewald – Pirol	Be1,Be2,Be,Buff,Hp,Krü,N,Suol	
Wittewale – Pirol	F,Schwf	
Wittewal(e) – Pirol	K	Frisch T. 31.
Wittewohl – Steinrötel	GD	Wittewohl – Steinrötel laut …
		… GD: Verwechslung mit Pirol bei Krünitz 1/714.
Witthupf – Wiedehopf	H	
Wittkittel – Kornweihe	Do,F	
Wittmantje – Bachstelze	Bri	
Wittmars – Ringelgans	Bri	
Wittsitted – Schellente	F	

Wittsteert – Flußuferläufer	Häp
Wittsteert – Grünschenkel	Häp
Wittstert – Flußuferläufer	Bri
Wittstert – Grünschenkel	Bri
Wittstert, lüttje – Waldwasserläufer	Bri
Wittswolk – Mehlschwalbe	F,H
Wittwaldlein – Zilpzalp	P1
Wittwäldlein – Zilpzalp	Z
Wittwer – Zilpzalp	P1,Z
Wittwerlein – Zilpzalp	P,Z
Witu-hopfa (ahd.) – Wiedehopf	H
Witwald – Pirol	P
Witwaldlein – Pirol	Suol
Witwaldlein – Zilpzalp	Be,P
Witwäldlein – Zilpzalp	P
Witwell – Pirol	Be1,Be2,Be,N
Witwer – Zilpzalp	P1
Witwol – Pirol	Buff,Hp,Krü,Suol,Tu „Witwol" gibt es …

… in englischer und deutscher Sprache.

Wiwe – Rotmilan	GesH
Woahngrängeln – Neuntöter	H
Wöbbe – Krickente	Be1,Be2,Be,Be97
Wöbke – Krickente	Ad,Be,GD,Häp,JAN,Krü,O1
Wöbke – Stockente	Krü
Wöcke – Krickente	F,H
Wodcock (engl.) – Waldschnepfe	Tu
Wodlerck – Heidelerche	Tu
Wodspecht (engl.) – Buntspecht	Tu Wahrsch. „Dendrocopos major."
Woffer – Zwergdommel	O1
Wohnitz – Grünfink	Ad,Krü
Wohnütz – Grünfink	Ad,Be,Hp,Krü
Woiserl – Haushuhn (juv.)	Suol
Wolfisches Blaukehlchen – Blaukehlchen	CLB1,2,3 KNB
Wölgerhod – Neuntöter und Würger (allg.)	Suol
Wölgerhod – Rotkopfwürger	HaSa
Wolkenbruch – Schmarotzerraubmöwe (?)	H Halle 1760, 573.
Woll-ente – Reiherente	Buff
Wollente – Reiherente	Be1,Be97
Wollentramper – Heckenbraunelle	Be1,Be2,Be,Be97,F,GD,N
Wollhuhn – Haushahn	GD Hühnerrasse
Wollichter Falke – Lanner	GD
Wolliger Falk – Gerfalke	Be2
Wolliger Falke – Gerfalke	N
Wolliger Falke – Würgfalke	Be1
Wollkopfgeier – Gänsegeier	Do,F
Wölp – Großer Brachvogel	O2
Wonitz – Grünfink	B,F,Hasa,Jä,Suol H. Sachs, Regiment …, V. 101.

Name seit 16. Jahrh. in Sachsen belegt.

Woodcock (engl.) – Waldschnepfe	Tu

Woodspecht (engl.) – Buntspecht	Tu	Wahrsch. „Dendrocopos major."
Woorte – Stockente	Häp	
Wöppzågel – Bachstelze	Suol	
Wörd – Ente (männl.)	Suol	
Wörgengel – Neuntöter und Würger (allg.)	Suol	
Worgengel – Raubwürger	Be2,N	
Wörgl – Neuntöter und Würger (allg.)	Suol	
Work – Haubentaucher	B,Be2,Be,Buff,F,N,O1	
Workrungel – Raubwürger	Do,F	
Works – Haubentaucher	Be2,Be,Buff,N	
Wörp – Großer Brachvogel	O1	
Wôrte – Ente (männl.)	Suol	
Wotansvogel – Kolkrabe	Do	
Wouwe (holl.) – Rotmilan	GesH	
Wrackvogel – Gänsesäger	Ad	
Wrana (böhm.) – Dohle	Ad	
Wrangel – Rohrammer	Ad	
Wren (engl.) – Zaunkönig	Tu	
Wrendilo – Zaunkönig	Suol	Ahd.
Wrukhals – Wendehals	Do,F	
Wud-Wud – Wiedehopf	Suol	
Wud-Wud, Vogel – Wiedehopf	H	
Wuddwudd – Wiedehopf	Suol	
Wuderer – Wiedehopf	Suol	
Wuderich – Wiedehopf	Suol	
Wudhup – Wiedehopf	Suol	
Wudhupf – Wiedehopf	Suol	
Wudi – Wiedehopf	Suol	
Wüdwud – Wiedehopf	Do,F	
Wuelp – Uferschnepfe	GesS	VN
Wuewe – Rotmilan	GesS	
Wühlente – Brandgans	B,F,N	
Wühlgans – Brandgans	B,Be1,Be2,Be,Buff,F,GD,N,O1	
Wuitelen (tirol.) – Fitis	F,H	
Wuiterle – Fitis	Suol	
Wullah – Graugans	Be1	
Wulle – Gans	Suol	
Wullenspenner – Gelbspötter	Suol	
Wullewulle – Grau-/Hausgans	Do	
Wulp – Großer Brachvogel	O1	
Wulp, gevlekte (holl.) – Dünnschnabelbrachvogel	H	
Wülp, tale – Regenbrachvogel	Bri	
Wunitz – Grünfink	He	VN
Wupkam – Wiedehopf	Suol	
Wuppert – Wiedehopf	Suol	
Wuppupp – Wiedehopf	Scha	
Wuppwupp – Wiedehopf	Suol	
Wupup – Wiedehopf	H	

Wurg Engel – Neuntöter	Schwf		
Wurg-Engel – Neuntöter und Würger (allg.)	Suol		
Würgeelster – Raubwürger	Scha		
Würgeelster – Schwarzstirnwürger	Scha		
Würgeengel – Neuntöter	Ad		
Wurgelhâhe – Neuntöter	Suol	Ausdruck richtig. 14. Jahrh. K. v. Megenb.	
Würgelhôch – Neuntöter	Suol	Nach Konrad von Megenberg.	
Würgengel – Neuntöter	Ad,F		
Würgender Falke – Kornweihe	Buff		
Würgengel – Neuntöter	K		
Würgengel – Raubwürger	B,Be1,Be2,Be,Buff,F,GD,N		
Würgengel, größter aschgrauer – Raubwürger	Buff		
Würgengel, kleiner bunter – Neuntöter	Be1,Be2,Be,Buff,GD,N		
Würger – Gerfalke	Be2,N		
Würger – Lanner	GD		
Würger – Neuntöter	Ad	Halle 1760.	Ü
Würger – Raubwürger	Ad,Krü		
Würger – Würger allgemein	GD		
Würger – Würgfalke	B,N		
Würger mit dem langen Schwanze – Würgfalke	Be1		
Würger mit dem roten Rücken – Rotkopfwürger	GD		
Würger mit dem rötlichen Rücken – Rotkopfwürger	GD		
Würger mit langem Schwanze – Gerfalke	Be2		
Würger mit langem Schwanze – Lanner	GD		
Würger, aschfarbener – Kornweihe	Buff		
Würger, aschfarbener – Raubwürger	Buff,GD		
Würger, aschfarbiger – Raubwürger	Be1,Be2,Be,N		
Würger, blauköpfiger – Neuntöter	Be1,Be2,Be,Be97,GD,N		
Würger, bunter – Neuntöter	Be2,N		
Würger, dorndrehender – Neuntöter	CLB3		
Würger, französischer – Gerfalke	Be2,Be,N		
Würger, französischer – Lanner	Buff,GD		
Würger, französischer – Würgfalke	N		
Würger, gefleckter – Schwarzstirnwürger	H		
Würger, gemeiner – Raubwürger	Be2,Be,Be05,Krü,N		
Würger, gemeiner aschgrauer – Schwarzstirnwürger	Be2,N		
Würger, gemeiner grauer – Schwarzstirnwürger	JAN		
Würger, grauer – Raubwürger	CLB3,MW		
Würger, grauer – Schwarzstirnwürger	Be,Be05,Krü,N,Scha		
Würger, großer – Raubwürger	CLB1,2,3,GD,Jä,N,O3,Suol,WüCl	KNB	
Würger, großer blauer – Raubwürger	Be1,Be2,Be,GD,N		
Würger, großer grauer – Raubwürger	Be1,Be2,Be,Be97,Be05,GD,N,V		
Würger, isabellfarbiger – Isabellwürger	H		

Würger, italiänischer – Schwarzstirnwürger	Be2,Be	
Würger, italienischer – Schwarzstirnwürger	N,V	
Würger, kleiner – Neuntöter	Be2,Be97,N	
Würger, kleiner – Schwarzstirnwürger	Be2,Be,CLB2,N,O3	
Würger, kleiner aschgrauer – Schwarzstirnwürger	GD	
Würger, kleiner bunter – Neuntöter	Be1,Be,GD	
Würger, kleiner grauer – Neuntöter	GD	
Würger, kleiner grauer – Schwarzstirnwürger	Be1,Be2,Be,Be97,Be05,GD,N,V	
Würger, kleinster – Neuntöter	Be2,Be,GD,N	bei Pennant
Würger, kleinster bunter – Neuntöter	Buff,GD	
Würger, mandelbrauner – Neuntöter	JAN	
Würger, mittägiger – Raubwürger (Var. Mittelmeerwürger)	MW	
Würger, mittlerer – Schwarzstirnwürger	CLB3	
Würger, mittlerer rotköpfiger – Rotkopfwürger	CLB3	
Würger, pommerscher – Rotkopfwürger	Be2,Be,N	
Würger, rosenbrüstiger – Schwarzstirnwürger	CLB2,3	
Würger, rotgrauer – Neuntöter	Be2,Be,N	
Würger, rotgrauer kleinster – Neuntöter	Be1	
Würger, rotgrauer kleinster – Neuntöter	Buff	
Würger, rotbrauner kleinster – Neuntöter	GD	
Würger, rotköpfiger – Rotkopfwürger	Be1,Be2,Be,Be97,Be05,Buff,CLB1,2,3, … … GD,Jä,MW,N,O3,V	KNB
Würger, rotrückiger – Neuntöter	Be2,Be,Be97,Be05,Bri,CLB1,2,3,F, … … MW,N,Suol,O3,V,WüCl	KNB
Würger, rotschwänziger – Isabellwürger	BB	
Würger, schäckicher – Neuntöter	Be	schäckicher
Würger, schäckichter – Neuntöter	Buff	
Würger, schäckiger – Neuntöter	Be1,Be2,Be97,GD,N	
Würger, scheckiger – Neuntöter	F	
Würger, schwarzrückiger rotköpfiger – Rotkopfwürger	CLB3	
Würger, schwarzstirniger – Schwarzstirnwürger	CLB1,2,3,MW,N,V	KNB
Würger, südlicher – Mittelmeerwürger	CLB2,O3	KNB
Würger, zweydeutiger – Unglückshäher	GD	
Würger. rotbrauner kleinster – Neuntöter	JAN	
Würgerfalk – Gerfalke	Be2	
Würgerfalke – Gerfalke	N	
Würgfalk – Würgfalke	MW,B	
Würgfalke – Würgfalke	B,CLB2,3,N,O3,V	Naumann 1820. KNB
Würgvogel – Raubwürger	B,F	
Würgvogel, wachender – Raubwürger	Be1,Be2,BeN	
Wurmkrähe – Saatkrähe	F,Jä,H	
Würzgebühr – Buchfink	Do	

Wuserl – Haushuhn (juv.)	Suol	
Wüstenflughuhn – Braunbauchflughuhn	H	
Wüstenläufer – Rennvogel	B,WüCl	
Wüstenläufer, gelbrötlicher – Rennvogel	N	
Wüstenläuferr – Sandregenpfeifer	B	
Wüstenrennvogel – Rennvogel	B	
Wüstensteinschmätzer – Wüstensteinschmätzer	B,H	
Wüstlich, großer – Steinrötel	Fri	
Wüstlig – Gartenrotschwanz	Suol	
Wüstling – Dorngrasmücke	Be1,Be2,Be,N	
Wüstling – Fliegenschnäpper	GesH	
Wüstling – Gartenrotschwanz	Be2,Be,Buff,HaSa,K,Krü,N,Suol	Frisch T. 19. Hans Sachs, Regiment … V. 104.
Wüstling – Grauschnäpper	GD	
Wüstling – Halsbandschnäpper	Do,F	
Wüstling – Hausrotschwanz (sil.)	GD,Schwf	
Wüstling – Klappergrasmücke	Buff	
Wustling – Trauerschnäpper	Buff	
Wüstling – Trauerschnäpper	Be2,F,N	
Wute – Wiedehopf	H	
Wutte – Wiedehopf	H	
Wutthahn – Wiedehopf	Suol	
Wüw – Rotmilan	Be2,F,N	
Wy – Rotmilan	Be2,GesSH,N	
Wydengückerlein – Laubsänger	GesS	Fitis, Waldlaubs. oder Zilpzalp.
Wydengückerlin – Teichrohrsänger	Buff	
Wydengückerlin – Zilpzalp	zLa	Bei Gessner 1557, 258 b.
Wydenguekerle – Teichrohrsänger	Buff	
Wydengükerlin – Teichrohrsänger	Buff	
Wydenspatz – Drosselrohrsänger	Suol	
Wydenspatz – Feldsperling	Suol	
Wydenspatz – Rohrammer	GesS	
Wyderle – Laubsänger	GesS	Ges 1555. Fitis, u. a., VN
Wyderle – Teichrohrsänger	Be1,Be2,Be,Buff,N	
Wyderle – Zilpzalp	Suol,zLa	Bei Gessner 1557, 258 b.
Wydhopf – Wiedehopf	Buff	
Wydhopff – Wiedehopf	GesS,H	
Wye – Habicht	Fri	
Wye – Schwarzmilan	G	
Wyk – Ente (allg.)	Krü	
Wyngthrushe (engl.) – Wein- u. Sing- u. Misteldrossel	Tu	
Wynkernnel – Tüpfelsumpfhuhn	Be2,Be,GesS,N,Suol	
Wyntrostel – Rotdrossel	GesS,Suol	
Wynuögele – Rotschwanz (allg.)	Suol	
Wyrauch, Bruder – Pirol	N	
Wyrock – Pirol	Fri	
Wyrok – Pirol	Ad,Krü	

Wys Räbhůn – Alpenschneehuhn	Suol	
Wysdroschel – Misteldrossel	zLa	
Wyss mewe – Sturmmöwe (?)	Tu	Marine Möwe.
Wyß Raebhun – Alpenschneehuhn	GesS	
Wysse Bachsteltz – Bachstelze	GesS	
Wysse Emberitz – Grauammer	Suol	
Wysse Emmeritz – Schneeammer	GesS	
Wysse Merch – Zwergsäger	GesS,Suol	
Wysse Nonn – Zwergsäger	GesS	
Wysse Spyre – Mehlschwalbe	GesS	
Wysse Spyren – Mehlschwalbe	Suol	
Wysse Tuchent – Zwergsäger	Suol	
Wysse Wassersteltz – Bachstelze	GesS	
Wyssespyren – Mehlschwalbe	Buff,Krü	
Wyßspecht – Buntspecht	GesS,Suol	
Wyßtrostel – Singdrossel	GesS,Suol	
Wystrostel – Misteldrossel	zLa	
Yellowham (engl.) – Goldammer	Tu	
Yeltonische Lerche – Mohrenlerche	Buff	
Ylsette – Höckerschwan	Ad	
Yowlring (engl.) – Goldammer	Tu	
Yschvogel – Eisvogel	N	
Ysenbart – Eisvogel	Suol	
Ysenbort – Eisvogel	Suol	
Ysengart – Eisvogel	GesH,Suol	
Ysengrin – Eisvogel	Suol	
Ysentle – Zwergsäger	GesS,Suol	
Yserenbort – Eisvogel	Suol	
Yshornbort – Eisvogel	Suol	
Yßent – Zwergsäger	Suol	Name mit ß, so lassen.
Yßente – Eisente	GesS	
Yßente – Zwergsäger	GesS	
Ysvogel – Eisvogel	Pe	Bekannt im 13. Jahrh.
Zabbe (schl.-holst.) – Bläßhuhn	F,H	
Zagel Meißle – Schwanzmeise	zLa	Bei Hans Sachs 1531.
Zagelmaise – Schwanzmeise	Fri	
Zagelmeise – Schwanzmeise	Ad,B,Buff,F,GD	
Zagelmeiß – Schwanzmeise	GesSH	
Zagelmönch – Hausrotschwanz	o.Qu.	
Zagelmys – Schwanzmeise	Suol	
Zägenmelker – Ziegenmelker	WüCl	
Zaglmaiß – Schwanzmeise	HaSa	H. Sachs, 1531, Regiment … V. 197.
Zaglmaiß – Schwanzmeise	Suol	
Zahl Meise – Schwanzmeise	Schwf	
Zahl-Meise – Schwanzmeise	Suol	
Zahlmeise – Schwanzmeise	Ad,B,Be2,Be,Be97,Buff,GD,Hp,K,Krü,N	
		Frisch Tafel 14, 1736.

Zahlmeise – Sumpfmeise	Ad	
Zahlmeislein – Schwanzmeise	Do,F	
Zahme Ente – Hausente	CLB3,Fri,GD,K,Mic,O1	Frisch T. 177 + 178.
Zahme Ente – Stockente	Be1	
Zahme Feldtaube – Felsentaube	CLB3	
Zahme Gans – Grau-/Hausgans	Be1,Fri,GD,K,O1	Frisch T. 157.
Zahme Ganß – Haus- oder Graugans	GesH	
Zahme Hausente – Stockente	Buff	
Zahme Haustaube – Felsen-/Haustaube	GD	
Zahme Schlagtaube – Felsen-/Haustaube	GD	
Zahme Taube – Felsen-/Haustaube	Be1,Be2,Buff,K,Krü,O1,Schwf	
		Albin Band III, 42: Columba livia.
Zahmer Schwan – Höckerschwan	Be1,Be2,Be,Buff,CLB2,G,GD,N,O1,V,Z	KNB
Zahmer Schwane – Höckerschwan	Z	
Zahmes Auerhuhn – Truthuhn	Ad	
Zahmes Huhn – Haushuhn	K	Frisch T. 127–137.
Zahnschnäblige Bartmeise – Bartmeise	CLB3	
Zahrer – Misteldrossel	Ad,O1	
Zahrling – Bergfink	Ad	
Zährling – Bergfink	G	
Zâlmynich – Gartenrotschwanz	Suol	
Zâlroden – Rotschwanz (allg.)	Suol	
Zam Endt – Hausente	StVb	
Zam Endte – Hausente	Schwf	
Zam-ente – Stockente	Buff	
Zame Gans – Hausgans	Schwf	
Zämel – Misteldrossel	Ad	
Zämel – Wacholderdrossel	Ad	
Zämer – Misteldrossel	Ad	
Zämer – Wacholderdrossel	Ad	
Zametaube – Felsen-/Haustaube	Suol	
Zämmel – Misteldrossel	Ad	
Zämmel – Wacholderdrossel	Ad	
Zamtaub – Felsen-/Haustaube	Suol	
Zamtaub – Haustaube	StVb	
Zandlooper (holl.) – Flußuferläufer	H	
Zannenheher – Tannenhäher	K	Wohl Druckfehler.
Zapel – Weißstorch	O1	
Zapfenbeißer – Fichtenkreuzschnabel	Be1,Be2,Be,Buff,F,GD,Hp Krü,N,Suol	
Zapfennager – Fichtenkreuzschnabel	Be1,Be2,Be,Buff,F,GD,Hp,Krü,N	
Zapfennager – Kernbeißer	Krü	
Zäpfenräggi – Tannenhäher	Suol	
Zapk – Bläßhuhn	Buff	
Zapke – Bläßhuhn	Suol	
Zapp – Bläßhuhn	Be2,Be,Buff,F,GD,GesS,N,O2,WüCl	
Zäppa – Zippammer	Do,F	
Zappe – Bläßhuhn	GesH,Mic,Scha,Suol,WüCl	
Zärde – Heckenbraunelle	Be2,Be,N	
Zarer – Misteldrossel	Be1,Be2,Be,Buff,GD,Hp,Krü,N,Suol	

Zarheher – Eichelhäher	Suol
Zarheher – Misteldrossel	Suol
Zaritzer – Misteldrossel	Be1,Be2,Be,Buff,GD,Krü,N
Zarizer – Misteldrossel	B,F,GD,Hp
Zarpe – Haselhuhn	F,H
Zarpke – Bläßhuhn	Scha
Zarrer – Misteldrossel	Suol
Zärrer – Misteldrossel	Suol
Zarrezer – Misteldrossel	Suol
Zatsch (sächs.) – Wachtelkönig	H
Zätscher – Birkenzeisig	N
Zätschker – Feldsperling	Be2,Be
Zäumer – Wacholderdrossel	Do,F
Zaun König – Zaunkönig	Schwf
Zaun-Ammer – Zaunammer	N
Zaun-Emmeritze – Zaunammer	Buff
Zaun-Grasmücke – Klappergrasmücke	N
Zaun-König – Zaunkönig	G,Z
Zaun-Königlein – Zaunkönig	P1
Zaun-Schlüpfer – Zaunkönig	N
Zaunammer – Zaunammer	B,Be1,Be2,Be,Be97,Buff,CLB2,GD,Krü, …
	… MW,O1,2,3,V KNB
Zaunammer, grosser – Zaunammer	CLB3
Zaunammer, kleiner – Zaunammer	CLB3
Zaunammeritze – Zaunammer	Be1,Be2,Be,Be97,N
Zaunemmerling – Zaunammer	B,F Brisson 1760: Bruant de haye.
Zäunert – Zaunkönig	Suol
Zaungilberig – Zaunammer	F,N
Zaungrasemücke – Dorngrasmücke	Scha
Zaungrasmücke – Klappergrasmücke	B,F,Scha,Suol Naumann 1822. KN
Zaunhitscher – Dorngrasmücke	Do,F
Zaunkerl – Zaunkönig	Suol
Zaunkönig – Fitis	GD
Zaunkönig – Goldhähnchen	Be2,Be,GD,O2
Zaunkönig – Wintergoldhähnchen	N
Zaunkönig – Zaunkönig	Ad,B,Be1,Be2,Be,Be97,Buff,CLB1,2,GD, …
	… GesH,Hp,GD,GesH,Hp,Jä,K,Krü,N,O1
Zaunkönig mit der goldenen Krone – Goldhähnchen	K Klein/Reyger S. 167, W-goldhähnchen.
Zaunkönig, gekrönter – Goldhähnchen	Ad,Be1,Be2,Be,N Naum.: Wintergoldhähnchen.
Zaunkönig, gemeiner – Zaunkönig	Ad,V
Zaunkönig, gepunkteter – Zaunkönig	CLB2 KNB
Zaunkönig, goldgekrönter – Goldhähnchen	Be1,Be2,Be,GD
Zaunkönig, grauer – Zilpzalp	F
Zaunkönig, großer – Heckenbraunelle	Be2,F,N
Zaunkönig, rubingekrönter – Goldhähnchen	Be1,Be2,Be,GD
Zaunkönig, rubingekrönter – Sommergoldhähnchen	N
Zaunköniglein – Zaunkönig	P

Zaunkonkerl – Zaunkönig	Suol	
Zaunküningk – Zaunkönig	Tu	
Zaunling – Zaunkönig	Suol	
Zaunrutscher – Zaunkönig	CLB2,V	KNB
Zaunsänger – Klappergrasmücke	O3	Bechstein 1803.
Zaunsänger – Zaunkönig	B,Be2,Be,CLB1,2,F,MW,N,V	KNB
Zaunschliefer – Heckenbraunelle	F,Buff,GD,Krü,N	
Zaunschliefer – Zaunammer	Krü	
Zaunschliefer – Zaunkönig	Buff,GD,Hp	
Zaunschliefer (Innsbr.) – Zaunkönig	Ad,Be1,Be2,Be,F,Krü,N,Suol	
Zaunschliefer, großer – Heckenbraunelle	Be1,Be2,Be,Be97,Krü	
Zaunschlieffer – Zaunkönig	Z	
Zaunschlipfflin – Zaunkönig	Schwf,Suol	
Zaunschlipfle – Zaunkönig	GesS	
Zaunschlipflein – Zaunkönig	Be1,F,Hp,K	Frisch T. 24.
Zaunschlupfer – Goldhähnchen	O1	
Zaunschlupfer – Zaunkönig	Be,Buff,Fri,Hp,Suol,Z	
Zaunschlüpfer – Zaunkönig	Buff,GD	
Zaunschlüpfer – Zaunkönig	B,Be1,Be2,Be,Be97,F,Jä,Krü,O2,3,Suol	
Zaunschlüpferl – Zaunkönig	GD	
Zaunschlüpferlein – Goldhähnchen	Be	
Zaunschlüpferlein – Zaunkönig	GD	
Zaunschlüpferli – Zaunkönig	V	
Zaunschlüpfferlein – Zaunkönig	GesH	
Zaunschlüpfferlin – Zaunkönig	Suol	
Zaunschlüpflein – Goldhähnchen	Be1,Be2,Be,N	Naum.: Wintergoldhähnchen.
Zaunschlüpflein – Zaunkönig	Be2,Be,Buff,Jä,N	
Zaunschnerz – Zaunkönig	B,N,Scha	
Zaunschnurz – Zaunkönig	Be2,Be,F,N,Suol	
Zaunsperling – Heckenbraunelle	Be1,2,Be,Buff,F,GD,Krü,N	Engl: Hedge sparrow.
Zaus – Erlenzeisig	F,H	
Zawnslupffel – Zaunkönig	Suol	
Zebelhoweke – Rotmilan	Bri	
Zeelawa (lett.) – Bachstelze	Buff	
Zeemala (lett.) – Bachstelze	Buff	
Zêgenmelker – Ziegenmelker	Bri,Suol	
Zeher – Misteldrossel	Be1,Be2,Be,Buff,Hp,Krü,N	
Zehrer – Misteldrossel	B,Be1,Be2,Be,F,Fri,Krü,N	
Zehrling – Bergfink	Ad,Be,Be1,2,Buff,Fri,G,GD,Hp,Krü,N,Suol	VN
Zeilerspatz (bayer.) – Dorngrasmücke	F,Jä H	Zeil: Hecke.
Zeilhecke (bayer.) – Dorngrasmücke	F,H	
Zeimer – Misteldrossel	Suol	
Zeimer – Wacholderdrossel	CLB2,V	KNB
Zeiner – Misteldrossel	Suol	
Zeis – Erlenzeisig	H,Suol	
Zeischen – Erlenzeisig	Buff,GD	
Zeischen (s-ch) – Erlenzeisig	Ad,Be,Be97,Krü,MW	
Zeischen (sch) – Erlenzeisig	Be	
Zeischken, lütt – Erlenzeisig	F	

Zeisei – Erlenzeisig	H	
Zeisel – Erlenzeisig (sil.)	Be1,Be2,Be,Buff,GD,GesS,N,Schwf,Suol,zLa	
Zeisele – Erlenzeisig	H	
Zeiselein – Erlenzeisig	GesH	
Zeiseler – Erlenzeisig	Suol	
Zeiserl – Erlenzeisig	Be2,Be,Buff,F,N	
Zeiserle – Erlenzeisig	H	
Zeisgen – Erlenzeisig	Buff,Schwf	
Zeisich – Erlenzeisig	Buff,GD,GesH,Schwf,Suol	
Zeisichen – Erlenzeisig	Buff,GD,K	Frisch T. 11.
Zeisichen, eigentliches – Erlenzeisig	HHM	VN
Zeisig – Erlenzeisig	Ad,B,Be2,Be97,Be,Bri,Buff,CLB2,GD, …	
	… Hp,Jä,Krü,N,O1,Scha,Suol,V,Z	KNB
Zeisigfink – Erlenzeisig	Be1,Be2,Be,N	
Zeisig, gelber – Erlenzeisig	CLB2	
Zeisig, gelbschnäblicher – Berghänfling	CLB1	
Zeisig, gelbschnäbliger – Berghänfling	CLB2	KNB
Zeisig, gemeiner – Erlenzeisig	Be1,Be2,Be,Krü,N	
Zeisig, italienischer gelber – Zitronenzeisig	Krü	
Zeisig, mittlerer – Erlenzeisig	CLB3	
Zeisig, schwarzer – Birkenzeisig	Be2	
Zeisig, schwarzer – Karmingimpel	Buff,GD,N	Buffon/Otto Band 11/S. 110.
		Buff.: Vogel schwarz mit gelbem Kopf?
Zeisig, schweizer – Girlitz	F	
Zeisigchen – Erlenzeisig	GD,Hp	
Zeising – Erlenzeisig	Buff,GD	
Zeising – Erlenzeisig	Jä,N,Scha	
Zeising, schweizer – Girlitz	Scha	
Zeiske – Erlenzeisig	Be2,N,Scha,Suol	
Zeisker – Erlenzeisig	F,H	
Zeisla – Erlenzeisig	Do	
Zeisle – Erlenzeisig	H	
Zeislein – Erlenzeisig	Ad,Be2,Be97,Buff,F,Fri,GD,Jä,N,Suol	
Zeislein, grüngelbes – Erlenzeisig	Be2,Be,Buff,GD,N	
Zeisler – Grünfink	ZLa	
Zeißchen – Erlenzeisig	Be1,Be2,N	
Zeißig – Erlenzeisig	G	
Zeißke – Erlenzeisig	Be	
Zeißle – Erlenzeisig	Suol	
Zeißlein – Erlenzeisig	Be1,Fri,HaSa,Hp,K,Kö,P,Z	
Zeißlein – Zitronengirlitz	GesH,zLa	Gessner: Auch für Zitr.girlitz.
Zeißlein, grüngelbes – Erlenzeisig	Z	
Zemer – Amsel	Ad	
Zemer – Misteldrossel	Ad,Suol	
Zemer – Wacholderdrossel	Ad	
Zensle – Erlenzeisig	Be2,Be,F,N,O1,Schwf	
Zeppa – Zippammer	N	
Zepste – Teichrohrsänger	Be1,Be2,Be,Buff,F,N,O1	
Zerifalso – Gerfalke	GesS	

Zerin (franz.) – Girlitz	zLa
Zerling – Bergfink	B,F
Zerrbein – Zwergtaucher	Suol
Zerrer – Misteldrossel	Ad,Be1,Be2,Be,Buff,GesSH,Hp,N,Suol
Zerte – Heckenbraunelle	Be2,Be,F,N,O1
Zesig – Erlenzeisig	Häp
Zessig – Erlenzeisig	H
Zetscher – Bergfink	B,Be1,Be2,Be,Be97,Buff,F,GD,Hp,Krü,N,O1
Zetscher – Birkenzeisig	Bri,Do,F,Suol
Zetz – Weißstorch	O1
Zeumer – Misteldrossel	Be2,N,Suol
Zeumer – Singdrossel	Be97
Zeumer – Wacholderdrossel	Be1,Be2,Be,Buff,Hp,Krü,N
Zeuner – Wacholderdrossel	Do,F
Zeysich – Erlenzeisig	Buff,Tu
Zeysle – Erlenzeisig	Buff,GesS
Zib – Singdrossel	Suol
Zibdrossel – Singdrossel	Suol
Zibeber – Bluthänfling	F,H
Zickdröscherl – Singdrossel	Suol
Zickrdütsch – Erlenzeisig	Suol
Zidderchen – Flußuferläufer	Suol
Ziebelitsch (helgol.) – Stieglitz	H
Ziebender – Buchfink	Buff
Ziecerelle – Seidenschwanz	Be2,Be,N
Ziefitz – Kiebitz	Be2,Be,F,N
Ziege, fliegende – Bekassine	Krü
Ziegelhänfling – Bluthänfling	Ad,GesH	Varietät ?
Ziegenmelcker – Ziegenmelker	Fri	Frisch T. 101.
Ziegenmelker – Ziegenmelker	Ad,B,Be2,Be,Be97,Be05,Buff,GD,Jä,K, …
	… Krü,N,V
Ziegenmelker (böhm.) – Zilpzalp	H
Ziegenmelker, ägyptischer –	H
Pharaonenziegenmelker	
Ziegenmelker, europäischer – Ziegenmelker	Be2,Be,N
Ziegenmelker, gefleckter – Ziegenmelker	CLB3
Ziegenmelker, gemeiner – Ziegenmelker	Krü
Ziegenmelker, getüpfelter – Ziegenmelker	CLB1,2,3,N	KNB
Ziegenmelker, heller –	H
Pharaonenziegenmelker	
Ziegenmelker, rothälsiger –	CLB2	KNB
Rothals-Ziegenmelker	
Ziegenmelker, sandfarbener –	H
Pharaonenziegenmelker	
Ziegensauger – Ziegenmelker	Ad,B,Be1,Be2,Be,Buff,F,GD,K,Krü,N,Suol
Ziehender – Buchfink, Zuchtname	Kö
Ziehfittich – Kiebitz	Suol
Ziehholzjockel – Berg-, Buchfink	Suol	Von Jakob.
Ziemer – Buntspecht	Suol

Ziemer – Drossel allg.	Schwf	
Ziemer – Drossel,	Zupo	15. Jahrh.
Mistel-,Wacholderdrossel,ua.		
Ziemer – Misteldrossel	Ad,Be1,Be2,Be,Buff,CLB2,GD,HHM,K, …	
	… Krü,N,O1,2,Suol,V Frisch T. 25. KNB	
Ziemer – Mittelspecht	Do Als Trivialname eher unwahrscheinlich.	
Ziemer – Rotdrossel	GesS	
Ziemer – Singdrossel	Be97	
Ziemer – Wacholderdrossel	Ad,Be1,Be2,Be,Buff,Fri,GD,GesH,Hp, …	
	… Kö,Krü,N Bey den Nieder-Teutschen.	
Ziemer (helv.) – Rotdrossel	B,H	
Ziemer, blaw – Wacholderdrossel (sil.)	Schwf	
Ziemer, gros – Wacholderdrossel (sil.)	Schwf	
Ziemer, klein – Rotdrossel (sil.)	Schwf,Suol	Suol.: „Klein-Ziemer."
Ziemer, kleiner – Rostflügel-/	N	
Rostschwanzdrossel		
Ziemer, kleiner – Rotdrossel	Fri	
Ziemer, kleiner – Steinrötel	GesH	
Ziemer, schwarzkehliger –	N	
Schwarzkehldrossel		
Ziemern – Drosseln,	Zupo	1425
Mistel-,Wacholderdrosseln, u. a.		
Ziemmer – Drosseln,	Zupo	1449
Mistel-,Wacholderdrossel,u. a.		
Ziepammer – Zippammer	Ad,Be1,Be2,Be,Buff,GD,N	
Ziepdrossel – Rotdrossel	Be,Buff,K	
Ziepdrossel – Singdrossel	Ad,Be2,Be,F,Krü,N	
Ziepdruschel – Rotdrossel	GesH	
Ziepdruschel – Singdrossel	GesS,Suol	
Ziepe – Singdrossel	Krü	
Ziepe (österr.) – Baumpieper	F,H	
Zier Drossel – Singdrossel	Schwf	
Zierdrossel – Singdrossel	B,Be2,Be,F,Krü,N	
Ziering – Misteldrossel	Be1,Be2,Be,Buff,GD,GesSH,Hp,Krü,N,Suol	
Zierling – Misteldrossel	B,FJä,N	
Zierling – Wacholderdrossel	F,H	
Zierolf – Pirol	Suol	
Ziesche – Erlenzeisig	Bri,Häp	
Zieschen – Erlenzeisig	Do,F	
Ziesel – Erlenzeisig	Be1,Be2,Be,Buff,F,Hp,K,N	Frisch T. 11.
Zieselein – Erlenzeisig	GesH	
Zieserl – Seidenschwanz	Do,F,N	
Ziesing – Erlenzeisig	Do,F,Scha	
Ziesitz – Kiebitz	Do	
Ziesk – Birkenzeisig	Do,F	
Ziesk – Grünfink	F	
Ziesk (helgol.) – Erlenzeisig	Be2,F,N,Scha	
Zieske – Erlenzeisig	Ad,Häp,Scha	
Ziesken – Erlenzeisig	Bri,Scha	

Ziesle – Erlenzeisig	Be1,Be2,Be,GD,N	
Zieslein – Erlenzeisig	Be2,N	
Zießchen – Erlenzeisig	H,K	Frisch T. 11.
Zifitz – Kiebitz	Be97	
Zifitzen – Kiebitz	Be,N	
Zigelhemffling – Bluthänfling	Suol	
Zigelhempfling – Bluthänfling	GesS	
Ziglis (lett.) – Stieglitz	Buff	
Zikkerei – Grauammer	Scha	
Zillzäppchen – Zilpzalp	Suol	
Zillzelterle – Zilpzalp	Jä	
Zilpzalp (preuss. Schlesien) – Zilpzalp	H	
Zilverreiger, groote (holl.) – Silberreiher	H	
Zilverreiger, kleine (holl.) – Seidenreiher	H	
Zilzel – Laubsänger	GesS	Fitis, Waldlaubs. oder Zilpzalp.
Zilzel – Zilpzalp	Suol	
Zilzelperle – Goldhähnchen	GesS	
Zilzelperle – Tannenmeise	Suol	
Zilzelterle (bayer.) – Zilpzalp	F,H	
Zilzepffle – Zilpzalp	zLa	Bei Gessner 1557, 258 b.
Zilzepfflein – Zilpzalp	GesH	
Zilzepfle – Laubsänger	GesS	Fitis, Waldlaubs. oder Zilpzalp.
Zilzepfle – Zilpzalp	Suol	
Zim-zel (böhm.) – Zilpzalp	H	
Zimer – Misteldrossel	zLa	
Zimer – Rotdrossel	zLa	
Zimerling – Wacholderdrossel	GD	
Zimmel – Misteldrossel	Ad	
Zimmel – Wacholderdrossel	Ad	
Zimmer – Misteldrossel	Ad,Suol	
Zimmer – Wacholderdrossel	Ad,Be1,Be2,Be,Buff,Hp,Krü,N	
Zimmer, klein – Singdrossel	GesS	
Zimmer, Klein Blaw – Steinrötel	Schwf	
Zimmerdrossel – Wacholderdrossel	Do,F	
Zimmermann – Buntspecht	Do,F	
Zimmermann – Grauspecht	Do,F	
Zimmermann – Grünspecht	B,Be1,Be2,Be,Be97,CLB2,F,GD,Hp,N	KNB
Zimmermann – Schwarzspecht	F,H	
Zimmermann – Specht (allg.)	Suol	
Zimmermann – Star	Suol	
Zimmermeister – Schwarzspecht	F,H	
Zimmetgans – Rostgans	B	
Zimmetreiher – Purpurreiher	B,F	
Zimmtente – Rostgans	N	
Zimmtreiger – Purpurreiher	N	
Zimzel – Zilpzalp	Do,F	
Zinit – Girlitz	B	Nur in der 1. Auflage 1866.
Zinkzank-Vogel – Teichrohrsänger	Hoefer 1815	
Zinnle – Erlenzeisig	H	

Zinsel – Erlenzeisig	Buff,GD	
Zinsl – Erlenzeisig	N	
Zinsle – Erlenzeisig	Buff,H,GesS,Suol	
Zinßle – Erlenzeisig	K	
Zinßlein – Erlenzeisig	Be,GesH	
Zinszahler (wien.) – Zilpzalp	F,H	
Zinzerelle – Seidenschwanz	GesSH,Suol,zLa	Nach Gessner 1555, 674.
Zinzerle – Seidenschwanz	GesS,zLa	Nach Gessner 1555, 674.
Zinzirelle – Seidenschwanz	Be1,Be2,Be,Buff,F,GD,Krü,N	
Zip-Ammer – Zippammer	N	
Zipammer – Zippammer	Be1,Be2,Be,Be97,Buff,CLB2,3,GD, …	
	… MW,O1,2,3, Müller 1773: Zipammer,	KNB
Zipdrossel – Rotdrossel	Buff,GD	
Zipdrossel – Singdrossel	Buff,GD,K,Suol	Frisch T. 27.
Zipfelsgerg – Kohlmeise	Do,F	
Ziplerche – Wiesenpieper	Be2,F,N	
Zipp – Singdrossel	Suol	
Zipp-Drossel – Singdrossel	G	
Zippammer – Zippammer	B,V	
Zippdraussel – Singdrossel	Suol	
Zippdroosel – Singdrossel	Häp	
Zippdrossel – Singdrossel	Ad,Be1,Be2,Be,Be97,F,Jä,Suol,V	
Zippdrostel – Singdrossel	Fri,GD,Hp,Scha	
Zippdrustel – Singdrossel	N	
Zippe – Rotdrossel	Be2,GD,N	
Zippe – Singdrossel	Ad,Be,Be1,2,97,Buff,CLB2,F,Fri,G,GD, …	
	… Häp,Hp,Krü,N,O1,2,Scha,Suol,V, …	
	… WüCl,zLa	KNB
Zippedrossel – Singdrossel	B	
Zippelmeise – Haubenmeise	F,H	
Zipperin – Singdrossel	G	
Zipplerche – Brachpieper	Krü	
Zippzapp (bayer.) – Zilpzalp	F,H	
Ziprinchen – Zitronenzeisig	B	
Zipter – Dunkler Wasserläufer	B,F,Jä,N,O2	
Zipzap – Zilpzalp	Jä	
Zirbammer – Zaunammer	B,F	
Zirbelhäher – Tannenhäher	Do,F	Er ernährt sich auch von Zirbelnüssen.
Zirbelkrach – Tannenhäher	B,F	
Zirbelkrähe – Tannenhäher	B,F	
Zirbenheher – Tannenhäher	Suol	
Zirbentschoi – Tannenhäher	Suol	
Zirkammer – Ortolan	GD	
Zirkente – Knäkente	O1	
Zirker – Haussperling	Scha	
Zirkkreie – Dohle	Häp	= Kirchenkrähe.
Zirl – Zaunammer	O1	
Zirl, dummer – Zippammer	Be2,F,GD,N	
Zirlammer – Zaunammer	Ad,Be1,Be2,Be,Be97,Buff,F,GD,K,N,V	

Zirlus – Zaunammer	Be,GD	
Zirmgratsch – Tannenhäher	Suol	
Zirmgratschen – Tannenhäher	B,F	
Zirmkråge – Tannenhäher	Suol	
Zirpender Laubvogel – Waldlaubsänger	Do,F	
Zirpender Rohrvogel – Feldschwirl	O2	
Zirpente – Knäckente	F	
Zirrer – Misteldrossel	Krü	
Zirzel – Knäkente	O1	
Zirzente – Knäkente	B,Be1,Be2,Be,Be97,Krü,N,O1	
Zirzente – Krickente („Anas circia")	GD	
Zischen – Erlenzeisig	Buff,GD,GesH,K	
Zischen (s-ch) – Erlenzeisig	Be2,Be,N	
Zischen (sch) – Erlenzeisig	Be	
Zischende Eule – Waldkauz	Buff	
Zischerlein – Birkenzeisig	GD,Z	
Zischeule – Waldkauz	B,Be1,Be2,Be,Be97,F,Krü,N	
Zise – Zeisig allg.	Pescheck	Name bekannt seit 13. Jahrh.
Ziseke – Erlenzeisig	Scha	
Zîsel – Erlenzeisig	Suol	
Zisele – Erlenzeisig	Buff	
Zisele – Zaunkönig	Suol	
Zisele – Zitronenzeisig	GesS	
Ziserenichen – Birkenzeisig	Buff,Fri, Scha	
Ziserenigen – Birkenzeisig	Fri	
Ziserinchen – Birkenzeisig	Ad,Be1,Be2,Be,Buff,GD,Krü,N,Suol	
		Aus ital. sizerino.
Zîsic – Zeisig	Suol	Seit 13. Jahrh. belegt.
Zising – Erlenzeisig	Be1,Be2,Be,Buff,Fri,GD,N,Z	
Zisitz – Kiebitz	Be1,GD	
Zisitzen – Kiebitz	Be2	
Zîske – Erlenzeisig	Suol	
Zîsle – Erlenzeisig	H,Suol	
Zißchen – Erlenzeisig	Be1,Be97	
Zisselperte – Goldhähnchen	Be,Krü	
Zisserling – Birkenzeisig	Do,F	
Zißle – Erlenzeisig	Buff,Schwf	
Zißlin – Erlenzeisig	F,H,StVb,Suol	
Zißrinchen – Birkenzeisig	Be	
Ziszelberte – Wintergoldhähnchen	F,N	
Ziszelperte – Goldhähnchen	Be1,Be	
Zitdrossel – Singdrossel	Suol	
Zitränissch – Truthuhn	Suol	
Zitreinle – Zitronenzeisig	Do,F	
Zitrênl – Zitronenzeisig	Suol	
Zitrill – Zitronenzeisig	Do,F	
Zitrinchen – Zitronenzeisig	B,Be1,Be2,Buff,CLB2,F,N	KNB
Zitrinelle – Zitronenzeisig	Do,F	Entstand auch aus ital. „citrinello".
Zitrinle – Zitronenzeisig	Jä,Suol	Ital., seit 16. Jahrh. belegt.

Zitrinlein – Zitronenzeisig	HaSa,Suol	Ital., seit 16. Jahrh. belegt.
		Hans Sachs, 1531, Regiment ... V. 120.
Zitronen-Zeisig – Zitronenzeisig	N	
Zitronenente – Rostgans	N	
Zitronenfink – Zitronenzeisig	Be1,Be2,CLB2,F,N,Suol	
Zitronengelbe Bachstelze – Zitronenstelze	CLB2	KNB
Zitronengelber Fink – Zitronenzeisig	Be1	
Zitronenvogel – Mornellregenpfeifer	F,N	
Zitronenvogel – Zitronenzeisig	Do,F	
Zitronenzeisig – Zitronenzeisig	CLB1,2,3,F,N	Naum.: Zitr.-Zeisig KNB
Zitronfink – Zitronenzeisig	GD	
Zitrongelbe Bachstelze – Zitronenstelze	Buff	
Zitrongelber Fink – Zitronenzeisig	Be97,N	
Zitrönli – Zitronenzeisig	Do,F	
Zitronschnepfe – Alpenstrandläufer	Buff	Otto: „An der Ostsee ...“
Zitronschnepfe – Steinwälzer	Buff	
Zitrynle – Zitronenzeisig	GesS,Suol	
Zitscher – Birkenzeisig	Jä	
Zitscherle – Birkenzeisig	Jä	
Zitscherlein – Birkenzeisig	Ad,Be,Buff,Fri,G,GD,Hp,K,Krü,O2,P1,	
Zitscherling – Birkenzeisig	CLB2,G,Hp,Krü,Suol	Frisch T. 10. KNB
Zitscherling, kleiner brauner – Berghänfling	CLB2	
Zitskens (lett.) – Erlenzeisig	Buff	
Zitterschnepfe – Rotschenkel	F,H	
Zittertaube – Felsen-/Haustaube	GD	Zu Rasse Pfauentaube.
Zittscherling – Birkenzeisig	Be2,N	
Zitvogel (aus Pescheck) – vielleicht Kuckuck	J.Grimm,KH.Strobl	Dt. Mythologie 1844.
Zitzcherlein – Birkenzeisig	Be,K	
Zitzerenakin – Birkenzeisig	Do,F	
Zitzerl – Zaunkönig	Suol	
Zitzigall – Buchfink, Zuchtname	Buff,GD	Finkenschlag, z. T.auch F. name.
Ziwik – Kiebitz	Suol	
Ziz – Erlenzeisig	Do,F	
Zizchen – Erlenzeisig	Do,F	
Zizcherlein – Birkenzeisig	Be1,Be2,Buff,Hp,N	
Zizelperlein – Goldhähnchen	GesH	
Zizelterle – Zilpzalp	Do	
Zizeränchen – Birkenzeisig	Do,F	
Zizerenchen – Birkenzeisig	Scha	
Zizi – Zaunammer	B,Be1,Be2,Be,Be97,Buff,F,GD,N	
Zizigäg – Sumpfmeise	Do,F	
Zizigall – Buchfink, Zuchtname	Kö	
Zizirelle – Seidenschwanz	H	
Zneiammer – Schneeammer	F	
Zobellerche – Haubenlerche	B,F	
Zogel-Meise – Schwanzmeise	Kö	
Zogelmaise – Schwanzmeise	HHM	
Zogelmeise – Schwanzmeise	Ad,Be2,Be,Be97,Krü,N	

Zonkbutz – Zaunkönig	Suol	
Zonkebitzchen – Zaunkönig	Suol	
Zopfente – Gänsesäger	Scha	
Zopfente – Reiherente	B,F,N	
Zopflerche – Haubenlerche	Be2,Be,Buff,F,GD,Krü	
Zopflerche, kleine – Heidelerche	Be1,Buff,GD	
Zopfsäger – Mittelsäger	Do,F	
Zopfscharbe – Krähenscharbe	B	
Zopp – Bläßhuhn	Be2,Buff,F,Krü,N,Suol	
Zoppe – Bläßhuhn	B	
Zorch – Haubentaucher	Be1,Be2,Be,F,GD,Krü,N,O1,2,Scha	
Zorn – Stockente	Ad,K	
Zorne – Stockente	Ad	
Zorrer – Misteldrossel	Krü	
Zötscherlein – Birkenzeisig	Be1,Be2,Be,Buff,GesH,HaSa,N,Suol	
	Hans Sachs, 1531, Regiment … V. 169.	
Zötscherlin – Birkenzeisig (sil.)	F,Schwf,Suol	
Zschädrich – Girlitz	Do,F	
Zschätsche (sächs.) – Wachtelkönig	H	
Zschokerll – Dohle	Be1,Be2,Be,N	
Zschütscherlein – Birkenzeisig	Be2	
Zschwunschig – Grünfink	Suol	Sachsen
Ztosihtawek (böhm.) – Goldhähnchen	Be1,Be2	
Zucker-Vogel – Kanarenvogel	GesH,Schwf	
Zuckervogel – Kanarengirlitz	Ad,Be1,Be97,Buff,Suol,V	
Zuckervögelchen – Kanarengirlitz	Be2	
Zuckervögele – Kanarengirlitz	GesS,Suol	
Zuckervöglein – Kanarengirlitz	GD	
Züger – Grünschenkel	Do,F	
Züger – Rotschenkel	B,F,Jä,N,O2	
Züger, graufüßiger – Grünschenkel	N	
Züger, großer – Grünschenkel	Jä,N	
Züger, kleiner – Teichwasserläufer	Jä,N	
Zuggans – Saatgans	B,Be2,Be,F,N	
Zuggans, große – Saatgans	N	
Zugschwalbe – Mauersegler	Suol	
Zullenfalk – Rotfußfalke	Suol	
Zullengugger – Rotfußfalke	H	„Maikäferkuckuck", frißt gerne u. viele Maikäfer.
Zümbelmeise – Blaumeise	Do	
Zûmenriger – Zaunkönig	Suol	
Zümerle – Zaunkönig	Suol	
Zumschlüpfer – Zaunkönig	Suol	
Züngelmeise – Blaumeise	F	
Zunkünog (sächs.) – Zaunkönig	GesS	
Zunschlipffle – Zaunkönig	Suol	
Zunschlüpffer – Zaunkönig	StVb,Suol	
Zûnschnärzer – Zaunkönig	Suol	
Zûnsluphe – Zaunkönig	Suol	

Zupp – Bläßhuhn	Suol	
Zürger – Rotschenkel	F,H	
Zuser – Seidenschwanz	B,F,O1	
Zuserl – Seidenschwanz	Be1,Be2,Be,Krü,N,Suol	
Zuserle – Seidenschwanz	Ad	
Zütsche – Wachtelkönig	Do,F	
Zvonek (tschech.) – Grünfink	H	
Zwart Krei – Rabenkrähe	Do,F	Flöricke: „Kreih."
Zwartbrun Wieh – Schwarzmilan	Do,F	
Zwartspecht – Schwarzspecht	Do,F	
Zwärtstart – Rotmilan	Do,F	
Zweiammer – Schneeammer	Do	
Zweibindiger Adler – Habichtsadler	CLB3	KNB
Zweibindiger Kreuzschnabel – Bindenkreuzschnabel	CLB3,H …	… Bindenkreuzschnabel: C. L. Brehm 1827.
Zweibindiger Wiedehopf – Wiedehopf	CLB3	
Zweideutige Drossel – Rostflügel- oder Rostschwanzdrossel	CLB2,N	Alt: Naumann-Drossel. KNB
Zweideutige Drossel – Schwarz-/ Rotkehldrossel	Be1,Be2,Be,CLB2,3,MW,N	Alt: Bechst.-Drossel.
Zweiel – Kiebitz	GD,GesHSuol	
Zweierley weisse Drostel – Singdrossel (Var.)	Fri	
Zweifarbige Meise – Indianermeise	CLB2,MW,O3	Baeolophus bicolor, am., KNB
Zweifarbige Meve – Zwergseeschwalbe	Be1,Be2,Be	
Zweifarbige Mewe – Zwergseeschwalbe	Krü	
Zweifelhafte Turteltaube – Turteltaube	CLB3	
Zweikämpfer – Kampfläufer	Krü	
Zweischaller – Hybrid Sprosser-Nachtigall	B	
Zweite Halbente – Eistaucher	A,K	Albin Band III/93.
Zweite Halbente – Prachttaucher	Be1	
Zweiter Rotschwanz – Blaukehlchen	Be2,Be,N	
Zwerchbrachvogel – Sichelstrandläufer (Sk)	Be	
Zwerchente – Kragenente (weibl.)	Be	
Zwercheule – Sperlingskauz	Be2,Be	
Zwerchreuter – Zwergstrandläufer	Be2,Be	
Zwerchschnepfe – Sichelstrandläufer	Be	
Zwerchstrandläufer – Zwergstrandläufer	Be	
Zwerchtaucher – Zwergtaucher	Be	
Zwerg-Adler – Zwergadler	N	N: Bd. 13/058.
Zwerg-Ammer – Zwergammer	H	
Zwerg-Blässengans – Zwerggans	N	
Zwerg-Gans – Zwerggans	N	
Zwerg-Krabbentaucher – Krabbentaucher	N	
Zwerg-Meerschwalbe – Zwergseeschwalbe	N	
Zwerg-Meve – Zwergmöwe	N	
Zwerg-Sänger – Buschspötter	H	
Zwerg-Sänger – Wahrsch. Gelbspötter o. Gelbspötter-Var.	H	

Zwerg-Scharbe – Zwergscharbe	N	
Zwerg-Sumpfhuhn – Zwergsumpfhuhn	N	
Zwerg-Wasserrabe – Zwergscharbe	N	
Zwergadler – Zwergadler	B,CLB1,2,3,MW,N,V	Naumann: …
	… Zwerg-Adler Meyer 1822	KN, KNB
Zwergalk – Krabbentaucher	Do,F,WüCl	
Zwergammer – Zwergammer	B,BB,GD	
Zwergbrachvogel – Sichelstrandläufer (Sk)	B,Be2,Be,F,N	
Zwergbrachvogel – Sumpfläufer	Be2,CLB1,2,MW,N,O2	KNB
Zwergdrossel – Einsiedlerdrossel	N	N: Bd. 13/262.
Zwergdrossel, einsame – Einsiedlerdrossel	N	N: Bd. 13/273.
Zwergdrossel, rostschwänzige –	N Heute: Catharus ustulatus.	N: Bd. 13/262.
Einsiedlerdrossel		
Zwergdrossel, rostschwänzige –	N Heute: Catharus guttatus.	N: Bd. 13/273.
Zwergdrossel		
Zwergel – Raubwürger	Suol	
Zwergente – Kragenente (weibl.)	Be1,Be2,GD,N,O1	
Zwergente – Krickente	F,H	
Zwergente – Trauerente	Be2,N	Naum: Name nicht gesichert.
Zwergeule – Sperlingskauz	B,Be1,Be97,Be05,F,GD,Krü,O2,O3	
Zwergeule – Steinkauz	Buff,Krü,JAN,N	
Zwergfalk – Merlin	F,V	
Zwergfalke – Merlin	B,Be,Be1,2,05,CLB2,GD,N,O1,WüCl	KNB
Zwergfalke, hochköpfiger – Merlin	CLB3	
Zwergfalke, plattköpfiger – Merlin	CLB3	
Zwergfliegenfänger – Zwergschnäpper	B,H	Brehm 1866.	KN
Zwergfliegenschnäpper – Zwergschnäpper	F,Scha	Erstbeschr. Bechst.: Muscicapa parva.
Zwerggans – Zwerggans	B	C. L. Brehm 1831	KN
Zwergfliegenschnäpper – Zwergschnäpper	Do	
Zwerggans, grauliche – Zwerggans	CLB3	
Zwerggeierle – Merlin	Jä	
Zwerggrüel – Sumpfläufer	O1	
Zwerggrünling – Girlitz	Do,F	
Zwerghabicht – Merlin	B,Be2,Be,N	
Zwergkautz – Sperlingskauz	N,V	
Zwergkauz – Sperlingskauz	Be2,Be05,Be,CLB1,2,F,MW,O1	KNB
Zwergkauz – Zwergohreule	CLB1	KNB
Zwergkauz, europäischer – Sperlingskauz	CLB3	KNB
Zwergkäuzlein, kleines – Sperlingskauz	Jä	
Zwergkormoran – Zwergscharbe	B,N	
Zwergl – Raubwürger	H	
Zwerglumme – Krabbentaucher	F,MW,O3	
Zwergmeerschwalbe – Zwergseeschwalbe	O3	
Zwergmöve – Zwergmöwe	B,CLB2,O2,3	KNB
Zwergohreule – Zwergohreule	B,CLB2,N,O3,V	KNB
Zwergohreule, kleine – Zwergohreule	CLB3	
Zwergohreule, krainische – Zwergohreule	CLB3	
Zwergpierkenküken – Zwergtaucher	F,H	
Zwergrebhuhn – Wachtel	Buff,GD,Hp	VN

Zwergreiher – Zwergdommel	F,H		
Zwergreiher, weißer – Seidenreiher	N		
Zwergreuter – Alpenstrandläufer	Buff		
Zwergreuter – Zwergstrandläufer	Be1,F,GD,N		
Zwergrohrdommel – Zwergdommel	B,CLB2,3,N,Scha		KNB
Zwergrohrhuhn – Kleines Sumpfhuhn	CLB3,N,O2		
Zwergrohrhuhn – Kleines/Zwergsumpfhuhn	CLB2,F,N,O3		KNB
Zwergrohrhuhn – Zwergsumpfhuhn	N		
Zwergrohrhühnchen – Zwergsumpfhuhn	B		
Zwergrohrsänger – Buschspötter	H		
Zwergrohrsänger – Wahrsch. Gelbspötter …	H		
… oder Gelbspötter-Variation			
Zwergsäger – Zwergsäger	B	Brehm 1879.	KN
Zwergscharbe – Zwergscharbe	B,CLB2,MW,O3		KNB
Zwergscharbe, europäische – Zwergscharbe	N		
Zwergschlammläufer – Zwergstrandläufer	CLB3		
Zwergschnepfe – Sichelstrandläufer	Be2,N		
Zwergschnepfe – Sumpfläufer	Be2,F,N		
Zwergschwalbenmeve – Zwergmöwe	N		
Zwergschwalbenmöve – Zwergmöwe	CLB3		
Zwergschwan – Zwergschwan	B,H	Brehm 1879.	KN
Zwergseeschwalbe – Zwergseeschwalbe	B,CLB1,2	C. L. Brehm 1822.	KN,
			KNB
Zwergseeschwalbe, dänische –	CLB3,N		
Zwergseeschwalbe			
Zwergseeschwalbe, pommersche –	CLB3,N		
Zwergseeschwalbe			
Zwergseeschwalbe, spaltfüßige –	CLB3,N		
Zwergseeschwalbe			
Zwergsingdrossel – Einsiedlerdrossel	N		N: Bd. 13/262.
Zwergspecht – Kleinspecht	Do,F		
Zwergsteißfuß – Zwergtaucher	B,F,N,Scha,WüCl		
Zwergsteissfuss, hebridischer –	CLB3		
Zwergtaucher			
Zwergsteissfuss, kleinster – Zwergtaucher	CLB3		
Zwergsteissfuss, mittlerer – Zwergtaucher	CLB3		
Zwergsternvogel – Zwergseeschwalbe	Be2		
Zwergstrandläufer – Alpenstrandläufer	B		
Zwergstrandläufer – Zwergstrandläufer	B,Be2,CLB1,2,MW,N,O1	Leisler 1812,	KNB
Zwergstrandläufer, amerikanischer –	H		
Sandstrandläufer			
Zwergstrandläufer, hochbeiniger –	N		
Zwergstrandläufer			
Zwergstrandläufer, kleinster –	N		
Temminckstrandläufer			
Zwergstrandstrandläufer, Temmincks …	WüCl		
…– Temminckstrandläufer			
Zwergsturmvogel – Sturmschwalbe	CLB2,F,N		KNB
Zwergsumpfhühnchen – Zwergsumpfhuhn	B		

Zwergtaucher – Zwergtaucher	B,Be2,N	
Zwergtrappe – Zwergtrappe	B,Be1,Be2,Be05,Krü,N,O1,2,V	
	Leske 1779.	KN
Zwergvogerl – Zaunkönig	Suol	
Zwergzeisig – Rotstirngirlitz	H	
Zwergzippe – Einsiedlerdrossel	N	N: Bd. 13/262.
Zwetscherle – Birkenzeisig	Buff	
Zwey für eine – Zwergschnepfe	Buff	
Zweydeutiger Würger – Unglückshäher	GD	
Zweyel – Kiebitz	Ad,Krü	
Zweyte Hausschwalbe – Mehlschwalbe	Buff,GD	
Zweyte wilde Aente – Stockente	Buff	
Zwieselgeier – Rotmilan	Jä	
Zwilch – Haussperling	Suol	
Zwirslich – Girlitz	Do,.F	
Zwitscheling – Bergfink	Be97	
Zwitscherlein – Birkenzeisig	Buff,Hp	
Zwitscherlerche – Wiesenpieper	Krü	
Zwitscherling – Birkenzeisig	Be1,Be2,Be,F,GD,N,O1,Suol	
Zwitschlerche – Wiesenpieper	Be2,F,N	
Zwitterfalck – Würgfalke	K	
Zwitzer – Misteldrossel	Be97	
Zwofarbige Mewe – Zwergseeschwalbe	Hp	
Zwulg – Haussperling	Suol	
Zwunsche – Grünfink	Be1,Be2,Be,Be97	
Zwunschig – Grünfink	Do,F	
Zwuntsch – Grünfink	F	
Zwuntsche – Grünfink	Be,Buff,GD,N,O1	
Zyemern – Drosseln (Mistel-, Wacholderdrosseln, u. a.)	Zupo	1459
Zymmer – Wacholderdrossel	Be	
Zyprinchen – Zitronenzeisig	Be2,N	
Zyprische Taube – Felsen-/Haustaube	GD	Zu Rasse Haubentaube.
Zyprisches Rebhuhn – Halsbandfrankolin	Buff,GD	
Zyprisches Repphuhn – Halsbandfrankolin	Krü	
Zyrenzchen – Merlin	Do,F	
Zyschen – Erlenzeisig	Buff,GesS	
Zysele – Erlenzeisig	GesS,zLa	Bei Gessner 1555.

Printed in the United States
By Bookmasters